수질환경
기사·산업기사
필기

고경미 편저

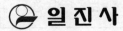 일 진 사

표준주기율표
Periodic Table of the Elements

1	2	3	4	5	6	7	8	9	10	11	12	13	14	15	16	17	18
1 H 수소 hydrogen 1.008 [1.0078, 1.0082]																	2 He 헬륨 helium 4.0026
3 Li 리튬 lithium 6.94 [6.938, 6.997]	4 Be 베릴륨 beryllium 9.0122											5 B 붕소 boron 10.81 [10.806, 10.821]	6 C 탄소 carbon 12.011 [12.009, 12.012]	7 N 질소 nitrogen 14.007 [14.006, 14.008]	8 O 산소 oxygen 15.999 [15.999, 16.000]	9 F 플루오린 fluorine 18.998	10 Ne 네온 neon 20.180
11 Na 소듐 sodium 22.990	12 Mg 마그네슘 magnesium 24.305 [24.304, 24.307]											13 Al 알루미늄 aluminium 26.982	14 Si 규소 silicon 28.085 [28.084, 28.086]	15 P 인 phosphorus 30.974	16 S 황 sulfur 32.06 [32.059, 32.076]	17 Cl 염소 chlorine 35.45 [35.446, 35.457]	18 Ar 아르곤 argon 39.948
19 K 포타슘 potassium 39.098	20 Ca 칼슘 calcium 40.078(4)	21 Sc 스칸듐 scandium 44.956	22 Ti 타이타늄 titanium 47.867	23 V 바나듐 vanadium 50.942	24 Cr 크로뮴 chromium 51.996	25 Mn 망가니즈 manganese 54.938	26 Fe 철 iron 55.845(2)	27 Co 코발트 cobalt 58.933	28 Ni 니켈 nickel 58.693	29 Cu 구리 copper 63.546(3)	30 Zn 아연 zinc 65.38(2)	31 Ga 갈륨 gallium 69.723	32 Ge 저마늄 germanium 72.630(8)	33 As 비소 arsenic 74.922	34 Se 셀레늄 selenium 78.971(8)	35 Br 브로민 bromine 79.904 [79.901, 79.907]	36 Kr 크립톤 krypton 83.798(2)
37 Rb 루비듐 rubidium 85.468	38 Sr 스트론튬 strontium 87.62	39 Y 이트륨 yttrium 88.906	40 Zr 지르코늄 zirconium 91.224(2)	41 Nb 나이오븀 niobium 92.906	42 Mo 몰리브데넘 molybdenum 95.95	43 Tc 테크네튬 technetium	44 Ru 루테늄 ruthenium 101.07(2)	45 Rh 로듐 rhodium 102.91	46 Pd 팔라듐 palladium 106.42	47 Ag 은 silver 107.87	48 Cd 카드뮴 cadmium 112.41	49 In 인듐 indium 114.82	50 Sn 주석 tin 118.71	51 Sb 안티모니 antimony 121.76	52 Te 텔루륨 tellurium 127.60(3)	53 I 아이오딘 iodine 126.90	54 Xe 제논 xenon 131.29
55 Cs 세슘 caesium 132.91	56 Ba 바륨 barium 137.33	57-71 란타넘족 lanthanoids	72 Hf 하프늄 hafnium 178.49(2)	73 Ta 탄탈럼 tantalum 180.95	74 W 텅스텐 tungsten 183.84	75 Re 레늄 rhenium 186.21	76 Os 오스뮴 osmium 190.23(3)	77 Ir 이리듐 iridium 192.22	78 Pt 백금 platinum 195.08	79 Au 금 gold 196.97	80 Hg 수은 mercury 200.59	81 Tl 탈륨 thallium 204.38 [204.38, 204.39]	82 Pb 납 lead 207.2	83 Bi 비스무트 bismuth 208.98	84 Po 폴로늄 polonium	85 At 아스타틴 astatine	86 Rn 라돈 radon
87 Fr 프랑슘 francium	88 Ra 라듐 radium	89-103 악티늄족 actinoids	104 Rf 러더포듐 rutherfordium	105 Db 두브늄 dubnium	106 Sg 시보귬 seaborgium	107 Bh 보륨 bohrium	108 Hs 하슘 hassium	109 Mt 마이트너륨 meitnerium	110 Ds 다름슈타튬 darmstadtium	111 Rg 뢴트게늄 roentgenium	112 Cn 코페르니슘 copernicium	113 Nh 니호늄 nihonium	114 Fl 플레로븀 flerovium	115 Mc 모스코븀 moscovium	116 Lv 리버모륨 livermorium	117 Ts 테네신 tennessine	118 Og 오가네손 oganesson

란타넘족 (lanthanoids)

57 La 란타넘 lanthanum 138.91	58 Ce 세륨 cerium 140.12	59 Pr 프라세오디뮴 praseodymium 140.91	60 Nd 네오디뮴 neodymium 144.24	61 Pm 프로메튬 promethium	62 Sm 사마륨 samarium 150.36(2)	63 Eu 유로퓸 europium 151.96	64 Gd 가돌리늄 gadolinium 157.25(3)	65 Tb 터븀 terbium 158.93	66 Dy 디스프로슘 dysprosium 162.50	67 Ho 홀뮴 holmium 164.93	68 Er 어븀 erbium 167.26	69 Tm 툴륨 thulium 168.93	70 Yb 이터븀 ytterbium 173.05	71 Lu 루테튬 lutetium 174.97

악티늄족 (actinoids)

89 Ac 악티늄 actinium	90 Th 토륨 thorium 232.04	91 Pa 프로트악티늄 protactinium 231.04	92 U 우라늄 uranium 238.03	93 Np 넵투늄 neptunium	94 Pu 플루토늄 plutonium	95 Am 아메리슘 americium	96 Cm 퀴륨 curium	97 Bk 버클륨 berkelium	98 Cf 캘리포늄 californium	99 Es 아인슈타이늄 einsteinium	100 Fm 페르뮴 fermium	101 Md 멘델레븀 mendelevium	102 No 노벨륨 nobelium	103 Lr 로렌슘 lawrencium

수질환경기사는 100문제로 1과목이 20문제이며 5과목으로 구성되고, 수질환경산업기사는 80문제로 1과목이 20문제이며 4과목으로 구성됩니다.

기사와 산업기사 모두 과목별 8문제(40%) 이상으로 기사는 100문제 중 60문제를, 산업기사는 80문제 중 48문제를 맞히면 합격하는 절대평가 시험입니다.

상대평가 시험이 아니기 때문에 만점이 목표이거나 남들보다 더 좋은 점수를 받아야 하는 시험이 아니므로 시험에 나오는 모든 내용을 공부할 필요도 없고, 남들과 경쟁하지 않아도 됩니다.

따라서, 수질환경기사와 산업기사 자격증을 취득하기 위해서는 시험에 나오는 것만 단기간 학습하여 합격하도록 하는 것이 효율적인 공부 방법입니다.

1. 기출이 전부다!

기사 및 산업기사 시험은 문제은행 방식으로 출제되기 때문에 기출문제만 철저하게 공부한다면 합격할 수 있습니다. 최신기출문제 풀이를 통해 시험의 감을 익히고 핵심내용 정리를 통해 관련된 내용을 정리하는 방법으로 안정적인 합격이 가능합니다.

2. 시험에 나오는 내용만 학습하기!

수질환경기사와 수질환경산업기사 시험에 나오는 내용 중 자주 출제되는 핵심내용과 핵심내용을 이해하기 위해 필요한 기초 개념이 같이 수록되어 있습니다. 핵심내용과 기출문제 풀이의 병행만으로도 60점 이상의 점수를 받아 합격할 수 있습니다.

3. 저자와의 대화

이 책은 여러분과 함께 만들어 가는 책입니다. 여러 번의 탈고를 거쳐도 오류가 있을 수 있습니다. **이메일**(keimikho@naver.com)이나 **네이버 카페**(https://cafe.naver.com/nostudyhard)로 알려주시면 수정·보완하여 다음 개정판에 반영하도록 하겠습니다.

이 책이 수험생 여러분에게 합격을 위한 좋은 길잡이가 되어 모든 수험생 여러분들이 합격하시기를 기원합니다. 끝으로 이 책이 출간될 수 있도록 열정과 사랑으로 지원해주신 **일진사** 임직원 여러분께 감사의 마음을 전합니다.

고경미 드림

학습 체크리스트

수질환경기사 · 산업기사필기

이론학습

제1과목 수질오염개론

	학습
Chapter 01. 기초개념	☐
Chapter 02. 물의 특성 및 오염원	☐
Chapter 03. 수자원의 특성	☐
Chapter 04. 수질화학	☐
Chapter 05. 수중 생물학	☐
Chapter 06. 수자원 관리	☐
Chapter 07. 분뇨·축산폐수 및 유해물질	☐

제2과목 상하수도 계획

Chapter 01. 상하수도 기본계획	☐
Chapter 02. 취수 도수 송수 배수 및 관거시설	☐
Chapter 03. 정수 및 하수처리시설	☐
Chapter 04. 펌프	☐

제3과목 수질오염 방지기술

Chapter 01. 하·폐수의 특성	☐
Chapter 02. 물리·화학적 처리	☐
Chapter 03. 생물학적 처리	☐
Chapter 04. 슬러지 및 분뇨처리	☐

제4과목 수질오염 공정시험기준

Chapter 01. 총칙	☐
Chapter 02. 시료채취 및 보존방법	☐
Chapter 03. 유량측정 방법	☐
Chapter 04~08. 항목별 시험 방법	☐
Chapter 09. 기기분석	☐

제5과목 수질환경관계법규

Chapter 01. 환경법	☐
Chapter 02. 환경정책 기본법	☐
Chapter 03. 물환경보전법	☐

기출학습

수질환경기사 기출문제

	학습
2020년 1,2회 통합 수질환경기사	☐
2020년 3회 수질환경기사	☐
2020년 4회 수질환경기사	☐
2021년 1회 수질환경기사	☐
2021년 2회 수질환경기사	☐
2021년 3회 수질환경기사	☐
2022년 1회 수질환경기사	☐
2022년 2회 수질환경기사	☐

수질환경산업기사 기출문제

2018년 1회 수질환경산업기사	☐
2018년 2회 수질환경산업기사	☐
2018년 3회 수질환경산업기사	☐
2019년 1회 수질환경산업기사	☐
2019년 2회 수질환경산업기사	☐
2019년 3회 수질환경산업기사	☐
2020년 1,2회 통합 수질환경산업기사	☐
2020년 3회 수질환경산업기사	☐

1 ## 수질환경기사·산업기사필기 단기 합격을 위한 필수 기본서

수질환경기사·산업기사 필기 시험을 대비하기 위한 필수 기본서로 꼭 필요한 핵심이론, 적중 실전문제와 기출문제를 수록하여 기본부터 실전까지 한 권으로 학습할 수 있습니다.
초보자부터 전공자까지 보다 효율적인 학습이 가능하도록 구성하였습니다.

2 ## 문제 유형에 대비한 체계적인 학습구성

핵심이론부터 문제풀이까지 학습할 수 있도록 체계적으로 구성하였습니다.

① 핵심이론 학습 후 OX QUIZ를 통해 이론을 파악
② 적중실전문제를 통해 각 단원별로 빈출문제부터 최근 출제경향문제까지 다양한 유형을 파악하여 실전에 대비
③ 각 문제에 적합한 공식을 적용할 수 있도록 계산문제를 통해 학습
④ 과년도 기출문제와 완벽한 해설을 통해 다시 한 번 점검

3 ## 완벽 이해를 위한 정리

이론 학습 후 암기해야 되는 사항을 정리할 수 있는 'OX QUIZ', 각 단원별로 중요한 이론을 '용어정리'를 통해 더욱 효과적으로 학습할 수 있도록 하였습니다.

4 ## 필기 출제 경향 분석

필기 기출문제의 출제 경향을 완벽하게 분석하여 최근 경향을 알 수 있습니다.
또한, 이를 바탕으로 각 단원별 빈출 및 중요도를 파악하여 효율적으로 학습할 수 있습니다.

1 핵심이론

· 시험에 반드시 나오는 기본이론을 정리하여 체계적으로 학습합니다.

· 기본핵심원리와 필수공식으로 이론을 확실하게 학습합니다.

2 OX QUIZ

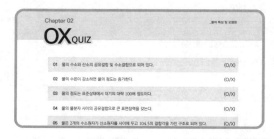

· 단원별 이론을 학습한 후 출제빈도가 높은 암기사항을 OX QUIZ로 제공하였으며, 이를 통해 이론을 다시 한 번 확인합니다.

3 적중실전문제

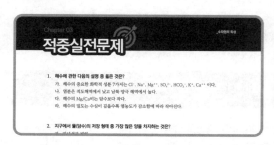

· 과년도 기출문제를 완벽하게 분석하여 각 단원별로 빈출문제부터 최근 출제경향문제까지 다양한 문제를 통해 실전을 대비할 수 있습니다.

4 계산문제

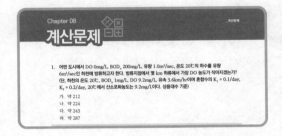

· 계산문제를 통해 유형별로 학습하여 각 문제에 적합한 공식을 적용합니다.

· 어려운 계산문제도 쉽게 풀어 자신감을 높입니다.

5 용어정리

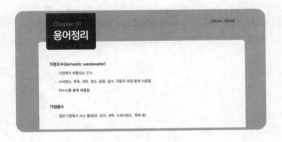

· 각 단원별로 중요한 용어를 정리하여 이해하기 쉽도록 해설하였습니다.

· 이론을 더욱 효과적으로 학습할 수 있습니다.

6 기출문제

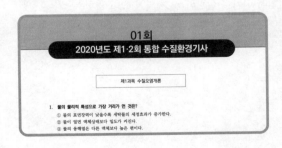

· CBT 전환 이전의 최신 3개년간의 과년도 기출문제와 각 문제에 대한 상세한 해설을 통해 문제 해결능력을 향상시킵니다.

* 기사의 경우 2020년부터 2022년 2회까지 수록
산업기사의 경우 2018년부터 2020년까지 수록

수질환경기사·산업기사 안내

| 개요

· 수질오염이란 물의 상태가 사람이 이용하고자 하는 상태에서 벗어난 경우를 말하는데 그런 현상 중에는 물에 인, 질소와 같은 비료성분이나 유기물, 중금속과 같은 물질이 많아진 경우, 수온이 높아진 경우 등이 있습니다.

· 이러한 수질오염은 심각한 문제를 일으키고 있어 이에 따른 자연환경 및 생활환경을 관리 보전하여 쾌적한 환경에서 생활할 수 있도록 수질오염에 관한 전문적인 양성이 시급해짐에 따라 자격제도가 제정되었습니다.

| 수질환경기사 · 산업기사의 역할

· 수질 분야에 측정망을 설치하고 그 지역의 수질오염 발생정도를 측정하여 다각적인 연구와 실험분석을 통해 오염의 원인에 대한 대책을 마련하는 업무를 합니다.

· 수질오염 물질을 제거 또는 감소시키기 위한 오염 방지시설을 설계, 시공, 운영하는 업무를 합니다.

| 수질환경기사 · 산업기사의 전망

· 「수질환경보존법(법23조)」사업자는 배출시설과 방지시설의 정상적인 운영·관리를 위하여 환경관리인을 임명할 것을 명시하고 있어 자격증 취득 시 취업에 유리합니다.

· 우리나라의 환경 투자비용은 매년 증가하고 있습니다. 또한, 수질관리와 상하수도 보전에 쓰여진 돈이 전체 환경 투자 비용의 50%가 넘는 등 환경예산이 증가됨에 따라 수질관리 및 처리에 있어 인력수요가 증가할 것입니다.

| 수질환경기사 · 산업기사 자격증의 다양한 활용

취업

· 정부의 환경관련기관, 환경관리공단, 한국수자원공사 등 유관기관 등에 환경연구원으로 취업이
  가능합니다.
· 화공, 제약, 도금, 염색, 식품, 건설 등 오·폐수 배출업체, 전문 폐수처리업체 등으로 진출 가능합니다.

가산점 제도

· 6급 이하 및 기술직공무원 채용시험 시 가산점을 줍니다. 농업·해양수산·보건·환경 일부 직류에서
  채용계급이 8·9급, 기능직 기능8급 이하일 경우와 6·7급, 기능직 기능7급 이상일 경우 모두 3~5%의
  가산점이 부여됩니다.
· 한국산업인력공단 일반직 5급 채용 시 수질환경기사는 필기시험 만점의 5~6%를 가산합니다.

＊ 혜택사항은 기업 내규에 의해 변경될 수 있습니다.

우대

· 관련업종 기업에서는 의무적으로 기사 및 산업기사를 고용해야 한다는 것이 법으로 규정되어 있어
  관련업종 취업 시 우대받을 수 있습니다.
· 국가기술자격법에 의해 공공기관 및 일반기업 채용 시 그리고 보수, 승진, 전보, 신분보장 등에 있어서
  우대받을 수 있습니다.

원서접수 안내

· 접수기간 내 큐넷(http://www.q-net.or.kr) 사이트를 통해 원서접수
  (원서접수 시작일 10:00 ~ 마감일 18:00)

응시자격

수질환경 기사	· 동일(유사)분야 기사 · 산업기사 + 1년 · 기능사 + 3년 · 동일종목 외국자격 취득자 · 관련학과 대졸(졸업예정자)	· 3년제 전문대졸 + 1년 · 2년제 전문대졸 + 2년 · 기사수준의 훈련과정 이수자 · 산업기사수준 훈련과정 이수 + 2년
수질환경 산업기사	· 동일(유사)분야 산업기사 · 기능사 + 1년 · 동일종목 외국자격 취득자	· 기능경기대회 입상 · 관련학과 전문대졸(졸업예정자) · 산업기사수준의 훈련과정 이수자

시험과목

구분	수질환경기사	수질환경산업기사
필기	① 수질오염개론 ② 상하수도 계획 ③ 수질오염 방지기술 ④ 수질오염 공정시험기준 ⑤ 수질환경관계법규	① 수질오염개론 ② 수질오염 방지기술 ③ 수질오염 공정시험기준 ④ 수질환경관계법규
실기	수질오염방지 실무	수질오염방지 실무

| 검정방법 및 시험시간

구분	필기		실기	
	검정방법	시험시간	검정방법	시험시간
수질환경 기사	객관식 4지 택일형	과목당 20문항 (과목당 30분)	필답형	3시간
수질환경 산업기사	객관식 4지 택일형	과목당 20문항 (과목당 30분)	필답형	2시간 30분

| 시험방법

· 1년에 3회 시험을 치르며, 필기와 실기는 다른 날에 구분하여 시행합니다.

| 합격자 기준

· 필기 : 100점을 만점으로 하여 과목당 40점 이상, 전과목 평균 60점 이상
· 실기 : 100점을 만점으로 하여 60점 이상
· 필기시험에 합격한 자에 대하여는 필기시험 합격자 발표일로부터 2년간 필기시험을 면제합니다.

| 합격자 발표

· 최종 정답은 인터넷(http://www.q-net.or.kr)을 통해 확인 가능합니다.
· 최종 합격자는 발표일에 인터넷(http://www.q-net.or.kr) 또는 ARS(1666-0100)로 확인 가능합니다.

최근 3개년 기준

> ## 수질환경기사

1과목. 수질오염개론

분류		출제빈도 (%)
기초개념	기초개념	2
물의 특성 및 오염원	1. 물의 특성	3
	2. 수질오염 및 오염물질 배출원	0
수자원의 특성	1. 물의 부존량과 순환	3
	2. 수자원의 용도 및 특성	5
	3. 재이용수의 용도 및 특성	0
수질화학	1. 화학적 단위	0
	2. 물질 수지 (mass balance)	0
	3. 화학평형(chemical equilibrium)	0
	4. 용해도적(용해도곱, solubility product)	1
	5. 화학반응(chemical reaction)	7
	6. 반응속도 (reaction rate)	3
	7. 반응조 (reaction reactor)	0
	8. 반응조의 물질수지 (mass balance)	3
	9. 수질오염의 지표 (water pollution index)	16

분류		출제빈도 (%)
수중 생물학	1. 수질환경 미생물	9
	2. 수중의 물질 순환	0
	3. 질소의 변환	2
	4. 물질대사	1
	5. 유기물질	1
	6. 호기성 분해	1
	7. 혐기성 분해	0
	8. 세포 증식과 기질 제거	1
	9. 독성시험과 생물농축	1
수자원 관리	1. 하천수의 수질관리	10
	2. 호소수의 수질관리	5
	3. 연안의 수질관리	4
	4. 지하수의 수질관리	0
	5. 수질모델링	6
분뇨·축산폐수 및 유해물질	1. 분뇨 및 축산 폐수	1
	2. 유해물질	6
기타	기타	6
총계		**100 %**

2과목. 상하수도 계획

분류		출제빈도 (%)
상하수도 기본계획	1. 상수도 기본계획	5
	2. 상수도의 계통	2
	3. 하수도 기본계획	6
	4. 우수 배제 계획	9
	5. 오수 배제 계획	2
	6. 하수처리· 재이용계획	4
	7. 분뇨 및 슬러지 처리계획	1
취수 도수 송수 배수 및 관거시설	1. 수원	0
	2. 저수 및 집수시설	3
	3. 지표수 취수	7
	4. 지하수 취수	3
	5. 도수 및 도수시설	3
	6. 송수 및 송수시설	0
	7. 배수 및 배수시설	4
	8. 급수 및 급수시설	0
	9. 관거의 종류 및 특성	3
	10. 관거 시설의 설계 요소	8
	11. 관거시설의 부속설비	2

분류		출제빈도 (%)
정수 및 하수처리시설	1. 상수의 정수시설	17
	2. 하수처리시설	5
펌프	1. 펌프의 기본사항	1
	2. 펌프 관련 계산 공식	4
	3. 펌프의 종류와 특성	2
	4. 펌프의 선정	1
	5. 펌프장시설의 설계요소	2
	6. 펌프이상현상	4
기타	기타	3
총계		100 %

| 3과목. 수질오염 방지기술

분류		출제빈도 (%)
하·폐수의 특성	하·폐수의 특성	3
물리·화학적 처리	1. 스크린	2
	2. 분쇄기	0
	3. 침사지	0
	4. 유수분리기	0
	5. 유량조정조	0
	6. 침전지	11
	7. 부상분리	1
	8. 여과설비	1
	9. 막분리설비	4
	10. 이온교환설비	0
	11. AOP	0
	12. FENTON 산화	0
	13. 흡착	3
	14. 소독 방법	4
	15. 응집	5
	16. 중화	1

분류		출제빈도 (%)
생물학적 처리	1. 활성슬러지 공법	18
	2. 활성슬러지 변법	1
	3. 생물막 공법	2
	4. 폭기설비	1
	5. 부착성생물반응조 (생물막 공법 종류)	5
	6. 질소 인 고도처리	18
슬러지 및 분뇨 처리	1. 슬러지 처리	1
	2. 슬러지농축	1
	3. 슬러지소화	5
	4. 슬러지개량	0
	5. 슬러지탈수	0
기타	기타	11
총계		100 %

| 4과목. 수질오염 공정시험기준

분류	출제빈도 (%)
총칙	13
시료채취 및 보존방법	14
유량측정 방법	7
항목별 시험 방법-일반항목	19
항목별 시험 방법-이온류	14
항목별 시험 방법-금속류	10
항목별 시험 방법-생물	7
항목별 시험 방법-기타	3
기기분석	12
기타	1
총계	100 %

| 5과목. 수질환경관계법규

분류	출제빈도 (%)
환경정책 기본법	5
물환경보전법	95
총계	100 %

출제 경향 분석

최근 3개년 기준

수질환경산업기사

1과목. 수질오염개론

분류		출제빈도 (%)
기초개념	기초개념	3
물의 특성 및 오염원	1. 물의 특성	4
	2. 수질오염 및 오염물질 배출원	1
수자원의 특성	1. 물의 부존량과 순환	2
	2. 수자원의 용도 및 특성	7
	3. 재이용수의 용도 및 특성	0
수질화학	1. 화학적 단위	5
	2. 물질 수지 (mass balance)	2
	3. 화학평형(chemical equilibrium)	1
	4. 용해도적(용해도곱, solubility product)	2
	5. 화학반응(chemical reaction)	3
	6. 반응속도 (reaction rate)	2
	7. 반응조 (reaction reactor)	1
	8. 반응조의 물질수지 (mass balance)	1
	9. 수질오염의 지표 (water pollution index)	21

분류		출제빈도 (%)
수중 생물학	1. 수질환경 미생물	5
	2. 수중의 물질 순환	1
	3. 질소의 변환	2
	4. 물질대사	0
	5. 유기물질	0
	6. 호기성 분해	4
	7. 혐기성 분해	0
	8. 세포 증식과 기질 제거	0
	9. 독성시험과 생물농축	1
수자원 관리	1. 하천수의 수질관리	10
	2. 호소수의 수질관리	10
	3. 연안의 수질관리	4
	4. 지하수의 수질관리	0
	5. 수질모델링	2
분뇨·축산폐수 및 유해물질	1. 분뇨 및 축산 폐수	1
	2. 유해물질	3
기타	기타	1
총계		100 %

| 2과목. 수질오염 방지기술

분류		출제빈도 (%)
하·폐수의 특성	하·폐수의 특성	6
물리·화학적 처리	1. 스크린	1
	2. 분쇄기	0
	3. 침사지	1
	4. 유수분리기	0
	5. 유량조정조	1
	6. 침전지	5
	7. 부상분리	0
	8. 여과설비	2
	9. 막분리설비	1
	10. 이온교환설비	3
	11. AOP	2
	12. FENTON 산화	0
	13. 흡착	3
	14. 소독 방법	9
	15. 응집	5
	16. 중화	1

분류		출제빈도 (%)
생물학적 처리	1. 활성슬러지 공법	17
	2. 활성슬러지 변법	5
	3. 생물막 공법	2
	4. 폭기설비	1
	5. 부착성생물반응조 (생물막 공법 종류)	3
	6. 질소 인 고도처리	8
슬러지 및 분뇨 처리	1. 슬러지 처리	4
	2. 슬러지농축	6
	3. 슬러지소화	3
	4. 슬러지개량	1
	5. 슬러지탈수	2
관거	1. 관거의 설계인자	1
	2. 관거의 유지관리	1
기타	기타	9
총계		100 %

| 3과목. 수질오염 공정시험기준

분류	출제빈도 (%)
총칙	11
시료채취 및 보존방법	13
유량측정 방법	8
항목별 시험 방법-일반항목	21
항목별 시험 방법-이온류	13
항목별 시험 방법-금속류	11
항목별 시험 방법-생물	6
항목별 시험 방법-기타	1
기기분석	14
기타	3
총계	100 %

| 4과목. 수질환경관계법규

분류	출제빈도 (%)
환경정책 기본법	9
물환경보전법	91
총계	100 %

Dr. Water 고경미가 알려주는 과목별 학습방법

수질오염개론

수질오염개론은 수질의 기초적인 부분과 다른 과목의 학문적인 배경을 배우는 부분입니다. 따라서 수질환경기사나 산업기사를 준비할 때 가장 먼저 학습해야 하고, 수질오염방지기술이나 상하수도 계획 과목과 연결이 되기 때문에 다른 과목에서 좋은 점수를 받으려면 기초가 되는 수질오염개론을 잘 공부해야 합니다. 수질오염개론은 다른 과목보다 이해해야 할 부분이 많습니다. 원리만 잘 이해하면 다른 과목보다 높은 점수를 받기 좋은 과목이므로 다른 과목보다 좀 더 시간을 가져서 공부하시기 바랍니다.

1. 생소한 용어의 정의(의미)와 단위에 먼저 익숙해지세요.

생소한 용어에 익숙해져야 다른 내용들도 이해하기 쉽습니다. 익숙하지 않은 용어나 단위부터 먼저 훑으면서 용어에 익숙해지세요. 그래야 좀 더 쉽게 개론 내용을 이해하실 수 있습니다.

2. 용어의 단위를 숙지하시고, 단위환산 연습을 하세요.

개론의 40% 정도가 계산 문제이고, 계산 문제는 공식을 대입하거나 단위환산으로 푸는 문제가 출제됩니다. 단위를 정확하게 알고 단위환산 연습을 하셔서 계산문제에서 점수를 올릴 수 있도록 해주세요.

3. 자주 출제되는 부분

수자원의 특징(특히 지하수, 해수 등)이나 수질오염지표, 미생물의 증식(모나드식, 미생물의 증식단계), 질산화, 하천의 BOD, DO 변화 등에서 자주 출제됩니다. 그렇기 때문에 많은 비중을 두고 학습해야 합니다.

상하수도 계획

기사에만 출제되는 과목입니다. 공부순서는 수질오염방지기술을 공부하신 다음 상하수도계획을 공부해주세요. 방지기술에서 나오는 원리나 기술들이 상하수도의 정수처리나 하수처리에 접목되기 때문에, 방지기술을 공부한 후 상하수도 계획을 보시면 더 수월하게 공부하실 수 있습니다. 상수도 및 하수도의 기본계획(계획년도, 상수도의 계획급수량 및 취수량, 하수도의 계획오수량 및 계획우수량)이나 각 시설의 설계재원, 관의 유속 등에 관해 많이 출제됩니다. 기출문제로 출제된 문제가 많이 출제되니 기출문제를 많이 풀어보시기 바랍니다. 계산문제는 계획우수량 구하는 문제, 막면적 계산, 관의 유속이나 유량, 경심 계산 등이 많이 출제됩니다.

수질오염 방지기술

방지기술은 개론과 연관성이 많습니다. 특히 계산문제에서는 개론에서 익힌 내용이나 공식, 단위환산 등을 적용해 푸는 문제가 많습니다. 자주 나오는 출제문제는 침전(침전 형태, 침강속도 계산, 침전율), 소독(각 소독의 특징, 염소소독, 잔류염소), 급속여과와 완속여과의 비교, 응집제, 활성슬러지, 생물막공법, 막여과, 질소 및 인의 고도처리, 슬러지 처리 계산 등입니다. 특히, 활성슬러지나 생물막공법, 질소 및 인의 고도처리 부분은 생물학적 처리의 원리를 잘 이해하여야 합니다.

수질오염 공정시험기준

공정시험기준은 양이 많습니다. 다 공부할 수도 없고 다 공부해도 다 기억할 수 없기 때문에, 자주 출제되는 부분을 정리해서 시험 전까지 꾸준히 암기해야 합니다. 자주 출제되는 부분은 총칙, 시료의 보존기간, 방법, 용기, 시료의 채취, 각 물질별 공정시험방법, 각 물질별 자외선/가시선 분광법, 물벼룩 급성독성 시험 등입니다.

수질환경관계법규

법규 과목도 공정시험기준과 공부방법이 같습니다. 자주 출제되는 부분을 정리해서 시험 전까지 꾸준히 암기해야 합니다. 물환경보전법에서 95%, 환경정책 기본법의 각 수질기준에서 5% 출제됩니다. 자주 출제되는 부분은 용어, 위임업무 보고기간, 오염총량 기본계획, 각 권역별 계획, 벌금 및 과태료, 시운전 기간, 사업장 구분, 사업장별 환경기술인 등입니다.

01

수질오염개론

Chapter

01 기초개념

1. 차원(Dimension)

	기호	단위
길이(Length)	L	km, m, mm
질량(Mass)	M	mg, g, kg, t
시간(Time)	T	년, 일, 시간, 분, 초
온도(Temperature)	K	켈빈(K), ℃

2. 기본 단위

(1) 특징

1) 같은 차원끼리는 단위 환산이 가능
2) 기준단위에 접두사를 붙여 단위의 크기를 나타냄

〈 접두사 〉

기호	크기	명칭
G	10^9	기가(giga-)
M	10^6	메가(mega-)
k	10^3	킬로(kilo-)
d	10^{-1}	데시(decii-)
c	10^{-2}	센티(centi-)
m	10^{-3}	밀리(mili-)
μ	10^{-6}	마이크로(micro-)
n	10^{-9}	나노(nano-)
p	10^{-12}	피코(pico)

(2) 종류

1) 길이

① 차원 : [L]
② 기준단위 : m
③ 단위 : nm, μm, mm, cm, m, km

$$1km \quad = \quad 1,000m$$
$$1m \quad = \quad 10^3mm \quad = \quad 10^6\mu m \quad = \quad 10^9nm$$

④ 단위환산

$$
\begin{aligned}
1km &= 10^3 m \\
&= \frac{10^3 m \;\bigm|\; 100cm}{1m} = 10^5 cm \\
&= \frac{10^3 m \;\bigm|\; 10^6 \mu m}{1m} = 10^9 \mu m
\end{aligned}
$$

2) 질량

① 차원 : [M]
② 기준단위 : g(그램)
③ 단위 : ng, μg, mg, g, kg, t

$$
\begin{aligned}
1kg &= 10^3 g \\
1mg &= 10^{-3} g \\
1\mu g &= 10^{-6} g \\
1ng &= 10^{-9} g
\end{aligned}
$$

④ 단위환산

$$
\begin{aligned}
1kg &= 10^3 g \\
&= \frac{10^3 g \;\bigm|\; 10^3 mg}{1g} = 10^6 mg \\
&= \frac{10^3 g \;\bigm|\; 10^6 \mu g}{1kg \;\bigm|\; 1g} = 10^9 \mu g
\end{aligned}
$$

3) 시간

① 차원 : [T]
② 기준단위 : 초(s)
③ 단위 : 초(s), 분(min), 시간(hr), 일(day), 주(week), 개월(month), 년(year)

$$
\begin{aligned}
1분 &= 60초 \\
1yr &= 12month = 365일 \\
1month &= 30일 \\
1일 &= 24hr \\
1hr &= 60분
\end{aligned}
$$

④ 단위환산

$$
\begin{aligned}
1일 &= 24hr \\
&= \frac{24hr \;\bigm|\; 60min}{1hr} = 1,440min \\
&= \frac{1,440min \;\bigm|\; 60s}{1min} = 86,400s
\end{aligned}
$$

4) 온도

① 차원 : [K]

② 단위 : 섭씨온도(℃), 화씨온도(℉), 절대온도(K)

③ 절대온도와 섭씨온도 환산

$$T = t + 273$$

T : 절대온도(K)
t : 섭씨온도(℃)

④ 화씨온도와 섭씨온도 환산

$$°F = \frac{9}{5}°C + 32$$

°F : 화씨온도(℉)
°C : 섭씨온도(℃)

5) 기타

① 전류 : 암페어(A)

② 광도 : 칸델라(cd)

3. 유도단위

(1) 면적

① 차원 : [L^2]

② 단위 : cm^2, m^2, km^2 길이의 단위에 제곱을 붙여 사용

③ 단위환산

$$1km^2 = (\frac{1,000m}{1km})^2 = 10^6 m^2$$
$$1m^2 = 10^4 cm^2 = 10^{12} \mu m^2 = 10^{18} nm^2$$

(2) 체적(부피, 용적)

① 차원 : [L^3]

② 단위 : m^3, L, cc

$$1m^3 = 1,000L$$
$$1cm^3 = 1cc$$

③ 단위환산

$$1m^3 = \frac{1m^3 \quad | \quad 100cm^3}{1m^3} = 10^6 cm^3$$

(3) 속도

① 정의 : 단위 시간 동안에 이동한 위치 벡터의 변위

② 차원 : [L/T]

$$속도 = \frac{거리}{시간} \qquad\qquad v = \frac{l}{t}$$

③ 단위 : m/s, cm/s

(4) 가속도

① 정의 : 단위시간당 속도의 변화율

$$가속도 = \frac{\varDelta속도}{시간} = \frac{\frac{거리}{시간}}{시간} = \frac{거리}{시간^2} \qquad\qquad a = \frac{dv}{dt}$$

② 단위 : m/s^2, cm/s^2

③ 차원 : $[L/T^2]$, $[L \cdot T^{-2}]$

(5) 중력가속도

① 정의 : 지구 중력에 의하여 물체에 가해지는 가속도

② 크기 : $9.8 m/s^2 = 980 cm/s^2$

(6) 힘

① 정의 : 물체에 작용하여, 물체의 모양을 변형시키거나, 물체의 운동 상태를 변화시키는 원인. 크기와 방향을 가짐

$$
\begin{aligned}
힘 &= 질량 \times 가속도 \\
(단위) \quad F &= m \times a = m \cdot a \\
N &= kg \cdot (m/s^2)
\end{aligned}
$$

② 단위 : N(뉴턴) = $kg \cdot m/s^2$

③ 차원 : $[ML/T^2]$

④ 단위환산

$$
\begin{aligned}
1 dyne &= 1 g \cdot cm/s^2 \\
1 N &= 10^5 dyne
\end{aligned}
$$

(7) 압력

① 정의 : 단위 면적에 수직으로 작용하는 힘

$$압력 = \frac{힘}{면적}$$

$$P = \frac{F}{A} = \frac{ma}{A}$$

$$(단위)\ Pa = \frac{N}{m^2} = \frac{kg \cdot m/s^2}{m^2} = \frac{kg}{m \cdot s^2}$$

② 단위

단위명	단위
기압	atm
수은주	mmHg = torr
수주	mmH_2O = mmAq = kg/m^2
파스칼	Pa = N/m^2 = $kg/m \cdot s^2$
킬로파스칼	1kPa = 1,000Pa

④ 차원 : $[M/L \cdot T^2]$

⑤ 단위환산

대기압 크기 비교

1기압 = 1atm

= 760mmHg

= $10,332mmH_2O$

= 101,325Pa

= 101.325kPa

= 1013.25hPa

= 1013.25mbar

= 14.7PSI

(8) 에너지(일)

① 정의 : 일반적으로는 일을 할 수 있는 능력 또는 그 양

$$에너지(일) = 힘 \times 거리$$

$$= N \times n$$

$$= kg \cdot (m/s^2) \times m$$

$$= kg \cdot m^2/s^2$$

② 단위 : J

③ 차원 : $[ML^2/T^2]$

(9) 동력(일률, power)

① 정의 : 단위 시간 동안에 한 일의 양

$$\text{동력(일률)} = \frac{\text{일}}{\text{시간}} = \frac{\text{힘} \times \text{거리}}{\text{시간}}$$

$$W = \frac{J}{s} = \frac{N \cdot m}{s} = \frac{kg(m/s^2)m}{s} = kg \cdot m^2/s^3$$

② 단위 : Watt

③ 차원 : $[ML^2/T^3]$

(10) 밀도

① 정의 : 물질의 질량을 부피로 나눈 값

$$\text{밀도} = \frac{\text{질량}}{\text{부피}} \qquad\qquad \rho = \frac{M}{V}$$

② 단위 : kg/m^3, g/cm^3

③ 차원 : $[M/L^3]$

④ 특징

ㄱ. 물질마다 고유의 값을 가짐

ㄴ. 온도에 따라 부피가 변하므로 밀도도 변함

(11) 무게(W)

① 정의 : 어떤 질량을 가지는 물체가 받는 중력의 크기

$$\text{무게} = \text{질량} \times \text{중력가속도}$$

$$W = mg$$

$$1kg_f = kg \cdot (9.8m/s^2)$$

② 단위 : kg_f

③ 차원 : $[ML/T^2]$

④ 질량과 무게 비교

	차원	단위
질량	M	kg
무게	ML/T^2 (힘의 차원과 같음)	kg_f

ㄱ. 질량과 무게는 차원이 다름

ㄴ. 그러나, 평소에는 구별없이 사용함

ㄷ. 몸무게 48kg라 하면, 무게도 $48kg_f$, 질량도 48kg임

(12) 비중(γ)

① 정의 : 물질의 단위 부피당 무게

$$\text{비중} = \frac{\text{무게}}{\text{부피}} \qquad\qquad \gamma = \frac{W}{V}$$

② 차원 : $[M/L^2T^2]$
③ 밀도와 비중량
④ 계산

$$\gamma = \frac{W}{V} = \frac{mg}{V}$$

$$= \frac{kg \cdot m/s^2}{m^3} = \frac{kg}{m^2 s^2} = [\frac{M}{L^2 T^2}]$$

$$\gamma = \rho \times g$$
$$\text{비중량} = \text{밀도} \times \text{중력가속도}$$

⑤ 특징

ㄱ. 밀도가 $1kg/cm^3$이면 비중량도 $1kg_f/cm^3$이다.
ㄴ. 밀도와 비중은 질량과 무게처럼 크기는 같으나 차원이 다름
ㄷ. 둘다 물질의 부피와 질량(무게)를 환산하는데 이용함

(13) 표면장력(σ)

① 정의 : 액체는 액체 분자의 응집력 때문에 그 표면을 되도록 작게 하려는 성질에 의해 액체의
　　　　표면에 생기는 장력(힘)
② 단위 : N/m
③ 차원 : $[M/T^2]$
④ 단위환산

$$1J/m^2 = 1N \cdot m/m^2 = 1N/m = kg/s^2 = 10^5 dyne/m$$

⑤ 특징 : 온도가 증가하면 액체의 표면장력은 작아짐

(14) 점성계수(μ)

① 정의

ㄱ. 점성(viscosity) : 유체의 어떤 부분이 서로 이웃하는 부분에 대해서 운동할 때, 이 경계
　면을 따라 운동에 저항하는 성질

ㄴ. 점성계수 : 유체 점성의 크기를 나타내는 물질 고유의 상수(유속구배와 전단력사이 비례
　상수(μ))

$$\tau = \mu \, (\partial u / \partial y)$$

τ : 유체의 경계면에 작용하는 전단력

$\partial u / \partial y$: 속도 경사

μ : 점성계수

② 단위 : kg/m·s, g/cm·s, 1poise

③ 차원 : [M/LT]

④ 단위환산

$$1\text{poise} = 1\text{g/cm·s} = 1\text{dyne·s/cm}^2$$

⑤ 특징

ㄱ. 점성계수는 유체의 종류에 따라 값이 다름

ㄴ. 액체는 온도가 증가하면 점성계수 값도 작아짐

(15) 동점성계수(kinematic viscosity)

① 정의 : 점성계수를 유체의 밀도로 나눈 계수

$$\nu = \frac{\mu}{\rho}$$

③ 단위 : cm^2/s , stoke

④ 차원 : [L^2/T]

⑤ 단위환산

$$1\text{stoke} = 1\text{cm}^2/\text{s}$$
$$1\text{St} = 100\text{cSt(센티스토크)}$$

⑥ 특징

ㄱ. 점성계수도 온도에 따라 값이 달라지므로 동점성계수도 온도에 따라 값이 달라짐

ㄴ. 온도가 증가하면 물의 동점성 계수는 작아짐

02 물의 특성 및 오염원

1. 물의 특성

(1) 물리적 특성

1) 물의 상태변화

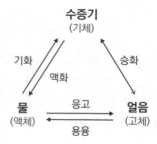

	정의	상태 변화
흡열과정	에너지를 흡수함	용융, 기화, 승화
발열과정	에너지를 방출함	응고, 액화, 승화

2) 물의 물성상수

물성	물성값
어는점	$0℃$(1atm)
끓는점	$100℃$
융해열	79.40cal/g($0℃$)
기화열(증발열)	539.032cal/g($100℃$)
비열	1kcal/kg$℃$ = 1.0cal/g$℃$
밀도	1g/cm^3 = 102kg $\cdot$ s^2/m^4($4℃$)
비저항	$2.5 \times 10^7 Ω \cdot$cm
표면장력	72.75dyne/cm($20℃$)

3) 비열

가) 정의

　　1g의 물질을 $1℃$($14.5 \sim 15.5℃$) 올리는 데 필요한 열량

나) 특징

　① 다른 화합물보다 비열이 매우 크므로, 수온의 변화가 적음(완충역할)

　② 물의 비열 : 1kcal/kg $\cdot ℃$ = 1.0cal/g$°C$($14.5 \sim 15.5°℃$)

4) 밀도

가) 정의

물의 단위 부피당 질량

나) 물의 밀도

$$1t/m^3 \ = \ 1kg/L \ = \ 1g/cm^3(4℃)$$

다) 밀도와 온도

① 물의 밀도는 온도가 높아지면 증가하고 4℃에서 최대가 되었다가 온도가 더 높아지면 밀도는 다시 감소함(수소결합 때문)

② 이 때문에 얼음의 밀도가 물보다 작아 물 위에 얼음이 뜨게 됨

③ 빙하기에도 수중 생태계 유지가능

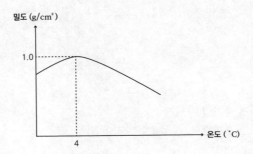

5) 열전달률

가) 정의

열이 주변에 전달되는 정도

나) 특징

① 물은 다른 물질보다 열전달률이 높음

② 영향 : 환경 유입 열에너지가 환경, 생물체에 빨리 전달되어, 원활한 화학반응 및 생화학 반응 이 일어날 수 있도록 함

6) 표면장력

가) 정의

액체가 표면을 작게 하려고 스스로 수축하는 힘

나) 특징

① 물은 표면장력이 커서 모세관현상이 발생함
② 모세관 현상 : 수중에 수직으로 가느다란 관(모세관)을 세우면 물이 모세관을 따라 올라감
③ 모세관현상으로 물이 식물체 내 영양물질, 대사작용 운반 매체가 됨
④ 수온이 높아지면 표면장력은 작아짐

다) 모세관 현상에서 물기둥 높이

$$h = \frac{4\sigma\cos\beta}{\omega d}$$

h : 물기둥 높이(m)
σ : 물의 표면장력(kg_f/m)
β : 접촉각(°)
ω : 물의 비중(kg_f/m^3)
d : 모세관 직경(m)

7) 온도와의 관계

① 온도가 높아지면 증기압은 커짐
② 온도가 높아지면 표면장력, 점성계수는 작아짐

(2) 화학적 특성

1) 물분자(H_2O)

① 분자량 18
② 결합각도 104.5°
③ 공유결합 : 수소, 산소원자 간 공유결합 형성
④ 수소결합 : 물분자 간 수소결합 형성

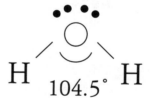

2) 안정한 화합물

① 열에 안정 : 1,200°C에서 약 3%만 수소와 산소로 분해
② 물의 어는점은 0°C, 끓는점은 100°C로 다른 액체보다 액체로 있을 수 있는 온도 범위가 넓음
③ 물에서 극소량만 H^+, OH^-로 해리됨

3) 극성용매

가) 특징

① 강한 극성 분자 : 수소결합을 가져 극성이 강함. 극성용매로 작용
② 우수한 극성 용매 : 무극성 물질보다 다양한 물질 용해시킴

나) 영향

① 이온성 물질의 용해 및 용액의 이온화, 운반매체

② 광합성의 수소 공여체, 생체 내 대사작용에 중요작용

4) 광합성의 수소공여체

광합성은 녹색식물이 이산화탄소와 물을 빛을 이용하여 유기물로 합성하는 과정

$$CO_2 + H_2O \rightarrow CH_2O + O_2$$
무기물   유기물

광합성 과정에서 유기물의 수소는 물(H_2O)로부터 얻음

즉, 물이 광합성의 수소공여체로 작용함

2. 수질오염 및 오염물질 배출원

(1) 종류

① 물의 오염

인간생활 및 산업활동에 의해 배출되는 폐수, 하수 및 분뇨 등의 영향으로 자연수역의 수질이 화학적, 물리적, 생물학적으로 변화하는 현상을 말함

② 수질오염(water pollution)

하천, 호소, 해양, 지하수 등 자연수계에서 물의 자정능력을 초과하여 자연적, 인위적 오염물질이 수중에 유입되어 자연 및 사람에게 피해 주는 현상 혹은 이용가치가 저하되는 현상

③ 수질오염물질(water pollutants)

가정의 생활하수와 공장 폐수, 농·축산 폐수, 농약·비료 등에 포함되어 수질오염을 유발시키는 여러 가지 유기물이나 중금속·독성 물질

(2) 수질오염원(water pollution source)

1) 정의

수질의 오염원으로는 도시의 가정 및 빌딩, 화학공장, 식품공장, 광산, 제련소, 발전소, 목장 등 다방면에 이름

2) 오염원별 분류

	점오염원	비점오염원
정의	특정지역에 집중되어 대량으로 배출되는 배출원 배출구 및 배출단위의 파악이 가능한 오염원	광역지역에 분산되어 있는 배출원 배출구 및 배출단위의 파악이 어려운 오염원
발생원	가정하수, 공장폐수, 축산폐수, 분뇨처리장, 가두리 양식장 등	임야, 강수 유출수, 농경지배수, 지하수, 농지, 골프장, 거리청소수, 도로 등
특징	· 고농도물질을 한 지점 집중적 배출 · 차집, 처리효율 大 · 인위적 · 생활특성에 따라 달라지며, 시간변화, 일간(주간, 휴일 등)에 따른 변화가 있음 · 자연적 요인 영향 적음 · 계절적 변화 영향 적음	· 배출지점 불특정, 광역적 배출 · 차집, 처리 어려움 · 자연적, 인위적 · 홍수 시 하천수의 수질악화의 원인 · 일간·계절간 배출량 변화커서 예측 및 방지 어려움 · 처리효율이 일정치 않음
수질 및 수생태계 보전법상 정의	폐수배출시설, 하수발생시설, 축사 등으로서 관거 수료를 통하여 일정한 지점으로 수질오염물질을 배출하는 배출원	도시, 도로, 농지, 산지, 공사장 등으로서 불특정 장소에서 불특정하게 수질오염물질을 배출하는 배출원

3) 발생원별 분류

	정의	특징
생활 하수	가정에서 발생하는 폐수	발생량 최대
산업폐수	공장 산업지대에서 발생하는 폐수	발생량은 가정오수보다 적음 고농도 유해물질이 많음
온폐수 (온열폐수)	배출원 : 화력발전소, 제철소, 석유화학공업	주변 수온을 상승시켜 열오염(Thermal Pollution)을 일으킴
방사성 폐수	배출원 : 원자력 발전소, 병원	영향 : 방사능 생물 내 축적, 생물농축으로 인체 방사능 피폭 피해

OX QUIZ

01	물은 수소와 산소의 공유결합 및 수소결합으로 되어 있다.	(O/X)
02	물의 수온이 감소하면 물의 점도는 증가한다.	(O/X)
03	물의 점도는 표준상태에서 대기의 대략 100배 정도이다.	(O/X)
04	물의 물분자 사이의 공유결합으로 큰 표면장력을 갖는다.	(O/X)
05	물은 2개의 수소원자가 산소원자를 사이에 두고 104.5°의 결합각을 가진 구조로 되어 있다.	(O/X)
06	물은 열에 매우 안정한 화합물로 1,200°C에서 약 5%~10% 정도 분해되어 수소와 산소로 된다.	(O/X)
07	물은 유사한 분자량의 화합물보다 비열이 매우 커 수온의 급격한 변화를 방지해 준다.	(O/X)
08	물의 밀도는 4°C에서 가장 크다.	(O/X)
09	물은 고체상태인 경우 수소결합에 의해 육각형 결정구조를 형성한다.	(O/X)
10	물은 액체상태의 경우 공유결합과 수소결합의 구조로 H^+, OH^-로 전리되어 극성을 가진다.	(O/X)
11	물의 온도차에 의한 밀도변화는 호수의 계절적 성층화와 전도를 유발한다.	(O/X)
12	밀도류에 영향을 미치는 물의 점성은 온도가 상승함에 따라 증가한다.	(O/X)
13	물의 비열은 1g의 물질을 14.5~15.5℃까지 1℃ 올리는데 필요한 열량으로 물은 유사한 분자량을 갖는 다른 화합물보다 비열이 매우 큰 특성이 있다.	(O/X)
14	물의 점도는 물분자 상호간의 인력 때문에 생기게 되며 온도가 높아짐에 따라 작아진다.	(O/X)
15	물은 비압축성이며 다른 액체상태의 물질과는 달리 약 4℃일 때 밀도가 최대 1,000kg/m³가 된다.	(O/X)

1.○ 2.○ 3.○ 4.× 5.○ 6.× 7.○ 8.○ 9.○ 10.○ 11.○ 12.× 13.○ 14.○ 15.○

Chapter

03 수자원의 특성

1. 물의 부존량과 순환

(1) 물의 부존량

① 수자원의 분포 : 해수 97.2%, 담수 3%

② 담수의 비율 :
빙하 〉 지하수 〉 지표수(호수,하천) 〉 대기 중 수분(수증기, 구름, 안개 등) 〉 생물체 내 수분

③ 이용가능한 담수량 : 총 수자원의 0.6%

④ 담수 중 실제생활에 바로 이용가능한 비율은 11%

⑤ 용수 중 가장 물 사용량이 많은 용수는 농업용수임

구분	이용량(억m^3)	비율(%)
생활용수	36	17
공업용수	20	9
농업용수	114	54
발전 및 하천유지용수	43	20
계	213	100

(2) 물의 순환(hydrologic cycle ; water cycle)

1) 정의

비나 눈 등의 강수는 지표에 도달해서부터 여러 가지 경로를 통해서 최종적으로는 강물이 되거나 바다나 호수로 유입됨

해면이나 호수 면으로부터 물은 증발해서 구름이 되고 강수를 초래함. 이러한 물 이동의 사이클

2) 특징

① 지구상의 물은 기권, 수권, 암석권 3개에 걸쳐서 순환하고 있고 그 과정에서 대기 중의 수증기, 지표수(하천수, 호수와 늪의 물), 토양성분, 지하수, 빙하 등이 됨

② 이들 물은 각각 독립해서 존재하는 것이 아니고 일군의 고리로서 서로 다른 과정을 통해서 순환함

③ 자연순환 : 지구상의 물이 강수, 유출, 증발, 침투 등의 형태로 대기 – 육지 – 해양 – 대기로 이동하는 '자연순환'과 더불어, 현재에는 상수도 – 도시·산업 – 하수도 – 처리수의 재이용이라는 '물의 이용'과 '물의 정화'를 총칭함

2. 수자원의 용도 및 특성

(1) 우수(우수, 강수)

1) 정의

비, 눈, 싸라기눈 등 공중대기로부터 지표에 도달하는 강수의 총칭

2) 특징

① 도서지역 등과 같이 하천수의 안정 확보가 곤란한 지역 또는 해수의 침입 등에 의해 수질이 나쁜 경우는 강우 시에 지붕에서 흐르는 우수를 모아서 생활용수로 사용함

② 해수성분과 비슷

③ 연수 무기염류 함량 낮음, 광물질 용해되어 있지 않음

④ 수자원 이용률 낮음

⑤ 산성 pH 5.6(대기중 CO_2, SOx 성분 존재)

⑥ 해수 주성분과 비슷

⑦ 빗물 성분 : Cl^-, Na^+, K^+, Ca^{2+}, Mg^{2+}, SO_4^{2-}

⑧ 해수 성분 : Cl^-, Na^+, K^+, Ca^{2+}, Mg^{2+}, SO_4^{2-}, HCO_3^-

⑨ 완충작용이 작음(용해 성분 적음)

(2) 지표수(Surface Water)

1) 하천수(Stream Water)

가) 정의

지표수 중 흐르는 물

나) 특징

① 지하수보다 수량은 풍부하나 유량의 변동이 큼

② 호소수보다 수질이 나쁨

③ 계절, 배수지역의 지질과 개발 정도에 따라 구성성분 변함

④ 유량이 줄어들면 수질 악화

⑤ 건기에는 주로 하수나 지하수로 하천수가 구성(경도, 알칼리도 높음)

⑥ 호우 시나 고수위의 경우는 유수 중의 부유물질과 세균수가 증가

2) 호소수(Lake Water)

가) 정의

지표수 중 고여있는 물

나) 특징

① 하천의 자정작용과 상이(자정작용 효과는 큼)
② 침전에 의한 자정작용이 크며, 수질변화가 완만
③ 수심에 따른 온도변화 및 밀도변화로 상하 수직운동이 발생
④ 정체현상에 따른 부영양화(Eutrophication)가 되기 쉽고, 호소의 바닥이 혐기성 상태로 되기 쉬움
⑤ 성층이 형성되는 시기에는 심수층의 망간(Mn) 용출 가능

(3) 지하수(Underground Water)

1) 개요

가) 정의

빗물이나 지표수가 지층을 통과하여 지하수면 아래에 부존되어 있는 물

나) 특징

① 수온변동, 수질변화가 적음
② 탁도가 낮음
③ 유속이 느리고 자정속도도 느림
④ 국지적인 환경조건의 영향을 크게 받음
⑤ 세균에 의한 유기물 분해가 주된 생물작용임
⑥ 환원상태
⑦ 높은 무기물함량, 낮은 공기용해도, 높은 알칼리도 및 경도
⑧ 유리탄산이 용해되어 pH가 낮음
⑨ 수직분포에 따른 수질차이가 있음
⑩ 오염 정도의 측정과 예측 및 감시가 어려움

〈 수직 깊이에 따른 지하수의 수질분포의 특성 〉

지하수	ORP	산소	질소	유리탄산	알칼리도	SO_4^{2-}	NO_3^-	Fe^{2+}	pH	염분
상층수	고	대	소	대	소	대	대	소	대	소
하층수	저	소	대	소	대	소	소	대	소	대

2) 종류

가) 천층수(Subsurface Water)

① 정의

지하로 침투한 물이 제1불투수층 위에 고인 물

② 특징

자유수면을 갖고 있어, 산소가 존재하므로 유기물은 미생물의 호기성 활동에 의해서 분해되기도 함

나) 심층수(Deep Water)

① 정의

지하의 제1불투수층과 제2불투수층 사이의 피압면 지하수

② 특징

ㄱ. 지층의 정화작용으로 무균상태에 가까움

ㄴ. 4계절의 수온이 일정

ㄷ. 공기의 공급이 충분하지 못해 환원작용, 즉 황산염이 황화수소 그리고 질소화합물이 암모니아의 형태로 존재함

다) 복류수(River - bed Water)

① 정의

하천이나 호수 등의 하부 또는 측부의 모래·자갈층 중에 포함되는 물

② 특징

ㄱ. 강변여과수 및 천층수와 유사

ㄴ. 원류인 하천 또는 호소의 수질, 그리고 자연여과 및 지층의 토질이나 그 두께, 원류와의 거리 등에 영향을 받음

라) 용천수(Spring Water)

① 정의

지하수가 지상으로 솟아 나온 것

② 특징

큰 화산 산록에 용수량이 풍부한 것이 많고, 대규모인 것으로는 유량이 하루 수만m^3에 달하며 수질도 양호한 것이 많음

마) 광천수(Mineral Water)

① 정의

칼슘, 마그네슘, 칼륨 등의 광물질이 미량 함유되어 있는 물

② 특징

ㄱ. 땅 속에서 솟아나는 샘물로서 가스상 또는 고형물질을 대량으로 함유하고 있음

ㄴ. 천연광천을 이용한 것과 상수도물에서 염소를 제거하여 적당한 염류를 첨가해 만든 것이 있는데, 식수, 탄산수 등으로 애용됨

(4) 해수(sea water)

1) 정의

바닷물

2) 특징

① pH 8.2(8.0~8.3)
② 중탄산염(HCO_3^-) 포화용액
③ 해수의 Mg/Ca 비 : 3~4(담수1)
④ 강전해질
⑤ 성분 : Cl^-, Na^+, K^+, Ca^{2+}, Mg^{2+}, SO_4^{2-}, HCO_3^-을 포함하여 약 30종류
⑥ 상승류(upwelling) 되는 곳에 PO_4^{3-}가 많음
⑦ 밀도

ㄱ. $1.025 \sim 1.03 g/cm^3$
ㄴ. 수온이 낮을수록, 수심이 깊을수록, 염분이 높을수록, 해수의 밀도는 커짐

⑧ 질소 성분

ㄱ. 35% : 유기질소, $NH_3 - N$
ㄴ. 65% : $NO_2^- - N$, $NO_3^- - N$

3) 염분

가) 염분의 농도

① 1L 당 평균 35g
② 3.5% = 35‰ = 35,000ppm의 염분 함유
③ 무역풍대 〉 적도 〉 극지방

나) 염분의 성분

① Holy Seven : 해수의 주성분을 이루고 있는 대표적인 7가지 원소
② Cl^- 〉 Na^+ 〉 SO_4^{2-} 〉 Mg^{2+} 〉 Ca^{2+} 〉 K^+ 〉 HCO_3^-

다) 염분비 일정법칙

해양 어느 곳에서나 염류의 절대 농도와는 관계없이 상대적인 구성 비율은 일정

3. 재이용수의 용도 및 특성

(1) 재이용수(중수도, reclaimed wastewater)

1) 정의

하·폐수의 고도처리에 의하여 다시 사용할 수 있는 청정수로서 잡용수, 수경 · 친수용수 등으로 재이용되는 물

2) 수원

① 하수처리장의 처리수
② 기타 시설물의 잡배수, 수세식 변소용수 등

3) 수질요건

① 이용상의 지장이 없을 것
② 시설이나 기구에 악영향을 미치지 않을 것
③ 처리기술에 대한 안전성이 확립되어 있을 것
④ 유지관리수준의 확보와 판정을 위한 적절한 지표가 있을 것
⑤ 처리비용이 경제적일 것

4) 용도

청소수, 화장실세정수, 조경용수, 축사용수, 제설용, 화장실용수, 냉각수 등

5) 이용방법

① 개방순환방식 : 하수를 처리하여 하천 등에 방류한 후 하류에서 취수하여 재이용하거나 하수처리장의 처리수를 지표에 살포·침투시킨 후 지하수로서 재사용하는 방식
② 폐쇄순환방식 : 하수처리장의 처리수를 직접 중수도 원수로서 이용하거나 고도처리한 후 재이용하는 방식

Chapter 03

OX QUIZ

01	지하수는 연중 수온의 변동이 적다.	(O/X)
02	지하수는 흐름이 하천수에 비해 완만하며 한번 오염이 된 후에는 회복기간이 오래 걸린다.	(O/X)
03	지하수는 토양의 여과, 부식작용으로 지하수 중에 탁도가 높다.	(O/X)
04	지하수는 빗물로 인하여 광물질이 용해되어 경도가 높다.	(O/X)
05	지하수는 자정속도가 느리다.	(O/X)
06	지하수의 유기물 분해는 세균에 의해 일어난다.	(O/X)
07	지하수는 유속이 낮고 국지적으로 환경조건의 영향을 크게 받는다.	(O/X)
08	지하수는 불용성 현탁물질로 여과에 의해 제거되지 않는다.	(O/X)
09	해류에서 조류는 지구와 달과 태양의 인력에 의해 발생한다.	(O/X)
10	해류에서 쓰나미는 해저의 화산활동으로 인해 발생한다.	(O/X)
11	해류에서 상승류는 바람과 해양 및 육지의 상호작용에 의해 해수가 저부에서 상부로 상승하여 발생한다.	(O/X)
12	해류에서 심해류는 수층이 안정된 심해에서 지구 자전의 영향으로 발생한다.	(O/X)
13	해수의 염분은 극 해역보다 적도 해역이 높다.	(O/X)
14	Cl^-은 해수에 녹아 있는 성분 중 가장 많은 양을 차지한다.	(O/X)
15	해수 내 성분 중 나트륨 다음으로 가장 많은 성분을 차지하는 것은 칼륨이다.	(O/X)
16	해수 내 전체 질소 중 35% 정도는 암모니아성 질소, 유기질소 형태이다.	(O/X)
17	지하수는 지표수에 비하여 자연, 인위적인 국지조건에 따른 영향이 적다.	(O/X)
18	해수는 염분, 온도, pH 등 물리화학적 성상이 불안정하다.	(O/X)
19	하천수는 주변지질의 영향이 적고 유기물을 많이 함유하는 경우가 거의 없다.	(O/X)
20	우수의 주성분은 해수의 주성분과 거의 동일하다.	(O/X)
21	해수의 염분은 적도해역보다 극해역이 다소 높다.	(O/X)
22	해수의 주요 성분 농도비는 수온, 염분의 함수로 수심이 깊어질수록 증가한다.	(O/X)

23 해수의 Na/Ca비는 3~4 정도로 담수보다 매우 높다. (O/X)

24 해수 내 전체 질소 중 35% 정도는 암모니아성 질소, 유기질소 형태이다. (O/X)

25 해수의 Ca/Mg 농도비는 3~4 정도로 담수에 비하여 매우 크다. (O/X)

26 해수는 HCO_3^-를 포화시킨 상태로 되어 있다. (O/X)

27 해수는 강전해질로 1L당 35g의 염분을 함유한다. (O/X)

28 해수의 중요한 화학적 성분 7가지는 Cl^-, Na^+, Mg^{2+}, N, P, K^+, Ca^{2+}이다. (O/X)

29 해수의 pH는 약 7.2로 중성을 나타낸다. (O/X)

30 해수의 Mg/Ca비는 담수보다 크다. (O/X)

31 해수의 밀도는 수심이 깊을수록 염농도가 감소함에 따라 작아진다. (O/X)

32 해수의 Mg/Ca 농도비는 3~4 정도로 담수에 비하여 매우 크다. (O/X)

33 해수는 강전해질로 염소이온 35,000ppm을 함유하고 있다. (O/X)

34 수자원 지하수에서는 미생물에 의한 유기물의 분해가 주된 생물작용이다. (O/X)

35 해수는 염분, 온도, pH 등 물리화학적 성상이 불안정적이다. (O/X)

36 우리나라의 하천수에는 humic 물질들의 함유량이 적어 기존의 정수공정에서 사용되는 염소와 반응하여 THM과 같은 발암성 물질을 생성시키기 어렵다. (O/X)

37 우수의 주성분은 해수보다는 육수(陸水)의 주성분과 거의 동일하다고 할 수 있다. (O/X)

38 해수의 수온도 호수와 마찬가지로 표층수, 수온약층, 심수층으로 구분이 가능하다. (O/X)

39 해수의 염분농도는 평균 35‰ 정도로, 표층수는 증발과 강우에 의해, 대륙연안은 하천수의 유입 때문에, 극지방에서는 얼음이 녹거나 얼 때 영향을 받는다. (O/X)

40 위도에 따른 염분분포는 증발량이 강우량보다 많은 무역풍대 지역에서 염분이 가장 높고, 강우량이 많은 적도지역에서 염분이 낮다. (O/X)

41 해수의 영양염류 특성은 표층수에서는 영양염류의 농도가 높고, 광합성이 이루어지지 않는 심층수에서는 영양염류 농도가 낮다. (O/X)

42 해수의 염분은 통상 천분율로 표시한다. (O/X)

43 해수의 주요 성분 농도비는 항상 일정하다. (O/X)

44 해수내 질소 중 35% 정도는 $NO_2^- - N$, $NO_3^- - N$ 형태이다. (O/X)

45 해수는 강전해질로서 1당 35,000ppm의 염분을 함유한다. (O/X)

46 해수 내 전체 질소 중 70% 정도는 암모니아성 질소, 유기 질소 형태이다. (O/X)

47 해수의 pH는 약 8.2로서 약알칼리성을 가진다. (O/X)

48 지하수는 지표수보다 경도가 높다. (O/X)

49 지하수는 세균에 의한 유기물의 분해가 주된 생물작용이 된다. (O/X)

50 지하수는 유리탄산의 소모로 약알칼리를 나타낸다. (O/X)

51 자연수의 pH는 일반적으로 CO_2와 CO_3^{2-}의 비율로서 결정된다. (O/X)

52 산성강우 주요원인물질은 유황산화물, 질소산화물, 염산을 들 수 있다. (O/X)

53 산성강우는 대기오염이 혹심한 지역에 국한되는 현상으로 비교적 정확한 예보가 가능하다. (O/X)

54 산성강우는 초목의 잎과 토양으로부터 Ca^{++}, Mg^{++}, K^+ 등의 용출속도를 증가시킨다. (O/X)

55 산성강우는 보통 대기 중 탄산가스와 평형상태에 있는 물로 약 pH 5.6의 산성을 띠고 있다. (O/X)

56 기상수는 대기중에서 지상으로 낙하할 때는 상당한 불순물을 함유한 상태이다. (O/X)

57 우수의 주성분은 육수(陸水)의 주성분과 거의 동일하다. (O/X)

58 해안 가까운 곳의 우수는 염분함량의 변화가 크다. (O/X)

59 천수는 사실상 증류수로서 증류단계에서는 순수에 가까워 다른 자연수보다 깨끗하다. (O/X)

1.○	2.○	3.×	4.○	5.○	6.○	7.○	8.×	9.○	10.○	11.○	12.×	13.○	14.○	15.×
16.○	17.×	18.×	19.×	20.○	21.×	22.×	23.×	24.○	25.×	26.○	27.○	28.×	29.×	30.○
31.×	32.○	33.×	34.○	35.×	36.×	37.×	38.○	39.○	40.○	41.×	42.○	43.○	44.×	45.○
46.×	47.○	48.○	49.○	50.×	51.○	52.○	53.×	54.○	55.○	56.○	57.×	58.○	59.○	

적중실전문제

1. **해수에 관한 다음의 설명 중 옳은 것은?**

   가. 해수의 중요한 화학적 성분 7가지는 Cl^-, Na^+, Mg^{++}, SO_4^{2-}, HCO_3^-, K^+, Ca^{++} 이다.

   나. 염분은 적도해역에서 낮고 남북 양극 해역에서 높다.

   다. 해수의 Mg/Ca비는 담수보다 작다.

   라. 해수의 밀도는 수심이 깊을수록 염농도가 감소함에 따라 작아진다.

2. **지구에서 물(담수)의 저장 형태 중 가장 많은 양을 차지하는 것은?**

   가. 만년설과 빙하

   나. 담수호

   다. 토양수

   라. 대기

3. **지구상에 분포하는 수량 중 빙하(만년설 포함) 다음으로 가장 많은 비율을 차지하고 있는 것은? (단, 담수 기준)**

   가. 하천수

   나. 지하수

   다. 대기습도

   라. 토양수

1.㉮   2.㉮   3.㉯

Chapter

04 수질화학

1. 화학적 단위

(1) 원자

1) 정의

물질을 구성하는 가장 작은 입자

2) 특징

① 양성자(+), 중성자, 전자(－)로 구성
② 양성자와 중성자가 원자핵을 이루고 그 주위에 음전하를 띤 전자가 구름처럼 퍼져 있음
③ 원자핵의 전기적 중성, (+)전하와 전자의 (－)전하의 양이 같음

(2) 분자

1) 정의

분자는 물질의 성질을 나타내는 가장 작은 입자

2) 특징

① 분자를 원자로 나누면 성질을 잃음
② 분자는 그것을 구성하는 성분원자와는 전혀 다른 성질을 나타내는 입자
③ 기체 또는 용액에서 독립적으로 존재

(3) 이온

1) 정의

① 이온 : 원자가 전자를 잃거나 얻어 전하를 띠는 입자
② 양이온 : 전기적으로 중성인 원자가 전자를 잃어서 (+)전하를 띠는 입자
③ 음이온 : 전기적으로 중성인 원자가 전자를 얻어서 (－)전하를 띠는 입자

〈 여러가지 양이온과 음이온 〉

양이온		음이온	
Na^+	나트륨이온	Cl^-	염화이온
Ag^+	은이온	I^-	아이오딘화이온
Mg^{2+}	마그네슘이온	O^{2-}	산화이온
Ca^{2+}	칼슘이온	S^{2-}	황화이온
Al^{3+}	알루미늄이온	OH^-	수산화이온
NH_4^+	암모늄이온	CO_3^{2-}	탄산이온
H_3O^+	하이드로늄이온	PO_4^{3-}	인산이온

(4) 화학식량

1) 정의

어떤 물질의 화학식을 이루는 원자들의 원자량의 합

2) 원자량

① 원자량 : 12C 원자의 질량을 12로 정하고, 이를 기준으로 한 원자의 상대적 질량
② 평균원자량 : 동위원소가 있는 원소인 경우, 그 원소의 질량수가 다르므로, 존재비율을 고려하여 평균원자량을 만듦
③ 동위원소 : 같은 종류의 원소이나 중성자 개수가 달라 질량수 다름, 물리적 성질 다름
④ g원자량 : 원자량은 상대적인 값이므로 단위를 가지지 않지만, 실제 화학 반응에서 화합물의 질량을 계산할 때는 단위가 필요하기 때문에 원자량에 g(그램)을 붙인 그램원자량을 사용

〈 주요 g원자량 〉

원소명	원소기호	원자량	원소명	원소기호	원자량
수소	H	1	규소	Si	28
탄소	C	12	인	P	31
질소	N	14	황	S	32
산소	O	16	염소	Cl	35.5
불소	F	19	칼륨	K	39
나트륨	Na	23	칼슘	Ca	40
마그네슘	Mg	24	망간	Mn	55
알루미늄	Al	27	크롬	Cr	52

3) 분자량

① 분자량 : 분자식을 구성하는 원자들의 원자량의 합, 상대적인 질량
② g분자량 : 물질의 분자량과 같은 질량을 그램단위로 표시한 것

〈 주요 g분자량 〉

명칭	분자기호	분자량
물	H_2O	$1 \times 2 + 16 \times 1 = 18$
염화나트륨	$NaCl$	$23 \times 1 + 35.5 \times 1 = 58.5$
수산화나트륨, 가성소다	$NaOH$	$23 \times 1 + 16 \times 1 + 1 \times 1 = 40$
수산화칼슘, 소석회	$Ca(OH)_2$	$40 \times 1 + 16 \times 2 + 1 \times 2 = 74$
염화수소, 염산	HCl	$1 \times 1 + 35.5 \times 1 = 36.5$
황산	H_2SO_4	$1 \times 2 + 32 \times 1 + 16 \times 4 = 98$
인산	H_3PO_4	$1 \times 3 + 31 \times 1 + 16 \times 4 = 98$
과망간산칼륨	$KMnO_4$	$39 \times 1 + 55 \times 1 + 16 \times 4 = 158$
중크롬산칼륨	$K_2Cr_2O_7$	$39 \times 2 + 52 \times 2 + 16 \times 7 = 294$

(5) 몰(mol)

1) 정의

① 1몰 = 6.02×10^{23}개 = 아보가드로수
② 연필 1다스 = 12개, 계란 1판 = 30개처럼 묶어서 표현하는 것 같이 어떤 물질 6.02×10^{23}개를 묶어서 1몰이라 표현함

2) 물질 1몰의 의미

① 원자 1몰의 질량 = 원자 6.02×10^{23}개의 질량 = 1g 원자량(원자량g)
② 분자 1몰의 질량 = 분자 6.02×10^{23}개의 질량 = 1g 분자량(분자량g)

3) 계산

$$몰 수 = \frac{질량}{1몰의\ 질량}$$

(6) g몰 질량

① 어떤 물질 1몰의 질량(g/mol)
② 원자량·분자량·실험식량 및 이온식량에 g를 붙인 값
③ 아보가드로 수(6.02×10^{23}개) 만큼의 질량

(7) 당량

1) 당량

가) 정의 : 화학 반응에서 화학양률적으로 각 원소나 화합물에 할당된 일정량
나) 종류
① 원소의 당량
② 산 염기 당량
③ 산화환원 당량

2) 원소의 당량

① 정의

$$당량(eq) = \frac{mol}{원소의\ 전하\ 수}$$

$$g당량(g/eq) = \frac{몰질량(g/mol)}{원소의\ 전하\ 수}$$

② 원리

중성원소	이온	전하 수	몰	당량	몰질량	g당량(g/eq)
Na	Na^+	1	1mol	= 1eq	= 23g/mol	$\frac{23}{1}$ = 23
Mg	Mg^{2+}	2	1mol	= 2eq	= 24g/mol	$\frac{24}{2}$ = 12
O	O^{2-}	2	1mol	= 2eq	= 16g/mol	$\frac{16}{2}$ = 8

3) 산염기 당량

① 정의 : 수소이온(H^+) 1mol을 내놓거나 받아들일 수 있는 산(염기)의 양

② 원리

$$당량(eq) = \frac{몰\ 수(mol)}{산(염기)\ 가수}$$

$$g당량(g/eq) = \frac{몰질량}{산(염기)\ 가수}$$

	산	몰	당량	몰질량	g당량(g/eq)
1가산	HCl	1mol	= 1eq	= 36.5g/mol	$\frac{36.5}{1}$ = 36.5
2가산	H_2SO_4	1mol	= 2eq	= 98g/mol	$\frac{98}{2}$ = 49
3가산	H_3PO_4	1mol	= 3eq	= 98g/mol	$\frac{98}{3}$ = 32.67

4) 산화환원 당량

① 정의 : 전자(e^-) 1mol을 내놓거나 받아들일 수 있는 산화제(환원제)의 양

$$당량(eq) = \frac{몰\ 수(mol)}{이동하는\ 전자\ mol\ 수}$$

② 원리

$$g당량(g/eq) = \frac{몰질량}{이동하는\ 전자\ mol\ 수}$$

	이동 전자 수	몰	당량	몰질량	g당량(g/eq)
$KMnO_4$	5	1mol	= 5eq	= 158g/mol	$\frac{158}{5}$ = 31.6
$K_2Cr_2O_7$	6	1mol	= 6eq	= 294g/mol	$\frac{294}{6}$ = 49

(8) 용액

1) 정의

① 용매 : 녹이는 물질

② 용질 : 녹아들어가는 물질

③ 용액 : 용매+용질

2) 특징

용액은 용매와 용질의 혼합물

(9) 용액의 농도

1) 정의

$$농도 = \frac{용질}{용액}$$

2) 퍼센트 농도

가) 질량/질량 퍼센트

$$(w/w) = \frac{용질\ g}{100g\ 용액} \times 100(\%)$$

나) 질량/부피 퍼센트

$$(w/v) = \frac{용질\ g}{용액\ 100mL} \times 100(\%)$$

다) 부피/부피 퍼센트

$$(v/v) = \frac{용질\ mL}{용액\ 100mL} \times 100(\%)$$

3) ppm(part per million)

가) 정의 : 100만 분의 $1(10^{-6})$을 나타냄

나) 차원 : 무차원

다) 단위

① 부피/부피 : $10^{-6}m^3/1m^3$

② 질량/질량 : $10^{-6}kg/kg = 1mg/1kg$

③ 수질에서는 물의 비중이 1이므로 1ppm = 1mg/L으로 구별없이 사용하나, 액체의 비중이 1이 아니면 주의해야 함

라) 환산

$$1\% = 10,000ppm = 10,000mg/L$$

4) ppb(part per billion)

가) 정의 : 십억 분의 $1(10^{-9})$을 나타냄

나) 차원 : 무차원

다) 환산

$$1ppb = 10^{-3}ppm$$
$$1ppm = 1,000ppb$$

5) 몰농도(M)

가) 정의 : 용액 1L 중 용질의 mol 수

$$M농도(mol/L) = \frac{용질\ mol}{용액\ 부피(L)}$$
$$= \frac{w/M}{V}$$

w : 용질의 질량(g)
M : 용질의 몰질량(g/mol)
V : 용액의 부피(L)

6) 노말농도

가) 정의 : 용액 1L 중 용질의 g당량

$$N = \frac{용질\ eq}{용액\ L}$$

7) 몰랄농도(m)

가) 정의 : 용매 1kg에 들어있는 용질의 mol 수

$$m = \frac{용질\ mol}{용매\ 1kg}$$

나) 특징

① 용액의 총괄성과 관련
② 총괄성 : 용질의 종류에 관계없이 용질의 입자 수에만 관계있는 성질
③ 온도가 변화해도 몰랄농도는 변하지 않음

2. 물질 수지(mass balance)

(1) 질량 보존 법칙

1) 정의

화학 변화에서 반응 전후의 총질량은 언제나 일정하게 유지된다는 법칙

2) 원리

반응물의 질량 = 생성물의 질량
유입량 = 유출량 + 제거량

(2) 부하량

1) 정의

단위시간당 발생하는 오염물질의 총량

부하량 = 농도 × 유량
부하량 = CQ

부하 : kg/day
농도 : mg/L
유량 : m^3/day

2) 원리

$$부하(kg/day) = \frac{Cmg}{L} \left| \frac{Qm^3}{day} \right| \frac{1,000L}{m^3} \left| \frac{1kg}{10^6mg} \right| = CQ \cdot 10^{-3}kg/day$$

(3) 혼합 농도식

1) 정의

혼합된 용액의 농도 COD, BOD, 온도 등을 구하는 식

2) 원리

질량보존의 법칙에서,

(1번 용액 부하) + (2번 용액 부하) = 혼합용액 부하
C_1Q_1 + C_2Q_2 = $C(Q_1 + Q_2)$

$$C = \frac{C_1Q_1 + C_2Q_2}{Q_1 + Q_2}$$

C : 혼합 용액의 농도
C_1 : 1번 용액의 농도
Q_1 : 1번 용액의 유량
C_2 : 2번 용액의 농도
Q_2 : 2번 용액의 유량

농도 대신 COD, BOD, 온도도 구할 수 있음

(4) 오염물질 제거율(η)

1) 정의

유입된 오염물질 중 제거되는 비율

2) 원리

$$제거량 \; = \; 유입량 \; - \; 유출량$$

$$제거율(\eta) \; = \; \frac{제거량}{유입량} \; \times \; 100(\%)$$

$$= \; \frac{유입량 \; - \; 유출량}{유입량} \; \times \; 100(\%)$$

$$\eta \; = \; \frac{C_0 Q \; - \; CQ}{C_0 Q} \; \times \; 100(\%)$$

$$= \; \frac{C_0 \; - \; C}{C_0} \; \times \; 100(\%)$$

C_0 : 유입(농도)

C : 유출(농도)

Q : 유량

3. 화학평형(chemical equilibrium)

(1) 정의

① 정반응 : 반응물질에서 생성물질로 가는 반응, 오른쪽으로 진행
② 역반응 : 생성물질에서 반응물질로 가는 반응, 왼쪽으로 진행
③ 가역반응 : 정반응과 역반응이 모두 진행
④ 비가역반응 : 한쪽 방향으로만 진행하는 반응
⑤ 동적 평형 : 반응이 정지된 것 같으나 실제는 정반응과 역반응이 동시에 진행되는 평형 상태
⑥ 화학평형 : 가역반응에서 정반응과 역반응의 속도가 일정시간이 지나면 같아져서 반응이 정지된 것처럼 보이는 상태

(2) 화학평형에서의 반응속도

$$aA + bB \underset{v_2}{\overset{v_1}{\rightleftharpoons}} cC + dD \qquad \text{정반응 속도}(v_1) = \text{역반응 속도}(v_2)$$

(3) 평형상수(K)

1) 정의

화학반응이 평형상태에 있을 때, 반응물과 생성물의 농도곱의 비

2) 평형상수의 성질

① K값은 온도가 일정하면 반응물질과 생성물질의 농도가 변해도 K값은 항상 일정
② 평형상수 K값이 크면 반응은 평형이 정반응 쪽으로 치우쳐서 평형에서 생성물질이 많음
③ K값이 작으면 평형이 역반응 쪽으로 치우쳐서 평형에서 반응물질의 양이 많음
④ 정반응과 역반응의 평형상수의 관계는 역수관계
⑤ 평형상수값은 화학반응식의 계수에 의해 변함
⑥ 반응식은 합하면 전체 평형상수는 각각의 반응식의 평형상수의 곱과 같음
⑦ 순수한 액체(L)나 고체(s)상태 물질의 몰농도는 거의 변화가 없으므로 무시함(1로 계산)

$$K = \frac{[C]^c [D]^d}{[A]^a [B]^b}$$

K : 평형상수
[ ] : 평형상태에 있는 반응물과 생성물의 농도
a,b,c,d : 반응식의 계수

(4) 반응지수(Q)

① 정의 : 실제 반응물과 생성물의 농도곱의 비
② 계산 : 실제농도를 평형상수식에 대입하여 구함

$$Q = \frac{\{C\}^c \{D\}^d}{\{A\}^a \{B\}^b}$$

Q : 반응상수
{ } : 실제 반응물과 생성물의 농도
a,b,c,d : 반응식의 계수

(5) 화학평형의 법칙

① 화학반응의 평형상수는 온도가 일정하면 항상 일정함
② 평형상수와 반응의 진행방향 :
반응물질과 생성물질을 넣고 반응시킬 때 실제농도를 평형상수식에 대입하여 구한 Q의 값과
어떤 화학반응의 평형상수(K)를 비교하면 반응의 진행방향을 알 수 있음

$$K = Q \text{ (평형상태)}$$
$$K > Q \text{ (정반응우세)}$$
$$K < Q \text{ (역반응우세)}$$

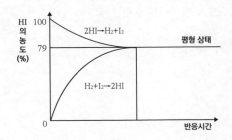

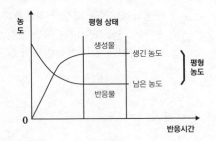

HI의 분해 및 생성반응에서의 시간에 따른 HI의 농도변화 $H_2(g) + I_2(g) \rightleftharpoons 2HI(g)$ 반응에서의 시간에 따른 농도변화

(6) 물의 평형상수 (이온곱)

$$H_2O \rightleftharpoons H^+ + OH^-$$
$$\frac{[H^+][OH^-]}{[H_2O]} = K_w$$
$$[H^+][OH^-] = K_w = 10^{-14} \text{ at } 25℃$$

(7) 화학평형의 이동

1) 원리

① 화학평형의 이동은 르샤틀리에의 원리를 따름
② 르샤틀리에의 원리 :
가역반응이 평형 상태에 있을 경우 농도·온도·압력 중에서 하나를 변화시키면 그 변화를 감소
시켜 주려는 쪽으로 반응이 진행하여 새로운 평형 상태에 도달하려고 함

2) 농도와 평형이동

① 평형 상태에 있는 어떤 반응에서 반응물질이나 생성물질 중 한 물질의 농도를 크게 하면 반응
은 그 물질의 농도를 감소시키려는 방향으로 진행
② 평형 상태의 한 물질의 농도를 작게 하면 반응은 농도가 증가하려는 방향으로 진행
③ 평형상수는 농도에 관계없이 온도가 일정하면 일정하므로, K'와 K값이 같아지기 위해서는
반응물질의 농도가 커져야 하므로 정반응이 일어남

3) 온도와 평형이동

    ① 반응계의 온도를 높이면 반응이 흡열반응(온도가 낮아짐) 쪽으로 진행

    ② 반응계의 온도를 낮추면 발열반응(온도가 높아짐) 쪽으로 진행

    ③ 평형상수 K는 온도에 따라서 변함

4) 압력과 평형이동

    ① 압력을 증가시키면 반응 압력 감소하는 방향(기체의 몰수가 감소하는 방향)으로 진행

    ② 압력을 감소시키면 압력이 증가하는 방향(기체의 몰수가 증가하는 방향)으로 진행

5) 촉매와 평형이동

    ① 활성화에너지를 조절해 정반응과 역반응의 속도가 빨라지도록 함

    ② 평형 상태에 도달하는 시간 조절

    ③ 평형 상태에 있는 화학반응의 평형을 이동시키지는 않음

4. 용해도적(용해도곱, solubility product)

(1) 개요

① 정의 : 용액 속에 난용성의 염이 존재할 때, 그 염을 구성하는 음이온, 양이온 농도의 곱
난용성 염의 용해도적은 일정한 온도에서 일정한 수치를 나타냄
② 특징 : 용해도적은 온도가 달라지면 크기가 바뀜

(2) AgCl(s)의 용해도곱

$AgCl(s) \rightleftarrows Ag^+ + Cl^-$
의 반응식에서, 용해도를 S라 하면,

$\dfrac{[Ag^+][Cl^-]}{[AgCl(s)]} = K$

$K_{sp} = [Ag^+][Cl^-] = S^2$

$K_{sp} = [Ag^+][Cl^-]$
K : 평형 상수
K_{sp} : 용해도곱 상수
S : 용해도

1) BaSO₄(s)의 용해도곱

$BaSO_4(s) \rightleftarrows Ba^{2+} + SO_4^{2-}$
$[Ba^{2+}] = S = [SO_4^{2-}]$
$K_{sp} = [Ba^{2+}][SO_4^{2-}] = S^2$

2) CaF₂(s)의 용해도곱

$CaF_2 \rightleftarrows Ca^{2+} + 2F^-$
$[Ca^{2+}] = S$
$[F^-] = 2S$
$K_{sp} = [Ca^{2+}][F^-]^2 = S(2S)^2 = 4S^3$

5. 화학반응(chemical reaction)

(1) 정의

화학반응 : 두 가지 이상의 물질 사이에 화학 변화가 일어나서 다른 물질로 변화하는 과정

(2) 산 – 염기 반응

1) 정의

정의	산	염기
아레니우스	수용액에서 H^+ 내어주는 화학종	수용액에서 OH^- 내어주는 화학종
브뢴스테드 – 로우리	양성자를 주는 화학종	양성자를 받는 화학종
루이스	전자쌍을 받는 화학종	전자쌍을 주는 화학종

2) 산과 염기의 일반적 성질

산	염기
· 신맛	· 쓴맛
· 수용액 상태에서 전류가 흐르는 전해질	· 단백질을 녹일 수 있어서 미끈미끈함
· 염기와 중화반응	· 산과 중화반응
· 금속의 반응으로 H_2 발생	· 붉은 리트머스가 푸르게 변색
· 푸른 리트머스 종이가 붉게 변함	· 수용액 상태에서 전류가 흐름
· BTB 용액을 노란색으로 변색	· 페놀프탈레인이 붉게 변함
· 메틸오렌지 용액을 붉은색으로 변색	· BTB 용액을 푸른색으로 변색

3) 산 염기의 종류

종류			특징
강산	HCl	염산	· 이온화도 큼
	HNO_3	질산	· 강전해질
	H_2SO_4	황산	· 대부분 이온으로 해리 됨
강염기	KOH	수산화칼륨	
	NaOH	수산화나트륨	
	$Ba(OH)_2$	수산화바륨	
약산	CH_3COOH	아세트산	· 이온화도 작음
	H_2CO_3	탄산	· 약전해질
약염기	NH_4OH	수산화암모늄	· 이온으로 거의 해리 되지 않음
	NH_3	암모니아	

4) 이온화도(α)

가) 정의 : 물에 전해질을 녹였을 때 전해질의 전체 몰수에 대한 이온화된 몰수의 비

나) 특징

① 같은 물질인 경우 농도가 묽을수록, 온도가 높을수록 이온화도가 커짐

② 이온화도가 클수록 강산, 강염기

다) 원리

$$이온화도(\alpha) = \frac{이온화된 몰 수}{전해질의 총 몰 수} \qquad 0 \leq \alpha \leq 1$$

5) 전해질과 비전해질

가) 전해질

① 정의 : 고체 상태에서는 전류가 흐르지 않으나 수용액 상태에서 전류가 흐르는 물질

② 종류

ㄱ. 강전해질 : 이온화도가 큰 물질(강산, 강염기, 염)

ㄴ. 약전해질 : 이온화도가 작은 물질(약산, 약염기)

구분	산		염기		염	
	종류	이온화도	종류	이온화도	종류	이온화도
강한 전해질	HCl	0.94	KOH	0.91	NaCl	0.84
	HNO_3	0.94	NaOH	0.91	K_2SO_4	0.72
	H_2SO_4	0.62	$Ba(OH)_2$	0.77		
약한 전해질	CH_3COOH	0.013	NH_4OH	0.013		
	H_2CO_3	0.0017	NH_3	0.013		

나) 비전해질

① 정의 : 수용액 상태에서 전류가 흐르지 않는 물질

② 종류 : 에탄올, 설탕, 포도당 등

6) 수소이온지수(pH)

가) 정의

① 용액 중 수소이온 존재 정도를 나타내는 지표

② 수소이온 몰농도의 역수의 상용대수

나) 원리

$$pH = -\log[H^+]$$
$$pOH = -\log[OH^-]$$

$$H_2O(l) \ \rightleftarrows \ H^+ + OH^-$$

$$\frac{[H^+][OH^-]}{[H_2O(l)]} = K_w, \quad [H_2O(l)] = 1 \ 이므로$$

$$[H^+][OH^-] = K_w = 10^{-14} \ (25℃에서)$$

$$\log([H^+][OH^-]) = \log10^{-14}$$

$$(-\log[H^+]) + (-\log[OH^-]) = 14$$

$$\therefore pH + pOH = 14$$

다) 특징

〈 pH에 따른 액성 〉

액성	pH	pOH	특징
산성	7 이하	7 이상	$[H^+] > [OH^-]$
중성	7	7	$[H^+] = [OH^-]$
염기성	7 이상	7 이하	$[H^+] < [OH^-]$

7) 이온화상수

가) 정의

이온화평형에서의 평형상수

나) 산 이온화상수(K_a)

① 원리

산 HA가 물에 녹아 이온화평형을 이루면,

$$HA \rightleftarrows H^+ + A^- \qquad K_a = \frac{[H^+][A^-]}{[HA]} \quad (K_a : \text{산이온화 상수})$$

② 특징

ㄱ. K_a은 온도에 따라 변함
ㄴ. K_a의 값이 크면 정반응이 우세하여 H_3O^+를 많이 내므로 강산
ㄷ. K_a의 값이 작으면 역반응이 우세하여 H_3O^+를 적게 내어 약산이 됨

다) 염기 이온화 상수(K_b)

① 원리

염기 B가 물에 녹아 이온화 평형을 이루면,

$$B + H_2O \rightleftarrows BH^+ + OH^- \qquad K_b = \frac{[BH^+][OH^-]}{[B]} \quad (K_b : \text{염기이온화 상수})$$

8) pH 계산

가) 강산일 때

$$HA \rightleftarrows H^+ + A^-$$
강산일 때 $\alpha \fallingdotseq 1$ 이므로, 처음 넣어준 [HA] = C 라 하면,
$$[H^+] = C$$
$$pH = -\log[H^+]$$

나) 강염기일 때

$$B + H_2O \rightleftarrows BH^+ + OH^-$$
강염기일 때 $\alpha \fallingdotseq 1$ 이므로
$$[OH^-] = C$$
$$pOH = -\log[OH^-]$$
$$pH = 14 - pOH$$

다) 약산일 때

$$\begin{array}{ccc} & HA & \rightleftarrows & H^+ + A^- \\ \text{처음 농도} & C & & \\ \text{이온화 농도} & -C\alpha & & \\ \hline \text{생성 농도} & & C\alpha & C\alpha \\ \hline \text{평형 농도} & C(1-\alpha) & C\alpha & C\alpha \end{array}$$

$$K_a = \frac{[H^+][A^-]}{[HA]} = \frac{(C\alpha)(C\alpha)}{C(1-\alpha)} \fallingdotseq \frac{C\alpha^2}{1-\alpha}$$

α가 매우 작아 $1 - \alpha \fallingdotseq 1$이므로

$$K_a = \frac{C\alpha^2}{1-\alpha} \fallingdotseq C\alpha^2 = \frac{[H^+]^2}{C}$$

$$\therefore \alpha = \sqrt{\frac{K_a}{C}}$$

$$[H]^+ = C\alpha = C \cdot \sqrt{\frac{K_a}{C}} = \sqrt{K_a \cdot C}$$

$$pH = -\log[H^+]$$

라) 약염기일 때

$$\begin{array}{ccc} & B + H_2O & \rightleftarrows & BH^+ + OH^- \\ \text{처음 농도} & C & & \\ \text{이온화 농도} & -C\alpha & & \\ \hline \text{생성 농도} & & C\alpha & C\alpha \\ \hline \text{평형 농도} & C(1-\alpha) & C\alpha & C\alpha \end{array}$$

$$K_b = \frac{[BH^+][OH^-]}{[B]} = \frac{(C\alpha)(C\alpha)}{C(1-\alpha)} \fallingdotseq \frac{C\alpha^2}{1-\alpha}$$

α가 매우 작아 $1 - \alpha \fallingdotseq 1$이므로

$$K_b = \frac{C\alpha^2}{1-\alpha} \fallingdotseq C\alpha^2 = \frac{[OH^-]^2}{C}$$

$$\therefore \alpha = \sqrt{\frac{K_b}{C}}$$

$$[OH^-] = C\alpha = C \cdot \sqrt{\frac{K_b}{C}} = \sqrt{K_b \cdot C}$$

$$pOH = -\log[OH^-]$$

$$pH = 14 - pOH$$

(3) 중화반응(neutralization)

1) 정의

산과 염기가 반응해서 염과 물을 발생하는 것

2) 산과 염기의 혼합 용액의 농도

가) 같은 액성의 혼합(산+산, 염기+염기인 경우)

$$N = \frac{N_1 V_1 + N_2 V_2}{V_1 + V_2}$$

- N : 혼합 용액의 산(염기)의 N농도
- N_1 : 용액1의 산(염기)의 N농도
- N_2 : 용액2의 산(염기)의 N농도
- V_1 : 용액1의 부피
- V_2 : 용액2의 부피

나) 다른 액성의 혼합(산+염기인 경우)

$$N = \frac{N_1 V_1 - N_2 V_2}{V_1 + V_2}$$

단, $N_1 V_1 - N_2 V_2 > 0$ 이면 혼합 용액은 산성
$N_1 V_1 - N_2 V_2 < 0$ 이면 혼합 용액은 염기성

- N : 혼합 용액의 산(염기)의 N농도
- N_1 : 용액1의 산의 N농도
- N_2 : 용액2의 염기의 N농도
- V_1 : 용액1의 부피
- V_2 : 용액2의 부피

(4) 산화 – 환원반응(oxidation reduction reaction)

1) 산화와 환원

가) 정의

반응의 종류	전자	산소	수소	산화수
산화	잃음	얻음	잃음	증가
환원	얻음	잃음	얻음	감소

나) 특징

산화와 환원의 동시성 : 한 물질이 전자를 잃어 산화가 되면, 다른 물질은 그 전자를 얻어 환원이 일어나므로 산화와 환원반응은 동시에 일어남

2) 산화제와 환원제

가) 산화제와 환원제의 상대성

① 산화·환원 반응에서 전자를 내어 놓으려는 경향과 전자를 얻으려는 경향이 상대적임
② 따라서 산화제와 환원제의 세기도 상대적임

나) 산화제와 환원제의 양적 관계

① 산화제가 얻는 전자의 몰수 = 환원제가 잃는 전자의 몰수
② 산화제가 얻은 전자수 = 환원제가 내놓은 전자수
③ 증가한 산화수 = 감소한 산화수

	산화제	환원제
정의	자신은 환원되면서 다른 것을 산화시킴	자신은 산화되면서 다른 것을 환원시키는 물질
종류	· $KMnO_4$(과망간산칼륨) · $K_2Cr_2O_7$(중크롬산칼륨) · 오존(O_3) · 차아염소산나트륨(NaOCl)	· 티오황산나트륨($Na_2S_2O_3$) · 황산제1철($FeSO_4$)
특징	· 전자 얻기 쉬움 · 산화성, 산화력이 큼	· 전자 잃기 쉬움 · 환원성, 환원력이 큼

3) 산화수

가) 정의

화합물을 구성하고 있는 원자에 전체전자를 일정하게 배분하였을 경우 각 원자가 가진 전하의 수로 원자의 산화 또는 환원되는 정도를 나타내는 수

나) 특징

① 산화수가 증가하는 화학변화 산화, 감소하는 화학변화 환원
② 산화수의 주기성

ㄱ. 산화수는 그 원자의 전자배치와 관련되어 있으므로 산화수도 주기성을 나타냄
ㄴ. 원자가 가지는 가장 높은 산화수는 그 원자의 족의 번호와 일치

다) 산화수 구하는 규칙

① 홑원소물질 원자의 산화수 = 0
② 중성 화합물의 산화수의 총합 = 0
③ 라디칼 이온의 산화수의 총합 = 이온의 전하수
④ 이온의 산화수 = 이온의 전하수
⑤ 수소원자의 산화수 : 비금속화합물 = +1, 금속화합물 = -1
⑥ 산소원자의 산화수 = -2, 과산화물 = -1
⑦ 금속원자의 산화수 : 1족 = +1, 2족 = +2, 3족 = +3
⑧ 할로겐원소의 원자가 가지는 산화수 = -1

〈 주요 원소의 산화수 〉

원소	산화수	원소	산화수
H	+1	Li, Na, K	+1
O	-2	Ba, Ca	+2
S	-2	Al	+3
		F, Cl, Br, I	-1

(5) 계면화학현상

1) 계면화학현상 정의

기체와 액체의 두 가지 상(Phase)의 경계에서 일어나는 물리·화학적 현상

2) 기체이전 메커니즘

① 산소전달속도

$$\frac{dC}{dt} = K_{La}(C_S - C)$$

$\dfrac{dC}{dt}$: 산소전달속도(mg/L·hr)

K_{La} : 총괄기체이전계수(1/hr)

C_S : 포화농도(mg/L)

C : DO농도(mg/L)

T : 온도(°C)

② 폐수에서의 산소전달속도 보정식

$$\frac{dC}{dt} = \alpha K_{La}(\beta C_S - C) \times 1.024^{T-20}$$

$$\alpha = \frac{\text{폐수}K_{La}}{\text{순수}K_{La}} , \quad \beta = \frac{\text{폐수}C_S}{\text{순수}C_S}$$

3) 기체 반응 법칙

가) 몰부피

① 기체의 종류에 관계없이 표준상태에서 1몰의 부피는 22.4L

② 기체 1몰 = 기체분자 6.02×10^{23}개 = 22.4L(표준 상태)

③ 기체의 분자량 : 표준 상태에서 22.4L의 질량

나) 기체의 밀도

① 단위부피당 물질의 질량

② 기체의 밀도(n) = $\dfrac{\text{분자량}}{22.4}$ (g/L) (0℃, 1기압)

4) 기체성질에 관한 법칙

가) 보일의 법칙(기체의 부피, 압력)

일정한 온도에서 일정량의 기체의 부피는 압력에 반비례

$$P_1V_1 = P_2V_2 , \quad PV = K(\text{일정})$$

나) 샤를의 법칙

① 일정한 압력에서 기체의 부피와 온도는 비례함

$$\frac{V}{T} = K(\text{일정}) \qquad\qquad T : \text{절대온도}$$

② 일정한 압력에서 일정량의 기체는 온도가 1℃ 오를 때마다 그 부피가 0℃일 때 부피의 $\dfrac{1}{273}$ 만큼씩 증가함

③ 기체부피 온도보정식

$$V' = V \dfrac{273 + t}{273}$$

V′ :	t℃에서의 부피
V :	0℃, 1기압에서의 부피
t :	온도(℃)

다) 보일 - 샤를의 법칙

일정량의 기체의 부피는 압력에 반비례하고 절대온도에는 비례함

$$\dfrac{P_1V_1}{T_1} = \dfrac{P_2V_2}{T_2} = K(일정)$$

라) 아보가드로 법칙

① 일정 온도, 기압에서 기체 종류 관계없이 1mol의 부피는 일정
② 표준상태(SPT, 0℃, 1atm)에서 기체 1mol = 22.4L

마) 이상기체 상태방정식

① 이상기체 상태방정식

$$PV = nRT$$

② 이상기체상수

$$R = \dfrac{PV}{nT} = \dfrac{1atm \cdot 22.4L}{1mol \cdot 273K} ≒ 0.082atm \cdot L/mol \cdot K$$

바) 게이 - 뤼삭(Gay - Lussac)의 법칙

① 기체반응의 법칙
② 기체 반응 시 생성기체와 반응 기체의 부피는 간단한 정수비의 관계가 성립함

사) 달턴(Dalton)의 법칙

① 정의 : 서로 반응하지 않는 혼합기체의 전체압력은 각 성분기체들의 부분압력의 합과 같음
② 원리

ㄱ. 부분압력 : 서로 반응하지 않는 2가지 이상의 기체들이 혼합되어 있을 때 각 성분기체가 나타내는 압력

$$P = \sum P_i = P_1 + P_2$$

P :	혼합기체 전체압력
P_i :	각 성분의 부분압력

ㄴ. 어떤 물질의 부분압력(P_1)

$$P_1 = \dfrac{n_1RT}{V} = X_1P_{전체}$$

X_1 : 물질 1의 몰분율

아) 헨리의 법칙

① 기체의 용해도는 그 기체에 작용하는 분압에 비례함

$$C = H \times P$$

C :	기체의 용해도
H :	헨리상수
P :	부분압력

② 헨리의 법칙이 잘 적용되는 기체

ㄱ. 물에 잘 녹지 않고, 극성이 작은 물질
ㄴ. 주로 대기 중에 많이 존재하는 기체가 잘 적용됨
ㄷ. N_2, O_2, CO_2, 비활성기체(He, Ne, Ar) 등

자) 그레이험(Graham)의 법칙

① 정의

ㄱ. 확산(Diffusion) :

물질의 분자들이 스스로 운동하여 다른 기체나 액체물질 속으로 퍼져 나가는 현상

ㄴ. 확산속도 :

기체의 혼합속도, 퍼져나가는 속도

② 원리 : 같은 온도와 압력에서 두 기체의 확산속도는 분자량이나 밀도의 제곱근에 반비례 함

$$\frac{U_1}{U_2} = \sqrt{\frac{M_2}{M_1}} = \sqrt{\frac{d_2}{d_1}}$$

U :	확산속도
M :	분자량
d :	밀도

	수소 H_2		산소 O_2
분자량	2	$\xrightarrow{16배}$	32
확산 속도	4	$\xleftarrow{4배}$	1

차) 라울(Raoult')의 법칙

① 정의

ㄱ. 용액물질의 증기압 내림은 혼합액에서 그 물질의 몰분율에 순수한 상태에서 그 물질의 증기압을 곱한 것과 같음

ㄴ. 용액의 증기압은 순수용매의 증기압과 용매의 몰분율의 곱과 같음

② 원리

ㄱ. 비휘발성 용질을 포함하는 용액의 증기압력(이상용액일 때)

$$P_A = x_A P_A°$$

P_A : 용액의 증기압력
x_A : 용매의 몰분율
$P_{A'}$: 순수한 용매의 증기압력

ㄴ. 혼합용액의 전체 증기 압력

$$P = P_A + P_B = x_A P_A° + x_B P_B°$$

P_A : 혼합 시 용액 A의 증기압
P_B : 혼합 시 용액 B의 증기압
x_A : 용액 A의 몰분율
x_B : 용액 B의 몰분율
$P_A°$: 순수한 용액 A의 증기압
$P_B°$: 순수한 용액 B의 증기압

③ 몰분율

ㄱ. 정의 : 혼합기체에서 성분기체의 몰수를 기체의 총 몰수로 나눈 값

ㄴ. 원리

$$x_1 = \frac{n_1}{n_{전체}} = \frac{n_1}{n_1 + n_2 + \cdots}$$

x_1 : 물질 1의 몰분율
n : 몰 수

6. 반응속도(Reaction Rate)

(1) 개요

1) 정의

① 반응속도 : 화학반응에서 단위시간당 반응물질 또는 생성물질의 농도변화량

② 반응속도상수 : 반응속도 v가 $v = k[A]^a[B]^b$과 같이 표시되는 경우의 비례상수 k

③ 반응차수(reaction orders) : 속도방정식에 나타난 농도항 차수의 전체 합계

④ 반감기(half - life) : 불안정한 상태에 있는 입자의 수(혹은 농도)가 최초의 1/2로 감소할 때까지의 시간, 환경 분야에서는 오염물질의 농도가 반으로 줄기까지 필요로 하는 시간을 말함

2) 원리

$$\text{반응속도} = \frac{\text{반응물 or 생성물의 농도변화}}{\text{단위시간}}$$

$$\frac{dC}{dt} = -kC^n$$

3) 영향인자

① 반응물의 농도 : 대부분의 화학반응은 반응물의 농도가 증가할 때 빨리 진행 (단, 0차 반응은 제외)

② 촉매의 작용 : 대부분의 화학반응은 촉매를 첨가함으로써 반응속도가 빨라짐

③ 반응온도 : 화학반응속도는 온도가 증가함에 따라 빨라짐, 대부분의 화학적 반응과 생물학적 반응은 온도가 10°C 상승할 때마다 반응속도는 약 2배로 빨라짐

④ 표면적 : 고체반응물은 고체표면적이 넓을수록 화학반응속도 증가

(2) 0차반응(zero - order reaction)

1) 속도반응식

$$\frac{dC}{dt} = -k$$

$$C - C_0 = -k \times t$$

C_0 : 초기농도(mg/L)
C : 나중농도(mg/L)
t : 경과시간(hr, day)
k : 반응속도상수(hr^{-1}, day^{-1})

2) 특징

① 반응물이나 생성물의 농도에 무관한 속도로 진행되는 반응

② 시간에 따라 반응물이 직선적으로 감소

(3) 1차반응(first order reaction)

1) 속도반응식

$$\frac{dC}{dt} = -kC$$

$$\frac{1}{C}\,dC = -k\,dt$$

$$\int_{C_0}^{C} \frac{1}{C}\,dC = -k \int_{0}^{t} 1\,dt$$

$$\ln C - \ln C_0 = -k \times t$$

$$\therefore \ \ln \frac{C}{C_0} = -k \cdot t$$

C_0 : 초기농도(mg/L)

C : 나중농도(mg/L)

t : 경과시간(hr, day)

k : 반응속도상수(hr^{-1}, day^{-1})

2) 특징

① 반응속도가 반응물질의 농도에 비례
② 대부분의 반응(염소소독, 반감기 등)

(4) 2차반응

1) 반응속도식

$$\frac{dC}{dt} = -k \cdot C^2$$

$$\int_{C_0}^{C} \frac{1}{C^2}\,dC = -k \int_{0}^{t} dt$$

$$\frac{1}{C} - \frac{1}{C_0} = k \cdot t$$

2) 특징

반응속도가 반응물질 농도의 제곱에 비례

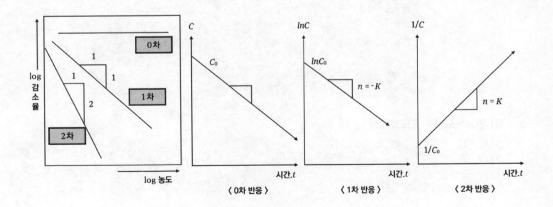

〈 0차 반응 〉　〈 1차 반응 〉　〈 2차 반응 〉

(5) 반감기(Half – Life)

	유도	반감기	특징
0차 반응	$\dfrac{1}{2}C_0 = C_0 - k \times t$ $t = \dfrac{C_0 - 0.5C_0}{k} = \dfrac{C_0}{2k}$	$\dfrac{C_0}{2k}$	초기 농도에 비례
1차 반응	$\ln \dfrac{1/2C_0}{C_0} = -kt$ $t = \dfrac{\ln 2}{k} \fallingdotseq \dfrac{0.7}{k}$	$\dfrac{\ln 2}{k}$	초기 농도와 무관
2차 반응	$\dfrac{1}{1/2C_0} - \dfrac{1}{C_0} = kt$ $\dfrac{1}{C_0} = kt$ $t = \dfrac{1}{kC_0}$	$\dfrac{1}{kC_0}$	초기 농도에 반비례함

① 반응차원이 높을수록 반응속도가 초기에 빠르고 후기에는 느리며, 반응 완료시간이 길어짐
② 한 반응을 끝까지 완료시키려면 반응차원이 낮을수록 유리

(6) 반응속도와 온도

1) 반트호프 – 아레니우스 식

$$\frac{d(\ln k)}{dT} = \frac{E}{RT^2}$$

$$\ln \frac{k_2}{k_1} = \frac{E(T_2 - T_1)}{RT_1 T_2}$$

T : 온도
k : 반응속도상수
E : 활성화에너지
R : 만유기체상수

양변에 e를 밑으로 하면,

$$\frac{k_2}{k_1} = e^{\frac{E(T_2 - T_1)}{RT_1 T_2}}$$

E, R, T_1, T_2는 상수이므로 $e^{E/RT_1 T_2} = \theta$라 하면

$$k_2 = k_1 \cdot \theta^{T_2 - T_1}$$

2) 반응속도상수 온도보정식

$$k_T = k_{20} \cdot \theta^{T - 20}$$

k_T : T℃에서의 반응속도상수
k_{20} : 20℃에서의 반응속도상수
T : 온도(℃)

7. 반응조(reaction reactor)

(1) 개요

1) 정의
화학적 또는 생물학적 반응이 일어나는 용기

2) 종류
① 회분식 반응조
② 연속식 반응조 : 완전혼합 반응조, 플러그 흐름 반응조

(2) 회분식 반응조(Batch Reactor)

1) 정의
① 한 공정이 끝나고 다음 공정이 이루어지는데 일정 시간이 걸리는 공정의 반응조
② 한번에 유입하며, 반응조 내에서 반응이 끝난 후 한번에 유출하는 반응조

2) 특징
① 유입과 유출이 연속적이지 않음
② 처리효율이 낮음
③ 반응시간이 오래 걸림
④ 소규모 처리에 적합

(3) 연속식(Continuous Reactor)

1) 완전혼합 흐름반응조(Continuous Flow Stirred Tank Reactor ; CSTR)

가) 정의

반응조에 유입물(하수와 반송슬러지)이 유입된 후 단시간에 반응조 전체에 균일하게 분산되는 반응조

나) 특징
① 조 내의 조건이 균일하기 때문에 반응 조건을 제어하기 쉬움
② 이상적 완전혼합 반응조는 유입 즉시 순간적으로 반응조 내에 균일하게 분산됨

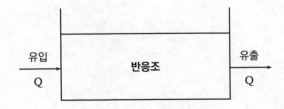

2) 플러그 흐름 반응조(Plug Flow Reactor ; PFR)

가) 정의

관이나 수로를 통하여 흐르는 액체가 상호 혼합함이 없이 유입한 순서대로 유출되는 흐름의 종류

나) 특징

유체의 실제 체류 시간과 이론적인 체류 시간이 같음

3) 반응조의 혼합 정도

혼합 정도의 표시	ICM	IPF
분산	1	0
분산수	∞	0
모릴지수	클수록	1
지체시간	0	이론적 체류시간과 동일

8. 반응조의 물질수지(Mass balance)

물질의 유입·유출에 대한 수지. 프로세스나 시설의 효율이나 기능을 확인하는 경우나 오탁물질의 제거 특성이나 거동을 파악하기 위하여 물질수지를 이용함

(1) 질량보존의 법칙

변화량 = 유입량 – 유출량 ± 반응량

(2) CSTR 물질수지

$$V\frac{dC}{dt} = QC_0 - QC - kVC^n$$

C_0 : 유입농도
C : 유출농도
V : 부피
k : 반응속도상수

1) 유입농도가 없고, 반응이 없는 경우

조건	$C_0 = 0$ $kVC_n = 0$
유도	$V\dfrac{dC}{dt} = C_0Q - CQ - kVC^n$ $V\dfrac{dC}{dt} = CQ$ $\dfrac{1}{C}dC = \dfrac{Q}{V}dt$ $\displaystyle\int_{C_0}^{C}\dfrac{1}{C}dC = -\dfrac{Q}{V}\int_{0}^{t}dt$ $\ln\dfrac{C}{C_0} = -\dfrac{Q}{V} \times t$
공식	$\ln\dfrac{C}{C_0} = -\dfrac{Q}{V} \times t$

2) 1차 반응, 정상상태인 경우

유입농도가 일정하고 1차 반응이 일어나며 유출농도가 일정한 경우

조건	정상상태 $\dfrac{dC}{dt} = 0$ 1차반응 $n = 1$
유도	$V\dfrac{dC}{dt} = QC_0 - QC - kVC^n$ $0 = QC_0 - QC - kVC$ $kVC = (C_0 - C)Q$
공식	$kVC = (C_0 - C)Q$

3) 2차 반응, 정상상태인 경우

조건	정상상태 $\dfrac{dC}{dt} = 0$ 2차반응 $n = 2$
유도	$V\dfrac{dC}{dt} = QC_0 - QC - kVC^2$ $0 = Q(C_0 - C) - kVC^2$
공식	$0 = Q(C_0 - C) - kVC^2$

4) 유입농도가 있고 반응이 없는 경우

조건	$kVC = 0$
유도	$V\dfrac{dC}{dt} = Q(C_0 - C)$ $\dfrac{1}{C - C_0}dC = -\dfrac{Q}{V}dt$ $\displaystyle\int \dfrac{1}{C - C_0}dC = -\dfrac{Q}{V}\int dt$ $\displaystyle\int_{C_1}^{C_2} \dfrac{1}{C - C_0}dC = -\dfrac{Q}{V}\int_0^t tdt$ $\ln\dfrac{C_0 - C_2}{C_0 - C_1} = -\dfrac{Q}{V} \times t$
공식	$\ln\dfrac{C_0 - C_2}{C_0 - C_1} = -\dfrac{Q}{V} \times t$

5) 유입 농도가 없고, 1차반응인 경우

조건	$C_0 = 0$ $n = 1$
유도	$V\dfrac{dC}{dt} = C_0Q - CQ - kVC$ $V\dfrac{dC}{dt} = -(Q + kV)C$ $\displaystyle\int_{C_1}^{C_2}\dfrac{1}{C}dC = -\left(\dfrac{Q}{V} + k\right)\int_0^t tdt$ $\ln\dfrac{C_2}{C_1} = -\left(\dfrac{Q}{V} + k\right) \times t$
공식	$\ln\dfrac{C_2}{C_1} = -\left(\dfrac{Q}{V} + k\right) \times t$

(3) PFR 물질수지

$$dV\dfrac{\partial C}{\partial t} = C_0Q - \left(C_0 + \dfrac{\partial C}{\partial t}dx\right)Q - dVkC^n$$

1) 1차 반응, 정상상태인 경우

$$\ln\dfrac{C}{C_0} = -kt$$

$$t = \dfrac{V}{Q} \text{ 이므로}$$

$$\ln\dfrac{C}{C_0} = -k\dfrac{V}{Q}$$

2) 2차 반응, 정상상태인 경우

$$\dfrac{1}{C} - \dfrac{1}{C_0} = -kt = -k\dfrac{V}{Q}$$

9. 수질오염의 지표(water pollution index)

(1) 개요

1) 정의

하천, 호소, 해양 등의 수질오염의 정도와 그 환경의 건강 등을 평가하는 지표. 그 기준을 참고하여 오염정도를 판단함

2) 종류

① 화학적 지표 : pH, DO, BOD, COD, TOC, TOD, 산도·알칼리도, 독성물질 등
② 물리적 지표 : SS, 탁도, 색도, 온도 등
③ 생물학적 지표 : 병원균, 대장균군 등

(2) pH

1) 정의

용액 1L 중에 존재하는 수소 이온의 역수의 상용대수

2) 원리

$$pH = \log \frac{1}{[H^+]} = -\log[H^+]$$

$$[H^+] = 10^{-pH}$$

$$[OH^-] = 10^{-pOH}$$

$[H^+]$: 수소 이온의 몰농도(mol/L)

$[OH^-]$: 수산화 이온의 몰농도(mol/L)

10^{-14} : 물의 이온화 곱 상수(K_w at 25°C)

$$H_2O(L) \leftrightarrow H^+ + OH^-$$

$$[H^+][OH^-] = 10^{-14}$$

$$10^{-pH} \times 10^{-pOH} = 10^{-14}$$

$$pH + pOH = 14$$

$$K_w = 10^{-14}$$

pH 3.4이면,

$[H^+] = 10^{-3.4}$ M, pOH = 10.6, $[OH^-] = 10^{-10.6}$ M

3) pH의 활용

① 수질의 산이나 알칼리의 강도를 파악
② 오염에 따른 수질변화를 발견할 수 있는 수단
③ 염소소독 약품 종류 및 사용량 결정

(3) 용존산소(Dissolved Oxygen ; DO)

1) 정의

① 용존산소량 : 수중에 용존되어 있는 산소량

② 포화용존산소량 : 순수한 물에 포화상태로, 최대한 용해가능한 산소량

2) 원리

대기 중의 산소가 수중으로 많이 용해될수록 DO는 증가함

① 산소용해도 증가 조건

기압이 높을 때	
수온이 낮을수록	
용존이온 농도가 낮을수록(염분, 이온 등)	
기포가 작을수록	산소용해도 증가
교란작용이 있을 때	
수심 얕을수록	
유속 빠를수록	

② DO의 증가와 감소

오염도 클수록	
수중 유기물 많을수록	DO 감소
호흡량 많을수록	

산소용해도 클수록	
기압이 높을 때	
수온이 낮을수록(염분, 이온 등)	
용존이온 농도가 낮을수록	
기포가 작을수록	DO 증가
교란작용이 있을 때	
수심 얕을수록	
유속 빠를수록	

3) 특징

항목	항목값
포화용존산소량(20℃)	9.2ppm
어류생존한계 DO	5ppm
호기성 조건	2ppm 이상

(4) 생물화학적 산소요구량(Biochemical Oxygen Demand ; BOD)

1) 정의

수중의 유기물질을 호기성 미생물이 분해·산화할 때 소비하는 산소의 양

2) 종류

① 1단계 BOD(CBOD) : 탄소화합물을 분해하는데 요구된 산소량
② 2단계 BOD(NBOD) : 질소화합물을 분해하는데 요구된 산소량

3) 원리

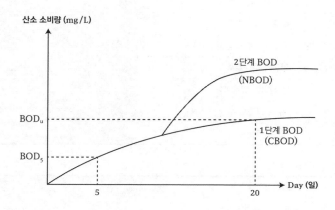

4) 표시

일반적으로 검수를 20°C에서 5일간 배양했을 때 소모되는 용존산소량(BOD_5)을 구하여 mg/L로 표시

5) 특징

① 유기물의 양을 정량하는 간접 지표
② BOD_5는 최종산소요구량(BOD_u)의 60~70%임

$$BOD_u = K \times BOD_5$$

④ BOD 한계

ㄱ. 생물학적 난분해성 물질은 측정하지 못함
ㄴ. 독성물질이 있으면 부적합함
ㄷ. 시험의 오차가 큼

6) 1단계 BOD(CBOD)

① 수중에 유기물이 있으면, 호기성 미생물이 유기물을 분해하면서 용존 산소를 소모하게 되는데, 이 때 유기물을 분해하면서 소비되는 산소량을 CBOD라 함

② 수중에 유기물이 있으면 처음에는 서서히 증가하다가 어느 순간이 되면 더 이상 증가하지 않는데, 이 때 BOD의 최대치를 최종BOD(BOD_u)라 함

③ 즉, 최종BOD는 그 수중에 존재하는 유기물을 미생물이 분해하는데 소비하는 산소량의 최종값 (최고값)이 되고 보통 20일 전후로 나타냄

④ 보통 BOD라고 하면 20℃에서 5일 동안 소비한 산소소비량(BOD_5)를 말함

7) 2단계 BOD(NBOD)

① 수중에 질소화합물이 있으면 7~8일부터 질산성 미생물에 의해 질산화가 일어나는데, 이때 질산화과정에서 산소가 소비됨

② 질산화로 소비되는 산소량을 NBOD(NOD)라 함

③ 만약, BOD값이 최종 BOD보다 더 커졌다면 질산화가 발생했다고 유추할 수 있음

(5) 화학적 산소요구량(Chemical Oxygen Demand ; COD)

1) 정의

수중의 유기물질을 화학적 산화제를 사용하여 화학적으로 분해·산화하는데 소요되는 산화제의 양을 산소 상당량으로 환산한 것

2) 종류

① COD_{Mn} : $KMnO_4$를 사용한 COD값, 유기물의 약 60% 분해

② COD_{Cr} : $K_2Cr_2O_7$을 사용한 COD값, 유기물의 약 80~90% 정도를 분해

3) 특징

① 공장폐수, 하천수에 이용 가능

② 주시험법 : 산성 망간법

③ 특정조건에 따라 COD값이 차이가 많이 나므로 특정조건을 명시하는 것이 원칙

④ 측정시간 : 2~3hr(BOD 5hr)

⑤ 유해물질 함유된 공장폐수에도 적용가능(BOD는 독성이 있으면 정확한 측정 어려움)

⑥ 일반적으로 COD는 BOD보다 수치가 큼

⑦ COD 〈 BOD일 때 : 질산화 발생했거나 COD시험의 방해물질이 폐수에 존재

⑧ COD ≫ BOD일 때 : 검수가 생물학적으로 분해 불가능한 물질이 많음

⑨ 실제보다 COD값이 높을 때 : 검수 중에 무기성 환원물질이 함유됨

⑩ 실제보다 COD값이 낮을 때 : 검수 중에 사용되는 산화성 물질이 함유됨

4) 관련 공식

① COD 관계식

$$COD \quad = \quad ICOD \quad + \quad SCOD$$

ICOD : 비용해성(insoluble) COD

SCOD : 용해성(soluble) COD

$$COD \quad = \quad BDCOD \quad + \quad NBDCOD$$

BD : 생물분해가 가능한(biodegradable)

NBD : 생물분해가 불가능한(non biodegradable)

$$
\begin{array}{ccccc}
COD & = & SCOD & + & ICOD \\
\| & & \| & & \| \\
BDCOD & = & BDSCOD & + & BDICOD \\
+ & & + & & + \\
NBDCOD & = & NBDSCOD & + & NBDICOD
\end{array}
$$

② BOD와 COD 관계식

$$
\begin{aligned}
BDCOD &= BOD_u \\
BDICOD &= IBOD_u \\
BDSCOD &= SBOD_u
\end{aligned}
$$

$$
\begin{aligned}
BDCOD &= BOD_u = K \times BOD_5 \\
NBDCOD &= COD - BDCOD
\end{aligned}
$$

$$
\begin{aligned}
BOD &= IBOD + SBOD \\
ICOD &= BDICOD + NBDICOD \\
NBDICOD &= ICOD - IBOD_u
\end{aligned}
$$

(6) 저질 산소요구량(Sediment Oxygen Demand : SOD)

1) 정의

저질층 표면에 존재하는 유기물이, 호기성 미생물에 의해 분해·산화되어 소비하는 저질층의 수중 산소 소비량

2) 단위

$$SOD = \frac{g \cdot O_2}{\text{저질면적}m^2 \cdot day}$$

(7) 산소요구량

1) 정의

산소요구량 : 유기물을 산화(분해)시키는데 필요한 산소량

2) 이론적 산소요구량(Theoretical Oxygen Demand ; ThOD)

① 유기물질이 화학양론적으로 산화·분해될 때 이론적으로 요구되는 산소량

② 미생물의 대사반응에서 유기물이 완전히 산화되었다고 가정하였을 경우에 산화에 필요한 산소량의 계산 값

$$C_6H_{12}O_6 + 6O_2 \rightarrow 6CO_2 + 6H_2O$$

3) 총산소요구량(Total Oxygen Demand ; TOD)

연소실에서 900℃에서 시료를 촉매(백금·코발트 등)하에서 연소시켰을 때 소비된 산소량

4) 산소 요구량 크기 비교

$$ThOD > TOD > COD_{Cr} > COD_{Mn} > BOD_u > BOD_5$$

(8) 유기탄소량

1) 정의

유기물의 구성물질로서 들어있는 탄소량

2) 이론적 유기탄소량(ThOC)

① 정의 : 이론적으로 계산한 유기 탄소량

② 원리

$$C_6H_{12}O_6 + 6O_2 \rightarrow 6CO_2 + 6H_2O$$

글루코스($C_6H_{12}O_6$) 180g 중 탄소량(6C)은 72g이므로 ThOC는 72g임

3) 총유기탄소(total organic carbon ; TOC)

가) 정의 : 완전 연소 시 CO_2 발생량을 측정해 탄소량 환산

나) 원리

① 측정 방법 : 검수를 전탄연소로(950℃)와 탄산염분해로(150℃) 연소시켜, 발생하는 이산화탄소량을 적외선가스 분석계로 각각의 농도를 검출하고, 전탄소 및 무기탄소량을 측정하여 양자의 차로부터 전유기탄소를 구함

다) 특징

① 장점

ㄱ. BOD, COD 측정시험보다 소요시간이 적음
ㄴ. 오염물질의 다양성(세균, 온도, pH, 독성 등)·난분해성에 대응성 높음
ㄷ. 저농도에 대한 재현성이 좋음

② 단점

ㄱ. 고형물에 대한 오차가 유발될 수 있으므로 원칙적으로 여과된 용존탄소만을 정량함
ㄴ. 실제 값보다 약간 낮게 측정됨
ㄷ. 생물학적 분해 가능한 유기물의 정량화가 어려움

(9) 고형물(Solids)

1) 정의

고형물	정의
총고형물 (TS ; Total Solids)	· 시료를 여과하지 않고 105℃로 가열하여 수분을 증발시킨 후의 잔류물
총부유고형물 (TSS ; Total Suspended Solids)	· 크기 0.1μm 이상의 현탁상태의 고형물 · 시료 중 유리섬유여과지(GF/C)를 통과하지 못하고 여과지에 남은 고형물을 105℃에서 1시간 이상 건조시켰을 때 잔류하는 고형물
총용존고형물 (TDS ; Total Dissolved Solids)	· 크기가 0.1μm 이하로서 물속에 용존상태로 존재하는 작은 분자 또는 이온들 · 시료 중 유리섬유여과지(GF/C)를 통과한 고형물을 105℃에서 1시간 이상 건조시켰을 때 잔류하는 고형물
휘발성고형물 (VS ; Volatile Solids)	· 총고형물질(TS)를 550℃에서 15분간 태웠을 때 휘산된 고형물
총강열잔류고형물 (FS ; Fixed Solids)	· 총고형물질(TS)를 550℃에서 15분간 태웠을 때 휘산되지 않고 남아있는 고형물
휘발성부유물 (VSS ; Volatile Suspended Solids)	· TSS를 550℃에서 15분간 태웠을 때 휘산된 물질
휘발성용존고형물 (VDS ; Volatile Dissolved Solids)	· TDS를 550℃에서 15분간 태웠을 때 휘산된 물질
강열잔류용존고형물 (FDS ; Fixed Dissolved Solids)	· TDS를 550℃에서 15분간 태웠을 때 휘산되지 않고 남아있는 물질
강열잔류부유물 (FSS ; Fixed Suspended Solids)	· TSS를 550℃에서 15분간 태웠을 때 휘산되지 않고 남아있는 물질

2) 고형물의 상호관계

$$
\begin{array}{ccccccccccc}
TS & = & TDS & + & TSS & & VS & = & VDS & + & VSS \\
\| & & \| & & \| & & \| & & \| & & \| \\
VS & = & VDS & + & VSS & & BDVS & = & BDVDS & + & BDVSS \\
+ & & + & & + & & + & & + & & + \\
FS & = & FDS & + & FSS & & NBDVS & = & NBDVDS & + & NBDVSS
\end{array}
$$

① 보통VS(휘발되는 성분)를 유기물로 간주함
② 보통FS(재로 남는 성분)를 무기물로 간주함
③ 무기물은 모두 생물 분해가 안 됨

무기물 = 난분해성 무기물
FS = NBDFS

④ 유기물은 생분해성유기물과 난분해성 유기물로 나눠짐

유기물 = 생분해성 유기물 + 난분해성 유기물
VS = BDVS + NBDVS

3) COD와 VSS의 관계

$$ICOD : NBDICOD = VSS : NBDVSS$$

$$NBDVSS = VSS \frac{NBDICOD}{ICOD}$$

VSS : 휘발성 부유고형물(유기물)
NBDVSS : 생물분해가 불가능한 VSS

4) SS의 영향

① 수질의 탁도 및 색도를 유발하는 원인물질
② 빛의 투과량을 감소시켜 수생식물의 광합성을 저해
③ 어류의 아가미에 부착하여 호흡기능을 저하
④ 유기성 부유물질은 하천과 해저에 침적·부패하기 때문에 저질의 환경을 악화시킴
⑤ 물맛을 나쁘게 하고, 각종 용수로서의 가치가 낮아짐

(10) 경도(Hardness)

1) 정의

① 물의 세기

② 수중에 용해되어 있는 Ca^{2+}, Mg^{2+} 등의 농도에 대응하는 탄산칼슘($CaCO_3$)의 양(mg/L)

2) 원리

① 유발물질

ㄱ. 물속에 용해되어 있는 금속원소의 2가 이상 양이온(Ca^{2+}, Mg^{2+}, Fe^{2+}, Mn^{2+}, Sr^{2+})

ㄴ. 특히 칼슘(Ca^{2+}), 마그네슘(Mg^{2+})이 대부분임

3) 특징

가) 경도에 따른 수질 판정

경도(mg/L as $CaCO_3$)	구분
75~150	약한경수
150~300	경수
300 이상	고경수

나) 경도의 영향

① 물갈이, 설사의 원인

② 비누의 세정효과가 낮아짐

③ 경수로 세탁하면 거품을 내는 데 많은 양의 세제를 사용하게 되어 부영양화의 원인이 됨

④ 관에 관석(Scale)을 형성시켜 열전도율을 감소시키거나 관이 좁아져 통수능력이 감소됨

⑤ 필름현상 시 선명도 저하시킴

⑥ 적당한 경도의 물은 맛이 좋으며, 수도관의 부식을 방지

다) 경도 제거 방법(연수화)

① 자비법(Process of Boiling) : 끓여 탄산경도 제거

② 석회 – 소다법(Lime – Soda Ash Process) : $CaCO_3$로 침전제거

③ 이온교환법(Ion Exchange Process)

④ 제올라이트(Zeolite)법

4) 총경도(Total Hardness ; TH)

가) 정의

물의 경도를 표시하는 것의 일종으로서 수중의 칼슘이나 마그네슘 이온의 총량에 따라서 나타나는 경도

나) 특징

일시경도(탄산경도)와 영구경도(비탄산경도)를 합한 것

5) 탄산경도(CH ; Carbonate Hardness)

가) 정의

① 탄산경도 : Ca^{2+}와 Mg^{2+} 등이 탄산염(CO_3^{2-}) 또는 중탄산염(HCO_3^-) 등 알칼리도 물질로 존재할 때 유발되는 경도

② 일시경도(temporary hardness) : 물을 끓이면 침전되어 제거되는 경도

나) 특징

탄산경도는 끓이면 제거되므로 일시경도임

6) 비탄산경도(NCH ; Non‒Carbonate Hardness)

가) 정의

① 비탄산경도 : Ca^{2+}와 Mg^{2+}이 황산이온, 염산이온과 화합하여 황산염, 염화물 등과 질산염, 규산염 등을 이루고 있을 때 유발되는 경도

② 영구경도 : 물을 끓여도 제거될 수 없는 경도

나) 특징

비탄산경도는 끓이면 제거되므로 영구경도임

7) 가경도(Pseudo‒Hardness)

저농도에서는 경도를 발생하지 않는 금속이온(K^+, Na^+ 등)을 가경도라 함, 유사경도 유발물질

8) 비알칼리성 경도

알칼리도 이상의 경도를 비탄산경도 또는 비알칼리성 경도라 함

9) 경도의 계산

① TH : Ca^{2+}, Mg^{2+} 등 2가 이상의 양이온을 같은 당량의 $CaCO_3$(mg/L)로 환산하여 합함

② TH = CH + NCH

③ CH = Alk

단위 : $CaCO_3$(mg/L)	TH	CH	NCH
TH 〉 Alk 일 때		Alk	TH ‒ CH
TH 〈 Alk	CH	TH	0

(11) 알칼리도(Alk ; Alkalinity)

1) 정의

① 어떤 수계에 산이 유입될 때 이를 중화시킬 수 있는 능력의 척도

② 수중에 포함되어 있는 탄산수소염, 수산화물 및 탄산염 등을 중화하는 데에 필요한 산의 양에 상당하는 알칼리량을 탄산칼슘($CaCO_3$)의 mg/L로 표시한 것

2) 유발물질

수산화물(OH^-), 중탄산염(HCO_3^-), 탄산염(CO_3^{2-}) 등

3) 표시

산을 중화시킬 수 있는 능력을 측정·정량화한 다음 $CaCO_3$로 환산하여 표시(mg/L as $CaCO_3$)

4) 종류

중화점의 pH값에 따라 나뉨

가) 메틸오렌지 알칼리도(methyl orange alkalinity ; M - Alk)

① 메틸오렌지 지시약을 사용하여 pH 4.5까지 낮추는데 주입된 산의 양을 탄산칼슘으로 환산한 값

② 변색점 pH 약 4.5

③ 총 알칼리도(T - Alk) = M - Alk

나) 페놀프탈레인 알칼리도(Phenolphthalein alkalinity ; P - Alk)

① 페놀프탈레인 지시약을 사용하여 pH 8.3까지 낮추는데 주입된 산의 양을 탄산칼슘으로 환산한 값

② 변색점 pH 8.3

5) 원리

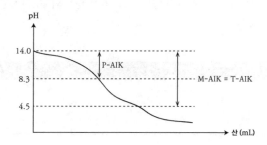

가) 총 알칼리도

$$AlK = [OH^-] + [HCO_3^-] + [CO_3^{2-}] \ (mg/L \ as \ CaCO_3)$$

나) Alk - pH의 관계

① pH > 9 : 탄산염(CO_3^{2-}), OH^-에 의한 알칼리도가 지배적

② 9 > pH > 4 : 중탄산염(HCO_3^-)에 의한 알칼리도가 지배적

③ pH < 4 : 분자상태의 CO_2가 지배적

〈 총알칼리도(T – Alk)와 페놀프탈레인 알칼리도(P – Alk)의 관계 〉

산 주입결과	알칼리도의 주요성분		
	OH^-	CO_3^{2-}	HCO_3^-
P = T	T	0	0
P = 0	0	0	T
P = 0.5T	0	T	0
P < 0.5T	0	2P	T – 2P
P > 0.5T	2P – T	2(T – P)	0

6) 특징

가) 수질에 미치는 영향

① 위생상에 큰 영향을 주지 않으나 좋지 못한 맛
② 알칼리도가 낮은 물은 완충능력이 작고 철에 대한 부식성을 띰
③ 알칼리도가 높은 물은 다른 이온과 반응성이 좋아 관내 침적물(스케일)을 형성가능

나) 알칼리도의 변화 및 pH의 관계

① 하천수의 알칼리도는 갈수 시에 높아지고, 출수 시에는 낮음
② 하천의 상류에서는 알칼리도가 낮고 하류로 갈수록 알칼리도가 높음
③ 응집제를 투입하면 pH는 낮아지고 알칼리도가 저하
④ 탈질화과정에서는 알칼리도가 생성되며, pH는 높아짐
⑤ 질산화과정에서는 알칼리도가 소모되며, pH는 낮아짐
⑥ CO_2 과포화 시, 폭기는 수중의 CO_2를 제거하므로 pH가 증가되면서 알칼리도가 증가
⑦ 조류는 광합성작용을 통하여 pH를 증가시키고, 물의 알칼리도를 증가

(12) 산도(Acidity)

1) 정의

알칼리를 중화할 수 있는 능력 또는 OH^-이온을 중화시킬 수 있는 물의 능력

2) 표시

알칼리를 중화시킬 수 있는 능력을 측정·정량화한 다음 $CaCO_3$로 환산하여 표시
(mg/L as $CaCO_3$)

3) 메틸오렌지 산도(Methyl Orange Acidity ; M – Ac)

가) 정의

0.02N – NaOH 용액으로 메틸오렌지(Methyl Orange) 지시약의 종말점(pH 4.5)까지 적정할 때 소비된 NaOH량을 $CaCO_3$ 상당량(mg/L)으로 환산한 값

나) 원리

M – Ac = 무기산도 = 광산산도

4) 페놀프탈레인 산도(Phenolphthalein Acidity ; P – Ac)

가) 정의

0.02N – NaOH 용액으로 페놀프탈레인(phenolphthalein) 지시약의 종말점(pH 8.3)까지 적정할 때 소비된 NaOH량을 $CaCO_3$ 상당량(mg/L)한 값

나) 원리

페놀프탈레인 산도 = 총산도

$$P - Ac = T - Ac$$
$$= M - Ac + CO_2 \text{ 산도}$$

(13) 이온강도(ionic strength)

1) 정의

전해질용액에 포함된 이온 전하에 의한 효과를 포함하는 농도의 함수

2) 원리

$$I = \frac{1}{2} \sum_i C_i \cdot Z_i^2$$

I : 이온강도
C : 이온의 몰농도
Z : 이온의 전하

3) 특징

① 이온강도(I) 크기 : $0 \leq I \leq 1$
② 이온강도 값이 클수록 전해질 세기가 커짐

(14) 농업용수 기준(SAR)

1) 원리

$$SAR = \frac{Na^+}{\sqrt{\dfrac{Ca^{2+}+Mg^{2+}}{2}}}$$

(단, Na^+, Ca^{2+}, Mg^{2+} : me/L)

2) SAR 영향

SAR	영향
0~10	낮음
11~18	비교적 높음
18~25	높음
26 이상	농업용수 사용불가

(15) 대장균군(Coliform Group)

1) 정의

Gram 음성·무아포성의 간균으로 유당을 분해하여 가스 또는 산을 발생하는 모든 호기성 또는 통성 혐기성균

2) 특징

① 온혈동물의 장내에서 항상 존재하는 Escherichia 속(대장균 포함), Citrobacter 속, Enterobacter 속, Klebsiella 속이 여기에 포함됨
② 자체가 인체에 유해하지는 않음
③ 분뇨에 의한 오염(분변성 오염)의 지표
④ 수인성 병원균이 존재하는 것을 알려주는 간접 지표

3) 수인성 병원균의 간접 지표가 되는 이유

① 대장균과 수인성 병원균은 생존 환경이 비슷하나 생존력은 대장균이 더 강하므로 대장균이 검출되지 않을 경우 이러한 병원균은 거의 존재하지 않음
② 따라서, 대장균이 있으면 수인성 병원균이 존재할 가능성이 크고 대장균이 없으면 수인성 병원균이 없다고 판단할 수 있음

(16) 생물학적 오탁지표

1) BIP(biological index of pollution)

가) 대상

현미경으로 보이는 생물

나) 원리

일반적으로 조류(유색 생물)는 청정한 수역에 많고, 단세포의 원생 동물(무색 생물)은 오탁 수역에 많이 살고 있다는 사실로부터 전생물에 대한 무색 생물의 비율에 의해 오탁의 정도를 나타냄

$$BIP = \frac{B}{A+B} \times 100$$

A : 유색 생물수

B : 무색 생물수

다) 특징

BIP 수치가 클수록 오염된 물임

	BIP
저수지나 청정한 하천	0~2
오염된 수역	10~20
하수	70~100

2) BI(생물지수 biotic index)

가) 대상 :

육안으로 보이는 생물

나) 원리

$$BI = \frac{2A+B}{A+B+C} \times 100$$

A : 청수성 미생물

B : 광범위 출현종의 미생물

C : 오수성 미생물

다) 특징

BI 수치가 클수록 수질이 깨끗함

BI	수질
20 이상	청정(깨끗)
15 이하	오탁(더러움)

(17) 콜로이드(colloid)

1) 정의

① 콜로이드 : 크기 0.001~1μm의 범위로서 육안으로 식별이 불가능한 초미립자가 분산 또는 현탁액으로 존재하는 상태
② 콜로이드 용액 : 콜로이드가 분산해 있는 용액
③ 분산질 : 콜로이드 입자
④ 분산매 : 콜로이드 입자가 분산해 있는 용매

2) 종류

비교	소수성 colloid	친수성 colloid
존재 형태	현탁상태(suspension)	유탁상태(emulsion)
종류	점토, 석유, 금속입자	녹말, 단백질, 박테리아 등
물과 친화성	물과 반발	물과 쉽게 반응
염에 민감성	염에 아주 민감	염에 덜 민감
응집제 투여	소량의 염을 첨가하여도 응결 침전됨	다량의 염 첨가 시 응결 침전
표면장력	용매와 비슷	용매보다 약함
틴들효과	큼	약하거나 거의 없음

3) 특징

① 크기 : $0.001 \sim 0.1 \mu m$
② 구성 : 물 속에 존재하는 광물질. 유기물, 단백질, 플랑크톤(plankton), 조류, 박테리아 등
③ 성질 : 틴들현상, 브라운 운동, 투석(dialysis), 흡착, 전기영동, 응석(coagulation) 등
④ 전기적으로 대전되어 있음, 자연수·폐수의 pH 범위에서는 대부분 음전하
⑤ 비표면적이 매우 크기 때문에 강한 선택적 흡착력
⑥ 콜로이드는 반투막을 통과할 수 없으며, 소수성인 경우는 염에 민감
⑦ 콜로이드의 안정성은 인력과 반발력, 중력의 상대적인 크기에 영향

4) 콜로이드 성질

성질	정의	예	원리
틴들현상	콜로이드 용액에 빛을 비추면 빛의 진로가 뚜렷이 보이는데, 큰 입자들이 가시광선을 산란시켜 나타나는 현상	숲속 사이 햇살 진로가 보이는 현상	입자크기
투석	콜로이드 용액에 섞여 있는 용질분자나 이온을 반투막을 이용하여 콜로이드 입자와 분리함으로써 콜로이드 용액을 정제하는 방법	혈액 투석	입자크기
염석	소량의 전해질에 의해 침전되지 않는 콜로이드에 다량의 전해질을 가했을 때 침전하는 현상	두부의 간수($MgCl_2$)	전하를 띰
엉김	소수 콜로이드 입자가 소량의 전해질에 의해 침전되는 현상	삼각주가 형성	전하를 띰
전기이동	콜로이드 용액에 직류전류를 통하면 콜로이드 입자가 자신의 전하와 반대전하를 띤 전극으로 이동하는 현상		전하를 띰
흡착	콜로이드 입자 표면에 다른 액체나 기체분자가 달라붙음으로써 입자의 표면에 액체나 기체분자의 농도가 증가하는 현상	탈취, 활성탄 흡착	큰 비표면적
브라운 운동	콜로이드 입자가 분산매의 열운동에 의한 충돌로 인해 보이는 불규칙적인 운동		열운동

5) 콜로이드 응집 원리(메커니즘)

① 이중층의 압축 : 전해질 또는 반대이온의 주입
② 전기적 중화 : 반대이온의 주입
③ sweep 침전
④ 가교작용 : 고분자 응집제 주입

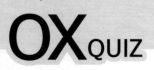

Chapter 04

01 이상적 plug flow에서 분산(variance, 2) : 0, 분산수(dispersion NO.) : 1 이다. (O/X)

02 친수성 콜로이드는 다량의 염을 첨가하여야 응결침전된다. (O/X)

03 친수성 콜로이드는 물속에 서스펜션(suspension)으로 존재한다. (O/X)

04 친수성 콜로이드는 매우 큰 분자 또는 이온상태로 존재한다. (O/X)

05 친수성 콜로이드는 물과 강하게 반응하는 성질이 있다. (O/X)

06 소수성 콜로이드는 염에 아주 민감하다. (O/X)

07 소수성 콜로이드는 표면장력이 용매보다 약하다. (O/X)

08 소수성 콜로이드는 현탁상태(sol)로 존재한다. (O/X)

09 소수성 콜로이드는 틴달효과가 크다. (O/X)

10 이상적인 마개흐름(plug flow) 상태에서 분산(variance) = 1 이다. (O/X)

11 이상적인 마개흐름(plug flow) 상태에서 분산수(dispersion number) = 0 이다. (O/X)

12 이상적인 마개흐름(plug flow) 상태에서 자체시간(lag time) = 0 이다. (O/X)

13 이상적인 마개흐름(plug flow) 상태에서 Morrill 지수 = 0 이다. (O/X)

14 K_{sp}값만 비교하더라도 화합물들의 상대적 용해도를 예측할 수 있다. (O/X)

15 $[A]^m[B]^n$ > K_{sp}인 조건은 과포화 상태로 침전물이 생성된다. (O/X)

16 용해되어 있는 오염물질을 불용성으로 형성, 침전시킬 때는 그 물질의 K_{sp}값이 적을수록 해당
   오염물질의 침전에 유리하다. (O/X)

17 K_{sp}가 적다는 것은 대부분이 불용성 고형물로 존재한다는 의미이다. (O/X)

18 친수성 콜로이드는 유탁상태(에멀젼)로 존재한다. (O/X)

19 친수성 콜로이드는 염에 민감하지 못하다. (O/X)

20 친수성 콜로이드는 표면장력이 용매보다 약하다. (O/X)

21 친수성 콜로이드는 틴달효과가 크다. (O/X)

22 전자를 준 쪽은 산화된 것이고 전자를 얻는 쪽은 환원이 된 것이다. (O/X)

| 23 | 산화수가 증가하면 산화, 감소하면 환원반응이라 한다. | (O/X) |

23 산화수가 증가하면 산화, 감소하면 환원반응이라 한다. (O/X)

24 산화제는 전자를 주는 물질이며 전자를 주는 힘이 클수록 더 강한 산화제이다. (O/X)

25 상대방을 산화시키고 자신을 환원시키는 물질을 산화제라 한다. (O/X)

26 소수성 콜로이드는 염에 아주 민감하다. (O/X)

27 소수성 콜로이드는 표면장력이 용매와 비슷하다. (O/X)

28 소수성 콜로이드는 재생이 용이하다. (O/X)

29 소수성 콜로이드는 틴달효과가 크다. (O/X)

30 알칼리도 유발물질 중 자연수의 경우 CO_3^{2-}에 의한 알칼리도가 지배적이다. (O/X)

31 총경도가 알칼리도보다 큰 경우는 알칼리도와 탄산경도가 같다. (O/X)

32 알칼리도는 산을 중화할 수 있는 완충능력, 즉 수중에 존재하는 $[H^+]$을 중화시키기 위하여 반응할 수 있는 이온의 총량을 말한다. (O/X)

33 알칼리도 자료는 부식제어에 관련되는 중요한 변수인 Langelier 포화지수 계산에 이용된다. (O/X)

34 산은 활성을 띤 금속과 반응하여 원소상태의 수소를 내어 놓는다. (O/X)

35 산의 용액을 전기분해하면 음극에서 원소상태인 수소가 발생된다. (O/X)

36 대부분의 비금속은 산성산화물로서 염기에 녹거나 산성용액을 형성한다. (O/X)

37 염기는 전자쌍을 받는 화학종으로, 산은 전자쌍을 주는 화학종으로 구분할 수 있다. (O/X)

38 이상적 plug flow는 tank가 옆으로 길고, 상하는 혼합하나 좌우혼합은 없다. (O/X)

39 이상적 plug flow는 Morrill 지수 값이 1이다. (O/X)

40 이상적 plug flow는 분산(variance)이 0이다. (O/X)

41 이상적 plug flow는 분산수(dispersion NO.)가 1이다. (O/X)

42 친수성 콜로이드는 수막 또는 수화수를 형성시킨다. (O/X)

43 친수성 콜로이드는 물속에 서스펜션(suspention)으로 존재한다. (O/X)

44 친수성 콜로이드는 매우 큰 분자 또는 이온 상태로 존재한다. (O/X)

45 친수성 콜로이드는 전해질에 대한 반응이 약하므로 전해질이 더 많이 요구된다. (O/X)

46	SAR값이 20 정도이면 Na^+가 토양에 미치는 영향이 적다.	(O/X)
47	SAR의 값은 Na^+, Ca^{2+}, Mg^{2+} 농도와 관계가 있다.	(O/X)
48	SAR로 보면, 경수가 연수보다 토양에 더 좋은 영향을 미친다고 볼 수 있다.	(O/X)
49	SAR의 값 계산식에 사용되는 이온의 농도는 me/L를 사용한다.	(O/X)
50	P - 알칼리도와 M - 알칼리도를 합친 것을 총알칼리도라 한다.	(O/X)
51	알칼리도($CaCO_3$mg/L)계산은 [(A×N×50,000)/V]로 나타낸다. (A : 주입된 산의 부피(m), N : 주입된 산의 N농도, V : 시료의 부피(m), 50,000(mg) : $CaCO_3$ 당량)	(O/X)
52	실용 목적에서는 자연수에 있어서 수산화물, 탄산염, 중탄산염 이외, 기타 물질에 기인되는 알칼리도는 중요하지 않다.	(O/X)
53	알칼리도(Alkalinity)는 부식제어에 관련되는 중요한 변수인 Langelier 포화지수 계산에 적용된다.	(O/X)
54	NO_2를 Na_2SO_3 용액과 반응시키면 $Na(OH)_2$와 N_2가 발생한다.	(O/X)
55	상온상압에서 염소가스를 수중에 주입시키면 다량의 이산화염소가 발생된다.	(O/X)
56	ORP가 높은 순서, 즉 강한 산화제의 순서는 불소>오존>염소 순이다.	(O/X)
57	산성 조건에서 중탄산염은 탄산염과 이산화탄소로 해리될 수 있다.	(O/X)
58	알칼리도 산도는 pH 4.5~8.3 사이에서 공존한다.	(O/X)
59	M - 알칼리도는 최초의 pH에서 pH 4.5까지 소요된 산의 양을 $CaCO_3$ppm으로 환산한 값이다.	(O/X)
60	총경도 ≤ M - 알칼리도일 때 탄산경도 = 총경도이다.	(O/X)
61	총알칼리도는 M - 알칼리도와 P - 알칼리도를 합친 값이다.	(O/X)
62	산과 염기에서 Lewis는 전자쌍을 받는 화학종을 산이라고 정의	(O/X)
63	산과 염기에서 Arrhenius는 양성자를 받는 분자나 이온을 산이라고 정의	(O/X)
64	산과 염기에서 Brönsted - Lowry는 수용액에서 수산화이온[OH^-]을 내어놓는 것을 산이라고 정의	(O/X)
65	산과 염기에서 Arrhenius는 양이온을 내어 주는 물질을 염기라고 정의	(O/X)
66	SOD(sediment oxygen demand)는 유속이 느리고 수심이 낮은 하천에서 용존산소 소모율이 작아지는 특성이 있다.	(O/X)

67 SOD(sediment oxygen demand)는 하상계수가 크고 계절변화가 심한 우리나라에서 적용하기가 쉽다. (O/X)

68 SOD(sediment oxygen demand)는 용존산소 농도를 이용하여 계산될 수 있으며, 단위는 $mg/m^3 \cdot hr$가 일반적이다. (O/X)

69 SOD(sediment oxygen demand)는 환경요인은 수온, 저수층의 용존산소 및 유속, 저서 생물의 특성, 간극수와 저질 내 유기물질 특성 등이다. (O/X)

70 이상적인 마개흐름(Plug flow) 상태의 분산(variance) = 1이다. (O/X)

71 이상적인 마개흐름(Plug flow) 상태의 분산수(dispersion number) = ∞이다. (O/X)

72 이상적인 마개흐름(Plug flow) 상태의 지체시간(lag time) = 0이다. (O/X)

73 이상적인 마개흐름(Plug flow) 상태의 Morrill 지수 = 1이다. (O/X)

74 이상적 Plug flow에서 tank 속을 통과하는 유체의 입자들은 같은 양으로 유입·유출한다. (O/X)

75 이상적 Plug flow에서 Morrill 지수는 값이 클수록 이상적이다. (O/X)

76 이상적 Plug flow에서 tank 속에서 머무르는 시간은 이론적으로 동일하다. (O/X)

77 이상적 Plug flow에서 분산수(dispersion NO.)는 0이다. (O/X)

78 알칼리도가 낮은 물은 철(Fe)에 대한 부식성이 강하다. (O/X)

79 알칼리도가 부족한 경우는 소석회[$Ca(OH)_2$]나 소다회(Na_2CO_3)와 같은 약제를 첨가하여 보충한다. (O/X)

80 자연수의 알칼리도는 주로 중탄산염(HCO_3^-)의 형태를 이룬다. (O/X)

81 중탄산염(HCO_3^-)이 많이 함유된 물을 가열하면 pH는 낮아진다. (O/X)

1.×	2.○	3.×	4.○	5.○	6.○	7.×	8.○	9.○	10.×	11.○	12.×	13.×	14.×	15.○
16.○	17.○	18.○	19.○	20.○	21.×	22.○	23.○	24.×	25.○	26.○	27.○	28.×	29.○	30.×
31.○	32.○	33.○	34.○	35.○	36.○	37.×	38.○	39.○	40.○	41.×	42.○	43.×	44.○	45.○
46.×	47.○	48.○	49.○	50.×	51.○	52.○	53.○	54.×	55.×	56.○	57.×	58.○	59.○	60.○
61.×	62.○	63.×	64.×	65.×	66.×	67.×	68.×	69.○	70.×	71.×	72.×	73.○	74.○	75.×
76.○	77.○	78.○	79.○	80.○	81.×									

1. **알칼리도에 관한 설명으로 옳은 것은?**
   가. 자연수중의 알칼리도는 질산염 형태이다.
   나. 알칼리도가 높은 물을 폭기시키면 pH가 상승하는 경향을 나타낸다.
   다. 물의 알칼리도는 산을 알칼리화 시킬 수 있는 능력의 척도로서 주로 SO_4^{2-}가 가장 크게 기여한다.
   라. 중탄산염은 냉수에서는 OH^-를 발생하므로 pH가 높아진다.

2. **다음은 Graham의 기체법칙에 관한 내용이다. (   ) 안에 알맞은 것은?**

수소의 확산속도에 비해 염소는 약 (①), 브롬은 (②) 정도의 확산속도를 나타낸다.

   가. ① 1/4,   ② 1/8
   나. ① 1/6,   ② 1/9
   다. ① 1/9,   ② 1/12
   라. ① 1/12, ② 1/16

3. **기체의 법칙인 Dalton의 부분압력 법칙에 관한 내용으로 가장 옳은 것은?**
   가. 공기와 같은 혼합기체 속에서 각 성분 기체는 서로 독립적으로 압력을 나타낸다.
   나. 일정한 온도에서 기체의 부피는 그 압력에 반비례한다.
   다. 기체가 관련된 화학반응에서 반응하는 기체와 생성된 기체의 부피사이에는 부분압력에
      따른 정수관계가 성립된다.
   라. 기체의 확산속도는 기체의 부분압력에 따라 기체 분자량의 제곱근에 반비례한다.

4. **콜로이드(Colloid)에 관한 설명으로 옳지 않은 것은?**
   가. 콜로이드를 제거하기 위해서는 콜로이드의 안정성을 증가시켜야 한다.
   나. 콜로이드 입자들은 대단히 작아서 질량에 비해 표면적이 크다.
   다. 콜로이드 입자는 모두 전하를 띠고 있다.
   라. 콜로이드 입자들이 전기장에 놓이면 입자들은 그 전하의 반대쪽 극으로 이동하며
      이를 전기영동이라 한다.

5. 다음의 등온 흡착식 중 (1)한정된 표면만이 흡착에 이용되고 (2)표면에 흡착된 용질물질은 그 두께가 분자 한 개 정도의 두께이며 (3)흡착은 가역적이고 평형조건이 이루어졌다는 가정 하에 유도된 식은?

　　가. Freudlich 등온흡착식
　　나. Langmuir 등온흡착식
　　다. BET 등온흡착식
　　라. BCT 등온흡착식

6. 다음의 내용으로 정의되는 법칙은?

> 용액의 증기압 내림은 혼합액에서 그 물질의 몰분율에 순수한 상태에서 그 물질의 증기압을 곱한 것과 같다.

　　가. Graham's 법칙
　　나. Raoult's 법칙
　　다. Henry's 법칙
　　라. Dalton's 법칙

7. 다음은 Graham의 기체법칙에 관한 내용이다. ( ) 안에 맞는 내용은? (단, Cl_2 분자량은 71.5이다.)

> 수소의 확산속도에 비해 산소는 약 (①), 염소는 약(②) 정도의 확산속도를 나타낸다.

　　가. ① 1/8, ② 1/4
　　나. ① 1/8, ② 1/9
　　다. ① 1/4, ② 1/8
　　라. ① 1/4, ② 1/6

8. 콜로이드에 관한 설명으로 틀린 것은?

　가. 콜로이드 입자의 질량은 매우 작아서 중력의 영향은 중요하지 않다.
　나. 일부 콜로이드 입자들의 크기는 가시 광선 평균 파장보다 크기 때문에 빛의 투과를 간섭한다.
　다. 콜로이드 입자들은 모두 전하를 띠고 있다.
　라. 콜로이드의 입자는 매우 작아 보통의 반투막을 통과한다.

9. 물의 이온화적(Kw)에 관한 설명으로 옳은 것은?

　가. 25℃에서 물의 Kw가 1.0×10^{-14}이다.
　나. 물은 강전해질로서 거의 모두 전리된다.
　다. 수온이 높아지면 감소하는 경향이 있다.
　라. 순수의 pH는 7.0이며 온도가 증가할수록 pH는 높아진다.

10. 다음의 기체 법칙 중 옳은 것은?

용액의 증기압 내림은 혼합액에서 그 물질의 몰분율에 순수한 상태에서 그 물질의 증기압을 곱한 것과 같다.

　가. Boyle의 법칙 : 일정한 압력에서 기체의 부피는 절대 온도에 정비례한다.
　나. Henry의 법칙 : 기체가 관련된 화학반응에서는 반응하는 기체와 생성되는 기체의 부피 사이에 정수관계가 있다.
　다. Graham의 법칙 : 기체의 확산속도(조그마한 구멍을 통한 기체의 탈출)는 기체 분자량의 제곱근에 반비례한다.
　라. Gay - Lussac의 결합 부피 법칙 : 혼합 기체 내의 각 기체의 부분압력은 혼합물 속의 기체의 양에 비례한다.

11. 다음이 설명하는 일반적 기체 법칙은?

> 여러 물질이 혼합된 용액에서 어느 물질의 증기압(분압)은 혼합액서
> 그 물질이 물 분율에 순수한 상태에서 그 물질의 증기압을 곱한 것과 같다.

가. 라울트의 법칙

나. 게이 – 루삭의 법칙

다. 헨리의 법칙

라. 그레함의 법칙

12. 기체의 법칙 중 Graham의 법칙에 관한 설명으로 가장 적절한 것은?

가. 기체가 관련된 화학반응에서는 반응하는 기체와 생성된 기체의 부피 사이에는 정수관계가 성립한다.

나. 기체의 확산속도(조그마한 구멍을 통한 기체의 탈출)는 기체 분자량의 제곱근에 반비례한다.

다. 일정한 온도에서 일정한 부피의 액체에 용해되면 기체의 양은 그 액체 위에 미치는 기체 압력에 비례한다.

라. 공기와 같은 혼합기체 속에서 각 성분기체는 서로 독립적으로 압력을 나타낸다.

13. 수질분석결과 Na^+ = 10mg/L, Ca^{2+} = 20mg/L, Mg^{2+} = 24mg/L, Sr^{2+} = 2.2mg/L 일 때 총경도는? (단, Na : 23, Ca : 40, Mg : 24, Sr : 87.6)

가. 112.5mg/L as $CaCO_3$

나. 132.5mg/L as $CaCO_3$

다. 152.5mg/L as $CaCO_3$

라. 172.5mg/L as $CaCO_3$

Chapter 05 수중 생물학

1. 수질환경 미생물

(1) 미생물의 기본 단위

1) 세포(cell)

가) 정의

바이러스 이외의 생물의 기본단위

나) 종류

원핵세포, 진핵세포

다) 특징

① 막으로 둘러싸인 원형질 덩어리로 세포핵, 세포질, 과립 등의 미세구조를 가지고 있음
② 세포질은 생물활동에 관여하는 여러 중요한 기능을 가진 물질을 내장하고 있음

2) 원핵세포(procaryotic cell ; prokaryotic cell)

가) 정의

① 원핵생물 : 막에 둘러싸인 핵이 없는 생물
② 원핵세포 : 원핵생물의 세포

나) 특징

일반적으로 진핵세포보다도 작고, 미토콘드리아와 엽록체 등의 세포내 소기관을 보유하지 않음

3) 진핵세포(eukaryotic cell)

가) 정의

① 진핵생물 : 막에 둘러싸인 핵이 있는 생물
② 진핵세포 : 핵막으로 싸인 핵을 가지는 세포

나) 특징

세균과 남조식물을 제외한 모든 동물 및 식물의 세포는 진핵세포임

4) 원핵세포와 진핵세포의 주요 특징 비교

비교항목		원핵생물	진핵생물
일반적 유기체		박테리아, 남조류	원생생물, 균류, 식물, 동물
조직		단세포	단세포, 군체, 다세포 유기체
세포분열		이분열	유사분열 및 감수분열
크기		$1 \sim 100 \mu m$	$10 \sim 100 \mu m$
DNA(염색체)		있음	있음
세포벽		있음	있음
세포막		없음	있음
섬모(편모)		있음	있음
리보솜		있음(70S)	있음(80S)
세포소기관		없음	있음
세포소기관	핵	없음(분산핵)	있음(핵막 있음)
	미토콘드리아	없음	있음
	엽록체	없음	있음
	소포체	없음	있음
	액포	없음	있음
	골지체	없음	있음
	리소좀	없음	있음
세포골격		없음	있음
인(P)		없음	있음

5) 세포 기관의 기능

소기관	주요 기능
핵	세포활성 조절, DNA 저장
소포체	단백질 합성, 물질분배
리보솜	단백질 합성
미토콘드리아	호흡대사와 화학에너지 전환·생산
색소체(식물)	화학에너지로 전환, 양분과 색소 저장
골지 복합체	합성물질을 포장하고 분배
리소좀	소화 잔여물 제거와 배출
액포	소화와 저장
미세섬유와 미세소관	세포구조물, 내부성분의 이동
미소체	화학적 전환, 배출
섬모와 편모	운동력과 외적인 유동을 생성

(2) 환경미생물의 분류

1) 산소의 관계

가) 호기성 미생물(aerobic bacteria ; aerobes)

① 정의 : 세포의 유지와 합성에 필요한 에너지 및 전구물질을 얻기 위하여 산소를 필요로 하는
   미생물

② 특징 : 산소가 없으면 절대 생육불가능한 미생물

③ 종류 : 고초균, 결핵균, 아조토박테리아, 질산화 미생물 등

나) 혐기성 미생물(anaerobic bacteria, Anaerobes)

① 정의 : 산소가 존재하지 않는 환경(혐기상태)에서 생육 가능한 세균

② 종류 : 황세균, 철세균 등

다) 임의성 미생물(통성혐기성균 ; facultative anaerobic bacteria)

① 정의 : 산소의 유무에 관계없이 생육 가능한 세균

② 특징 : 산소가 있으면, 산소를 이용하여 호기성균으로 증식하며, 없으면 혐기성균으로 증식

③ 종류 : 탈질균, 대장균 등 대부분의 세균

2) 온도의 관계

① 초고온성 미생물(hyper thermoplics) : 80°C 이상에서 성장하는 미생물

② 고온성(친열성) 미생물 : 50°C 이상에서 성장하는 미생물

③ 중온성(친온성) 미생물 : 10~40°C 범위에서 성장하는 미생물

④ 저온성(친냉성) 미생물 : 10°C 이하에서 성장하는 미생물

3) 영양 관계

탄소원	무기탄소	유기탄소
미생물	독립영양미생물	종속영양미생물
	질산화균, 조류, 황세균 등	탈질균, 세균, 균류
에너지원	광합성	화학합성
미생물	빛에너지	화학에너지(산화, 환원반응 에너지)
	녹색식물, 조류	탈질미생물, 활성슬러지

4) 화학 합성 미생물의 영양관계

미생물	탄소원	에너지원
무기 영양계 화학 합성 미생물	무기탄소(CO_2, 탄산염)	무기물의 산화 환원 반응에너지
유기 영양계 화학 합성 미생물	유기탄소	유기물의 산화 환원 반응에너지

5) 기타

호염성 미생물(halopilics) : 염분을 좋아하는 미생물

(3) 주요 환경미생물

1) 바이러스(Virus)

① 세균보다 작아서 세균여과기로도 분리할 수 없고, 전자현미경을 사용하지 않으면 볼 수 없는 작은 입자

② 인공적인 배지에서는 배양할 수 없지만 살아 있는 세포에서는 선택적으로 기생, 증식함

③ 바이러스는 생존에 필요한 물질로서 핵산(DNA 또는 RNA)과 소수의 단백질만을 가지고 있으므로, 그 밖의 모든 것은 숙주세포에 의존하여 살아감

④ 결정체로도 얻을 수 있기 때문에 생물, 무생물 사이에 논란의 여지가 있지만, 증식과 유전이라는 생물 특유의 성질을 가지고 있어서 대체로 생명체로 간주됨

2) 세균(Bacteria)

가) 정의 : 핵막이 없고 염색체는 직접 세포질 속에 존재하는 단세포생물(원핵생물)

나) 종류 : 구균(coccus), 간균(bacillus), 나선균(spirillum)

다) 특징

① 크기 : $0.8 \sim 5\mu m$

② 가장 간단한 단세포의 식물

③ 곰팡이(fungi)와 함께 수중 생태계의 1차 분해자

④ 세포구성 : 수분 80%, 고형물 20%(유기물 90%, 무기물 10%)

⑤ 영양 : BOD : N : P의 성분비가 100 : 5 : 1 정도가 적합, 영양조건이 적합하지 않으면 박테리아 대신 균류(fungi)가 번식

⑥ 합성능력 : 번식은 주로 세포분열

⑦ 일반적으로 엽록소를 가지지 않으므로 유기물을 섭취해서 필요한 에너지를 얻는 종속영양세균이 많음

⑧ 암모니아, 유황, 철 등의 무기물에서 에너지를 취하는 독립영양세균도 있음

⑨ 생물처리에서는 유기물의 대부분이 이 세균들에 의한 흡착, 섭취, 분해 등의 작용에 의해서 제거됨

⑩ 환경인자 : pH와 온도에 민감하며, 낮은 온도에서 저항성이 높음

3) 균류(fungi)

가) 정의 : 곰팡이, 버섯, 효모 등의 진균류와 먼지곰팡이 등의 변형균류를 포함하는 생물군

나) 특징

① 진핵생물

② 모양 : 효모와 같이 단세포도 있으나 부분적으로 다세포로 구성된 사형

③ 화학유기영양계 미생물

④ 용해된 유기물질(섬유, 페놀, 탄화수소 등)을 흡수, 성장

⑤ 박테리아보다 낮은 DO, 낮은 pH(pH 3~5), 낮은 질소 농도에서도 잘 성장함

다) 영향

① 광범위한 분해 및 합성 능력을 가지고 있어 유기산, 항생물질의 생산에 이용

② 슬러지 팽화(sludge bulking)의 원인생물

③ 수중의 유기물질을 분해하고, 유기산이나 암모니아를 부생시켜 pH를 변화시킴

4) 조류(Algae)

가) 정의 : 수중에 서식하며, 광합성에 의한 독립영양생활을 하는 하등한 식물로 종자식물, 하등 식물, 지의식물을 제외한 분류군의 총칭

나) 종류 : 감조류, 홍조류, 와편조류, 황금조류, 규조류, 갈조류, 황록조류, 녹조류, 차축조류 등

다) 분류

① 원핵조류 : 내부분화가 덜되어 있으며, 세균(박테리아)과 비슷함, 남조류(Cyanophyta)

② 진핵조류 : 진화된 내부분화, 녹조류, 규조류

라) 특징

① 조류의 활동

조류는 광합성과 호흡을 하여 수질에 영향을 미침

광합성	$CO_2 + H_2O \rightarrow CH_2O + O_2$
호흡	$CH_2O + O_2 \rightarrow CO_2 + H_2O$

② 수중환경에 미치는 영향

	활동	산소(DO)	pH	수중 알칼리도
주간	광합성, 호흡	증가	증가	
야간	호흡	감소	감소	소비

ㄱ. 부영양화가 일어나 조류가 많이 번식하게 되면, 죽은 후 가수분해되어 바닥에 퇴적됨

ㄴ. 다량의 용존산소를 소비

ㄷ. pH를 저하

ㄹ. 이물질 부생

ㅁ. 녹조, 적조, 악취발생의 원인

ㅂ. 여과지의 막힘, 이물질 냄새 등의 장해를 일으킴

마) 녹조류(Green algae ; Chlorophyceae)

① 녹색 조류

② 질소, 인 등을 영양원으로 이용하고 광합성을 통하여 증식함

③ 클로로필 a와 b 이외에 β-칼로틴, 루테인 등의 광합성 색소를 가짐

④ 합성으로 수중에 산소를 공급

바) 남조류(Blue - green algae ; Cyanophyceae)

① 정의 : 세포 내에 핵 및 색소체를 갖지 않고 식물 가운데 가장 하등한 조류

② 특징

    ㄱ. 플랑크톤으로서 서식범위가 매우 넓음

    ㄴ. 일부는 수화현상을 형성(Anabaena, Microcystis), 곰팡이 냄새물질 생산(Anabaena, Phormidium, Oscillatoria)

    ㄷ. 독성을 가지는 조류도 있음

5) 원생동물(Protozoa)

가) 정의 : 단세포 진핵생물 중 동물을 총칭

나) 종류 : 가족충류, 편모충류, 섬모충류 등

다) 특징

① 한 가지의 세포 내에 섭식, 운동, 침투압 조정, 생식 등의 움직임을 담당하는 각종 세포기관을 갖추어서 단독생활이 가능한 기능의 구조

② 먹이사슬 중간단계로 미생물(박테리아, 용존고형물)을 섭취함

③ 운동성이 있으며 광합성을 하지 않는 미생물

④ 폐수처리나 고도처리에서 생물처리에 이용됨

⑤ 일부 감염성 미생물

6) 후생동물(Metazoa)

가) 정의 : 원생동물에 대해서 그 이외의 다세포동물에 붙여진 총칭

나) 종류 : 연체동물, 환형동물, 절족 동물 등

다) 특징

① 미생물 먹이사슬 최종단계

② 깨끗한 물에 서식

③ 대표적인 동물 : rotifer

7) 주요 환경 미생물의 경험 분자식

미생물	경험 분자식
호기성 박테리아	$C_5H_7O_2N$
혐기성 박테리아	$C_5H_9O_3N$
조류	$C_5H_8O_2N$
Fungi	$C_{10}H_{17}O_6N$
원생동물	$C_7H_{14}O_3N$

2. 수중의 물질 순환

(1) 물질 순환(matter cycle)

1) 정의

① 특정 물질이 대기, 물 및 토양권을 이동, 순환하는 것
② 인간활동에 따라 방출된 물질이 자연계나 특정한 계에서 매체의 움직임이나 먹이연쇄 등에 의하여 이동하는 모양이나 현상

2) 탄소 순환(carbon cycle)

가) 정의

자연계에 있는 탄소화합물의 순환

나) 특징

① 탄소는 대기, 물, 토양에 넓게 존재하고, 생물의 중요한 역할을 다하는 생물학적인 순환 외에, 화석연료의 연소나 물에 있는 침전, 퇴적을 포함한 지질학적인 순환도 존재함
② 생물학적인 순환은 대기중의 이산화탄소가 생물체에 흡수되어 생물 사이를 식물연쇄를 통해서 순환하고, 최후에는 대기 중으로 환원되는 사이클을 말함

다) 종류

광합성	$6CO_2 + 6H_2O \rightarrow$ 유기탄소화합물$(C_6H_{12}O_6) + 6O_2$
호흡	유기탄소화합물$(C_6H_{12}O_6) + 6O_2 \rightarrow 6CO_2 + 6H_2O$

3) 질소 순환(nitrogen cycle)

가) 정의

질소가 자연계에서 다음처럼 순환하고 있는 현상

나) 원리

대기 중 질소의 미생물에 의한 고정 → 식물에 의한 동화 → 동물에 의한 동화
→ 동식물 유해의 미생물에 의한 분해 → 식물에 의한 동화 및 미생물에 의한 산화와 가스화

다) 종류

① 질소동화작용 : 무기 질소$(NH_4^+, NO_3^-) \rightarrow$ 유기질소화합물(예 : 단백질)
② 질소광물질화 : 유기질소화합물 $\rightarrow NH_4^+, NH_3 - N$
③ 질산화반응 : $NH_4^+ \rightarrow NO_2^- \rightarrow NO_3^-$
④ 탈질화반응 : $NO_3^- \rightarrow NO_2^- \rightarrow N_2O$ or $N_2 \uparrow$
⑤ 질소고정 : 공기 중의 $N_2 \rightarrow NH_3$

4) 인 순환(phosphorus cycle)

① 인의 순환 : 자연계 내에서 인이 여러 형태로 순환하는 것
② 인은 무기인과 유기인의 형태로 순환함
③ 무기인 : 무기물 형태의 인화합물, 인산칼슘, 인산암모늄 등
④ 유기인 : 유기물 형태의 인화합물, 인단백질, 핵산 등

3. 질소의 변환

(1) 질산화

가) 정의
① 질소화합물이 질산성 미생물에 의해 산화(분해) 되는 과정
② 질산성 미생물에 의해 암모니아성 질소가 아질산성 질소로, 아질산성 질소가 질산성 질소로 산화되어가는 과정

나) 원리
① 질산화 과정

$$\text{암모니아성 질소} \xrightarrow{\text{1단계 질산화}} \text{아질산성 질소} \xrightarrow{\text{2단계 질산화}} \text{질산성 질소}$$
$$(NH_3 - N) \qquad\qquad NO_2^- - N \qquad\qquad NO_3^- - N$$

② 질산화 반응식

$$(\text{1단계}) \quad NH_4^+ + \frac{3}{2}O_2 \xrightarrow[\text{(1단계 질산화)}]{\text{아질산균}} NO_2^- + 2H^+ + H_2O \quad (\text{느린반응})$$

$$(\text{2단계}) \quad NO_2^- + \frac{1}{2}O_2 \xrightarrow[\text{(2단계 질산화)}]{\text{질산균}} NO_3^-$$

$$(\text{전체식}) \quad NH_4^+ + 2O_2 \longrightarrow NO_3^- + 2H^+ + H_2O$$

질산화 과정에서 pH 감소되고 알칼리도가 소모됨

③ 질산화 미생물

ㄱ. 호기성, 독립영양 미생물
ㄴ. 탄소원 : 무기탄소(CO_2, 탄산염)
ㄷ. 에너지원 : 질소의 산화반응과정에서 방출되는 에너지 이용(화학무기 영양계)
ㄹ. 종류

명칭	질산화과정		특징
나이트로소모나스 (Nitrosomonas)	1단계 질산화 미생물	$NH_4^+ \rightarrow NO_2^-$	· 증식속도 $0.21 \sim 1.08 day^{-1}$ · 증식속도 느림 · pH 6.0 이하에서 생장이 억제됨
나이트로박터 (Nitrobacter)	2단계 질산화 미생물	$NO_2^- \rightarrow NO_3^-$	· 환경변화에 더 민감 · pH 9.5 이상이면 생장이 억제됨

다) 영향인자

영향인자	최적 조건
pH	pH 7.5~8.6
온도	온도가 높을수록 증식속도 빨라짐
DO	1mg/L 이상

(2) 탈질화

1) 정의

질산성 질소나 아질산성 질소가 탈질세균에 의해 환원하여 질소가스 등으로 환원되는 과정

2) 원리

가) 탈질 반응식

$$6NO_3^- + 2CH_3OH \rightarrow 6NO_2^- + 2CO_2 + 4H_2O$$

$$6NO_2^- + 3CH_3OH \rightarrow 3N_2\uparrow + 3CO_2 + 6OH^- + 3H_2O$$

$$\text{(전체반응식)} \ 6NO_3^- + 5CH_3OH \rightarrow 3N_2\uparrow + 5CO_2 + 6OH^- + 7H_2O$$

나) 메탄올 요구량

$$6NO_3^- - N \ : \ 5CH_3OH$$
$$6 \times 14 \ : \ 5 \times 32$$
$$1mg/L \ : \ 1.9mg/L$$

수 처리 시 탈질 반응에는 유기탄소가 소모되기 때문에 유기탄소원(메탄올)을 주입해야 하는데, 1mg/L의 $6NO_3^- - N$을 제거하기 위해 메탄올 1.9mg/L이 필요함

다) 탈질 미생물

① 통성혐기성, 종속영양 미생물
② 탄소원 : 유기탄소(유입하수, 세포체(내생대사), 메탄올 등)
③ 종류 : Pseudomonas, Micrococcus, Achromobacter

3) 특징

① 탈질과정에서 알칼리도 생성, pH 증가
② 영향인자

영향인자	최적 조건
DO	0mg/L
pH	7~8
온도	온도가 높을수록 탈질속도 증가
기질 농도	기질 농도가 클수록 탈질속도 증가(기질이 탄소원이 됨)

(3) 자연수계에서 질소(N)의 변환

① 수중의 유기성 질소(단백질, 아미노산, 요산 등)는 시간이 경과함에 따라 암모니아성 질소 ($NH_3 - N$)로 분해되어 분자상태의 암모니아(NH_3)와 이온상태의 암모늄(NH_4^+)으로 존재
② 자연수 영역(pH 7)에서는 대부분(99%)이 이온형태(NH_4^+)로 존재하나 pH가 상승하면 분자상태의 비율이 증가
③ 암모니아성 질소($NH_3 - N$)는 질산화균(Nitrosomonas)에 의해 아질산성 질소($NO_2^- - N$)로 산화
④ $NO_2^- - N$은 다시 질산화균(Nitrobacter)에 의해 질산성 질소($NO_3^- - N$)로 산화

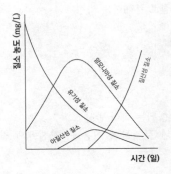 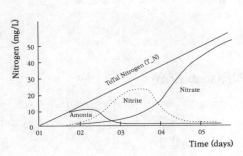

〈 자연수계에서 질소화합물의 형태와 농도의 변화 〉

(4) 질소에 의한 영향

① 산화과정에서 수중의 용존산소(DO)를 다량 소모
② 정수과정에서 소독제의 소모량을 증가
③ 부영양화(Eutrophication)를 유발
④ $NO_2^- - N$: 매우 낮은 농도에서도 물고기와 수중생물에 독성
⑤ $NO_3^- - N$: 청색증(Blue baby)

4. 물질대사(metabolism)

(1) 정의

생물 체내에 있어서의 물질변화 과정
생물은 물질대사에 의하여 생체 구성재료를 합성(동화)하거나, 생활에 필요한 에너지를 획득(이화)함

(2) 이화작용(dissimilation)

① 에너지를 생산하는 작용, 세포합성에 필요한 전구물질과 에너지를 얻기 위해 세포에 의해서 수행되는 화학반응
② 생물체가 화학적으로 복잡한 물질을 간단한 물질로 분해하는 과정

복잡한 물질 → 간단한 물질 + ATP(에너지)

(3) 동화작용(anabolism)

① 새로운 세포를 합성하기 위해 세포에 의해서 수행되는 화학 반응
② 생물이 외부로부터 받아들인 저분자유기물이나 무기물을 이용해, 자신에게 필요한 고분자 화합물을 합성하는 작용

간단한 저분자물질 + 에너지 → 고분자화합물
잔여영양분 + ATP → 세포물질 + ADP + 무기인 + 배설물

(4) 합성(synthesis)

1) 정의

미생물이 유기물 및 무기물을 섭취하여 세포를 증식하는 과정

2) 종류

① 광합성(photosynthesis) :

빛에너지를 이용해 이산화탄소와 물로부터 유기물을 합성하는 작용

② 화학합성(chemosynthesis) :

무기물의 산화과정에서 방출되는 에너지를 이용하여 유기화합물을 합성하는 작용

3) 광합성(photosynthesis)

가) 정의 : 빛에너지를 이용해 이산화탄소와 물로부터 유기물을 합성하는 작용
나) 특징
① 탄산동화작용의 한 형태로서 클로로필이 빛을 받아 진행되고, 이 과정에서 산소가 생산됨
② 수중에서 다량의 조류가 증식하면 물의 pH값이 상승하여 응집효과가 악화되는 경우가 있음

다) 원리

$$6CO_2 + 12H_2O \rightarrow C_6H_{12}O_6 + 6O_2 + 6H_2O$$

무기물인 CO_2, H_2O을 빛에너지를 이용하여 유기물($C_6H_{12}O_6$)과 산소를 생성함

라) 영향인자

① 빛의 강도 : 광합성량은 빛의 광포화점에 이를 때까지 빛의 강도에 비례하여 증가
② 빛의 파장 : 광합성식물은 390~760nm 범위의 가시광선을 광합성에 이용
③ 온도 : 광합성은 효소가 관계하는 반응이므로 반응속도는 온도에 영향 받음
④ CO_2농도 : 저농도일 때는 빛의 강도에 영향을 받지 않고 광합성량이 증가하나 고농도일 때는 빛의 강도에 영향을 받음

4) 화학합성(chemosynthesis)

가) 정의

산화환원반응에서 방출하는 화학에너지를 이용해 합성하는 것

나) 원리

다음의 산화환원 반응에서 화학에너지를 얻음

무기화합물 $+ O_2 \rightarrow$ 산화물 $+$ 화학에너지

$2NH_3 + 3O_2 \rightarrow 2HNO_2 + 2H_2O + E(150kcal)$

$2HNO_2 + O_2 \rightarrow 2HNO_3 + E(43.2kcal)$

$2H_2S + O_2 \rightarrow 2H_2O + 2S + E(66kcal)$

$4FeCO_3 + O_2 + 6H_2O \rightarrow 4Fe(OH)\downarrow + 4CO_2 + E(81kcal)$

(5) 분해

1) 정의 :

생물체가 화학적으로 복잡한 물질을 간단한 물질로 분해하는 과정

복잡한 물질 $\rightarrow$ 간단한 물질 $+$ ATP(에너지)

2) 종류

① 유기물 분해
② 무기물 분해

(6) 호흡(respiration)

1) 정의

생물의 성장, 운동, 유지에 필요한 에너지를 획득하기 위해서 생체의 유기물질이 산소에 의해서 산화되어 이산화탄소와 물로 분해되는 생리현상

2) 특징

① 빛이 없는 상태에서 생물체는 체외로부터 산소를 흡수하여 체내에서 당류 및 그 밖의 유도체를 산화시켜 ATP(아데노신삼중인산)를 생산하는 이화작용
② 전자(수소)공여체 : 유기물질 또는 무기물질
③ 자연계에서 각종 유기물질이 미생물의 호흡에 의해 완전 분해될 경우 최종생성물질은 CO_2임

5. 유기물질(organic compounds)

(1) 정의

홑원소물질인 탄소, 산화탄소, 금속의 탄산염, 시안화물·탄화물 등을 제외한 탄소화합물의 총칭

(2) 종류

유기물질 탄수화물, 지질, 단백질, 합성화합물 등

(3) 탄수화물(carbohydrate)

1) 정의

화학식이 $C_m(H_2O)_n$ (C와 H_2O의 화합물)인 물질

2) 종류

① 단당류 : 포도당(글루코오스), 갈락토오스, 리보오스 등
② 이당류 : 맥아당(말토오스), 설탕(수크로오스), 젖당(락토오스) 등
③ 다당류 : 녹말, 글리코겐, 셀룰로오스 등

3) 특징

세포의 생활에 필요한 에너지의 공급원이 되는 물질

(4) 지질(lipid)

1) 정의

지방산, 비누, 중성지, 인지질 등을 포함한 물질의 총칭으로 지방에스테르라고도 함

2) 종류

단순지질, 복합지질, 유도지질로 분류

3) 특징

① 단백질, 당질과 함께 생체를 구성하는 물질군
② 물에 녹지 않음
③ 에너지 저장체와 생체막 구성성분

(5) 단백질(protein)

1) 정의

생명의 기본이 되는 질소를 포함한 유기고분자물질

2) 특징

20종류의 아미노산의 축합에 의해 생긴 분자량 10^4 이상의 폴리펩타이드(polypeptide)

(6) 합성화합물

1) 계면활성제(surface active agent, surfactant)

가) 정의

① 계면활성의 조절에 이용되어지는 것
② 묽은 용액 속에서 계면에 흡착하여 그 표면장력을 감소시키는 물질

나) 종류

① 음이온계면활성제(anionic surfactant)

ㄱ. 정의 :
계면활성제 중에서 물에 녹으면 전리해 계면활성을 나타내는 부분이 음이온이 되는 것을 말함

ㄴ. 특징
· 수용액으로 했을 때, 세정, 습윤, 유화, 기포, 가용화, 분산 등의 활성을 나타냄
· 배수 속에 혼입되면 거품이 발생하고 수질오염의 원인이 됨
· 활성탄에 흡착시키거나 양이온성의 고분자 응집제를 사용하여 제거함

② 양이온계면활성제(cationic surface active agent ; cationic surfactant)

ㄱ. 정의 :
계면활성제 가운데 수용액 속에서 유효성분이 전리해서 양이온이 된 것

ㄴ. 특징
· 분자 내에서 장쇄 양이온을 가짐
· 양성비누 또는 역성비누
· 본래의 계면활성효과에 더해져 현저한 살균효과를 나타내는 것이 많음
· 합성세제의 유효성분으로서의 수요는 적음

③ 양성계면활성제(amphoteric surface active agent ; amphoteric surfactant)

ㄱ. 정의 :

계면활성제 가운데 수용액 속에서 전리해서 양성 이온이 되는 것

ㄴ. 특징

- 산성 쪽에 양이온성을, 알칼리 쪽에 음이온성을 가리키는 2종의 기가 동일분자 내에 있고 양성비누라고도 부름
- 합성세제의 유효성분으로서 수요는 적지만 내경수성에 뛰어나고, 살균성을 나타내는 것이 많음

④ 선형 알킬황산염(Linear Alkyl Sulfonate ; LAS ; 연성세제)

ㄱ. 생물에 분해되기 쉬움
ㄴ. 산성, 알칼리성에서도 안정하고, 다른 계면활성제와도 잘 섞임
ㄷ. 비용 저렴
ㄹ. 냄새 없음, 세정능력이 뛰어남
ㅁ. 가정용에서 공업용까지 일반세정제로서 널리 사용되고 있음

> 경성세제(ABS) : 생물분해되기 어려움

2) 살충제/농약

① 정의 : 식물의 생장에 방해가 되는 곤충 등을 박멸하는 물질의 총칭
② 종류 : 유기염소제, 유기인제

(7) 유기화합물과 무기화합물 비교

	유기화합물	무기화합물
가연성	가연성	비가연성
반응	분자반응	이온반응
녹는점, 끓는점	낮음	높음
반응속도	느림	빠름

6. 호기성 분해(Aerobic Decomposition)

(1) 정의

용존산소가 충분한 환경조건하에서 호기성 미생물의 생화학적 반응에 의해 수중의 유기물질이 분해·안정화되는 것

(2) 원리

1) 반응과 부산물

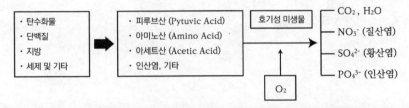

관여 미생물	호기성 미생물
반응	산화환원반응
전자수용체	산소
수소공여체	물
최종 생성물	이산화탄소(CO_2), 물(H_2O), 황산염(SO_4^{2-}), 질산염(NO_3^-), 인산염(PO_4^{3-}) 등의 단순한 무기물질

2) 호기성 분해반응식

$$C_6H_{12}O_6 \;+\; 6O_2 \;\rightarrow\; 6CO_2 \;+\; 6H_2O$$
$$CH_2O \;+\; O_2 \;\rightarrow\; CO_2 \;+\; H_2O$$
$$CH_3COOH \;+\; 2O_2 \;\rightarrow\; 2CO_2 \;+\; 2H_2O$$
$$C_2H_5OH \;+\; 3O_2 \;\rightarrow\; 2CO_2 \;+\; 3H_2O$$
$$C_2H_5O_2N \;+\; \frac{3}{2}O_2 \;\rightarrow\; 2CO_2 \;+\; H_2O \;+\; NH_3$$

3) 특징

가) 호기성 분해의 영향인자

영향인자	최적 조건
온도	25~30℃
영양물질	BOD : N : P = 100 : 5 : 1
pH	최적 pH 6~8
DO	2mg/L 이상

나) 온도와 반응속도 상수

$$K_T = K_{20} \times \theta^{(T-20)}$$

K_T	:	온도 T(℃)에서 반응속도 상수
K_{20}	:	온도 20℃에서 반응속도 상수
T	:	온도(℃)
θ	:	온도보정계수

다) 관련 제어기구
  ① 하천 및 호소의 자연적 정화기능
  ② 활성슬러지법 및 그 변법
  ③ 생물막법
  ④ 산화지법

7. 혐기성 분해(Anaerobic Decomposition)

(1) 정의

산소가 결핍된 환경조건하에서 혐기성 미생물의 생화학적 반응에 의해 수중의 유기물질이 분해·안정화되는 과정

(2) 원리

1) 반응과 부산물

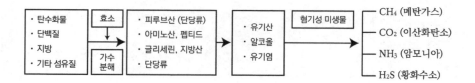

관여 미생물	통성 혐기성 미생물, 편성 혐기성 미생물
반응	산화환원반응
전자수용체	산소
수소공여체	물
최종 생성물	이산화탄소(CO_2), 황화수소(H_2S)나 메탄(CH_4) 등의 환원성 물질

2) 과정

	관여 미생물	과정	생성물
1단계 반응	산 생성균	산성소화과정 유기산 생성과정 액화과정	중간생성물 (유기산, CO_2, H_2O)
2단계 반응	메탄 생성균	알칼리소화과정 메탄생성과정 가스화과정	CH_4(약70%) CO_2(30%) H_2S NH_3 L - SH(머캅탄)

3) 혐기성 분해 반응식

$$C_6H_{12}O_6 \rightarrow 3CH_4 + 3CO_2$$

4) 특징

가) 혐기성 분해 영향인자

영향인자	최적 조건
pH	메탄생성균이 pH 6.8~7.2 선호
온도	온도가 높으면 분해소요시간이 짧아짐 - 중온소화 35°C - 고온소화 55°C
저해물질	독성물질에 민감 Cr(3mg/L), Cu(0.5mg/L), Zn(1.0mg/L), Ni(2.0mg/L)

나) 관련 제어기구

① 하천 및 호소 내 유기물질의 혐기성 분해
② 혐기성 소화법
③ 2단 소화법
④ 부패조 및 임호프(Imhoff)조
⑤ 혐기성 산화지법 등

8. 세포 증식과 기질 제거

(1) 미생물의 증식단계

미생물의 먹이가 충분히 주어진 환경에서 미생물의 증식은 다음과 같음

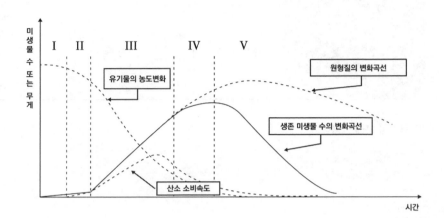

1) 적응기(Log Phase) (지체기, 초기 정상기, 유도기)

① 미생물이 증식을 위해 환경에 적응하는 단계
② 미생물이 아직 증식하지는 않음

2) 증식단계(Growth Phase) (증식기)

① 서서히 미생물의 수가 증가
② 영양분이 충분하면 미생물 증식속도는 점점 빨라짐

3) 대수성장단계(Log Growth Phase) (대수증식기)

① 미생물의 수가 대수적으로 급격히 증가함
② 증식속도 최대

4) 감소성장단계(Declining Growth Phase) (감쇠증식기, 정지기)

① 영양소의 공급이 부족하기 시작하여 증식률이 사망률과 같아질 때까지 둔화 됨
② 생존한 미생물의 중량보다 미생물 원형질의 전체 중량이 더 큼
③ 생물수가 최대

5) 내생성장단계(Endogenous Growth Phase) (휴지기, 사멸기)

① 생존한 미생물이 부족한 영양소를 두고 경쟁
② 생존한 미생물은 자신의 원형질을 분해하여 에너지를 얻음
③ 원형질의 전체중량이 감소

(2) 세포증식과 기질 제거

1) 세포증식

가) 원리

① 미생물은 유기물(기질)을 섭취해 세포를 증식시킴

② 기질감소속도는 세포증식속도에 비례함

2) 모나드식(Monod equation)

가) 정의 : 미생물의 비증식속도(μ)와 증식속도를 제한하는 기질농도(S)의 관계를 표시하는 식

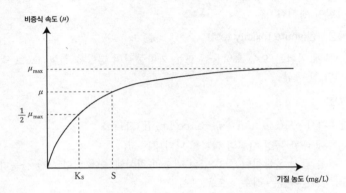

$$\mu = \mu_{max} \times \frac{S}{K_S + S}$$

μ : 세포의 비증식속도 $g/g \cdot hr[T^{-1}]$

μ_{max} : 세포의 최대비증식속도$[T^{-1}]$

S : 기질의 농도$[M \cdot L^{-3}]$

K_S : 반포화 농도, $1/2 \mu_{max}$일 때의 기질농도(S)$[M \cdot L^{-3}]$

3) 기질 제거

세포생산속도 = 기질제거속도

$$\frac{dX}{dt} = -\frac{dS}{dt}$$

기질의 제거와 세포의 증식 간에는 다음 식이 성립

$$\frac{dX}{dt} = -y \times \frac{dS}{dt} = \mu X = \frac{\mu_{max} S X}{K_S + S}$$

dX/dt : 세포증식속도

dS/dt : 기질제거속도

y : 세포합성계수(제거기질당 세포생산량)

μ : 비증식속도

μ_{max} : 최대비증식속도

S : 기질농도

K_S : 반포화상수

9. 독성시험과 생물농축

(1) 독성 시험

1) 급성독성(acute toxicity)

① 정의 :

갑각류, 어류 등의 대상생물에 화학물질을 단기간 내에 1회 또는 반복 투여했을 경우 독성

② 특징 :

급성독성을 조사하는 데는 48시간, 96시간 후에 50% 치사하는 농도로 평가하는 급성독성 시험이 행해짐

2) 급성독성시험(acute toxicity test)

수생생물에 미치는 오수 오탁물질 또는 화학물질의 영향을 실험적으로 측정하는 생물검정(bio - assay)의 한 종류

3) 독성 지표

가) 한계치사농도(Median Tolerance Limit ; TLm)

① 어류에 대한 독성 시험의 결과를 나타내는 값

② 어류를 급성 독물질이 들어 있는 배수의 희석액 중에 일정 시간 사육하고, 그 사이에 공시어의 50%가 살아남는 배수 농도를 표시함

③ 24hr, 48hr, 96hr 각 시간의 TLm을 구함

나) LC_{50}

① 반수 농도, 50% 치사농도

② 시험생물 50%를 사망시키는 독성 물질의 농도

③ 단위 : ppm, mg/L

다) LD_{50} (50% 치사량, lethal dose 50%)

① 물질의 경구, 경피에 의한 급성 독성의 정도를 나타내는 지표

② 실험동물의 반수가 사망하는 투여 물질량을 체중 1kg당의 mg으로 표시함

라) EC_{50}

① 반수영향농도

② 독성투입 24hr 뒤 물벼룩의 50%가 치사 혹은 유영상태일때의 희석농도

마) 생태독성량(Toxic Unit ; TU)

수질공정시험법상 독성지수

$$TU = \frac{100}{EC_{50}}$$

(2) 생물농축

1) 생물농축(biological concentration ; bioconcentration)

생물이 특정물질을 외부로부터 받아들여 외부보다 높은 농도로 체내에 축적하는 것

2) 생물농축계수

가) 정의 : 물질 외부농도에 대한 생물체내의 농도비

나) 특징

① 질소, 인과 같이 생물체를 구성하는데 필요한 물질도 축적될 수 있지만, 일반적으로 중금속과 유해한 화합물 등을 필요량 이상으로 축적하는 경우에 이 용어를 사용

② 생물의 식물연쇄에 의하여 고차영양단계의 생물로 생물농축이 진행되어 생존에 영향을 줄 수 있음

③ 생물농축의 결과로 그 생물이 생식하고 있는 물 환경의 과거의 특정 시점부터 현재까지의 오염 이력을 추정할 수도 있음

다) 공식

$$C_f = \frac{C_b}{C_a}$$

C_f : 농축계수
C_b : 생물 체내의 오염물질농도
C_a : 환경의 오염물질 농도

01	분열 : 진핵세포는 유사분열을 하고, 원핵세포는 유사분열이 없다.	(O/X)
02	세포 소기관 : 진핵세포는 80S로 존재하고, 원핵세포는 70S로 존재한다.	(O/X)
03	세포 크기 : 진핵세포는 크고, 원핵세포는 작다.	(O/X)
04	진핵세포는 핵막이 있고, 원핵세포는 없다.	(O/X)
05	질산화 미생물은 Aerobic microorganism이다.	(O/X)
06	질산화 미생물은 Hetero trophic microorganism이다.	(O/X)
07	질산화 미생물은 Autotrophic microorganism이다.	(O/X)
08	질산화 미생물은 Nitrosomonas, Nitrobacter이다.	(O/X)
09	유기화합물은 대체로 가연성이다.	(O/X)
10	유기화합물들은 일반적으로 녹는점과 끓는점이 높다.	(O/X)
11	유기화합물들은 대체로 이온반응보다는 분자반응을 하므로 반응속도가 느리다.	(O/X)
12	유기화합물들은 대체로 물에 잘 녹지 않는다.	(O/X)
13	대기 중에 질소는 질소순환에 따라 질소고정 박테리아에 의해 암모니아로 전환된다.	(O/X)
14	유기질소와 암모니아성 질소를 주로 포함하는 물은 최근에 오염된 것으로 간주할 수 있다.	(O/X)
15	혐기성 조건하에서 질산이온과 아질산이온이 모두 탈질반응에 의해 환원된다.	(O/X)
16	아질산이온은 질산화 세균인 Nitrobacter에 의하여 산화된다.	(O/X)
17	진핵세포는 유사분열이 아닌 분리분열을 한다.	(O/X)
18	진핵세포는 세포소기관으로 미토콘드리아, 엽록체, 액포 등이 존재한다.	(O/X)
19	진핵세포는 핵막이 있다.	(O/X)
20	진핵세포는 리보솜은 80S(예외 : 미토콘드리아와 엽록체는 70S)이다.	(O/X)
21	원생동물은 대개 호기성이며, 세포벽이 없을 때가 많다.	(O/X)
22	많은 원생동물은 녹조류가 진화과정에서 단지 엽록소를 상실함으로써 생긴 것으로 추측할 수 있다.	(O/X)

23 원생동물에서 위족류는 매우 유동적인 세포벽을 이용하여 위족을 만든다. (O/X)

24 원생동물에서 편모충류는 몸에 1개 이상의 편모를 가지며 그것을 움직여 활발히 운동한다. (O/X)

25 원핵세포의 세포벽은 세포막의 외부에 위치하며 세포를 지지하고 보호해주는 견고한 구조로 되어 있다. (O/X)

26 원핵세포의 리보솜은 단백질과 리보헥산으로 구성되어 있는 작은 과립체이다. (O/X)

27 원핵세포의 세포소기관은 에너지 생산기능을 수행한다. (O/X)

28 원핵세포의 세포크기는 진핵세포에 비하여 작으며 유사분열이 없다. (O/X)

29 질산화 박테리아는 절대 호기성으로 높은 산소농도를 요구한다. (O/X)

30 질산화 박테리아 Nitrobacter는 암모늄 이온의 존재하에서 pH 9.5 이상이면 생장이 억제된다. (O/X)

31 질산화 박테리아 Nitrosomonas는 산성 상태에서는 활성이 커 pH 4.5까지도 생장이 활발하게 진행된다. (O/X)

32 질산화 박테리아 질산화 반응의 최적온도는 30℃ 정도이다. (O/X)

33 유황(sulfur)은 미생물이나 식물의 생장을 제한하는 경우는 거의 없다. (O/X)

34 유황을 함유한 아미노산은 세포 단백질의 필수 구성원이다. (O/X)

35 미생물 세포에서 탄소 대 유황의 비는 100 : 1 정도이다. (O/X)

36 유황(sulfur)은 유황 고정, 유황화합물 산화, 환원 순으로 변환된다. (O/X)

37 질산화박테리아는 절대 호기성이어서 높은 산소농도를 요구한다. (O/X)

38 Nitrobacter는 암모니아이온의 존재하에서 pH 9.5 이상이면 생장이 억제된다. (O/X)

39 Nitrosomonas는 약산성 상태에서 활성이 크지만 pH 4.5 이하에서는 생장이 억제된다. (O/X)

40 질산화반응의 최적온도는 30℃ 정도이다. (O/X)

41 녹조류(Green Algae)는 조류 중 가장 큰 문(division)이다. (O/X)

42 녹조류(Green Algae)는 저장물질은 라미나린(다당류)이다. (O/X)

43 녹조류(Green Algae)는 세포벽은 섬유소이다. (O/X)

44 녹조류(Green Algae)는 클로로필 a, b를 가지고 있다. (O/X)

45 Fungi(균류, 곰팡이류)는 원시적 탄소동화작용을 통하여 유기물질을 섭취하는 독립영양계 생물이다. (O/X)

46 Fungi(균류, 곰팡이류)는 폐수 내의 질소와 용존산소가 부족한 경우에도 잘 성장하며 pH가 낮은 경우에서도 잘 성장한다. (O/X)

47 Fungi(균류, 곰팡이류)는 구성물질의 75~80%가 물로서 $C_{10}H_{17}O_6N$을 화학구조식으로 사용한다. (O/X)

48 Fungi(균류, 곰팡이류)는 폭이 약 $5\sim10\mu$m로서 현미경으로 쉽게 식별되며 슬러지팽화의 원인이 된다. (O/X)

49 많은 원생동물은 녹조류가 진화 과정에서 단지 엽록소를 상실함으로써 생긴 것으로 추측할 수 있다. (O/X)

50 원생동물의 구성물질은 80% 정도가 물이며, 경험적으로 $C_{10}H_{17}O_6N$의 화학구조식으로 사용한다. (O/X)

51 원생동물은 대개 호기성으로 크기가 100m 이내의 것이 많으며 용해성 유기물 또는 세균 등을 섭취한다. (O/X)

52 원생동물은 위족류, 편모충류, 섬모충류 등으로 나눌 수 있다. (O/X)

53 효모(yeast)는 비사상성 곰팡이다. (O/X)

54 효모(yeast)는 넓은 범위의 온도 및 pH에 적응하기 때문에 자연수계에서 높은 농도로 발견된다. (O/X)

55 효모(yeast)는 다세포이며 유성생식인 출아에 의해 번식한다. (O/X)

56 포자를 만들지 않는 효모(yeast)는 불완전균류에 속한다. (O/X)

57 미생물계에 있어서 진핵세포와 원핵세포의 차이는 핵막의 유무뿐만 아니라 세포구조의 다른 점에도 있다. (O/X)

58 미생물의 성장단계 중 가장 성장이 빠른 단계인 대수성장단계를 수처리에 주로 적용하고 있다. (O/X)

59 진균류는 다핵의 진핵생물이며 비광합성이고 호기성이다. (O/X)

60 박테리아는 미세한 단세포 생물로서 분열에 의해서 증식한다. (O/X)

61 호흡은 영양물질을 고분자물질로 산화분해시키면서 유기적 조직체에 부수적·단계적으로 에너지를 공급하는 일련의 생물화학적 반응이다. (O/X)

62 독립영양미생물은 세포질 탄소원으로 유기질을 이용하여 복잡한 영양물질을 만들어 낸다. (O/X)

63 녹색식물의 광합성은 탄산가스와 물로부터 산소와 포도당 또는 포도당 유도산물을 생산하는 것이 특징이다. (O/X)

64 공기 중의 산소나 수중의 결합산소를 이용하여 호흡하는 미생물을 호기성 미생물이라고 한다. (O/X)

65 미생물은 혐기성, 임의성, 호기성으로 구분된다. (O/X)

66 미생물의 성장단계 중 가장 성장이 빠른 단계인 대수 성장단계를 수처리에 적용하고 있다. (O/X)

67 조류는 엽록소를 가지고 있어 탄소동화작용을 하며 무기물을 섭취하고 맛과 냄새를 물에 나타낸다. (O/X)

68 박테리아는 가장 간단한 미생물이라 할 수 있다. (O/X)

69 질산화과정은 분뇨나 하수의 단백질 함유오수가 하천에 유입 시 오염 후 경과시간 오염지점, 오염진행상태 등을 알 수 있는 지표로 이용된다. (O/X)

70 단백질 함유오수가 배출되면 자연에서 가수 분해되어 아미노산으로 된 후 질산균에 의해 암모니아성 질소, 아질산성 질소, 질산성 질소의 과정을 거쳐 정화된다. (O/X)

71 암모니아성 질소에서 아질산성 질소로 변환되는 과정보다 아질산성 질소에서 질산성 질소로 변환되는 과정이 쉽게 진행된다. (O/X)

72 Nitrobacter는 Nitrosomonas보다 환경조건에 민감하여 아질산성 질소에서 질산성 질소로의 변환과정에 쉽게 반응한다. (O/X)

73 이화작용은 새로운 세포물질 합성을 위하여 세포에 의해 수행되는 화학반응이다. (O/X)

74 이화작용은 산화 발열, 산소분해 과정이다. (O/X)

75 이화작용은 자유에너지를 방출한다. (O/X)

76 이화작용은 호기성 상태에서 세균이 유기물질을 산화하는 반응단계이다. (O/X)

77 호기성 미생물인 균류(fungi)는 탄소동화작용을 하지 않고 유기물질을 섭취하는 식물로서 중요한 미생물이다. (O/X)

78 호기성 미생물인 균류는 현미경으로 쉽게 식별되며 대부분 호기성으로 구성물질의 75~80%가 물로 되어 있다. (O/X)

79 호기성 미생물인 균류는 slime(capsule)층으로 싸여 있어 악조건하에서 잘 견딜 수 있으므로 슬러지 팽화를 일으킨다. (O/X)

80 호기성 미생물인 균류(fungi)는 크기가 약 5~10m이고, 화학적 경험식은 $C_{10}H_{17}O_6N$이다. (O/X)

1.○	2.×	3.○	4.○	5.○	6.×	7.○	8.○	9.○	10.×	11.○	12.○	13.○	14.○	15.○
16.○	17.×	18.○	19.○	20.○	21.○	22.○	23.×	24.○	25.○	26.○	27.×	28.○	29.○	30.○
31.×	32.○	33.○	34.○	35.○	36.×	37.○	38.○	39.×	40.○	41.○	42.×	43.○	44.○	45.×
46.○	47.○	48.○	49.○	50.×	51.○	52.○	53.○	54.○	55.×	56.○	57.○	58.×	59.○	60.○
61.×	62.×	63.○	64.×	65.○	66.×	67.○	68.○	69.○	70.○	71.○	72.×	73.×	74.○	75.○
76.○	77.○	78.○	79.×	80.○										

1. 내부기관이 발달되어 있지 않고 Bacteria에 가까우며 광합성을 하는 미생물로 엽록소가 엽록체 내부에 있지 않고 세포전체에 퍼져있는 것은? (단, 섬유상이나 군락상의 단세포로 편모 없음)

   가. 규조류
   나. 남조류
   다. 녹조류
   라. 진균류

2. 미생물을 진핵세포와 원핵세포로 나눌 때 원핵세포에는 없고 진핵세포에만 있는 것은?
   가. 리보솜
   나. 세포소기관
   다. 세포벽
   라. DNA

3. 합성세제 중 사차 수산화암모늄의 염으로 살균능력이 있어서 뜨거운 물이 없거나 사용해서는 안 되는 경우의 식기세척용 위생 세제, 아기들 기저귀 세탁 등에 이용되고 있는 것은?
   가. 음이온성 세제
   나. 비이온성 세제
   다. 양이온성 세제
   라. 활산성 세제

4. 분체증식을 하는 미생물을 회분배양하는 경우 미생물은 시간에 따라 5단계를 거치게 된다. 이 5단계 중 생존한 미생물의 중량보다 미생물 원형질의 전체 중량이 더 크게 되며, 생물수가 최대가 되는 단계로 가장 적합한 것은?

　가. 증식단계
　나. 대수성장단계
　다. 감소성장단계
　라. 내생성장단계

5. 미생물에 의한 영향대사과정 중 에너지 생성반응으로서 기질이 세포에 의해 이용되고, 복잡한 물질에서 간단한 물질로 분해되는 과정(작용)을 무엇이라고 하는가?

　가. 이화
　나. 동화
　다. 동기화
　라. 환원

6. 무기화합물과 유기화합물의 일반적 차이점에 관한 내용으로 옳지 않은 것은?

　가. 유기화합물들은 대체로 가연성이다.
　나. 유기화합물들은 대체로 이온반응보다는 분자반응을 하므로 반응속도가 느리다.
　다. 유기화합물들은 일반적으로 녹는점과 끓는점이 높다.
　라. 대부분의 유기화합물은 박테리아의 먹이로 될 수 있다.

7. 박테리아를 분류함에 있어 성장을 위한 환경적인 조건에 따라 분류하기도 하는데, 다음 중 바닷물과 비슷한 염조건하에서 가장 잘 자라는 박테리아(호염균)는?

　　가.　Hyperthermophiles
　　나.　Microaerophiles
　　다.　Halophiles
　　라.　Chemotrophs

8. 원생동물(Protozoa)의 종류에 관한 내용으로 옳은 것은?

　　가.　paramecia는 자유롭게 수영하면서 고형물질을 섭취한다.
　　나.　Vorticella는 불량한 활성슬러지에서 주로 발견된다.
　　다.　Sarcodina는 나팔의 입에서 물흐름을 일으켜 고형물질만 걸러서 먹는다.
　　라.　Sarcodina는 몸통을 움직이면서 위족으로 고형물질을 몸으로 싸서 먹는다.

9. 미생물의 분류에서 탄소원이 CO_2이고 에너지원을 무기물의 산화·환원으로부터 얻는 미생물은?

　　가.　Photoautotrophics
　　나.　Chemoautotrophics
　　다.　Photoheterotrophics
　　라.　Chemoheterotrophics

10. 진핵세포 또는 원핵세포 내 기관 중 단백질 합성이 주요기능인 것은?

　　가.　미토콘드리아
　　나.　리보솜
　　다.　액포
　　라.　리소좀

11. 유기화합물이 무기화합물과 다른 점으로 옳지 않은 내용은?

　가.　유기화합물들은 일반적으로 녹는점과 끓는점이 낮다.

　나.　유기화합물들은 하나의 분자식에 대하여 여러 종류의 화합물이 존재할 수 있다.

　다.　유기화합물들은 대체로 이온 반응보다는 분자반응을 하므로 반응속도가 빠르다.

　라.　대부분의 유기화합물은 박테리아의 먹이로 될 수 있다.

12.　어느 배양기의 제한기질농도(S)가 100mg/L, 세포 비증식계수 최대값(μ_{max})이 0.3/hr일 때 Monod 식에 의한 세포 비증식계수(μ)는? (단, 제한기질 반포화농도(K_s) = 20mg/L)

　가.　0.21/hr

　나.　0.23/hr

　다.　0.25/hr

　라.　0.27/hr

Chapter

06 수자원 관리

1. 하천수의 수질관리

(1) 자정작용(self - purification)

1) 정의

하천, 호수, 바다 등에 유입된 오염물질이 자연적으로 정화되어 가는 작용

2) 종류

① 물리 화학적 자정작용 : 희석·확산·흡착·침전·여과·표백·살균·폭기산화·환원·흡착·응집 등
② 생물 자정작용 : 생물에 의한 호기성 및 혐기성 분해작용·광합성 작용·먹이연쇄 등

3) 특징

① 자정작용과 함께 유기물이 생물분해되어 물속의 용존산소가 소비됨
② 자정작용 영향인자

DO 클수록 온도 클수록 유속 클수록 수심 얕을수록 동수경사 클수록 일광 클수록 pH 중성일 때	⇒ 자정작용 활발

4) 자정상수(f)

$$\text{자정상수}(f) \;=\; \frac{\text{재폭기계수}(k_2)}{\text{탈산소계수}(k_1)}$$

가) 영향인자

	k_1	k_2	f
수온	많이 증가	조금 증가	감소
유속 구배 난류	-	증가	증가
수심	-	감소	감소

k_1, k_2는 온도에 따라 크기 달라짐

(2) 하천의 DO 변화

1) 용존산소 수하곡선(DO Sag Curve)

가) 정의

유기물질의 생물화학적 산화에 의한 용존산소의 감소와 재폭기나 수중식물 등의 광합성에 의한 공급을 고려한 경우에 물의 유하에 따른 용존산소농도의 변화를 나타내는 곡선

나) 원리

① 가정조건

ㄱ. 오염원 : 점오염원

ㄴ. 반응 : 1차 반응

ㄷ. 1차원 PFR 모델

ㄹ. 흐름 : 정류(steady flow)

ㅁ. 조류, 질산화, 저니산소 요구량 등 다른 조건은 무시함

② DO Sag Curve

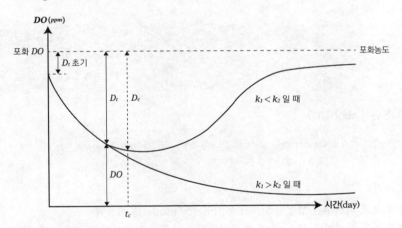

③ 용존산소 부족량(D_t)

$$D_t = \frac{k_1 L_0}{k_2 - k_1}(10^{-k_1 \cdot t} - 10^{-k_2 \cdot t}) + D_0 10^{-k_2 \cdot t}$$

D_t : t시간 후 DO 부족량

D_0 : 초기 DO 부족량

L_0 : 최종BOD(BOD$_u$)

k_1 : 탈산소계수

k_2 : 재폭기계수

④ 임계시간(t_c)

ㄱ. 정의

i) 용존산소부족량이 최대가 될 때의 시간

ii) 용존산소량이 최소가 될 때의 시간

ㄴ. 공식

$$t_c = \frac{1}{k_1(f-1)} \log\left[f\left\{1-(f-1)\frac{D_0}{L_0}\right\}\right] \qquad f : \text{자정계수}(f = \frac{k_2}{k_1})$$

⑤ 임계산소부족량(D_c)

ㄱ. 정의

i) 용존산소부족량 최대값

ii) 용존산소량이 최소가 될 때의 산소부족량

ㄴ. 공식

$$D_c = \frac{L_0}{f} 10^{-k_1 \cdot t_c}$$

D_c : 임계산소부족량

t_c : 임계시간

f : 자정상수

⑥ 용존 산소량(DO)

(t시간에서의 DO) = (포화용존산소량) - (t시간에서의 DO부족량)

다) 특징

① 최초의 하천수질 모델인 Streeter - Phelps model를 적용함

② 유기물에 의한 탈산소, 기액 경계면에서의 재폭기 고려하여 산소의 농도변화를 예측함

(3) 하천의 BOD 변화

1) 잔류 BOD

가) 정의

어떤 시간에서 분해되고 남아있는 유기물의 양에 대응하는 산소소비량

나) 원리

① 유기물의 분해는 1차 반응속도를 따름

② 유기물은 분해되면서 시간이 지날수록 잔류량이 점점 감소함

③ 유기물 잔류량에 대응하는 산소소비량(잔류 BOD)도 점점 감소함

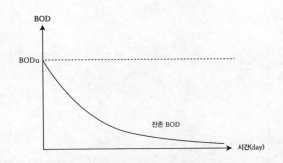

1차 반응속도식	C_2 : 나중 유기물양
$\ln\dfrac{C_2}{C_1} = -k \cdot t$	C_1 : 처음 유기물양
$C_2 = C_1 \times e^{-k_1 \cdot t}$	t : 소요시간

다) 잔류 BOD 공식

① 자연대수식 : $BOD_t = BOD_u \times e^{-k_1 \cdot t}$

② 상용대수식 : $BOD_t = BOD_u \times 10^{-k_1 \cdot t}$

라) 특징

① 앞으로 소비할 산소량임
② 잔존 BOD가 많으면 아직 유기물이 많이 남아있다는 것임
③ 잔존 BOD는 시간이 지남에 따라 자정작용으로 점점 감소함
④ 잔존 BOD가 감소하는 것은 수중의 유기물도 감소하고 있다는 것임

2) 소비 BOD

가) 정의

어떤 시간까지 유기물 분해에 사용된 산소 소비량

나) 원리

미생물이 유기물을 분해할 때 산소를 소비함

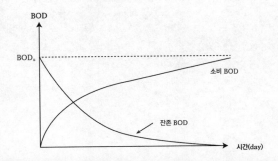

소비(감소)된 BOD = BOD_u - 잔존BOD

다) 소비 BOD 공식

① 자연대수식

$$BOD_t = BOD_u - BOD_u \times e^{-k_1 t}$$
$$= BOD_u(1 - e^{-k_1 t})$$

② 상용대수식

$$BOD_t = BOD_u - BOD_u \times 10^{-k_1 t}$$
$$= BOD_u(1 - 10^{-k_1 t})$$

라) 특징

일반적으로 수질오염 지표로 사용하는 BOD는 소비BOD, BOD_5를 말함

$$BOD_5 = BOD_u(1 - 10^{-k \times 5})$$

3) 반응속도상수 k의 온도보정(Van,t Hoff Arrhenius식)

가) 원리

〈 반트호프 – 아레니우스 (Van,t Hoff Arrhenius)식 〉

$$\frac{d(\ln k)}{dT} = \frac{E}{RT^2} \text{을 적분하면}$$
$$\ln \frac{k_2}{k_1} = \frac{E(T_1 - T_2)}{RT_1 T_2} \text{이 됨}$$

이 식을 정리하면,

$$k_2 = k_1 \times \theta^{T_2 - T_1}$$

나) T°C에서의 탈산소 계수, 재폭기 계수

반응속도 상수인 탈산소 계수(k_1), 재폭기 계수(k_2)에 적용하면 다음과 같음

탈산소 계수(k_1) : $k_T = k_{20} \times \theta_1^{T-20}$
재폭기 계수(k_2) : $k_T = k_{20} \times \theta_2^{T-20}$

(4) 하천의 정화단계

1) Whipple의 정화단계

가) 정의

오염이 시작된 지점을 시작점으로, 하류방향으로 오염진행상태를 (분해지대 → 활발한 분해 지대 → 회복지대 → 정수지대) 4단계로 구분함

나) 원리

① 하천의 수질과 용존산소

ㄱ. 수중 DO가 낮아질 때 : 수중 유기물의 농도 감소, 질산성 질소 감소, 조류 감소
ㄴ. DO가 감소할 때 : 재포기 특성향상, 암모니아성 질소 증가, 박테리아 번성 등
ㄷ. DO가 회복될 때 : 질산성 질소 증가

다) 분해지대(Zone of Degradation)

① 수질오염이 막 발생하여 수질이 악화되기 시작함
② 여전히 호기성 상태
③ BOD 농도가 대단히 높고, DO 급격히 감소
④ 유기성 부유물의 침전과 환원 및 분해에 의한 탄산가스(CO_2)의 방출 시작
⑤ 출현 생물 : 실지렁이, 균류(fungi), 박테리아(bacteria) 등
⑥ 감소 생물 : 고등생물은 점차 사라짐

라) 활발한 분해지대(Zone of Active Degradation)

① DO 급감 : 용존산소는 더욱 감소되어 DO가 임계점에 이를 때까지 저하
② 호기성에서 혐기성 상태로 전환
③ 암모니아 황화수소 등의 혐기성 기체가 발생하여 악취 발생
④ 출현 생물 : 세균류가 급증, 자유유영성 섬모 충류 증가
⑤ 감소 생물 : 호기성 미생물인 균류(fungi)가 사라짐

마) 회복지대(Zone of Recovery)

① 분해가능한 유기물이 거의 분해됨
② DO가 점점 증가하기 시작함
③ 질산화 발생 : $NH_3 - N$ 가 $NO_2^- - N$ 및 $NO_3^- - N$ 으로 질산화
④ 혐기성균이 호기성균으로 대체됨
⑤ 출현 생물 : Fungi 발생, 조류 발생
⑥ 세균수 감소

바) 정수지대(Zone of Clear Water)

① 오염된 수질이 완전히 회복됨
② DO 거의 포화상태가 됨
③ 출현 생물 : 윤충류(Rotifer), 무척추동물, 청수성 어류(송어 등)가 서식

2) Kolkwitz – Marson의 4지대 구분

가) 특징

① 수질오염 정도에 따라 4지대로 구분

② 오염도 정도

강부수성 수역 〉 α중부수성 수역 〉 β중부수성 수역 〉 빈부수성 수역

	BOD 농도	오염양상	주된 지표 생물
강부수성 수역 (적색)	10ppm 이상	· 유기물 농도가 높음 · 혐기성상태 : 악취, 부패·분해, 혐기성 기체 발생 · DO 부족 · 저니 : 흑색	· 물버들, 실지렁이, 아메바류, 섬모충류, 편모충류 등 출현
α중부수성 수역 (노란색)	5~10ppm	· 고분자화합물이 분해되어 아미노산이 풍부 · 심한 악취가 없어짐 · 저니 : 색이 밝아짐	· 식물성 플랑크톤 (남조류, 규조류, 녹조류) 번성 · 물벌레 · 어류 : 메기, 붕어, 잉어 서식
β중부수성 수역 (초록색)	2~5ppm	· 유기물의 다수는 산화·분해되어 무기화됨 · 대부분의 평지의 일반하천이 해당됨	· 다양한 종류의 조류 출현 · 태양충, 흡관충류가 출현 · 동물의 종류 및 개체수가 많아짐
빈부수성 수역 (파란색)	3ppm 이하	· DO가 풍부 · 유기물 거의 없음 · 대부분의 산간 계곡이 해당됨	· 하루살이, 날땅강아지, 땅강아지, 작은 벌레 등 · 어류 : 산천어, 은어 등

2. 호소수의 수질관리

(1) 호소수의 순환 원리

① 열공급 : 일사량, 대기로부터의 열교환, 저류수로부터의 유입 등
② 열방출 : 표면에서 반사·증발·전도·방류로 열이 유출됨
③ 수중 오탁물질 : 일사량을 차단하거나, 산란과 흡수로 표층의 온도를 높임

(2) 성층 및 전도현상

1) 성층현상(Stratification)

가) 정의 : 저수지의 물이 수심에 따라 여러 개의 층으로 분리되는 현상

나) 원리
① 수심에 따른 물의 밀도차 때문에 성층현상 발생
② 계절에 따라 수온이 변하면서 물의 밀도도 변하게 됨
③ 밀도가 큰 물은 수심 깊이 아래로 내려가고 밀도가 작은 물은 위로 올라오게 되면서 여름과 겨울에 성층현상 발생하고, 봄·가을에 전도현상이 발생함

다) 구분
① 순환층(표층, epilimnion)

ㄱ. 최상부층으로 온도차에 따른 물의 유동은 없으나 바람에 의해 순환류를 형성할 수 있는 층
ㄴ. 공기 중의 산소가 재포기되므로 DO의 농도가 높아 호기성 상태를 유지

② 수온약층(변온층, thermocline)

ㄱ. 순환층과 정체층의 중간층
ㄴ. 수온이 수심 1m당 거의 1°C 변화

③ 정체층(심수층, hypolimnion)

ㄱ. 온도차에 따른 물의 유동이 없는 호수의 최하부층
ㄴ. 혐기성 상태
ㄷ. CO_2, H_2S 등이 발생할 수도 있음

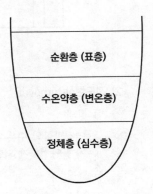

라) 성층의 계절별 변화

계절	발생현상	발생 원인
겨울	성층현상	· 겨울 기온은 영하이므로 수면가까이 표층의 수온도 낮아져 물의 밀도가 낮아지나, 바닥 부근의 물은 4°C 정도의 밀도가 무거운 상태로 존재하여 성층이 발생함 · 결빙이 될 경우 바람에 의한 수면상의 교란이 차단되고, 물의 연직또는 수평방향의 이동이 억제
봄	전도현상	· 겨울에서 봄으로 계절이 바뀌면서 수면가까이 표층수의 수온이 증가함 · 표층수의 수온이 4°C 부근에 도달하면 밀도가 커져 하강하게 되면서 호수의 연직혼합(전도현상)이 발생함
여름	성층현상	· 표층의 수온이 상승하면서 밀도가 더 작아지게 됨 · 표층은 밀도가 작은 물, 심수층은 밀도가 크게 되어 성층 발생
가을	전도현상	· 가을이 되면 외부온도가 저하함에 따라 표층수의 수온도 점차 낮아짐 · 표층수의 수온이 4°C 부근에 도달하면 밀도가 커져 하강하게 되면서 호수의 연직혼합(전도현상)이 발생함

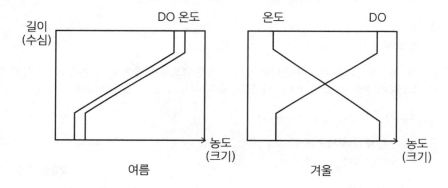

2) 전도현상(turnover)

가) 정의

연직방향의 수온차에 따른 순환밀도류가 발생하거나 강한 수면풍의 작용으로 수괴의 연직안정도가 불안정하게 되면서 호수 전체가 혼합되는 현상

나) 특징

① 형성 : 가을, 봄에 형성
② 영향

ㄱ. 수중 수직혼합이 발생하여 호소 내 수질이 평균화 됨
ㄴ. 심층부까지 조류도 혼합되므로 취수시 수질 악화 됨
ㄷ. 심층부의 영양염류가 상승하여 부영양화가 발생하고 조류 번식 가능
ㄹ. 다량의 조류가 번식하면 물의 탁도 증가, 이취미 유발, 여과지의 폐색 등 장애 발생

(3) 부영양화(eutrophication)

1) 정의

강, 바다, 호수의 정체 수역에서, 영양염류가 과다 유입되면, 미생물 활동에 의한 생산과 소비의 균형이 파괴되어 조류가 다량 번식하고 물의 이용가치가 저하되는 현상

2) 종류

① 빈영양호 : 영양 염류가 부족하여 생물이 적은 호수
② 부영양호 : 영양 염류 과다로 부영양화가 발생한 호수

3) 특징

가) 원인

① 질소와 인 등 영양염류의 수계 과다유입
② 주로 인이 제한물질로 작용

물질	부영양화 기준
질소	0.2~0.4ppm
인	0.01~0.02ppm
조류수	5,000~50,000개/mL

나) 현상

① 심수층의 DO 농도가 점차적으로 감소
② 질소·인(P)·탄수화물 등의 용존물질의 농도가 증가
③ 플랑크톤 및 그 잔재물이 증가되고, 물의 투명도가 점차 낮아짐
④ 식물성 플랑크톤이 늘어나고 규조류에서 → 남조류·녹조류로 변화

다) 영향

① 수중 생태계의 변화 : 플랑크톤의 사체가 분해될 때 산소가 대량 소모, 어류의 생육장애
② 정수공정의 효율저하 : 조류에 의한 스크린의 폐쇄 및 여과지의 막힘, THM 발생
③ 수산업의 수익성 저하
④ 농산물의 수확량 감소 : 부영양화된 호수의 수질은 질소, 인 등 식물이 섭취할 수 있는 영양염류의 농도가 높음
⑤ 수자원의 용도 및 가치하락 : 조류의 과다번식은 호수의 투명도를 저하 악취발생

〈 빈영양호와 부영양호의 비교 〉

구분	빈영양호	부영양호
물 색깔	청/색 또는 녹색	녹색 내지 황색, 수심 때문에 때로는 현저하게 착색
투명도	크다.(5m 이상)	작다.(5m 이하)
pH	중성	중성 또는 약알칼리성, 여름에 표층이 때로는 강알칼리성
영양염류	소량	다량
현탁물질	소량	플랑크톤과 그 사체에 의한 현탁물질이 다량

라) 부영양화 방지대책

목적	방지 대책
질소 및 인의 유입 방지 대책	· 세제 사용량 감소 · 방류수 고도처리 함 · 비료사용 억제 · 침전된 퇴적층을 제거
조류제거 대책	· 황산동($CuSO_4$) 주입 · 염소 주입 · 활성탄 흡착

마) 부영양화 평가지수

① 부영양화지수(trophic state index ; TSI)

　ㄱ. 칼슨지수 : 칼슨(Calson)이 제시한 지표
　ㄴ. 지표 : 클로로필 - a, 총인, 투명도

② AGP(Algae Growth Potential)

　ㄱ. 정의 : 조류를 20℃ 고도 4,000lux에서 배양하여 증식한 조류의 건조증량 값
　ㄴ. AGP 수치와 부영양화 정도

0~30	30~50	50~70
빈영양	중영양	과영양

(4) 수화현상(water bloom)

1) 정의

호수와 늪, 저수지 등의 담수역에서 식물 플랑크톤의 과다 번식으로 물색이 현저하게 변색하는 현상(물꽃현상)

2) 종류

① 녹조현상(남조현상) : 남조류의 대발생에 의해서 수면이 짙은 청녹색으로 변색하는 것
② 담수적조 : 와편모조류나 규조류, 클립트조류 등에 의한 갈색의 수화현상

3) 특징

① 온대역의 호수와 늪에서는 보통 생태학적현상으로서 봄과 가을에 자주 발견 됨
② 부영양화되면 물꽃현상이 더욱 빈번해지거나 장기화됨
③ 여과폐쇄, 이취미(異臭味)의 발생 등 정수처리에 장해를 초래함

3. 연안의 수질관리

(1) 연안오염의 특성

1) 정의

연안 : 바다와 육지가 만나는 경계 지역

2) 특징

① 수계와 육계가 접하는 경계지역이라 생물성이 다양함
② 특히, 갯벌은 자연의 쓰레기처리장이라 불릴만큼 자정작용이 큼
③ 바다와 육지의 완충지대
④ 적조와 유류오염이 발생

(2) 해류

1) 정의

해수의 흐름

2) 종류

해류	원인	종류
조류(tidal current)	지구 달의 인력	밀물, 썰물
쓰나미(tsunami)	해저 화산 지진활동	
심해류(밀도류, deep ocean current)	해수의 온도·염분에 의한 밀도차	한류, 난류
상승류(upwelling)	해양, 육지 상호작용 바람과 지형의 영향	

(3) 적조(red tide)

1) 정의

수역에 영양염(N, P)이 과도하게 유입하여 식물플랑크톤이 대량 증식하여 바닷물의 색깔이 붉게 변하는 것

2) 원리

식물플랑크톤은 주변환경이 좋아지면 빠른 속도로 분열하는데, 적조생물들이 가지고 있는 색소가 바닷물의 색깔을 변하게 만듦

3) 특징

가) 발생 원인

영양염류 과다 유입 정체된 수역일수록 수중 연직 안정도가 높을수록 염분이 낮을수록 일사량이 클수록 특히, 풍수기, 홍수 이후	⇒ 적조 잘 발생함

나) 영향

① 수중 DO 감소
② 조류 대량 번식
③ 어류 아가미 폐색
④ 조류 자체의 독성 발생
⑤ 어류 폐사

다) 대책

① 영양염류 유입 방지
② 황토 살포 : 조류 강제 침전
③ 약품 살포
④ 펌프에 의한 회수

(4) 유류오염

1) 정의

기름(원유, 중유, 윤활유 등)이나 선박의 폐수, 폐유 등에 의한 해수의 오염

2) 특징

가) 영향

① 기름이 해수에 표면막을 형성하여 수중 DO를 감소시킴
② 어패류 폐사
③ 새가 날지못함

나) 대책

① 울타리(OILFENCE) : 확산방지
② 흡수포 : 기름흡착
③ 유화제 : 기름분해
④ 응집제 : 기름침강

(5) 열오염

1) 정의

뜨거운 열을 이용하는 산업에서 발생한 냉각수가 해수로 유입되었을 때, 해수의 온도가 증가해 발생되는 오염

2) 원인

화력발전소, 제철소, 석유화학공업에서 방출하는 냉각수에 의해 주변 해수의 온도가 상승

3) 영향

① 수온의 상승으로 DO가 감소하여 수중 생태계 파괴, 어류 폐사
② 안개 발생이 잦아 선박의 항로를 방해함

4. 지하수의 수질관리

(1) 지하수 오염물질(ground water contaminant)

① 질산염, 아질산염
② 중금속 : 크롬, 시안, 카드뮴, 납, 수은 등
③ 유기인
④ 염소계 유기용제물질 : TCE, PCE 등

(2) 지하수 오염의 특징

① 지표수에 비하여 환경변화에 대한 반응이 느림
② 일단 훼손되거나 오염이 진행되면 그 회복이 느림
③ 오염 정도의 측정과 예측 및 감시가 어려움
④ 천층수는 지상오염원과 밀접한 상관관계가 있어 특히 오염되기 쉬움
⑤ 천층수는 $NO_2^- - N$이 기준을 초과하는 경우가 많으며 TCE 등도 검출가능
⑥ DO가 낮아 미생물에 의한 생화학적 자정작용이나 화학적 자정능력이 약함

5. 수질모델링

(1) 하천 수질모델

모델의 구분	특성
Streeter-phelps model	· 최초의 하천수질모델 · 유기물 분해에 의한 산소소비, 수면에서의 산소공급만을 이용하여 산소농도 변화를 예측한 모델
DO sag - I, II, III	· Streeter-Phelps식으로 도출 · 1차원 정상모델 · 점오염원 및 비점오염원이 하천의 용존산소에 미치는 영향을 나타냄 · SOD, 광합성에 의한 DO 변화 무시
QUAL2E	· 1985년 미국 EPA에 의해 개발된 하천수질 모델로 가장 널리 사용되는 모델 · 정상상태(Steady-state)를 가정한 1차원 모델 · 예측가능 항목 : DO, BOD, Chl.a, 유기질소, 암모니아성 질소, 아질산성 질소, 질산성 질소, 유기인, 용존인, 분변성 세균, 비보전성 물질 3가지, 보존성 물질 2가지 · 여러 개의 지천을 동시에 모의 가능
KQUAL	· QUAL2E 모델을 대형 하천에 적합하도록 수정 개발한 모델 · 모델의 입·출력자료와 기본구성은 QUAL2E와 동일 · 정상상태를 가정한 1차원 모델 · 하천거리가 수백 km에 달하고 유입 지천이 수십개인 대형 하천의 수질변화도 모의 가능 · QUAL2E에 비해 하천의 내부생성유기물(Autochthonous Organic Mater)과 탈질화의 수질변화 기작도 포함
STREAM	· 국내에서 개발된 모델 · 경사가 비교적 급하고 하천거리가 짧은 지천에 적합한 모델 · 모델에 그래픽 기능이 부가되어 사용이 매우 간편 · 수질반응 기작은 QUAL2E와 유사하나 부착식물에 의한 용존산소 변화를 포함 · 정상상태를 가정한 1차원 모델 · 예측가능 항목 : DO, BOD, Chl.a, 유기질소, 암모니아성 질소, 아질산성
WASP	· 1981년 미국 EPA에 의해 개발되었으며, 수체와 퇴적물을 포함하는 모델 · 하천, 강, 호수, 하구 등 여러 형태의 수체에 적용 가능 · 정상상태를 기본으로 하지만 시간에 따른 수질변화도 예측 가능 · 1차원, 2차원, 3차원 모의 가능 · WASP는 수체의 유동을 모의하는 DYNHYD와 일반 수질(DO, BOD, 영양염류)을 모의하는 EUTRO, 그리고 독성물질을 모의하는 TOXI로 구성

모델의 구분	특성
WQRRS	· 1978년 미국 공병단의 수공학센터(HEC)에 의해 개발된 1차원 모델 · 정상상태와 비정상상태에서 수리 및 수질모의 가능 · 예측가능 항목 : DO, 총 용해성 고형물질, 영양염류(인산염, 암모니아성 질소, 질산성 질소, 아질산성 질소), 　탄소수지(알칼리, 총탄소), 생물학적 요소(2종류의 식물성 플랑크톤, 저생조류, 동물성 플랑크톤, 　저생동물, 3종류의 어류), 유기성 요소(detritus, 유기성퇴적물), 대장균
CE-QUAL-W2	· 1974년 미국 공병단에서 개발된 수직 2차원 호수 수질모델 · 계속에 인공적으로 설치된 댐에 의해 형성된 폭이 좁고 수심이 깊은 인공 호수에 매우 적합 · 예측가능 항목 : 온도, 염분도, 부유물질, 박테리아, 용존유기물, 조류, DO, 영양염류 · 유입지류를 포함할 수 있고, 호수 내 물순환과 수직적인 수온 모의에 적합
HSPF	· 강우로 인한 비점오염원 유출과정을 하천내의 수리와 퇴적물-화학물질 상호작용과 결합시켜 모의할 수 　있는 유역모델과 하천모델이 결합된 형태 · 유역의 수문계산과 통상적 오염원 외에도 독성 유기물에 관한 수질을 모의할 수 있는 종합적인 유역 수문 　모델 · 1차원 하천모델 · 지표면과 토양에서의 오염원 유출과정과 퇴적물 내 화학적 상호반응 및 점오염원까지를 포함하는 통합모델 · 예측가능 항목 : 보존성 물질, 수온, 무기성 퇴적물(모래, 진흙, 실트) DO, BOD, 무기질소(암모니아성 질소, 　질산성 질소, 아질산성 질소), 무기인산염, 플랑크톤(식물성 플랑크폰, 동물성 플랑크톤, 　저서조류), 유기성 질소, 유기인, 유기탄소, pH, 무기성 탄소, 알칼리도
SWMM	· 미국 EPA에서 개발된 모델로 도시유역에서 강우에 의해 발생되는 유출량과 수질변화 등을 모의 가능 · RUNOF, TRANSPORT, EXTRAN, STORAGE/TREATMENT의 4개의 블록으로 구성 · 간단한 배수체계에서부터 매우 복잡한 배수관망시스템까지 모의 가능

(2) 호소 수질모델

Vollenweider model : 호소의 인부하 모델링

Chapter 06

OX QUIZ

01 하천 모델 종류에서 Streeter – Phelps model은 점오염원으로부터의 오염부하량을 고려한다. (O/X)

02 하천 모델 종류에서 WQRRS은 하천 및 호수의 부영양화를 고려한 생태계 모델이다. (O/X)

03 하천 모델 종류에서 DO SAG – I은 확산을 고려한 1차원 정상 모델로 저니나 광합성에 의한 DO 반응을 고려한다. (O/X)

04 하천 모델 종류에서 QUAL – I은 유속, 수심, 조도계수 등에 의한 확산계수를 산출하고 유체와 대기 간의 열교환을 고려한다. (O/X)

05 적조(red tide)는 여름철, 갈수기로 인하여 염도가 증가된 정체해역에서 주로 발생된다. (O/X)

06 적조(red tide)는 고밀도로 존재하는 적조생물의 호흡에 의해 수중용존산소를 소비하여 수중의 다른 생물의 생존이 어렵다. (O/X)

07 적조(red tide)는 upwelling 현상이 원인이 되는 경우가 있다. (O/X)

08 적조생물 중 독성을 갖는 편모조류가 치사성의 독소를 분비, 어패류를 폐사시킨다. (O/X)

09 물리적 자정작용인 확산작용은 분자확산과 난류확산이 있으며 하천에서는 난류확산이 주를 이룬다. (O/X)

10 일반적으로 겨울보다는 여름에 자정작용이 크다. (O/X)

11 자정작용 중 가장 큰 비중을 차지하는 것은 물리적 자정작용이다. (O/X)

12 생물학적 자정작용은 미생물에 의한 유기물 분해작용과 광합성작용으로 구분할 수 있다. (O/X)

13 호소나 저수지의 여름철에 수온차에 따라 표수층, 수온약층, 심수층의 성층을 이룬다. (O/X)

14 호소나 저수지의 여름철 성층현상은 하층의 물은 표층으로 잘 순환(turn over)되지 않고, 수직 운동은 상층에만 국한된다. (O/X)

15 호소나 저수지의 여름철 성층에서 완충작용을 하는 수온약층의 깊이에 따른 수온차이는 표층수에 비해 매우 적다. (O/X)

16 호소나 저수지의 여름철 성층현상은 봄철 기온이 높고 바람이 약할 경우에는 성층이 늦게 이루어진다. (O/X)

17 호수의 수질 특성 중 전기전도도는 물이 함유하고 있는 이온 용해염의 농도를 종합적으로 표시하는 지표이다. (O/X)

18 호수의 수질 특성 중 전기전도도는 호수 내 수계의 구분이나 성층구조 현상, 수질의 연속적 변화 양상 등을 쉽게 파악할 수 있는 지표이다. (O/X)

19 호수의 수질 특성 중 전기전도도는 일반적으로 수온 1℃ 상승에 대하여 전도율은 2% 정도 증가한다. (O/X)

20 호수의 수질 특성 중 전기전도도는 전하를 갖지 않는 물질도 수온에 따라 전기전도도에 큰 영향을 미친다. (O/X)

21 하천의 자정작용은 일반적으로 겨울보다 수온이 상승하여 자정계수(f)가 커지는 여름에 활발하다. (O/X)

22 중부수성 수역(초록색)의 수질은 평지의 일반 하천에 상당하며 많은 종류의 조류가 출현한다. (O/X)

23 하천에서 활발한 분해가 일어나는 지대는 혐기성 세균이 호기성 세균을 교체하며 fungi는 사라진다.(Whipple의 4지대 기준) (O/X)

24 하천이 회복되고 있는 지대는 용존산소가 포화될 정도로 증가한다. (Whipple의 4지대 기준) (O/X)

25 Carlson은 투명도와 클로로필 - a의 농도, 총인의 농도 중 어느 한 항목만을 측정하여도 각각의 부영양화 지수로 표현할 수 있도록 하였다. (O/X)

26 부영양화 평가 모델은 클로로필 부하 모델인 Vollenweider 모델과 N 모델인 사카모토모델 등이 대표적이다. (O/X)

27 부영양화 메커니즘은 COD의 내부생산과 영양염의 재순환이라 할 수 있다. (O/X)

28 부영양화가 급속하게 진행되면 호수는 가속적으로 얕아지게 되고 결국 늪지대로 변한 뒤 소멸하게 된다. (O/X)

29 호수의 유기물량 측정을 위한 항목은 COD보다 BOD와 클로로필 - a를 많이 이용한다. (O/X)

30 호수 표수층에서 조류의 활발한 광합성 활동 시 호수의 pH는 8~9 혹은 그 이상을 나타낼 수 있다. (O/X)

31 호수 수심별 전기전도도의 차이는 수온의 효과와 용존된 오염물질의 농도차로 인한 결과이다. (O/X)

32 호수 표수층에서 조류의 활발한 광합성 활동 시에는 무기탄소원인 HCO_3^- 나 CO_3^{2-} 를 흡수하고 OH^- 를 내보낸다. (O/X)

33 Streeter - Phelps Model은 점오염원으로부터 오염부하량을 고려한다. (O/X)

34 Streeter - Phelps Model은 최초의 하천 수질 모델링이다. (O/X)

35 Streeter - Phelps Model은 유기물 분해로 인한 용존산소소비와 대기로부터 수면을 통해 산소가 재공급되는 재폭기를 고려한다. (O/X)

36	Streeter – Phelps Model은 부영양화를 고려한 생태적 모델이다.	(O/X)
37	하천 모델의 종류 중 'DO SAG – Ⅰ,Ⅱ,Ⅲ'은 1차원 정상상태 모델이다.	(O/X)
38	하천 모델의 종류 중 'DO SAG – Ⅰ,Ⅱ,Ⅲ'은 비점오염원이 하천의 용존산소에 미치는 영향은 고려하지 않는다.	(O/X)
39	하천 모델의 종류 중 'DO SAG – Ⅰ,Ⅱ,Ⅲ'은 Streeter – Phelps식을 기본으로 한다.	(O/X)
40	하천 모델의 종류 중 'DO SAG – Ⅰ,Ⅱ,Ⅲ'은 저질의 영향이나 광합성 작용에 의한 용존산소반응을 무시한다.	(O/X)
41	수심이 깊어지면 자정계수는 커진다.	(O/X)
42	자정계수는 [재폭기계수/탈산소계수]이다.	(O/X)
43	유속이 빨라지면 자정계수는 커진다.	(O/X)
44	구배가 크면 자정계수는 커진다.	(O/X)
45	하천 모델의 종류 중 'DO SAG – Ⅰ, Ⅱ, Ⅲ'은 1차원 정상상태 모델이다.	(O/X)
46	하천 모델의 종류 중 'DO SAG – Ⅰ, Ⅱ, Ⅲ'은 점오염원 및 비점오염원이 하천의 용존산소에 미치는 영향을 나타낼 수 있다.	(O/X)
47	하천 모델의 종류 중 'DO SAG – Ⅰ, Ⅱ, Ⅲ'은 Streeter – Phelps식을 기본으로 한다.	(O/X)
48	하천 모델의 종류 중 'DO SAG – Ⅰ, Ⅱ, Ⅲ'은 저질의 영향과 광합성 작용에 의한 용존산소반응을 나타낸다.	(O/X)
49	Streeter – Phelps model은 점오염원으로부터 오염 부하량 고려한다.	(O/X)
50	Streeter – Phelps model은 하천 수질 모델링의 최초모델이다.	(O/X)
51	Streeter – Phelps model은 유기물 분해로 인한 용존 산소 소비와 대기로부터 수면을 통해 산소가 재공급되는 재폭기를 고려한다.	(O/X)
52	Streeter – Phelps mode은 유속, 수심, 조도 계수 등에 의한 기체 확산계수를 고려한다.	(O/X)
53	성층현상은 수심에 따른 온도변화로 인해 발생되는 물의 밀도차에 의해 발생된다.	(O/X)
54	봄, 가을에는 저수지의 수직혼합이 활발하여 분명한 열밀도층의 구별이 없어진다.	(O/X)
55	성층현상이 일어나는 겨울의 수심에 따른 수질은 균일하며 양호한 편이다.	(O/X)

56 성층현상은 겨울과 여름에는 수직운동이 없어 정체현상이 생기며 수심에 따라 온도와 용존산소 농도 차이가 크고 겨울보다 여름이 정체가 더 뚜렷히 생긴다. (O/X)

57 적조(red tide)는 플랑크톤의 증식을 위한 햇빛이 강하고 수온이 높을 때 많이 발생한다. (O/X)

58 적조(red tide)는 여름철 갈수기에 수온상승에 따른 상승류 현상으로 영양분 농도가 높아질 때 잘 발생된다. (O/X)

59 적조(red tide)는 정체수역에서 많이 발생된다. (O/X)

60 적조(red tide)는 질소, 인 등의 영양분이 풍부하고 규소, 칼슘, 마그네슘 등의 영양염과 더불어 미량의 금속, 비타민 등이 존재할 때 많이 발생한다. (O/X)

61 투명도를 기준으로 부영양화의 정도를 지수로 평가하는 대표적인 방법은 칼슨지수이다. (O/X)

62 부영양화 평가모델은 인(P)부하 모델인 Vollenweider 모델과 P – 엽록소 모델인 사카모토 모델 등이 대표적이다. (O/X)

63 부영양화는 특정 조류의 이상적 번식으로 물꽃현상이 일어나며 한 번 발생되면 수개월에서 수년 간에 걸쳐 서서히 소멸되는 특징이 있다. (O/X)

64 부영양화가 급속하게 진행되면 호수는 가속적으로 얕아지게 되고 결국 늪지대로 변한뒤 소멸 하게 된다. (O/X)

65 하천의 자정작용은 일반적으로 겨울보다 여름이 더 활발하다. 그러므로 수온이 상승하면 자정 계수(f)는 커진다. (O/X)

66 하천의 자정작용 중에는 물리적 작용과 미생물에 의한 분해 및 화학적 작용도 포함된다. (O/X)

67 하천에서 활발한 분해가 일어나는 지대는 혐기성세균이 호기성세균을 교체하며 fungi는 사라진다. (O/X)

68 하천이 회복되고 있는 지대는 질산염의 농도가 증가한다.(Whipple의 4지대 기준) (O/X)

69 해류 중 tidal current는 태양과 달의 영향으로 발생된다. (O/X)

70 해류 중 tsusamis는 해저 지반의 이동 및 지형에 따라 발생된다. (O/X)

71 해류 중 upwelling은 바람과 해양 및 육지의 상호작용으로 형성되는 상승류이다. (O/X)

72 해류 중 심해류는 해수의 온도와 염분에 의한 밀도차에 의하여 발생된다. (O/X)

73 하천의 생태변화 과정 중 "회복지대"에서 혐기성 세균이 호기성 세균을 교체하여 fungi가 사라진다. (O/X)

74 하천의 생태변화 과정 중 "회복지대"에서 용존산소가 포화될 정도로 증가한다. (O/X)

75 하천의 생태변화 과정 중 "회복지대"에서 조류가 많이 발생하며 조개류나 벌레의 유충이 번식한다. (O/X)

76 하천의 생태변화 과정 중 "회복지대"에서 아질산염이나 질산염의 농도가 증가한다. (O/X)

77 호수나 저수지의 여름철 성층현상에서 여름철에는 수온차에 따라 표수층, 수온약층, 심수층 등의 성층을 이룬다. (O/X)

78 호수나 저수지의 여름철 성층현상에서 하층의 물이 표층으로 잘 순환(turn over)되지 않고 수직 운동은 상층에만 국한된다. (O/X)

79 호수나 저수지의 여름철 성층현상에서 기온이 상승함에 따라 물의 수직운동이 없어져 열밀도층 의 구별이 사라지며 성층현상이 심화된다. (O/X)

80 호수나 저수지의 여름철 성층현상에서 성층현상이 진행될 때에는 각 층에서의 수온구배와 용존 산소 농도의 구배가 같은 모양이다. (O/X)

81 수온이 높아지면 자정계수는 작아진다. (O/X)

82 수심이 깊어지면 자정계수는 커진다. (O/X)

83 구배가 클수록 자정계수는 커진다. (O/X)

84 유속이 작을수록 자정계수는 작아진다. (O/X)

1.O	2.O	3.×	4.O	5.×	6.O	7.O	8.O	9.O	10.O	11.×	12.O	13.O	14.O	15.×
16.O	17.O	18.O	19.O	20.×	21.×	22.O	23.O	24.O	25.O	26.×	27.O	28.O	29.×	30.O
31.O	32.O	33.O	34.O	35.O	36.×	37.O	38.×	39.O	40.O	41.×	42.O	43.O	44.O	45.O
46.O	47.O	48.×	49.O	50.O	51.O	52.×	53.O	54.O	55.×	56.O	57.O	58.×	59.O	60.O
61.O	62.O	63.×	64.O	65.×	66.O	67.O	68.O	69.O	70.×	71.O	72.O	73.×	74.O	75.O
76.O	77.O	78.O	79.×	80.O	81.O	82.×	83.O	84.O						

적중실전문제

1. **다음과 같은 특징을 나타내는 하천 모델링 종류로 가장 알맞은 것은?**

> 하천 및 호수의 부영양화를 고려한 생태계 모델
> 정적 및 동적인 하천의 수질, 수문학적 특성이 고려
> 호수에는 수심별 1차원 모델이 적용

　가. WASP
　나. DO – Sag
　다. QUAL – I
　라. WQRRS

2. **다음 중 호소의 수리특성을 고려하여 부영양화도와 인부하량과의 관계를 경험적으로 예측 평가하는 모델로 가장 적합한 것은?**

　가. HASSP Model
　나. SNSIM Model
　다. UASP Model
　라. Vollenweider Model

3. **호수의 수질특성에 관한 설명으로 옳지 않은 것은?**

　가. 표수층에서 조류의 활발한 광합성 활동시 호수의 pH는 8~9 혹은 그 이상을 나타낼 수 있다.
　나. 호수의 유기물량 측정을 위한 항목은 COD보다 BOD와 클로로필 – a를 많이 이용한다.
　다. 수심별 전기전도도의 차이는 수온의 효과와 용존된 오염물질의 농도차로 인한 결과이다.
　라. 표수층에서 조류의 활발한 광합성 활동시에는 무기탄소원인 HCO_3^- 나 CO_3^{2-} 을 흡수하고 OH^- 를 내보낸다.

4. 우리나라 근해의 적조(red tide)현상의 발생 조건에 대한 설명으로 가장 적절한 것은?

　가. 햇빛이 약하고 수온이 낮을 때 이상 균류의 이상 증식으로 발생한다.

　나. 수괴의 연직안정도가 적어질 때 발생된다.

　다. 정체수역에서 많이 발생된다.

　라. 질소, 인 등의 영양분이 부족하여 적색이나 갈색의 적조 미생물이 이상적으로 증식한다.

5. 하천 및 호수의 부영양화를 고려한 생태계모델로 정적 및 동적인 하천의 수질 및 수문학적 특성을 광범위하게 고려한 수질관리모델은?

　가. Vollenweider 모델

　나. QUALE 모델

　다. WQRRS 모델

　라. WASPO 모델

6. 다음 중 적조 현상에 관한 설명으로 틀린 것은?

　가. 수괴의 연직안정도가 작을 때 발생한다.

　나. 강우에 따른 하천수의 유입으로 해수의 염분량이 낮아지고 영양염류가 보급될 때 발생한다.

　다. 적조조류에 의한 아가미 폐색과 어류의 호흡장애가 발생한다.

　라. 수중 용존산소 감소에 의한 어패류의 폐사가 발생한다.

7. 하천의 자정단계와 오염의 정도를 파악하는 Whipple의 자정단계(지대별 구분)에 대한 설명으로 틀린 것은?

　가. 분해지대 : 유기성 부유물의 침전과 환원 및 분해에 의한 탄산가스의 방출이 일어난다.

　나. 분해지대 : 용존산소의 감소가 현저하다.

　다. 활발한 분해지대 : 수중환경은 혐기성상태가 되어 침전 저니는 흑갈색 또는 황색을 띤다.

　라. 활발한 분해지대 : 오염에 강한 실지렁이가 나타나고 혐기성 곰팡이가 증식한다.

8. 호수의 수리특성을 고려하여 부영양화도와 인부하량과의 관계를 경험적으로 예측 평가하는 모델은?

　가. Streeter - phelps 모델

　나. WASP 모델

　다. Vollenweider 모델

　라. DO - SAG 모델

Chapter

07 분뇨·축산폐수 및 유해물질

1. 분뇨 및 축산 폐수

(1) 분뇨

1) 정의

인간의 배설물인 대변과 소변

2) 특징

가) 분뇨의 구성

① 분 : 뇨 = 1 : 8~10

② 분과 뇨의 고형질(고형물)비 : 7~8 : 1

나) 발생량

① 발생량 : 1.1L/인·일

② 수거량 : 0.9~1.2L/일

③ 1인 1일 평균 분 100g, 뇨 800g 배출

다) 분뇨의 특성

① 염분, 유기물 농도 높음

② 고액분리 어려움, 점도 높음

③ 고형물 중 높은 휘발성 고형물(VS) 농도

④ 분뇨 BOD는 COD의 30%

⑤ 토사 및 협착물 많음

⑥ 분뇨 내 협잡물의 양과 질은 발생지역에 따른 큰 차이

⑦ 색깔 : 황색~다갈색

⑧ 비중 : 1.02

⑨ 악취 유발

⑩ 하수슬러지에 비해 높은 질소 농도(NH_4HCO_3, $(NH_4)_2CO_3$)

⑪ 분의 질소산화물은 VS의 12~20%

⑫ 뇨의 질소산화물은 VS의 80~90%

〈 분뇨의 일반적 성질 〉

항목	성질	항목	성질
pH	6.8~8.3(약알칼리)	협잡물	3~5%
점도	1.2~2.2CPS	대장균	2.6×10^{10}/100mL
Cl	4,000~5,500mg/L	C/N비	10
토사류	0.3~0.5%	비중	1.02
온도	11.3~29°C	COD	약 70,000ppm
알칼리도	약 94,000mg/L	BOD	약 20,000ppm

(2) 축산폐수(livestock wastewater)

1) 정의

가축사육으로 인하여 발생되는 액체성 또는 고체성의 더러운 물

2) 특징

① 가축분뇨와 축사의 세척수가 대부분임
② 유기물부하가 높으므로 생물학적 처리방법으로 처리가 가능
③ 가축의 종류에 따라 BOD, 발생량이 차이남
④ BOD : 1만~6만ppm

〈 오염물질 발생량 〉

구분		발생량 (L/일,두)	BOD		총질소(T - N)		총인(T - P)	
			농도 (mg/L)	오염부하 (g/두,일)	농도 (mg/L)	오염부하 (g/두,일)	농도 (mg/L)	오염부하 (g/두,일)
돼지	계	8.6	12,674	109.0	3,221	27.7	1,423	12.2
	분	1.6	60,000	96.0	10,000	16.0	7,000	11.2
	뇨	2.6	5,000	13.0	4,500	11.7	400	1.0
	세정수	4.4	-	-	-	-	-	-
한우	계	14.6	36,164	528.0	8,000	116.8	2,475	36.1
	분	10.1	48,000	484.8	8,000	80.8	3,400	34.3
	뇨	4.5	9,600	43.2	8,000	36.0	400	1.8
젖소	계	45.6	12,197	556.2	3,549	161.8	1,242	56.7
	분	24.6	21,000	516.6	4,700	115.6	2,200	54.1
	뇨	11.0	3,600	39.6	4,200	46.2	230	2.5
	세정수	10.0	-	-	-	-	-	-
닭		0.12	65,400	7.8	13,596	1.6	5,075	0.6

2. 유해물질

물질	특징	배출원	피해 및 영향	처리법
수은 (Hg)	· 금속 중 상온에서 유일한 액체	· 수은계기 제조과정 · 의약품·농약, 제지공장 · 수산화나트륨(가성소다) 공장 · 금속광산 · 정련공장 · 도료공장 등	· 유기수은은 독성 가장 강함 · 신경계 계통에 작용 · 미나마타병(알킬수은중독) · 만성중독 : 언어장애, 신경쇠약, 감각 　마비, 호흡마비, 지각이상 · 급성중독 : 다량 흡입 시 치사, 위장장애, 　경구염, 단백뇨, 수족 떨림 등	· 화합물 침전법 · 이온교환법 · 아말감법 흡착법
카드뮴 (Cd)	· 식품으로부터 가장 많이 섭취 · 간, 신장에 축적 · 효소에 포함된 아연을 치환하여 　효소의 입체구조를 변형시키고, 　효소의 촉매활동을 저해시킴	· 아연정련업 · 도금공업 · 화학공업(염료·촉매·염화비닐 　안정제), · 기계제품 제조업(자동차 부품· 　스프링·항공기) 등	· 이따이이따이병 · 만성중독 : 칼슘 대사기능 장애, 골연화증, 　위장장해, 빈혈, 동요성 보행, 신장기능 　장애 · 급성중독 : 기관지염, 폐부종, 신장결석	· 침전분리 · 부상분리 · 흡착법
납 (Pb)	· 녹는점이 낮아 액화되기 쉬움 · 합금이 쉬움 · 밀도가 큼	· 납 광산 · 안료 · 도료, 약제 · 도자기, 인쇄 · 납축전지, 납유리, 납파이프 제조 · 전선, 가솔린 자동차(4에틸납)· 　양조 등	· 대사작용에 독성 유발 · 뼈에 99% 흡수 축적 · 헤모글로빈 생성을 저해 · 만성중독 : 중추신경장애, 정신착란, 말초 　신경 기능 저하, 신장장애, 불임, 빈혈, 　두통, 심근마비 · 급성중독 : 위장장애(복통, 구토)	· 침전법 · 이온교환법
크롬 (Cr)	· 생체 필수금속 · 결핍 시, 인슐린이 저하되면, 　탄수화물 대사장애 발생 · 비용해성 · 산소와 결합력 강함 · 강력한 산화력	· 피혁, 합금 제조, 크롬 도금 · 안료·촉매·방청제 화학공업, · 금속제품 제조업 등	· 크롬 화합물 중 Cr^{6+} 독성이 가장 큼 · 급성중독 : 접촉성 피부염, 피부궤양, 　부종, 뇨독증, 혈뇨, 복통, 구토 등 · 만성중독 : 폐암, 기관지암, 위장염, 　간장애, 미각장애 등	· 침전법
비소 (As)		· 화학공업(무기약품·촉매·농약 　제조) · 안료제조, 색소 · 유리공업, 염료공업, 피혁공업 등	· 급성중독 : 구토, 설사, 복통, 탈수증, 　위장염, 혈압저하, 혈변, 순환기장애 등 · 만성중독 : 국소 및 전신마비(수족의 　지각장애), 피부염, 각화증, 발암, 색소 　침착, 간장비대 등의 순환기장애 · 흑피증	· 수산화물공침법 · 이온교환법
구리 (Cu)	· 빈혈환자에게 철(Fe)과 함께 　처방됨	· 도금공업, 농약 · 구리정련공업, 전선 제조업, · 파이프 제조업 등	· 급성중독 : 구토, 복통 · 만성중독 : 간경변 · 식물성 플랑크톤에 독성 작용	
불소 (F)	· 무색, 무취	· 유리공업(CaF_2) · 알루미늄정련(Na_3AlF_6) · 살충제	· 반상치(법랑반점, Mottled Enamel) : 　1ppm 이상 · 충치예방 : 0.6ppm 이하 · 불화수소(HF) : 유독성 높음(특정 유해 　대기오염물질)	· 형석침전

물질	특징	배출원	피해 및 영향	처리법
망간 (Mn)		· 광산, 합금 · 건전지 · 유리착색 · 화학공업(과망간산칼륨 제조)	· 철(Fe)과 함께 인체에 대한 생리적인 장해는 적음 · 경구섭취에 의한 중추신경계 진행의 악화 · 기면현상 · 급성중독 : 파킨슨(Parkinson)씨병 증후군과 유사한 증상 · 세탁물의 색을 회색~흑색으로 변화 (※ Fe는 황~적색)	· 이온교환법 · 침전법
시안 화합물 (CN)	· CN - 헤모글로빈, 테트라크롬계 호흡효소와 결합 →생체내 산소, 수소 이동 방해	· 화학공업, 도금공업 · 코크스로 금속정련공업 · 아크릴로니트릴 제조공업 등	· 급성중독 : 체온이 급격하게 떨어져 사망 · 만성중독 : 두통, 현기증, 의식장애, 경련 등	· 환원 침전법
유기인		· 농약제조업(파라티온, 메틸파라티온, 메틸디메톤 등)	· 중추신경의 에스테르와 반응 → 효소 작용 저해 · 전신권태, 두통, 현기증, 동공축소, 언어장애, 청력, 시력 감퇴 등 · 어류에 대단히 유독한 물질	
페놀류		· 공장폐수(낙동강 페놀사건)	· 악취 · 페놀 자체 악취(0.01ppm 이상) · 정수장 염소처리 시 클로로페놀 생성 (0.001ppm 이상 악취)	· 생물학적처리 · 화학적 산화
트리할 로메탄 (THM)	· 염소의 소독부산물 · 염소와 THM 전구물질(휴믹산)이 반응하여 생성됨 · 메탄(CH_4)에서 수소 3개가 할로겐족 원소로 치환된 물질		· 발암유발물질 · 신장, 간장에 영향을 미침 · THM 중 클로로포름($CHCl_3$)의 독성이 가장 강함	
PCB	· 불활성, 대단히 안정 · 산·알칼리·물과 반응× · 유기용제에 용해 · 불연성(저염소화합물 제외) · 내부식성, 내열성, 절연성	· 트랜스유, 콘덴서유 · 목재·금속 보호피막 · 합성접착제, 윤활유 · 열매체, 감압복사지 등	· 만성중독 : 카네미유증 · 간경변, 피부궤양, 여드름, 모공의 흑점화, 전신권태, 수족저림, 발암 등	
다이 옥신	· 종류 : PCDD, PCDF	· 자연적 : 산불, 번개, 화산활동 · 인위적 : 화학물질 제조, 자동차, 소각(도시폐기물, 의료폐기물)	· 발암물질 · 환경호르몬으로 작용	

Chapter 07

OX QUIZ

01	황산이온은 자연수 속에 들어 있는 주요 음이온이다.	(O/X)
02	용존산소와 질산염이 존재하지 않는 환경에서 황산이온은 수소원(전자공여체)으로 사용된다.	(O/X)
03	황산이온이 과다하게 포함된 수돗물을 마시면 설사를 일으킨다.	(O/X)
04	황산이온이 혐기성 상태에서 환원되어 생성되는 황화수소로 인하여 악취문제가 발생한다.	(O/X)
05	카드뮴은 흰 은색이며, 아연정련업, 도금공업 등에서 배출된다.	(O/X)
06	카드뮴 중독으로 칼슘대사기능 장해로 골연화증이 유발된다.	(O/X)
07	카드뮴 만성폭로로 인한 흔한 증상은 단백뇨이다.	(O/X)
08	카드뮴 중독으로 윌슨씨병 증후군과 소인증이 유발된다.	(O/X)
09	수은은 상온에서 액체상태로 존재한다.	(O/X)
10	수은(Hg)의 대표적 만성질환으로는 미나마타병, 헌터 – 루셀증후군이 있다.	(O/X)
11	유기수은은 금속상태의 수은보다 생물 체내에 흡수력이 강하다.	(O/X)
12	수은(Hg)은 아연정련업, 도금공장, 도자기제조업에서 주로 발생한다.	(O/X)
13	트리할로메탄은 부식질계 유기물과 염소소독 후 잔류하는 유리염소가 반응하여 생성된다.	(O/X)
14	트리할로메탄은 pH가 높을수록 생성량이 증가한다.	(O/X)
15	트리할로메탄은 온도가 높을수록 생성량이 증가한다.	(O/X)
16	트리할로메탄은 대부분 클로로에탄으로 존재한다.	(O/X)
17	카드뮴은 칼슘 대사 기능 장해로 칼슘의 손실, 체내 칼슘 불균형을 초래한다.	(O/X)
18	카드뮴은 도금공정에서 주로 많이 사용되는 금속이다.	(O/X)
19	카드뮴은 화학적으로 요오드와 유사한 특성을 가진다.	(O/X)
20	카드뮴의 대표적 질환으로 이따이이따이병이 있다.	(O/X)
21	트리할로메탄(THM)은 전구물질의 농도가 높을수록 생성량은 증가한다.	(O/X)
22	트리할로메탄(THM)은 pH가 감소할수록 생성량은 증가한다.	(O/X)
23	트리할로메탄(THM)은 온도가 증가할수록 생성량은 증가한다.	(O/X)

24 수돗물에 생성된 트리할로메탄류는 대부분 클로로포름으로 존재한다. (O/X)

25 수은은 상온에서 액체상태로 존재한다. (O/X)

26 수은(Hg)의 대표적 만성질환으로 미나마타병, 헌터 – 루셀 증후군이 있다. (O/X)

27 수은(Hg)은 철, 니켈, 알루미늄, 백금과 주로 화합하여 아말감을 만든다. (O/X)

28 알킬수은 화합물의 독성은 무기수은 화합물의 독성보다 매우 강하다. (O/X)

29 만성 크롬중독인 경우에는 금속배설촉진제의 효과가 크다. (O/X)

30 크롬에 의한 급성 중독의 특징은 심한 신장장해를 일으키는 것이다. (O/X)

31 3가 크롬은 피부흡수가 어려우나 6가 크롬은 쉽게 피부를 통과한다. (O/X)

32 자연 중의 크롬은 주로 3가 형태로 존재한다. (O/X)

33 트리할로메탄은 물속의 유기물질이 소독제로 사용되는 염소 또는 바닷물 중의 브롬과 반응하여 생성된다. (O/X)

34 트리할로메탄은 pH가 증가할수록 생성량이 감소한다. (O/X)

35 트리할로메탄은 여름철 장마시 숲 속에서 휴믹물질이 상수원수로 유입될 때 다량 발생한다. (O/X)

1.O 2.× 3.O 4.O 5.O 6.O 7.O 8.× 9.O 10.O 11.O 12.× 13.O 14.O 15.O
16.× 17.O 18.O 19.× 20.O 21.O 22.× 23.O 24.O 25.O 26.O 27.× 28.O 29.× 30.O
31.O 32.O 33.O 34.× 35.O

적중실전문제

1. 생체 내에 필수적인 금속으로 결핍 시에는 인슐린의 저하로 인한 것과 같은 탄수화물의 대사장해를
   일으키는 유해물질로 가장 적합한 것은?

   가. Cd

   나. Mn

   다. CN

   라. Cr

1. 라

1. 어떤 도시에서 DO 0mg/L, BOD_u 200mg/L, 유량 1.0m³/sec, 온도 20℃의 하수를 유량 6m³/sec인 하천에 방류하고자 한다. 방류지점에서 몇 km 하류에서 가장 DO 농도가 작아지겠는가? (단, 하천의 온도 20℃, BOD_u 1mg/L, DO 9.2mg/L, 유속 3.6km/hr이며 혼합수의 K_1 = 0.1/day, K_2 = 0.2/day, 20℃에서 산소포화농도는 9.2mg/L이다. 상용대수 기준)

   가. 약 212

   나. 약 224

   다. 약 243

   라. 약 287

   ---

   1) 하수와 하천의 혼합 농도

   $$BOD_u = \frac{200 \times 1 + 1 \times 6}{1 + 6} = 29.428\,mg/L$$

   $$DO = \frac{0 \times 1 + 9.2 \times 6}{1 + 6} = 7.885\,mg/L$$

   DO는 임계시간(t_c)일 때 가장 작아진다.

   $$t_c = \frac{1}{k_1(f-1)} \log\left[f\left\{ 1 - (f-1)\frac{D_0}{L_0} \right\} \right]$$

   단, $f = \frac{k_2}{k_1} = 2$, $D_0 = 9.2 - 7.885 = 1.315$, $L_0 = 29.428$

   $$t_c = \frac{1}{0.1(2-1)} \log\left[2\left\{ 1 - (2-1)\frac{1.345}{29.428} \right\} \right]$$

   $$= 2.811(일)$$

   거리 = 속력 × 시간 = $\dfrac{3.6km}{hr} \left| \dfrac{2.811일}{} \right| \dfrac{24hr}{1일}$ = 242.93km

2. 50℃에서 순수한 물 1L의 몰 농도(mol/L)는? (단, 50℃의 물의 밀도는 0.9881kg/L)

   가. 15.4

   나. 17.6

   다. 28.8

   라. 54.9

   몰농도 = $\dfrac{0.9881kg}{L} \left| \dfrac{1,000g}{1kg} \right| \dfrac{1mol\ H_2O}{18g}$ = 54.89mol/L

3. 어떤 폐수의 시료를 분석한 결과, COD는 850mg/L, SCOD는 380mg/L, BOD_5는 470mg/L, $SBOD_5$는 215mg/L이었다. NBDICOD 농도는? (단, K = 1.47을 적용할 것)

　가. 215mg/L

　나. 159mg/L

　다. 95mg/L

　라. 65mg/L

$$
\begin{aligned}
\text{ICOD} \;=&\; \text{COD} \;-\; \text{SCOD} \\
=&\; 850 \;-\; 380 \\
=&\; 470 \\[4pt]
\text{NBDICOD} \;=&\; \text{ICOD} \;-\; \text{BDICOD} \\
=&\; \text{ICOD} \;-\; \text{IBOD}_u \\
=&\; \text{ICOD} \;-\; (\text{BOD}_u - \text{SBOD}_u) \\
=&\; \text{ICOD} \;-\; k(\text{BOD}_5 - \text{SBOD}_5) \quad (\because \text{BOD}_u = k\text{BOD}_5) \\
=&\; 470 \;-\; 1.47(470 - 215) \\
=&\; 95.15\text{mg/L}
\end{aligned}
$$

4. 직경 3mm인 모세관의 표면장력이 $0.0037\text{kg}_f/\text{m}$라면 물기둥의 상승높이는? (단, 접촉각 = 5°)

　가. 0.26cm

　나. 0.38cm

　다. 0.49cm

　라. 0.57cm

$$
h = \frac{4\sigma\cos\theta}{rD}
$$

σ ： 표면장력
r ： 비중
D ： 유기관 안지름

$$
h = \frac{4}{} \left| \frac{0.0037\text{kg}_f}{\text{m}} \right| \frac{\cos5°}{0.003\text{m}} \left| \frac{1\text{m}^3}{1{,}000\text{kg}} \right| \frac{100\text{cm}}{1\text{m}} = 0.49\text{cm}
$$

5. 어느 하천수의 단위시간당 산소전달율 K_{La}를 측정하고자 용존산소농도를 측정하였더니 8mg/L이었다. 이때 용존산소농도를 0mg/L로 만들기 위해 필요한 Na_2SO_3의 이론첨가량은? (단, 원자량은 Na : 23, S : 32)

가. 33mg/L

나. 43mg/L

다. 53mg/L

라. 63mg/L

$$Na_2SO_3 \ + \ \frac{1}{2}O_2 \ \rightarrow \ Na_2SO_4$$

126g : 16g

Na_2SO_3필요량 : 8mg/L

$$\therefore Na_2SO_3필요량 \ = \ \frac{8 \ | \ 126}{\ | \ 16} \ = \ 63mg/L$$

6. 금속수산화물 $M(OH)_2$의 용해도적(K_{sp})이 4.0×10^{-9}이면 $M(OH)_2$의 용해도(g/L)는 얼마인가? (단, M은 2가, $M(OH)_2$의 분자량은 80이다.)

가. 0.04

나. 0.08

다. 0.12

라. 0.16

$$M(OH)_2 \ \rightarrow \ M^{2+} \ + \ 2OH^-$$

$$K_{sp} \ = \ [M^{2+}][OH^-]^2 \ = \ S \cdot (2S)^2 \ = \ 4S^3 \ = \ 4.0 \ \times \ 10^{-9}$$

$$\therefore 용해도(S) \ = \ (\frac{4.0 \ \times \ 10^{-9}}{4})^{1/3}$$

$$= \ 1.0 \times 10^{-3}(mol/L)$$

$$= \ \frac{1.0 \times 10^{-3}(mol/L) \ | \ 80g}{L \ | \ 1mol} = 0.08g/L$$

7. 어느 하천의 BOD_u가 8mg/L이고, 탈산소계수(K_1)가 0.1/day일 때, 2일 유하한 후 남아있는 하천의 BOD 농도는? (단, 유하하는 동안 오염물질 유입은 없다고 가정하고, 상용대수 기준)

　　가. 3mg/L

　　나. 4mg/L

　　다. 5mg/L

　　라. 6mg/L

　　　　하천의 BOD농도는 잔존 BOD식을 이용한다.

　　　　　$BOD_t = BOD_u \cdot 10^{-kt}$

　　　　　$BOD_2 = 8 \cdot 10^{-0.1 \times 2}$

　　　　　　　　$= 5.047mg/L$

8. BOD 1kg의 제거에 보통 1kg의 산소가 필요하다면 1.45ton의 BOD가 유입된 하천에서 BOD를 완전히 제거하고자 할 때 요구되는 공기량은? (단, 물의 산소흡수율은 7%이며, 공기 $1m^3$는 0.236kg의 O_2를 함유한다고 하고 하천의 BOD는 고려하지 않음)

　　가. 약 68,000m^3

　　나. 약 78,000m^3

　　다. 약 88,000m^3

　　라. 약 98,000m^3

　　요구 공기량 (m^3) =

1.45ton BOD	1,000kg	1kg O_2	$1m^3$ 공기	100
1ton	1kg BOD	0.236kg O_2	7

　　　　　　$= 87,772.39m^3$

9. 어떤 공장에서 4%의 NaOH를 함유한 폐수 1,000m^3가 배출되었다. 이 폐수를 중화시키기 위해 37% HCl을 사용하였다. 배출된 폐수를 완전히 중화시키기 위하여 필요한 37% HCl의 양$(m)^3$은? (단, 폐수의 비중 1, 37% HCl의 비중 1.18)

　　가. 약 55

　　나. 약 67

　　다. 약 84

　　라. 약 97

$$NV = N'V'$$

4	1ton	1,000kg	1keq	1,000m³		37	1.18t	1,000kg	1keq	V'(m³)
100	1m³	1t	40kg		=	100	1m³	1t	36.5kg	

$$\therefore \quad HCl의 \ 양(V')m^3 = 83.60m^3$$

10. 다음은 Graham의 기체법칙에 관한 내용이다. (   ) 안에 맞는 내용은? (단, Cl_2 분자량은 71.5이다.)

> 수소의 확산속도에 비해 산소는 약 (①), 염소는 (②) 정도의 확산속도를 나타낸다.

가. ① 1/8, ② 1/14
나. ① 1/8, ② 1/16
다. ① 1/4, ② 1/6
라. ① 1/4, ② 1/8

$$\frac{d_{O_2}}{d_{H_2}} = \sqrt{\frac{M_{H_2}}{M_{O_2}}} = \sqrt{\frac{2}{32}} = \frac{1}{4} \qquad \frac{d_{Cl_2}}{d_{H_2}} = \sqrt{\frac{2}{71.5}} \fallingdotseq \frac{1}{\sqrt{36}} = \frac{1}{6}$$

11. 25℃, 2기압의 압력에 있는 메탄가스 20kg을 저장하는 데 필요한 탱크의 부피는? (단, 이상기체의 법칙, R = 0.082 적용)

가. 10.3m³
나. 15.3m³
다. 20.3m³
라. 25.3m³

$$PV = nRT = \frac{W}{M}RT$$

$$V = \frac{WRT}{MP} = \frac{20,000g \quad | \quad 0.082atm \cdot L \quad | \quad (273 + 25)K \quad | \quad 1mol \quad | \quad 1m^3}{ \qquad \qquad \quad | \quad mol \cdot K \qquad | \quad 2atm \qquad | \quad 16g \quad | \quad 1,000L} = 15.27m^3$$

12. 다음 수질을 가진 농업용수의 SAR값은?

· Na^+ = 230mg/L	· PO_4^{3-} = 1,500mg/L	· Cl^- = 108mg/L
· Mg^{++} = 240mg/L	· $NH_3 - N$ = 380mg/L	· Ca^{++} = 600mg/L
· Na 원자량 : 23	· P 원자량 : 31	· Cl 원자량 : 35.5
· Mg 원자량 : 24	· Ca 원자량 : 40	

　가.　2
　나.　4
　다.　6
　라.　8

$$Na^+ : \frac{230mg}{L} \left| \frac{1me}{23mg} \right. = 10me/L$$

$$Mg^{2+} : \frac{240mg}{L} \left| \frac{1me}{12mg} \right. = 20me/L$$

$$Ca^{2+} : \frac{600mg}{L} \left| \frac{1me}{20mg} \right. = 30me/L$$

$$SAR = \frac{Na^+}{\sqrt{\dfrac{Ca^{2+} + Mg^{2+}}{2}}} = \frac{10}{\sqrt{\dfrac{30 + 20}{2}}} = 2$$

13. $PbSO_4$의 용해도는 물 1L당 0.038g이 녹는다면 $PbSO_4$의 용해도적(K_{sp})은? (단, Pb 원자량 207)

　가.　약 1.3×10^{-8}
　나.　약 1.3×10^{-9}
　다.　약 1.6×10^{-8}
　라.　약 1.6×10^{-9}

$$PbSO_4 \rightarrow Pb^{2+} + SO_4^{2-}$$

$$PbSO_4 \text{ 분자량} = 303g/mol$$

$$S = [PbSO_4] = \frac{0.038g}{1L} \left| \frac{1mol}{303g} \right. = 1.2541 \times 10^{-4}M$$

$$K_{sp} = [Pb^{2+}][SO_4^{2-}] = S^2 = 1.5728 \times 10^{-8}$$

14. 336mg/L의 CaCl₂ 농도를 meq/L로 환산하면 얼마인가? (단, Ca 원자량 : 40, Cl 원자량 : 35.5)

가. 약 6
나. 약 8
다. 약 10
라. 약 12

CaCl₂ 분자량 : 40 + 35.5 × 2 = 110

$$\frac{336mg}{L} \cdot \frac{2me}{110mg} = 6.11me/L$$

15. 유량이 1.6m³/sec이고 BOD₅가 5mg/L이며, DO가 9.2mg/L인 하천에 유량이 0.8m³/sec 이고 BOD₅가 50mg/L이며, DO가 5.0mg/L인 지류가 흘러들어 가고 있다. 합류된 하천의 유속이 15m/min이면 합류지점에서 하류로 54km 내려간 지점의 용존산소 부족량은? (단, 온도는 20℃, 혼합수의 K₁ = 0.1/day, K₂ = 0.2/day, 혼합수의 포화산소농도는 9.2mg/L, 상용대수 적용)

가. 약 4.2mg/L
나. 약 5.4mg/L
다. 약 6.5mg/L
라. 약 7.6mg/L

① 합류지점 DO $= \frac{9.2\times1.6 + 5.0\times0.8}{1.6+0.8} = 7.8mg/L$

② 합류지점 BOD $= \frac{5\times1.6 + 50\times0.8}{1.6+0.8} = 20mg/L$

③ 시간(t) $= \frac{거리}{유속} = \frac{54,000m}{15m}\cdot\frac{min}{1,440min}\cdot 1day = 2.5일$

④ $D_t = \frac{k_1\cdot L_0}{k_2-k_1}(10^{-k_1t} - 10^{-k_2t}) + D_0\cdot 10^{-k_2t}$

⑤ 합류지점 $BOD_u(=L_0) = \frac{BOD_5}{1-10^{-k_1\times5}} = \frac{20}{1-10^{-0.1\times5}} = 29.24$

⑥ $D_{2.5} = \frac{0.1\times29.24}{(0.2-0.1)}(10^{-0.1\times2.5} - 10^{-0.2\times2.5}) + (9.2-7.8)10^{-0.2\times2.5} = 7.63mg/L$

16. 탈산소계수(K_1)가 0.20day^{-1}인 하천의 BOD$_5$ 농도가 100mg/L이었다. BOD$_3$은? (단, 상용대수 기준)

　가. 67mg/L

　나. 72mg/L

　다. 78mg/L

　라. 83mg/L

$$BOD_t = BOD_u(1 - 10^{-k_1t})$$
$$100 = BOD_u(1 - 10^{-0.2 \times 5})$$
$$\therefore \ BOD_u = 111.11$$

$$BOD_3 = 111.11 \times (1 - 10^{-0.2 \times 3})$$
$$= 83.20$$

17. Glucose 800mg/L가 완전산화하는데 필요한 이론적 산소요구량은?

　가. 823mg/L

　나. 853mg/L

　다. 923mg/L

　라. 953mg/L

$$C_6H_{12}O_6 + 6O_2 \rightarrow 6CO_2 + 6H_2O$$
$$180 \ : \ 6 \times 32$$
$$800 \ : \ ThOD$$

$$\therefore ThOD = \frac{800 \mid 6 \times 32}{180} = 853.33 mg/L$$

18. 어느 배양기의 제한기질농도(S)가 100mg/L이고, 세포비증식계수 최대값(μ_{max})이 0.2/hr일 때 Monod식에 의한 세포 비증식계수(μ)는? (단, 제한기질 반포화농도(K_s) = 20mg/L)

　가. 0.124/hr

　나. 0.167/hr

　다. 0.183/hr

　라. 0.191/hr

$$\mu = \mu_{max} \cdot \frac{S}{K_s + S} = \frac{0.2 \mid 100}{hr \mid 20 + 100} = 0.167/hr$$

19. 1차 반응에 있어 반응 초기의 농도가 100mg/L이고, 4시간 후에 10mg/L로 감소되었다. 반응 3시간 후의 농도(mg/L)는?

가. 17.8

나. 24.8

다. 31.6

라. 36.8

$$\ln \frac{C}{C_o} = -kt$$

$$\ln \frac{10}{100} = -4k$$

$$\therefore k = 0.575$$

$$\ln \frac{C}{100} = -0.575 \times 3$$

$$\frac{C}{100} = e^{-0.575 \times 3}$$

$$\therefore C = 17.78$$

20. 150kL/day의 분뇨를 산기관을 이용하여 포기하였는데 분뇨에 함유된 BOD의 20%가 제거되었다. BOD 1kg을 제거하는 필요한 공기공급량이 40m³라 했을 때 시간당 공기공급량은? (단, 연속포기, 분뇨의 BOD는 20,000mg/L이다.)

가. 100m³

나. 500m³

다. 1,000m³

라. 1,500m³

$$\text{공기공급량} = \frac{150,000L}{day} \left| \frac{20,000mg}{L} \right| 0.2 \left| \frac{1kg}{10^6 mg} \right| \frac{40m^3}{1kg\ BOD} \left| \frac{1day}{24hr} \right. = 1,000m^3$$

21. 아세트산(CH_3COOH) 300mg/L 용액의 pH는? (단, 아세트산 K_a는 1.8×10^{-5})

가. 4.65

나. 4.21

다. 3.85

라. 3.52

$$\text{아세트산(M)} = \frac{0.3g}{L} \left| \frac{1mol}{60g} \right. = 5 \times 10^{-3}M$$

$$CH_3COOH \rightarrow CH_3COO^- + H^+$$

$$[H^+] = \sqrt{K_a \cdot C} = \sqrt{(1.8 \times 10^{-5})(5 \times 10^{-3})} = 3 \times 10^{-4}$$

$$pH = -\log[H^+] = -\log(3 \times 10^{-4}) = 3.52$$

22. 20℃의 하천수에 있어서 바람 등에 의한 DO 공급량이 0.02mgO$_2$/L · day라고 하고, 이 강은 DO 농도가 항상 6mg/L 이상 유지되어야 한다면 이 강의 산소전달계수(hr^{-1})는? (단, α와 β는 무시하며 20℃ 포화 DO는 9.17mg/L)

가. 1.3×10^{-3}

나. 2.6×10^{-3}

다. 1.3×10^{-4}

라. 2.6×10^{-4}

$$\frac{dO}{dt} = k_{LA}(C_s - C_t)$$

$$k_{LA} = \frac{dO/dt}{C_s - C_t} = \frac{0.02mg\,O_2}{L \cdot day} \left| \frac{L}{(9.17-6)mg} \right| \frac{1day}{24hr} = 2.62 \times 10^{-4}/hr$$

23. 수분함량이 97%인 슬러지에 응집제를 가하니 상등액 : 침전슬러지의 용적비가 2 : 1이 되었다. 이때 침전슬러지의 수분함량은? (단, 비중은 1.0, 응집제의 양은 무시, 상등액은 고형물이 없음)

가. 83%

나. 85%

다. 87%

라. 91%

응집 전 슬러지 부피를 3이라 하면, 응집 후 침전 슬러지 부피는 1이다.

$$3(1 - 0.97) = 1(1 - \frac{w}{100})$$

$$\therefore w = 91\%$$

24. 0.02M - KBr과 0.02M - ZnSO$_4$ 용액의 이온강도는? (단, 완전해리 기준)

가. 0.08

나. 0.10

다. 0.12

라. 0.14

$$I = \frac{1}{2} \sum C_i \cdot Z_i^2$$

이온	이온농도(C_i)	전하수(Z_i)	$C_i Z_i^2$
K^+	0.02	+1	0.02
Br^-	0.02	-1	0.02
Zn^{2+}	0.02	+2	0.08
SO_4^{2-}	0.02	-2	0.08

$\sum C_i \cdot Z_i^2 = 0.2$

$\therefore$ 이온강도 = 0.1

25. 길이가 500km이고 유속이 1m/s인 하천에서 상류지점의 BOD_u 농도가 250ppm이면 이 지점부터 450km 하류지점의 잔존 BOD 농도는? (단, 탈산소계수 0.1/day, 수온 20℃, 상용대수 기준, 기타 조건은 고려하지 않음)

가. 약 55ppm

나. 약 65ppm

다. 약 75ppm

라. 약 85ppm

$BOD_t = BOD_u \cdot 10^{-k_1 t}$

$$t = \frac{450,000m}{} \left| \frac{sec}{1m} \right| \frac{1day}{86,400sec} = 5.20day$$

$\therefore BOD = 250 \cdot 10^{-(0.1 \times 5.20)} = 75.35ppm$

26. BOD_5가 270mg/L이고, COD가 350mg/L인 경우, 탈산소계수(K_1)의 값이 0.2/day라면, 이때 생물학적으로 분해 불가능한 COD는? (단, $BDCOD = BOD_u$, 상용대수 기준)

가. 50mg/L

나. 80mg/L

다. 120mg/L

라. 180mg/L

$$\begin{aligned} NBDCOD &= COD - BDCOD \\ &= COD - BOD_u \\ &= 350 - \frac{270}{(1 - 10^{-5 \times 0.2})} \\ &= 50mg/L \end{aligned}$$

27. 유량이 $10,000m^3$/day인 폐수를 하천에 방류하였다. 폐수 방류 전 하천의 BOD는 4mg/L이며, 유량은 $4,000,000m^3$/day이다. 방류한 폐수가 하천수와 완전혼합되었을 때 하천의 BOD가 1mg/L 높아진다고 하면, 하천에 가해지는 폐수의 BOD 부하량은? (단, 폐수가 유입된 이후에 생물학적 분해로 인한 하천의 BOD량 변화는 고려하지 않음)

　가. 1,280kg/day
　나. 2,810kg/day
　다. 3,250kg/day
　라. 4,050kg/day

혼합 후 BOD = 4 + 1 = 5mg/L

$$5 = \frac{4 \times 4,000,000 + \text{BOD폐수} \times 10,000}{4,000,000 + 10,000}$$

BOD폐수 = 405mg/L

$$\therefore \text{BOD폐수} = \frac{405mg}{L} \left| \frac{10,000m^3}{day} \right| \frac{1,000L}{1m^3} \left| \frac{1kg}{10^6 mg} \right. = 4,050kg/day$$

28. 수질분석 결과가 다음과 같다. 이 시료의 경도 값은? (단, Ca = 40, Mg = 24, Na = 23)

〈수질분석결과〉		
Ca^{2+}= 420mg/L	Mg^{2+}= 58.4mg/L	Na^+= 40.6mg/L

　가. 약 1,100mg/L as $CaCO_3$
　나. 약 1,200mg/L as $CaCO_3$
　다. 약 1,300mg/L as $CaCO_3$
　라. 약 1,400mg/L as $CaCO_3$

경도는 2가 이상 양이온 같은 당량의 $CaCO_3$ 환산 값이다.

$$Ca^{2+} = \frac{420mg}{L} \left| \frac{1me}{20mg} \right| \frac{50mg\ CaCO_3}{1me} = 1,050mg/L\ as\ CaCO_3$$

$$Mg^{2+} = \frac{58.4mg}{L} \left| \frac{1me}{12mg} \right| \frac{50mg\ CaCO_3}{1me} = 243.33mg/L\ as\ CaCO_3$$

$\therefore$ 경도 = 1,050 + 243.33 = 1,293.33

29. 거주 인구가 10,000명인 신시가지의 오수를 처리장에서 처리 후 인접 하천으로 방류하고 있다. 하천으로 배출되는 평균 오수 유량은 60m³/hr, BOD 농도는 20mg/L라 할 때, 오수처리장의 처리효율은? (단, BOD 인구당량은 50g/인·일로 가정)

가. 86.5%

나. 88.5%

다. 92.5%

라. 94.2%

① BOD발생량(mg/L) = $\dfrac{50g\ BOD}{인\cdot일}\left|\dfrac{10,000인}{}\right|\dfrac{hr}{60m^3}\left|\dfrac{1일}{24hr}\right|\dfrac{1m^3}{1,000L}\left|\dfrac{10^3mg}{1g}\right.$

= 347.22

② 처리율 = $\dfrac{347.22 - 20}{347.22} \times 100\% = 94.2\%$

30. 어떤 하천의 5일 BOD가 250mg/L이고 최종 BOD가 500mg/L이다. 이 하천의 탈산소계수(상용대수)는?

가. 0.06/day

나. 0.08/day

다. 0.10/day

라. 0.12/day

$BOD_5 = BOD_u(1 - 10^{-5k})$

$250 = 500(1 - 10^{-5k})$

$\therefore k = 0.06$

31. glycine($CH_2(NH_2)COOH$) 5mol을 분해하는데 필요한 이론적 산소 요구량은? (단, 최종산물은 HNO_3, CO_2, H_2O이다.)

가. 520g O_2

나. 540g O_2

다. 560g O_2

라. 580g O_2

$$CH_2(NH_2)COOH + \frac{7}{2}O_2 \rightarrow 2CO_2 + HNO_3$$

$$1 : \frac{7}{2}$$

$$5 : ThOD$$

$$\therefore ThOD = \frac{5}{} \left| \frac{7/2mol}{} \right| \frac{32g}{1mol} = 560g$$

32. 최종 BOD 농도가 500mg/L인 글루코스($C_6H_{12}O_6$)용액을 호기성 처리할 때 필요한 이론적 질소(N) 농도(mg/L)는? (단, BOD_5 : N : P = 100 : 5 : 1, 탈산소계수($k = 0.01hr^{-1}$), 상용대수 기준)

가. 약 13.4mg/L

나. 약 18.4mg/L

다. 약 23.4mg/L

라. 약 28.4mg/L

$$k = \frac{0.01}{hr} \left| \frac{24hr}{1day} \right| = 0.24/day$$

$$\therefore BOD_5 = 500(1 - 10^{-0.24 \times 5}) = 468.452$$

$$BOD_5 : N = 100 : 5$$

$$\therefore N(mg/L) = \frac{5}{100} \left| \frac{468.452}{} \right| = 23.42$$

1.라	2.라	3.라	4.라	5.라	6.라	7.라	8.라	9.라	10.라	11.나	12.가	13.라	14.가	15.라
16.라	17.나	18.나	19.가	20.라	21.라	22.라	23.라	24.나	25.라	26.가	27.가	28.라	29.라	30.가
31.라	32.라													

02
상하수도 계획

01 상하수도 기본계획

1. 상수도 기본계획

(1) 기본계획 목표

① 수량적인 안정성의 확보
② 수질적인 안전성의 확보
③ 적정한 수압의 확보
④ 지진 등의 비상대책
⑤ 시설의 개량과 갱신
⑥ 환경대책
⑦ 기타

(2) 기본계획수립 절차

① 기본방침 수립(계획목표 설정)
② 기초조사
③ 기본사항 결정
④ 정비내용의 결정

(3) 기본방침 수립

① 급수구역에 관한 사항
② 수도정비기본계획, 전국수도종합계획 등 상위계획과의 일치성에 관한 사항
③ 급수서비스 향상에 관한 사항
④ 갈수, 지진 등 비상시의 대비책에 관한 사항
⑤ 유지관리에 관한 사항
⑥ 환경에 관한 사항
⑦ 경영에 관한 사항

(4) 기초조사

① 급수구역의 결정에 필요한 기초 자료의 수집과 조사
② 급수량 결정에 필요한 기초 자료의 수집과 관련 계획 등의 조사
③ 종합적인 상위계획 및 관련 상수도사업계획 또는 상수도용수공급계획에 대한 조사
④ 상수도시설의 위치 및 구조 결정에 필요한 자연적, 사회적 조건의 조사
⑤ 유사하거나 동일한 규모의 기존 상수도시설 및 그 관리실적에 대한 자료수집과 조사
⑥ 각종 수원에 대한 이수(利水)의 가능성과 수량 및 수질 조사
⑦ 개량하거나 갱신해야 할 시설의 범위와 시기를 결정하기 위한 현재 보유시설의 평가
⑧ 공해방지 및 자연환경보전을 도모하기 위한 환경영향평가의 조사

(5) 기본사항의 결정

① 계획(목표)년도 : 기본계획에서 대상이 되는 기간으로 계획수립시부터 15~20년
② 계획급수구역 : 계획년도까지 배수관이 부설되어 급수되는 구역
③ 계획급수인구

> · 계획급수인구 = 계획급수구역 내의 인구 × 계획급수보급률
> · 계획급수보급률 : 과거의 실적이나 장래의 수도시설계획 등의 종합적 검토함

④ 계획급수량 : 원칙적으로 용도별 사용수량을 기초로 하여 결정

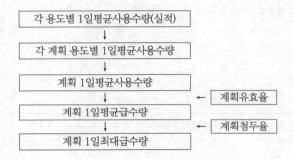

(6) 상수도시설의 설계 기준

① 지형이 고려되어 최대한 이용되도록 할 것
② 장래의 도시발전에 적합하고 장래 시설확장이나 개량·갱신에 지장이 없을 것
③ 지진, 태풍, 홍수 등 자연재해나 사고 등 비상시에도 가능한 한 단수되지 않는 위치로 할 것
④ 장래에도 양질의 원수가 안정적으로 취수될 수 있을 것
⑤ 시설의 건설과 유지관리가 안전하고 쉬워야 하며 합리적이고 경제적일 것
⑥ 광역수도사업자 및 지방상수도사업자 상호간에 합리적이고 또한 상호 융통적인 시설이 되도록 배치할 것
⑦ 재해 또는 사고에 대하여 시설의 안전성이 확보되도록 할 것
⑧ 수도시설로 기인하는 소음, 진동, 배수(排水), 배기가스 등이 환경에 나쁜 영향을 미치지 않을 것

(7) 설계하중 및 외력

① 건설표준품셈 기준(설계에 사용되는 재료의 단위중량은 특별한 경우 제외 가능)
② 적재하중은 해당 시설의 실정에 따라 산정
③ 토압의 산정에는 일반적으로 인정되는 적절한 토압공식이 사용되어야 함
④ 풍압 = 속도압 × 풍력계수
⑤ 지진력은 내진설계법에 근거하여 산정
⑥ 적설하중 = 눈의 단위중량 × 그 지방의 수직최심적설량
⑦ 빙압 고려(얼음 두께에 비하여 결빙 면이 작은 구조물)
⑧ 온도 변화 영향 고려
⑨ 부력 고려(지하수위가 높은 곳에 설치되는 지상(池狀) 구조물)
⑩ 양압력 고려(구조물의 전후에 수위차 발생시)

2. 상수도의 계통

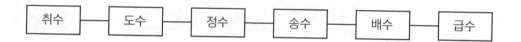

① 취수 : 원수를 취수시설까지 끌고 오는 것
② 도수 : 물을 취수시설에서 정수처리장까지 끌고 가는 것
③ 정수 : 정수처리장에서 물을 깨끗하게 하는 것
④ 송수 : 물을 정수처리장에서 배수지까지 끌고 가는 것
⑤ 배수 : 물을 배수시설에서 배수관망으로 끌고 가는 것
⑥ 급수 : 물을 배수관망에서 급수지(수도꼭지)로 공급하는 것

3. 하수도 기본계획

(1) 하수도시설의 목적

① 하수의 배제와 이에 따른 생활환경의 개선
② 침수방지
③ 공공수역의 수질보전과 건전한 물순환의 회복
④ 지속발전 가능한 도시구축에 기여

(2) 하수도계획의 종류

① 침수방지계획
② 수질보전계획
③ 물관리 및 재이용계획
④ 슬러지 처리 및 자원화 계획

(3) 계획구역

① 관할 행정구역(필요시 행정경계 이외구역도 포함 포함 가능)
② 계획목표년도까지 시가화될 것이 예상되는 구역과 인근 취락지역
③ 하수도정비 필요 지역
④ 새로운 시가지 개발시에는 기존시가지 포함
⑤ 처리 구역 분할 가능(지형여건, 시가화 상황 등 고려)
⑥ 배수구역 경계와 미교차(자연유하에 의한 하수배제, 우수 유입 고려)
⑦ 광역처리 가능하도록 계획(슬러지처리시설, 소규모하수처리시설)

(4) 하수도시설의 설계기준

1) 고려사항

① 유지관리상의 조건
② 지형 및 지질 등의 자연조건
③ 방류수역의 상황
④ 주변환경조건
⑤ 시설의 단계적 정비계획
⑥ 시공상의 조건 및 건설비

2) 하수도 시설 계획 기준

① 필요시 여유 반영
② 시설의 복수화
③ 적절한 계장설비(자동화, 신속화)
④ 장래 하수량 증감 반영
⑤ 계획목표년도 : 20년 원칙

(5) 배제방식

검토사항		분류식	합류식
시공성	시공성	- 2계통 동일도로에 매설시 시공성 난이 - 오수관거 단독 시공시 용이 　(상대적인 소구경관거)	- 좁은 공간에서 매설시 난이 　(상대적인 대구경관거)
	건설비	높음 (오수관거 단독 시공시 낮음)	낮음
유지관리	관거오접	발생 가능	없음
	관거내 퇴적	- 관거내 퇴적 적음 - 수세효과 적음	- 관거내 퇴적 많음 - 우천시 수세효과 많음
	처리장으로의 토사유입	- 소량의 토사 유입	우천시 다량의 토사 유입
	관거내의 보수	- 오수관거 폐쇄 가능 많음(소구경관거) - 청소 용이 - 다소 많은 관리 시간(측구 있는 경우)	- 폐쇄 가능 적음(대구경관거) - 청소 난이 - 다소 적은 관리 시간
수질보전	우천시의 월류	없음	가능
	청천시의 월류	없음	없음
	강우초기의 노면 세정수	하천 유입	처리장 유입
환경성	쓰레기 등의 투기	- 불법 투기 가능 　(측구 및 개거 있는 경우)	없음
	토지이용	- 뚜껑 보수 필요 　(기존 측구를 존속할 경우)	- 도로폭의 유효한 이용 　(기존 측구 폐지할 경우)

(6) 분뇨처리 방법

① 수세분뇨의 하수관거 투입 (관거정비상황 고려 필요)
② 분뇨의 수거시 하수처리시설에서 전처리후 합병

4. 우수 배제 계획

(1) 계획우수량

1) 용어 정의

용어	정의
유출계수	토지이용도별 기초유출계수로부터 총괄유출계수를 선정
확률년수	하수관거 : 10~30년, 빗물펌프장 : 30~50년
유달시간	= 유입시간 + 유하시간
유입시간	최소단위배수구의 지표면특성을 고려하여 산정
유하시간	= (최상류관거부터 하류관거까지의 거리 / 계획유량에 대응한 유속)
배수면적	도로, 철도 및 기존하천의 배치, 장래 개발계획 고려하여 선정

2) 우수유출량 산정식

가) 합리식

$$Q = \frac{1}{360} CIA \quad (A : km^2일 \ 때)$$

$$Q = \frac{1}{3.6} CIA \quad (A : ha일 \ 때)$$

- Q : 최대계획우수유출량(m^3/s)
- C : 유출계수
- I : 유달시간(t)내의 평균강우강도(mm/hr)
- A : 배수면적

나) 강우강도공식

합리식에서 강우강도를 구하는 공식은 다음 중 하나를 사용함

강우강도식	일반형	
Talbot형	$I = \dfrac{a}{t+b} + c$	I : 강우강도(mm/hr)
Sherman형	$I = \dfrac{a}{(t+b)^n}$	t : 강우지속시간(min)
Japanese형	$I = \dfrac{a}{\sqrt{t+b}} + c$	a, b, c : 상수
Semi - Log형	$I = a + b \cdot log(t+c)$	

(2) 우수관거 계획

① 우수 관거 계획 기준 : 계획우수량
② 수두손실을 최소화 하도록 배치
③ 적정한 유속 확보 가능한 단면형상 및 경사 선정(퇴적 방지)
④ 방류수역의 계획외수위
⑤ 기존 배수로 이용
⑥ 계획 우수량 결정시 하수관거의 확률년수 : 10~50년

(3) 빗물펌프장 계획

① 우수 펌프 기준 : 계획우수량
② 입지조건 및 환경조건 고려한 펌프장 위치 선정(합리적인 집수 및 방류수역)
③ 우천시 침수 방지 가능한 계획

(4) 우수유출량 저감계획

① 우수유출저감계획
② 우수유출저감방법
③ 계획우수량 산정방법

(5) 우수조정지 계획

도시화에 의해 우수유출량이 증대하고, 하류시설의 유하능력이 부족한 경우 우수조정지 설치

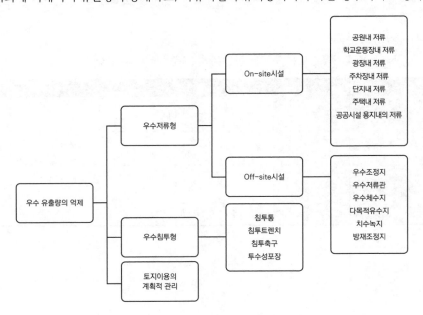

〈 우수유출량 저감방법의 분류 〉

5. 오수 배제 계획

(1) 계획오수량

① 오수관거 기준 : 계획시간 최대오수량
② 합류식의 경우 차집 관거 기준 : 우천시 계획오수량
③ 우천시 계획오수량 : 생활오수량 + 유입 우수량 + 지하수 침입량

(2) 오수관거 계획

① 분류식 합류식 공존시, 분리 관거 계획
　(부득이 합류시, 분류식 오수관거는 합류식 우수토실보다 하류의 차집관거에 접속)
② 수밀한 구조의 암거
③ 지형, 지질, 도로폭 및 지하매설물 등을 고려한 관거배치
④ 적정한 유속 확보 가능한 단면형상 및 경사 선정(퇴적 방지)
⑤ 역사이펀 가능한 제외(오수관거와 우수관거가 교차시, 가급적 오수관거를 역사이펀)
⑥ 기존관거는 오수관거로서의 제기능을 회복할 수 있도록 개량계획 시행

(3) 오수펌프장 계획

① 입지조건 및 환경조건 고려한 펌프장 위치 선정
② 분류식 오수펌프 : 계획시간 최대오수량, 합류식 오수펌프 : 우천시 계획오수량
③ 우천시 침수 방지 가능한 계획
④ 자연유하 이송 불가시, 소규모 펌프장 설치

(4) 불명수 유입량 저감계획

① 불명수 유입량 조사 및 분석
② 유지관리모니터링 계획
③ 불명수 저감대책 수립

(5) 오수이송 계획

구분	자연유하식	압력식(다중압송)	진공식
장점	· 기기류가 적어 유지관리 용이 · 신규개발지역 오수 유입 용이 · 유량변동에 따른 대응 가능 · 기술 수준의 제한이 없음	· 지형 변화에 대응 용이 · 공사점용면적 최소화 가능 · 공사기간 및 민원의 최소화 · 최소 유속 확보	· 지형 변화에 대응 용이 · 다수의 중계펌프장을 1개의 진공펌프장으로 축소가능 · 최소 유속 확보
단점	· 평탄지는 매설심도가 깊어짐 · 지장물에 대한 대응 곤란 · 최소유속 확보의 어려움	· 저지대가 많은 경우 시설 복잡 · 지속적인 유지관리 필요 · 정전 등 비상대책 필요	· 실양정이 4m 이상일 경우 추가적인 장치가 필요함 · 국내 적용 실적이 다른 시스템에 비해 적음 · 일반관리자의 초기교육이 필요함

6. 하수처리·재이용계획

(1) 계획인구

① 계획 총인구의 추정 : 국토계획 및 도시계획 등의 수치로 선정(계획 미수립시, 계획구역내의
　 행정구역단위별로 과거의 인구증가추세로 선정)
② 인구분포의 추정 : 토지이용계획에 의한 인구밀도 참고하여 계획총인구 선정
③ 주간인구 : 주간 인구 고려(주간인구의 유입이 큰 지역)

(2) 계획오수량

1) 생활오수량 : 1인1일 최대오수량

① 계획목표년도에서 계획지역내 상수도계획상의 1인1일 최대급수량을 고려하여 결정
② 용도지역별로 가정오수량과 영업오수량의 비율 고려

2) 공장폐수량

① 대규모 폐수발생 업체 : 개개의 폐수량조사
② 소규모 폐수발생 업체 : 출하액당 용수량, 부지면적당 용수량

3) 지하수량

1인1일 최대오수량의 10~20%

계획 오수량	산정 방법
계획1일 최대오수량	1인1일 최대오수량 × 계획인구 + 공장 폐수량 + 지하수량 + 기타 배수량
계획1일 평균오수량	계획1일 최대오수량의 70~80%
계획시간 최대오수량	계획1일 최대오수량의 1시간당 수량의 1.3~1.8배
합류식에서 우천시 계획오수량	계획시간 최대오수량의 3배 이상

(3) 계획오염부하량 및 계획유입수질

항목	산정방법
계획오염부하량	생활오수, 영업오수, 공장폐수 및 관광오수 등의 오염부하량 합산
계획유입수질	= 계획오염 부하량 / 계획1일 평균오수량
대상 수질항목	처리목표수질의 항목으로 선정
생활오수에 의한 오염부하량	1인1일당 오염부하량 원단위로 선정
영업오수에 의한 오염부하량	업무의 종류 및 오수의 특징 고려하여 선정

(4) 처리방법 선정 기준

① 유입하수의 수량
② 수질의 부하 및 그 변동
③ 방류수역의 유량
④ 물의 이용상황
⑤ 수질환경기준의 설정현황
⑥ 처리장의 입지조건 및 유지관리상의 조건

(5) 하수처리장 계획

① 처리시설 기준 : 계획1일 최대오수량
② 방류수역의 물 이용상황 및 주변의 환경조건을 고려한 위치 선정
③ 장래 확장 및 향후의 고도처리계획 등을 예상한 부지면적 선정
④ 이상수위 시 침수 방지 가능한 계획
⑤ 유지관리성 및 주변 환경 조건 고려한 계획

(6) 하수처리수 재이용 기본계획

구분	대표적 용도	제한조건
도시 재이용수	· 주거지역 건물외부 청소 · 도로 세척 및 살수 · 기타 일반적 시설물 등의 세척 · 화장실 세척용수 · 건물내부의 비음용, 인체 비접촉 세척용수	도시지역 내 일반적인 오물, 협잡물의 청소 용도로 사용하며 다량의 청소용수 사용으로 직접적 건강상의 위해가능성이 없는 경우 비데 등을 통한 인체 접촉 시와 건물 내 비음용 · 비접촉 세척 시에는 잔류물 등에 의한 위생상 문제가 없도록 처리하여야 함
조경용수	· 도시 가로수, 골프장, 체육시설의 잔디 관개용수	주거지역 녹지에 대한 관개용수로 공급하는 경우로 식물의 생육에 큰 위해를 주지 않는 수준
친수용수	· 인공 수변 친수지역의 수량 공급 · 하천 및 저수지 등의 수질 향상	재이용수를 인공건설된 친수시설의 용수로 전량 사용하는 경우, 친수 용도에 따라 재이용수 수질의 강화 여부를 결정 일반 친수목적의 보충수는 기존 수계 수질을 유지 혹은 향상시킬 수 있어야 하며 목적에 따라 재이용수의 처리정도를 강화할 수도 있음
하천 유지용수	· 하천, 저수지, 소류지 등의 유량을 확대하기 위한 목적으로 공급	기존 유지용수 유량 증대가 주된 목적이므로 수계의 자정용량을 고려하여 재이용수의 수질을 강화시킬 수 있음
농업용수	· 비식용 작물의 관개를 위하여 전량 또는 부분 공급하는 용도 · 식용농작물 관개용수의 수량 보충용	기존 농업용수 수질을 만족하여야 하나, 관개용수의 유량 보충시 농업용수 수질이상 및 기존 수질보다 향상 가능하도록 처리하여야 함
습지용수	· 고립된 소규모 습지에 대한 수원 · 하천유역의 대규모 습지에 대한 수원	습지의 미묘한 생태계에 악영향을 미치지 않도록 영양소 등의 제거와 생태영향 평가를 거쳐 공급하여야 함
지하수 충전	· 지하수 함양을 통한 지하수위 상승 목적지 하수자원의 보충 용도	지하수계의 오염물질 분해제거율과 축적가능성을 평가하여 영향이 없도록 공급하여야 함
공업용수	· 냉각용수 · 보일러 용수 · 공장내부 공정수 및 일반용수 · 기타 각 산업체 및 공장의 용도	일반적인 수질기준은 설정하되 공업용수는 기본적으로 사용자의 용도에 맞추어 처리하여야 하므로 산업체 혹은 세부적인 용도에 따른 수질 항목은 지정하지 않음

(7) 하수처리수 재이용 시설계획

① 공공하수처리시설 부지내 설치
② 경제성과 수처리의 효율성, 공급수의 수질 변동성 등을 종합적으로 고려한 시설 규모
③ 장래 확장성 고려한 부지면적
④ 이상수위시 침수 방지 가능한 계획
⑤ 농축수(역세척수, R/O농축수 등)는 해당 처리장의 영향을 고려하여 반류
⑥ 유지관리성 및 주변 환경 조건 고려한 계획
⑦ 재이용수 저장 시설 및 펌프장 기준 : 일최대 공급유량
⑧ 재이용수 공급관거 기준 : 계획시간최대유량
⑨ 재이용시설 유입 및 공급유량계를 설치(배수설비 수위계와 연동)

7. 분뇨 및 슬러지 처리계획

(1) 분뇨처리계획

1) 개요

① 계획분뇨처리량 기준 : 계획지역 수거량
② 분뇨의 성상 : 실측조사결과(필요시 통계자료 이용)

2) 분뇨처리시설

① 분뇨처리시설 및 인근 하수처리시설을 연계하여 설치운영
② 효율적인 운영 고려한 계열화
③ 협잡물과 토사류 완벽 제거(후속공정 및 연계시설의 부하경감과 처리효율 증대)
④ 적절한 계장설비(자동화, 신속화)

3) 분뇨처리방식 및 방법

가) 단독처리방법

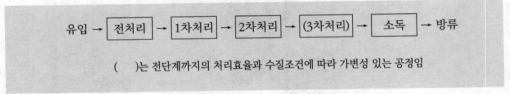

유입 → 전처리 → 1차처리 → 2차처리 → (3차처리) → 소독 → 방류

(　　)는 전단계까지의 처리효율과 수질조건에 따라 가변성 있는 공정임

나) 공공하수처리시설 연계처리방법

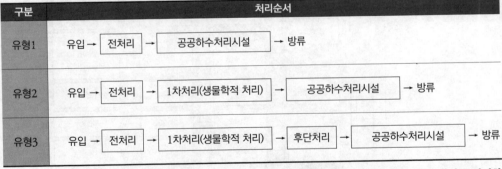

구분	처리순서
유형1	유입 → 전처리 → 공공하수처리시설 → 방류
유형2	유입 → 전처리 → 1차처리(생물학적 처리) → 공공하수처리시설 → 방류
유형3	유입 → 전처리 → 1차처리(생물학적 처리) → 후단처리 → 공공하수처리시설 → 방류

보통 연계처리는 위의 3개의 유형 중 하나로 결정함

(2) 슬러지처리계획

1) 계획슬러지량

계획발생슬러지량 기준 : 계획1일 최대오수량

2) 이용방법

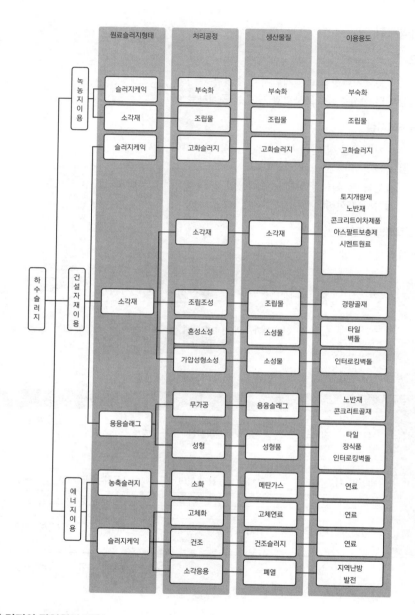

3) 슬러지의 광역처리 계획

① 대상지구 및 대상처리장 : 타행정구역 가능
② 대상처리장 현황 및 장래계획 고려한 발생슬러지량 및 슬러지성상 선정
③ 주변 환경 조건 고려한 계획
④ 반류수 및 가스 고려한 처리 방법 선정

Chapter 01
용어정리

가정오수(domestic wastewater)

- 가정에서 배출되는 오수

- 수세변소, 목욕, 세탁, 청소, 음용, 살수, 자동차 세정 등에 사용됨

- 하수도를 통해 배출됨

가정용수

- 일반가정에서 쓰는 물(음료, 요리, 세탁, 수세식변소, 목욕 등)

가정하수(domestic sewage ; domestic wastewater)

- 일상생활을 통하여 발생되는 하수를 통틀어 말함

- 가정오수, 영업오수, 지하수 등을 포함

가중평균법(weighted average)

- 각 변수값에 대응하는 수치(가중값)를 가하였을 때의 평균

$$\frac{W_1 X_1 + W_2 X_2 + \cdots\cdots + W_n X_n}{W_1 + W_2 + \cdots\cdots + W_n}$$

X_n : 변량
W_n : 가중치

가축폐수(animal wastewater)

- 농어가에서 가축으로 사육하는 소, 돼지로부터 발생하는 폐수, 법적규제대상이 되는 축산폐수와는 구별됨

갈수기(drought period)

- 갈수량이 적은 시기, 하천의 유량이 장기간 동안 계획유량 이하로 되는 시기

강우강도(rainfall intensity)

- 강우의 강약을 단위시간당 강우량(통상 mm/hr)으로 나타낸 것

강우강도공식(rainfall intensity formula)

- 합리식의 계획우수량 산정에 이용되는 강우지속시간과 강우강도와의 관계를 나타내는 식

강우분포(rainfall distribution)

- 강우량의 공간적 변동

강우지속시간(rainfall duration)

- 비가 내리기 시작해서 끝날 때까지 강우가 계속되는 시간

계획 1인1일 최대급수량(design daily maximum supply per capita)

- 계획일일 최대급수량을 1인당으로 나타낸 것

계획1일 최대급수량(design maximum daily water consumption)

- 수도시설의 규모를 결정하는데 사용되는 1일 최대 급수량. 연간 1일 최대 정수량에서 정수장 사용량을 뺀 수량

계획1일 최대오수량(design maximum daily wastewater flow)

- 연중 가장 유량이 많은 날의 오수량

계획고수위(design high water level)

- 계획최고유량을 안전하게 유하시킬 수 있는 하도의 수위

계획구역(design area ; planning area)

- 상·하수도 정비대상 구역

계획급수구역

- 계획년도 동안 상수도에 의해 급수를 받는 지역

계획급수량(design water supply)

- 재정이나 시설계획의 기준이 되는 수량
- 계획1일 평균급수량, 계획일일 최대급수량, 계획시간 최대급수량 및 계획 1인1일 평균급수량, 계획 1인1일 최대급수량 등이 있음
- 계획급수량을 원칙으로 해서 용도별 사용수량을 기준으로 결정
- 자료부족시 보통 1인1일 평균사용수량을 기준으로 결정함

계획급수인구(design population served)

- 수도사업계획에서 상수를 보급받는 급수인구

계획목표년도(design period ; target year for planning)

- 상·하수도 계획의 목표로 하는 년수

계획발생슬러지량(design sludge generation volume)

- 계획하수량에 대응해서 하수처리의 과정에서 제거 및 생성된 슬러지량

계획방류량(design effluent flow)

- 합류식 관거의 우수토실 및 우수거, 펌프장, 종말처리장의 유출구에서 방류되는 우수량 또는 처리수량

계획배수량(design distribution flow)

- 계획시간 최대급수량
- 계획1일 최대급수량의 1시간당 수량에 시간지수를 곱한 수량
- 화재 시에는 일일 최대급수량의 1시간당 수량에 소화용수를 더한 수량

계획배수위(design discharge water level ; design delivery water level)

- 배수펌프의 계획토출수위
- 하천의 최고수위, 해역의 삭망평균조위 등이 이용됨

계획사용수량(design water consumption)

- 급수장치의 설계에 있어서 급수관의 직경
- 상수처리장 저수조의 주요 제원의 기초가 되는 수량

계획송수량(design transmission flow)

- 계획1일 최대급수량에 송수관로의 누수 등에 의한 손실수량을 합한 유량

계획슬러지량(design sludge generation)

- 계획1일 최대오수량을 기준으로 발생하는 슬러지의 양
- 최종슬러지 처리처분계획의 기준이 됨

계획시간 최대배수량

- 계획 1일 최대급수량이 발생하는 날의 시간 최대급수량, 배수관계획에 이용

계획시간 최대오수량(design hourly maximum wastewater flow)

- 1인1일 최대오수량과 계획배수인구와의 곱에 공업배수, 지하침입 수량 등을 합한 것
- 계획1일 최대오수량의 1시간당 수량의 1.3~1.8배를 표준으로 함
- 관거, 펌프장, 펌프 시설, 도수관거 등 설계에 이용

계획오수량(design wastewater flow)

- 오수배제계획에서 관로시설, 펌프장시설, 처리장 시설 등의 용량을 결정하기 위하여 쓰이는 오수량. 지하수가 포함됨

계획오염부하량(design pollution load)

- 계획목표연차에, 처리구역 내의 발생한 오수 중, 종말처리장으로 유입하는 오염부하량

계획우수량(design stormwater flow, design storm wastewater flow)

- 하수도계획에서 우수배제계획 설정 시, 관로시설, 펌프장시설 등의 용량을 결정하기 위하여 쓰이는 일정유역의 강우량

계획유입수질(design wastewater influent quality)

- 처리시설의 설계 등에 이용하기 위해 미리 예측설정된 하수의 수질

계획인구(design population)

- 계획목표년도의 발전상황을 고려해 산정한 계획구역 내의 인구
- 상·하수도 계획시 시설물의 용량결정에 기준이 됨

계획일평균급수량(design daily mean water supply)

- 연간 총급수량을 365로 나눈 급수량으로 취수, 송수, 정수의 설계기준이됨. 계획1일 최대급수량의 70~85%를 표준으로 함

계획일평균오수량(design average daily wastewater flow)

- 일정기간의 오수량의 누적량을 그 기간의 일수로 나눈 수량. 통상 기간은 1년간으로 함

계획정수량(design filtration flow)

- 계획일일 최대급수량과 정수장 내의 손실수량 등을 고려한 정수량

계획처리능력(design capacity ; design treatment capacity)

- 종말처리장 등 처리시설이 가지는 능력
- 1차처리, 2차처리시설 : 계획1일 최대오수량을 처리하는 시설의 능력
- 슬러지 처리시설 : 계획슬러지량을 처리하는 시설의 능력

계획취수량(design intake flow)

- 취수지점부터 정수시설까지의 손실수량과 계획1일최대급수량을 고려해서 정한 취수량

계획침투량(design infiltration flow)

- 우수침투시설 정비계획에 이용하는 침투량의 총합. 단위침투량에 정비구역 내의 침투시설수량을 곱해서 산출

계획하수량(design wastewater flow ; design flow)

- 하수도 시설의 용량 설계기준이 되는 하수량. 계획오수량 및 계획우수량이 기준이 됨

계획홍수량(design flood)

- 수공 구조물 계획의 기준이 되는 홍수량

광역상수도

- 국가, 지방자치단체, 한국수자원공사 또는 건설교통부장관이 인정하는 자가 2인 이상의 지방자치단체에 원수 또는 정수를 공급하는 일반수도

급수인구(population served ; population supplied)

· 급수지역내에 거주하고, 수도에 의해 급수를 받고 있는 인구

기저유량(base flow discharge)

· 하천유량 중 지하수의 용출이나 호수에서의 유출하지 않는 시기의 하천의 자연 유량

기저유출(base run – off)

· 유역에 내린 빗물이 땅 속으로 스며들어 지하수가 되어 하류로 이동한 것 중에서 하천으로 유출하는 것

기준갈수유량(standard draught water discharge)

· 과거 10년간의 갈수유량 중 최소 유량

단위급수량

· 급수인구 1인당 1일 소비량

단위배수량(unit area drainage discharge)

· 단위면적당 단위시간에 배출되는 수량

방류기준(effluent standard)

· 공공하수도에서 하천 그 이외의 공공수역 또는 해역에 방류되는 물의 법규상 수질기준

방류수역(receiving water body)

· 처리장, 펌프장, 우수토출구로부터 방류수가 배출되는 공공수역

오염부하량원단위(pollution load rate)

· 제품 생산에 투입된 각 요소의 기준치 당 오염 발생량

$$\text{오염원단위(kg/백만원)} = \frac{\text{오염발생량(kg)}}{\text{출하액(백만원)}}$$

우수유출계수(coefficient of storm runoff)

· 강우량의 일부는 증발 또는 지하로 침투하고 나머지가 관거 내로 유입함. 우수 관내에 유입한 우수량에 대한 전강우량의 비율

우수조정지(stormwater reservoir for flood control)

· 하류의 배수시설(관로, 펌프장)의 우수 배제능력이 부족하거나 방류수역의 유하능력이 부족할 경우, 우수량을 일정시간 저류시켜 방류하는 시설

우수토구(storm overflow)

· 합류식 하수도관 내에서 정해진 속도를 초과하는 흐름을 덜어주는 시설

우수토실(storm overflow chamber)

· 합류식 하수도에서 우천시에 일정량의 하수는 하수처리장에 수송하고 나머지 하수는 하천 등의 수역으로 방류하기 위한 웨어 등의 시설

유달시간(time of concentration ; reaching time ; concentration time)

· 빗물이 배수구간의 가장 먼 지점에서 하수관로의 일정한 지점까지 도달하는 시간

유량(discharge ; flow rate)

· 유로 내로 흐르는 유체의 단위시간당 부피

유출계수 (runoff coefficient)

· 전강우량에 대한 하천이나 하수도에 유입하는 우수량의 비율
· 유출량이 증발량, 침투량 보다 커지면 유출계수는 커짐

유하시간(flow time)

· 관거에 유입한 우수가 관거를 통해 일정 지점까지 흘러가는 데 소요되는 시간

잡용수

· 자가용급수, 장내청소용수 등

재이용수(recycled water ; reclaimed wastewater ; reused water)

- 이용용도에 맞추어서 이용가능한 상태까지 처리한 처리수

저질(bottom sediment ; bottom sludge)

- 강이나 호수의 바닥부분

지체현상(retardation)

- 전체 배출면적의 빗물이 동시에 하수거의 최하류 지점에 모이지 않고 먼저 관거로 들어온 빗물과 나중에 들어온 빗물이 출구지점에 도달하는데 시간차이가 발생하는 현상

침출수(leachate)

- 슬러지나 폐기물에서 침출되어 나오는 오수

하상계수(coefficient of river regime)

- 하천의 최대유량과 최소유량의 비
- 하상계수가 클수록 하천유량의 변동이 커서 치수와 이수가 어려움

01 합류식은 건설면(시공)에서 대구경관거가 되면 좁은 도로에서의 매설에 어려움이 있다. (O/X)

02 합류식은 수질보전면(우천시 월류)에서 우천시 오수의 월류가 없다. (O/X)

03 합류식에는 유지관리면(관거 내의 보수)에서 폐쇄의 염려가 없으며 검사 및 수리가 비교적 용이 하다. (O/X)

04 합류식은 수질보전면(강우초기의 노면 세정수)에서 시설의 일부를 개선 또는 개량하면 강우초기 의 오염된 우수를 수용해서 처리할 수 있다. (O/X)

05 해수담수화시설 중 역삼투설비에서 생산된 물은 pH나 경도가 낮기 때문에 필요에 따라 적절한 약품을 주입하거나 다른 육지의 물과 혼합하여 수질을 조정한다. (O/X)

06 해수 담수화시설 중 역삼투설비에서 막모듈은 플러싱과 약품세척 등을 조합하여 세척한다. (O/X)

07 해수 담수화시설 중 역삼투설비에서 고압펌프를 정지할 때에는 드로백(draw - back)이 유지 되도록 체크밸브를 설치하여야 한다. (O/X)

08 해수 담수화시설 중 역삼투설비에서 고압펌프는 효율과 내식성이 좋은 기종으로 하며 그 형식은 시설규모 등에 따라 선정한다. (O/X)

09 합류식에서 우천시 계획오수량은 원칙적으로 계획시간 최대오수량의 3배 이상으로 한다. (O/X)

10 계획시간 최대오수량은 계획 1일 최대오수량의 1시간당 수량의 1.3~1.8배를 표준으로 한다. (O/X)

11 계획 1일 평균오수량은 계획 1일 최대오수량의 70~80%를 표준으로 한다. (O/X)

12 지하수량은 1인 1일 최대오수량의 5~10%로 한다. (O/X)

13 계획오수량 산정 시, 우리나라 하수도 시설기준상 지하수량 범위는 시간 최대오수량의 10~20% (O/X)

14 계획우수량을 정할 때 최대 계획우수유출량의 산정은 합리식에 의하는 것으로 한다. (O/X)

15 계획우수량을 정할 때 확률년수는 원칙적으로 5~10년으로 한다. (O/X)

16 계획우수량을 정할 때 유하시간은 유입시간과 유달시간의 합으로 한다. (O/X)

17 계획우수량을 정할 때 유출계수는 토지이용도별 기초유출계수로부터 총괄유출계수를 구하는 것 을 원칙으로 한다. (O/X)

18 계획우수량에서 최대계획 우수유출량의 산정은 합리식에 의하는 것으로 한다. (O/X)

19 계획우수량의 확률년수는 원칙적으로 5~10년으로 한다. (O/X)

20 계획우수량에서 유출계수는 총괄유출계수로부터 기초유출계수를 구하는 것을 원칙으로 한다. (O/X)

21 계획우수량에서 유달시간은 유입시간과 유하시간을 합한 것으로서 유입시간은 최소단위배수구의 지표면 특성을 고려하여 구한다. (O/X)

22 분류식은 오수관거와 우수관거와의 2계통을 동일도로에 매설하여 합리적인 관리가 되도록 한다. (O/X)

23 분류식의 오수관거에서는 소구경 관거를 매설하므로 시공이 용이하지만 관거의 경사가 급하면 매설깊이가 크게 된다. (O/X)

24 분류식은 관거 내의 퇴적이 적으나 수세효과는 기대할 수 없다. (O/X)

25 분류식은 관거오접의 철저한 감시가 필요하다. (O/X)

26 상수시설인 배수지에서 자연유하식 배수지의 표고는 최소동수압이 확보되는 높이여야 한다. (O/X)

27 우수배제계획시 계획우수량을 정하기 위하여 고려하여야 하는 사항중 유출계수는 관로형태에 따른 기초유출계수로부터 총괄유출계수를 구하는 것을 원칙으로 한다. (O/X)

28 우수배제계획시 계획우수량을 정하기 위하여 고려하여야 하는 사항 중 확률년수는 원칙적으로 5~10년을 원칙으로 하되, 지역의 중요도 또는 방재상 필요성이 있는 경우는 이보다 크게 정할 수 있다. (O/X)

29 우수배제계획시 계획우수량을 정하기 위하여 고려하여야 하는 사항 중 유입시간은 최소단위 배수구의 지표면 특성을 고려하여 구한다. (O/X)

30 우수배제계획시 계획우수량을 정하기 위하여 고려하여야 하는 사항 중 유하시간은 최상류관거의 끝으로부터 하류관거의 어떤 지점까지의 거리를 계획유량에 대응한 유속으로 나누어 구하는 것을 원칙으로 한다. (O/X)

31 계획 1일 최대오수량은 1인 1일 최대오수량에 계획인구를 곱한 후, 여기에 공장 폐수량, 지하수량 및 기타 배수량을 더한 것으로 한다. (O/X)

32 합류식에서 우천시 계획오수량은 원칙적으로 계획 1일 최대오수량의 3배 이상으로 한다. (O/X)

33 지하수량은 1인 1일 최대오수량의 10~20%로 한다. (O/X)

34 계획유입수질 : 하수의 계획유입수질은 계획오염부하량을 계획 1일 최대오수량으로 나눈 값으로 한다. (O/X)

35	공장폐수에 의한 오염부하량 : 폐수 배출 부하량이 큰 공장에 대해서는 부하량을 실측하는 것이 바람직하다.	(O/X)
36	생활오수에 의한 오염부하량 : 생활오수에 의한 오염부하량은 1인 1일당 오염부하량 원단위를 기초로 하여 정한다.	(O/X)
37	관광오수에 의한 오염부하량 : 관광오수에 의한 오염부하량은 당일 관광과 숙박으로 나누어 각각의 원단위에서 추정한다.	(O/X)
38	합류식의 우천시 계획오수량은 원칙적으로 계획 1일 최대 오수량의 3배 이상으로 한다.	(O/X)
39	소규모 하수도의 계획에서 일반적으로 건설비 및 유지관리비가 비싸게 되는 경향이 있다.	(O/X)
40	소규모 하수도의 계획에서 계획구역이 작고 생활방식이 유사하여 유입하수의 수량 및 수질의 변동이 적다.	(O/X)
41	소규모 하수도의 계획에서 슬러지의 발생량이 적고, 녹농지(삼림, 목초지, 공원 등)가 많아 하수 슬러지의 녹농지 이용이 쉽다.	(O/X)
42	소규모 하수도의 계획에서 하수도 운영에 있어서 지역주민과 밀접한 관련을 갖는다.	(O/X)
43	분류식의 경우는 관거오접의 철저한 감시가 필요하다.	(O/X)
44	분류식의 경우 관거 내의 퇴적이 적으나 수세효과는 기대할 수 없다.	(O/X)
45	분류식의 경우 토사의 유입은 있으나 합류식 정도는 아니다.	(O/X)
46	분류식의 경우 측구가 있는 경우는 관리시간이 단축되고 충분한 관리가 가능하다.	(O/X)
47	합류식에서 우천시 계획오수량은 원칙적으로 계획시간 최대오수량의 3배 이상으로 한다.	(O/X)
48	계획1일 최대오수량은 1인 1일 최대오수량에 계획인구를 곱한 후, 여기에 공장 폐수량, 지하수량 및 기타 배수량을 더한 것으로 한다.	(O/X)
49	계획시간 최대오수량은 계획1일 최대오수량의 1.2~1.5배를 표준으로 한다.	(O/X)
50	하수의 배제방식 중 합류식 관거 내의 보수 : 폐쇄의 염려가 없다.	(O/X)
51	하수의 배제방식 중 합류식 토지이용 : 기존의 측구를 폐지할 경우는 도로폭을 유효하게 이용할 수 있다.	(O/X)
52	하수의 배제방식 중 합류식 관거오접 : 철저한 감시가 필요하다.	(O/X)
53	하수의 배제방식 중 합류식 시공 : 대구경관거가 되면 좁은 도로에서의 매설에 어려움이 있다.	(O/X)

54	상수도시설 설계시 풍압은 속도압에 풍력계수를 곱하여 산정한다.	(O/X)
55	상수도시설 설계시 적설하중은 눈의 단위중량에 그 지방에서의 수직최심적설량을 곱하여 산정한다.	(O/X)
56	상수도시설 설계시 양압력은 구조물의 전후에 수위차가 생기는 경우에 고려한다.	(O/X)
57	상수도시설 설계시 얼음 두께에 비하여 결빙면이 큰 구조물의 설계에는 빙압을 고려한다.	(O/X)
58	지하수 유입량은 토질, 지하수위, 공법에 따라 다르지만, 경험적으로 1인 1일 평균오수량의 10~20% 정도로 본다.	(O/X)
59	계획 1일 최대오수량은 1인 1일 최대오수량에 계획인구를 곱한 후 여기에 공장배수량, 지하수량 및 기타 배수량을 가산한 것으로 한다.	(O/X)
60	계획 1일 평균오수량은 계획 1일 최대오수량의 70~80%를 표준으로 한다.	(O/X)
61	계획 시간 최대 오수량은 계획 1일 최대 오수량의 1시간 수량의 1.3~1.8배이다.	(O/X)
62	지하수량은 계획 1인 1일 평균 오수량의 10~20%로 한다.	(O/X)
63	합류식의 우천시 계획 오수량은 계획 시간 최대 오수량의 3배 이상으로 한다.	(O/X)
64	계획 1일 평균 오수량은 계획 1일 최대 오수량의 70~80%를 표준으로 한다.	(O/X)
65	하수도 계획의 목표년도는 원칙적으로 20년 정도로 한다.	(O/X)
66	하수도의 기본계획에서 하수의 배제방식은 지역의 특성, 방류수역의 여건 등을 고려하여 정한다.	(O/X)
67	하수도의 기본계획에서 토구의 위치 및 구조는 방류수역의 수질 및 수량에 미치는 영향을 종합적으로 고려하여 결정한다.	(O/X)
68	하수도의 기본계획에서 하수처리 구역 내에서 발생하는 수세분뇨는 하수관거에 투입하지 않는 것을 원칙으로 한다.	(O/X)
69	계획 1일 최대급수량은 계획 1인 1일 최대급수량의 계획에 급수인구를 곱하여 결정한다.	(O/X)
70	계획 1일 평균급수량은 계획 1일 최대급수량의 60%~70%를 표준으로 하여야 한다.	(O/X)
71	1일 평균급수량은 연간 총급수량을 365일로 나눈 값이다.	(O/X)
72	계획 1일 평균급수량은 약품, 전력사용량의 산정이나 유지관리비와 상수도 요금의 산정 등에 사용된다.	(O/X)

| 73 | 오수처리를 위한 관거계획에서 오수관거는 계획시간 최대오수량을 기준으로 계획한다. | (O/X) |

| 74 | 오수처리를 위한 관거계획에서 합류식에서 하수의 차집관거는 우천시 계획오수량을 기준으로 계획한다. | (O/X) |

| 75 | 오수처리를 위한 관거계획에서 관거는 원칙적으로 암거로 하며 수밀한 구조로 하여야 한다. | (O/X) |

| 76 | 오수처리를 위한 관거계획에서 오수관거와 우수관거가 교차하는 경우에는 우수관거를 역사이편으로 하는 것이 바람직하다. | (O/X) |

| 77 | 합류식에서 우천시 계획 오수량은 원칙적으로 계획 시간 최대 오수량의 3배 이상으로 한다. | (O/X) |

| 78 | 계획 1일 평균 오수량은 계획 1일 최대 오수량의 70~80%를 표준으로 한다. | (O/X) |

| 79 | 계획 1일 최대 오수량은 1인 1일 최대 오수량에 계획 인구를 곱한 것이다. | (O/X) |

| 80 | 오수관거 계획하수량은 계획 시간 최대오수량으로 한다. | (O/X) |

| 81 | 오수관거 유속은 최소 0.6m/초, 최대 3.0m/초로 한다. | (O/X) |

| 82 | 오수관거 최소 관경은 300mm로 한다. | (O/X) |

| 83 | 오수관거의 단면형상은 원형, 직사각형, 말굽형, 계란형 등이 있다. | (O/X) |

| 84 | 계획오수량은 계획 1일 최대오수량의 1일당 수량의 1.5배를 표준으로 한다. | (O/X) |

| 85 | 합류식에서 우천시 계획오수량은 원칙적으로 계획시간 최대오수량의 3배 이상으로 한다. | (O/X) |

| 86 | 계획 1일 평균오수량은 계획 1일 최대오수량의 70~80%를 표준으로 한다. | (O/X) |

| 87 | 계획오염부하량 및 계획유입 수질에서 공장폐수에 의한 오염부하량은 1일 평균 배출오염부하량을 배출하는데 수량으로 나눈 값으로 한다. | (O/X) |

| 88 | 계획오염부하량 및 계획유입 수질에서 관광오수에 의한 오염부하량은 당일 관광과 숙박으로 나누고 각각의 원단위에서 추정한다. | (O/X) |

| 89 | 계획오염부하량 및 계획유입 수질에서 영업오수에 의한 오염부하량은 업무의 종류 및 오수의 특징 등을 감안하여 결정한다. | (O/X) |

| 90 | 계획오염부하량 및 계획유입 수질에서 계획유입수질은 계획오염부하량을 계획 1일 평균오수량으로 나눈 값으로 한다. | (O/X) |

| 91 | 오수관거에서는 계획 1일 최대오수량을 기준으로 한다. | (O/X) |

92 우수관거에서는 계획우수량을 기준으로 한다. (O/X)

93 차집관거에서는 우천시 계획오수량을 기준으로 한다 (O/X)

94 지역의 설정에 따라 계획하수량에 여유율을 둔다. (O/X)

95 하수의 배제방식인 분류식에서 오수관거와 우수관거와의 2계통을 동일 도로에 매설하여 합리적 관리가 되도록 한다. (O/X)

96 하수의 배제방식인 분류식에서 오수관거에서는 소구경관거를 매설하므로 시공이 용이하지만 관거의 경사가 급하면 매설깊이가 크게 된다. (O/X)

97 하수의 배제방식인 분류식에서 관거 내의 퇴적이 적으나 수세효과는 기대할 수 없다. (O/X)

98 하수의 배제방식인 분류식에서 관거오접(誤接)의 철저한 감시가 필요하다. (O/X)

1.○	2.×	3.○	4.○	5.○	6.○	7.×	8.○	9.○	10.○	11.○	12.×	13.×	14.○	15.○
16.×	17.○	18.○	19.○	20.×	21.○	22.×	23.○	24.○	25.○	26.○	27.×	28.○	29.○	30.○
31.○	32.×	33.○	34.×	35.○	36.○	37.○	38.×	39.○	40.×	41.○	42.○	43.○	44.○	45.○
46.×	47.○	48.○	49.×	50.○	51.○	52.×	53.○	54.○	55.○	56.○	57.×	58.×	59.○	60.○
61.○	62.×	63.○	64.○	65.○	66.○	67.○	68.×	69.○	70.×	71.○	72.○	73.○	74.○	75.○
76.×	77.○	78.○	79.×	80.○	81.○	82.×	83.×	84.○	85.○	86.○	87.×	88.○	89.○	90.○
91.×	92.○	93.○	94.○	95.×	96.○	97.○	98.○							

적중실전문제

1. **하수의 배제방식 중 분류식(합류식과 비교)에 대한 설명으로 옳지 않은 것은?**

    가. 우천시의 월류 : 일정량 이상이 되면 우천시 오수가 월류한다.

    나. 처리장으로의 토사유입 : 토사의 유입이 있지만 합류식 정도는 아니다.

    다. 관거오접 : 철저한 감시가 필요하다.

    라. 관거내 퇴적 : 관거내의 퇴적이 적으며 수세효과는 기대할 수 없다.

2. **유역면적이 1.2km², 유출계수가 0.2인 산림지역에 강우가 2.5mm/min으로 내렸다면 우수유출량은? (단, 합리식 적용)**

    가. $4m^3/sec$

    나. $6m^3/sec$

    다. $8m^3/sec$

    라. $10m^3/sec$

3. **우수 배제 계획시 계획 우수량을 정하기 위하여 고려하여야 하는 사항에 대한 내용으로 옳지 않은 것은?**

    가. 유출계수는 관로 형태에 따른 기초 유출계수로부터 총괄 유출계수를 구하는 것을 원칙으로 한다.

    나. 하수관거의 확률년수는 원칙적으로 10~30년을 원칙으로 한다.

    다. 유입시간은 최소단위배수구의 지표면 특성을 고려하여 구한다.

    라. 유하시간은 최상류관거의 끝으로부터 하류관거의 어떤 지점까지의 거리를 계획유량에 대응한 유속으로 나누어 구하는 것을 원칙으로 한다.

4. **계획분뇨처리량 기준으로 옳은 것은?**

   가. 1일평균 분뇨발생량을 기준으로 한다.

   나. 년간 분뇨발생량을 기준으로 한다.

   다. 계획지역 수거량을 기준으로 한다.

   라. 지역별 분뇨처리시설 용량을 기준으로 한다.

5. **계획오수량에 관한 설명으로 옳지 않은 것은?**

   가. 계획 1일 최대오수량은 1인 1일 최대오수량에 계획인구를 곱한 후, 여기에 공장 폐수량, 지하수량 및 기타 배수량을 더한 것으로 한다.

   나. 합류식에서 우천시 계획오수량은 원칙적으로 계획시간 최대오수량의 3배 이상으로 한다.

   다. 지하수량은 1인 1일 최대오수량의 5~10%로 한다.

   라. 계획시간 최대오수량은 계획1일 최대오수량의 1시간당 수량의 1.3~1.8배를 표준으로 한다.

6. **다음은 정수시설의 계획정수량과 시설능력에 관한 내용이다. (   ) 안에 옳은 내용은?**

   소비자에게 고품질의 수로 서비스를 중단 없이 제공하기 위하여 정수시설의 유지보수, 사고대비, 시설 개량 및 확장 등에 대비하여 적절한 예비용량을 갖춤으로써 수도 시스템으로서의 안정성을 높여야 한다. 이를 위하여 예비용량을 감안한 전수시설의 가동률은 (   ) 내외가 적당하다.

   가. 55%

   나. 65%

   다. 75%

   라. 85%

7. 계획취수량은 계획1일 최대급수량의 몇 % 정도의 여유를 두고 정하는가?

　　가. 5% 정도

　　나. 10% 정도

　　다. 15% 정도

　　라. 20% 정도

8. 하수도 계획의 목표년도는 원칙적으로 몇 년으로 설정하는가?

　　가. 15년

　　나. 20년

　　다. 25년

　　라. 30년

9. 계획우수량을 정할 때 고려하는 빗물펌프장의 확률년수로 옳은 것은?

　　가. 5년~10년

　　나. 10년~20년

　　다. 20년~30년

　　라. 30년~50년

10. 지하수 취수시 적용되는 적정양수량의 정의로 옳은 것은?

　　가. 최대양수량의 80% 이하의 양수량

　　나. 한계양수량의 80% 이하의 양수량

　　다. 최대양수량의 70% 이하의 양수량

　　라. 한계양수량의 70% 이하의 양수량

11. 계획 오수량 산정시, 우리나라 하수도 시설기준상 지하수량 범위기준으로 옳은 것은?

    가. 1인1일 최대오수량의 5~8%

    나. 1인1일 최대오수량의 10~20%

    다. 시간 최대오수량의 5~8%

    라. 시간 최대오수량의 10~20%

12. 하수배제방식이 합류식인 경우 중계펌프장의 계획하수량으로 가장 옳은 것은?

    가. 우천시 계획오수량

    나. 계획우수량

    다. 계획시간 최대오수량

    라. 계획1일 최대오수량

13. 상수도 기본계획수립시 기본사항에 대한 결정 중 계획(목표)년도에 관한 내용으로 옳은 것은?

    가. 기본계획의 대상이 되는 기간으로 계획수립시부터 10~15년간을 표준으로 한다.

    나. 기본계획의 대상이 되는 기간으로 계획수립시부터 15~20년간을 표준으로 한다.

    다. 기본계획의 대상이 되는 기간으로 계획수립시부터 20~25년간을 표준으로 한다.

    라. 기본계획의 대상이 되는 기간으로 계획수립시부터 25~30년간을 표준으로 한다.

14. 하수처리수 재이용 시설계획으로 옳은 것은?

    가. 재이용수 공급관거는 계획일최대유량을 기준으로 계획한다.

    나. 재이용수 공급관거는 계획시간최대유량을 기준으로 계획한다.

    다. 재이용수 공급관거는 계획일평균유량을 기준으로 계획한다.

    라. 재이용수 공급관거는 계획시간평균유량을 기준으로 계획한다.

15. **하수도계획의 목표년도로 옳은 것은?**

    가. 원칙적으로 10년으로 한다.

    나. 원칙적으로 15년으로 한다.

    다. 원칙적으로 20년으로 한다.

    라. 원칙적으로 25년으로 한다.

16. **계획취수량을 확보하기 위하여 필요한 저수용량의 결정에 사용하는 계획 기준년은?**

    가. 원칙적으로 5개년에 제1위 정도의 갈수를 표준으로 한다.

    나. 원칙적으로 7개년에 제1위 정도의 갈수를 표준으로 한다.

    다. 원칙적으로 10개년에 제1위 정도의 갈수를 표준으로 한다.

    라. 원칙적으로 15개년에 제1위 정도의 갈수를 표준으로 한다.

1.㉮ 2.㉱ 3.㉮ 4.㉯ 5.㉰ 6.㉯ 7.㉯ 8.㉯ 9.㉱ 10.㉰ 11.㉯ 12.㉮ 13.㉯ 14.㉯ 15.㉰
16.㉱

Chapter

02 취수 도수 송수 배수 및 관거시설

1. 수원

(1) 수원의 종류와 특성

① 지표수 : 하천수, 호소수
② 지하수 : 복류수, 우물물(지하수), 용천수
③ 기타 : 빗물, 해수

(2) 수원의 선정

① 수원으로서의 구비요건을 갖출 것
② 수리권 확보가 가능한 곳
③ 상수도시설의 건설 및 유지관리가 용이하며 안전
④ 상수도시설의 건설비 및 유지관리비 최소
⑤ 장래의 확장을 고려할 때 유리한 곳
⑥ 상수원보호구역의 지정, 수질의 오염방지 및 관리에 무리가 없는 지점

(3) 수원의 구비요건

① 풍부한 수량
② 좋은 수질
③ 높은 위치
④ 소비지와 가까운 거리

2. 저수 및 집수시설

(1) 저수시설의 형태별 분류

분류	저수방법	비고
댐	계곡 또는 하천을 콘크리트나 토석 등에 의해 구조물로 막고 풍수 시 하천수를 저류하고 방류량을 조절하여 하천수를 효과적으로 이용	소양강댐, 안동댐, 충주댐 등
호수	호소에서 하천에 유출하는 유출구에 가동보나 수문을 설치하고 호소수위를 인위적으로 변동시켜 이의 상하한 범위를 유효저수용량으로 할 수 있음	
유수지	과거에는 치수 측면에서만 생각했던 유수지를 이용하여 유수지 바닥을 깊이 파는 등에 의하여 이수용량을 확보할 수 있음	
하구둑	과거에는 바닷물이 강물과 혼합됨으로써 이용할 수 없었던 하천수를, 하구 부근에 둑을 설치함으로써 이용할 수 있도록 함	안성천, 삽교천, 하구둑
저수지	본래 농업용으로 만들었으나 준설 등의 재개발에 의하여 상수도용으로 사용할 수 있음	
지하댐	지하의 대수층 내에 차수벽을 설치하여 상부에서 흐르는 지하수를 막아서 저류하는 동시에 하부에서 스며드는 바닷물의 침입을 막음	

(2) 주요 저수시설의 비교

구분	전용 댐	다목적 댐	하구둑 등 저류 목적의 둑
개발수량	· 작은 규모가 많음	· 대량의 개발수량이 기대됨	· 일반적으로 중소규모의 개발이 기대됨 · 하구둑의 경우, 둑의 조작으로 하류의 유지용수를 확보한 물을 새로운 이용 수량으로 사용이 가능
저류수의 수질	· 자체관리로 비교적 양호한 수질을 유지할 수 있음	· 공동 관리 또는 하천 관리자가 관리 하므로 수도사업자의 의향이 충분히 반영되도록, 그리고 가능한 한 양호한 수질을 유지하기 위한 노력이 필요	· 하구둑의 경우 염소이온 농도에 주의를 요함
설치지점	· 작은 하천에 축조하는 경우가 많음	· 비교적 유량이 많은 하천에 홍수조절 과 겸하여 건설하는 경우가 많음	· 하구둑의 경우 수요지 가까운 하천의 하구에 설치하여 농업용수에 바닷물의 침해 방지기능을 겸하는 경우가 많음
경제성	· 일반적으로 비교적 비쌈	· 댐 지점으로 유리한 지점이 적어 비교적 고가	· 일반적으로 댐보다 저렴
기타	· 수도 사업자에게 고도의 기술이 요구됨 · 규모가 작아 비교적 환경에 영향이 적음	· 일반적으로 규모가 큼 · 수몰지역도 넓어 환경에 영향이 크고 건설에 장기간이 소요	· 하류의 어업에 대하여 고려해야 함 · 둑 상류의 이수, 치수에 대해서도 고려 해야 함

(3) 저수시설의 유효저수량 결정

① 유효저수량은 계획기준년의 물수지로 산정(저수시설 지점의 하천유량 - 계획취수량)
② 물수지 계산 시, 확실한 계획취수량 확보, 하천유수의 정상적인 기능유지 고려
③ 취수지점의 결빙 고려
④ 저수용량의 결정 계획기준년 : 원칙적으로 10개년에 제1위 정도의 갈수

(4) 댐의 종류

① 콘크리트댐 : 중력댐, 아치댐
② 필댐 : 표면추수형, 균일형, 존

(5) 저수지에서 수질보전대책의 주요방법

1) 상류유역의 오염원관리

저수지의 수질보전을 위하여 상류유역에 환경기초시설을 확충하여 질소나 인 등의 오염물질의 유입을 차단하고 논과 밭 등의 비점오염원도 관리

2) 약제 살포

여과장애나 이상한 맛과 냄새발생을 예방하기 위하여 약제를 저수지에 살포하여 생물증식을 억제 하는 방법(황산구리, 염소제(차아염소산나트륨, 차아염소산칼슘))

3) 저수의 순환

에어리프트(air lift)나 펌프 등을 사용하여 공기를 불어넣어 저류수를 인공적으로 순환 (전층폭기순환법, 심층폭기순환법, 2층분리폭기순환법)

4) 바닥퇴적물의 준설

인 등 영양염류의 유력한 공급원인 바닥퇴적물의 준설 제거

5) 조류 등의 방류

상층수(증식된 조류) 또는 저층수(영양염류나 오염물질)를 적당하게 방류

6) 기타

① 식생정화법 : 식물을 식재하여 영양염류를 제거
② 조류펜스 이용 : 조류펜스(water - bloom fence)로 유입구에서 조류유입을 방지하는 방법
③ 바닥퇴적물을 고화하여 인 등 영양염류가 바닥퇴적물로부터 용출되는 것을 방지하는 방법

3. 지표수 취수

(1) 취수시설의 종류

1) 하천수의 취수

	취수보	취수탑	취수문	취수관거
개략도				
기능·목적	· 하천을 막아 계획취수위를 확보해 안정된 취수를 가능하게 하기 위한 시설 · 둑의 본체, 취수구·침사지 등이 일체로 기능을 함	· 하천의 수심이 일정한 깊이 이상인 지점에 설치 · 안정적인 취수 가능 · 취수구를 상하에 설치하여 수위에 따라 좋은 수질을 선택 취수 가능	· 취수구 시설에서 스크린, 수문 또는 수위조절판을 설치하여 일체로 작동함	· 취수구부를 복단면하천의 바닥 호안에 설치하여 표류수를 취수하고, 관거부를 통하여 제내지로 도수하는 시설
특징	· 안정된 취수가능 · 침사효과가 좋음 · 정확한 취수조정이 필요한 경우, 대량취수할 때, 하천의 흐름이 불안정한 경우 등에 적합	· 대량취수시 경제적임 · 유황이 안정된 하천에서 대량으로 취수할 때 유리함 · 취수보에 비하여 일반적으로 경제적임	· 유황, 하상, 취수위가 안정되어 있으면 공사와 유지관리도 비교적 용이하고 안정된 취수가 가능 · 갈수시, 홍수시, 결빙시에는 취수량 확보 조치 및 조정이 필요	· 유황이 안정되고 수위의 변동이 적은 하천에 적합 · 시설은 지반 이하에 축조 · 하천의 흐름이나 치수, 선박의 운항 등에 지장이 없음
취수량	· 보통 대량 취수에 적합 · 간이식은 중·소량 취수에도 사용	· 대·중용량 취수 · 특히 대량 취수시 우수	· 소량	· 중규모 이하의 취수 · 보와 병용하여 대량 취수
취수	· 안정된 취수가 가능	· 보통 안정된 취수가 가능	· 하천유황의 영향을 직접 받아 불안정 · 하천유황이 안정된 소규모에서는 안정	· 보통 안정된 취수가 가능 · 하천의 변동이 큰 곳에서는 취수에 지장 발생
하천법에 의한 제약	· 하천에 대해 직각으로 설치	· 취수탑의 형상은 타원형으로 장축방향을 유향과 일치시켜야 함	· 계곡이나 소하천에서 홍수의 영향이 없는 경우 이외에는 「하천법」의 제약을 받는 경우가 많음	· 관거의 매설깊이는 원칙으로 2m 이상으로 할 것 · 부득이한 경우에도 계획 하상 이하로 해야 함

	취수보	취수탑	취수문	취수관거
취수지점	· 양안이 평행하고, 직선부가 하천 폭의 2배 정도임 · 유로부가 안정되어 있는 장소 · 취수구는 가능한 한 유심부가 하안 가까이에 있는 장소를 선정	· 하천유황이 안정되고 또한 갈수수위가 2m 이상일 것	· 일반적으로 상류부의 소하천에 사용 · 하상이 안정되어 있는 지점에서 특히 취수문의 전면이 매몰되지 않는 지점을 선정	· 유황이 안정되어 있고 취수구가 매몰될 우려가 없는 지점이 바람직
제외지	· 하천유황이 크게 변하는 장소는 적당하지 않음	· 하천유황이 크게 변하는 장소는 적당하지 않음	· 하상변동이 작은 지점에서만 취수 · 하상이 저하되는 지점에서는 취수 불능 · 복단면의 하천에는 적당하지 않음	· 하상변동이 큰 지점은 적당하지 않음
하천의대소	· 대하천에 적당함	· 대하천에 사용	· 중소하천의 상류부에 적당	· 대중규모 하천에 사용
하천유황	· 유황이 불안정한 경우에도 취수 가능	· 비교적 유황이 안정된 하천에 적당함	· 유황이 안정된 하천에 적당함	· 비교적 유황이 안정된 하천에 적당함
토사유입	· 토사유입은 매우 적음 · 하천표면의 쓰레기가 스크린에 걸리기 쉬우므로 대책 필요	· 토사유입은 피할 수 없으나 수문조작으로 방지 가능 · 쓰레기 대책 : 취수보 보다 비교적 용이	· 토사 및 쓰레기 유입 방지 곤란	· 토사유입은 방지 곤란
수심상황	· 일반적으로 영향이 적음	· 갈수시에 일정수위 이상의 수심을 확보할 수 없는 곳에서는 취수 불능 · 수심은 2m 이상 필요	· 갈수시에 일정한 수위 이상의 수심을 확보할 수 있지 않은 곳에서는 취수가 불가능한 경우도 있음	· 갈수시에 일정한 수위 이상의 수심을 확보할 수 없는 곳에서는 취수 곤란 · 일반적으로 관거내면의 상단이 갈수수위 보다 30cm 밑으로 되도록 낮게 부설함
기상조건	· 결빙의 영향을 받기 쉬움 · 중보에 의한 취수도 검토해야 함	· 취수구가 상하 2개일 때, 수문조작으로 파랑, 결빙의 영향 방지 가능 · 취수보에 비하여 결빙의 영향은 적음	· 파랑 : 고려할 필요 없음 · 결빙 : 특별한 대책 필요	· 파랑 : 영향 적음 · 결빙 : 특별한 대책 필요
공사비	· 일반적으로 큼	· 일반적으로 큼 · 취수보 보다는 경제적	· 일반적으로 작음	· 일반적으로 경제적 · 천의 상황에 따라 부대공사비가 커질 수 있음
관리조건	· 안정된 취수를 하기 위해서 토사구 기능을 적절하게 유지해야 함	· 취수탑 내의 퇴적 토사를 1회/년 이상 조사 · 필요에 따라 배사작업	· 강바닥의 변동이나 홍수의 영향을 받기 쉽기 때문에 적절한 유지관리 필요	· 강바닥의 변동이나 홍수의 영향을 받기 쉽기 때문에 적절한 유지관리 필요

2) 댐의 취수

	취수탑		취수문	취수틀
	고정식	가동식		
기능·목적	· 호소나 댐의 대량취수시설로서 많이 사용 · 취수구의 배치를 고려하면 선택취수 가능	· 수지 등 수심이 특히 깊고, 철근콘크리트조의 취수탑을 축조하기 곤란한 경우 많이 사용	· 취수구 시설에서 스크린, 수문 또는 수위조절판을 설치하여 일체로 작동함	· 중소량 취수시설로 많이 사용 · 구조가 간단 · 시공도 비교적 용이 · 수중에 설치되므로 호소의 표면수는 취수할 수 없음
특징	· 수위변화가 많은 저수지에서도 계획취수량을 안정된 취수 가능	· 수위의 변동에 따라 표면수를 취수 · 필요에 따라 임의의 수심에서도 취수 가능	· 호소의 상황, 취수위가 안정되어 있으면 안정된 취수 및 유지관리가 가능 · 갈수시, 홍수시, 결빙시에는 취수량의 확보를 위한 조치와 조정이 필요함	· 단기간에 완성, 또한 안정된 취수를 할 수 있음
취수량의 대소	· 대량취수에 적합	· 취수량의 대소에 관계없이 사용	· 중 소량 취수에 사용	· 소량 취수에 사용
취수량의 안정상황	· 안정된 취수가 가능	· 안정된 취수가 가능	· 갈수시에 호소 등에 유입되는 수량 이하로 취수할 계획이 있으면, 안정된 취수 가능	· 비교적 안정된 취수 가능
취수지점	· 취수할 때에는 수심이 큰 지점 쪽이 유리함 · 유지관리상으로는 만수시에도 물가에서 가까운 거리가 바람직함	· 수심이 깊은 지점 쪽이 유리	· 호소 등의 안정되어 있는 지점 · 취수문의 전면이 매몰되지 않는 지점이 바람직함	· 매몰 등을 고려하여 기반이 안정되어 있음 · 유지관리상으로 너무 수심이 깊지 않은 지점이 바람직함
호소등의 규모	· 대규모 호소	· 대규모 호소	· 소규모 호소	· 대소에 영향을 받지 않음
수위변화	· 비교적 영향이 적음	· 비교적 영향이 적음	· 비교적 수위변동이 작은 호소 등에 알맞음	· 비교적 영향이 적음 · 다만, 틀이 노출되지 않도록 함
수질상황	· 수문조작으로 선택 취수할 수 있으므로 비교적 양질의 원수를 취수 가능	· 선택취수가 가능하므로 수온과 수질에 따라 취수 가능	· 선택취수가 가능하므로 수온과 수질에 따라 취수 가능	· 호소 등의 수질 변화에 직접 영향을 받음
수심상황	· 대개는 영향을 받지 않으나 수심이 너무 깊은 경우에는 탑의 안전성을 확보하는 면에서 적당하지 않음	· 수심이 깊은 장소에 적합	· 거의 영향이 없음	· 영향없이 취수할 수 있음 · 수심이 깊은 경우에는 유지관리가 곤란함 · 비교적 얕은 장소에 적합

	취수탑		취수문	취수틀
	고정식	가동식		
수위상황	· 거의 영향이 없음	· 거의 영향이 없음	· 거의 영향이 없음	· 수위가 크게 변화하는 곳에는 알맞지 않음
선박운항과의 관계	· 항로를 피하면, 수면상에 노출되어 있기 때문에 위험은 적음	· 항로를 피하면서 동시에 위치를 명시하는 등의 대책이 필요한 경우도 있음	· 거의 영향이 없음	· 항로는 피해야 하지만, 수면아래에 묻혀 있으므로 표시등을 설치하는 것이 필요
공사비	· 비교적 대규모 공사, · 수심이 깊은 경우에는 공사비도 커짐	· 일반적으로 공사비 큼	· 일반적으로 공사비 큼	· 비교적 경제적
관리조건	· 퇴적된 토사를 해마다 1회 이상 조사 · 필요에 따라 배사작업을 해야 함	· 충분히 관리할 필요가 있음	· 간단한 수문조작으로 충분하기 때문에 유지관리가 비교적 용이함	· 갈수기를 중심으로 정기적인 점검이 바람직 · 퇴적토사가 많은 호소 등에서는 폐색에 의한 취수불량이 생기기 쉬우므로 주의해야 함

(2) 취수지점 선정 시 고려사항

① 안정적인 계획취수량 확보
② 장래에도 양호한 수질을 확보
③ 구조상의 안정 확보
④ 하천관리시설 또는 다른 공작물과 거리 확보
⑤ 하천개수계획에 따른 취수에 지장 없는 곳
⑥ 계획 취수량 : 계획 1일 최대급수량 + 여유율 10%

(3) 취수지점 선정 시 조사 내용

① 유량 및 수위 등의 하천 상황
② 하천정비기본계획 등
③ 이수 상황
④ 지형 및 지질
⑤ 수질 등
⑥ 환경영향

(4) 취수보 설계기준

1) 시설 기준

① 유심이 취수구에 가까우며 안정되고 홍수에 의한 하상변화가 적은 지점
② 원칙적으로 홍수의 유심방향과 직각의 직선형으로 가능한 한 하천의 직선부에 설치
③ 침수 및 홍수시의 수면상승으로 인하여 상류에 위치한 하천공작물 등에 미치는 영향이 적은 지점에 설치
④ 고정보의 상단 또는 가동보의 상단 높이는 계획하상높이, 현재의 하상높이 및 장래의 하상변동 등을 고려하여 유수소통에 지장이 없는 높이
⑤ 원칙적으로 철근콘크리트구조
⑥ 물받이(apron) : 월류수 또는 수문의 일부 개방에 의한 강한 수류에 의하여 보의 하류가 세굴되는 것을 방지

2) 취수구

① 항상 계획취수량 취수 가능
② 토사가 퇴적되거나 유입되지 않음(유지관리가 용이)
③ 높이는 배사문의 바닥높이보다 0.5~1.0m 이상
④ 유입속도 : 0.4~0.8m/s
⑤ 유입속도를 표준치의 범위로 유지 가능한 폭과 바닥높이
⑥ 제수문의 전면에는 스크린을 설치
⑦ 지형이 허용하는 한 취수유도수로(driving channel access)를 설치
⑧ 계획취수위는 손실수두로 계산(취수구로부터 도수기점)

3) 부대설비

① 취수보에는 필요에 따라 관리교, 어도, 배의 통항, 유목로, 갑문, 경보설비 등을 설치
② 방조제 : 해수가 역류할 가능성이 있는 곳에는 방조제를 설치(현지의 최고조수위 이상으로 설치)

(5) 취수탑 설계기준

1) 시설 기준

① 최소수심이 2m 이상으로 하천에 설치하는 경우에는 유심이 제방에 되도록 근접한 지점
② 세굴이 우려되는 경우에는 돌이나 또는 콘크리트공 등으로 탑주위의 하상을 보강
③ 수면이 결빙되는 경우에는 취수에 지장을 미치지 않는 위치에 설치
④ 취수탑의 횡단면은 환상으로서 원형 또는 타원형
(하천에 설치하는 경우에는 타원형으로 하며 장축방향을 흐름방향과 일치하도록 설치)
⑤ 취수탑의 내경은 필요한 수의 취수구를 적절히 배치할 수 있는 크기
⑥ 취수탑의 상단 및 관리교의 하단은 하천, 호소 및 댐의 계획최고수위보다 높게 설치
⑦ 취수구는 계획최저수위인 경우에도 계획취수량을 확실히 취수할 수 있는 위치에 설치
⑧ 취수구 단면형상은 장방형 또는 원형
⑨ 취수구 전면에는 협잡물을 제거하기 위한 스크린을 설치
⑩ 취수탑의 내측이나 외측에 슬루스게이트, 버터플라이밸브 또는 제수밸브 등을 설치

2) 부대설비

취수탑에는 관리교, 조명설비, 유목제거기, 협잡물제거설비 및 피뢰침을 설치

(6) 취수문 설계 기준

1) 시설 기준

① 양질이고 견고한 지반에 설치
② 모래나 자갈의 유입이 최소가 되는 유속으로 수문의 크기 결정
③ 문설주에는 수문 또는 수위조절판을 설치하고, 문설주의 구조는 철근콘크리트를 원칙
④ 적설, 결빙으로 인한 수문의 개폐 방지
⑤ 수문의 전면에는 스크린을 설치
⑥ 취수문 유입속도 : 0.8m/s 이하

(7) 취수관거 설계 기준

1) 취수구

① 철근콘크리트구조
② 설치높이는 장래의 하상변동을 고려하여 결정
③ 전면에 수위조절판이나 스크린을 설치
④ 원칙적으로 관거의 상류부에 제수문 또는 제수밸브를 설치
⑤ 필요에 따라 유사시설을 설치

2) 관거의 구조

① 내압 및 외압에 견딜 수 있는 구조
② 관거를 제외지에 부설하는 경우에 원칙적으로 계획고수부지고에서 2m 이상 깊게 매설
③ 관거가 제방을 횡단하는 경우에는 원칙적으로 유연한 구조
④ 시공한 다음 제방에 영향을 주지 않도록 제방법면의 보호공을 설치
⑤ 사고 등에 대비하기 위하여 가능한 한 2열 이상으로 부설

(8) 취수틀(intake cribs)

1) 시설 기준

① 하천이나 호소의 바닥이 안정되어 있는 곳에 설치
② 선박 항로와 이격 거리 확보(부득이 항로에 근접되는 지점에는 충분한 수심 확보)
③ 철근콘크리트 틀의 본체를 하천이나 호소의 바닥에 견고하게 고정

(9) 침사지

1) 시설 기준

    ① 가능한 취수구에 근접하여 제내지에 설치
    ② 장방형으로 하고 유입부 및 유출부를 각각 점차 확대·축소시킨 형태
    ③ 지수는 2지 이상
    ④ 철근콘크리트구조, 부력 대비한 구조
    ⑤ 표면부하율 : 200~500mm/min
    ⑥ 지내평균유속 : 2~7cm/s
    ⑦ 지의 길이 : 폭의 3~8배
    ⑧ 지의 고수위 : 계획취수량이 유입될 수 있도록 취수구의 계획최저수위 이하
    ⑨ 지의 상단높이 : 고수위보다 0.6~1m의 여유고를 둠
    ⑩ 지의 유효수심 : 3~4m
    ⑪ 퇴사심도 : 0.5~1m
    ⑫ 바닥은 모래배출을 위하여 중앙에 배수로(pitt)를 설치
    ⑬ 경사 : 길이방향으로 1/100
    ⑭ 결빙 방지

2) 부대설비

    ① 유입구와 유출구에는 제수밸브 또는 슬루스게이트 등을 설치
    ② 지하수위가 높은 지점에 설치하는 경우에는 안전을 위하여 부상방지설비를 설치
    ③ 필요에 따라 제진설비로서 스크린 및 제거기를 설치
    ④ 필요에 따라 침사탈수설비를 설치

4. 지하수 취수

(1) 취수시설 종류

1) 지하수(복류수포함)의 취수

	집수매거	얕은 우물		깊은 우물
		우물통식 (불완전 관입정)	우물통식, 방사상 집수정, 케이싱식(완전 관입정)	
목적 /특징	· 제내지, 제외지, 구하천부지 등의 복류수를 취수하는 시설 · 복류수의 유황이 좋으면 안정된 취수가 가능 · 비교적 양호한 수질을 기대할 수 있음 · 지상구조물을 축조할 수 없는 경우의 취수시설로서 유효함 · 얕은 경우에는 노출이나 유실의 우려가 있음	· 제내지 또는 제외지에 설치 · 우물을 파거나 케이싱을 박아 넣은 것이 있음 · 바닥 또는 측면으로 취수됨	· 제내지 또는 제외지에 설치 · 대구경으로 우물바닥 부근에 다공집수관을 방사상으로 밀어 넣음 · 일반적으로 얕은 우물에 비하여 다공집수관을 밀어 넣은 만큼 집수면적이 커짐 · 다공집수관의 위치가 깊으므로 자연의 정화 작용을 기대할 수 있으며 오염이 진행되고 있는 하천 등에 적합	· 피압지하수를 양수하며, 케이싱의 구경은 150 ~ 400mm의 것이 많음 · 양수방법은 거의 수중 모터펌프에 의함 · 양수되는 지하수는 일반적으로 수온과 수질이 안정되어 있음
취수량의 대소	· 중량 취수에 이용	· 소량 취수에 이용	· 일반적으로 소량 취수 · 대수층이 두꺼운 경우, 중량 취수에도 이용	· 우물로서는 비교적 다량의 취수에 이용
취수량의 안정상황		· 비교적 안정된 취수 가능	· 과잉양수하지 않으면 안정된 취수 가능	· 안정된 취수 가능
하천법에 의한제한	· 매설깊이는 2m 이상 확보하는 것이 필요함	· 하천보전구역 및 제외지에서 공사하는 경우 「하천법」의 적용을 받음	· 하천보전구역 및 제외지에서 공사하는 경우에는 「하천법」의 적용을 받음	
취수지점	· 투수성이 양호한 대수층으로 강바닥이 저하할 우려가 없는 장소에 적합	· 수질적으로 지표의 영향을 받기 쉬우므로 오염될 우려가 있는 지점은 피하는 것이 바람직	· 투수성이 양호하고 대수층의 두께가 충분한 장소에 적합	· 피압지하수가 발달되어 있는 지역에 적합
지질조건	· 투수성이 큰 하천바닥에 적합	· 투수성이 양호한 자갈층 적합	· 투수성이 양호한 대수층의 두께가 충분한 장소에 적합	· 투수성이 양호한 대수층의 두께가 충분한 장소에 적합
공사비	· 일반적으로 경제적이지만, 대수층이 깊은 경우에는 공사비가 커질 수 있음	· 일반적으로 작음	· 대수층이 깊은 경우에는 공사비가 커질 수 있음	· 비교적 큼

(2) 취수지점의 선정

① 기존 우물 또는 집수매거의 취수에 영향을 주지 않는 곳
② 해수의 영향을 받지 않는 곳
③ 얕은 우물이나 복류수인 경우에는 오염원으로부터 15m 이상 떨어져서 장래에도 오염의 영향을 받지 않는 지점
④ 복류수인 경우에 장래 일어날 수 있는 유로변화 또는 하상저하 등을 고려하고 하천개수계획에 지장이 없는 지점, 하상 원래의 지질이 이토질인 지점은 피함

(3) 양수량의 결정

① 한 개의 우물에서 계획취수량을 얻는 경우의 적정 양수량은 양수시험으로 결정
② 여러 개의 우물(기존 우물 포함)에서 계획취수량을 얻는 경우, 우물 상호간의 영향권을 고려하여 개수 결정
③ 양수시험과 부근 우물의 수위관측으로 수위가 계속 하강하지 않는 범위 내에서 결정

(4) 집수매거(infiltration galleries)

1) 시설 기준

① 집수매거의 부설 방향은 복류수의 상황을 정확하게 파악하여 효율적으로 취수가 되도록 함
② 집수매거는 노출되거나 유실될 우려가 없도록 충분한 깊이로 매설
③ 집수매거의 길이는 시험우물 등에 의한 양수시험 결과에 따라 결정함(이때, 집수개구부지점에서의 유입속도는 모래의 소류한계속도 이하를 표준으로 함)
④ 철근콘크리트조의 유공관 또는 권선형 스크린관을 표준으로 함
⑤ 세굴의 우려가 있는 제외지에 설치할 경우에는 철근콘크리트틀 등으로 방호함
⑥ 집수개구부의 공경은 효율적으로 취수할 수 있고 막힐 우려가 적은 크기로 함
⑦ 집수매거는 수평 또는 흐름방향의 완경사로 함(1/500)
⑧ 집수매거는 복류수 흐름과 직각 방향으로 설치함
⑨ 형상 : 원형 또는 장방형
⑩ 매설깊이 : 5m 표준
⑪ 평균유속은 1m/s 이하
⑫ 집수공 유입 속도 : 3cm/sec 이하
⑬ 집수공 직경 : 10~20mm
⑭ 집수공 수 : 관거 표면적 $1m^2$당 20~30개
⑮ 종단, 분기점, 기타 필요한 곳에 접합정을 설치
⑯ 접합정은 철근콘크리트의 수밀구조로 함

(5) 얕은 우물(천정호 ; shallow wells)

1) 시설 기준

　　① 원통형의 철근콘크리트조를 표준으로 함
　　② 우물의 크기는 시험우물의 양수시험결과로 결정
　　③ 밑바닥에서의 유입속도는 모래의 소류한계유속 이하를 표준으로 함
　　④ 집수지점은 우물의 최저수위보다 아래에 설치
　　⑤ 여러 개의 우물배치 시, 우물 간에 상호간섭이 없도록 우물 간격 결정

2) 부대설비

　　① 우물통의 상단은 지표면보다 높게 하고, 뚜껑, 통기공 및 맨홀 등 설치
　　② 우물통의 바깥주변에는 배수시설을 잘 설치하고 오수가 침입하지 못하도록 보호공 설치
　　③ 우물에 수위계 설치

(6) 깊은 우물(심정호 : deep wells)

1) 시설 기준

　　① 깊은 우물의 구조는 예정심도, 양수량, 지하수의 수위 및 수질 등을 고려하여 결정
　　② 우물을 2개 이상 설치할 경우, 지하수의 흐름방향과 직각으로 지그재그로 배치하고 우물간의
　　　간격은 양수량의 상호간섭이 가능한 한 적도록 정함

2) 부대설비

　　① 우물에는 수위계, 수질검사용의 채수밸브 등을 부착, 유지관리에 필요한 자료를 상비해 놓음
　　② 펌프실은 침수되지 않도록 지표면보다 높게 설치
　　③ 필요에 따라 예비전원설비 및 예비펌프를 설치

(7) 용천수의 취수시설

뚜껑을 설치하여 외부로부터의 오염을 방지할 수 있는 구조로 함

5. 도수 및 도수시설

(1) 기본사항

1) 계획도수량

① 도수시설의 계획도수량은 계획취수량을 기준

② 도수시설은 노후관 개량, 누수사고, 청소 등에도 중단 없이 계획 도수량을 안정적으로 공급할 수 있도록 도수관로의 복선화 또는 네트워크화 구축

2) 도수방식 선정

취수원에서 정수장까지의 고저 관계, 계획도수량, 노선의 입지조건, 건설비, 유지관리비 등을 종합적으로 비교·검토하여 결정

3) 도수노선의 선정

① 건설비 등의 경제성, 유지관리의 난이도 등을 비교·검토하여 종합적으로 판단

② 원칙적으로 공공도로 또는 수도용지로 함

③ 수평이나 수직방향의 급격한 굴곡을 피하고, 어떤 경우라도 최소동수경사선 이하가 되도록 노선 선정

(2) 도수관

1) 관종

① 관 재질에 의하여 물이 오염될 우려가 없어야 함

② 내압과 외압에 대하여 안전해야 함

③ 매설조건에 적합해야 함

④ 매설환경에 적합한 시공성을 지녀야 함

2) 유속

① 자연유하식인 경우, 유속은 0.3~3.0m/s 로 함

② 펌프가압식인 경우, 경제적인 유속으로 함

3) 매설위치 및 깊이

공공도로에 관을 매설할 경우, 「도로법」및 관계법령에 따라야 하며 도로관리기관과 협의하여야 함

① 관로의 매설깊이

ㄱ. 관경 900mm 이하일 때, 120cm 이상

ㄴ. 관경 1,000mm 이상일 때, 150cm 이상

ㄷ. 도로하중을 고려해야 할 위치에 대구경의 관을 부설할 경우, 매설깊이를 관경보다 크게 함

② 한랭지에서 관의 매설깊이는 동결심도보다 깊게 함

③ 매설위치는 태풍이나 지진, 홍수 등 비상시에도 관로의 구조에 영향이 최소화될 수 있는 곳으로 함

4) 접합정

① 원형 또는 각형의 콘크리트 또는 철근콘크리트 구조
② 구조상 안전한 것으로 충분한 수밀성과 내구성을 지녀야 함
③ 용량은 계획도수량의 1.5분 이상으로 함
④ 유출관의 유출구 중심높이는 저수위에서 관경의 2배 이상 낮게 하는 것을 원칙으로 함

5) 차단용 밸브와 제어용 밸브

가) 제수밸브 설치 위치

도·송·배수관의 시점, 종점, 분기장소, 연결관, 주요한 배수설비(이토관), 중요한 역사이펀
부, 교량, 철도횡단 등에는 원칙적으로 제수밸브를 설치

나) 제수밸브실

① 설치 및 유지관리가 용이하도록 충분한 공간을 확보해야 함
② 이상수압이 발생하였을 때 즉시 감지하기 위한 수압계의 설치와 배수 및 점검을 위한 설비를
갖추어야 함

다) 밸브는 수질에 영향을 주지 않아야 함

6) 공기밸브

① 설치위치 : 관로의 종단도상에서 상향 돌출부의 상단(제수밸브의 중간에 상향 돌출부가 없는
경우에는 높은 쪽의 제수밸브 바로 앞에 설치)
② 관경 400mm 이상의 관 : 급속공기밸브 또는 쌍구공기밸브를 설치
③ 관경 350mm 이하의 관 : 급속공기밸브 또는 단구공기밸브를 설치
④ 보수용의 제수밸브를 설치
⑤ 매설관에 설치하는 공기밸브에는 밸브실을 설치하며, 밸브실의 구조는 견고하고 밸브를 관리
하기 용이한 구조로 함
⑥ 한랭지에서는 적절한 동결방지대책 강구

7) 관의 기초

① 매설관의 기초는 지반의 상태와 지층을 사전에 조사하여 태풍이나 지진, 홍수 등 비상시에도
관로의 구조에 영향이 최소화될 수 있도록 사용 관종을 선정하고 최적의 공법을 채택함
② 관을 매설할 때의 다짐이 적절하게 이루어지도록 되메우기 흙을 선정
③ 견고한 지반과 연약지반이 단층으로 접해 있을 때와 관의 한쪽이 구조물에 고정되어 있을 경우
에는 부등침하에 대비하여 알맞은 시공법, 관종, 신축이음을 사용

8) 전식 및 부식 방지

① 전식의 위험이 있는 철도 가까이에 금속관을 매설할 때에는 충분한 상황을 조사하여 전식을
방지하기 위한 적절한 조치를 취함
② 부식성이 강한 토양, 산이나 염수 등의 침식이 있을 수 있는 지역에 관을 매설할 때에는 상황
을 조사한 다음에 관종을 선정하고 적절한 방식대책을 취함
③ 관의 콘크리트 관통부, 이종토양간의 부설부 및 이종금속간의 접속부에는 매크로셀(macro
cell)부식이 발생하지 않도록 적절한 조치를 취함

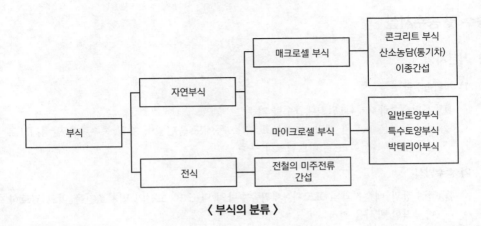

〈 부식의 분류 〉

(3) 도수거

1) 시설 기준

① 개거와 암거는 구조상 안전하고 충분한 수밀성과 내구성을 가지고 있어야 함
② 도수거는 한랭지에서 뿐만 아니라 기타 장소에서도 될 수 있으면 암거로 설치, 부득이 개거로 할 경우에는 수질오염을 방지하고 위험을 방지하기 위한 조치를 강구해야 함
③ 개거나 암거인 경우에는 대개 30~50m 간격으로 시공조인트를 겸한 신축조인트를 설치
④ 지층의 변화점, 수로교, 둑, 통문 등의 전후에는 플렉시블한 신축조인트를 설치
⑤ 암거에는 환기구를 설치
⑥ 도수거에서 평균유속의 최대한도는 3.0m/s, 최소유속은 0.3m/s

2) Manning공식

$$v = \frac{1}{n} \cdot R^{2/3} \cdot I^{1/2}$$

v : 평균유속(m/s)
R : 경심(m)
I : 수면경사(동수경사)
n : 조도계수(보통 0.013~0.015)

3) 접합정

① 개거에서 암거로 바뀌는 지점이나 분기점, 합류점, 기타 필요한 지점에 접합정을 설치
② 접합정은 구조상 안전한 것으로 충분한 수밀성과 내구성을 지녀야 하며, 용량은 계획도수량의 유하를 저해하지 않는 용량으로 함
③ 필요에 따라 유량측정장치, 월류장치, 배수설비 등을 설치하고 유출구에는 제수문을 설치

6. 송수 및 송수시설

(1) 기본사항

1) 계획송수량

① 계획송수량 : 계획1일최대급수량 기준

② 송수시설은 노후관 개량, 누수사고, 청소 등에도 중단없이 계획 송수량을 안정적으로 공급할 수 있도록 복선화 또는 네트워크화 구축

2) 송수방식

① 정수장과 배수지와의 표고차, 계획송수량의 다소 및 노선의 입지조건을 비교 검토하여 가장 바람직한 방식을 결정

② 송수 : 관수로가 원칙(개수로일 경우 터널 또는 수밀성의 암거로 함)

7. 배수 및 배수시설

(1) 기본사항

1) 설계기준

① 배수구역 : 지형과 지세 등의 자연적 조건 및 사회적 조건을 고려하여 합리적이고 경제적인 시설 운용 및 시설관리가 가능하도록 설정

② 계획배수량 : 해당 배수구역의 계획시간최대배수량

③ 계획시간최대배수량을 산정할 때의 시간계수는 현재까지의 실적 또는 유사지역의 실적을 조사하여 결정

2) 소화용수량

① 도시의 성격, 소방시설, 인구밀도, 내화성 건축물의 비율, 기상조건 등을 고려

② 계획급수인구가 5만 명 이하일 때 : 배수지 용량 설계 시 소화용수량을 가산함

(상수도 이외에서 소화용수 공급이 가능한 경우는 예외)

③ 계획급수인구가 10만 명 이하일 때 : 배수관의 관경설계 시 소화용수량을 가산하여 검토함

(상수도 이외에서 소화용수공급이 가능한 경우에는 예외)

④ 소화전 한 개의 방수량 : $1m^3/min$ 이상

3) 배수시설의 배치

① 배수구역내의 지형과 지세에 적합하게 함

② 관망을 정비하기 위하여 배수관 및 부속설비를 적정하게 배치

③ 합리적이고 경제적으로 시설을 운용할 수 있도록 함

④ 유지관리가 용이하고 관리비가 경제적이어야 함

⑤ 인접한 다른 수도사업자 등의 배수본관이나 송수관과 비상연결관을 연결하는 것이 바람직

(2) 배수지

1) 시설 기준

① 유효용량 : "시간변동조정용량"과 "비상대처용량"을 합하여 급수구역의 계획1일최대급수량의 12시간분 이상
② 배수지는 가능한 한 급수지역의 중앙 가까이 설치
③ 자연유하식 배수지의 표고는 최소동수압이 확보되는 높이여야 함
④ 급수구역내에서 지반의 고저차가 심할 경우에는 고지구, 저지구 또는 고지구, 중지구, 저지구의 2~3개 급수구역으로 분할하여 각 구역마다 배수지를 만들거나 감압밸브 또는 가압펌프를 설치
⑤ 배수지는 붕괴의 우려가 있는 비탈의 상부나 하부 가까이는 피해야 함
⑥ 배수지 유효수심 : 3~6m

(3) 배수관

1) 수압

① 배수관내의 최소동수압 : 150kPa(약 1.53kg$_f$/cm^2) 이상
② 배수관내의 최대정수압 : 700kPa(약 7.1kg$_f$/cm^2) 이하

2) 관경

① 관경을 결정시 배수지, 배수탑 및 고가탱크의 수위는 저수위 기준
② 단구소화전을 설치한 배수관의 최소관경 : 도시 주거지역 150mm 이상, 업무지구 200mm 이상
③ 소화전을 설치하지 않는 경우, 산재된 주거지역의 최소간경 : 80mm

3) 매설 위치와 깊이

① 공공도로에 관을 부설하는 경우에는 「도로법」및 관계법령에 따라야 하며 도로관리자의 허가 조건 또는 협약에 따름
② 배수본관은 도로의 중앙쪽으로 배수지관은 보도 또는 차도의 편도 측에 부설함
③ 배수관을 다른 지하매설물과 교차 또는 인접하여 부설할 때 : 30cm 이상의 간격을 두어야 함
④ 한랭지에서 관의 매설깊이는 동결심도보다도 깊게 함

4) 위험한 접속(dangerous connection)

배수관은 수도사업자가 경영하는 상수도와 전용수도 이외의 관로 또는 시설과 직접 연결해서는 안됨

8. 급수 및 급수시설

(1) 급수방식

1) 방식

급수방식은 급수전의 높이, 수요자가 필요로 하는 수량, 수돗물의 사용용도, 수요자의 요망사항 등을 고려하여 결정

① 직결직압식 : 배수관의 압력으로 직접 급수
② 직결가압식 : 급수관 도중에 직결급수용가압펌프설비「가압급수설비」를 설치하여 급수
③ 저수조식 : 급수관으로부터 수돗물을 일단 저수조에 받아서 급수하는 방식
④ 직결식과 저수조식의 병용방식 : 하나의 건물에 직결식과 저수조식의 양쪽 급수방식을 병용하는 것

(2) 급수관

1) 시설기준

① 급수설비의 계획사용수량은 1인1일사용수량, 또는 각 급수기구의 용도별 사용수량과 이들의 동시사용률을 고려한 수량을 표준으로 함
② 저수조를 만들어 급수하는 경우에는 사용수량의 시간적 변화나 저수조의 용량을 감안하여 정함
③ 급수관의 관경은 배수관의 계획최소동수압에서도 계획사용수량을 충분히 공급할 수 있는 크기로 함
④ 급수관의 매설심도는 일반적으로 60cm 이상으로 하는 것이 바람직하나 매설장소의 여건을 고려하여 그 지방의 동결심도 이하로 매설

(3) 수질관리 대책

1) 수질을 고려한 기자재의 선정

① 수질에 영향을 미치지 않는 관종을 선정
② 필요에 따라 배수(drain)기구를 마련
③ 배관은 적절하고 정성들여 시공

2) 역류방지(anti – reverse flow)

① 급수관에는 해당 급수설비 이외의 관, 기계, 설비 등과 직접 연결을(cross - connection의 원인이 됨) 하지 말아야함
② 저수조, 싱크대나 기타 물을 받는 용기에 급수하는 경우에는 토수구와 저수조 등의 월류면과의 사이에 필요한 토수구 공간을 확보해야 하며, 옥내의 급수기구에는 적절한 위치에 역류방지밸브가 설치되어 있어야 함
③ 배수관에서 분기되는 모든 급수설비에는 역류에 의한 2차오염을 방지하기 위하여 계량기 2차 측에 역류방지밸브를 설치

④ 동결의 우려가 있는 장소에는 내한성을 갖는 급수설비를 사용하는 등 동결을 방지해야 하며 동결파손된 경우라도 용이하게 수리할 수 있는 구조로 함

⑤ 급수관의 부설은 동결심도(지표로부터 지중온도가 0℃의 위치까지의 깊이) 이하가 되도록 하며, 옹벽이나 개거의 법면 등에 병행 근접하여 부설하는 경우에는 동결될 우려가 높으므로 보온재로 피복하는 등에 유의

9. 관거의 종류 및 특성

(1) 관거의 종류와 단면

1) 관거의 종류

① 철근콘크리트관
② 제품화된 철근콘크리트 직사각형거(정사각형거 포함)
③ 도관
④ 경질염화비닐관
⑤ 현장타설철근콘크리트관
⑥ 유리섬유 강화 플라스틱관
⑦ 폴리에틸렌(PE)관
⑧ 덕타일(ductile)주철관
⑨ 파형강관
⑩ 폴리에스테르수지콘크리트관

2) 관거의 단면

관거의 단면형상 표준 : 원형, 직사각형(소규모 하수도에서는 원형, 계란형)

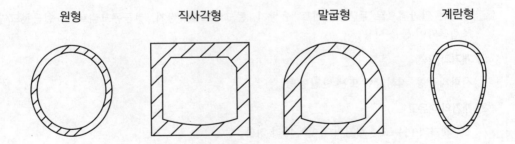

| 원형 | 직사각형 | 말굽형 | 계란형 |

구분	장점	단점
원형	· 역학계산이 간단 · 수리학적으로 유리 · 경제적 · 대량생산이 용이 · 중규모(1,500mm 미만) 시설에 유리 · 힘모멘트가 작아 작은 부재로 큰하중에 견딜 수 있음	· 수량의 변화에 따라 수심이 현저히 변화함 · 연결부위가 많아 외부수가 유입될 확률 높음 · 안전시공을 위해 별도의 기초공이 필요

직사
각형
	· 역학계산이 간단
	· 만수가 되기까지는 수리학적으로 유리
	· 관거의 두께를 자유로이 하여 하중조건에 적합하게
	  제작 가능
	· 대규모(1,500mm 이상) 시설에 유리
	· 시공장소의 제약을 받는 경우에 유리
	· 토피가 작고 대단면에 적합
		· 현장 타설공법인 경우 공기가 길어짐
		· 만수일 때 윤변이 급속히 증가하여 유속과 유량이 급속히
		  감소함
		· 철근 손상시 상부하중에 대한 안전성이 급격히 떨어짐

말굽형	· 수리학적으로 유리 · 경제적임 · 대구경관에 유리 · 수로 터널에 가장 많이 채용됨 · 상반부의 아치작용으로 역학적으로 유리함	· 단면형상이 복잡하여 시공성이 떨어짐 · 현장 타설공법인 경우 공기가 길어짐
계란형	· 소유량시 원형거보다 수리학적으로 유리 · 원형거에 비해 수직방향의 토압에 유리	· 재질에 따라 제조비가 증가 가능 · 수직방향 시공에 정확하고 면밀한 시공 필요

3) 최소관경

① 오수관거 : 200mm
② 우수관거 및 합류관거 : 250mm

(2) 개거의 종류와 단면

1) 개거의 종류

개거는 일반적으로 무근콘크리트, 돌쌓기, 콘크리트블록쌓기, 철근콘크리트 및 철근콘크리트 조립흙막이 등을 사용

2) 개거의 단면

사다리꼴형, 직사각형 또는 반원형 등

3) 개거의 여유고

① 개거의 여유고는 개거의 깊이에 따라 정함
② 0.2H(H는 개거의 깊이) 이상으로 할 수 있음
③ 0.2H > 0.6m의 경우는 0.6m

(3) 압력관거 시스템

1) 압력관거 시스템의 종류

구분	자연유하방식	진공식	압력식
수집원리	하수를 중력에 의해 자연유하시킴	하수를 진공 부압을 이용하여 이송	하수를 그라인더 펌프에 의해 압송
표준적 시설배치	각 가구 설치의 받이, 부착관과 관거 및 맨홀	각 가구 또는 복수 가구를 대상으로 한 진공 밸브 유닛과 진공관거 및 중계펌프장	각 가구 또는 복수 가구를 대상으로 한 그라인더 펌프 유닛과 압송관로
관경	일반적으로 150mm 이상	일반적으로 100~250mm	일반적으로 32~150mm
매설 심도	지형, 장애물 등에 의해 깊게 되는 경우가 있음	얕은층에 거의 일정한 심도에 매설할 수 있음	얕은층으로 매설할 수 있음
지형조건	영향이 큼	흡입 가능한 진공도를 유지할 수 있는 평탄한 지역에 적합	광범위한 지형 조건 등에 대응할 수 있음
전원	압송식으로 하기 위한 중계펌프장(맨홀 펌프장 포함)을 설치하는 경우에는 필요	중계펌프장에 필요	각 그라인더 펌프 유닛에 필요
건설 비용	지형 조건 등에 의해 크게 변화함	지형 조건에 따라 타방식보다 저렴해지는 경우가 있음	지형 조건에 따라 타방식보다 저렴해지는 경우가 있음
유지관리 비용	유지관리가 비교적 간편하고 동력비도 불필요하며 일반적으로는 저렴	진공 밸브 유닛, 중계펌프장 등의 유지관리와 동력비가 필요, 자연유하방식에 비해 일반적으로 고가	그라인더 펌프 유닛 등의 유지관리와 동력비가 필요, 자연유하방식 보다 일반적으로 고가

2) 압송식 하수도 수송 시스템

① 정비 대상 구역의 지형이나 지질, 사회적 조건을 고려하여 자연유하방식과의 비교 검토를 함
② 관거 노선의 선정이나 펌프장의 배치 계획은 시공성, 유지관리성, 경제성 등을 고려한 것으로 함
③ 압송관거에는 내압이 작용하기 때문에 수격압을 포함한 설계 수압에 대해 충분히 견디는 구조 및 재질로 함
④ 유량계산은 Hazen - Williams식을 이용함
⑤ 유속은 최소 0.6m/s, 최대 3.0m/s를 원칙으로 함
⑥ 관거의 적절한 장소에 역지밸브, 공기밸브 등을 설치
⑦ 황화수소 대책을 검토

3) 진공식 하수도 수집 시스템 구성

① 오수와 일정한 비율의 공기를 흡입하는 진공밸브 유닛
② 오수와 공기가 혼합된 상태에서 이송되는 진공 관거
③ 진공을 발생시키고 오수의 수송 매체인 공기를 오수 발생원에서 흡입하고 배출하는 중계 펌프장(진공 발생장치 등을 포함)

4) 기타

가) 진공 밸브 유닛

① 진공 밸브의 구경은 이물질에 의한 막힘에 대해 안전한 구경으로 함
② 진공 밸브의 흡입 능력은 시설 전체의 진공도의 유지를 고려하여 정함
③ 진공 밸브 유닛의 구조는 가옥 등으로부터의 오수의 유입량, 유입 형태, 설치 장소 등을 고려하여 적절하게 정함
④ 진공 밸브 유닛으로의 접속 호수는 가옥 등의 배치, 유입 오수량, 저수 탱크의 용량 등을 검토하여 정함

나) 진공 관거

① 진공 관거의 관경은 수리 계산 및 진공 밸브 유닛의 접속 상황을 거쳐 기능성, 경제성을 고려하여 정함
② 진공 관거는 일정한 내리막 경사와 리프트라 불리는 짧은 오르막 경사의 반복에 의한 「톱날상」의 종단 형상으로 부설

다) 관재의 종류와 이음

① 진공 관거에 사용하는 부재는 관거에 작용하는 부압 및 외압에 충분히 견디는 구조 및 재질로 함
② 진공관거의 이음은 기밀성이 높고 안전하며 기능적이고 경제적인 구조로 함

라) 중계 펌프장 시설

① 중계 펌프장은 설치 장소, 시설 규모 등의 조건을 통해 시공성, 경제성, 유지관리성 등을 고려하여 정함
② 진공발생 장치는 시설 규모, 경제성, 유지관리성 등을 고려하여 방식을 선정
③ 오수 펌프는 집수 탱크 내의 진공도가 가장 높고 실 양정이 가장 높은 경우에 설계 대상 오수량을 배출할 수 있는 능력을 갖는 것으로 함
④ 집수 탱크의 용량은 오수 펌프의 운전 빈도를 고려하여 정함
⑤ 전기·계측제어설비는 중계 펌프장이 안전하게 소정의 능력·기능을 유지하도록 적절하게 정하고 이상을 통보하는 적절한 감시 설비를 설치
⑥ 관련 설비의 설치를 필요에 따라 검토

(4) 분류식 하수관거 개·보수

1) 개·보수의 목적

① 하수관거 기능의 회복
② 구조적 안정성의 확보
③ 하수의 누수방지를 통한 지하수 오염가능성 배제

2) 하수관거 개·보수 계획

① 기초자료 분석 및 조사우선순위 결정
② 불명수량 조사
③ 기존관거 현황 조사
④ 개·보수 우선순위의 결정
⑤ 개·보수공사 범위의 설정
⑥ 개·보수공법의 선정

3) 기존관거 조사

① 관거 내부 조사(변형, 손상 및 토사 등의 퇴적물)
② 침입수 조사(오접합, 수량 및 수밀성)
③ 부식 및 노후도 조사
④ 부설환경상태 조사(지하수위 및 공동)
⑤ 기타 조사

(5) 합류식 하수관거 개·보수

1) 개·보수의 목적

① 하수관거 기능의 회복
② 구조적 안정성의 확보
③ 하수의 누수방지를 통한 지하수 오염가능성 배제

2) 하수관거 개·보수계획

① 기초자료 분석 및 조사우선순위 결정
② 불명수량 조사
③ 기존관거 현황 조사
④ 개·보수 우선순위의 결정
⑤ 개·보수공사 범위의 설정
⑥ 개·보수공법의 선정

(6) 황화수소 부식대책

1) 부식 메커니즘

① 하수관이 혐기상태가 되면 하수 중 황산염(SO_4^{2-})이 황산염 환원세균에 의해 환원되어 황화수소 (H_2S)가 생성

$$\text{황산염 환원 세균} \qquad SO_4^{2-} + 2C + 2H_2O \rightarrow H_2S + 2HCO_3^-$$

② 환기가 충분히 되지 않는 관거 내에서는 이들 황화수소는 외부로 확산되지 않고 기상 중에 농축 되어 콘크리트벽면의 결로 중에 재용해하고 거기서 호기상태로 유황산화 세균에 의해 산화되고 황산이 생성

$$\text{유황산화세균} \qquad H_2S + 2O_2 \rightarrow H_2SO_4$$

③ 이와 같이 2단계 생물 반응이 진행되고 콘크리트 표면에서 황산이 농축되고 pH가 1~2로 저하 되면 콘크리트의 주성분인 수산화칼슘이 황산과 반응하여 황산칼슘이 생성

$$Ca(OH)_2 + H_2SO_4 \rightarrow CaSO_4 \cdot 2H_2O$$

④ 탄산칼슘($CaSO_4 \cdot 2H_2O$)은 알민산3칼슘($O \cdot Al_2O_3$)과 반응하여 에트린가이트 ($3CaO \cdot Al_2O_3 \cdot 3CaSO_4 \cdot 32H_2O$)를 생성함
⑤ 에트린가이트는 생성시 결합수를 받아들이고 크게 팽창함
⑥ 이 팽화에 의해 콘크리트가 부식하고 붕괴함

$$3CaSO_4 \cdot 2H_2O + 3CaO \cdot Al_2O_3 + 26H_2O \rightarrow 3CaO \cdot Al_2O_3 \cdot 3CaSO_4 \cdot 32H_2O$$

2) 황화수소에 의한 부식 대책

① 황화수소의 생성을 방지

공기, 산소, 과산화수소, 초산염 등의 약품 주입에 의해 하수의 혐기화를 억제, 황화수소의 발생 을 방지

② 관거를 청소하고 미생물의 생식 장소를 제거

관거의 청소로 황화수소 발생의 원인이 되는 관내 퇴적물을 제거하고 황산염 환원 세균, 유황 산화 세균의 생식 장소를 제거

③ 황화수소를 희석

황화수소가스가 저농도인 경우, 유황산화 세균의 증식이 억제된다. 환기에 의해 관내 황화수소 를 희석

④ 기상중으로의 확산을 방지

산화제의 첨가에 의한 황화물의 산화, 금속염의 첨가에 의한 황화수소의 고정화 등의 방법에 의해 황화수소의 대기중으로의 확산을 방지

⑤ 황산염 환원 세균의 활동을 억제

　황산염 환원 세균에 선택적으로 작용하는 약제를 주입하고 살균 또는 세균 활동을 억제함

⑥ 유황산화 세균의 활동을 억제

　유황산화 세균에 선택적으로 작용하는 약제를 혼입한 콘크리트(방균, 항균 콘크리트)를 이용

⑦ 방식 재료를 사용하여 관을 방호

〈 관거시설의 부식방지 대책 〉

부식 대책		목적
공기 또는 산소의 공급		· 하수의 혐기화 방지
환기		· 황화수소의 희석
약품 주입	염화제2철	· 황화물의 고정화 · ORP의 저하방지
	초산화수소	· 황화물의 고정화
	과산화 수소	· 산소의 보급 · 황화물의 산화
	염소	· 살균 · 황화물의 산화 · ORP의 저하방지
	초산염	· ORP의 저하방지
	기타	· 슬라임의 불활성화
시설의 방식		· 내식성 재료의 이용, 라이닝
관로의 청소		· 관내 퇴적물의 제거 · 표면 청소

3) 하수도 압송 관거 크리닝 시스템

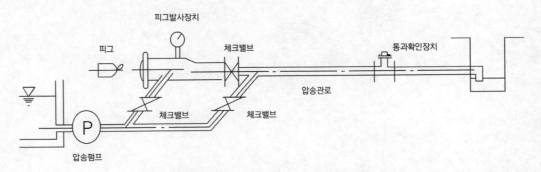

〈 하수도 압송관거 크리닝 시스템 개요도 〉

10. 관거 시설의 설계 요소

(1) 계획하수량

① 오수관거 : 계획시간 최대오수량
② 우수관거 : 계획우수량
③ 합류식 관거 : 계획시간최대오수량 + 계획우수량
④ 차집관거 : 우천시 계획오수량

(2) 유량의 계산

1) Manning 공식

$$Q = A \cdot V$$
$$V = \frac{1}{n} R^{2/3} \cdot I^{1/2}$$

Q	:	유량(m^3/s)
A	:	유수의 단면적(m^2)
V	:	유속(m/s)
n	:	조도계수
R	:	경심(m)(=A/P)
P	:	유수의 윤변(m)
I	:	동수경사(분수 또는 소수)

Check! 원형관의 경심

원형관의 경심(R) $= \dfrac{D}{4}$ (D : 관경)

2) Hazen·Williams 공식(압송의 경우)

$$Q = A \cdot V$$
$$V = 0.84035 \cdot C \cdot R^{0.063} \cdot I^{0.34}$$

V	:	평균유속(m/s)
C	:	유속계수
I	:	동수경사(h/L)
h	:	길이 L에 대한 마찰손실수두(m)

〈 관재질에 따른 Manning식의 조도계수(n) 〉

단면	조도계수(n)
관 거	
시멘트관	0.011~0.015
벽돌	0.013~0.017
주철관	0.011~0.015
콘크리트	
매끄러운 표면	0.012~0.014
거친 표면	0.015~0.017
콘크리트관	0.011~0.015
주름형의 금속관	
보통관	0.022~0.026
포장된 인버트	0.018~0.022
아스팔트 라이닝	0.011~0.015
플라스틱관(매끄러운 표면)	
점토	0.011~0.015
도관	0.011~0.015
깔판	0.013~0.017
개 거	
인공수로	0.013~0.017
아스팔트	0.012~0.018
벽돌	0.011~0.020
콘크리트	0.020~0.035
자갈	0.030~0.040
식물	

자료 : WEF, MOP 9, 1969

〈 Hazen·Williams 공식의 유속계수 C값 〉

관재료	유속계수(C)
주철관	130
신관	
5년 경과	120
10년 경과	110
20년 경과	90~100
30년 경과	75~90
강관(부설후 20년)	100
도장된 강관	130
원심력 철근 콘크리트관	130
경질염화비닐관, 폴리에틸렌관	130
유리섬유 강화 플라스틱관	150
흄관(100mm 이하)	120~140
흄관(100~600mm)	150

자료 : Water Supply & Sewerage, McGraw – Hill 6th ed., 1991 and AWWA M 45, 2th ed, 2005.

3) 유속 및 경사

① 유속 : 하류방향으로 흐를수록 상승
② 경사 : 하류방향으로 흐를수록 감소
③ 오수관거 : 계획시간 최대오수량 기준으로 0.6~3.0m/s
④ 우수관거 및 합류관거 : 계획우수량기준으로 0.8~3.0m/s

(3) 매설위치 및 깊이

1) 매설위치

① 매설 위치

　ㄱ. 공공도로상 매설 원칙
　ㄴ. 공공 도로 매설시, 매설위치 및 깊이는 도로관리자와 협의

② 하저 횡단시, 매설위치 및 깊이는 하천관리자와 협의
③ 사유지내 매설시, 토지소유자와 협의
④ 철도횡단시, 충분한 깊이로 매설(교통하중 및 진동이 없는 깊이, 불가피할 경우 방호공 설치)

2) 매설깊이

① 최소 흙두께 기준 : 1m
② 연결관, 노면하중, 다른 매설물의 관계, 동결심도, 기타 도로점용조건 고려

3) 관거의 표시

테이프, 페인트 또는 인식장치 설치(관거의 오접 및 굴착파손 방지)

(4) 관거의 보호 및 기초공

1) 외압에 대한 관거의 보호

① 콘크리트 또는 철근콘크리트로 바깥둘레를 쌓아서 관거 보호
② 흙두께 및 재하중이 관거의 내하력을 넘는 경우
③ 철도 밑을 횡단하는 경우
④ 하천을 횡단하는 경우

2) 관거의 내면보호

① 관거의 내면을 라이닝(lining) 또는 코팅(coating)하여 관거 보호
② 관거의 내면이 마모 및 부식 등에 따른 손상의 위험이 있는 경우

3) 기초공

① 강성관거의 기초공 : 철근콘크리트관 등의 강성관거 : 모래, 자갈, 콘크리트 등으로 기초
② 연성관거의 기초공 : 경질염화비닐관 등의 연성관거 : 자유받침 모래기초(필요시 말뚝기초)

4) 관거의 접합

가) 관거 접합 시 고려사항

관로의 방향, 경사, 관경이 변화하는 장소 및 관로가 합류하는 장소에는 맨홀을 설치하여야 하고, 관로내 물의 흐름을 원활하게 흐르게 하기 위해서는 원칙적으로 에너지경사선에 맞추어야 한다.

① 관로의 관경이 변화하는 경우 또는 2개의 관로가 합류하는 경우의 접합방법은 원칙적으로 수면접합 또는 관정접합으로 한다.

② 지표의 경사가 급한 경우에는 원칙적으로 단차접합 또는 계단접합으로 한다.

③ 단차접합에서 1개소당 단차는 1.5m이내로 하고, 0.6m 이상일 경우 합류관 및 오수관에는 부관(副管)을 사용하는 것을 원칙으로 한다.

④ 계단접합은 통상 대구경관로 또는 현장타설관로에 설치하고, 계단의 높이는 1단당 0.3m 이내 정도로 하며, 단차접합이나 계단접합의 설치가 곤란한 경우 감세공을 설치하거나 고낙차로 관로접합이 필요한 경우에는 맨홀저부의 세굴방지 및 하수의 비산방지를 목적으로 드롭샤프트 등을 적용할 수 있다.

⑤ 물의 흐름을 원활하게 하고 유속이 커지는 것을 방지하기 위하여 2개의 관로가 합류하는 경우의 중심교각은 되도록 30~45°로 하고 장애물 등이 있을 경우에는 60° 이하로 한다. 대구경관에 합류하는 소규경관이 대구경관 지름의 1/2이하이고 수면접합 또는 관정접합으로 붙이는 경우의 중심교각은 90° 이내로 할 수 있으며, 곡선을 갖고 합류하는 경우의 곡률반경은 내경의 5배 이상으로 한다. 반대방향의 관로가 합류하여 곡절하는 경우나 예각으로 곡절하는 경우는 2단계 이상으로 곡절하도록 하여 흐름을 원활하게 하여야 한다.

나) 관거 접합의 종류

① 수면접합

ㄱ. 계획수위를 일치시켜서 접합하는 방법
ㄴ. 수리학적으로 유리하나, 계획수위를 일치시키기 어려움

② 관정접합

ㄱ. 관정을 일치시키는 접합법
ㄴ. 하수의 흐름은 양호함
ㄷ. 굴착깊이가 증가돼 공사비가 커짐
ㄹ. 펌프로 배수 시 양정이 높아짐

③ 관중심접합

ㄱ. 하수관 중심을 일치시키는 접합법
ㄴ. 수면접합과 관정접합의 중간적 형태

④ 관저접합

ㄱ. 관저를 일치시키는 접합법
ㄴ. 굴착깊이가 얕아져 공사비가 적어짐
ㄷ. 상류에는 동수경사선이 관정보다 높아지는 경우도 있음

11. 관거시설의 부속설비

(1) 역사이펀(inverted syphon)

① 장해물의 양측에 수직으로 역사이펀실 설치 후, 수평(또는 하류)으로 하향 경사의 역사이펀 관거로 연결
② 지반의 강약에 따라 기초공 설치
③ 수문설비 및 이토실(깊이 0.5m) 설치
④ 중간에 배수펌프 설치(역사이펀실의 깊이가 5m 이상인 경우)
⑤ 역사이펀 관거 복수로 구성
⑥ 역사이펀 관거 유입구와 유출구는 종모양으로 구성(손실수두 최소화)
⑦ 역사이펀 관거 유속 = 상류측 관거 유속의 1.2~1.3배
⑧ 역사이펀 관거 흙두께는 계획하상고, 계획준설면 또는 현재의 하저최심부로부터 중요도에 따라 1m 이상
⑨ 필요한 방호시설 설치
   (하천, 철도, 상수도, 가스, 전선케이블 등의 매설관 밑을 역사이펀으로 횡단하는 경우)
⑩ 비상 방류 관거 설치(하저를 역사이펀하고, 상류에 우수토실이 없는 경우)

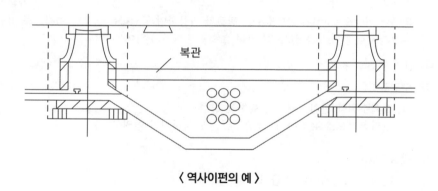

복관

〈 역사이펀의 예 〉

(2) 맨홀

1) 배치

가) 맨홀 설치위치
   ① 관거의 기점, 방향
   ② 경사 및 관경 등이 변하는 곳
   ③ 단차가 발생하는 곳
   ④ 관거가 합류하는 곳
   ⑤ 관거의 유지관리상 필요한 장소에 반드시 설치

〈 관거 직선부에서 맨홀의 최대 간격 〉

관직경(mm)	맨홀 최대간격(m)
600 이하	75
600 초과~1,000 이하	100
1,000~1,500	150
1,650 이상	200

2) 종류 및 구조

명칭	치수 및 형상	용도
1호맨홀	내경 900mm 원형	관거의 기점 및 600mm 이하의 관거 중간지점 또는 내경 400mm까지의 관거 합류지점
2호맨홀	내경 1,200mm 원형	내경 900mm 이하의 관거 중간지점 및 내경 600mm 이하의 관거 합류지점
3호맨홀	내경 1,500mm 원형	내경 1,200mm 이하의 관거 중간지점 및 내경 800mm 이하의 관거 합류지점
4호맨홀	내경 1,800mm 원형	내경 1,500mm 이하의 관거 중간지점 및 내경 900mm 이하의 관거 합류지점
5호맨홀	내경 2,100mm 원형	내경 1,800mm 이하의 관거 중간지점

명칭	치수 및 형상	용도
특1호맨홀	내부치수 600×900mm 각형	흙 두께가 특히 적은 경우, 다른 매설물 등의 관계 등으로 1호맨홀이 설치 안되는 경우
특2호맨홀	내부치수 1,200×1,200mm 각형	내경 1,000mm 이하의 관거 중간지점에서 원형맨홀이 설치 안되는 경우
특3호맨홀	내부치수 1,400×1,200mm 각형	내경 1,200mm 이하의 관거 중간지점에서 원형맨홀이 설치 안되는 경우
특4호맨홀	내부치수 1,800×1,200mm 각형	내경 1,500mm 이하의 관거 중간지점에서 원형맨홀이 설치 안되는 경우
특5호맨홀	내부치수 D×1,200mm 각형 (D는 내경+인버트 폭)	현장여건상 표준맨홀 및 특1, 2, 3, 4호 맨홀이 설치 안되는 경우에 600mm 이상의 흄관에 적용
현장타설 관거용 맨홀	내경 900, 1,200mm 원형	직사각형거, 말굽형거 및 실드(shield)공법에 의한 하수관거의 중간지점
부관붙임 맨홀		거의 단차가 0.6m 이상인 경우

3) 맨홀부속물

가) 인버트(invert)

① 상류관과 인버트 저부사이에 3~10cm 정도의 단차를 두는 것이 바람직함

나) 발디딤부

① 발디딤부는 부식이 발생하지 않는 재질을 사용
② 발디딤부는 이용하기에 편리하도록 설치하여야 함

다) 맨홀뚜껑

맨홀뚜껑은 유지관리의 편리성 및 안전성을 고려하여 설치

(3) 우수조정지

1) 설계기준

① 우수조정지의 구조형식은 댐식(제방높이 15m 미만), 굴착식 및 지하식으로 함
② 우수의 방류방식은 자연유하를 원칙으로 함
③ 방류관거는 가능하면 자연유하로 하며, 현지 여건 및 경제성을 고려하여 압송으로 할 수도 있음
④ 우수조정지에서의 퇴사량은 토지이용, 지형, 지질 및 유지관리방법 등을 고려하여 정함

2) 유입우수량의 산정

① 우수조정지에서 각 시간마다의 유입우수량은 장시간 강우자료에 의한 강우강도곡선에서 작성된 연평균 강우량도를 기초로 하여 산정하는 방법과 빈도별, 지속 시간별 확률강우량에 의한 강우강도식을 산정하여 시설물별 임계지속시간에 대한 유입수문곡선을 구하는 방법 중 적정한 방안을 선택하여 산정
② 조절용량이란 계획강우에 따라 발생하는 첨두유량을 우수조정지로부터 하류로 허용되는 방류량까지 조절하기 위해 필요한 용량으로, 그 산정은 우수조절계산에 따름

3) 여수토구

① 여수토구는 확률년수 100년 강우의 최대우수유출량의 1.44배 이상의 유량을 방류시킬 수 있는 것으로 함
② 계획홍수위는 댐의 천단고를 초과하여서는 안됨

(4) 합류식하수도 우천시 방류부하량 저감시설

1) 방류부하량 산정

① 대상처리구역의 유역특성 및 관거특성 조사
② 처리구역의 방류량 및 방류수역의 수질조사
③ 방류량 및 방류부하량 산정
④ 모델링을 통한 검토

2) 배수설비 및 관거의 방류부하 저감대책

① 배수설비 기름제어

② 관거퇴적물제어

③ 관거분류화

④ 펌프장개선

⑤ 실시간 제어방법

3) 우수토실 및 토구의 방류부하 저감대책

① 협잡물 제어

② 우수토실 개선

(5) 우수토실

1) 고려사항

① 우수토실 설치위치 : 차집관거의 배치, 방류수면 및 방류지역의 주변환경 등을 고려하여 선정

② 우수토실의 우수월류량 = (계획하수량) – (우천시 계획오수량)

③ 우수토실에는 출입구 및 진입도로 등을 만들어 항상 월류웨어 또는 오수유출관거의 상태를 점검할 수 있도록 유지관리 방안을 수립

④ 우수토실의 오수유출관거에는 소정의 유량 이상은 흐르지 않도록 함

⑤ 우수토실이 안전하게 제기능을 유지하도록 적절하게 정하고 이상을 통보하는 적절한 감시 설비를 설치

2) 웨어길이 산정공식

$$L = \frac{Q}{1.8H^{3/2}}$$

L : 웨어(weir)의 길이(m)

Q : 우수월류량(m^3/s)

H : 월류수심(m)

3) 웨어의 분류

우수토실은 웨어형 이외에 수직오리피스, 기계식 수동수문 및 자동식수문, 볼텍스 밸브류 등을 사용할 수 있음

항목		개요	설치부지
고정식	횡월류웨어	· 기존 합류식 관거내의 흐름방향에 평행하게 웨어를 설치하여 차집량 이상의 오수는 측면으로 월류하도록 고안된 형태 · 구조가 간단함	부지가 협소한 곳에도 시공 가능
	수직 오리피스	· 분류웨어에 의해 차집된 오수를 수직 오리피스를 통해 차집하는 방식 · 구조가 간단하나 우수토실내 수위 증가에 의한 차집량 조절이 불가능	비교적 작은 부지에 시공 가능
	볼텍스밸브류	· 볼텍스밸브의 수리특성을 이용하여 우수토실내 수위가 증가하여도 일정 유량을 효과적으로 차집할 수 있음 · 외부동력 및 구동부가 없어 유지관리가 용이	비교적 작은 부지에 시공 가능
기계식	수동식 수문	· 수직 오리피스형에 수동식수문을 설치한 형태 · 수직 오리피스 입구에 설치된 수문을 수동으로 조작하여 오리피스의 통수 면적을 가감함으로써 차집량을 조절함	수직오리피스와 같으나, 수문실을 우수토실 내 또는 지상에 설치
	부표연동식 수문	· 수동식수문과 같은 형이나 수동식수문 대신 부표연동식수문을 설치하여 유량을 조절하도록 되어 있으나 복잡한 기계부품으로 되어 있어 하수중의 이물질에 의한 기능장애가 빈발하는 단점이 있음	오리피스외에 부표 설치를 위한 추가 부지가 필요
자동식	중앙집중제어식 전동수문	· 수동식수문 대신 전동모터에 의해 작동되는 수문을 설치하여 유역내 우수 토실을 한 곳에서 통제하는 형태 · 가장 효율적인 방식 · 막대한 공사비, 고도의 유지관리 기술 및 특수 기술요원 확보 등의 어려움이 있음	전동모터실 및 비상동력 (디젤엔진 등)실 설치로 큰 부지 필요

(6) 토구

① 토구의 위치 및 구조는 방류하는 하천, 항만 및 해안 등의 관리자와 사전에 충분한 협의를 거친 후에 결정
② 토구에서 유속은 선박의 운항 및 하저의 세굴 등 주변환경에 영향을 미치지 않을 정도로 함
③ 토구의 저면높이는 하천, 해역 또는 호소 계획홍수위와 저수위의 중간에 둠
  단, 어떠한 경우라도 토구의 저면은 하천 및 해역의 저면보다 높게 함
④ 토구의 위치 및 방류의 방향은 우수가 부근에 정체되지 않도록 정함
⑤ 방류수면 수위가 우수토실의 웨어정보다 높아지는 경우에는 방조수문을 설치
  이 경우 수문은 반드시 자동으로 개폐되도록 하고 예비로 수동수문을 설치
⑥ 주민편의시설 등이 있는 사람 왕래가 잦은 하천, 해안 등으로 방류하는 토구에는 악취차단, 토구내 출입 차단을 할 수 있는 시설을 설치

(7) 물받이 및 연결관

1) 물받이의 분류

공공하수도로서의 물받이 : 오수받이, 빗물받이 및 집수받이 등이 있는데 배제방식에 따라 적절히 선정하여 배치(개인하수도시설인 배수설비의 물받이와 구분됨)

2) 오수받이

오수받이는 공공도로상에 설치하는 것을 원칙으로 하되 목적 및 기능을 고려하고 유지관리상 지장이 없는 장소에 설치

3) 빗물받이

가) 설치위치

① 도로옆의 물이 모이기 쉬운 장소나 L형 측구의 유하방향 하단부에 반드시 설치
② 횡단보도, 버스정류장 및 가옥의 출입구 앞에는 가급적 설치하지 않는 것이 좋음
③ 보, 차도 구분이 있는 경우에는 그 경계로 하고, 보, 차도 구분이 없는 경우에는 도로와 사유지의 경계에 설치

나) 고려사항

① 노면배수용 빗물받이 간격 : 10~30m
② 도로폭 및 경사별 설치기준을 고려하여 적당한 간격으로 설치하되, 상습침수지역에 대해서는 이보다 좁은 간격으로 설치할 수 있음
③ 협잡물 및 토사의 유입을 저감할 수 있는 방안을 고려하여야 함
④ 악취방지방안 고려필요

4) 집수받이

집수받이는 개거와 암거를 접속하는 경우 및 횡단하수구 등에 설치하며 아래의 표를 표준으로 함

명칭	내부치수	용도
1호 집수받이	300×400mm	폭 300mm까지의 U형 측구에 사용
2호 집수받이	450×450mm	폭 300~450mm까지의 U형 측구에 사용
3호 집수받이	450×450mm	폭 450mm까지의 U형 측구에 사용

5) 연결관

① 재질은 도관, 철근콘크리트관, 경질염화비닐관 또는 이것과 동등 이상의 강도 및 내구성이 있는 것을 사용
② 부설방향은 본관에 대하여 직각으로 부설
③ 본관연결부는 본관에 대하여 60° 또는 90°로 함
④ 연결관의 경사는 1% 이상으로 하고, 연결위치는 본관의 중심선보다 위쪽으로 함
⑤ 연결관의 최소관경은 150mm로 함
⑥ 유지관리를 위하여 종단면배치상의 내각은 120° 이상이 바람직하며, 연결관 평면배치 연장이 20m 이상 이거나 굴곡부 등에는 연결관 관경이상의 점검구를 설치

6) 악취방지시설

① 우선 발생원을 조사하여 이에 대응한 시설이 되도록 하여야 함
② 악취발생을 저감할 수 있는 계획 및 시설은 발생방지를 우선으로 하고 시설계획을 하여야 함
③ 방취시설은 가장 효과적이고, 비용절감적인 측면에서 계획되어야 함

(8) 배수설비

1) 배수설비의 일반사항

① 배수설비는 개인하수도의 일종임
② 배수설비의 설치 및 유지관리 : 의무가 있는 개인이 하는 것이 기본
③ 배수설비중 물받이 : 배수구역 경계지점 또는 배수구역안에 설치
④ 결빙으로 인한 우·오수 흐름의 지장이 발생되지 않도록 하여야 함

2) 배수관 종류

① 암거는 도관, 철근콘크리트관 및 경질염화비닐관 등 내구성이 있는 것을 사용
② 오수관의 크기
  일부의 오수를 배제하기 위한 지관으로서 연장이 3m 미만의 것은 관경 75mm의 것을 사용

항목	구분			
배수인구(명)	150 이하	300 이하	600 이하	1,000 이하
관경(mm)	100 이상	150 이상	200 이상	250 이상

③ 합류관 및 우수관의 크기

〈 배수면적에 의한 합류관 및 우수관의 크기 〉

항목	구분			
배수면적(m^2)	200 미만	600 미만	1,200 미만	1,200 이상
관경(mm)	100 이상	150 이상	200 이상	좌편과 같은 비율로 관경 또는 개수를 증가

〈 배수량이 특히 많은 장소에서의 관의 크기 〉

항목	구분			
배수량(m^3/d)	1,000 미만	2,000 미만	4,000 미만	6,000 이상
관경(mm)	100 이상	150 이상	200 이상	좌편과 같은 비율로 관경 또는 개수를 증가

3) 배수관거의 고려사항

① 관거의 경사는 관거내 유속이 0.6~1.5m/s가 되도록 정함
② 최소토피는 건물의 부지내에서는 20cm 이상으로 함
③ 우수관의 지관으로서 연장 3m 미만의 것은 관경 75mm의 것을 사용하여도 좋음

Chapter 02
용어정리

간선(trunk line, main line)

- 정수장으로부터 배수지까지의 송수관 또는 배수지 사이를 연결하는 배수관을 간선 혹은 배수간선(배수본관과 구분됨)

간선하수관(trunk sewer ; sewer main)

- 하수배제 시설의 골격을 이루는 관로, 펌프장 계획을 책정하기 위한 중심적 하수관

개거(개수로 ; open ditch ; open channel)

- 자유수면을 갖고 흐르는 수로단면으로 뚜껑이 없는 수로

관거(pipe & culvert)

- 관수로와 개수로를 포함하는 수로의 총칭

관거접합(pipe connection)

- 관거의 지름, 기울기, 방향이 변하는 장소 및 관거가 합류하는 곳에 맨홀을 이용하며 관과 관을 연결하는 것

관경(pipe diameter)

- 관의 지름(구경, 직경), 내경과 외경이 있음

관기초(foundation for laying pipe)

- 관거 시공 시, 연약하고 불안정한 지반 등에 사용될 수 있는 기초시설

관내동결(freezing in pipeline)

- 수도 관로 내의 물이 어는 현상

관내면부식(internal corrosion ; internal corrosion of pipe)

- 수도관 내면에 발생하는 부식

관내수압(pressure in pipe ; pipe pressure)

- 관수로에 물을 공급할 때의 관내의 물에 가해지는 압력

관로(conduit)

- 관으로 된 수로

- 관거, 우수토실, 토구, 물받이 및 연결관 등의 총칭

관망(pipe line net ; pipe net)

- 상수관 등을 그물 모양으로 배치시키는 배관상태를 말함

관외면부식(external corrosion ; external corrosion of pipe)

- 관의 외부면에 발생하는 부식(원인: 토양부식, 대기부식, 전식 등)

관저(sewer invert elevation)

- 기준면에서 하수관 내면 하단까지의 높이

관저접합(pipe bottom connection)

- 하수관 접합법의 하나로 관저를 일치시키는 접합법

관정접합(pipe top connection)

- 하수관 접합법의 하나로 관정을 일치시키는 접합법

관정 부식(crown corrosion)

- 관내에서 혐기성 상태가 되면, 하폐수에 존재하는 황화물이 황화수소(H_2S)가 되어 관정에 부착된 수분과 결합되어 미생물의 도움으로 부식성이 큰 황산(H_2SO_4)을 형성시켜 관정을 부식시키는 것

국부부식(local corrosion)

- 전해질 중, 금속에 (–)극과 양(+)극이 발생하여 그것이 고정되어 있는 경우 (+)극에 집중적으로 발생하는 전기화학적 부식

급수(water supply ; water service)

- 배수관으로 부터 분기한 급수관에 의해서 수돗물을 공급하는 것

급수방식(給水方式, water supply system)

- 급수방식은 크게 나누어 직결식과 수조식으로 분류됨
- 직결식 : 수조를 사용하지 않고 배수관으로부터 직접 급수하는 방식
- 수조식 : 급수조를 설치하여 물을 가두어 두었다가 급수하는 방식

급수설비(water service installation ; water supply equipment)

- 수요자에 물을 공급하기 위해서 수도사업자가 시설한 배수관으로부터 분기하여 설치된 급수관 및 이것에 직결하는 급수용구

급수전(water tap ; tap ; faucet ; water supply tap ; service faucet)

- 급수 장치의 말단부에 장치된 개폐 토수기구

내식성

- 금속 부식에 대한 저항력, 내식성이 클수록 부식이 잘 안됨

누수(water leakage)

- 수도관에서 물이 누출되는 현상
- 원인 : 관의 재질, 노후도, 토양, 부식, 지반침하, 시공불량 등

다공관(porous pipe)

- 관에 다수의 구멍이 나있는 관

도수(water conveyance ; raw water transmission)

- 원수(原水)를 취수시설에서 정수장까지 보내는 것

동수경사(동수구배 ; hydraulic gradient)

- 위치수두와 압력수두를 합한 수두(동수두)를 연결한 선의 기울기

라이닝(lining)

- 관거 등의 부식방지를 위하여 보호재를 관내에 코팅하는 것

만수위(full water level)

· 댐 저류수의 최고수위, 주로 홍수기의 수위

매설관(underground pipe)

· 상·하수도관, 가스관, 빗물배수관, 전기통신관 등 지면아래에 묻혀있는 관

맨홀(manhole)

· 하수관거의 청소, 환기, 점검, 채수 등의 목적으로 설치된 시설
· 관거가 합류하는 지점, 구배, 관경이 변화하는 지점 및 유지관리상 필요한 지점에 설치

물받이(inlet)

· 하수를 모아서 연결관로 의해 관거에 유하시키는 시설
· 종류 : 오수받이, 빗물받이, 집수받이 등

방식(corrosion protection ; corrosion control ; corrosion prevention)

· 시설에 부식을 방지 또는 억제하는 것

배수(drainage)

· 불필요한 물을 시설의 외부로 배제하는 것

배수지(distribution reservoir ; service reservoir)

· 급수구역의 수요량에 따라 적절한 배수를 위해서 정수를 일시 모아두는 시설

배수탑(elevated distribution reservoir, elevated service reservoir)

· 정수를 저장하고 급수량을 조절하는 물탱크

배수탱크(drain tank)

· 배수구역 내에 배수지를 설치할 적당한 지점의 확보가 어려울 때에 지상에 설치되는 저류지

부식(corrosion)

· 금속에 의해 화학적 또는 전기화학적인 반응으로 표면에서부터 침범당하는 현상

사류(super critical flow)

· 개수로의 흐름에서 한계수심보다 작은 수심으로 흐르는 수로

세굴(scouring)

· 하천 내의 교각 또는 해안의 방파제 등 구조물 기초주변의 모래층이 물의 흐름과 파도 등으로 생기는 소용돌이에 의해 침식되는 현상

손실수두(head loss)

· 관거 내 물이 흐를 때 단면이나 속도 등의 변화나 마찰에 의해 발생하는 에너지(수두)의 손실

송수(water transmission)

· 정수장에서 처리된 정수를 관로 등을 통해 배수지까지 보내는 것

수면접합(water surface connection)

· 관거의 접합방법의 하나로, 계획수위를 일치시켜서 접합하는 방법

수문곡선(hydrograph)

· 시간의 경과에 따라 수위, 유량, 유속 등 물의 특성을 나타낸 그래프

수밀성(water – tightness)

· 물의 침입 혹은 투과에 맞서는 저항성

암거(culvert)

· 상부를 개방하지 않는 도랑으로 된 수로

압력관거(pressure aqueduct ; pressure conduit)

· 수로 내 수압을 받는 관로, 암거

역류방지밸브(check valve ; non-return valve)

- 밸브체가 유체의 배압에 의해 닫혀, 역류를 방지하도록 작동하는 밸브

역사이펀(inverted siphon)

- 급수장치에서 급수관 내를 흐른 물이 부압의 발생에 의해 기존의 흐름과는 역방향으로 흐르는 현상

웨어(weir)

- 개수로의 유수를 막아서 그 위를 넘어 흐르게 하는 것의 총칭

윌리암스-헤젠공식(Willams-Hazen Formula)

- 관수로의 평균유속을 나타내는 공식

정수압(hydrostatic pressure ; static water pressure)

- 정수 안에서 작용하는 압력

제수밸브

- 관의 파열, 누수, 접속공사 등을 위하여 관로의 일부를 필요에 따라서 폐쇄하기 위해 설치하는 밸브

조도계수(roughness coefficient)

- 관수로 및 관로에서 벽면의 거친 정도를 나타내는 계수. 조도계수가 클수록 관이 거칠거칠함

준설(dredging)

- 강이나 호수 바닥의 토사 또는 암석을 골라내는 공사

직결급수

- 배수관 내의 수돗물을 가정의 수도꼭지까지 배수관 수압으로 직접 급수하는 방식

집수매거(infiltration gallery)

- 모래, 자갈 등 투수성이 좋은 하천부지와 땅속에 설치하여, 자유수면이 있는 지하수를 취수하는 시설

집합정(collecting well)

· 여러 개의 관 또는 도랑에서 물을 모아서 하류로 흘려보내기 위한 우물

차집관거(intercepting sewer)

· 합류식 하수도의 관거 중에서 하수를 모아 하수처리장으로 수송하기 위한 관거

수두(head)

· 단위중량의 물이 가지는 에너지

전수두(total head)

· 위치수두, 압력수두, 속도수두의 합계

$$\text{전수두} \quad = \quad \text{위치수두} \quad + \quad \text{압력수두} \quad + \quad \text{속도수두}$$

$$H \quad = \quad h \quad + \quad \frac{P}{r} \quad + \quad \frac{v^2}{2g} \qquad \text{(베르누이의 정리)}$$

측관

· 수로에 유입한 토사류를 침전 제거하기 위한 곳

· 배수지를 경유하지 않고 직접 배수할 수 있도록 유출입관을 연결시키기 위해 설치하는 관

01 직사각형 하수관거에서 시공장소의 흙두께 및 폭원에 제한을 받는 경우에 유리하다. (O/X)

02 직사각형 하수관거에서 만류가 되기까지는 수리학적으로 불리하다. (O/X)

03 직사각형 하수관거에서 철근이 해를 받았을 경우에도 상부하중에 대하여 대단히 안정적이다. (O/X)

04 직사각형 하수관거에서 현장타설의 경우, 공사기간이 단축된다. (O/X)

05 활성슬러지법에서 사용하는 수중형 포기기는 저속터빈과 압력튜브 혹은 보통관을 통한 압축공기를 주입하는 형식이다. (O/X)

06 활성슬러지법에서 사용하는 수중형 포기기는 혼합정도가 좋으며 결빙문제나 유체가 튀지 않는다. (O/X)

07 활성슬러지법에서 사용하는 수중형 포기기는 깊은 반응조에 적용하며 운전에 융통성이 있다. (O/X)

08 활성슬러지법에서 사용하는 수중형 포기기는 송풍조의 규모를 줄일 수 있어 전기료가 적게 소요된다. (O/X)

09 하수관거시설의 황화수소 부식대책으로 관거를 청소하고 미생물의 생식장소를 제거한다. (O/X)

10 하수관거시설의 황화수소 부식대책으로 환기를 시켜 관내 황화수소를 희석한다. (O/X)

11 하수관거시설의 황화수소 부식대책으로 황산염환원세균의 활동을 촉진시켜 황화수소발생을 억제한다. (O/X)

12 하수관거시설의 황화수소 부식대책으로 방식재료를 사용하여 관을 방호한다. (O/X)

13 하천수의 취수에서 취수보는 안정된 취수와 침사효과가 큰 것이 특징이다. (O/X)

14 하천수의 취수에서 취수탑(취수지점)은 하천유황이 안정되고 또한 갈수 수위가 2m 이상인 것이 필요하다. (O/X)

15 하천수의 취수에서 취수문은 하천유황의 직접적 영향이 없으므로 취수상황이 안정적이다. (O/X)

16 하천수의 취수에서 취수관거는 하상변동이 큰 지점에서는 적당하지 않다. (O/X)

17 저수시설인 하구둑의 개발수량은 중소규모의 개발이 기대된다. (O/X)

18 저수시설인 하구둑의 경제성은 일반적으로 댐보다 비싸다. (O/X)

19 저수시설인 하구둑의 설치지점은 수요지 가까운 하천의 하구에 설치하여 농업용수에 바닷물의 침해방지기능을 겸하는 경우가 많다. (O/X)

20 저수시설인 하구둑의 저류수의 수질은 염소이온농도에 주의를 요한다. (O/X)

21 도수거는 수리학적으로 자유수면을 갖고 중력작용으로 경사진 수로를 흐르는 시설이다. (O/X)

22 도수거에서 개거나 암거인 경우에는 대개 300~500m 간격으로 시공조인트를 겸한 신축조인트를 설치한다. (O/X)

23 도수거에서 균일한 동수경사(통상 1/1,000~1/3,000)로 도수하는 시설이다. (O/X)

24 도수거의 평균유속의 최대한도는 3.0m/s로 하고, 최소유속은 0.3m/s 로 한다. (O/X)

25 하수도 펌프장 시설의 중력식 침사지에서 침사지의 평균유속은 0.3m/sec를 표준으로 한다. (O/X)

26 하수도 펌프장 시설의 중력식 침사지에서 체류시간은 30~60초를 표준으로 한다. (O/X)

27 하수도 펌프장 시설의 중력식 침사지에서 수심은 유효수심에 모래퇴적부의 깊이를 더한 것으로 한다. (O/X)

28 하수도 펌프장 시설의 중력식 침사지에서 우수 침사지의 표면부하율은 $1,800m^3/m^2 \cdot day$ 정도로 한다. (O/X)

29 수도관 관종 중 경질염화비닐관은 특정 유기용제 및 열, 자외선에 약하다. (O/X)

30 수도관 관종 중 경질염화비닐관은 조인트의 종류에 따라 이형관 보호공을 필요로 한다. (O/X)

31 수도관 관종 중 경질염화비닐관은 저온 시에 내충격성이 저하된다. (O/X)

32 수도관 관종 중 경질염화비닐관은 내면 조도의 변화가 일어나기 쉽다. (O/X)

33 오수관거의 유속범위 기준은 계획시간 최대오수량에 대하여 유속을 최소 0.6m/sec, 최대 3.0m/sec로 한다. (O/X)

34 하수관거의 단면형상이 계란형인 경우에 유량이 적은 경우 원형거에 비해 수리학적으로 유리하다. (O/X)

35 하수관거의 단면형상이 계란형인 경우 원형거에 비해 관폭이 커도 되므로 수평방향의 토압에 유리하다. (O/X)

36 하수관거의 단면형상이 계란형인 경우 재질에 따라 제조비가 늘어나는 경우가 있다. (O/X)

37 하수관거의 단면형상이 계란형인 경우 수직방향의 시공에 정확도가 요구되므로 면밀한 시공이 필요하다. (O/X)

38 취수탑은 대량취수 시 경제적인 것이 특징이다. (O/X)

39	취수탑은 취수보와 달리 토사유입을 방지할 수 있다.	(O/X)
40	취수탑의 공사비는 일반적으로 크다.	(O/X)
41	취수탑 시공 시 가물막이 등 가설공사는 비교적 소규모로 할 수 있다.	(O/X)
42	수도관 중 스테인리스 강관은 이종금속과의 절연처리가 필요없다.	(O/X)
43	수도관 중 스테인리스 강관은 라이닝이나 도장을 필요로 하지 않는다.	(O/X)
44	수도관 중 스테인리스 강관은 용접접속에 시간이 걸린다.	(O/X)
45	수도관 중 스테인리스 강관은 강인성이 뛰어나고 충격에 강하다.	(O/X)
46	도수거의 개수로 경사는 일반적으로 1/100~1/300의 범위에서 선정된다.	(O/X)
47	도수거에서 개거나 암거인 경우에는 대개 30~50m 간격으로 시공조인트를 겸한 신축조인트를 설치한다.	(O/X)
48	도수거에서 평균유속의 최대한도는 2.0m/sec로 한다.	(O/X)
49	도수거에서 최소유속은 0.5m/sec로 한다.	(O/X)
50	배수지는 부득이한 경우 외에는 급수지역 중앙에 위치하지 않도록 하여야 한다.	(O/X)
51	상수시설인 배수지에서 급수구역 내의 지반 고저가 심할 때는 높은 지구, 낮은 지구 또는 높은 지구, 중간 지구, 낮은 지구의 2~3개 급수구역으로 분할하여 각 구역마다 배수지를 만들거나 감압밸브 또는 가압펌프를 설치한다.	(O/X)
52	배수지는 붕괴의 우려가 있는 비탈의 상부나 하부 가까이는 피해야 한다.	(O/X)
53	정수시설인 플록 형성지는 단락류나 정체부가 생기지 않으면서 충분하게 교반될 수 있는 구조로 한다.	(O/X)
54	하수관거에서 유속은 일반적으로 하류방향으로 흐름에 따라 점차로 커지도록 한다.	(O/X)
55	하수관거에서 우수관거·합류관거의 유속은 계획우수량에 대하여 최소 0.8m/sec, 최대 3m/sec로 한다.	(O/X)
56	하수관거에서 관거경사는 일반적으로 하류방향으로 흐름에 따라 점차 작아지도록 한다.	(O/X)
57	상수의 송수시설의 계획송수량은 원칙적으로 계획시간 최대급수량을 기준으로 한다.	(O/X)
58	상수의 송수는 관수로로 하는 것을 원칙으로 하되 개수로로 할 경우에는 터널 또는 수밀성의 암거로 한다.	(O/X)

59	상수의 송수시설은 정수장에서 배수지까지의 송수하는 시설이다.	(O/X)
60	상수의 송수방식은 자연유하식, 펌프가압식 및 병용식이 있다.	(O/X)
61	도수시설의 계획도수량은 계획취수량을 기준으로 한다.	(O/X)
62	도수노선은 원칙적으로 공공도로 및 수도용지로 한다.	(O/X)
63	가능한 한 최소동수경사선 이상이 되도록 도수노선을 선정한다.	(O/X)
64	도수시설은 취수시설에서 취수된 원수를 정수시설까지 끌어들이는 시설로 도수관 또는 도수거, 펌프설비 등으로 구성된다.	(O/X)
65	심정호는 피압대수층으로부터 취수하는 우물이다.	(O/X)
66	심정호의 굴착방법 중 캐스트홀(cased hole) 공법은 굴착공의 붕괴를 방지하기 위해 가설케이싱을 지층에 삽입하면서 굴진하는 방법이다.	(O/X)
67	심정호의 경우 충전자갈은 계산된 투입량보다 20% 정도 많이 준비한다.	(O/X)
68	심정호 스크린 내로 유입되는 물의 속도를 가능한 빠르게 하기 위해 스크린 개구율을 크게 한다.	(O/X)
69	하수도 원형관거는 수리학적으로 유리하며 역학계산이 간단하다.	(O/X)
70	하수도 원형관거는 일반적으로 내경 3,000mm 정도까지 공장제품을 사용할 수 있다.	(O/X)
71	하수도 원형관거는 공장제품으로 접합부를 최소화할 수 있어 지하수 침투량에 대한 염려가 적다.	(O/X)
72	하수도 원형관거는 안전하게 지지시키기 위해서 모래기초 외에 별도로 적당한 기초공을 필요로 하는 경우가 있다.	(O/X)
73	하수관거 계란형은 유량이 큰 경우 원형거에 비해 수리학적으로 유리하다.	(O/X)
74	하수관거 계란형은 원형거에 비해 관폭이 작아도 되므로 수직방향의 토압에 유리하다.	(O/X)
75	하수관거 계란형은 재질에 따라 제조비가 늘어나는 경우가 있다.	(O/X)
76	하수관거 계란형은 수직방향의 시공에 정확도가 요구되므로 면밀한 시공이 필요하다.	(O/X)
77	취수탑의 횡단면은 정방향 또는 장방형으로 한다.	(O/X)
78	취수탑의 내경은 필요한 수의 취수구를 적절히 배치할 수 있는 크기로 한다.	(O/X)
79	취수탑의 상단 및 관리교의 하단은 하천, 호소 및 댐의 계획최고수위보다 높게 한다.	(O/X)

80 갈수 시에도 일정 이상의 수심을 확보할 수 있다면, 취수탑은 연간의 수위변화가 크더라도 하천이나 호소, 댐에서의 취수시설로 알맞다. (O/X)

81 정수시설 중 완속 여과지 깊이는 하부집수장치의 높이에 자갈층 두께, 모래층 두께, 모래면 위의 수심과 여유고를 더하여 2.5~3.5m를 표준으로 한다. (O/X)

82 집수매거의 취수량의 대소 : 일반적으로 중량 취수에 이용된다. (O/X)

83 집수매거의 하천의 유황 : 유황의 영향이 크다. (O/X)

84 집수매거의 지질조건 : 투수성이 큰 하천바닥에 적합하다. (O/X)

85 집수매거의 기상조건 : 일반적으로 영향이 적다. (O/X)

86 상수도에서 급수관을 공공도로에 부설할 경우에는 도로관리자가 정한 점용위치와 깊이에 따라 배관해야 하며, 다른 매설물과의 간격을 30cm 이상 확보한다. (O/X)

87 상수도에서 급수관을 부설하고 되메우기를 할 때에는 양질토 또는 모래를 사용하여 적절하게 다짐하여 관을 보호한다. (O/X)

88 상수도에서 급수관이 개거를 횡단하는 경우에는 가능한 한 개거 위로 부설한다. (O/X)

89 상수도에서 동결이나 결로의 우려가 있는 급수장치의 노출부분에 대해서는 적절한 방한 조치나 결로 방지조치를 강구한다. (O/X)

90 덕타일 주철관은 강도가 크고 내구성이 있다. (O/X)

91 덕타일 주철관은 이음에 신축 휨성이 적어 관이 지반 변동에 유연하지 못하다. (O/X)

92 덕타일 주철관은 이음의 종류가 풍부하다. (O/X)

93 덕타일 주철관은 중량이 비교적 무겁고 이음의 종류에 따라서는 이형관 보호공을 필요로 한다. (O/X)

94 취수보는 일반적으로 대하천에 적당하다. (O/X)

95 취수보는 안정된 취수가 가능하다. (O/X)

96 취수보는 침사효과가 적다. (O/X)

97 취수보는 하천의 흐름이 불안정한 경우에 적합하다. (O/X)

98 상수시설 중 배수지의 유효용량은 시간변동조정용량, 비상대처용량을 합하여 급수구역의 계획 1일 최대급수량의 12시간분 이상을 표준으로 한다. (O/X)

99 상수시설 중 배수지의 부득이한 경우 외에는 배수지 급수지역의 중앙 가까이에 설치한다. (O/X)

100 상수시설 중 배수지의 유효수심은 2~3m를 표준으로 한다. (O/X)

101 상수시설 중 배수지의 자연유하식 배수지의 표고는 최소동수압이 확보되는 높이어야 한다. (O/X)

102 랑게리아지수는 pH, 칼슘경도, 알칼리도를 증가시킴으로써 개선할 수 있다. (O/X)

103 랑게리아지수는 물의 실제 pH와 이론적 pH(pHs : 수중의 탄산칼슘이 용해되거나 석출되지 않는 평형상태로 있을 때에 pH)와의 차이를 말한다. (O/X)

104 랑게리아지수가 정(+)의 값으로 절대치가 크면 탄산칼슘의 석출이 일어나기 어렵다. (O/X)

105 소석회 - 이산화탄소 병용법은 칼슘경도, 유리탄산, 알칼리도가 낮은 원수의 랑게리아지수 개선에 알맞다. (O/X)

106 하수관거 우수관거에서 계획하수량은 계획우수량으로 한다. (O/X)

107 하수관거 합류식 관거에서 계획하수량은 계획시간 최대오수량에 계획우수량을 합한 것으로 한다. (O/X)

108 하수관거 차집관거에서 계획하수량은 계획시간 최대오수량으로 한다. (O/X)

109 하수관거 지역의 실정에 따라 계획하수량에 여유율을 둘 수 있다. (O/X)

110 집수매거의 단면은 원형 또는 장방형으로 한다. (O/X)

111 집수매거의 방향은 복류수의 흐름과 직각방향으로 한다. (O/X)

112 집수매거의 매설깊이는 5m가 기준이다. (O/X)

113 집수매거의 집수공에서의 유입속도가 3m/min 이하가 되어야 한다. (O/X)

114 하수관거는 관거내면이 매끈하고 조도계수가 커야 한다. (O/X)

115 하수관거는 중량이 작고, 운반 및 설치공사에 지장이 생기지 않아야 한다. (O/X)

116 하수관거는 외압에 대한 강도가 충분하고 파괴에 대한 저항력이 커야 한다. (O/X)

117 하수관거는 유량의 변동에 대해서 유속의 변동이 적은 수리특성을 가져야 한다. (O/X)

118 집수 매거에서 복류수를 집수할 경우에는 매설의 방향은 복류수의 방향에 수평으로 한다. (O/X)

119 집수 매거에서 집수공의 유입 유속은 3cm/sec 이하로 하고 집수 매거는 1/500의 완만한 경사를 가져야 한다. (O/X)

120 집수 매거에서 매설 깊이는 5m를 표준으로 한다. (O/X)

121 집수 매거에서 집수 매관의 유출 끝에서 관내 평균 유속은 1m/sec 이하가 되도록 한다. (O/X)

122 지하수 양수 시험에서 얕은 우물의 경우는 구경 600mm 이상인 시험용 우물을 설치한다. (O/X)

123 지하수 양수 시험에서 깊은 우물의 경우는 구경 150mm 이상인 시험용 우물을 설치한다. (O/X)

124 지하수 양수 시험에서 경제 양수량은 양수 시험으로부터 구한 최대 양수량의 80% 이상이 되어야 한다. (O/X)

125 지하수 양수 시험에서 양수 시험은 최대 갈수기 중에 최소한 1주일간 연속하여 실시하여야 한다. (O/X)

126 취수탑의 단면이 원형 혹은 타원형인 경우에는 장폭 방향을 흐름 방향과 일치하도록 설치하여야 한다. (O/X)

127 취수탑체의 상단은 계획 최고 수위보다 1~1.5m 이상 높아야 한다. (O/X)

128 취수탑의 취수구의 유입 속도는 하천의 경우 1~2m/초 정도가 되도록 단면적을 설계한다. (O/X)

129 취수탑의 내경은 필요한 수의 취수구를 적당하게 배치할 수 있는 크기를 가져야 한다. (O/X)

130 집수매거의 방향은 통상 복류수의 흐름방향에 직각이 되도록 한다. (O/X)

131 집수매거의 매설깊이는 5m를 표준으로 한다. (O/X)

132 집수매거의 집수공에서의 유입속도는 3cm/sec 이하가 되어야 한다. (O/X)

133 집수매거 집수구멍의 직경은 2~8mm로 하며 그 수는 관거표면적 1m² 당 200~300개 정도로 한다. (O/X)

134 배수관 '강관'은 내면조도가 변화하지 않는다. (O/X)

135 배수관 '강관'은 라이닝의 종류가 풍부하다. (O/X)

136 배수관 '강관'은 가공성이 좋다. (O/X)

137 배수관 '강관'은 전식에 대한 배려가 필요하다. (O/X)

138 하수의 소규모 관거시설에서 계획 오수량은 계획 시간 최대 오수량으로 한다. (O/X)

139 하수의 소규모 관거시설에서 오수관거는 계획 오수량에 대해 200%의 여유를 두는 것으로 한다. (O/X)

140 하수의 소규모 관거시설에서 오수관거의 최소 흙두께는 원칙적으로 1m로 한다. (O/X)

141 하수의 소규모 관거시설에서 관의 단면 형상은 원칙적으로 원형, 직사각형 또는 계란형으로 한다. (O/X)

142 저수댐은 댐 지점 및 저수지의 지질이 양호하여야 한다. (O/X)

143 저수댐은 가장 작은 댐의 크기로서 필요한 양의 물을 저수할 수 있어야 한다. (O/X)

144 저수댐은 유역 면적이 작고 수원 보호상 유리한 지형이어야 한다. (O/X)

145 저수댐은 저수지 용지 내에 보상해야 할 대상물이 적어야 한다. (O/X)

146 집수 매거의 방향은 통상 복류수의 흐름 방향에 직각이 되도록 한다. (O/X)

147 집수 매거 집수공의 유입 유속은 3cm/sec 이하로 하고 집수 매거는 1/500 이하의 완만한 경사를 가져야 한다. (O/X)

148 집수 매거의 매설 깊이는 5m를 표준으로 하나 지질이나 지층의 제약으로 부득이한 경우에는 그 이하로 할 수도 있다. (O/X)

149 집수 매거의 집수 구멍의 직경은 2~4mm로 하며 그 수는 관거 표면적 $1m^2$ 당 50~100개소 이상으로 한다. (O/X)

150 하천 표류수 취수 시설 중 취수문은 보통 소량 취수에 이용된다. 그러나 취수둑에 비해서는 대량 취수에도 쓰인다. (O/X)

151 하천 표류수 취수 시설 중 취수문은 유심이 안정된 하천에 적합하다. (O/X)

152 하천 표류수 취수 시설 중 취수문은 토사, 부유물의 유입 방지가 용이하다. (O/X)

153 하천 표류수 취수 시설 중 취수문은 갈수 시 일정 수심 확보가 안 되면 취수가 불가능하다. (O/X)

154 도수관, 송수관에 설치하는 제수 밸브(실)은 수압이 높은 장소로서 관경 400mm 이상의 제수 밸브에는 부제수 밸브를 설치하여야 한다. (O/X)

155 도수관, 송수관에 설치하는 제수 밸브(실)은, 관경 800mm 이상의 제수 밸브실에는 밸브 전단에 맨홀을 설치함이 좋다. (O/X)

156 도수관, 송수관에 설치하는 제수 밸브(실)은 도로의 종류별, 배관의 구경별 및 현장 조건에 따라 소형, 중형, 대형으로 구분하여 설치한다. (O/X)

157 도수관, 송수관에 설치하는 제수 밸브실에는 이상수압 발생 시 즉시 감지하기 위한 수압계의 설치 등 배수 및 점검을 위한 설비를 갖추어야 한다. (O/X)

158 관거 접합의 종류에는 관정접합, 관중심접합, 수면접합, 관저접합 등이 있다. (O/X)

159 관거의 관경이 변화하는 경우의 접합방법은 원칙적으로 수면접합 또는 관정접합으로 한다. (O/X)

160 관거 두 개의 관거가 합류하는 경우 중심교각은 되도록 60° 이상으로 한다. (O/X)

161 관거 지표의 경사가 급한 경우에는 관경변화에 대한 유무에 관계없이 원칙적으로 단차접합 또는 계단접합을 한다. (O/X)

162 하수관거 직사각형인 경우 일반적으로 높이가 폭보다 작다. (O/X)

163 하수관거 직사각형인 경우 역학계산이 간단하다. (O/X)

164 하수관거 직사각형인 경우 시공장소의 흙 두께 및 폭원에 제한을 받는 경우에 유리하다. (O/X)

165 하수관거 직사각형인 경우 현장타설의 경우에 공사기간이 단축된다. (O/X)

166 우수받이의 설치에서 협잡물 및 토사의 유입을 저감할 수 있는 방안을 고려하여야 한다. (O/X)

167 우수받이의 설치에서 설치위치는 보도, 차도 구분이 없는 경우에는 도로와 사유지의 경계에 설치한다. (O/X)

168 우수받이의 설치에서 도로옆의 물이 모이기 쉬운 장소나 L형 측구의 유하방향 하단부에 반드시 설치한다. (O/X)

169 우수받이의 설치에서 횡단보도 및 가옥의 출입구 앞에는 가급적 설치하여 우수침수를 방지한다. (O/X)

170 하수관로 경사를 선정할 때 관거 내에 토사 등이 침전, 정체하지 않는 유속이 필요하다. (O/X)

171 하수관로 경사를 선정할 때 하류관거의 유속은 상류보다 작게 해야 한다. (O/X)

172 하수관로 경사를 선정할 때 경사는 하류에 갈수록 완만하게 해야 한다. (O/X)

173 하수관로 경사를 선정할 때 현저한 급류가 생기는 경사는 관거 손상의 원인이 된다. (O/X)

174 호수, 저수지 취수시설 중 취수문은 보통 대량 취수에 적합하다. (O/X)

175 호수, 저수지 취수시설 중 취수문은 갈수기에 호소에 유입되는 수량 이하로 취수할 계획이면 안정 취수가 가능하다. (O/X)

176 호수, 저수지 취수시설 중 취수문은 수심의 상황과 전혀 영향이 없다. (O/X)

177 호수, 저수지 취수시설 중 취수문은 보통 수위변동이 적은 호수 등에 적합하다. (O/X)

1.○	2.×	3.×	4.×	5.○	6.○	7.○	8.×	9.○	10.○	11.×	12.○	13.○	14.○	15.×
16.○	17.○	18.×	19.○	20.○	21.○	22.×	23.○	24.○	25.○	26.○	27.○	28.×	29.○	30.○
31.○	32.×	33.○	34.○	35.×	36.○	37.○	38.○	39.×	40.○	41.○	42.×	43.○	44.○	45.○
46.×	47.○	48.×	49.×	50.×	51.○	52.○	53.○	54.○	55.○	56.○	57.×	58.○	59.○	60.○
61.○	62.○	63.×	64.○	65.○	66.○	67.○	68.×	69.○	70.○	71.×	72.○	73.×	74.○	75.○
76.○	77.×	78.○	79.○	80.○	81.○	82.○	83.×	84.○	85.○	86.○	87.○	88.×	89.○	90.○
91.×	92.○	93.○	94.○	95.○	96.×	97.○	98.○	99.○	100.○	101.○	102.○	103.○	104.×	105.○
106.○	107.○	108.×	109.○	110.○	111.○	112.○	113.×	114.×	115.○	116.○	117.○	118.○	119.○	120.○
121.○	122.○	123.○	124.×	125.○	126.○	127.○	128.×	129.○	130.○	131.○	132.○	133.×	134.×	135.○
136.○	137.○	138.○	139.×	140.○	141.○	142.○	143.○	144.○	145.○	146.○	147.○	148.○	149.×	150.○
151.○	152.×	153.○	154.○	155.×	156.○	157.○	158.○	159.○	160.×	161.○	162.○	163.○	164.○	165.×
166.○	167.○	168.×	169.×	170.○	171.×	172.○	173.○	174.×	175.○	176.○	177.○			

적중실전문제

1. **도수시설에 관한 설명으로 가장 적합한 것은?**
   가. 정수장으로부터 배수시설까지 상수를 끌어들이는 시설
   나. 원수를 취수시설까지 끌어들이는 시설
   다. 취수시설에서 취수된 원수를 정수시설까지 끌어들이는 시설
   라. 배수시설로부터 급수지까지 상수를 끌어들이는 시설

2. **상수도관(금속관)의 자연부식 중 매크로셀 부식으로 분류되는 것은?**
   가. 산소농담(통기차)
   나. 박테리아 부식
   다. 간섭
   라. 특수토양부식

3. **다음은 상수시설인 도수관을 설계할 때의 평균유속에 관한 설명이다. (   ) 안에 알맞은 것은?**

도수관의 유속은 최소 (①), 최대 (②)으로 한다.

   가. ① 3.0m/s, ② 0.3m/s
   나. ① 3.0m/s, ② 1m/s
   다. ① 5.0m/s, ② 0.3m/s
   라. ① 5.0m/s, ② 1m/s

4. **상수도 시설인 배수관 관경 결정의 기초가 되는 수량은?**
   가. 계획 시간 최대 배수량
   나. 계획 시간 평균 배수량
   다. 계획 1일 최대 배수량
   라. 계획 1일 평균 배수량

5. 도수시설인 접합정에 관한 설명으로 옳지 않은 것은?

가. 접합정은 충분한 수밀성과 내구성을 지니며, 용량은 계획도수량의 1.5분 이상으로 한다.

나. 유입속도가 큰 경우에는 접합정 내에 월류벽 등을 설치한다.

다. 수압이 높은 경우에는 필요에 따라 수압제어용 밸브를 설치한다.

라. 유출관의 유출구 중심높이는 저수위에서 관경의 2배 이상 높게하는 것을 원칙으로 한다.

6. 다음은 취수탑의 위치에 관한 내용이다. (   ) 안에 옳은 것은?

최소수심이 (   ) 이상으로 하천에 설치하는 경우에는 유심이 제방에 되도록 근접한 지점에 설치한다.

가. 1m

나. 2m

다. 3m

라. 4m

7. 저수시설을 형태적으로 분류할 때의 구분과 가장 거리가 먼 것은?

가. 지하댐

나. 하구둑

다. 유수지

라. 저류지

8. 배수지의 고수위와 저수위와의 수위차, 즉 배수지의 유효수심의 표준으로 적절한 것은?

가. 1~2m

나. 2~4m

다. 3~6m

라. 5~8m

9. 다음은 상수 급수시설인 급수관의 배관에 관한 내용이다. (   ) 안에 옳은 내용은?

> 급수관을 공공도로에 부설할 경우에는 도로 관리자가 정한 점용위치와 깊이에 따라 배관해야 하며 다른
> 매설물과 간격을 (   ) 이상 확보한다.

  가. 0.3m

  나. 0.5m

  다. 1.0m

  라. 1.5m

10. 취수지점으로부터 정수장까지 원수를 공급하는 시설 배관은?

  가. 취수관

  나. 송수관

  다. 도수관

  라. 배수관

11. 상수도관 부식의 종류 및 매크로셀 부식으로 분류되지 않는 것은? (단, 자연 부식 기준)

  가. 콘크리트·토양

  나. 이종간섭

  다. 산소농담(통기차)

  라. 박테리아

12. 배수시설인 배수관의 최소동수압 및 최대정수압 기준으로 옳은 것은? (단, 급수관을 분기하는 지점에서 배수관 내 수압기준)

  가. 100kPa 이상을 확보함, 500kPa를 초과하지 않아야 함

  나. 100kPa 이상을 확보함, 600kPa를 초과하지 않아야 함

  다. 150kPa 이상을 확보함, 700kPa를 초과하지 않아야 함

  라. 150kPa 이상을 확보함, 800kPa를 초과하지 않아야 함

13. 하수관거의 접합방법 중 굴착 깊이를 얕게 함으로써 공사 비용을 줄일 수 있으며 수위상승을 방지하고 양정고를 줄일 수 있어 펌프로 배수하는 지역에 적합하나 상류부에서는 동수경사선이 관정보다 높이 올라 갈 우려가 있는 것은?

　　가. 수면접합

　　나. 관중심접합

　　다. 관저접합

　　라. 관정접합

14. 도수관을 설계할 때 평균유속 기준으로 옳은 것은?

　　가. 자연유하식인 경우, 허용최대한도는 1.5m/s, 도수관의 평균유속은 최소한도 0.3m/s로 한다.

　　나. 자연유하식인 경우, 허용최대한도는 1.5m/s, 도수관의 평균유속은 최소한도 0.6m/s로 한다.

　　다. 자연유하식인 경우, 허용최대한도는 3.0m/s, 도수관의 평균유속은 최소한도 0.3m/s로 한다.

　　라. 자연유하식인 경우, 허용최대한도는 3.0m/s, 도수관의 평균유속은 최소한도 0.6m/s로 한다.

15. 자연부식 중 매크로셀 부식에 해당되는 것은?

　　가. 산소농담(통기차)

　　나. 특수토양부식

　　다. 간섭

　　라. 박테리아부식

16. 우수관거 및 합류관거의 최소관경에 관한 내용으로 옳은 것은?

　　가. 200mm를 표준으로 한다.

　　나. 250mm를 표준으로 한다.

　　다. 300mm를 표준으로 한다.

　　라. 350mm를 표준으로 한다.

17. 상수도관에서 발생되는 부식 중 자연부식(마이크로셀부식)에 해당되는 것은?

    가. 산소농담(통기차)

    나. 간섭

    다. 박테리아부식

    라. 이종간섭

18. 하수관거 설계시 오수관거의 최소관경에 관한 기준은?

    가. 150mm를 표준으로 한다.

    나. 200mm를 표준으로 한다.

    다. 250mm를 표준으로 한다.

    라. 300mm를 표준으로 한다.

19. 도수시설인 도수관로의 매설깊이에 관한 기준으로 옳은 것은? (단, 도로하중은 고려함)

    가. 관종 등에 따라 다르지만 일반적으로 관경 900mm 이하 관로의 매설깊이는 30cm 이상으로 한다.

    나. 관종 등에 따라 다르지만 일반적으로 관경 900mm 이하 관로의 매설깊이는 60cm 이상으로 한다.

    다. 관종 등에 따라 다르지만 일반적으로 관경 1,000mm 이상 관로의 매설깊이는 150cm 이상으로 한다.

    라. 관종 등에 따라 다르지만 일반적으로 관경 1,000mm 이상 관로의 매설깊이는 200cm 이상으로 한다.

20. 전식의 위험이 있는 철도 가까이에 금속관을 매설하는 경우, 금속관을 매설하는 측의 대책(전식방지방법)으로 틀린 것은?

    가. 이음부의 절연화

    나. 강제배류법

    다. 내부전원법

    라. 유전양극법(또는 희생양극법)

1.라	2.가	3.가	4.가	5.라	6.나	7.라	8.다	9.가	10.다	11.라	12.다	13.다	14.다	15.가
16.나	17.다	18.나	19.다	20.다										

03 정수 및 하수처리시설

1. 상수의 정수시설

(1) 기본사항

1) 조사

가) 신설하거나 확장할 경우

① 입지계획에 대한 조사

② 정수시설계획에 대한 조사

③ 건설계획에 대한 조사

나) 개량하거나 갱신할 경우

① 신구(新舊)시설 간의 계성(compatibility)에 대한 조사 추가

2) 계획정수량과 시설능력

① 계획정수량 : 계획1일 최대급수량을 기준으로 하고, 여기에 작업용수와 기타용수를 고려하여 결정함

② 예비용량을 감안하여 정수시설의 가동률은 75%로 설정

3) 정수처리방법과 정수시설의 선정

① 정수방법은 「먹는물수질기준」에 적합한 수돗물을 안정적으로 급수할 수 있는 것으로서 원수수질, 정수수질의 관리목표, 정수시설의 규모, 운전제어 및 유지관리기술의 수준 등에 따라 소독만의 방식, 완속여과방식, 급속여과방식, 막여과방식 중에서 선정해야 하며 필요에 따라 고도정수처리방식 등을 조합할 수 있음

② 해수 또는 기수 (brackish water)를 담수화하는 경우에는 역삼투법이나 전기투석법 등의 탈염처리에 적합한 처리방법을 선정하고 필요에 따라 다른 처리방법을 조합할 수 있음

③ 크립토스포리디움 등의 병원성 미생물로 원수가 오염될 우려가 있는 경우에는 급속여과방식, 완속여과방식 또는 막여과방식 중의 어느 방식을 사용

④ 고도정수처리방식 등에는 기존시설의 가동상황이나 실험자료 등을 충분히 조사한 다음 기존의 지식으로 불충분한 경우에는 해당 정수장의 원수를 사용한 실험으로 처리성이나 안전성을 확인

⑤ 원수수질, 정수수질의 관리목표, 시설규모, 시설의 운전·계측제어 및 유지관리 방법, 건설비, 유지관리비, 용지조건(넓이 및 위치, 취득조건) 등을 고려하여 신뢰성이 높은 정수처리시설을 선정

4) 정수시설의 배치계획

① 정수처리방법에 따라 각 정수처리공정의 시설이 각각 기능을 충분히 발휘할 수 있도록 배치

② 정수장 전체의 조화와 효율화를 도모하며 유지관리나 시설확장, 개량 및 갱신이 용이하도록 배치

③ 처리계열 : 독립된 2계열 이상 (중·소규모인 경우, 기능별로 계열의 기능이 발휘될 수 있도록 함)

④ 각 시설간의 수위결정을 위한 손실수두는 수리계산이나 실험으로 결정

⑤ 정수장 내의 화장실, 오수저류시설 및 폐기물수집소 등은 정수시설에 대하여 위생상 문제가 없도록 구조와 배치에 유의

5) 시설개량과 갱신

① 기존 정수처리시설의 성능이나 안정성 및 운전관리상의 합리성을 상실하지 않으면서 새로운 시설의 능력이 발휘될 수 있도록 함

② 가동 중인 시설의 능력감소에 대한 대처방안을 미리 준비

③ 공사시행으로 인하여 가동 중인 기존시설에 대한 영향이 최소화되도록 대책을 강구해야 함

(2) 착수정

1) 구조와 형상

① 2지 이상으로 분할하는 것이 원칙 (분할하지 않는 경우에는 반드시 우회관, 배수설비를 설치)

② 형상 : 직사각형 또는 원형

③ 유입구에는 제수밸브 등 설치

④ 수위가 고수위 이상으로 올라가지 않도록 월류관이나 월류웨어를 설치

⑤ 여유고 : 60cm 이상

⑥ 부유물이나 조류 등을 제거할 필요가 있는 장소에는 스크린을 설치

2) 용량과 설비

① 체류시간 : 1.5분 이상

② 수심 : 3~5m

③ 원수수량을 정확하게 측정하기 위하여 유량측정장치(웨어나 유량계) 설치

④ 필요에 따라 분말활성탄을 주입할 수 있는 장치를 설치하는 것이 바람직함

⑤ 원수수질을 파악할 수 있도록 채수설비와 수질측정장치를 설치

(3) 응집용 약품주입설비

1) 응집제

① 응집제의 종류 : 원수의 수량, 수질, 여과방식 및 배출수처리방식 등에 관하여 적절해야 하고 위생적으로 지장이 없어야 함

② 주입률은 원수수질에 따라 실험에 의하며, 원수수질의 변화에 따라 적시에 적절하게 조정

③ 응집제를 용해시키거나 희석하여 사용할 때의 농도는 주입량과 취급상 용이함을 고려하여 정함 (희석배율은 가능한 한 적은 것이 바람직)

④ 주입량은 처리수량과 주입률로 산출함

⑤ 주입지점 : 응집약품이 순간적으로 원수에 균일하게 혼화되는 지점

⑥ 주입방법 : 응집약품이 순간적으로 원수에 균일하게 혼화되는 방법

2) pH조정제(산제·알칼리제)

① pH조정제의 종류는 원수수질에 따라 응집효과를 높이는데 적절하고, 또 위생적으로 지장이 없는 약품이어야 함
② 주입률은 원수의 알칼리도, pH 및 응집제 주입률 등 고려
③ pH조정제를 용해 또는 희석하여 사용할 때의 농도는 주입량이 적절하고 취급이 용이하도록 정함
④ 주입량 : 처리수량과 주입률로 산출함
⑤ 주입지점 : 응집제주입지점의 상류측이 일반적이며 혼화가 잘 되는 장소

3) 응집보조제

① 원수 수질에 따라 플록형성과 침전 및 여과의 효과를 높이는데 적당하고 위생적으로 지장이 없는 것
② 주입률 : 원수 수질에 따라 실험으로 정함
③ 주입량 : 처리수량과 주입률로 산출함
④ 주입지점 : 실험으로 정하고 혼화가 잘 되는 지점으로 함
⑤ 응집보조제를 용해 또는 희석하여 사용할 경우의 농도는 주입하거나 취급하기 용이하도록 정함

4) 검수설비와 저장설비

가) 응집제 저장 용량
① 응집제 : 30일분 이상
② 알칼리제 : 연속 주입 시 30일분 이상, 간헐 주입 시 10일분 이상
③ 응집보조제 : 10일분 이상

나) 검수용 계량장비를 설치
다) 약품저장설비 : 구조적으로 안전하고 약품의 종류와 성상에 따라 적절한 재질로 함

5) 주입설비

① 사용약품의 종류와 성상에 따라 적정하게 주입할 수 있는 방식 선정
② 주입장치의 용량은 최소주입량에서 최대주입량까지 안정되게 주입할 수 있고 또한 여유가 있어야 함
③ 주입기에는 예비기 또는 예비설비 설치함

	약품의 종류	적용
응집제	액체황산알루미늄	산화알루미늄(Al_2O_3) 농도 6~8% 사용
	PAC	산화알루미늄(Al_2O_3) 농도 10~18% 사용
	고형황산알루미늄	고형황산알루미늄은 수용액으로 주입
산제	황산	황산(H_2SO_4)농도 98%를 100~80배로 희석한 것을 사용
	이산화탄소	액화가스를 기화기를 사용하여 주입
알칼리제	수산화나트륨	일반적으로 20~25%로 희석하여 사용
	소석회	건식주입기를 사용하거나 일정 농도의 석회유로 하여 용량계량펌프로 주입
	소다회	
응집보조제	활성 규산	
	알긴산나트륨	

(4) 응집지

1) 급속혼화시설(혼화지)

① 급속혼화방식 : 수류식, 기계식, 펌프확산에 의한 방법
② 체류시간 : 1분 이내
③ 혼화지에 응집제를 주입한 다음 즉시 급속교반시킬 수 있는 혼화장치를 설치
④ 혼화지는 수류 전체가 동시에 회전하거나 단락류를 발생하지 않는 구조로 함

2) 플록형성지

가) 설계기준
① 플록형성지는 혼화지와 침전지 사이에 위치하고 침전지에 붙여서 설치
② 직사각형이 표준
③ 플록형성시간 : 계획정수량에 대하여 20~40분 표준
④ 플록형성은 응집된 미소플록을 크게 성장시키기 위하여 적당한 기계식교반이나 우류식교반이 필요
⑤ 유속 : 기계식교반(15~80cm/s), 우류식교반(15~30cm/s)

나) 구조
① 교반강도는 하류로 갈수록 점차 감소시키는 것이 바람직함
② 교반설비는 수질변화에 따라 교반강도를 조절할 수 있는 구조로 함
③ 단락류나 정체부가 생기지 않으면서 충분하게 교반될 수 있는 구조로 함
④ 플록형성지에서 발생한 슬러지나 스컴이 쉽게 제거될 수 있는 구조로 함

(5) 침전지

1) 횡류식 침전지의 구조

① 침전지의 수는 원칙적으로 2지 이상으로 함
② 각 지마다 독립하여 사용가능한 구조로 함
③ 배치 : 각 침전지에 균등하게 유출입될 수 있도록 수리적으로 고려하여 결정함
④ 침전지 바닥에는 슬러지 배제에 편리하도록 배수구(排水溝)를 향하여 경사지게 함
⑤ 필요에 따라 복개 등을 함

Check! **침전지의 설계 제원**

· 형상 : 직사각형
· 길이 : 폭의 3~8배 이상
· 유효수심 : 3~5.5m
· 슬러지 퇴적심도 : 30cm 이상
· 여유고 : 30cm 이상

2) 횡류식 침전지의 용량과 평균유속

가) 보통침전지(응집처리를 하지 않은 것)

① 표면부하율 : 5~10mm/min
② 평균유속 : 0.3m/min 이하

나) 약품침전지(응집처리를 수반하는 단층침전지)

① 표면부하율은 15~30mm/min
② 침전지 내의 평균유속은 0.4m/min 이하

3) 경사판(관) 등의 침전지

가) 설계시 고려사항

① 원수수질, 처리수질의 목표 및 침전지의 형식 등을 고려하여 침강장치의 종류와 형식을 정함
② 침전지 유입부에는 경사판 등의 침강장치에 균등하게 유입되도록 하고, 단락류를 방지하기 위하여 유효한 조치를 강구함
③ 경사판을 설치할 때에는 경사판에 쌓인 슬러지를 제거시키기 위한 장치를 설치하거나 경사판의 중간에 통로를 두어 청소하는 사람이 통행할 수 있도록 해야 함
④ 경사판 등 침강장치는 지진이나 침전지를 비울 때에 경사판에 쌓인 슬러지의 무게로 인하여 경사판이 파손되는 경우가 없도록 적절한 조치를 강구함

나) 횡류식 경사판침전지

① 표면부하율은 4~9mm/min
② 경사판의 경사각은 60°
③ 유속 : 0.6m/min 이하
④ 체류시간 : 20~40분(경사판의 간격 100mm인 경우)
⑤ 장치의 하단과 바닥과의 간격 : 1.5m 이상
⑥ 장치와 침전지의 유입부벽 및 유출부벽과의 간격 : 1.5m 이상

다) 상향류식의 경사판

① 표면부하율은 12~28mm/min
② 침강장치는 1단
③ 경사각은 55~60°
④ 평균상승유속 : 250mm/mim 이하

4) 고속응집침전지

① 원수 탁도는 10~1,000NTU인 것이 바람직함
② 탁도와 수온의 변동이 적어야 함
③ 처리수량의 변동이 적어야 함
④ 표면부하율은 40~60mm/min
⑤ 용량은 계획정수량의 1.5~2.0시간분

5) 기타 설비

가) 정류설비

① 유입수가 균등하게 유입되도록 위치 및 구조 결정

② 침전지 내에는 필요에 따라 도류벽이나 중간정류벽을 설치

나) 유출설비

① 구조 : 침전지 내의 유황(流況)을 교란시키지 않도록 함

② 웨어부하는 500m³/day·m 이하

다) 슬러지 배출설비

① 횡류식 침전지의 슬러지 배출설비는 침전지의 구조와 유지관리, 슬러지의 성상 등을 고려하여 적절한 방식을 선정함

② 고속응집침전지의 슬러지 배출설비는 침전지 내의 잉여슬러지를 수시 또는 일정한 간격으로 또한 충분히 배출할 수 있는 구조로 함

③ 슬러지 배출밸브는 정전 등의 사고가 있을 때 "열림" 상태로 되지 않도록 함

(6) 용존공기부상(dissolved air flotation ; DAF)

1) 용존공기부상지

① 부상지의 크기는 처리수량에 따라 적절하게 결정함

② 부상지의 유입부는 처리수가 균일하게 분배되는 구조로 함

③ 부상분리지는 슬러지가 충분히 부상하고 부상슬러지를 효율적으로 제거할 수 있는 구조와 제거설비를 구비

④ 부상지의 유출구는 부상슬러지나 침전슬러지를 유출시키지 않는 구조와 높이로 함

⑤ 반송부하량은 부상분리에 적합한 수량으로 함

⑥ DAF를 운영하는 정수장에서 고탁도(100NTU 이상)의 원수가 유입되는 경우에는 DAF 전에 전처리시설로 예비침전지를 두어야 함

2) DAF와 다른 공정과의 조합

① DAF - 여과지 조합방식

② 오존 - DAF의 조합방식

(7) 급속여과지

1) 설계기준

① 여과 및 여과층의 세척이 충분하게 이루어질 수 있어야 함

② 종류 : 중력식, 압력식(중력식을 표준으로 함)

③ 여과면적 = 계획정수량 ÷ 여과속도

④ 여과지 수 : 예비지를 포함하여 2지 이상

⑤ 여과지 1지의 여과면적 : 150m² 이하

⑥ 형상 : 직사각형을 표준으로 함

⑦ 여과속도 : 120~150m/day

2) 여과층의 두께와 여재

　가) 여과모래의 조건

　　① 입도분포가 적절하고 협잡물이 적으며 마모되지 않는 것

　　② 위생상 지장이 없는 것

　　③ 안정적이고 효율적으로 여과하고 세척할 수 있는 것

　나) 모래층의 두께 : 여과모래의 유효경이 0.45~0.7mm인 경우, 60~70cm를 표준으로 함

　다) 여유고 : 30cm

3) 자갈층 두께와 여과자갈

　가) 여과자갈의 조건

　　① 구형일수록 좋음

　　② 경질이며 청정하고 균질인 것

　　③ 먼지나 점토질 등 불순물을 포함하지 않아야 함

　　④ 모래층을 충분히 지지할 수 있는 것

　　⑤ 안정적이고 효율적으로 세척할 수 있어야 함

　나) 여과자갈의 입경과 자갈층의 두께는 하부집수장치에 적합하도록 결정함

　다) 조립여과자갈을 하층에, 세립여과자갈을 상층에 배치함

　라) 입도의 순서대로 깔아야 함

4) 세척방식

　　① 종류 : 역세척과 표면세척을 표준으로 함(역세청과 공기세척도 가능)

　　② 역세척에는 염소가 잔류하고 있는 정수를 사용함

5) 다층여과지

　　① 여재의 품질은 여과기능이 충분하고, 여과층 구성을 유지할 수 있으며, 위생적이어야 함

　　② 총 여과층의 두께는 60~80cm이 표준

　　③ 여과속도 : 240m/day 이하

　　④ 세척방식은 여재의 경계부와 여과층의 내부에 억류되어 있는 탁질을 효율적으로 제거할 수 있어야 함

　　⑤ 여과층 구성은 충분한 여과효과를 얻을 수 있어야 함

　　⑥ 역세척하는 동안에 상하의 여재간에 분리와 팽창이 적절하게 이루어져야 함

　　⑦ 단층여과지를 2층화할 경우에는 기존 설비를 충분히 파악하여 결정함

6) 직접여과(direct filtration)

　가) 원수수질이 양호하고 장기적으로 안정되어 있어야 함

　나) 응집과 여과의 관리가 적절하고 충분한 수질감시가 이루어져야 함

　다) 일반적인 정수처리공정과 비교할 때 침전공정이 생략된 방식

(8) 완속여과지

1) 설계기준

① 여과지 깊이는 하부집수장치의 높이에 자갈층과 모래층 두께, 모래면 위의 수심과 여유고를 더하여 2.5~3.5m이 표준
② 여과지의 형상 : 직사각형
③ 여과속도 : 4~5m/day
④ 여과지의 모래면 위의 수심 : 90~120cm
⑤ 여유고 : 30cm
⑥ 배치는 몇 개 여과지를 접속시켜 1열이나 2열로 하고, 그 주위는 유지관리상 필요한 공간을 둠
⑦ 주위벽 상단은 지반보다 15cm 이상(여과지 내로 오염수나 토사 유입방지)
⑧ 동결 우려 시, 물이 오염될 우려가 있는 경우에는 여과지를 복개함

(9) 정수지

1) 구조와 수위

① 구조적으로나 위생적으로 안전하고 충분한 내구성과 내진성 및 수밀성을 가져야 함
② 적당한 보온대책을 강구해야 함
③ 지하수위가 높은 장소에 축조할 경우 부력에 의한 부상방지 대책을 강구해야 함
④ 지수는 2지 이상을 원칙으로 함
⑤ 유효수심은 3~6m
⑥ 최고수위는 시설 전체에 대한 수리적인 조건에 의해 결정해야 함
⑦ 유출관, 배출관을 설치
⑧ 고수위로부터 정수지 상부 슬래브까지는 30cm 이상의 여유고를 가져야 함
⑨ 바닥은 저수위보다 15cm 이상 낮게 해야 함
⑩ 바닥에는 청소 등의 배출을 위해 적당한 경사를 두어야 함

2) 정수지의 용량

① 최소한 첨두수요대처용량과 소독접촉시간(C·T)용량을 고려하여 선정
② 첨두수요대처용량 : 운전최저수위 이상에서의 용량, 1일평균소비량을 평균화시킬 수 있는 용량으로 함
③ 소독접촉시간용량 : 운전최저수위 이하에서의 용량으로 적절한 소독접촉시간(C·T)을 확보할 수 있는 용량이어야 함

(10) 소독설비

1) 염소제

① 염소제의 종류는 처리수량, 취급성, 안전성 등을 고려하여 적절한 것으로 선정함
② 주입지점 : 착수정, 염소혼화지, 정수지의 입구 등 잘 혼화되는 장소로 함

2) 저장설비

① 액화염소의 저장량은 1일사용량의 10일분 이상
② 액화염소를 저장조에 넣기 위한 공기공급장치를 설치해야 함
③ 저장조는 2기 이상 설치하고 그 중 1기는 예비로 함
④ 실온은 10~35℃를 유지
⑤ 출입구 등을 통하여 직사일광이 용기에 직접 닿지 않는 구조로 함
⑥ 내진 및 내화성으로 하고 안전한 위치에 설치
⑦ 습기가 많은 장소는 피함
⑧ 외부로부터 밀폐시킬 수 있는 구조(기밀구조)
⑨ 환기장치를 설치

> **Check!** **염소 주입지점**
>
> · 전염소 처리 : 혼화지 이전 (취수시설, 도수관로, 착수정, 혼화지, 염소 혼화지 등)
> · 중간염소 처리 : 침전지와 여과지 사이
> · 후염소 처리 : 여과지 이후

(11) 오존처리

1) 설계기준

가) 오존주입지점은 처리대상물질과 처리목적 등에 따라 선정

① 냄새와 색도제거를 목적으로 하는 경우
② 응집효과의 개선을 목적으로 하는 경우
③ 유기염소화합물의 생성저감을 목적으로 하는 경우

나) 오존주입률 : 원수수질의 현황과 장래의 수질예측, 다른 수도시설에서의 실시 예, 문헌, 실험
결과 등을 근거로 하여 결정

다) 오존주입량 = 처리수량 × 주입률

라) 오존주입방식

① C·T 일정제어방식
② 총유기탄소 대비 오존주입률결정방식
③ 오존소비특성을 이용한 오존요구량의 일정제어방식

2) 주입설비

① 구성 : 원료가스공급장치, 오존발생기, 접촉지, 배오존처리설비, 오존재이용설비 등
② 2계통 이상, 예비계통 설치
③ 효율적인 오존처리, 비상시 필요한 조치가 용이하게 이루어질 수 있도록 적절한 제어방식 선정
④ 오존 접촉 부분의 재질 : 오존에 대하여 내식성 및 강도가 있고, 위생상 안전한 것

3) 접촉지

① 구조 : 밀폐식
② 용량은 오존처리에 필요한 접촉시간과 반응시간이 충분하도록 함
③ 접촉지에 우회관 설치
④ 오존발생에 필요한 전력설비는 충분한 용량과 기능을 갖추어야 함

4) 오존발생기실

가) 발생설비는 가능한 한 주입지점에 가깝게 설치
나) 건물은 내화 및 내식을 고려하여 채광, 방음, 환기, 배수 등이 양호해야 함
다) 바닥면적은 발생기 등의 유지관리에 충분한 넓이로 함

5) 배오존설비

가) 배오존설비는 배오존의 농도, 풍량, 운전조건 등에 따라 활성탄흡착분해법, 가열분해법, 촉매분해법 중에서 선정함

(12) 자외선 소독설비

① 장치능력 : 일최대급수량에 여유율을 고려함
② 자외선투과율 : 70% 이상
③ 자외선 램프 : 저압 자외선램프, 중압 자외선 램프

(13) 분말활성탄 흡착설비

1) 정수처리공정과의 조합과 품질

가) 분말활성탄의 품질은 처리효과가 양호하고, 위생상 문제가 없어야 함
나) 분말 활성탄 주입지점
① 혼화와 접촉이 잘되는 곳
② 전염소처리의 효과에 영향을 주지 않는 곳
③ 필요에 따라 접촉지를 별도로 설치

(14) 입상활성탄 흡착설비

1) 저해물질

① 맛·냄새물질
② 소독부산물과 소독부산물의 전구물질(부식질 등)
③ 색도
④ 음이온계면활성제와 페놀류 등 유기물
⑤ 트리클로로에틸렌 등 휘발성유기화합물
⑥ 암모니아성질소의 질산화

2) 흡착방식

① 고정상(fixed bed)식
② 유동상(fluidized bed)식

(15) 막여과시설

1) 설계기준

가) 막여과정수시설의 설치시 검토사항

① "원수의 수질검사기준"에 따라 실시한 과거 3년간의 원수수질검사 결과를 검토하여야 함
② 장래 원수 수질변화가 예측되는 경우는 그 대응 방안을 마련하여야 함
③ 신설하는 막여과 정수시설 및 기존 정수시설을 개량하여 막여과 정수시설을 설치하고자 할 경우에는 막여과 정수시설의 안정성을 검토하여야 함

나) 계획 정수량

계획 1일 최대급수량 기준, 그 외 작업용수와 기타용수 등 고려

다) 계열구성

① 2계열 이상 구성이 원칙
② 2계열 이상으로 구성하기가 곤란한 경우에는 기기 고장이나 사고로 급수에 지장이 생기지 않도록 상시 예비기기나 예비모듈을 확보하여야 함

라) 공정구성

① 막여과 정수시설은 막모듈을 이용하여 여과하는 공정과 소독제를 이용하여 소독하는 공정을 기본공정으로 구성
② 막여과공정은 원수공급, 펌프, 막모듈, 세척, 배관 및 제어설비 등으로 구성되며, 막의 종류, 막여과 면적, 막여과 유속, 막여과 회수율 등은 원수수질 및 여과수의 수질기준과 시설의 규모 등을 고려하여 결정하여야 함
③ 막여과 정수시설은 필요에 따라 배출수처리설비를 설치하여야 하며, 막모듈의 보호 및 여과수의 수질 향상을 위해 별도의 전·후처리 설비를 설치할 수 있음

2) 전처리설비

① 협잡물 제거 : 스크린이나 스트레이너설비
② 탁질 및 유기물 제거 : 응집, 침전, 여과설비
③ 철, 망간 등의 산화 : 전염소 또는 전오존 주입설비
④ 맛·냄새물질 등 미량유기물 등을 제거 : 분말활성탄 주입설비
⑤ 수소이온농도(pH) 및 응집효율 제어 : 약품 주입설비
⑥ 기타 막모듈 보호 및 여과수질 향상을 위한 전처리설비

3) 막과 막모듈

① 처리성능, 내구성, 내약품성 및 위생성 등을 고려하여 선정
② 통수방식은 처리대상 원수의 성상이나 세척방식, 막의 특성을 고려하여 선정
③ 막모듈은 점검과 교환이 용이한 것으로 함

4) 막여과설비

가) 회수율

취수조건이나 막공급수질, 역세척, 세척배출수처리 등의 여러 가지 조건을 고려하여 효율성과 경제성 등을 종합적으로 검토하여 설정

나) 설계 유속 설정 시 고려사항

① 막의 종류

② 막공급의 수질과 최저수온

③ 전처리설비의 유무와 방법

④ 입지조건과 설치공간

⑤ 경제성 및 보수성을 종합적으로 고려하여 적절한 값을 설정

다) 막여과방식과 운전

① 막여과방식은 막공급수질이나 막의 종별 등의 조건을 고려하여 최적의 방식을 선정

② 구동압방식과 운전제어방식은 구동압이나 막의 종류, 배수(配水)조건 등을 고려하여 최적방식을 선정

③ 막여과설비의 운전은 자동운전을 원칙으로 함

5) 후처리설비

① 맛·냄새물질 및 미량오염물질 제거를 위한 오존, 활성탄 설비

② 기타 여과수질 향상을 위한 설비

6) 막세척

① 물리적 세척

② 약품세척

(16) 기타 오염물질 처리

항목	대책
맛, 냄새 제거	폭기, 염소처리, 활성탄처리, 오존처리, 오존·입상활성탄 처리
철 제거	폭기, 전염소처리 및 pH값 조정
망간제거	pH조정, 약품산화 및 약품침전처리,여과지 설치
pH 조정	산제 또는 알칼리제 주입
침식성유리탄산 제거	폭기처리, 알칼리 처리
불소 제거	응집침전, 활성알루미나, 골탄, 전해 등의 처리
비소 제거	응집처리 또는 활성알루미나, 수산화세륨, 이산화망간 중 하나를 사용하여 흡착처리
색도 제거	응집침전처리, 활성탄처리, 오존처리
소독부산물 대책	활성탄 처리, 전염소처리 대신 중간염소처리
음이온계면활성제의 제거	활성탄처리, 생물처리
질산성 질소 제거	이온교환처리, 생물처리, 막처리
경도 제거	정석(晶析)연화법, 응석침전법, 이온교환법, 제올라이트법
조류제거	약품처리 후 침전처리, 여과
생물학적 처리	하니콤(honeycomb)방식, 회전원판방식(RBC), 입상여재에 의한 생물접촉여과방식 등

(17) 해수담수화시설

1) 해수담수화시설 설계기준

① 구성 : 전처리설비, 역삼투막, 후처리설비
② 생산된 물의 수질이 보론과 트리할로메탄이 「먹는물수질기준」에 적합하도록 유의함
③ 2계열 이상
④ 설치 장소 : 청정한 해수원수를 취수할 수 있고, 농축해수를 방류하는데 따른 환경영향을 고려
　　하여 선정
⑤ 에너지 효율을 높이는 방안 고려
⑥ 부식방지대책을 마련

2) 부대설비

① 계획취수량 : 필요한 생산수량에 역삼투설비의 회수율을 고려하고, 작업용수량과 그 외의 손실
　　수량을 감안하여 결정
② 취수 위치

　ㄱ. 충분한 수량을 안정적으로 취수가능한 곳
　ㄴ. 가능한 한 청정하고 안정된 수질을 얻을 수 있는 지점

③ 취수설비에는 해저생물의 부착, 모래나 슬러지의 부유 및 침강에 따른 장애나 파랑 등의 영향
　을 고려하여 대책을 세움
④ 전처리설비는 막에 요구되는 공급수의 청정도를 나타내는 SDI가 4.0 이하가 되도록 안정적으
　로 처리할 수 있는 설비로 함
⑤ 응집제를 사용하는 경우에는 염화제2철을 사용

(18) 해수담수화 방식

상변화식	증발법	다단플래쉬법
		다중효용법
		증발압축법
		투과기화법
	냉동법	직접냉동법
		간접냉동법
		가스수화물법
상불변식	막여과법	역삼투
		전기투석
	기타	이온교환
		용매추출법

2. 하수처리시설

(1) 기본사항

1) 계획하수량과 수질

① 처리시설의 계획하수량

구분		계획하수량	
		분류식 하수도	합류식 하수도
1차처리 (일차침전지까지)	처리시설(소독시설 포함)	계획1일 최대오수량	계획1일 최대오수량
	처리장 내 연결관거	계획시간 최대오수량	우천 시 계획오수량
2차처리	처리시설	계획1일 최대오수량	계획1일 최대오수량
	처리장 내 연결관거	계획시간 최대오수량	계획시간 최대오수량
고도처리 및 3차처리	처리시설	계획1일 최대오수량	계획1일 최대오수량
	처리장 내 연결관거	계획시간 최대오수량	계획시간 최대오수량

② 고도처리시설의 계획하수량 : 겨울철(12~3월)의 계획1일 최대오수량 기준
　　　　　　　　　　　　　(계절별 유입하수량의 변동폭이 큰 경우는 예외)

③ 유입 하수의 수량과 수질변동에 대처하기 위해서 필요에 따라 유량조정조를 설치

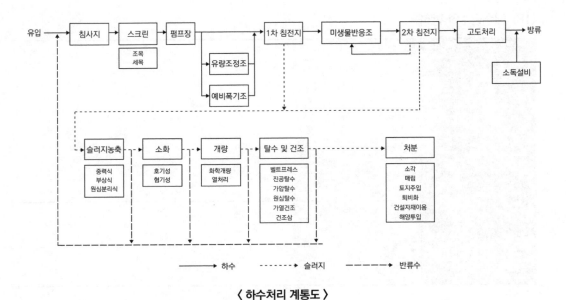

〈 하수처리 계통도 〉

2) 처리방법의 선정

① 유입하수량과 수질
② 처리수의 목표수질
③ 처리장의 입지조건
④ 방류수역의 현재 및 장래 이용상황
⑤ 건설비 및 유지관리비 등 경제성
⑥ 유지관리의 용이성
⑦ 법규 등에 의한 규제

3) 처리시설의 배열 및 구조

① 각 시설은 유지관리가 용이하고 기능이 충분히 발휘될 수 있어야 함
② 수밀성과 내구성이 있는 구조로 함
③ 처리장의 주요시설은 2계열 이상으로 설치
④ 단계적 시공을 고려해서 정함
⑤ 주변의 환경을 고려해서 정함

4) 수리계산 시 고려사항

① 계획방류수위 및 계획지반고
② 계획수량 및 유속
③ 각 시설간의 연결관
④ 여유치
⑤ 시설의 구조
⑥ 각종 수리학적 악조건의 발생

5) 수리계산 방법

① 계획방류수위를 정한 후 방류관거로부터 처리시설의 펌프시설 또는 유입관거까지 역으로 계산함

② 수리종단도를 작성하여 적합성 및 안정성 등을 확인하여야 함

시설명		계획수량	평균유속
유입관거		계획시간 최대오수량	0.6~3.0m/s
스크린	수동식	-	0.3~0.45m/s
	자동식	-	0.45~0.6m/s
침사지유입관거		계획시간 최대오수량	1.0m/s 이상
침사지분배수로		계획시간 최대오수량	1.0m/s 정도
침사지		계획시간 최대오수량	0.3m/s 정도
침사지~펌프장		계획시간 최대오수량	1.0m/s 정도
펌프장~펌프방류토구		계획시간 최대오수량	1.0m/s 정도
펌프방류토구~일차침전지		계획시간 최대오수량	1.5~3.0m/s 정도
일차침전지		계획일 최대오수량	0.3m/s 정도
일차침전지~반응조관거		계획시간 최대오수량	0.6~1.0m/s
반응조		계획일 최대오수량	-
반응조~이차침전지관거		계획시간 최대오수량 + 계획반송슬러지량	0.6m/s 정도
이차침전지		계획일 최대오수량	0.3m/s 이하
3차처리시설(여과지등)		계획일 최대오수량	0.2m/s 이하
3차처리시설~소독조관거		계획시간 최대오수량	0.6m/s 정도
소독조		계획일 최대오수량	0.2m/s 이하

(2) 유량조정조

1) 설계기준

① 조의 용량 : 유입하수량(부하량)의 시간변동을 고려하여 설정수량을 초과하는 수량을 일시 저류하도록 함

② 형상 : 직사각형 또는 정사각형 표준

③ 수밀한 철근콘크리트구조로 하고 부력에 대해서 안전한 구조로 함

④ 유효수심 : 3~5m

⑤ 조 내부의 콘크리트 방식처리를 고려함

2) 부속설비

① 교반장치 및 산기장치 설치 : 침전물의 발생 및 부패를 방지

② 유출수는 침사지에 반송하거나 펌프로 일차침전지 혹은 생물반응조에 송수함

(3) 일차침전지

1) 설계기준

① 침전지 지수 : 2지 이상
② 수밀성 구조, 부력에 안전한 구조
③ 슬러지수집기 설치
④ 슬러지 호퍼(hopper) 측벽의 기울기는 60° 이상
⑤ 복개 고려(악취 대책)
⑥ 표면부하율 : 계획1일 최대오수량에 대하여
　　　　　분류식(35~70m³/m²·day), 합류식(25~50m³/m²·day)
⑦ 유효수심 : 2.5~4m
⑧ 침전시간 : 2~4시간
⑨ 여유고 : 40~60cm

침전지 형상	폭과 길이의 비	폭과 깊이의 비	슬러지수집기 기울기
직사각형	1 : 3 이상	1 : 1 ~ 2.25 : 1	1/100 ~ 2/100
원형 및 정사각형	-	6 : 1 ~ 12 : 1	5/100 ~ 10/100

2) 부속설비

① 유출부분에 월류웨어, 스컴저류판, 스컴제거기 설치
② 스컴저류판의 상단은 수면위 10cm, 하단은 수면아래 30~40cm 가량 되도록 설치
③ 월류웨어의 부하율 : 250m³/m·day 이하

(4) 이차침전지

1) 설계기준

① 침전지 지수 : 2지 이상
② 수밀성 구조, 부력에 안전한 구조
③ 슬러지수집기 설치
④ 슬러지 호퍼(hopper) 측벽의 기울기는 60° 이상
⑤ 고형물부하율 : 40~125kg/m²·day
⑥ 유효수심 : 2.5~4m
⑦ 침전시간 : 3~5시간
⑧ 여유고 : 40~60cm

침전지 형상	폭과 길이의 비	폭과 깊이의 비	슬러지수집기 기울기
직사각형	1 : 3 이상	1 : 1 ~ 2.25 : 1	1/100 ~ 2/100
원형 및 정사각형	-	6 : 1 ~ 12 : 1	5/100 ~ 10/100

(5) 다층식침전지

1) 설계기준

① 형상 : 직사각형
② 유량이 상하 각 층에 균등하게 유입하도록 함
③ 유출설비는 월류웨어, 구멍난 관 등에 의하며 일차침전지의 유출설비는 월류웨어방식으로 함
④ 유효수면적 : 상하층의 평면적의 합계

(6) 표준활성슬러지법

1) 설계기준 및 운전기준

① HRT : 6~8시간
② MLSS : 1,500~2,500mg/L
③ 포기방식 : 전면포기식, 선회류식, 미세기포 분사식, 수중교반식

방식	유효수심	여유고
표준식	4.0~6.0m	80cm
심층식	10m	100cm

2) 반응조의 구조

① 형상 : 장방형, 정방형
② 폭 : 수심의 1~2배
③ 수밀된 철근 콘크리트 구조
④ 주벽의 상단은 지반으로부터 15cm 이상 높게 설치
⑤ 약 90cm 이상의 폭을 가지는 인도와 안전설비를 설치
⑥ 2조 이상 설치
⑦ 흐름방향에 대하여 저류벽 설치
⑧ 심층식에는 흐름방향에 대해 수평으로 도류판 설치

3) 산기장치

① 산기판, 산기관, 산기노즐(nozzle) 사용
② 청소 및 유지관리가 간편한 구조로 함
③ 공기가 균등하게 분배되는 것으로 함
④ 내구성이 크고 내산성 및 내알칼리성의 재질로 함

4) 슬러지반송설비

① 반송슬러지 펌프의 계획용량은 반송슬러지양의 50~100%의 여유를 두고 정함
② 반송슬러지 펌프는 2대 이상
③ 반송슬러지 시료의 채취 및 계량 등을 쉽게 할 수 있도록 설비함

(7) 순산소활성슬러지법

산소발생장치 용량 : 계획1일 최대오수량에 대해서 필요산소량과 산소전달효율을 고려하여 정함

(8) 심층포기법

① 용적 : 계획1일 최대오수량 기준
② 조의 수 : 2조 이상
③ 수심 : 10m
④ 폭 : 수심의 1배
⑤ 유체의 흐름 : 플러그흐름형
⑥ 혼합방식 및 포기방식에 따라서 정류벽을 설치함
⑦ 산기장치

ㄱ. 수심 5m를 한도로 하여 조의 밑바닥에서 중간부분의 높이에 설치할 경우 선회류에 의해
균일하게 혼합되도록 배열함
ㄴ. 수심 5m를 넘어서 저부에 산기장치를 설치하는 경우에는 혼합액이 이차침전지로 넘어
가기 전에 용존질소가스를 탈기하기 위해 재포기를 함

(9) 연속회분식활성슬러지법

① 정사각형 또는 직사각형
② 유효수심은 4~6m
③ 수밀성 구조, 부력에 안전한 구조로 함
④ 조의 수 : 2조 이상 설치
⑤ 단락류를 방지할 수 있는 배치
⑥ 상징수 배출장치 등을 고려하여 여유고를 설정함
⑦ 계획오수량 : 계획1일 최대오수량

항목	제원	
	고부하형	저부하형
HRT	12~24	24~48
F/M비(kg BOD/kg SS · day)	0.2~0.4	0.03~0.05
MLSS농도(mg/L)	1,500~2,000	3,000~4,000
유출비(L/m)	1/2~1/4	1/3~1/6
주기 수(회/day)	3~4	2~3
필요산소량(kg O_2/kg BOD)	1.4~1.7	1.8~2.2

(10) 산화구법

1) 설계기준

① HRT : 24~48시간
② 형상 : 장원형 무한수로
③ 수심 : 1.0~3.0m
④ 수로폭 : 2.0~6.0m
⑤ 구조 : 수밀한 철근콘크리트조
⑥ 수는 2지 이상

2) 포기장치

가) 1지에 2대 이상을 표준으로 함

나) 종류

① 기계식 교반장치 : 종축형, 횡축형, 스크루형 등
② 축류펌프형 및 프로펠라형 등이 있음

3) 이차침전지

① 형상 : 원형 방사류
② 방식 : 연속식
③ 지수 : 2지 이상

(11) 장기포기법

① 형상 : 장방형 또는 정방형
② 장방형의 유로 폭 : 유효수심의 1~2배
③ 유효수심 : 4~6m
④ 여유고 : 80cm
⑤ 수밀성 철근콘크리트조로 하며 벽의 최상단이 지면으로부터 15cm 이상이 되도록 함
⑥ 2조 이상 설치
⑦ 계획오수량 : 계획1일 최대오수량

항목	제원
F/M비(kg BOD/kg SS · day)	0.03~0.05
BOD용적부하(kg BOD/m^2 · day)	0.13~0.2
MLSS농도(mg/L)	3,000~4,000
SRT(일)	13~50
HRT(시간)	16~24
슬러지반송비(%)	100~200

(12) 접촉산화법

① 구성 : 일차침전지, 반응조(접촉산화조), 이차침전지
② 형상 : 장방형 또는 정방형
③ 유로의 폭 : 수심의 1~2배 이내
④ 유효수심 : 3~5m
⑤ 수는 2기 이상
⑥ 수밀한 철근콘크리트조
⑦ 조의 최상단은 지면으로부터 15cm 이상
⑧ BOD 용적부하 : $0.3kg/m^3 \cdot day$
⑨ 송풍량 : 계획오수량에 대하여 8배 표준

1) 접촉제의 조건

① 비표면적이 크고 충분한 공극률을 갖고 있는 것
② 내부식성 재질
③ 슬러지의 축적에 의한 중량 증가 및 교반 수류에 의해서 변형 및 파손이 발생하지 않을 강도를 가진 것

2) 접촉산화법의 장단점

장점	단점
· 유지관리가 용이함 · 조 내 슬러지 보유량이 크고 생물상이 다양함 · 분해속도가 낮은 기질제거에 효과적임 · 부하, 수량변동에 대하여 완충능력이 있음 · 난분해성물질 및 유해물질에 대한 내성이 높음 · 수온의 변동에 강함 · 슬러지 반송이 필요없고 슬러지발생량이 적음 · 소규모시설에 적합함	· 미생물량과 영향인자를 정상상태로 유지하기 위한 조작이 어려움 · 반응조 내 매체를 균일하게 포기 교반하는 조건설정이 어렵고 사수부가 발생할 우려가 있으며 포기비용이 약간 높음 · 매체에 생성되는 생물량은 부하조건에 의하여 결정됨 · 고부하 시 매체의 폐쇄위험이 크기 때문에 부하조건에 한계가 있음 · 초기 건설비가 높음

(13) 호기성여상법

① 구성 : 일차침전지, 호기성여상조, 송풍기, 처리수조, 역세배수조 등으로 구성
② 형상 : 정방형, 장방형 혹은 원형
③ 단면형상은 단락류 및 슬러지의 퇴적이 생기지 않도록 함
④ 수는 2기 이상
⑤ 수밀한 철근콘크리트조
⑥ 조의 상단 높이는 역세시의 수위를 고려하여 결정
⑦ 여과속도 : 계획오수량에 대하여 25m/day 이하
⑧ BOD 용적부하 : 계획오수량에 대하여 $2kg/m^3 \cdot day$ 이하
⑨ 산기장치 : 다공관을 표준으로 하여 여상에 균일하게 공기를 공급할 수 있도록 배치
⑩ 송풍량 : 유입 BOD 1kg당 $0.9 \sim 1.4kg$ O_2

1) 여재

① 내구성이 좋고 표면이 거칠며 입경이 고른 것
② 여재의 입경 : 3~5m
③ 여층의 높이 : 2m

2) 역세척공정

① 공기세척, 공기 및 물의 동시세척, 수세척의 3공정을 원칙으로 함
② 역세척은 1일 1회 정도로 함
③ 역세배수는 역세배수조에 일시 저류하여 처리기능에 지장이 없는 시간대에 일차침전지 혹은 유량조정조의 유입부에 반송함

(14) 고도처리

1) 질소 및 인 제거

구분	처리분류	공정
질소 제거	물리화학적 방법	암모니아 스트리핑 파괴점(Break Point) 염소주입법 이온교환법
	생물학적 방법	MLE(무산소 - 호기법) 4단계 Bardenpho
인 제거	물리화학적 방법	금속염첨가법 석회첨가법(정석탈인법) 포스트립(Phostrip) 공법
	생물학적 방법	A/O(혐기 - 호기법)
질소·인 동시제거		A_2/O, UCT, MUCT, VIP, SBR, 수정 포스트립, 5단계 Bardenpho

가) A/O 공법

① 설계인자

ㄱ. SRT : 2~5days
ㄴ. HRT : 1.5~4.5hr (혐기조 0.5~1.0, 호기조 1~3hr)
ㄷ. F/M : 0.2~0.7kg/kg·day
ㄹ. MLSS : 2,000~6,000mg/L
ㅁ. 슬러지 반송율 : 10~30%

② 장단점

장점	단점
· 운전이 간단 · 슬러지 내의 인의 함량이 높아 비료로 이용 가능 · 짧은 HRT · 사상균에 의한 슬러지 벌킹 억제효과 있음	· 질소제거율이 낮음(10~30%) · 짧은 체류시간에, 고부하운전을 위하여 고효율의 산소전달이 필요함

③ 설계 및 운전 시 고려사항

ㄱ. 활성슬러지법의 포기조 전반 20~40% 정도를 혐기조로 구성
ㄴ. 슬러지 처리시설에서 인의 재방출을 방지할 수 있는 대책을 수립
ㄷ. 응집제 주입시설을 설치 고려
ㄹ. 우천 시에 인 제거효율이 저하되는 경향이 있기 때문에 보다 안정적인 처리를 위하여 보완적 설비로 응집제 주입시설을 설치

나) MLE 공법

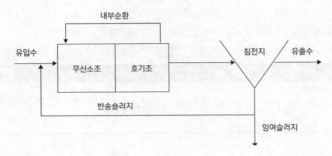

① 설계인자

ㄱ. SRT : 10~20days
ㄴ. HRT : 7.0~10.0hrs (무산소조 2.0~4.5, 호기조 4.0~5.5시간)
ㄷ. F/M : 0.2~0.4kg/kg·day
ㄹ. MLSS : 2,000~3,500mg/L
ㅁ. 슬러지반송율 : 20~50%
ㅂ. 내부순환율 : 100~300%

② 장단점

장점	단점
· 운전이 쉬움	· 긴 체류시간
· 질소제거율이 높음	· 인 제거율이 낮음(10~30%)
· 슬러지발생량이 적음	· 질산화 효율이 온도에 영향을 받음

다) A₂/O 공법

정의 : 생물학적 질소와 인을 동시에 제거하기 위하여 혐기 – 무산소 – 호기를 조합한 공정

장점	단점
· 질소와 인 동시에 제거	· 내부순환율 높음
	· 인 제거율이 낮음

〈 A₂/O 공법 〉　　　　　　〈 UCT 공법 〉

라) UCT 공법

① A₂/O 공정의 단점인 반송슬러지 내의 질산성 질소가 혐기조로 유입되어 인의 방출기작이 방해 받는 것을 보완하기 위하여, 반송슬러지를 무산소조로 반송시켜서 여기서 탈질반응에 의하여 질산성 질소를 제거시킨 후에 혐기조로 다시 반송하는 공법

② 반송슬러지를 무산소조로 반송시켜, 혐기조에서 인의 방출율을 높여서 인의 제거율을 향상시킴

장점	단점
· 질소와 인 동시에 제거 · 반송슬러지 내의 질산성질소를 제거하여 혐기조의 인방출을 향상 시킴	· 2번의 내부순환으로 유지관리비 증가 · 운전이 복잡함

마) MUCT 공법

① UCT 공정을 보완한 생물학적 질소, 인 제거공정

② 무산소조를 2개로 분리하여 처음의 제1무산소조는 반송슬러지 내의 질산성 질소 농도를 낮추 는 역할만하며, 제2무산소조에서는 호기조에서 반송된 질산성 질소를 탈질시켜 전체의 질소 제거를 향상시키는 역할을 하여 호기조에서 과량으로 질산화가 진행되어도 안정적으로 프로 세스 유지 가능

장점	단점
· 질소와 인 동시에 제거 · 다른 생물학적 질소, 인 동시 제거 공정보다 인제거율이 높음	· 2번의 내부순환으로 유지관리비 증가 · 운전이 복잡함

바) VIP 공법

장점	단점
· 짧은 체류시간으로 질소와 인을 비교적 효율적으로 제거	· 운전이 복잡함

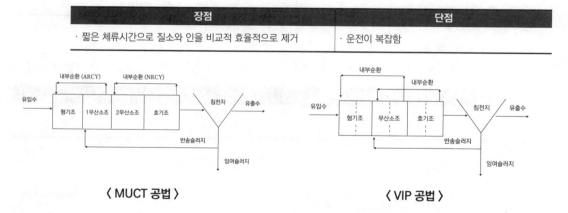

〈 MUCT 공법 〉　　　　　　　　　〈 VIP 공법 〉

사) Bardenpho 공법

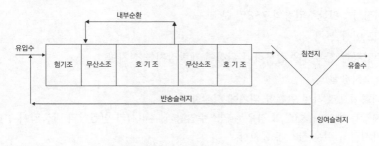

장점	단점
· 높은 질소(90%)와 인(85%) 제거율	· 긴 체류시간

2) 기존 하수처리시설의 고도처리시설 설치

① 기본설계과정에서 처리장의 운영실태 정밀분석을 실시한 후 이를 근거로 사업추진방향 및 범위 등을 결정하여야 함

② 시설개량은 운전개선방식을 우선 검토하되 방류수수질기준 준수가 곤란한 경우에 한해 시설 개량방식을 추진하여야 함

③ 기존 하수처리시설의 부지여건을 충분히 고려하여야 함

④ 기존시설물 및 처리공정을 최대한 활용하여야 함

⑤ 표준활성슬러지법이 설치된 기존처리장의 고도처리개량은 개선대상 오염물질별 처리특성을 감안하여 효율적인 설계가 되어야 함

(15) 염소소독

1) 설계기준

① 계획하수량 : 계획1일 최대오수량 (합류식은 우천 시를 고려함)

② 접촉시간 : 요구되는 살균효율을 얻을 수 있을 만큼 충분히 길어야 하며 15분 이하가 되어서는 안 됨

③ 접촉조 : 침전물제거시설을 갖추든지 아니면 침전이 일어나지 않는 구조로 함

④ 염소 주입위치 : 하수가 접촉조에 유입하기 전에 주입되어야 하며, 주입되는 즉시 하수와 잘 혼합되어야 함

2) 액체염소주입장치

① 용량은 계획1일 최대오수량과 주입률에 따라 정함 (합류식은 우천시를 고려함)

② 염소주입기의 용량 및 대수는 처리수의 수량 및 수질변동에 대응할 수 있도록 함

③ 염소주입기는 습식진공형으로 함

④ 염소주입기는 예비주입기를 설치함

3) 액체염소의 저장

가) 저장량 : 평균주입량의 7~8일 분

나) 2조 이상 설치

다) 주입량과 잔류량을 검사하기 위하여 계량장치를 설치함

라) 염소저장실

① 내화성으로 하며 안전한 위치에 시설함

② 저장능력 1ton 이상의 경우는 염소주입량과 분리시켜 실린더의 반출입이 편리한 위치에 또한 감시하기 쉬운 장소에 설치함

③ 지하실이나 기타 습기가 많은 장소를 피하여 외부로부터 밀폐 가능한 구조로 하고 저장실에는 환기용의 작은 창을 측벽하부에 설치함

④ 필요에 따라 실린더 이동용의 기중기(hoist)를 설치함

4) 차아염소산나트륨 주입장치

① 저장량 : 약 7~8일 분

② 내식성 용기에 저장

③ 저장장소는 차고 어둡고 통풍이 좋은 장소로 함

5) 탈염소 : 아황산가스, 아이중황산나트륨($Na_2S_2O_5$), 활성탄 주입

(16) 오존에 의한 소독

1) 오존반응설비

① 주입장치 용량은 계획수량과 주입률에 의해 산출된 주입량에 의해 결정함

② 미반응 오존의 처리를 위하여 배오존장치 설치

③ 실내 오존농도를 상시 모니터링 하기 위해 오존검출기를 2대 이상 설치함

④ 오존접촉방식의 형식 : 산기식 접촉방식, 가압식 접촉방식

2) 오존발생설비

① 발생효율이 높고 내구성, 안전성을 충분히 갖도록 하여야 하며 예비시설을 설치함

② 오존발생장치의 온도를 일정하게 유지하기 위하여 냉각장치를 설치함

(17) 자외선(UV) 소독시설

① 설계유량 : 일최대하수량으로 하고 합류식의 경우에는 우천시의 설계 유량을 고려함

② 설계유량이 5,000m^3/day 이상인 경우에는 소독효과를 높이기 위해 두 개 이상의 뱅크를 설치함

③ 원수의 자외선투과율 : 70% 이상

④ 자외선(UV)램프의 종류 : 저압 자외선램프, 중압자외선램프

(18) 기타시설

1) 처리장 내 연결관거

① 처리장 내 연결관거의 계획하수량

구분	계획하수량
펌프토구~일차침전지	합류식 - 우천 시 계획오수량
	분류식 - 계획시간 최대오수량
일차침전지~포기조	계획시간 최대오수량
포기조~이차침전지	계획시간 최대오수량 + 계획반송슬러지량
이차침전지~토구	계획시간 최대오수량
일차침전지~토구	합류식 - 우천 시 계획오수량
	분류식 - 계획시간 최대오수량

② 평균유속 : 0.6~1.0m/s
③ 처리장 내 연결관거 : 수밀 철근콘크리트 관거 또는 주철관 등
④ 처리장 내 연결관거는 가능한 짧게, 굴곡을 작게 함과 동시에 측관이나 기타 연결관을 고려함

2) 토구

① 위치 및 구조 : 방류수역의 관리자와 사전에 충분히 협의하여 결정
② 유속 : 선박의 운항, 세굴 등 주변에 영향을 미치지 않도록 하여야 함
③ 높이 : 가능한 한 하천이나 해역 등의 방류지의 저수위 부근에 위치하도록 함
④ 위치 및 방류의 방향 : 방류수가 부근에서 정체되지 않도록 함
⑤ 필요에 따라 게이트를 설치함

단락류(short circuit flow)

- 침전지에서 이론체류시간보다 짧은 시간에 침전지출구에 도달하는 물의 흐름
- 유입수와 지내수(池內水) 사이 온도차, 탁도차, 관성력 등에 의해 발생

도류벽(flow arrangement wall)

- 물이 정체되지 않고 계속 흐르도록 하기 위하여 배수지 등의 내부에 설치하는 벽

동결심도(depth of frost penetration)

- 지표면에서부터 토양이 얼어들어가는 깊이

사각웨어(rectangular weir)

- 개수로를 월류시켜 유량을 측정하는 보로, 월류부 형상이 장방형인 것

사수구역

- 침전지 내에서 물의 흐름이 정체를 보이는 지역

삼각웨어(triangular weir)

- 개수로 흐름의 유량 측정에 이용되는 보로 월류부의 형상이 2등변 삼각형인 것

여유고(free board)

- 지(池) 또는 탱크의 수면에서 시설의 상부 끝까지의 높이

월류웨어(overflow weir)

- 침전지에서 상징수를 효율적으로 유출시키기 위한 웨어

유효수심(effective water depth)

- 침전지나 농축조 등의 시설에서 유체가 머무는 바닥부터 수표면까지의 높이

정류벽(baffle ; baffle wall)

- 물이 정체하지 않고 균등하게 흐르게 하기 위하여 침전지 등의 내부에 설치하는 유공벽

정상류(steady flow)

- 유속이나 수심 등의 흐름 상태가 시간에 따라 변화하지 않는 흐름

종단속도(한계침강속도 ; terminal velocity)

- 단일입자가 침강하는 경우에 유체저항과 입자의 중력이 평형이 되어 입자가 등속운동을 할 때의 속도

착수정(receiving well)

- 정수장에서 수돗물의 생산과정의 하나로 취수장에서 끌어들인 물 중에서 찌꺼기나 모래 등을 침전시키는 곳
- 취수 및 도수 시설에서 유입되는 원수의 수위를 안정화, 원수량을 조정하여 다음 처리 단계의 약품주입, 침전, 여과 등의 정수 작업을 원활하게 하는 시설

트라프(trough)

- 여과지의 세정배수를 자동적으로 배출시키는 장치

한계수심(critical depth)

- 개수로의 흐름에서 물의 양이 일정할 때 비에너지, 또는 비에너지가 일정할 때 물의 양이 최대가 되는 수심

01 완속여과지에서 여과지의 깊이는 하부 집수장치의 높이에 자갈층 두께, 모래층 두께, 모래면 위의 수심과 여유고를 더하여 2.5~3.5m를 표준으로 한다. (O/X)

02 완속여과지의 여과속도는 15~25m/day를 표준으로 한다. (O/X)

03 완속여과지의 모래층 두께는 70~90cm를 표준으로 한다. (O/X)

04 완속여과지의 여과면적은 계획정수량을 여과속도로 나누어 구한다. (O/X)

05 하수처리시설 일차침전지의 침전지 지수는 최소한 2지 이상으로 한다. (O/X)

06 하수처리시설 일차침전지의 슬러지수집기를 설치하는 경우 직사각형 침전지의 바닥 기울기는 2/100~5/100으로 한다. (O/X)

07 하수처리시설 일차침전지의 표면부하율은 계획1일 최대오수량에 대하여 분류식의 경우 $35~70m^3/m^2 \cdot day$로 한다. (O/X)

08 하수처리시설 일차침전지의 표면부하율은 계획1일 최대오수량에 대하여 합류식의 경우 $25~50m^3/m^2 \cdot day$로 한다. (O/X)

09 하수처리장 이차침전지에서 유효수심은 2.5m~4m를 표준으로 한다. (O/X)

10 하수처리장 이차침전지에서 침전시간은 계획1일 최대오수량에 따라 정하며 일반적으로 3~5시간으로 한다. (O/X)

11 하수처리장 이차침전지에서 침전지 수면의 여유고는 40~60cm 정도로 한다. (O/X)

12 하수처리장 이차침전지에서 고형물 부하율은 $25~40kg/m^2 \cdot 일$로 한다. (O/X)

13 빗물펌프장의 계획하수량은 합류관거의 계획하수량에 우천시 계획오수량을 더한 것으로 한다. (O/X)

14 빗물펌프장의 계획하수량은 합류관거의 계획하수량에서 우천시 계획오수량을 뺀 것으로 한다. (O/X)

15 빗물펌프장의 계획하수량은 계획우수량으로 한다. (O/X)

16 빗물펌프장의 계획하수량은 우천시 계획오수량으로 한다. (O/X)

17 집수매거는 일반적으로 중량 취수에 이용되고 있다. (O/X)

18 집수매거는 하천의 대소에 관계없이 이용된다. (O/X)

19 집수매거는 하천바닥에 매몰되어 있어 관리하기 어렵다. (O/X)

20 집수매거는 토사유입으로 수질변동이 크다. (O/X)

21 플록형성지에서 플록 형성시간은 계획정수량에 대하여 20~40분간을 표준으로 한다. (O/X)

22 하수도시설인 호기성 소화조의 소화조의 수는 최소한 2조 이상으로 한다. (O/X)

23 하수도시설인 호기성 소화조의 형상이 원형인 경우 바닥 기울기는 5~10% 정도 되게 한다. (O/X)

24 하수도시설인 호기성 소화조의 측심은 5m 정도로 한다. (O/X)

25 하수도시설인 호기성 소화조의 지붕이 불필요하며 가온시킬 필요성이 없다. (O/X)

26 침사지에서 지의 위치는 가능한 한 취수구에 근접하여 제내지에 설치한다. (O/X)

27 침사지에서 지의 상단높이는 고수위보다 0.3~0.6m의 여유고를 둔다. (O/X)

28 침사지에서 지의 고수위는 계획취수량이 유입될 수 있도록 취수구의 계획최저수위 이하로 정한다. (O/X)

29 침사지에서 지의 길이는 폭의 3~8배, 지내 평균유속은 2~7cm/sec를 표준으로 한다. (O/X)

30 상수처리시설인 '착수정'의 형상은 일반적으로 직사각형 또는 원형으로 하고 유입구에는 제수밸브 등을 설치한다. (O/X)

31 상수처리시설인 '착수정'의 고수위와 주변 벽체의 상단 간에는 60cm 이상의 여유를 두어야 한다. (O/X)

32 상수처리시설인 '착수정'의 용량은 체류시간을 30~60분 정도로 한다. (O/X)

33 상수처리시설인 '착수정'의 수심은 3~5m 정도로 한다. (O/X)

34 상수시설인 완속여과지에서 여과지 깊이는 자갈층 두께, 모래층 두께에 모래면 위의 수심을 더하여 2.5~3.5m를 표준으로 한다. (O/X)

35 상수시설인 완속여과지에서 여과속도는 4~5m/day를 표준으로 한다. (O/X)

36 상수시설인 완속여과지에서 여과지의 수는 예비지를 포함하여 2지 이상으로 하고 10지 마다 1지 비율로 예비지를 둔다. (O/X)

37 상수시설인 완속여과지에서 여과지의 모래면 위의 수심은 90~120cm를 표준으로 한다. (O/X)

38 상수도에서 적용되는 급속여과지의 여과면적은 계획정수량을 여과속도로 나누어 구한다. (O/X)

39 상수도에서 적용되는 급속여과지의 1지의 여과면적은 120m^2 이하로 한다. (O/X)

40 상수도에서 적용되는 급속여과지의 여과속도는 120~150m/day를 표준으로 한다. (O/X)

41 상수도에서 적용되는 급속여과지는 중력식, 형상은 직사각형을 표준으로 한다. (O/X)

42 고속응집 침전지는 탁도와 수온의 변동이 적어야 한다. (O/X)

43 고속응집 침전지의 용량은 계획정수량의 1.5~2.0시간분으로 한다. (O/X)

44 고속응집 침전지의 최고 탁도는 100NTU 이하인 것이 바람직하다. (O/X)

45 고속응집 침전지는 처리수량의 변동이 적어야 한다. (O/X)

46 우물의 양수량 결정 시 사용되는 "적정양수량"은 한계양수량의 70% 이하의 양수량이다. (O/X)

47 상수처리의 완속여과지에서 주벽의 상단은 지반보다 15cm 이상 높임으로써 여과지 내로 오염수나 토사 등의 유입을 방지한다. (O/X)

48 상수처리의 완속여과지에서 한랭지에서는 여과지 물이 동결될 염려가 있으므로 가온시설을 설치한다. (O/X)

49 표준활성슬러지법에서 수리학적 체류시간은 6~8시간을 표준으로 한다. (O/X)

50 표준활성슬러지법에서 반응조 내 MLSS 농도는 1,500~2,500mg/L를 표준으로 한다. (O/X)

51 표준활성슬러지법에서 포기조의 유효수심은 심층식의 경우 10m를 표준으로 한다. (O/X)

52 표준활성슬러지법에서 포기조 여유고는 표준식의 30~60cm 정도를 표준으로 한다. (O/X)

53 상수의 급속여과지에서 여과속도는 150~350m/일을 표준으로 한다. (O/X)

54 상수의 급속여과지에서 모래층의 두께는 여과사의 유효경이 0.45~0.7mm의 범위인 경우에는 60~70cm를 표준으로 한다. (O/X)

55 상수의 급속여과지에서 여과면적은 계획 정수량을 여과속도로 나누어 구한다. (O/X)

56 상수의 급속여과지에서 1지의 여과면적은 $150m^2$ 이하로 한다. (O/X)

57 착수정은 수위가 고수위 이상으로 올라가지 않도록 월류관이나 월류웨어를 설치한다. (O/X)

58 착수정의 고수위와 주변 벽체의 상단 간에는 60cm 이상의 여유를 두어야 한다. (O/X)

59 착수정의 용량은 체류시간을 30분 이상으로 한다. (O/X)

60 착수정은 필요에 따라 분말활성탄을 주입할 수 있는 장치를 설치하는 것이 바람직하다. (O/X)

61 폴리염화알루미늄(PAC)은 일반적으로 황산알루미늄보다 응집성이 우수하고 적정주입 pH의 범위가 넓으며 알칼리도의 저하가 적다. (O/X)

62 폴리염화알루미늄(PAC)은 일반적으로 황산알루미늄보다 응집성은 약하나 적정주입 pH의 범위가 좁고 알칼리도의 저하가 적다. (O/X)

63 폴리염화알루미늄(PAC)은 일반적으로 황산알루미늄보다 응집성은 우수하나 적정주입 pH의 범위가 좁고 알칼리도의 저하가 크다. (O/X)

64 폴리염화알루미늄(PAC)은 일반적으로 황산알루미늄보다 응집성은 약하나 적정주입 pH의 범위가 넓고 알칼리도의 저하가 크다. (O/X)

65 정수시설인 침사지에서 표면부하율은 200~500mm/min을 표준으로 한다. (O/X)

66 정수시설인 침사지에서 지내 평균 유속은 2~7cm/s를 표준으로 한다. (O/X)

67 정수시설인 침사지에서 지의 길이는 폭의 5~10배를 표준으로 한다. (O/X)

68 정수시설인 침사지에서 지의 상단 높이는 고수위보다 0.6~1m의 여유고를 둔다. (O/X)

69 하수도시설인 중력식 침사지에서 침사지의 평균유속은 0.3m/초를 표준으로 한다. (O/X)

70 하수도시설인 중력식 침사지에서 저부경사는 보통 1/500~1/1,000로 하며 그리트 제거설비의 종류별 특성에 따라 범위가 적용된다. (O/X)

71 하수도시설인 중력식 침사지에서 침사지의 표면부하율은 오수침사지의 경우 1,800m³/m²·일, 우수침사지의 경우 3,600m³/m²·일 정도로 한다. (O/X)

72 하수도시설인 중력식 침사지에서 침사지 수심은 유효수심에 모래 퇴적부의 깊이를 더한 것으로 한다. (O/X)

73 하수처리시설인 침사지의 평균유속은 0.30m/sec를 표준으로 한다. (O/X)

74 하수처리시설인 침사지의 저부경사는 보통 1/100~2/100로 한다. (O/X)

75 하수처리시설인 침사지의 합류식에서는 오수전용과 우수전용으로 구별하여 설치하는 것이 좋다. (O/X)

76 하수처리시설인 침사지의 체류시간은 5~10분을 표준으로 한다. (O/X)

77 정수시설인 플록 형성지는 혼화지와 침전지 사이에 위치하고 침전지에 붙여서 사용한다. (O/X)

78 정수시설인 플록 형성지에서 플록 형성시간은 계획정수량에 대하여 20~40분간을 표준으로 한다. (O/X)

79 정수시설인 플록 형성지의 기계식 교반에서 플록 큐레이터의 주변속도는 5~15cm/s 범위로 한다. (O/X)

80 하수관거에서 오수관거의 유속은 계획시간 최대 오수량에 대하여 최소 0.3m/sec, 최대 2m/sec로 한다. (O/X)

81 호기성 소화조의 형상이 원형인 경우 바닥의 기울기는 10~25% 정도 되게 한다. (O/X)

82 호기성 소화조의 측심은 5m 정도로 한다. (O/X)

83 호기성 소화조의 수밀성 구조로 한다. (O/X)

84 호기성 소화조는 0.3~0.6m의 여유고를 두어야 한다. (O/X)

85 하수처리시설 중 이차 침전지의 표면부하율은 표준활성슬러지법의 경우, 계획 1일 최대오수량에 대하여 20~30m³/m²·day로 한다. (O/X)

86 하수처리시설 중 이차 침전지의 고형물 부하율은 25~40kg/m²·day로 한다. (O/X)

87 하수처리시설 중 이차 침전지의 유효수심은 2.5~4m를 표준으로 한다. (O/X)

88 하수처리시설 중 이차 침전지의 침전시간은 계획 1일 최대오수량에 따라 정하며 일반적으로 3~5시간으로 한다. (O/X)

89 정수시설 중 플록형성지는 계획정수량에 대하여 20~40분간을 표준으로 한다. (O/X)

90 정수시설 중 플록형성지는 직사각형이 표준이다. (O/X)

91 정수시설 중 플록형성지에는 야간 근무자가 플록형성 상태를 감시할 수 있는 적절한 조명장치를 설치한다. (O/X)

92 정수시설 중 플록형성지는 약품주입조 후미에 위치하며 침전지와 분리하여 사용한다. (O/X)

93 정수시설인 침수형 여과상 장치(하니콤 방식)은 하니콤 튜브의 충전두께 2~6m를 표준으로 한다. (O/X)

94 정수시설인 침수형 여과상 장치(하니콤 방식)은 하니콤 튜브의 충전율이 접촉지 용적의 50% 이상 되게 한다. (O/X)

95 정수시설인 침수형 여과상 장치(하니콤 방식)은 접촉지 내 평균유속은 0.1~0.3m/sec 정도로 한다. (O/X)

96 정수시설인 침수형 여과상 장치(하니콤 방식)은 원수수질과 발생슬러지의 성상을 고려하여 슬러지 배출이 가능한 구조로 한다. (O/X)

97 정수시설 중 플록 형성지는 기계식 교반에서 플록큐레이터(flocculator)의 주변속도는 5~15 cm/sec를 표준으로 한다. (O/X)

98 정수시설 중 플록 형성지는 플록 형성 시간은 계획정수량에 대하여 20~40분간을 표준으로 한다. (O/X)

99 정수시설 중 플록 형성지는 직사각형이 표준이다. (O/X)

100 정수시설 중 플록 형성지는 혼화지와 침전지 사이에 위치하고 침전지에 붙여서 설치한다. (O/X)

101 표준활성슬러지법에서 수리학적 체류시간은 4~6시간을 표준으로 한다. (O/X)

102 표준활성슬러지법에서 반응조 내 MLSS 농도는 1,500~2,500mg/L를 표준으로 한다. (O/X)

103 표준활성슬러지법에서 포기조의 유효수심은 심층식의 경우 10m를 표준으로 한다. (O/X)

104 표준활성슬러지법에서 포기조 여유고는 표준식의 경우 80cm 정도를 표준으로 한다. (O/X)

105 정수시설 중 완속 여과지의 여과속도는 4~5m/day를 표준으로 한다. (O/X)

106 정수시설 중 완속 여과지의 모래층 두께는 90~120cm를 표준으로 한다. (O/X)

107 정수시설 중 완속 여과지의 여과면적은 계획정수량을 여과속도로 나누어 구한다. (O/X)

108 상수시설인 침사지의 표면 부하율은 500~800mm/min을 표준으로 한다. (O/X)

109 상수시설인 침사지의 지내 평균유속은 2~7cm/sec를 표준으로 한다. (O/X)

110 상수시설인 침사지의 지의 길이는 폭의 3~8배를 표준으로 한다. (O/X)

111 상수시설인 침사지의 지의 상단높이는 고수위보다 0.6~1m의 여유고를 둔다. (O/X)

112 하수도 시설 중 1차 침전지 표면부하율은 계획1일 최대오수량에 대하여 분류식의 경우 35~70 $m^3/m^2 \cdot day$로 한다. (O/X)

113 하수도 시설 중 1차 침전지 표면부하율은 계획1일 최대오수량에 대하여 합류식의 경우 25~50m³/m²·day로 한다. (O/X)

114 하수도 시설 중 1차 침전지 침전시간은 계획1일 최대오수량에 대하여 표면부하율과 유효수심을 고려하여 정하며, 일반적으로 4~8시간으로 한다. (O/X)

115 하수도 시설 중 1차 침전지 유효수심은 2.5~4m를 표준으로 한다. (O/X)

116 정수시설인 급속여과지의 여과면적은 계획정수량을 여과속도로 나누어 구한다. (O/X)

117 정수시설인 급속여과지의 1지의 여과면적은 200m² 이하로 한다. (O/X)

118 정수시설인 급속여과지의 모래층의 두께는 여과 모래의 유효경이 0.45~0.7mm의 범위인 경우에는 60~70cm를 표준으로 한다. (O/X)

119 정수시설인 급속여과지의 여과속도는 120~150m/day를 표준으로 한다. (O/X)

120 착수정의 고수위와 주변 벽체의 상단 간에는 60cm 이상의 여유를 두어야 한다. (O/X)

121 착수정 형상은 일반적으로 직사각형 또는 원형으로 하고 유입구에는 제수밸브 등을 설치한다. (O/X)

122 착수정의 용량은 체류시간 30분 이상으로 한다. (O/X)

123 착수정의 수심은 3~5m 정도로 한다. (O/X)

124 플록형성지의 혼화지와 침전지 사이에 위치하고 침전지에 붙여서 설치한다. (O/X)

125 플록형성지의 플록형성 시간은 계획 정수량에 대하여 20~40분간을 표준으로 한다. (O/X)

126 플록형성지의 기계식 교반에서 플록큐레이션의 주변속도는 5~15cm/sec를 표준으로 한다. (O/X)

127 플록형성지 내의 교반 강도는 하류로 갈수록 점차 감소시키는 것이 바람직하다. (O/X)

128 상수도 시설 중 침사지의 지의 길이는 폭의 3~8배를 표준으로 한다. (O/X)

129 상수도 시설 중 침사지의 지의 상단높이는 0.3~0.6m의 여유고를 둔다. (O/X)

130 상수도 시설 중 침사지의 지의 유효수심은 3~4m를 표준으로 한다. (O/X)

131 상수도 시설 중 침사지의 표면부하율은 200~500mm/min을 표준으로 한다. (O/X)

132 하수도 시설인 호기성 소화조의 소화조의 수는 최소한 2조 이상으로 한다. (O/X)

133 하수도 시설인 호기성 소화조의 형상이 원형인 경우 바닥의 기울기는 10~25% 정도 되게 한다. (O/X)

134 하수도 시설인 호기성 소화조의 측심은 2~3m 정도로 한다. (O/X)

135 하수도 시설인 호기성 소화조의 지붕이 불필요하며 가온시킬 필요성이 없다. (O/X)

136 상수처리를 위한 완속여과지의 여과지의 깊이는 하부집수장치의 높이에 자갈층 두께, 모래층 두께, 모래면 위의 수심과 여유고를 더하여 2.5~3.5m를 표준으로 한다. (O/X)

137 상수처리를 위한 완속여과지의 여과속도는 4~5m/일을 표준으로 한다. (O/X)

138 상수처리를 위한 완속여과지의 모래층의 두께는 70~90cm를 표준으로 한다. (O/X)

139 상수처리를 위한 완속여과지의 여과지의 모래면 위의 수심은 30~60cm를 표준으로 한다. (O/X)

140 상수처리를 위한 생물처리설비 중 회전원판장치의 접촉지의 용량은 액량면적비로 결정한다. (O/X)

141 상수처리를 위한 생물처리설비 중 회전원판장치의 처리계열은 2계열 이상으로 하고 각 계열은 2개 이상의 접촉지를 직렬로 배치한다. (O/X)

142 상수처리를 위한 생물처리설비 중 회전원판장치의 회전원판의 주변 속도는 15~20m/min을 표준으로 한다. (O/X)

143 상수처리를 위한 생물처리설비 중 회전원판장치의 접촉지의 내벽과 원판 끝부분과의 간격은 원판 직경의 5~10%를 표준으로 한다. (O/X)

144 해수담수화시설 중 역삼투설비로 생산된 물은 pH나 경도가 높기 때문에 필요에 따라 적절한 약품을 주입하여 수질을 조정한다. (O/X)

145 해수담수화시설 중 역삼투설비 막모듈은 플러싱과 약품세척 등을 조합하여 세척한다. (O/X)

146 해수담수화시설 중 역삼투설비는 장기간 운전중지하는 경우에 막보전액으로는 중아황산나트륨 등을 사용한다. (O/X)

147 해수담수화시설 중 역삼투설비는 공급수 중의 이물질로 고압펌프와 막모듈이 손상되지 않도록 하기 위하여 고압펌프의 흡입측 공급수 배관계봉에 안전필터를 설치한다. (O/X)

148 상수의 급속여과의 여과속도는 120~150m/일을 표준으로 한다. (O/X)

149 상수의 급속여과의 모래층의 두께는 여과사의 유효경이 0.45~0.7mm의 범위인 경우에는 60~70cm를 표준으로 한다. (O/X)

150 상수의 급속여과의 여과면적은 계획 정수량을 여과속도로 나누어 구한다. (O/X)

151 상수의 급속여과의 1지의 여과면적은 250m² 이하로 한다. (O/X)

152 상수도 시설 중 침사지 위치는 가능한 한 취수구에 근접하여 체내지에 설치한다. (O/X)

153 상수도 시설 중 침사지 유효수심은 2~3m를 표준으로 한다. (O/X)

154 상수도 시설 중 침사지 상단높이는 고수위보다 0.6~1m의 여유고를 둔다. (O/X)

155 상수도 시설 중 침사지내 평균유속은 2~7cm/sec를 표준으로 한다. (O/X)

156 정수처리를 위한 급속여과지는 중력식을 표준으로 한다. (O/X)

157 정수처리를 위한 급속여과지의 여과면적은 계획정수량을 여과속도로 나누어 구한다. (O/X)

158 정수처리를 위한 급속여과지 1지의 여과면적은 250m² 이하로 한다. (O/X)

159 정수처리를 위한 급속여과지의 여과속도는 120~150m/day를 표준으로 한다. (O/X)

160 취수시설인 침사지의 표면부하율은 200~500mm/min을 표준으로 한다. (O/X)

161 취수시설인 침사지의 지내 평균유속은 2~7cm/sec를 표준으로 한다. (O/X)

162 취수시설인 침사지의 상단 높이는 고수위보다 30cm 정도의 여유고를 둔다. (O/X)

163 취수시설인 침사지의 유효수심은 3~4m를 표준으로 하고, 퇴사심도를 0.5~1m로 한다. (O/X)

164 플록형성지의 기계식 교반에서 플로큐레이터(flocculator)의 주변속도는 15~80cm/sec를 표준 (O/X)
으로 한다.

165 플록형성지의 플록 형성시간은 계획정수량에 대하여 5~10분간을 표준으로 한다. (O/X)

166 플록형성지는 직사각형이 표준이다. (O/X)

167 플록형성지는 혼화지와 침전지 사이에 위치하고 침전지에 붙여서 설치한다. (O/X)

168 정수시설 플록 형성지는 혼화지와 침전지 사이에 위치하고 침전지에 붙여서 설치한다. (O/X)

169 정수시설 플록 형성지의 플록 형성시간은 계획정수량에 대하여 5~10분 정도를 표준으로 한다. (O/X)

170 정수시설 플록 형성지는 기계식 교반에서 플록 큐레이션의 주변속도를 15~80cm/sec로 한다. (O/X)

171 정수시설 플록 형성지 내의 교반강도는 하류로 갈수록 점차 감소시키는 것이 바람직하다. (O/X)

172 정수시설인 배수지에서 자연유하식 배수지의 높이는 최소동수압이 확보되는 높이여야 한다. (O/X)

173 정수시설인 배수지에서 2개 이상의 배수계통으로 된 경우는 각 계통마다 배수지의 유효유량을 (O/X)
결정하여야 한다.

174 정수시설인 배수지에서 배수의 유효용량은 급수구역의 계획 1일 최대급수량의 8~12시간분을 (O/X)
표준으로 한다.

175 정수시설인 배수지에서 배수의 유효수심은 2~4m 범위를 표준으로 한다. (O/X)

176 하수처리시설인 침사지에서 침사지의 평균유속은 0.1~0.2m/sec를 표준으로 한다. (O/X)

177 하수처리시설인 침사지에서 체류시간은 30~60초를 표준으로 한다. (O/X)

178 하수처리시설인 침사지에서 수심은 유효수심에 모래퇴적부의 깊이를 더한 것으로 한다. (O/X)

179 하수처리시설인 침사지에서 침사지의 저부경사는 보통 1/100~2/100로 한다. (O/X)

180 상수처리시설 중 침사지에서 장방형으로 하며 길이가 폭의 3~8배가 되게 한다. (O/X)

181 상수처리시설 중 침사지의 용량은 침사지 내의 고수위까지의 유량으로 계획취수량을 10~20분간 (O/X)
저류할 수 있어야 한다.

182 상수처리시설 중 침사지에서 침사지 내에서의 유속은 2~7cm/sec가 되도록 한다. (O/X)

183 상수처리시설 중 침사지에서 침사지 바닥경사는 1/20 이상의 경사를 두어야 한다. (O/X)

184 정수장의 플록형성지는 혼화지와 침전지 사이에 위치하고 침전지에 접속하여 설치하여야 한다. (O/X)

185 정수장의 플록형성지의 플록형성시간은 계획정수량에 대하여 20~40분 간을 표준으로 한다. (O/X)

186 정수장의 플록형성지의 플로큐레이터의 주변속도는 15~80cm/초로 한다. (O/X)

187 정수장의 플록형성지에서의 교반강도는 상류, 하류를 동일하게 유지하여 일정한 강도의 플록을 형성시킨다. (O/X)

188 침사지의 저부 경사는 보통 1/100~2/100로 한다. (O/X)

189 침사지의 수심은 유효 수심에 모래 퇴적부의 깊이를 더한 것으로 한다. (O/X)

190 침사지의 체류 시간은 30~60초를 표준으로 한다. (O/X)

191 침사지의 표면 부하율은 180~360m^3/m^2·일을 표준으로 한다. (O/X)

192 정수(淨水)를 위한 급속 여과지의 여과 면적은 계획 정수량을 여과 속도로 나누어 구한다. (O/X)

193 정수(淨水)를 위한 급속 여과지의 1지의 여과 면적은 150m^2 이하로 한다. (O/X)

194 정수(淨水)를 위한 급속 여과지의 여과사의 유효경은 1.0~2.0mm 범위 이내이어야 한다. (O/X)

195 정수(淨水)를 위한 급속 여과지의 여과 속도는 120~150m/일을 표준으로 한다. (O/X)

196 상수처리시설 중 침사지의 장방형으로 하며 유입부는 점차적으로 확대되고 유출부는 차차 축소되는 모양으로 만든다. (O/X)

197 상수처리시설 중 침사지의 길이가 폭의 3~8배가 되게 한다. (O/X)

198 상수처리시설 중 침사지의 용량은 침사지내의 고수위까지의 유량으로서 계획 취수량을 10~20분 간 저류할 수 있어야 한다. (O/X)

199 상수처리시설 중 침사지의 침사지내 유속은 0.3m/초를 표준으로 한다. (O/X)

200 하수 고도처리를 위한 급속여과장치의 여층의 구성은 SS의 제거율이 높도록 선정한다. (O/X)

201 하수 고도처리를 위한 급속여과장치의 여과속도는 일반적으로 300m/day 이하로 한다. (O/X)

202 하수 고도처리를 위한 급속여과장치는 일반적으로 상향류식 여과의 경우는 안트라사이트와 모래로 구성된 2층 구조로 사용한다. (O/X)

203 정수과정 중 완속여과지의 여과속도는 4~5m/day가 표준이다. (O/X)

204 정수과정 중 완속여과의 모래층의 두께는 40~60cm가 표준이다. (O/X)

205 정수과정 중 급속여과지의 여과속도는 120~150m/day가 표준이다. (O/X)

206 정수과정 중 급속여과의 모래층의 두께는 60~70cm이다. (O/X)

207 일차침전지의 표면부하율은 계획 1일 최대오수량에 대하여 15~20m³/m²·day로 한다. (O/X)

208 일차침전지에서 슬러지 제거기를 설치하는 경우의 침전지 바닥기울기는 직사각형에서는 1/100~1/50로 한다. (O/X)

209 일차침전지에서 슬러지 제거기를 설치하는 경우의 침전지 바닥기울기는 원형 및 정사각형에서는 1/20~1/10로 한다. (O/X)

210 일차침전지에서 슬러지 제거를 위해서 조의 바닥에 호퍼를 설치하며 그 측벽의 기울기는 60° 이상으로 한다. (O/X)

211 응집시설 중 완속교반시설에서 완속교반기는 프로펠러형과 폭기형을 사용한다. (O/X)

212 응집시설 중 완속교반시설에서 조의 형태는 폭 : 길이 : 깊이가 1 : 1 : 1~1.2가 적당하며 입출구는 대각선에 위치하도록 한다. (O/X)

213 응집시설 중 완속교반시설에서 완속교반시 속도경사는 40~100/초로 낮게 유지한다. (O/X)

214 응집시설 중 완속교반시설에서 체류시간은 통상 20~30분이 적당하며, 조는 3~4개의 실로 분리하는 것이 좋다. (O/X)

1.○	2.×	3.○	4.○	5.○	6.×	7.○	8.○	9.○	10.○	11.○	12.×	13.×	14.○	15.×
16.×	17.○	18.○	19.○	20.×	21.○	22.○	23.×	24.○	25.○	26.○	27.×	28.○	29.○	30.○
31.○	32.×	33.○	34.×	35.○	36.○	37.○	38.○	39.×	40.○	41.○	42.○	43.○	44.×	45.○
46.○	47.○	48.×	49.○	50.○	51.○	52.×	53.×	54.○	55.○	56.○	57.○	58.○	59.×	60.○
61.○	62.×	63.×	64.×	65.○	66.○	67.×	68.○	69.○	70.×	71.○	72.○	73.○	74.○	75.○
76.×	77.○	78.○	79.×	80.×	81.○	82.○	83.○	84.×	85.○	86.×	87.○	88.○	89.○	90.○
91.○	92.×	93.○	94.○	95.×	96.○	97.×	98.○	99.○	100.○	101.×	102.○	103.○	104.○	105.○
106.×	107.○	108.×	109.○	110.○	111.○	112.○	113.○	114.×	115.○	116.○	117.×	118.○	119.○	120.○
121.○	122.×	123.○	124.○	125.○	126.×	127.○	128.○	129.×	130.○	131.○	132.○	133.○	134.×	135.○
136.○	137.○	138.○	139.×	140.○	141.○	142.○	143.×	144.×	145.○	146.○	147.○	148.○	149.○	150.○
151.×	152.○	153.×	154.○	155.○	156.○	157.○	158.×	159.○	160.○	161.○	162.×	163.○	164.○	165.×
166.○	167.○	168.○	169.×	170.○	171.○	172.○	173.○	174.○	175.×	176.×	177.○	178.○	179.○	180.○
181.○	182.○	183.×	184.○	185.○	186.○	187.×	188.○	189.○	190.○	191.×	192.○	193.○	194.×	195.○
196.○	197.○	198.○	199.×	200.○	201.○	202.×	203.○	204.×	205.○	206.○	207.×	208.○	209.○	210.○
211.×	212.○	213.○	214.○											

적중실전문제

1. 상수시설인 착수정의 체류시간, 수심 기준으로 옳은 것은?
   - 가. 체류기간 : 1.5분 이상, 수심 : 2~3m 정도
   - 나. 체류기간 : 1.5분 이상, 수심 : 3~5m 정도
   - 다. 체류기간 : 3.0분 이상, 수심 : 2~3m 정도
   - 라. 체류기간 : 3.0분 이상, 수심 : 3~5m 정도

2. 다음은 상수시설인 배수지의 용량에 관한 내용이다. (   )안에 옳은 내용은?

   > 유효용량은 시간변동조정용량과 비상대처용량을 합하여 급수구역의 계획1일최대급수량의 (   ) 이상을 표준으로 한다.

   - 가. 6시간분
   - 나. 8시간분
   - 다. 10시간분
   - 라. 12시간분

3. 해수담수화방식 중 상(相)변화방식인 증발법에 해당되는 것은?
   - 가. 다단플래쉬법
   - 나. 냉동법
   - 다. 가스수화물법
   - 라. 전기투석법

4. **상수처리를 위한 중간염소 처리시 염소제의 주입지점으로 가장 적합한 곳은?**

   가. 도수관로와 착수정 사이

   나. 응집조와 침전지 사이

   다. 착수정과 혼화지 사이

   라. 침전지와 여과지 사이

5. **상수의 배수시설인 배수지에 관한 설명으로 옳지 않은 것은?**

   가. 가능한 한 급수지역의 중앙 가까이 설치한다.

   나. 유효수심은 2~4m 정도를 표준으로 한다.

   다. 유효용량은 "시간변동조정용량"과 "비상대처용량"을 합하여 급수구역의 계획1일최대급수량의 12시간분 이상을 표준으로 한다.

   라. 자연유하식 배수지의 표고는 최소동수압이 확보되는 높이여야 한다.

6. **다음 정수처리방법과 정수시설의 선정에 관한 설명으로 옳지 않은 것은?**

   가. 정수처리공정이 소독만 있는 방식은 원수수질이 양호하고 대장균군 50MPN(100mL)이하이고 일반 세균 500CFU(1mL)이하이며 그 외 수질항목이 먹는물 수질기준 등에 상시 적합한 경우에 간이방식으로 처리할 수 있다.

   나. 완속여과방식은 원수수질이 비교적 양호하고 대장균군 1,000MPN(100mL)이하, BOD 2mg/L 이하, 최고 탁도 10NTU 이하인 경우에 처리할 수 있다.

   다. 급속여과방식은 용해성물질의 제거능력이 거의 없으므로 문제가 되는 용해성물질의 종류와 농도에 따라서는 고도정수시설을 추가할 필요가 있다.

   라. 막여과방식은 크립토시포리디움에 오염될 우려가 있는 경우에는 채택할 수 없으며, 수개월 간격으로 막을 교환해야 하는 등 운전관리상 어려움이 있다.

7. **상수도시설 침사지의 구조에 관한 설명으로 옳지 않은 것은?**

   가. 표면부하율은 200~500mm/min을 표준으로 한다.

   나. 지내 평균유속은 2~7cm/s를 표준으로 한다.

   다. 지의 상단 높이는 고수위보다 0.1~0.3m의 여유고를 둔다.

   라. 지의 유효수심은 3~4m를 표준으로 하고, 퇴사심도를 0.5~1m로 한다.

8. 정수시설인 급속여과지의 표준 여과속도는?

    가. 120~150m/day

    나. 150~180m/day

    다. 180~250m/day

    라. 250~300m/day

9. 자외선 하수 살균 소독의 장단점과 가장 거리가 먼 것은?

    가. 물의 혼탁이나 탁도는 소독 능력에 영향을 미치지 않는다.

    나. 화학적 부작용 적고 전원의 제어가 용이하다.

    다. pH 변화에 관계없이 지속적인 살균이 가능하다.

    라. 유량과 수질의 변동에 대해 적응력이 강하다.

10. 하수처리시설의 이차 침전지에 대한 설명으로 틀린 것은?

    가. 유효수심은 2.5~4m를 표준으로 한다.

    나. 이차 침전지의 고형물부하율은 40~125kg/(m^2·day)로 한다.

    다. 침전시간은 계획 1일 최대 오수량에 따라 정하며 일반적으로 6~8시간으로 한다.

    라. 침전지 수면의 여유고는 40~60cm정도로 한다.

11. 정수처리를 위해 완속여과방식(불용해성 성분의 처리방식)만을 선택하였을 때 거의 처리할 수 없는 항목(물질)은?

    가. 탁도

    나. 철분, 망간

    다. ABS

    라. 농약

12. 상수 담수화방식(상변화방식) 중 증발법에 해당되지 않는 것은?

　　가.　다단 플래시법

　　나.　다중효용법

　　다.　가스 수화물법

　　라.　투과기화법

13. 상수도시설인 배수지 용량에 대한 설명으로 옳은 것은?

　　가.　유효용량은 시간변동조정용량과 비상대처용량을 합하여 급수구역의 계획시간최대급수량의
　　　　8시간 분 이상을 표준으로 한다.

　　나.　유효용량은 시간변동조정용량과 비상대처용량을 합하여 급수구역의 계획시간최대급수량의
　　　　12시간 분 이상을 표준으로 한다.

　　다.　유효용량은 시간변동조정용량과 비상대처용량을 합하여 급수구역의 계획1일최대급수량의
　　　　8시간 분 이상을 표준으로 한다.

　　라.　유효용량은 시간변동조정용량과 비상대처용량을 합하여 급수구역의 계획1일최대급수량의
　　　　12시간 분 이상을 표준으로 한다.

14. 예비용량을 감안한 정수시설의 적정 가동율은?

　　가.　55% 내외가 적정하다.

　　나.　65% 내외가 적정하다.

　　다.　75% 내외가 적정하다.

　　라.　85% 내외가 적정하다.

15. 다음은 정수시설의 시설능력에 관한 내용이다. (   ) 안에 내용으로 옳은 것은?

소비자에게 고품질의 수도 서비스를 중단없이 제공하기 위하여 정수시설은 유지보수, 사고대비, 시설 개량 및 확장 등에 대비하여 적절한 예비용량을 갖춤으로써 수도시스템으로의 안정성을 높여야 한다. 이를 위하여 예비용량을 감안한 정수시설의 가동률은 (   ) 내외가 적정하다.

가. 70%

나. 75%

다. 80%

라. 85%

16. 해수담수화방식의 상변화방식 중 결정법인 것은?

가. 다중효용법

나. 투과기화법

다. 가스수화물법

라. 증기압축법

17. 정수시설인 착수정의 용량 기준은?

가. 체류시간 1.5분 이상

나. 체류시간 3.0분 이상

다. 체류시간 15분 이상

라. 체류시간 30분 이상

18. 정수시설인 배수관의 수압에 관한 내용으로 옳은 것은?

　가. 급수관을 분기하는 지점에서 배수관내의 최대 정수압은 150kPa(약 $1.6kg_f/cm^2$)를 초과하지 않아야 한다.

　나. 급수관을 분기하는 지점에서 배수관내의 최대 정수압은 250kPa(약 $2.6kg_f/cm^2$)를 초과하지 않아야 한다.

　다. 급수관을 분기하는 지점에서 배수관내의 최대 정수압은 450kPa(약 $4.6kg_f/cm^2$)를 초과하지 않아야 한다.

　라. 급수관을 분기하는 지점에서 배수관내의 최대 정수압은 700kPa(약 $7.1kg_f/cm^2$)를 초과하지 않아야 한다.

19. 상수시설 중 배수시설을 설계하고 정비할 때에 설계상의 기본적인 사항 중 옳은 것은?

　가. 배수지의 용량은 시간변동조정용량, 비상시대처용량, 소화용수량 등을 고려하여 계획시간최대 급수량의 24시간 분 이상을 기준으로 한다.

　나. 배수관을 계획할 때에 지역의 특성과 상황에 따라 직결 급수의 범위를 확대하는 것 등을 고려하여 최대정수압을 결정하며, 수압의 기준점은 시설물의 최고높이로 한다.

　다. 배수본관은 단순한 수지상 배관으로 하지 말고 가능한한 상호 연결된 관망형태로 구성한다.

　라. 배수지관의 경우 급수관을 분기하는 지점에서 배수관내의 최대정수압은 150kPa(약 $1.53kg_f/cm^2$)를 넘지않도록 한다.

20. 최근 정수장에서 응집제로서 많이 사용되고 있는 폴리염화 알루미늄(PAC)에 대한 설명으로 옳은 것은?

　가. 일반적으로 황산알루미늄보다 적정주입 pH의 범위가 넓으며 알칼리도의 감소가 적다.

　나. 일반적으로 황산알루미늄보다 적정주입 pH의 범위가 좁으며 알칼리도의 감소가 적다.

　다. 일반적으로 황산알루미늄보다 적정주입 pH의 범위가 좁으며 알칼리도의 감소가 크다.

　라. 일반적으로 황산알루미늄보다 적정주입 pH의 범위가 넓으며 알칼리도의 감소가 크다.

21. 다음은 상수도시설인 착수정에 관한 내용이다. ( ) 안에 내용으로 옳은 것은?

> 착수정의 용량은 체류시간을 ( ) 으로 한다.

가. 0.5분 이상
나. 1.0분 이상
다. 1.5분 이상
라. 3.0분 이상

22. 화학적 처리를 위한 응집시설 중 급속혼화시설에 관한 설명이다. ( ) 안에 옳은 내용은?

> 기계식 급속혼화시설을 채택하는 경우에는 ( ) 을 갖는 혼화지에 응집제를 주입한 다음 즉시 급속교반 시킬 수 있는 혼화장치를 설치한다.

가. 30초 이내의 체류시간
나. 1분 이내의 체류시간
다. 3분 이내의 체류시간
라. 5분 이내의 체류시간

23. 상수시설인 배수시설 중 배수지의 유효수심범위(표준)로 적절한 것은?
가. 6~8m
나. 3~6m
다. 2~3m
라. 1~2m

24. 다음은 상수의 소독(살균)설비 중 저장설비에 관한 내용이다. (   ) 안에 가장 적합한 것은?

액화염소의 저장량은 항상 1일 사용량의 (   )이상으로 한다.

가. 5일분

나. 10일분

다. 15일분

라. 30일분

25. 해수담수화방식 중 상(相)변화방식인 증발법에 해당되는 것은?

가. 가스수화물법

나. 다중효용법

다. 냉동법

라. 전기투석법

Chapter

04 펌프

1. 펌프의 기본사항

(1) 펌프

압력작용에 의하여 액체나 기체의 유체를 관을 통해서 수송하거나, 저압의 용기 속에 있는 유체를 관을 통하여 고압의 용기 속으로 압송하는 기계

(2) 펌프의 성능

1) 양정

가) 양정 : 펌프가 액체를 밀어올릴 수 있는 높이

나) 전양정(TDH ; Total Dynamic Head)

① 정의 : 실양정에 각종 손실수두를 합한 총양정

② 펌프에 소요되는 양정은 전양정임

③ 실양정과 펌프에 부수된 흡입관, 토출관 및 밸브의 손실수두를 고려하여 산정함

④ 실양정은 펌프의 흡입수위 및 배출수위의 변동, 범위, 계획하수량, 펌프특성, 사용목적 및 운전의 경제성 등을 고려하여 정함

다) 실양정(Actual Head)

① 정의 : 흡입수면과 송출수면 사이의 수직 거리

② 흡입실양정은 공동현상이 발생하지 않도록 펌프의 형식에 따라 가능한 한 작게 함

③ 흡입실양정 및 회전수는 공동현상을 피하기 위하여 토출량 및 전양정과의 관계를 충분히 고려하여 정함

$$H = h_a + h_{pv} + h_o$$

H : 전양정(m)
h_e : 실양정(m)
h_{py} : 흡입 및 토출관의 손실수두의 합(m)
h_o : 토출관 밑단의 잔류속도수두(m)

2) 유량

단위시간에 송출할 수 있는 액체의 부피

3) 비교회전도

① 정의 : 치수는 다르지만, 기하학적으로 닮은 회전날개(impeller)가 $1m^3/min$의 유량을 1m 높이만큼 양수하는데 필요한 회전수

② 비교회전도가 같으면 펌프의 대소에 관계없이 펌프의 특성곡선은 대체로 같게 됨

$$Ns = N \frac{Q^{1/2}}{H^{3/4}}$$

N : 펌프의 회전수(rpm)
H : 양정(m)
Q : 양수량(m^3/min)

4) 펌프특성곡선(pump characteristic curve)

펌프의 토출량을 가로축으로 하고, 회전수를 일정하게 할 때의 전양정, 축동력 및 펌프효율의 변화를 세로축으로 표시한 특성곡선

2. 펌프 관련 계산 공식

(1) 흡입구경

$$A = \frac{\pi D^2}{4}$$

$$Q = AV = \frac{\pi D^2 V}{4}$$

$$\therefore D = \sqrt{\frac{4Q}{\pi V}}$$

D : 펌프의 흡입구경(mm)
Q : 펌프의 토출량(m^3/min)
V : 흡입구의 유속(m/s)

(2) 펌프의 축동력

$$P_a = \frac{\rho g Q H}{\eta}$$

P_a : 펌프의 축동력
Q : 펌프의 토출량
ρ : 양정하는 물의 밀도($1,000kg/m^3$)
g : 중력가속도($9.8m/s^2$)
H : 펌프의 전양정(m)
η : 펌프의 효율

$$P_a = \frac{9.8QH}{\eta}$$

P_a : 펌프의 축동력(kW)
Q : 펌프의 토출량(m^3/s)
H : 펌프의 전양정(m)
η : 펌프의 효율

$$P_a = \frac{13.33QH}{\eta}$$

P_a : 펌프의 축동력(HP)
Q : 펌프의 토출량(m^3/s)
H : 펌프의 전양정(m)
η : 펌프의 효율

(3) 전동기의 출력

$$P = \frac{P_a(1+\alpha)}{\eta_b}$$

P : 전동기 출력(kW)
P_a : 펌프의 축동력(kW)
α : 여유율
η_b : 전달효율(직경의 경우 1.0)

Check! 여유율(α)

여유율 α는 펌프의 형식, 전동기의 종류 및 양정의 변동에 따라 다름

Check! 단위정리

$1W = 1kg \cdot m^2/s^3$　　　　　$1kW = 1,000W$　　　　　$1HP = 746W$

3. 펌프의 종류와 특성

종류	특징
원심 펌프	· 원심력작용에 의해 임펠러 내의 물에 압력 및 속도 에너지를 주고 이 속도에너지의 일부를 압력으로 변환하여 양수하는 펌프
	· 구조가 간단하고, 작음 · 가격이 저렴 · 연속양정이 가능함 · 양정과 수량이 많을 때 적합 · 편흡입, 양흡입으로 구분됨 · 적용범위가 넓음 · 흡입성능이 우수하고 공동현상이 잘 발생하지 않음 · 보수가 용이함 · 상하수도용, 농업용, 공업용 등 다양하게 사용됨
사류 펌프	· 원심력과 베인의 양력작용에 의해 임펠러 내의 물에 압력 및 속도 에너지를 주고 이 속도에너지의 일부를 압력으로 변환하여 양수하는 펌프
	· 원심펌프와 축류펌프의 중간형태 · 양정변화에 대해 수량의 변동이 적음 · 수량변화에 대해 동력의 변화가 적어 우수펌프의 양수펌프 등 수위변동이 큰 곳이나 이물질 함량이 높은 배수용 펌프에 적합함 · 원심펌프보다 소형이며, 흡입성능은 원심 펌프보다 떨어지지만 축류식보다는 우수함 · 보수가 용이하지 않음 · 상하수도용, 농업용, 냉각수 순환용, 도크배수용 등으로 사용됨
축류 펌프	· 베인의 양력작용에 의해 임펠러 내의 물에 압력 및 속도 에너지를 주고 가이드베인으로 이 속도에너지의 일부를 압력으로 변환하여 양수하는 펌프
	· 고유량 저양정에 적합하고 고속운전에 적합함 · 소형 축류펌프는 효율이 나쁘지만 대형은 원심펌프보다 효율이 훨씬 좋고, 운전동력비도 절감됨 · 양정변화에 따른 유량변화가 적고, 효율저하도 적음 · 구조가 간단하고 취급이 용이하며, 가격도 저렴한 편임 · 전양정이 4m 이하인 경우에는 축류펌프가 경제적으로 유리함 · 규정양정의 130% 이상이 되면 소음 및 진동이 발생하여 축동력이 급속하게 증가하고 과부하로 되기 쉬움 · 흡입성능이 낮으며, 효율폭이 좁고, 수위변동이 많은 곳에 사용하기 어려움 · 상하수도용, 농업용, 순환용 등으로 사용됨

4. 펌프의 선정

(1) 계획하수량

하수배제방식	펌프장의 종류	계획하수량
분류식	중계펌프장, 소규모펌프장, 유입·방류펌프장	계획시간 최대오수량
	빗물펌프장	계획우수량
합류식	중계펌프장, 소규모펌프장, 유입·방류펌프장	우천 시 계획오수량
	빗물펌프장	계획하수량 - 우천시 계획오수량

(2) 펌프의 대수

① 펌프의 설치대수 : 계획오수량과 계획우수량에 대하여 각각 2~6대를 표준으로 함
② 펌프대수는 계획오수량 및 계획우수량의 시간적 변동과 펌프의 성능을 기준으로 정함
③ 수량의 변화가 현저한 경우에는 용량이 다른 펌프를 설치

(3) 위치 및 안전대책, 환경대책

① 펌프장의 위치 : 용도에 가장 적합한 수리조건, 입지조건 및 동력조건을 고려하여 정함
② 빗물의 이상 유입 및 토출측의 이상 고수위에 대하여 배수기능 확보와 침수에 대비해 안전 대책을 세움
③ 펌프장 설계시, 펌프 운전시 발생할 수 있는 비정상 현상(캐비테이션, 서어징, 수격 현상 등)에 대해서 검토하여야 함
④ 진동, 소음, 악취에 대해서 필요한 환경대책을 세움

(4) 흡입수위 및 배출수위

① 오수 펌프의 흡입수위 : 유입관거의 일 평균 오수량이 유입할 때의 수위
② 빗물 펌프의 흡입수위 : 유입관거의 계획하수량이 유입할 때의 수위
③ 빗물펌프장에서는 배수구역의 중요도에 따라 최고배출수위를 정함

(5) 펌프의 선정

① 펌프는 계획조건에 가장 적합한 표준특성을 가지도록 비교회전도를 정하여야 함
② 침수될 우려가 있는 곳이나 흡입실양정이 큰 경우에는 입축형 혹은 수중형으로 함
③ 펌프는 내부에서 막힘이 없고, 부식 및 마모가 적으며, 분해하여 청소하기 쉬운 구조로 함

전양정(m)	형식	펌프구경(mm)	비교회전도
5 이하	축류펌프	400 이상	1,100~2,000
3~12	사류펌프	400 이상	700~1,200
5~20	원심사류펌프	300 이상	-
4 이상	원심펌프	80 이상	100~750

(6) 펌프 구경

① 흡입구의 유속 : 펌프의 회전수 및 흡입실양정 등을 고려하여 1.5~3.0m/s를 표준으로 함
② 펌프의 토출구경은 흡입구경, 전양정 및 비교회전도 등을 고려하여 정함

5. 펌프장시설의 설계요소

(1) 펌프장

① 구조 : 철근콘크리트, 철골콘크리트 등의 불연성 건물로 하고, 지하수의 침투 및 우수의 침입 등이 없는 구조로 함
② 펌프장의 넓이 : 펌프, 관, 밸브 및 기타 기계를 분해할 때에 이들을 보관하기에 필요한 여유를 둔 크기
③ 펌프장의 높이 : 설치되는 펌프의 반입, 반출 및 분해, 조립, 설치 시에 지장을 초래하지 않는 적정한 높이로 함
④ 펌프장은 환기와 채광을 좋게 함
⑤ 펌프장의 조명은 조작에 지장을 초래하지 않는 충분한 조명설비로 함
⑥ 기계의 감시에 적당하고 환기가 좋은 곳에 감시실을 설치하고, 이것에 근접하여 채광과 환기가 좋은 곳에 담당자 대기소를 설치함(단, 무인펌프장은 설치하지 않음)
⑦ 펌프장에서 소방법을 따르는 구조로 하고 소화설비 등을 설치
⑧ 펌프장의 벽과 기계의 선단과의 간격은 취급자가 통행하기에 충분한 여유를 갖도록 함
⑨ 펌프장 바닥은 구내의 지반면보다 적어도 15cm 높게 함. 펌프의 흡입실 양정 관계로 바닥을 지반 아래로 하지 않으면 안되는 경우에는 입구부분을 구내 지반면보다 높게 함
⑩ 펌프장에는 기계반입을 위해 필요한 넓이의 반입구를 설치
⑪ 펌프 인양 하중량 3ton 이상의 시설은 천정크레인의 설치를 표준으로 함
⑫ 소규모 펌프장은 계획오수량, 펌프형식 및 구조, 설치대수, 유지관리공간과 깊이, 운전시간 및 시동간격 등을 고려하여 정함

(2) 펌프흡수정

① 수밀성 있는 철근콘크리트 구조
② 합류식에서는 오수전용과 우수전용으로 구별해서 설치하는 것이 좋음
③ 종류 및 형식에 적합하게 배치하고, 펌프고정부 위치로부터 수직 또는 수평으로 설치
④ 펌프흡수정이 실내에 설치되고 펌프실 바닥면이 지반보다 낮은 경우에는 펌프흡입부의 바닥판, 건물바닥 및 측벽 등은 일체로 하고, 수밀성 있는 구조로 함
⑤ 펌프흡입부의 상부에는 수밀성 있는 맨홀을 설치함

(3) 흡입관

① 흡입관은 펌프 1대당 하나

② 흡입관을 수평으로 부설하는 것은 피함
  (부득이 한 경우에는 가능한 한 짧게 하고 펌프를 향해서 1/50 이상의 경사로 함)

③ 흡입관은 연결부나 기타 부분으로부터 절대로 공기가 흡입하지 않도록 함

④ 흡입관 속에는 공기가 모여서 고이는 곳이 없도록 하고, 또한 굴곡부도 적게 함

⑤ 흡입관 끝은 벨마우스의 나팔모양으로 하며, 관의 끝으로부터 최저수면 및 펌프흡입부 바닥까지의 깊이를 충분하게 잡고, 흡입관 상호간과 펌프흡입부의 벽면과의 거리도 충분히 확보함

⑥ 흡입관이 길 때에는 중간에 진동방지대를 설치할 수도 있음

⑦ 횡축펌프의 토출관 끝은 마중물(priming water)을 고려하여 수중에 잠기는 구조로 함

⑧ 펌프의 흡입부는 간벽(수문 포함)을 설치하여 조내부 점검정비 및 청소 등 유지관리가 가능하도록 함

⑨ 펌프흡입부와 흡입관의 구조, 형상, 크기 및 위치는 흡입부내 난류로 인한 공기흡입으로 펌프 운전에 지장을 초래하지 않게 각 펌프의 흡입조건이 대등하도록 해야 하며, 필요시 난류방지를 위한 정류벽 또는 간벽설치를 검토함

⑩ 펌프흡입부의 유효용적은 계획하수량, 펌프용량, 대수 등을 감안하여 결정(가능한한 충분한 용량으로 계획하여 빈번한 가동중지에 따른 기기손상 및 전력 낭비를 방지)

(4) 기초

① 펌프와 전동기는 가능한 한 같은 기초로 하고 하중 및 진동과 지반의 내압을 고려해서 충분한 콘크리트 기초면적으로 함

② 펌프를 펌프흡입부의 상부 바닥 위에 설치하는 경우, 바닥두께는 펌프 및 흡입관의 중량과 물 무게 및 스러스트(thrust) 하중에 견디는 철근콘크리트 구조로 함

(5) 부대시설 및 보조시설

① 펌프의 토출구 또는 토출관 중에는 반드시 슬루스밸브 또는 버터플라이밸브를 설치하는 것을 표준으로 하고 유체특성 및 관경 등을 고려하여 다른 종류의 밸브를 선정할 수 있음

② 밸브의 개폐조작 : 수동식, 동력식

③ 펌프가 정지할 때 역류를 방지하기 위해 토출관의 중간, 관의 끝 및 배수관의 끝에 역류방지용의 밸브를 설치함

④ 펌프의 흡입측 및 토출측에는 반드시 진공계 및 압력계를 설치

⑤ 펌프의 운전에 필요한 수위를 검지하기 위해 수위계(지시계 또는 기록계)를 설치

⑥ 펌프의 유지보수를 위하여 필요한 경우 수동 혹은 전동 슬루스밸브를 설치함

⑦ 마중물을 필요로 하는 경우는 적당한 진공펌프 또는 진공설비를 설치함

⑧ 진공펌프는 기동후 2~3분간에 펌프를 물로 꽉 채울 수 있는 용량으로 함

⑨ 펌프장에는 천정크레인 또는 전기기중기 등을 설치하는 것이 좋음

⑩ 펌프의 축봉용, 냉각용 및 윤활용 등의 급수장치와 실내 배수펌프를 필요에 따라 설치함

(6) 방류시설

① 처리수 방류는 방류수역의 상황에 따라 자연유하와 펌프시설에 의한 강제유하로 구분하여 방류함

② 하수도법규정에 따라 처리수 재이용 활성화로 양질의 자원을 확보할 수 있도록 일정규모의 양에 대해 재이용 의무화 방안에 따라 처리수 방류방법을 정해야 함

③ 처리수 방류방법은 방류수를 재이용하지 않고 방류수역에 바로 방류하는 직접방류와 재이용을 한 후 다른 매체를 통해 방류수역에 방류하는 간접방류가 있으며, 이에 따른 환경을 검토하여 적정한 시설을 설치하여야 함

④ 고도처리공정의 양질의 처리수를 공업, 농업, 생활용수로 용도를 전환하여 공급하므로서 수자원의 효율적인 이용을 도모하고, 향후 물부족에 대비하여 도심 건천·하천에 유지용수공급으로 수생태 기능의 회복과 함께 친수공간을 제공할 수 있는 처리수 재이용 방안을 검토함

⑤ 방류구의 잔류수두가 2m 이상이 되고 유량이 $0.2m^3/s$ 이상 유지될 경우 기후변화에 대비한 이산화탄소 저대책일환으로 소수력발전을 검토함

(7) 밸브

1) 밸브의 용도

제어용, 차단용, 방류용, 역류방지용, 감압용 등 그 용도에 따라 지수성, 조작성, 제어성, 내구성 등의 특성을 검토하여 선정

2) 밸브의 선정

① 설비목적에 적합한 것으로 수리조건과 사용조건이 만족되는 특성을 가진 것을 선정

② 제어용 밸브는 제어유량, 한계유속, 용량계수 등을 검토하여 원활하게 제어할 수 있는 것을 선정

6. 펌프 이상현상

(1) 수격작용(water hammer)

1) 정의

관로에 있어서 밸브의 개폐 또는 펌프의 가동, 정지 시, 특히 정전에 의해 펌프가 급정지했을 경우와 같이 관 내에 유속이 급격히 변화될 때 관 내 압력이 크게 변화하는 현상

2) 특징

① 수격작용에 의해 진동이 발생하거나 관로, 펌프 등이 파손되는 경우도 있음
② 부압이 −10m 이하가 되면 관내에 국부적인 기화·증발이 일어나고(수주분리), 배수관 등의 파손 사고로 연결되는 위험이 있기 때문에 사전에 충분한 검토가 필요함

3) 대책

① 한 방향(one way) 서지탱크 설치
② 에어챔버 설치
③ 플라이휠 설치
④ 급폐 또는 완폐 역지밸브의 설치

(2) 공동현상(Cavitation)

1) 정의

펌프의 내부에서 유속의 급속한 변화나 와류발생, 유로장애 등으로 인하여 유체의 압력이 포화 증기압 이하로 떨어지게 되면 물속에 용해되어 있던 기체가 기화되어 공동이 발생되는 현상

2) 영향

① 충격압 발생
② 소음 진동유발
③ 임펠러, 케이싱 손상
④ 펌프 양수 기능 저하 및 수명 단축

3) 공동현상의 영향 인자

① 펌프의 흡입실양정(또는 흡입손실수두)이 클 경우
② 시설의 가용 유효흡입수두가 작을 경우
③ 펌프의 회전속도가 클 경우
④ 토출량이 과대할 경우
⑤ 펌프의 흡입관경이 작을 경우

4) 방지대책

대책	내용
펌프의 흡입실양정을 작게 함	· 원심펌프 : 5m 이하 · 사류펌프 : 4m 이하 · 축류펌프 : 2m 이하로 유지
가용 유효흡입수두(hsv)를 크게 함	· 펌프의 설치위치를 낮춤 · 흡입관의 손실을 적게 함
필요 유효흡인수두(Hsv)를 작게 함	· 펌프의 회전속도를 낮게 선정 · 펌프가 과대 토출량으로 운전되지 않도록 함
기타 대책	· 동일 토출량과 동일 회전속도에서는 양쪽 흡입펌프가 캐비테이션현상에 유리 · 임펠러 등을 캐비테이션(Cavitation)에 강한 재료로 구성 · 흡입측 밸브를 완전히 개방하고 펌프를 운전함

(3) 맥동현상(Surging)

1) 정의

① 밸브의 급작스런 개폐 또는 공동현상 등에 의해 관로 내의 유체흐름이 일정하지 못하고 토출압력과 토출유량이 주기적으로 변동하는 현상
② 수압 관로 중 유수량의 급격한 변동으로 조압수조 내에 생기는 수위의 피동적 변화
③ 기계설비에 있어서 와권펌프 원심 또는 축류 송풍기 등 운전에 있어 양정 및 토출양이 불규칙적 주기변동을 일으키고, 운전조건을 변경치 않으면서 이러한 상태가 언제까지나 지속하게 되는 현상

2) 발생원인

① 배관 중에 물탱크나 공기탱크가 있을 때
② 유량조절 밸브가 탱크 뒤쪽에 있을 때
③ 펌프의 급정지 또는 관 내 공동현상이 발생한 경우

3) 영향

① 소음과 진동발생
② 압력계, 진공계 등 계기 유발

4) 대책

펌프의 양정을 조절하여 양정곡선 산고 상승부에서 운전되지 않도록 함

성능곡선(performance curve)

· 기계의 여러 성능을 나타내는 곡선. 예를 들어, 내연 기관이면 회전수에 응하는 출력, 연료 소비량 따위의 변화도, 펌프의 경우
는 회전수에 응하는 토출(吐出) 압력, 배수량 따위의 변화도를 표시하는 곡선

인버터(inverter)

· 직류전압을 교류전압으로 변환하는 장치. 역으로 교류전압을 직류전압으로 변환하는 장치

OX QUIZ

01 도수시설의 도수노선은 원칙적으로 공공도로 또는 수도용지로 한다. (O/X)

02 도수시설의 도수노선은 수평이나 수직방향의 급격한 굴곡을 피한다. (O/X)

03 도수시설의 도수노선은 관로상 어떤지점도 동수경사선보다 낮게 위치하지 않도록 한다. (O/X)

04 도수시설의 도수노선은 몇 개의 노선에 대하여 건설비 등의 경제성, 유지관리의 난이도 등을 비교, 검토하고 종합적으로 판단하여 결정한다. (O/X)

05 캐비테이션(공동현상)의 방지대책으로 펌프의 설치위치를 가능한 한 낮추어 가용유효흡입수두를 크게 한다. (O/X)

06 캐비테이션(공동현상)의 방지대책으로 흡입관의 손실을 가능한 한 적게 하여 가용유효흡입수두를 크게 한다. (O/X)

07 캐비테이션(공동현상)의 방지대책으로 펌프의 회전속도를 낮게 선정하여 필요유효흡입수두를 크게 한다. (O/X)

08 캐비테이션(공동현상)의 방지대책으로 흡입측 밸브를 완전히 개방하고 펌프를 운전한다. (O/X)

09 하수도용 펌프에서 Ns가 크면 유량이 많은 저양정의 펌프로 된다. (O/X)

10 하수도용 펌프에서 Ns의 값은 펌프형식 선정의 기준이 된다. (O/X)

11 하수도용 펌프에서 수량 및 전양정이 같다면 회전수가 많을수록 Ns의 값이 크게 된다. (O/X)

12 하수도용 펌프에서 Ns가 작게 될수록 흡입성능이 나쁘고 공동현상이 발생하기 쉽다. (O/X)

13 펌프의 규정 회전수가 증가하면 비교회전도도 증가한다 (O/X)

14 펌프의 규정양정이 증가하면 비교회전도는 감소한다. (O/X)

15 일반적으로 비교회전도가 크면 유량이 많은 저양정의 펌프가 된다. (O/X)

16 비교회전도가 크게 될수록 흡입성능이 좋아지고 공동현상 발생이 줄어든다. (O/X)

17 상수도 취수관거의 취수구의 유사시설(sand pit)은 갈수 수위보다 높게 부설하여 모래 유입을 방지한다. (O/X)

18 상수도 취수관거의 취수구는 원칙적으로 관거의 상류부에 제수문 또는 제수밸브를 설치한다. (O/X)

19 상수도 취수관거의 취수구의 전면에 수위조절판이나 스크린을 설치하여야 한다. (O/X)

20 상수도 취수관거의 취수구는 철근콘크리트 구조로 한다. (O/X)

21 하수도에 많이 사용되는 펌프 형식 중 원심 펌프는 효율이 높고 적용범위가 넓으며 적은 유량을 가감하는 경우에 소요동력이 적어도 운전에 지장이 없고 공동현상이 잘 발생하지 않는다. (O/X)

22 하수도에 많이 사용되는 펌프 형식 중 스크루 펌프는 구조가 간단하고 개방형이며 양정에 제한이 없으나 수중의 협잡물로 인해 폐쇄가 많다. (O/X)

23 하수도에 많이 사용되는 펌프 형식 중 사류 펌프는 양정변화에 대하여 수량의 변동이 적고 또 수량변동에 대해 동력의 변화도 적다. (O/X)

24 하수도에 많이 사용되는 펌프 형식 중 축류 펌프는 규정양정의 130% 이상이 되면 소음 및 진동이 발생한다. (O/X)

25 상수 펌프 설비 중 흡입관은 각 펌프마다 설치하여야 한다. (O/X)

26 상수 펌프 설비 중 흡입관에서 수평으로 설치하는 것을 피하여야 한다. (O/X)

27 상수 펌프 설비 중 흡입관에서 유량은 $1.5m^3$/초 이하로 하는 것이 경제적이다. (O/X)

28 상수 펌프 설비 중 흡입관에서 흡입관과 흡수정 벽체 사이의 거리는 관경의 1.5배 이상 두어야 한다. (O/X)

29 펌프의 토출수위와 흡입수위의 차이를 실양정이라 한다. (O/X)

30 펌프의 전양정은 실양정과 흡입관로 및 토출관로의 손실수두를 고려하여 정하여야 한다. (O/X)

31 펌프 흡입구의 유속은 1.5~3m/초를 표준으로 한다. (O/X)

32 배수 펌프의 경우에 전양정에 최소 동수압에 해당하는 5m를 가산한 수치를 전양정으로 한다. (O/X)

33 상수도용 펌프의 Ns의 값이 클수록 소유량, 고양정에 유리하다. (O/X)

34 상수도용 펌프의 Ns의 값은 펌프형식 선정의 기준이 된다. (O/X)

35 상수도용 펌프의 Ns가 작을수록 유량변화에 대해 효율변화의 비율이 적다. (O/X)

36 상수도용 펌프의 Ns가 크게 될수록 흡입성능이 나쁘고 공동현상이 발생하기 쉽다. (O/X)

37 하수 고도처리를 위한 급속여과장치는 여과압에 따라서 중력식과 압력식으로 나눌 수 있다. (O/X)

1.○ 2.○ 3.× 4.○ 5.○ 6.○ 7.× 8.○ 9.○ 10.○ 11.○ 12.× 13.○ 14.○ 15.○
16.× 17.× 18.○ 19.○ 20.○ 21.○ 22.× 23.○ 24.○ 25.○ 26.○ 27.× 28.○ 29.○ 30.○
31.○ 32.× 33.× 34.○ 35.○ 36.○ 37.○

적중실전문제

1. 캐비테이션이 발생하는 것을 방지하기 위한 대책으로 옳지 않은 것은?

   가. 펌프의 설치위치를 가능한 한 낮추어 가용유효흡입수두를 크게 한다.

   나. 펌프의 회전속도를 낮게 하여 펌프의 필요유효흡입수두를 작게 한다.

   다. 흡입측 밸브를 조금만 개방하고 펌프를 운전한다.

   라. 흡입관의 손실을 가능한 한 작게 하여 가용유효흡입수두를 크게 한다.

2. 하수도시설기준상 축류펌프의 비교회전도(Ns) 범위로 적절한 것은?

   가. 100~250

   나. 200~850

   다. 700~1,200

   라. 1,100~2,000

3. 펌프 운전시 발생할 수 있는 비정상현상 중 펌프운전 중에 토출량과 토출압이 주기적으로 숨이 찬 것처럼 변동하는 상태를 일으키는 현상으로 펌프 특성 곡선이 산형에서 발생하며 큰 진동이 발생하는 경우를 무엇이라 하는가?

   가. 캐비테이션(cavitation)

   나. 서어징(surging)

   다. 수격작용(water hammer)

   라. 크로스커넥션(cross connection)

4. 빗물펌프장의 계획우수량 결정을 위해 원칙적으로 적용되는 확률년수의 기준은?

   가. 20~30년

   나. 20~40년

   다. 30~40년

   라. 30~50년

1.다 2.라 3.나 4.라

1. 비중이 1.0인 폐수를 500m³/day로 조정하려고 한다. 총수두(Total system head)가 30m라면 이 펌프의 이론 HP은?

   가. 약 2.3HP

   나. 약 0.23HP

   다. 약 3.3HP

   라. 약 0.33HP

$$P = \gamma QH$$

$$P = \frac{500m^3}{day} \begin{vmatrix} 1,000kg_f \\ 1m^3 \end{vmatrix} \begin{vmatrix} 1day \\ 86,400sec \end{vmatrix} \begin{vmatrix} 30m \end{vmatrix} \begin{vmatrix} 1HP \\ 75kg_f \cdot m/s \end{vmatrix} = 2.31HP$$

   (1HP = 0.746kW = 75kg_f·m/s)

2. 효율이 80%인 가진 모터에 의해서 가동되는 82% 효율의 한 펌프가 230L/sec의 물을 20m의 총수두로 퍼올릴 경우 요구되는 동력의 마력수는?

   가. 61.3HP

   나. 65HP

   다. 78.1HP

   라. 93.5HP

$$P = \frac{230L}{sec} \begin{vmatrix} 1kg_f \\ 1L \end{vmatrix} \begin{vmatrix} 20m \end{vmatrix} \begin{vmatrix} 1HP \\ 75kg_f \cdot m/s \end{vmatrix} \begin{vmatrix} 0.82 \end{vmatrix} \begin{vmatrix} 0.80 \end{vmatrix} = 93.49$$

3. 다음 그림과 같은 하수관로에서 평균유속이 2.5m/sec일 때 흐르는 유량은?

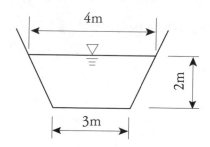

가. 7.8m³/sec

나. 12.3m³/sec

다. 17.5m³/sec

라. 23.3m³/sec

$$Q = AV$$

$$A = \frac{1}{2} \bigg| 2 \bigg| (4+3) = 7m^2$$

$$Q = \frac{7m^2 \bigg| 2.5m}{sec} = 17.5m^3/sec$$

4. 배수관로상에 유리관을 세웠을 때 다음 그림과 같은 상태였다. 이때 배수관 내의 유속은? (단, 수면의 차이는 10cm)

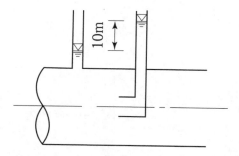

가. 1.0m/sec

나. 1.4m/sec

다. 1.8m/sec

라. 2.2m/sec

$$V = \sqrt{2gH} = \sqrt{2 \times 9.8m/s \times 0.1m} = 1.4m/s$$

5. 다음 천정호(자유수면 우물)의 경우 양수량 $Q = \dfrac{\pi k(H^2 - h^2)}{2.3\log(R/r)}$ 로 표시된다. 반경 0.5m의 천정호 시험정에서 H = 6m, h = 4m, R = 50m의 경우에 Q = 10L/sec의 양수량을 얻었다. 이 조건에서 투수계수 K는?

    가. 0.043m/분

    나. 0.073m/분

    다. 0.086m/분

    라. 0.146m/분

$$K = \frac{Q}{\pi} \left| \frac{2.3\log(R/r)}{(H^2 - h^2)} \right| = \frac{10L}{sec} \left| \frac{60sec}{1min} \right| \frac{1m^3}{1,000L} \left| 2.3 \atop 3.14 \right| \frac{\log(50/0.5)}{(6^2 - 4^2)m^2}$$

$$= 0.0439m/m$$

6. 상수관로의 길이 800m, 내경 200mm에서 유속 2m/sec로 흐를 때 관마찰 손실수두는? (단, Darcy - Weisbach 공식을 이용하며, 마찰손실계수는 0.02)

    가. 16.3m

    나. 18.4m

    다. 20.7m

    라. 22.6m

$$h_L = f \left| \frac{1}{day} \right| \frac{V^2}{2g}$$

$$= 0.02 \left| \frac{800m}{0.2m} \right| \frac{(2m/s)^2}{2} \left| \frac{1}{9.8m/s^2} \right. = 16.3$$

7. 내경 1,000mm의 강관 내로 수압 10kg/cm^{2}으로 물이 흐르고 있다. 매설 강관의 최소 두께(mm)는? (단, 관의 허용응력은 1,100kg/cm^{2}이다.)

    가. 2.27mm

    나. 3.72mm

    다. 4.54mm

    라. 5.43mm

$$t = \frac{PD}{2\sigma} = \frac{10kg}{cm^2} \left| \frac{1,000mm}{2} \right| \frac{cm^2}{1,100kg} = 4.54mm$$

8. 펌프의 회전수 N = 1,600rpm, 최고 효율점의 양수량 Q = 162m³/hr, 전양정 H = 90m인 원심펌프의 비회전도는?

　가. 약 90

　나. 약 110

　다. 약 180

　라. 약 210

$$Q = \frac{162m^3}{1hr} \left| \frac{1hr}{60min} \right. = 2.7m^3/min$$

$$N_s = N \cdot \frac{Q^{1/2}}{H^{3/4}} = \frac{1,600}{} \left| \frac{(2.7)^{1/2}}{(90)^{3/4}} \right. = 89.97$$

9. 유역면적이 100ha이고, 유입시간(time of inlet)이 8분, 유출계수(C)가 0.38일 때 최대 계획 우수 유출량은? (단, 하수관거의 길이(L)는 400m이며, 관유속(管流速)이 1.2m/sec로 되도록 설계하고, I = 655/(√t + 0.09)(mm/hr)이다, 합리식 적용)

　가. 약 18m³/sec

　나. 약 24m³/sec

　다. 약 36m³/sec

　라. 약 42m³/sec

$$t = 8 + \frac{sec}{1.2m} \left| \frac{400m}{} \right| \frac{1min}{60sec} = 13.55분$$

$$I = \frac{655}{\sqrt{13.55} + 0.09} = 173.657mm/hr$$

$$Q = \frac{1}{360} \left| \frac{0.38}{} \right| \frac{173.657}{} \left| \frac{100ha}{} \right. = 18.33m^3/s$$

10. 여과사(濾過沙)의 성질이 아래와 같다. 균등계수는? (10% 통과율 입경 = 0.3mm, 60% 통과율 입경 = 0.6mm, 80% 통과율 입경 = 3mm)

   가. 10

   나. 5

   다. 2

   라. 0.5

$U = d_{60} / d_{10} = 0.6/0.3 = 2$

11. 아래와 같은 조건일 때 펌프를 운전하는 원동기의 출력은? (단, 하수기준, 전달효율은 1.0으로 한다.)

조건	
· 펌프의 흡입구경 : 600mm · 흡입구의 유속 : 2m/sec · 펌프의 전양정 : 5m	· 펌프의 효율 : 80% · 원동기의 여유율 : 15%

   가. 약 25kW

   나. 약 30kW

   다. 약 35kW

   라. 약 40kW

$$Q = VA = \frac{2m}{sec} \cdot \frac{(0.6m)^2 \pi}{4} = 0.565 m^3/s$$

$$P = \frac{\rho gQH(1+\alpha)}{\eta_a}$$

$$= \frac{1,000kg}{m^3} \cdot \frac{0.565m^3}{sec} \cdot \frac{5m}{} \cdot \frac{9.8m}{sec^2} \cdot \frac{1kW}{1,000kg \cdot m^2/sec^3} \cdot \frac{}{0.8} \cdot \frac{1.15}{} = 39.79kW$$

12. 피압수 우물에서 영향원 직경 1km, 우물직경 1m, 피압대수층의 두께 20m, 투수계수는 20m/day로 추정되었다면, 양수정에서의 수위 강하를 5m로 유지키 위한 양수량은? (단, $Q = 2\pi kb \dfrac{H-h_0}{2.3 \log_{10} \dfrac{R}{r_0}}$)

가. 약 $26\mathrm{m^3/hr}$
나. 약 $76\mathrm{m^3/hr}$
다. 약 $126\mathrm{m^3/hr}$
라. 약 $186\mathrm{m^3/hr}$

$$Q = \frac{2\pi}{} \left| \frac{20\mathrm{m}}{\mathrm{day}} \right| 20\mathrm{m} \left| \frac{5\mathrm{m}}{2.3\log(1{,}000/1)} \right| \frac{1\mathrm{day}}{24\mathrm{hr}} = 75.88\mathrm{m^3/hr}$$

13. 내경 1.0m인 강관에 내압 10MPa로 물이 흐른다. 내압에 의한 원주방향의 응력도는 $1{,}500\mathrm{N/mm^2}$ 일 때 산정되는 강관두께는?

가. 약 3.3mm
나. 약 5.2mm
다. 약 7.4mm
라. 약 9.5mm

$$t = \frac{PD}{2\sigma}$$

$$P = \frac{10\times10^6\mathrm{Pa}}{} \left| \frac{\mathrm{N/m^2}}{1\mathrm{Pa}} \right| \frac{(1\mathrm{m})^2}{(1{,}000\mathrm{mm})^2} = 10\mathrm{N/mm^2}$$

$$t = \frac{10\mathrm{N}}{\mathrm{mm^2}} \left| \frac{1\mathrm{m}}{2} \right| \frac{\mathrm{mm^2}}{1{,}500\mathrm{N}} \left| \frac{1{,}000\mathrm{mm}}{1\mathrm{m}} \right. = 3.33\mathrm{mm}$$

14. 상수관로에서 조도계수 0.014, 동수경사 1/100이고, 관경이 400mm일 때 이 관로의 유량은? (단, 만관 기준, Manning 공식에 의함)

　가. 0.19m^3/sec

　나. 0.28m^3/sec

　다. 0.43m^3/sec

　라. 0.82m^3/sec

$$V = \frac{1}{n} R^{2/3} I^{1/2}$$

$$= \frac{1}{0.014} \left| (0.4/4)^{2/3} \right| (1/100)^{1/2} = 1.54 m/s$$

$$Q = VA = \frac{1.54m}{s} \left| \frac{\pi \times (0.4)^2}{4^2} \right| = 0.194 m^3/s$$

15. 원심력 펌프의 규정 회전수 N = 30회/sec, 규정 토출량 Q = 0.8m^3/sec, 규정 양정 15m일 때, 펌프의 비교회전도는? (단, 양흡입이 아님)

　가. 약 1,050

　나. 약 1,250

　다. 약 1,410

　라. 약 1,640

$$N = \frac{30회}{sec} \left| \frac{60sec}{1min} \right| = 1,800 rpm$$

$$Q = \frac{0.8m^3}{sec} \left| \frac{60sec}{1min} \right| = 48 m^3/min$$

$$N_s = NQ^{1/2}/H^{3/4}$$

$$= \frac{1,800}{} \left| \frac{(48)^{1/2}}{(15)^{3/4}} \right| = 1,636$$

16. 원형관수로에 수심 50%로 물이 흐르고 있다. 경심은? (단, D : 관수로 직경)

　가. D

　나. D/2

　다. D/4

　라. D/8

$$\text{원형관 경심(R)} = \frac{A}{P} = \frac{\dfrac{\pi D^2}{8}}{\dfrac{\pi D}{2}} = \frac{D}{4}$$

17. 다음 표는 어떤 지역의 우수량을 계산하기 위해 조사한 지역분포와 유출계수표이다. 전체 평균유출계수는?

지역	분포	유출계수	지역	분포	유출계수
상업지역	20%	0.2	공원지역	30%	0.3
주거지역	20%	0.3	공업지역	30%	0.2

　가. 0.21

　나. 0.23

　다. 0.25

　라. 0.27

$$\begin{aligned}
\text{평균유출계수} &= \frac{\Sigma(\text{면적} \times \text{그지역유출계수})}{\Sigma \text{면적}} \\
&= \frac{20 \times 0.2 + 30 \times 0.3 + 20 \times 0.3 + 30 \times 0.2}{20 + 30 + 20 + 30} \\
&= 0.25
\end{aligned}$$

18. 강우강도 $I = \dfrac{3,500}{t + 10}$ mm/h, 유역면적 2km², 유입시간 5분, 유출계수 0.7, 하수관 내 유속이 1m/sec 일 경우, 관길이 600m인 하수관에서 흘러나오는 우수량은? (단, 합리식 적용)

가. 약 54m³/sec

나. 약 64m³/sec

다. 약 74m³/sec

라. 약 84m³/sec

$$
\begin{aligned}
유달시간 &= 유입시간 + 유하시간 \\
&= 5 + \frac{sec}{1m}\bigg|\frac{600m}{}\bigg|\frac{1min}{60sec} \\
&= 15분 \\
I &= \frac{3,500}{15+10} = 140mm/h \\
Q &= \frac{1}{3.6}CIA \\
&= \frac{1}{3.6}\bigg|\frac{0.7}{}\bigg|\frac{140}{}\bigg|\frac{2}{} = 54.44m^3/s \ (A(km^2) \ 일 \ 때)
\end{aligned}
$$

19. 관경 1,100mm, 역사이펀 관거 내의 유속에 대한 동수경사 2.4‰, 유속 2.15m/sec, 역사이펀 관거의 길이 L = 76m일 때, 역사이펀의 손실수두는? (단, β = 1.5, α = 0.05m이다.)

가. 0.36m

나. 0.43m

다. 0.58m

라. 0.67m

$$
\begin{aligned}
H &= iL + \frac{\beta V^2}{2g} + \alpha \\
&= \frac{2.4}{1,000}\bigg|\frac{76m}{} + \frac{1.5}{}\bigg|\frac{sec^2}{2\times9.8m}\bigg|\frac{(2.15m/s)^2}{} + 0.05 \\
&= 0.586m
\end{aligned}
$$

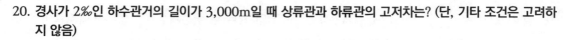

20. 경사가 2‰인 하수관거의 길이가 3,000m일 때 상류관과 하류관의 고저차는? (단, 기타 조건은 고려하지 않음)

가. 3m

나. 6m

다. 9m

라. 12m

$$H = \frac{2}{1,000} \bigg|\, \frac{3,000m}{} = 6m$$

21. 유달시간 내의 평균강우강도가 100mm/hr, 면적이 $1km^2$, 유출계수가 0.6인 경우, 최대계획 우수유출량(m^3/sec)은? (단, 합리식 적용)

가. $12.6m^3$/sec

나. $16.7m^3$/sec

다. $22.4m^3$/sec

라. $28.6m^3$/sec

$$Q = \frac{1}{3.6}\,CIA$$

$$= \frac{1}{3.6} \bigg|\, \frac{0.6}{} \bigg|\, \frac{100}{} \bigg|\, \frac{1}{} = 16.667m^3/s$$

22. 펌프의 토출유량은 $1,800m^3$/hr, 흡입구의 유속은 2m/sec일 때 펌프의 흡입구경(mm)은?

가. 약 512

나. 약 566

다. 약 642

라. 약 686

$$A = \frac{\pi D^2}{4} = \frac{Q}{V}$$

$$D^2 = \frac{4Q}{\pi V} = \frac{4}{3.14} \bigg|\, \frac{1,800m^3}{1hr} \bigg|\, \frac{sec}{2m} \bigg|\, \frac{1hr}{3,600sec} = 0.31847m^2$$

$$\therefore D = 0.564m = 564mm$$

23. 다음 그림과 같은 상수관로에서 단면 ①의 지름이 0.5m, 유속이 2m/sec이고, 단면 ②의 지름이 0.2m일 때 단면 ②에서의 유속은? (단, 만관 기준이며 유량은 변화 없음)

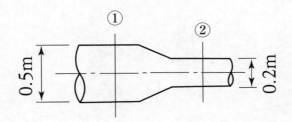

　가.　약 5.5m/sec
　나.　약 8.5m/sec
　다.　약 9.5m/sec
　라.　약 12.5m/sec

$$V_1 \, A_1 \; = \; V_2 \, A_2$$

$$\frac{2 \left| \frac{\pi(0.5)^2}{4} \right.}{} = \frac{V_2 \left| \frac{\pi(0.2)^2}{4} \right.}{}$$

$$\therefore V_2 = \frac{2 \left| (0.5)^2 \right.}{(0.2)^2} = 12.5\text{m/s}$$

24. 배수면적이 50km²인 지역의 우수량이 530m³/s일 때 이 지역의 강우강도(I)는 몇 mm/hr인가? (단, 유출계수 : 0.83, 우수량의 산출은 합리식에 적용)

　가. 14

　나. 22

　다. 32

　라. 46

$$Q = \frac{CIA}{3.6}$$

$$I = \frac{3.6Q}{CA} = \frac{3.6 \mid 530 \mid}{\mid 0.83 \mid 50} = 45.97mm/hr$$

25. 하수관을 매설하려고 한다. 매설지점의 표토는 젖은 진흙으로서 흙의 단위중량은 1.85kN/m³이고 흙의 종류와 관의 깊이에 따라 결정되는 계수 C_1은 1.86이다. 이때 매설관이 받는 하중은? (단, Marston의 방법 적용, 관의 상부 90° 부분에서의 관매설을 위하여 굴토한 도랑폭은 1.2m이다.)

　가. 약 5kN/m

　나. 약 15kN/m

　다. 약 25kN/m

　라. 약 35kN/m

$$W = C_r \cdot \gamma \cdot \beta^2$$

$$= \frac{1.86 \mid 1.85kN \mid (1.2m)^2}{m^3} = 4.95kN/m$$

26. 유역면적 40ha, 유출계수 0.7, 유입시간 15분, 유하시간 10분인 지역에서의 합리식에 의한 우수관거 설계유량은 다음 중 어느 것인가? (단, 강우강도 공식 I = 3,640/(t+40), 강우평균율 ϕ = 1)

가. 4.36m³/sec

나. 5.09m³/sec

다. 5.60m³/sec

라. 7.01m³/sec

실제평균유량 = (강우평균율) × (합리식 도출 유량)

유달시간(t) = 15 + 10 = 25분

$I = \dfrac{3,640}{25+40} = 56mm/hr$

$Q = \dfrac{1}{360}$ CIA(A:ha일 때)

$= \dfrac{1}{360} \begin{array}{|c|c|c|} 0.7 & 56 & 40 \end{array} = 4.355m³/s$

27. 다음과 같은 조건을 갖춘 한 집수구역과 그 안의 저수지가 있다. 집수면적 A = 100km², 평균강수량 R = 1,200mm/년, 평균수면 증발량 E = 1,400mm/년, 유출량 Q = 600mm/년, 저수지 담수면적 a = 800ha일 때 유효 저수(집수)면적(A_e)은? (단, A_e = A - a[1 - (R - E)/Q])

가. 98.4km²

나. 94.9km²

다. 92.5km²

라. 89.3km²

1km² = 100ha이므로 a = 800ha = 8km²

A = 800ha = 8km²

유효집수면적(A_e) = A - a[1 - (R - E)/Q]

= 100 - 8[1 - (1,200 - 1,400)/600]

= 89.33km²

28. 어떤 상수를 응집처리하기 위해 자테스트(Jar test)로 실험한 결과 상수시료 250mL에 대해 0.1% 황산알루미늄 용액 15mL를 첨가하는 것이 가장 좋았다. 이 경우 원수에 대해 황산알루미늄 용액 사용량은 몇 mg/L인가?

   가. 30mg/L

   나. 40mg/L

   다. 50mg/L

   라. 60mg/L

$$\text{황산알루미늄} = \frac{0.1g\ Al_2(SO_4)_3}{100mL} \left| \frac{15mL}{} \right. = 0.015g$$

$$\text{황산알루미늄 용액} = \frac{0.015g}{(250+15)mL} \left| \frac{1,000mg}{1g} \right| \frac{1,000mL}{1L}$$

$$= 56.60mg/L$$

03

수질오염
방지기술

1. 발생원별 특성

(1) 가정하수(가정오수, Domestic Wastewater)

1) 정의

① 하수관거를 통해 배출되는 생활오수
② 주택과 상업용, 공용(학교, 병원 등) 또는 이와 유사한 시설에서 배출되는 하수
③ 주 발생원은 주거지구와 상업지구

2) 특징

① 발생원의 종류, 주민의 생활습관, 도시의 성격 등에 따라 달라짐
② 색깔 : 회색, 황색
③ 유기물 : 탄수화물, 지방, 단백질 등
④ 무기물 : Fe, Na, Mg 등의 금속산화물, 염화물, 탄산염, 황산염 등
⑤ 고형물 : 500~15,000ppm (70~80%는 용해성)
⑥ COD : 150~300ppm
⑦ 부유물질(SS) : 200~1,000ppm
⑧ pH : 7~7.5
⑨ 가정하수의 발생량

ㄱ. 소도시일수록 수량은 적고, 오염부하는 큼
ㄴ. 생활수준이 높을수록 발생량 증가
ㄷ. 주간 변화 : 주초와 주말에는 수량과 오염도가 증가하고 일요일과 공휴일은 감소
ㄹ. 일간 변화 : 낮 〉 야간(점심시간 최대)
ㅁ. 일기에 따른 변화 : 지하수 또는 우수는 일반적으로 하수오염을 희석시키나 강우에 의한 초기 유출시는 오염부하가 증가가능

(2) 산업폐수(Industrial Wastewater)

1) 정의

공장 산업지대에서 발생하는 폐수

2) 특징

① 발생량은 가정오수보다 적음
② 고농도 유해물질이 많아 (중금속 등) 유독성이 높음

2. 하수에서의 주요 처리대상

오염물질	중요성
부유물질	미처리된 하수를 수환경에 방출하면, 부유물질은 슬러지의 침적을 형성하고 혐기성 상태를 유발한다.
생분해성 유기물	주로 단백질, 탄수화물, 지방으로 구성된 생분해성 유기물은 BOD(Biochemical Oxygen Demand, 생화학적 산소 요구량)로 측정되어진다. 처리하지 않고 환경에 방류하면, 생분해성 유기물이 생물학적으로 안정화되는 과정에서 자연적 산소원을 고갈시켜 혐기성 상태를 유발시킨다.
병원균	하수 중의 병원균으로 인하여 전염병이 발생할 수 있다.
영양염류	질소와 인은 탄소와 더불어 성장의 필수 영양소이다. 수계에 방출되면, 바람직하지 못한 수생 생물의 성장을 유발시키게 된다. 또 토양에 다량 배출하면, 지하수를 오염시킨다.
특정 오염물 (Priority pollutants)	유기성과 무기성 화합물들은 발암성, 돌연변이성, 기형성 또는 맹독성을 근거로 선택되었다. 여러 가지의 이러한 물질들이 하수에서 발견된다.
난분해성 유기물 (Refractory Organics)	난분해성 유기물은 재래식 하수처리 방법으로는 처리되지 않는다. 대표적인 예로서 계면 활성제, 페놀, 농업용 살충제를 들 수 있다.
중금속	중금속은 상업 및 산업활동으로 하수 중에 첨가된다. 하수를 재사용하려면 제거하여야 한다.
용존성 무기물 하수 중의 병원균	칼슘, 나트륨, 황산염 같은 무기 성분은 물 사용으로 인하여 상수에 첨가되는 것인데, 하수를 재사용 하려면 제거하여야 한다.

〈 일반적인 하수 성분 지표 〉

시험	약자/정의	시험결과의 사용 또는 중요성
		물리적 특성
총 고형물	TS	
총 휘발성 고형물	TVS	
총 잔류성 고형물	TFS	
총 부유성 고형물	TSS	
휘발성 부유고형물	VSS	하수의 재사용 가능성을 평가하고 하수처리를 위한 가장 적절한 운전과 공정을 결정
잔류성 부유고형물	FSS	
총 용존고형물	TDS (TS - TSS)	
휘발성 용존고형물	VDS	
잔류성 용존고형물	FDS	
침전성 고형물		특정 시간에서 중력에 의해 침전하는 하수의 고형물을 결정
입자크기분포	PSD	처리공정의 성능 평가
탁도	NTUc	처리된 하수 수질 평가에 이용
색도	연갈색, 회색, 검은색	하수상태 평가 (발생초기 단계 또는 부패 단계)
투과도	% T	처리수의 UV 소독 적합성 평가에 이용
냄새	TON	냄새가 문제가 되는지 조사
온도	℃, ℉	처리시설에서 생물학적 공정의 설계와 운전에 중요
밀도	ρ	
전기전도도	EC	처리수의 농업용수 사용을 위한 적합성 평가에 이용

시험	약자/정의	시험결과의 사용 또는 중요성
무기화학적 특성		
암모니아	NH_4^+	
유기질소	Org N	
총 킬달질소	$TKN(OrgN^+ NH_4^+)$	
아질산	NO_2^-	존재하는 영양물질과 하수의 분해정도의 측정에 이용 : 산화된 형태는 산화 정도의 척도로 받아들여질 수 있음
질산	NO_3^-	
총 질소	TN	
무기 인	Inorg P	
총 인	TP	
유기 인	Org P	
pH	$pH = -\log[H^+]$	수용액의 산, 염기 측정
알칼리도	$\Sigma HCO_3^- + CO_3^{2-} + OH^- - H^+$	하수의 완충용량 측정
염화물	Cl^-	하수의 농업용수 재사용을 위한 타당성 평가
황산염	SO_4^{2-}	냄새 생성 가능성과 폐슬러지 처리도에 대한 영향 평가
금속	As, Cd, Ca, Cr, Co, Cu, Pb, Mg, Hg, Mo, Ni, Se, Na, Zn	하수 재사용의 적합성과 처리 시 독성 효과 평가
특정 무기 원소 및 화합물		미량의 금속은 생물학적 처리에 중요 특정 성분의 존재 여부 평가
여러 기체	O_2, CO_2, NH_3, H_2S, CH_4	특정 기체의 존재 여부
유기화합물 특성		
5일 탄소성 BOD	$CBOD_5$	하수를 생물학적으로 안정화시키는 데 필요한 산소의 양 측정
최종 탄소성 BOD	$UBOD(BOD_u, BOD_L)$	하수를 생물학적으로 안정화시키는 데 필요한 산소의 양 측정
질소성 산소요구량	NOD	하수의 질산성 질소로 생물학적으로 산화시키는 데 필요한 산소의 양 측정
화학적 산소요구량	COD	BOD 시험의 대체 방법으로 이용
총 유기탄소	TOC	BOD 시험의 대체 방법으로 이용
특정 유기물과 성분 그룹	MBAS, CTAS	특정유기물질의 존재를 조사하고, 이의 제거를 위해 특별한 설계 기준이 필요한지 평가
생물학적 특성		
대장균	MPN(최적확수)	병원성 세균의 존재와 소독공정의 효과 평가
특정 미생물	박테리아, 원생동물, 기생충, 바이러스	처리장 운전 및 재사용과 관련하여 특정생물의 존재 평가
독성	TUa, TUc	급성 독성 단위, 만성 독성 단위

Chapter 01

QUIZ

01	공장 폐수의 시안화합물은 통상 알칼리성 염소 주입법에 의하여 제거된다.	(O/X)
02	크롬을 함유한 폐수는 염화바륨을 사용하여 6가 크롬을 바로 침전시키는 방법을 주로 이용한다.	(O/X)
03	공장 폐수 중 피혁 공장에서 배출되는 폐수는 BOD, 경도, 황화물, 크롬, SS의 함유도가 대단히 높다.	(O/X)
04	공장 폐수 중 방사선 물질의 농도가 높은 폐수는 통상 농축 및 매립법에 의해서 처리된다.	(O/X)

1. O   2. ×   3. O   4. O

Chapter

02 물리·화학적 처리

1. 스크린

(1) 정의

유수 중의 부유물, 유목 등(대형 방해물)이 수도시설에 유입하는 것을 방지하는 설비

(2) 종류

1) 사이즈별

① 미세목 : 25mm 이하
② 세목 : 25~50mm
③ 조목 : 50mm 이상

2) 형상별

① 막대스크린(bar screen) : 하수처리장 유입수에 철제 격자로 된 여러 개의 스크린을 설치하여 유입되는 고형물을 기계적으로 제거하도록 하는 것임
② 원통형스크린(squirrel - cage screen) : 절단, 평강, 금형 등으로 제작한 원통형의 스크린으로 대형 협잡물 등의 제거를 위한 장치
③ 드럼스크린(drum screen) : 드럼 형상의 2~5mm의 폭을 가지는 스크린으로, 수중의 스크린 찌꺼기나 스컴을 분리하는 기기
④ 마이크로스크리닝(micro screening) : 물속의 미세한 부유물을 제거하기 위한 스크리닝상수도에 사용하는 스크린은 35메시(mesh) 이하가 많고, 거친 메시의 철망이나 금속의 격자를 이용하는 보통의 스크리닝은 하수처리장에서 사용됨
⑤ 벨트스크린(belt screen) : 합성수지제의 회전 스크린이 고정된 V형 도랑 위를 주행하여, 스크린의 갈퀴로 협잡물을 끌어 올리는 장치

(3) 원리

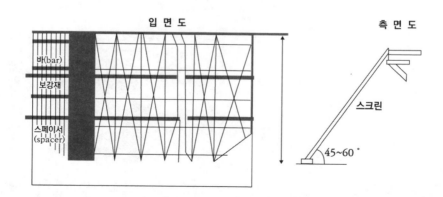

(4) 특징

ㄱ. 일반적으로 동으로 만든 바(바 스크린)가 이용됨
ㄴ. 스크린의 바는 평평한 동 또는 구형 동을 70°정도의 기울기로 설치함
ㄷ. 바의 간격은 30~50mm가 적절

(5) 관련 공식

1) Kirschmer의 손실수두 공식

$$h_L = \beta \sin\alpha \left(\frac{t}{b}\right)^{4/3} \frac{V^2}{2g}$$

β	: 봉 형상계수
b	: 봉 사이 간격
V	: 접근유속
α	: 스크린 설치각도
t	: 봉 두께

2) 접근유속과 통과유속의 속도수두 차에 의한 손실수두 공식

$$h_L = \frac{1}{0.7} \left| \frac{V_2^2 - V_1^2}{2g} \right.$$

V_2	: 통과유속
V_1	: 접근유속

3) 스크린 통과 유속

$$V_2 = \frac{b+t}{b} V_1$$

V_1	: 접근유속
V_2	: 통과유속
b	: 봉 사이 간격
t	: 봉 두께

4) 미소손실수두

$$h = f \cdot \frac{V^2}{2g}$$

f	: 손실계수
g	: 중력가속도
V	: 유속

5) 마찰손실수두

$$h = f \cdot \frac{L}{D} \left| \frac{V^2}{2g} \right.$$

f	: 마찰손실계수, 직관손실계수
L	: 관의 길이
g	: 중력가속도
D	: 관의 직경
V	: 유속

2. 분쇄기

(1) 정의

유입된 협잡물을 파쇄, 세단하는 기계

(2) 종류

① 이축차동식
② 드럼회전식

3. 침사지

(1) 정의

펌프의 마모 및 처리시설 내에서의 모래퇴적을 방지하기 위해 일반적으로 펌프장의 펌프 전단계에 설치되어 하수의 유속을 늦추고 모래 등을 침강시키는 설비

(2) 종류

① 중력식 침사지
② 포기식 침사지(DAF)
③ 기계식(선회류식, 선와류식 등)

(3) 특징

① 침사지 내의 유속 : 0.3m/min
② 게이트, 양사기(揚砂機), 스크린(조목, 세목), 제진기 등 부속 설비를 설치함

(4) 관련 공식

1) 입자의 침강속도(Stoke's의 법칙)

$$V_S = \frac{d^2(p_s - p_w)g}{18\mu}$$

V_S : 입자의 침강속도
p_s : 입자의 밀도
μ : 물의 점성계수
d : 입지의 직경, 입경
p_w : 물의 밀도

가) Stoke's의 법칙의 가정조건
① 모든 힘의 방향은 동일 직선상에 있는 1차원 운동
② 종말속도에 이를 때까지의 가속시간은 무시
③ 입자는 모두 구형으로 가정

4. 유수분리기

(1) 정의

원수 중의 유분을 기름과 물의 비중 차로 분리하는 장치

(2) 종류

① API(American Petrolium Institute)식
② PPI(Parallel Plate Unterceptor)식
③ CPI(Corrugated Plate Interceptor)식

5. 유량조정조

(1) 정의

수처리시설이나 관로 등의 유입부하량 변동에 대하여 유량조정을 하기위한 탱크로, 오수조정지나 우수조정지 등이 있음

(2) 종류

비교	인 - 라인(in - line, 직렬) 방식	오프 - 라인(off - line, 병렬) 방식
유량 및 수질 조정의 용이성	· 유입하수의 전량이 유량조정조를 통과 · 수량 및 수질 균일화하는 효과	· 1일 최대하수량을 넘는 양만 유량조정조에 유입 · 인 - 라인 방식에 비하여 수질의 균일화 효과 적음 · 펌프 용량을 감소
부지 이용	· 지하에 설치할 경우 상부 부지를 효율적 이용 · 병렬방식에 비해 조정조의 용량이 커짐	· 유량조정조의 부지면적이 적게 소요
유지관리	· 지하형식으로 설치할 경우 유지관리 및 보수점검이 어려움	· 지상구조로 설치할 경우 유지관리 및 보수가 용이

(3) 특징

1) 유량조정조의 필요시기

① 건기 시 유량조정
② 분류식 오수관의 강우 시 유량조정
③ 우수, 오수, 합류관거의 유량조정
④ 후속 처리시설의 수리학적 체류시간이 짧거나 유입수량의 변화에 악영향을 받기 쉬운 공법인 경우

6. 침전지

(1) 정의

물보다도 무거운 입자가 고요한 물결 속에서 침강해서 물과 분리하는 설비

(2) 종류

1) 형상별 종류

가) 원형침전지(circular sedimentation basin)

① 주위가 중심으로부터 등거리이기 때문에 월류부하가 균등함

② 수평회전식 스크레이퍼의 설치에도 적합

③ 좁은 부지에 설치하는 경우 부지의 이용효율이 나빠짐

④ 방사형의 흐름이 항상 균등하게 유지하기 어려움

나) 장방형침전지(rectangular sedimentation basin)

① 수평류식침전지의 기본 형태로 침전부의 길이는 폭의 3~8배를 표준으로 함

② 원형침전지에 비해 부지이용효율이 좋음

③ 다층(여러 층)도 가능

④ 수량, 수질의 변동에 유연함

⑤ 필요에 따라 정류벽이나 경사판을 설치해 침전효과를 높일 수 있음

2) 유체방향별 분류

가) 수평식흐름침전지(horizontal - flow clarifier)

① 메인 흐름 방향이 수평방향으로 있는 침전지

② 종류 : 장방형침전지, 원형·방형침전지, 경사판 침전지 등

나) 고속응집침전지(suspended solid contact clarifier)

① 플록형성을 기성플록의 존재 하에서 하는 것으로서 응집침전의 효율을 향상시킨 침전지

② 종류 : 슬러리 순환형, 슬러지 블랑켓형, 복합형(최초의 응집을 슬러리 순환방식으로 하고 슬러리 블랑켓 하단에서 슬러리를 분출상승시키는 형태)

다) 상향류식침전지(upward flow sedimentation basin)

못의 중앙의 밑으로부터 물이 유입되서 수직 상승하여 못의 주위에 설치된 집수거에 월류하는 형태의 침전지

3) 기능별 종류

가) 이층침전지(two - stage sedimentation basin)

① 침전지를 2층으로 하고 지의 침강면적을 2배로 해서, 지의 용량이나 체류시간을 바꾸는 일 없이 침전효율을 향상시키는 방식

② 구조 : 절반2계층, 평행2계층 등

③ 용적효율은 좋지만, 구조가 복잡하고, 하층의 슬러지 끌어당김이 조금 번잡하게 됨

나) 경사판 침전장치(high - rate plate settler module)

① 침전지 내에 경사판 등을 삽입해서 침강면적을 증대시켜 설치 면적당 처리량을 늘리고 수류를 조절해 침전효율을 높인 침전지

② 침강속도는 일반 침전에 비해 약 1/20의 단축을 얻을 수 있지만 고농도, 고점성인 현탁질에는 효과가 적음

다) 우수침전지(stormwater sedimentation basin)

합류식 하수도에서 우천 시 하수를 수질 보전상 필요한 최저한의 수질로 유지하기 위해 처리장에 설치한 침전지

(3) 원리

1) 입자의 침강형태

침강형태	특징	발생장소
I형 침전 (독립침전, 자유침전)	· 이웃 입자들의 영향을 받지 않고 자유롭게 일정한 속도로 침강 · 낮은 농도에서 비중이 무거운 입자를 침전 · Stoke's의 법칙이 적용	· 보통침전지 · 침사지
II형 침전 (플록침전)	· 입자 서로 간에 접촉되면서 응집된 플록을 형성하여 침전 · 침강하는 입자들이 서로 간의 상대적 위치를 변경 · 응집·응결 침전 또는 응집성 침전	· 약품침전지
III형 침전 (간섭침전)	· 플록을 형성하여 침강하는 입자들이 서로 방해를 받아 침전속도가 감소하는 침전 · 입자들은 서로의 상대적 위치를 변경시키려 하지 않음 · 방해·장애·집단·계면·지역 침전	· 상향류식 부유식침전지 · 생물학적 2차 침전지
IV형 침전 (압축침전)	· 고농도 입자들의 침전으로 침전된 입자군이 바닥에 쌓일 때 입자군의 무게에 의해 물이 빠져나가면서 농축·압밀됨 · 압밀침전	· 침전슬러지 · 농축조의 슬러지 영역

2) Stoke 방정식

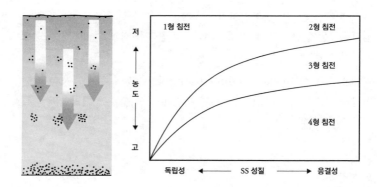

$$V_S = \frac{d^2(p_s - p_w)g}{18\mu}$$

V_S	: 입자의 침강속도
p_s	: 입자의 밀도
μ	: 물의 점성계수
d	: 입자의 직경, 입경
p_w	: 물의 밀도

3) 표면부하율(수면부하율)

표면부하가 작을수록 침전이 잘 됨

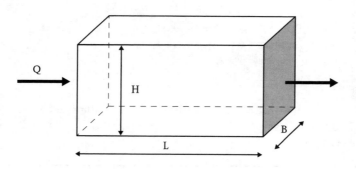

$$V = AH = LBH = Qt$$

$$Q/A = H/t$$

V	: 침전지 체적(용적)
A	: 침전지 면적
L	: 침전지 길이
B	: 침전지 폭
H	: 수심
Q	: 유량
Q/A	: 표면적 부하

4) Hazen의 침강이론

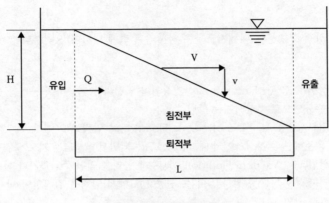

〈 유효수심과 유속 〉

- $V_s \geq Q/A$ 인 경우 $\eta = 100\%$

- $V_s < Q/A$ 인 경우 $\eta = \dfrac{V_s \cdot A}{Q} = \dfrac{V_s}{Q/A}$

     V_s : 입자의 침강속도
     η : 침전 효율

(4) 특징

1) 경사판 설치 효과

① 수면적의 증대에 따른 수면적 부하율의 경감효과
② 침전지 소요면적의 저감효과
③ 고형물의 침전효율 증대효과
④ 처리수의 청정화(효율 증대) 효과

2) 경사판의 침전면적(수면적) 계산

$$A_t(m^2) = A_0 + nA_i \cos(\theta)$$

A_t : 총면적

A_0 : 침전지의 수평바닥면적

n : 경사판의 수

A_i : 경사판의 면적(폭×길이)

θ : 경사각(일반적으로 60°)

7. 부상분리

(1) 정의

현탁성이나 부상성 고형물에 미세기포를 부착시켜 부력에 의하여 고액분리를 하는 설비

(2) 종류

① 공기부상법(AF ; Air Flotation) : 산기장치나 임펠러를 이용하여 공기를 물속에 직접 주입하여 입자를 수표면으로 부상시키는 방법
② 용존공기부상법(DAF ; Dissolved Air Flotation) : 압력 탱크에서 5~7기압 하에 7분 이내로 공기를 용존시킨 후 부상조에서 대기압으로 노출되면서 발생되는 기포에 입자를 부상시키는 방법
③ 진공부상법(VF ; Vacuum Flotation) : 폐수에 공기를 직접 주입하거나 펌프의 흡인측에 공기를 유입시켜 용존공기를 형성시킨 다음, 진공 탱크에서 압력을 감압하여 발생되는 기포에 입자를 부상시키는 방법

(3) 원리

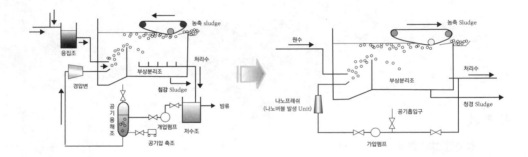

(4) 특징

1) 장점

① 가벼운 고형물이나 무거운 고형물을 동시에 제거
② 표면부하율이 높고, 체류시간이 짧아 장치의 콤팩트화가 가능
③ 스컴 슬러지의 농도가 높음

2) 단점

① 부대적인 시설이 요구되며 유지관리비 높음
② 비중이 큰 입자에 대한 적용은 제한적, 제거효율 낮음
③ 운영 어려움

3) 부상 분리법 기능향상 조건

① 기포의 직경이 작을수록 표면적을 증대
② 접촉시간을 길게 할수록 부상효과를 증대
③ 기포제 등의 첨가제를 주입함으로써 부상효과를 증폭

(5) 관련 공식

1) 부상속도(Stoke's 방정식)

$$V_f = \frac{d^2(p_w - p_s)g}{18\mu}$$

V_f :	입자의 부상속도
p_s :	입자의 밀도
μ :	물의 점성계수
d :	입지의 직경, 입경
p_w :	물의 밀도(=1)

2) Air/Solid 비

$$A/S = \frac{1.3Sa(fP - 1)}{S} \cdot r$$

S :	MLSS농도(미생물), 고형물농도(mg/L)
r :	반송비(Q_r/Q)
1.3 :	공기밀도(mg/mL)
Sa :	공기용해도(mL/L)
f :	가압 P에서 용존되는 비율(0.5)
P :	압력(atm)

8. 여과설비

(1) 정의

① 여과 : 고체를 포함하는 액체 또는 기체를 필터(여재)에 통과시켜 액체(기체)와 고체로 분리하는
조작. 하수분야에서는 처리수 중의 부유성고형물 제거를 위한 급속모래여과나, 하수슬러
지에 약품을 첨가하여 여과하는 탈수여과 등이 있음

② 여과속도 : 원수가 단위시간 동안 여과지의 여과면적을 통과하는 길이 또는 원수가 단위시간
동안에 단위면적을 통과하는 양(m/day)

③ 여과손실수두(filter head loss) : 여과과정에서, 여과지에 여막이나 이상물질의 퇴적 등으로
인해 생기는 마찰 저항에 해당하는 수두

(2) 원리

① 거름작용(Straining)
② 침전(Sedimen - tation)
③ 충돌(Impaction)
④ 차단(Interception)
⑤ 부착(Adhesion)
⑥ 화학적 흡착
⑦ 상호응집
⑧ 생물증식에 의한 생물여과막의 형성

(3) 종류

	급속여과		완속여과
1단계	· 현탁입자가 유선으로부터 이탈되어 여재표면으로 이송되는 단계 · 체거름 작용, 저지 작용, 중력 침강작용이 주로 작용	표면억류	· 세밀 충전된 모래층 표면에서 기계적 체분리작용과 모래입자에 의한 표면 부착작용에 의해 정화
2단계	· 이송된 입자가 여재표면에 부착하여 포착되는 단계 · 현탁입자와 억류표면의 관계에 의존	생물막에 의한 작용	· 생물막의 체분리작용, 흡착 및 생물산화 등의 작용에 의해 정화

	급속여과	완속여과
여과지 설계 인자	· 중력식이 표준 · 형상 : 직사각형 표준 · 1지의 여과면적은 150m² 이하 · 예비지를 포함 2지 이상 설치 　(10지 넘을 경우, 1할 정도 예비지로 설치)	· 형상 : 직사각형 표준 · 여과지 깊이 : 하부집수장치의 높이에 자갈층 두께, 모래층 두께, 모래면 위의 수심과 여유고를 더하여 2.5~3.5m를 표준으로 함 · 주위벽의 상단은 지반보다 15cm 이상 높게 함 　(여과지 내로 오염수나 토사 등의 유입 방지 목적) · 한냉지에서는 동결방지를 위해 여과지 복개
여과속도	120~150m/day	4~5m/day
모래층 두께	60~70cm(최대 120cm)	70~90cm
균등계수(U)	1.7 이하	2 이하
유효경	0.45~0.7mm	0.3~0.45mm
최소, 최대 모래입경	0.3~2mm 강열감량 0.75% 이하	0.18~2mm 강열감량 0.75% 이하
수심	부압을 발생시키지 않는 수심 100cm 이상	모래면 위의 수심은 90~120cm 표준
여유고	30cm	30cm
세척방법	역세척 - 표면세척 조합 역세척 - 공기세척 조합	걷어낸 오사를 세척하여 깨끗한 모래로 보충 시간과 인력 소요
약품처리	필수	선택
건설비	저렴	비쌈
유지 관리비	비쌈	저렴
여과지 작용	여과, 응결, 침전	여과, 흡착, 생물학적 응집

(4) 특징

1) 단일여과상

① 공극이 여층의 상단에는 작고 갈수록 큰 구조
② 부유물의 크기에 관계없이 여층의 표면에 부하가 집중
③ 여과층의 유효이용이 저하되어 지속시간이 짧음
④ 역세횟수가 증가되고 역세 소요수량이 많음
⑤ 여과속도가 느리고, 고농도에 적용하기 어려움

2) 2중여과상(다층여과상)

① 공극이 2중층으로 변화되며 단일층에 비해 공극의 부피가 큼
② 여과기능을 내부 깊숙이 확장가능
③ 여과층의 유효이용이 증폭되어 지속시간이 길어짐
④ 단일여과상보다 여과효율 증가
⑤ 여과속도를 빠르게 할 수 있고, 고농도에 적용

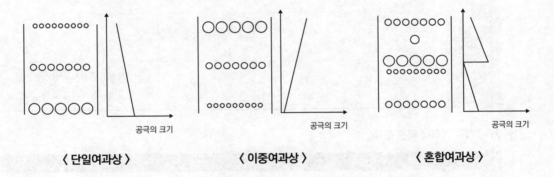

〈 단일여과상 〉　　　　　　〈 이중여과상 〉　　　　　　〈 혼합여과상 〉

3) 혼합여과상(이상여과상)

① 상부는 조립여층에서 하부는 세립여층을 구성
② 공극이 상부에서 하부로 갈수록 점차적으로 작아지는 여상구조
③ 세립여층은 비중이 큰 여층으로 구성하여 역세척 시 유출을 억제
④ 단일여과상보다 여과효율을 증가
⑤ 역세척 시 약간의 층간 혼합

9. 막분리설비

(1) 정의

수중의 콜로이드, 유기물, 이온 등의 용존물질을 막을 통해서 여과함에 따라 분리 제거하는 방법의 총칭

(2) 종류

1) 공정별 분류

공정	Mechanism	막형태	추진력	대표적인 분리공정
정밀여과 (MF)	체거름	대칭형 다공성막	정수압차 (0.1~1bar)	세균, 콜로이드, 바이러스 초순수, 무균수제조
한외여과 (UF)	체거름	비대칭형 다공성막	정수압차 (1~10atm)	
역삼투 (RO)	역삼투	비대칭성 skin막	정수압차 (20~100atm)	해수의 담수화 용존성 물질제거
투석	확산	비대칭형 다공성막	농도차	
전기투석 (ED)	이온전하의 크기차이	이온 교환막	전위차	해수의 담수화 식염제조, 금속회수 무기염류 제거

2) 분리막 형식에 따른 분류

Module	장점	단점
평판형	· 내압성이 좋고 고점도액의 처리에 적합 · 유로가 확보되어 있으므로 불용물질의 존재 하에서도 처리 가능 · 막교환이 용이 · 막교환 비용이 적게 듦	· 설비비가 비쌈
관형	· 내압성이 좋고 고점도액의 처리에 적합 · 유로가 확보되어 있으므로 불용물질의 존재 하에서도 처리 가능 · 막교환 비용이 적게 듦	· 설비비가 비쌈 · 막교환 불편
나권형 (나선형)	· 내압성 좋음 · 단위체적당 막면적 넓음	· 유로가 좁고 불용물질 존재 시 처리 어려움 · 막교환 비용 비쌈
중공사형	· 단위체적당 막면적 큼 · 세척하기가 용이 · 설비비가 적게 듦	· 내압성 나쁨 · 막교환 비용 비쌈 · 불용물질 존재 시 처리 불가능

(3) 특징

1) 장단점

장점	단점
· 응용범위가 넓음 · 분리 및 농축에 유리 · 약품의 첨가가 없음 · 순수물질의 분리가 가능 · 공정설계 및 Scale – up이 단순함 · Modular system 으로 시설이 간단함 · 가동부가 적고 간단하며 자동화가 쉬움 · 충격부하(Shock Loading) 때 처리수의 수질에 큰 영향 없음	· 유입수의 온도, pH에 따라 운전이 제한됨 · 농축수에 대한 최종처리 필요 · 초기투자비가 기존처리 시설보다 많이 듦

2) 막의 오염

분류	정의		내용
열화	막자체의 변질로 생긴 비가역적인 막 성능의 저하	물리적 열화	· 압밀화 손상, 건조 · 장기적인 압력부하에 의한 막 구조의 압밀화 · 원수 중의 고형물이나 진도에 의한 막면의 상처나 마모, 파단 혹은 건조 되거나 수축으로 인한 막 구조의 비가역적인 변화
		화학적 열화	· 가수분해, 산화 · 막이 pH나 온도 등의 작용에 의한 분해 · 산화제의 의하여 막 재질의 특성 변화나 분해
		생물화학적 변화	· 미생물과 막 재질의 자화 또는 분비물의 작용에 의한 변화
파울링	막 자체의 변질이 아닌 외적 인자로 생긴 막 성능의 저하	부착층 / 케이크층	· 공급수 중의 현탁물질이 막 면상에 축적되어 생성되는 층
		겔(gel)층	· 농축으로 용해성 고분자 등의 막 표면 농도가 상승하여 막면에 형성된 겔상의 비유동성 층
		스케일층	· 농축으로 난용해성 물질이 용해도를 초과하여 막 면에 석출된 층
		흡착층	· 공급수 중에 함유되어 막에 대하여 흡착성이 큰 물질이 막면상에 흡착 되어 형성된 층
		막힘	· 고체 : 막의 다공질부의 흡착, 석출, 포착 등에 의한 폐색 · 액체 : 소수성 막의 다공질부가 기체로 치환(건조)
		유로폐색	· 막모듈의 공급유로 또는 여과수 유로가 고형물로 폐색되어 흐르지 않는 상태

3) 막의 세척

① 물리적 세척 : 막의 성능을 회복하기 위한 물리적 세척주기는 10~120분에 1회 실시
② 물리적 세척 방식 : 역압수세척방식, 에어스크러빙방식, 역압공기세척방식, 원수세척방식, 기계
진동방식
③ 약품세척 : 막의 성능을 회복하기 위한 약품 세척주기는 1개월~수 개월에 1회 실시

세척에 사용되는 약품		세척가능한 물질	
		유기물질	무기물질
수산화나트륨 (NaOH)		○	
무기산	염산(HCl) (pH 2~3)		○
	황산(H_2SO_4) (pH 2~3)		○
산화제	차아염소산나트륨(NaOCl)	○	
유기산	구연산 (1~2%)		○
	옥살산 (0.1~0.2%)		○
세제	알칼리 세제 (pH 10~11)	○	
	산 세제		○

(4) 기타

비교	역삼투(RO)	한외여과(UF)
막의 재질	· 폴리아마이드(PA ; Poly Amaide) · 초산셀룰로오스(CA ; Cellulose Acetate) · 폴리설폰(PS ; Poly Sulfone) ⋯ 등	· 폴리아마이드(PA ; Poly Amaide) · 초산셀룰로오스(CA ; Cellulose Acetate) · 폴리설폰(PS ; Poly Sulfone) ⋯ 등
운용	· 저분자량~이온영역까지의 분리 · 해수의 담수화 · 콜로이드 및 염, 용존성 물질제거 · 박테리아 등 제거	· 고분자량 제거 · 물 중의 기름제거 · 유색 콜로이드로부터 탁도 제거
투과수의 수질	· 투과수는 무취, 무색 투명하고, 수돗물과 같은 외관을 띠며, 입자에서 용존성 물질이 대부분 제거됨	· 약간의 색도와 악취가 남아있고 무기물 및 미생물류도 일부 제거되지 않음
성능표시	· 25°C의 특정 운전조건에서의 염 제거율	· 분획 분자량 (막에 의해 90% 이상 저지되는 물질의 분자량)

10. 이온교환설비

(1) 정의

1) 이온교환(ion exchange)

① 고체 구조상에서 아무 변화 없이 액체와 고체 사이에 음이온과 양이온이 상호 교환하는 화학적 작용

② 서로 다른 두 분자 사이에 이온이 상호 교환되는 화학작용

③ 제올라이트(zeolite), 이온교환수지 등을 사용하여 물속의 특정이온을 제거하는 것

(2) 종류

1) 양이온 교환수지(Cation Exchange Resin, CER)

① 물속 유해 양이온을 치환하여 제거

$$R-H + Na^+ \rightarrow R-Na + H^+$$

② 선택성

$$Ba^{2+} > Pb^{2+} > Sr^{2+} > Ca^{2+} > Ni^{2+} > Cd^{2+} > Cu^{2+} > Co^{2+} > Zn^{2+} > Mg^{2+} > Ag^+ > Cs^+ > K^+ > NH_4^+ > Na^+ > H^+$$

2) 음이온 교환수지(Anion Exchange Resin, AER)

① 물속 유해 음이온을 치환하여 제거

$$R-OH + Cl^- \rightarrow R-Cl + OH^-$$

② 선택성

$$SO_4^{2-} > I^- > NO_3^- > CrO_4^{2-} > Br^- > Cl^- > OH^-$$

(3) 원리

① 수지가 가진 무해이온과 물속 유해이온을 치환하여 고도처리하는 공정

② 물속에 존재하는 이온과 고체상인 이온교환수지상의 이온간의 교환으로, 물속의 모든 양이온과 음이온을 제거

(4) 특징

1) 영향인자

① 이온의 크기와 원자가, 농도

② 이온의 성질 : 대체로 원자가가 크고 원자번호가 클수록 선택성 높음

③ 농도

2) 이온교환제 선택 시 고려사항

① 이온교환능력 높은 것
② 재생약품 소요량 적은 것
③ 화학적으로 안정적일 것
④ 가격 저렴, 구입 용이할 것
⑤ 운영이 잘못되어도 수지가 손상되지 않을 것

11. AOP

(1) 정의

① OH라디칼을 중간생성물질로 생성하여 수중 오염물질인 유기물을 산화처리하는 방법
② 오존(O_3)의 pH를 조절하거나 과산화수소, UV 에너지 등을 첨가하여 산화력을 증대시키는 방법

(2) 종류

① O_3/high pH법 : 오존이 수산화기에 의해 분해되어 OH라디칼의 중간생성물을 생성하는데, 이 공정에서 pH를 증가시킬수록 오존분해가 가속화되어 OH라디칼이 생성되고, 이를 이용하여 오염물질을 분해시키는 방법
② H_2O_2/O_3법 : 오존에 과산화수소를 첨가할 경우 오존이 빠른 속도로 분해되면서 발생 되는 OH라디칼을 이용하여 오염물질을 분해시키는 방법
③ UV/O_3법 : 오존에 자외선을 조사하여 중간생성물인 과산화수소를 생성시키고 오존과 과산화수소의 반응에 의해 생성된 OH라디칼을 이용하여 오염물질을 분해시키는 방법

(3) 원리

1) 반응 단계

① 생성 OH라디칼에 의한 산화
② UV에 의한 광분해
③ 오존에 의한 산화분해

2) 처리대상

① 난분해성 유기물의 분해, 농약 등의 미량성분 분해
② 페놀류, Toluene, Benzene 등의 분해
③ 철, 망간, 시안 제거
④ 질산성 질소 및 암모니아성 질소 제거
⑤ 맛, 냄새의 유발물질 제거
⑥ 녹조류 제거

(4) 특징

구분	적용 분야
살균 및 조류 제거	· 박테리아 살균 · 바이러스성 미생물의 불활성화 · 조류제거
무기물의 산화	· 용존 철·망간의 산화 · 유기성 결합망간의 산화 · 암모니아의 산화 · 시안제거
미량 유기물의 산화	· 맛·냄새 유발물질의 제거 · 페놀류의 제거 · 살충제 등의 농약류의 제거
불특성 유기물의 산화	· 색도의 제거 · 유기물의 생물분해도 증진
응집효과 개선	· 용존물질의 성상변화
활성탄 공정의 전처리	· 암모니아성 질소제거 · 용존 유기물제거

12. FENTON 산화

(1) 정의

과산화수소와 2가 철을 혼합시켜 생기는 OH라디칼의 산화력을 이용하여 난분해성유기물 등을 분해하는 폐수처리방법

(2) 원리

1) 반응 단계

$$Fe^{2+} + H_2O_2 \rightarrow Fe^{3+} + OH^- + OH^\cdot$$
$$RH(유기물) + OH^\cdot \rightarrow R^\cdot + H_2O$$
산화제 : H_2O_2 촉매제 : 철염 ($FeSO_4$)

2) 처리 물질

① 시안처리

$$CN^- + H_2O_2 \rightarrow CNO^- + H_2O \ (최적 pH 9.5\sim10.5)$$
$$CNO^- + OH^- + H_2O \rightarrow CO_3^{2-} + NH_3$$

② 황화합물 분해

$$H_2O_2 + H_2S \rightarrow 2H_2O + S \qquad \text{pH : 산성 및 중성, 반응시간 15~45분}$$
$$H_2O_2 + H_2S + Fe^{2+} \rightarrow 2H_2O + S + Fe^{2+} \qquad \text{pH : 6.0~7.5, 반응시간 몇 초 이내}$$
$$4H_2O_2 + S^{2-} \rightarrow SO_4^{2-} + 4H_2O \qquad \text{pH : 알칼리성, 반응시간 15분}$$

③ 포름알데히드 분해

$$CH_2O + 2H_2O_2 \rightarrow CO_2 + 3H_2O$$

(3) 특징

① 많은 유기물, 특히 라디칼이 공격할 수 있는 불포화탄화수소를 산화
② COD는 감소되지만 BOD는 감소되지 않고 증가하는 경우도 있음
③ 난분해성유기물이 과산화수소에 의해 부분 산화되어 생분해성 물질로 변형
④ 수산화철의 슬러지가 다량 생성
⑤ 펜톤산화의 최적반응 pH는 3~4.5
⑥ 초기 pH가 맞지 않으면 제거효율이 현저히 떨어짐

13. 흡착

(1) 흡착 이론

1) 정의

① 흡착(adsorption) : 서로 다른 두 상(액체 - 고체, 기체 - 고체, 기체 - 액체) 사이에서 어떠한
물질이 계면에 농축되는 현상
② 등온흡착선(adsorption isotherm) : 흡착제에 흡착될 수 있는 흡착질의 양은 흡착질의 농도
와 온도의 함수

2) 종류

보통 흡착현상은 물리적 흡착과 화학적 흡착이 동시에 일어남

구분	물리적 흡착	화학적 흡착
정의	· Van der Waals힘에 의하여 가역적으로 발생하는 흡착 · 용질 - 흡착제 간의 분자인력이 용질 - 용매 간의 인력보다 클 때 흡착	흡착제 - 용질 사이의 화학반응에 의해 흡착
흡착열	적음(40kJ/mol 이하)	많음(80kJ/mol 이상)
흡착 특성	흡착에너지가 별로 높지 않아 저온일 때에 흡착되기 쉬움	고온에서 잘 일어남
압력과의 관계	피흡착물의 압력에 따라 증가	피흡착물의 압력에 따라 감소
흡착량	피흡착물질의 함수	피흡착물, 흡착제 모두의 함수
활성화에너지	흡착과정에서 포함되지 않음	흡착과정에서 포함될 수 있음
분지층	다분자 흡착이 일어남	단분자 흡착이 일어남

3) 원리

가) 흡착 과정

① Ⅰ단계 : 용액에서 유기물질이 고액 경계면까지 이동하는 단계
② Ⅱ단계 : 경계막을 통한 용질의 확산단계 → (경막 확산, film diffusion)
③ Ⅲ단계 : 공극을 통한 내부 확산단계 → (공극 확산, pore diffusion)
④ Ⅳ단계 : 입자의 미세 공극의 표면 위에 흡착되는 단계

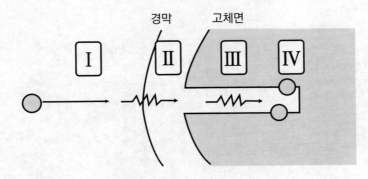

나) 랭뮤어(Langmuir) 등온흡착식

① 가정조건

ㄱ. 약한 화학적 흡착
ㄴ. 한정된 표면만이 흡착에 이용
ㄷ. 단분자층 흡착
ㄹ. 가역반응
ㅁ. 평형상태

② 특징

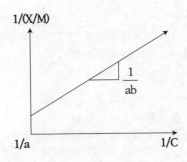

$$\frac{X}{M} = \frac{abC}{1+bC}$$

$$\frac{1}{X/M} = \frac{1}{ab} \cdot \frac{1}{C} + \frac{1}{a}$$

X : 흡착된 피흡착물의 농도
M : 주입된 흡착제의 농도
C : 흡착되고 남은 피흡착물질의 평형농도
a, b : 경험상수

다) Freundlich 등온흡착식

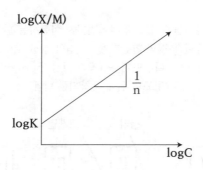

$\dfrac{X}{M} = K \cdot C^{1/n}$	X : 흡착된 피흡착물의 농도 M : 주입된 흡착제의 농도 C : 흡착되고 남은 피흡착물질의 농도 평형농도 K, n : 경험상수
$\log \dfrac{X}{M} = \dfrac{1}{n} \log C + \log K$	

4) 특징

가) 흡착속도 영향인자

① 활성탄의 표면적이 클수록 흡착속도 빨라짐
② 분자량이 작을수록 흡착속도 빨라짐
③ 흡착제의 성질
④ pH
⑤ 온도
⑥ 수중 물질

나) 파과(Break through)

① 파과점/파과시간 : 시간이 경과함에 따라 처리수 중 피흡착물질의 농도가 점차 증가하여 허용치에 도달하는 지점(시간)

② 특징

ㄱ. 흡착층의 높이가 낮을수록 파과시간은 단축
ㄴ. 흡착제의 입도가 클수록 파과시간은 단축
ㄷ. 피처리수의 유속을 크게 할수록 파과시간은 단축
ㄹ. 피흡착물질의 초기 농도가 높을수록 파과시간은 단축

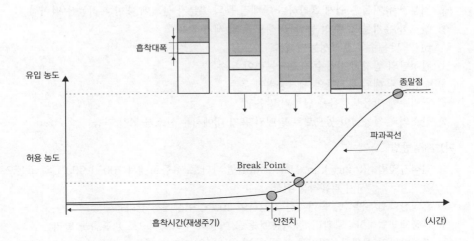

(2) 흡착 설비

1) 활성탄(activated carbon)

가) 정의

① 활성탄 : 표면적이 넓은 다공성 구조를 지닌 탄소계 흡착제

② 갈탄, 역청탄, 야자껍질, 나무, 석유피치, 석유코크스 등의 탄소계 물질의 원료를 탄화·부착공정을 통해 제조함

나) 활용

정수의 고도처리에서 하수처리·분뇨의 고도처리, 설탕, 양조, 석유정제 등에 이용됨

다) 종류

	분말활성탄(PAC)	입상활성탄(GAC)	생물활성탄(BAC)
정의	· 가루(powder)형태의 활성탄	· 덩어리 형태의 활성탄	· 입상활성탄에 미생물을 부착시킨 활성탄
이용	· 맛과 냄새를 제거	· 유기 독성물질과 유기 염소화합물, 총유기탄소(TOC) 등 제거	
장점	· 비표면적이 커서, 입상탄에 비해 흡착 속도가 빠름 · 수질변화에 대응성이 좋음 · 미생물의 번식가능성이 없음	· 재생 용이 · 취급 용이 · 운영비가 적음 · 탄수분리가 용이 · 슬러지가 미발생	· 유기물질 흡착과 미생물에 의한 유기 물질 분해가 동시에 일어남 · 활성탄의 사용시간(재생주기)이 길어짐 · 재생비용이 저렴해짐
단점	· 분말이므로 비산 발생 · 슬러지 발생 · 재생이 어려움 · 운영비가 큼 · 총유기탄소(TOC)의 제거율이 낮음	· 분말탄에 비해 흡착속도가 느림 · 수질변화에 대응성이 나쁨 · 미생물의 번식가능성이 높음 · 별도의 탈착시설이 요구 · 초기 투자비용이 많이 듦	· 활성탄이 서로 부착·응집하여 수두 손실이 증가 · 정상상태까지의 기간이 긺

라) 특징

① 저분자 유기물은 쉽게 흡착하나 단백질 등의 고분자 물질에 대한 흡착능은 떨어짐

② 불포화 유기물, 소수성 물질 및 색도 등의 제거에 유효

③ pH가 낮을수록 흡착성능이 우수

④ 활성탄의 입경이 작을수록 흡착능력이 우수

⑤ 수중에 용해된 유기물의 제거능력이 우수

⑥ 처리수에 반응생성물을 남기지 않음

⑦ 산소의 흡착능력이 있으므로 밀폐된 용기 내에서는 산소가 고갈 가능

마) 재생방법

① 건식가열법 : Rotary kiln, Herreshioff형 다단로, 유동로에서 700~1,000°C의 고온으로 연소시켜 피흡착물 휘산

② 혼식산화법 : 활성탄 슬러리를 가압하여 200°C 이상에서 산화분해

③ 약품재생법 : 산 , 알칼리, 유기용매 등을 이용하여 화학적으로 피흡착물 탈리

④ 전기화학적 재생법 : 전기분해 할 때 발생하는 산소로 유기물을 산화분해 하는 방법

⑤ 생물학적 재생법 : 미생물의 작용을 이용

⑥ 수세법 : 고압의 물로 피흡착물 탈리

2) 흡착 설비의 종류

가) 회분식

① 분말상의 흡착제와 용액을 혼합교반하여 피흡착물질을 흡착

② 흡착평형에 도달하면 침전여과 등으로 고액 분리하는 방식

나) 고정상식

입상의 흡착제로 충전된 고정상(fixed bed)에 처리수를 통과시키는 방법

다) 이동상식

대상 처리수가 상향으로 흐르는 동안 흡착탑 내에서 아래쪽으로 흐르는 흡착제에 의해 용질이 흡착되도록 하는 방식

라) 유동상식

① 흡착탑 저부에서 유입되는 유입수가 유동상의 활성탄층을 형성시켜 흡착처리하는 방식

② 정수처리와 고도 폐수처리에 이용되는 방식

14. 소독 방법

(1) 소독

1) 정의

가) 소독(살균)

① 전염병 및 수질오염 영향이 있는 병원성 미생물의 감염성을 없애고, 방류수의 안전성을 높일 목적으로 하는 처리

② 균을 완전히 없애는 멸균, 제균과는 다름

2) 종류

가) 물리적 방법

① 가열

② 자외선(UV), γ선, X선, 방사선 조사

나) 화학적 방법

① 산화제 주입 : 할로겐족산화제(액화염소, 차아염소산나트륨, 클로라민, 유기염소제, 이산화염소 등 각종 염소화합물, 브롬), 비할로겐족산화제(오존, 과망간산칼륨, 과산화수소 등)

② 금속이온 투입 : 은이온, 동이온 등

③ 계면활성제 주입

④ 산·알칼리제 사용 : pH 3 이하 또는 pH 11 이상

⑤ 기타 : 이온교환수지, 이온교환막을 이용한 살균

다) 기계적 방법

침전, 여과 등에 의한 살균

3) 소독 메커니즘

① 세포벽의 손상

② 세포벽의 투과력 변화

③ 원형질의 성질 변화

④ 효소작용의 방해

4) 특징

① 소독법 비교

비교항목	Cl₂	Br₂	ClO₂	NaOCl	O₃	UV
박테리아 사멸	좋음	좋음	좋음	좋음	좋음	좋음
바이러스 사멸	나쁨	아주 좋음	좋음	나쁨	좋음	좋음
유해 부산물	있음(THM)	없음	청색증	거의 없음	없음	없음
잔류성	길다	짧다	보통	길다	없음	없음
접촉시간	길다 (0.5~1hr)	보통	보통~길다	길다 (10~15분)	보통	짧다 (1~5초)
TDS의 증가	증가	증가	증가	증가	증가 안 됨	증가 안 됨
pH 영향	있음	있음	없음	없음	적음	없음
부식성	있음	있음	있음	있음	있음	없음
색도제거	보통	보통	제거	보통	제거	불가

② 오존, 염소 및 이산화염소의 효과 비교

오염물질	오존	염소	이산화염소
맛	매우 효과 좋음	효과 보통	효과 좋음
색	매우 효과 좋음	효과 보통	효과 좋음
THM 생성능력	효과 없음	매우 효과 좋음	효과 없음
생분해성	매우 효과 좋음	효과 보통	효과 보통
암모니아	효과 보통	매우 효과 좋음	효과 없음
철 및 망간	매우 효과 좋음	효과 보통	효과 좋음

③ 염소 및 자외선(UV) 소독의 장·단점 비교

구분	장점	단점
염소소독	· 잘 정립된 기술 · 소독이 효과적 · 잔류염소의 유지 가능 · 암모니아의 첨가에 의해 결합잔류염소 형성 · 소독력이 있는 잔류염소를 수송관거 내에 유지	· 처리수의 잔류독성이 탈염소과정에 의해 제거 · THM 및 기타 염화탄화수소가 생성 · 안정규제 요망 · 대장균 살균을 위한 낮은 농도에서는 virus, 병원균 등을 비활성화시키는 데 효과적이지 못함 · 처리수의 총용존고형물 증가 · 하수의 염화물함유량 증가 · 염소접촉조로부터 휘발성 유기물 생성 · 안전상 화학적 제거시설 필요
자외선소독	· 소독이 효과적 · THM을 생성하지 않음 · 대부분의 virus, 병원균 등을 비활성화시키는 데 염소보다 효과적 · 무독성, 화학적 부작용이 적어 안전 · 요구되는 공간이 적고, 건물이 불필요함 · 소독비용이 저렴, 유지관리비 적음 · 과학적으로 증명된 정밀한 처리 시스템 · 유량 · 수질 변동에 대해 적응력이 강함 · pH에 관계없이 지속적 살균가능	· 소독이 성공적으로 되었는지 즉시 측정할 수 없음 · 접촉시간 짧음. 잔류효과 없음 · 대장균 살균을 위한 낮은 농도에서는 virus, 병원균 등을 비활성화시키는 데 효과적이지 못함 · 물이 혼탁하거나 탁도가 높으면 소독능력 저하

5) 관련 공식

가) 소독반응식

Chick's 법칙 : 1차반응속도식 이용

$$\ln \cdot \frac{C}{C_o} = -kt$$

C : 나중 미생물 농도
C_o : 처음 미생물 농도
t : 살균시간 = 염소접촉시간
k : 반응속도 상수

나) 살균 반응의 영향인자

① 접촉시간
② 약품의 농도와 종류
③ 온도
④ 미생물의 종류
⑤ 용존물질의 특성
⑥ 미생물의 개체수

(2) 염소 처리

1) 종류

가) 전염소처리

① 목적 : 세균제거, 철·망간 제거, 맛·냄새 제거 등

② 주입위치 : 응집·침전 이전의 처리과정에 주입

(취수시설, 도수관로, 착수정, 혼화지, 응집 전 염소혼화지 등)

나) 중간염소처리

① 목적 : 세균제거, 철·망간 제거, 맛·냄새 제거 등

② 주입위치 : 침전지와 여과지 사이

다) 후염소처리(소독)

① 목적 : 정수과정을 거친 정수를 대상으로 최종소독 및 소독의 잔류성을 확보하기 위한 처리과정

② 주입위치 : 여과지를 갖춘 경우는 여과지 이후의 염소혼화지 또는 정수지 입구 등에 주입

2) 원리

가) 유리잔류염소의 생성

① 염소가 수중에서 가수분해되어 HOCl, OCl$^-$ 등으로 혼합되어 존재함

· 가수분해	$Cl_2 + H_2O \rightleftarrows HOCl + H^+ + Cl^-$
· 차아염소산의 해리(이온화)	$HOCl \rightleftarrows H^+ + OCl^-$

② 이때 생성된 HOCl과 OCl$^-$ 을 유리잔류(유효)염소라 하며 반응의 진행은 pH와 수온에 영향을 받음

$$K = \frac{[H^+][OCl^-]}{[HOCl]} = 3.2 \times 10^{-8} \text{ as } 25(°C)$$

pH 4~6 : 95% 이상이 HOCl 로 존재
pH 9 이상 : 95% 이상이 OCl$^-$ 로 존재

③ 유효잔류 염소의 살균력 : HOCl 의 살균력은 OCl$^-$ 의 살균력 보다 약 80배 강함

④ 결합유효염소(클로라민)의 생성

⑤ 모노클로라민의 생성

$$NH_3 + HOCl \rightarrow \underset{\text{모노클로라민}}{NH_2Cl} + H_2O \text{ (pH 8.5 이상)}$$

⑥ 다이클로라민의 생성

$$NH_2Cl + HOCl \rightarrow \underset{\text{다이클로라민}}{NHCl_2} + H_2O \,(pH\ 4.5\text{~}8.5)$$

⑦ 트리클로라민의 생성

$$NHCl_2 + HOCl \rightarrow \underset{\text{트리클로라민}}{NCl_3} + H_2O \,(pH\ 4.4\ \text{이하})$$

나) 클로라민의 분해

① $2NH_2Cl + HOCl \rightleftarrows N_2\uparrow + 3HCl + H_2O$

② $NH_2Cl + NHCl_2 \rightleftarrows N_2\uparrow + 3HCl$

③ $NH_2Cl + NHCl_2 + HOCl \rightleftarrows N_2O\uparrow + 4HCl$

④ $4NH_2Cl + 3Cl_2 + H_2O \rightleftarrows N_2\uparrow + N_2O\uparrow + 10HCl$

다) 총괄반응

① $Cl_2 + H_2O \rightleftarrows HOCl + HCl$

② $2HOCl + 2NH_3 \rightleftarrows 2NH_2Cl + 2H_2O$

③ $2NH_2Cl + HOCl \rightleftarrows N_2 + H_2O + 3HCl$

④ $3Cl_2 + 2NH_3 \rightleftarrows N_2 + 6HCl$

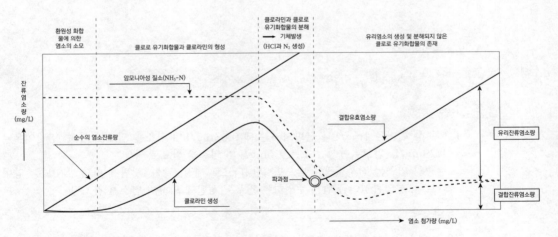

3) 특징

가) 염소살균력 향상조건

① 낮은 pH : pH 5~6
② 반응시간 길수록 : Ct(소독능) 증가
③ 염소농도 높을수록 염소의 살균력 높아짐

나) 염소소독의 문제

① 정수과정의 염소소독과 문제점

　　ㄱ. 소독부산물 가운데 트리할로메탄(THM), 할로초산(HAA), 브롬산 등과 같이 발암물질 발생
　　ㄴ. 페놀(phenol)을 함유한 물을 염소처리하면 클로로페놀(chlorophenol)이 형성

② 하수의 염소소독과 문제점

　　ㄱ. 하수는 염소처리를 하여도 완전한 소독이 이루어지지 않음
　　ㄴ. 염소처리된 하수는 해수가 가지고 있는 세균 감소작용을 손상시킴
　　ㄷ. 염소처리된 병원균에 대해서는 충분히 효과적이지 못함

다) 트리할로메탄 (Trihalomethane ; THM)

① 정의 : 일련의 유리할로겐화합물로 Methane의 유도체, 유리염소가 수중의 전구물질(Humic acid, Fulvic acid, Halogen 물질 등)과 결합하여 생성되는 발암물질

② 수온과 pH가 높을수록, 접촉시간이 길수록, 염소주입량이 많을수록 생성량은 증가

③ 종류 : 클로로포름($CHCl_3$), 디클로로브로모메탄($CHBrCl_2$), 디브로모클로로메탄($CHClBr_2$), 브로모포름($CHBr_3$), 디클로로요오드메탄($CHCl_2I$), 클로로디요오드메탄($CHClI_2$), 디브로모요오드메탄($CHBr_2I$)

> · 클로로포름(트리클로로메탄)
> - THM 중 약 75%를 차지
> - 가장 유독성이 높음

라) 관련 공식

① 염소주입량

> 염소주입량(mg/L) = 염소요구량(mg/L) + 잔류염소량(mg/L)

② 염소요구량

　　ㄱ. 이론상 철이온 1mg/L를 산화시키는 데 0.63mg/L의 염소를 필요로 하며, 망간이온은 1.29mg/L, 암모니아성 질소는 7.6mg/L의 염소를 필요로 함
　　ㄴ. 수중의 염소는 직사일광을 받으면 분해되므로 계절, 날씨, 낮밤에 따라 소비되는 양이 다르며, 분말활성탄을 함께 주입하는 경우 활성탄에 의하여 염소가 감소됨

③ 잔류염소량

음용수 염소처리에서 관말에서의 잔류염소 함유량은 약 0.1ppm(결합잔류염소로 0.4ppm) 이상으로 유지

(3) 자외선소독

1) 원리

① 자외선 : 100~400nm의 파장을 가지는 빛으로, 가시광선(400~750nm)보다 에너지는 강하고
파장은 짧음
② 자외선 중 살균력을 갖는 가장 적합한 파장은 253.7nm임
③ 자외선 램프로 주파장이 253.7nm인 자외선을 조사하면, 박테리아나 바이러스의 핵산에 흡수
되어 화학변화를 일으킴으로써 핵산의 회복기능이 상실하여 살균

2) 특징

가) 장단점

장점	단점
· 소독이 효과적	· 소독이 성공적으로 되었는지 즉시 측정할 수 없음
· 잔류 독성 없음	· 잔류효과가 없어 염소처리와 병행 되어야 함
· 안전성이 높음	· 대장균 살균을 위한 낮은 농도에서는 virus, cysts,
· 요구되는 공간이 적음	spores 등을 비활성화시키는 데 효과적이지 못함
· 대부분의 virus, cysts, spores 등을 비활성화시키는 데 염소	· 탁도가 높으면 소독효과 떨어짐
보다 효과적	
· 비교적 소독비용이 저렴	

나) 자외선 소독의 영향인자

자외선 강도	접촉시간
1. 수질	1. 유량
– 자외선 투과율	2. 접촉조(반응조)의 설계
– 부유물 농도	
– 용존유기물 농도	
– 총 경도	
2. 램프의 상태	
– 슬리브의 깨끗한 농도	
– 사용기간, 노후상태	
3. 처리 공정	

3) 관련 공식

조사량(dose) = 자외선 강도(μW/cm^2) × 접촉시간(sec)

(4) 오존소독

1) 오존의 특징

① 산화력이 염소보다 훨씬 강함
② 자기분해 속도가 빨라 비록 수중에 오존 소비물질이 존재하지 않더라도 장시간 수중에 잔존 불가능
③ 기체상태의 오존은 옅은 청색이지만, 액체와 고체는 각각 흑청색 및 암자색이다.
④ 오존은 상당히 불안정하여 대기중 또는 수중에서 자기분해하며 그 속도는 온도, 농도, 압력 등에 따라 다름
⑤ 수중에서의 안정성은 pH의 영향을 크게 받아 산성에서는 안정하지만 알칼리성으로 됨에 따라 불안정
⑥ 오존가스는 폭발성이 있고, 오존처리 시 생성물에는 다양한 과산화물질이 있으므로 그 취급에는 주의가 필요

2) 오존 소독의 특징

가) 장점

① 모든 병원성 미생물에 대한 소독시간을 단축할 수 있고, 맛·냄새·물질 및 색도 제거 효과가 우수
② 난분해성 유기물의 생분해성을 증가시켜 후속처리시설(생물처리 또는 BAC 공정)의 기능을 향상
③ 염소 주입 이전에 오존처리를 할 경우 염소의 소비량을 감소 가능
④ 철·망간의 산화능력이 큼
⑤ 염소요구량을 감소시켜 유기염소화합물(THM)의 생성량을 감소
⑥ 슬러지가 생기지 않음
⑦ 유지관리가 용이하고, 안정적임
⑧ 원생동물의 아포 및 바이러스 문제에 대처하기 위한 주소독제로서의 오존은 장래성이 높음
⑨ 하수처리에서는 물환경생태계에 대한 악영향이 거의 없어 하수처리를 위한 소독제로서 매우 우수함

나) 단점

① 충분한 산화반응을 진행시킬 접촉지가 필요
② 배출오존 처리설비가 필요
③ 전염소처리를 할 경우에도 염소와 반응하여 잔류염소를 감소
④ 수온이 높을 때는 용해도가 감소하고 분해가 빠름
⑤ 설비의 사용재료는 충분한 내식성이 요구
⑥ 효과에 지속성(잔류성)이 없으며 상수에 대하여는 염소처리의 병용이 필요
⑦ 오존발생장치가 필요하고, 전력비용이 많이 듦

15. 응집

(1) 응집설비

1) 정의

① 응집(coagulation) : 정수 및 폐수처리에서 플록(floc)을 형성하는 화합물(floc forming chemical, coagulant)에 의해서 또는 생물학적인 처리과정으로, 분산되어 있는 콜로이드 입자와 미세한 고형물질이 엉켜서 큰 덩어리가 되는 현상

② 응결(coagulation) : 분산하고 있는 콜로이드 입자가 응집하여 큰 입자가 되어 침전하는 현상 전해질 등의 첨가에 의해 입자의 응집이 촉진됨

2) 특징

가) 응집반응의 영향인자

수온, pH, 알칼리도, 용존물질의 성분

나) 응집침전의 효과

비교	응집침전	일반침전
TSS	60~90% 제거	40~70% 제거
BOD	40~70% 제거	25~40% 제거
COD	30~60% 제거	-
P	60~90% 제거	5~10% 제거
잔류미생물 플록	80~90% 제거	-

다) 응집침전의 장·단점

① 매우 높은 처리효율
② 유량 및 수질의 변동에 대한 융통성 있는 운전이 가능
③ 높은 처리단가
④ 다량의 화학 슬러지가 발생
⑤ 슬러지 처리처분 비용이 상승
⑥ 용존성 BOD, 용존성 COD 등의 용존유기물의 제거에는 거의 효과가 없음

라) 응집설비 처리과정

① 응집제의 투입
② 처리수와 응집제 간의 접촉을 위한 혼합교반
③ 입자들을 더 큰 플록으로 만들기 위한 완속교반
④ 침강성의 확보 및 침전

(2) 응집제

1) 정의

① 응집제(coagulant) : 수중의 미세한 콜로이드 입자의 전하를 중화하고 콜로이드 입자사이를 연결시키는 약품
② 응집보조제(coagulating support agent) : 응집효과를 높이기 위하여 첨가하는 약제

2) 종류

가) 무기 응집제

응집제	화학식	분자량(g)	밀도(kg/m^2)	
			건조상	액상
황산알루미늄	$Al_2(SO_4)_3 \cdot 18H_2O$	666.7	961~1,201	1,121~1,281(49%)
	$Al_2(SO_4)_3 \cdot 14H_2O$	594.3	961~1,201	1,281~1,362(49%)
염화제2철	$FeCl_3$	162.1		1,346~1,490
황산제2철	$Fe_2(SO_4)_3$	400		
	$Fe_2(SO_4)_3 \cdot 3H_2O$	454		1,121~1,153
황산제1철	$FeSO_4 \cdot 7H_2O$	278	993~1,057	
석회	$Ca(OH)_2$	CaO로서 56	561~801	

① 알루미늄염

장점	단점
· 경제적	· 생성된 플록의 비중이 가벼움
· 탁도, 세균, 조류 등 거의 모든 현탁성 물질, 부유물 제거에 유효	· 적정 pH 폭이 좁음(pH 5~8)
· 독성이 없으므로 대량 주입 가능	· 저수온 시 응집효과가 떨어짐
· 결정은 부식성 없음, 취급 용이	· 온도가 내려가거나 농도가 떨어지면 결정 석출
· 철·염과 같이 시설을 더럽히지 않음	· 알칼리도를 높일 응집보조제 첨가 필요

② 철염

장점	단점
· 플록이 무겁고 침강이 빠름	· 철이온 잔류함(색도 유발)
· pH 9~11에서도 응집처리 가능	· 부식성 강함
· 응집 적정범위가 pH 4~12(넓음)	· 휴민질 등의 물질에 대하여는 철화합물을 생성하게 되어 제거 어려움
· 알칼리 영역에서도 플록이 용해되지 않음	
· pH 9 이상에서 망간 제거 가능	
· 황화수소의 제거 가능	

③ 소석회(CaO, Ca(OH)₂)

ㄱ. 황산제1철과 같이 사용될 때보다 더 많은 양이 필요
ㄴ. 탄산칼슘의 침전을 위한 pH는 9.5 이상, 수산화마그네슘 침전을 위한 pH는 10.8 이상 이 요구
ㄷ. pH가 증가함에 따라 인산염이온의 제거량이 증가하므로 pH를 높게 할수록 유리

④ PAC(Poly Aluminum Chloride)

  ㄱ. 무기고분자응집제

  ㄴ. 하수보다는 정수처리에 많이 이용

  ㄷ. 수질변화에 대한 대응성이 빠르게 요구될 때 많이 사용

  ㄹ. 고염기성의 무기성 고분자 응집제로서 황산알루미늄에 비하여 처리수의 pH 강하가 적으며, 알칼리도 소비량 적음

  ㅁ. 산화알루미늄의 농도가 10~18% 정도 함유

장점	단점
· 액체	· 고가
· Alum보다 응집성 우수	· 6개월 이상 저장 시 품질의 안전성이 떨어짐
· 적정 주입률의 범위가 넓음(Alum의 4배)	· Alum보다 부식성이 강하므로 저장에 주의가 필요
· 주입에 따른 알칼리도 저하가 적음	· Alum과 혼합하여 사용할 경우 침전물이 발생하여 송액관
· (Alum의 1/2~1/3)	막힐 우려가 있음
· 응집보조제 필요없음	· 보온 장치 필요

나) 유기고분자 응집제(polymer)

① 작용력 : 응집은 전기적 중화작용과 가교작용이 동시에 작용

② 황산알루미늄(Alum)만으로 처리하기 어려운 하수에 유효

③ 첨가한 응집제의 석출이 일어나지 않음

④ pH가 변화하지 않음

⑤ 슬러지 발생량이 적음

⑥ 탈수성이 개선

⑦ 이온의 증가가 없음

⑧ 공존 염류, pH, 온도에 의한 영향이 적음

다) 응집보조제(coagulant aid)

① 목적

  ㄱ. 플록의 강도 증가

  ㄴ. 플록의 중량 증가

  ㄷ. 최적의 응집상태 조성

  ㄹ. 플록의 빠른 침전

  ㅁ. 응집에 적합한 pH 유지(알칼리제)

② 종류

  ㄱ. 유기성 보조응집제 : 천연성분(전분, 한천, 젤라틴 등) 비쌈, 잘 사용 안함

  ㄴ. 무기성 보조응집제 : 점토(주로 벤토나이트), 활성유사, 경제적, 많이 사용

  ㄷ. 알칼리제 : 소석회, 소다회, 수산화나트륨 등

3) 특징

① 응집제 1mg/L당 알칼리도의 감소율

응집제의 종류	황산알루미늄(고형) (Al₂O₃, 15%)	황산알루미늄(액체) (Al₂O₃, 8%)	폴리염화알루미늄(PAC) (Al₂O₃, 염기도 50%)
알칼리도 감소율(mg/L)	0.45	0.24	0.15

② 알칼리도 1mg/L 상승시키는 데 요구되는 알칼리제의 양

알칼리제의 종류	소석회 (CaO, 72%)	소다회 (Na₂CO₃, 99%)	가성소다(NaOH) 액체(42%)	가성소다(NaOH) 액체(20%)
주입량(mg/L)	0.77	1.06	1.78	4.00

(3) 교반설비

1) 정의

① 교반기(mixer) : 유체와 유체의 혼합 또는 침전 방지를 위하여 혼합하는 기기
② 교반강도(mixing intensity) : 플록형성에 관계하는 교반조건의 지표 교반에너지양이나 G값 등으로 표시함

2) 종류

가) 교반속도별 분류

① 급속교반(rapid mixing ; flash mixing)

  ㄱ. 응집제를 첨가한 후 응집제와 원수가 잘 혼합되도록 급속으로 교반하는 것
  ㄴ. 응집제를 빨리 분산시켜 반응을 균일하게 일으키는 효과가 있음
  ㄷ. 보통 1~5분

② 완속교반(slow mixing)

  ㄱ. 플록 형성지에서 매우 작은 크기의 플록들이 서로 충돌해서 큰 크기의 플록이 형성되도록 하기 위해 느린 속도로 교반하는 것
  ㄴ. 플록의 충돌횟수는 교반강도에 비례하기 때문에 어느 정도의 강도는 필요하지만 교반강도가 크게 되면 플록을 파괴하기 때문에 효율적으로 큰 플록을 형성하기 위해서는 최적의 교반조건을 찾아내는 것이 중요함

나) 교반방식별 분류

① 기계교반법(mechanical agitation process)

  ㄱ. 기계력을 사용해서 교반하는 방법
  ㄴ. 종축 회전식과 횡축 회전식으로 나누어짐

② 수리학적교반(hydraulic mixing) : 원수와 약품의 혼합에 도수현상을 이용하는 방법

3) 특징

가) 교반강도

교반강도는 너무 작은 경우 플록성장이 늦어지고, 너무 크면 전단력에 의한 플록파괴가 일어나 플록형성을 방해하므로 적절한 범위를 설정해야 함

〈 급속교반과 완속교반 비교 〉

비교	혼화지(급속교반)	플록형성지(완속교반)
목적	응집제를 하수에 신속하게 분산시켜 하수 중의 입자를 불안정화시킴	급속교반으로 생성된 플록들의 결합으로 침전이 가능한 큰 블록 생성
교반기 형식	터빈형, 프로펠러형	터빈형, 패들형
체류시간	0.5~2min(상수처리 시 : 1분 이내)	20~30min(상수처리 시 : 20~40min)
속도경사(G)	400~1,500/sec (상수처리 시 : 70~100/sec)	40~100/sec (상수처리 시 : 20~700/sec)
조의 형태	직사각형 표준 폭 : 길이 : 깊이 = 1 : 1 : 1 ~ 1.2 입출구는 대각선	좌동 교반조는 3~4개의 실로 분리 교반강도는 하류로 갈수록 낮게 유지
동력계산	$P = \dfrac{\rho K_T n^3 D^5}{g_c}$ (N·m/sec)	$P = F_D V_P = \dfrac{C_D A_P V_P^3}{2}$ (W)
플록형성 정도 충돌결합 크기	· 플록입자 농도의 제곱에 비례 · 플록크기 즉 입자경의 세제곱에 비례 · 속도경사 G값에 비례	

나) 약품교반실험(Jar test)

① 정의 : 적당한 응집제 및 응집보조제를 선정하고, 최적주입량을 결정하는 실험

② 순서

ㄱ. 일련의 유리 비커에 시료를 담아 pH 조정약품과 응집제 주입량을 각기 달리하여 넣음

ㄴ. 100~150rpm으로 1~5분간 급속혼합

ㄷ. 40~50rpm으로 약 15분간 완속혼합시켜 응결

ㄹ. 15~30분간 침전

ㅁ. 상징수를 취하여 필요한 분석 실시

16. 중화

(1) 정의

① 산과 염기의 반응

② 좁은 뜻으로는 수용액 안에서 산과 염기가 반응해서 염과 물을 발생하는 것

③ 전하와 부의 전하가 생기지 않게 된 현상

(2) 종류

〈 pH 조정제 종류 〉

구분		중화제			처리상의 특징
		명칭	분자식	용해도	
산 중화제	알칼리 금속염	가성소다	NaOH	43g/100g·H_2O	· 비경제적 · 공급 용이 및 처리 용이 · 용해도 높음, 반응속도 · 반응률 높음 · 부산물 유용하게 이용 가능
		소다회	Na_2CO_3	7g/100g·H_2O	
	알칼리 토금속류	소석회	$Ca(OH)_2$	0.185g/100g·H_2O	· 경제적 · 용해도 낮음 · 슬러리, 미분말상태로 사용 · 취급 복잡 · 많은 반응시간이 소요, 다량의 슬러지 부생
		생석회	CaO		
	탄산염	석회석	$CaCO_3$	거의 불용성	· 경제적 · 미분말, 현탁상태(5~20%)로 사용 취급 복잡 · 탄산가스 발생 pH 5 이상 유지하기 어려움
알칼리 중화제		황산	H_2SO_4		· 공급이 용이하며, 처리가 편리함 · 부식성 강하므로 안전 유의
		염산	HCl		· 비경제적 · 부식성 있고, 휘발성 높음 · 취급 불편
		탄산	H_2CO_3		· 대량 투입 시 약강산성을 띔

(3) 특징

1) pH 조정제의 선택 시 고려할 사항

① 경제성
② 화학약품의 용해도
③ 반응속도
④ 반응결과 및 슬러지 발생량

2) 관련 공식

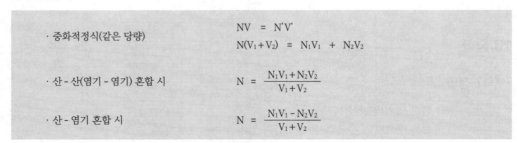

· 중화적정식(같은 당량)	$NV = N'V'$ $N(V_1+V_2) = N_1V_1 + N_2V_2$
· 산 - 산(염기 - 염기) 혼합 시	$N = \dfrac{N_1V_1 + N_2V_2}{V_1+V_2}$
· 산 - 염기 혼합 시	$N = \dfrac{N_1V_1 - N_2V_2}{V_1+V_2}$

OX QUIZ

01	펜톤처리공정에서 펜톤시약의 반응시간은 철염과 과산화수소수의 주입농도에 따라 변화를 보인다.	(O/X)
02	펜톤처리공정에서 펜톤시약을 이용하여 난분해성 유기물을 처리하는 과정은 대체로 산화반응과 함께 pH 조절, 중화 및 응집, 침전으로 크게 3단계로 나눌 수 있다.	(O/X)
03	펜톤처리공정에서 펜톤시약의 효과는 pH 8.3~10 범위에서 가장 강력한 것으로 알려져 있다.	(O/X)
04	펜톤처리로 폐수의 COD는 감소하지만 BOD는 증가할 수 있다.	(O/X)
05	하수소독 시 바이러스 사멸 : ClO_2는 좋고, Cl_2는 나쁘다.	(O/X)
06	하수소독 시 ClO_2는 유해부산물이 없고, Cl_2는 있다.	(O/X)
07	하수소독 시 ClO_2는 잔류성이 길고, Cl_2도 길다.	(O/X)
08	하수소독 시 ClO_2는 pH 영향이 있고, Cl_2는 없다.	(O/X)
09	하수소독 UV 소독은 접촉시간이 짧다(1~5초).	(O/X)
10	하수소독 UV 소독은 물의 탁도가 높아도 소독능력에 영향이 없다.	(O/X)
11	하수소독 UV 소독은 pH 변화에 관계없이 지속적인 살균이 가능하다.	(O/X)
12	하수소독 UV 소독은 유량과 수질의 변동에 대해 적응력이 강하다.	(O/X)
13	하수를 여과지에서는 강산화제 또는 고분자 응집제의 주입으로 제거된다.	(O/X)
14	하수를 여과지에서는 여과과정과 역세척 운전의 효율을 감소시킨다.	(O/X)
15	하수를 여과지에서 점토구는 생물학적 floc, 먼지, 여재의 응집체이다.	(O/X)
16	하수를 여과지에서는 점토구를 제거하지 않으면 큰 덩어리로 커져 여과상에 침전하게 된다.	(O/X)
17	응집을 이용하여 하수를 처리할 때 수온이 높으면 반응속도는 증가한다.	(O/X)
18	응집을 이용하여 하수를 처리할 때 수온이 높으면 물의 점도 저하로 응집제의 화학반응이 촉진된다.	(O/X)
19	응집을 이용하여 하수를 처리할 때 수온이 낮으면 입지가 커지고 응집제 사용량도 많아진다.	(O/X)
20	응집을 이용하여 하수를 처리할 때 수온이 낮으면 플록 형성에 소요되는 시간이 길어진다.	(O/X)
21	막 분리법의 영향인자 중 막 충전밀도 : 압력용기 단위부피 중에 설치할 수 있는 막 표면적을 나타낸다.	(O/X)

22	막 분리법의 영향인자 중 플럭스 : 조작시간이 길어질수록 증가하여 1~2년 후에는 10~50%가 증가된다.	(O/X)
23	막 분리법의 영향인자 중 염 배제율 : 막의 성질과 염의 농도구배에 따라 달라지는데, 일반적으로 85~99.5%의 값을 얻을 수 있다.	(O/X)
24	막 분리법의 영향인자 중 회수율 : 실제 장치 능력을 나타내는 것으로, 대개는 75~95% 범위이며 실질적 최대치는 80% 정도이다.	(O/X)
25	펜턴 산화법에서 펜턴 산화반응에서 철은 촉매로 작용한다.	(O/X)
26	펜턴 산화법에서 COD는 감소되지만 BOD는 증가하는 경우가 있다.	(O/X)
27	펜턴 산화법에서 철염을 이용하므로 수산화철의 슬러지가 다량 생성될 수 있다.	(O/X)
28	펜턴 산화법에서 펜턴 시약 주입 후 pH를 3~4로 조절하여야 한다.	(O/X)
29	자외선 소독은 5~400nm 스펙트럼 범위의 단파장에서 발생하는 전자기 방사를 말한다.	(O/X)
30	자외선 소독은 미생물이 사멸되며 수중에 잔류방사량(잔류살균력이 있음)이 존재한다.	(O/X)
31	자외선 소독은 화학물질 소비가 없고 해로운 부산물도 생성되지 않는다.	(O/X)
32	자외선 소독은 물과 수중의 성분은 자외선의 전달 및 흡수에 영향을 주며 Beer - Lambert 법칙이 적용된다.	(O/X)
33	입상여재 여과지 중 여과지 운전 형식은 반연속식, 여과지 형식은 재래식, 여과상 형태는 단층여재(층형성 또는 비층형성)인 경우 여재 : 모래 또는 무연탄이다.	(O/X)
34	입상여재 여과지 중 여과지 운전 형식은 반연속식, 여과지 형식은 재래식, 여과상 형태는 단층여재(층형성 또는 비층형성)인 경우 전형적 흐름의 방향 : 하향류이다.	(O/X)
35	입상여재 여과지 중 여과지 운전 형식은 반연속식, 여과지 형식은 재래식, 여과상 형태는 단층여재(층형성 또는 비층형성)인 경우 고형물질 걸림장소 : 여과상의 표면과 상부이다.	(O/X)
36	입상여재 여과지 중 여과지 운전 형식은 반연속식, 여과지 형식은 재래식, 여과상 형태는 단층여재(층형성 또는 비층형성)인 경우 역세척 운전 : 연속식이다.	(O/X)
37	염소소독 시 발생되는 HOCl은 암모니아와 반응하여 클로라민을 생성한다.	(O/X)
38	염소소독 시 발생되는 3종의 클로라민 분포는 pH의 함수이다.	(O/X)
39	염소소독 시 발생되는 모노클로라민은 불쾌한 냄새와 맛을 낸다.	(O/X)
40	염소소독 시 발생되는 트리클로라민은 불안정하여 N_2로 분해되어 산화력을 상실한다.	(O/X)

41 유해물질인 시안(CN)처리 방법 중 오존산화법에서 오존은 알칼리성 영역에서 시안화합물을 N_2 로 분해시켜 무해화한다. (O/X)

42 유해물질인 시안(CN)처리 방법 중 전해법은 유가(有價)금속류를 회수할 수 있는 장점이 있다. (O/X)

43 유해물질인 시안(CN)처리 방법 중 충격법은 시안을 pH 3 이하의 강산성 영역에서 강하게 폭기 하여 산화하는 방법이다. (O/X)

44 유해물질인 시안(CN)처리 방법 중 감청법은 알칼리성 영역에서 과잉의 황산알루미늄을 가하여 공침시켜 제거하는 방법이다. (O/X)

45 Langmuir 등온흡착식 유도 시 흡착제의 표면에 흡착될 수 있는 지점의 개수는 고정되어 있지 않다고 가정한다. (O/X)

46 Langmuir 등온흡착식에서 평형상태에서는 분자가 표면에 흡착하는 속도와 분자표면으로부터 탈착하는 속도가 같다. (O/X)

47 Langmuir 등온흡착식 유도 시 흡착은 가역적이라고 가정한다. (O/X)

48 Langmuir 등온흡착식에서 흡착 구동력이란 어떤 농도에서 흡착된 양과 그 농도에서 흡착할 수 있는 최대량과의 차이를 나타낸다. (O/X)

49 분말 활성탄과 입상 활성탄의 흡착력에 차이가 없으나 분말 활성탄의 입경이 작을수록 평형은 입상 활성탄보다 더 빨리 도달된다. (O/X)

50 사용된 활성탄은 화학적 또는 열적으로 재생이 가능하다. (O/X)

51 활성탄은 트리할로메탄 등의 유기화합물질은 충분히 제거하나 독성금속 등 무기오염물질 제거에 는 비효율적이다. (O/X)

52 상업용 입상 활성탄의 표면적은 600~1,600m^2/g 정도이다. (O/X)

53 Fenton 산화방식에서 pH 3~5 범위인 산성영역에서 효과적이다. (O/X)

54 Fenton 산화방식에서 COD는 감소하나 BOD는 감소되지 않고 증가되는 경우가 있다. (O/X)

55 Fenton 산화방식의 처리공정에서 pH 조절은 펜톤시약을 첨가한 후 조정하는 것이 효과적이다. (O/X)

56 Fenton 산화에서 철염은 과량의 과산화수소수로 존재할 때 단계적으로 첨가하는 것이 효과적이다. (O/X)

57 정밀여과는 비대칭형 다공성 skin막 형태이다. (O/X)

58 정밀여과는 분리형태는 pore size 및 흡착현상에 기인한 체거름이다. (O/X)

59 정밀여과는 구동력은 정수압차이다. (O/X)

60 정밀여과는 전자공업의 초순수제조, 무균수제조, 식품의 무균여과에 적용한다. (O/X)

61 도금폐수 중 시안함유 폐수의 처리 시 pH 3 이하의 산성으로 하여 공기를 격렬하게 주입시켜 HCN 가스를 대기 중에 발산시켜 제거한다. (O/X)

62 도금폐수 중 시안함유 폐수의 처리 시 시안착화합물로 변화시키는 방법은 크롬폐수와 혼합되어 있을 때의 처리에 적합하다. (O/X)

63 도금폐수 중 시안함유 폐수의 처리 시 알칼리성으로 하여 염소화하는 방법이 가장 일반적이다. (O/X)

64 도금폐수 중 시안함유 폐수의 처리 시 선택침전법은 여러 가지 폐수가 혼재되어 있을 때 적용하며 슬러지 발생량이 적은 장점이 있다. (O/X)

65 펜톤처리공정에서 펜톤시약의 반응시간은 철염과 과산화수소수의 주입 농도에 따라 변화를 보인다. (O/X)

66 펜톤처리공정에서 펜톤시약을 이용하여 난분해성 유기물을 처리하는 과정은 대체로 산화반응과 함께 pH 조절, 중화 및 응집, 침전으로 크게 3단계로 나눌 수 있다. (O/X)

67 펜톤처리공정에서 펜톤시약의 효과는 pH 3.5 부근에서 가장 강력한 것으로 알려져 있다. (O/X)

68 펜톤처리공정에서 펜톤시약은 폐수처리 과정에서 최적 pH로 조절한 후 첨가, 처리하는 것이 효율적이다. (O/X)

69 펜톤 산화처리방법 중 최적 반응 pH는 3~4.5이다. (O/X)

70 펜톤 산화처리방법 중 pH 조정은 반응조에 펜톤 시약을 첨가한 후 조절하는 것이 효율적이다. (O/X)

71 펜톤 산화처리방법 중 과산화수소수를 과량으로 첨가함으로써 수산화철의 침전율을 향상시킬 수 있다. (O/X)

72 펜톤 산화처리방법 중 폐수의 COD는 감소하지만 BOD는 증가할 수 있다. (O/X)

73 납은 질산 이외의 산이나 물에는 거의 녹지 않고 폐수 중에는 Pb^{2+} 형태의 수용성 화합물로서 존재한다. (O/X)

74 납은 수산화물 침전법 처리 시 pH가 너무 낮으면 PbH_4^{2-}의 착이온이 재형성되어 재용해된다. (O/X)

75 납은 황화물 침전법으로 형성된 플록은 콜로이드상이 되기 쉽고 약품비가 과다하게 소요된다. (O/X)

76 납은 납광산, 축전지 제조, 안료 제조, 선박 해체 등에서 발생된다. (O/X)

77 펜톤 처리공법에서 펜톤 시약의 반응 시간은 철염과 과산화수소수의 주입 농도에 따라 변화를 보인다. (O/X)

78 펜톤 처리공법에서 펜톤 시약을 이용하여 난분해성 유기물을 처리하는 과정은 대체로 산화반응과 함께 pH 조절, 중화 및 응집, 침전의 3단계로 나눌 수 있다. (O/X)

79 펜톤 처리공법에서 펜톤 시약의 효과는 pH 3.5 부근에서 가장 강력한 것으로 알려져 있다. (O/X)

80 펜톤 처리공법에서 펜톤 시약은 폐수 처리과정에서 최적 pH로 조절한 후 첨가, 처리하는 것이 가장 이상적이다. (O/X)

81 응집보조제 중 고분자 전해질은 음이온성, 양이온성, 양성이온성으로 나눌 수 있다. (O/X)

82 응집보조제 중 고분자 전해질이 대부분 용수나 폐수처리에 사용하는 것은 유기합성 화합물질이다. (O/X)

83 응집보조제 중 고분자 전해질은 액상형태이기 때문에 사용하기 편리하며 투입 적정량은 약 3.0mg/L 이상이다. (O/X)

84 응집보조제 중 고분자 전해질은 다른 화학약품의 필요없이 자체가 응집제로 사용되어질 수도 있다. (O/X)

85 무기응집제 중 황산반토 결정은 부식성, 자극성이 없어 취급이 용이하다. (O/X)

86 무기응집제 중 황산반토는 철염과 같이 시설을 더럽히지 않는다. (O/X)

87 무기응집제 중 황산반토는 응집 pH 범위(2.5~11.3)가 넓다. (O/X)

88 무기응집제 중 황산반토는 Floc이 가벼우며 무독성이므로 대량 첨가가 가능하다. (O/X)

89 하수 내 인(P)에 석회를 첨가하여 처리하는 공법에서 석회주입량은 인의 농도보다는 폐수의 알칼리도에 의해 변화된다. (O/X)

90 하수 내 인(P)에 석회를 첨가하여 처리하는 공법은 다른 인 제거 공정에 비해 슬러지 발생량이 많다. (O/X)

91 하수 내 인(P)에 석회를 첨가하여 처리하는 공법은 금속염을 사용하여 발생한 슬러지보다 탈수하기 어렵다. (O/X)

92 하수 내 인(P)에 석회를 첨가하여 처리하는 공법은 겨울철 유지관리가 어렵다. (O/X)

1.○	2.○	3.×	4.○	5.○	6.○	7.○	8.×	9.○	10.×	11.○	12.○	13.×	14.○	15.○
16.○	17.○	18.○	19.×	20.○	21.○	22.×	23.○	24.○	25.○	26.○	27.○	28.×	29.○	30.×
31.○	32.○	33.○	34.○	35.○	36.×	37.○	38.○	39.×	40.○	41.○	42.○	43.○	44.×	45.×
46.○	47.○	48.○	49.○	50.○	51.×	52.○	53.○	54.○	55.○	56.×	57.○	58.○	59.○	60.○
61.○	62.○	63.○	64.×	65.○	66.○	67.○	68.×	69.○	70.○	71.×	72.○	73.○	74.×	75.○
76.○	77.○	78.○	79.○	80.×	81.○	82.○	83.×	84.○	85.○	86.○	87.×	88.○	89.○	90.○
91.×	92.○													

1. **역삼투 막분리방법에 관한 내용과 가장 거리가 먼 것은?**

   가. 셀룰로오스 아세테이트로 만든 막이 널리 사용되며 비교적 단단하다.

   나. 용질의 농도차이로 선택적 투과막을 통과한 용액내 용질을 분리시키는 것이다.

   다. 기본장치에 부착된 기계의 주요형태는 관형, 중공사형, 나선 구조형으로 분류된다.

   라. 막 교환에 드는 비용은 막 공법 운영 소요 비용의 많은 부분을 차지한다.

2. **다음 중 화학 흡착에 관한 설명으로 가장 적합한 것은?**

   가. 흡착된 물질이 흡착제 표면을 자유로이 이동한다.

   나. 분자 사이에 인력에 의한 것이며, 이온 교환이 여기에 속한다.

   다. 흡착된 물질이 흡착제 표면에 한 분자 두께의 층을 형성한다.

   라. 일반적으로 가역적인 반응 특성이 있다.

3. **다음의 막공법 중 '농도차' 가 분리를 위한 추진 구동력인 것은?**

   가. 역삼투법

   나. 한외여과법

   다. 전기투석법

   라. 투석법

4. 다음 각 수질인자가 금속 하수도관의 부식에 미치는 영향으로 옳지 않은 것은?

　가. 잔류염소는 용존산소와 반응하여 금속 부식을 억제시킨다.

　나. 용존산소는 여러 부식 반응속도를 증가시킨다.

　다. 고농도의 염화물이나 황산염은 철, 구리, 납의 부식을 증식시킨다.

　라. 암모니아의 착화물의 형성을 통하여 구리, 납, 등의 용해도를 증가시킬 수 있다.

5. 분리막을 이용한 다음의 폐수처리방법 중 구동력이 농도차에 의한 것은?

　가. 역삼투(Reverse Osmosis)

　나. 투석(Dialysis)

　다. 한외여과(Ultrafiltration)

　라. 정밀여과(Microfiltration)

6. 침전하는 입자들이 너무 가까이 있어서 입자간의 힘이 이웃입자의 침전을 방해하게 되고 동일한 속도로 침전하며 활성슬러지공법의 최종침전지 중간 정도의 깊이에서 일어나는 침전형태는?

　가. 지역침전

　나. 응집침전

　다. 독립침전

　라. 압축침전

7. 다음에 설명한 분리방법으로 가장 적합한 것은?

> – 막형태 : 대칭형 다공성막
>
> – 구동력 : 정수압차
>
> – 분리형태 : Pore size 및 흡착현상에 기인한 체거름
>
> – 적용분야 : 전자공업의 초순수 제조, 무균수 제조, 식품의 무균여과

　가.　역삼투

　나.　한외여과

　다.　정밀여과

　라.　투석

8. 수중의 암모니아(NH_3)를 포기하여 제거(air stripping)하고자 할 때 가장 중요한 인자는?

　가.　pH와 온도

　나.　pH와 용존산소 농도

　다.　온도와 용존산소 농도

　라.　온도와 공기공급량

9. 비소(As)함유 폐수처리 방법으로 가장 일반적인 것은?

　가.　아말감법

　나.　황화물 침전

　다.　수산화물 공침법

　라.　알칼리 염소법

10. 플록을 형성하여 침강하는 입자들이 서로 방해를 받으므로 침전속도는 점차 감소하게 되며 침전하는 부유물과 상등수 간에 뚜렷한 경계면이 생기는 침전형태로 가장 적합한 것은?

　　가. 지역침전

　　나. 압축침전

　　다. 압밀침전

　　라. 응집침전

1. 활성슬러지 공법

(1) 활성슬러지 기본이론

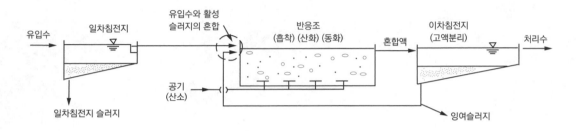

1) 활성슬러지에 의한 유기물의 흡착

가) 원리

① 초기 흡착 : 하수와 활성슬러지를 혼합하여 포기시키면 하수 중 유기물(C - BOD)이 활성슬러지 표면에 흡착되어 단시간에 대부분이 제거됨

② 초기흡착에 의해 제거된 유기물은 슬러지 체류시간(SRT)동안 가수분해를 거쳐 미생물 체내로 섭취되어 산화 및 동화됨

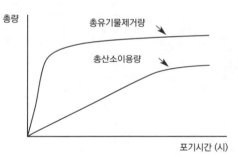

나) 특징

① 활성슬러지의 산소이용량은 산화 및 동화가 진행되는 시간까지의 포기시간에 비례하여 증가하게 됨

② 하수의 유기물과 그 제거량이 클수록 산소소비량이 증가함

2) 섭취된 유기물의 산화 및 동화

가) 원리

① 활성슬러지에 흡착된 유기물은 미생물의 영양원으로 이용

② 산화 : 생체의 유지, 세포합성 등에 필요한 에너지를 얻기 위하여 흡착된 유기물을 분해하는 것

$$C_xH_yO_z + (x + \frac{y}{4} - \frac{z}{2})\ O_2 \ \rightarrow \ xCO_2 + \frac{y}{2}\ H_2O + \ energy$$

③ 동화 : 산화에 의해 얻어진 에너지를 이용하여 유기물을 새로운 세포물질로 합성하는 것(활성슬러지의 증식)

$$nC_xH_yO_z \;+\; nNH_3 \;+\; n\,(x + \frac{y}{4} - \frac{z}{2} - 5)\,O_2 \;+\; \text{energy}$$

$$\rightarrow \quad (C_5H_7NO_2)_n \;+\; n\,(x-5)\,CO_2 \;+\; \frac{n}{2}\,(y-4)\,H_2O$$

$C_xH_yO_z$: 하수 중의 유기물
$(C_5H_7NO_2)_n$: 활성슬러지 미생물의 세포질

④ 내생호흡 : 하수 중의 유기물이 적어지면 활성슬러지 미생물은 체내에 축적된 유기물과 세포물질을 산화하여 생명유지에 필요한 에너지를 얻는 것

$$(C_5H_7NO_2)_n \;+\; 5nO_2 \;\rightarrow\; 5nCO_2 \;+\; 2nH_2O \;+\; nNH_3 \;+\; \text{energy}$$

⑤ 하수 중에 함유되어 있는 유기물은 일부가 처리수 중에 유출되지만 대부분은 활성 슬러지에 의해 흡착된 후 산화 및 동화에 의해 이용되어 제거됨
⑥ 산화, 동화되지 않은 유기물은 처리시스템 내에 저류되어 내생호흡에 의해 산화되지 않은 세포물질과 함께 최종적으로 잉여슬러지로서 처리시스템 외부로 배출됨

3) 활성슬러지 플록의 양호한 고액분리

가) 원리
① 활성슬러지의 응집성과 침강성은 활성슬러지 미생물의 증식과정에 따라 변화됨
② 대수증식기는 미생물에 대한 유기물의 비율(F/M비)이 클 때에 일어나며, 이때 미생물의 유기물 제거속도는 커지지만 응집성과 침강성은 떨어짐
③ 시간이 경과하여 미생물의 증식이 진행되면 F/M비가 감소함
④ 미생물은 순차적으로 감쇠증식기로부터 내생호흡 단계에 접근하여 미생물의 흡착력, 응집성 및 침강성이 향상됨

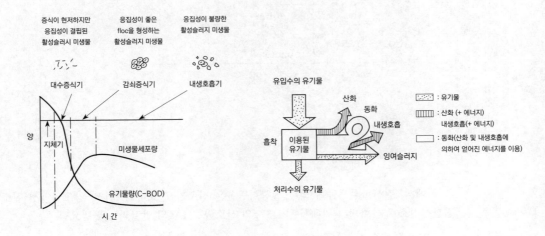

나) 특징

표준활성슬러지법에는 감쇠증식기로부터 내생호흡기에 걸쳐 존재하는 미생물을 이용

4) 질산화

가) 원리

① 질소화합물

하수 중에 포함되어 있는 질소화합물에는 유기성질소, 암모니아성질소, 아질산성질소, 질산성질소 등이 있음

유기성질소와 암모니아성질소를 포함하는 TKN 화합물은 하수 중의 질소화합물의 대부분을 차지함

② 질산화미생물

종속영양미생물보다 증식속도가 늦기 때문에 긴 SRT가 필요함

영향인자	
수온	수온의 영향이 가장 큼 미생물의 증식속도는 수온이 10℃ 증가 시 2배 가량 증가
용존산소농도	
알칼리도 pH	유입하수의 알칼리도가 낮고, 질소농도가 높은 경우, 질산화의 진행에 따라 하수 중의 알칼리도가 소비됨으로써 처리수의 pH가 저하되어 하수처리에 악영향을 미칠 수 있음

③ 질산화 과정

	과정	관여 미생물	반응속도
1단계 질산화	암모니아성질소를 아질산성질소로 산화	암모니아산화미생물(Nitrosomonas)	느림
2단계 질산화	아질산성질소를 질산성질소로 산화	아질산산화미생물(Nitrobacter)	빠름

$$NH_4^+ + 3/2O_2 \xrightarrow{\text{Nitrosononas}} NO_2^- + H_2O + 2H^+$$

$$NO_2^- + 1/2O_2 \xrightarrow{\text{Nitrobacter}} NO_3^-$$

$$NH_4^+ + 2O_2 \xrightarrow{\text{전체반응}} NO_3^- + H_2O + 2H^+$$

$$NH_4^+ - N : 2O_2$$
$$14g : 2 \times 32g$$
$$1 : 4.57$$

위 식에서, 질산화미생물에 의한 질산화반응은 산소가 필요하며, 1g의 암모니아성 질소가 질산성질소로 산화되기 위해서는 4.57g의 산소와 7.14g의 알칼리도가 필요함

5) 탈질화

가) 원리

통성혐기성 미생물군인 탈질 미생물이 유기물을 이용하여 아질산성질소와 질산성질소를 질소 가스로 환원

$$(NO_3^- \rightarrow NO_2^-) \qquad 2NO_3^- + 2H_2 \rightarrow 2NO_2^- + 2H_2O$$
$$(NO_2^- \rightarrow N_2) \qquad 2NO_2^- + 3H_2 \rightarrow N_2 + 2OH^- + 2H_2O$$
$$(NO_3^- \rightarrow N_2) \qquad 2NO_3^- + 5H_2 \rightarrow N_2 + 2OH^- + 4H_2O$$

① H_2는 수소공여체(기질)로부터 공급 받음
② 수소공여체는 하수 중의 메탄올 등의 유기물과 미생물 내 축적된 유기물 등의 분해에 의해 공급됨
③ 탈질반응이 진행되기 위해서는 활성슬러지 혼합액에 용존산소가 존재하지 않아야 하고 활성 슬러지 혼합액 또는 반응에 관여하는 미생물 내에 산화 대상인 유기물이 존재해야 함

〈 순환식 질산화 탈질법의 Flow 〉

나) 특징

① 메탄올이 유기탄소원으로 이용되는 경우

$$NO_3^- + 1.08CH_3OH + H^+ \rightarrow 0.065C_5H_7O_2N + 0.47N_2 + 0.76CO_2 + 2.44H_2O$$

1g의 질산성질소의 탈질을 위해서는 2.47g의 메탄올이 필요함

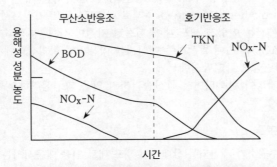

〈 순환식 질산화 탈질법의 BOD 및 질소화합물의 변화 〉

6) 생물학적 인 제거

가) 정의

활성슬러지 미생물에 의한 인 과잉섭취 현상을 이용하여 원수 중의 인을 생물학적으로 제거하는 방법

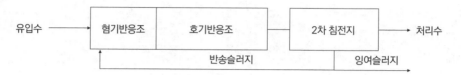

〈 혐기호기조합법의 Flow 〉

나) 원리

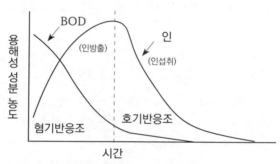

〈 혐기호기조합법의 BOD 및 질소화합물의 변화 〉

① 생물학적 인 제거 메커니즘

ㄱ. 혐기상태와 연속되는 호기상태를 거치는 동안 활성슬러지 내 폴리인산축적미생물(PAOs)에 의해 섭취된 정인산($PO_4 - P$)은 세포 내에 폴리인산으로 축적됨

ㄴ. 혐기상태에서는 세포 중에 축적된 폴리인산이 가수분해되어 정인산으로 혼합액에 방출되며 혼합액 중의 유기물이 세포 내에 섭취됨

ㄷ. 이때 인의 방출속도는 일반적으로 혼합액 중의 유기물 농도가 높을수록 큼

ㄹ. 혐기상태에서 정인산의 방출과 동반되어 섭취되는 유기물은 글리코겐 및 PHB(polyhydroxybetabutyrate)를 주체로 한 PHA 등의 기질로서 세포 내에 저장됨

ㅁ. 호기상태에서는 이렇게 세포 내에 저장된 기질이 산화, 분해되어 감소됨. 폴리인산축적미생물(PAOs)은 이때 발생하는 에너지를 이용하여 혐기상태에서 방출된 정인산을 섭취하고 폴리인산으로 재합성함

ㅂ. ㉠~㉢의 과정이 반복되면서 활성슬러지의 인을 과잉섭취하는 현상(luxury uptake)이 발생

② luxury uptake

인 이외의 필수원소가 제한되는 상태에서 세포 내로 인을 이동시키는데 필요한 에너지가 충분하여 인 농도가 높은 환경에 있게 되면 인을 급속히 섭취하는 현상을 말함

다) 특징

① 혐기호기활성슬러지법은 반응조 일부를 호기성 상태와 혐기성 상태로 유지하고 이를 반복시켜 활성슬러지중의 인 함유율을 증가시키고, 인을 함유한 활성슬러지를 잉여슬러지로 인발(제거) 함으로써 인을 제거함

② 보통 미생물 세포 내의 인 함량은 0.015~0.025gP/g MLSS 정도이나, 인의 과잉섭취 현상이 나타날 경우는 활성슬러지 세포 내 폴리인산이 축적되어 인의 함유량이 약 0.035~0.06gP/g MLSS 정도가 됨

7) 생물학적 동력학

가) 원리

① 가정

ㄱ. 정상상태(시간적 변화 없음)
ㄴ. 완전혼합형(장소적 변화 없음)
ㄷ. 미생물에 의한 오염물질 제거반응은 반응조에서만 발생
ㄹ. SRT 계산에는 반응조 부피만을 사용
ㅁ. 유입수 중의 미생물 농도는 무시
ㅂ. 기질은 용해성이며, 단일 물질로 가정

② 미생물의 비증식 속도(Monod 식)

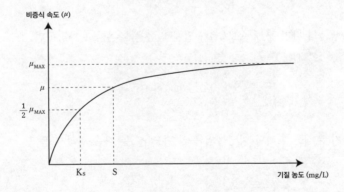

$$\mu = \mu_m \frac{S}{K_s + S}$$

μ : 비증식 속도(1/day)

μ_m : 최대 비증식 속도(1/day)

S : 성장제한 기질 농도(mg/L)

K_s : 포화정수(mg/L)

③ 미생물의 증식 속도

$$r_g = \frac{\mu_m \cdot S \cdot X}{K_s + S} = Y \cdot r_{su}$$

r_g : 미생물의 증식 속도(mg MLVSS/L · day)

X : 미생물 농도(mg MLVSS/L)

r_{su} : 기질 이용 속도(mg MLVSS/L · day)

Y : 세포생산율(mg MLVSS/mg기질), 제거된 기질량에 대하여 증식된 미생물량의 비율

ㄱ. 기질 이용 속도(기질 제거 속도)

$$r_{su} = \frac{\mu_m \cdot S \cdot X}{Y(K_s + S)}$$

ㄴ. 대기질 이용 속도(k)를 $k = \dfrac{\mu_m}{Y}$ 로 정의하면,

$$r_{su} = \frac{k \cdot S \cdot X}{K_s + S}$$

ㄷ. 미생물의 자기 분해 속도(r_d)가 일차 반응을 따른다고 가정하면,

$$r_d = -k_d \cdot X$$
r_d : 미생물의 자기 분해 속도(mg MLVSS/L·day)
k_d : 자기 분해 속도 상수(1/day)

ㄹ. 자기 분해를 고려한 미생물의 증식 속도(r_g')는 다음 식과 같음

$$r_g' = \frac{\mu_m \cdot S \cdot X}{K_s + S} - k_d \cdot X$$
$$r_g' = Y \cdot r_{su} - k_d \cdot X$$
r_g' : 자기 분해를 고려한 미생물의 증식 속도(mg MLVSS/L·day)

④ 활성슬러지법의 처리수 농도(S)

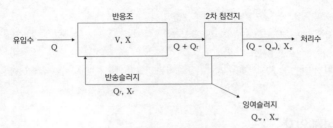

반응조 및 이차침전지에서의 활성슬러지 미생물의 물질수지는 아래와 같음

$$축적률 \; = \; 유입물 \; - \; 유출율 \; + \; 증식율$$

$$\frac{dX}{dt}V \; = \; Q \cdot X_O \; - \; [\,Q_w \cdot X_w + (Q - Q_w)\,X_e\,] \; + \; V \cdot r_g'$$

X_O : 유입수의 미생물 농도(mgMLVSS/L)
V : 반응조 용량(m^3)
Q : 반응조로의 유입수량(m^3/day)
Q_w : 반응조로부터의 잉여슬러지량(m^3/day)
X_e : 처리수의 SS 농도(mg/L)
X_w : 잉여슬러지 농도(mg/L)
SRT : 반응조의 미생물 체류시간(일)

정상상태 ($\frac{dX}{dt} = 0$)이고, 유입수 중의 미생물 농도를 무시하는 것으로 가정하면,

$$SRT \; = \; \frac{V \cdot X}{Q_w \cdot X_w + (Q - Q_w)X_e} \; 이므로$$

$$\frac{1}{SRT} \; = \; Y\,\frac{r_{su}}{X} \; - \; k_d$$

$$r_{su} \; = \; \frac{Q}{V}\,(S_o - S) \; = \; \frac{S_o - S}{HRT}$$

S_o : 유입수의 기질 농도(mg/L)

$$\frac{1}{SRT} \; = \; \frac{Y \cdot k \cdot S}{K_s + S} \; - \; k_d$$

따라서, 정상상태에서의 완전혼합형 활성슬러지법의 처리수 농도(S)는 다음과 같음

$$S \; = \; k_s\,\frac{1 \; + \; k_d \cdot SRT}{Y \cdot k \cdot SRT \; - \; (1 + k_d \cdot SRT)}$$

> **앞의 식으로 유추한 활성슬러지의 동력학적 모델의 유기물제거 원리**
> · 처리수 유기물 농도는 SRT에 의해 결정됨
> · 유입수 유기물 농도가 증가되면, 활성슬러지의 미생물 농도가 증가되어 SRT가 일정수준 유지됨에 따라 처리수의 유기물 농도가 안정됨
> · 활성슬러지법에 의한 하수의 유기물 제거는 비교적 작은 SRT로 양호한 처리수질이 기대됨

(2) 활성슬러지 설계 인자

1) 체류시간

가) 수리학적 체류시간(HRT)

$$HRT = \frac{V}{Q}$$

HRT : 반응조의 수리학적 체류시간(일)
V : 반응조 용량(m^3)
Q : 반응조로의 유입수량(m^3/day)

나) 고형물 체류시간(SRT)

① 정의 : 반응조, 이차침전지, 반송슬러지 등의 처리장 내에 존재하는 활성슬러지가 전체 시스템 내에 체재하는 시간

② 원리

$$SRT(day) = \frac{반응조 \ 내 \ 활성슬러지량(kg)}{외부로 \ 배출되는 \ 활성슬러지량(kg)}$$

$$SRT = \frac{V \cdot X}{X_r \cdot Q_w + X_e \cdot (Q - Q_w)} \fallingdotseq \frac{V \cdot X}{X_r \cdot Q_w}$$

$$\frac{1}{SRT} = \frac{Y \cdot BOD \cdot Q \cdot \eta}{V \cdot X} - K_d$$

$BOD \cdot Q$: 유입하는 BOD 총량
$BOD \cdot Q \cdot \eta$: 제거되는 BOD 총량
Y : 세포생산 계수(수율, 제거되는 BOD당 발생하는 세포량)
K_d : 내호흡계수
$V \cdot X$: 폭기조 내 미생물 총량

2) 유기물부하

가) 정의 : 유기물량과 활성슬러지 미생물량의 비

① BOD - MLSS 부하(F/M비)

$$\frac{BOD \cdot Q}{V \cdot X} = \frac{BOD \cdot Q}{Q \cdot t \cdot X} = \frac{BOD}{t \cdot X}$$

(단위 : kg BOD/kg MLSS·일)

② BOD 용적부하

$$\frac{BOD \cdot Q}{V} = \frac{BOD \cdot Q}{Q \cdot t} = \frac{BOD}{t}$$

3) MLSS(Mixed Liquor Suspended Solids)

① 활성슬러지와 폐수가 혼합된 혼합액(Mixed Liquor) 중의 부유고형물
② MLVSS + 무기물

4) 반송비

$$r = \frac{Q_r}{Q} = \frac{X - SS}{X_r - X} \fallingdotseq \frac{X}{X_r - X} = \frac{SV(\%)}{100 - SV(\%)}$$

r : 반송비
Q_r : 반송유량
Q : 유입유량
X : 반응조 내 MLSS 농도(mg/L)
SS : 유입 SS 농도(mg/L)
X_r : 반송 MLSS 농도(mg/L)

5) 잉여슬러지 발생량

① 정의

잉여슬러지량은 유입수 중의 용해성 유기물로부터 전환된 활성슬러지와 유입수 중의 고형물로부터 전환된 활성슬러지량의 합계에서 활성슬러지 미생물의 내생호흡에 따른 자기분해량을 뺀 값

② 원리

$$X_r \cdot Q_w = Y \cdot BOD \cdot Q \cdot \eta - K_d \cdot V \cdot X$$

$$\frac{X_r \cdot Q_w}{V \cdot X} = \frac{Y \cdot BOD \cdot Q \cdot \eta}{V \cdot X} - \frac{K_d \cdot V \cdot X}{V \cdot X}$$

$$\frac{1}{SRT} = \frac{Y \cdot BOD \cdot Q \cdot \eta}{V \cdot X} - K_d$$

$X_r \cdot Q_w$: 잉여 슬러지 발생량
$BOD \cdot Q$: 유입하는 BOD 총량
$BOD \cdot Q \cdot \eta$: 제거되는 BOD 총량
Y : 세포생산 계수(수율, 제거되는 BOD당 발생하는 세포량)
K_d : 내호흡 계수
$V \cdot X$: 폭기조 내 미생물 총량

6) 슬러지 침강성

가) 정의

① 슬러지 지표(SVI ; sludge volume index) : 반응조 내 혼합액을 30분간 정체한 경우 1g의 활성 슬러지 부유물질이 포함하는 용적을 mL로 표시한 것

② SV_{30} : 메스실린더에 용적 1L의 시료를 넣고 30분간 정체시킨 후의 침전 슬러지의 부피비(mL/L)

③ SV(%) : SV_{30}(mL/L)을 백분율로 표시한 것

④ 슬러지 밀도지수(SDI ; Sludge Density Index) : 활성슬러지의 침강성을 보여주는 지표로서 광범위하게 사용되며, SVI의 역수에 100배를 하여 표시

$$SVI = \frac{SV(mL)}{MLSS(g)} = \frac{SV(mL/L) \times 10^3}{MLSS(mg/L)} = \frac{SV(\%) \times 10^4}{MLSS(mg/L)} = \frac{10^6}{X_r}$$

SVI : 슬러지 용적 지수

X_r : 슬러지 중 고형물의 농도(mg/L)

$$SDI = \frac{100}{SVI}$$

나) 슬러지 벌킹

① 정의 : 사상균 번식 등으로 2차침전지에서 활성슬러지가 침강되지 않는 현상

② 원인 : 낮은 용존산소 농도, 낮은 F/M비, 부패된 오수(황화수소의 존재), 영양염류의 부족, 낮은 pH 등

③ 활성슬러지의 침강성의 악화에 따른 이차침전지의 고액분리 장애의 중요한 원인

④ 대책

ㄱ. DO 증가

ㄴ. BOD 농도 증가

ㄷ. SRT 단축

ㄹ. 간헐유입

ㅁ. 일차침전지의 일부 by - pass

ㅂ. 일차침전지 슬러지를 반응조로 유입

ㅅ. 플록형성 미생물의 식종

7) 필요산소량(AOR: Actural Oxygen Requirement)

가) 원리

필요산소량(AOR) = O_{D1} + O_{D2} + O_{D3} + O_{D4}

O_{D1} : BOD의 산화에 필요한 산소량

O_{D2} : 내생 호흡에 필요한 산소량

O_{D3} : 질산화 반응에 필요한 산소량

O_{D4} : 용존산소 농도의 유지에 필요한 산소량

나) 특징

유입수질과 운전방식의 차이, 처리방식 등에 따라 필요산소량은 크게 변하게 되므로 유입 및 운전조건 등을 고려하여 적절한 계수 값의 채택을 통해 필요산소량을 산출하여야 함

8) 산소 전달 속도

① 폐수에서의 계면확산 이론

포기에 의한 산소의 용해는 가스상 산소가 용액 중으로 확산하는 현상이며, 기체 – 액체 계면에서의 산소 확산 이론을 정리하면 다음과 같음

$$N = K_L \cdot A(DO_s - DO) \times 10^{-3}$$

N : 산소 이동 속도(kg/h)
K_L : 액경막에 있어서의 총 산소 이동 계수(m/h)
A : 기체 – 액체 접촉 면적(m^2)
DO_s : 액상의 포화용존산소 농도(mg/L)
DO : 액상의 용존산소 농도(mg/L)

반응조의 단위 부피당 산소 이동 속도를 고려하여 반응조 부피로 양변을 나누면,

$$\frac{N}{V} = K_L \cdot \frac{A}{V}(DO_s - DO) \times 10^{-3} = K_{La}(DO_s - DO) \times 10^{-3}$$

V : 반응조 용량(m^3)
K_{La} : 총 산소 이동 용량 계수($= K_L \cdot \frac{A}{V}$) (1/h)

정리하면, 다음의 식으로 표현됨

$$\frac{dC}{dt} = K_{La}(DO_s - DO)$$

$\frac{dC}{dt}$: 산소 전달 속도(mg/L·h)
K_{La} : 총괄 기체 이전 계수(1/h)
DO_s : 포화 DO 농도(mg/L)
DO : DO 농도(mg/L)

② 온도 보정한 폐수의 산소 전달 속도

$$\frac{dC}{dt} = \alpha K_{La}(\beta DO_s - DO) \times 1.024^{T-20}$$

$\alpha = \frac{폐수 K_{La}}{순수 K_{La}}$

$\beta = \frac{폐수 DO_s}{순수 DO_s}$

③ 총산소 이동 용량 계수(K_{La})

$$K_{La} = \frac{dC/dt}{(DO_s - DO)}$$

ㄱ. 영향 인자

KLa는 각각의 포기장치 고유계수는 아니고 송풍량, 산기 심도, 수온, 하수의 특성 등에 의해 결정됨

영향인자			
K_{La} 영향인자	기포 직경 작을수록		
	기포 체류시간 길수록	⇒	K_{La} 증가
	송풍량 클수록		
	산기 심도 클수록		
수온	물에 대한 산소의 용해는 수온이 높을수록 용해속도는 증가하지만 용해도(DO_s)는 감소		

ㄴ. 온도 보정식

$$K_{La(T)} = K_{La(20)} \cdot \theta^{T-20}$$

$K_{La(T)}$: 임의의 수온 T℃에서의 K_{La}

$K_{La(20)}$: 수온 20℃에서의 K_{La}

θ : 온도 보정 계수

ㄷ. 하수 중 함유성분과 농도 보정식

활성슬러지에서 포기를 행하는 경우 하수 중에 함유되어 있는 성분이나 그 농도에 의하여 K_{La} 값에 차이가 발생함

$$K_{La}(활성슬러지) = \alpha \cdot K_{La}(깨끗한 물)$$

α : 깨끗한 물에 대한 변화 정도

2. 활성슬러지 변법

처리 방식	특징	MLSS농도 (mg/L)	F/M 비 (kgBOD/ kgSS · 일)	반응조의 수심(m)	반응조의 형상	HRT (시간)	SRT (일)
표준 활성슬러지법		1,500 ~2,500	0.2~0.4	4~6	사각형 다단 완전혼합형	6~8	3~6
Step aeration법	유입수를 반응조에 분할 유입시켜, 표준 활성슬러지법과 동일한 F/M 비에도 MLSS 농도를 높게 유지하여 반응조의 용량을 작게 한 방법	1,000 ~1,500 (반응조 후단)	표준 활성 슬러지법과 동일함	표준 활성 슬러지법과 동일함	표준 활성 슬러지법과 동일함	4~6	3~6
순산소 활성슬러지법	높은 유기물 부하와 높은 MLSS 농도를 가능하게 하기 위하여 산소에 의한 포기를 채용한 방법	3,000 ~4,000	0.3~0.6	4~6	사각형 다단 완전혼합형	1.5~3	1.5~4
장기 포기법	1차 침전지를 생략하고, 유기물 부하를 낮게 하여 잉여슬러지의 발생을 제한하는 방법	3,000 ~4,000	0.03~0.05	4~6	사각형 다단 완전혼합형	16~24	13~50
산화구법	1차 침전지를 생략하고, 유기물 부하를 낮게 하며, 기계식 교반기를 채용하여 운전관리를 용이하게 한 방법	3,000 ~4,000	0.05~0.10	1.5~4.5	장원형 무한수로 완전혼합형	24~48	8~50
연속회분식 활성슬러지법 (SBR)	한 개의 반응조로 유입. 반응, 침전, 배출의 각 기능을 향하는 활성 슬러지법의 총칭	고부하형에 서는 낮고 저 부하형에서 는 높음	고부하와 저부하가 있음	6~8	사각형 완전혼합형 시간적인 플러그 흐름형	변화 폭이 큼	변화 폭이 큼
순환식 질산화 탈질법	반응조의 전단에 무산소반응조, 후단에 호기반응조를 설치하여, 후단의 질산화액을 전단에 순환시켜 생물학적 탈질을 행하는 방법	2,000 ~3,000	표준 활성 슬러지법 보다 작음	4~6	사각형 다단 완전혼합형	12~16	8~12
혐기 호기 활성슬러지법	반응조의 전단부분을 혐기적으로 교반할 수 있도록 하여, 생물학적 탈인을 행하는 방법	1,500 ~2,000	표준 활성 슬러지법과 동일함	4~6	표준 활성 슬러지법과 동일함	6~8	4~6
초심층 포기법	초심층 반응조를 채용하여, 공기에 의한 포기의 산소용해효율을 높여, 높은 유기물 부하와 높은 MLSS 농도를 가능하게 한 방법	2,000 ~4,000	1.0 이하	10~150	무종단관 완전혼합형	1.2 이상	

(1) 순산소활성슬러지법

1) 정의

높은 유기물 부하와 높은 MLSS 농도를 가능하게 하기 위하여 공기 대신 산소에 의한 포기를 채용한 방법

2) 원리

산소분압이 공기에 비해 5배 정도 높으므로 포기조 내에서 용존산소를 높게 유지할 수 있으므로, 공기에 의한 활성슬러지법에 비해서 순산소활성슬러지법이 고농도의 하수에 대해 보다 적용성이 높고, 또한 동일한 성질의 하수라면 공기에 의한 종래의 방법과 비교해서 포기조의 용량을 작게 할 수 있음

3) 종류

① 밀폐형 : 포기조를 복개해서 기밀한 구조로 하여 순차적으로 기체 산소를 액체 속으로 용해시키는 형태

② 개방형 : 효율이 좋은 산기장치에 의해 액체 속에 산소의 전달효율을 높이는 방법 및 포기조의 수심을 깊게(10m 이상) 해서 산소와 액체와의 접촉시간을 증가시켜 산소 전달 효율을 높이는 형태

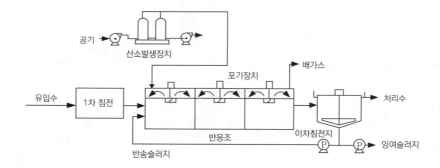

〈 순산소활성슬러지법 〉

4) 특징

① 표준활성슬러지법의 1/2 정도의 포기시간으로도 처리수의 BOD, SS, COD 및 투시도 등을 표준활성슬러지법과 비슷한 결과로 얻을 수 있음

② MLSS 농도는 표준활성슬러지법의 2배 이상으로 유지 가능하므로 BOD 용적부하를 1.0~2.0kg BOD/m^3·day 및 F/M 비를 0.3~0.6kg BOD/kg MLSS·day로 운전 가능

③ 포기조 내의 SVI는 보통 100 이하로 유지되고 슬러지의 침강성은 양호

④ 잉여슬러지 발생량은 표준활성슬러지법에 비해서 일반적으로 적음

⑤ 슬러지의 농축성도 양호

⑥ 이차침전지에서 스컴이 발생하는 경우가 많음

(2) 심층포기법

1) 정의

기존 활성슬러지법보다 포기조의 수심을 깊게 하여 용지 이용율을 높이고자 고안된 공법

2) 특징

① 포기조를 설치하기 위해서 필요한 단위 용량당 용지면적은 조의 수심에 비례해서 감소하므로 용지 이용율이 높음
② 산기수심을 깊게 할수록 단위 송풍량당 압축동력은 증대하지만, 산소용해력 증대에 따라 송풍량이 감소하기 때문에 소비동력은 증가하지 않음
③ 산기수심이 깊을수록 용존질소농도가 증가하여 이차침전지에서 과포화분의 질소가 재기포화되는 경우가 있어 활성슬러지의 침강성이 나빠지는 경우도 있으므로 용존질소의 재기포화에 따른 대책이 필요함
④ 산기수심이 5m를 넘을 때 슬러지의 부상경향이 뚜렷해짐

(3) 초심층포기조

① 심층 포기법에서 수심을 더 깊게 한 공법
② 포기조 깊이가 50~150m이고 직경이 2~6m인 우물형 포기조로 조의 깊이에 따라 수압이 커져 산소전달율이 좋음

(4) 연속회분식활성슬러지법(sequencing batch)

1) 정의

1개의 반응조에 반응조와 이차침전지의 기능을 갖게 하여 활성슬러지에 의한 반응과 혼합액의 침전, 상징수의 배수, 침전슬러지의 배출공정 등을 반복하여 처리하는 방식

| 유입 | → | 반응 | → | 침전 | → | 처리수 배출 | → | 슬러지 배출 |

2) 종류

고부하형, 저부하형

3) 특징

① 유입오수의 부하변동이 규칙성을 갖는 경우 비교적 안정된 처리 가능
② 오수의 양과 질에 따라 포기시간과 침전시간을 비교적 자유롭게 설정할 수 있음
③ 활성슬러지 혼합액을 이상적인 정치상태에서 침전시켜 고액분리가 용이
④ 단일 반응조 내에서 1주기(cycle) 중에 호기 - 무산소 - 혐기의 조건을 설정하여 질산화 및 탈질 반응이 가능
⑤ 고부하형의 경우 다른 처리방식과 비교하여 적은 부지면적 소요
⑥ 운전방식에 따라 사상균 벌킹 방지가 가능
⑦ 보통의 연속식침전지와 비교해 스컴 등의 잔류가능성이 높음

⑧ 다른 처리방식에 비해 유입수량 변동의 영향을 받기 쉬우므로 관리를 용이하게 하기 위해서는 유량조정조가 필요

⑨ 원칙적으로 일차침전지가 필요 없음

⑩ 반응조 내의 큰 고형물의 축적이나 스컴 부상 등을 방지하기 위해 반응조 유입수에 스크린 등을 설치

⑪ 처리수의 방류가 간헐적으로 이루어지게 되므로 처리수조를 설치하여 소포수 등을 확보해야 함

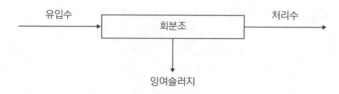

〈 연속회분식활성슬러지법 〉

(5) 산화구법

1) 정의

일차침전지를 설치하지 않고 타원형 무한수로의 반응조를 이용하여 기계식 포기장치로 포기하고, 이차침전지에서 고액분리가 이루어지는 저부하형 활성슬러지 공법

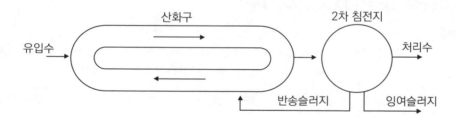

2) 원리

① 기계식 포기장치는 처리에 필요한 산소를 공급하는 이외에, 산화구 내의 활성슬러지와 유입하수를 혼합·교반시키고 혼합액에 유속을 부여하여 산화구 내를 순환시켜 활성슬러지가 침강되지 않도록 하는 기능을 가짐

② 저부하조건(F/M 비 0.03~0.05kg BOD/kg SS·day)에서 처리를 수행하므로 고형물 체류시간(SRT)이 길어 질산화반응이 진행되기 쉬움

③ 산화구 내에 무산소지역을 설치하여 질소의 제거 가능

3) 특징

① 산화구법은 저부하에서 운전되므로 유입 하수량, 수질의 시간변동 및 수온저하(5℃ 부근)가 있어도 안정된 유기물 제거 가능

② 저부하 조건의 운전으로 SRT가 길어 질산화반응이 진행되기 때문에 무산소 조건을 적절히 만들면 70% 정도의 질소 제거가 가능

③ 질산화반응에 의한 처리수의 pH 저하에 의해 처리수질의 악화를 방지하기 위하여 반응조 내 무산소영역을 만들거나 무산소시간을 설정하여 탈질반응을 일으켜 질산화로 소비된 알칼리도를 보충함

④ 산화구 내의 혼합상태에 따른 용존산소 농도는 흐름의 방향에 따라 농도구배가 발생

⑤ SS 농도, 알칼리도 균일

⑥ 슬러지 발생량은 유입 SS량의 75%(표준활성슬러지법보다 작음)

⑦ 잉여슬러지는 호기성 분해가 이루어지게 되므로 표준활성슬러지법에 비해 안정화 되어 있음

⑧ 체류시간이 길고 수심이 얕으므로 넓은 처리장 부지가 소요

(6) 장기포기법

1) 정의

플러그 흐름 형태의 반응조에 HRT와 SRT를 길게 유지하고 동시에 MLSS 농도를 높게 유지하면서 오수를 처리하는 활성슬러지 변법

2) 특징

① 활성슬러지가 자산화되기 때문에 잉여슬러지의 발생량은 표준활성슬러지법에 비해 적음

② 과잉 포기로 인하여 슬러지의 분산이 야기되거나 슬러지의 활성도가 저하되는 경우가 있음

③ 질산화가 진행되면서 pH가 저하됨

3. 생물막 공법

(1) 정의

생물막법은 접촉제 및 유동담체의 표면에 부착된 미생물을 이용하여 처리하는 방법

(2) 종류

대기, 하수 및 생물막의 상호 접촉양식에 따라 분류
① 살수여상법
② 회전원판법
③ 접촉산화법
④ 호기성여상법(침적여과형)

(3) 원리

1) 생물막에서의 물질이동

① 오수 중의 유기물은 교반·혼합에 따라 생물막 표면으로 움직이며 생물막 내로 확산하는 과정에서 미생물에 의해 분해됨
② 한편, 미생물은 이 유기물을 이용하여 증식하고 생물막의 두께가 증가함
③ 유기물의 공급량에 비례하여 생물막이 두꺼워지면 매체 부근의 미생물에 충분한 유기물이 공급되지 않으며, 이 부분의 미생물이 내생호흡 상태가 됨
④ 미생물에 의한 유기물의 산화 및 동화에 필요한 산소는 공기중으로 부터 오수에 용해된 후 생물막 표면으로부터 내부로 확산됨
⑤ 이 과정에서 용존산소는 미생물에 의해 소비되어 감소되며, 생물막이 매체 부근에서 혐기상태로 되는 경우도 있음
⑥ 유기물의 생물학적 분해에 따라 발생하는 CO_2와 기타 반응생성물은 산소와 유기물과는 역방향으로 매체로부터 생물막 표면으로 확산되어 하수 중으로 방출됨

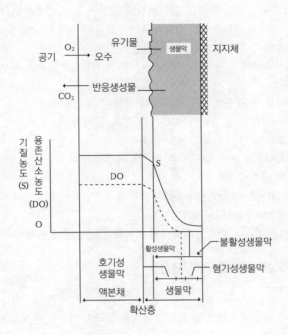

2) 생물막의 탈리

① 내생호흡상태인 생물막과 혐기성상태의 생물막은 매체로의 부착력이 약하며, 이러한 상태가 매체 부근에서 일어나면 생물막의 탈리가 발생함

② 탈리 후의 매체 표면에서는 다시 생물막의 형성 및 증식이 시작됨

③ 오수의 교반과 매체의 이동에 따라 생기는 전단력에 의해서도 생물막의 표면부분의 탈리가 일어남

3) 반응조 내의 미생물량의 조정

① 생물막의 증식과 탈리에 의해 매체상에 형성된 생물막의 양, 즉 반응조 내의 미생물량이 조건에 따라 자동적으로 조정됨

② 활성슬러지법에서는 불가결한 슬러지 반송과 반응조 내의 슬러지량의 조절이 특별히 필요하지 않기 때문에 생물막은 활성슬러지법에 비해 운전관리상의 조작은 간단함

③ 그렇지만 생물막법에서는 반응조 내의 미생물량을 인위적으로 변화시키는 것이 어려우며, 처리가 악화된 경우 반응조 내의 미생물량을 조절하여 단시간 내 대응하는 것이 불가능함

(4) 특징

① 생물막의 생물상은 그 부분의 환경조건의 영향이 크므로 하수의 유입측은 고부하운전상태의 생물상이, 그리고 방류측에는 저부하운전에 대응한 생물상이 형성됨
② 부착 미생물의 SRT가 길어져 질산화반응이 진행되기 쉬움
③ 통상의 미생물류에 비하여 증식속도가 느린 원생동물이나 미소후생동물도 안정적으로 증식할 수 있음
④ 유기물 부하나 수온 등의 환경의 변화에 대하여 저항성이 큼
⑤ 최상류측의 처리단에 있어서는 유기물 부하가 가장 높기 때문에 종속영양미생물이 주종을 이루는 비교적 두꺼운 생물막이 형성됨
⑥ 하류측 처리단으로 이동됨에 따라 각단에 유입되는 유기물 부하가 점차 감소하기 때문에 생물 막의 두께가 감소됨
⑦ 유기물을 이용하는 종속영양미생물은 하류측 처리단으로 이동됨에 따라 감소하고 질산화미생물 등의 독립영양미생물이 증가함
⑧ 생물막법의 처리수는 활성슬러지법에 비하여 투명도가 낮은 특성을 가짐

(5) 부유생물법과 비교한 생물막법의 장단점

1) 장점

① 반응조 내의 생물량을 조절할 필요가 없으며 슬러지 반송을 필요로 하지 않기 때문에 운전 조작이 비교적 간단
② 활성슬러지법에서의 벌킹현상처럼 이차침전지 등으로부터 일시적 또는 다량의 슬러지 유출에 따른 처리수 수질악화가 발생하지 않음
③ 반응조를 다단화함으로써 반응효율, 처리의 안전성 확보

2) 단점

① 활성슬러지법과 비교하면 이차침전지로부터 미세한 SS가 유출되기 쉽고 그에 따라 처리수의 투시도의 저하와 수질악화가 발생
② 처리과정에서 질산화 반응이 진행되기 쉽고, 그에 따라 처리수의 pH가 낮아지게 되거나 BOD 가 높게 유출될 수 있음
③ 운전관리 조작이 간단하나 운전조작의 유연성에 결점이 있으며, 문제가 발생할 경우에 운전방 법의 변경 등 적절한 대처가 곤란

4. 폭기설비

(1) 정의

반응조 내에 활성슬러지의 생장에 필요한 산소(공기)를 공급하는 장치

(2) 종류

포기조의 종류			일반적인 폭기기의 특성		산소전달율 (kgO₂/kW - hr)
			장점	단점	
산기식 포기조	산기식	미세기포 산기식	· 혼합정도가 좋고, 유지효과가 있음 · 공기량을 조절할 수 있음	· 초기 시설비 및 유지 관리비가 큼 · 공기여과가 필요 · 주입된 공기가 나선형으로 이동되므로 반응조의 모양이 한정되어 있음	0.82~1.14
		조대기포 산기식	· 산기기가 막히지 않음 · 수온 유지효과 · 유지 관리가 쉬움	· 초기 시설비 큼 · 산소전달효율 낮음 · 전력비가 비교적 큼 · 공기방울이 조정 안 되는 경우도 있음	0.54~0.82
	관통형		· 경제성이 있음 · 산소전달효율이 높음 · 유지 관리가 쉬움	· 포기조 혼합정도가 확인 안 됨 · 처리효과가 높은 생물학적 처리법에 적용 가능한지 확인 안 됨	0.82~1.18
	젯트형		· 깊은 포기조에 적합 · 비용이 비교적 저렴	· 사용하는 포기조의 모양이 제한되어 있음 · 노즐이 막히기도 함	1.14~1.59
기계식표면 포기조	방사류저속 (20~60rpm)		· 반응조 모양에 크게 구별 받지 않음 · 양수 용량이 큼	· 동절기 결빙문제 발생 · 축류형 포기조보다 시설비 비쌈 · 기아감속기의 유지 관리 어려움	0.91~2.04
	축류형고속 (300~ 1,200rpm)		· 시설비 저렴 · 수위 변화에도 운전 쉬움 · 운전에 융통성 있음	· 동절기 결빙문제 발생 · 유지관리 어려움 · 혼합정도가 불충분 할 수 있음	0.91~1.14
	브러시로터		· 초기 시설비가 중간 정도임 · 유지 관리가 쉬움	· 운전방법에 따라 효율이 감소되기도 함 · 사용되는 반응조 모양에 제한이 있음	1.14~1.59
수중형 포기기			· 혼합정도가 좋음 · 단위용량당 주입량 큼 · 깊은 반응조에 적용 · 운전 유연성 있음 · 결빙문제 없음 · 유체가 튀지 않음	· 기아감속기와 송풍조가 소요되어 전기비 큼	0.77~1.14

5. 부착성생물반응조(생물막 공법 종류)

(1) 살수여상법

1) 정의

원칙적으로 크기 2~10cm 정도인 여재 위에 처리대상 폐수를 산포하면 산포된 오수는 여재표면을 유하하면서 여재의 표면에 부착하여 생식하고 있던 미생물들의 물리화학적·생물화학적 작용을 이용함으로써 오수 중의 유기물은 제거하는 생물막 공법

2) 원리

① 여상 표면에 산포된 오수가 생물막의 표면을 유하하는 사이에 용해성 물질의 흡수, 부유물질의 흡착·응집
② 생물막 표면 : 생물막 표면에 가까운 미생물은 산소의 공급이 있으므로 호기성균이 유기물을 영양원으로 하여 증식하면서 오수를 정화하고, 생물막의 두께를 증대
③ 생물막 내부 : 생물막 내부에는 공기의 공급량이 적어 유기물의 혐기성 분해가 일어나 알코올·지방산·황화수소 등이 발생, 이 혐기성 분해가 일어나는 생물막은 여재에 부착하는 힘이 적어져 일정기간이 경과하면 자연적으로 여재에서 탈락

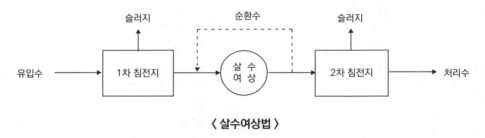

〈 살수여상법 〉

3) 종류

구분	표준	중간	고율	초고율	초벌(약식)
수리학적 부하율 (m^3/m^2·일)	1~3.7	3.7~9.4	9.4~37	14~86	57~171
유기물 부하율 (gBOD/m^3·일)	80~240	240~480	480~2,400	4,800 이하	1,600 이상
BOD 제거효율(%)	80~85	50~70	40~80	65~85	40~85
깊이(m)	1.8~2.4	1.8~2.4	0.9~2.4	12 이하	0.9~1.6
질산화 정도	잘됨	부분적	없음	제한적	없음
탈리	간헐적	간헐적	계속적	계속적	계속적
여재	쇄석	쇄석	쇄석	플라스틱	쇄석/플라스틱
반송	최소로 함	대부분	항상	대부분	없음
파리	많음	일정하지 않음	거의 없음	거의 없음	거의 없음

가) 표준(저속)살수여상

① 구조나 설비가 간단하고, 동력소모가 적음
② 질소화합물도 고도로 산화(질산화) 가능
③ 슬러지 발생량이 적으며, BOD 제거율이 최고 85%로 높음
④ 부하율이 낮아 소요면적이 많이 들고, 여재가 막힘
⑤ 연못화에 따른 악취, 파리(psychoda)의 이상번식

나) 고속살수여상(고율식 살수여상)

① 혼합유출수를 재순환(1~3%)시킴으로써 생물막의 탈리도를 증가
② 여재의 막힘 및 연못화를 방지하고, 파리발생과 악취발생을 방지
③ 동력소모량이 많고 전체적인 BOD 제거율(80%)이 저속살수여상에 비해 낮음
④ 표준법보다 단위용적당 기질제거율은 훨씬 높음
⑤ 체류시간이 짧고 기질부하율이 높아 질산화세균의 증식이 억제됨

다) 초고속 살수여상

① 비표면적과 공극률이 큰 플라스틱 여재를 사용하여 실용화한 방법
② 구조물은 3~12m 정도의 탑형을 주로 채택
③ 항상 연속식으로 운전되며, 고농도 폐수 및 대량 폐수의 처리에 많이 채용
④ 악취발생 적고, 여상파리의 번식을 줄일 수 있으며 살수기의 자동운전이 용이
⑤ 유입하수의 유량, 온도, 유독물질의 영향이 적음

4) 특징

가) 장단점

장점	단점
· 슬러지 팽화가 발생하지 않음 · 운전이 용이 · 슬러지량 및 공기량의 조절이 불필요 · 슬러지량이 적게 발생 · 조건의 변동에 따른 내구성이 있음	· 여재의 비표면적이 적음 · 활성슬러지법에 비해 정화능력이 낮음 · 생물막의 공기유동 저항이 커 산소공급 능력에 한계 있음

나) 재순환수 목적

① 파리발생 억제
② 악취발생 억제
③ 과도한 미생물성장 방지
④ 유입유기물질 농도의 희석

다) 운영 문제

문제점	현상		대책
결빙	겨울철의 기온 하강		· 재순환 유량을 줄이거나 차단 · 2단계 방식인 경우 병렬로 배치하여 운전 · 여상표면에 살포되는 유량을 균등하게 함 · 외풍을 차단 · 회전원판법(RBC)으로의 대체를 검토
악취	혐기성화에 따른 악취 발생		· 재순환 유량을 적절히 증가시켜 유입기질의 농도 낮춤 · 통풍로를 청소하여 환기를 촉진 · 여상의 내부가 혐기성화가 되지 않도록 유의함
연못화	여상표면에 물이 고이는 현상		· 온도차를 줄여 여재의 부스러짐을 방지
연못화	원인	· 여재가 너무 작거나 균일하지 못할 때 · 여재가 견고하지 못하여 부서진 때 · 미처리 고형물이 대량 유입될 때 · 탈락된 생물막이 공극을 폐쇄할 때 · 기질부하율이 너무 높을 때	· 전처리 장치의 SS 제거성능이 떨어지지 않도록 함 · 유기물의 유입부하와 재순환 비율을 적절히 조절 · 여재의 표면을 긁어내거나 고압 수증기로 세척 · 살수를 중단하고 폐수를 연속적으로 주입하거나 1일 이상 건조 · 염소를 간헐적으로 주입하여 유리잔류염소가 5mg/L 정도로 유지 · 대책이 전무할 때는 여상을 새 것으로 교체
파리 번식			· 살수를 연속적으로 행함 · 생물막이 지나치게 증식되지 않도록 함 · 주벽의 내부를 세척하여 항상 젖어 있도록 함 · 1주일 간격으로 여상을 24시간 이상 담수 · 유입폐수에 염소를 주입하거나 5주 간격으로 살충제를 살포

(2) 접촉산화법

1) 정의

반응조 내의 접촉제 표면에 발생 부착된 호기성미생물(부착생물)의 대사활동에 의해 하수를 처리하는 생물막 공법

2) 원리

① 일차침전지 유출수 중의 유기물은 호기상태의 반응조 내에서 접촉제 표면에 부착된 생물에 흡착되어 미생물의 산화 및 동화작용에 의해 분해 제거됨

② 부착생물의 증식에 필요한 산소는 포기장치로부터 조 내에 공급되고, 접촉제 표면의 과잉부착생물은 탈리되어 이차침전지에서 침전분리됨

③ 활성슬러지법에서처럼 반송슬러지로서 이용되는 것이 아니라 잉여슬러지로서 인출됨

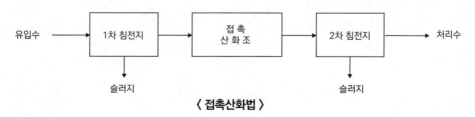

〈 접촉산화법 〉

3) 특징

장점	단점
· 표면적이 큰 접촉제를 사용하여 조 내 부착생물량이 크고 생물상이 다양 · 유입기질의 변동 대응이 유연함 · 생물상이 다양하여 처리효과가 안정적 · 부착생물량을 임의로 조정할 수 있어서 조작조건의 변경에 대응이 쉬움 · 유지관리가 용이함 · 분해속도가 낮은 기질제거에 효과적 · 난분해성물질 및 유해물질에 대한 내성이 높음 · 수온의 변동에 강함 · 슬러지 반송이 필요 없음 · 슬러지 자산화가 되므로 슬러지발생량이 적음 · 소규모시설에 적합	· 접촉제가 조 내에 있기 때문에 부착생물량의 확인이 어려움 · 미생물량과 영향인자를 정상상태로 유지하기 위한 조작이 어려움 · 반응조 내 매체를 균일하게 포기 교반하는 조건설정이 어렵고 사수부가 발생할 우려가 있으며 포기비용이 약간 높음 · 매체에 생성되는 생물량은 부하조건에 의하여 결정됨 · 고부하에서 운전하면 생물막이 비대화되어 접촉제가 막히는 경우가 발생함 · 초기 건설비가 높음

(3) 호기성 여상법

1) 정의

3~5mm 정도의 접촉여재를 충전시킨 여상의 상부에 일차침전지 유출수를 유입시켜 여재를 통과하는 사이에 여재의 표면에 부착된 호기성미생물이 폐수 중 유기물을 분해, SS는 포착하는 처리방식

2) 원리

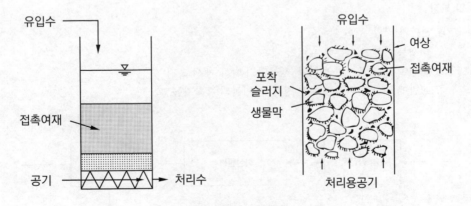

〈 호기성여상의 구조 및 여상단면 〉

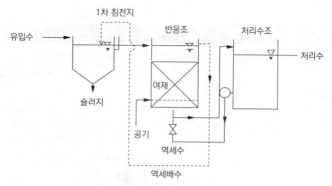

〈 호기성여상법의 흐름도 〉

3) 특징

① 호기성미생물의 흡착작용, 생물분해작용과 물리적 여과작업이 동시에 이루어져 이차침전지가 필요없어 체류시간이 짧고, 필요 부지면적이 적음
② 반송슬러지가 필요하지 않고 고액분리 장애(벌킹) 등의 염려가 없어 공기량의 조정과 역세척만의 조정으로 양호한 처리수를 얻을 수 있는 데 비교적 용이
③ 산소용해효율이 높기 때문에 다른 처리법에 비해 필요산소량 및 필요공기량이 적음
④ 부하량에 따라 질산화미생물의 증식이 가능하여 유기물 제거뿐만 아니라 질산화반응도 가능

(4) 회전원판법

1) 정의

수조에 원판을 40%쯤 담근 후, 원판을 천천히 회전시켜 원판에 부착한 미생물과 수조 속에서 증식한 부유 미생물에 의해 폐수 중의 유기물질을 호기적으로 산화·분해하는 방법

2) 특징

가) 원판의 역할

① 미생물이 부착 가능한 표면적 제공
② 회전에 의한 폭기기의 역할, 생물막의 탈착·재생 촉진
③ 교반에 의한 슬러지의 침전 방지, 유기물의 흡착기능

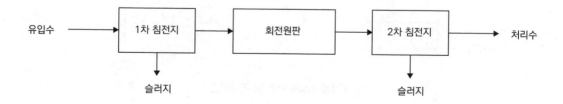

나) 장단점

장점	단점
· 질소·인 등의 영양염류의 제거가 가능 · 슬러지의 반송이 불필요 · 유지비가 적게 들고, 관리가 용이 · 충격부하 및 부하변동에 강하며 저농도 및 고농도 BOD 처리가 모두 가능 · 잉여슬러지의 생산량이 적음 · 포기와 반송이 없으므로 동력비가 적게 들고 고도의 운전 기술이 필요하지 않음 · 기존 폐수처리시설에 쉽게 채용할 수 있으며, 휴지 기간에 대한 대응성이 우수	· 2차 침전지에서 미세한 SS가 유출되기 쉽고, 처리수의 투명도가 나쁨 · 생물량의 인위적인 조절이 곤란함 · 처리수의 투명도가 낮고 한랭한 기후에 영향을 받음 · 회전체의 구조적 취약성이 있으며 대규모 처리시설에 적용하기 어려움 · 운영상의 문제점으로 구동축 파손, 원판손상, 베어링 손상 악취발생 등이 있음 · 운영변수가 많아 모델링이 복잡 · Scale - up 시키기가 어려움

다) 직렬 다단 처리조의 처리단계별 특징

① 원판 사이의 간격은 첫째 조에서 상대적으로 가장 넓게 조절됨
② 후단 처리조로 갈수록 용존산소의 농도는 점차 증가함
③ 후단으로 갈수록 회전판 표면의 생물막 두께는 얇아짐
④ 최종조로 갈수록 난분해성 기질의 잔류량은 높아짐

질소 및 인 제거공정

[표] 질소 및 인 제거공정

구분	처리분류	공정
질소 제거	물리화학적 방법	암모니아 스트리핑
		파괴점(Break Point) 염소주입법
		이온교환법
	생물학적 방법	MLE(무산소-호기법)
		4단계 Bardenpho
인 제거	물리화학적 방법	금속염첨가법
		석회첨가법(정석탈인법)
		포스트립(Phostrip) 공법
	생물학적 방법	A/O(혐기-호기법)
질소·인 동시 제거		A_2/O, UCT, MUCT, VIP, SBR, 수정 포스트립, 5단계 Bardenpho

1. 질소제거

(1) 개요

① 물리화학적 질소 제거 : 암모니아 스트리핑, 파괴점(Break Point) 염소주입법, 이온교환법
② 생물학적 질소 제거 : 4단계 Bardenpho, MLE(무산소-호기법)

[표] 각종 질소 제거 공법과 성능비교

공법	처리 전 질소형태	처리 후 질소상태	제거율(%)
암모니아 탈기법	NH_4^+	NH_3	50~90
불연속 염소처리법 (파괴점 염소주입법)	NH_4^+	N_2	80~95
제올라이트 흡착법	NH_4^+	NH_4^+	90~95
이온교환법	NH_4^+, NO_3^-	NH_4^+, NO_3^-	80~95
조류에 의한 고정화법	NH_4^+, NO_3^-	단백질	50~80
생물질산화법	NH_4^+, 유기성 질소	NO_2^-, NO_3^-, 단백질	70~75
생물탈질법	NO_2^-, NO_3^-	N_2O, N_2, 단백질	70~90
생물질산화/탈질법	NO_2^-, NO_3^-, NH_4^+, 유기성 질소	N_2O, N_2, 단백질	70~95

(2) 물리화학적 질소 제거

1) Ammonia Stripping

가) 원리

폐수의 pH를 11 이상으로 높인 후 공기를 불어넣어 수중의 암모니아를 NH_3 가스로 탈기하는 방법

$$NH_3\uparrow + H_2O \rightarrow NH_4^+ + OH^- \qquad K_b = \frac{[NH_4^+][OH^-]}{[NH_3]}$$

$$NH_4^+ + OH^-(석회) \xrightarrow{pH\ 11} NH_3\uparrow + H_2O$$

나) 영향인자

pH 높을수록, 온도 높을수록 처리효율 높아짐

다) 특징

① 독성물질에 영향받지 않음
② 동절기에는 적용하기 곤란
③ 암모니아성 질소(NH_3-N)만 처리 가능
④ 소음이 심하고, 악취문제

2) 파과점(파괴점) 염소주입법(Breakpoint chlorination)

가) 정의

폐수에 염소를 가하여 암모늄염을 질소가스로 변환시켜 제거하는 방법

$$2NH_4^+ + 3Cl_2 \rightleftharpoons N_2\uparrow + 6HCl + 2H^+$$

$$2NH_3 + 3HOCl \rightleftharpoons N_2\uparrow + 3HCl + 3H_2O$$

나) 특징

① 급속반응
② 유출수의 살균효과가 있으며, 시설비가 적음
③ 독성물질과 무관
④ 소요되는 약품비가 높음
⑤ 수중 DS 증가
⑥ pH 낮을수록 처리효율 낮음(pH 4~6)

3) 선택적 이온교환법

① 기후의 영향 적음
② NH_3-N의 제거효율은 높지만 NH_2^--N, NO_3^--N 및 기타 유기질소는 제거되지 않음
③ 비쌈
④ 전처리 필요

(3) 생물학적 질소제거

1) 원리

	1단계	2단계
반응	질산화	탈질
미생물	질산화 미생물	탈질 미생물
	호기성 미생물	임의성(통성혐기성) 미생물
	독립영양 미생물	종속영양 미생물
반응조	호기조	무산소조
환경	산화	환원

2) 질소제거공정

가) MLE 공법

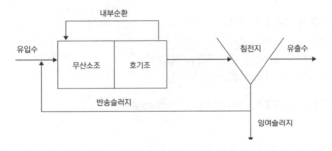

① 설계인자

ㄱ. SRT : 10~20days
ㄴ. HRT : 7.0~10.0hr(무산소조 2.0~4.5, 호기조 4.0~5.5)
ㄷ. F/M : 0.2~0.4kg/kg·day
ㄹ. MLSS : 2,000~3,500mg/L
ㅁ. 슬러지반송율 : 20~50%
ㅂ. 내부순환율 : 100~300%

② 장단점

장점	단점
· 운전이 쉬움	· 긴 체류시간
· 질소제거율이 높음	· 인 제거율이 낮음(10~30%)
· 슬러지발생량이 적음	· 질산화 효율이 온도에 영향을 받음

나) 4단계 바덴포 공법

무산소조	호기조	무산소조	호기조

2. 인(P) 제거

(1) 개요

① 화학적 인 제거 : 금속염첨가법, 석회첨가법(정석탈인), 포스트립(Phostrip) 공법 등
② 생물학적 인 제거 : A/O(혐기-호기법)

(2) 물리화학적 인 제거

1) 금속염첨가법(금속염 첨가 활성슬러지법)

① 원리 : 대상 폐수의 인을 제거하기 위해 포기조에 알루미늄염이나 철염을 응집제로 투입하여 인산과 결합해 불용성의 염을 만들게 하고 최종 침전지에서 침전분리 제거하는 방법
② 응집제 : 알루미늄염(황산알루미늄·폴리 염화알루미늄 등), 철염(염화제1철·염화제2철 등)
③ 장·단점

장점	단점
· 안정하고 제거공정이 확립되어 많은 사용 · 폐수의 산용액을 상용하면 약품비 감소 · 인 제거 공정이 단순함 · 기존 처리장에 설치가 용이 · 최종 침전지에 금속염을 첨가하는 경우에는 2차 처리 시 20~30%의 유기물 부하량 감소	· 생물학적 인 제거 공정보다 화학약품비 많이 듦 · 슬러지 발생량이 많음, 처리비가 많이 듦 · 슬러지의 탈수효율이 떨어짐

2) 석회첨가법(정석탈인법)

① 원리 : 석회(lime)를 주입함으로써 인을 제거
② 특징

ㄱ. 석회의 양은 유출수의 알칼리도에 의하여 결정
ㄴ. 금속염첨가법보다 많은 슬러지를 발생
ㄷ. pH가 9.0 이상일 때 인(P) 제거 효율이 높음
ㄹ. 금속염 처리보다 생성되는 슬러지의 탈수성이 좋음

$$HCO_3^- + Ca(OH)_2 \rightleftarrows CaCO_3(s)\downarrow + H_2O$$

$$5Ca^{2+} + 3PO_4^{3-} + OH^- \rightleftarrows Ca_5(PO_4)_3(OH)(\text{아파타이트})$$

$$5Ca^{2+} + 4OH^- + 3HPO_4^{2-} \rightleftarrows Ca_5(OH)(PO_4)_3 + 3H_2O$$

(3) 생물학적 인 제거

1) 원리

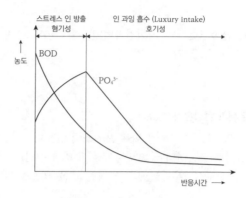

[그림] 반응시간에 따른 농도변화

가) 혐기성 상태

① 미생물에 의한 유기물의 흡수가 일어나면서 인이 방출

② 혐기성 조건 → 스트레스 상태 → 유기물 흡수, 인 방출

나) 호기성 상태

① 호기성 조건 → 초과 축적 현상 → BOD 소비, 인의 과잉흡수

② 셀(Cell) 생산을 위한 인의 급격한 흡수, 호기성 상태에서 생성된 잉여슬러지 폐기

다) 인 제거의 영향인자

① BOD/P 비 : T-BOD/T-P > 20~25

② SRT : 호기조의 체류시간은 짧음

③ 질소산화물 : 혐기조에서 3mg/L 이하 유지

④ 일반 도시하수의 경우 유입수의 기질조성이 미치는 영향은 무시

⑤ 온도 : 인의 방출속도, P의 흡수속도에 영향

⑥ 유입부하의 변동 → 최대 : 평균 : 최소 = 1.7 : 1.0 : 0.4 범위가 적절

2) 생물학적 인 제거 공정

가) A/O 공법

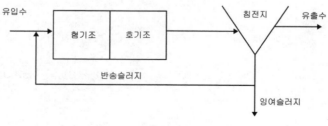

[그림] A/O 공법

① 장단점

장점	단점
· 운전이 간단 · 슬러지 내의 인의 함량이 높아 비료로 이용 가능 · 짧은 HRT · 사상균에 의한 슬러지 벌킹 억제효과 있음	· 질소 제거율이 낮음(10~30%) · 짧은 체류시간에, 고부하운전을 위하여 고율의 산소전달이 필요함

② 설계인자

ㄱ. SRT : 2~5days
ㄴ. HRT : 1.5~4.5hr(혐기조 0.5~1.0, 호기조 1~3hr)
ㄷ. F/M : 0.2~0.7kg/kg·day
ㄹ. MLSS : 2,000~6,000mg/L
ㅁ. 슬러지 반송률 : 10~30%

③ 설계 및 운전 시 고려사항

ㄱ. 활성슬러지법의 포기조 전반 20~40% 정도를 혐기조로 구성
ㄴ. 슬러지 처리시설에서 인의 재방출을 방지할 수 있는 대책을 수립
ㄷ. 응집제 주입시설 설치를 고려
ㄹ. 우천 시 인 제거 효율이 저하되는 경향이 있기 때문에 보다 안정적인 처리를 위하여 보완적 설비로 응집제 주입시설을 설치

나) Phostrip 공정(Sidestream, 반송슬러지 탈인제거법)

① 생물학적 및 화학적 인 제거의 조합
② 반송슬러지의 일부를 혐기성 상태의 탈인조로 유입시켜 혐기성 상태에서 인을 방출 및 분리한 후 상징액으로부터 과량 함유된 인을 화학침전·제거시키는 방법
③ Sidestream은 분해가능한 유기물을 첨가함
④ 인(P) 농도가 높은 상징액은 별도의 반응조에서 석회나 기타 응집제로 처리
⑤ 석회주입량은 알루미늄이나 금속염과 달리 알칼리도에 의하여 결정

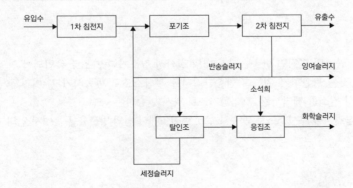

[그림] Phostrip 공정

장점	단점
· 기존 활성슬러지 처리장에 쉽게 적용 가능 · 생물학적 인 제거와 화학적 처리를 병행함으로써 보다 안정적인 인 제거 가능 · BOD/P 비는 공정의 운전성에 큰 영향을 미치지 않음 · 혐기·호기조합법보다 슬러지 처리 용이	· 인의 침전제거를 위한 석회(lime)가 소요 · Stripping을 위해 별도의 반응조 필요 · 최종침전지에서 인의 용출을 방지하기 위해 높은 DO를 유지 · 석회 사용에 따른 슬러지의 증가와 스케일(Scale) 문제

3. 생물학적 질소·인(P) 제거공정

(1) A₂/O 공법

생물학적 질소와 인을 동시에 제거하기 위하여 혐기-무산소-호기를 조합한 공정

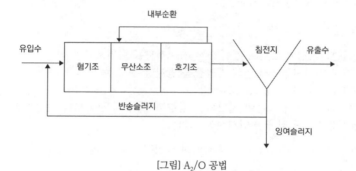

[그림] A₂/O 공법

장점	단점
· 질소와 인 동시에 제거 · A/O 공법보다 질소 제거율 높음	· 내부순환율 높음 · 인 제거율 낮음 · 폐슬러지 인 함량이 높아 비료로서의 가치가 있음

(2) UCT 공법

① A₂/O 공정의 단점인 반송슬러지 내의 질산성 질소가 혐기조로 유입되어 인의 방출기작이 방해 받는 것을 보완하기 위하여 반송슬러지를 무산소조로 반송시키고, 여기서 탈질반응에 의하여 질산성 질소를 제거시킨 후에 혐기조로 다시 반송하는 공법

② 반송슬러지를 무산소조로 반송시키고, 혐기조에서 인의 방출율을 높여서 인의 제거율을 향상시킴

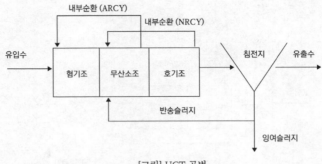

[그림] UCT 공법

장점	단점
· 질소와 인 동시에 제거 · 반송슬러지 내의 질산성질소를 제거하여 혐기조의 인 방출을 향상시킴	· 2번의 내부순환으로 유지관리비 증가 · 운전이 복잡함

(3) MUCT 공법

① UCT 공정을 보완한 생물학적 질소, 인 제거공정
② 무산소조를 2개로 분리하여 처음의 제1무산소조는 반송슬러지 내의 질산성 질소 농도를 낮추는 역할만 하며, 제2무산소조에서는 호기조에서 반송된 질산성 질소를 탈질시켜 전체의 질소 제거를 향상시키는 역할을 하여 호기조에서 과량으로 질산화가 진행되어도 안정적으로 프로세스 유지 가능

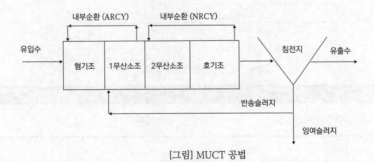

[그림] MUCT 공법

장점	단점
· 질소와 인 동시에 제거 · 다른 생물학적 질소, 인 동시 제거 공정보다 인 제거율이 높음	· 2번의 내부순환으로 유지관리비 증가 · 운전이 복잡함

(4) VIP 공법

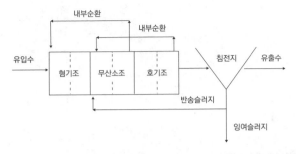

[그림] VIP 공법

장점	단점
· 짧은 체류시간으로 질소와 인을 비교적 효율적으로 제거	· 운전이 복잡함

(5) 5단계 Bardenpho 공법(M-Bardenpho, 수정 Bardenpho)

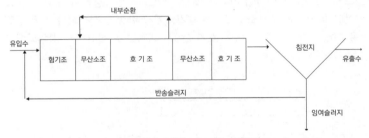

[그림] 5단계 Bardenpho 공법

장점	단점
· 높은 질소(90%)와 인(85%) 제거율	· 긴 체류시간

(6) 수정 포스트립(phostrip)법

① 포스트립 공법에 탈질조를 추가한 공법
② 탈인조 앞에 무산소조인 탈질조를 설치
③ 탈인조에서 질산성 질소에 의한 영향을 최소화
④ 질소, 인 동시 제거

(7) 막분리 활성슬러지법(MBR, Membrane Bio-Reactor)

① 이 생물반응조와 분리막을 결합하여 2차 침전지 및 3차 처리 여과시설을 대체
② 2차 침전지를 설치하지 않고 포기조 내부 또는 외부에 부착한 정밀여과막(MF) 또는 한외여과 막(UF)에 의해 슬러지와 처리수를 분리하는 공법

장점	단점
· 완전한 고액분리 가능 · 높은 MLSS 유지 가능 · 안정된 처리 수질 유지 · 긴 SRT · 슬러지 발생량 적음 · 소요부지 면적 적음	· 막 열화, 파울링 발생 · 막 세척, 막 교환 필요 · 높은 에너지 소요, 유지비용 많이 듦 · 스크린(1mm 이하) 등 전처리 설비 필요

(8) 기타 유해물질 처리방법

처리분류	공정	
철 망간 처리	· pH 조절 · 전염소처리	· 폭기법 · 약품침전처리
맛 냄새 처리	· 폭기법 · 염소처리	· 오존처리 · 생물처리, 활성탄
색도 처리	· 오존 · 약품침전	· 활성탄
THM 처리	· 오존 · 응집침전 · 클로라민처리	· 활성탄 · 중간염소처리
시안 처리	· 알칼리 염소처리법 · 오존 산화법 · 감청법	· 전해 산화법 · 미생물학적처리법 · 이온교환법
수은계 폐수 처리	· 유기수은계 : 흡착법, 산화분해법 · 무기수은계 : 황화물응집침전법, 활성탄 흡착법, 이온교환법	
크롬 처리	· 환원침전법 · 이온교환법	· 전해법
비소 처리	· 수산화물 공침법 · 이온교환	· 흡착법

Check!	시안 처리방법

공법	설명
알칼리 염소처리법	시안폐수에 알칼리를 투입하여 pH 10~10.5에서 산화제로 CN^-를 CNO^-로 산화시킨 후, H_2SO_4와 NaOCl을 주입해 CO_2와 N_2로 분해처리하는 방법 산화제 : Cl_2, NaOH, NaOCl 1단계) $NaCN + 2NaOH + Cl_2 \rightarrow NaCNO + 2NaCl + 2H_2O$ 2단계) $2NaCNO + 3NaOH + 3Cl_2 \rightarrow 2CO_2 + N_2 + 6NaCl + 2H_2O$
오존산화법	알칼리성 영역에서 시안화합물을 N_2로 분해시켜 무해화하는 방법
충격법	시안을 pH 3 이하의 강산성 영역에서 강하게 폭기하여 산화하는 방법
감청법	시안폐수에 황산제일철을 가하여, 페리 페로 시안화합물로서 침전 분리하는 방법
전해법	유가(有價)금속류를 회수할 수 있음

01 PhoStrip 공정에서 Stripping을 위한 별도의 반응조가 필요 없다. (O/X)

02 PhoStrip 공정에서 인 제거 시 BOD/P 비에 의하여 조절되지 않는다. (O/X)

03 PhoStrip 공정은 기존 활성슬러지 처리장에 쉽게 적용 가능하다. (O/X)

04 PhoStrip 공정은 인 침전을 위하여 석회 주입이 필요하다. (O/X)

05 연속회분식(sequencing batch) 활성슬러지법은 침전 및 배출공정 시 포기하지 않으므로 연속식 침전지에 비해 스컴의 잔류 가능성이 낮다. (O/X)

06 연속회분식(sequencing batch) 활성슬러지법은 운전방식에 따라 사상균 벌킹을 방지할 수 있다. (O/X)

07 연속회분식(sequencing batch) 활성슬러지법은 오수의 양과 질에 따라 포기시간과 침전시간을 비교적 자유롭게 설정할 수 있다. (O/X)

08 연속회분식(sequencing batch) 활성슬러지법은 유입오수의 부하변동이 규칙성을 갖는 경우 비교적 안정된 처리를 행할 수 있다. (O/X)

09 질소제거 방법 중 단일단계 질산화(부착 성장식)는 BOD와 암모니아성 질소의 동시제거가 가능하다. (O/X)

10 제거 방법 중 단일단계 질산화(부착 성장식)는 미생물이 여재에 부착되어 있어 안정성은 2차 침전과 관련된다. (O/X)

11 질소제거 방법 중 단일단계 질산화(부착 성장식)는 독성물질에 대한 질산화 저해 방지가 불가능하다. (O/X)

12 질소제거 방법 중 단일단계 질산화(부착 성장식)는 유출수의 암모니아 농도는 약 1~3mg/L 정도이다. (O/X)

13 회전원판법은 운전관리상 조작이 간단하다. (O/X)

14 회전원판법 소비전력량이 소규모 처리시설에서는 표준 활성슬러지법에 비하여 적다. (O/X)

15 회전원판법은 표준 활성슬러지법에 비해 2차 침전지에서 미세한 SS가 유출되기 어렵다. (O/X)

16 회전원판법은 질산화가 일어나기 쉬우며 pH가 저하되는 경우가 있다. (O/X)

17 Phostrip 공정은 기존 활성슬러지 처리장에 쉽게 적용 가능하다. (O/X)

18 Phostrip 공정은 인 제거 시 BOD/P 비에 의하여 조절되지 않는다. (O/X)

19	Phostrip 공정은 최종 침전지에서 인 용출을 위해 용존산소를 낮춘다.	(O/X)
20	Phostrip 공정은 Mainstream 화학침전에 비하여 약품 사용량이 적다.	(O/X)
21	A/O 공정은 폐슬러지 내의 인 함량이 비교적 높고 비료의 가치가 있다.	(O/X)
22	A/O 공정은 비교적 수리학적 체류시간이 짧다.	(O/X)
23	A/O 공정은 낮은 BOD/P 비가 요구된다.	(O/X)
24	A/O 공정은 추운 기후의 운전조건에서 성능이 불확실하다.	(O/X)
25	연속회분식 반응조(SBR)는 수리학적 과부하 시 MLSS의 누출이 많다.	(O/X)
26	연속회분식 반응조(SBR)는 질소와 인의 동시제거 시 운전의 유연성이 크다.	(O/X)
27	연속회분식 반응조(SBR)는 설계자료가 제한적이다.	(O/X)
28	연속회분식 반응조(SBR)는 소유량에 적합하다.	(O/X)
29	회전원판법에서 소비전력량은 소규모 처리시설에서는 표준활성슬러지법에 비하여 적다.	(O/X)
30	회전원판법은 원판의 회전으로 인해 부착생물과 회전판 사이에 전단력이 생긴다.	(O/X)
31	회전원판법은 살수여상과 같이 여상에 파리는 발생하지 않으나 하루살이가 발생하는 수가 있다.	(O/X)
32	회전원판법은 활성슬러지법에 비해 2차 침전지 SS 유출이 적어 처리수의 투명도가 좋다.	(O/X)
33	질산화 공정 중 분리단계 질산화(부유성장식)는 안정적 운전이 가능하다.	(O/X)
34	질산화 공정 중 분리단계 질산화(부유성장식)는 독성물질에 대한 질산화 저해 방지가 가능하다.	(O/X)
35	질산화 공정 중 분리단계 질산화(부유성장식)에서 운전의 안정성은 2차 침전지 운전과 무관하다.	(O/X)
36	질산화 공정 중 분리단계 질산화(부유성장식)는 단일단계 질산화에 비해 많은 단위공정이 필요하다.	(O/X)
37	Phostrip 공정은 기존 활성슬러지 처리장에 쉽게 적용 가능하다.	(O/X)
38	Phostrip 공정은 인 제거 시 BOD/P 비에 의하여 조절된다.	(O/X)
39	Phostrip 공정은 최종 침전지에서 인 용출 방지를 위하여 MLSS 내 DO를 높게 유지해야 한다.	(O/X)
40	Phostrip 공정은 Mainstream 화학침전에 비하여 약품 사용량이 적다.	(O/X)
41	A_2/O 공법은 인과 질소를 동시에 제거할 수 있다.	(O/X)
42	A_2/O 공법은 혐기조에서 인의 방출이 일어난다.	(O/X)

43 A₂/O 공법은 폐 Sludge 내의 인 함량이 비교적 높아서 3~5% 비료의 가치가 있다. (O/X)

44 A₂/O 공법은 무산소조에서는 인의 과잉섭취가 일어난다. (O/X)

45 5단계 Bardenpho 프로세스는 혐기조 – 1단계 무산소조 – 1단계 호기조 – 2단계 무산소조 – 2단계 호기조로 이루어져 있다. (O/X)

46 5단계 Bardenpho 프로세스에서, 1단계 무산소조에서 혐기조로 유입수의 2배 정도의 유량을 내부 반송한다. (O/X)

47 5단계 Bardenpho 프로세스에서, 2단계 무산소조에서는 미처리된 질산성 질소를 제거한다. (O/X)

48 5단계 Bardenpho 프로세스에서, 2단계 호기조는 최종 침전지에서의 혐기 상태를 방지하기 위해 재포기를 실시한다. (O/X)

49 5단계 Bardenpho 공법에서 슬러지 생산량은 적으나 비교적 큰 규모의 반응조가 요구된다. (O/X)

50 5단계 Bardenpho 공법에서 무산소조에서 호기조로의 내부반송으로 탈질효율을 높인다. (O/X)

51 5단계 Bardenpho 공법에서 효과적인 인 제거를 위해서는 혐기조에 질산성 질소가 유입되지 않아야 한다. (O/X)

52 산화구법에서 저부하에서 운전되므로 유입하수량, 수질의 시간변동이 있어도 안정된 유기물 제거를 기대할 수 있다. (O/X)

53 산화구법에서 SRT가 길어 질산화 반응이 진행되므로 무산소 조건을 적절히 만들면 70% 정도의 질소 제거가 가능하다. (O/X)

54 산화구법에서 슬러지 발생량은 유입 SS량당 대략 25% 정도로 표준활성슬러지법에 비하여 매우 적다. (O/X)

55 산화구법에서 산화구 내의 혼합상태에 따른 용존산소 농도는 흐름의 방향에 따라 농도구배가 발생하지만 MLSS 농도, 알칼리도는 구 내에서 균일하다. (O/X)

56 A/O 공정은 폐슬러지 내의 인의 함량이 비교적 높고 비료의 가치가 있다. (O/X)

57 A/O 공정은 비교적 수리학적 체류시간이 짧다. (O/X)

58 A/O 공정은 높은 BOD/P 비가 요구된다. (O/X)

59 A/O 공정은 공정의 운전 유연성이 우수하다. (O/X)

60 회전원판생물막 접촉기(RBC)는 활성슬러지 시스템에서 필요한 에너지의 1/3~1/2의 에너지가 필요하다. (O/X)

61 회전원판생물막 접촉기(RBC)의 유입수는 침전을 거치거나 적어도 스크린 시설을 거쳐야 한다. (O/X)

62 회전원판생물막 접촉기(RBC)는 막의 두께를 감소시키기 위해 원판의 회전속도를 증가시켜 전단력을 작게 하는 방법이 사용된다. (O/X)

63 회전원판생물막 접촉기(RBC)의 메디아는 전형적으로 약 40%가 물에 잠기며 미생물이 여재 위에 부착 성장함에 따라 막은 액체 내에서 전단력을 증가시킨다. (O/X)

64 살수여상의 종류 중 초벌살수여상의 여재는 플라스틱 등이 사용되며 생물막 탈리는 연속적으로 발생된다. (O/X)

65 살수여상의 종류 중 초벌살수여상은 저율상수여상에 비하여 여상파리가 많이 발생한다. (O/X)

66 살수여상의 종류 중 초벌살수여상은 BOD_5 제거율이 고율살수여상에 비하여 낮다. (O/X)

67 살수여상의 종류 중 초벌살수여상의 유출수의 질산화가 불량하다. (O/X)

68 A_2/O 공법은 포기조에서 질산화를 통하여 생성된 질산성질소를 혐기조로 내부반송한다. (O/X)

69 A_2/O 공법은 A/O 공법에 비하여 탈질성능이 우수하다. (O/X)

70 A_2/O 공법은 슬러지 처리계통에서 인이 재용출될 가능성이 있으며, 동절기에는 성능이 불안정하게 된다. (O/X)

71 A_2/O 공법은 폐슬러지 내 인의 함량이 3~5% 정도로 높아 비료가치가 있다. (O/X)

72 초심층 폭기법(Deep Shaft Aeration System)은 기포와 미생물이 접촉하는 시간이 표준활성슬러지법보다 길어서 산소전달효율이 높다. (O/X)

73 초심층폭기법(Deep Shaft Aeration System)은 순환류의 유속이 매우 빠르기 때문에 난류상태가 되어 산소전달율을 증가시킨다. (O/X)

74 초심층폭기법(Deep Shaft Aeration System)은 F/M 비를 표준활성슬러지공법에 비하여 낮게 운전한다. (O/X)

75 초심층폭기법(Deep Shaft Aeration System)은 표준활성슬러지공법에 비하여 MLSS 농도를 높게 운전한다. (O/X)

76 회전생물막 접촉기는 모델링의 복잡성으로 경험적 설계기준이 발전하였다. (O/X)

77 회전생물막 접촉기는 다른 생물학적 처리공정에 비하여 bench - scale의 처리연구를 현장규모로 확대하기가 용이하다. (O/X)

78 회전생물막 접촉기의 슬러지 생산은 살수여상 공정에서의 관측수율과 비슷하며, 슬러지 일령이 길다. (O/X)

79 회전생물막 접촉기의 활성 슬러지 시스템에서 필요한 에너지의 1/3~1/2의 에너지가 필요하며, 재순환이 없고, 메디아는 전형적으로 약 40%가 물에 잠긴다. (O/X)

80 A_2/O는 인과 질소를 동시에 효과적으로 제거할 수 있다. (O/X)

81 A_2/O는 혐기조(Anaerobic)에서 인의 방출이 일어난다. (O/X)

82 A_2/O는 폐 sludge 내의 인 함유량이 일반 슬러지에 비해 2~3배 낮게 유지될 수 있다. (O/X)

83 A_2/O 폭기조(Oxic)의 주된 역할은 질산화와 인의 과잉 섭취이며 유입유량의 2배 정도 비율로 다시 무산소조로 반송시킨다. (O/X)

84 살수 여상법에서 슬러지일령은 부유 성장 시스템보다 높아 100일 이상의 슬러지일령에 쉽게 도달된다. (O/X)

85 살수 여상법에서 총괄 관측수율은 전형적인 활성 슬러지 공정의 60~80% 정도이다. (O/X)

86 살수 여상법에서 덮개 없는 여상의 재순환율을 증대시키면 실제로 여상 내의 평균 온도가 높아지는 이점이 있다. (O/X)

87 살수 여상법에서 정기적으로 여상에 살충제를 살포하거나 여상을 침수토록 하여 파리 문제를 해결할 수 있다. (O/X)

88 유기인 함유폐수에서 유기인화합물은 산성이나 중성에서 안정하며 물에 난용성이다. (O/X)

89 유기인 함유폐수에서 유기인화합물이 폐수에 함유된 경우에는 대부분이 현탁입자로 존재한다. (O/X)

90 유기인 함유폐수는 일반적으로 알칼리로 가수분해시키고 응집침전 또는 부상으로 전처리한 후 활성탄 흡착으로 미량의 잔류물질을 제거시킨다. (O/X)

91 유기인 함유폐수가 저농도인 경우는 자외선 조사 또는 염소산화분해 방법이 효과적이다. (O/X)

92 질산화 박테리아는 절대호기성이어서 높은 산소농도를 요구한다. (O/X)

93 Nitrobacter는 암모늄 이온의 존재 하에서 pH 9.5 이상이면 생장이 억제된다. (O/X)

94 질산화 반응의 최적온도는 25℃이며 20℃ 이하, 40℃ 이상에서는 활성이 없다. (O/X)

95 Nitrosomonas는 알칼리성 상태에서는 활성이 크지만 pH 6.0 이하에서는 생장이 억제된다. (O/X)

96 5단계 Bardenpho 공법은 폐슬러지 내의 인의 농도가 높다. (O/X)

97 5단계 Bardenpho 공법에서 1차 무산소조에서는 탈질화 현상으로 질소 제거가 이루어진다. (O/X)

98 5단계 Bardenpho 공법에서 호기성조에서는 질산화와 인의 방출이 이루어 진다. (O/X)

99 5단계 Bardenpho 공법에서 2차 무산소조에서는 잔류 질산성질소가 제거된다. (O/X)

100 회전 생물막 접촉기(RBC)는 재순환이 필요없고 유지비가 적게 든다. (O/X)

101 회전 생물막 접촉기(RBC)의 메디아는 전형적으로 약 40%가 물에 잠긴다. (O/X)

102 회전 생물막 접촉기(RBC)는 운영 변수가 적어 모델링이 간단하고 편리하다. (O/X)

103 회전 생물막 접촉기(RBC)의 설비는 경량재료로 만든 원판으로 구성되며 1~2rpm의 속도로 회전한다. (O/X)

104 초심층 폭기법(deep Shaft aeration system)은 기포와 미생물이 접촉하는 시간이 표준 활성슬러지법보다 길어서 산소전달 효율이 높다. (O/X)

105 초심층 폭기법(deep Shaft aeration system)은 순환류의 유속이 매우 빠르기 때문에 난류상태가 되어 산소 전달율을 증가시킨다. (O/X)

106 초심층 폭기법(deep Shaft aeration system)은 부지절감 효과가 있다. (O/X)

107 초심층 폭기법(deep Shaft aeration system)은 활성슬러지 공법에 비하여 MLSS 농도를 낮게 유지한다. (O/X)

108 상향류 혐기성 슬러지상(UASB)에서 미생물 부착을 위한 여재를 이용하여 혐기성 미생물을 슬러지층으로 축적시켜 폐수를 처리하는 방식이다. (O/X)

109 상향류 혐기성 슬러지상(UASB)에서 수리학적 체류시간을 적게 할 수 있어 반응조 용량이 축소된다. (O/X)

110 상향류 혐기성 슬러지상(UASB)에서 폐수의 성상에 의하여 슬러지의 입상화가 크게 영향을 받는다. (O/X)

111 상향류 혐기성 슬러지상(UASB)에서 고형물의 농도가 높을 경우 고형물 및 미생물이 유실될 우려가 있다. (O/X)

112 산기식포기 방식 중 다공성 산기장치에서 판형 산기기는 설치비가 저렴하고 간헐적인 운전을 할 경우에도 막힘 현상이 없어 가장 많이 사용된다. (O/X)

113 산기식포기 방식 중 다공성 산기장치에서 돔형 산기기 직경이 18cm 정도인 원형의 두꺼운 세라믹 재질로 제작된다. (O/X)

114 산기식포기 방식 중 다공성 산기장치에서 디스크형 산기기는 강성 세라믹 디스크나 연성 다공질 막으로 포기조 바닥 부근의 공기배급관 위에 설치한다. (O/X)

115 산기식포기 방식 중 다공성 산기장치에서 관형 산기기는 강성 세라믹, 연성 플라스틱 또는 합성 고무로 만들어진 원통형 산기기로 공기배급관 위에 설치한다. (O/X)

116 UASB(Upflow Anaerobic Sludge Blanket)법은 극히 높은 유기물 부하를 허용하며 따라서 반응기 용량을 콤팩트화할 수 있다. (O/X)

117 UASB(Upflow Anaerobic Sludge Blanket)법은 반응기나 접촉재 충진과 생물의 부착담채 등을 이용한 고농도 MLSS의 혐기성 처리 공정이다. (O/X)

118 UASB(Upflow Anaerobic Sludge Blanket)법은 온도변화, 충격부하, 독성, 저해물질의 존재 등에 상당한 내성을 가진다. (O/X)

119 UASB(Upflow Anaerobic Sludge Blanket)법 반응기의 구조는 폐수 유입부, 슬러지 베드부, 슬러지 블링킷부 및 가스·슬러지 분리장치 등 크게 4가지 부위로 대별된다. (O/X)

1.×	2.○	3.○	4.○	5.×	6.○	7.○	8.○	9.○	10.×	11.○	12.○	13.○	14.○	15.×
16.○	17.○	18.○	19.×	20.○	21.○	22.○	23.×	24.○	25.×	26.○	27.○	28.○	29.○	30.○
31.○	32.×	33.○	34.○	35.×	36.○	37.○	38.×	39.○	40.○	41.○	42.○	43.○	44.×	45.○
46.×	47.○	48.○	49.○	50.×	51.○	52.○	53.○	54.×	55.○	56.○	57.○	58.○	59.×	60.○
61.○	62.×	63.○	64.○	65.×	66.○	67.○	68.×	69.○	70.○	71.○	72.○	73.○	74.×	75.○
76.○	77.×	78.○	79.○	80.×	81.○	82.×	83.○	84.○	85.○	86.×	87.○	88.○	89.○	90.○
91.×	92.○	93.○	94.×	95.○	96.○	97.○	98.×	99.○	100.○	101.○	102.×	103.○	104.○	105.○
106.○	107.×	108.×	109.○	110.○	111.○	112.×	113.○	114.○	115.○	116.○	117.×	118.○	119.○	

1. 하수 내 질소 및 인을 생물학적으로 처리하는 UCT 공법의 경우 다른 공법과는 달리 침전지에서 반송되는 슬러지를 혐기조로 반송하지 않고 무산소조로 반송하는데, 그 이유로 가장 적합한 것은?

   가. 혐기조에 질산염의 부하를 감소시킴으로써 인의 방출을 증대시키기 위해

   나. 호기조에서 질산화된 질소의 일부를 잔류 유기물을 이용하여 탈질시키기 위해

   다. 무산소조에 유입되는 유기물 부하를 감소시켜 탈질을 증대시키기 위해

   라. 후속되는 호기조의 질산화를 증대시키기 위해

2. 연속 회분식 활성슬러지법인 SBR(Sequencing Batch Reactor)에 대한 설명으로 "최대의 수량을 포기조 내에 유지한 상태에서 운전 목적에 따라 포기와 교반을 하는 단계"는 어떤 운전 공정인가?

   가. 유입기

   나. 반응기

   다. 침전기

   라. 유출기

3. 다음의 생물화학적 인 및 질소제거 공법 중 인 제거만을 주목적으로 개발된 공법은?

   가. Phostrip

   나. A$_2$/O

   다. UCT

   라. Bardenpho

4. **질산화 반응에 관한 내용으로 옳은 것은?**

   가. 질산균의 슬러지일령은 짧게 하여야 한다.

   나. 질산균의 증식속도는 활성슬러지 내 미생물보다 빠르다.

   다. 질산균의 질산화 반응에 알칼리도가 필요하다.

   라. 용존산소가 0 또는 0mg/L에 가까운 조건이어야 한다.

5. **생활하수를 처리하는 활성슬러지 공정에 다량의 유기물을 함유하는 폐수가 유입되어 충격부하를 유발시켰을 때 가장 신속히 다루어야 할 조작 인자는?**

   가. 영양염류(N, P 등)의 투입량 증가

   나. 벌킹(bulking) 현상제어

   다. 슬러지 반송율의 증가

   라. 폭기량 및 체류시간 감소

6. 하수고도처리를 위한 A/O공정의 특징으로 옳은 것은? (단, 일반적인 활성슬러지공법과 비교 기준)

가. 혐기조에서 인의 과잉흡수가 일어난다.

나. 폭기조 내에서 탈질이 잘 이루어진다.

다. 잉여슬러지 내의 인 농도가 높다.

라. 표준 활성슬러지공법의 반응조 전반 10% 미만을 혐기반응조로 하는 것이 표준이다.

7. 다음 그림은 하수 내 질소, 인을 효과적으로 제거하기 위한 어떤 공법을 나타낸 것인가?

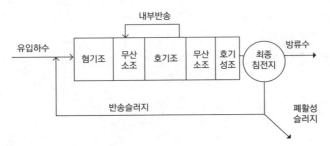

가. VIP process

나. A₂/O process

다. M - Bardenpho process

라. phostrip process

8. 생물학적 질소, 인 제거를 위한 A_2/O 공정 중 호기조의 역할로 옳게 짝지은 것은?

　가. 질산화, 인 방출

　나. 질산화, 인 흡수

　다. 탈질화, 인 방출

　라. 탈질화, 인 흡수

9. 질산화 반응에 관한 내용으로 옳은 것은?

　가. 질산균의 에너지원은 유기물이다.

　나. 질산균의 증식속도는 활성슬러지 내 미생물보다 빠르다.

　다. 질산균의 질산화 반응시 알칼리도가 생성된다.

　라. 질산균의 질산화 반응시 용존산소는 2mg/L 이상이어야 한다.

Chapter

04 슬러지 및 분뇨처리

1. 슬러지 처리

(1) 슬러지의 분류

① 생슬러지(1차 슬러지) : 1차 침전지에서 발생하는 슬러지, 함수율 96%
② 잉여슬러지(폐슬러지) : 2차 침전지에서 발생하는 슬러지, 함수율 99%, 고형물 중 유기물 90%
③ 농축슬러지 : 농축조에서 폐슬러지를 고액분리한 후 발생하는 슬러지, 함수율 85%
④ 소화슬러지 : 소화조에서 농축슬러지를 안정화(소화)시킨 슬러지
⑤ 탈수슬러지(탈수 케이크) : 탈수 후 발생한 슬러지, 고상의 슬러지

(2) 원리

1) 슬러지 처리과정

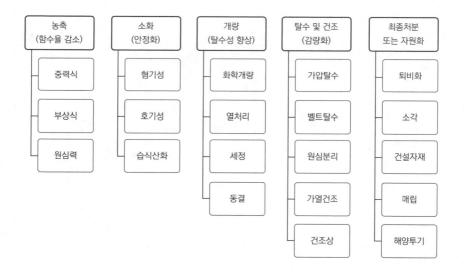

(3) 특징

1) 슬러지 처리 목표

① 감량화 : 함수율을 낮춰 부피를 감소시킴
② 안정화(소화) : 유기물(VS) 제거
③ 안전화 : 살균
④ 처분의 확실성

(4) 관련 공식

1) 슬러지량

슬러지량(습량) = 슬러지 수분 + 슬러지 고형물

슬러지 건조량 = 슬러지 고형물

$$100 \;=\; W \;+\; TS$$

W : 함수율(%)

TS : 슬러지 중 고형물 비율(%)

2) 함수율

정의 : 슬러지 중 수분(물)의 비중

$$함수율(W, \%) \;=\; \frac{수분}{슬러지} \times 100\%$$

3) 고형물량(TS)

$$TS \;=\; FS \;+\; VS$$

TS : 슬러지 고형물량

FS : 고형물 중 무기물량

VS : 고형물 중 유기물량

4) 슬러지 비중

$$밀도(\rho) \;=\; \frac{M}{V} \;,\qquad V \;=\; \frac{M}{\rho}$$

$$V_{SL} \;=\; V_{TS} \;+\; V_W$$

V_{SL} : 슬러지 부피

V_{TS} : 고형물 부피

V_W : 슬러지 중 수분 부피

$$\frac{M_{SL}}{\rho_{SL}} \;=\; \frac{M_{TS}}{\rho_{TS}} \;+\; \frac{M_W}{\rho_W}$$

M_{SL} : 슬러지 무게(비율)

M_{TS} : TS 무게(비율)

M_W : 물의 무게(비율)

ρ_{SL} : 슬러지 비중

ρ_{TS} : 고형물 비중

ρ_W : 물의 비중(= 1)

$$\frac{M_{TS}}{\rho_{TS}} \;=\; \frac{M_{FS}}{\rho_{FS}} \;+\; \frac{M_{VS}}{\rho_{VS}}$$

M_{TS} : TS 무게(비율)

M_{FS} : TS 중 무기물 무게(비율)

M_{VS} : TS 중 유기물 무게(비율)

ρ_{TS} : TS 비중

ρ_{FS} : TS 중 무기물 비중

ρ_{VS} : TS 중 유기물 비중

2. 슬러지농축

(1) 종류

1) 중력식 농축조

가) 정의

슬러지를 중력을 이용하여 농축 및 고액 분리한 후 바닥에 침강한 농축슬러지를 슬러지 제거기(scraper)로 배출구에 모으는 방식

나) 특징

① 운전조작이 용이
② 소요동력이 적게 들어 유지관리비가 저렴
③ 슬러지의 성상에 따라서는 부상되거나 전혀 농축되지 않는 경우도 있음
④ 일정한 농도의 농축된 슬러지를 얻기 어려움
⑤ 소요설치면적이 넓음
⑥ 악취 발생

2) 부상식 농축조

가) 정의

슬러지 입자에 미세한 기포를 부착시켜 슬러지의 겉보기 밀도를 물의 밀도보다 작게 한 다음 부상되는 슬러지를 상부에서 제거하는 방법

나) 종류

기포를 발생시키는 방법에 따라 가압부상 농축과 상압부상 농축으로 구분

다) 특징

① 중력 농축에서 농축성이 나쁜 잉여슬러지 등을 대상으로 처리하는 경우가 많음
② 중력식에 비해 고액분리가 용이
③ 중력식에 비해 농축성이 우수
④ 활성슬러지의 농축에 적합

3) 원심농축기

가) 정의

중력만으로는 침강 농축하기 어려운 슬러지를 원심력을 이용해 효과적으로 농축하는 방식

나) 종류

① 솔리드 – 보울 컨베이어형(solid – bowl conveyer type)
② 디스크 – 노즐형(disk – nozzle type)
③ 바스킷형(basket type)

다) 특징

① 슬러지 농축속도가 빠름
② 악취 미발생
③ 비교적 다량의 슬러지를 처리 가능
④ 미세하고 부드러운 슬러지 농축(잉여슬러지)에 적합
⑤ 운전비 높음
⑥ 입형 원심농축기는 폐쇄와 마모 등의 유지관리상의 어려움이 많아 거의 사용하지 않는 추세임

4) 중력식 벨트농축기

슬러지를 중력으로 농축시키면서 동시에 여과포의 상면을 긁어 슬러지를 뒤집어 줌으로써 농축을 촉진시키거나 레이크를 부착하여 여과포의 하부에 발생되는 응축수를 효과적으로 제거하는 방식

5) 디스크형 농축기

① 고정판 사이사이에 유동판이 끼워져 있는 디스크에서, 유동판이 슬러지 이송의 직각 방향으로 움직임으로써 고정판과 유동판 사이의 작은 공극을 형성하여 이곳으로 간극수가 배출되면서 농축되는 방식
② 구성 : 농축기능을 하는 디스크(고정판, 유동판)와 중앙부의 슬러지를 이동시키는 스크루

〈 슬러지 농축방법의 비교 〉

구분	중력식 농축	부상식 농축	원심분리 농축	중력벨트 농축
설 치 비	크다	중간	작다	작다
설치면적	크다	중간	작다	중간
부대설비	적다	많다	중간	많다
동력비	작다	중간	크다	작다
장점	· 구조 간단 · 유지 관리 쉬움 · 1차 슬러지에 적합 · 저장과 농축이 동시에 가능 · 약품을 사용하지 않음	· 잉여슬러지에 효과적 · 약품주입 없이도 운전 가능	· 잉여슬러지에 효과적 · 운전조작이 용이 · 악취가 적음 · 연속운전이 가능 · 고농도로 농축 가능	· 잉여슬러지에 효과적 · 벨트탈수기와 같이 연동 운전이 가능 · 고농도로 농축가능
단점	· 악취문제 발생 · 잉여슬러지의 농축에 부적합 · 잉여슬러지에서는 소요 면적이 큼	· 악취문제 발생 · 소요면적이 큼 · 실내에 설치할 경우 부식 문제 유발	· 동력비가 큼 · 스크류 보수 필요 · 소음이 큼	· 악취문제 발생 · 소요면적이 큼 · 용적이 한정됨 · 별도의 세정장치 필요

(2) 특징

1) 목적

① 고형물의 함량 증가, 수분 제거, 슬러지의 부피 감량
② 후속처리 시설인 소화조의 소요 용적 절감
③ 슬러지 개량에 소요되는 약품비용 절감
④ 탈수기의 부하량 경감 및 후속처리의 시설비·운전비 절감
⑤ 최종슬러지의 처분비용 절감 등

2) 소화공정 이전 슬러지 농축의 이점

① 가열에 필요한 에너지 절감
② 알칼리도 증대 및 소화과정의 안정화에 기여
③ 미생물의 양분이 되는 유기물의 농도 증대
④ 각종 미생물의 유출 감소
⑤ 혼합효과 증대
⑥ 상징수 양의 감소

(3) 관련 공식

1) 농축 후 슬러지 용적 계산

농축 전후로 수분량은 줄어드나 슬러지 내의 고형물량은 변화가 없음을 이용하여 계산함

농축 전 슬러지의 고형물(TS) = 농축 후 슬러지 고형물량(TS)
$$V_1(1 - W_1/100) = V_2(1 - W_2/100)$$

V_1 :	농축 전 슬러지 부피
V_2 :	농축 후 슬러지 부피
W_1 :	농축 전 슬러지의 함수율(%)
W_2 :	농축 후 슬러지의 함수율(%)

3. 슬러지소화

(1) 정의

① 소화(digestion) : 슬러지 중 생물 또는 유기물질을 혐기성 또는 호기성 미생물의 작용으로 가스화, 액화, 무기화하여 안정화·감량화하는 것
② 혐기성소화(anaerobic digestion) : 혐기성 조건에서 슬러지를 생물학적으로 분해하는 것
③ 호기성소화(aerobic digestion) : 호기성 조건에서 슬러지를 생물학적으로 산화·분해하는 것 폭기장치가 필요함

(2) 종류

1) 혐기성 소화처리(anaerobic digestion treatment)

① 하수에 적응된 혐기성 미생물(슬러지)이 들어있는 소화조에 유기성 하수나 혹은 슬러지를 혼합·접촉하여, 유기물을 메탄과 탄산가스로 분해하여 처리하는 방법

② 소화에 의해 슬러지량이 감소해, 악취가 나고, 탈수성이 높은 안정한 소화슬러지가 됨. 슬러지 중 유기물은 먼저 산생성균에 의해 유기산까지 분해되고, 다음에 메탄세균에 의해 메탄과 탄산가스까지 분해돼 가스화됨

2) 호기성 소화처리(aerobic digestion treatment)

① 호기성균을 이용하여 분뇨 중 유기물을 산화 분해하는 것

② 호기조건 하에서 오니를 생물학적으로 산화 분해하는 것. 에어레이션을 행하고 오니 안에서 유기물의 산화 및 균체 자체의 자기산화를 촉진함. 소화에 의해 오니량이 감소하고 악취가 나며, 탈수성이 높은 안정한 오니가 됨

(3) 원리

1) 혐기성 소화

① 혐기성 소화 과정

	과정	관여 미생물	생성물	특징
1단계 반응	가수분해	발효균	· 단백질 → 아미노산 · 지방 → 지방산, 글리세롤 · 탄수화물 → 단당류, 이당류 · 휘발성 유기산	가장 느린 반응(전체 반응속도 반응)
2단계 반응	· 산성 소화 과정 · 유기산 생성 과정 · 수소 생성 단계 · 액화 과정	아세트산 및 수소 생성균	· 유기산(아세트산, 프로피온산, 부티르산, 고분자 유기산) · CO_2 · H_2	유기물의 총 COD는 변하지 않음 (유기물이 분해되어 무기물로 변하지 않고 단지 유기물의 종류만 달라짐)
3단계 반응	· 알칼리 소화 과정 · 메탄 생성 과정 · 가스화 과정	메탄 생성균	· CH_4(약70%) · CO_2(30%) · H_2S · NH_3	유기물의 COD가 가스 상태의 메탄으로 변화함으로써 유기물이 제거됨

② 메탄 생성 반응

$$4H_2 + CO_2 \rightarrow CH_4 + 2H_2O$$
$$CH_3COOH \rightarrow CH_4 + CO_2$$

(4) 특징

1) 혐기성 소화

가) 슬러지의 혐기성 소화 목적

① 안정화 : 슬러지 내의 유기물을 분해시킴으로써 슬러지 안정화

② 감량화 : 슬러지의 무게와 부피 감소

③ 메탄 회수 : 이용가치가 있는 메탄을 부산물로 얻을 수 있다.

④ 안전화 : 병원균 살균

나) 요구 수질

① 유기물의 양 : 유기물 농도가 높아야 함 (탄수화물 < 단백질 < 지방 순으로 CH_4/CO_2 높음)

② 무기물의 양 : 미생물의 생장에 필요한 무기성 영양계가 풍부해야 함

③ BOD 농도 : BOD 농도가 10,000ppm 이상

④ 적절한 pH 6.8~7.8 유지되어야 함

⑤ 알칼리도 : 완충작용, pH 변화방지, 평형유지를 위해 알칼리도가 적절해야 함

⑥ 독성물질 없어야 함 : 알칼성 양이온, 암모니아, 황화물, 독성유기물, 중금속(특히 Cu, Zn, Ni), CN^- 등이 독성물질로 작용

〈 혐기성 소화에 심각한 영향을 미치는 중금속의 농도 〉

중금속	건조 고형물 함량(%)	용해성 농도(mg/L)
Cu	0.93	0.5
Cd	1.08	-
Zn	0.97	1.0
Fe	9.56	-
Cr^{6+}	2.20	3.0
Cr^{3+}	2.60	-
Ni	-	2.0

자료 : WPCF, Operation of Municipal Wastewater Treatment Plants, Manual of Practice No 11, Vol III, 2nd ed., 1990.

다) 장단점

장점	단점
· 유효한 자원인 메탄이 생성 · 동력비 및 유지관리비가 적음 · 유기물 농도가 높은 폐수에 유리 · 슬러지 발생량이 적음 · 소화 후 슬러지의 탈수성이 좋음 · 질소, 인 등의 영양염류의 요구량이 적음 · 포기장치가 불필요 · 호기성 공정에 비하여 처리비용이 적음 · 소화슬러지는 비료로서 가치 · 호기성 공정에서 제거하기 힘든 물질도 일부 제거	· 35℃ 혹은 55℃로 온도를 유지하여야 하므로 가온장치 필요 · 미생물의 성장 속도가 느려 운전 조건이 까다로움 · 초기운전 시나 온도, 부하량의 변화 등 운전조건 변화 시 적응시간이 긺 · 암모니아와 H_2S에 의한 악취 발생 · 초기 순응시간이 함량이 높음 · 독성물질의 충격을 받을 경우 장기간 회복하기 어려움 · 초기 건설비가 많이 들고, 부지면적이 넓음 · 운전이 비교적 어려움

라) 소화조 운전상의 문제점 및 대책

상태	원인	대책
소화가스 발생량 저하	· 저농도 슬러지 유입	· 슬러지 농도를 높임
	· 소화슬러지 과잉 배출	· 배출량 조절
	· 조 내 온도저하	· 온도를 높임 · 가온시간이 정상인데 온도가 떨어지는 경우는 보일러 점검 필요
	· 소화가스 누출	· 가스누출은 위험하므로 수리함
	· 과다한 산생성	· 과다한 산은 과부하, 공장폐수의 영향일 수도 있으므로, 부하조정 또는 배출 원인의 감시가 필요
상징수 악화 (BOD, SS가 비정상적으로 높음)	· 소화가스발생량 저하와 동일 원인	· 소화가스 발생량 저하 대책을 따름
	· 과다교반	· 교반회수를 조정
	· 소화슬러지의 혼입	· 슬러지 배출량을 줄임
pH 저하 이상발포 가스발생량 저하 악취, 스컴 다량 발생	· 유기물의 과부하로 소화의 불균형 · 온도 급저하 · 교반부족 · 메탄균 활성을 저해하는 독물 또는 중금속 투입	· 과부하나 영양불균형의 경우는 유입슬러지 일부를 직접 탈수하는 등 부하량을 조절함 · 온도저하의 경우는 온도유지에 노력함 · 교반부족 시는 교반강도, 회수를 조정함 · 독성물질 및 중금속이 원인인 경우 배출원을 규제하고, 조 내 슬러지의 대체 방법을 강구함
맥주모양의 이상발포	· 과다배출로 조 내 슬러지 부족 · 유기물의 과부하 · 1단계 조의 교반 부족 · 온도 저하 · 스컴 및 토사의 퇴적	· 슬러지의 유입을 줄이고 배출을 일시 중지함 · 조 내 교반을 충분히 함 · 소화온도를 높임 · 스컴을 파쇄·제거 · 토사의 퇴적은 준설함

2) 호기성 소화

〈 호기성 소화의 장·단점 〉

장점	단점
· 최초 시공비 절감 · 악취발생 감소 · 운전 용이 · 상징수의 수질 양호	· 소화슬러지의 탈수불량 · 포기에 드는 동력비 과다 · 유기물 감소율 저조 · 건설부지 과다 · 저온일 때 효율 저하 · 가치있는 부산물이 생성되지 않음

(5) 관련 공식

$$소화율 = \frac{제거된\ VS량}{유입된\ VS량} \times 100 = (1 - \frac{FS_1 \cdot VS_2}{VS_1 \cdot FS_2}) \times 100$$

FS$_1$: 투입슬러지의 무기성분(%)
VS$_1$: 투입슬러지의 유기성분(%)
FS$_2$: 소화슬러지의 무기성분(%)
VS$_2$: 소화슬러지의 유기성분(%)

4. 슬러지개량

(1) 정의

① 슬러지의 고액분리 어려움 : 슬러지는 복잡한 구조를 갖는 유기물과 무기물의 집합체로, 슬러지의 입자는 물과 친화력이 강하므로 입자와 물을 효과적으로 분리하기 어려움
② 슬러지 개량 : 슬러지는 고액분리가 어려우므로 슬러지의 특성을 개선시켜 후속 공정(농축 및 탈수)의 효율을 높여주는 처리과정

(2) 종류

1) 물리적 개량방법

① 슬러지 개량재를 슬러지에 주입시켜 탈수성을 높여주는 방법
② 개량제 : 비산재(fly ash), 규조, 점토, 석탄가루, 종이펄프, 톱밥 등 사용

2) 화학적 개량방법

① 슬러지에 화공약품(고분자 응집제 및 무기약품)을 투입하여 탈수성을 높여주는 방법
② 원리 : 콜로이드 입자표면의 전하를 중화시켜 분산상태의 미립자를 응결하거나 부착·응집시켜 공극을 증가시킴으로써 탈수성을 높임

3) 열처리 방법

130~210℃, 17~28kg/cm^{2}의 압력에서 15~20분간 열처리하여 슬러지의 탈수성을 증대시키는 방법

4) 세정(세척, Eutriation)

슬러지를 세척하여 농도 및 알칼리도를 낮추어 탈수에 사용되는 응집제의 사용량을 줄이기 위해 사용되는 방법

5) 생물화학적 개량방법

미생물에 의한 생물학적 반응을 이용하여 탈수효과를 증대시키는 방법

6) 동결 방법

슬러지 속에 있는 유리수를 동결시켜 고형물을 농축시키고, 세포막을 파괴하여 탈수성을 향상시키는 방법

(3) 특징

1) 분류

① 농축을 목적으로 하는 경우 : 유기약품(polymer) 주입방식
② 탈수를 목적으로 하는 경우 : 약품주입(유기약품, 무기약품 주입), 슬러지 세척, 열처리(회분주입), 생물학적 개량, 전기적 개량방법

2) 영향인자

① 입도
② 전기적 부하와 수분함량
③ 슬러지의 농도
④ 저장기간
⑤ 수송거리
⑥ 활성미생물의 함량
⑦ 유지류의 함량
⑧ Polymer의 전하

3) 슬러지 개량 방법별 특징

슬러지 개량방법	단위 공정	기능	특징	원리
고분자 응집제 첨가	농축 탈수	· 고형물 부하, 농도 및 　고형물 회수율 개선 · 슬러지 발생량, 케익의 　고형물 비율 및 고형물 　회수율 개선	· 슬러지 응결을 촉진 · 슬러지 성상을 그대로 두고 　탈수성, 농축성의 개선을 도모함	· 슬러지는 안정한 콜로이드상의 현탁액으 　로 이것을 불안정하게 하는 것이 약품의 　기능, 결합수의 분리, 표면전하의 제거 등 　의 역할도 함 · 슬러지 입자는 공유결합, 이온결합, 수소 　결합, 쌍극자결합 등을 형성하므로 전하를 　뺏기도 하고 얻기도 함
무기약품 첨가	탈수	· 슬러지 발생량, 케익의 　고형물 비율 및 고형물 　회수율 개선	· 무기약품은 슬러지의 pH를 　변화시켜 무기질 비율을 증가 　시키고, 안정화를 도모함	· 금속이온(제2철, 제1철, 알미늄)은 수중에 　서 가수분해하므로 그 결과 큰 전하를 가지 　며 중합체의 성질을 가짐. 그러므로 부유물 　에 대한 전하 중화작용과 부착성을 가짐
세정	탈수	· 약품사용량 감소 및 농축 　률 증대	· 혐기성 소화슬러지의 알칼리 　도를 감소시켜 산성금속염의 　주입량을 감소시킴	· 슬러지량의 2~4배 가량의 물을 첨가하여 　희석시키고 일정시간 침전농축시킴으로써 　알칼리도를 감소시킴
열처리	탈수	· 약품사용량의 감소 또는 　불필요 · 슬러지 발생량, 케익의 　고형물 비율 감소	· 슬러지 성분의 일부를 용해시 　켜 탈수개선을 도모함	· 130~210℃에서 17~28kg/cm²의 압력 　으로 슬러지의 질, 조성에 변화를 줌 · 미생물 세포를 파괴해 주로 단백질을 분해 　하고 세포막을 파편으로 함 · 유기물의 구조변화를 일으킴
소각재 (ash) 첨가	탈수	· 벨트 진공탈수기의 케익 　의 박리 개선 · 가압탈수기의 탈수성 개선 · 약품사용량 감소	· 슬러지를 소각재를 재이용하 　는 방법으로, 무기성 응집보조 　제로 슬러지 개량 등에 사용할 　수 있음	· 슬러지 소각재에는 무기성 물질이 다량 함유 　되어 있으므로 이를 재이용하여 탈수성을 증 　대시키는 개량제로 사용하면 소화슬러지의 함 　수율을 감소시키고 응결핵으로 작용함

5. 슬러지탈수

(1) 정의

① 슬러지 내의 수분량을 감소시켜 부피를 감소시키고 취급이 쉽도록 하는 과정
② 일반적으로 농축슬러지 혹은 소화슬러지(함수율 96~98%)는 탈수를 통해 슬러지 케익(함수율 80%)이 되고, 슬러지 용량은 1/5 ~ 1/10로 감소하여 취급이 쉬워짐

(2) 종류

1) 자연 탈수(천일건조)

태양열이나 바람 등의 자연에너지를 이용하여 건조

2) 기계적 탈수

가) 진공여과법(vacuum filtration)

다공성여재(Filter Media)를 사이에 두고 한쪽을 진공상태로 감압시켜 여재의 전·후에 압력차가 생길 때의 압력차(기압과 진공압력의 차압)를 이용하여 탈수하는 장치

나) 가압여과법(pressure filtration)

① 슬러지에 대기압 이상의 압력을 가하여 여과·탈수하는 방법
② 정량 압력여과기와 변량 압력여과기가 있음

다) 벨트 압축여과(belt press filter)

1개 또는 2개의 이동되는 벨트에 의해서 슬러지를 연속적으로 탈수시키는 방법

라) 원심분리법(centrifuge separation)

슬러지를 선회시켜 원심력을 부여하고 슬러지로부터 고형물을 분리하는 방법

〈 탈수기의 비교 〉

항목	가압탈수기		벨트프레스	원심탈수기
	filter press	screw press		
유입슬러지 고형물 농도	2~3%	0.4~0.8%	2~3%	0.8~2%
케이크 함수율	55~65%	60~80%	76~83%	75~80%
수요면적	많음	적음	보통	적음
세척수 수량	보통	보통	많음	적음
소음	보통(간헐적)	적음	적음	보통
동력	많음	적음	적음	많음
부대장치	많음	많음	많음	적음
소모품	보통	많음	많음	적음

OX QUIZ

01 혐기성 소화는 유기산 생성, 메탄 생성 독립영양미생물 2가지 그룹의 미생물에 의해 이루어진다. (O/X)

02 혐기성 소화의 메탄 형성 미생물은 산 형성 미생물보다 느리게 성장하고, 약 6.7~7.4 정도의 좁은 pH 범위를 가진다. (O/X)

03 혐기성 소화 동안의 미생물 작용은 고형물의 액화, 용해성 고형물의 소화, 가스 생성의 3가지 단계로 구성된다. (O/X)

04 혐기성 처리에서, 적절히 운전되는 소화조에서의 생성가스는 주로 메탄과 이산화탄소는 가스로 구성된다. (O/X)

1. ×   2. O   3. O   4. O

Chapter 05
계산문제

1. 입자상 매체 여과를 이용하는 살수여상 공정으로부터 유출되는 유출수의 부유물질을 제거하고자 한다. 유출수의 평균 유량은 75,000m³/day, 여과속도는 120L/m²·min이고 4개의 여과지(병렬기준)를 설계하고자 할 때 여과지 하나의 면적은?

   가. 약 49m²

   나. 약 69m²

   다. 약 89m²

   라. 약 109m²

   여과지 1개의 면적을 A라 하면

   $$총 \ 여과면적 = \frac{유출수 \ 유량}{여과속도}$$

   $$4A = \frac{75,000m^3}{day} \ \middle| \ \frac{m^2 \cdot min}{120L} \ \middle| \ \frac{1day}{1,440min} \ \middle| \ \frac{1,000L}{1m^3}$$

   $$\therefore \ A \ = \ 108.50m^2$$

2. 유기물에 의한 최종 BOD_L 1kg을 안정화시킬 때 발생되는 메탄의 이론량은? (단, 유기물은 glucose로 가정할 것, 완전분해 기준)

   가. 약 0.25kg

   나. 약 0.45kg

   다. 약 0.65kg

   라. 약 0.85kg

   $$C_6H_{12}O_6 \ + \ 6O_2 \ \rightarrow \ 6CO_2 \ + \ 6H_2O$$
   $$180kg \ : \ BOD \ = \ 6 \times 32kg$$

   $$C_6H_{12}O_2 \ \rightarrow \ 3CH_4 \ + \ 3CO_2$$
   $$180kg \ : \ 3 \times 16kg$$

   $$\therefore \ \frac{CH_4}{BOD} \ = \ \frac{3 \times 16kg}{6 \times 32kg} \ = \ 0.25kg \ CH_4/kg \ BOD$$

3. 분뇨의 소화슬러지 발생량은 1일 분뇨투입량의 10%이다. 발생된 소화슬러지의 탈수 전 함수율이 96% 라고 하면 탈수된 소화슬러지의 1일 발생량은? (단, 분뇨투입량은 360kL/day이며, 탈수된 소화슬러지의 함수율은 72%이다. 분뇨 비중은 1.0 기준임)

가. $2.47m^3$

나. $3.78m^3$

다. $4.21m^3$

라. $5.14m^3$

$$\text{소화슬러지} = \frac{360kL}{day} \left| \frac{0.1}{} \right| \frac{1m^3}{1kL} \left| \frac{4}{100} \right| \frac{100}{(100-72)} = 5.14m^3/day$$

4. 탈기법을 이용, 폐수 중의 암모니아성 질소를 제거하기 위하여 폐수의 pH를 조절하고자 한다. 수중 암모니아를 NH_3(기체분자의 형태) 98%로 하기 위한 pH는? (단, 암모니아성 질소의 수중에서의 평형은 다음과 같다. $NH_3 + H_2O \leftrightarrow NH_4^+ + OH^-$, 평형상수 $K = 1.8 \times 10^{-5}$)

가. 11.25

나. 11.03

다. 10.94

라. 10.62

$$k = \frac{[NH_4^+][OH^-]}{[NH_3]}$$

$100(\%) = [NH_4^+] + [NH_3]$라 하면

$[NH_4^+] = 2\%$

$[NH_3] = 98\%$ 이므로

$$[OH^-] = \frac{k}{} \left| \frac{[NH_3]}{[NH_4^+]} \right| = \frac{1.8 \times 10^{-5}}{} \left| \frac{98}{2} \right| = 8.82 \times 10^{-4}M$$

$$pOH = -\log(8.82 \times 10^{-4}) = 3.05$$

$$pH = 14 - 3.05$$
$$= 10.94$$

5. NO_3^- 10mg/L가 탈질균에 의해 질소가스화 될 때 소요되는 이론적 메탄올의 양(mg/L)은? (단, 기타 유기탄소원은 고려하지 않음)

　가. 2.8

　나. 3.6

　다. 4.3

　라. 5.6

$$6NO_3^- \quad : \quad 5CH_3OH$$
$$6 \times 62 \quad : \quad 5 \times 32$$
$$10 \quad : \quad x$$

$$\therefore \; 메탄올(mg/L) = \frac{10}{} \left| \frac{5 \times 32}{6 \times 62} \right. = 4.30$$

6. 수면적 55m²의 침전지가 있다. 하루 400m³의 폐수를 침전처리시킨다고 가정할 때 이 침전지에서 98% 제거되는 입자의 침강속도(mm/min)는?

　가. 약 2mm/min

　나. 약 3mm/min

　다. 약 4mm/min

　라. 약 5mm/min

침전 제거율 = Vs/(Q/A) = 0.98

　　　　Vs = 0.98(Q/A)

$$Vs = \frac{0.98}{} \left| \frac{400m^3}{day} \right| \frac{}{55m^2} \left| \frac{1,000mm}{1m} \right| \frac{1day}{1,440min}$$

　　= 4.94mm/min

7. 유량 2,000m³/day인 폐수를 탈질화하고자 한다. 다음 조건에서 탈질화에 사용되는 anoxic 반응조의 부피는? (단, 내부반송 등 기타 조건은 고려하지 않음)

· 반응조 유입수 질산염 농도 : 22mg/L · 반응조 유출수 질산염 농도 : 3mg/L	· MLVSS : 2,000mg/L · 용존산소 : 0.1mg/L · 탈질율(U) : $0.1day^{-1}$

가. $105m^3$

나. $145m^3$

다. $175m^3$

라. $190m^3$

$$U_{RN} = \frac{(S_0 - S)Q}{VX}$$

$$V = \frac{(S_0 - S)Q}{U_{DN} \cdot X} = \frac{(22-3)}{2,000} \left| \frac{day}{0.1} \right| \frac{2,000m^3}{day} = 190m^3$$

8. 평균유량 8,000m³/day인 도시하수처리장의 1차 침전지를 설계하고자 한다. 1차 침전지의 표면부하율을 40m³/m² – day로 하여 원형침전지를 설계한다면 침전지의 직경은?

가. 약 12m

나. 약 14m

다. 약 16m

라. 약 18m

$$A = \frac{\pi}{4}D^2 = \frac{Q}{(Q/A)} = \frac{8,000m^3}{day} \left| \frac{m^2 \cdot day}{40m^3} \right| = 200m^3$$

$$\therefore \quad D = 15.96m$$

9. 36mg/L의 암모늄 이온(NH_4^+)을 함유한 3,000m^3의 폐수를 50,000g $CaCO_3$/m^3의 처리용량을 가진 양이온 교환수지로 처리하고자 한다. 이때 소요되는 양이온 교환수지의 부피(m^3)는?

    가. 3

    나. 4

    다. 5

    라. 6

양이온 교환수지(m^3)

$$= \frac{36mg\ NH_4^+}{L} \left| \frac{3,000m^3}{} \right| \frac{1g}{1,000mg} \left| \frac{1,000L}{1m^3} \right| \frac{1eq}{18g\ NH_4} \left| \frac{50g\ CaCO_3}{1eq} \right| \frac{1m^3}{50,000g\ CaCO_3} = 6m^3$$

10. 6.0kg의 Glucose에서 발생할 수 있는 0℃, 1atm에서의 CH_4 가스의 용적은? (단, 혐기성 분해 기준)

    가. 2,160L

    나. 2,240L

    다. 2,320L

    라. 2,410L

$$C_6H_{12}O_6 \rightarrow 3CO_2 + 3CH_4$$

180kg : $3 \times 22.4 Sm^3$

6kg : x

$$\therefore CH_4\ 용적(x) = \frac{6}{180} \left| \frac{3 \times 22.4 Sm^3}{} \right| \frac{1,000L}{1m^3} = 2,240L$$

11. 200mg/L의 에탄올(C_2H_5OH)만을 함유하는 2,000m^3/day의 공장폐수를 재래식 활성슬러지 공법으로 처리하는 경우에 이론적으로 첨가되어야 하는 질소의 양(kg/day)은? (단, 에탄올은 완전 생물학적으로 분해된다고 가정함. BOD : N = 100 : 5)

    가. 약 24

    나. 약 36

    다. 약 42

    라. 약 53

$$\text{에탄올 유입량} \quad = \quad \frac{200\text{mg}}{\text{L}} \left| \frac{2{,}000\text{m}^3}{\text{day}} \right| \frac{1\text{kg}}{10^6\text{mg}} \left| \frac{1{,}000\text{L}}{1\text{m}^3} \right. \quad = \quad 400\text{kg/day}$$

$$C_2H_5OH \;+\; 3O_2 \;\rightarrow\; 2CO_2 \;+\; 3H_2O$$

$$46 \quad : \quad 3 \times 32$$

$$400 \quad : \quad BOD$$

$$\therefore \; BOD \;=\; \frac{400}{} \left| \frac{3 \times 32}{46} \right. \;=\; 834.782\text{kg/day}$$

$$N \;=\; \frac{5}{100} \left| \frac{834.782}{} \right. \;=\; 41.739\text{kg/day}$$

12. SS 제거를 증가시키기 위해 부유물질의 농도가 220mg/L인 3,000m^{3}의 하수에 염화철($FeCl_3$) 70kg 을 넣어 침전 제거 효율이 80%가 되었다. 총 침전물의 양(m³)은? (단, $FeCl_3 + 3H_2O \rightarrow Fe(OH)_3 \downarrow + 3H^+ + 3Cl^-$, 침전물의 비중 : 1.03, 함수율 98%, Fe : 55.8, Cl : 35.5)

　가. 약 18m^3

　나. 약 28m^3

　다. 약 37m^3

　라. 약 46m^3

$$\text{총 침전 고형물량} \quad = \quad \text{SS 제거량} \quad + \quad \text{침전 } Fe(OH)_3 \text{량}$$

1) $Fe(OH)_3$ 생산량

$$FeCl_3 \quad : \quad Fe(OH)_3$$

$$162.3 \quad : \quad 106.8$$

$$70\text{kg} \quad : \quad x$$

$$x \;=\; \frac{70}{} \left| \frac{106.8}{162.3} \right. \;=\; 46.062\text{kg}$$

2) SS 제거량 $= \dfrac{220\text{mg}}{\text{L}} \left| \dfrac{3{,}000\text{m}^3}{} \right| \dfrac{1{,}000\text{L}}{1\text{m}^3} \left| \dfrac{1\text{kg}}{10^6\text{mg}} \right| \dfrac{0.8}{} \;=\; 528\text{kg}$

3) 총 침전 고형물량 $=$ 528 $+$ 46.062 $=$ 574.062kg

4) 총 침전물량 $= \dfrac{0.574062\text{t}}{} \left| \dfrac{1\text{m}^3}{1.03\text{t}} \right| \dfrac{100}{2} \;=\; 27.86\text{m}^3$

13. SVI = 150일 때 반송슬러지 농도는? (단, 유입 SS 고려하지 않음)

가. 약 $5,400g/m^3$

나. 약 $6,700g/m^3$

다. 약 $7,800g/m^3$

라. 약 $8,600g/m^3$

$$SVI = \frac{10^6}{Xr(mg/L)}$$

$$Xr = \frac{10^6mg}{150L} \cdot \frac{1g}{1,000mg} \cdot \frac{1,000L}{1m^3} = 6,666.67g/m^3$$

14. BOD가 200mg/L이고 유량이 7,570m³/day인 도시하수를 2단계 살수여상으로 처리하고자 한다. 요구되는 최종유출수의 BOD가 25mg/L, 반송비(R)가 2일 때 요구되는 1단계 여상의 부피는?

(단, $E_1 = E_2$, E_1 : 1단계 살수여상 효율, E_2 : 2단계 살수여상 효율, F = 재순환계수

$$F = \frac{1+R}{(1+\frac{R}{10})^2}, \quad E_1 = \frac{100}{1+0.432\sqrt{\frac{W}{VF}}} \quad)$$

가. 약 $250m^3$

나. 약 $350m^3$

다. 약 $450m^3$

라. 약 $550m^3$

1) 1단계 유입 BOD 부하(W)

$$W = BOD \cdot Q = \frac{200mg}{L} \cdot \frac{7,570m^3}{day} \cdot \frac{1kg}{10^6mg} \cdot \frac{1,000L}{m^3} = 1,514kg/day$$

2) 1단계 여상의 부피(V)

$$F = \frac{1+2}{(1+2/10)^2} = 2.0833$$

$$200(1 - E_1)(1 - E_2) = 25$$

$E_1 = E_2$ 이므로, $E_1 = 0.6464 = 64.64\%$

$$\therefore 64.64 = \frac{100}{1+0.432\sqrt{(1,514/2.0833V)}}$$

$$V = 453.23m^3$$

15. 수량 24,000m³/day의 하수를 폭 10m, 길이 20m, 깊이 2m의 침전지에서 표면적 부하 40m³/m²·day의 조건으로 처리하기 위해서는 침전지가 몇 개 필요한가? (단, 병렬 기준)

　　가. 2
　　나. 3
　　다. 4
　　라. 5

$$\text{침전지 개수} = \frac{204,000\text{m}^3}{\text{day}} \left| \frac{\text{m}^2 \cdot \text{day}}{40\text{m}^3} \right| \frac{}{20\text{m}} \left| \frac{}{10\text{m}} \right. = 3$$

16. 2차 처리 유출수에 포함된 10mg/L의 유기물을 분말활성탄 흡착법으로 3차 처리하여 1mg/L가 될 때까지 제거하고자 할 때 폐수 3m³당 몇 g의 활성탄이 필요한가? (단, 오염물질의 흡착량과 흡착제거량의 관계는 Freundlich 등온식에 따르며 K = 0.5, n = 1이다.)

　　가. 36g
　　나. 48g
　　다. 54g
　　라. 66g

$$\frac{X}{M} = KC^{(1/n)}$$

$$\frac{(10-1)}{M} = 0.5$$

$$\therefore \ M = \frac{18\text{mg/L}}{} \left| \frac{1,000\text{L}}{1\text{m}^3} \right| \frac{3\text{m}^3}{} \left| \frac{1\text{g}}{10^3\text{mg}} \right. = 54\text{g}$$

17. BOD 400mg/L, 유량 25m³/hr인 폐수를 활성슬러지법으로 처리하고자 한다. BOD 용적부하를 0.6kg BOD/m³·day로 유지하려면 포기조의 수리학적 체류시간은?

　　가. 8시간
　　나. 16시간
　　다. 24시간
　　라. 32시간

$$\text{BOD 용적부하} = \frac{\text{BOD} \cdot Q}{V} = \frac{\text{BOD}}{t}$$

$$\therefore \ t = \frac{\text{BOD}}{\text{BOD 용적부하}} = \frac{400\text{mg}}{\text{L}} \left| \frac{\text{m}^3 \cdot \text{day}}{0.6\text{kg BOD}} \right| \frac{1\text{kg}}{10^6\text{mg}} \left| \frac{1,000\text{L}}{1\text{m}^3} \right| \frac{24\text{hr}}{1\text{day}} = 16\text{hr}$$

18. 용량 500m³인 수조의 염소이온 농도가 600mg/L이다. 수조 내의 폐수는 완전혼합이며 계속적으로 맑은 물이 20m³/hr로 유입된다면 염소이온의 농도가 20mg/L로 낮아질 때까지 걸리는 소요시간은? (단, 1차 반응 기준)

가. 2.84day

나. 3.54day

다. 4.34day

라. 5.14day

$$\ln \frac{C}{C_o} = \frac{Q \cdot t}{V}$$

$$\therefore \ t = \frac{V}{Q} \ln \frac{C}{C_o}$$

$$= \frac{\text{hr}}{20\text{m}^3} \left| 500\text{m}^3 \right| \frac{\ln(\frac{20}{600})}{} \left| \frac{\text{day}}{24\text{hr}} \right. = 3.54\text{day}$$

19. 1일 10,000m³의 폐수를 급속혼화지에서 체류시간 30sec, 평균 속도경사(G) 400sec⁻¹인 기계식 고속 교반장치를 설치하여 교반하고자 한다. 이 장치의 필요한 소요동력은? (단, 수온은 10℃, 점성계수(μ)는 $1.307 \times 10^{-3}\text{kg/m} \cdot \text{s}$)

가. 약 621W

나. 약 726W

다. 약 842W

라. 약 956W

$$P = \mu G^2 V$$

$$= \frac{1.307 \times 10^{-3}\text{kg}}{\text{m} \cdot \text{s}} \left| \frac{400^2}{\text{sec}^2} \right| \frac{10,000\text{m}^3}{1\text{일}} \left| 30\text{sec} \right| \frac{1\text{일}}{86,400\text{sec}} = 726\text{W}$$

20. 어떤 폐수의 암모니아성 질소가 10mg/L이고 동화작용에 충분한 유기탄소(CH_3OH)를 공급한다. 처리장의 유량이 5,000m³/day라면 미생물에 의한 완전한 동화작용 결과 생성되는 미생물 생산량은? (단, $20CH_3OH + 15O_2 + 3NH_3 \rightarrow 3C_5H_7NO_2 + 5CO_2 + 34H_2O$를 적용한다.)

가. 224kg/day

나. 404kg/day

다. 607kg/day

라. 837kg/day

$$1) \ 수중 \ NH_3\text{-}N \ 양 = \frac{0.1g}{L} \left| \frac{500m^3}{day} \right| \frac{1kg}{1,000g} \left| \frac{1,000L}{1m^3} \right. = 50kg/day$$

2) $NH_3\text{-}N$: $C_5H_7NO_2$(미생물)

　　　14 : 113

　50kg/day : 미생물 생산량(x)

$$\therefore \ x = \frac{113}{14} \left| \frac{50kg/day}{} \right. = 403.5kg/day$$

21. 폭기조 내 MLSS 농도가 4,000mg/L이고 슬러지 반송률이 50%인 경우 이 활성슬러지의 SVI는? (단, 유입수 SS 고려하지 않음)

가. 113

나. 103

다. 93

라. 83

$$r = \frac{X}{Xr - X}$$

$$0.5 = \frac{4,000}{Xr - 4,000}$$

$$\therefore \ Xr = 12,000mg/L$$

$$\therefore \ SVI = \frac{10^6}{Xr} = \frac{10^6}{12,000} = 83.33$$

22. BOD 250mg/L인 폐수를 살수여상법으로 처리할 때 처리수의 BOD는 80mg/L이었고 이때의 온도가 20℃였다. 만일 온도가 23℃로 된다면 처리수의 BOD 농도는? (단, 온도 이외의 처리조건은 같고, E : 처리효율 $E_t = E_{20} \times Ci^{T-20}$, Ci = 1.035임)

가. 약 32mg/L

나. 약 42mg/L

다. 약 52mg/L

라. 약 62mg/L

$$E_{20} = \frac{250 - 80}{250} = 0.68$$

$$E_{23} = 0.68 \times 1.035^{23-20} = 0.7539$$

$$\therefore 0.7539 = \frac{250 - x}{250}$$

처리수 BOD(x) = 61.51mg/L

23. 역삼투장치로 하루에 200,000L의 3차 처리된 유출수를 탈염시키고자 한다. 25℃에서 물질전달계수 = 0.2068L/(day - m²)[kPa], 유입수와 유출수 사이의 압력차는 2,400kPa, 유입수와 유출수 사이의 삼투압차는 310kPa, 최저 운전온도는 10℃, $A_{10℃} = 1.58A_{25℃}$라면 요구되는 막면적은?

가. 531m²

나. 631m²

다. 731m²

라. 831m²

$$A_{25℃} = \frac{day \cdot m^2 \cdot kPa}{0.2068L} \left| \frac{}{(2,400 - 310)kPa} \right| \frac{200,000L}{day} = 462.735m^2$$

$$A_{10} = 1.58 \times 462.735 = 731.12m^2$$

24. 슬러지 함수율이 90%인 슬러지 $10m^3/hr$를 가압탈수기로 탈수하고자 할 때 탈수기의 소요면적(m^2)은? (단, 비중은 1.0 기준, 탈수기의 탈수속도는 4kg(건조 고형물)/$m^2 \cdot hr$이다.)

　　가. 150

　　나. 200

　　다. 250

　　라. 300

$$\text{면적} = \frac{10m^3 SL}{hr} \left| \frac{10TS}{100SL} \right| \frac{1,000kg}{1m^3} \left| \frac{m^2 \cdot hr}{4kg\ TS} \right. = 250m^2$$

25. 활성슬러지 공정의 폭기조 내 MLSS 농도 2,000mg/L, 폭기조의 용량 $3m^3$, 유입 폐수의 농도 BOD 300mg/L, 폐수 유량 $10m^3/day$이며 처리수의 BOD 농도는 매우 낮다면 F/M비(kg BOD/kg MLSS·day)는?

　　가. 0.3

　　나. 0.4

　　다. 0.5

　　라. 0.6

$$F/M = \frac{BOD \cdot Q}{V \cdot X} = \frac{300mg/L}{3m^3} \left| \frac{10m^3}{day} \right| \frac{1}{2,000mg/L} = 0.5/day$$

26. CFSTR에서 물질을 분해하여 효율 95%로 처리하고자 한다. 이 물질은 0.5차 반응으로 분해되며, 속도상수는 $0.05(mg/L)^{1/2}/h$이다. 유량은 500L/h이고 유입농도는 150mg/L로서 일정하다면 CFSTR의 필요 부피는? (단, 정상상태 가정)

　　가. $420m^3$

　　나. $520m^3$

　　다. $620m^3$

　　라. $720m^3$

정상상태, 0.5차 반응이므로 물질수지식은 다음과 같다.

$$Q(C_o - C) - KVC^{0.5} = 0$$

$$V = \frac{Q(C_o - C)}{KC^{0.5}} = \frac{500L}{h} \left| \frac{h}{0.05(mg/L)^{1/2}} \right| \frac{0.95 \times 150}{(0.05 \times 150)^{0.5}} \left| \frac{1m^3}{1,000L} \right. = 520m^3$$

27. 상수처리를 위한 사각침전조에 유입되는 유량은 30,000m³/day이고 표면부하율은 24m³/m²·day이며 체류시간은 6시간이다. 침전조의 길이와 폭의 비가 2 : 1이라면 조의 크기는?

　　가. 폭 : 25m, 길이 50m, 깊이 6m

　　나. 폭 : 30m, 길이 60m, 깊이 6m

　　다. 폭 : 25m, 길이 50m, 깊이 4m

　　라. 폭 : 30m, 길이 60m, 깊이 4m

$$A = LB = \frac{Q}{Q/A} = \frac{30,000 \text{m}^3/\text{day}}{24 \text{m}^3/\text{m}^2 \cdot \text{day}} = 1,250 \text{m}^2$$

$$L : B = 2 : 1 \text{ 이므로}$$

$$A = (2B)B = 1,250$$

$$\therefore B = 25\text{m}, \quad L = 50\text{m}$$

$$H = \frac{Qt}{A} = \frac{30,000 \text{m}^3}{\text{day}} \cdot \frac{6\text{hr}}{24\text{hr}} \cdot \frac{\text{day}}{1,250\text{m}^2} = 6\text{m}$$

28. 1차 처리결과 생성되는 슬러지를 분석한 결과 함수율이 90%, 고형물 중 무기성 고형물질이 30%, 유기성 고형물질이 70%, 유기성 고형물질의 비중이 1.1, 무기성 고형물질의 비중이 2.2로 판정되었다. 이때 슬러지의 비중은?

　　가. 1.017

　　나. 1.023

　　다. 1.032

　　라. 1.041

$$\frac{100}{P_{TS}} = \frac{70}{1.1} + \frac{30}{2.2} \quad \therefore P_{TS} = 1.294$$

$$\frac{100}{P_{SL}} = \frac{10}{1.294} = \frac{90}{1} \quad \therefore P_{SL} = 1.023$$

29. 부피가 4,000m³인 포기조의 MLSS 농도가 2,000mg/L이다. 반송슬러지의 SS농도가 8,000mg/L, 슬러지 체류시간(SRT)이 10일이면 폐슬러지의 유량은? (단, 2차 침전지 유출수 중의 SS는 무시한다.)

   가. 100m³/day

   나. 125m³/day

   다. 150m³/day

   라. 175m³/day

$$Q_w = \frac{V \cdot X}{X_r \cdot SRT} = \frac{4,000m^3}{} \cdot \frac{2,000}{8,000} \cdot \frac{1}{10일} = 100m^3/day$$

30. 월류부하가 150m³/m·day인 원형 침전지에서 1일 4,000m³을 처리하고자 한다. 원형 침전지의 적당한 직경(m)은?

   가. 5.5m

   나. 6.5m

   다. 7.5m

   라. 8.5m

$$월류부하 = \frac{Q}{\pi D}$$

$$\therefore D = \frac{Q}{\pi 월류부하} = \frac{4,000m^3}{일} \cdot \frac{1}{3.14} \cdot \frac{m \cdot 일}{150m^3} = 8.49m$$

1.라	2.가	3.라	4.다	5.다	6.라	7.라	8.다	9.라	10.나	11.다	12.나	13.나	14.라	15.나
16.다	17.나	18.나	19.나	20.나	21.라	22.라	23.다	24.라	25.다	26.나	27.가	28.나	29.가	30.라

04
수질오염 공정시험기준

1. 농도 표시

① 백분율(parts per hundred)은 용액 100mL 중의 성분무게(g) 또는 기체 100mL 중의 성분무게(g)를 표시할 때는 W/V%, 용액 100mL 중의 성분용량(mL) 또는 기체 100mL 중의 성분용량(mL)을 표시할 때는 V/V%, 용액 100g 중의 성분용량(mL)을 표시할 때는 V/W%, 용액 100g 중의 성분무게(g)를 표시할 때는 W/V%의 기호를 쓴다. 다만, 용액의 농도를 "%"로만 표시할 때는 W/V%를 말한다.

② 천분율(ppt, parts per thousand)을 표시할 때는 g/L, g/kg의 기호를 쓴다.

③ 백만분율(ppm, parts per million)을 표시할 때는 mg/L, mg/kg의 기호를 쓴다.

④ 십억분율(ppb, parts per billion)을 표시할 때는 μg/L, μg/kg의 기호를 쓴다.

⑤ 기체 중의 농도는 표준상태(0℃, 1기압)로 환산 표시한다.

2. 기구 및 기기

공정시험기준에서 사용하는 모든 기구 및 기기는 측정결과에 대한 오차가 허용되는 범위 이내인 것을 사용하여야 한다.

(1) 기구

공정시험기준에서 사용하는 모든 유리기구는 KS L 2302 이화학용 유리기구의 모양 및 치수에 적합한 것 또는 이와 동등 이상의 규격에 적합한 것으로 국가 또는 국가에서 지정하는 기관에서 검정을 필한 것을 사용하여야 한다.

(2) 기기

① 공정시험기준의 분석절차 중 일부 또는 전체를 자동화한 기기가 정도관리 목표 수준에 적합하고, 그 기기를 사용한 방법이 국내외에서 공인된 방법으로 인정되는 경우 이를 사용할 수 있다.

② 연속측정 또는 현장측정의 목적으로 사용하는 측정기기는 공정시험기준에 의한 측정치와의 정확한 보정을 행한 후 사용할 수 있다.

③ **분석용 저울은 0.1mg까지 달 수 있는 것**이어야 하며, 분석용 저울 및 분동은 국가 검정을 필한 것을 사용하여야 한다.

3. 시약 및 용액

(1) 시약

① 시험에 사용하는 시약은 따로 규정이 없는 한 1급 이상 또는 이와 동등한 규격의 시약을 사용하여 각 시험항목별 시약 및 표준용액에 따라 조제하여야 한다.

② 이 공정시험기준에서 각 항목의 분석에 사용되는 표준물질은 소급성이 인증된 것을 사용한다.

(2) 용액

① 용액의 앞에 몇 %라고 한 것(⑩ 20% 수산화나트륨 용액)은 수용액을 말하며, 따로 조제방법을 기재하지 아니하였다. 일반적으로 **용액 100mL에 녹아 있는 용질의 g 수**를 나타낸다.

② 용액 다음의 ( ) 안에 몇 N, 몇 M 또는 %라고 한 것[⑩ 아황산나트륨용액(0.1N), 아질산나트륨 용액(0.1M), 구연산이암모늄용액(20%)]은 용액의 조제방법에 따라 조제하여야 한다.

③ **용액의 농도를 (1 → 10), (1 → 100) 또는 (1 → 1000) 등으로 표시하는 것은 고체 성분에 있어서는 1g, 액체성분에 있어서는 1mL를 용매에 녹여 전체 양을 10mL, 100mL 또는 1,000mL로 하는 비율을 표시한 것이다.**

④ **액체 시약의 농도에 있어서 예를 들어 염산(1 + 2)라고 되어 있을 때에는 염산 1mL와 물 2mL를 혼합하여 조제한 것을 말한다.**

4. 온도 표시

① 온도의 표시는 셀시우스(celcius)법에 따라 아라비아 숫자의 오른쪽에 ℃를 붙인다. 절대온도는 K로 표시하고 절대온도 0K는 -273℃로 한다.

② 온도 구분

온도 용어	온도
표준온도	0℃
상온	15~25℃
실온	1~35℃
냉수	15℃ 이하
온수	60~70℃
열수	약 100℃
찬 곳	규정이 없는 한 0~15℃의 곳

③ "수욕상 또는 수욕 중에서 가열한다"라 함은 따로 규정이 없는 한 수온 100℃에서 가열함을 뜻하고 약 100℃의 증기욕을 쓸 수 있다.

④ 각각의 시험은 따로 규정이 없는 한 상온에서 조작하고 조작 직후에 그 결과를 관찰한다. 단, 온도의 영향이 있는 것의 판정은 표준온도를 기준으로 한다.

5. 관련 용어정의

① 시험조작 중 "즉시"란 30초 이내에 표시된 조작을 하는 것을 뜻한다.

② "감압 또는 진공"이라 함은 따로 규정이 없는 한 15mmHg 이하를 뜻한다.

③ "이상"과 "초과", "이하", "미만"이라고 기재하였을 때는 "이상"과 "이하"는 기산점 또는 기준점인 숫자를 포함하며, "초과"와 "미만"은 기산점 또는 기준점인 숫자를 포함하지 않는 것을 뜻한다. 또 "a~b"라 표시한 것은 a 이상 b 이하임을 뜻한다.

④ "바탕시험을 하여 보정한다"라 함은 시료에 대한 처리 및 측정을 할 때, 시료를 사용하지 않고 같은 방법으로 조작한 측정치를 빼는 것을 뜻한다.

⑤ 방울수라 함은 20℃에서 정제수 20방울을 적하할 때, 부피가 약 1mL되는 것을 뜻한다.

⑥ "항량으로 될 때까지 건조한다"라 함은 같은 조건에서 1시간 더 건조할 때 전후 무게의 차가 g당 0.3mg 이하일 때를 말한다.

⑦ 용액의 산성, 중성 또는 알칼리성을 검사할 때는 따로 규정이 없는 한 유리전극법에 의한 pH미터로 측정하고, 구체적으로 표시할 때는 pH값을 쓴다.

⑧ "용기"라 함은 시험용액 또는 시험에 관계된 물질을 보존, 운반 또는 조작하기 위하여 넣어두는 것으로 시험에 지장을 주지 않도록 깨끗한 것을 뜻한다.

밀폐용기	· 취급 또는 저장하는 동안 이물질이 들어가거나 내용물이 손실되지 아니하도록 보호하는 용기
기밀용기	· 취급 또는 저장하는 동안 밖으로부터 공기 또는 다른 가스가 침입하지 아니하도록 내용물을 보호하는 용기
밀봉용기	· 취급 또는 저장하는 동안 기체 또는 미생물이 침입하지 아니하도록 내용물을 보호하는 용기
차광용기	· 광선이 투과하지 않는 용기 또는 투과하지 않게 포장을 한 용기이며, 취급 또는 저장하는 동안 내용물이 광화학적 변화를 일으키지 아니하도록 방지할 수 있는 용기

⑨ 여과용 기구 및 기기를 기재하지 않고 "여과한다"라고 하는 것은 KSM 7602 거름종이 5종 또는 이와 동등한 여과지를 사용하여 여과함을 말한다.

⑩ "정밀히 단다"라 함은 규정된 양의 시료를 취하여 화학저울 또는 미량저울로 칭량함을 말한다.

⑪ 무게를 "정확히 단다"라 함은 규정된 수치의 무게를 0.1mg까지 다는 것을 말한다.

⑫ "정확히 취하여"라 하는 것은 규정한 양의 액체를 부피피펫으로 눈금까지 취하는 것을 말한다.

⑬ "약"이라 함은 기재된 양에 대하여 ±10% 이상의 차가 있어서는 안 된다.

⑭ "냄새가 없다"라고 기재한 것은 냄새가 없거나 또는 거의 없는 것을 표시하는 것이다.

⑮ 시험에 쓰는 물은 따로 규정이 없는 한 증류수 또는 정제수로 한다.

6. 정도보증/정도관리(QA~QC)

(1) 감응계수

검정곡선 작성용 표준용액의 농도(C)에 대한 반응값(R, response)

$$감응계수 = \frac{R}{C}$$

(2) 검출한계

1) 정량한계(LOQ, limit of quantification)

시험분석 대상을 정량화할 수 있는 측정값으로서, 제시된 정량한계 부근의 농도를 포함하도록 시료를 준비하고, 이를 반복 측정하여 얻은 결과의 **표준편차(s)에** 10배한 값을 사용한다.

$$정량한계 = 10 \times s$$

2) 기기검출한계(IDL, instrument detection limit)

시험분석 대상물질을 기기가 검출할 수 있는 최소한의 농도 또는 양으로서, 일반적으로 **S/N 비의 2~5배 농도** 또는 바탕시료를 반복측정 분석한 결과의 **표준편차에** 3배한 값 등을 말한다.

3) 방법검출한계(MDL, method detection limit)

시료와 비슷한 매질 중에서 시험분석 대상을 검출할 수 있는 최소한의 농도

(3) 정밀도(precision)

시험분석 결과의 반복성을 나타내는 것으로 반복시험하여 얻은 결과를 상대표준편차(RSD, relative standard deviation)로 나타내며, 연속적으로 n회 측정한 결과의 평균값($\bar{x}$)과 표준편차(s)로 구한다.

$$정밀도(\%) = \frac{s}{x} \times 100$$

(4) 정확도

시험분석 결과가 참값에 얼마나 근접하는가를 나타내는 것

$$정확도(\%) = \frac{C_M}{C_C} \times 100 = \frac{C_{AM} - C_S}{C_A} \times 100$$

(5) 바탕시료

방법바탕시료 (method blank)	· 시료와 유사한 매질을 선택하여 추출, 농축, 정제 및 분석 과정에 따라 측정한 것 · 이때 매질, 실험절차, 시약 및 측정 장비 등으로부터 발생하는 오염물질을 확인할 수 있다.
시약바탕시료 (reagent blank)	· 시료를 사용하지 않고 추출, 농축, 정제 및 분석 과정에 따라 모든 시약과 용매를 처리하여 측정한 것 · 이때 실험절차, 시약 및 측정 장비 등으로부터 발생하는 오염물질을 확인할 수 있다.

| 내용문제 |

| 농도 표시 |

01 백분율(W/V, %)의 설명으로 옳은 것은?

① 용액 100g 중의 성분무게(g)를 표시
② 용액 100mL 중의 성분용량(mL)을 표시
③ 용액 100mL 중의 성분무게(g)를 표시
④ 용액 100g 중의 성분용량(mL)을 표시

해설

① W/W%
② V/V%
④ V/W%

정답 ③

| 농도 표시 |

02 ppm을 설명한 것으로 틀린 것은?

① ppb 농도의 1,000배이다.
② 백만분율이라고 한다.
③ mg/kg이다.
④ % 농도의 1/1,000이다.

해설

④ % 농도의 1/10,000이다.

정답 ④

| 용어 |

03 '항량으로 될 때까지 건조한다'는 정의 중 ( )에 해당하는 것은?

같은 조건에서 1시간 더 건조할 때 전후무게의 차가 g당 ( )mg 이하일 때

① 0
② 0.1
③ 0.3
④ 0.5

해설

항량으로 될 때까지 건조한다 : 같은 조건에서 1시간 더 건조할 때 전후 무게의 차가 g당 0.3mg 이하일 때를 말한다.

정답 ③

| 용어 |

04 "항량으로 될 때까지 건조한다."라 함은 같은 조건에서 어느 정도 더 건조시켜 전후 무게차가 g당 0.3mg 이하일 때를 말하는가?

① 30분
② 60분
③ 120분
④ 240분

해설

"항량으로 될 때까지 건조한다."라 함은 같은 조건에서 1시간 더 건조할 때 전후 무게의 차가 g당 0.3mg 이하일 때를 말한다.

정답 ②

|용어|

05 "정확히 취하여"라고 하는 것은 규정한 양의 액체를 무엇으로 눈금까지 취하는 것을 말하는가?

① 메스실린더
② 뷰렛
③ 부피피펫
④ 눈금 비이커

해설

"정확히 취하여"라 하는 것은 규정한 양의 액체를 부피피펫으로 눈금까지 취하는 것을 말한다.

정답 ③

|용어|

06 수질오염공정시험기준에서 진공이라 함은?

① 따로 규정이 없는 한 15mmHg 이하를 말함
② 따로 규정이 없는 한 $15mmH_2O$ 이하를 말함
③ 따로 규정이 없는 한 4mmHg 이하를 말함
④ 따로 규정이 없는 한 $4mmH_2O$ 이하를 말함

해설

진공 : 따로 규정이 없는 한 15mmHg 이하를 말한다.

정답 ①

|용어|

07 공정시험기준에 대한 내용으로 가장 거리가 먼 것은?

① 온수는 60~70℃, 냉수는 15℃ 이하를 말한다.
② 방울수는 20℃에서 정제수 20방울을 적하할 때, 그 부피가 약 1mL가 되는 것을 뜻한다.
③ '정밀히 단다'라 함은 규정된 수치의 무게를 0.1mg까지 다는 것을 말한다.
④ 시험에 쓰는 물은 따로 규정이 없는 한 증류수 또는 정제수로 한다.

해설

③ '정밀히 단다'라 함은 규정된 양의 시료를 취하여 화학저울 또는 미량저울로 칭량함을 말한다.

정답 ③

|용어|

08 온도에 관한 내용으로 옳지 않은 것은?

① 찬 곳은 따로 규정이 없는 한 0~15℃ 정도의 곳을 뜻한다.
② 냉수는 15℃ 이하를 말한다.
③ 온수는 70~90℃를 말한다.
④ 상온은 15~25℃를 말한다.

해설

온도

· 상온 : 15~25℃
· 냉수 : 15℃ 이하
· 실온 : 1~35℃
· 온수 : 60~70℃
· 찬 곳 : 0~15℃
· 열수 : 100℃

정답 ③

| 용어 |

09 시험에 적용되는 온도 표시로 틀린 것은?

① 실온 : 1~35℃
② 찬 곳 : 0℃ 이하
③ 온수 : 60~70℃
④ 상온 : 15~25℃

해설

② 찬 곳 : 0~15℃인 곳

정답 ②

| 용어 |

10 온도표시기준 중 "상온"으로 가장 적합한 범위는?

① 1~15℃
② 10~15℃
③ 15~25℃
④ 20~35℃

해설

· 상온 : 15~25℃
· 실온 : 1~35℃

정답 ③

| 용어 |

11 취급 또는 저장하는 동안에 이물질이 들어가거나 또는 내용물이 손실되지 아니하도록 보호하는 용기는?

① 밀봉용기   ② 밀폐용기
③ 기밀용기   ④ 압밀용기

해설

밀폐용기	취급 또는 저장하는 동안 이물질이 들어가거나 내용물이 손실되지 아니하도록 보호하는 용기
기밀용기	취급 또는 저장하는 동안 밖으로부터 공기 또는 다른 가스가 침입하지 아니하도록 내용물을 보호하는 용기
밀봉용기	취급 또는 저장하는 동안 기체 또는 미생물이 침입하지 아니하도록 내용물을 보호하는 용기
차광용기	광선이 투과하지 않는 용기 또는 투과하지 않게 포장을 한 용기이며, 취급 또는 저장하는 동안 내용물이 광화학적 변화를 일으키지 아니하도록 방지할 수 있는 용기

정답 ②

| 용어 |

12 취급 또는 저장하는 동안에 기체 또는 미생물이 침입하지 아니하도록 내용물을 보호하는 용기는?

① 밀봉용기   ② 밀폐용기
③ 기밀용기   ④ 차폐용기

해설

· 밀폐 : 이물질, 내용물 손실
· 기밀 : 공기, 가스
· 밀봉 : 기체, 미생물
· 차광 : 광선

정답 ①

13 수질분석 관련 용어의 설명 중 잘못된 것은?

| 용어 |

① 수욕상 또는 수욕 중에서 가열한다라 함은 따로 규정이 없는 한 수온 100℃에서 가열함을 뜻한다.

② 용액의 산성, 중성 또는 알칼리성을 검사할 때는 따로 규정이 없는 한 유리전극법에 의한 pH 미터로 측정하고 구체적으로 표시할 때는 pH 값을 쓴다.

③ 진공이라 함은 15mmH$_2$O 이하의 진공도를 말한다.

④ 분석용 저울은 0.1mg까지 달 수 있는 것이어야 한다.

해설

③ "감압 또는 진공"이라 함은 따로 규정이 없는 한 15 mmHg 이하를 뜻한다.

정답 ③

14 수질오염공정시험기준의 관련 용어 정의가 잘못된 것은?

| 용어 |

① '감압 또는 진공'이라 함은 따로 규정이 없는 한 15mmH$_2$O 이하를 뜻한다.

② '냄새가 없다'라고 기재한 것은 냄새가 없거나, 또는 거의 없는 것을 표시하는 것이다.

③ '약'이라 함은 기재된 양에 대하여 ±10% 이상의 차가 있어서는 안 된다.

④ 시험조작 중 '즉시'란 30초 이내에 표시된 조작을 하는 것을 뜻한다.

해설

① '감압 또는 진공'이라 함은 따로 규정이 없는 한 15 mmHg 이하를 뜻한다.

정답 ①

15 총칙 중 관련 용어의 정의로 틀린 것은?

| 용어 |

① 용기 : 시험에 관련된 물질을 보호하고 이물질이 들어가는 것을 방지할 수 있는 것을 말한다.

② 바탕시험을 하여 보정한다 : 시료에 대한 처리 및 측정을 할 때, 시료를 사용하지 않고 같은 방법으로 조작한 측정치를 빼는 것을 말한다.

③ 정확히 취하여 : 규정한 양의 액체를 부피피펫으로 눈금까지 취하는 것을 말한다.

④ 정밀히 단다 : 규정된 양의 시료를 취하여 화학저울 또는 미량저울로 칭량함을 말한다.

해설

① 용기 : 시험용액 또는 시험에 관계된 물질을 보존, 운반 또는 조작하기 위하여 넣어두는 것으로, 시험에 지장을 주지 않도록 깨끗한 것을 뜻한다.

정답 ①

| 용어 |

16 수질오염물질을 측정함에 있어 측정의 정확성과 통일성을 유지하기 위한 제반사항에 관한 설명으로 틀린 것은?

① 시험에 사용하는 시약은 따로 규정이 없는 한 1급 이상 또는 이와 동등한 규격의 시약을 사용한다.

② "항량으로 될 때까지 건조한다"라는 의미는 같은 조건에서 1시간 더 건조할 때 전후 무게의 차가 g당 0.3mg 이하일 때를 말한다.

③ 기체 중의 농도는 표준상태(0℃, 1기압)로 환산 표시한다.

④ "정확히 취하여"라 하는 것은 규정한 양의 시료를 부피피펫으로 0.1mL까지 취하는 것을 말한다.

해설

④ "정확히 취하여"라 하는 것은 규정한 양의 액체를 부피피펫으로 눈금까지 취하는 것을 말한다.

정답 ④

| 정도보증관리 |

17 감응계수를 옳게 나타낸 것은? (단, 검정곡선 작성용 표준용액의 농도 : C, 반응값 : R)

① 감응계수 = R / C

② 감응계수 = C / R

③ 감응계수 = R × C

④ 감응계수 = C - R

해설

정답 ①

| 정도보증관리 |

18 정량한계(LOQ)를 옳게 표시한 것은?

① 정량한계 = 3 × 표준편차

② 정량한계 = 3.3 × 표준편차

③ 정량한계 = 5 × 표준편차

④ 정량한계 = 10 × 표준편차

해설

정량한계(LOQ) = 10 × 표준편차(s)

정답 ④

| 정도보증관리 |

19 정도관리 요소 중 정밀도를 옳게 나타낸 것은?

① 정밀도(%) = (연속적으로 n회 측정한 결과의 평균값/표준편차) × 100

② 정밀도(%) = (표준편차/연속적으로 n회 측정한 결과의 평균값) × 100

③ 정밀도(%) = (상대편차/연속적으로 n회 측정한 결과의 평균값) × 100

④ 정밀도(%) = (연속적으로 n회 측정한 결과의 평균값/상대편차) × 100

해설

$$정밀도(\%) = \frac{s}{\bar{x}} \times 100$$

$\bar{x}$: 연속적으로 n회 측정한 결과의 평균값

s : 표준편차

정답 ②

계산문제

|농도 계산|

20 NaOH 0.01M은 몇 mg/L인가?

① 40 ② 400
③ 4,000 ④ 40,000

> 해설

$$\frac{0.01mol}{L} \left| \frac{40g}{1mol} \right| \frac{1,000mg}{1g} = 400mg/L$$

> 정답 ②

|농도 계산|

21 물 1L에 NaOH 0.8g이 용해되었을 때의 농도(몰)는?

① 0.1 ② 0.2
③ 0.01 ④ 0.02

> 해설

$$\frac{0.8g}{L} \times \frac{1mol}{40g} = 0.02M$$

> 정답 ④

|농도 계산|

22 수산화나트륨(NaOH) 10g을 물에 녹여서 500mL로 하였을 경우 용액의 농도(N)는?

① 0.25 ② 0.5
③ 0.75 ④ 1.0

> 해설

$$\frac{10g\ NaOH}{0.5L} \left| \frac{1eq}{40g} = 0.5eq/L \right.$$

> 정답 ②

|농도 계산|

23 순수한 물 150mL에 에틸알코올(비중 0.79) 80mL를 혼합하였을 때 이 용액 중의 에틸알코올 농도(W/W%)는?

① 약 30%
② 약 35%
③ 약 40%
④ 약 45%

> 해설

$$용질(에틸알코올) = \frac{0.79g}{1mL} \left| \frac{80mL}{} \right. = 63.2g$$

$$용매(물) = \frac{150mL}{} \left| \frac{1g}{1mL} \right. = 150g$$

$$농도 = \frac{용질\ 질량}{용액\ 질량} = \frac{63.2}{150 + 63.2} = 0.296$$
$$= 29.6\%$$

> 정답 ①

|농도 계산|

24 95.5% H_2SO_4 (비중 1.83)을 사용하여 0.5N − H_2SO_4 250mL를 만들려면 95.5% H_2SO_4 몇 mL가 필요한가?

① 17
② 14
③ 8.5
④ 3.5

> 해설

$$\frac{x\,mL \times \dfrac{1.83g}{1mL} \times 0.955 \times \dfrac{2eq}{98g}}{0.25L} = \frac{0.5eq}{L}$$

$$\therefore x = 3.5mL$$

> 정답 ④

| 농도 계산 |

25 35% HCl(비중 1.19)을 10% HCl으로 만들기 위한 35% HCl과 물의 용량비는?

① 1 : 1.5
② 3 : 1
③ 1 : 3
④ 1.5 : 1

해설

HCl에 가한 희석수 양(X)

$$희석 후 농도 = \frac{희석 전 농도}{폐수 부피 + 희석수 부피}$$

$$10 = \frac{35}{1+X}$$

$\therefore X = 2.5$

HCl : 물 = 1 : 2.5

정답 ③

| 농도 계산 |

26 시판되는 농축 염산은 12N이다. 이것을 희석하여 1N의 염산 200mL를 만들고자 할 때 필요한 농축 염산의 양(mL)은?

① 7.9
② 16.7
③ 21.3
④ 31.5

해설

$NV = N'V'$

$$\frac{12eq}{L} \times x L = \frac{1eq}{L} \times 0.2L$$

$\therefore x = 0.01666L = 16.66mL$

정답 ②

| 농도 계산 |

27 2N와 7N HCl 용액을 혼합하여 5N－HCl 1L를 만들고자 한다. 각각 몇 mL씩을 혼합해야 하는가?

① 2N－HCl 400mL와 7N－HCl 600mL
② 2N－HCl 500mL와 7N－HCl 400mL
③ 2N－HCl 300mL와 7N－HCl 700mL
④ 2N－HCl 700mL와 7N－HCl 300mL

해설

$$N = \frac{N_1 V_1 + N_2 V_2}{V_1 + V_2}$$

$$5 = \frac{2N \times V_1 + 7N \times (1 - V_1)}{1}$$

$\therefore V_1 = 0.4L = 400mL$

$V_2 = 0.6L = 600mL$

정답 ①

Chapter

02 시료채취 및 보존방법

1. 시료 채취 방법

(1) 복수 시료 채취방법 등

① 수동으로 시료를 채취할 경우 **30분 이상 간격으로 2회 이상 채취**(composite sample)하여 일정량의 **단일 시료**로 한다. 단, 부득이한 사유로 **6시간 이상 간격으로 채취한 시료는 각각 측정분석한 후 산술평균**하여 측정분석값을 산출한다(2개 이상의 시료를 각각 측정분석한 후 산술평균한 결과 배출허용기준을 초과한 경우의 위반일 때의 적용은 최초 배출허용기준이 초과된 시료의 채취일을 기준으로 한다).

② **자동시료채취기**로 시료를 채취할 경우에는 **6시간 이내에 30분 이상 간격으로 2회 이상 채취**(composite sample)하여 일정량의 **단일 시료**로 한다.

③ **수소이온농도(pH), 수온 등 현장에서 즉시 측정하여야 하는 항목**인 경우에는 **30분 이상 간격으로 2회 이상 측정한 후 산술평균**하여 측정값을 산출한다(단, pH의 경우 2회 이상 측정한 값을 pH 7을 기준으로 산과 알칼리로 구분하여 평균값을 산정하고, 산정한 평균값 중 배출허용기준을 많이 초과한 평균값을 측정분석값으로 한다).

④ **시안(CN)**, 노말헥산추출물질, 대장균군 등 시료채취기구 등에 의하여 시료의 성분이 유실 또는 변질 등의 우려가 있는 경우에는 30분 이상 간격으로 2개 이상의 시료를 채취하여 각각 분석한 후 산술평균하여 분석값을 산출한다.

(2) 복수 시료 채취방법 적용을 제외할 수 있는 경우

① 환경오염사고 또는 취약시간대(일요일, 공휴일 및 평일 18:00~09:00 등)의 환경오염감시 등 신속한 대응이 필요한 경우

② 수질 및 수생태계보전에 관한 법률 제38조 제1항의 규정에 의한 비정상적인 행위를 할 경우

③ 사업장 내에서 발생하는 폐수를 회분식(batch식) 등 간헐적으로 처리하여 방류하는 경우

④ 기타 부득이 복수 시료 채취방법으로 시료를 채취할 수 없는 경우

(3) 하천수 등 수질조사를 위한 시료 채취

시료는 시료의 성상, 유량, 유속 등의 시간에 따른 변화(폐수의 경우 조업상황 등)를 고려하여 현장물의 성질을 대표할 수 있도록 채취하여야 하며, 수질 또는 유량의 변화가 심하다고 판단될 때에는 오염상태를 잘 알 수 있도록 시료의 채취 횟수를 늘려야 한다. 이때에는 채취 시의 유량에 비례하여 시료를 서로 섞은 다음 단일 시료로 한다.

(4) 지하수 수질조사를 위한 시료 채취

지하수 침전물로부터 오염을 피하기 위하여 보존 전에 현장에서 여과(0.45μm)하는 것을 권장한다. 단, 기타 휘발성유기화합물과 민감한 무기화합물질을 함유한 시료는 그대로 보관한다.

2. 시료 채취 시 유의사항

① 시료는 목적시료의 성질을 대표할 수 있는 위치에서 시료 채취 용기 또는 채수기를 사용하여 채취하여야 한다.

② 시료 채취 용기는 시료를 채우기 전에 시료로 **3회 이상** 씻은 다음 사용한다. 시료를 채울 때에는 어떠한 경우에도 시료의 **교란이 일어나서는 안 되며,** 가능한 한 **공기와 접촉하는 시간을 짧게** 하여 채취한다.

③ 시료 채취량은 시험항목 및 시험횟수에 따라 차이가 있으나 보통 3~5L 정도이어야 한다. 다만, 시료를 즉시 실험할 수 없어 보존하여야 할 경우 또는 시험항목에 따라 각각 다른 채취용기를 사용하여야 할 경우에는 시료 채취량을 적절히 증감할 수 있다.

④ 시료 채취 시 시료 채취시간, 보존제 사용여부, 매질 등 분석결과에 영향을 미칠 수 있는 사항을 기재하여 분석자가 참고할 수 있도록 한다.

⑤ **용존가스, 환원성 물질, 휘발성유기화합물, 냄새, 유류 및 수소이온** 등을 측정하기 위한 시료를 채취할 때에는 운반 중 공기와의 접촉이 없도록 **시료 용기에 가득** 채운 후 빠르게 뚜껑을 닫는다.

[주 1] 휘발성유기화합물 분석용 시료를 채취할 때에는 뚜껑의 격막을 만지지 않도록 주의하여야 한다.
[주 2] 병을 뒤집어 공기방울이 확인되면 다시 채취해야 한다.

⑥ 현장에서 용존산소 측정이 어려운 경우에는 시료를 가득 채운 300mL BOD병에 황산망간 용액 1mL와 알칼리성 요오드화칼륨 – 아자이드화나트륨 용액 1mL를 넣고, 기포가 남지 않게 조심하여 마개를 닫은 후, 수회 병을 회전하고 암소에 보관하여 8시간 이내에 측정한다.

⑦ 유류 또는 부유물질 등이 함유된 시료는 시료의 균일성이 유지될 수 있도록 채취해야 하며, 침전물 등이 부상하여 혼입되어서는 안 된다.

⑧ **지하수 시료는** 취수정 내에 고여 있는 물과 원래 지하수의 성상이 달라질 수 있으므로 고여 있는 물을 충분히 퍼낸 다음 새로 나온 물을 채취한다. 이 경우 퍼내는 양은 고여 있는 물의 **4~5배 정도**이나 pH 및 전기전도도를 연속적으로 측정하여 이 값이 평형을 이룰 때까지로 한다.

⑨ 지하수 시료 채취 시 **심부층의 경우 저속양수펌프** 등을 이용하여 반드시 **저속 시료 채취**하여 시료 교란을 최소화하여야 하며, **천부층의 경우 저속양수펌프 또는 정량이송펌프** 등을 사용한다.

⑩ 냄새 측정을 위한 시료 채취 시 유리기구류는 사용 직전에 새로 세척하여 사용한다. 먼저 냄새 없는 세제로 닦은 후 정제수로 닦아 사용하고, 고무 또는 플라스틱 재질의 마개는 사용하지 않는다.

⑪ **총유기탄소**를 측정하기 위한 시료 채취 시 시료병은 가능한 외부의 오염이 없어야 하며, 이를 확인하기 위해 바탕시료를 시험해 본다. **시료병은 폴리테트라플루오로에틸렌(PTFE)으로 처리된 고무마개를 사용**하고 **암소에서 보관**하며, 깨끗하지 않은 시료병은 사용하기 전에는 산세척하고, 알루미늄 호일로 포장하여 400℃ 회화로에서 1시간 이상 구워 냉각한 것을 사용한다.

⑫ **퍼클로레이트**를 측정하기 위한 시료 채취 시 시료 용기를 질산 및 정제수로 씻은 후 사용하며, 시료 채취 시 **시료병의 2/3를 채운다.**

⑬ 저농도 수은(0.0002mg/L 이하) 시료를 채취하기 위한 시료 용기는 채취 전에 미리 다음과 같이 준비한다. 우선 염산 용액(4M)이나 진한 질산을 채우고 내산성 플라스틱 덮개를 이용하여 오목한 부분이 밑에 오도록 덮은 후 가열판을 이용하여 48시간 동안 65~75℃가 되도록 한다(후두에서 실시한다). 실온으로 식힌 후 정제수로 3회 이상 헹구고, 염산용액(1%) 세정수로 다시 채운다. 마개를 막고 60~70℃에서 하루 이상 부식성에 강한 깨끗한 오븐에 보관한다. 실온으로 다시 식힌 후 정제수로 3회 이상 헹구고, 염산 용액(0.4%)으로 채워서 클린벤치에 넣은 후 용기 외벽을 완전히 건조시킨다. 건조된 용기를 밀봉하여 폴리에틸렌 지퍼백으로 이중 포장하고 사용 시까지 플라스틱이나 목재상자에 넣어 보관한다.

⑭ **다이에틸헥실프탈레이트**를 측정하기 위한 시료 채취 시 **스테인리스강이나 유리 재질의 시료 채취기를 사용**한다. 플라스틱 시료 채취나 튜브 사용을 피하고 불가피한 경우 시료 채취량의 5배 이상을 흘려보낸 다음 채취하며, 갈색 유리병에 시료를 공간이 없도록 채우고 폴리테트라플루오로에틸렌(PTFE, polytetrafluoroethylene) 마개(또는 알루미늄 호일)나 유리 마개로 밀봉한다. 시료병을 미리 시료로 헹구지 않는다.

⑮ **1, 4 - 다이옥산, 염화비닐, 아크릴로니트릴, 브로모폼**을 측정하기 위한 **시료 용기는 갈색 유리병**을 사용한다. 사용 전 미리 질산 및 정제수로 씻은 다음, 아세톤으로 세정한 후 120℃에서 2시간 정도 가열한 뒤 방랭하여 준비한다. 시료에 산을 가하였을 때 거품이 생기면 그 시료는 버리고 산을 가하지 않은 시료를 채취한다.

⑯ **과불화화합물**을 측정하기 위한 시료 용기는 **폴리프로필렌 용기**를 사용한다. 사용 전에 메탄올 또는 아세톤으로 세정하고, HPLC급 정제수로 헹군 후 자연 건조하여 준비한다.

⑰ 미생물 시료는 멸균된 용기를 이용하여 무균적으로 채취하여야 하며, 시료 채취 직전에 물속에서 채수병의 뚜껑을 열고 폴리글로브를 착용하는 등 신체접촉에 의한 오염이 발생하지 않도록 유의하여야 한다.

⑱ 물벼룩 급성 독성을 측정하기 위한 시료 용기와 배양 용기는 자주 사용하는 경우 내벽에 석회성분이 침적되므로 주기적으로 묽은 염산 용액에 담가 제거한 후 세척하여 사용하고, 농약, 휘발성 유기화합물, 기름 성분이 시험수에 포함된 경우에는 시험 후 시험 용기 세척 시 '뜨거운 비눗물 세척 - 헹굼 - 아세톤 세척 - 헹굼' 과정을 추가한다. 시험수의 유해성이 금속성분에 기인한다고 판단되는 경우에는 시험 후 시험 용기 세척 시 '묽은 염산(10%) 세척 혹은 질산 용액 세척 - 헹굼' 과정을 추가한다.

⑲ 식물성 플랑크톤을 측정하기 위한 시료 채취 시 플랑크톤 네트(mesh size 25μm)를 이용한 정성 채집, 반돈(Van - Dorn) 채수기 또는 채수병을 이용한 정량 채집을 병행한다. 정성 채집 시 플랑크톤 네트는 수평 및 수직으로 수회씩 끌어 채집한다.

⑳ 채취된 시료는 즉시 실험하여야 하며, 그렇지 못한 경우에는 시료의 보존방법에 따라 보존하고 규정된 시간 내에 실험하여야 한다.

3. 시료 채취 지점

(1) 배출시설 등의 폐수

폐수의 성질을 대표할 수 있는 곳에서 채취하며, 폐수의 방류 수로가 한 지점 이상일 때에는 각 수로별로 채취하여 별개의 시료로 하고, 필요에 따라 부지 경계선 외부의 배출구 수로에서도 채취할 수 있다. 시료 채취 시 우수나 조업목적 이외의 물이 포함되지 말아야 한다.

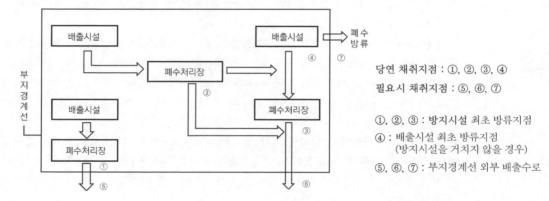

(2) 하천수

① 하천수의 오염 및 용수의 목적에 따라 채수지점을 선정한다.
② 하천본류와 하전지류가 합류하는 경우, 합류 이전의 각 지점과 합류 이후 충분히 혼합된 지점에서 각각 채수한다.
③ 하천의 단면에서 수심이 가장 깊은 수면의 지점과 그 지점을 중심으로 하여 좌우로 수면폭을 **2등분한 각각의 지점의 수면으로부터 수심이 2m 미만일 때에는 수심의 1/3**에서, 수심이 **2m 이상일 때에는 수심의 1/3 및 2/3**에서 각각 채수한다.

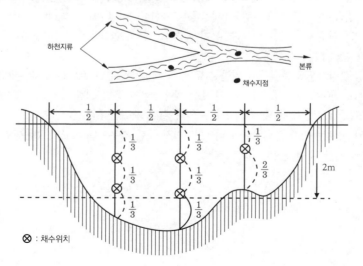

4. 시료의 보존방법

항목	시료용기	보존방법	최대보존기간 (권장보존기간)
냄새	G	가능한 한 즉시 분석 또는 냉장 보관	6시간
노말헥산추출물질	G	4℃ 보관, H_2SO_4로 pH 2 이하	28일
부유물질	P, G	4℃ 보관	7일
색도	P, G	4℃ 보관	48시간
생물화학적 산소요구량	P, G	4℃ 보관	48시간(6시간)
수소이온농도	P, G	–	즉시 측정
온도	P, G	–	즉시 측정
용존산소 적정법	BOD병	즉시 용존산소 고정 후 암소 보관	8시간
용존산소 전극법	BOD병	–	즉시 측정
잔류염소	G(갈색)	즉시 분석	–
전기전도도	P, G	4℃ 보관	24시간
총유기탄소 (용존 유기탄소)	P, G	즉시 분석 또는 HCl 또는 H_3PO_4 또는 H_2SO_4를 가한 후(pH < 2) 4℃ 냉암소에서 보관	28일(7일)
클로로필 a	P, G	즉시 여과하여 −20℃ 이하에서 보관	7일(24시간)
탁도	P, G	4℃ 냉암소에서 보관	48시간(24시간)
투명도	–	–	–
화학적 산소요구량	P, G	4℃ 보관, H_2SO_4로 pH 2 이하	28일(7일)
불소	P	–	28일
브롬이온	P, G	–	28일
시안	P, G	4℃ 보관, NaOH로 pH 12 이상	14일(24시간)
아질산성 질소	P, G	4℃ 보관	48시간(즉시)
암모니아성 질소	P, G	4℃ 보관, H_2SO_4로 pH 2 이하	28일(7일)
염소이온	P, G	–	28일
음이온계면활성제	P, G	4℃ 보관	48시간
인산염인	P, G	즉시 여과한 후 4℃ 보관	48시간
질산성 질소	P, G	4℃ 보관	48시간
총인(용존 총인)	P, G	4℃ 보관, H_2SO_4로 pH 2 이하	28일
총질소(용존 총질소)	P, G	4℃ 보관, H_2SO_4로 pH 2 이하	28일(7일)
퍼클로레이트	P, G	6℃ 이하 보관, 현장에서 멸균된 여과지로 여과	28일
페놀류	G	4℃ 보관, H_3PO_4로 pH 4 이하 조정 후 시료 1L당 $CuSO_4$ 1g 첨가	28일
황산이온	P, G	6℃ 이하 보관	28일(48시간)
금속류(일반)	P, G	시료 1L당 HNO_3 2mL 첨가	6개월
비소	P, G	1L당 HNO_3 1.5mL로 pH 2 이하	6개월
셀레늄	P, G	1L당 HNO_3 1.5mL로 pH 2 이하	6개월

항목	시료용기	보존방법	최대보존기간 (권장보존기간)
수은(0.2μg/L 이하)	P, G	1L당 HCl(12M) 5mL 첨가	28일
6가 크롬	P, G	4℃ 보관	24시간
알킬수은	P, G	HNO₃ 2mL/L	1개월
다이에틸 헥실프탈레이트	G(갈색)	4℃ 보관	7일 (추출 후 40일)
1, 4 - 다이옥산	G(갈색)	HCl(1+1)을 시료 10mL당 1~2방울씩 가하여 pH 2 이하	14일
염화비닐, 브로모폼, 아크릴로니트릴	G(갈색)	HCl(1+1)을 시료 10mL당 1~2방울씩 가하여 pH 2 이하	14일
석유계 총탄화수소	G(갈색)	4℃ 보관, H₂SO₄ 또는 HCl로 pH 2 이하	7일 이내 추출, 추출 후 40일
유기인	G	4℃ 보관, HCl로 pH 5~9	7일 (추출 후 40일)
폴리클로리네이티드 비페닐(PCB)	G	4℃ 보관, HCl로 pH 5~9	7일 (추출 후 40일)
휘발성유기화합물	G	냉장보관 또는 HCl을 가해 pH 2로 조정 후 4℃ 냉암소 보관	7일 (추출 후 14일)
과불화화합물	PP	냉장(4+2℃) 보관, 2주 이내 분석이 어려울 때 냉동(-20℃) 보관	냉동 시 필요에 따라 분석 전까지 시료의 안정성 검토(2주)
총대장균군 환경기준 적용시료	P, G	저온(10℃ 이하)	24시간
총대장균군 배출허용기준 및 방류수기준 적용시료	P, G	저온(10℃ 이하)	6시간
분원성 대장균군	P, G	저온(10℃ 이하)	24시간
대장균	P, G	저온(10℃ 이하)	24시간
물벼룩 급성 독성	G	4℃ 보관	36시간
식물성 플랑크톤	P, G	즉시 분석 또는 포르말린 용액을 시료의 (3~5)% 가하거나 글루타르알데하이드 또는 루골 용액을 시료의 (1~2)% 가하여 냉암소 보관	6개월

P : polyethylene, G : glass, PP : polypropylene

① 클로로필 a 분석용 시료는 즉시 여과하여, 여과한 여과지를 알루미늄 호일로 싸서 -20℃ 이하에서 보관한다. 여과한 여과지는 상온에서 3시간까지 보관할 수 있으며, 냉동 보관 시에는 25일까지 가능하다. 즉시 여과할 수 없다면 시료를 빛이 차단된 암소에서 4℃ 이하로 냉장하여 보관하고, 채수 후 24시간 이내에 여과하여야 한다.

② 시안 분석용 시료에 잔류염소가 공존할 경우 시료 1L당 아스코빈산 1g을 첨가하고, 산화제가 공존할 경우에는 시안을 파괴할 수 있으므로 채수 즉시 이산화비소산나트륨 또는 티오황산나트륨을 시료 1L당 0.6g 첨가한다.

③ 암모니아성 질소 분석용 시료에 잔류염소가 공존할 경우 증류과정에서 암모니아가 산화되어 제거될 수 있으므로 시료 채취 즉시 티오황산나트륨 용액(0.09%)을 첨가한다.

[주] 티오황산나트륨 용액(0.09%) 1mL를 첨가하면 시료 1L 중 2mg 잔류염소를 제거할 수 있다.

④ 페놀류 분석용 시료에 산화제가 공존할 경우 채수 즉시 황산암모늄철 용액을 첨가한다.

⑤ 비소와 셀레늄 분석용 시료를 pH 2 이하로 조정할 경우에는 질산(1+1)을 사용할 수 있으며, 시료가 알칼리화되어 있거나 완충효과가 있다면 첨가하는 산의 양을 질산(1+1) 5mL까지 늘려야 한다.

⑥ 저농도 수은(0.0002mg/L 이하) 분석용 시료는 보관기간 동안 수은이 시료 중의 유기성 물질과 결합하거나 벽면에 흡착될 수 있으므로 가능한 빠른 시간 내 분석하여야 하고, 용기 내 흡착을 최대한 억제하기 위하여 산화제인 브롬산/브롬 용액(0.1N)을 분석하기 24시간 전에 첨가한다.

⑦ **다이에틸헥실프탈레이트 분석용 시료에 잔류염소가 공존할 경우** 시료 1L당 **티오황산나트륨**을 80mg 첨가한다.

⑧ **1, 4 - 다이옥산, 염화비닐, 아크릴로니트릴 및 브로모폼 분석용 시료에 잔류염소가 공존할 경우** 시료 40mL(잔류염소 농도 5mg/L 이하)당 **티오황산나트륨** 3mg **또는 아스코빈산** 25mg을 첨가하거나 시료 1L당 염화암모늄 10mg을 첨가한다.

⑨ **휘발성유기화합물 분석용 시료에 잔류염소가 공존할 경우 시료 1L당 아스코빈산 1g을 첨가**한다.

⑩ **식물성 플랑크톤을 즉시 시험하는 것이 어려울 경우 포르말린 용액을 시료의 (3~5)% 가하여 보존한다.** 침강성이 좋지 않은 남조류나 파괴되기 쉬운 와편모조류와 황갈조류 등은 **글루타르알데하이드나 루골 용액을 시료의 (1~2)% 가하여 보존한다.**

(1) 시료 최대 보존 기간별 정리

기간	항목
즉시	DO 전극법, pH, 수온, 잔류염소
6h	냄새, 총대장균군(배출허용기준 및 방류수기준 적용시료)
8h	DO 적정법
24h	전기전도도, 6가 크롬, 총대장균군(환경기준 적용시료), 분원성 대장균군, 대장균
72h	물벼룩 급성 독성
48h	질산성 질소, 아질산성 질소, BOD, 탁도, 음이온계면활성제, 인산염인, 색도
7일	부유물질, 다이에틸헥실프탈레이트, 석유계총탄화수소, 유기인, PCB, 휘발성유기화합물, 클로로필 a
14일	시안, 1, 4 - 다이옥산, 염화비닐, 아크릴로니트릴, 브로모폼
28일	노말헥산추출물질, COD, 암모니아성 질소, 총인, 총질소, 총유기탄소, 페놀, 황산이온, 수은, 불소, 브롬, 염소, 퍼클로레이트
1개월	알킬수은
6개월	금속류, 비소, 셀레늄, 식물성 플랑크톤

(2) 잘 나오는 시료 보존방법

시료 보존방법	보존물질
1L당 HNO_3 1.5mL로 pH 2 이하	셀레늄, 비소
4℃ 보관, H_2SO_4로 pH 2 이하	노말헥산추출물질, COD, 암모니아성 질소, 총인, 총질소
4℃ 보관, H_2SO_4 또는 HCl으로 pH 2 이하	석유계총탄화수소
4℃ 보관, NaOH로 pH 12 이상	시안
4℃ 보관, HCl로 pH 5~9	PCB, 유기인
4℃ 보관	BOD, 색도, 물벼룩, 음이온계면활성제, 아질산성 질소, 6가 크롬, 질산성 질소, 전기전도도, 부유물질, 다이에틸헥실프탈레이트
보관방법 없는 물질	pH, 온도, DO 전극법, 염소이온, 불소, 브롬이온, 투명도

(3) 시료 용기별 정리

용기	항목
P	불소
G	냄새, 노말헥산추출물질, PCB, VOC, 페놀류, 유기인
G(갈색)	잔류염소, 다이에틸헥실프탈레이트, 1,4 – 다이옥산, 석유계총탄화수소, 염화비닐, 아크릴로니트릴, 브로모폼
BOD병	용존산소 적정법, 용존산소 전극법
PP	과불화화합물
P, G	나머지
용기기준 없는 것	투명도

P : 폴리에틸렌(polyethylene), G : 유리(glass), PP : 폴리프로필렌

(4) 온도별 정리

온도	항목
6℃	퍼클로레이트, 황산이온
저온(10℃ 이하)	총대장균군, 분원성 대장균군, 대장균군
-20℃	클로로필 a
4℃	대부분의 나머지

5. 시료의 전처리 방법

(1) 개요

1) 목적

채취된 시료에는 보통 유기물 및 부유물질 등을 함유하고 있어 탁하거나 색상을 띠고 있는 경우가 있을 뿐만 아니라 목적성분들이 흡착되어 있거나 난분해성의 착화합물 또는 착이온 상태로 존재하는 경우가 있기 때문에 실험의 목적에 따라 적당한 방법으로 전처리를 한 다음 실험하여야 한다. 특히 금속성분을 측정하기 위한 시료일 경우에는 유기물 등을 분해시킬 수 있는 전처리 조작이 필수적이며, 전처리에 사용되는 시약은 목적성분을 함유하지 않은 고순도의 것을 사용하여야 한다.

2) 적용범위

수질오염공정시험기준상 원자흡수분광광도법, 유도결합플라스마 – 원자발광분광법, 유도결합플라스마 – 질량분석법, 양극벗김전압전류법, 자외선/가시선 분광법을 위한 금속측정용 시료의 전처리에 사용한다.

(2) 방법

1) 산분해법

시료에 산을 첨가하고 가열하여 시료 중의 유기물 및 방해물질을 제거하는 방법

2) 마이크로파 산분해법

전반적인 처리 절차 및 원리는 산분해법과 같으나 마이크로파를 이용하여 시료를 가열하는 것이 다르다. 마이크로파를 이용하여 시료를 가열할 경우 고온 고압하에서 조작할 수 있어 전처리 효율이 좋아진다.

3) 회화에 의한 분해

목적성분이 400℃ 이상에서 휘산되지 않고 쉽게 회화될 수 있는 시료에 적용된다. 시료 중에 **염화암모늄, 염화마그네슘** 등이 **다량 함유된 경우**에는 **납, 철, 주석, 아연, 안티몬 등이 휘산**되어 **손실**을 가져오므로 **주의**하여야 한다.

4) 용매추출법

시료에 적당한 착화제를 첨가하여 시료 중의 **금속류와 착화합물을 형성**시킨 다음, **형성된 착화합물을 유기용매로 추출하여 분석하는 방법**이다. 이 방법은 시료 중의 분석대상물의 농도가 낮거나 복잡한 매질 중에서 분석대상물만을 선택적으로 추출하여 분석하고자 할 때 사용한다.

(3) 분석절차

1) 전처리를 하지 않는 경우

무색투명한 탁도 1NTU 이하인 시료의 경우 전처리 과정을 생략하고, pH 2 이하로(시료 1L당 진한 질산 1~3mL를 첨가) 하여 분석용 시료로 한다.

2) 산분해법

분류	특징
질산법	· 유기함량이 비교적 높지 않은 시료의 전처리에 사용
질산 – 염산법	· 유기물 함량이 비교적 높지 않고 금속의 수산화물, 산화물, 인산염 및 황화물을 함유하고 있는 시료에 적용 · 휘발성 또는 난용성 염화물을 생성하는 금속 물질의 분석에는 주의
질산 – 황산법	· 유기물 등을 많이 함유하고 있는 대부분의 시료에 적용 · 칼슘, 바륨, 납 등을 다량 함유한 시료는 난용성의 황산염을 생성하여 다른 금속성분을 흡착하므로 주의
질산 – 과염소산법	· 유기물을 다량 함유하고 있으면서 산분해가 어려운 시료에 적용 · 과염소산을 넣을 경우 질산이 공존하지 않으면 폭발할 위험이 있으므로 반드시 질산을 먼저 넣어주어야 함 · 납을 측정할 경우, 시료 중에 황산이온(SO_4^{2-})이 다량 존재하면 불용성의 황산납이 생성되어 측정값에 손실을 가져옴
질산 – 과염소산 – 불화수소산	· 다량의 점토질 또는 규산염을 함유한 시료에 적용

3) 마이크로파 산분해법

① 이 방법은 **유기물을 다량 함유하고 있으면서 산분해가 어려운 시료에 적용**된다.

② 깨끗한 용기에 잘 혼합된 시료 적당량을 옮긴 후 적당량의 질산을 가한다.

③ 시료와 동일한 방법으로 바탕시험을 하며, 전체 회전판의 평형을 맞추기 위하여 남은 용기에도 시료와 동일하게 정제수에 시약을 가하여 용기가 모두 일정하게 가열이 되도록 한다. 기타 전처리 조건은 제조사의 매뉴얼에 따른다.

④ 분해가 완료되면 용기를 꺼내어 시료 용액이 실온이 되도록 냉각시키고, 시료를 혼합시키기 위해 용기를 잘 흔들어 섞고 용기 내에 남아 있는 가스를 제거한다. 분해된 시료가 고체 물질을 함유한다면 거르거나, 10분간 2,000~3,000rpm으로 원심 분리하여 거르거나 정치시켜 사용한다.

4) 회화에 의한 분해

① 이 방법은 **목적성분이 400℃ 이상에서 휘산되지 않고 쉽게 회화될 수 있는 시료에 적용**된다. 시료 중에 염화암모늄, 염화마그네슘 등이 다량 함유된 경우에는 납, 철, 주석, 아연, 안티몬 등이 휘산되어 손실을 가져오므로 주의하여야 한다.

② 시료를 적당량(100~500mL) 취하여 백금, 실리카 또는 자제증발접시에 넣고 물중탕 또는 열판에서 가열하여 증발건고한다. 용기를 회화로에 옮기고 400~500℃에서 가열하여 잔류물을 회화시킨 다음 냉각하고, 염산(1+1) 10mL를 넣어 열판에서 가열한다.

③ 잔류물이 녹으면 온수 20mL를 넣고 여과하여 거름종이를 온수로 3회 씻어준 다음 여액과 씻은 액을 합하고 물을 넣어 정확히 100mL로 한다.

5) 용매추출법

① 이 방법은 **원자흡수분광도법을 사용하여 분석 시 목적성분의 농도가 미량이거나 측정에 방해되는 성분이 공존할 경우 시료의 농축 또는 방해물질을 제거하기 위한 목적으로 사용**된다.

② 이 방법으로 시료를 전처리한 경우에는 따로 규정이 없는 한 검정곡선 작성용 표준용액도 적당한 농도로 조제하여 시료와 같은 방법으로 처리하여 시험한다.

분류	적용되는 측정 물질
다이에틸다이티오카바민산 추출법 (DDTC – MIBK 법)	시료 중 구리, 아연, 납, 카드뮴 및 니켈
디티존 – 메틸아이소부틸케톤 추출법 (디티존 – MIBK 법)	시료 중 구리, 아연, 납, 카드뮴, 니켈 및 코발트 등
디티존 – 사염화탄소법	시료 중 아연, 납, 카드뮴 등
피로리딘다이티오카르바민산 암모늄 추출법 (APDC – MIBK 법)	시료 중 구리, 아연, 납, 카드뮴, 니켈, 철, 망간, 6가 크롬, 코발트 및 은 등

6. 퇴적물 채취 및 분석용 시료조제

(1) 목적

이 시험기준은 퇴적물 측정망의 퇴적물 채취 및 분석용 시료를 조제하기 위한 방법으로, 수면 아래 퇴적물을 여러 점 채취하여 혼합하고 분석항목에 따라 체질, 건조, 분쇄한 후(이 과정에서 성분이 손실되는 항목은 예외) 적합한 용기에 담아 보관한다.

(2) 적용범위

하천 및 호소의 퇴적물 시료 채취 시 적용한다.

(3) 퇴적물 채취기

퇴적물 채취기(bottom sampler)는 호수나 하천 바닥의 퇴적물을 채취할 때 사용되는 기구로 수심, 퇴적물의 조직(texture), 조류(algae)의 유무, 퇴적물층의 두께, 퇴적물 채취의 목적 등에 따라 다른 종류의 채취기가 사용된다.

일반적으로 사용하는 표층 채취기에는 포나 그랩(ponar grab), 에크만 그랩(ekman grab), 에크만 – 비르거 그랩(ekman - brige grab) 등이 많이 쓰인다. 그 밖에 심층 시료까지 채취하는 주상채취기(core sampler)가 있다.

표층 퇴적물을 채취하는 경우에 많이 이용되는 채취기의 특징은 다음과 같다.

1) 포나 그랩(ponar grab)

모래가 많은 지점에서도 채취가 잘되는 중력식 채취기로서, 조심스럽게 수면 아래로 내려 보내다가 채취기가 바닥에 닿아 줄의 장력이 감소하면 아래 날(jaws)이 닫히도록 되어 있다. 부드러운 펄층이 두터운 경우에는 깊이 빠져 들어가기 때문에 사용하기 어렵다. 원래의 모델은 무게가 무겁고 커서 윈치 등이 필요하지만 소형의 포나 그랩은 윈치 없이 내리고 올릴 수 있다.

2) 에크만 그랩(ekman grab)

물의 흐름이 거의 없는 곳에서 채취가 잘되는 채취기로서, 채취기를 바닥 퇴적물 위에 내린 후 메신저를 투하하면 장방형 상자의 밑판이 닫히도록 설계되었다. 바닥이 모래질인 곳에서는 사용하기 어렵다. 채집면적이 좁고 조류가 센 곳에서는 바닥에 안정시키기 어렵지만, 가벼워 휴대가 용이하며 작은 배에서 손쉽게 사용할 수 있다.

3) 삽, 모종삽, 스쿱

얕은 곳에서 퇴적물을 뜨거나 시료를 혼합할 때 이용할 수 있는 도구로서, 스테인리스 재질의 모종삽(trowel), 스쿱(scoop) 등이 있다.

내용문제

| 시료 채취 방법 |

01 배출허용기준 적합여부 판정을 위해 자동시료 채취기로 시료를 채취하는 방법의 기준은?

① 6시간 이내에 30분 이상 간격으로 2회 이상 채취하여 일정량의 단일 시료로 한다.
② 6시간 이내에 1시간 이상 간격으로 2회 이상 채취하여 일정량의 단일 시료로 한다.
③ 8시간 이내에 1시간 이상 간격으로 2회 이상 채취하여 일정량의 단일 시료로 한다.
④ 8시간 이내에 2시간 이상 간격으로 2회 이상 채취하여 일정량의 단일 시료로 한다.

해설

· 수동으로 시료를 채취할 경우 **30분 이상 간격으로 2회 이상** 채취(composite sample)하여 일정량의 단일 시료로 한다.
· **자동시료채취기로 시료를 채취할 경우에는 6시간 이내에 30분 이상 간격으로 2회 이상 채취(composite sample)**하여 일정량의 **단일 시료**로 한다.
· 수소이온농도(pH), 수온 등 현장에서 **즉시 측정하여야 하는 항목**인 경우에는 **30분 이상 간격으로 2회 이상** 측정한 후 **산술평균**하여 측정값을 산출한다.

정답 ①

| 시료 채취 방법 |

02 복수시료채취방법에 대한 설명으로 ( )에 옳은 것은? (단, 배출허용기준 적합여부 판정을 위한 시료채취 시)

자동시료채취기로 시료를 채취한 경우에는 (㉠) 이내에 30분 이상 간격으로 (㉡) 이상 채취하여 일정량의 단일 시료로 한다.

① ㉠ 6시간, ㉡ 2회
② ㉠ 6시간, ㉡ 4회
③ ㉠ 8시간, ㉡ 2회
④ ㉠ 8시간, ㉡ 4회

해설

· 수동으로 시료를 채취할 경우 30분 이상 간격으로 2회 이상 채취(composite sample)하여 일정량의 단일 시료로 한다.
· 자동시료채취기로 시료를 채취할 경우에는 6시간 이내에 30분 이상 간격으로 2회 이상 채취(composite sample)하여 일정량의 단일 시료로 한다.

정답 ①

| 시료 채취 방법 |

03 배출허용기준 적합여부 판정을 위한 시료채취 시 복수시료채취방법 적용을 제외할 수 있는 경우가 아닌 것은?

① 환경오염사고 또는 취약시간대의 환경오염감시 등 신속한 대응이 필요한 경우
② 부득이 복수시료채취방법으로 할 수 없을 경우
③ 유량이 일정하며 연속적으로 발생되는 폐수가 방류되는 경우
④ 사업장 내에서 발생하는 폐수를 회분식 등 간헐적으로 처리하여 방류하는 경우

해설

복수 시료 채취방법 적용을 제외할 수 있는 경우
· 환경오염사고 또는 취약시간대(일요일, 공휴일 및 평일 18 : 00~09 : 00 등)의 환경오염감시 등 신속한 대응이 필요한 경우
· 수질 및 수생태계보전에 관한 법률 제38조 제1항의 규정에 의한 비정상적인 행위를 할 경우
· 사업장 내에서 발생하는 폐수를 회분식(batch식) 등 간헐적으로 처리하여 방류하는 경우
· 기타 부득이 복수시료채취 방법으로 시료를 채취할 수 없을 경우

정답 ③

| 시료 채취 시 유의사항 |

04 시료 채취 시 유의사항으로 틀린 것은?

① 시료 채취 용기는 시료를 채우기 전에 시료로 3회 이상 씻은 다음 사용한다.
② 유류 또는 부유물질 등이 함유된 시료는 균질성이 유지될 수 있도록 채취해야 하며, 침전물이 부상하여 혼입되어서는 안 된다.
③ 심부층의 지하수 채취 시에는 고속양수펌프를 이용하여 채취시간을 최소화함으로써 수질의 변질을 방지하여야 한다.
④ 용존가스, 환원성 물질, 휘발성유기화합물, 냄새, 유류 및 수소이온 등을 측정하기 위한 시료를 채취할 때는 운반 중 공기와의 접촉이 없도록 시료 용기에 가득 채운 후 빠르게 뚜껑을 닫는다.

해설

③ 심부층 : 저속양수펌프, 저속시료채취, 교란 최소화
천부층 : 저속양수펌프 또는 정량이송펌프

정답 ③

| 시료 채취 시 유의사항 |

05 시료채취 시 유의사항으로 틀린 것은?

① 유류 또는 부유물질 등이 함유된 시료는 시료의 균일성이 유지될 수 있도록 채취해야 하며 침전물 등이 부상하여 혼입되어서는 안 된다.
② 퍼클로레이트를 측정하기 위한 시료를 채취할 때 시료의 공기접촉이 없도록 시료병에 가득 채운다.
③ 시료채취량은 시험항목 및 시험횟수에 따라 차이가 있으나 3~5L 정도이어야 한다.
④ 휘발성유기화합물 분석용 시료를 채취할 때에는 뚜껑의 격막을 만지지 않도록 주의하여야 한다.

해설

② 퍼클로레이트는 시료병의 2/3를 채운다.

정답 ②

| 시료 채취 시 유의사항 |

06 수질분석용 시료 채취 시 유의사항과 가장 거리가 먼 것은?

① 시료 채취 용기는 시료를 채우기 전에 깨끗한 물로 3회 이상 씻은 다음 사용한다.
② 유류 또는 부유물질 등이 함유된 시료는 시료의 균일성이 유지될 수 있도록 채취하여야 하며 침전물 등이 부상하여 혼입되어서는 안 된다.
③ 용존가스, 환원성 물질, 휘발성 유기화합물, 냄새, 유류 및 수소이온 등을 측정하는 시료는 시료 용기에 가득 채워야 한다.
④ 시료 채취량은 보통 3~5L 정도이어야 한다.

해설

① 시료 채취 용기는 시료를 채우기 전에 깨끗한 시료로 3회 이상 씻은 다음 사용한다.

정답 ①

| 시료 채취 시 유의사항 |

07 수질분석을 위한 시료 채취 시 유의사항으로 옳지 않은 것은?

① 채취용기는 시료를 채우기 전에 맑은 물로 3회 이상 씻은 다음 사용한다.
② 용존가스, 환원성 물질, 휘발성 유기물질 등의 측정을 위한 시료는 운반 중 공기와의 접촉이 없도록 가득 채워야 한다.
③ 지하수 시료는 취수정 내에 고여 있는 물을 충분히 퍼낸(고여 있는 물의 4~5배 정도이나 pH 및 전기전도도를 연속적으로 측정하여 이 값이 평형을 이룰 때까지로 한다.) 다음 새로 나온 물을 채취한다.
④ 시료채취량은 시험항목 및 시험횟수에 따라 차이가 있으나 3~5L 정도이어야 한다.

해설

정답 ①

| 시료 채취 지점 |

08 하천수의 시료 채취 지점에 관한 내용으로 (   )에 공통으로 들어갈 내용은?

> 하천의 단면에서 수심이 가장 깊은 수면의 지점과 그 지점을 중심으로 하여 좌우로 수면폭을 2등분한 각각의 지점의 수면으로부터 수심 (   ) 미만일 때에는 수심의 1/3에서, 수심 (   ) 이상일 때에는 수심의 1/3 및 2/3에서 각각 채수한다.

① 2m
② 3m
③ 5m
④ 6m

해설

하천의 단면에서 수심이 가장 깊은 수면의 지점과 그 지점을 중심으로 하여 좌우로 수면폭을 2등분한 각각의 지점의 수면으로부터 수심 2m 미만일 때에는 수심의 1/3에서, 2m 이상일 때에는 수심의 1/3 및 2/3에서 각각 채수한다.

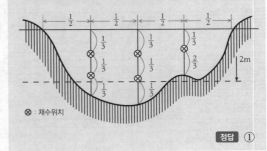

정답 ①

| 시료 채취 지점 |

09 하천의 일정장소에서 시료를 채수하고자 한다. 그 단면의 수심이 2m 미만일 때 채수 위치는 수면으로부터 수심의 어느 위치인가?

① 1/2 지점
② 1/3 지점
③ 1/3과 2/3 지점
④ 수면상과 1/2 지점

해설

정답 ②

| 시료의 보존방법 |

10 수질오염공정시험기준에 의해 분석할 시료를 채수 후 측정시간이 지연될 경우 시료를 보존하기 위해 4℃에 보관하고, 염산으로 pH를 5~9 정도로 유지하여야 하는 항목은?

① 부유물질
② 망간
③ 알킬수은
④ 유기인

해설

시료의 보존방법

시료보존방법	보존물질
1L당 HNO_3 1.5mL로 pH 2 이하	셀레늄, 비소
4℃ 보관, H_2SO_4로 pH 2 이하	노말헥산추출물질, COD, 암모니아성 질소, 총인, 총질소
4℃ 보관, H_2SO_4 또는 HCl으로 pH 2 이하	석유계총탄화수소
4℃ 보관, NaOH로 pH 12 이상	시안
4℃ 보관, HCl로 pH 5~9	PCB, 유기인
4℃ 보관	부유물질, 색도, 생물화학적 산소요구량, 물벼룩, 전기전도도, 아질산성 질소, 음이온계면활성제, 질산성 질소, 6가 크롬, 다이에틸헥실프탈레이트
보관방법 없는 물질	PH, 온도, DO 전극법, 염소이온, 불소, 브롬이온, 투명도

정답 ④

| 시료의 보존방법 |

11 측정항목 중 H_2SO_4를 이용하여 pH를 2 이하로 한 후 4℃에서 보존하는 것이 아닌 것은?

① 화학적 산소요구량   ② 질산성 질소
③ 암모니아성 질소   ④ 총 질소

해설

정답 ②

| 시료의 보존방법 |

12 수질오염공정시험기준에서 시료보존 방법이 지정되어 있지 않은 측정항목은?

① 용존산소(윙클리법)   ② 불소
③ 색도   ④ 부유물질

해설

정답 ②

| 시료의 보존방법 |

13 시료의 보존방법으로 틀린 것은?

① 아질산성 질소 : 4℃ 보관, H_2SO_4로 pH 2 이하
② 총질소(용존 총질소) : 4℃ 보관, H_2SO_4로 pH 2 이하
③ 화학적 산소요구량 : 4℃ 보관, H_2SO_4로 pH 2 이하
④ 암모니아성 질소 : 4℃ 보관, H_2SO_4로 pH 2 이하

해설

① 아질산성 질소 : 4℃ 보관

정답 ①

| 시료의 보존방법 |

14 시안(CN^-) 분석용 시료를 보관할 때 20% NaOH 용액을 넣어 pH 12의 알칼리성으로 보관하는 이유는?

① 산성에서는 CN^- 이온이 HCN으로 되어 휘산하기 때문
② 산성에서는 탄산염을 형성하기 때문
③ 산성에서는 시안이 침전되기 때문
④ 산성에서나 중성에서는 시안이 분해 변질 되기 때문

정답 ①

| 시료 보존 용기 |

15 시료의 용기를 폴리에틸렌병으로 사용하여도 무방한 항목은?

① 노말헥산추출물질　② 페놀류
③ 유기인　　　　　　④ 음이온계면활성제

해설

① 노말헥산추출물질, ② 페놀류, ③ 유기인은 유리 용기만 사용 가능하다.

용기	항목
P	불소
G	냄새, 노말헥산추출물질, PCB, VOC, 페놀류, 유기인
G(갈색)	잔류염소, 다이에틸헥실프탈레이트, 1, 4 - 다이옥산, 석유계총탄화수소, 염화비닐, 아크릴로니트릴, 브로모폼
BOD병	용존산소 적정법, 용존산소 전극법
PP	과불화화합물
P, G	나머지
용기기준 없는 것	투명도

정답 ④

| 시료 보존 용기 |

16 반드시 유리시료용기를 사용하여 시료를 보관해야 하는 항목은?

① 염소이온
② 총인
③ 시안
④ 유기인

정답 ④

| 시료 보존 용기 |

17 시료 보존 시 반드시 유리병을 사용하여야 하는 측정 항목이 아닌 것은?

① 노말헥산추출물질
② 음이온계면활성제
③ 유기인
④ PCB

정답 ②

| 시료 보존 용기 |

18 시료용기를 유리제로만 사용하여야 하는 것은?

① 불소
② 페놀류
③ 음이온계면활성제
④ 대장균군

해설

정답 ②

| 시료 최대 보존기간 |

19 시료의 최대 보존 기간이 다른 측정 항목은?

① 시안
② 불소
③ 염소이온
④ 노말헥산추출물질

해설

① 시안 : 14일
②, ③, ④ : 28일

시료 최대 보존 기간별 정리

기간	항목
즉시	DO 전극법, pH, 수온, 잔류염소
6h	냄새, 총대장균균(배출허용기준 및 방류수기준 적용시료)
8h	DO 적정법
24h	전기전도도, 6가 크롬, 총대장균균(환경기준 적용시료), 분원성 대장균군, 대장균
72h	물벼룩 급성 독성
48h	질산성 질소, 아질산성 질소, BOD, 탁도, 음이온계면활성제, 인산염인, 색도
7일	부유물질, 다이에틸헥실프탈레이트, 석유계총탄화수소, 유기인, PCB, 휘발성유기화합물, 클로로필 a
14일	시안, 1, 4 - 다이옥산, 염화비닐, 아크릴로니트릴, 브로모폼
28일	노말헥산추출물질, COD, 암모니아성 질소, 총인, 총질소, 총유기탄소, 페놀, 황산이온, 수은, 불소, 브롬, 염소, 퍼클로레이트
1개월	알킬수은
6개월	금속류, 비소, 셀레늄, 식물성플랑크톤

정답 ①

| 시료 최대 보존기간 |

20 수질측정기기 중에서 현장에서 즉시 측정하기 위한 것이 아닌 것은?

① DO meter
② pH meter
③ TOC meter
④ Thermometer

해설

· 즉시 측정 : DO 전극법, pH, 수온, 잔류염소

정답 ③

| 시료 최대 보존기간 |

21 적절한 보존방법을 적용한 경우 시료 최대보존기간이 가장 긴 항목은?

① 시안
② 용존 총인
③ 질산성 질소
④ 암모니아성 질소

해설

① 시안 : 14일
② 용존 총인 : 28일
③ 질산성 질소 : 48시간
④ 암모니아성 질소 : 28일

정답 ②, ④

| 시료의 전처리 방법 |

22 유기물 함량이 비교적 높지 않고 금속의 수산화물, 산화물, 인산염 및 황화물을 함유하고 있는 시료에 적용되며, 휘발성 또는 난용성 염화물을 생성하는 금속 물질의 분석에는 주의하여야 하는 시료의 전처리 방법(산분해법)으로 가장 적절한 것은?

① 질산 – 염산법
② 질산 – 황산법
③ 질산 – 과염소산법
④ 질산 – 불화수소산법

해설

시료의 전처리

분류	특징
질산법	·유기함량이 비교적 높지 않은 시료의 전처리에 사용
질산 – 염산법	·유기물 함량이 비교적 높지 않고 금속의 수산화물, 산화물, 인산염 및 황화물을 함유하고 있는 시료에 적용 ·휘발성 또는 난용성 염화물을 생성하는 금속 물질의 분석에는 주의
질산 – 황산법	·유기물 등을 많이 함유하고 있는 대부분의 시료에 적용 ·칼슘, 바륨, 납 등을 다량 함유한 시료는 난용성의 황산염을 생성하여 다른 금속성분을 흡착하므로 주의
질산 – 과염소산법	·유기물을 다량 함유하고 있으면서 산분해가 어려운 시료에 적용

정답 ①

| 시료의 전처리 방법 |

23 시료의 전처리 방법(산분해법) 중 유기물 등을 많이 함유하고 있는 대부분의 시료에 적용하는 것은?

① 질산법
② 질산 – 염산법
③ 질산 – 황산법
④ 질산 – 과염소산법

해설

정답 ③

| 시료의 전처리 방법 |

24 유기물 함량이 비교적 높지 않고 금속의 수산화물, 산화물, 인산염 및 황화물을 함유하고 있는 시료의 전처리에 이용되는 분해법은?

① 질산에 의한 분해
② 질산 – 염산에 의한 분해
③ 질산 – 황산에 의한 분해
④ 질산 – 과염소산에 의한 분해

해설

정답 ②

| 시료의 전처리 방법 |

25 금속성분을 측정하기 위한 시료의 전처리 방법 중 유기물을 다량 함유하고 있으면서 산분해가 어려운 시료에 적용되는 방법은?

① 질산 – 염산에 의한 분해
② 질산 – 불화수소산에 의한 분해
③ 질산 – 과염소산에 의한 분해
④ 질산 – 과염소산 – 불화수소산에 의한 분해

해설

정답 ③

| 시료의 전처리 방법 |

26 시료를 질산 – 과염소산으로 전처리하여야 하는 경우로 가장 적합한 것은?

① 유기물 함량이 비교적 높지 않고 금속의 수산화물, 산화물, 인산염 및 황화물을 함유하고 있는 시료를 전처리하는 경우
② 유기물을 다량 함유하고 있으면서 산화분해가 어려운 시료를 전처리하는 경우
③ 다량의 점토질 또는 규산염을 함유한 시료를 전처리하는 경우
④ 유기물 등을 많이 함유하고 있는 대부분의 시료를 전처리하는 경우

해설

정답 ②

| 시료의 전처리 방법 |

27 시료 전처리 방법 중 중금속 측정을 위한 용매 추출법인 피로디딘 디티오카르바민산 암모늄추출법에 관한 설명으로 알맞지 않은 것은?

① 크롬은 3가크롬과 6가크롬 상태로 존재할 경우에 추출된다.
② 망간을 측정하기 위해 전처리한 경우는 망간착화합물의 불안전성 때문에 추출 즉시 측정하여야 한다.
③ 철의 농도가 높은 경우에는 다른 금속 추출에 방해를 줄 수 있다.
④ 시료 중 구리, 아연, 납, 카드뮴, 니켈, 코발트 및 은 등의 측정에 적용된다.

해설

① 크롬은 6가 크롬 상태로 존재할 경우에만 추출된다.

피로디딘 디티오카르바민산 암모늄추출법
· 이 방법은 시료 중 구리, 아연, 납, 카드뮴, 니켈, 철, 망간, 6가 크롬, 코발트 및 은 등의 측정에 적용된다.
· 망간은 착화합물 상태에서 매우 불안정하므로 추출 즉시 측정하여야 한다.
· 크롬은 6가 크롬 상태로 존재할 경우에만 추출된다.
· 철의 농도가 높을 경우에는 다른 금속의 추출에 방해를 줄 수 있으므로 주의해야 한다.

정답 ①

| 시료의 전처리 방법 |

28 중금속 측정을 위한 시료 전처리 방법 중 용매추출법인 피로리딘다이티오카르바민산 암모늄 추출법에 대한 설명으로 옳지 않은 것은?

① 시료 중의 구리, 아연, 납, 카드뮴, 니켈, 코발트 및 은 등의 측정에 이용되는 방법이다.
② 철의 농도가 높을 때에는 다른 금속 추출에 방해를 줄 수 있다.
③ 망간은 착화합물 상태에서 매우 안정적이기 때문에 추출되기 어렵다.
④ 크롬은 6가 크롬 상태로 존재할 경우에만 추출된다.

> **해설**
>
> ③ 망간은 착화합물 상태에서 매우 불안정하므로 추출 즉시 측정하여야 한다.
>
> **피로디딘 디티오카르바민산 암모늄추출법**
> · 이 방법은 시료 중 구리, 아연, 납, 카드뮴, 니켈, 철, 망간, 6가 크롬, 코발트 및 은 등의 측정에 적용된다.
> · 망간은 착화합물 상태에서 매우 불안정하므로 추출 즉시 측정하여야 한다.
> · 크롬은 6가 크롬 상태로 존재할 경우에만 추출된다.
> · 철의 농도가 높을 경우에는 다른 금속의 추출에 방해를 줄 수 있으므로 주의해야 한다.
>
> **정답** ③

| 퇴적물 채취 |

29 퇴적물 채취기 중 포나 그랩(ponar grab)에 관한 설명으로 틀린 것은?

① 모래가 많은 지점에서도 채취가 잘되는 중력식 채취기이다.
② 채취기를 바닥 퇴적물 위에 내린 후 메신저를 투하하면 장방형 상자의 밑판이 닫힌다.
③ 부드러운 펄층이 두터운 경우에는 깊이 빠져 들어가기 때문에 사용하기 어렵다.
④ 원래의 모델은 무게가 무겁고 커서 원치 등이 필요하지만 소형의 포나 그랩은 원치 없이 내리고 올릴 수 있다.

> **해설**
>
> ② 퇴적물 채취기 중 에크만 그랩의 설명이다.
>
> **정답** ②

Chapter

03 유량측정 방법

1. 공장폐수 및 하수유량 – 관(pipe) 내의 유량측정방법

(1) 목적

공장, 하수 및 폐수 종말처리장 등의 원수, 공정수, 배출수 등의 관 내의 유량을 측정하는 데 사용하며, 관(pipe) 내의 유량측정 방법에는 벤튜리미터(venturi meter), 유량측정용 노즐(nozzle), 오리피스(orifice), 피토우(pitot)관, 자기식 유량측정기(magnetic flow meter)가 있다.

(2) 적용범위

공장, 하수 및 폐수 종말처리장 등의 원수, 공정수, 배출수 등에서 공장폐수 원수(raw wastewater), 1차 처리수(primary effluent), 2차 처리수(secondary effluent), 1차 슬러지(primary sludge), 반송 슬러지(return sludge, thickened sludge), 포기액(mixed liquor), 공정수(process water) 등의 압력하에 존재하는 관 내의 유량을 측정하는 데 사용한다.

(3) 폐수처리 공정에서 유량측정장치의 적용

장치	공장폐수 원수	1차 처리수	2차 처리수	1차 슬러지	반송 슬러지	농축 슬러지	포기액	공정수
벤튜리미터 (venturi meter)	○	○	○	○	○	○	○	
유량측정용 노즐(nozzle)	○	○	○	○	○	○	○	○
오리피스(orifice)								○
피토우(pitot)관								○
자기식 유량측정기 (magnetic flow meter)	○	○	○	○	○	○		○

1) 노즐

① 약간의 고형 부유물질이 포함된 폐·하수에도 이용할 수 있다.
② 노즐 출구의 분류는 속도분포가 고르기 때문에 관의 끝에 설치하여 유량계로서가 아닌 목적에도 쓰이고 있다.

2) 피토우관

부유물질이 많이 흐르는 폐·하수에서는 사용이 곤란하나 부유물질이 적은 대형 관에서는 효율적이다.

3) 자기식 유량 측정기기

고형물질이 많아 관을 메울 우려가 있는 폐·하수에 이용할 수 있다.

4) 벤튜리미터

① 관 내의 흐름이 완전히 발달하여 와류에 영향을 받지 않고 실질적으로 직선적인 흐름을 유지해야 한다. 그러므로 **벤튜리미터는 난류 발생의 원인이 되는 관로상의 점으로부터 충분히 하류지점에 설치한다.**

② 통상 관 직경의 약 30~50배 하류에 설치해야 효과적이다.

(4) 유량계에 따른 정밀/정확도 및 최대유속과 최소유속의 비율

유량계	범위 (최대유량 : 최소유량)	정확도 (실제유량에 대한, %)	정밀도 (최대유량에 대한, %)
벤튜리미터 (venturi meter)	4 : 1	±1	±0.5
유량측정용 노즐(nozzle)	4 : 1	±0.3	±0.5
오리피스(orifice)	4 : 1	±1	±1
피토우(pitot)관	3 : 1	±3	±1
자기식 유량측정기 (magnetic flow meter)	10 : 1	±1~2	±0.5

(5) 유량계 종류 및 특성

1) 벤튜리미터(venturi meter) 특성 및 구조

벤튜리미터는 긴 관의 일부로서 단면이 작은 목(throat) 부분과 점점 축소, 점점 확대되는 단면을 가진 관으로 축소 부분에서 정력학적 수두의 일부는 속도수두로 변하게 되어 관의 목(throat) 부분의 정력학적 수두보다 적게 된다. 이러한 수두의 차에 의해 직접적으로 유량을 계산할 수 있다.

2) 유량측정용 노즐(nozzle) 특성 및 구조

유량측정용 노즐은 수두와 설치비용 이외에도 벤튜리미터와 오리피스 간의 특성을 고려하여 만든 유량측정용 기구로서 측정원리의 기본은 정수압이 유속으로 변화하는 원리를 이용한 것이다. 그러므로 벤튜리미터의 유량 공식을 노즐에도 이용할 수 있다.

3) 오리피스(orifice) 특성 및 구조

① 오리피스는 설치 **비용이 적게 들고** 비교적 **유량측정이 정확하여 얇은 판 오리피스가 널리 이용**되고 있으며, **흐름의 수로 내에 설치한다.**

② 오리피스를 사용하는 방법은 노즐(nozzle)과 벤튜리미터와 같다.

③ 오리피스의 장점은 **단면이 축소되는 목(throat) 부분을 조절함으로써 유량이 조절**된다는 점이며, 단점은 **오리피스(orifice) 단면에서 커다란 수두손실**이 일어난다는 점이다.

4) 피토우(pitot)관 특성 및 구조

① **피토우관의 유속은 마노미터에 나타나는 수두 차에 의하여 계산**한다. 왼쪽의 관은 정수압을 측
정하고 오른쪽 관은 유속이 0인 상태인 정체압력(stagnation pressure)을 측정한다.

② 피토우관으로 측정할 때는 **반드시 일직선상의 관에서** 이루어져야 하며, **관의 설치장소는 엘보우
(elbow), 티(tee) 등 관이 변화하는 지점으로부터 최소한 관 지름의 15~50배 정도 떨어진 지점**
이어야 한다.

5) 자기식 유량측정기(magnetic flow meter) 특성 및 구조

① 측정원리는 **패러데이(faraday)의 법칙**을 이용하여 자장의 직각에서 전도체를 이동시킬 때 유발
되는 전압이 전도체의 속도에 비례한다는 원리를 이용한 것으로, 이 경우 전도체는 폐·하수가
되며, 전도체의 속도는 유속이 된다. 이때 발생된 전압은 유량계 전극을 통하여 조절변류기로 전
달된다.

② 이 측정기는 **전압이 활성도, 탁도, 점성, 온도의 영향을 받지 않고, 다만 유체(폐 · 하수)의 유속에
의하여 결정**되며 수두손실이 적다.

6) 결과보고

① 벤튜리미터, 유량측정 노즐, 오리피스 측정공식

$$\frac{C \cdot A}{\sqrt{1 - \left[\dfrac{d_2}{d_1}\right]^4}} \sqrt{2gH}$$

Q	:	유량 (cm^3/s)
C	:	유량계수
A	:	목(throat)부의 단면적 $(cm^2)\left[= \dfrac{\pi d_2^2}{4}\right]$
H	:	$H_1 - H_2$ (수두차 : cm)
H_1	:	유입부 관 중심부에서의 수두 (cm)
H_2	:	목(throat)부의 수두 (cm)
g	:	중력가속도 $(980 cm/s^2)$
d_1	:	유입부의 직경 (cm)
d_2	:	목(throat)부의 직경 (cm)

② 피토우(pitot)관 측정공식

$$Q = C \cdot A \cdot V$$

Q	:	유량 (cm^3/s)
C	:	유량계수
A	:	관의 유수단면적 $(cm^2)\left[= \dfrac{\pi d_2^2}{4}\right]$
V	:	$\sqrt{2gH}$ (cm^3/s)
g	:	중력가속도 $(980 cm/s^2)$
H	:	수두차 (= 정체압력 수두 - 정수압 수두) (cm)

(6) 유량의 측정조건 및 측정값의 정리와 표시

① 폐하수의 유량조사에 있어서는 배출시설(공장, 사업장 등)의 조업기간 중에 있어서 가능한 한 처리
량, 운전시간, 설비가동상태에 이상이 없는 날을 택하여 조사한다. 1일 조업시간을 1단위로 한다.

② 조사 당일은 그날의 조업 개시시간부터 원칙적으로 10분 또는 15분마다 반드시 일정간격으로 폐하수량을 측정하며, 당일의 조업이 끝나고 다음날(翌日) 조업이 시작될 때까지, 혹은 당일의 조업이 끝나고 다음 조업이 시작될 때까지, 폐하수가 흐르는 경우에는 폐하수의 방류가 종료될 때까지 측정을 계속한다. 다만, 유량에 변화가 없을 경우에는 상기의 시간간격을 연장하여도 무방하다.

③ 한 조사단위에 있어서 동일 간격으로 측정한 유량 측정값은 다음 3개 항에 해당 배수량을 나타낸다.

　㉠ 그래프에 조업시간과 유량과의 관계를 표시한다.

　㉡ 측정값의 산술평균값을 계산하여 평균유량으로 한다.

　㉢ 측정값의 최대값을 가지고 최대유량 측정값으로 한다.

④ 측정을 계속하는 중에 배출시설(공장, 사업장 등)의 조업상태가 나쁘거나 다른 이상이 있거나 폐하수의 유량에 유의한 변화가 있어 측정값에 영향이 있을 경우에는 재측정을 한다.

2. 공장폐수 및 하수유량–측정용 수로 및 기타 유량측정방법

(1) 목적

공장, 하수 및 폐수 종말처리장 등의 원수, 공정수, 배출수 등의 개수로의 유량을 측정하는 데 사용한다.

(2) 적용범위

관 내의 압력이 필요하지 않은 측정용 수로에서 유량을 측정하는 데 적용한다. 공장, 하수 및 폐수 종말처리장 등의 원수, 공정수, 배출수 등에서 공장폐수 원수(raw wastwater), 1차 처리수(primary effluent), 2차 처리수(secondary effluent), 공정수(process water) 등의 측정용 수로 유량을 측정하는 데 사용한다.

(3) 폐수처리 공정에서 유량측정장치의 적용

장치	공장폐수 원수	1차 처리수	2차 처리수	1차 슬러지	반송 슬러지	농축 슬러지	포기액	공정수
웨어(weir)		○	○					○
플룸(flume)	○	○	○					○

(4) 유량계에 따른 정밀/정확도 및 최대유속과 최소유속의 비율

유량계	범위 (최대유량 : 최소량)	정확도 (실제유량에 대한, %)	정밀도 (최대유량에 대한, %)
웨어(weir)	500 : 1	±5	±0.5
파샬수로(flume)	10 : 1 ~ 75 : 1	±5	±0.5

(5) 웨어 유량 계산 공식

1) 직각 3각 웨어

$$Q = K \cdot h^{5/2}$$

Q	:	유량$(m^3/분)$
K	:	유량계수
B	:	수로의 폭(m)
D	:	수로의 밑면으로부터 절단 하부점까지의 높이(m)
h	:	웨어의 수두(m)

$$K = 81.2 + \frac{0.24}{h} + \left[\left(8.4 + \frac{12}{\sqrt{D}}\right) \times \left(\frac{h}{B} - 0.09\right)^2\right]$$

2) 4각 웨어

$$Q = K \cdot b \cdot h^{3/2}$$

Q	:	유량$(m^3/분)$
K	:	유량계수
B	:	수로의 폭(m)
b	:	절단의 폭(m)
h	:	웨어의 수두(m)

$$K = 107.1 + \frac{0.177}{h} + 14.2\frac{h}{D} - 25.7\sqrt{\frac{(B-b)h}{D \cdot B}} + 2.04\sqrt{\frac{B}{D}}$$

(6) 용기에 의한 측정

1) 최대 유량이 1m³/분 미만인 경우

① 유수를 용기에 받아서 측정한다.

② 용기는 용량 100~200L인 것을 사용하여 유수를 채우는 데에 요하는 시간을 스톱워치(stop watch)로 잰다. 용기에 물을 받아 넣는 시간은 **20초 이상**이 되도록 용량을 결정한다.

③ 유량계산식

$$Q = 60\frac{V}{t}$$

Q	:	유량(m^3/min)
V	:	측정용기의 용량(m^3)
t	:	유수가 용량 V를 채우는 데 걸린 시간(s)

2) 최대유량이 1m³/분 이상인 경우

이 경우는 침전지, 저수지, 기타 적당한 수조를 이용한다.

① 수조가 작은 경우는 수조를 한 번 비우고 유수가 수조를 채우는 데 걸리는 시간으로부터 최대유량이 1m³/분 미만인 경우와 동일한 방법으로 유량을 구한다.

② 수조가 큰 경우는 유입시간에 있어서 유수의 부피가 상승한 수위와 상승 수면의 평균 표면적 계측에 의하여 유량을 산출한다. 이 경우 측정시간은 **5분 정도, 수위의 상승 속도는 적어도 매분 1cm 이상**이어야 한다.

(7) 개수로에 의한 측정

1) 수로의 구성재질과 수로 단면의 형상이 일정하고 수로의 길이가 적어도 10m까지 똑바른 경우

① 직선 수로의 구배와 횡단면을 측정하고, 이어서 자(尺) 등으로 수로폭 간의 수위를 측정한다.

② 유량 계산식 : 평균 유속은 케이지(Chezy)의 유속공식 사용

$$Q = 60V \cdot A$$

Q	: 유량(m^3/min)
V	: 평균 유속$(= C\sqrt{Ri})(m/s)$
A	: 유수단면적(m^2)
i	: 홈 바닥의 구배(비율)
C	: 유속계수(Bazin의 공식)
	$C = \dfrac{87}{1 + \dfrac{r}{\sqrt{R}}}(m/s)$
R	: 경심

2) 수로의 구성, 재질, 수로 단면의 형상, 구배 등이 일정하지 않은 개수로의 경우

① 수로는 될수록 직선적이며, 수면이 물결치지 않는 곳을 고른다.

② 10m를 측정구간으로 하여 2m마다 유수의 횡단면적을 측정하고, 산술평균값을 구하여 유수의 평균 단면적으로 한다.

③ 유속의 측정은 부표를 사용하여 10m 구간을 흐르는 데 걸리는 시간을 스톱워치(stop watch)로 재며, 이때 실측유속을 표면 최대 유속으로 한다.

④ 총 평균 유속

$$V = 0.75V_e$$

V	: 총평균 유속(m/s)
V_e	: 표면 최대 유속(m/s)

⑤ 수로 유량

$$Q = 60V \cdot A$$

Q	: 유량(m^3/min)
V	: 총평균 유속(m/s)
A	: 측정구간의 유수의 평균 단면적(m^2)

3. 하천유량 – 유속 면적법

(1) 목적

하천 유량을 측정하여 유역의 수위, 유량, 유사량, 하상의 변동 상황과 강수량 및 유출량을 측정하여 하천의 오염 정도를 측정하는 데 목적이 있다.

(2) 적용범위

단면의 폭이 크며 유량이 일정한 곳에 활용하기에 적합하다.

① 균일한 유속분포를 확보하기 위한 충분한 길이(약 100m 이상)의 직선 하도(河道)의 확보가 가능하고, 횡단면상의 수심이 균일한 지점

② 모든 유량 규모에서 하나의 하도로 형성되는 지점

③ 가능하면 하상이 안정되어 있고, 식생의 성장이 없는 지점

④ 유속계나 부자가 어디에서나 유효하게 잠길 수 있을 정도의 충분한 수심이 확보되는 지점

⑤ 합류나 분류가 없는 지점

⑥ 교량 등 구조물 근처에서 측정할 경우 교량의 상류지점

⑦ 대규모 하천을 제외하고 가능하면 도섭으로 측정할 수 있는 지점

⑧ 선정된 유량측정 지점에서 말뚝을 박아 동일 단면에서 유량측정을 수행할 수 있는 지점

[주 1] 유속계나 부자가 어디에서나 유효하게 잠길 수 있을 정도의 충분한 수심이 확보되는 지점이어야 한다.

[주 2] 기존의 자료를 얻을 수 있는 수위 표지점으로부터 1km 이내 (수위가 급변하는 경우 가능하면 수위 관측소 주변)인 지점에서 측정하면 좋다.

(3) 용어정의

부자	· 하천이나 용수로의 유속을 관측할 때 사용하는 기구로서, 유속을 관측하고자 하는 구간을 부자가 유하하는 데 걸리는 시간으로부터 유속을 구하는 것 · 부자의 종류 : 표면부자, 이중부자, 막대(봉)부자 등
도섭	· 물을 걸어서 건널 수 있는 것

(4) 측정장비

유속계	· 유체의 속도를 측정할 수 있는 기기
초음파 유속계	· 도플러(doppler) 효과를 이용하여 유속을 구하는 측정기기 · 얕은 수심, 저유속에서 정확도 높은 유속을 측정할 수 있다.
도섭봉	· 일반적으로 수심 측정을 위해서는 측량에서 사용되는 표척이나 유속계 부착이 가능한 도섭봉을 이용한다.
청음장치 (헤드폰)	· 음식의 경우 소리의 시작을 찾아내기 어려움 · 따라서 소리의 끝과 끝을 기준으로 시간을 측정하는 것이 보다 정확한 측정방법이다.

(5) 결과보고

① 유황(流況)이 일정하고 하상의 상태가 고른 지점을 선정하여 물이 흐르는 방향과 직각이 되도록 하천의 양 끝을 로프로 고정하고 등간격으로 측정점을 정한다.

② 통수단면을 여러 개의 소구간 단면으로 나누어 각 소구간마다 수심 및 유속계로 1~2개의 점 유속을 측정하고, 소구간 단면의 평균 유속 및 단면적을 구한다.

③ 이 평균 유속에 소구간 단면적을 곱하여 소구간 유량(q_m)으로 한다.

④ 소구간 단면에 있어서 평균 유속(V_m)의 계산

수심이 0.4m 미만일 때	$V_m = V_{0.6}$
수심이 0.4m 이상일 때	$V_m = (V_{0.2} + V_{0.8}) \times 1/2$

$V_{0.2}$, $V_{0.6}$, $V_{0.8}$: 각각 수면으로부터 전 수심의 20%, 60% 및 80%인 점의 유속

⑤ 총유량의 계산

$$Q = q_1 + q_2 + \cdots\cdots + q_n$$

Q : 총유량
q_n : 소구간 유량
V_n : 소구간 평균 유속

내용문제

| 공장폐수 및 하수유량 - 관(pipe) 내의 유량측정방법 |

01 다음 중 관내의 유량 측정 방법이 아닌 것은?

① 오리피스
② 자기식 유량측정기
③ 피토우(pitot)관
④ 웨어(weir)

해설

관 내의 유량 측정방법
오리피스, 피토우관, 벤튜리미터, 노즐, 자기식 유량측정기

정답 ④

| 공장폐수 및 하수유량 - 관(pipe) 내의 유량측정방법 |

02 유량계 중 최대유량/최소유량 비가 가장 큰 것은?

① 벤튜리미터
② 오리피스
③ 자기식 유량측정기
④ 피토우관

해설

유량계에 따른 최대유량과 최소유량의 비

유량계	범위(최대유량 : 최소유량)
피토우관	3 : 1
벤튜리미터	4 : 1
유량측정용 노즐	4 : 1
오리피스	4 : 1
자기식 유량측정기	10 : 1

정답 ③

| 공장폐수 및 하수유량 - 관(pipe) 내의 유량측정방법 |

03 공장폐수 및 하수유량 - 관(pipe) 내의 유량 측정 장치인 벤튜리미터의 범위(최대유량 : 최소유량)로 옳은 것은?

① 2 : 1
② 3 : 1
③ 4 : 1
④ 5 : 1

해설

정답 ③

| 공장폐수 및 하수유량 - 관(pipe) 내의 유량측정방법 |

04 최대유속과 최소유속의 비가 가장 큰 유량계는?

① 벤튜리미터(venturi meter)
② 오리피스(orifice)
③ 피토우(pitot)관
④ 자기식 유량측정기(magnetic flow meter)

해설

정답 ④

| 공장폐수 및 하수유량 – 관(pipe) 내의 유량측정방법 |

05 공장폐수 및 하수유량 – 관(pipe) 내의 유량측정방법 중 오리피스에 관한 설명으로 옳지 않은 것은?

① 설치에 비용이 적게 소요되며 비교적 유량 측정이 정확하다.
② 오리피스판의 두께에 따라 흐름의 수로 내외에 설치가 가능하다.
③ 오리피스 단면에 커다란 수두손실이 일어나는 단점이 있다.
④ 단면이 축소되는 목 부분을 조절함으로써 유량이 조절된다.

해설

오리피스(orifice)
· 오리피스는 설치에 비용이 적게 들고 비교적 유량측정이 정확하여 얇은 판 오리피스가 널리 이용되고 있으며, 흐름의 수로 내에 설치한다. 오리피스를 사용하는 방법은 노즐(nozzle)과 벤튜리미터와 같다.

· 오리피스의 장점은 단면이 축소되는 목(throat) 부분을 조절함으로써 유량이 조절된다는 점이며, 단점은 오리피스 단면에서 커다란 수두손실이 일어난다는 점이다.

정답 ②

| 공장폐수 및 하수유량 – 관(pipe) 내의 유량측정방법 |

06 유량이 유체의 탁도, 점성, 온도의 영향은 받지 않고 유속에 의해 결정되며 손실수두가 적은 유량계는?

① 피토우관
② 오리피스
③ 벤튜리미터
④ 자기식 유량측정기

해설

자기식 유량측정기는 전압이 활성도, 탁도, 점성, 온도의 영향을 받지 않고, 다만 유체(폐·하수)의 유속에 의하여 결정되며, 손실수두(수두손실)가 적다.

정답 ④

| 공장폐수 및 하수유량 – 관(pipe) 내의 유량측정방법 |

07 벤튜리미터(Venturi Meter)의 유량 측정공식, $Q = \dfrac{C \cdot A}{\sqrt{1 - [(\text{ㄱ})]^4}} \cdot \sqrt{2g \cdot H}$ 에서 (ㄱ)에 들어갈 내용으로 옳은 것은? (단, Q = 유량(cm^3/sec), C = 유량계수, A = 목 부분의 단면적(cm^2), g = 중력가속도(980cm/sec^2), H = 수두차(cm))

① 유입부의 직경/목(throat)부의 직경
② 목(throat)부의 직경/유입부의 직경
③ 유입부 관 중심부에서의 수두/목(throat)부의 수두
④ 목(throat)부의 수두/유입부 관 중심부에서의 수두

해설

벤튜리미터, 유량측정 노즐, 오리피스 측정공식

$$Q = \frac{C \cdot A}{\sqrt{1 - \left[\dfrac{d_2}{d_1}\right]^4}} \sqrt{2g \cdot H}$$

Q : 유량 (cm^3/s)
C : 유량계수
A : 목(throat) 부분의 단면적 (cm^2) $\left[= \dfrac{\pi d_2^2}{4}\right]$
H : $H_1 - H_2$ (수두차 : cm)
H_1 : 유입부 관 중심부에서의 수두 (cm)
H_2 : 목(throat)부의 수두 (cm)
g : 중력가속도 (980cm/s^2)
d_1 : 유입부의 직경 (cm)
d_2 : 목(throat)부의 직경 (cm)

정답 ②

| 공장폐수 및 하수유량 - 측정용 수로 및 기타 유량측정방법 |

08 다음 중 4각 웨어에 의한 유량측정 공식은? (단, Q = 유량(m^3/min), K = 유량계수, h = 웨어의 수두(m), b = 절단의 폭(m))

① $Q = Kh^{5/2}$
② $Q = Kh^{3/2}$
③ $Q = Kbh^{5/2}$
④ $Q = Kbh^{3/2}$

해설

· 4각 웨어 유량 공식 : $Q = K \cdot b \cdot h^{3/2}$
· 직각 3각 웨어 유량 공식 : $Q = K \cdot h^{5/2}$

정답 ④

| 공장폐수 및 하수유량 - 측정용 수로 및 기타 유량측정방법 : 개수로에 의한 측정 |

09 개수로 유량측정에 관한 설명으로 틀린 것은? (단, 수로의 구성, 재질, 단면의 형상, 기울기 등이 일정하지 않은 개수로의 경우)

① 수로는 될수록 직선적이며, 수면이 물결치지 않는 곳을 고른다.
② 10m를 측정구간으로 하여 2m마다 유수의 횡단면적을 측정하고, 산출 평균 값을 구하여 유수의 평균 단면적으로 한다.
③ 유속의 측정은 부표를 사용하여 100m 구간을 흐르는 데 걸리는 시간을 스톱워치로 재며 이때 실측 유속을 표면 최대 유속으로 한다.
④ 총 평균 유속(m/s)은 [0.75×표면최대유속(m/s)]으로 계산된다.

해설

③ 유속의 측정은 부표를 사용하여 10m 구간을 흐르는 데 걸리는 시간을 스톱워치로 재며, 이때 실측 유속을 표면 최대 유속으로 한다.

정답 ③

| 하천유량 - 유속 면적법 |

10 하천유량 측정을 위한 유속 면적법의 적용범위로 틀린 것은?

① 대규모 하천을 제외하고 가능하면 도섭으로 측정할 수 있는 지점
② 교량 등 구조물 근처에서 측정할 경우 교량의 상류지점
③ 합류나 분류되는 지점
④ 선정된 유량측정 지점에서 말뚝을 박아 동일 단면에서 유량측정을 수행할 수 있는 지점

해설

유속 면적법의 적용범위
· 균일한 유속분포를 확보하기 위한 충분한 길이(약 100m 이상)의 직선 하도(河道)의 확보가 가능하고 횡단면상의 수심이 균일한 지점
· 모든 유량 규모에서 하나의 하도로 형성되는 지점
· 가능하면 하상이 안정되어 있고, 식생의 성장이 없는 지점
· 유속계나 부자가 어디에서나 유효하게 잠길 수 있을 정도의 충분한 수심이 확보되는 지점
· 합류나 분류가 없는 지점
· 교량 등 구조물 근처에서 측정할 경우 교량의 상류 지점
· 대규모 하천을 제외하고 가능하면 도섭으로 측정할 수 있는 지점
· 선정된 유량측정 지점에서 말뚝을 박아 동일 단면에서 유량측정을 수행할 수 있는 지점

정답 ③

| 하천유량 – 유속 면적법 |

11 유속 – 면적법에 의한 하천량을 구하기 위한 소구간 단면에 있어서의 평균유속 V_m을 구하는 식은? (단, $V_{0.2}$, $V_{0.4}$, $V_{0.5}$, $V_{0.6}$, $V_{0.8}$ 은 각각 수면으로부터 전 수심의 20%, 40%, 50%, 60%, 80%인 점의 유속이다.)

① 수심이 0.4m 미만일 때 $V_m = V_{0.5}$
② 수심이 0.4m 미만일 때 $V_m = V_{0.8}$
③ 수심이 0.4m 이상일 때 $V_m = (V_{0.2} + V_{0.8}) \times 1/2$
④ 수심이 0.4m 이상일 때 $V_m = (V_{0.4} + V_{0.6}) \times 1/2$

> **해설**
>
> **소구간 단면에 있어서 평균 유속(V_m)의 계산**
> · 수심이 0.4m 미만일 때 $V_m = V_{0.6}$
> · 수심이 0.4m 이상일 때 $V_m = (V_{0.2} + V_{0.8}) \times 1/2$
>
> 정답 ③

┌─────────────┐
│ **계산문제** │
└─────────────┘

| 직각 3각 웨어 계산 |

12 웨어의 수두가 0.25m, 수로의 폭이 0.8m, 수로의 밑면에서 절단 하부점까지의 높이가 0.7m인 직각 3각 웨어의 유량(m^3/min)은? (단, 유량계수 $K = 81.2 + \dfrac{0.24}{h}$

$+ \left(8.4 + \dfrac{12}{\sqrt{D}}\right) \times \left(\dfrac{h}{B} - 0.09\right)^2$)

① 1.4
② 2.1
③ 2.6
④ 2.9

> **해설**
>
> $K = 81.2 + \dfrac{0.24}{0.25} + \left(8.4 + \dfrac{12}{\sqrt{0.7}}\right) \times \left(\dfrac{0.25}{0.8} - 0.09\right)^2$
>
> $= 83.285$
>
> $Q = K \cdot h^{5/2} = 83.285 \times (0.25)^{5/2} = 2.60 m^3/min$
>
> Q : 유량(m^3/분)
> B : 수로의 폭(m)
> D : 수로의 밑면으로부터 절단 하부점까지의 높이(m)
> h : 웨어의 수두(m)
>
> 정답 ③

| 직각 3각 웨어 계산 |

13 직각 3각 웨어에서 웨어의 수두 0.2m, 수로 폭 0.5m, 수로의 밑면으로부터 절단 하부점까지의 높이 0.9m일 때, 아래의 식을 이용하여 유량(m³/min)을 구하면?

$$K = 81.2 + \frac{0.24}{h} + \left(8.4 + \frac{12}{\sqrt{D}}\right)$$
$$\times \left(\frac{h}{B} - 0.09\right)^2$$

① 1.0   ② 1.5

③ 2.0   ④ 2.5

해설

$$K = 81.2 + \frac{0.24}{0.2} + \left(8.4 + \frac{12}{\sqrt{0.9}}\right) \times \left(\frac{0.2}{0.5} - 0.09\right)^2$$

$$= 85.9383$$

$$Q = K \cdot h^{5/2} = 84.4228 \times (0.2)^{5/2} = 1.51 \text{m}^3/\text{min}$$

Q : 유량(m³/분)
B : 수로의 폭(m)
D : 수로의 밑면으로부터 절단 하부점까지의 높이(m)
h : 웨어의 수두(m)

정답 ②

| 4각 웨어 계산 |

14 4각 웨어에 의하여 유량을 측정하려고 한다. 웨어의 수두 0.5m, 절단의 폭이 4m이면 유량(m³/분)은? (단, 유량 계수 = 4.8)

① 약 4.3   ② 약 6.8

③ 약 8.1   ④ 약 10.4

해설

4각 웨어 유량 계산 공식

$$Q = K \cdot b \cdot h^{3/2} = 4.8 \times 4 \times (0.5)^{3/2}$$

$$= 6.78 \text{m}^3/\text{min}$$

정답 ②

| 4각 웨어 계산 |

15 웨어의 수두가 0.8m, 절단의 폭이 5m인 4각 웨어를 사용하여 유량을 측정하고자 한다. 유량계수가 1.6일 때 유량(m³/day)은?

① 약 4,345

② 약 6,925

③ 약 8,245

④ 약 10,370

해설

4각 웨어 유량 계산 공식

$$Q = K \cdot b \cdot h^{3/2} = 1.6 \times 5 \times (0.8)^{3/2}$$

$$= 5.7243 \text{m}^3/\text{min}$$

$$\frac{5.7243 \text{m}^3}{\text{min}} \left| \frac{1,440 \text{min}}{1 \text{day}} \right. = 8243.04 \text{m}^3/\text{day}$$

정답 ③

| 평균유속 - 유량 계산 |

16 배수로에 흐르는 폐수의 유량을 부유체를 사용하여 측정했다. 수로의 평균단면적 0.5m², 표면 최대속도 6m/s일 때 이 폐수의 유량(m³/min)은? (단, 수로의 구성, 재질, 수로 단면의 형상, 기울기 등이 일정하지 않은 개수로)

① 115

② 135

③ 185

④ 245

해설

$$V = 0.75 V_e$$

V : 총평균 유속(m/s)
V_e : 표면 최대 유속(m/s)

$$\therefore Q = VA = \frac{0.75 \times 6\text{m}}{\text{sec}} \left| \frac{0.5\text{m}^2}{} \right| \frac{60 \text{sec}}{1 \text{min}}$$

$$= 135 \text{m}^3/\text{min}$$

정답 ②

1. 냄새

(1) 목적

물속의 냄새를 측정하기 위하여 측정자의 후각을 이용하는 방법으로 시료를 정제수로 희석하면서 냄새가 느껴지지 않을 때까지 반복하여 희석배수를 수치화한다.

(2) 적용범위

지표수, 지하수, 폐수 등에 적용할 수 있다.

(3) 간섭물질

잔류염소 냄새는 측정에서 제외한다. 따라서 **잔류염소가 존재하면 티오황산나트륨 용액을 첨가하여 잔류염소를 제거**한다.

[주 1] 티오황산나트륨 용액 1mL는 잔류염소 농도가 1mg/L인 시료 500mL의 잔류염소를 제거할 수 있다.

(4) 냄새역치(TON, threshold odor number)

① 냄새를 감지할 수 있는 최대 희석배수
② 냄새역치값이 클수록 냄새가 심함

$$냄새역치(TON) = \frac{A+B}{A}$$

A : 시료 부피(mL)
B : 무취 정제수 부피(mL)

(5) 분석절차

① 각각 200mL, 50mL, 12mL, 2.8mL의 시료를 취해서 500mL 부피의 4개의 암갈색 삼각플라스크에 담고, 무취 정제수를 넣어 200mL로 맞춘 후 마개를 한다. 무취 정제수만 넣은 삼각플라스크는 비교 시료로 한다.

② 시료를 담은 삼각플라스크를 항온수조 또는 항온판에서 시험온도인 40~50℃까지 가열한다.

③ 가열한 시료를 흔들어 섞은 후 무취 정제수 증기의 냄새를 맡고, 시료량이 적은 플라스크 순서대로 증기의 냄새를 맡는다. 냄새가 나는 최저 시료량을 결정한다. 측정 시 시료량이 2.8mL인 플라스크에서 냄새가 나는 경우 ④의 방법으로 계속하며, 중간단계의 시료에서 냄새가 나는 경우 최저 시료 부피를 표2와 같이 희석하여 ④와 같이 다시 측정한다.

④ 시료의 2.8mL 이하에서는 표2에서 제시하는 희석배수보다 더 희석하며 최대 시료 20mL에 무취 정제수 200mL까지 측정한다. 희석배수율은 10배 단위로 희석하여 평가한다.

[주 2] 냄새 측정자는 **후각이 너무 민감하거나 둔감해서는 안 된다.** 또한 측정자는 **측정 전에 흡연을 하거나 음식을 섭취하면 안 되며, 로션, 향수, 진한 비누 등을 사용해서도 아니 된다. 감기나 냄새에 대한 알레르기 등이 없어야 한다.** 미리 정해진 횟수를 측정한 측정자는 무취 공간에서 **30분 이상 휴식**을 취해야 한다.

[주 3] 냄새 측정 실험실은 **주위가 산만하지 않고 환기가 가능해야 한다.** 필요하다면 활성탄 필터와 항온, 항습 장치를 갖춘다.

[주 4] 냄새를 정확하게 측정하기 위하여 **측정자는 5명 이상으로 한다.**

[주 5] 시료 측정 시 탁도, 색도 등이 있으면 온도 변화에 따라 냄새가 발생할 수 있으므로, **온도 변화를 1℃ 이내로 유지한다.** 또한 측정자가 시료에 대한 선입견을 갖지 않도록 **어둡게 처리된 플라스크 또는 갈색 플라스크를 사용**한다.

2. 노말헥산 추출물질

(1) 목적

물 중에 비교적 **휘발되지 않는 탄화수소, 탄화수소유도체, 그리스유상물질 및 광유류를 함유하고 있는 시료**를 pH 4 이하의 산성으로 하여 노말헥산층에 용해되는 물질을 노말헥산으로 추출하고, 노말헥산을 증발시킨 잔류물의 무게로부터 구하는 방법이다. 다만, 광유류의 양을 시험하고자 할 경우에는 **활성규산마그네슘(플로리실) 컬럼**을 이용하여 동식물유지류를 흡착·제거하고 유출액을 같은 방법으로 구할 수 있다.

(2) 적용범위

① 지표수, 지하수, 폐수 등에 적용할 수 있으며 **정량한계는 0.5mg/L**이다.

[주 1] 폐수 중의 비교적 휘발되지 않는 탄화수소, 탄화수소유도체, 그리스유상물질 및 광유류가 노말헥산층에 용해되는 성질을 이용한 방법으로, 통상 **유분의 성분별 선택적 정량이 곤란**하다.

② 정확도는 첨가한 표준물질의 농도에 대한 측정 평균값의 상대 백분율로 나타내며, 그 값이 **75~125% 이내**이어야 한다.

③ 정밀도는 측정값의 % 상대표준편차(RSD)로 계산하며 측정값이 **25% 이내**이어야 한다.

(3) 간섭물질

최종 무게 측정을 방해할 가능성이 있는 입자가 존재할 경우 **0.45μm 여과지로 여과**한다.

(4) 지시약

메틸오렌지

(5) 분석절차

1) 총노말헥산추출물질

① 시료 적당량(노말헥산추출물질로서 5~200mg 해당량)을 분별깔때기에 넣고 **메틸오렌지 용액(0.1%) 2~3방울을 넣은 다음 황색이 적색으로 변할 때까지 염산(1+1)을 넣어 시료의 pH를 4 이하로 조절한다.**

[주 4] 노말헥산추출물질의 함량이 낮은 경우(5mg/L 이하)에는 5L 용량 시료병에 시료 4L를 채취하여 염화제이철 용액(염화제이철($FeCl_3 \cdot 6H_2O$) 30g을 염산(1+11) 100mL에 녹인 용액) 4mL를 넣고, 자석교반기로 교반하면서 탄산나트륨 용액(20%)을 넣어 pH 7.9로 조절한다. 5분간 세게 교반한 다음 방치하여 침전물이 전체 액량의 약 1/10이 되도록 침강하면 상층액을 조용히 흡인하여 버린다. 잔류 침전층에 염산(1+1)을 넣어 pH 약 1로 하여 침전물을 녹이고, 이 용액을 분별깔때기에 옮겨 이하 시험방법에 따라 시험한다.

② 시료의 용기는 노말헥산 20mL씩으로 2회 씻어서 씻은 액을 분별깔때기에 합하고, 마개를 하여 2분간 세게 흔들어 섞고 정치하여 노말헥산층을 분리한다.

[주 5] 추출 시 에멀전을 형성하여 액층이 분리되지 않거나 노말헥산층이 혼탁할 경우에는 분별깔때기 안의 수층을 원래의 시료용기에 옮기고, 에멀전층 또는 헥산층에 약 10g의 염화나트륨 또는 황산암모늄을 넣어 환류냉각관(약 300mm)을 부착하고, 80℃ 물중탕 중에서 약 10분간 가열 분해한 다음 시험방법에 따라 시험한다.

③ 수층에 한 번 더 시료용기를 씻은 노말헥산 20mL를 넣어 흔들어 섞고 정치하여 노말헥산층을 분리한 다음 앞의 노말헥산층과 합한다. 정제수 20mL씩으로 수회 씻어준 다음 수층을 버리고 노말헥산층에 무수황산나트륨을 수분이 제거될 만큼 넣어 흔들어 섞고 수분을 제거한다.

④ 분별깔때기의 꼭지 부분에 건조여과지를 사용하여 여과한다. 노말헥산을 항량으로 하며 무게를 미리 단 증발용기에 넣고 분별깔때기에 노말헥산 소량을 넣어 씻어준 다음 여과하여 증발용기에 합한다.

⑤ 노말헥산 5mL씩으로 여과지를 2회 씻어주고 씻은 액을 증발용기에 합한다.

⑥ 증발용기가 알루미늄박으로 만든 접시 또는 비커일 경우에는 용기의 표면을 깨끗이 닦고, 80℃로 유지한 전기열판 또는 전기맨틀에 넣어 노말헥산을 증발시킨다.

⑦ 증류플라스크일 경우에는 U자형 연결관과 냉각관을 달아 전기열판 또는 전기맨틀의 온도를 80℃로 유지하면서 매초 한 방울의 속도로 증류한다. 증류플라스크 안에 2mL가 남을 때까지 증류한 다음, 냉각관의 상부로부터 질소가스를 넣어주어 증류플라스크 안의 노말헥산을 완전히 증발시키고, 증류플라스크를 분리하여 실온으로 냉각될 때까지 질소를 흘려보내어 노말헥산을 완전히 증발시킨다.

⑧ 증발용기 외부의 습기를 깨끗이 닦아 (80±5)℃의 건조기 안에서 30분간 건조하고 실리카겔 데시케이터에 넣어 정확히 30분간 방치하여 냉각한 후 무게를 단다.

⑨ 따로 시험에 사용된 노말헥산 전량을 미리 항량으로 하여 무게를 단 증발용기에 넣고, 시료와 같이 조작하여 노말헥산을 날려 보내어 바탕시험을 행하고 보정한다.

2) 총노말헥산추출물질 중 광유류

① 총노말헥산추출물질의 무게를 측정한 증발용기 중에 노말헥산 20~30mL를 넣고 가온하여 녹인 후 100mL 부피플라스크에 옮기고, 증발용기에 잔류물이 남지 않도록 다시 20~30mL의 노말헥산으로 녹인 후 이를 앞의 100mL 부피플라스크에 합한다.

[주 6] 노말헥산추출물질 중에 동식물유지류 등의 극성물질 약 200mg 이상을 함유할 경우에는 용량 100mL 이상의 용기를 사용하여 200mg 이하에서와 같이 조제한다.

[주 7] 잔류물 중에 염류가 잔류할 경우에는 유리막대 등으로 잔류물을 잘게 분쇄하고 노말헥산을 가해 노말헥산추출물질을 용출시킨다.

② 헥산 10mL씩으로 증발용기를 2~3회 씻고, 씻은 액을 전량 100mL 부피플라스크에 합한 다음 노말헥산으로 표선을 맞춘다.

③ 이 노말헥산용액 전량을 1.2mL/분의 속도로 활성규산마그네슘 컬럼을 통과시킨다. 처음의 유출액 약 20mL는 버리고, 그 다음 유출액 50mL를 증류플라스크에 넣어 앞의 방법과 같은 방법으로 시험한다. 따로 시험에 사용된 노말헥산 50mL를 증류플라스크에 넣고 시료와 같은 방법으로 조작하여 바탕시험을 행하고 보정한다.

[주 8] 비휘발성탄화수소의 유출점은 활성규산마그네슘의 입도와 결합 등에 따라 다소 다를 수 있으므로 미리 확인하여두면 좋다.

3) 총노말헥산추출물질 중 동식물유지류

노말헥산추출물질 중 동식물유지류의 양은 **총노말헥산추출물질의 양에서 노말헥산추출물질 중 광유류의 양을 뺀 차로 구한다.**

(6) 결과보고

1) 노말헥산추출물질

$$\text{총노말헥산추출물질(mg/L)} = (a - b) \times \frac{1,000}{V}$$

a : 시험 전후의 증발용기의 무게(mg)
b : 바탕시험 전후의 증발용기의 무게(mg)
V : 시료의 양(mL)

2) 노말헥산추출물질 중 광유류

$$\text{총노말헥산추출물질 중 광유류(mg/L)} = (a - b) \times \frac{100}{50} \times \frac{1,000}{V}$$

a : 유출액 중의 노말헥산추출물질의 무게(mg)
b : 바탕시험에 의한 잔류물의 무게(mg)
V : 시료의 양(mL)

3) 노말헥산추출물질 중 동식물유지류

$$\text{총노말헥산추출물질 중 동식물유지류(mg/L)} = a - b$$

a : 총노말헥산추출물질의 양(mg/L)
b : 총노말헥산추출물질 중 광유류의 양(mg/L)

3. 부유물질

(1) 목적

미리 무게를 단 유리섬유여과지(GF/C)를 여과장치에 부착하여 일정량의 시료를 여과시킨 다음 항량으로 건조하여 무게를 달고, 여과 전후의 유리섬유여과지의 무게차를 산출하여 부유물질의 양을 구하는 방법이다.

(2) 적용범위

지표수, 지하수, 폐수 등에 적용할 수 있다.

(3) 간섭물질

① 나무 조각, 큰 모래입자 등과 같은 큰 입자들은 부유물질 측정에 방해를 주며, 이 경우 직경 2mm 금속망에 먼저 통과시킨 후 분석을 실시한다.

② 증발잔류물이 1,000mg/L 이상인 경우의 해수, 공장폐수 등은 특별히 취급하지 않을 경우, 높은 부유물질의 값을 나타낼 수 있다. 이 경우 여과지를 여러 번 세척한다.

③ 철 또는 칼슘이 높은 시료는 금속 침전이 발생하며 부유물질 측정에 영향을 줄 수 있다.

④ 유지(oil) 및 혼합되지 않는 유기물도 여과지에 남아 부유물질 측정값을 높게 할 수 있다.

(4) 분석절차

① **유리섬유여과지(GF/C)를 여과장치에 부착하여 미리 정제수 20mL씩 3회 흡입 여과하여 씻은 다음 시계접시 또는 알루미늄 호일 접시 위에 놓고, 105~110℃의 건조기 안에서 2시간 건조시켜** 데시케이터에 넣고 방치하여 냉각한 다음 항량하여 무게를 정밀히 달고, 여과장치에 부착시킨다.

② 시료 적당량(건조 후 부유물질로서 2mg 이상)을 여과장치에 주입하면서 흡입 여과한다.

[주 1] 사용한 여과장치의 하부여과재를 다이크롬산칼륨황산 용액에 넣어 침전물을 녹인 다음 정제수로 씻어준다.

③ 시료 용기 및 여과장치의 기벽에 붙어 있는 부착물질을 소량의 정제수로 유리섬유여과지에 씻어 내린 다음, 즉시 여지상의 잔류물을 정제수 10mL씩 3회 씻어주고 약 3분 동안 계속하여 흡입 여과한다.

[주 2] 용존성 염류가 다량 함유되어 있는 시료의 경우에는 흡입장치를 끈 상태에서 정제수를 여지 위에 부은 뒤 흡입 여과하는 것을 반복하여 충분히 세척한다.

④ 유리섬유여과지를 핀셋으로 주의하면서 여과장치에서 끄집어내어 시계접시 또는 알루미늄 호일 접시 위에 놓고, 105~110℃의 건조기 안에서 2시간 건조시켜 데시케이터에 넣고 방치하여 냉각한 다음 항량으로 하여 무게를 정밀히 단다.

(5) 결과보고

여과 전후의 유리섬유여지 무게의 차를 구하여 부유물질의 양으로 한다.

$$부유물질(mg/L) \ = \ (b-a) \ \times \ \frac{1,000}{V}$$

a : 시료 여과 전의 유리섬유여지 무게(mg)
b : 시료 여과 후의 유리섬유여지 무게(mg)
V : 시료의 양(mL)

4. 색도

(1) 목적

색도를 측정하기 위하여 시각적으로 눈에 보이는 색상에 관계없이 단순 색도차 또는 단일 색도차를 계산하는데 **아담스 – 니컬슨(Adams – Nickerson)의 색도공식**을 근거로 하고 있다.

(2) 적용범위

지표수, 지하수, 폐수 등에 적용할 수 있다.

(3) 간섭물질

근본적인 간섭은 적용 파장에서 콜로이드 물질 및 부유 물질의 존재로 빛이 흡수 혹은 분산되면서 일어난다.

(4) 아담스 – 니컬슨(Adams – Nickerson)의 색도공식

① 육안으로 두 개의 서로 다른 색상을 가진 A, B가 무색으로부터 같은 정도로 색도가 있다고 판정되면, 이들의 색도값(ADMI의 기준 : American dye manufacturers institute)도 같게 된다.
② 이 방법은 **백금 – 코발트 표준물질과 아주 다른 색상의 폐·하수**에서 뿐만 아니라 **표준물질과 비슷한 색상의 폐·하수에도 적용할 수 있다.**

(5) 색도 표준원액(500CU)

① 1,000mL 부피플라스크에 적당량의 정제수를 넣고 염산(HCl, 36.5~38%) 100mL를 넣은 다음, 육염화백금칼륨(K_2PtCl_6) 1.246g과 염화코발트·6수화물($CoCl_2 \cdot 6H_2O$) 1g을 넣어 녹인다.
② 정제수를 채워 1L로 한다.
③ 제조된 표준원액은 1개월 동안 보관 가능하다.

5. 생물화학적 산소요구량(BOD)

(1) 목적

물속에 존재하는 생물화학적 산소요구량을 측정하기 위하여 시료를 20℃에서 5일간 저장하여 두었을 때 시료 중의 호기성 미생물의 증식과 호흡작용에 의하여 소비되는 용존산소의 양으로부터 측정하는 방법이다.

(2) 적용범위

① 지표수, 지하수, 폐수 등에 적용할 수 있다.
② 실험실에서 20℃에서 5일 동안 배양할 때의 산소요구량이므로 실제 환경조건의 온도, 생물군, 물의 흐름, 햇빛, 용존산소에서는 다를 수 있어 실제 지표수의 산소요구량을 알고자 할 때에는 위의 조건을 고려해야 한다.
③ 시료 중 용존산소의 양이 소비되는 산소의 양보다 적을 때에는 시료를 희석수로 적당히 희석하여 사용한다.
④ 공장폐수나 혐기성 발효의 상태에 있는 시료는 호기성 산화에 필요한 미생물을 식종하여야 한다.
⑤ **탄소BOD를 측정해야 할 경우에는 질산화 억제 시약을 첨가**한다.

(3) 간섭물질

① 시료가 **산성 또는 알칼리성**을 나타내거나 **잔류염소 등 산화성 물질**을 함유하였거나 **용존산소가 과포화되어 있을 때**에는 BOD 측정이 간섭받을 수 있으므로 전처리를 행한다.
② **탄소BOD를 측정할 때,** 시료 중 질산화 미생물이 충분히 존재할 경우 유기 및 암모니아성 질소 등의 환원상태 질소화합물질이 BOD 결과를 높게 만든다. **적절한 질산화 억제 시약**을 사용하여 질소에 의한 산소 소비를 방지한다.
③ 시료는 시험하기 바로 전에 **온도를 (20±1)℃로 조정**한다.

(4) 분석절차

1) 전처리

① pH 6.5~8.5의 범위를 벗어나는 산성 또는 알칼리성 시료는 **염산용액(1M) 또는 수산화나트륨 용액(1M)으로 시료를 중화하여 pH 7~7.2로** 맞춘다. 다만 이때 넣어주는 염산 또는 수산화나트륨의 양이 시료량의 0.5%가 넘지 않도록 하여야 한다. pH가 조정된 시료는 반드시 식종을 실시한다.
② 가능한 한 염소소독 전에 시료를 채취한다. 그러나 잔류염소를 함유한 시료는 시료 100mL에 아자이드화나트륨 0.1g과 요오드화칼륨 1g을 넣고 흔들어 섞은 다음 염산을 넣어 산성으로 한다(약 pH 1). 유리된 요오드를 전분지시약을 사용하여 아황산나트륨용액(0.025N)으로 액의 색깔이 청색에서 무색으로 변화될 때까지 적정하여 얻은 아황산나트륨용액(0.025N)의 소비된 부피(mL)를 남아 있는 시료의 양에 대응하여 넣어준다. 일반적으로 잔류염소를 함유한 시료는 반드시 식종을 실시한다.

③ 수온이 20℃ 이하일 때의 용존산소가 과포화되어 있을 경우에는 수온을 23~25℃로 상승시킨 이후에 15분간 통기하고 방치하여 냉각하고 수온을 다시 20℃로 한다.

④ 기타 독성을 나타내는 시료에 대해서는 그 독성을 제거한 후 식종을 실시한다.

2) 분석방법

① 시료(또는 전처리한 시료)의 예상 BOD값으로부터 단계적으로 희석배율을 정하여 3~5종의 희석시료 2개를 한 조로 하여 조제한다.

> 예상 BOD값에 대한 사전경험이 없을 때는 희석하여 시료를 조제한다.
>
> - 오염 정도가 심한 공장폐수 : 0.1~1.0%
> - 처리하지 않은 공장폐수와 침전된 하수 : 1~5%
> - 처리하여 방류된 공장폐수 : 5~25%
> - 오염된 하천수 : 25~100%
>
> 의 시료가 함유되도록 희석 조제한다.

② BOD용 희석수 또는 BOD용 식종 희석수를 사용하여 시료를 희석할 때에는 2L 부피실린더에 공기가 갇히지 않게 조심하면서 반만큼 채우고, 시료(또는 전처리한 시료) 적당량을 넣은 다음 BOD용 희석수 또는 식종 희석수로 희석배율에 맞는 눈금의 높이까지 채운다.

③ 공기가 갇히지 않게 젖은 막대로 조심하면서 섞고 2개의 300mL BOD병에 완전히 채운 다음, 한 병은 마개를 꼭 닫아 물로 마개 주위를 밀봉하여 BOD용 배양기에 넣고, 어두운 상태에서 5일간 배양한다. 이때 온도는 20℃로 항온한다. 나머지 한 병은 15분간 방치 후에 희석된 시료 자체의 초기 용존산소를 측정하는 데 사용한다.

④ 같은 방법으로 미리 정해진 희석배율에 따라 몇 개의 희석 시료를 조제하여 2개의 300mL BOD병에 완전히 채운 ③과 같이 실험한다. 처음의 희석 시료 자체의 용존산소량과 20℃에서 5일간 배양할 때 소비된 용존산소의 양을 용존산소 측정법에 따라 측정하여 구한다.

⑤ 5일 저장기간 동안 산소의 소비량이 40~70% 범위 안의 희석 시료를 선택하여 초기 용존산소량과 5일간 배양한 다음, 남아 있는 용존산소량의 차로부터 BOD를 계산한다.

⑥ 시료를 식종하여 BOD를 측정할 때는 실험에 사용한 식종액을 희석수로 단계적으로 희석한 후 위 실험방법에 따라 실험하고, 배양 후 산소 소비량이 40~70% 범위 안에 있는 식종 희석수를 선택하여 배양 전후의 용존산소량과 식종액 함유율을 구하여 시료의 BOD값을 보정한다.

⑦ BOD용 희석수 및 BOD용 식종 희석수의 검토

⑧ **질산화 억제 시약의 첨가**

　㉠ TCMP

　㉡ ATU 용액

[주 1] TCMP 사용을 권장하나 ATU 용액을 사용하여도 무방하다.

[주 2] 질산화 억제 시약을 첨가한 후에는 반드시 식종을 해야 한다.

(5) 농도계산

1) 식종하지 않은 시료

$$BOD(mg/L) = (D_1 - D_2) \times P$$

D_1 : 15분간 방치된 후의 희석(조제)한 시료의 DO(mg/L)

D_2 : 5일간 배양한 다음의 희석(조제)한 시료의 DO(mg/L)

P : 희석시료 중 시료의 희석배수 (희석시료량/시료량)

2) 식종 희석수를 사용한 시료

$$BOD(mg/L) = [(D_1 - D_2) - (B_1 - B_2) \times f] \times P$$

D_1 : 15분간 방치된 후의 희석(조제)한 시료의 DO(mg/L)

D_2 : 5일간 배양한 다음의 희석(조제)한 시료의 DO(mg/L)

B_1 : 식종액의 BOD를 측정할 때 희석된 식종액의 배양 전 DO(mg/L)

B_2 : 식종액의 BOD를 측정할 때 희석된 식종액의 배양 후 DO(mg/L)

f : 희석시료 중 식종액 함유율(x%)과 희석한 식종액 중 식종액 함유율(y%)의 비(x/y)

P : 희석시료 중 시료의 희석배수 (희석시료량/시료량)

6. 수소이온농도(potential of hydrogen, pH)

(1) 목적

물속의 수소이온농도(pH)를 측정하는 방법으로, **기준전극과 비교전극으로 구성되어진 pH 측정기를 사용하여 양 전극간에 생성되는 기전력의 차를 이용하여 측정**하는 방법이다.

(2) 적용범위

수온이 0~40℃인 지표수, 지하수, 폐수에 적용되며 **정량범위는 pH 0~14**이다.

(3) 간섭물질

① 일반적으로 유리전극은 용액의 색도, 탁도, 콜로이드성 물질들, 산화 및 환원성 물질들 그리고 염도에 의해 간섭을 받지 않는다.

② pH 10 이상에서 나트륨에 의해 오차가 발생할 수 있는데, 이는 "낮은 나트륨 오차 전극"을 사용하여 줄일 수 있다.

③ 기름층이나 작은 입자상이 전극을 피복하여 pH 측정을 방해할 수 있는데, 이 피복물을 부드럽게 문질러 닦아내거나 세척제로 닦아낸 후 증류수로 세척하여 부드러운 천으로 물기를 제거하고 사용한다. 염산(1+9)을 사용하여 피복물을 제거할 수 있다.

④ pH는 온도 변화에 따라 영향을 받는다. 대부분의 pH 측정기는 자동으로 온도를 보정하나 수동으로 보정할 수 있다.

(4) 표준용액

① pH 표준용액의 조제에 사용되는 물은 정제수를 15분 이상 끓여서 이산화탄소를 날려 보내고 산화칼슘(생석회) 흡수관을 달아 식혀서 준비한다.

② 제조된 pH 표준용액의 전도도는 $2\mu S/cm$ 이하이어야 한다. 조제한 pH 표준용액은 경질 유리병 또는 폴리에틸렌병에 담아서 보관하며, 보통 **산성 표준용액은 3개월, 염기성 표준용액은 산화칼슘 흡수관을 부착하여 1개월 이내**에 사용한다.

pH 표준용액	pH
수산염 표준용액	1.68
프탈산염 표준용액	4.00
인산염 표준용액	6.88
붕산염 표준용액	9.22
탄산염 표준용액	10.07
수산화칼슘 표준용액	12.63

(5) pH 측정

1) 분석방법

① **유리전극을 미리 정제수에 수 시간 담가둔다.**

② 유리전극을 **정제수**에서 꺼내어 거름종이 등으로 가볍게 닦아낸다.

③ 유리전극을 측정하고자 하는 시료에 담가 pH의 측정결과가 안정화될 때까지 기다린다.

④ 측정된 pH가 안정되면 측정값을 기록한다.

⑤ 시료로부터 pH 전극을 꺼내어 정제수로 세척한 다음 거름종이 등으로 가볍게 닦아내어 제조사에서 제시하는 **보관용액 또는 정제수**에 담아 보관한다.

2) pH 전극 보정

① 측정기의 전원을 켜고 시험 시작까지 30분 이상 예열한다. 전극은 정제수에 3회 이상 반복하여 씻고 물방울은 잘 닦아낸다. 전극이 더러워진 경우 **세제나 염산용액(0.1M)** 등으로 닦아낸 다음 **정제수**로 충분히 흘려 씻어낸다. 오랜 기간 건조 상태에 있었던 유리전극은 미리 하루 동안 pH 7 표준용액에 담가놓은 후에 사용한다.

② 보정은 다음과 같은 순서로 3개 이상의 표준용액으로 실시한다.

　ᄀ 전극을 프탈산염 표준용액(pH 4.00) 또는 pH 4.01 표준용액에 담그고 표시된 값을 보정한다.

　ᄂ 전극을 표준용액에서 꺼내어 정제수로 3회 이상 세척을 하고 거름종이 등으로 가볍게 닦아낸다.

　ᄃ 전극을 인산염 표준용액(pH 6.88) 또는 pH 7.00 표준용액에 담그고 표시된 값을 보정한다.

　ᄅ 전극을 표준용액에서 꺼내어 정제수로 3회 이상 세척을 하고 거름종이 등으로 가볍게 닦아낸다.

　ᄆ 전극을 탄산염 표준용액 pH 10.07 또는 pH 10.01 표준용액에 담그고 표시된 값을 보정한다.

　ᄇ 전극을 표준용액에서 꺼내어 정제수로 3회 이상 세척을 하고 거름종이 등으로 가볍게 닦아낸다.

3) 온도보정

pH 4 또는 10 표준용액에 전극(온도 보정용 감온소자 포함)을 담그고, 표준용액의 온도를 10~30℃ 사이로 변화시켜 5℃ 간격으로 pH를 측정하여 차를 구한다.

7. 온도

(1) 목적

물의 온도를 수은 막대 온도계 또는 서미스터를 사용하여 측정하는 방법이다.

(2) 적용범위

지표수, 지하수, 폐수 등에 적용할 수 있다.

(3) 용어정의

담금	· 온도 측정을 위해 대상 시료에 담그는 것 · 종류 : 온담금, 76mm 담금 · 온담금 : 감온액주의 최상부까지를 측정하는 대상 시료에 담그는 것 · 76mm 담금 : 구상부 하단으로부터 76mm까지를 측정 대상 시료에 담그는 것
담금선	· 측정하고자 하는 대상 시료에 담그는 부분을 표시하는 선

8. 용존산소 – 적정법

(1) 목적

물속에 존재하는 용존산소를 측정하기 위하여 시료에 **황산망간과 알칼리성 요오드칼륨용액**을 넣어 생기는 수산화제일망간이 시료 중의 용존산소에 의하여 산화되어 수산화제이망간으로 되고, 황산 산성에서 용존산소량에 대응하는 요오드를 유리한다. 유리된 요오드를 티오황산나트륨으로 적정하여 **용존산소의 양을 정량하는 방법**이다.

(2) 적용범위

지표수, 지하수, 폐수 등에 적용할 수 있으며 **정량한계는 0.1mg/L**이다.
[주 1] 산소 포화농도의 2배까지 용해(20.0mg/L)되어 있는 간섭물질이 존재하지 않는 모든 종류의 물에 적용할 수 있다.

(3) 간섭물질

① **시료가 착색되거나 현탁된 경우** 정확한 측정을 할 수 없다.
② 시료 중에 **산화·환원성 물질**이 존재하면 측정을 방해받을 수 있다.
③ 시료에 **미생물 플럭(floc)이 형성된 경우** 측정을 방해받을 수 있다.

(4) 분석절차

1) 전처리

간섭물질	전처리 시약
시료가 착색 현탁된 경우	칼륨명반용액, 암모니아수
미생물 플럭(floc)이 형성된 경우	황산구리 – 설파민산
산화성 물질을 함유한 경우(잔류염소)	· 별도의 바탕시험 시행 · 알칼리성 요오드화칼륨 – 아자이드화나트륨용액 1mL · 황산 1mL · 황산망간용액
산화성 물질을 함유한 경우(Fe(III))	황산을 첨가하기 전에 플루오린화칼륨용액 1mL를 가함

2) 분석방법

① 시료를 가득 채운 **300mL BOD병**에 **황산망간용액 1mL, 알칼리성 요오드화칼륨 – 아자이드화나트륨용액 1mL**를 넣고 기포가 남지 않게 조심하여 마개를 닫고 병을 수회 회전하면서 섞는다.
② 2분 이상 정치시킨 후, 상층액에 미세한 침전이 남아 있으면 다시 회전시켜 혼화한 다음 정치하여 완전히 침전시킨다.
③ 100mL 이상의 맑은 층이 생기면 마개를 열고 황산 2mL를 병목으로부터 넣는다. 갈색의 침전물이 생긴다.
④ 마개를 다시 닫고 갈색의 침전물이 완전히 용해될 때까지 병을 회전시킨다.
⑤ BOD병의 용액 200mL를 정확히 취하여 황색이 될 때까지 티오황산나트륨용액(0.025M)으로 적정한 다음, **전분용액 1mL를 넣어 용액을 청색**으로 만든다. 이후 다시 **티오황산나트륨용액(0.025M)**으로 용액이 **청색에서 무색이 될 때까지 적정**한다.

(5) 농도 계산

1) 용존산소 농도 산정방법

$$\text{용존산소(mg/L)} = a \times f \times \frac{V_1}{V_2} \times \frac{1,000}{V_1 - R} \times 0.2$$

a : 적정에 소비된 티오황산나트륨용액(0.025M)의 양(mL)

f : 티오황산나트륨(0.025M)의 농도계수(factor)

V_1 : 전체 시료의 양(mL)

V_2 : 적정에 사용한 시료의 양(mL)

R : 황산망간 용액과 알칼리성 요오드화칼륨-아자이드화나트륨 용액 첨가량(mL)

2) 용존산소 포화율 산정방법

$$\text{용존산소포화율(\%)} = \frac{DO}{DO_t \times B/760} \times 100$$

DO : 시료의 용존산소량(mg/L)

DO_t : 수중의 용존산소 포화량(mg/L)

B : 시료채취 시의 대기압(mmHg)

9. 용존산소 – 기타

(1) 용존산소 – 전극법

1) 목적
물속에 존재하는 용존산소를 측정하기 위하여 시료 중의 용존산소가 격막을 통과하여 전극의 표면에서 산화, 환원반응을 일으키고 이때 산소의 농도에 비례하여 전류가 흐르게 되는데, 이 전류량으로부터 용존산소량을 측정하는 방법이다.

2) 적용범위
지표수, 지하수, 폐수 등에 적용할 수 있으며 **정량한계는 0.5mg/L**이다.

[주 1] 산화성 물질이 함유된 시료나 착색된 시료와 같이 윙클러-아자이드화 나트륨변법을 적용할 수 없는 폐하수의 용존산소 측정에 유용하게 사용할 수 있다.

3) 간섭물질
격막 필름은 가스를 선택적으로 통과시키지 못하므로 장시간 사용 시 황화수소(H_2S) 가스의 유입으로 감도가 낮아질 수 있다. 따라서 주기적으로 격막 교체와 기기 보정이 필요하다.

(2) 용존산소 – 광학식 센서방법

1) 목적
물속에 존재하는 용존산소를 형광소광의 원리에 따라 작동하는 광학식 센서로 측정하는 방법이다.

2) 적용범위

① 광학 용존산소 센서(optical dissolved oxygen sensor)를 이용할 경우 광원(light emitting diode ; LED 등)으로부터 조사된 빛을 흡수한 형광물질 분자는 들뜬 상태에서 바닥 상태로 전이하면서 형광을 방출한다.

② 형광물질 분자는 소광제인 산소분자가 존재하면 산소분자에 들뜬 에너지를 빼앗겨 형광으로 방사하는 비율이 감소한다.

③ 따라서 시료 중에 산소가 존재하면 광원에서 빛을 조사하여 형광이 없어질 때까지의 시간(소광시간)과 형광의 상에 차이가 생긴다. 시료 중에 담긴 프로브(probe) 안의 형광물질은 LED 등의 광원에서 빛을 조사했을 때 산소분자가 존재하지 않는 경우 일정한 시간 동안 발광하고 바닥 상태로 돌아가 사라진다.

④ 반면, 산소분자가 존재하면 들뜬 에너지를 산소에 뺏겨 형광량이 작아진다. 이 차를 이용하여 용존산소량을 광검출기에서 측정한다.

⑤ 이 시험기준은 지표수, 폐수 등에 적용할 수 있다.

[주 1] 색도나 탁도가 높은 물, 철 및 요오드 고정 물질 때문에 용존산소 - 적정법에 적합하지 않은 물의 분석에서도 선호되는 방법이다.

3) 간섭물질

① 이산화염소(chlorine dioxide)가 퍼센트 농도 수준일 때 용존산소 측정을 방해한다.

② 세균의 생물막 형성은 측정을 방해할 수 있고, 조류의 성장은 산소침투를 방해할 수 있다.

③ 오일은 센서로의 확산을 방해하여 산소를 차단할 수 있으므로 자주 세척해 주어야 한다.

④ 알코올류와 유기용매는 센서에 영구적인 피해를 줄 수 있다.

⑤ 부유물질의 농도가 높은 시료 등에서는 광학식 센서의 반응이 늦어지는 경우가 있으므로 시료를 균일하게 혼합하면서 측정한다.

⑥ 수중의 용존산소 포화량은 온도, 염분농도, 대기압의 영향을 받는다.

10. 잔류염소

(1) 비색법

목적	· 잔류염소를 측정하는 방법으로서 시료의 pH를 인산염 완충용액으로 약산성으로 조절한 후 발색하여 잔류염소 표준비색표와 비교하여 측정한다.
적용범위	· 정량한계 0.05mg/L
간섭물질	· 유리염소는 질소(nitrogen), 트라이클로라이드(trichloride), 트라이클로라민(trichloramine), 클로린디옥사이드(chlorine dioxide)의 존재하에서는 불가능하다. · 구리에 의한 간섭은 구리 파이프 혹은 황산구리염 처리된 저장고에서 채취된 시료의 측정에서 발생할 수 있다. 이 경우 EDTA를 사용하여 제거할 수 있다. · 2mg/L 이상의 크롬산은 종말점에서 간섭을 하는데 이때 염화바륨을 가하여 침전시켜 제거한다. · 직사광선 또는 강렬한 빛에 의해 분해된다.

(2) 적정법

목적	· 물속에 존재하는 잔류염소를 전류적정법으로 측정하는 방법
적용범위	· 정량한계 2mg/L
간섭물질	· 유리염소는 질소(nitrogen), 트라이클로라이드(trichloride), 트라이클로라민(trichloramine), 클로린디옥사이드(chlorine dioxide)의 존재하에서는 불가능하다. · 구리에 의한 간섭은 구리 파이프 혹은 황산구리염 처리된 저장고에서 채취된 시료의 측정에서 발생할 수 있다. 이 경우 EDTA를 사용하여 제거할 수 있다. · 2mg/L 이상의 크롬산은 종말점에서 간섭을 하는데 이때 염화바륨을 가하여 침전시켜 제거한다. · 직사광선 또는 강렬한 빛에 의해 분해된다.

11. 전기전도도

전기전도도	· 용액이 전류를 운반할 수 있는 정도 · 용액 중의 이온세기를 신속하게 평가할 수 있는 항목으로, 국제적으로 S(Siemens) 단위가 통용됨
측정원리	· 용액에 담겨있는 2개의 전극에 일정한 전압을 가해주면 가한 전압이 전류를 흐르게 하며, 이때 흐르는 전류의 크기는 용액의 전도도에 의존한다는 사실을 이용
목적	· 전기전도도 측정계를 이용하여 물 중의 전기전도도를 측정하는 방법
적용범위	· 정량한계 2mg/L · 지표수, 지하수, 폐수 등에 적용할 수 있다.
간섭물질	· 전극의 표면이 부유물질, 그리스, 오일 등으로 오염될 경우, 전기전도도의 값이 영향을 받을 수 있다.
분석기기	· 전기전도도 측정계
정밀도	· 정밀도는 측정값의 % 상대표준편차(RSD)로 계산하며, 측정값이 20% 이내이어야 한다. · 정밀도 및 정확도는 연 1회 이상 산정하는 것을 원칙으로 한다.
측정단위	· μS/cm
온도계	· 0.1℃까지 측정 가능한 온도계를 사용한다. · 전기전도도 측정계로서 온도 보정이나 측정이 가능할 경우에는 온도계가 필요 없음
온도	· 전기전도도는 온도차에 의한 영향이 커서 온도보정이 필요함 · 온도차에 의한 영향은 0~5%/℃ 정도이다.
전도도 표준용액	· 전도도 표준용액 조제에 사용되는 시약은 염화칼륨용액

12. 총유기탄소

(1) 총유기탄소 – 고온연소산화법

1) 목적

① 물속에 존재하는 총유기탄소를 측정하기 위하여 시료 적당량을 산화성 촉매로 충전된 고온의 연소기에 넣은 후 연소를 통해서 수중의 유기탄소를 이산화탄소(CO_2)로 산화시켜 정량하는 방법이다.

② 정량방법은 무기성 탄소를 사전에 제거하여 측정하거나, 무기성 탄소를 측정한 후 총탄소에서 감하여 총유기탄소의 양을 구한다.

2) 적용범위

지표수, 지하수, 폐수 등에 적용하며 정량한계는 0.3mg/L이다.

3) 용어정의

① **총유기탄소**(TOC, total organic carbon) : 수중에서 유기적으로 결합된 탄소의 합을 말한다.

② **총탄소**(TC, total carbon) : 수중에서 존재하는 유기적 또는 무기적으로 결합된 탄소의 합을 말한다.

④ **무기성 탄소**(IC, inorganic carbon) : 수중에 탄산염, 중탄산염, 용존 이산화탄소 등 무기적으로 결합된 탄소의 합을 말한다.

④ **용존성 유기탄소**(DOC, dissolved organic carbon) : 총유기탄소 중 공극 0.45μm의 여과지를 통과하는 유기탄소를 말한다.

⑤ **비정화성 유기탄소**(NPOC, nonpurgeable organic carbon) : 총탄소 중 pH 2 이하에서 포기에 의해 정화(purging)되지 않는 탄소를 말한다.

4) 총유기탄소 분석기기

산화부	· 시료를 산화코발트, 백금, 크롬산바륨과 같은 산화성 촉매로 충전된 550℃ 이상의 고온반응기에서 연소시켜 시료 중의 탄소를 이산화탄소로 전환하여 검출부로 운반한다.
검출부	· 검출부는 비분산적외선분광분석법(NDIR, non-dispersive infrared), 전기량적정법(coulometric titration method) 또는 이와 동등한 검출 방법으로 측정한다.

(2) 총유기탄소 – 과황산 UV 및 과황산 열산화법

목적	· 물속에 존재하는 총유기탄소를 측정하기 위하여 시료에 과황산염을 넣어 자외선이나 가열로 수중의 유기탄소를 이산화탄소로 산화하여 정량하는 방법 · 정량방법은 무기성 탄소를 사전에 제거하여 측정하거나, 무기성 탄소를 측정한 후 총탄소에서 감하여 총유기탄소의 양을 구한다.
적용범위	· 정량한계 3mg/L

13. 용존 유기탄소

(1) 용존 유기탄소 – 고온연소산화법

목적	· 물속에 존재하는 용존 유기탄소를 측정하기 위하여 $0.45\mu m$ 여과지로 여과한 시료 적당량을 산화성 촉매로 충전된 고온의 연소기에 넣은 후 연소를 통해서 수중의 유기탄소를 이산화탄소(CO_2)로 산화시켜 정량하는 방법
정량방법	· 용존 무기성 탄소를 사전에 제거하여 측정하거나, 용존 무기성 탄소를 측정한 후 총용존 탄소에서 감하여 용존 유기탄소의 양을 구한다.
적용범위	· 지표수, 지하수, 폐수 등에 적용　　　· 정량한계는 0.3mg/L

(2) 용존 유기탄소 – 과황산 UV 및 과황산 열산화법

목적	· 물속에 존재하는 용존 유기탄소를 측정하기 위하여 $0.45\mu m$ 여과지로 여과한 시료에 과황산염을 넣어 자외선이나 가열로 수중의 유기탄소를 이산화탄소로 산화하여 정량하는 방법
정량방법	· 용존 무기성 탄소를 사전에 제거하여 측정하거나, 용존 무기성 탄소를 측정한 후 총용존 탄소에서 감하여 용존 유기탄소의 양을 구한다.
적용범위	· 지표수, 지하수, 폐수 등에 적용　　　· 정량한계는 0.3mg/L

14. 클로로필 a

(1) 목적

물속의 클로로필 a의 양을 측정하는 방법으로 **아세톤 용액**을 이용하여 시료를 여과한 여과지로부터 클로로필 색소를 추출하고, 추출액의 흡광도를 **663nm, 645nm, 630nm 및 750nm에서 측정**하여 클로로필 a의 양을 계산하는 방법이다.

(2) 적용범위

지표수, 폐수 등에 적용할 수 있다.

(3) 클로로필 a

클로로필 a는 모든 조류에 존재하는 녹색 색소로서 유기물 건조량의 1~2%를 차지하고 있으며, 조류의 생물량을 평가하기 위한 유력한 지표이다.
[주 1] 클로로필 b, c 등 기타 클로로필의 양은 조류의 분류학적 조성의 지표이다.

(4) 시약

아세톤(9+1) : 아세톤(acetone, CH_3COCH_3, 분자량 : 58.08) 90mL에 정제수 10mL를 혼합한다.

15. 탁도

목적	탁도계를 이용하여 물의 흐름 정도를 측정하는 방법
적용범위	지표수와 지하수에 적용할 수 있다.
탁도단위	NTU(nephelometric turbidity unit)

16. 투명도

(1) 목적

투명도를 측정하기 위하여 **지름 30cm의 투명도판(백색원판)**을 사용하여 호소나 하천에 보이지 않는 깊이로 넣은 다음 이것을 천천히 끓어 올리면서 보이기 시작한 **깊이를 0.1m 단위**로 읽어 투명도를 측정하는 방법이다.

(2) 적용범위

지표수 중 호소수 또는 유속이 작은 하천에 적용할 수 있다.

(3) 투명도판

지름이 30cm로 무게가 약 3kg이 되는 원판에 지름 5cm의 구멍 8개가 뚫려 있다.

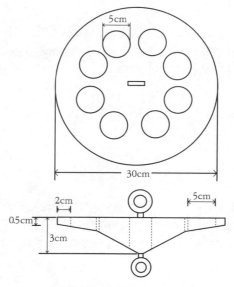

〈 투명도판의 평면도 및 측면도 〉

(4) 분석절차 및 측정

① 투명도판은 측정에 앞서 상판에 이물질이 없도록 깨끗하게 닦아주고, **측정시간은 오전 10시에서 오후 4시 사이**에 측정한다.

② 날씨가 맑고 수면이 잔잔할 때 측정하고, 직사광선을 피하여 배의 그늘 등에서 투명도판을 조용히 보이지 않는 깊이로 넣은 다음 천천히 끌어 올리면서 보이기 시작한 깊이를 반복해서 측정한다.

[주 1] 투명도판의 색도차는 투명도에 미치는 영향이 작지만, 원판의 광 반사능도 투명도에 영향을 미치므로 표면이 더러울 때에는 다시 색칠하여야 한다.

[주 2] 투명도는 일기, 시각, 개인차 등에 의하여 약간의 차이가 있을 수 있으므로 측정조건을 기록해 두어야 한다.

[주 3] 흐름이 있어 줄이 기울어질 경우에는 **2kg 정도**의 추를 달아서 줄을 세워야 하고, 줄은 **10cm 간격으로 눈금 표시**가 되어 있어야 하며, 충분히 강도가 있는 것을 사용한다.

[주 4] 강우 시나 수면에 파도가 격렬하게 일 때는 정확한 투명도를 얻을 수 없으므로 측정하지 않는 것이 좋다.

③ 측정결과는 0.1m 단위로 표기한다.

17. 화학적 산소요구량(COD)

(1) 화학적 산소요구량 – 적정법 – 산성 과망간산칼륨법

목적	· 이 시험기준은 물속에 존재하는 화학적 산소요구량을 측정하기 위하여 시료를 **황산산성**으로 하여 과망간산칼륨 일정과량을 넣고 **30분**간 수욕상에서 가열 반응시킨 다음 소비된 **과망간산칼륨**량으로부터 이에 상당하는 산소의 양을 측정하는 방법이다.
적용범위	· 지표수, 하수, 폐수 등에 적용 · **염소이온이 2,000mg/L 이하인 시료**(100mg)에 적용
간섭물질	· 유리기구류나 공기로부터 유기물의 오염이 되지 않게 주의하고 사용하는 정제수에 유기물이 없는지 확인해야 한다. · **염소이온**은 과망간산에 의해 정량적으로 산화되어 양의 오차를 유발하므로 **황산은**을 첨가하여 염소이온의 간섭을 제거한다. · **아질산염**은 아질산성 질소 1mg당 1.1mg의 산소를 소모하여 COD값의 오차를 유발한다. 아질산염의 방해가 우려되면 아질산성 질소 1mg당 10mg의 **설파민산**을 넣어 간섭을 제거한다. · **제일철이온, 아황산염** 등 실험 조건에서 산화되는 물질이 있을 때 해당되는 COD값을 정량적으로 빼주어야 한다. · 가열과정에서 오차가 발생할 수 있으므로 물중탕의 온도와 가열시간을 잘 지켜야 한다.

(2) 화학적 산소요구량 – 적정법 – 알칼리성 과망간산칼륨법

목적	· 물속에 존재하는 화학적 산소요구량을 측정하기 위하여 시료를 **알칼리성**으로 하여 **과망간산칼륨** 일정 과량을 넣고 **60분**간 수욕상에서 가열 반응시키고 **요오드화칼륨 및 황산**을 넣어 남아 있는 과망간산 칼륨에 의하여 유리된 요오드의 양으로부터 산소의 양을 측정하는 방법이다.
적용범위	· **염소이온(2,000mg/L 이상)이 높은 하수 및 해수** 시료에 적용한다.
간섭물질	· 유리기구류나 공기로부터 유기물의 오염이 되지 않게 주의하고 사용하는 정제수에 유기물이 없는지 확인해야 한다. · 시료 중에 환원성 무기물질들의 간섭이나 알코올류, 당류, 단백질 등의 알칼리 가용성 화합물의 방해 를 받지 않는다. · 가열과정에서 오차가 발생할 수 있으므로 물중탕기의 온도와 가열시간을 잘 지켜야 한다.

(3) 화학적 산소요구량 – 적정법 – 다이크롬산칼륨법

목적	· 시료를 **황산산성**으로 하여 **다이크롬산칼륨** 일정과량을 넣고 **2시간** 가열 반응시킨 다음 소비된 다이 크롬산칼륨의 양을 구하기 위해 환원되지 않고 남아 있는 다이크롬산칼륨을 **황산제일철암모늄용액으 로 적정**하여 시료에 의해 소비된 다이크롬산칼륨을 계산하고, 이에 상당하는 산소의 양을 측정하는 방법이다.
적용범위	· 지표수, 지하수, 폐수 등에 적용 · COD 5~50mg/L의 낮은 농도범위를 갖는 시료에 적용 · 규정이 없는 한 **해수를 제외한 모든 시료**의 다이크롬산칼륨에 의한 화학적 산소요구량을 필요로 하 는 경우 이 방법에 따라 시험한다. · 염소이온의 농도가 1,000mg/L 이상의 농도일 때에는 COD값이 최소한 250mg/L 이상의 농도이어 야 한다. 따라서 해수 중에서 COD 측정은 이 방법으로 부적절하다.
간섭물질	· 유리기구류나 공기로부터 유기물의 오염이 되지 않게 주의하고 사용하는 정제수에 유기물이 없는지 확인해야 한다. · **염소이온**은 다이크롬산에 의해 정량적으로 산화되어 **양의 오차**를 유발하므로 **황산수은(II)을 첨가**하 여 염소이온과 착물을 형성하도록 하여 간섭을 제거할 수 있다. 염소이온의 양이 40mg 이상 공존할 경우에는 $HgSO_4 : Cl^- = 10 : 1$의 비율로 황산수은(II)의 첨 가량을 늘린다. · **아질산이온**(NO_2^-) 1mg으로 1.1mg의 산소(O_2)를 소비한다. 아질산이온에 의한 방해를 제거하기 위 해 시료에 존재하는 아질산성 질소($NO_2 - N$) mg당 **설퍼민산** 10mg을 첨가한다.

(4) COD 농도 계산

1) 화학적 산소요구량 – 적정법 – 산성 과망간산칼륨법

화학적 산소요구량(mg/L)

$= (b-a) \times f \times \dfrac{1,000}{V} \times 0.2$

a : 바탕시험 적정에 소비된 과망간산칼륨용액(0.005M)의 양(mL)
b : 시료의 적정에 소비된 과망간산칼륨용액(0.005M)의 양(mL)
f : 과망간산칼륨용액(0.005M)의 농도계수(factor)
V : 시료의 양(mL)

2) 화학적 산소요구량 – 적정법 – 알칼리성 과망간산칼륨법

화학적 산소요구량(mg/L)

$= (a-b) \times f \times \dfrac{1,000}{V} \times 0.2$

a : 바탕시험 적정에 소비된 티오황산나트륨용액(0.025M)의 양(mL)
b : 시료의 적정에 소비된 티오황산나트륨용액(0.025M)의 양(mL)
f : 티오황산나트륨용액(0.025M)의 농도계수(factor)
V : 시료의 양(mL)

3) 화학적 산소요구량 – 적정법 – 다이크롬산칼륨법

화학적 산소요구량(mg/L)

$= (b-a) \times f \times \dfrac{1,000}{V} \times 0.2$

a : 적정에 소비된 황산제일철암모늄용액(0.025N)의 양(mL)
b : 바탕시료에 소비된 황산제일철암모늄용액(0.025N)의 양(mL)
f : 황산제일철암모늄용액(0.025N)의 농도계수(factor)
V : 시료의 양(mL)

Chapter 04

적중실전문제

내용문제

| 냄새 |

01 냄새역치(TON)의 계산식으로 옳은 것은? (단, A : 시료부피(mL), B : 무취 정제수부피(mL))

① (A + B) / B
② (A + B) / A
③ A / (A + B)
④ B / (A + B)

해설

냄새역치
· 냄새를 감지할 수 있는 최대 희석배수
· 냄새역치(TON) = (A + B) / A

정답 ②

| 노말헥산 추출물질 |

02 노말헥산 추출물질의 정량한계(mg/L)는?

① 0.1
② 0.5
③ 1.0
④ 5.0

해설

노말헥산 추출물질의 정량한계 : 0.5mg/L

정답 ②

| 노말헥산 추출물질 |

03 노말헥산 추출물질 시험법은?

① 중량법
② 적정법
③ 흡광광도법
④ 원자흡광광도법

해설

노말헥산 추출물질 시험법 : 중량법

정답 ①

| 노말헥산 추출물질 |

04 노말헥산 추출물질 측정을 위한 시험방법에 관한 설명으로 ( )에 옳은 것은?

> 시료 적당량을 분액깔대기에 넣고 ( ) 변할 때까지 염산(1+1)을 넣어 pH 4 이하로 조절한다.

① 메틸오렌지용액(0.1%) 2~3 방울을 넣고 황색이 적색으로
② 메틸오렌지용액(0.1%) 2~3 방울을 넣고 적색이 황색으로
③ 메틸레드용액(0.5%) 2~3 방울을 넣고 황색이 적색으로
④ 메틸레드용액(0.5%) 2~3 방울을 넣고 적색이 황색으로

해설

노말헥산 추출물질
시료 적당량을 분액깔대기에 넣고 메틸오렌지용액(0.1%) 2~3방울을 넣어 황색이 적색으로 변할 때까지 염산(1+1)을 넣고 pH 4 이하로 조절한다.

정답 ①

| 노말헥산 추출물질 |

05 노말헥산추출물질 분석에 관한 설명으로 틀린 것은?

① 시료를 pH 4 이하의 산성으로 하여 노말 헥산층에 용해되는 물질을 노말헥산으로 추출한다.

② 폐수 중의 비교적 휘발되지 않는 탄화수소, 탄화수소유도체, 그리이스유상물질 및 광유류를 함유하고 있는 시료를 측정대상으로 한다.

③ 광유류의 양을 시험하고자 할 경우에는 활성규산마그네슘 컬럼으로 광유류를 흡착한 후 추출한다.

④ 지표수, 지하수, 폐수 등에 적용할 수 있으며, 정량한계는 0.5mg/L이다.

해설

③ 광유류의 양을 시험하고자 할 경우에는 활성규산마그네슘(플로리실) 컬럼을 이용하여 동식물유지류를 흡착·제거하고 유출액을 같은 방법으로 구할 수 있다.

정답 ③

| 노말헥산 추출물질 |

06 노말헥산 추출물질의 정도 관리로 맞는 것은?

① 정량한계는 0.5mg/L로 설정하였다.

② 상대표준편차가 ±35% 이내이면 만족한다.

③ 정확도가 110%여서 재시험을 수행하였다.

④ 정밀도가 10%여서 재시험을 수행하였다.

해설

②, ④ 정확도는 첨가한 표준물질의 농도에 대한 측정 평균값의 상대 백분율로 나타내며, 그 값이 75~125% 이내이어야 한다.

③ 정밀도는 측정값의 % 상대표준편차(RSD)로 계산하며 측정값이 25% 이내이어야 한다.

정답 ①

| 노말헥산 추출물질 |

07 노말 헥산 추출물질을 측정할 때 시험과정 중 지시약으로 사용되는 것은?

① 메틸레드　　　　② 메틸오렌지

③ 메틸렌블루　　　④ 페놀프탈레인

해설

노말헥산 추출물질 지시약 : 메틸오렌지

정답 ②

| 부유물질 |

08 부유물질 측정 시 간섭물질에 관한 설명으로 틀린 것은?

① 증발잔류물이 1,000mg/L 이상인 경우의 해수, 공장폐수 등은 특별히 취급하지 않을 경우, 높은 부유물질 값을 나타낼 수 있다.

② 5mm 금속망을 통과시킨 큰 입자들은 부유물질 측정에 방해를 주지 않는다.

③ 철 또는 칼슘이 높은 시료는 금속 침전이 발생하며 부유물질 측정에 영향을 줄 수 있다.

④ 유지 및 혼합되지 않는 유기물도 여과지에 남아 부유물질 측정값을 높게 할 수 있다.

해설

② 2mm 금속망을 통과시킨 후 분석한다.

부유물질의 간섭물질

· 나무 조각, 큰 모래 입자 등과 같은 큰 입자들은 부유물질 측정에 방해를 주며, 이 경우 직경 2mm 금속망에 먼저 통과시킨 후 분석을 실시한다.

· 증발잔류물이 1,000mg/L 이상인 경우의 해수, 공장폐수 등은 특별히 취급하지 않을 경우, 높은 부유물질 값을 나타낼 수 있으며, 이 경우 여과지를 여러 번 세척한다.

· 철 또는 칼슘이 높은 시료는 금속 침전이 발생하며 부유물질 측정에 영향을 줄 수 있다.

· 유지(oil) 및 혼합되지 않는 유기물도 여과지에 남아 부유물질 측정값을 높게 할 수 있다.

정답 ②

| 색도 |

09 색도측정법(투과율법)에 관한 설명으로 옳지 않은 것은?

① 아담스 – 니컬슨의 색도공식을 근거로 한다.
② 시료 중 백금 – 코발트 표준물질과 아주 다른 색상의 폐·하수는 적용할 수 없다.
③ 색도의 측정은 시각적으로 눈에 보이는 색상에 관계없이 단순 색도차 또는 단일 색도차를 계산한다.
④ 시료 중 부유물질은 제거하여야 한다.

해설

② 색도측정법(투과율법)은 백금 – 코발트 표준물질과 아주 다른 색상의 폐·하수에서 뿐만 아니라 표준물질과 비슷한 색상의 폐·하수에도 적용할 수 있다.

정답 ②

| 생물화학적 산소요구량(BOD) |

10 예상 BOD치에 대한 사전경험이 없을 때 오염정도가 심한 공장폐수의 희석배율(%)은?

① 25~100
② 5~25
③ 1~5
④ 0.1~1.0

해설

예상 BOD값에 대한 사전경험이 없을 때에는 희석하여 시료를 조제한다.

· 오염 정도가 심한 공장폐수 : 0.1~1.0%
· 처리하지 않은 공장폐수와 침전된 하수 : 1~5%
· 처리하여 방류된 공장폐수 : 5~25%
· 오염된 하천수 : 25~100%
의 시료가 함유되도록 희석 조제한다.

정답 ④

| 생물화학적 산소요구량(BOD) |

11 예상 BOD치에 대한 사전 경험이 없을 때, 희석하여 시료를 조제하는 기준으로 알맞은 것은?

① 오염정도가 심한 공장폐수 : 0.01~0.05%
② 오염된 하천수 : 10~20%
③ 처리하여 방류된 공장폐수 : 50~70%
④ 처리하지 않은 공장폐수 : 1~5%

해설

정답 ④

| 생물화학적 산소요구량(BOD) |

12 생물화학적 산소요구량 측정방법 중 시료의 전처리에 관한 설명으로 틀린 것은?

① pH가 6.5~8.5의 범위를 벗어나는 시료는 염산(1M) 또는 수산화나트륨용액(1M)으로 시료를 중화하여 pH 7~7.2로 맞춘다.
② 시료는 시험하기 바로 전에 온도를 $20\pm1℃$로 조정한다.
③ 수온이 20℃ 이하일 때의 용존산소가 과포화되어 있을 경우에는 수온을 23~25℃로 상승시킨 이후에 15분간 통기하여 방치하고 냉각하여 수온을 다시 20℃로 한다.
④ 잔류염소가 함유된 시료는 시료 100mL에 아지드화나트륨 0.1g과 요오드화칼륨 1g을 넣고 흔들어 섞은 다음 수산화나트륨을 넣어 알칼리성으로 한다.

해설

④ 잔류염소를 함유한 시료는 시료 100mL에 아자이드화나트륨 0.1g과 요오드화칼륨 1g을 넣고 흔들어 섞은 다음 염산을 넣어 산성으로 한다(약 pH 1).

정답 ④

| 수소이온농도(pH) |

13 pH 미터의 유지관리에 대한 설명으로 틀린 것은?

① 전극이 더러워졌을 때는 유리전극을 묽은 염산에 잠시 담갔다가 증류수로 씻는다.
② 유리전극을 사용하지 않을 때는 증류수에 담가둔다.
③ 유지, 그리스 등이 전극 표면에 부착되면 유기용매로 적신 부드러운 종이로 전극을 닦고 증류수로 씻는다.
④ 전극에 발생하는 조류나 미생물은 전극을 보호하는 작용이므로 떨어지지 않게 주의한다.

해설

④ 전극에 이물질이 달라붙어 있는 경우에는 수소이온 농도 전극의 반응이 느리거나 오차를 발생시킬 수 있다.

정답 ④

| 수소이온농도(pH) |

14 pH 표준액의 조제 시 보통 산성 표준액과 염기성 표준액의 각각 사용기간은?

① 1개월 이내, 3개월 이내
② 2개월 이내, 2개월 이내
③ 3개월 이내, 1개월 이내
④ 3개월 이내, 2개월 이내

해설

수소이온농도 – 표준용액
· 산성 표준용액 : 3개월 이내
· 염기성 표준용액 : 산화칼슘 흡수관을 부착하여 1개월 이내에 사용한다.

정답 ③

| 수소이온농도(pH) |

15 유리전극에 의한 pH 측정에 관한 설명으로 알맞지 않은 것은?

① 유리전극을 미리 정제수에 수 시간 담가둔다.
② pH 전극 보정 시 측정기의 전원을 켜고 시험 시작까지 30분 이상 예열한다.
③ 전극을 프탈산염 표준용액(pH 6.88) 또는 pH 7.00 표준용액에 담그고 표시된 값을 보정한다.
④ 온도보정 시 pH 4 또는 10 표준용액에 전극을 담그고 표준용액의 온도를 10~30℃ 사이로 변화시켜 5℃ 간격으로 pH를 측정하여 차를 구한다.

해설

③ 프탈산염 표준용액은 pH 4.00이다.

표준용액
· 수산염 표준용액(0.05M, pH 1.68)
· 프탈산염 표준용액(0.05M, pH 4.00)
· 인산염 표준용액(0.025M, pH 6.88)
· 붕산염 표준용액(0.01M, pH 9.22)
· 탄산염 표준용액(0.025M, pH 10.07)
· 수산화칼슘 표준용액(0.02M, 25℃ 포화용액, pH 12.63)

정답 ③

| 용존산소 – 적정법 |

16 용존산소(DO) 측정 시 시료가 착색, 현탁된 경우에 사용하는 전처리 시약은?

① 칼륨명반용액, 암모니아수
② 황산구리, 술퍼민산용액
③ 황산, 불화칼륨용액
④ 황산제이철용액, 과산화수소

해설

DO 적정법 전처리

간섭물질	전처리 시약
시료가 착색 현탁된 경우	칼륨명반용액, 암모니아수
미생물 플럭(floc)이 형성된 경우	황산구리 – 설파민산
산화성 물질을 함유한 경우(잔류염소)	· 별도의 바탕시험 시행 · 알칼리성 요오드화칼륨 – 아자이드화나트륨용액 1mL · 황산 1mL · 황산망간용액
산화성 물질을 함유한 경우 (Fe(Ⅲ))	황산을 첨가하기 전에 플루오린화칼륨용액 1mL를 가함

정답 ①

| 용존산소 – 적정법 |

17 윙클러 아지드 변법에 의한 DO 측정 시 시료에 Fe(Ⅲ) 100~200mg/L가 공존하는 경우 시료 전처리 과정에서 첨가하는 시약으로 옳은 것은?

① 시안화나트륨용액
② 플루오린화칼륨용액
③ 수산화망간용액
④ 황산은

해설

정답 ②

| 전기전도도 |

18 전기전도도의 측정에 관한 설명으로 잘못된 것은?

① 온도차에 의한 영향은 ±5%/℃ 정도이며 측정 결과값의 통일을 위하여 보정하여야 한다.
② 측정단위는 $\mu S/cm$로 한다.
③ 전기전도도는 용액이 전류를 운반할 수 있는 정도를 말한다.
④ 전기전도도 셀은 항상 수중에 잠긴 상태에서 보존하여야 하며, 정기적으로 점검한 후 사용한다.

해설

① 온도차에 의한 영향은 0~5%/℃ 정도이다.

정답 ①

| 전기전도도 |

19 전기전도도 측정에 관한 설명으로 틀린 것은?

① 용액이 전류를 운반할 수 있는 정도를 말한다.
② 온도차에 의한 영향이 적어 폭넓게 적용된다.
③ 용액에 담겨있는 2개의 전극에 일정한 전압을 가해주면 가한 전압이 전류를 흐르게 하며, 이때 흐르는 전류의 크기는 용액의 전도도에 의존한다는 사실을 이용한다.
④ 용액 중의 이온세기를 신속하게 평가할 수 있는 항목으로 국제적으로 S(Siemens) 단위가 통용되고 있다.

해설

② 전기전도도는 온도차에 의한 영향이 커서, 온도보정이 필요하다.

정답 ②

| 클로로필 a |

20 클로로필 a 양을 계산할 때 클로로필 색소를 추출하여 흡광도를 측정한다. 이때 색소 추출에 사용하는 용액은?

① 아세톤용액
② 클로로포름용액
③ 에탄올용액
④ 포르말린용액

해설

클로로필 a
물속의 클로로필 a의 양을 측정하는 방법으로 아세톤 용액을 이용하여 시료를 여과한 여과지로부터 클로로필 색소를 추출하고, 추출액의 흡광도를 663nm, 645nm, 630nm 및 750nm에서 측정하여 클로로필 a의 양을 계산하는 방법

정답 ①

| 클로로필 a |

21 클로로필 a (chlorophyll – a) 측정에 관한 내용 중 옳지 않은 것은?

① 클로로필 색소는 사염화탄소 적당량으로 추출한다.
② 시료 적당량(100~2,000mL)을 유리섬유 여과지(GF/F, 47mm)로 여과한다.
③ 663nm, 645nm, 630nm의 흡광도 측정은 클로로필 a, b 및 c를 결정하기 위한 측정이다.
④ 750nm는 시료 중의 현탁물질에 의한 탁도 정도에 대한 흡광도이다.

해설

① 클로로필 색소는 아세톤 용액으로 추출한다.

정답 ①

| 투명도 |

22 투명도 측정에 관한 내용으로 틀린 것은?

① 투명도판(백색원판)의 지름은 30cm이다.
② 투명도판에 뚫린 구멍의 지름은 5cm이다.
③ 투명도판에는 구멍이 8개 뚫려있다.
④ 투명도판의 무게는 약 2kg이다.

해설

④ 투명도판의 무게는 약 3kg이다.

정답 ④

| 화학적 산소요구량 – 적정법 – 산성과망간산칼륨법 |

23 산성과망간산칼륨법에 의한 화학적 산소요구량 측정 시 황산은(Ag_2SO_4)을 첨가하는 이유는?

① 발색조건을 균일하게 하기 위해서
② 염소이온의 방해를 억제하기 위해서
③ pH를 조절하여 종말점을 분명하게 하기 위해서
④ 과망간산칼륨의 산화력을 증가시키기 위해서

해설

염소이온은 과망간산에 의해 정량적으로 산화되어 양의 오차를 유발하므로 **황산은**을 첨가하여 염소이온의 간섭을 제거한다.

정답 ②

| 계산문제 |

| 냄새역치 계산 |

24 물 속의 냄새를 측정하기 위한 시험에서 시료 부피 4mL와 무취 정제수(희석수) 부피 196mL인 경우 냄새역치(TON)는?

① 0.02
② 0.5
③ 50
④ 100

해설

냄새역치 (TON) $= \dfrac{A+B}{A} = \dfrac{4+196}{4} = 50$

A : 시료 부피(mL)
B : 무취 정제수 부피(mL)

정답 ③

| 부유물질 계산 |

25 폐수의 부유물질(SS)을 측정하였더니 1,312 mg/L이었다. 시료 여과 전 유리섬유여지의 무게가 1.2113g이고, 이때 사용된 시료량이 100mL이었다면 시료 여과 후 건조시킨 유리섬유여지의 무게(g)는?

① 1.2242
② 1.3425
③ 2.5233
④ 3.5233

해설

부유물질(mg/L) $= (b-a) \times \dfrac{1,000}{V}$

$1,312 = (b-1.2113)\text{g} \times \dfrac{1,000\text{mg}}{1\text{g}} \times \dfrac{\frac{1,000\text{mL}}{1\text{L}}}{100\text{mL}}$

$\therefore b = 1.3425\text{g}$

a : 시료 여과 전의 유리섬유여지의 무게(mg)
b : 시료 여과 후의 유리섬유여지의 무게(mg)
V : 시료의 양(mL)

정답 ②

| BOD 계산 |

26 BOD 실험에서 배양기간 중에 4.0mg/L의 DO 소모를 바란다면 BOD 200mg/L로 예상되는 폐수를 실험할 때 300mL BOD병에 몇 mL 넣어야 하는가?

① 2.0
② 4.0
③ 6.0
④ 8.0

해설

예상 BOD값으로 계산하면

희석배수 $= \dfrac{200}{4} = 50$이므로

희석배수 $= \dfrac{(\text{폐수} + \text{희석수})\text{량}}{\text{폐수량}}$

$50 = \dfrac{300}{\text{폐수량}}$

$\therefore$ 폐수량 $= 6\text{mL}$

정답 ③

| BOD 계산 |

27 폐수의 BOD를 측정하기 위하여 다음과 같은 자료를 얻었다. 이 폐수의 BOD(mg/L)는? (단, F = 1.0)

> BOD병의 부피는 300mL이고 BOD병에 주입된 폐수량 5mL, 희석된 식종액의 배양 전 및 배양 후의 DO는 각각 7.6mg/L, 7.0mg/L, 희석한 시료용액을 15분간 방치한 후 DO 및 5일간 배양한 다음의 희석한 시료용액의 DO는 각각 7.6mg/L, 4.0mg/L이었다.

① 180
② 216
③ 246
④ 270

해설

$$BOD(mg/L) = [(D_1 - D_2) - (B_1 - B_2) \times f] \times P$$
$$= [(7.6 - 4.0) - (7.6 - 7.0) \times 1] \times \frac{300}{5}$$
$$= 180$$

D_1 : 15분간 방치된 후의 희석 (조제)한 시료의 DO (mg/L)
D_2 : 5일간 배양한 다음의 희석 (조제)한 시료의 DO (mg/L)
B_1 : 식종액의 BOD를 측정할 때 희석된 식종액의 배양 전 DO(mg/L)
B_2 : 식종액의 BOD를 측정할 때 희석된 식종액의 배양 후 DO(mg/L)
f : 희석시료 중 식종액 함유율(x%)과 희석한 식종액 중 식종액 함유율(y%)의 비(x/y)
P : 희석시료 중 시료의 희석배수
    (희석시료량/시료량)

정답 ①

| DO 계산 |

28 공장폐수의 BOD를 측정하기 위해 검수에 희석을 가하여 50배로 희석하여 20℃, 5일 배양하였다. 희석 후 초기 DO를 측정하기 위해 소모된 0.025N - Na2S2O3의 양은 4.0mL였으며 5일 배양 후 DO를 측정하는데 0.025N - Na2S2O3 2.0mL 소모되었을 때 공장폐수의 BOD(mg/L)는? (단, BOD병 = 285mL, 적정에 사용된 액량 = 100mL, BOD병에 가한 시약은 황산망간과 아지드나트륨 용액 = 총 2mL, 적정시액의 factor = 1)

① 201.5
② 211.5
③ 221.5
④ 231.5

해설

1) 용존산소

$$D_1 = a \times f \times \frac{V_1}{V_2} \times \frac{1{,}000}{V_1 - R} \times 0.2$$
$$= 4 \times 1 \times \frac{285}{100} \times \frac{1{,}000}{285 - 2} \times 0.2$$
$$= 8.0565$$

$$D_2 = a \times f \times \frac{V_1}{V_2} \times \frac{1{,}000}{V_1 - R} \times 0.2$$
$$= 2 \times 1 \times \frac{285}{100} \times \frac{1{,}000}{285 - 2} \times 0.2$$
$$= 4.0282$$

2) 식종하지 않은 시료의 BOD
$$= (D_1 - D_2) \times P$$
$$= (8.0565 - 4.0282) \times 50$$
$$= 201.415mg/L$$

정답 ①

| DO 계산 |

29 윙클러 법으로 용존산소를 측정할 때 0.025N 티오황산나트륨 용액 5mL에 해당되는 용존산소량(mg)은?

① 0.02 　　② 0.20

③ 1.00 　　④ 5.00

해설

$$\frac{5mL}{} \left| \frac{0.025eq\ Na_2S_2O_3}{L} \right| \frac{1eq\ O_2}{1eqNa_2S_2O_3} \left| \frac{8,000mg}{1eq\ O_2} \right| \frac{1L}{1,000mL}$$

$= 1mg$

정답 ③

| 산성과망간산칼륨 COD 계산 |

30 공장의 폐수 100mL를 취하여 산성 100℃에서 $KMnO_4$에 의한 화학적산소소비량을 측정하였다. 시료의 적정에 소비된 0.025N $KMnO_4$의 양이 7.5mL였다면 이 폐수의 COD(mg/L)는? (단, 0.025N K $KMnO_4$ factor = 1.02, 바탕시험 적정에 소비된 0.025N $KMnO_4$ =1.00mL)

① 13.3 　　② 16.7

③ 24.8 　　④ 32.2

해설

$$COD(mg/L) = (b - a) \times f \times \frac{1,000}{V} \times 0.2$$

$$= (7.5 - 1) \times 1.02 \times \frac{1,000}{100} \times 0.2$$

$$= 13.26$$

a : 바탕시험 적정에 소비된 과망간산칼륨용액(0.025M)의 양(mL)

b : 시료의 적정에 소비된 과망간산칼륨용액(0.025M)의 양(mL)

f : 과망간산칼륨용액(0.025M)의 농도계수(factor)

V : 시료의 양(mL)

정답 ①

| 산성과망간산칼륨 COD 계산 |

31 0.005M – $KMnO_4$ 400mL를 조제하려면 $KMnO_4$ 약 몇 g을 취해야 하는가? (단, 원자량 K = 39, Mn = 55)

① 약 0.32

② 약 0.63

③ 약 0.84

④ 약 0.98

해설

$KMnO_4$ 158g/mol

$$\frac{0.005mol\ KMnO_4}{L} \left| 400mL \right| \frac{1L}{1,000mL} \left| \frac{158g}{1mol} \right.$$

$= 0.316g$

정답 ①

| 산성과망간산칼륨 COD 계산 |

32 0.05N – $KMnO_4$ 4.0L를 만들려고 할 때 필요한 $KMnO_4$의 양(g)은? (단, 원자량 K = 39, Mn = 55)

① 3.2

② 4.6

③ 5.2

④ 6.3

해설

$KMnO_4$ 1mol = 5eq = 158g

$$\frac{0.05eq\ KMnO_4}{L} \left| 4L \right| \frac{158g}{5eq}$$

$= 6.32g$

정답 ④

| 산성과망간칼륨 COD 계산 |

33 0.025N 과망간산칼륨 표준용액의 농도계수를 구하기 위해 0.025N 수산화나트륨 용액 10mL를 정확히 취해 종점까지 적정하는 데 0.025N 과망간산칼륨용액이 10.15mL 소요되었다. 0.025N 과망간산칼륨 표준용액의 농도계수(F)는?

① 1.015   ② 1.000
③ 0.9852   ④ 0.025

해설

$$f\,NV = f'N'V'$$
$$1 \times 0.025 \times 10 = f' \times 0.025 \times 10.15$$
$$\therefore f' = 0.9852$$

정답 ③

| 산성과망간칼륨 COD 계산 |

34 환원제인 $FeSO_4$ 용액 25mL를 H_2SO_4 산성에서 $0.1N - K_2Cr_2O_7$으로 산화시키는 데 31.25mL 소비되었다. $FeSO_4$ 용액 200mL를 0.05N 용액으로 만들려고 할 때 가하는 물의 양(mL)은?

① 200   ② 300
③ 400   ④ 500

해설

1) $FeSO_4$의 N 농도(X)

$FeSO_4 : K_2Cr_2O_7 = 1 : 1$이므로

$$\frac{Xeq}{L} \left| \frac{25mL}{} \right. = \frac{0.1eq}{L} \left| \frac{31.25mL}{} \right.$$

$\therefore X = 0.125N$

2) 물의 양(Y)

$FeSO_4 : K_2Cr_2O_7 = 1 : 1$이므로

$$\frac{0.125eq}{L} \left| \frac{200mL}{(Y+200)mL} \right. = \frac{0.05eq}{L}$$

$\therefore Y = 300mL$

정답 ②

| 산성과망간칼륨 COD 계산 |

35 박테리아가 산화되는 이론적인 식이다. 박테리아 100mg이 산화되기 위한 이론적 산소요구량(ThOD, g as O_2)은?

$$C_5H_7O_2N + 5O_2 \rightarrow 5CO_2 + 2H_2O + NH_3$$

① 0.122   ② 0.132
③ 0.142   ④ 0.152

해설

$C_5H_7O_2N$ 분자량 $= 113g/mol$

$C_5H_7O_2N + 5O_2 \rightarrow 5CO_2 + 2H_2O + NH_3$
   113g : $5 \times 32g$
   0.1g : Xg

$$\therefore X = \frac{5 \times 32g}{113g} \left| \frac{0.1g}{} \right. = 0.1415g$$

정답 ③

Chapter

05 항목별 시험방법_이온류

1. 이온류 시험방법

(1) 이온류 – 이온크로마토그래피

목적	· 음이온류(F^-, Cl^-, NO_2^-, NO_3^-, PO_4^{3-}, Br^- 및 SO_4^{2-})를 이온크로마토그래프를 이용하여 분석하는 방법으로, 시료를 $0.2\mu m$ 막 여과지에 통과시켜 고체 미립자를 제거한 후 음이온 교환 컬럼을 통과시켜 각 음이온들을 분리한 다음 전기전도도 검출기로 측정하는 방법
간섭물질	· 머무름 시간이 같은 물질이 존재할 경우 컬럼 교체, 시료희석 또는 용리액 조성을 바꾸어 방해를 줄일 수 있다. · 정제수, 유리기구 및 기타 시료 주입 공정의 오염으로 베이스라인이 올라가 분석 대상물질에 대한 양(+)의 오차를 만들거나 검출한계가 높아질 수 있다. · $0.45\mu m$ 이상의 입자를 포함하는 시료 또는 $0.20\mu m$ 이상의 입자를 포함하는 시약을 사용할 경우 반드시 여과하여 컬럼과 흐름 시스템의 손상을 방지해야 한다.

(2) 이온류 – 이온전극법

목적	· 불소, 시안, 염소 등을 이온전극법을 이용하여 분석하는 방법으로, 시료에 이온강도 조절용 완충용액을 넣어 pH를 조절하고 전극과 비교전극을 사용하여 전위를 측정하고 그 전위차로부터 정량하는 방법
적용범위	· 정량한계 : 불소 0.1mg/L, 시안 0.1mg/L, 염소 5mg/L · 염소는 비교적 분해되기 쉬운 유기물을 함유하고 있거나, 자외부에서 흡광도를 나타내는 브롬이온이나 크롬을 함유하지 않는 시료에 적용한다.
간섭물질	· 황화물 이온 등이 존재하면 염소이온의 분석에 방해가 될 수 있다.

(3) 이온류 시험방법별 적용물질 정리

시험방법	적용물질	
연속흐름법	· 음이온계면활성제 · 총인	· 페놀류 · 총질소
이온전극법	· 불소 · 암모니아성 질소	· 염소이온 · 시안
이온크로마토그래피	· 불소 · 브롬이온 · 질산성 질소 · 퍼클로레이트	· 염소이온 · 인산염인 · 아질산성 질소

암기 이온크로마토그래피 : 불염브 인질 아퍼

2. 불소화합물

적용 가능한 시험방법

불소	정량한계	정밀도(% RSD)
자외선/가시선 분광법	0.15mg/L	±25% 이내
이온전극법	0.1mg/L	±25% 이내
이온크로마토그래피	0.05mg/L	±25% 이내
연속흐름법	0.1mg/L	±25% 이내

(1) 불소 – 자외선/가시선 분광법

목적	· 물속에 존재하는 불소를 측정하기 위하여 시료에 넣은 **란탄알리자린 콤프렉손의 착화합물**이 불소이온과 반응하여 생성하는 **청색**의 복합 착화합물의 흡광도를 **620nm**에서 측정하는 방법
적용범위	· 정량한계 0.15mg/L
간섭물질	· 알루미늄 및 철의 방해가 크나 증류하면 영향이 없다.

(2) 불소 – 연속흐름법

물속에 존재하는 불소를 분석하기 위하여 시료를 산성상태에서 가열 증류하여 불소화합물을 불소이온으로 만들고, 란탄알리자린 콤프렉손의 착화합물이 불소이온과 반응하여 생성하는 청색의 복합 착화합물의 흡광도를 620nm 또는 기기에 따라 정해진 파장에서 측정하는 방법

3. 브롬이온(Br^-)

적용 가능한 시험방법

브롬이온	정량한계	정밀도(% RSD)
이온크로마토그래피	0.03mg/L	±25% 이내

4. 시안(CN^-)

적용 가능한 시험방법

시안	정량한계	정밀도(% RSD)
자외선/가시선 분광법	0.01mg/L	±25% 이내
이온전극법	0.10mg/L	±25% 이내
연속흐름법	0.01mg/L	±25% 이내
연속흐름법	0.1mg/L	±25% 이내

(1) 시안 - 자외선/가시선 분광법

목적	· 물속에 존재하는 시안을 측정하기 위하여 시료를 **pH 2 이하의 산성**에서 가열 증류하여 시안화물 및 시안착화합물의 대부분을 시안화수소로 유출시켜 포집한 다음, 포집된 시안이온을 중화하고 **클로라민 - T**를 넣어 생성된 염화시안이 **피리딘 - 피라졸론** 등의 발색시약과 반응하여 나타나는 **청색을 620nm**에서 측정하는 방법
적용범위	· 정량한계 0.01mg/L · 각 시안화합물의 종류를 구분하여 정량할 수 없다.
간섭물질	· 다량의 유지류가 함유된 시료는 아세트산 또는 수산화나트륨 용액으로 pH 6~7로 조절하고 시료의 약 2%에 해당하는 노말헥산 또는 클로로폼을 넣어 짧은 시간 동안 흔들어 섞고 수층을 분리하여 시료를 취한다. · 황화합물이 함유된 시료는 아세트산아연용액(10%) 2mL를 넣어 제거한다. 이 용액 1mL는 황화물이온 약 14mg에 대응한다.

(2) 시안 - 연속흐름법

목적	· 물속에 존재하는 시안을 분석하기 위하여 시료를 산성상태에서 가열 증류하여 시안화물 및 시안착화합물의 대부분을 시안화수소로 유출시켜 포집한 다음, 포집된 시안이온을 중화하고 클로라민 - T를 넣어 생성된 염화시안이 발색시약과 반응하여 나타나는 청색을 620nm 또는 기기에 따라 정해진 파장에서 분석하는 시험방법이다.
적용범위	· 정량한계 0.01mg/L · 시료의 산화, 발색반응 및 목적성분의 분리를 위하여 증류장치와 자외선 분해기(UV digester)를 사용한다.
간섭물질	· 고농도(60mg/L 이상)의 황화물(sulfide)은 측정과정에서 오차를 유발하므로 전처리를 통해 제거한다. · 황화시안이 존재하면 분석 시 양의 오차를 유발한다. · 고농도의 염(10g/L 이상)은 증류 시 증류코일을 차폐하여 음의 오차를 일으키므로 증류 전에 희석을 한다. · 알데하이드는 시안을 시아노하이드린으로 변화시키고 증류 시 아질산염으로 전환시키므로 증류 전에 질산은을 첨가하여 제거한다. 단 이 작업은 총시안/유리시안의 비율을 변화시킬 수 있으므로 이를 고려하여야 한다.

5. 아질산성 질소(NO_2^-)

아질산성 질소는 수질 오탁을 표시하는 지표의 하나로, 물이 유기성 질소로 오염된 경우 수중에서 점차 분해되어 무기성 질소가 되는 산화과정에서 생성되는 것 중의 하나이며, 일반적으로 암모니아성 질소의 산화에 의해서 생기는 것이다. 물속에 존재하는 아질산성 질소는 주로 대·소변, 하수 등의 혼입에 의한 암모니아성 질소의 산화에 의해 생기므로 물의 오염을 추정할 수 있는 유력한 지표가 된다. 아질산성 질소는 질산성 질소로 산화되면서 안정하므로 그 양을 측정하면 오수의 자연 정화가 어디까지 왔는지 알 수 있다.

적용 가능한 시험방법

아질산성 질소	정량한계	정밀도(% RSD)
자외선/가시선 분광법	0.004mg/L	±25% 이내
이온크로마토그래피	0.1mg/L	±25% 이내

(1) 아질산성 질소 – 자외선/가시선 분광법

목적	· 시료 중 아질산성 질소를 설퍼닐아마이드와 반응시켜 디아조화하고 α – **나프틸에틸렌디아민이염산염**과 반응시켜 생성된 디아조화합물의 **붉은색**의 흡광도 **540nm**에서 측정하는 방법
적용범위	· 정량한계 0.004mg/L
간섭물질	· 아질산성 질소는 목적물질보다 1,000배 가량의 농도의 다른 물질이 존재하더라도 거의 방해물질에 의해 간섭받지 않는다. 다만, 시료 중에 강한 산화제 혹은 환원제가 존재할 경우 아질산성 질소의 농도를 쉽게 변화시킬 수 있다. · 알칼리도가 높은(600mg/L 이상) 시료에서는 pH에 변화가 생겨 과소평가될 수 있다.

6. 암모니아성 질소(NH_4^+)

적용 가능한 시험방법

암모니아성 질소	정량한계	정밀도(% RSD)
자외선/가시선 분광법	0.01mg/L	±25% 이내
이온전극법	0.08mg/L	±25% 이내
적정법	1mg/L	±25% 이내

(1) 암모니아성 질소 – 자외선/가시선 분광법

목적	· 물속에 존재하는 암모니아성 질소를 측정하기 위하여 암모늄이온이 하이포염소산의 존재하에서 페놀과 반응하여 생성하는 **인도페놀의 청색을 630nm**에서 측정하는 방법
적용범위	· 정량한계 0.01mg/L
간섭물질	· 글라이신, 우레아, 글루타믹산, 시아나이트 그리고 아세트아마이드는 용액 내에서 매우 천천히 지속적으로 가수분해하지만 pH 9.5에서 우레아는 약 7%, 시아나이트는 약 5%의 양이 전처리된 증류물과 가수분해한다.

(2) 암모니아성 질소 – 이온전극법

물속에 존재하는 암모니아성 질소를 측정하기 위하여 시료에 수산화나트륨을 넣고 시료의 pH를 11~13으로 하여 암모늄이온을 암모니아로 변화시킨 다음, 암모니아 이온전극을 이용하여 암모니아성 질소를 정량하는 방법

(3) 암모니아성 질소 – 적정법

물속에 존재하는 암모니아성 질소를 측정하기 위하여 시료를 증류하여 유출되는 암모니아를 황산용액에 흡수시키고 수산화나트륨용액으로 잔류하는 황산을 적정하여 암모니아성 질소를 정량하는 방법

7. 염소이온(Cl^-)

적용 가능한 시험방법

염소이온	정량한계	정밀도(% RSD)
이온크로마토그래피	0.1mg/L	±25% 이내
적정법	0.7mg/L	±25% 이내
이온전극법	5mg/L	±25% 이내

8. 용존 총인

시료 중의 유기물을 산화 분해하여 용존 인화합물을 인산염(PO_4) 형태로 변화시킨 다음 인산염을 **아스코빈산 환원 흡광도법**으로 정량하여 총인의 농도를 구하는 방법

9. 용존 총질소

시료 중 용존 질소화합물을 **알칼리성 과황산칼륨**의 존재하에 120℃에서 유기물과 함께 분해하여 질소이온으로 산화시킨 다음, 산성에서 자외부 흡광도를 측정하여 질소를 정량하는 방법이다.

10. 음이온 계면활성제(ABS)

음이온 계면활성제는 가정하수나 산업폐수로 지하수나 지표수에 흘러 들어갈 수 있으며, 보통 물에 녹기 쉬운 친수성 부분과 기름에 녹기 쉬운 소수성 부분을 가지고 있다. 세제 용도로 많이 사용되는 것 외에도 식품과 화장품의 유화제, 보습제로도 많이 사용되고 있다.

적용 가능한 시험방법

음이온 계면활성제	정량한계	정밀도(% RSD)
자외선/가시선 분광법	0.02mg/L	±25% 이내
연속흐름법	0.09mg/L	±25% 이내

(1) 음이온 계면활성제 – 자외선/가시선 분광법

목적	· 물속에 존재하는 음이온 계면활성제를 측정하기 위하여 **메틸렌블루**와 반응시켜 생성된 **청색의 착화합물을 클로로폼**으로 추출하여 흡광도를 **650nm**에서 측정하는 방법이다.
적용범위	· 정량한계 0.02mg/L · 이 시험기준으로는 시료 중의 계면활성제를 종류별로 구분하여 측정할 수 없다.
간섭물질	· 약 1,000mg/L 이상의 염소이온 농도에서 양의 간섭을 나타내며 따라서 염분농도가 높은 시료의 분석에는 사용할 수 없다. · 유기 설폰산염(sulfonate), 황산염(sulfate), 카르복실산염(carboxylate), 페놀 및 그 화합물, 무기 티오시안(thiocynide)류, 질산이온 등이 존재할 경우 메틸렌블루 중 일부가 클로로폼 층으로 이동하여 양의 오차를 나타낸다. · **양이온 계면활성제** 혹은 **아민**과 같은 **양이온 물질이 존재할 경우 음의 오차가 발생**할 수 있다. · 시료 속에 미생물이 있을 경우 일부의 음이온 계면활성제가 신속히 변할 가능성이 있으므로 가능한 빠른 시간 안에 분석을 하여야 한다.

(2) 음이온 계면활성제 – 연속흐름법

목적	· 물속에 존재하는 음이온 계면활성제가 **메틸렌블루**와 반응하여 생성된 청색의 착화합물을 클로로폼 등으로 추출하여 650nm 또는 기기의 정해진 흡수파장에서 흡광도를 측정하는 방법이다.
적용범위	· 정량한계 0.09mg/L · 음이온 계면활성제와 같이 메틸렌블루에 활성을 가지는 계면활성제의 총량 측정에 사용할 수 있으며, 모든 계면활성제를 종류별로 구분하여 측정할 수는 없다. · 해수와 같이 염도가 높은 시료의 계면활성제 측정에는 적용할 수 없다.
간섭물질	"음이온 계면활성제 – 자외선/가시선 분광법"에 따른다.

11. 인산염인(PO_4^{3-})

인산염인은 지질의 원인에 의하여 물속에 존재하지만 대부분 분뇨, 사체, 폐수 및 비료 등의 유입으로 생성되고 수중의 인산은 오르토 인산염(orthophosphotates), 축합다중 인산염(condensed phosphates), 유기적으로 결합된 인산염 등으로 존재한다. 인산염인은 독성이 없고 인체에 직접적인 피해는 주지 않으나 질소와 더불어 하천 및 호소의 부영양화 현상을 일으키며 해역의 적조현상의 주요 오염물질이다.

적용 가능한 시험방법

인산염인	정량한계	정밀도(% RSD)
자외선/가시선 분광법 (이염화주석 환원법)	0.003mg/L	±25% 이내
자외선/가시선 분광법 (아스코빈산 환원법)	0.003mg/L	±25% 이내
이온크로마토그래피	0.1mg/L	±25% 이내

(1) 인산염인 – 자외선/가시선 분광법 – 이염화주석 환원법

목적	· 물속에 존재하는 인산염인을 측정하기 위하여 시료 중의 인산염인이 몰리브덴산암모늄과 반응하여 생성된 **몰리브덴산인암모늄**을 **이염화주석으로 환원**하여 생성된 **몰리브덴청의 흡광도를 690nm**에서 측정하는 방법
적용범위	· 정량한계 0.003mg/L

(2) 인산염인 – 자외선/가시선 분광법 – 아스코빈산 환원법

목적	· 물속에 존재하는 인산염인을 측정하기 위하여 몰리브덴산암모늄과 반응하여 생성된 몰리브덴산인암모늄을 **아스코빈산으로 환원**하여 생성된 **몰리브덴산청**의 흡광도를 **880nm**에서 측정하여 인산염인을 정량하는 방법
적용범위	· 정량한계 0.003mg/L · 880nm에서 흡광도 측정이 불가능할 경우에는 710nm에서 측정한다.
간섭물질	· 5가 비소를 함유한 경우는 인산염인과 마찬가지로 발색을 일으킨다. 이러한 간섭은 이황산나트륨을 사용하여 5가 비소를 3가 비소로 환원시켜 제거할 수 있다. · 과다한 3가 철(30mg 이상)을 함유한 경우에는 몰리브덴청의 발색 정도를 약화시켜 인산염인의 값이 낮게 측정될 수 있다. 아스코빈산용액의 첨가량을 증가시키면 방해를 제어할 수 있다.

12. 질산성 질소(NO_3^-)

적용 가능한 시험방법

질산성 질소	정량한계	정밀도(% RSD)
이온크로마토그래피	0.1mg/L	±25% 이내
자외선/가시선 분광법(부루신법)	0.1mg/L	±25% 이내
자외선/가시선 분광법(활성탄흡착법)	0.3mg/L	±25% 이내
데발다합금 환원증류법	중화적정법 : 0.5mg/L 분광법 : 0.1mg/L	±25% 이내

(1) 질산성 질소 – 자외선/가시선 분광법 – 부루신법

목적	· 물속에 존재하는 질산성 질소를 측정하기 위하여 **황산산성**(13N H_2SO_4 용액, 100℃)에서 질산이온이 **부루신**과 반응하여 생성된 **황색**화합물의 흡광도를 **410nm**에서 측정하여 질산성 질소를 정량하는 방법
적용범위	· 정량한계 0.1mg/L
간섭물질	· 용존 유기물질이 황산산성에서 착색이 선명하지 않을 수 있으며 이때 부루신설퍼닐산을 제외한 모든 시약을 추가로 첨가하여야 한다. 용존 유기물이 아닌 자연 착색이 존재할 때에도 적용된다. · 바닷물과 같이 염분이 높은 경우, 바탕시료와 표준용액에 염화나트륨용액(30%)을 첨가하여 염분의 영향을 제거한다. · 모든 강산화제 및 환원제는 방해를 일으킨다. 산화제의 존재 여부는 잔류염소 측정기로 알 수 있다. **잔류염소는 이산화비소산나트륨으로 제거할 수 있다.** · 제1철, 제2철 및 4가 망간은 약간의 방해를 일으키나 1mg/L 이하의 농도에서는 무시해도 된다. · 시료의 반응시간 동안 균일하게 가열하지 않는 경우 오차가 생기며, 착색이 이루어지는 시간대에는 확실한 온도 조절이 필요하다.

(2) 질산성 질소 – 자외선/가시선 분광법 – 활성탄흡착법

목적	· 물속에 존재하는 질산성 질소를 측정하기 위하여 **pH 12 이상의 알칼리성**에서 유기물질을 **활성탄으로 흡착**한 다음 혼합 **산성**액으로 산성으로 하여 아질산염을 은폐시키고 질산성 질소의 흡광도를 **215nm**에서 측정하는 방법
적용범위	· 정량한계 0.3mg/L

(3) 질산성 질소 – 데발다합금 환원증류법

목적	· 물속에 존재하는 질산성 질소를 측정하기 위하여 아질산성 질소를 설퍼민산으로 분해 제거하고, 암모니아성 질소 및 일부 분해되기 쉬운 유기질소를 알칼리성에서 증류 제거한 다음 데발다합금으로 질산성 질소를 암모니아성 질소로 환원하여, 이를 암모니아성 질소 시험방법에 따라 시험하고 질산성 질소의 농도를 환산하는 방법
정량한계	· 중화적정법 0.5mg/L · 흡광도법 0.1mg/L

13. 총인(T – P)

총인은 하천이나 호소 등의 부영양화를 나타내는 지표의 하나로, 물속에 포함된 인의 총량을 말하며, 질소와 함께 영양 염류로 적조의 원인이기도 하다. 합성세제에는 조성제로 쓰인 인화합물이 많이 들어 있다.

(1) 총인 – 자외선/가시선 분광법

목적	· 물속에 존재하는 총인을 측정하기 위하여 유기물화합물 형태의 인을 산화 분해하여 모든 인 화합물을 인산염(PO_4^{3-}) 형태로 변화시킨 다음, 몰리브덴산암모늄과 반응하여 생성된 **몰리브덴산인암모늄을 아스코빈산**으로 환원하여 생성된 몰리브덴산의 흡광도를 **880nm**에서 측정하여 총인의 양을 정량하는 방법
적용범위	· 정량한계 0.005mg/L
간섭물질	· 시료의 전처리 방법에서 축합인산과 유기인 화합물은 서서히 분해되어 측정이 잘 안되기 때문에 과황산칼륨으로 가수분해시켜 정인산염으로 전환한 다음 다시 측정한다. 이때 시료가 증발하여 건고되지 않도록 약 10mL 정도로 유지한다. · 전처리한 시료가 염화이온을 함유한 경우는 염소가 생성되어 몰리브덴산의 청색 발색을 방해하는 경우가 있으므로 분해 후 용액에 이황산수소나트륨용액(5%) 1mL를 가한다. · 상층액이 혼탁한 시료의 여과는 시료채취 후 여과지 5종 또는 1μm 이하의 유리섬유여과지(GF/C)를 사용하여 여과하고, 최초의 여과액 약 5~10mL를 버리고 다음의 여과용액을 사용한다.

(2) 총인 – 연속흐름법

목적	· 시료 중 유기물화합물 형태의 인을 산화 분해하여 모든 인 화합물을 인산염(PO_4^{3-}) 형태로 변화시킨 다음 몰리브덴산암모늄과 반응하여 생성된 **몰리브덴산인암모늄을 아스코빈산**으로 환원하여 생성된 몰리브덴산의 흡광도를 **880nm**에서 측정하여 총인의 양을 정량하는 방법
적용범위	· 정량한계 0.003mg/L
간섭물질	· 산업폐수 등 매우 혼탁한 시료나 오염이 많이 된 하천, 호소수를 사용할 경우 초음파 균질화기를 사용하여 분석 라인의 오염 또는 막힘을 예방할 수 있다. · 고농도로 오염된 시료의 사용으로 분석 라인의 오염이 발생할 수 있으므로 시료를 분석범위 내로 희석하여 사용 점검하여야 한다.

14. 총질소(T – N)

(1) 일반적 성질

① 호소 및 하천 조류의 이상증식으로 인한 부영양화 현상의 원인물질 중 하나인 질소화합물의 농도 측정에 대한 기준방법을 규정하는 데 그 목적이 있다.
② 물속에 존재하는 질소화합물은 유기질소(단백질, 아미노산, 핵산 등)와 무기질소(암모니아성 질소, 아질산성 질소, 질산성 질소) 형태로 존재하며, 물속에 존재하는 여러 가지 형태의 질소를 모두 합한 질소의 총량을 구하는 방법이다.

적용 가능한 시험방법

총질소	정량한계	정밀도(% RSD)
자외선/가시선 분광법 (산화법)	0.1mg/L	±25% 이내
자외선/가시선 분광법 (카드뮴 – 구리 환원법)	0.004mg/L	±25% 이내
자외선/가시선 분광법 (환원증류 – 킬달법)	0.02mg/L	±25% 이내
연속흐름법	0.06mg/L	±25% 이내

(2) 총질소 – 자외선/가시선 분광법 – 산화법

목적	· 물속에 존재하는 총질소를 측정하기 위하여 시료 중 모든 질소화합물을 알칼리성 **과황산칼륨**을 사용하여 120℃ 부근에서 유기물과 함께 분해하여 질산이온으로 산화시킨 후 산성상태로 하여 흡광도를 **220nm**에서 측정하여 총질소를 정량하는 방법
적용범위	· 정량한계 0.1mg/L · 비교적 분해되기 쉬운 유기물을 함유하고 있거나 자외부에서 흡광도를 나타내는 브롬이온이나 크롬을 함유하지 않는 시료에 적용된다.
간섭물질	· 자외부에서 흡광도를 나타내는 모든 물질이 분석을 방해할 수 있으며 특히, 브롬이온 농도 10mg/L, 크롬 농도 0.1mg/L 정도에서 영향을 받는다. 해수와 같은 시료에는 적용할 수 없다.

(3) 총질소 – 자외선/가시선 분광법 – 카드뮴 · 구리 환원법

목적	· 물속에 존재하는 총질소를 측정하기 위하여 시료 중 모든 질소화합물을 알칼리성 **과황산칼륨**을 사용하여 120℃ 부근에서 유기물과 함께 분해하여 질산이온으로 산화시킨 다음, 산화된 질산이온을 다시 카드뮴 – 구리환원 칼럼을 통과시켜 아질산이온으로 환원시키고 아질산성 질소의 양을 구하여 총질소로 환산하는 방법
적용범위	· 정량한계 0.004mg/L
간섭물질	· 산업폐수 등 매우 혼탁한 시료나 오염이 많이 된 하천, 호소수를 사용할 경우 초음파 균질화기 등을 사용하여 시료 중의 입자를 잘게 부순 후 분석하여야 한다. · 시료가 착색된 경우 흡광도에 영향을 주어 분석결과에 영향을 미친다. · 시료의 pH가 5~9의 범위를 초과하면 발색에 영향을 받으므로 염산(2%) 또는 수산화나트륨용액(2%)으로 pH를 조절하여야 한다.

(4) 총질소 – 자외선/가시선 분광법 – 환원증류 · 킬달법

목적	· 물속에 존재하는 총질소를 측정하기 위하여 시료에 데발다합금을 넣고 알칼리성에서 증류하여 시료 중의 무기질소를 암모니아로 환원 유출시킨 후, 다시 잔류 시료 중의 유기질소를 킬달 분해한 다음 증류하여 암모니아로 유출시켜 각각의 암모니아성 질소의 양을 구하고, 이들을 합하여 총질소를 정량하는 방법
적용범위	· 정량한계 0.02mg/L
간섭물질	· 시료 중에 잔류염소가 존재하면 정량을 방해하므로 시료를 증류하기 전에 아황산나트륨용액을 넣어 잔류염소를 제거한다. 이 용액 1mL는 0.5mg/L의 잔류염소를 제거할 수 있다. · 시료 중에 칼슘이온(Ca^{2+})이나 마그네슘이온(Mg^{2+})이 다량 존재하면 발색 시 침전물이 형성되어 흡광도 측정에 영향을 주므로 발색된 시료를 원심분리한 다음 상층액을 취하여 흡광도를 측정하거나 미리 전처리를 통해 방해이온을 제거한다.

(5) 총질소 – 연속흐름법

목적	· 시료 중 모든 질소화합물을 산화 분해하여 질산성 질소(NO_3^-) 형태로 변화시킨 다음 카드뮴 – 구리환원 칼럼을 통과시켜 아질산성 질소의 양을 **550nm** 또는 기기에서 정해진 파장에서 측정하는 방법
적용범위	· 정량한계 0.06mg/L · 검출방식을 자외선 흡광도법으로 분석할 경우 자외부에서 흡광도를 나타내는 브롬이온이나 크롬을 함유하지 않는 시료에 적용된다.
간섭물질	· 산업폐수 등 매우 혼탁한 시료나 오염이 많이 된 하천, 호소수를 사용할 경우 초음파 균질화기를 사용하여 분석 라인의 오염 또는 막힘을 예방할 수 있다. · 고농도로 오염된 시료의 사용으로 분석 라인의 오염이 발생할 수 있으므로 시료를 분석범위 내로 희석하여 사용하여야 한다. · 카드뮴 – 구리 환원법을 사용할 경우 착색된 시료는 흡광도에 영향을 주어 분석결과에 영향을 미칠 수 있으며, 시료의 pH가 5~9의 범위를 초과하면 발색에 영향을 받으므로 염산용액(2%) 또는 수산화나트륨용액(2%)으로 pH를 조절하여야 한다.

15. 퍼클로레이트

적용 가능한 시험방법

퍼클로레이트	정량한계	정밀도(% RSD)
액체크로마토그래프 – 질량분석법	0.002mg/L	±25% 이내
이온크로마토그래피	0.002mg/L	±25% 이내

16. 페놀류

적용 가능한 시험방법

페놀 및 그 화합물	정량한계	정밀도(% RSD)
자외선/가시선 분광법	추출법 : 0.005mg/L 직접법 : 0.05mg/L	±25% 이내
연속흐름법	0.007mg/L	±25% 이내

(1) 페놀류 – 자외선/가시선 분광법

목적	· 물속에 존재하는 페놀류를 측정하기 위하여 증류한 시료에 **염화암모늄 – 암모니아 완충용액**을 넣어 **pH 10**으로 조절한 다음 **4 – 아미노안티피린과 헥사시안화철(II)산칼륨**을 넣어 생성된 붉은색의 안티피린계 색소의 흡광도를 측정하는 방법이다. **수용액에서는 510nm, 클로로폼 용액에서는 460nm**에서 측정한다.
적용범위	· 정량한계 – 클로로폼 추출법 : 0.005mg/L – 직접 측정법 : 0.05mg/L · 이 시험기준으로는 시료 중의 페놀을 종류별로 구분하여 정량할 수는 없다.
간섭물질	· **황 화합물의 간섭**을 받을 수 있는데 이는 **인산**을 사용하여 pH 4로 산성화하여 교반하면 황화수소(H_2S)나 이산화황(SO_2)으로 제거할 수 있다. 황산구리($CuSO_4$)를 첨가하여 제거할 수도 있다. · 오일과 타르 성분은 수산화나트륨을 사용하여 시료의 pH를 12~12.5로 조절한 후 클로로폼(50mL)으로 용매 추출하여 제거할 수 있다. 시료 중에 남아 있는 클로로폼은 항온 물중탕으로 가열시켜 제거한다.

(2) 페놀류 – 연속흐름법

목적	· 물속에 존재하는 페놀 및 그 화합물을 분석하기 위하여 증류한 시료에 염화암모늄 – 암모니아 완충용액을 넣어 pH 10으로 조절한 다음 4 – 아미노안티피린과 헥사시안화철(II)산칼륨을 넣어 생성된 붉은색의 안티피린계 색소의 흡광도를 510nm 또는 기기에서 정해진 파장에서 측정하는 방법
적용범위	· 지표수, 폐수 등에 적용 · 정량한계 0.007mg/L · 시료 중의 페놀을 종류별로 구분하여 측정할 수 없음 · 4 – 아미노안티피린법은 파라위치에 알킬기, 아릴기(aryl), 니트로기, 벤조일기(benzoyl), 니트로소기(nitroso) 또는 알데하이드기가 치환되어 있는 페놀은 측정할 수 없다.
간섭물질	· **황 화합물에 의한 간섭**은 시료에 **인산**을 첨가하여 pH 4 이하로 하고, 교반 후 황산구리를 넣어서 제거한다.

17. 황산이온(SO_4^{2-})

적용 가능한 시험방법

황산이온	정량한계	정밀도(% RSD)
이온크로마토그래피	0.5mg/L	±25% 이내

| 내용문제 |

| 음이온류 - 이온크로마토그래피 |

01 수질오염공정시험기준상 이온크로마토그래피법을 정량분석에 이용할 수 없는 항목은?

① 염소이온
② 아질산성 질소
③ 질산성 질소
④ 암모니아성 질소

해설

음이온류 – 이온크로마토그래피 분석가능 이온
F^-, Cl^-, NO_2^-, NO_3^-, PO_4^{3-}, Br^- 및 SO_4^{2-}

정답 ④

| 불소화합물 |

02 불소화합물의 분석방법과 가장 거리가 먼 것은? (단, 수질오염공정시험기준 기준)

① 자외선/가시선 분광법
② 이온전극법
③ 이온크로마토그래피
④ 불꽃 원자흡수분광광도법

해설

④ 불꽃 원자흡수분광광도법은 금속류에만 적용된다.

불소화합물 분석방법
· 자외선 / 가시선 분광법
· 이온전극법
· 이온크로마토그래피

정답 ④

| 불소 – 자외선/가시선 분광법 |

03 자외선 / 가시선 분광법으로 불소 시험 중 탈색 현상이 나타났을 때 원인이 될 수 있는 것은?

① 황산이 분해되어 유출된 경우
② 염소이온이 다량 함유되어 있을 경우
③ 교반속도가 일정하지 않았을 경우
④ 시료 중 불소함량이 정량범위를 초과할 경우

해설

시료 중 불소함량이 정량범위를 초과할 경우 탈색현상이 나타날 수도 있다. 이러한 경우에는 취하는 시료량을 정량 범위 이내에 들도록 감량하거나 희석한 다음 다시 시험한다.

정답 ④

| 시안 |

04 수중 시안을 측정하는 방법으로 가장 거리가 먼 것은?

① 자외선/가시선 분광법
② 이온전극법
③ 이온크로마토그래피법
④ 연속흐름법

해설

시안 측정법
· 자외선 / 가시선 분광법
· 이온전극법
· 연속흐름법

정답 ③

| 시안 - 자외선/가시선 분광법 |

05 시안 화합물을 측정할 때 pH 2 이하의 산성에서 에틸렌디아민테트라 초산이나트륨을 넣고 가열 증류하는 이유는?

① 킬레이트 화합물을 발생시킨 후 침전시켜 중금속 방해를 방지하기 위하여
② 시료에 포함된 유기물 및 지방산을 분해시키기 위하여
③ 시안화물 및 시안착화합물의 대부분을 시안화수소로 유출시키기 위하여
④ 시안화합물의 방해성분인 황화합물을 유화수소로 분리시키기 위하여

해설

시안 - 자외선/가시선 분광법
시료를 pH 2 이하의 산성에서 가열 증류하여 시안화물 및 시안착화합물의 대부분을 시안화수소로 유출시켜 포집한 다음, 포집된 시안이온을 중화하고 클로라민 - T를 넣어 생성된 염화시안이 피리딘 - 피라졸론 등의 발색시약과 반응하여 나타나는 청색을 620nm에서 측정하는 방법

정답 ③

| 시안 - 연속흐름법 |

06 연속흐름법으로 시안 측정 시 사용되는 흐름주입분석기에 관한 설명으로 옳지 않은 것은?

① 연속흐름분석기의 일종이다.
② 다수의 시료를 연속적으로 자동분석하기 위하여 사용된다.
③ 기본적인 본체 구성은 분할흐름분석기와 같으나 용액의 흐름 사이에 공기방울을 주입하지 않는 것이 차이점이다.
④ 시료의 연속흐름에 따라 상호 오염을 미연에 방지할 수 있다.

해설

④ 시료의 연속흐름에 따른 상호 오염 우려가 있다.

흐름주입분석기
· 연속흐름분석기의 일종으로 다수의 시료를 연속적으로 자동분석하기 위하여 사용한다.
· 기본적인 본체 구성은 분할흐름분석기와 같으나 용액의 흐름 사이에 공기방울을 주입하지 않는 것이 차이점이다.
· 공기방울 미주입에 따라 시료의 분산 및 연속흐름에 따른 상호 오염의 우려가 있으나 분석시간이 빠르고 기계장치가 단순화되는 장점이 있다.

정답 ④

| 아질산성 질소 - 자외선/가시선 분광법 |

07 수질오염공정시험기준에서 아질산성 질소를 자외선 / 가시선 분광법으로 측정하는 흡광도 파장(nm)은?

① 540 　　② 620
③ 650 　　④ 690

해설

· 질산성 질소(블루신법) : 410nm
· 아질산성 질소 : 540nm
· 암모니아성 질소(인도페놀법) : 630nm

정답 ①

| 염소이온 - 적정법 |

08 염소이온 측정방법 중 질산은 적정법의 정량 한계(mg/L)는?

① 0.1
② 0.3
③ 0.5
④ 0.7

해설

염소이온 - 적정법의 정량한계 : 0.7mg/L

정답 ④

| 용존 총질소 |

09 총 질소의 측정원리에 관한 내용으로 (   )에 알맞은 것은?

> 시료 중 모든 질소화합물을 알칼리성 (   ) 을 사용하여 120℃ 부근에서 유기물과 함 께 분해하여 질산이온으로 산화시킨 후 산 성상태로 하여 흡광도를 220nm에서 측정 하여 총질소를 정량하는 방법이다.

① 과황산칼륨
② 몰리브덴산 암모늄
③ 염화제일주석산
④ 아스코르빈산

해설

용존 총질소
시료 중 용존 질소화합물을 알칼리성 과황산칼륨의 존재 하에 120℃에서 유기물과 함께 분해하여 질소이온으로 산 화시킨 다음, 산성에서 자외부 흡광도를 측정하여 질소를 정량하는 방법이다.

정답 ①

| 음이온계면활성제 |

10 수질오염공정시험기준상 음이온 계면활성제 실험방법으로 옳은 것은?

① 자외선 / 가시선 분광법
② 원자흡수분광광도법
③ 기체크로마토그래피법
④ 이온전극법

해설

음이온 계면활성제 실험방법
· 자외선/가시선 분광법 (메틸렌블루법)
· 연속흐름법

정답 ①

| 음이온계면활성제 - 자외선/가시선 분광법 |

11 자외선/가시선을 이용한 음이온 계면활성제 측정에 관한 내용으로 (   )에 옳은 내용은?

> 물속에 존재하는 음이온 계면활성제를 측정 하기 위해 (㉠)와 반응시켜 생성된 (㉡) 의 착화합물을 클로로폼으로 추출하여 흡광 도를 측정하는 방법이다.

① ㉠ 메틸레드, ㉡ 적색
② ㉠ 메틸렌레드, ㉡ 적자색
③ ㉠ 메틸오렌지, ㉡ 황색
④ ㉠ 메틸렌블루, ㉡ 청색

해설

음이온 계면활성제 - 자외선 / 가시선분광법
물속에 존재하는 음이온 계면활성제를 측정하기 위하여 **메 틸렌블루**와 반응시켜 생성된 **청색**의 착화합물을 클로로폼으 로 추출하여 흡광도를 650nm에서 측정하는 방법이다.

정답 ④

| 음이온계면활성제 – 자외선/가시선 분광법 |

12 자외선/가시선 분광법을 적용한 음이온 계면 활성제 측정에 관한 설명으로 틀린 것은?

① 정량한계는 0.02mg/L이다.
② 시료 중의 계면활성제를 종류별로 구분하여 측정할 수 없다.
③ 시료 속에 미생물이 있는 경우 일부의 음이온 계면활성제가 신속히 변할 가능성이 있으므로 가능한 빠른 시간 안에 분석을 하여야 한다.
④ 양이온 계면활성제가 존재할 경우 양의 오차가 발생한다.

해설

④ 양이온 계면활성제가 존재할 경우 음의 오차가 발생한다.

음이온계면활성제 – 자외선/가시선분광법 간섭물질

· 약 1,000mg/L 이상의 염소이온 농도에서 양의 간섭을 나타내며, 염분농도가 높은 시료의 분석에는 사용할 수 없다.

· 유기 설폰산염(sulfonate), 황산염(sulfate), 카르복실산염(carboxylate), 페놀 및 그 화합물, 무기 티오시안 (thiocynide)류, 질산이온 등이 존재할 경우 메틸렌블루 중 일부가 클로로폼 층으로 이동하여 양의 오차를 나타낸다.

· 양이온 계면활성제 혹은 아민과 같은 양이온 물질이 존재할 경우 음의 오차가 발생할 수 있다.

· 시료 속에 미생물이 있을 경우 일부의 음이온 계면활성제가 신속히 변할 가능성이 있으므로 가능한 빠른 시간 안에 분석을 하여야 한다.

정답 ④

| 음이온계면활성제 – 자외선/가시선 분광법 |

13 메틸렌블루에 의해 발색시킨 후 자외선/가시선 분광법으로 측정할 수 있는 항목은?

① 음이온 계면활성제
② 휘발성 탄화수소류
③ 알킬수은
④ 비소

해설

① 자외선/가시선 분광법 (메틸렌블루법)
  - 음이온 계면활성제

정답 ①

| 질산성 질소 |

14 질산성 질소 분석 방법과 가장 거리가 먼 것은?

① 이온크로마토그래피법
② 자외선/가시선 분광법 – 부루신법
③ 자외선/가시선 분광법 – 활성탄흡착법
④ 연속흐름법

해설

질산성 질소 분석방법
· 이온크로마토그래피
· 자외선/가시선 분광법(부루신법)
· 자외선/가시선 분광법(활성탄흡착법)
· 데발다합금 환원증류법

정답 ④

| 질산성 질소 |

15 질산성 질소의 정량시험 방법 중 정량범위가 0.1mg NO₃⁻N/L가 아닌 것은?

① 이온크로마토그래피법
② 자외선 / 가시선 분광법 (부루신법)
③ 자외선 / 가시선 분광법 (활성탄흡착법)
④ 데발다합금 환원증류법 (분광법)

해설

질산성 질소 – 적용 가능한 시험방법

질산성 질소	정량한계	정밀도 (% RSD)
이온크로마토그래피	0.1mg/L	±25% 이내
자외선 / 가시선 분광법 (부루신법)	0.1mg/L	±25% 이내
자외선 / 가시선 분광법 (활성탄흡착법)	0.3mg/L	±25% 이내
데발다합금 환원증류법	중화적정법 0.5mg/L / 분광법 0.1mg/L	±25% 이내

정답 ③

| 질산성 질소 – 데발다합금 환원증류법 |

16 데발다 합금 환원 증류법으로 질산성 질소를 측정하는 원리의 설명으로 틀린 것은?

① 데발다 합금으로 질산성 질소를 암모니아성 질소로 환원한다.
② 지표수, 지하수, 폐수 등에 적용할 수 있으며, 정량한계는 중화적정법은 0.1mg/L, 흡광도법은 0.5mg/L이다.
③ 아질산성질소는 설퍼민산으로 분해 제거한다.
④ 암모니아성질소 및 일부 분해되기 쉬운 유기질소는 알칼리성에서 증류 제거한다.

해설

② 지표수, 지하수, 폐수 등에 적용할 수 있으며, 정량한계는 중화적정법이 0.5mg/L, 분광법이 0.1mg/L이다.

정답 ②

| 총질소 |

17 총질소 실험방법과 가장 거리가 먼 것은? (단, 수질오염공정시험기준 적용)

① 연속흐름법
② 자외선 / 가시선 분광법 – 활성탄흡착법
③ 자외선 / 가시선 분광법 – 카드뮴·구리 환원법
④ 자외선 / 가시선 분광법 – 환원증류·킬달법

해설

총질소
· 자외선/가시선 분광법 (산화법)
· 자외선/가시선 분광법 (카드뮴·구리 환원법)
· 자외선/가시선 분광법 (환원증류·킬달법)
· 연속흐름법

정답 ②

| 폐놀류 – 자외선/가시선 분광법 |

18 자외선/가시선 분광법에 의한 폐놀류 시험 방법에 대한 설명으로 틀린 것은?

① 정량한계는 클로로폼 추출법일 때 0.005 mg/L, 직접측정법일 때 0.05mg/L이다.
② 완충액을 시료에 가하여 pH 10으로 조절한다.
③ 붉은색의 안티피린계 색소의 흡광도를 측정한다.
④ 흡광도를 측정하는 방법으로 수용액에서는 460nm, 클로로폼 용액에서는 510nm에서 측정한다.

해설

④ 흡광도를 측정하는 방법으로 수용액에서는 510nm, 클로로폼 용액에서는 460nm에서 측정한다.

정답 ④

| 폐놀류 – 자외선/가시선 분광법 |

19 자외선/가시선 분광법을 적용하여 폐놀류를 측정할 때 간섭물질에 관한 설명으로 (   )에 옳은 것은?

황 화합물의 간섭을 받을 수 있는데, 이는 (   )을 사용하여 pH 4로 산성화하여 교반하면 황화수소, 이산화황으로 제거할 수 있다.

① 염산
② 질산
③ 인산
④ 과염소산

해설

황 화합물의 간섭을 받을 수 있는데, 이는 인산을 사용하여 pH 4로 산성화하여 교반하면 황화수소(H_2S)나 이산화황(SO_2)으로 제거할 수 있다. 황산구리($CuSO_4$)를 첨가하여 제거할 수도 있다.

정답 ③

| 복합 |

20 측정 항목과 측정 방법에 관한 설명으로 옳지 않은 것은?

① 불소 : 란탄 – 알리자린 콤프렉손에 의한 착화합물의 흡광도를 측정한다.
② 시안 : pH 12~13의 알칼리성에서 시안이온전극과 비교전극을 사용하여 전위를 측정한다.
③ 크롬 : 산성용액에서 다이페닐카바자이드와 반응하여 생성하는 착화합물의 흡광도를 측정한다.
④ 망간 : 황산산성에서 과황산칼륨으로 산화하여 생성된 과망간산 이온의 흡광도를 측정한다.

해설

① 불소 – 자외선/가시선 분광법
② 시안 – 이온전극법
③ 크롬 – 자외선/가시선 분광법
④ 망간 – 자외선/가시선 분광법 : 물속에 존재하는 망간이온을 황산산성에서 과요오드산칼륨으로 산화하여 생성된 과망간산 이온의 흡광도를 525nm에서 측정하는 방법이다.

정답 ④

계산문제

| 질산성 질소 계산 |

21 NO_3^- (질산성 질소) 0.1mgN/L의 표준원액을
만들려고 한다. KNO_3 몇 mg을 달아 증류수
에 녹여 1L로 제조하여야 하는가? (단, KNO_3
분자량 = 101.1)

① 0.10
② 0.14
③ 0.52
④ 0.72

해설

$$\frac{0.1mg\ NO_3^- - N}{L} \left| \frac{1L}{} \right| \frac{101.1g\ KNO_3}{14g\ NO_3^- - N}$$

$= 0.722g$

정답 ④

Chapter
06 항목별 시험 방법_금속류

1. 금속류의 시험방법

(1) 금속류 – 적용 가능한 시험

측정금속	불꽃 원자흡수 분광광도법	자외선/가시선 분광법	유도결합 플라스마 원자발광분광법	유도결합 플라스마 질량분석법	양극벗김 전압전류법	원자형광법
구리(Cu)	○	○	○	○	–	–
납(Pb)	○	○	○	○	○	–
니켈(Ni)	○	○	○	○	–	–
망간(Mn)	○	○	○	○	–	–
바륨(Ba)	○	–	○	○	–	–
비소(As)	○[(a)]	○	○	○	○	–
셀레늄(Se)	○	–	–	○	–	–
수은(Hg)	○[(b)]	○	–	–	○	○
아연(Zn)	○	○	○	○	○	–
안티몬(Sb)	–	–	○	○	–	–
주석(Sn)	○	–	○	○	–	–
철(Fe)	○	○	○	–	–	–
카드뮴(Cd)	○	○	○	○	–	–
크롬(Cr)	○	○	○	○	–	–
6가 크롬(Cr^{6+})	○	○	○	–	–	–

(a) 수소화물생성 – 원자흡수분광광도법　　　　(b) 냉증기 – 원자흡수분광광도법

암기 시험방법별 적용 금속

시험방법	적용 금속	적용 안 되는 금속
불꽃 원자흡수분광광도법	나머지	Sb
자외선/가시선분광법	나머지	Ba, Se, Sn, Sb
유도결합플라스마 원자발광분광법	나머지	Se, Hg
유도결합플라스마 질량분석법	나머지	Fe, Hg, Cr^{6+}
양극벗김 전압전류법	Pb, As, Hg, Zn	–
원자형광법	Hg	–
수소화물생성 – 원자흡수분광광도법	As, Se	–
냉증기 – 원자흡수분광광도법	Hg	–

(2) 금속류 – 불꽃 원자흡수분광광도법

1) 목적

물속에 존재하는 중금속을 정량하기 위하여 시료를 2,000~3,000K의 불꽃 속으로 주입하였을 때 생성된 **바닥상태의 중성원자가 고유 파장의 빛을 흡수하는 현상**을 이용하여, 개개의 고유 파장에 대한 흡광도를 측정하여 시료 중의 원소농도를 정량하는 방법

원소	선택파장(nm)	불꽃연료	정량한계(mg/L)
As	193.7	환원기화법(수소화물 생성법)	0.005
Se	196	환원기화법(수소화물 생성법)	0.005
Ba	553.6	아산화질소 – 아세틸렌	0.1
Cu	324.7	공기 – 아세틸렌	0.008
Pb	283.3/217.0	공기 – 아세틸렌	0.04
Ni	232	공기 – 아세틸렌	0.01
Mn	279.5	공기 – 아세틸렌	0.005
Zn	213.9	공기 – 아세틸렌	0.002
Sn	224.6	공기 – 아세틸렌	0.8
Fe	248.3	공기 – 아세틸렌	0.03
Cd	228.8	공기 – 아세틸렌	0.002
Cr	357.9	공기 – 아세틸렌	0.01(산처리), 0.001(용매추출)

(3) 금속류 – 흑연로 원자흡수분광광도법

물속에 존재하는 중금속을 분석하기 위하여 일정 부피의 시료를 전기적으로 가열된 흑연로 등에서 용매를 제거하고, 전류를 다시 급격히 증가시켜 2,000~3,000K 온도에서 원자화시킨 후 각 원소의 고유 파장에 대한 흡광도를 측정하여 시료 중의 원소농도를 정량하는 방법

흑연로 원자흡수분광광도법의 원소별 선택파장

원소명	선택파장(nm)	정량한계(mg/L)
As	193.7	0.005
Se	196	0.005
Sn	224.6	0.002
Cd	228.8	0.0005
Ni	232	0.005
Fe	248.3	0.005
Mn	279.5	0.001
Pb	283.3/ 217.0	0.005
Cu	324.7	0.005
Cr	357.9	0.005
Ba	553.6	0.01

(4) 금속류 – 유도결합플라스마 – 원자발광분광법

1) 목적

이 시험기준은 물속에 존재하는 중금속을 정량하기 위하여 시료를 **고주파유도코일**에 의하여 형성된 아르곤 플라스마에 주입하여 **6,000~8,000K에서 들뜬 상태의 원자가 바닥상태로 전이할 때 방출하는 발광선 및 발광강도를 측정**하여 원소의 정성 및 정량분석에 이용하는 방법

2) 간섭물질

① 물리적 간섭
  ㉠ **시료 도입부의 분무과정에서 시료의 비중, 점성도, 표면장력의 차이**에 의해 발생한다.
  ㉡ 시료의 물리적 성질이 다르면 플라스마로 흡입되는 원소의 양이 달라져 방출선의 세기에 차이가 생기며, 특히 비중이 큰 황산과 인산 사용 시 물리적 간섭이 크다.
  ㉢ 시료의 종류에 따라 분무기의 종류를 바꾸거나, 시료의 희석, 매질 일치법, 내부표준법, 농축 분리법을 사용하여 간섭을 최소화한다.

② 이온화 간섭
  ㉠ **이온화 에너지가 작은 나트륨 또는 칼륨 등 알칼리 금속이 공존 원소로 시료에 존재 시 플라스마의 전자밀도를 증가시키고**, 증가된 전자 밀도는 들뜬 상태의 원자와 이온화된 원자수를 증가시켜 방출선의 세기를 크게 할 수 있다.
  ㉡ 또는 전자가 이온화된 시료 내의 원소와 재결합하여 이온화된 원소의 수를 감소시켜 방출선의 세기를 감소시킨다.

③ 분광 간섭
  측정원소의 방출선에 대해 플라스마의 기체 성분이나 공존 물질에서 유래하는 분광학적 요인에 의해 원래의 방출선의 세기 변동 및 다른 원자 혹은 이온의 방출선과의 겹침 현상이 발생할 수 있으며, 시료 분석 후 보정이 반드시 필요하다.

④ 기타
  플라스마의 높은 온도와 비활성으로 화학적 간섭의 발생 가능성은 낮으나, 출력이 낮은 경우 일부 발생할 수 있다.

3) 금속류 - 유도결합플라스마 - 원자발광분광법에 의한 원소별 선택파장과 정량한계

원소명	선택파장(1차)	선택파장(2차)	정량한계(mg/L)
Sn	189.98	–	0.02
As	193.7	189.04	0.05
Zn	213.9	206.2	0.002
Sb	217.6	217.58	0.02
Pb	220.35	217	0.04
Cd	226.5	214.44	0.004
Ni	231.6	221.65	0.015
Mn	257.61	294.92	0.002
Fe	259.94	238.2	0.007
Cr	262.72	206.15	0.007
Cu	324.75	219.96	0.006
Ba	455.4	493.41	0.003

(5) 금속류 - 유도결합플라스마 - 질량분석법

물속에 존재하는 중금속을 분석하기 위하여 유도결합플라스마 질량분석법을 사용한다. 유도결합플라스마 질량분석법은 6,000~10,000K의 고온 플라스마에 의해 이온화된 원소를 진공상태에서 **질량 대 전하비(m/z)에 따라 분리하는 방법**으로, 분석이 가능한 원소는 구리, 납, 니켈, 망간, 바륨, 비소, 셀레늄, 아연, 안티몬, 카드뮴, 주석, 크롬 등이다.

(6) 금속류 - 양극벗김전압전류법

이 시험기준은 납과 아연을 은/염화은 기준전극에 대하여 각각 약 -1,000mV와 -1,300mV 전위차를 갖는 유리질 탄소전극(GCE, glassy carbon electrode)에 수은 얇은 막(mercury thin film)을 입힌 작업전극(working electrode)에 금속으로 석출시키고, 시료를 산성화시킨 후 착화합물을 형성하지 않은 자유 이온 상태의 비소, 수은은 작업전극으로 금 얇은막 전극(gold thin film electrode) 또는 금 전극(gold electrode)을 사용하며, 비소와 수은은 기준전극(Ag/AgCl 전극)에 대하여 각각 약 -1,600mV와 -200mV에서 금속 상태인 비소와 수은으로 석출 농축시킨 다음 이를 양극벗김전압전류법으로 분석하는 방법이다.

1) 금속류 - 양극벗김전압전류법 원소별 정량한계 및 검출 전위범위

원소명	정량한계(mg/L)	검출 전위범위(mV)
Pb	0.0001	−490 ~ −410
As	0.0003	−900 ~ −500
Hg	0.0001	500 ~ 800
Zn	0.0001	−1300 ~ −700

2) 간섭물질

① 탁한 시료는 미리 0.45μm의 유리필터 또는 셀룰로오스 막 필터를 사용하여 걸러 사용해야 측정 시 방해 요인을 제거할 수 있다.

② 하천수 및 산업폐수 내 유기물은 아연, 비소, 수은의 측정을 방해하므로 시료의 전처리 방법에 따라 유기물을 처리해야 한다.

(7) 금속류 – 원소별 자외선/가시선 분광법

금속	목적	흡광도(nm)
구리	물속에 존재하는 구리이온이 알칼리성에서 **다이에틸다이티오카르바민산나트륨**과 반응하여 생성하는 황갈색의 킬레이트 화합물을 **아세트산부틸**로 추출하여 흡광도를 **440nm**에서 측정하는 방법	440
납	물속에 존재하는 납이온이 시안화칼륨 공존하에 알칼리성에서 **디티존**과 반응하여 생성하는 납 디티존착염을 **사염화탄소**로 추출하고 과잉의 **디티존을 시안화칼륨** 용액으로 씻은 다음 납착염의 흡광도를 **520nm**에서 측정하는 방법	520
니켈	물속에 존재하는 니켈이온을 암모니아의 약알칼리성에서 **다이메틸글리옥심**과 반응시켜 생성한 니켈착염을 **클로로폼으로 추출**하고 이것을 **묽은 염산으로 역추출**한다. 추출물에 브롬과 암모니아수를 넣어 니켈을 산화시키고 다시 암모니아 알칼리성에서 다이메틸글리옥심과 반응시켜 생성한 **적갈색** 니켈착염의 흡광도를 **450nm**에서 측정하는 방법	450
망간	물속에 존재하는 망간이온을 황산산성에서 과요오드산칼륨으로 산화하여 생성된 과망간산 이온의 흡광도를 525nm에서 측정하는 방법	525
비소	물속에 존재하는 비소를 측정하는 방법으로, **3가 비소로 환원**시킨 다음 아연을 넣어 발생하는 수소화비소를 **다이에틸다이티오카바민산은(Ag – DDTC)의 피리딘 용액에 흡수**시켜 생성된 적자색 착화합물을 530nm에서 흡광도를 측정하는 방법	530
수은	수은을 황산산성에서 **디티존·사염화탄소**로 일차추출하고 **브롬화칼륨** 존재하에 **황산산성**에서 역추출하여 방해성분과 분리한 다음, 인산 – 탄산염 완충용액 존재하에서 디티존·사염화탄소로 수은을 추출하여 **490nm**에서 흡광도를 측정하는 방법	490
아연	아연이온이 **약 pH 9**에서 **진콘**(2-카르복시-2-하이드록시(hydroxy)-5 술포포마질 – 벤젠·나트륨염)과 반응하여 생성하는 **청색** 킬레이트 화합물의 흡광도를 **620nm**에서 측정하는 방법	620
철	물속에 존재하는 철이온을 수산화제이철로 침전분리하고 염산하이드록실아민으로 제일철로 환원한 다음, o – 페난트로린을 넣어 약산성에서 나타나는 **등적색** 철착염의 흡광도를 **510nm**에서 측정하는 방법	510
카드뮴	물속에 존재하는 카드뮴이온을 **시안화칼륨**이 존재하는 알칼리성에서 **디티존**과 반응시켜 생성하는 카드뮴착염을 **사염화탄소**로 추출하고, 추출한 카드뮴 착염을 **타타르산용액**으로 역추출한 다음 다시 **수산화나트륨과 시안화칼륨**을 넣어 **디티존**과 반응하여 생성하는 **적색의 카드뮴착염**을 사염화탄소로 추출하고 그 흡광도를 **530nm**에서 측정하는 방법	530
크롬	물속에 존재하는 크롬을 자외선/가시선 분광법으로 측정하는 것으로, **3가 크롬**은 **과망간산칼륨**을 첨가하여 **6가 크롬**으로 산화시킨 후, **산성** 용액에서 **다이페닐카바자이드**와 반응하여 생성하는 **적자색** 착화합물의 흡광도를 **540nm**에서 측정하는 방법	540
6가 크롬	물속에 존재하는 6가 크롬을 자외선/가시선 분광법으로 측정하는 것으로, 산성 용액에서 다이페닐카바자이드와 반응하여 생성하는 적자색 착화합물의 흡광도를 540nm에서 측정하는 방법	540

2. 구리

적용 가능한 시험방법

구리	정량한계	정밀도(% RSD)
원자흡수분광광도법	0.008mg/L	±25% 이내
자외선/가시선 분광법	**0.01mg/L**	±25% 이내
유도결합플라스마 – 원자발광분광법	0.006mg/L	±25% 이내
유도결합플라스마 – 질량분석법	0.002mg/L	±25% 이내

3. 납

적용 가능한 시험방법

납	정량한계	정밀도(% RSD)
원자흡수분광광도법	0.04mg/L	±25% 이내
자외선/가시선 분광법	0.004mg/L	±25% 이내
유도결합플라스마 – 원자발광분광법	0.04mg/L	±25% 이내
유도결합플라스마 – 질량분석법	0.002mg/L	±25% 이내

4. 니켈

적용 가능한 시험방법

니켈	정량한계	정밀도(% RSD)
원자흡수분광광도법	0.01mg/L	±25% 이내
자외선/가시선 분광법	0.008mg/L	±25% 이내
유도결합플라스마 – 원자발광분광법	0.015mg/L	±25% 이내
유도결합플라스마 – 질량분석법	0.002mg/L	±25% 이내

5. 망간

적용 가능한 시험방법

망간	정량한계	정밀도(% RSD)
원자흡수분광광도법	0.005mg/L	±25% 이내
자외선/가시선 분광법	0.2mg/L	±25% 이내
유도결합플라스마 – 원자발광분광법	0.002mg/L	±25% 이내
유도결합플라스마 – 질량분석법	0.0005mg/L	±25% 이내

6. 바륨

적용 가능한 시험방법

바륨	정량한계	정밀도(% RSD)
원자흡수분광광도법	0.1mg/L	±25% 이내
유도결합플라스마 – 원자발광분광법	0.003mg/L	±25% 이내
유도결합플라스마 – 질량분석법	0.003mg/L	±25% 이내

7. 비소

적용 가능한 시험방법

비소	정량한계	정밀도(% RSD)
수소화물생성 – 원자흡수분광광도법	0.005mg/L	±25% 이내
자외선/가시선 분광법	0.004mg/L	±25% 이내
유도결합플라스마 – 원자발광분광법	0.05mg/L	±25% 이내
유도결합플라스마 – 질량분석법	0.006mg/L	±25% 이내
양극벗김전압전류법	0.0003mg/L	±20% 이내

(1) 비소 – 수소화물생성법 – 원자흡수분광광도법

목적	·물속에 존재하는 비소를 측정하는 방법으로 아연 또는 나트륨붕소수화물($NaBH_4$)을 넣어 수소화 비소로 포집하여 아르곤(또는 질소) – 수소 불꽃에서 원자화시켜 **193.7nm**에서 흡광도를 측정하고 비소를 정량하는 방법
간섭물질	·높은 농도의 크롬, 코발트, 구리, 수은, 몰리브덴, 은 및 니켈은 비소 분석을 방해한다.

(2) 비소 – 자외선/가시선 분광법

목적	·물속에 존재하는 비소를 측정하는 방법으로, 3가 비소로 환원시킨 다음 아연을 넣어 발생하는 수소화 비소를 다이에틸다이티오카바민산은(Ag – DDTC)의 피리딘 용액에 흡수시켜 생성된 적자색 착화합물을 530nm에서 흡광도를 측정하는 방법
간섭물질	·안티몬 또한 이 시험조건에서 스티빈(SbH_3)으로 환원되고 흡수 용액과 반응하여 510nm에서 최대 흡광도를 갖는 붉은색의 착화합물을 형성한다. 안티몬이 고농도의 경우에는 이 방법을 사용하지 않는 것이 좋다. ·높은 농도(5mg/L 이상)의 크롬, 코발트, 구리, 수은, 몰리브덴, 은 및 니켈은 비소 정량을 방해한다. ·황화수소(H_2S) 기체는 비소 정량에 방해하므로 아세트산납을 사용하여 제거하여야 한다.

8. 셀레늄

적용 가능한 시험방법

셀레늄	정량한계	정밀도(% RSD)
수소화물생성 – 원자흡수분광광도법	0.005mg/L	±25% 이내
유도결합플라스마 – 질량분석법	0.03mg/L	±25% 이내

9. 수은

적용 가능한 시험방법

수은	정량한계	정밀도(% RSD)
냉증기 – 원자흡수분광광도법	0.0005mg/L	±25% 이내
자외선/가시선 분광법	0.003mg/L	±25% 이내
양극벗김전압전류법	0.0001mg/L	±20% 이내
냉증기 – 원자형광법	0.0005μg/L	±25% 이내

(1) 수은 – 냉증기 – 원자흡수분광광도법

목적	· 물속에 존재하는 수은을 측정하는 방법으로, 시료에 **이염화주석(SnCl₂)**을 넣어 금속수은으로 산화시킨 후, 이 용액에 통기하여 발생하는 수은증기를 원자흡수분광광도법으로 **253.7nm**의 파장에서 측정하여 정량하는 방법
적용범위	· 정량한계 0.0005mg/L · 저농도 수은분석 시 사용
간섭물질	· 시료 중 염화물이온이 다량 함유된 경우에는 산화 조작 시 유리염소를 발생하여 253.7nm에서 흡광도를 나타낸다. 이때는 **염산하이드록실아민용액**을 과잉으로 넣어 **유리염소를 환원**시키고 용기 중에 잔류하는 염소는 **질소** 가스를 통기시켜 추출한다. · **벤젠, 아세톤 등 휘발성 유기물질**도 253.7nm에서 흡광도를 나타낸다. 이때에는 **과망간산칼륨** 분해 후 **헥산**으로 이들 물질을 추출 분리한 다음 시험한다.

10. 아연

적용 가능한 시험방법

아연	정량한계	정밀도(% RSD)
원자흡수분광광도법	0.002mg/L	±25% 이내
자외선/가시선 분광법	0.010mg/L	±25% 이내
유도결합플라스마 – 원자발광분광법	0.002mg/L	±25% 이내
유도결합플라스마 – 질량분석법	0.006mg/L	±25% 이내
양극벗김전압전류법	0.0001mg/L	±20% 이내

11. 안티몬

적용 가능한 시험방법

안티몬	정량한계	정밀도(% RSD)
유도결합플라스마 – 원자발광분광법	0.02mg/L	±25% 이내
유도결합플라스마 – 질량분석법	0.0004mg/L	±25% 이내

12. 주석

적용 가능한 시험방법

주석	정량한계	정밀도(% RSD)
원자흡수분광광도법	0.8mg/L (불꽃) 0.002mg/L (흑연로)	±25% 이내
유도결합플라스마 – 원자발광분광법	0.02mg/L	±25% 이내
유도결합플라스마 – 질량분석법	0.0001mg/L	±25% 이내

13. 철

적용 가능한 시험방법

철	정량한계	정밀도(% RSD)
원자흡수분광광도법	0.03mg/L	±25% 이내
자외선/가시선 분광법	0.08mg/L	±25% 이내
유도결합플라스마 – 원자발광분광법	0.007mg/L	±25% 이내

14. 카드뮴

적용 가능한 시험방법

카드뮴	정량한계	정밀도(% RSD)
원자흡수분광광도법	0.002mg/L	±25% 이내
자외선/가시선 분광법	0.004mg/L	±25% 이내
유도결합플라스마 – 원자발광분광법	0.004mg/L	±25% 이내
유도결합플라스마 – 질량분석법	0.002mg/L	±25% 이내

(1) 카드뮴 – 자외선/가시선 분광법

목적	· 물속에 존재하는 카드뮴이온을 **시안화칼륨**이 존재하는 알칼리성에서 **디티존**과 반응시켜 생성하는 카드뮴착염을 **사염화탄소**로 추출하고, 추출한 카드뮴착염을 **타타르산용액**으로 역추출한 다음, 다시 **수산화나트륨과 시안화칼륨을 넣고 디티존과 반응하여 생성하는 적색의 카드뮴착염을 사염화탄소로 추출하여 그 흡광도를 530nm**에서 측정하는 방법
간섭물질	· 시료 중 **다량의 철과 망간**을 함유하는 경우 디티존에 의한 카드뮴 추출이 불완전하다. 이 경우에는 중화한 시료 일정량에 염산용액(2M)을 넣어 산성으로 하여 **강염기성 음이온교환수지 컬럼**(R – C1형, 지름 10mm, 길이 200mm)에 3mL/min의 속도로 유출시켜 카드뮴을 흡착하고 염산(1+9)으로 씻어준 다음, 새로운 수집기에 질산(1+12)을 사용하여 용출되는 카드뮴을 받는다. 이 용출액을 가지고 시험방법에 따라 시험한다. 이때는 시험방법 중 타타르산용액(2%)으로 역추출하는 조작을 생략해도 된다.

15. 크롬

적용 가능한 시험방법

크롬	정량한계	정밀도(% RSD)
원자흡수분광광도법	산처리법 : 0.01mg/L 용매추출법 : 0.001mg/L	±25% 이내
자외선/가시선 분광법	0.04mg/L	±25% 이내
유도결합플라스마 – 원자발광분광법	0.007mg/L	±25% 이내
유도결합플라스마 – 질량분석법	0.0002mg/L	±25% 이내

(1) 크롬 – 자외선/가시선 분광법

목적	· 물속에 존재하는 크롬을 자외선/가시선 분광법으로 측정하는 것으로, **3가 크롬**은 **과망간산칼륨**을 첨가하여 **6가 크롬**으로 산화시킨 후, **산성**용액에서 **다이페닐카바자이드**와 반응하여 생성하는 **적자색** 착화합물의 흡광도를 540nm에서 측정하는 방법
간섭물질	· 몰리브덴(Mo), 수은(Hg), 바나듐(V), 철(Fe), 구리(Cu)이온이 과량 함유되어 있을 경우, 방해 영향이 나타날 수 있다.

16. 6가 크롬

적용 가능한 시험방법

6가 크롬	정량한계	정밀도(% RSD)
원자흡수분광광도법	0.01mg/L	±25% 이내
자외선/가시선 분광법	0.04mg/L	±25% 이내
유도결합플라스마 – 원자발광분광법	0.007mg/L	±25% 이내

(1) 6가 크롬 – 자외선/가시선 분광법

목적	·물속에 존재하는 6가 크롬을 자외선/가시선 분광법으로 측정하는 것으로, 산성용액에서 다이페닐카바자이드와 반응하여 생성하는 적자색 착화합물의 흡광도를 540nm에서 측정하는 방법
간섭물질	·몰리브덴(Mo), 수은(Hg), 바나듐(V), 철(Fe), 구리(Cu)이온이 과량 함유되어 있을 경우, 방해 영향이 나타날 수 있다.

17. 알킬수은

적용 가능한 시험방법

알킬수은	정량한계	정밀도(% RSD)
기체크로마토그래피	0.0005mg/L	±25%
원자흡수분광광도법	0.0005mg/L	±25%

(1) 알킬수은 – 기체크로마토그래피

물속에 존재하는 알킬수은 화합물을 기체크로마토그래피에 따라 정량하는 방법이다.
알킬수은화합물을 **벤젠**으로 추출하여 **L – 시스테인용액**에 선택적으로 역추출하고 다시 **벤젠**으로 추출하여 기체크로마토그래프로 측정하는 방법

운반기체	순도 99.999% 이상의 질소 또는 헬륨
유속	30~80mL/min
검출기	전자포획형 검출기(ECD, electron capture detector)
시료주입부 온도	140~240℃
컬럼 온도	130~180℃
검출기 온도	140~200℃

Chapter 06

적중실전문제

| 금속류의 시험방법 |

01 측정하고자 하는 금속물질이 바륨인 경우의 시험방법과 가장 거리가 먼 것은?

① 자외선 / 가시선 분광법
② 유도결합플라스마 원자발광분광법
③ 유도결합플라스마 질량분석법
④ 원자흡수분광광도법

해설

자외선 / 가시선 분광법이 적용되지 않는 금속
Ba, Se, Sn, Sb

정답 ①

| 금속류 – 양극벗김전압전류법 |

02 수질오염공정시험기준상 양극벗김전압전류법으로 측정하는 금속은?

① 구리
② 납
③ 니켈
④ 카드뮴

해설

양극벗김전압전류법 적용 금속 : Pb, As, Hg, Zn

정답 ②

| 금속류 – 유도결합플라스마 – 원자발광분광법 |

03 유도결합플라스마 – 원자발광분광법에 의한 원소별 정량한계로 틀린 것은?

① Cu : 0.006mg/L
② Pb : 0.004mg/L
③ Ni : 0.015mg/L
④ Mn : 0.002mg/L

해설

② Pb : 0.04mg/L

정답 ②

| 금속류 – 자외선/가시선 분광법 |

04 자외선/가시선 분광법으로 분석할 때 측정 파장이 가장 긴 것은?

① 구리
② 아연
③ 카드뮴
④ 크롬

해설

① 구리 : 440nm(황갈색)
② 아연 : 620nm(청색)
③ 카드뮴 : 530nm(적색)
④ 크롬 : 540nm(적자색)

정답 ②

| 금속류 – 자외선/가시선 분광법 |

05 다이페닐카바자이드와 반응하여 생성하는 적자색 착화합물의 흡광도를 540nm에서 측정하는 중금속은?

① 6가 크롬   ② 인산염인
③ 구리   ④ 총인

해설

분류	특징
크롬, 6가 크롬	· 적자색 540nm
인산염인 (이염화주석 환원법)	· 청색 690nm
인산염인 (아스코빈산 환원법)	· 청색 880nm
구리	· 황갈색 440nm
총인	· 청색 880nm

정답 ①

| 구리 – 원자흡수분광광도법 |

06 수질오염공정시험기준의 구리시험법(원자흡수분광광도법)에서 사용하는 조연성 가스는?

① 수소
② 아르곤
③ 아산화질소
④ 아세틸렌 공기

해설

가스	적용 금속
공기 – 아세틸렌	Cu, Pb, Ni, Mn, Zn, Sn, Fe, Cd, Cr
아산화질소 – 아세틸렌	Ba
환원기화법 (수소화물 생성법)	As, Se
냉증기법	Hg

정답 ④

| 구리 – 자외선/가시선 분광법 |

07 알칼리성에서 다이에틸다이티오카르바민산 나트륨과 반응하여 생성하는 황갈색의 킬레이트 화합물을 초산부틸로 추출하여 흡광도 440nm에서 정량하는 측정원리를 갖는 것은? (단, 자외선/가시선 분광법 기준)

① 아연   ② 구리
③ 크롬   ④ 납

해설

자외선/가시선 분광법 – 구리
물속에 존재하는 구리이온이 알칼리성에서 다이에틸다이티오카르바민산 나트륨과 반응하여 생성하는 황갈색의 킬레이트 화합물을 아세트산부틸(초산부틸)로 추출하여 흡광도를 440nm에서 측정하는 방법이다.

정답 ②

| 구리 – 자외선/가시선 분광법 |

08 구리의 측정(자외선/가시선 분광법 기준) 원리에 관한 내용으로 (   )에 옳은 것은?

> 구리이온이 알칼리성에서 다이에틸 다이티오카르바민산나트륨과 반응하여 생성하는 (   )의 킬레이트 화합물을 아세트산 부틸로 추출하여 흡광도를 440nm에서 측정한다.

① 황갈색
② 청색
③ 적갈색
④ 적자색

해설

구리 : 황갈색 440nm

정답 ①

| 니켈 – 자외선/가시선 분광법 |

09 다이메틸글리옥심을 이용하여 정량하는 금속은?

① 아연　　　　　② 망간
③ 니켈　　　　　④ 구리

해설

니켈 – 자외선/가시선 분광법
물속에 존재하는 니켈이온을 암모니아의 약알칼리성에서 다이메틸글리옥심과 반응시켜 생성한 니켈착염을 클로로폼으로 추출하고, 이것을 묽은 염산으로 역추출한다. 추출물에 브롬과 암모니아수를 넣어 니켈을 산화시키고 다시 암모니아의 알칼리성에서 다이메틸글리옥심과 반응시켜 생성한 적갈색 니켈착염의 흡광도 450nm에서 측정하는 방법이다.

정답 ③

| 비소 – 자외선/가시선 분광법 |

10 자외선/가시선 분광법으로 비소를 측정할 때의 방법으로 ( )에 옳은 것은?

물속에 존재하는 비소를 측정하는 방법으로 (㉠)로 환원시킨 다음 아연을 넣어 발생되는 수소화비소를 다이에틸다이티오-카바민산은의 피리딘 용액에 흡수시켜 생성된 (㉡) 착화합물을 (㉢)nm에서 흡광도를 측정하는 방법이다.

① ㉠ 3가 비소, ㉡ 청색, ㉢ 620
② ㉠ 3가 비소, ㉡ 적자색, ㉢ 530
③ ㉠ 6가 비소, ㉡ 청색, ㉢ 620
④ ㉠ 6가 비소, ㉡ 적자색, ㉢ 530

해설

비소 – 자외선/가시선 분광법
물속에 존재하는 비소를 측정하는 방법으로, 3가 비소로 환원시킨 다음 아연을 넣어 발생되는 수소화비소를 다이에틸다이티오카바민산은(Ag - DDTC)의 피리딘 용액에 흡수시켜 생성된 적자색 착화합물을 530nm에서 흡광도를 측정하는 방법

정답 ②

| 셀레늄 – 수소화물생성법 – 원자흡수분광도법 |

11 원자흡수분광도법으로 셀레늄을 측정할 때 수소화셀레늄을 발생시키기 위해 전처리한 시료에 주입하는 것은?

① 염화제일주석 용액
② 아연분말
③ 요오드화나트륨 분말
④ 수산화나트륨 용액

해설

정답 ②

| 수은 – 냉증기 – 원자흡수분광도법 |

12 수은을 냉증기 – 원자흡수분광도법으로 측정할 때 유리염소를 환원시키기 위해 사용하는 시약과 잔류하는 염소를 통기시켜 추출하기 위해 사용하는 가스는?

① 염산하이드록실아민, 질소
② 염산하이드록실아민, 수소
③ 과망간산칼륨, 질소
④ 과망간산칼륨, 수소

해설

수은 냉증기 - 원자흡수분광도법의 간섭물질
· 시료 중 염화물이온이 다량 함유된 경우에는 산화 조작 시 유리염소를 발생하여 253.7nm에서 흡광도를 나타낸다. 이때는 염산하이드록실아민용액을 과잉으로 넣어 유리염소를 환원시키고 용기 중에 잔류하는 염소는 질소가스를 통기시켜 추출한다.

· 벤젠, 아세톤 등 휘발성 유기물질도 253.7nm에서 흡광도를 나타낸다. 이때는 과망간산칼륨 분해 후 헥산으로 이들 물질을 추출 분리한 다음 시험한다.

정답 ①

| 카드뮴 - 자외선/가시선 분광법 |

13 카드뮴을 자외선/가시선 분광법으로 측정할 때 사용되는 시약으로 가장 거리가 먼 것은?

① 수산화나트륨용액
② 요오드화칼륨용액
③ 시안화칼륨용액
④ 타타르산용액

해설

카드뮴 - 자외선/가시선 분광법
물속에 존재하는 카드뮴이온을 시안화칼륨이 존재하는 알칼리성에서 디티존과 반응시켜 생성하는 카드뮴착염을 사염화탄소로 추출하고, 추출한 카드뮴 착염을 타타르산 용액으로 역추출한 다음 다시 수산화나트륨과 시안화칼륨을 넣어 디티존과 반응하여 생성하는 적색의 카드뮴착염을 사염화탄소로 추출하고, 그 흡광도를 530nm에서 측정하는 방법이다.

정답 ②

| 크롬 - 원자흡수분광광도법 |

14 크롬 - 원자흡수분광광도법의 정량한계에 관한 내용으로 ( )에 옳은 것은?

357.9mm에서의 산처리법은 (㉠)mg/L, 용매추출법은 (㉡)mg/L이다.

① ㉠ 0.1, ㉡ 0.01
② ㉠ 0.01, ㉡ 0.1
③ ㉠ 0.01, ㉡ 0.001
④ ㉠ 0.001, ㉡ 0.01

해설

크롬 - 원자흡수분광광도법
357.9 nm에서의 산처리법은 0.01 mg/L, 용매추출법은 0.001 mg/L이다.

정답 ③

| 크롬 - 자외선/가시선 분광법 |

15 자외선/가시선 분광법을 적용한 크롬 측정에 관한 내용으로 ( )에 옳은 것은?

3가 크롬은 (㉠)을 첨가하여 6가 크롬으로 산화시킨 후 산성용액에서 다이페닐카바자이드와 반응하여 생성되는 (㉡) 착화합물의 흡광도를 측정한다.

① ㉠ 과망간산칼륨, ㉡ 황색
② ㉠ 과망간산칼륨, ㉡ 적자색
③ ㉠ 티오황산나트륨, ㉡ 적색
④ ㉠ 티오황산나트륨, ㉡ 황갈색

해설

크롬의 자외선/가시선 분광법
3가 크롬은 과망간산칼륨을 첨가하여 6가 크롬으로 산화시킨 후, 산성 용액에서 다이페닐카바자이드와 반응하여 생성하는 적자색 착화합물의 흡광도를 540nm에서 측정하는 방법이다.

정답 ②

| 알킬수은 – 기체크로마토그래피 |

16 기체크로마토그래피에 의한 알킬수은의 분석 방법으로 ( )에 알맞은 것은?

> 알킬수은화합물을 (㉠)으로 추출하여 (㉡)에 선택적으로 역추출하고 다시 (㉠)으로 추출하여 기체크로마토그래프로 측정하는 방법이다.

① ㉠ 헥산, ㉡ 염화메틸수은용액
② ㉠ 헥산, ㉡ 크로모졸브용액
③ ㉠ 벤젠, ㉡ 펜토에이트용액
④ ㉠ 벤젠, ㉡ L – 시스테인용액

해설

알킬수은 – 기체크로마토그래피
이 시험기준은 물속에 존재하는 알킬수은 화합물을 기체크로마토그래피에 따라 정량하는 방법이다. 알킬수은화합물을 벤젠으로 추출하여 L – 시스테인용액에 선택적으로 역추출한 다음. 다시 벤젠으로 추출하여 기체크로마토그래피로 측정하는 방법이다.

정답 ④

| 알킬수은 – 기체크로마토그래피 |

17 알킬수은 화합물을 기체크로마토그래피에 따라 정량하는 방법에 관한 설명으로 가장 거리가 먼 것은?

① 전자포획형 검출기(ECD)를 사용한다.
② 알킬수은화합물을 벤젠으로 추출한다.
③ 운반기체는 순도 99.999% 이상의 질소 또는 헬륨을 사용한다.
④ 정량한계는 0.05mg/L이다.

해설

④ 알킬수은 – 기체크로마토그래피 정량한계는 0.0005mg/L이다.

정답 ④

| 알킬수은 – 기체크로마토그래피 |

18 기체크로마토그래피를 적용한 알킬수은 정량에 관한 내용으로 틀린 것은?

① 검출기는 전자포획형 검출기를 사용하고 검출기의 온도는 140~200℃로 한다.
② 정량한계는 0.0005mg/L이다.
③ 알킬수은화합물을 사염화탄소로 추출한다.
④ 정밀도(% RSD)는 ±25%이다.

해설

③ 알킬수은화합물을 벤젠으로 추출한다.

알킬수은 – 기체크로마토그래피
이 시험기준은 물속에 존재하는 알킬수은 화합물을 기체크로마토그래피에 따라 정량하는 방법이다. 알킬수은화합물을 벤젠으로 추출하여 L – 시스테인용액에 선택적으로 역추출하고, 다시 벤젠으로 추출하여 기체크로마토그래프로 측정하는 방법이다.

정답 ③

Chapter

07 항목별 시험 방법_생물

1. 총대장균군

(1) 총대장균군 – 막여과법

물속에 존재하는 총대장균군을 측정하기 위하여 페트리접시에 배지를 올려놓은 다음 배양 후 금속성 광택을 띠는 적색이나 진한 적색 계통의 집락을 계수하는 방법

1) 총대장균군

그람음성·무아포성의 간균으로서 락토스를 분해하여 가스 또는 산을 발생하는 모든 호기성 또는 통성 혐기성균

2) 분석절차

① 멸균된 핀셋으로 여과막을 눈금이 위로 가게 하여 여과장치의 지지대 위에 올려놓은 후, 막여과 장치의 깔때기를 조심스럽게 부착시킨다.

② 페트리접시에 **20~80개의 세균 집락을 형성하도록** 시료를 여과관 상부에 주입하면서 흡입 여과하고 멸균수 20~30mL로 씻어준다.

[주 1] 여과하여야 할 **예상 시료량이 10mL보다 적을 경우에는 멸균된 희석액으로 희석**하여 여과하여야 한다.

[주 2] 총대장균군 수를 예측할 수 없을 경우에는 여과량을 달리하여 여러 개의 시료를 분석하고, 한 여과 표면 위의 모든 형태의 집락 수가 **200개 이상**의 집락이 형성되지 않도록 하여야 한다.

③ 막여과법 고체 배지를 사용할 경우에는 여과한 여과막 눈금이 위로 가게 하여 페트리접시의 배지 위에 올려놓은 후 페트리접시를 거꾸로 놓고 (35±0.5)℃에서 22~24시간 동안 배양한다. 막여과법 액체 배지를 사용할 경우에는 약 2.0mL의 액체 배지가 들어 있는 페트리접시의 흡수패드 위에 여과한 여과막을 기포가 생기지 않도록 올려놓은 다음 **(35±0.5)℃에서 22~24시간 동안 배양**한다. 배양 시 배지가 마르지 않도록 습도를 유지한다.

④ 배양 후 **금속성 광택을 띠는 적색이나 진한 적색 계통의 집락을 계수**하며, 집락 수가 20~80개의 범위에 드는 것을 선정하여 다음의 식에 의해 계산한다.

$$\text{총대장균군 수/100mL} = \frac{C}{V} \times 100 \qquad \begin{aligned} C &: \text{생성된 집락 수} \\ V &: \text{여과한 시료량(mL)} \end{aligned}$$

⑤ 배지 표면에 총대장균군 이외의 다른 세균이 너무 많이 자란 경우에는 총대장균군 수와 함께 이와 같은 내용을 비고에 기록하고, 다시 같은 지점의 시료를 채취하여 검사한다.

[주 3] 재검사 시에는 시료의 여과량을 줄이고, 여과막의 수를 늘려 다른 세균에 의한 간섭현상을 줄인다.

⑥ 정확성을 기하기 위하여 실험할 때마다 1개 이상의 음성대조군 시험을 상기 방법과 동일한 조건 하에서 같이 실시하여야 하며, 이때 음성대조군 여과막에서는 전형적인 총대장균군의 집락이 없어야 한다.

3) 결과보고

① '**총대장균군 수/100mL**'로 표기하며, 반올림하여 유효숫자 2자리로 표기한다. 결괏값의 유효숫자가 2 미만이 될 경우에는 1자리로 표기한다. 다만 결괏값이 소수점을 포함하는 경우에는 반올림하여 표기한다.

② 집락들이 서로 융합된 경우에는 'CG(confluent growth)'로, 집락 수가 200 이상으로 계수가 불가능한 경우에는 'TNTC(too numerous to count)'로 표기하고 시료를 희석하거나 적게 취하여 다시 실험한다.

③ 수질이 양호한 경우 검출되는 총대장균군 수가 일반적으로 낮으므로 모든 집락을 다 계수하여 표기한다.

(2) 총대장균군 – 시험관법

1) 개요

① 추정시험 : 다람 시험관 이용
② 확정시험 : 백금이 이용
③ 추정시험이 양성일 경우 확정시험을 시행함

2) 분석기기 및 기구

다람 시험관	· 소시험관 및 중시험관용 다람(Durham) 시험관(안지름 9mm, 높이 30mm)을 사용 · 고압증기 멸균할 수 있어야 하며 기체포집을 위해 거꾸로 집어넣는다.
백금이	· 고리의 안지름이 약 3mm인 백금이를 사용
배양기	· 배양온도를 (35±0.5)℃로 유지할 수 있는 것
마개 달린 유리시험관	· 시험관(안지름 16mm, 높이 150mm) 및 중시험관(안지름 18mm, 높이 180mm)으로 플라스틱이나 금속으로 마개를 할 수 있고, 고압증기 멸균할 수 있어야 한다.
피펫	· 부피 1~25mL의 눈금피펫이나 자동피펫(플라스틱 피펫팁 포함)으로서 멸균된 것을 사용

3) 분석절차

① 추정시험

㉠ 시료를 10, 1, 0.1, 0.01, 0.001, …… mL씩 되게 10배 희석법에 따라 희석하여 사용하며, 시료의 오염정도에 따라 희석배수를 다르게 할 수 있다. 각 희석단계마다 **5개**의 시험관을 사용하며, 시료의 희석은 시료의 최대량을 이식한 5개의 시험관에서 전부 또는 대다수가 양성이고, 최소량을 이식한 5개의 시험관에서 전부 또는 대다수가 음성이 되도록 희석하여야 한다.

㉡ 희석된 시료를 다람 시험관이 들어 있는 추정시험용 배지(락토스 배지 또는 라우릴트립토스 배지)에 접종하여 **(35±0.5)℃에서 (48±3)시간까지 배양**한다. 이때, 가스가 발생하지 않는 시료는 총대장균군 음성으로 판정하고 **가스발생이 있을 때에는 추정시험 양성으로 판정하며, 추정시험 양성 시험관은 확정시험을 수행**한다.

② 확정시험 : 백금이를 사용하여 추정시험 양성 시험관으로부터 확정시험용 배지(BGLB 배지)가 든 시험관에 무균적으로 이식하여 (35±0.5)℃에서 (48±3)시간 동안 배양한다. 이때, 가스가 발생한 시료는 총대장균군 양성으로 판정하고, 가스가 발생하지 않는 시료는 총대장균군 음성으로

판정하며, 확정시험까지의 양성 시험관 수를 최적확수표에서 찾아 총대장균군 수를 결정한다. 최적확수표는 시료량이 10mL, 1mL, 0.1mL의 희석단계에 대한 최적확수가 최적확수/100mL로 표시되어 있어, 그 이상 희석을 한 시료는 희석배수를 곱하여야 한다.

(3) 총대장균군 – 평판집락법

페트리접시의 배지 표면에 평판집락법 배지를 굳힌 후 배양한 다음 진한 적색의 전형적인 집락을 계수하는 방법

1) 분석절차

① 페트리접시에 평판집락법 배지를 약 15mL 넣은 후 항온수조를 이용하여 45℃ 내외로 유지시킨다.

[주 1] 3시간을 경과시키지 않는 것이 좋다.

② 평판집락수가 **30~300개**가 되도록 시료를 희석 후, 1mL씩을 시료당 2매의 페트리접시에 넣는다.

[주 2] 시료의 희석부터 배지를 페트리접시에 넣을 때까지의 조작시간은 20분을 초과하지 말아야 한다.

③ 굳기 전에 좌우로 10회전 이상 흔들어 시료와 배지를 완전히 섞은 후 실온에서 굳힌다.

④ 굳힌 페트리접시의 배지 표면에 다시 45℃로 유지된 평판집락법 배지를 3~5mL 넣어 표면을 얇게 덮고 실온에서 정치하여 굳힌 후 **(35±0.5)℃에서 18~20시간 배양**한 다음 진한 적색의 전형적인 집락을 계수한다.

⑤ 정확성을 기하기 위하여 실험할 때마다 1개 이상의 음성대조군 시험을 상기 방법과 동일한 조건하에서 같이 실시하여야 하며, 이때 음성대조군 평판에서는 전형적인 총대장균군의 집락이 없어야 한다.

(4) 총대장균군 – 효소이용정량법

1) 시험방법

물속에 존재하는 대장균을 분석하기 위한 것으로, 효소기질 시약과 시료를 혼합하여 배양한 후 자외선 검출기로 측정하는 방법

2) 간섭물질

시료 자체에 탁도 및 색도가 있을 경우 수질검사 결과에 영향을 미칠 수 있다. 이 경우 막여과법이나 시험관법 등을 이용해야 한다.

2. 분원성대장균군

(1) 분원성대장균군 – 막여과법

물속에 존재하는 분원성대장균군을 측정하기 위하여 페트리접시에 배지를 올려놓은 다음 배양 후 여러 가지 색조를 띠는 **청색**의 집락을 계수하는 방법

분원성대장균군	온혈동물의 배설물에서 발견되는 그람음성·무아포성의 간균으로서 44.5℃에서 락토스를 분해하여 가스 또는 산을 발생하는 모든 호기성 또는 통성 혐기성균
배양온도	44.5 ± 0.2℃
결과보고	'분원성대장균군 수/100mL'로 표기

(2) 분원성대장균군 – 시험관법

물속에 존재하는 분원성대장균군을 측정하기 위하여 다람 시험관을 이용하는 추정시험과 백금이를 이용하는 확정시험으로 나뉘며, 추정시험이 양성일 경우 확정시험을 시행하는 방법

3. 대장균 – 효소이용정량법

1) 대장균

그람음성·무아포성의 간균으로 베타 – 글루쿠론산 분해효소(β – glucuronidase)의 활성을 가진 모든 호기성 또는 통성 혐기성균

2) 시험방법

금속성 광택을 띠는 적색이나 진한 적색 계통의 집락이 형성된 여과막을 무균적으로 대장균 확정시험용 막여과법 배지로 옮겨 (35±0.5)℃에서 4시간 배양 후, 암 조건에서 자외선 검출기 (365 ~ 366nm, 6W)를 조사하여 형광을 나타내는 금속성 광택의 집락 수로 대장균 수를 정량한다.

4. 물벼룩을 이용한 급성 독성 시험법

(1) 목적

① 수서 무척추동물인 물벼룩을 이용하여 시료의 급성 독성을 평가하는 방법
② 시료를 여러 비율로 희석한 시험수에 물벼룩을 투입하고 24시간 후 유영상태를 관찰하여 시료농도와 치사 혹은 유영저해를 보이는 물벼룩 마리 수와의 상관관계를 통해 생태독성값을 산출하는 방법

(2) 용어정의

치사	·일정 비율로 준비된 시료에 물벼룩을 투입하고 **24시간** 경과 후 시험용기를 살짝 두드려 주고, 15초 후 관찰했을 때 독성물질에 의해 영향을 받아 움직임이 명백하게 없는 상태
유영저해	·일정 비율로 준비된 시료에 물벼룩을 투입하고 24시간 경과 후 시험용기를 살짝 두드려 주고, 15초 후 관찰했을 때 독성물질에 의해 영향을 받아 **움직임이 없는 경우**를 "유영저해"로 판정 ·이때 안테나나 다리 등 부속지를 움직인다 하더라도 유영을 하지 못한다면 "유영저해"로 판정
반수영향농도 (EC_{50})	·투입 시험생물의 **50%가 치사 혹은 유영저해를 나타낸** 농도
생태독성값 (TU, toxic unit)	·통계적 방법을 이용하여 반수영향농도 EC_{50}을 구한 후 100에서 EC_{50}을 나눠준 값(%)
지수식 시험방법	·시험기간 중 시험용액을 교환하지 않는 시험
표준독성물질	·독성시험이 정상적인 조건에서 수행되는지를 주기적으로 확인하기 위하여 사용 ·다이크롬산포타슘($K_2Cr_2O_7$)을 이용함

(3) 분석기기 및 기구

항온장치 (배양기, 항온수조)	·항온장치 설치 시 주변 공기상태가 깨끗하지 않다면 여과장치를 갖추어야 함 ·배양실 및 실험실 온도 (20±2)℃ ·배양실 및 실험실 조도 500~1000Lux
시험용기 및 배양 용기	·배양기간 동안 물벼룩 유영에 영향이 없음이 입증된 재질의 용기(유리, PE 재질)를 사용 ·시험용기와 배양용기를 자주 사용하는 경우 내벽에 석회성분이 침적되므로 주기적으로 묽은 염산 용액에 담가 제거한 후 세척하여 사용 ·농약, 휘발성유기화합물, 기름성분이 시험수에 포함된 경우에는 시험 후 시험용기 세척 시 '뜨거운 비눗물 세척 – 헹굼 – 아세톤 세척 – 헹굼' 과정을 추가함 ·시험수의 유해성이 금속성분에 기인한다고 판단되는 경우에는 시험 후 시험용기 세척 시 '묽은 염산(10%) 세척 혹은 질산용액 세척 – 헹굼' 과정을 추가함

(4) 시험생물

① 시험생물은 물벼룩인 **Daphnia magna straus**를 사용하도록 하며, 출처가 명확하고 건강한 개체를 사용한다. 시험생물인 물벼룩은 내구란의 형태로 특정 회사에서 구입, 부화시켜 사용할 수 있다. 이 경우 동 내구란의 사용 여부를 기록지에 표기하여야 한다.

② 시험을 실시할 때는 **계대배양(여러 세대를 거쳐 배양)한 생후 2주 이상의 물벼룩 암컷 성체**를 시험 전날에 새롭게 준비한 배양액이 담긴 용기에 옮기고, 그 다음날까지 생산한 생후 24시간 미만의 어린 개체를 사용한다. 물벼룩은 배양 상태가 좋을 때 7~10일 사이에 첫 새끼를 부화하게 되는데, 이때 부화된 새끼는 시험에 사용하지 않고 **같은 어미가 약 네 번째 부화한 새끼부터 시험에 사용**하여야 한다. **군집배양의 경우**, 부화 횟수를 정확히 아는 것이 어렵기 때문에 **생후 약 2주 이상의 어미에서 생산된 새끼를 시험에 사용**하면 된다.

③ 외부기관에서 새로 분양받았다면 ②와 동일한 방법으로 계대배양하여, 2번 이상의 세대교체 후 물벼룩을 시험에 사용해야 한다.

④ 시험하기 **2시간 전에 먹이를 충분히 공급**하여 시험 중 먹이가 주는 영향을 최소화하도록 한다.

⑤ 먹이는 Chlorella sp, Pseudokirchneriella subcapitata 등과 같은 녹조류와 yeast, chlorophyll(R), trout chow의 혼합액인 YCT를 사용한다.

⑥ 물벼룩을 폐기할 경우에는 망으로 걸러 살아 있는 상태로 하수구에 유입되지 않도록 주의해야 한다.

⑦ 배양액을 교체해주거나 정해진 희석배율의 시험수에 시험생물을 옮겨 주입할 때에는 시험생물이 공기 중에 노출되는 시간을 가능한 한 짧게 한다.

⑧ 태어난 지 24시간 이내의 시험생물일지라도 가능한 한 크기가 동일한 시험생물을 시험에 사용한다.

⑨ 평상시 물벼룩 배양에서 하루에 배양용기 내 전체 물벼룩 수의 10% 이상이 치사한 경우 이들로부터 생산된 어린 물벼룩은 시험생물로 사용하지 않는다.

⑩ 배양 시 물벼룩이 표면에 뜨지 않아야 하고, 표면에 뜰 경우 시험에 사용하지 않는다.

⑪ 물벼룩을 옮길 때 사용되는 스포이드에 의한 교차 오염이 발생하지 않도록 주의를 기울인다.

(5) 분석절차

① 시료의 희석비는 원수 100%를 기준으로 50%, 25%, 12.5%, 6.25%로 하여 시험한다.

② 한 농도당 시험생물 5마리씩 4개의 반복구를 둔다. 이때, 시험용액의 양은 50mL로 한다.

③ 시험기간 동안 조명은 **명 : 암 = 16 : 8시간**을 유지하도록 하고 **물교환, 먹이공급, 폭기를 하지 않는다.**

④ 시험 온도는 **(20±2)℃** 범위로 유지되어야 한다.

⑤ 24시간 후의 유영저해 및 치사여부를 관찰하여 그 결과로 원수 및 각 희석수의 EC_{50}을 구한다.

⑥ 시험 종료 후 시료의 EC_{50}값과 95% 신뢰구간은 시험성적의 분포 특성을 고려하여 프로빗(Probit)과 트림드 스피어만 - 카버(Trimmed Spearman - Karber) 등과 같은 통계프로그램 중에서 적절한 방법을 택하여 산출한다.

또한 시험결과가 100%와 0% 치사 및 유영저해 데이터만 있어 95% 신뢰구간을 산출할 수 없는 경우 시험농도에 상용로그를 취한 값과 치사 및 유영저해 사이의 관계 그래프를 작성하여 EC_{50}값을 산출한다.

[주] 프로빗 방법은 (1~99)% 사이에 유영저해 및 사망에 대한 데이터가 2개 이상인 경우 이용 가능하고, 트림드 스피어만 - 카버는 유영저해 및 사망률 자료가 1개 이상인 경우에 이용 가능하다.

(6) 생태독성값 계산

1) 통계적 방법을 통한 EC_{50}을 구할 수 있는 경우

$$생태독성값(TU) = \frac{100}{EC_{50}}$$

2) 통계적 방법을 통한 EC_{50}을 구할 수 없는 경우

① 100% 시료에서 투입 물벼룩의 $(0\sim10)$%에 영향이 있는 경우(예 원수인 100% 시료에 투입 물벼룩 20마리 중 $(0\sim2)$마리가 유영저해 및 치사를 보일 때)에는 TU를 0으로 한다.

② 원수 100% 시료에서 투입 물벼룩의 $(10\sim49)$%가 영향이 있는 경우에는 0.02×(유영저해율 또는 치사율)로 TU를 계산한다.

[주] 원수인 100% 시료에 투입 물벼룩 20마리 중 5마리가 유영저해 및 치사가 관찰되었을 때, 0.02×25 = TU 0.5가 된다.

③ 원수 100% 시료에서 투입 물벼룩의 $(51\sim99)$%에 영향이 있는 경우에는 필요에 따라 100%와 50% 사이에 시료 희석비를 추가하여(예 75%) 다시 시험할 수 있다.

④ 시료 6.25%에서 투입 물벼룩의 50%를 초과한 개체가 영향을 받아 EC_{50}값을 구할 수 없는 경우에는 TU > 16으로 표기할 수 있다.

5. 식물성플랑크톤 – 현미경계수법

(1) 목적

물속의 부유생물인 식물성 플랑크톤을 현미경계수법을 이용하여 개체 수를 조사하는 정량분석 방법

(2) 식물성플랑크톤

식물성 플랑크톤은 운동력이 없거나 극히 적어 수체의 유동에 따라 수체 내에 부유하면서 생활하는 단일 개체, 집락성, 선상형태의 광합성 생물을 총칭한다.

(3) 분석절차

1) 일반사항

시료의 개체 수는 계수면적당 $10\sim40$ 정도가 되도록 희석 또는 농축한다.

[주] 계수면적 : 현미경 시야에서 계수하기 위하여 계수 챔버 내부 혹은 접안 마이크로미터에 의하여 설정된 스트립 혹은 격자의 크기로 한다.

2) 시료 희석

시료가 육안으로 녹색이나 갈색으로 보일 경우 정제수로 적절한 농도로 희석한다.

3) 시료 농축

① 원심분리방법
  ㉠ 일정량의 시료를 원심침전관에 넣고 $1,000×g$으로 20분 정도 원심분리하여 일정배율로 농축한다.
  ㉡ 미세조류의 경우는 $1,500×g$에서 30분 정도 원심분리를 행한다. 침강성이 좋지 않은 남조류가 많은 시료는 **루골용액**으로 고정한 후 농축하거나 일정량을 플랑크톤 네트 또는 핸드 네트로 걸러 일정배율로 농축한다.

② 자연침전법

　　㉠ 일정시료에 **포르말린용액**을 1% 또는 **루골용액**을 (1~2)% 가하여 플랑크톤을 고정시켜 실린더 용기에 넣고, 일정시간 정치 후(0.5h/mm) 사이펀을 이용하여 상층액을 따라 내어 일정량으로 농축한다.

　　[주] 침전 용기는 얇고 투명한 유리 실린더를 사용한다.

　　㉡ 직경이 작은 실린더로 옮겨 2~3회 반복한다.

4) 정성시험

정성시험의 목적은 식물성 플랑크톤의 종류를 조사하는 것으로 검경배율 100~1,000배 시야에서 세포의 형태와 내부구조 등의 미세한 사항을 관찰하면서 종 분류표에 따라 식물성 플랑크톤 종을 확인하여 계수일지에 기재한다.

5) 정량시험

① 식물성 플랑크톤의 계수는 정확성과 편리성을 위하여 일정 부피를 갖는 계수용 챔버를 사용한다.
② 식물성 플랑크톤의 **동정에는 고배율**이 많이 이용되지만 **계수에는 저~중배율**이 많이 이용된다.
③ 계수 시 식물성 플랑크톤의 종류에 따라 요구되는 배율이 달라지므로 아래 방법 중 하나를 이용한다.

저배율 방법 (200배율 이하)	· 스트립 이용 계수, 격자 이용 계수 · 세즈윅-라프터 챔버는 조작이 편리하고 재현성이 높은 반면 **중배율 이상에서는 관찰이 어렵기 때문에 미소 플랑크톤(nano plankton)의 검경에는 적절하지 않음** · 시료를 챔버에 채울 때 **피펫은 입구가 넓은 것**을 사용하는 것이 좋음 · 정체시간이 짧을 경우 충분히 침전되지 않은 개체가 계수 시 제외되어 오차유발 요인이 됨 · 검경시야의 크기의 설정은 세즈윅-라프터 챔버 내부를 구획하거나, 격자 혹은 스트립상의 접안 마이크로미터를 사용함. 이때 접안 마이크로미터의 크기는 현미경상의 계수배율에 따라 변동되기 때문에 대물 마이크로미터를 이용하여 각 계수배율에서의 스트립 혹은 격자의 크기를 측정하여야 함 · 계수 시 **스트립**을 이용할 경우, **양쪽 경계면에 걸린 개체는 하나의 경계면에 대해서만 계수함** · 계수 시 **격자**의 경우 **격자 경계면에 걸린 개체는 격자의 4면 중 2면에 걸린 개체는 계수하고 나머지 2면에 들어온 개체는 계수하지 않음** · 시료가 희석되거나 농축되었을 경우 개체 수 계산 시 보정계수를 산출하여 적용함
중배율 방법 (200~500배율 이하)	· 팔머-말로니 챔버 이용 계수, 혈구계수기 이용 계수 · **팔머-말로니 챔버는 마이크로시스티스 같은 미소 플랑크톤(nano plankton)의 계수에 적절함** · 집락을 형성하는 조류들은 필요에 따라 단일세포로 분리한 후 고르게 현탁하여 시료로 함 · 시료를 챔버에 채울 때 피펫은 입구가 넓은 것을 사용하는 것이 좋음 · 검경시야의 설정은 팔머-말로니 챔버 내부를 구획하거나, 격자상의 접안 마이크로미터를 사용함 이때 접안 마이크로미터의 크기는 현미경상의 계수배율에 따라 변동되기 때문에 대물 마이크로미터를 이용하여 각 계수배율하에서 스트립 혹은 격자의 크기를 측정하여야 함 · 혈구계수기의 경우는 가장 큰 격자 크기가 1×1mm인 것을 이용함 · 정체시간이 짧을 경우 충분히 침전되지 않은 개체가 계수 시 제외되어 오차유발 요인이 될 수 있음 · 계수 시 격자의 경우 격자 경계면에 걸린 개체는 격자의 4면 중 2면에 걸린 개체는 계수하고 나머지 2면에 들어온 개체는 계수하지 않음 · 시료가 희석되거나 농축되었을 경우는 개체 수 계산 시 보정계수를 산출하여 적용함

| 내용문제 |

| 총대장균군 |

01 수질오염공정시험기준상 총대장균군의 시험방법이 아닌 것은?

① 현미경계수법
② 막여과법
③ 시험관법
④ 평판집락법

해설

총대장균군 시험방법
· 막여과법
· 시험관법
· 평판집락법

정답 ①

| 총대장균군 - 막여과법 |

02 막여과법에 의한 총대장균군 시험의 분석절차에 대한 설명으로 틀린 것은?

① 멸균된 핀셋으로 여과막을 눈금이 위로 가게 하여 여과장치의 지지대 위에 올려놓은 후 막여과장치의 깔대기를 조심스럽게 부착시킨다.
② 페트리접시에 20~80개의 세균 집락을 형성하도록 시료를 여과관 상부에 주입하면서 흡인여과하고 멸균수 20~30mL로 씻어준다.
③ 여과하여야 할 예상 시료량이 10mL보다 적을 경우에는 멸균된 희석액으로 희석하여 여과하여야 한다.
④ 총대장균군수를 예측할 수 없는 경우에는 여과량을 달리하여 여러 개의 시료를 분석하고 한 여과 표면 위의 모든 형태의 집락수가 200개 이상의 집락이 형성되도록 하여야 한다.

해설

④ 총대장균군 수를 예측할 수 없을 경우에는 여과량을 달리하여 여러 개의 시료를 분석하고, 한 여과 표면 위의 모든 형태의 집락 수가 200개 이상의 집락이 형성되지 않도록 하여야 한다.

정답 ④

| 총대장균군 - 막여과법 |

03 시료량 50mL를 취하여 막여과법으로 총대장균군수를 측정하려고 배양을 한 결과, 50개의 집락수가 생성되었을 때 총대장균군수 /100mL는?

① 10

② 100

③ 1,000

④ 10,000

해설

총대장균군 수/100mL

$= \dfrac{C}{V} \times 100 = \dfrac{50}{50} \times 100 = 100$

C : 생성된 집락 수
V : 여과한 시료량(mL)

정답 ②

| 총대장균군 - 시험관법 |

04 분원성 대장균군(시험관법) 측정에 관한 내용으로 틀린 것은?

① 분원성 대장균군 시험은 추정시험과 확정시험으로 한다.

② 최적확수시험 결과는 분원성 대장균군수 / 1,000mL로 표시한다.

③ 확정시험에서 가스가 발생한 시료는 분원성 대장균군 양성으로 판정한다.

④ 분원성 대장균군은 온혈동물의 배설물에서 발견된 그람음성 · 무아포성의 간균으로서 44.5℃에서 락토오스를 분해하여 가스 또는 산을 생성하는 모든 호기성 또는 통기성 혐기성균을 말한다.

해설

② 최적확수시험 결과는 분원성 대장균군 수 / 100mL로 표시한다.

정답 ②

| 총대장균군 - 시험관법 |

05 총대장균군의 정성시험(시험관법)에 대한 설명 중 옳은 것은?

① 완전시험에는 엔도 또는 EMB 한천배지를 사용한다.

② 추정시험 시 배양온도는 48 ± 3℃ 범위이다.

③ 추정시험에서 가스의 발생이 있으면 대장균군의 존재가 추정된다.

④ 확정시험 시 배지의 색깔이 갈색으로 되었을 때는 완전시험을 생략할 수 있다.

해설

①, ④ 완전시험은 없다.
② 추정시험 시 배양온도는 (35 ± 0.5) ℃ 범위이다.

정답 ③

| 총대장균군 - 평판집락법 |

06 총대장균군 시험(평판집락법) 분석 시 평판의 집락수는 어느 정도 범위가 되도록 시료를 희석하여야 하는가?

① 1~10개

② 10~30개

③ 30~300개

④ 300~500개

해설

평판 집락 수가 30~300개가 되도록 시료를 희석한다.

정답 ③

| 총대장균군 – 효소이용정량법 |

07 대장균(효소이용정량법) 측정에 관한 내용으로 ( )에 옳은 것은?

> 물속에 존재하는 대장균을 분석하기 위한 것으로, 효소기질 시약과 시료를 혼합하여 배양한 후 ( ) 검출기로 측정하는 방법이다.

① 자외선
② 적외선
③ 가시선
④ 기전력

해설

물속에 존재하는 대장균을 분석하기 위한 것으로, 효소기질 시약과 시료를 혼합하여 배양한 후 자외선 검출기로 측정하는 방법이다.

정답 ①

| 분원성대장균군 – 막여과법 |

08 분원성 대장균군 – 막여과법에서 배양온도 유지기준은?

① 25 ± 0.2℃
② 30 ± 0.5℃
③ 35 ± 0.5℃
④ 44.5 ± 0.2℃

해설

· 총대장균군 : 35 ± 0.5°C, 적색
· 분원성 대장균군 : 44.5 ± 0.2°C, 청색

정답 ④

| 분원성대장균군 – 막여과법 |

09 분원성대장균군(막여과법) 분석 시험에 관한 내용으로 틀린 것은?

① 분원성대장균군이란 온혈동물의 배설물에서 발견되는 그람음성·무아포성의 간균이다.
② 물속에 존재하는 분원성대장균군을 측정하기 위하여 페트리접시에 배지를 올려놓은 다음 배양 후 여러 가지 색조를 띠는 청색의 집락을 계수하는 방법이다.
③ 배양기 또는 항온수조는 배양온도를 (25 ± 0.5)℃로 유지할 수 있는 것을 사용한다.
④ 실험결과는 '분원성대장균군수/100mL'로 표기한다.

해설

③ 배양기 또는 항온수조는 배양온도를 (44.5 ± 0.2)℃로 유지할 수 있는 것을 사용한다.

정답 ③

| 물벼룩을 이용한 급성 독성 시험법 |

10 물벼룩을 이용한 급성 독성 시험법과 관련된 생태독성값(TU)에 대한 내용으로 ( )에 옳은 것은?

> 통계적 방법을 이용하여 반수영향 농도 EC_{50} 값을 구한 후 ( )을 말한다.

① 100에서 EC_{50} 값을 곱하여준 값
② 100에서 EC_{50} 값을 나눠준 값
③ 10에서 EC_{50} 값을 곱하여준 값
④ 10에서 EC_{50} 값을 나눠준 값

해설

생태독성값(TU) = $100 / EC_{50}$

정답 ②

11 물벼룩을 이용한 급성 독성시험법에서 사용하는 용어의 정의로 틀린 것은?

① 치사 : 일정 비율로 준비된 시료에 물벼룩을 투입하고 24시간 경과 시험용기를 살며시 움직여주고, 15초 후 관찰했을 때 아무 반응이 없는 경우를 '치사'라 판정한다.

② 유영저해 : 독성물질에 의해 영향을 받아 일부 기관(촉가, 후복부 등)이 움직임이 없을 경우를 '유영저해'로 판정한다.

③ 반수영향농도 : 투입 시험생물의 50%가 치사 혹은 유영저해를 나타낸 농도이다.

④ 지수식 시험방법 : 시험기간 중 시험용액을 교환하여 농도를 지수적으로 계산하는 시험을 말한다.

> **해설**
>
> ④ 지수식 시험방법 : 시험기간 중 시험용액을 교환하지 않는 시험을 말한다.
>
> 정답 ④

12 물벼룩을 이용한 급성 독성 시험법에서 사용하는 용어의 정의로 옳지 않은 것은?

① 치사 : 일정 비율로 준비된 시료에 물벼룩을 투입하고 12시간 경과 후 시험용기를 살며시 움직여주고, 30초 후 관찰했을 때 아무 반응이 없는 경우를 판정한다.

② 유영저해 : 독성물질에 의해 영향을 받아 일부 기관(촉각, 후복부 등)이 움직임이 없을 경우를 판정한다.

③ 표준독성물질 : 독성시험이 정상적인 조건에서 수행되는지를 주기적으로 확인하기 위하여 사용하며 다이크롬산포타슘을 이용한다.

④ 지수식 시험방법 : 시험기간 중 시험용액을 교환하지 않는 시험을 말한다.

> **해설**
>
> ① 치사 : 일정 비율로 준비된 시료에 물벼룩을 투입하여 24시간 경과 후 시험용기를 살며시 움직여주고, 15초 후 관찰했을 때 아무 반응이 없는 경우를 '치사'라 판정한다.
>
> 정답 ①

13 식물성 플랑크톤 시험 방법으로 옳은 것은? (단, 수질오염공정시험기준 기준)

① 현미경계수법
② 최적확수법
③ 평판집락계수법
④ 시험관정량법

> **해설**
>
> 식물성플랑크톤 시험방법 : 현미경계수법
>
> 정답 ①

| 식물성플랑크톤 – 현미경계수법 |

14 식물성 플랑크톤을 현미경계수법으로 측정할 때 저배율 방법(200배율 이하) 적용에 관한 내용으로 틀린 것은?

① 세즈윅 – 라프터 챔버는 조작은 어려우나 재현성이 높아서 중배율 이상에서도 관찰이 용이하여 미소 플랑크톤의 검경에 적절하다.
② 시료를 챔버에 채울 때 피펫은 입구가 넓은 것을 사용하는 것이 좋다.
③ 계수 시 스트립을 이용할 경우, 양쪽 경계면에 걸린 개체는 하나의 경계면에 대해서만 계수한다.
④ 계수 시 격자의 경우 격자 경계면에 걸린 개체는 4면 중 2면에 걸린 개체는 계수하고 나머지 2면에 들어온 개체는 계수하지 않는다.

해설

① 세즈윅 – 라프터 챔버는 **조작이 편리**하고 재현성이 높은 반면 **중배율 이상에서는 관찰이 어렵기 때문에** 미소 플랑크톤(nano plankton)의 검경에는 **적절하지 않다.**

정답 ①

| 식물성플랑크톤 – 현미경계수법 |

15 식물성 플랑크톤(조류) 분석 시 즉시 시험하기 어려울 경우 시료보존을 위해 사용되는 것은? (단, 침강성이 좋지 않은 남조류나 파괴되기 쉬운 와편모 조류인 경우)

① 사염화탄소용액
② 에틸알콜용액
③ 메틸알콜용액
④ 루골용액

해설

침강성이 좋지 않은 남조류가 많은 시료는 루골용액으로 고정한 후 농축하거나 일정량을 플랑크톤 네트 또는 핸드 네트로 걸러 일정배율로 농축한다.

정답 ④

08 항목별 시험 방법_기타

1. 항목별 시험방법 – 유기물질

(1) 유기물질 – 물질별 시험방법

물질	시험방법
석유계총탄화수소	용매추출/기체크로마토그래피
유기인	용매추출/기체크로마토그래피
폴리클로리네이티드비페닐(PCB)	용매추출/기체크로마토그래피
다이에틸헥실프탈레이트	용매추출/기체크로마토그래피 – 질량분석법
다이에틸헥실아디페이트	용매추출/기체크로마토그래피 – 질량분석법
과불화화합물	액체크로마토그래피 – 텐덤질량분석법

(2) 석유계총탄화수소 – 용매추출/기체크로마토그래피

물속에 존재하는 비등점이 높은(150~500℃) 유류에 속하는 석유계총탄화수소(제트유, 등유, 경유, 벙커C, 윤활유, 원유 등)를 다이클로로메탄으로 추출하여 기체크로마토그래프에 따라 확인 및 정량하는 방법으로, 크로마토그램에 나타난 피크의 패턴에 따라 유류 성분을 확인하고 탄소 수가 짝수인 노말알칸(C_8~C_{40}) 표준물질과 시료의 크로마토그램 총면적을 비교하여 정량한다.

운반기체	순도 99.999% 이상의 헬륨(또는 질소)
검출기	불꽃이온화검출기(FID, flame ionization detector)
유량	0.5~5mL/min
시료 주입부 온도	280~320℃
검출기 온도	280~320℃
컬럼 온도	40~320℃

(3) 폴리클로리네이티드비페닐(PCBs) – 용매추출/기체크로마토그래피

① 채수한 시료를 **헥산**으로 추출하여 필요시 알칼리 분해한 다음 다시 헥산으로 추출하고 **실리카겔 또는 플로리실 컬럼**을 통과시켜 정제한다. 이 액을 농축시켜 기체크로마토그래프에 주입하고 크로마토그램을 작성하여 나타난 피크 패턴에 따라 PCB를 확인하고 정량하는 방법이다.
② 검출기는 **전자포획형검출기**를 사용한다.

2. 항목별 시험방법 – 휘발성유기화합물(VOC)

물질	시험방법
1, 4 – 다이옥산	· 퍼지 · 트랩/기체크로마토그래피 – 질량분석법 · 헤드스페이스/기체크로마토그래피 – 질량분석법 · 고상추출/기체크로마토그래피 – 질량분석법 · 용매추출/기체크로마토그래피 – 질량분석법
염화비닐, 아크릴니트릴, 브로모포름	· 헤드스페이스/기체크로마토그래피 – 질량분석법
휘발성유기화합물(VOC)	· 퍼지 · 트랩/기체크로마토그래피 – 질량분석법 · 헤드스페이스/기체크로마토그래피 – 질량분석법 · 퍼지 · 트랩/기체크로마토그래피 · 헤드스페이스/기체크로마토그래피 · 용매추출/기체크로마토그래피
폼알데하이드	· 고성능액체크로마토그래피 · 기체크로마토그래피 · 헤드스페이스/기체크로마토그래피 – 질량분석법
나프탈렌, 스타이렌	· 헤드스페이스/기체크로마토그래피 – 질량분석법 · 퍼지·트랩/기체크로마토그래피 – 질량분석법
아크릴아미드	· 기체크로마토그래피 – 질량분석법 · 액체크로마토그래피 – 텐덤질량분석법
펜타클로로페놀	· 용매추출/기체크로마토그래피 – 질량분석법
헥사클로로벤젠, 노닐페놀, 옥틸페놀, 니트로벤젠, 2, 6 – 디니트로톨루엔, 2, 4 – 디니트로톨루엔	· 기체크로마토그래피 – 질량분석법

3. 연속자동측정법

(1) 연속자동측정법이 있는 항목

① 수소이온농도(pH)

② 수온

③ 부유물질(SS)

④ 생물화학적 산소요구량(BOD)

⑤ 화학적 산소요구량(COD)

⑥ 총유기탄소(TOC)

⑦ 총인(T-P)

⑧ 총질소(T-N)

(2) 수질연속자동측정기의 기능

① 측정범위는 형식승인 또는 예비 형식승인을 받은 측정범위 내에서 배출시설별 오염물질 배출허용기준의 1.2~3배 이내의 값으로 설정한다. 다만, 수질오염물질농도가 배출허용기준 대비 측정기기에 설정된 측정범위를 초과하는 경우와 배출허용기준이 2mg/L 이하인 경우에는 수질기준의 3~5배 이내에서 설정한다.

② 수질연속자동측정기기(이하 "측정기기"라 한다) 등은 관제센터에서 원격으로 측정기기의 운전을 통제할 수 있는 기능을 갖추어야 한다. 다만, 원격제어가 어렵다고 판단되는 항목은 대상시설에서 제외할 수 있다.

③ 측정값 및 측정상수를 기록, 보존될 수 있도록 기록계 또는 동등한 기능을 갖고 있는 장치를 구비하여야 한다. 이를 위해 측정기기는 3년 이상의 측정값과 측정상수, 로그기록 등을 저장하기 위한 저장장치나 기록장치를 설치하고 측정값, 측정상수 등을 자료수집기로 전송하여야 한다. 단, 이 고시 시행 당시 설치·운영 중인 측정기기의 저장기간에 대해서는 기존 기준을 따른다.

④ 측정기기의 측정주기는 1시간에 1회 이상으로 하고 측정값이 측정범위를 초과한 경우 측정된 실측정값을 전송하여야 한다.

(3) 수질연속자동측정기의 설치방법

1) 시료채취지점 일반사항

시료채취위치는 시료의 채취 및 보존 방법을 우선 만족시켜야 하며, 다음 사항을 고려하여 선정해야 한다.

① 하·폐수의 성질과 오염물질의 농도를 대표할 수 있는 곳으로 수로나 관로의 굴곡부분이나 단면 모양이 급격히 변하는 부분을 피하여 흐름상태가 안정한 곳을 선택하여야 한다.

② 측정이나 유지보수가 가능하도록 접근이 쉬운 곳이어야 한다.

③ 시료채취 시 우수나 조업목적 이외의 물이 포함되지 말아야 한다.

④ 하·폐수 처리시설의 최종 방류구에서 시료채취지점을 선정하여야 하며, 공공하수처리시설에서 우천 시 시설용량을 초과하여 1차 침전 후 별도의 처리시설을 거치지 않고 by - pass하는 경우에는 합류하는 지점 후단에서 채취지점을 선정하여야 한다.

⑤ 취수구의 위치는 **수면하 10cm 이상, 바닥으로부터 15cm 이상**을 유지하여 동절기의 결빙을 방지하고 바닥 퇴적물이 유입되지 않도록 하되, 불가피한 경우는 **수면하 5cm**에서 채취할 수 있다.

2) 측정소 설치장소의 입지조건

① 진동이 적은 곳

② 부식성 가스나 분진이 적은 곳

③ 온도나 습도가 높지 않은 곳

④ 전력 공급이 안정적인 곳

⑤ 전화선(또는 인터넷 선)의 인입이 용이한 곳

⑥ 보수작업이 용이하고 안전한 곳

⑦ 채취지점이 가까운 곳

| 석유계총탄화수소 – 용매추출/기체크로마토그래피 |

01 석유계총탄화수소 용매추출/기체크로마토그래프에 대한 설명으로 틀린 것은?

① 컬럼은 안지름 0.20~0.35mm, 필름두께 0.1~3.0μm, 길이 15~60m의 DB-1, DB-5 및 DB-624 등의 모세관이나 동등한 분리 성능을 가진 모세관으로 대상 분석 물질의 분리가 양호한 것을 택하여 시험한다.

② 운반기체는 순도 99.999% 이상의 헬륨으로서(또는 질소) 유량은 0.5~5mL/min로 한다.

③ 검출기는 불꽃광도검출기(FPD)를 사용한다.

④ 시료 주입부 온도는 280~320℃, 컬럼온도는 40~320℃로 사용한다.

해설

③ 검출기는 전자포획검출기(ECD)를 사용한다.

정답 ③

| 유기인 – 용매추출/기체크로마토그래피 |

02 기체크로마토그래프법을 이용한 유기인 측정에 관한 내용으로 틀린 것은?

① 크로마토그램을 작성하여 나타난 피이크의 유지시간에 따라 각 성분의 농도를 정량한다.

② 유기인 화합물 중 이피엔, 파라티온, 메틸디메톤, 디아지논 및 펜토에이트 측정에 적용한다.

③ 불꽃광도검출기 또는 질소인 검출기를 사용한다.

④ 운반기체는 질소 또는 헬륨을 사용하며 유량은 0.5~3mL/min을 사용한다.

해설

① 크로마토그램을 작성하여 나타난 피이크의 높이 또는 면적에 따라 각 성분의 농도를 정량한다.

정답 ①

| 폴리클로리네이티드비페닐 – 용매추출/기체크로마토그래피 |

03 기체크로마토그래피에 의한 폴리클로리네이티드비페닐 시험방법으로 (   )에 가장 적합한 것은?

> 시료를 헥산으로 추출하여 필요시 (㉠) 분해한 다음 다시 추출한다. 검출기는 (㉡)를 사용한다.

① ㉠ 산, ㉡ 수소불꽃이온화 검출기
② ㉠ 산, ㉡ 전자포획 검출기
③ ㉠ 알칼리, ㉡ 수소불꽃이온화 검출기
④ ㉠ 알칼리, ㉡ 전자포획 검출기

해설

폴리클로리네이티드비페닐(PCBs) – 용매추출/기체크로마토그래피
· 채수한 시료를 헥산으로 추출하여 필요시 알칼리 분해한 다음 다시 헥산으로 추출한다.
· 검출기는 전자포획형검출기를 사용한다.

정답 ④

| 연속자동측정법 |

04 수질연속자동측정기기의 설치방법 중 시료 채취지점에 관한 내용으로 (   )에 옳은 것은?

> 취수구의 위치는 수면 하 10cm 이상, 바닥으로부터 (   )cm 이상을 유지하여 동절기의 결빙을 방지하고 바닥 퇴적물이 유입되지 않도록 하되, 불가피한 경우는 수면 하 5cm에서 채취할 수 있다.

① 5
② 15
③ 25
④ 35

해설

취수구의 위치는 수면하 10cm 이상, 바닥으로부터 15cm를 유지하여 동절기의 결빙을 방지하고 바닥 퇴적물이 유입되지 않도록 하되, 불가피한 경우는 수면하 5cm에서 채취할 수 있다.

정답 ②

Chapter

09 기기분석

1. 음이온류 – 이온크로마토그래피

(1) 목적

음이온류 (F^-, Cl^-, NO_2^-, NO_3^-, PO_4^{3-}, Br^- 및 SO_4^{2-})를 이온크로마토그래프를 이용하여 분석하는 방법으로, 시료를 $0.2\mu m$ 막 여과지에 통과시켜 고체미립자를 제거한 후 음이온 교환 컬럼을 통과 시켜 각 음이온들을 분리한 후 전기전도도 검출기로 측정하는 방법

(2) 간섭물질

① 머무름 시간이 같은 물질이 존재할 경우에는 컬럼 교체, 시료 희석 또는 용리액 조성을 바꾸어 방해를 줄일 수 있다.

② 정제수, 유리기구 및 기타 시료 주입 공정의 오염으로 베이스라인이 올라가 분석 대상물질에 대한 양(+)의 오차를 만들거나 검출한계가 높아질 수 있다.

③ $0.45\mu m$ 이상의 입자를 포함하는 시료 또는 $0.20\mu m$ 이상의 입자를 포함하는 시약을 사용할 경우 반드시 여과하여 컬럼과 흐름 시스템의 손상을 방지해야 한다.

(3) 구성

용리액조, 시료 주입부, 펌프, 분리컬럼, 검출기 및 기록계

1) 검출기

분석목적 및 성분에 따라 **전기전도도 검출기, 전기화학적 검출기 및 광학적 검출기** 등이 있으나 일반적으로 **음이온 분석에는 전기전도도 검출기**를 사용한다.

2) 분리컬럼

① 유리 또는 에폭시 수지로 만든 관에 이온교환체를 충전시킨 것

② 종류 : 억제기형, 비억제기형

3) 제거장치(억제기)

① 분리컬럼으로부터 용리된 각 성분이 검출기에 들어가기 전에 **용리액 자체의 전도도를 감소시키고, 목적성분의 전도도를 증가시켜 높은 감도로 음이온을 분석하기 위한** 장치이다.

② 고용량의 양이온 교환수지를 충전시킨 **컬럼형**과 양이온 교환막으로 된 **격막형**이 있다.

2. 이온전극법

(1) 목적

① 시료 중 분석대상 이온의 농도에 감응하는 비교전극과 이온전극 간에 나타나는 전위차로 목적이온의 농도를 정량하는 방법
② 시료 중 양이온과 음이온의 분석에 이용

(2) 구성

1) 비교전극

① 이온전극과 조합하여 이온 농도에 대응하는 전위차를 나타낼 수 있는 것
② 표준전위가 안정된 전극이 필요하다.
③ 일반적으로 내부 전극으로 염화제일수은 전극(칼로멜 전극) 또는 은 - 염화은 전극이 많이 사용된다.

2) 이온전극

① 이온전극은 이온에 대한 고도의 선택성이 있고, 이온농도에 비례하여 전위를 발생할 수 있는 전극
② 감응막의 구성에 따라 유리막 전극, 고체막 전극A, 고체막 전극B, 액체막 전극, 격막형 전극으로 분류한다.

전극의 종류	측정 이온
유리막 전극	NH_4^+, Na^+, k^+
고체막 전극	NH_4^+, F^-, Cl^-, CN^-, Pb^{2+}, Cd^{2+}, Cu^{2+}, NO_3^-
격막형 전극	NH_4^+, CN^-, NO_2^-

3) 전위차계

발생되는 전위차를 mV 단위까지 읽을 수 있고, 고압력 저항의 전위차계로서 pH - mV계, 이온전극용 전위차계 또는 이온농도계 등을 사용한다.

3. 자외선/가시선 분광법

시료나 시료의 용액 또는 적당한 시약을 넣어 발색시킨 용액의 흡광도를 측정하여 시료 중의 목적성분을 정량하는 방법

(1) 구성

광원부 – 파장선택부 – 시료부 – 측광부

(2) 흡광도(A)

1) 램버트 비어(Lambert-Beer) 법칙

$$I_t = I_0 \cdot 10^{-\epsilon Cl}$$

I_0 : 입사광 강도
I_t : 투과광 강도
t : 투과도 $\left(= \dfrac{I_t}{I_0}\right)$
ϵ : 흡광계수
C : 흡수액 농도(M)
l : 빛의 투과거리(시료셀 두께, mm)

2) 흡광도(A)

용액의 빛을 흡수하는 정도를 나타내는 양

$$A = \log \frac{1}{t} = \log \frac{I_0}{I_t} = \epsilon Cl$$

I_0 : 입사광 강도
I_t : 투과광 강도
t : 투과도 $\left(= \dfrac{I_t}{I_0}\right)$

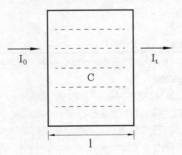

4. 원자흡수분광광도법(불꽃 원자흡수분광광도법)

시료를 2,000~3,000K의 불꽃 속으로 시료를 주입하였을 때 생성된 **바닥상태의 중성원자가 고유 파장의 빛을 흡수하는 현상**을 이용하여, 개개의 고유 파장에 대한 흡광도를 측정하여 시료 중의 원소농도를 정량하는 방법

(1) 용어정의

속빈 음극램프	· 원자흡수 측정에 사용하는 가장 보편적인 광원 · 네온이나 아르곤가스를 1~5torr의 압력으로 채운 유리관에 텅스텐 양극과 원통형 음극을 봉입한 형태의 램프
전극 없는 방전램프	· 해당 스펙트럼을 내는 금속염과 아르곤이 들어 있는 밀봉된 석영관 · 전극 대신 라디오주파수 장이나 마이크로파 복사선에 의해 에너지가 공급되는 형태의 램프

(2) 원자흡수분광광도계

원자흡수분광광도계	· 단일 또는 이중 채널, 단일 또는 이중 빔을 채용한 분광계 · 구성 : 단색화 장치, 광전자 증폭 검출기, 190~800nm 너비의 슬릿 및 기록계
가스	· 공기 – 아세틸렌이 일반적으로 사용됨 · 아세틸렌 – 아산화질소(N_2O) : 바륨 등 산화물을 생성하는 원소 분석에 사용 · 아세틸렌은 일반등급을 사용하고, 공기는 공기압축기 또는 일반 압축공기 실린더 모두 사용 가능 · 아산화질소 사용 시 시약등급을 사용
램프	· 속빈 음극램프 또는 전극 없는 방전램프 사용이 가능하며, 단일 파장 램프가 권장되나 다중 파장 램프도 사용 가능
원자화 장치	· 버너는 기기업체에서 제공하는 사양을 따름

(3) 간섭물질

광학적 간섭	· 분석하고자 하는 원소의 흡수파장과 비슷한 **다른 원소의 파장이 서로 겹쳐 비이상적으로 높게 측정되는 경우**이다. · 또는 다중 원소램프 사용 시 다른 원소로부터 공명 에너지나 속빈 음극램프의 금속 불순물에 의해서도 발생한다. 이 경우 슬릿 간격을 좁힘으로써 간섭을 배제할 수 있다. · 시료 중에 유기물의 농도가 높을 경우 이들에 의한 복사선 흡수가 일어나 양(+)의 오차를 유발하게 되므로 바탕선 보정(background correction)을 실시하거나 분석 전에 유기물을 제거하여야 한다. · 용존 고체 물질 농도가 높으면 빛 산란 등 비원자적 흡수현상이 발생하여 간섭이 발생할 수 있다. 바탕값이 커서 보정이 어려울 경우 다른 파장을 선택하여 분석한다.
물리적 간섭	· **표준용액과 시료 또는 시료와 시료간의 물리적 성질(점도, 밀도, 표면장력 등)의 차이 또는 표준물질과 시료의 매질(matrix) 차이에 의해 발생**한다. · 이러한 차이는 시료의 주입 및 분무 효율에 영향을 주어 양(+) 또는 음(−)의 오차를 유발하게 된다. · 물리적 간섭은 표준용액과 시료간의 매질을 일치시키거나 표준물질첨가법을 사용하여 방지할 수 있다.

이온화 간섭	· 불꽃온도가 너무 높을 경우 중성원자에서 전자를 빼앗아 이온이 생성될 수 있으며 이 경우 음(-)의 오차가 발생하게 된다. 이러한 간섭은 시료와 표준물질에 보다 쉽게 이온화되는 물질을 과량 첨가 하면 감소시킬 수 있다.
화학적 간섭	· 불꽃의 온도가 분자를 들뜬 상태로 만들기에 충분히 높지 않아서, 해당 파장을 흡수하지 못하여 발 생한다. 그 예로 시료 중에 인산이온(PO_4^{3-}) 존재 시 마그네슘과 결합하여 간섭을 일으킬 수 있다. · 칼슘, 마그네슘, 바륨 분석 시 란타늄(La)을 첨가하여 인산의 화학적 간섭을 배제할 수 있다. 또는 간섭을 일으키는 금속을 킬레이트제 등으로 제거할 수 있다.

(4) 화학적 간섭 감소 방법

① 과량의 상대원소 첨가
② 은폐제나 킬레이트제의 첨가
③ 이온교환이나 용매추출 등을 이용하여 방해물질을 제거
④ 시료용액을 묽힘
⑤ 방해이온과 선택적으로 결합하여 분석원소를 유리시키는 완화제 사용
⑥ 분석원소와 킬레이트 착화합물들을 생성하게 하여 분석원소를 보호하는 보호제 사용
⑦ 충분히 분해될 수 있는 고온의 원자화기를 사용

5. (금속류) 유도결합플라스마 – 원자발광분광법

(1) 목적

시료를 고주파유도코일에 의하여 형성된 아르곤 플라스마에 주입하여 6,000~8,000K에서 들뜬 상 태의 원자가 바닥상태로 전이할 때 방출하는 발광선 및 발광강도를 측정하여 원소의 정성 및 정량 분석에 이용하는 방법

(2) 간섭물질

물리적 간섭	· 시료 도입부의 분무과정에서 시료의 비중, 점성도, 표면장력의 차이에 의해 발생한다.
이온화 간섭	· 이온화 에너지가 작은 나트륨 또는 칼륨 등 알칼리 금속이 공존원소로 시료에 존재 시 플라스마의 전자밀도를 증가시키고, 증가된 전자 밀도는 들뜬 상태의 원자와 이온화된 원자 수를 증가시켜 방 출선의 세기를 크게 할 수 있다. 또는 전자가 이온화된 시료 내의 원소와 재결합하여 이온화된 원 소의 수를 감소시켜 방출선의 세기를 감소시킨다.
분광 간섭	· 측정원소의 방출선에 대해 플라스마의 기체 성분이나 공존 물질에서 유래하는 분광학적 요인에 의 해 원래의 방출선의 세기 변동 및 다른 원자 혹은 이온의 방출선과의 겹침 현상이 발생할 수 있으 며, 시료 분석 후 반드시 보정이 필요하다.
기타	· 플라스마의 높은 온도와 비활성으로 화학적 간섭의 발생가능성은 낮으나, 출력이 낮은 경우 일부 발생할 수 있다.

6. 기체 크로마토그래피

기체시료 또는 기화한 액체나 고체시료를 운반가스(carrier gas)에 의하여 분리, 관 내에 전개시켜 기체상태에서 분리되는 각 성분을 크로마토그래프로 분석하는 방법

(1) 구성

운반가스 입구 → 유량 및 압력조절부 → 시료 도입부 → 분리관 → 검출기

(2) 운반기체의 분리도(감도)

$$H_2 > He > N_2$$

(3) 검출기

1) 열전도도 검출기(thermal conductivity detector, TCD)

금속 필라멘트 또는 전기저항체를 검출소자로 하여 금속판 안에 들어 있는 본체와 여기에 안정된 직류전기를 공급하는 전원회로, 저류조절부, 신호검출 전기회로, 신호 감쇄부 등으로 구성

2) 불꽃이온화 검출기(flame ionization detector, FID)

수소연소노즐, 이온수집기와 함께 대극 및 배기구로 구성되는 본체와 이 전극 사이에 직류전압을 주어 흐르는 이온전류를 측정하기 위한 전류전압 변환회로, 감도조절부, 신호감쇄부 등으로 구성

3) 전자포획형 검출기(electron capture detector, ECD)

방사선 동위원소(^{63}Ni, ^3H 등)로부터 방출되는 β선이 운반가스를 전리하여 미소전류를 흘려보낼 때, 시료 중의 할로겐이나 산소와 같이 전자포획력이 강한 화합물에 의하여 전자가 포획되어 전류가 감소하는 것을 이용하는 방법으로 유기할로겐 화합물, 니트로 화합물 및 유기금속 화합물을 선택적으로 검출

4) 불꽃광도형 검출기(flame photometric detector, FPD)

수소염에 의하여 시료성분을 연소시키고 이때 발생하는 불꽃의 광도를 분광학적으로 측정하는 방법으로, 인 또는 황화합물을 선택적으로 검출

5) 불꽃열이온화 검출기(flame thermionic detector, FTD)

① 불꽃이온화 검출기(FID)에 알칼리 또는 알칼리토류 금속염의 튜브를 부착한 것
② 유기질소 화합물 및 유기염소 화합물을 선택적으로 검출
③ 운반가스와 수소가스의 혼합부, 조연가스 공급구, 연소노즐, 알칼리원 가열기구, 전극 등으로 구성

7. 연속흐름법

(1) 바탕선 들뜸 보정시료

① 시간에 따라 기기의 바탕선이 들뜨는 것을 보정하는 시료
② 검정곡선 작성에 사용된 표준용액 중 하나를 선택하여 사용
③ 초기에 보정시료로 기준점을 설정한 후 시료 7개 ~ 10개당 한 번씩 보정시료를 분석하여 바탕선의 들뜸을 보정

(2) 분할흐름 분석기(SFA, segmented flow analyzer)

① 연속흐름 분석기의 일종으로 다수의 시료를 연속적으로 자동분석하기 위하여 사용
② 본체의 구성 : 시료, 펌프, 튜브, 반응기, 검출기
③ 용액의 흐름 사이에 일정한 간격으로 공기방울을 주입하여 시료의 분산 및 연속흐름에 따른 상호 오염을 방지하도록 구성

(3) 흐름주입 분석기

① 연속흐름 분석기의 일종으로 다수의 시료를 연속적으로 자동분석하기 위하여 사용
② 기본적인 본체의 구성은 분할흐름 분석기와 같으나 용액의 흐름 사이에 공기방울을 주입하지 않는 것이 차이점이다.
③ 공기방울 미주입에 따라 시료의 분산 및 연속흐름에 따른 상호 오염의 우려가 있으나 분석시간이 빠르고 기계장치가 단순화되는 장점이 있다.

한 눈에 보이는 이온류 - 자외선/가시선분광법

이온류	목적	흡광도(nm)
불소	시료에 넣은 **란탄알리자린 콤프렉손의 착화합물**이 불소이온과 반응하여 생성하는 **청색**의 복합 착화합물의 흡광도를 **620nm**에서 측정하는 방법	620
시안	시료를 **pH 2 이하의 산성**에서 가열 증류하여 시안화물 및 시안착화합물의 대부분을 시안화수소로 유출시켜 포집한 다음, 포집된 시안이온을 중화하고 **클로라민 – T**를 넣어 생성된 염화시안이 **피리딘 – 피라졸론** 등의 발색시약과 반응하여 나타나는 **청색을 620nm**에서 측정하는 방법	620
아질산성 질소	시료 중 아질산성 질소를 설퍼닐아마이드와 반응시켜 디아조화하고 α – **나프틸에틸렌디아민이염산염**과 반응시켜 생성된 디아조화합물의 **붉은색**의 흡광도 540nm에서 측정하는 방법	540
암모니아성 질소	암모늄이온이 하이포염소산의 존재하에서 페놀과 반응하여 생성하는 **인도페놀의 청색을 630nm**에서 측정하는 방법	630
음이온 계면활성제	**메틸렌블루**와 반응시켜 생성된 **청색**의 착화합물을 **클로로폼**으로 추출하여 흡광도를 650nm에서 측정하는 방법	650
인산염인 (이염화주석환원법)	시료 중의 인산염인이 몰리브덴산암모늄과 반응하여 생성된 **몰리브덴산인암모늄을 이염화주석으로 환원**하여 생성된 **몰리브덴청**의 흡광도를 690nm에서 측정하는 방법	690
인산염인 (아스코빈산환원법)	몰리브덴산암모늄과 반응하여 생성된 몰리브덴산인암모늄을 **아스코빈산**으로 환원하여 생성된 **몰리브덴산청**의 흡광도를 880nm에서 측정하여 인산염인을 정량하는 방법	880
질산성 질소 (부루신법)	**황산산성**(13N H_2SO_4 용액, 100℃)에서 질산이온이 **부루신**과 반응하여 생성된 **황색**화합물의 흡광도를 410nm에서 측정하여 질산성 질소를 정량하는 방법	410
질산성 질소 (활성탄흡착법)	**pH 12 이상의 알칼리성**에서 유기물질을 **활성탄으로 흡착**한 다음, 혼합 **산성액**으로 산성으로 하여 아질산염을 은폐시키고 질산성 질소의 흡광도를 215nm에서 측정하는 방법	215
총인	유기물화합물 형태의 인을 산화 분해하여 모든 인 화합물을 인산염(PO_4^{3-}) 형태로 변화시킨 다음, 몰리브덴산암모늄과 반응하여 생성된 **몰리브덴산인암모늄**을 **아스코빈산**으로 환원하여 생성된 몰리브덴산의 흡광도를 **880nm**에서 측정하여 총인의 양을 정량하는 방법	880
총질소 (산화법)	시료 중 모든 질소화합물을 알칼리성 **과황산칼륨**을 사용하여 120℃ 부근에서 유기물과 함께 분해하여 질산이온으로 산화시킨 후 산성상태로 하여 흡광도를 220nm에서 측정하여 총질소를 정량하는 방법	220
페놀류	증류한 시료에 **염화암모늄 – 암모니아 완충용액**을 넣어 pH 10으로 조절한 다음, **4 – 아미노안티피린과 헥사시안화철(II)산칼륨**을 넣어 생성된 **붉은색의 안티피린계 색소**의 흡광도를 측정하는 방법으로 **수용액에서는 510nm, 클로로폼 용액에서는 460nm**에서 측정	수용액 510 클로로폼 460

한 눈에 보이는 금속류 - 자외선/가시선 분광법

금속류	목적	흡광도(nm)
구리	물속에 존재하는 구리이온이 알칼리성에서 **다이에틸다이티오카르바민산나트륨**과 반응하여 생성하는 황갈색의 킬레이트 화합물을 **아세트산부틸**로 추출하여 흡광도를 **440nm**에서 측정하는 방법	440
납	물속에 존재하는 납이온이 시안화칼륨 공존하에 알칼리성에서 **디티존**과 반응하여 생성하는 납 디티존착염을 **사염화탄소**로 추출하고, 과잉의 디티존을 **시안화칼륨 용액**으로 씻은 다음 납착염의 흡광도를 **520nm**에서 측정하는 방법	520
니켈	물속에 존재하는 니켈이온을 암모니아의 약알칼리성에서 **다이메틸글리옥심**과 반응시켜 생성한 니켈착염을 **클로로폼**으로 추출하고 이것을 **묽은 염산**으로 역추출한다. 추출물에 브롬과 암모니아수를 넣어 니켈을 산화시키고 다시 암모니아 알칼리성에서 다이메틸글리옥심과 반응시켜 생성한 **적갈색** 니켈착염의 흡광도를 **450nm**에서 측정하는 방법	450
망간	물속에 존재하는 망간이온을 황산산성에서 과요오드산칼륨으로 산화하여 생성된 과망간산 이온의 흡광도를 525nm에서 측정하는 방법	525
비소	**3가 비소로 환원**시킨 다음 아연을 넣어 발생하는 수소화비소를 **다이에틸다이티오카바민산은**(Ag - DDTC)의 **피리딘 용액**에 흡수시켜 생성된 적자색 착화합물의 흡광도를 530nm에서 측정하는 방법	530
수은	수은을 황산산성에서 **디티존 · 사염화탄소**로 일차추출하고 **브롬화칼륨** 존재하에 **황산산성**에서 역추출하여 방해성분과 분리한 다음, 인산 - 탄산염 완충용액 존재하에서 디티존 · 사염화탄소로 수은을 추출하여 490nm에서 흡광도를 측정하는 방법	490
아연	아연이온이 **약 pH 9**에서 **진콘**(2 - 카르복시 - 2 - 하이드록시(hydroxy) - 5 술포포마질 - 벤젠 · 나트륨염)과 반응하여 생성하는 **청색** 킬레이트 화합물의 흡광도를 620nm에서 측정하는 방법	620
철	물속에 존재하는 철이온을 수산화제이철로 침전 분리하고 염산하이드록실아민으로 제일철로 환원한 다음, o - 페난트로린을 넣어 약산성에서 나타나는 **등적색** 철착염의 흡광도를 **510nm**에서 측정하는 방법	510
카드뮴	물속에 존재하는 카드뮴이온을 **시안화칼륨**이 존재하는 알칼리성에서 **디티존**과 반응시켜 생성하는 카드뮴착염을 **사염화탄소**로 추출하고, 추출한 카드뮴착염을 **타타르산용액**으로 역추출한 다음, 다시 수산화나트륨과 시안화칼륨을 넣어 디티존과 반응하여 생성하는 **적색**의 카드뮴착염을 사염화탄소로 추출하고 그 흡광도를 **530nm**에서 측정하는 방법	530
크롬	물속에 존재하는 크롬을 자외선/가시선 분광법으로 측정하는 것으로, **3가 크롬**은 **과망간산칼륨**을 첨가하여 **6가 크롬**으로 산화시킨 후, 산성 용액에서 **다이페닐카바자이드**와 반응하여 생성하는 **적자색** 착화합물의 흡광도를 **540nm**에서 측정	540
6가 크롬	물속에 존재하는 6가 크롬을 자외선/가시선 분광법으로 측정하는 것으로, 산성 용액에서 다이페닐카바자이드와 반응하여 생성하는 적자색 착화합물의 흡광도를 540nm에서 측정	540

한 눈에 보이는 항목별 시험방법 – 물질별 시험방법 정리

분류	물질	시험방법
일반항목	용존산소	· 적정법 · 전극법 · 광학식 센서방법
	잔류염소	· 비색법 · 적정법
	총유기탄소	· 고온연소산화법 · 과황산 UV 및 과황산 열산화법
	용존 유기탄소	· 고온연소산화법 · 과황산 UV 및 과황산 열산화법
	화학적 산소요구량(COD)	· 적정법 – 산성 과망간산칼륨법 · 적정법 – 알칼리성 과망간산칼륨법 · 적정법 – 다이크롬산칼륨법
이온류	불소	· 자외선/가시선 분광법 · 이온전극법 · 이온크로마토그래피
	브롬이온	· 이온크로마토그래피
	시안	· 자외선/가시선 분광법 · 이온전극법 · 연속흐름법
	아질산성 질소	· 자외선/가시선 분광법 · 이온크로마토그래피
	암모니아성 질소	· 자외선/가시선 분광법 · 이온전극법 · 적정법
	염소이온	· 이온크로마토그래피 · 이온전극법 · 적정법
	음이온계면활성제	· 자외선/가시선 분광법 · 연속흐름법
	인산염인	· 자외선/가시선 분광법 – 이염화주석 환원법 · 자외선/가시선 분광법 – 아스코빈산 환원법 · 이온크로마토그래피
	질산성 질소	· 이온크로마토그래피 · 자외선/가시선 분광법 – 부루신법 · 자외선/가시선 분광법 – 활성탄흡착법 · 데발다합금 환원증류법
	총인	· 자외선/가시선 분광법 · 연속흐름법

분류	물질	시험방법
이온류	총질소	· 자외선/가시선 분광법 – 산화법 · 자외선/가시선 분광법 – 카드뮴·구리 환원법 · 자외선/가시선 분광법 – 환원증류·킬달법 · 연속흐름법
	퍼클로레이트	· 액체크로마토그래피 – 질량분석법 · 이온크로마토그래피
	페놀류	· 자외선/가시선 분광법 · 연속흐름법
금속류	구리, 니켈, 망간, 카드뮴, 크롬	· 원자흡수분광광도법 · 자외선/가시선 분광법 · 유도결합플라스마 – 원자발광분광법 · 유도결합플라스마 – 질량분석법
	납, 아연	· 원자흡수분광광도법 · 자외선/가시선 분광법 · 유도결합플라스마 – 원자발광분광법 · 유도결합플라스마 – 질량분석법 · 양극벗김전압전류법
	바륨, 주석	· 원자흡수분광광도법 · 유도결합플라스마 – 원자발광분광법 · 유도결합플라스마 – 질량분석법
	철, 6가 크롬	· 원자흡수분광광도법 · 자외선/가시선 분광법 · 유도결합플라스마 – 원자발광분광법
	안티몬	· 유도결합플라스마 – 원자발광분광법 · 유도결합플라스마 – 질량분석법
	비소	· 수소화물생성법 – 원자흡수분광광도법 · 자외선/가시선 분광법 · 유도결합플라스마 – 원자발광분광법 · 유도결합플라스마 – 질량분석법 · 양극벗김전압전류법
	셀레늄	· 수소화물생성법 – 원자흡수분광광도법 · 유도결합플라스마 – 질량분석법
	수은	· 냉증기 – 원자흡수분광광도법 · 자외선/가시선 분광법 · 양극벗김전압전류법 · 냉증기 – 원자형광법
	알킬수은	· 기체크로마토그래피 · 원자흡수분광광도법
	메틸수은	· 에틸화 – 원자형광법
	방사성 핵종	· 고분해능 감마선 분광법

분류	물질	시험방법
유기물질	석유계총탄화수소	· 용매추출/기체크로마토그래피
	유기인	· 용매추출/기체크로마토그래피
	폴리클로리네이티드비페닐(PCB)	· 용매추출/기체크로마토그래피
	다이에틸헥실프탈레이트	· 용매추출/기체크로마토그래피 – 질량분석법
	다이에틸헥실아디페이트	· 용매추출/기체크로마토그래피 – 질량분석법
	과불화화합물	· 액체크로마토그래피 – 텐덤질량분석법
휘발성유기화합물	1, 4 – 다이옥산	· 퍼지 · 트랩/기체크로마토그래피 – 질량분석법 · 헤드스페이스/기체크로마토그래피 – 질량분석법 · 고상추출/기체크로마토그래피 – 질량분석법 · 용매추출/기체크로마토그래피 – 질량분석법
	염화비닐, 아크릴니트릴, 브로모포름	· 헤드스페이스/기체크로마토그래피 – 질량분석법
	휘발성유기화합물(VOC)	· 퍼지 · 트랩/기체크로마토그래피 – 질량분석법 · 헤드스페이스/기체크로마토그래피 – 질량분석법 · 퍼지 · 트랩/기체크로마토그래피 · 헤드스페이스/기체크로마토그래피 · 용매추출/기체크로마토그래피
	폼알데하이드	· 고성능액체크로마토그래피 · 기체크로마토그래피 · 헤드스페이스/기체크로마토그래피 – 질량분석법
	나프탈렌, 스타이렌	· 헤드스페이스/기체크로마토그래피 – 질량분석법 · 퍼지 · 트랩/기체크로마토그래피 – 질량분석법
	아크릴아미드	· 기체크로마토그래피 – 질량분석법 · 액체크로마토그래피 – 텐덤질량분석법
	펜타클로로페놀	· 용매추출/기체크로마토그래피 – 질량분석법
	헥사클로로벤젠, 노닐페놀, 옥틸페놀, 니트로벤젠, 2, 6 – 디니트로톨루엔, 2, 4 – 디니트로톨루엔	· 기체크로마토그래피 – 질량분석법
생물	총대장균군	· 막여과법　　　· 시험관법 · 평판집락법　　　· 효소이용정량법
	분원성대장균군	· 막여과법　　　· 시험관법 · 효소이용정량법
	대장균	· 효소이용정량법
	독성시험	· 물벼룩을 이용한 급성 독성 시험법 · 발광박테리아를 이용한 급성 독성 시험법
	식물성플랑크톤	· 현미경계수법

내용문제

01 자외선/가시선 흡광광도계의 구성 순서로 가장 적합한 것은?

① 광원부 – 파장선택부 – 시료부 – 측광부
② 광원부 – 파장선택부 – 단색화부 – 측광부
③ 시료도입부 – 광원부 – 파장선택부 – 측광부
④ 시료도입부 – 광원부 – 검출부 – 측광부

해설

분석장치별 구성
· 자외선/가시선 분광법 : 광원부 – 파장선택부 – 시료부 – 측광부
· 유도결합 플라스마 분광법 : 시료주입부 – 고주파전원부 – 광원부 – 분광부 – 연산처리부 및 기록부
· 이온크로마토그래피 : 용리액조, 시료 주입부, 펌프, 분리 컬럼, 검출기 및 기록계

정답 ①

02 흡광광도법으로 어떤 물질을 정량하는데 기본원리인 Lambert – Beer법칙에 관한 설명 중 옳지 않은 것은?

① 흡광도는 시료물질의 농도에 비례한다.
② 흡광도는 빛이 통과하는 시료 액층의 두께에 반비례한다.
③ 흡광계수는 물질에 따라 각각 다르다.
④ 흡광도는 투광도의 역대수이다.

해설

② 흡광도는 빛이 통과하는 시료 액층의 두께에 비례한다.

흡광도(A)

$$A = \log\left(\frac{I_0}{I}\right) = \log\left(\frac{1}{t}\right) = \epsilon Cl$$

I_0 : 입사광 강도
I : 투과광 강도
t : 투과도 $\left(= \dfrac{I}{I_0}\right)$
ϵ : 흡광계수
C : 흡수액 농도(M)
l : 빛의 투과거리(시료셀 두께)

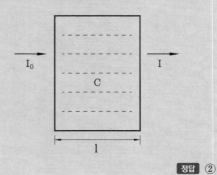

정답 ②

03 램버트 – 비어(Lambert – Beer)의 법칙에서 흡광도의 의미는? (단, I_0 = 입사광의 강도, I_t = 투사광의 강도, t = 투과도)

① $\dfrac{I_t}{I_0}$

② $t \times 100t$

③ $\log\dfrac{1}{t}$

④ $I_t \times 10^{-1}$

해설

흡광도 : 용액의 빛을 흡수하는 정도를 나타내는 양

$$A = \log\left(\dfrac{I_0}{I_t}\right) = \log\left(\dfrac{1}{t}\right)$$

I_0 : 입사광 강도
I_t : 투과광 강도
t : 투과도 $\left(= \dfrac{I_t}{I_0}\right)$

정답 ③

04 자외선/가시선 분광법의 이론적 기초가 되는 Lambert – Beer의 법칙을 나타낸 것은? (단, I_0 : 입사광의 강도, I_t : 투사광의 강도, C : 농도, l : 빛의 투과거리, ε : 흡광계수)

① $I_t = I_0 \cdot 10^{-\varepsilon Cl}$

② $I_t = I_0 \cdot (-\varepsilon Cl)$

③ $I_t = I_0 / (10^{-\varepsilon Cl})$

④ $I_t = I_0 / -\varepsilon Cl$

해설

흡광도(A)

$$A = \log\left(\dfrac{1}{t}\right) = \log\left(\dfrac{I_0}{I_t}\right) = \epsilon Cl$$

$$t = \dfrac{I_t}{I_0} = 10^{-\epsilon Cl}$$

$$I_t = I_0 \cdot 10^{-\epsilon Cl}$$

I_0 : 입사광 강도
I_t : 투과광 강도
t : 투과도
ϵ : 흡광계수
C : 흡수액 농도(M)
l : 빛의 투과거리(시료셀 두께, mm)

정답 ①

05 유도결합플라스마 – 원자발광분광법의 원리에 관한 다음 설명 중 ( ) 안의 내용으로 알맞게 짝지어진 것은?

> 시료를 고주파유도코일에 의하여 형성된 아르곤 플라스마에 도입하여 6,000~8,000K에서 들뜬 상태의 원자가 (㉠)로 전이할 때 (㉡)하는 발광선 및 발광강도를 측정하여 원소의 정성 및 정량분석에 이용하는 방법이다.

① ㉠ 들뜬 상태, ㉡ 흡수
② ㉠ 바닥 상태, ㉡ 흡수
③ ㉠ 들뜬 상태, ㉡ 방출
④ ㉠ 바닥 상태, ㉡ 방출

해설

정답 ④

06 금속류 – 유도결합플라스마 – 원자발광분광법의 간섭물질 중 발생가능성이 가장 낮은 것은?

① 물리적 간섭
② 이온화 간섭
③ 분광 간섭
④ 화학적 간섭

해설

④ 플라스마의 높은 온도와 비활성으로 화학적 간섭의 발생가능성은 낮다.

금속류 – 유도결합플라스마 – 원자발광분광법(간섭물질)
· 물리적 간섭
· 이온화 간섭
· 분광 간섭

정답 ④

07 유도결합플라스마 원자발광분광법으로 금속류를 측정할 때 간섭에 관한 내용으로 옳지 않은 것은?

① 물리적 간섭 : 시료 도입부의 분무과정에서 시료의 비중, 점성도, 표면장력의 차이에 의해 발생한다.
② 분광 간섭 : 측정원소의 방출선에 대해 플라스마의 기체성분이나 공존 물질에서 유래하는 분광학적 요인에 의해 원래의 방출선의 세기 변동 및 다른 원자 혹은 이온의 방출선과의 겹침 현상이 발생할 수 있다.
③ 이온화 간섭 : 이온화 에너지가 큰 나트륨 또는 칼륨 등 알칼리 금속이 공존원소로 시료에 존재 시 플라스마의 전자밀도를 감소시킨다.
④ 물리적 간섭 : 시료의 종류에 따라 분무기의 종류를 바꾸거나 시료의 희석, 매질 일치법, 내부표준법, 농축분리법을 사용하여 간섭을 최소화한다.

해설

③ 이온화 간섭 : 이온화 에너지가 작은 나트륨 또는 칼륨 등 알칼리 금속이 공존원소로 시료에 존재 시 플라스마의 전자밀도를 증가시킨다.

정답 ③

| 금속류 – 불꽃 원자흡수분광광도법 |

08 금속류 – 불꽃 원자흡수분광광도법에서 일어나는 간섭 중 광학적 간섭에 관한 설명으로 맞은 것은?

① 표준용액과 시료 또는 시료와 시료간의 물리적 성질(점도, 밀도, 표면장력 등)의 차이 또는 표준물질과 시료의 매질 차이에 의해 발생한다.

② 불꽃온도가 너무 높을 경우 중성원자에서 전자를 빼앗아 이온이 생성될 수 있으며 이 경우 음(-)의 오차가 발생하게 된다.

③ 분석하고자 하는 원소의 흡수파장과 비슷한 다른 원소의 파장이 서로 겹쳐 비이상적으로 높게 측정되는 경우이다.

④ 불꽃의 온도가 분자를 들뜬 상태로 만들기에 충분히 높지 않아서, 해당 파장을 흡수하지 못하여 발생한다.

해설

불꽃 원자흡수분광광도법 간섭
· **화학적 간섭** : 불꽃의 온도가 분자를 들뜬 상태로 만들기에 충분히 높지 않아서, 해당 파장을 흡수하지 못하여 발생
· **물리적 간섭** : 표준용액과 시료 또는 시료와 시료 간의 물리적 성질(점도, 밀도, 표면장력 등)의 차이 또는 표준물질과 시료의 매질(matrix) 차이에 의해 발생
· **광학적 간섭** : 분석하고자 하는 원소의 흡수파장과 비슷한 다른 원소의 파장이 서로 겹쳐 비이상적으로 높게 측정되는 경우
· **이온화 간섭** : 불꽃온도가 너무 높을 경우 중성원자에서 전자를 빼앗아 이온이 생성될 수 있으며 이 경우 음(-)의 오차가 발생

정답 ③

| 원자흡수분광광도법 |

09 원자흡수분광광도법은 원자의 어느 상태일 때 특유 파장의 빛을 흡수하는 현상을 이용한 것인가?

① 여기상태   ② 이온상태
③ 바닥상태   ④ 분자상태

해설

원자흡수분광광도법
물속에 존재하는 중금속을 정량하기 위하여 시료를 2,000 ~3,000K의 불꽃 속으로 시료를 주입하였을 때 생성된 바닥상태의 중성원자가 고유 파장의 빛을 흡수하는 현상을 이용

정답 ③

| 원자흡수분광광도법 |

10 원자흡수분광광도법에서 일어나는 간섭에 대한 설명으로 틀린 것은?

① 광학적 간섭 : 분석하고자 하는 원소의 흡수파장과 비슷한 다른 원소의 파장이 서로 겹쳐 비이상적으로 높게 측정되는 경우 발생

② 물리적 간섭 : 표준용액과 시료 또는 시료와 시료 간의 물리적 성질(점도, 밀도, 표면장력 등)의 차이 또는 표준물질과 시료의 매질(matrix) 차이에 의해 발생

③ 화학적 간섭 : 불꽃의 온도가 분자를 들뜬 상태로 만들기에 충분히 높지 않아서, 해당 파장을 흡수하지 못하여 발생

④ 이온화 간섭 : 불꽃온도가 너무 낮을 경우 중성원자에서 전자를 빼앗아 이온이 생성될 수 있으며 이 경우 양(+)의 오차가 발생

해설

④ 이온화 간섭은 불꽃온도가 너무 높을 경우 중성원자에서 전자를 빼앗아 이온이 생성될 수 있으며 이 경우 음(-)의 오차가 발생하게 된다.

정답 ④

| 이온전극법 |

11 이온전극법에서 격막형 전극을 이용하여 측정하는 이온이 아닌 것은?

① F^-

② CN^-

③ NH_4^+

④ NO_2^-

해설

이온전극법 – 전극의 종류별 측정이온

전극의 종류	측정이온
유리막 전극	Na^+, K^+, NH_4^+
고체막 전극	F^-, Cl^-, CN^-, Pb^{2+}, Cd^{2+}, Cu^{2+}, NO_3^-, NH_4^+
격막형 전극	NH_4^+, NO_2^-, CN^-

정답 ①

| 이온전극법 |

12 이온전극법에 대한 설명으로 틀린 것은?

① 시료용액의 교반은 이온전극의 응답속도 이외의 전극범위, 정량한계값에는 영향을 미치지 않는다.

② 전극과 비교전극을 사용하여 전위를 측정하고 그 전위차로부터 정량하는 방법이다.

③ 이온전극법에 사용하는 장치의 기본구성은 비교전극, 이온전극, 자석교반기, 저항전위계, 이온측정기 등으로 되어 있다.

④ 이온전극의 종류에는 유리막 전극, 고체막 전극, 격막형 전극이 있다.

해설

① 시료용액의 교반은 이온전극의 전극전위, 응답속도, 정량하한값에 영향을 나타낸다. 그러므로 측정에 방해되지 않는 범위 내에서 세게 일정한 속도로 교반해야 한다.

정답 ①

| 유도결합 플라스마 |

13 현재 널리 사용되고 있는 유도결합 플라스마의 고주파 전원으로 알맞은 것은?

① 라디오고주파 발생기의 27.12MHz로 1kW 출력

② 라디오고주파 발생기의 40.68MHz로 5kW 출력

③ 라디오고주파 발생기의 27.12MHz로 100 kW 출력

④ 라디오고주파 발생기의 40.68MHz로 1,000 kW 출력

해설

유도결합 플라스마 – 고주파 전원

라디오고주파(RF, radio frequency) 발생기는 출력범위 750~1,200 W 이상의 것을 사용하며, 이 경우 주파수는 27.12 MHz 또는 40.68 MHz를 사용한다.

정답 ①

| 유도결합 플라스마 |

14 유도결합 플라스마 발광분석장치의 측정 시 플라스마 발광부 관측 높이는 유도 코일 상단으로부터 얼마의 범위(mm)에서 측정하는가? (단, 알칼리 원소는 제외)

① 15~18

② 35~38

③ 55~58

④ 75~78

해설

작업코일 위 시야 높이(viewing height above work coil): 15mm

정답 ①

| 기체크로마토그래피 |

15 기체크로마토그래피법으로 측정하지 않는 항목은?

① 폴리클로리네이티드비페닐
② 유기인
③ 비소
④ 알킬수은

해설

금속은 기체크로마토그래피를 적용할 수 없다.

정답 ③

| 기체크로마토그래피 |

16 기체크로마토그래피에 사용되는 운반기체 중 분리도가 큰 순서대로 나타낸 것은?

① $N_2 > He > H_2$
② $He > H_2 > N_2$
③ $N_2 > H_2 > He$
④ $H_2 > He > N_2$

해설

기체크로마토그래피 운반기체의 분리도(감도)
$H_2 > He > N_2$

정답 ④

| 기체크로마토그래피 |

17 금속 필라멘트 또는 전기저항체를 검출소자로 하여 금속판 안에 들어 있는 본체와 여기에 직류전기를 공급하는 전원회로, 전류조절부 등으로 구성된 기체크로마토그래프 검출기는?

① 열전도도검출기
② 전자포획형검출기
③ 알칼리열 이온화검출기
④ 수소염 이온화검출기

해설

[기체크로마토그래피 검출기]
열전도도 검출기(thermal conductivity detector, TCD)
금속 필라멘트 또는 전기저항체를 검출소자로 하여 금속판 안에 들어 있는 본체와 여기에 안정된 직류전기를 공급하는 전원회로, 저류조절부, 신호검출 전기회로, 신호감쇄부 등으로 구성한다.

불꽃이온화 검출기(flame ionization detector, FID)
수소연소노즐, 이온수집기와 함께 대극 및 배기구로 구성되는 본체와 이 전극 사이에 직류전압을 주어 흐르는 이온전류를 측정하기 위한 전류전압 변환회로, 감도조절부, 신호감쇄부 등으로 구성한다.

전자포획형 검출기(electron capture detector, ECD)
방사선 동위원소(^{63}Ni, ^{3}H 등)로 부터 방출되는 β선이 운반가스를 전리하여 미소전류를 흘려보낼 때, 시료 중의 할로겐이나 산소와 같이 전자포획력이 강한 화합물에 의하여 전자가 포획되어 전류가 감소하는 것을 이용하는 방법으로 유기할로겐 화합물, 니트로 화합물 및 유기금속 화합물을 선택적으로 검출할 수 있다.

불꽃광도형 검출기(flame photometric detector, FPD)
수소염에 의하여 시료성분을 연소시키고 이때 발생하는 불꽃의 광도를 분광학적으로 측정하는 방법으로서 인 또는 황화합물을 선택적으로 검출할 수 있다.

불꽃열이온화 검출기(flame thermionic detector, FTD)
불꽃이온화 검출기(FID)에 알칼리 또는 알칼리토류 금속염의 튜브를 부착한 것으로, 유기질소 화합물 및 유기염소화합물을 선택적으로 검출할 수 있다. 운반가스와 수소가스의 혼합부, 조연가스 공급구, 연소노즐, 알칼리원 가열기구, 전극 등으로 구성한다.

정답 ①

| 기체크로마토그래피 |

18 기체크로마토그래피법의 전자포획검출기에 관한 설명으로 (   )에 알맞은 것은?

방사선 동위원소로부터 방출되는 (   )이 운반기체를 전리하여 미소전류를 흘려보낼 때 시료 중의 할로겐이나 산소와 같이 전자 포획력이 강한 화합물에 의하여 전자가 포획되어 전류가 감소하는 것을 이용하는 방법이다.

① α(알파)선
② β(베타)선
③ γ(감마)선
④ 중성자선

해설

정답 ②

| 기체크로마토그래피 |

19 기체크로마토그래피법으로 유기인계 농약 성분인 다이아지논을 측정할 때 사용되는 검출기는?

① ECD
② FID
③ FPD
④ TCD

해설

기체크로마토그래피의 검출기와 검출물질

· 불꽃이온화 검출기(FID) : 불소(F)를 많이 함유하는 화합물이나 이황화탄소를 제외한 거의 모든 유기화합물

· 전자포착형 검출기(ECD) : 할로겐, 인, 니트로기 및 황산 에스테르 등을 포함한 화합물

· 불꽃광도형 검출기(FPD) : 인 또는 황화합물을 선택적으로 검출

· 질소인 검출기(NPD) : 인화합물이나 질소화합물

정답 ③

| 기체크로마토그래피 |

20 기체크로마토그래프 검출기에 관한 설명으로 틀린 것은?

① 열전도도검출기는 금속 필라멘트 또는 전기저항체를 검출소자로 한다.
② 수소염이온화검출기의 본체는 수소연소노즐, 이온수집기, 대극, 배기구로 구성된다.
③ 알칼리열이온화검출기는 함유할로겐화합물 및 함유황화물을 고감도로 검출할 수 있다.
④ 전자포획형검출기는 많은 니트로화합물, 유기금속화합물 등을 선택적으로 검출할 수 있다.

해설

③ 전자포획형 검출기는 함유할로겐화합물 및 함유황화물을 고감도로 검출할 수 있다.

정답 ③

| 이온크로마토그래피 |

21 이온크로마토그래피에 관한 설명 중 틀린 것은?

① 물 시료 중 음이온의 정성 및 정량분석에 이용된다.
② 기본구성은 용리액조, 시료 주입부, 펌프, 분리컬럼, 검출기 및 기록계로 되어 있다.
③ 시료의 주입량은 보통 $10 \sim 100\mu L$ 정도이다.
④ 일반적으로 음이온 분석에는 이온교환 검출기를 사용한다.

해설

④ 일반적으로 음이온 분석에는 전기전도도 검출기를 사용한다.

정답 ④

| 계산문제 |

22 흡광도 측정에서 투과율이 30%일 때 흡광도는?

① 0.37

② 0.42

③ 0.52

④ 0.63

해설

$$A = \log\left(\frac{I_0}{I_t}\right) = \log\left(\frac{1}{t}\right) = \log\left(\frac{1}{0.3}\right) = 0.522$$

정답 ③

| 흡광도 계산 |

23 0.1M KMnO₄ 용액을 용액층의 두께가 10 mm 되도록 용기에 넣고 5,400Å의 빛을 비추었을 때, 그 30%가 투과되었다. 같은 조건하에서 40%의 빛을 흡수하는 KMnO₄ 용액의 농도(M)는?

① 0.02

② 0.03

③ 0.04

④ 0.05

해설

1) ϵ 계산

30%가 투과되었을 때 투과도(t) = 0.3이다.

$$A = \log\left(\frac{1}{t}\right) = \epsilon Cl$$

$$\log\left(\frac{1}{0.3}\right) = \epsilon \times 0.1 \times 10$$

$$\therefore \epsilon = 0.5228$$

2) 같은 조건하에서 40%의 빛을 흡수하므로 투과도(t) = 0.6이다.

$$A = \log\left(\frac{1}{t}\right) = \epsilon Cl$$

$$\log\left(\frac{1}{0.6}\right) = 0.5228 \times C \times 10$$

$$\therefore C = 0.042$$

정답 ③

05
수질환경 관계법규

Chapter
01 환경법

1. 환경법의 체계

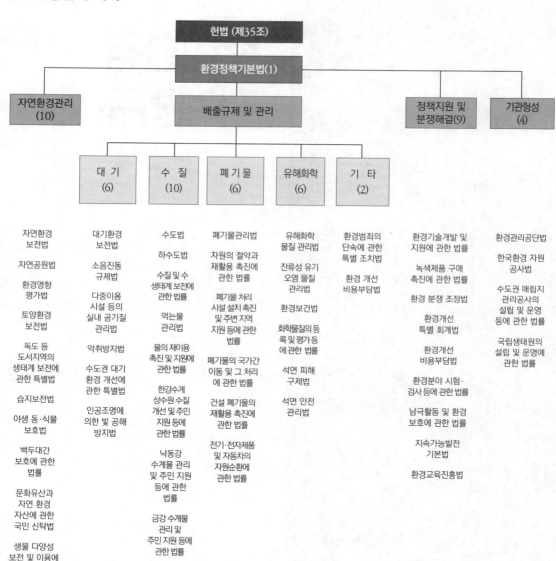

헌법 (제35조)

환경정책기본법(1)

| 자연환경관리 (10) | 배출규제 및 관리 | 정책지원 및 분쟁해결(9) | 기관형성 (4) |

배출규제 및 관리

| 대 기 (6) | 수 질 (10) | 폐기물 (6) | 유해화학 (6) | 기 타 (2) |

자연환경 보전법	대기환경 보전법	수도법	폐기물관리법	유해화학 물질 관리법	환경범죄의 단속에 관한 특별 조치법	환경기술개발 및 지원에 관한 법률	환경관리공단법
자연공원법	소음진동 규제법	하수도법	자원의 절약과 재활용 촉진에 관한 법률	잔류성 유기 오염 물질 관리법	환경 개선 비용부담법	녹색제품 구매 촉진에 관한 법률	한국환경 자원 공사법
환경영향 평가법	다중이용 시설 등의 실내 공기질 관리법	수질 및 수 생태계 보전에 관한 법률	폐기물 처리 시설 설치 촉진 및 주변 지역 지원 등에 관한 법률	환경보건법		환경 분쟁 조정법	수도권 매립지 관리공사의 설립 및 운영 등에 관한 법률
토양환경 보전법	악취방지법	먹는물 관리법	폐기물의 국가간 이동 및 그 처리 에 관한 법률	화학물질의등 록및 평가등 에 관한 법률		환경개선 특별 회계법	국립생태원의 설립 및 운영에 관한 법률
독도 등 도서지역의 생태계 보전에 관한 특별법	수도권 대기 환경 개선에 관한 특별법	물의 재이용 촉진 및 지원에 관한 법률	건설 폐기물의 재활용 촉진에 관한 법률	석면 피해 구제법		환경개선 비용부담법	
습지보전법	인공조명에 의한 빛 공해 방지법	한강수계 상수원 수질 개선 및 주민 지원 등에 관한 법률	전기·전자제품 및 자동차의 자원순환에 관한 법률	석면 안전 관리법		환경분야 시험· 검사 등에 관한 법률	
야생 동·식물 보호법		낙동강 수계물 관리 및 주민 지원 등에 관한 법률				남극활동 및 환경 보호에 관한 법률	
백두대간 보호에 관한 법률		금강 수계물 관리 및 주민 지원 등에 관한 법률				지속가능발전 기본법	
문화유산과 자연 환경 자산에 관한 국민 신탁법		영산강·섬진강 수계물 관리 및 주민 지원 등에 관한 법률				환경교육진흥법	
생물 다양성 보전 및 이용에 관한 법률		가축 분뇨의 관리 및 이용 에 관한 법률					

2. 환경법의 연혁 및 현황

'60 (6개 법률)	'70~80 (9개 법률)	'90~2014 (51개 법률)		
		현황	제정일	최종개정일
공해방지법 ('63.11.5제정)	환경보전법 ('77.12.31제정)	환경정책기본법	'90.08.01	'13.04.05
		대기환경보전법	'90.08.01	'13.07.16
		지속가능발전 기본법	'07.08.03	'07.08.03
		환경교육진흥법	'08.03.21	'13.01.01
		환경보건법	'08.03.21	'13.01.01
		다중이용시설 등의 실내공기질 관리법	'96.12.30	'13.06.12
		소음·진동규제법	'90.08.01	'13.08.13
		악취방지법	'04.02.09	'13.07.16
		수도권 대기환경개선에 관한 특별법	'03.12.31	'13.07.16
		수질 및 수생태계 보전에 관한 법률	'90.08.01	'13.07.30
		한강수계 상수원 수질개선 및 주민지원 등에 관한 법률	'99.02.08	'10.05.31
		낙동강수계 물관리 및 주민지원 등에 관한 법률	'02.01.14	'08.12.31
		금강수계 물관리 및 주민지원 등에 관한 법률	'02.01.14	'08.12.31
		영산강·섬진강수계 물관리 및 주민지원 등에 관한 법률	'02.01.14	'08.12.31
		자연환경보전법	'91.12.31	'13.03.22
		환경범죄의 단속에 관한 특별조치법	'91.05.31	'13.07.16
		환경분쟁조정법	'90.08.01	'08.03.21
		남극활동 및 환경보호에 관한 법률(공동입법)	'04.03.22	'08.02.29
		녹색제품 구매촉진에 관한 법률	'04.12.31	'12.02.01
		환경분야 시험·검사 등에 관한 법률	'06.10.04	'13.07.16
		환경개선비용부담법	'91.12.31	'13.07.16
		환경기술 및 환경산업 지원법	'90.08.01	'12.02.01
	자연 공원법 ('80.1.4 제정)	자연공원법	'80.01.04	'11.07.28
		독도 등 도서지역의 생태계보전에 관한 특별법	'97.12.31	'11.07.28
		습지보전법(공동입법)	'99.02.08	'11.07.28
		환경영향평가법	'99.12.31	'11.07.21
		토양환경보전법	'95.01.05	'12.06.01
		백두대간 보호에 관한 법률(공동입법)	'03.12.31	'09.03.05
		문화유산과 자연환경 자산에 관한 국민신탁법(공동입법)	'06.03.24	'08.03.28
		인공조명에 의한 빛공해방지법	'12.02.01	'12.02.01
		국립생태원의 설립 및 운영에 관한 법률	'13.06.12	'13.06.12

'60 (6개 법률)	'70~80 (9개 법률)	'90~2014(51개 법률)		
		현황	제정일	최종개정일
조수보호 및 수렵에 관한 법률 ('67. 3.30 제정)		야생동물 보호 및 관리에 관한 법률	'04.02.09	'13.07.12
		생물의 다양성 보전 및 이용에 관한 법률	'12.02.01	'12.02.01
	환경오염방지 사업단법 ('83.5.1 제정)	환경관리공단법	'83.05.21	'12.05.23
		환경개선특별회계법	'94.01.05	'08.02.29
		환경기술개발 및 지원에 관한 법률	'94.12.22	'13.07.16
독물 및 극물에 관한 법 ('63. 12.13 제정)		유해화학물질관리법	'90.08.01	'13.06.04
		잔류성 유기오염물질 관리법	'07.01.26	'12.02.01
		화학물질의 등록 및 평가 등에 관한 법률	'13.05.22	'13.05.22
		석면피해구제법	'10.03.22	'10.03.22
		석면안전관리법	11.04.28	'11.04.28
오물청소법 ('61.12.30 제정)	폐기물관리법 ('86.12.31 제정)	폐기물관리법	'86.12.31	'13.07.16
		오수·분뇨 및 축산폐수의 처리에 관한 법률(폐지)	'91.03.08	'07.09.28
		가축분뇨의 관리 및 이용에 관한 법률(공동입법)	'06.09.27	'10.24
		자원의 절약과 재활용촉진에 관한 법률	'92.12.08	'13.08.13
		전기·전자제품 및 자동차의 자원순환에 관한 법률(공동입법)	'07.04.27	'13.08.13
		폐기물의 국가간 이동 및 그 처리에 관한 법률	'92.12.08	'13.07.30
		건설폐기물의 재활용촉진에 관한 법률	'03.12.31	'13.06.12
		폐기물처리시설 설치촉진 및 주변지역지원 등에 관한 법률	'95.01.05	'13.08.13
		수도권매립지관리공사의 설립 및 운영 등에 관한 법률	'00.01.21	'11.07.28
	합성수지폐기물 처리사업법 ('79.12.28 제정)	한국환경자원공사법	'93.12.27	'08.03.21
하수도법 ('66.8.3 제정)		하수도법	'66.08.03	'08.03.21
수도법 ('61.12.31 제정)		수도법	'61.12.31	'11.11.14
		먹는 물 관리법	'95.01.05	'13.03.22
		물의 재이용 촉진 및 지원에 관한 법률	'10.06.08	'13.07.16

Chapter

02 환경정책 기본법

1. 환경정책기본법

(1) 제1조(목적)

이 법은 환경보전에 관한 국민의 권리·의무와 국가의 책무를 명확히 하고 환경정책의 기본 사항을 정하여 환경오염과 환경훼손을 예방하고, 환경을 적정하고 지속가능하게 관리·보전함으로써 모든 국민이 건강하고 쾌적한 삶을 누릴 수 있도록 함을 목적으로 한다.

(2) 제3조(정의)

① "환경"이란 자연환경과 생활환경을 말한다.
② "자연환경"이란 지하·지표(해양을 포함한다) 및 지상의 모든 생물과 이들을 둘러싸고 있는 비생물적인 것을 포함한 자연의 상태(생태계 및 자연경관을 포함한다)를 말한다.
③ "생활환경"이란 대기, 물, 토양, 폐기물, 소음·진동, 악취, 일조(日照), 인공조명 등 사람의 일상생활과 관계되는 환경을 말한다.
④ "환경오염"이란 사업활동 및 그 밖의 사람의 활동에 의하여 발생하는 대기오염, 수질오염, 토양오염, 해양오염, 방사능오염, 소음·진동, 악취, 일조 방해, 인공조명에 의한 빛공해 등으로써 사람의 건강이나 환경에 피해를 주는 상태를 말한다.
⑤ "환경훼손"이란 야생동식물의 남획(濫獲) 및 그 서식지의 파괴, 생태계질서의 교란, 자연경관의 훼손, 표토(表土)의 유실 등으로 자연환경의 본래적 기능에 중대한 손상을 주는 상태를 말한다.
⑥ "환경보전"이란 환경오염 및 환경훼손으로부터 환경을 보호하고, 오염되거나 훼손된 환경을 개선함과 동시에 쾌적한 환경 상태를 유지·조성하기 위한 행위를 말한다.
⑦ "환경용량"이란 일정한 지역에서 환경오염 또는 환경훼손에 대하여 환경이 스스로 수용, 정화 및 복원하여 환경의 질을 유지할 수 있는 한계를 말한다.
⑧ "환경기준"이란 국민의 건강을 보호하고 쾌적한 환경을 조성하기 위하여 국가가 달성하고 유지하는 것이 바람직한 환경상의 조건 또는 질적인 수준을 말한다.

2. 수질 및 수생태계 환경기준 〈개정 2020. 5. 27〉

(1) 하천

1) 사람의 건강보호 기준

항목	기준값(mg/L)
카드뮴(Cd)	0.005 이하
비소(As)	0.05 이하
시안(CN)	검출되어서는 안 됨(검출한계 0.01)
수은(Hg)	검출되어서는 안 됨(검출한계 0.001)
유기인	검출되어서는 안 됨(검출한계 0.0005)
폴리클로리네이티드비페닐(PCB)	검출되어서는 안 됨(검출한계 0.0005)
납(Pb)	0.05 이하
6가 크롬(Cr^{6+})	0.05 이하
음이온 계면활성제(ABS)	0.5 이하
사염화탄소	0.004 이하
1,2 - 디클로로에탄	0.03 이하
테트라클로로에틸렌(PCE)	0.04 이하
디클로로메탄	0.02 이하
벤젠	0.01 이하
클로로포름	0.08 이하
디에틸헥실프탈레이트(DEHP)	0.008 이하
안티몬	0.02 이하
1,4 - 다이옥세인	0.05 이하
포름알데히드	0.5 이하
헥사클로로벤젠	0.00004 이하

2) 생활환경기준

등급		수소 이온 농도 (pH)	생물화학적 산소요구량 (BOD) (mg/L)	화학적 산소요구량 (COD) (mg/L)	총 유기 탄소량 (TOC) (mg/L)	부유 물질량 (SS) (mg/L)	용존 산소량 (DO) (mg/L)	총 인 (T-P) (mg/L)	대장균군 (군수/100mL)	
									총대장균군	분원성 대장균군
매우좋음	Ia	6.5~8.5	1 이하	2 이하	2 이하	25 이하	7.5 이상	0.02 이하	50 이하	10 이하
좋음	Ib	6.5~8.5	2 이하	4 이하	3 이하	25 이하	5.0 이상	0.04 이하	500 이하	100 이하
약간좋음	II	6.5~8.5	3 이하	5 이하	4 이하	25 이하	5.0 이상	0.1 이하	1,000 이하	200 이하
보통	III	6.5~8.5	5 이하	7 이하	5 이하	25 이하	5.0 이상	0.2 이하	5,000 이하	1,000 이하
약간나쁨	IV	6.0~8.5	8 이하	9 이하	6 이하	100 이하	2.0 이상	0.3 이하		
나쁨	V	6.0~8.5	10 이하	11 이하	8 이하	쓰레기 등이 떠있지 않을 것	2.0 이상	0.5 이하		
매우나쁨	VI		10 초과	11 초과	8 초과		2.0 미만	0.5 초과		

〈 비고 〉

1. 등급별 수질 및 수생태계 상태

　가. 매우 좋음 : 용존산소(溶存酸素)가 풍부하고 오염물질이 없는 청정상태의 생태계로 여과·살균 등 간단한 정수처리 후 생활용수로 사용할 수 있음

　나. 좋음 : 용존산소가 많은 편이고 오염물질이 거의 없는 청정상태에 근접한 생태계로 여과·침전·살균 등 일반적인 정수처리 후 생활용수로 사용할 수 있음

　다. 약간 좋음 : 약간의 오염물질은 있으나 용존산소가 많은 상태의 다소 좋은 생태계로 여과·침전·살균 등 일반적인 정수처리 후 생활용수 또는 수영용수로 사용할 수 있음

　라. 보통 : 보통의 오염물질로 인하여 용존산소가 소모되는 일반 생태계로 여과, 침전, 활성탄 투입, 살균 등 고도의 정수 처리 후 생활용수로 이용하거나 일반적 정수처리 후 공업용수로 사용할 수 있음

　마. 약간 나쁨 : 상당량의 오염물질로 인하여 용존산소가 소모되는 생태계로 농업용수로 사용하거나 여과, 침전, 활성탄 투입, 살균 등 고도의 정수처리 후 공업용수로 사용할 수 있음

　바. 나쁨 : 다량의 오염물질로 인하여 용존산소가 소모되는 생태계로 산책 등 국민의 일상생활에 불쾌감을 주지 않으며, 활성탄 투입, 역삼투압 공법 등 특수한 정수처리 후 공업용수로 사용할 수 있음

　사. 매우 나쁨 : 용존산소가 거의 없는 오염된 물로 물고기가 살기 어려움

　아. 용수는 해당 등급보다 낮은 등급의 용도로 사용할 수 있음

　자. 수소이온농도(pH) 등 각 기준항목에 대한 오염도 현황, 용수처리방법 등을 종합적으로 검토하여 그에 맞는 처리 방법에 따라 용수를 처리하는 경우에는 해당 등급보다 높은 등급의 용도로도 사용할 수 있음

2. 화학적 산소요구량(COD) 기준은 2015년 12월 31일까지 적용한다.

가) 수질 및 수생태계 상태별 생물학적 특성 이해표

생물등급	생물 지표종		서식지 및 생물 특성
	저서생물	어류	
매우좋음 ~ 좋음	옆새우, 가재, 뿔하루살이, 민하루살이, 강도래, 물날도래, 광택날도래, 띠무늬우묵날도래, 바수염날도래	산천어, 금강모치, 열목어, 버들치 등 서식	· 물이 매우 맑으며, 유속은 빠른 편임 · 바닥은 주로 바위와 자갈로 구성됨 · 부착 조류(藻類)가 매우 적음
좋음 ~ 보통	다슬기, 넓적거머리, 강하루살이, 동양하루살이, 등줄하루살이, 등딱지하루살이, 물삿갓벌레, 큰줄날도래	쉬리, 갈겨니, 은어, 쏘가리 등 서식	· 물이 맑으며, 유속은 약간 빠르거나 보통임 · 바닥은 주로 자갈과 모래로 구성됨 · 부착 조류가 약간 있음
보통 ~ 약간나쁨	물달팽이, 턱거머리, 물벌레, 밀잠자리	피라미, 끄리, 참붕어 모래무지 등 서식	· 물이 약간 혼탁하며, 유속은 약간 느린 편임 · 바닥은 주로 잔자갈과 모래로 구성됨 · 부착 조류가 녹색을 띠며 많음
약간나쁨 ~ 매우나쁨	왼돌이물달팽이, 실지렁이, 붉은깔따구, 나방파리, 꽃등에	붕어, 잉어, 미꾸라지, 메기 등 서식	· 물이 매우 혼탁하며, 유속은 느린 편임 · 바닥은 주로 모래와 실트로 구성되며, 대체로 검은색을 띰 · 부착 조류가 갈색 혹은 회색을 띠며 매우 많음

(2) 호소

1) 사람의 건강보호 기준 : 하천과 동일

2) 생활환경 기준

등급		수소 이온 농도 (pH)	화학적 산소 요구량 (COD) (mg/L)	총 유기 탄소량 (TOC) (mg/L)	부유 물질량 (SS) (mg/L)	용존 산소량 (DO) (mg/L)	총 인 (T-P) (mg/L)	총 질소 (T-N) (mg/L)	클로로필-a (Chl-a) (mg/m³)	대장균군 (군수/100mL)	
										총 대장균군	분원성 대장균군
매우좋음	Ia	6.5~8.5	2 이하	2 이하	1 이하	7.5 이상	0.01 이하	0.2 이하	5 이하	50 이하	10 이하
좋음	Ib	6.5~8.5	3 이하	3 이하	5 이하	5.0 이상	0.02 이하	0.3 이하	9 이하	500 이하	100 이하
약간좋음	II	6.5~8.5	4 이하	4 이하	5 이하	5.0 이상	0.03 이하	0.4 이하	14 이하	1,000 이하	200 이하
보통	III	6.5~8.5	5 이하	5 이하	15 이하	5.0 이상	0.05 이하	0.6 이하	20 이하	5,000 이하	1,000 이하
약간나쁨	IV	6.0~8.5	8 이하	6 이하	15 이하	2.0 이상	0.10 이하	1.0 이하	35 이하		
나쁨	V	6.0~8.5	10 이하	8 이하	쓰레기 등이 떠있 지 않을 것	2.0 이상	0.15 이하	1.5 이하	70 이하		
매우나쁨	VI		10 초과	8 초과		2.0 미만	0.15 초과	1.5 초과	70 초과		

· 총 인, 총 질소의 경우 총 인에 대한 총 질소의 농도비율이 7 미만일 경우에는 총 인의 기준을 적용하지 않으며, 그 비율이 16 이상일 경우에는 총 질소의 기준을 적용하지 않는다.
· 화학적 산소요구량(COD) 기준은 2015년 12월 31일까지 적용한다.

(3) 지하수

지하수 환경기준 항목 및 수질기준은 「먹는물관리법」 제5조 및 「수도법」 제26조에 따라 환경부령으로 정하는 수질기준을 적용한다. 다만, 환경부장관이 고시하는 지역 및 항목은 적용하지 않는다.

(4) 해역

1) 생활환경

항목	수소이온농도(pH)	총대장균군(총대장균군수/100mL)	용매 추출유분(mg/L)
기준	6.5~8.5	1,000 이하	0.01 이하

2) 생태기반 해수수질 기준

등급	수질평가 지수값(Water Quality Index)
Ⅰ(매우 좋음)	23 이하
Ⅱ(좋음)	24~33
Ⅲ(보통)	34~46
Ⅳ(나쁨)	47~59
Ⅴ(아주 나쁨)	60 이상

3) 해양생태계 보호기준

(단위 : μg/L)

중금속류	구리	납	아연	비소	카드뮴	6가크로뮴(Cr^{6+})
단기 기준*	3.0	7.6	34	9.4	19	200
장기 기준**	1.2	1.6	11	3.4	2.2	2.8

* 단기 기준 : 1회성 관측값과 비교 적용
** 장기 기준 : 연간 평균값(최소 사계절 동안 조사한 자료)과 비교 적용

4) 사람의 건강보호

등급	항목	기준(mg/L)
모든 수역	6가 크롬(Cr^{6+})	0.05
	비소(As)	0.05
	카드뮴(Cd)	0.01
	납(Pb)	0.05
	아연(Zn)	0.1
	구리(Cu)	0.02
	시안(CN)	0.01
	수은(Hg)	0.0005
	폴리클로리네이티드비페닐(PCB)	0.0005
	다이아지논	0.02
	파라티온	0.06
	말라티온	0.25
	트리클로로에탄	0.1
	테트라클로로에틸렌	0.01
	트리클로로에틸렌	0.03
	디클로로메탄	0.02
	벤젠	0.01
	페놀	0.005
	음이온 계면활성제(ABS)	0.5

Chapter

03 물환경보전법

1. 개요

(1) 연혁

1) 1990.08.01 : 수질환경보전법 제정(법률 제4260호)

2) 1977년 제정된 환경보전법에서 별도의 법으로 단행법화

3) 2005.03.31 : 전문개정(법률 제7459호), 법체계 전면 정비
   ① 수질오염원을 점오염원·비점오염원·기타수질오염원으로 분류
   ② 비점오염원을 관리할 수 있는 법적 근거 마련 등

4) 2007.05.17 : 일부개정(법률 제8466호)
   ① 제명을 '수질 및 수생태계 보전에 관한 법률'로 변경
   ② 이화학 지표(BOD 등) 위주의 수질 관리에서, 관리 대상을 수생태계까지 확대하여 수질 관리 제도를 선진화(OECE 06년 권고사항 반영)
   ③ 4대강 수계 이외 기타지역에 대한 수질오염총량 관리 근거 마련 등

5) 2017.12.12 : 일부개정(법률 제15194호)
   ① '수질 및 수생태계 보전에 관한 법률'을 '물환경보전법'으로 변경

(2) 목적 및 특징

① 수질오염으로 인한 국민건강 및 환경상의 위해를 예방하고 하천·호소 등의 물환경을 적정하게 관리·보전함으로써, 국민으로 하여금 그 혜택을 널리 향유할 수 있도록 함과 동시에 미래의 세대에게 승계될 수 있도록 함을 목적으로 함

② 공공수역의 수질 및 수생태계 보전에 필요한 일반적인 사항과, 점오염원 및 비점오염원 등 오염원 관리에 관련된 사항을 총괄하는 물환경 관리의 기본법

2. 법률 체계

① 8장 82조로 구성
② 각 장의 체계

물환경보전법	총칙	· 목적 및 정의 · 수질오염물질의 총량 관리 · 물환경 연구·조사 활동에 대한 지원
	공공수역의 물환경 보전	· 상시 측정, 수질·수생태계 조사 및 목표기준 설정·평가 · 보전조치 권고, 행위제한, 수변생태구역 매수·조성 · 수계영향권(대·중·소권역)별 수질 및 수생태계 보전 · 호소의 수질 및 수생태계 보전
	점오염원 관리	· 산업폐수 배출규제(배출허용기준, 설치 허가·신고, 측정기기 부착 등) · 공공폐수처리시설(설치·운영, 비용부담 등) · 생활하수 및 가축분뇨 관리
	비점오염원 관리	· 비점오염원 설치신고·준수사항·개선명령 · 관리지역 지정, 대책 수립 등 · 고랭지 경작지에 대한 경작방법 권고
	기타 수질오염원 관리	· 기타 수질오염원 설치 신고 · 골프장 농약 사용 제한
	폐수처리업	· 폐수처리업 등록, 결격 사유 · 권리·의무 승계, 과징금 처분
	보칙 및 벌칙	· 환경기술인 교육, 보고 및 검사, 국고 보조 · 청문, 위임·위탁, 수수료, 행정처분의 기준 · 벌칙 및 양벌규정, 과태료

3. 법률 주요내용

조항	내용	
제4조	4대강 이외 기타 수계에 오염총량제 시행	· 낙동강 등 3대강법의 절차를 준용하여 기타 수계에서도 수질오염 총량제를 실시할 수 있음
제9조~10조	물환경의 상시 측정 및 측정망 설치·운영	· 환경부 장관 또는 시·도지사는 전국적인 수질오염 실태 파악을 위하여 측정망을 설치하고 측정망기본계획을 고시하도록 함
제13조~14조	국토계획, 도시기본계획 등 반영	· 지자체가 수립하는 국토계획, 도시기본계획 등에 수질보전을 위하여 필요한 시설 등의 설치계획을 반영하도록 함 · 배출금지, 수질보전을 위한 통행제한 등 수질오염방지조치 의무화
제15조	공공수역에 특정수질유해물질 등을 버리는 행위 금지	
제17조	상수원 주변 지역에 유류, 유독물 등의 수송 차량 통행제한	
제19조의3	수변생태구역의 매수·조성	· 수질·수생태계 보전을 위해 환경부장관은 수변습지·수변토지 (수변생태구역)를 매수하거나 생태적으로 조성·관리할 수 있음
제22조~27조	수계영향권별 물환경 관리	· 대권역, 중권역, 소권역 등 권역별 물환경 보전계획을 수립하고 그에 따라 보전대책을 추진하도록 함
제28조~31조	호소의 수질보전	· 일정규모 이상의 호소에 대하여 정기적으로 조사 · 호소의 수질보전을 위하여 필요한 경우 양식어업 면허를 제한하고 호소 안의 쓰레기 수거·처리에 관한 협약을 체결하도록 함
제32조~47조	산업폐수의 배출규제	· 폐수배출시설에 대하여 허가 또는 신고를 의무화하고 배출허용기준을 준수하도록 함 · 일정 규모 이상의 배출시설은 수질측정기기를 의무 부착 · 배출시설과 방지시설의 적정한 운영을 의무화하고 배출허용기준 위반 등이 발생하는 경우 개선명령 등을 하거나 배출부과금을 부과할 수 있도록 함
제53조~59조	비점오염원 관리	· 일정 규모 이상의 사업장 또는 사업을 하려는 자에게 비점오염원 설치 신고를 하도록 하고 저감시설을 설치하도록 함 · 비점오염원으로 인하여 하천·호소의 이용목적, 주민의 건강·재산이나 자연생태계에 중대한 위해가 발생할 우려가 있는 지역을 관리지역으로 정하여 집중 관리할 수 있도록 함
제60조~61조	기타 수질오염원의 관리	· 수산물 양식시설, 농·축·수산물 단순 가공시설 등 기타 수질오염원을 설치·관리하려는 자는 기타수질오염원 관리카드 등을 작성하여 신고 하도록 함 · 골프장에 대하여 맹·고독성 농약 사용을 금지하고 환경부장관이 그 사용 여부를 확인하도록 함
제62조	폐수처리업의 등록 등	· 폐수를 수탁처리하기 위한 영업을 하려는 자는 등록하고 폐수의 적정 처리에 필요한 준수사항을 지키도록 함
제67조	환경기술인 등의 교육	· 폐수처리업에 종사하는 기술인은 3년마다 교육을 받아야 함

4. 내용 〈개정 2022. 3. 25〉

(1) 제1조(목적)

이 법은 수질오염으로 인한 국민건강 및 환경상의 위해(危害)를 예방하고 하천·호소(湖沼) 등 공공수역의 물환경을 적정하게 관리·보전함으로써 국민이 그 혜택을 누릴 수 있도록 함과 동시에 미래의 세대에게 물려줄 수 있도록 함을 목적으로 한다. 〈개정 2021.4.13.〉

(2) 제2조(정의) 〈개정 2021. 4. 13〉

① "점오염원"이란 폐수배출시설, 하수발생시설, 축사 등으로서 관거·수로 등을 통하여 일정한 지점으로 수질오염물질을 배출하는 배출원을 말한다.

② "비점오염원"이란 도시, 도로, 농지, 산지, 공사장 등으로서 불특정 장소에서 불특정하게 수질오염물질을 배출하는 배출원을 말한다.

③ "기타수질오염원"이란 점오염원 및 비점오염원으로 관리되지 아니하는 수질오염물질을 배출하는 시설 또는 장소로서 환경부령으로 정하는 것을 말한다.

④ "폐수"란 물에 액체성 또는 고체성의 수질오염물질이 섞여 있어 그대로는 사용할 수 없는 물을 말한다. "폐수관로"란 폐수를 사업장에서 공폐수처리시설로 유입시키기 위하여 공공폐수처리시설을 설치·운영하는 자가 설치·관리하는 관로와 그 부속시설을 말한다.

⑤ "강우유출수"란 비점오염원의 수질오염물질이 섞여 유출되는 빗물 또는 눈 녹은 물 등을 말한다.

⑥ "불투수면"(不透水面)이란 빗물 또는 눈 녹은 물 등이 지하로 스며들 수 없게 하는 아스팔트·콘크리트 등으로 포장된 도로, 주차장, 보도 등을 말한다.

⑦ "수질오염물질"이란 수질오염의 요인이 되는 물질로서 환경부령으로 정하는 것을 말한다.

⑧ "특정수질유해물질"이란 사람의 건강, 재산이나 동식물의 생육(生育)에 직접 또는 간접으로 위해를 줄 우려가 있는 수질오염물질로서 환경부령으로 정하는 것을 말한다.

⑨ "공공수역"이란 하천, 호소, 항만, 연안해역, 그 밖에 공공용으로 사용되는 수역과 이에 접속하여 공공용으로 사용되는 환경부령으로 정하는 수로를 말한다.

⑩ "폐수배출시설"이란 수질오염물질을 배출하는 시설물, 기계, 기구, 그 밖의 물체로서 환경부령으로 정하는 것을 말한다. 다만, 「해양환경관리법」 제2조 제16호 및 제17호에 따른 선박 및 해양시설은 제외한다.

⑪ "폐수무방류배출시설"이란 폐수배출시설에서 발생하는 폐수를 해당 사업장에서 수질오염방지시설을 이용하여 처리하거나 동일 폐수배출시설에 재이용하는 등 공공수역으로 배출하지 아니하는 폐수배출시설을 말한다.

⑫ "수질오염방지시설"이란 점오염원, 비점오염원 및 기타수질오염원으로부터 배출되는 수질오염물질을 제거하거나 감소하게 하는 시설로서 환경부령으로 정하는 것을 말한다.

⑬ "비점오염저감시설"이란 수질오염방지시설 중 비점오염원으로부터 배출되는 수질오염물질을 제거하거나 감소하게 하는 시설로서 환경부령으로 정하는 것을 말한다.

⑭ "호소"란 다음 각 목의 어느 하나에 해당하는 지역으로서 만수위(滿水位)[댐의 경우에는 계획홍수위(計劃洪水位)를 말한다] 구역 안의 물과 토지를 말한다.

ㄱ. 댐·보(洑) 또는 둑(「사방사업법」에 따른 사방시설은 제외한다) 등을 쌓아 하천 또는 계곡에 흐르는 물을 가두어 놓은 곳

ㄴ. 하천에 흐르는 물이 자연적으로 가두어진 곳

ㄷ. 화산활동 등으로 인하여 함몰된 지역에 물이 가두어진 곳

⑮ "수면관리자"란 다른 법령에 따라 호소를 관리하는 자를 말한다. 이 경우 동일한 호소를 관리하는 자가 둘 이상인 경우에는 「하천법」에 따른 하천관리청 외의 자가 수면관리자가 된다.

⑯ "상수원호소"란 「수도법」 제7조에 따라 지정된 상수원보호구역(이하 "상수원보호구역"이라 한다) 및 「환경정책기본법」 제38조에 따라 지정된 수질보전을 위한 특별대책지역(이하 "특별대책지역"이라 한다) 밖에 있는 호소 중 호소의 내부 또는 외부에 「수도법」 제3조 제17호에 따른 취수시설(이하 "취수시설"이라 한다)을 설치하여 그 호소의 물을 먹는 물로 사용하는 호소로서 환경부장관이 정하여 고시한 것을 말한다.

⑰ "공공폐수처리시설"이란 공공폐수처리구역의 폐수를 처리하여 공공수역에 배출하기 위한 처리시설과 이를 보완하는 시설을 말한다.

⑱ "공공폐수처리구역"이란 폐수를 공공폐수처리시설에 유입하여 처리할 수 있는 지역으로서 제49조 제3항에 따라 환경부장관이 지정한 구역을 말한다.

⑲ "물놀이형 수경(水景)시설"이란 수돗물, 지하수 등을 인위적으로 저장 및 순환하여 이용하는 분수, 연못, 폭포, 실개천 등의 인공시설물 중 일반인에게 개방되어 이용자의 신체와 직접 접촉하여 물놀이를 하도록 설치하는 시설을 말한다. 다만, 다음 각 목의 시설은 제외한다.

ㄱ. 「관광진흥법」 제5조 제2항 또는 제4항에 따라 유원시설업의 허가를 받거나 신고를 한 자가 설치한 물놀이형 유기시설(遊技施設) 또는 유기기구(遊技機具)

ㄴ. 「체육시설의 설치·이용에 관한 법률」 제3조에 따른 체육시설 중 수영장

ㄷ. 환경부령으로 정하는 바에 따라 물놀이 시설이 아니라는 것을 알리는 표지판과 울타리를 설치하거나 물놀이를 할 수 없도록 관리인을 두는 경우

5. 별표

(1) 시행령 별표

[별표 1] 〈개정 2021. 3. 9〉

오염총량초과과징금의 산정 방법 및 기준(제10조 제1항 관련)

1. 오염총량초과과징금의 산정방법

오염총량초과과징금 = 초과배출이익 × 초과율별 부과계수 × 지역별 부과계수 × 위반횟수별 부과계수 - 감액 대상 과징금

비고 : 감액 대상 과징금은 법 제4조의7제3항에 따른 배출부과금과 과징금을 말한다.

2. 초과배출이익의 산정방법

가. 초과배출이익이란 수질오염물질을 초과배출함으로써 지출하지 아니하게 된 수질오염물질 처리 비용을 말하며 산정방법은 다음과 같다.

초과배출이익 = 초과오염배출량 × 연도별 과징금 단가

나. 초과오염배출량이란 법 제4조의5제1항 전단에 따라 할당된 오염부하량(이하 "할당오염부하량"이라 한다)이나 지정된 배출량(이하 "지정배출량"이라 한다)을 초과하여 배출되는 수질오염물질의 양을 말하며, 산정방법은 다음과 같다.

초과오염배출량 = 일일초과오염배출량 × 배출기간

1) 일일초과오염배출량

가) 일일초과오염배출량은 다음의 방법에 따라 산정한 값 중 큰 값을 킬로그램으로 표시한 양으로 한다.

일일초과오염배출량 = 일일유량 × 배출농도 × 10^{-6} - 할당오염부하량

일일초과오염배출량 = (일일유량 - 지정배출량) × 배출농도 × 10^{-6}

비고 : 1. 일일초과오염배출량의 단위는 킬로그램(kg)으로 하며, 생물화학적산소요구량(BOD)은 소수점 이하 둘째 자리까지 계산 (셋째 자리 이하는 버린다)하고, 총인(T-P)은 소수점 이하 셋째 자리까지 계산(넷째 자리 이하는 버린다)한다.

2. 일일유량은 법 제4조의6에 따른 조치명령 등의 원인이 되는 배출오염물질을 채취하였을 때의 오수 및 폐수유량 (이하 "측정유량"이라 한다)으로 계산한 오수 및 폐수총량을 말한다.

3. 배출농도는 법 제4조의6에 따른 조치명령 등의 원인이 되는 배출오염물질을 채취하였을 때의 배출농도를 말하며, 배출농도의 단위는 리터당 밀리그램(mg/L)으로 한다.

4. 할당오염부하량과 지정배출량의 단위는 1일당 킬로그램(kg/일)과 1일당 리터(L/일)로 한다.

나) 일일유량의 산정방법은 다음과 같다.

일일유량 = 측정유량 × 조업시간

비고 : 1. 일일유량의 단위는 리터(L)로 한다.

2. 측정유량의 단위는 분당 리터(L/min)로 한다.

3. 일일조업시간은 측정하기 전 최근 조업한 30일간의 오수 및 폐수 배출시설의 조업시간 평균치로서 분으로 표시한다.

　다) 측정유량과 배출농도는 「환경분야 시험·검사 등에 관한 법률」 제6조에 따른 환경오염공정시험기준에 따라 산정한다. 다만, 측정유량의 산정이 불가능하거나 실제 유량과 뚜렷한 차이가 있다고 인정될 경우에는 다음 중 어느 하나의 방법에 따라 산정한다.

　(1) 적산유량계에 의한 산정

　(2) 적산유량계에 의한 방법이 적합하지 아니하다고 인정될 경우에는 방지시설 운영일지 상의 시료 채취일 직전 최근 조업한 30일간의 평균유량에 의한 산정. 이 경우 갑작스런 폭우로 인하여 측정유량 증가가 있는 경우 등 비정상적인 조업일은 제외하고 30일을 산정할 수 있다.

　(3) (1)이나 (2)의 방법이 적합하지 아니하다고 인정되는 경우에는 해당 사업장의 용수사용량 (수돗물·공업용수·지하수·하천수 또는 해수 등 해당 사업장에서 사용하는 모든 용수를 포함한다)에서 생활용수량·제품함유량, 그 밖에 오수 및 폐수가 발생하지 아니한 용수량을 빼는 방법에 의한 산정

2) 배출기간

　가) 배출시설과 방지시설이 다음 중 어느 하나에 해당하는 경우에는 수질오염물질을 배출하기 시작한 날부터 그 행위를 중단한 날

　(1) 방지시설을 가동하지 아니하거나 방지시설을 거치지 아니하고 수질오염물질을 배출하거나, 처리약품을 투입하지 아니하고 수질오염물질을 배출하는 경우

　(2) 비밀배출구로 수질오염물질을 배출하는 경우

　나) 위 가)에 해당하지 아니할 경우에는 할당오염부하량이나 지정배출량을 초과하여 배출하기 시작한 날 (배출하기 시작한 날을 알 수 없을 경우에는 초과 여부를 검사한 날을 말한다)부터 법 제4조의6제1항 또는 법 제4조의6제4항에 따른 조치명령, 조업정지명령, 폐쇄명령(이하 "조치명령등"이라 한다)의 이행완료 예정일

다. 연도별 부과금 단가는 다음과 같다.

연도	수질오염물질 1kg당 연도별 부과금 단가
2004	3,000원
2005	3,300원
2006	3,600원
2007	4,000원
2008	4,400원
2009	4,800원
2010	5,300원
2011	5,800원

비고 : 2012년 이후에는 2011년도 과징금 단가에 연도별 과징금 산정지수를 곱한 값으로 하며, 연도별 과징금 산정지수는 전년도 과징금 산정지수에 환경부장관이 매년 고시하는 가격변동지수를 곱하여 산출한다. 이 경우 2011년도 과징금 산정지수는 1로 한다.

3. 초과율별 부과계수

초과율	20% 미만	20% 이상 40% 미만	40% 이상 60% 미만	60% 이상 80% 미만	80% 이상 100% 미만	100% 이상 200% 미만	200% 이상 300% 미만	300% 이상 400% 미만	400% 이상
부과계수	1.0	1.5	2.0	2.5	3.0	3.5	4.0	4.5	5.0

비고 : 초과율은 법 제4조의5제1항에 따른 할당오염부하량에 대한 일일초과배출량의 백분율을 말한다.

4. 지역별 부과계수

목표수질	등급 BOD	I_a 1 이하	I_b 1 초과~2 이하	II 2 초과~3 이하	III 3 초과~5 이하	IV 5 초과~8 이하	V 8 초과~10 이하	VI 10 초과
부과계수		1.6	1.5	1.4	1.3	1.2	1.1	1.0

비고 : 목표수질은 법 제4조의2제1항에 따른 고시 또는 공고된 해당 유역의 목표수질을 말한다.

5. 위반횟수별 부과계수

1일 오수·폐수 배출량 규모(m^3)	위반횟수별 부과 계수
10,000 이상	· 최초의 위반행위 : 1.8 · 두 번째 이후의 위반행위 : 그 위반행위 직전의 부과계수에 1.5를 곱한 값
7,000 이상~10,000 미만	· 최초의 위반행위 : 1.7 · 두 번째 이후의 위반행위 : 그 위반행위 직전의 부과계수에 1.5를 곱한 값
4,000 이상~7,000 미만	· 최초의 위반행위 : 1.6 · 두 번째 이후의 위반행위 : 그 위반행위 직전의 부과계수에 1.5를 곱한 값
2,000 이상~4,000 미만	· 최초의 위반행위 : 1.5 · 두 번째 이후의 위반행위 : 그 위반행위 직전의 부과계수에 1.5를 곱한 값
700 이상~2,000 미만	· 최초의 위반행위 : 1.4 · 두 번째 이후의 위반행위 : 그 위반행위 직전의 부과계수에 1.4를 곱한 값
200 이상~700 미만	· 최초의 위반행위 : 1.3 · 두 번째 이후의 위반행위 : 그 위반행위 직전의 부과계수에 1.3을 곱한 값
50 이상~200 미만	· 최초의 위반행위 : 1.2 · 두 번째 이후의 위반행위 : 그 위반행위 직전의 부과계수에 1.2를 곱한 값
50 미만	· 최초의 위반행위 : 1.1 · 두 번째 이후의 위반행위 : 그 위반행위 직전의 부과계수에 1.1를 곱한 값

[별표 2] 〈개정 2020. 11. 24〉

수질오염경보의 종류별 발령 대상, 발령 주체 및 대상 항목
(제28조 제2항 관련)

1. 조류경보

구분	대상 항목	발령대상	발령주체
가. 상수원 구간	남조류 세포수	법 제9조에 따라 환경부장관 또는 시·도지사가 조사·측정하는 하천·호소 중 상수원의 수질보호를 위하여 환경부장관이 정하여 고시하는 하천·호소	환경부장관 또는 시·도지사
나. 친수활동 구간		법 제9조에 따라 환경부장관 또는 시·도지사가 조사·측정하는 하천·호소 중 수영, 수상스키, 낚시 등 친수활동의 보호를 위하여 환경부장관이 정하여 고시하는 하천·호소	

비고 : 환경부장관은 조류경보 발령 대상 외에도 조류감시가 지속적으로 필요하다고 인정되는 하천·호소를 관찰지점으로 정하여 고시할 수 있다.

2. 수질오염감시경보

대상 항목	발령대상	발령주체
수소이온농도 용존산소 총 질소 총 인 전기전도도 총 유기탄소량 휘발성유기화합물 페놀 중금속(구리, 납, 아연, 카드뮴 등) 클로로필-a 생물감시	법 제9조제1항에 따른 측정망 중 실시간으로 수질오염도가 측정되는 하천·호소	환경부장관

[별표 3] 〈개정 2015. 12. 10〉

수질오염경보의 종류별 경보단계 및 그 단계별 발령·해제기준(제28조 제3항 관련)

1. 조류경보

가. 상수원 구간

경보단계	발령 · 해제 기준
관심	2회 연속 채취 시 남조류 세포수가 1,000세포/mL 이상 10,000세포/mL 미만인 경우
경계	2회 연속 채취 시 남조류 세포수가 10,000세포/mL 이상 1,000,000세포/mL 미만인 경우
조류 대발생	2회 연속 채취 시 남조류 세포수가 1,000,000세포/mL 이상인 경우
해제	2회 연속 채취 시 남조류 세포수가 1,000세포/mL 미만인 경우

나. 친수활동 구간

경보단계	발령 · 해제 기준
관심	2회 연속 채취 시 남조류 세포수가 20,000세포/mL 이상 100,000세포/mL 미만인 경우
경계	2회 연속 채취 시 남조류 세포수가 100,000세포/mL 이상인 경우
해제	2회 연속 채취 시 남조류 세포수가 20,000세포/mL 미만인 경우

비고 : 1. 발령주체는 위 가목 및 나목의 발령 · 해제 기준에 도달하는 경우에도 강우 예보 등 기상상황을 고려하여 조류경보를 발령 또는 해제하지 않을 수 있다.

2. 남조류 세포수는 마이크로시스티스(Microcystis), 아나베나(Anabaena), 아파니조메논(Aphanizomenon) 및 오실라토리아(Oscillatoria) 속(屬) 세포수의 합을 말한다.

2. 수질오염감시경보

경보단계	발령·해제기준
관심	가. 수소이온농도, 용존산소, 총 질소, 총 인, 전기전도도, 총 유기탄소, 휘발성유기화합물, 페놀, 중금속 (구리, 납, 아연, 카드뮴 등) 항목 중 2개 이상 항목이 측정항목별 경보기준을 초과하는 경우 나. 생물감시 측정값이 생물감시 경보기준 농도를 30분 이상 지속적으로 초과하는 경우
주의	가. 수소이온농도, 용존산소, 총 질소, 총 인, 전기전도도, 총 유기탄소, 휘발성유기화합물, 페놀, 중금속 (구리, 납, 아연, 카드뮴 등) 항목 중 2개 이상 항목이 측정항목별 경보기준을 2배 이상(수소이온농도 항목의 경우에는 5 이하 또는 11 이상을 말한다) 초과하는 경우 나. 생물감시 측정값이 생물감시 경보기준 농도를 30분 이상 지속적으로 초과하고, 수소이온농도, 총 유기탄소, 휘발성유기화합물, 페놀, 중금속(구리, 납, 아연, 카드뮴 등) 항목 중 1개 이상의 항목이 측정항목별 경보기준을 초과하는 경우와 전기전도도, 총 질소, 총 인, 클로로필 – a 항목 중 1개 이상의 항목이 측정항목별 경보기준을 2배 이상 초과하는 경우
경계	생물감시 측정값이 생물감시 경보기준 농도를 30분 이상 지속적으로 초과하고, 전기전도도, 휘발성유기화합물, 페놀, 중금속(구리, 납, 아연, 카드뮴 등) 항목 중 1개 이상의 항목이 측정항목별 경보기준을 3배 이상 초과하는 경우
심각	경계경보 발령 후 수질 오염사고 전개속도가 매우 빠르고 심각한 수준으로서 위기발생이 확실한 경우
해제	측정항목별 측정값이 관심단계 이하로 낮아진 경우

비고 : 1. 측정소별 측정항목과 측정항목별 경보기준 등 수질오염감시경보에 관하여 필요한 사항은 환경부장관이 고시한다.

2. 용존산소, 전기전도도, 총 유기탄소 항목이 경보기준을 초과하는 것은 그 기준초과 상태가 30분 이상 지속되는 경우를 말한다.

3. 수소이온농도 항목이 경보기준을 초과하는 것은 5 이하 또는 11 이상이 30분 이상 지속되는 경우를 말한다.

4. 생물감시장비 중 물벼룩감시장비가 경보기준을 초과하는 것은 양쪽 모든 시험조에서 30분 이상 지속되는 경우를 말한다.

[별표 4] 〈개정 2019. 7. 2〉

수질오염경보의 종류별 · 경보단계별 조치사항(제28조 제4항 관련)

1. 조류경보

가. 상수원 구간

단계	관계 기관	조치사항
관심	**4대강** (한강, 낙동강, 금강, 영산강을 말한다. 이하 같다) **물환경연구소장** (시 · 도 보건환경연구원장 또는 수면관리자)	1) 주 1회 이상 시료 채취 및 분석(남조류 세포수, 클로로필 - a) 2) 시험분석 결과를 발령기관으로 신속하게 통보
	수면관리자 (수면관리자)	취수구와 조류가 심한 지역에 대한 차단막 설치 등 조류 제거 조치 실시
	취수장 · 정수장 관리자 (취수장 · 정수장 관리자)	정수 처리 강화(활성탄 처리, 오존 처리)
	유역 · 지방 환경청장 (시 · 도지사)	1) 관심경보 발령 2) 주변오염원에 대한 지도 · 단속
	홍수통제소장, 한국수자원공사사장 (홍수통제소장, 한국수자원공사사장)	댐, 보 여유량 확인 · 통보
	한국환경공단이사장 (한국환경공단이사장)	1) 환경기초시설 수질자동측정자료 모니터링 실시 2) 하천구간 조류 예방 · 제거에 관한 사항 지원
경계	**4대강 물환경연구소장** (시 · 도 보건환경연구원장 또는 수면관리자)	1) 주 2회 이상 시료 채취 및 분석 (남조류 세포수, 클로로필 - a, 냄새물질, 독소) 2) 시험분석 결과를 발령기관으로 신속하게 통보
	수면관리자 (수면관리자)	취수구와 조류가 심한 지역에 대한 차단막 설치 등 조류 제거 조치 실시
	취수장 · 정수장 관리자 (취수장 · 정수장 관리자)	1) 조류증식 수심 이하로 취수구 이동 2) 정수처리 강화(활성탄처리, 오존처리) 3) 정수의 독소분석 실시
	유역 · 지방 환경청장 (시 · 도지사)	1) 경계경보 발령 및 대중매체를 통한 홍보 2) 주변오염원에 대한 단속 강화 3) 낚시 · 수상스키 · 수영 등 친수활동, 어패류 어획 · 식용, 가축 방목 등의 자제 권고 및 이에 대한 공지(현수막 설치 등)
	홍수통제소장, 한국수자원공사사장 (홍수통제소장, 한국수자원공사사장)	기상상황, 하천수문 등을 고려한 방류량 산정
	한국환경공단이사장 (한국환경공단이사장)	1) 환경기초시설 및 폐수배출사업장 관계기관 합동점검 시 지원 2) 하천구간 조류 제거에 관한 사항 지원 3) 환경기초시설 수질자동측정자료 모니터링 강화

단계	관계 기관	조치사항
조류 대발생	4대강 물환경연구소장 (시·도 보건환경연구원장 또는 수면관리자)	1) 주 2회 이상 시료 채취 및 분석 (남조류 세포수, 클로로필 - a, 냄새물질, 독소) 2) 시험분석 결과를 발령기관으로 신속하게 통보
	수면관리자 (수면관리자)	1) 취수구와 조류가 심한 지역에 대한 차단막 설치 등 조류 제거 조치 실시 2) 황토 등 조류제거물질 살포, 조류 제거선 등을 이용한 조류 제거 조치 실시
	취수장·정수장 관리자 (취수장·정수장 관리자)	1) 조류증식 수심 이하로 취수구 이동 2) 정수 처리 강화(활성탄 처리, 오존 처리) 3) 정수의 독소분석 실시
	유역·지방 환경청장 (시·도지사)	1) 조류대발생경보 발령 및 대중매체를 통한 홍보 2) 주변오염원에 대한 지속적인 단속 강화 3) 낚시·수상스키·수영 등 친수활동, 어패류 어획·식용, 가축 방목 등의 금지 및 이에 대한 공지(현수막 설치 등)
	홍수통제소장, 한국수자원공사사장 (홍수통제소장, 한국수자원공사사장)	댐, 보 방류량 조정
	한국환경공단이사장 (한국환경공단이사장)	1) 환경기초시설 및 폐수배출사업장 관계기관 합동점검 시 지원 2) 하천구간 조류 제거에 관한 사항 지원 3) 환경기초시설 수질자동측정자료 모니터링 강화
해제	4대강 물환경연구소장 (시·도 보건환경연구원장 또는 수면관리자)	시험분석 결과를 발령기관으로 신속하게 통보
	유역·지방 환경청장 (시·도지사)	각종 경보 해제 및 대중매체 등을 통한 홍보

비고 : 1. 관계 기관란의 괄호는 시·도지사가 조류경보를 발령하는 경우의 관계 기관을 말한다.

      2. 관계 기관은 위 표의 조치사항 외에도 현지 실정에 맞게 적절한 조치를 할 수 있다.

      3. 조류경보를 발령하기 전이라도 수면관리자, 홍수통제소장 및 한국수자원공사사장 등 관계 기관의 장은 수온 상승 등으로 조류발생 가능성이 증가할 경우에는 일정 기간 방류량을 늘리는 등 조류에 따른 피해를 최소화하기 위한 방안을 마련하여 조치할 수 있다.

나. 친수활동 구간

단계	관계 기관	조치사항
관심	4대강 물환경연구소장 (시·도 보건환경연구원장 또는 수면관리자)	1) 주 1회 이상 시료 채취 및 분석 (남조류 세포수, 클로로필 – a, 냄새물질, 독소) 2) 시험분석 결과를 발령기관으로 신속하게 통보
관심	유역·지방 환경청장 (시·도지사)	1) 관심경보 발령 2) 낚시·수상스키·수영 등 친수활동, 어패류 어획·식용 등의 자제 권고 및 이에 대한 공지(현수막 설치 등) 3) 필요한 경우 조류제거물질 살포 등 조류 제거 조치
경계	4대강 물환경연구소장 (시·도 보건환경연구원장 또는 수면관리자)	1) 주 2회 이상 시료 채취 및 분석 (남조류 세포수, 클로로필 – a, 냄새물질, 독소) 2) 시험분석 결과를 발령기관으로 신속하게 통보
경계	유역·지방 환경청장 (시·도지사)	1) 경계경보 발령 2) 낚시·수상스키·수영 등 친수활동, 어패류 어획·식용 등의 금지 및 이에 대한 공지(현수막 설치 등) 3) 필요한 경우 조류제거물질 살포 등 조류 제거 조치
해제	4대강 물환경연구소장 (시·도 보건환경연구원장 또는 수면관리자)	시험분석 결과를 발령기관으로 신속하게 통보
해제	유역·지방 환경청장 (시·도지사)	각종 경보 해제 및 대중매체 등을 통한 홍보

비고 : 1. 관계 기관란의 괄호는 시·도지사가 조류경보를 발령하는 경우의 관계 기관을 말한다.
      2. 관계 기관은 위 표의 조치사항 외에도 현지 실정에 맞게 적절한 조치를 할 수 있다.

2. 수질오염감시경보

단계	관계 기관	조치사항
관심	한국환경공단이사장	1) 측정기기의 이상 여부 확인 2) 유역·지방 환경청장에게 보고 – 상황 보고, 원인 조사 및 관심경보 발령 요청 3) 지속적 모니터링을 통한 감시
	수면관리자	물환경변화 감시 및 원인 조사
	취수장·정수장 관리자	정수 처리 및 수질분석 강화
	유역·지방 환경청장	1) 관심경보 발령 및 관계 기관 통보 2) 수면관리자에게 원인 조사 요청 3) 원인 조사 및 주변 오염원 단속 강화
주의	한국환경공단이사장	1) 측정기기의 이상 여부 확인 2) 유역·지방 환경청장에게 보고 – 상황 보고, 원인 조사 및 주의경보 발령 요청 3) 지속적인 모니터링을 통한 감시
	수면관리자	1) 수체변화 감시 및 원인조사 2) 차단막 설치 등 오염물질 방제 조치
	취수장·정수장 관리자	1) 정수의 수질분석을 평시보다 2배 이상 실시 2) 취수장 방제 조치 및 정수 처리 강화
	4대강 물환경연구소장	1) 원인 조사 및 오염물질 추적 조사 지원 2) 유역·지방 환경청장에게 원인 조사 결과 보고 3) 새로운 오염물질에 대한 정수처리 기술 지원
	유역·지방 환경청장	1) 주의경보 발령 및 관계 기관 통보 2) 수면관리자 및 4대강 물환경연구소장에게 원인 조사 요청 3) 관계 기관 합동 원인 조사 및 주변 오염원 단속 강화
경계	한국환경공단이사장	1) 측정기기의 이상 여부 확인 2) 유역·지방 환경청장에게 보고 – 상황 보고, 원인조사 및 경계경보 발령 요청 3) 지속적 모니터링을 통한 감시 4) 오염물질 방제조치 지원
	수면관리자	1) 물환경변화 감시 및 원인 조사 2) 차단막 설치 등 오염물질 방제 조치 3) 사고 발생 시 지역사고대책본부 구성·운영
	취수장·정수장 관리자	1) 정수처리 강화 2) 정수의 수질분석을 평시보다 3배 이상 실시 3) 취수 중단, 취수구 이동 등 식용수 관리대책 수립
	4대강 물환경연구소장	1) 원인조사 및 오염물질 추적조사 지원 2) 유역·지방 환경청장에게 원인 조사 결과 통보 3) 정수처리 기술 지원
	유역·지방 환경청장	1) 경계경보 발령 및 관계 기관 통보 2) 수면관리자 및 4대강 물환경연구소장에게 원인 조사 요청 3) 원인조사대책반 구성·운영 및 사법기관에 합동단속 요청 4) 식용수 관리대책 수립·시행 총괄 5) 정수처리 기술 지원

단계	관계 기관	조치사항
심각	환경부장관	중앙합동대책반 구성·운영
	한국환경공단이사장	1) 측정기기의 이상 여부 확인 2) 유역·지방 환경청장에게 보고 – 상황 보고, 원인조사 및 경계경보 발령 요청 3) 지속적 모니터링을 통한 감시 4) 오염물질 방제조치 지원
	수면관리자	1) 물환경변화 감시 및 원인 조사 2) 차단막 설치 등 오염물질 방제 조치 3) 중앙합동대책반 구성·운영 시 지원
	취수장·정수장 관리자	1) 정수처리 강화 2) 정수의 수질분석 횟수를 평시보다 3배 이상 실시 3) 취수 중단, 취수구 이동 등 식용수 관리대책 수립 4) 중앙합동대책반 구성·운영 시 지원
	4대강 물환경연구소장	1) 원인 조사 및 오염물질 추적조사 지원 2) 유역·지방 환경청장에게 시료분석 및 조사결과 통보 3) 정수처리 기술 지원
	유역·지방 환경청장	1) 심각경보 발령 및 관계 기관 통보 2) 수면관리자 및 4대강 물환경연구소장에게 원인 조사 요청 3) 필요한 경우 환경부장관에게 중앙합동대책반 구성 요청 4) 중앙합동대책반 구성 시 사고수습본부 구성·운영
	국립환경과학원장	1) 오염물질 분석 및 원인 조사 등 기술 자문 2) 정수처리 기술 지원
해제	한국환경공단이사장	관심 단계 발령기준 이하 시 유역·지방 환경청장에게 수질오염감시경보 해제 요청
	유역·지방 환경청장	수질오염감시경보 해제

[별표 5]

물놀이 등의 행위제한 권고기준(제29조 제2항 관련)

대상 행위	항목	기준
수영 등 물놀이	대장균	500(개체수/100mL) 이상
어패류 등 섭취	어패류 체내 총 수은(Hg)	0.3(mg/kg) 이상

비고 : 조사지점, 측정주기, 분석방법 등 사람의 건강이나 생활에 영향을 미치는 정도를 판단할 수 있는 세부기준은 환경부장관이 정하여 고시한다.

[별표 9] 〈개정 2017. 1. 17〉

사업장별 부과계수(제41조 제3항 관련)

사업장 규모	제1종사업장 (단위 : m³/일)					제2종 사업장	제3종 사업장	제4종 사업장
	10,000 이상	8,000 이상 10,000 미만	6,000 이상 8,000 미만	4,000 이상 6,000 미만	2,000 이상 4,000 미만			
부과 계수	1.8	1.7	1.6	1.5	1.4	1.3	1.2	1.1

비고 : 1. 사업장의 규모별 구분은 별표 13에 따른다.

    2. 공공하수처리시설과 공공폐수처리시설의 부과계수는 폐수배출량에 따라 적용한다.

[별표 10]

지역별 부과계수(제41조 제3항 관련)

청정지역 및 가 지역	나 지역 및 특례지역
1.5	1

비고 : 청정지역 및 가 지역, 나 지역 및 특례지역의 구분에 대하여는 환경부령으로 정한다.

[별표 11] 〈개정 2017. 1. 17〉

방류수수질기준초과율별 부과계수(제41조 제3항 관련)

초과율	10% 미만	10% 이상 20% 미만	20% 이상 30% 미만	30% 이상 40% 미만	40% 이상 50% 미만
부과계수	1	1.2	1.4	1.6	1.8
초과율	50% 이상 60% 미만	60% 이상 70% 미만	70% 이상 80% 미만	80% 이상 90% 미만	90% 이상 100% 까지
부과계수	2.0	2.2	2.4	2.6	2.8

비고 : 1. 방류수수질기준초과율 = (배출농도 - 방류수수질기준) ÷ (배출허용기준 - 방류수수질기준) × 100

    2. 분모의 값이 방류수수질기준보다 작을 경우와 공공폐수처리시설인 경우에는 방류수수질기준을 분모의 값으로 한다.

    3. 제1호의 배출허용기준은 공공하수처리시설의 하수처리구역에 있는 배출시설에 대하여 환경부장관이 따로 배출허용기준을 정하여 고시하는 경우에도 그 배출허용기준을 적용하지 아니하고, 환경부령으로 정하는 배출허용기준을 적용한다.

[별표 13]

사업장의 규모별 구분(제44조 제2항 관련)

종류	배출규모
제1종 사업장	1일 폐수배출량이 2,000m³ 이상인 사업장
제2종 사업장	1일 폐수배출량이 700m³ 이상, 2,000m³ 미만인 사업장
제3종 사업장	1일 폐수배출량이 200m³ 이상, 700m³ 미만인 사업장
제4종 사업장	1일 폐수배출량이 50m³ 이상, 200m³ 미만인 사업장
제5종 사업장	위 제1종부터 제4종까지의 사업장에 해당하지 아니하는 배출시설

비고 : 1. 사업장의 규모별 구분은 1년 중 가장 많이 배출한 날을 기준으로 정한다.

2. 폐수배출량은 그 사업장의 용수사용량(수돗물·공업용수·지하수·하천수 및 해수 등 그 사업장에서 사용하는 모든 물을 포함한다)을 기준으로 다음 산식에 따라 산정한다. 다만, 생산 공정에 사용되는 물이나 방지시설의 최종 방류구에 방류되기 전에 일정 관로를 통하여 생산 공정에 재이용되는 물은 제외하되, 희석수, 생활용수, 간접냉각수, 사업장 내 청소용물, 원료야적장 침출수 등을 방지시설에 유입하여 처리하는 물은 포함한다.

   폐수배출량 =
   용수사용량 – (생활용수량+간접냉각수량+보일러용수량+제품함유수량+공정 중 증발량+그 밖의 방류구로 배출되지 아니한다고 인정되는 물의 양) + 공정 중 발생량

3. 최초 배출시설 설치허가 시의 폐수배출량은 사업계획에 따른 예상용수사용량을 기준으로 산정한다.

[별표 14] 〈개정 2019. 10. 15〉

초과부과금의 산정기준(제45조 제5항 관련)

1. 수질오염물질 1킬로그램당 부과금액

(단위 : 원)

수질오염물질		수질오염물질 1킬로그램당 부과금액	
유기물질		배출농도를 생물화학적 산소요구량 또는 화학적 산소요구량으로 측정한 경우	250
		배출농도를 총 유기탄소량으로 측정한 경우	450
부유물질		250	
총 질소		500	
총 인		500	
크롬 및 그 화합물		75,000	
망간 및 그 화합물		30,000	
아연 및 그 화합물		30,000	
페놀류		150,000	
특정유해물질	시안화합물	150,000	
	구리 및 그 화합물	50,000	
	카드뮴 및 그 화합물	500,000	
	수은 및 그 화합물	1,250,000	
	유기인화합물	150,000	
	비소 및 그 화합물	100,000	
	납 및 그 화합물	150,000	
	6가 크롬 화합물	300,000	
	폴리염화비페닐	1,250,000	
	트리클로로에틸렌	300,000	
	테트라클로로에틸렌	300,000	

비고 : 유기물질 초과부과금은 생물화학적 산소요구량 및 총 유기탄소량별로 산정한 금액 중 높은 금액으로 한다. 다만, 2020년 1월 1일 전에 법 제33조제1항에 따라 설치허가를 받거나 설치신고를 한 폐수배출시설에 대한 유기물질 초과부과금은 2020년 1월 1일부터 2021년 12월 31일까지 생물화학적 산소요구량 및 화학적 산소요구량별로 산정한 금액 중 높은 금액으로 한다.

2. 배출허용기준초과율별 부과계수 및 지역별 부과계수

수질오염물질		배출허용기준초과율별 부과계수								지역별 부과계수		
		20% 미만	20% 이상 40% 미만	40% 이상 80% 미만	80% 이상 100% 미만	100% 이상 200% 미만	200% 이상 300% 미만	300% 이상 400% 미만	400% 이상	청정 지역 및 가 지역	나 지역	특례 지역
유기물질		3.0	4.0	4.5	5.0	5.5	6.0	6.5	7.0	2	1.5	1
부유물질		3.0	4.0	4.5	5.0	5.5	6.0	6.5	7.0	2	1.5	1
총 질소		3.0	4.0	4.5	5.0	5.5	6.0	6.5	7.0	2	1.5	1
총 인		3.0	4.0	4.5	5.0	5.5	6.0	6.5	7.0	2	1.5	1
크롬 및 그 화합물		3.0	4.0	4.5	5.0	5.5	6.0	6.5	7.0	2	1.5	1
망간 및 그 화합물		3.0	4.0	4.5	5.0	5.5	6.0	6.5	7.0	2	1.5	1
아연 및 그 화합물		3.0	4.0	4.5	5.0	5.5	6.0	6.5	7.0	2	1.5	1
페놀류		3.0	4.0	4.5	5.0	5.5	6.0	6.5	7.0	2	1.5	1
특정유해물질	시안 화합물	3.0	4.0	4.5	5.0	5.5	6.0	6.5	7.0	2	1.5	1
	구리 및 그 화합물	3.0	4.0	4.5	5.0	5.5	6.0	6.5	7.0	2	1.5	1
	카드뮴 및 그 화합물	3.0	4.0	4.5	5.0	5.5	6.0	6.5	7.0	2	1.5	1
	수은 및 그 화합물	3.0	4.0	4.5	5.0	5.5	6.0	6.5	7.0	2	1.5	1
	유기인 화합물	3.0	4.0	4.5	5.0	5.5	6.0	6.5	7.0	2	1.5	1
	비소 및 그 화합물	3.0	4.0	4.5	5.0	5.5	6.0	6.5	7.0	2	1.5	1
	납 및 그 화합물	3.0	4.0	4.5	5.0	5.5	6.0	6.5	7.0	2	1.5	1
	6가 크롬 화합물	3.0	4.0	4.5	5.0	5.5	6.0	6.5	7.0	2	1.5	1
	폴리염화비페닐	3.0	4.0	4.5	5.0	5.5	6.0	6.5	7.0	2	1.5	1
	트리클로로에틸렌	3.0	4.0	4.5	5.0	5.5	6.0	6.5	7.0	2	1.5	1
	테트라클로로에틸렌	3.0	4.0	4.5	5.0	5.5	6.0	6.5	7.0	2	1.5	1

비고 : 1. 배출허용기준초과율 = (배출농도 - 배출허용기준농도) ÷ 배출허용기준농도 × 100

2. 희석하여 배출하는 경우 배출허용기준초과율별 부과계수의 산정 시 배출허용기준초과율의 적용은 희석수를 제외한 폐수의 배출농도를 기준으로 한다.

3. 폐수무방류배출시설의 유출·누출계수는 배출허용기준초과율별 부과계수 400퍼센트 이상, 지역별 부과계수는 청정 지역 및 가 지역을 적용한다.

[별표 16] 〈개정 2010. 2. 18〉

위반횟수별 부과계수(제49조 제2항 관련)

1. 위반횟수별 부과계수 적용의 일반기준

　가. 위반횟수는 사업장별로 제46조에 따른 초과배출부과금 부과 대상 수질오염물질을 배출(법 제41조제1항제2호 가목의 경우에는 배출허용기준을 초과하여 배출한 경우를 말한다)함으로써 법 제39조·제40조·제42조 또는 법 제44조에 따른 개선명령·조업정지명령·허가취소·사용중지명령 또는 폐쇄명령(이하 "개선명령등"이라 한다)을 받은 경우 그 위반행위의 횟수로 하되, 그 부과금 부과의 원인이 되는 위반행위를 한 날을 기준으로 최근 2년간의 위반행위를 한 횟수로 한다.

　나. 둘 이상의 위반행위로 하나의 개선명령 등을 받은 경우에는 하나의 위반행위로 보되, 그 위반일은 가장 최근에 위반한 날을 기준으로 한다.

2. 사업장의 종류별 구분에 따른 위반횟수별 부과계수

종류	위반횟수별 부과계수			
제1종 사업장	· 처음 위반한 경우			
	사업장 규모	$2,000m^3$/일 이상 $4,000m^3$/일 미만	$4,000m^3$/일 이상 $7,000m^3$/일 미만	$7,000m^3$/일 이상 $10,000m^3$/일 미만	$10,000m^3$/일 이상
	부과계수	1.5	1.6	1.7	1.8
	· 다음 위반부터는 그 위반 직전의 부과계수에 1.5를 곱한 것으로 한다.			
제2종 사업장	· 처음 위반의 경우 : 1.4 · 다음 위반부터는 그 위반 직전의 부과계수에 1.4를 곱한 것으로 한다.			
제3종 사업장	· 처음 위반의 경우 : 1.3 · 다음 위반부터는 그 위반 직전의 부과계수에 1.3을 곱한 것으로 한다.			
제4종 사업장	· 처음 위반의 경우 : 1.2 · 다음 위반부터는 그 위반 직전의 부과계수에 1.2를 곱한 것으로 한다.			
제5종 사업장	· 처음 위반의 경우 : 1.1 · 다음 위반부터는 그 위반 직전의 부과계수에 1.1을 곱한 것으로 한다.			

비고 : 사업장의 규모별 구분은 별표 13에 따른다.

3. 폐수무방류배출시설에 대한 위반횟수별 부과계수

　처음 위반한 경우 1.8로 하고, 다음 위반부터는 그 위반직전의 부과계수에 1.5를 곱한 것으로 한다.

[별표 17] 〈개정 2017. 1. 17〉

사업장별 환경기술인의 자격기준(제59조 제2항 관련)

구분	환경기술인
제1종 사업장	수질환경기사 1명 이상
제2종 사업장	수질환경산업기사 1명 이상
제3종 사업장	수질환경산업기사, 환경기능사 또는 3년 이상 수질분야 환경관련 업무에 직접 종사한 자 1명 이상
제4종 사업장 제5종 사업장	배출시설 설치허가를 받거나 배출시설 설치신고가 수리된 사업자 또는 배출시설 설치허가를 받거나 배출시설 설치신고가 수리된 사업자가 그 사업장의 배출시설 및 방지시설업무에 종사하는 피고용인 중에서 임명하는 자 1명 이상

비고 : 1. 사업장의 규모별 구분은 별표 13에 따른다.

2. 특정수질유해물질이 포함된 수질오염물질을 배출하는 제4종 또는 제5종 사업장은 제3종 사업장에 해당하는 환경기술인을 두어야 한다. 다만, 특정수질유해물질이 포함된 1일 10m³ 이하의 폐수를 배출하는 사업장의 경우에는 그러하지 아니하다.

3. 삭제 〈2017. 1. 17〉

4. 공동방지시설의 경우에는 폐수배출량이 제4종 또는 제5종 사업장의 규모에 해당하면 제3종 사업장에 해당하는 환경기술인을 두어야 한다.

5. 법 제48조에 따른 공공폐수처리시설에 폐수를 유입시켜 처리하는 제1종 또는 제2종 사업장은 제3종 사업장에 해당하는 환경기술인을, 제3종 사업장은 제4종 사업장·제5종 사업장에 해당하는 환경기술인을 둘 수 있다.

6. 방지시설 설치면제 대상인 사업장과 배출시설에서 배출되는 수질오염물질 등을 공동방지시설에서 처리하게 하는 사업장은 제4종 사업장·제5종 사업장에 해당하는 환경기술인을 둘 수 있다.

7. 연간 90일 미만 조업하는 제1종부터 제3종까지의 사업장은 제4종 사업장·제5종 사업장에 해당하는 환경기술인을 선임할 수 있다.

8. 「대기환경보전법」 제40조제1항에 따라 대기환경기술인으로 임명된 자가 수질환경기술인의 자격을 함께 갖춘 경우에는 수질환경기술인을 겸임할 수 있다.

9. 환경산업기사 이상의 자격이 있는 자를 임명하여야 하는 사업장에서 환경기술인을 바꾸어 임명하는 경우로서 자격이 있는 구직자를 찾기 어려운 경우 등 부득이한 사유가 있는 경우에는 잠정적으로 30일 이내의 범위에서는 제4종 사업장·제5종 사업장의 환경기술인 자격에 준하는 자를 그 자격을 갖춘 자로 보아 제59조제1항제2호에 따른 신고를 할 수 있다.

(2) 시행규칙 별표

[별표 1] 〈개정 2021. 12. 10.〉

기타수질오염원(제2조 관련)

시설구분	대상	규모
1. 수산물 양식시설	가. 「양식산업발전법 시행령」 제9조제8항제2호에 따른 가두리양식업시설	면허대상 모두
	나. 「양식산업발전법 시행령」 제29조제1항제1호에 따른 육상수조식해수양식업시설	수조면적의 합계가 500제곱미터 이상일 것
	다. 「양식산업발전법 시행령」 제29조제2항제1호에 따른 육상수조식내수양식업시설	수조면적의 합계가 500제곱미터 이상일 것
2. 골프장	「체육시설의 설치·이용에 관한 법률 시행령」 별표 1에 따른 골프장	면적이 3만 제곱미터 이상이거나 3홀 이상일 것 (법 제53조제1항에 따라 비점오염원으로 설치 신고대상인 골프장은 제외한다)
3. 운수장비 정비 또는 폐차장 시설	가. 동력으로 움직이는 모든 기계류·기구류·장비류의 정비를 목적으로 사용하는 시설	면적이 200제곱미터 이상(검사장 면적을 포함한다)일 것
	나. 자동차 폐차장시설	면적이 1천 500제곱미터 이상일 것
4. 농축수산물 단순가공시설	가. 조류의 알을 물세척만 하는 시설	물사용량이 1일 5세제곱미터 이상 [「하수도법」 제2조제9호 및 제13호에 따른 공공하수처리시설 및 개인하수처리시설(이하 이 호에서 "공공하수처리시설 및 개인하수처리시설"이라 한다)에 유입하는 경우에는 1일 20세제곱미터 이상]일 것
	나. 1차 농산물을 물세척만 하는 시설	물사용량이 1일 5세제곱미터 이상 (공공하수처리시설 및 개인하수처리시설에 유입하는 경우에는 1일 20세제곱미터 이상)일 것
	다. 농산물의 보관·수송 등을 위하여 소금으로 절임만 하는 시설	용량이 10세제곱미터 이상 (공공하수처리시설 및 개인하수처리시설에 유입하는 경우에는 1일 20세제곱미터 이상)일 것
	라. 고정된 배수관을 통하여 바다로 직접 배출하는 시설(양식어민이 직접 양식한 굴의 껍질을 제거하고 물세척을 하는 시설을 포함한다)로서 해조류·갑각류·조개류를 채취한 상태 그대로 물세척만 하거나 삶은 제품을 구입하여 물세척만 하는 시설	물사용량이 1일 5세제곱미터 이상 (농축수산물 단순가공시설이 바다에 붙어 있는 경우에는 물사용량이 1일 20세제곱미터 이상)일 것
5. 사진 처리 또는 X - Ray 시설	가. 무인자동식 현상·인화·정착시설	1대 이상일 것
	나. 한국표준산업분류 733사진촬영 및 처리업의 사진처리시설(X - Ray시설을 포함한다) 중에서 폐수를 전량 위탁처리하는 시설	1대 이상일 것
6. 금은판매점의 세공시설이나 안경원	가. 금은판매점의 세공시설(「국토의 계획 및 이용에 관한 법률 시행령」 제30조에 따른 준주거지역 및 상업지역에서 금은을 세공하여 금은판매점에 제공하는 시설을 포함한다)에서 발생되는 폐수를 전량 위탁처리하는 시설	폐수발생량이 1일 0.01세제곱미터 이상일 것
	나. 안경원에서 렌즈를 제작하는 시설	1대 이상일 것
7. 복합물류터미널 시설	화물의 운송, 보관, 하역과 관련된 작업을 하는 시설	면적이 20만제곱미터 이상일 것

시설구분	대상	규모
8. 거점소독시설	조류인플루엔자 등의 방역을 위하여 축산 관련 차량의 소독을 실시하는 시설	면적이 15제곱미터 이상일 것

비고 : 1. 제1호나목 및 다목에 해당되는 시설 중 증발과 누수로 인하여 줄어드는 물을 보충하여 양식하는 양식장, 전복양식장은 제외한다.

2. 제8호의 거점소독시설은 「가축전염병 예방법」 제3조제1항에 따른 가축전염병 예방 및 관리대책에 따른 거점소독시설 및 같은 조 제5항에 따라 농림축산식품부장관이 고시한 방역기준에 따른 거점소독시설을 말한다.

3. 「환경영향평가법 시행령」 별표 3 제1호아목에 해당되어 비점오염원 설치신고 대상이 되는 사업은 기타수질오염원 신고 대상에서 제외한다.

[별표 2] 〈개정 2020. 11. 27〉

수질오염물질(제3조 관련)

1. 구리와 그 화합물
2. 납과 그 화합물
3. 니켈과 그 화합물
4. 총 대장균군
5. 망간과 그 화합물
6. 바륨화합물
7. 부유물질
8. 삭제〈2019. 10. 17〉
9. 비소와 그 화합물
10. 산과 알칼리류
11. 색소
12. 세제류
13. 셀레늄과 그 화합물
14. 수은과 그 화합물
15. 시안화합물
16. 아연과 그 화합물
17. 염소화합물
18. 유기물질
19. 삭제〈2019. 10. 17〉
20. 유류(동ㆍ식물성을 포함한다)
21. 인화합물
22. 주석과 그 화합물
23. 질소화합물
24. 철과 그 화합물
25. 카드뮴과 그 화합물
26. 크롬과 그 화합물
27. 불소화합물
28. 페놀류
29. 페놀
30. 펜타클로로페놀
31. 황과 그 화합물
32. 유기인 화합물
33. 6가크롬 화합물
34. 테트라클로로에틸렌
35. 트리클로로에틸렌
36. 폴리클로리네이티드바이페닐
37. 벤젠
38. 사염화탄소
39. 디클로로메탄
40. 1,1 - 디클로로에틸렌
41. 1,2 - 디클로로에탄
42. 클로로포름
43. 생태독성물질
   (물벼룩에 대한 독성을 나타내는 물질만 해당한다)
44. 1,4 - 다이옥산
45. 디에틸헥실프탈레이트(DEHP)
46. 염화비닐
47. 아크릴로니트릴
48. 브로모포름
49. 퍼클로레이트
50. 아크릴아미드
51. 나프탈렌
52. 폼알데하이드
53. 에피클로로하이드린
54. 톨루엔
55. 자일렌
56. 스티렌
57. 비스(2-에틸헥실) 아디페이트
58. 안티몬
59. 과불화옥탄산(PFOA)
60. 과불화옥탄술폰산(PFOS)
61. 과불화헥산술폰산(PFHxS)

[별표 3] 〈개정 2017. 1. 19〉

특정수질유해물질(제4조 관련)

1. 구리와 그 화합물	18. 1, 2-디클로로에탄
2. 납과 그 화합물	19. 클로로포름
3. 비소와 그 화합물	20. 1,4-다이옥산
4. 수은과 그 화합물	21. 디에틸헥실프탈레이트(DEHP)
5. 시안화합물	22. 염화비닐
6. 유기인 화합물	23. 아크릴로니트릴
7. 6가크롬 화합물	24. 브로모포름
8. 카드뮴과 그 화합물	25. 아크릴아미드
9. 테트라클로로에틸렌	26. 나프탈렌
10. 트리클로로에틸렌	27. 폼알데하이드
11. 삭제 〈2016. 5. 20〉	28. 에피클로로하이드린
12. 폴리클로리네이티드바이페닐	29. 페놀
13. 셀레늄과 그 화합물	30. 펜타클로로페놀
14. 벤젠	31. 스티렌
15. 사염화탄소	32. 비스(2-에틸헥실) 아디페이트
16. 디클로로메탄	33. 안티몬
17. 1, 1-디클로로에틸렌	

[별표 5] 〈개정 2019. 12. 20〉

수질오염방지시설(제7조 관련)

1. 물리적 처리시설	2. 화학적 처리시설	3. 생물화학적 처리시설
가. 스크린	가. 화학적 침강시설	가. 살수여과상
나. 분쇄기	나. 중화시설	나. 폭기(瀑氣)시설
다. 침사(沈砂)시설	다. 흡착시설	다. 산화시설(산화조(酸化槽) 또는 산화
라. 유수분리시설	라. 살균시설	지(酸化池)를 말한다)
마. 유량조정시설(집수조)	마. 이온교환시설	라. 혐기성·호기성 소화시설
바. 혼합시설	바. 소각시설	마. 접촉조(接觸槽 : 폐수를 염소 등의
사. 응집시설	사. 산화시설	약품과 접촉시키기 위한 탱크)
아. 침전시설	아. 환원시설	바. 안정조
자. 부상시설	자. 침전물 개량시설	사. 돈사톱밥발효시설
차. 여과시설		
카. 탈수시설		
타. 건조시설		
파. 증류시설		
하. 농축시설		

4. 제1호부터 제3호까지의 시설과 같거나 그 이상의 방지효율을 가진 시설로서 환경부장관이 인정하는 시설

5. 별표 6에 따른 비점오염저감시설

비고 : 제1호다목부터 마목까지의 시설은 해당 시설에 유입되는 수질오염물질을 더 이상 처리하지 아니하고 직접 최종방류구에
유입시키거나 최종방류구를 거치지 아니하고 배출하는 경우에는 이를 수질오염방지시설로 보지 아니한다. 다만, 그 시설
이 최종처리시설인 경우에는 수질오염방지시설로 본다.

[별표 6] 〈개정 2019. 12. 20〉

비점오염저감시설(제8조 관련)

1. 다음 각 목의 구분에 따른 시설

가. 자연형 시설

1) 저류시설 : 강우유출수를 저류(貯留)하여 침전 등에 의하여 비점오염물질을 줄이는 시설로 저류지 · 연못 등을 포함한다.

2) 인공습지 : 침전, 여과, 흡착, 미생물 분해, 식생 식물에 의한 정화 등 자연상태의 습지가 보유하고 있는 정화 능력을 인위적으로 향상시켜 비점오염물질을 줄이는 시설을 말한다.

3) 침투시설 : 강우유출수를 지하로 침투시켜 토양의 여과 · 흡착 작용에 따라 비점오염물질을 줄이는 시설로서 투수성(透水性)포장, 침투조, 침투저류지, 침투도랑 등을 포함한다.

4) 식생형 시설 : 토양의 여과 · 흡착 및 식물의 흡착(吸着)작용으로 비점오염물질을 줄임과 동시에, 동 · 식물 서식공간을 제공하면서 녹지경관으로 기능하는 시설로서 식생여과대와 식생수로 등을 포함한다.

나. 장치형 시설

1) 여과형 시설 : 강우유출수를 집수조 등에서 모은 후 모래 · 토양 등의 여과재(濾過材)를 통하여 걸러 비점오염 물질을 줄이는 시설을 말한다.

2) 소용돌이형 시설 : 중앙회전로의 움직임으로 소용돌이가 형성되어 기름 · 그리스(grease) 등 부유성(浮游性) 물질은 상부로 부상시키고, 침전가능한 토사, 협잡물(挾雜物)은 하부로 침전 · 분리시켜 비 점오염물질을 줄이는 시설을 말한다.

3) 스크린형 시설 : 망의 여과 · 분리 작용으로 비교적 큰 부유물이나 쓰레기 등을 제거하는 시설로서 주로 전(前) 처리에 사용하는 시설을 말한다.

4) 응집 · 침전 처리형 시설 : 응집제(應集劑)를 사용하여 비점오염물질을 응집한 후, 침강시설에서 고형물질을 침전 · 분리시키는 방법으로 부유물질을 제거하는 시설을 말한다.

5) 생물학적 처리형 시설 : 전처리시설에서 토사 및 협잡물 등을 제거한 후 미생물에 의하여 콜로이드(colloid)성, 용존성(溶存性) 유기물질을 제거하는 시설을 말한다.

2. 위 제1호의 시설과 같거나 그 이상의 저감효율을 갖는 시설로서 환경부장관이 인정하여 고시하는 시설

[별표 7] 〈개정 2012. 1. 19〉

총량관리 단위유역의 수질 측정방법(제10조 관련)

1. 목표수질지점에 대한 수질 측정은 기본방침 및 「환경분야 시험·검사 등에 관한 법률」 제6조제1항제5호에 따른 환경오염 공정시험기준에 따른다.

2. 목표수질지점별로 연간 30회 이상 측정하여야 한다.

3. 제2호에 따른 수질 측정 주기는 8일 간격으로 일정하여야 한다. 다만, 홍수, 결빙, 갈수(渴水) 등으로 채수(採水)가 불가능한 특정 기간에는 그 측정 주기를 늘리거나 줄일 수 있다.

4. 제1호부터 제3호까지에 따른 수질 측정 결과를 토대로 다음과 같이 평균수질을 산정하여 해당 목표수질지점의 수질변동을 확인한다.

가. 평균수질 $= e^{(변환평균수질 + 변환분산/2)}$

나. 변환평균수질 $= \dfrac{\ln(측정수질) + \ln(측정수질) + \cdots\cdots}{측정횟수}$

다. 변환분산 $= \dfrac{\{\ln(측정수질) - 변환평균수질\}^2 + \cdots\cdots}{측정횟수 - 1}$

비고 : 측정수질은 산정 시점으로부터 과거 3년간 측정한 것으로 하며, 그 단위는 리터당 밀리그램(mg/L)으로 표시한다.

[별표 10] 〈개정 2019. 10. 17〉

공공폐수처리시설의 방류수 수질기준(제26조 관련)

1. 방류수 수질기준 (2020년 1월 1일부터 적용되는 기준)

구분	수질기준			
	I 지역	II 지역	III 지역	IV 지역
생물화학적 산소요구량(BOD) (mg/L)	10(10) 이하	10(10) 이하	10(10) 이하	10(10) 이하
총유기 탄소량(TOC) (mg/L)	15(25) 이하	15(25) 이하	25(25) 이하	25(25) 이하
부유물질(SS) (mg/L)	10(10) 이하	10(10) 이하	10(10) 이하	10(10) 이하
총질소(T-N) (mg/L)	20(20) 이하	20(20) 이하	20(20) 이하	20(20) 이하
총인(T-P) (mg/L)	0.2(0.2) 이하	0.3(0.3) 이하	0.5(0.5) 이하	2(2) 이하
총대장균군수 (개/mL)	3,000 (3,000) 이하	3,000 (3,000) 이하	3,000 (3,000) 이하	3,000 (3,000) 이하
생태독성(TU)	1(1) 이하	1(1) 이하	1(1) 이하	1(1) 이하

비고 : 1. 산업단지 및 농공단지 공공폐수처리시설의 페놀류 등 수질오염물질의 방류수 수질기준은 위 표에도 불구하고 해당 처리시설에서 처리할 수 있는 수질오염물질 항목으로 한정하여 별표 13 제2호나목의 표 중 특례지역에 적용되는 배출허용기준의 범위에서 해당 처리시설 설치사업시행자의 요청에 따라 환경부장관이 정하여 고시한다.

2. 적용기간에 따른 수질기준란의 ( )는 농공단지 공공폐수처리시설의 방류수 수질기준을 말한다.

3. 생태독성 항목의 방류수 수질기준은 물벼룩에 대한 급성독성시험기준을 말한다.

4. 생태독성 방류수 수질기준 초과의 경우 그 원인이 오직 염(산의 음이온과 염기의 양이온에 의해 만들어지는 화합물을 말한다. 이하 같다) 성분 때문이라고 증명된 때에는 그 방류수를 법 제2조제9호의 공공수역 중 항만 또는 연안해역에 방류하는 경우에 한정하여 생태독성 방류수 수질기준을 초과하지 않는 것으로 본다.

5. 제4호에 따른 생태독성 방류수 수질기준 초과원인이 오직 염 성분 때문이라는 증명에 필요한 구비서류, 절차·방법 등에 관하여 필요한 사항은 국립환경과학원장이 정하여 고시한다.

2. 적용대상 지역

구분	범위
I 지역	가. 「수도법」제7조에 따라 지정·공고된 상수원보호구역 나. 「환경정책기본법」제22조제1항에 따라 지정·고시된 특별대책지역 중 수질보전 특별대책지역으로 지정·고시된 지역 다. 「한강수계 상수원수질개선 및 주민지원 등에 관한 법률」제4조제1항, 「낙동강수계 물관리 및 주민지원 등에 관한 법률」제4조제1항, 「금강수계 물관리 및 주민지원 등에 관한 법률」제4조제1항 및 「영산강·섬진강수계 물관리 및 주민지원 등에 관한 법률」제4조제1항에 따라 각각 지정·고시된 수변구역 라. 「새만금사업 촉진을 위한 특별법」제2조제1호에 따른 새만금사업지역으로 유입되는 하천이 있는 지역으로서 환경부장관이 정하여 고시하는 지역
II 지역	법 제22조제2항에 따라 고시된 중권역 중 생물화학적 산소요구량(BOD) 또는 총인(T-P) 항목의 수치가 법 제10조의2제1항에 따른 물환경 목표기준을 초과하였거나 초과할 우려가 현저한 지역으로서 환경부장관이 정하여 고시하는 지역
III 지역	법 제22조제2항에 따라 고시된 중권역 중 한강·금강·낙동강·영산강·섬진강 수계에 포함되는 지역으로서 환경부장관이 정하여 고시하는 지역(I 지역 및 II 지역을 제외한다)
IV 지역	I 지역, II 지역 및 III지역을 제외한 지역

[별표 12] 〈개정 2020. 11. 27〉

안내판의 규격 및 내용(제29조 관련)

1. 안내판의 규격

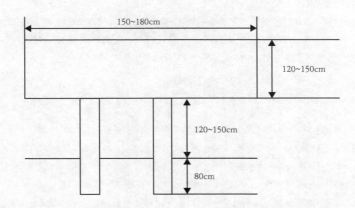

두께 및 재질 : 3밀리미터 또는 4밀리미터 두께의 철판

바탕색 : 청색

글씨 : 흰색

2. 안내판의 내용

가. 낚시금지구역

알림

1. 이 지역은 「물환경보전법」 제20조제1항에 따라 지정된 낚시금지구역입니다.

2. 낚시금지구역에서는 하천·호소의 수질을 보전하기 위하여 「물환경보전법」 제20조제1항에 따라 낚시행위가 모두 금지되며, 이를 위반하여 낚시행위를 한 사람에게는 「물환경보전법」 제82조제2항제1호에 따라 300만원 이하의 과태료가 부과되오니 이를 위반하는 일이 없도록 협조하여 주시기 바랍니다.

년 월 일

○○ 시장·군수·구청장

○○ 경찰서장

나. 낚시제한구역

알림

1. 이 지역은 「물환경보전법」 제20조제1항에 따라 지정된 낚시제한구역입니다.
2. 낚시제한구역에서는 하천·호소의 수질을 보전하기 위하여 「물환경보전법」 제20조제1항과 같은 법 시행규칙 제30조에 따라 아래의 행위가 금지되며, 이를 위반할 경우 「물환경보전법」 제82조제3항제2호에 따라 100만원 이하의 과태료가 부과되오니 이를 위반하는 일이 없도록 협조하여 주시기 바랍니다.

아래

가. 낚시바늘에 끼워서 사용하지 아니하고 고기를 유인하기 위하여 떡밥·어분 등을 던지는 행위
나. 어선을 이용한 낚시행위 등 「낚시어선업법」에 따른 낚시어선업을 영위하는 행위
다. 1명당 4대 이상의 낚시대를 사용하는 행위
라. 1개의 낚시대에 5개 이상의 낚시 바늘을 떡밥과 뭉쳐서 미끼로 던지는 행위
마. 쓰레기를 버리거나 취사행위를 하거나 화장실이 아닌 곳에서 대·소변을 보는 등 수질오염을 일으킬 우려가 있는 행위
바. 고기를 잡기 위하여 폭발물·배터리·어망 등을 이용하는 행위
사. 「내수면어업법 시행령」 제17조에 따른 내수면 수산자원의 포획금지행위
아. 낚시로 인한 수질오염을 예방하기 위하여 그 밖에 시·군·자치구의 조례로 정하는 행위

년 월 일
○○ 시장·군수·구청장
○○ 경찰서장

비고 : 제2호사목 및 아목은 해당되는 내용이 있는 경우에만 적는다.

[별표 13] 〈개정 2021. 12. 10.〉

수질오염물질의 배출허용기준(제34조 관련)

1. 지역구분 적용에 대한 공통기준

가. 제2호 각 목 및 비고의 지역구분란의 청정지역, 가지역, 나지역 및 특례지역은 다음과 같다.

1) 청정지역 : 「환경정책기본법 시행령」 별표 1 제3호에 따른 수질 및 수생태계 환경기준(이하 "수질 및 수생태계 환경기준"이라 한다) 매우 좋음(Ⅰa) 등급 정도의 수질을 보전하여야 한다고 인정되는 수역의 수질에 영향을 미치는 지역으로서 환경부장관이 정하여 고시하는 지역

2) 가지역 : 수질 및 수생태계 환경기준 좋음(Ⅰb), 약간 좋음(Ⅱ) 등급 정도의 수질을 보전하여야 한다고 인정되는 수역의 수질에 영향을 미치는 지역으로서 환경부장관이 정하여 고시하는 지역

3) 나지역 : 수질 및 수생태계 환경기준 보통(Ⅲ), 약간 나쁨(Ⅳ), 나쁨(Ⅴ) 등급 정도의 수질을 보전하여야 한다고 인정되는 수역의 수질에 영향을 미치는 지역으로서 환경부장관이 정하여 고시하는 지역

4) 특례지역 : 공공폐수처리구역 및 시장·군수가 「산업입지 및 개발에 관한 법률」 제8조에 따라 지정하는 농공단지

나. 「자연공원법」 제2조제1호에 따른 자연공원의 공원구역 및 「수도법」 제7조에 따라 지정·공고된 상수원보호구역은 제2호에 따른 항목별 배출허용기준을 적용할 때에는 청정지역으로 본다.

다. 정상가동 중인 공공하수처리시설에 배수설비를 연결하여 처리하고 있는 폐수배출시설에 제2호에 따른 항목별 배출허용기준(같은 호 나목의 항목은 해당 공공하수처리시설에서 처리하는 수질오염물질 항목만 해당한다)을 적용할 때에는 나지역의 기준을 적용한다.

2. 항목별 배출허용기준

가. 생물화학적산소요구량·화학적산소요구량·부유물질량

1) 2019년 12월 31일까지 적용되는 기준

대상규모 항목 지역구분	1일 폐수배출량 2천 세제곱미터 이상			1일 폐수배출량 2천 세제곱미터 미만		
	생물화학적 산소요구량 (mg/L)	화학적 산소요구량 (mg/L)	부유 물질량 (mg/L)	생물화학적 산소요구량 (mg/L)	화학적 산소요구량 (mg/L)	부유 물질량 (mg/L)
청정지역	30 이하	40 이하	30 이하	40 이하	50 이하	40 이하
가지역	60 이하	70 이하	60 이하	80 이하	90 이하	80 이하
나지역	80 이하	90 이하	80 이하	120 이하	130 이하	120 이하
특례지역	30 이하	40 이하	30 이하	30 이하	40 이하	30 이하

비고 : 1. 하수처리구역에서 「하수도법」 제28조에 따라 공공하수도관리청의 허가를 받아 폐수를 공공하수도에 유입시키지 않고 공공수역으로 배출하는 폐수배출시설 및 「하수도법」 제27조제1항을 위반하여 배수설비를 설치하지 않고 폐수를 공공수역으로 배출하는 사업장에 대한 배출허용기준은 공공하수처리시설의 방류수 수질기준을 적용한다.

2. 「국토의 계획 및 이용에 관한 법률」 제6조제2호에 따른 관리지역에서의 「건축법 시행령」 별표 1 제17호에 따른 공장에 대한 배출허용기준은 특례지역의 기준을 적용한다.

2) 2020년 1월 1일부터 적용되는 기준

대상규모 항목 지역구분	1일 폐수배출량 2천 세제곱미터 이상			1일 폐수배출량 2천 세제곱미터 미만		
	생물화학적 산소요구량 (mg/L)	총유기 탄소량 (mg/L)	부유 물질량 (mg/L)	생물화학적 산소요구량 (mg/L)	총유기 탄소량 (mg/L)	부유 물질량 (mg/L)
청정지역	30 이하	25 이하	30 이하	40 이하	30 이하	40 이하
가지역	60 이하	40 이하	60 이하	80 이하	50 이하	80 이하
나지역	80 이하	50 이하	80 이하	120 이하	75 이하	120 이하
특례지역	30 이하	25 이하	30 이하	30 이하	25 이하	30 이하

비고 : 1. 하수처리구역에서 「하수도법」 제28조에 따라 공공하수도관리청의 허가를 받아 폐수를 공공하수도에 유입시키지 않고 공공수역으로 배출하는 폐수배출시설 및 「하수도법」 제27조제1항을 위반하여 배수설비를 설치하지 않고 폐수를 공공수역으로 배출하는 사업장에 대한 배출허용기준은 공공하수처리시설의 방류수 수질기준을 적용한다.

2. 「국토의 계획 및 이용에 관한 법률」 제6조제2호에 따른 관리지역에서의 「건축법 시행령」 별표 1 제17호에 따른 공장에 대한 배출허용기준은 특례지역의 기준을 적용한다.

3. 특례지역(공공폐수처리구역의 경우로 한정한다) 내 폐수배출시설에서 발생한 폐수를 공공폐수처리시설에 유입하지 않고 공공수역으로 배출하는 사업장에 대한 배출허용기준은 공공폐수처리시설의 방류수 수질기준을 적용한다.

[벌칙]
1. 벌금

구분	해당 행위 및 경우
7년 이하의 징역 또는 7천만원 이하의 벌금	1. 배출시설의 설치 허가 또는 변경허가를 받지 아니하거나 거짓으로 허가 또는 변경허가를 받아 배출시설을 설치 또는 변경하거나 그 배출시설을 이용하여 조업한 자 2. 배출시설의 설치를 제한하는 지역(상수원보호구역의 상류지역, 특별대책지역 및 그 상류지역, 취수시설이 있는 지역 및 그 상류지역의 배출시설)에서 제한되는 배출시설을 설치하거나 그 시설을 이용하여 조업한 자 3. 다음 각 호의 어느 하나에 해당하는 행위를 한 자 　가. 폐수무방류배출시설에서 배출되는 폐수를 사업장 밖으로 반출하거나 공공수역으로 배출하거나 배출할 수 있는 시설을 설치하는 행위 　나. 폐수무방류배출시설에서 배출되는 폐수를 오수 또는 다른 배출시설에서 배출되는 폐수와 혼합하여 처리하거나 처리할 수 있는 시설을 설치하는 행위 　다. 폐수무방류배출시설에서 배출되는 폐수를 재이용하는 경우 동일한 폐수무방류배출시설에서 재이용하지 아니하고 다른 배출시설에서 재이용하거나 화장실 용수, 조경용수 또는 소방용수 등으로 사용하는 행위
5년 이하의 징역 또는 5천만원 이하의 벌금	1. 초과배출자에 대한 조치 명령에 따른 조업정지·폐쇄 명령을 이행하지 아니한 자 2. 배출시설 설치 신고를 하지 아니하거나 거짓으로 신고를 하고 배출시설을 설치하거나 그 배출시설을 이용하여 조업한 자 3. 다음 각 호의 어느 하나에 해당하는 행위를 한 자 　가. 배출시설에서 배출되는 수질오염물질을 방지시설에 유입하지 아니하고 배출하거나 방지시설에 유입하지 아니하고 배출할 수 있는 시설을 설치하는 행위 　나. 방지시설에 유입되는 수질오염물질을 최종 방류구를 거치지 아니하고 배출하거나 최종 방류구를 거치지 아니하고 배출할 수 있는 시설을 설치하는 행위 　다. 배출시설에서 배출되는 수질오염물질에 공정(工程) 중 배출되지 아니하는 물 또는 공정 중 배출되는 오염되지 아니한 물을 섞어 처리하거나 배출허용기준을 초과하는 수질오염물질이 방지시설의 최종 방류구를 통과하기 전에 오염도를 낮추기 위하여 물을 섞어 배출하는 행위. 다만, 환경부장관이 환경부령으로 정하는 바에 따라 희석하여야만 수질오염물질을 처리할 수 있다고 인정하는 경우와 그 밖에 환경부령으로 정하는 경우는 제외한다. 　라. 그 밖에 배출시설 및 방지시설을 정당한 사유 없이 정상적으로 가동하지 아니하여 배출허용기준을 초과한 수질오염물질을 배출하는 행위 4. 측정기기의 부착 조치를 하지 아니한 자(적산전력계 또는 적산유량계를 부착하지 아니한 자는 제외한다) 5. 다음에 해당하는 행위를 한 자 　가. 고의로 측정기기를 작동하지 아니하게 하거나 정상적인 측정이 이루어지지 아니하도록 하는 행위 　나. 측정 결과를 누락시키거나 거짓으로 측정 결과를 작성하는 행위 　다. 측정기기 관리대행업자에게 측정값을 조작하게 하는 등 측정·분석 결과에 영향을 미칠 수 있는 행위 6. 배출시설의 조업정지명령을 위반한 자 7. 배출시설의 조업정지 또는 폐쇄 명령을 위반한 자 8. 사용중지명령 또는 폐쇄명령을 위반한 자 9. 공공폐수처리시설을 운영하는 자 중 환경부령으로 정하는 정당한 사유없이 다음 각호의 어느 하나에 해당하는 행위를 한 자 　가. 공공폐수처리구역에 배출시설을 설치하려는 자 및 폐수를 배출하려는 자 중 폐수관로로 유입된 수질오염물질을 정당한 사유 없이 공공폐수처리시설에 유입하지 아니하고 배출하거나 공공폐수처리시설에 유입시키지 아니하고 배출할 수 있는 시설을 설치하는 행위 　나. 공공폐수처리시설에 유입된 수질오염물질을 최종 방류구를 거치지 아니하고 배출하거나 최종 방류구를 거치지 아니하고 배출할 수 있는 시설을 설치하는 행위 　다. 공공폐수처리시설에 유입된 수질오염물질에 오염되지 아니한 물을 섞어 처리하거나 방류수 수질기준을 초과하는 수질오염물질이 공공폐수처리시설의 최종 방류구를 통과하기 전에 오염도를 낮추기 위하여 물을 섞어 배출하는 행위

구분	해당 행위 및 경우
3년 이하의 징역 또는 3천만원 이하의 벌금	1. 정당한 사유없이 공공수역에 특정수질유해물질 등을 누출·유출하거나 버린 자 2. 폐수처리업의 허가 등 규정을 위반하여 허가 또는 변경허가를 받지 아니하거나 거짓이나 그 밖의 부정한 방법으로 허가 또는 변경허가를 받아 폐수처리업을 한 자
1년 이하의 징역 또는 1천만원 이하의 벌금	1. 공공폐수처리시설의 개선 등의 조치명령을 위반한 자 2. 업무상 과실 또는 중대한 과실로 인하여 특정수질유해물질 등을 누출·유출한 자 3. 공공수역에 규정을 위반하여 분뇨·가축분뇨 등을 버린 자 4. 〈삭제〉 5. 규정에 의한 방제조치의 이행명령을 위반한 자 6. 상수원의 수질보전을 위한 통행제한을 위반한 자(상수원보호구역, 특별대책지역, 한강수계 상수원수질개선 및 주민지원 등에 관한 법률」 제4조, 「낙동강수계 물관리 및 주민지원 등에 관한 법률」 제4조, 「금강수계 물관리 및 주민지원 등에 관한 법률」 제4조 및 「영산강·섬진강수계 물관리 및 주민지원 등에 관한 법률」 제4조에 따라 각각 지정·고시된 수변구역, 상수원에 중대한 오염을 일으킬 수 있어 환경부령으로 정하는 지역) 7. 상수원의 수질개선을 위한 특별조치명령을 위반한 자 8. 규정에 의한 가동시작 신고를 하지 아니하고 조업한 자 9. 제37조제4항(환경부장관은 제1항에 따라 가동시작 신고를 한 폐수무방류배출시설에 대하여 신고일부터 10일 이내에 제33조제11항에 따른 허가 또는 변경허가의 기준에 맞는지를 조사하여야 한다)에 따른 조사를 거부·방해 또는 기피한 자 9.2 수질오염방지시설(공동방지시설을 포함한다), 공공폐수처리시설 또는 공공하수처리시설의 운영을 수탁받은 자에게 측정기기의 관리업무를 대행하게 한 자 10. 측정기기부착사업자등과 측정기기 관리대행업자에 대한 조업정지명령을 이행하지 아니한 자 10.2 측정기기 관리대행업의 등록 또는 변경등록을 하지 아니하고 측정기기 관리업무를 대행한 자 11. 공공폐수처리시설의 운영·관리에 따른 시설의 개선 등의 조치명령을 위반한 자 12. 규정에 의한 신고를 하지 아니하거나 다음 각 호에 해당하지 않은 경우에 비점오염저감시설을 설치하지 아니한 자 　가. 사업장의 강우 유출수의 오염도가 항상 배출허용기준 이하인 경우로서 대통령령으로 정하는 바에 따라 환경부장관이 인정하는 경우 　나. 완충저류시설의 설치·관리 규정에 따른 완충저류시설에 유입하여 강우 유출수를 처리하는 경우 　다. 하나의 부지에 다음에 해당하는 자가 둘 이상인 경우로서 환경부령으로 정하는 바에 따라 비점오염원을 적정하게 관리할 수 있다고 환경부장관이 인정하는 경우 　　㉠ 대통령령으로 정하는 규모 이상의 도시의 개발, 산업단지의 조성, 그 밖에 비점오염원에 의한 오염을 유발하는 사업으로서 대통령령으로 정하는 사업을 하려는 자 　　㉡ 대통령령으로 정하는 규모 이상의 사업장에 제철시설, 섬유염색시설, 그 밖에 대통령령으로 정하는 폐수배출시설을 설치하는 자 　　㉢ 사업이 재개(再開)되거나 사업장이 증설되는 등 대통령령으로 정하는 경우가 발생하여 ㉠ 또는 ㉡에 해당되는 자 13. 비점오염저감계획의 이행명령 또는 비점오염저감시설의 설치·개선 명령을 위반한 자 13.2 성능검사를 받지 아니한 비점오염저감시설을 공급한 자 13.3 성능검사 판정의 취소처분을 받은 자 또는 성능검사 판정이 취소된 비점오염저감시설을 공급한 자 14. 기타수질오염원을 신고를 하지 아니하고 기타수질오염원을 설치 또는 관리한 자 15. 기타 수질오염원의 설치신고 규정에 따른 조업정지·폐쇄 명령을 위반한 자 16. 삭제 〈2019. 11. 26.〉 17. 보고검사에 따른 관계 공무원의 출입·검사를 거부·방해 또는 기피한 폐수무방류배출시설을 설치·운영하는 사업자

구분	해당 행위 및 경우
500만원 이하의 벌금	1. 측정기기부착사업자등에 대한 조치명령 및 조업정지명령에 따른 조치명령을 이행하지 아니한 자 2. 다음의 준수사항을 지키지 아니한 폐수처리업자 　가. 폐수의 처리능력과 처리가능성을 고려하여 수탁할 것 　나. 기술능력 · 시설 및 장비 등을 항상 유지 · 점검하여 폐수처리업의 적정 운영에 지장이 없도록 할 것 3. 관계 공무원의 출입 · 검사를 거부 · 방해 또는 기피한 자(폐수무방류배출시설을 설치 · 운영하는 사업자는 제외한다)
100만원 이하의 벌금	1. 적산전력계 또는 적산유량계를 부착하지 아니한 자 2. 환경기술인의 업무를 방해하거나 환경기술인의 요청을 정당한 사유 없이 거부한 자

비고 : 법인의 대표자나 법인 또는 개인의 대리인, 사용인, 그 밖의 종업원이 그 법인 또는 개인의 업무에 관하여 벌칙 위반행위를 하면 그 행위자를 벌하는 외에 그 법인 또는 개인에게도 해당 조문의 벌금형을 과(科)한다. 다만, 법인 또는 개인이 그 위반행위를 방지하기 위하여 해당 업무에 관하여 상당한 주의와 감독을 게을리하지 아니한 경우에는 그러하지 아니하다.

2. 과태료

구분	해당 행위 및 경우
1천만원 이하의 과태료	1. 오염할당사업자 등이 측정기기를 부착하지 아니하거나 측정기기를 가동하지 아니한 자 2. 오염할당사업자 등이 측정 결과를 기록·보존하지 아니하거나 거짓으로 기록·보존한 자 2.2 공공수역에 환경부령으로 정하는 기준 이상의 토사를 유출하거나 버리는 행위를 한 자 3. 수질오염방지시설을 설치하지 아니하고 배출시설을 사용하는 자는 폐수의 처리, 보관방법 등 배출시설의 관리에 관하여 환경부령으로 정하는 사항(준수사항)을 지키지 아니한 자 3.2 측정기기 부착사업자 등의 금지행위 및 운영·관리기준 등의 규정에 따라 측정기기부착사업자 등은 측정기기를 운영하는 경우 부식, 마모, 고장 또는 훼손으로 정상적인 작동을 하지 아니하는 측정기기를 정당한 사유 없이 방치하는 행위를 한 자 3.3 측정기기 부착사업자 등의 금지행위 및 운영·관리기준 등의 규정에 따라 측정기기부착사업자등 및 측정기기 관리대행업자는 해당 측정기기로 측정한 결과의 신뢰도와 정확도를 지속적으로 유지할 수 있도록 환경부령으로 정하는 측정기기의 운영·관리기준을 위반하여 운영·관리기준을 준수하지 아니한 자 3.4 특정수질유해물질 배출량조사결과를 제출하지 아니하거나 거짓으로 제출한 자 3.5 특정수질유해물질 배출량조사 결과의 신뢰성을 확보하기 위하여 그 결과의 검증에 필요한 자료의 제출 명령을 이행하지 아니한 자 4. 환경기술인을 임명하지 아니한 자 5. 다음 각 호에 해당하는 자 중 비점오염원 규정에 따른 신고를 하지 아니한 자 　가. 대통령령으로 정하는 규모 이상의 도시의 개발, 산업단지의 조성, 그 밖에 비점오염원에 의한 오염을 유발하는 사업으로서 대통령령으로 정하는 사업을 하려는 자 　나. 대통령령으로 정하는 규모 이상의 사업장에 제철시설, 섬유염색시설, 그 밖에 대통령령으로 정하는 폐수배출시설을 설치하는 자 　다. 사업이 재개(再開)되거나 사업장이 증설되는 등 대통령령으로 정하는 경우가 발생하여 가. 또는 나.에 해당되는 자 6. 골프장의 잔디 및 수목 등에 맹·고독성 농약을 사용한 자 7. 폐수처리업의 규정에 따른 다음의 준수사항을 지키지 아니한 폐수처리업자 　가. 수탁받은 폐수를 다른 폐수처리업자에게 위탁하여 처리하지 아니할 것(다만, 사고 등으로 정상처리가 불가능하여 환경부령으로 정하는 기간 동안 폐수가 방치되는 경우는 제외) 　나. 수탁받은 폐수를 다른 폐수와 혼합하여 처리하려는 경우 환경부령으로 정하는 바에 따라 폐수 간 반응여부 등을 확인할 것 　다. 그 밖에 수탁폐수의 적정한 처리를 위하여 환경부령으로 정하는 사항
300만원 이하의 과태료	1. 토지의 소유자 또는 점유자 중 정당한 사유 없이 수생태계 현황 조사를 위해 소속 공무원 또는 조사자로 하여금 토지의 출입, 토지의 나무, 흙, 돌 또는 그 밖의 장애물을 변경하거나 제거하는 행위를 방해하거나 거부하는 자 1.2 낚시금지구역에서 낚시행위를 한 사람 2. 배출시설 등의 운영상황에 관한 기록을 보존하지 아니하거나 거짓으로 기록한 자 3. 삭제 4. 삭제 4.2 시행자는 공공폐수처리시설의 관리상태를 점검하기 위하여 5년마다 해당 공공폐수처리시설에 대하여 기술진단을 하고, 그 결과를 환경부장관에게 통보하여야 하는데, 이를 위반하여 기술진단을 실시하지 아니한 자

구분	해당 행위 및 경우
	5. 비점오염원의 설치신고·준수사항·개선명령 등 규정에 따라 다음 각 호에 해당하는 자 중 변경신고를 하지 아니한 자 　가. 대통령령으로 정하는 규모 이상의 도시의 개발, 산업단지의 조성, 그 밖에 비점오염원에 의한 오염을 유발하는 사업으로서 대통령령으로 정하는 사업을 하려는 자 　나. 대통령령으로 정하는 규모 이상의 사업장에 제철시설, 섬유염색시설, 그 밖에 대통령령으로 정하는 폐수배출시설을 설치하는 자 　다. 사업이 재개(再開)되거나 사업장이 증설되는 등 대통령령으로 정하는 경우가 발생하여 가. 또는 나.에 해당되는 자 6. 기타수질오염원을 설치·관리하는 자가 환경부령으로 정하는 바에 따라 수질오염물질의 배출을 방지·억제하기 위한 시설의 설치, 그 밖에 필요한 조치를 하지 아니한 자 7. 다음 각 호에 해당하는 자 중 물놀이형 수경시설의 설치신고 또는 변경신고를 하지 아니하고 시설을 운영한 자 　가. 국가·지방자치단체, 그 밖에 대통령령으로 정하는 공공기관이 설치·운영하는 물놀이형 수경시설(민간사업자 등에게 위탁하여 운영하는 시설도 포함한다.) 　나. 공공기관 이외의 자가 설치·운영하는 것으로서 다음 각 목의 어느 하나에 해당하는 시설에 설치하는 물놀이형 수경시설 　　㉠「공공보건의료에 관한 법률」에 따른 공공보건의료 수행기관 　　㉡「관광진흥법」에 따른 관광지 및 관광단지 　　㉢「도시공원 및 녹지 등에 관한 법률」에 따른 도시공원 　　㉣「체육시설의 설치·이용에 관한 법률」에 따른 체육시설 　　㉤「어린이놀이시설 안전관리법」에 따른 어린이 놀이시설 　　㉥「주택법」에 따른 공동주택 　　㉦「유통산업발전법」에 따른 대규모 점포 　　㉧ 그 밖에 환경부령으로 정하는 시설 8. 물놀이형 수경시설의 수질 기준 또는 관리 기준을 위반하거나 수질 검사를 받지 아니한 자
100만원 이하의 과태료	1. 하천·호소에서 자동차를 세차하는 행위를 위반한 자 2. 제한사항을 위반하여 낚시제한구역에서 낚시행위를 한 사람 3. 배출시설의 규정에 의한 변경신고를 하지 아니한 자 4. 기타 수질오염원 설치 규정에 따른 변경신고를 하지 아니한 자 4.2 폐수위탁사업자와 폐수처리업자가 해당 폐수의 인계·인수에 관한 내용 등 대통령령으로 정하는 사항을 환경부령으로 정하는 바에 따라 전자인계·인수관리시스템에 입력을 하지 아니하거나 거짓으로 입력한 자 5. 환경기술인 등의 교육을 받게 하지 아니한 자 6. 제68조제1항(환경부장관 또는 시·도지사는 환경부령으로 정하는 경우에는 다음 각 호의 자에게 필요한 보고를 명하거나 자료를 제출하게 할 수 있으며, 관계 공무원으로 하여금 해당 시설 또는 사업장 등에 출입하여 방류수 수질기준, 제32조에 따른 배출허용기준, 제33조에 따른 허가 또는 변경허가 기준의 준수 여부, 측정기기의 정상운영, 특정수질유해물질 배출량조사의 검증, 제53조제6항에 따른 준수사항, 제61조의2제4항에 따른 수질 기준 및 관리 기준의 준수 여부 또는 제66조의2제2항에 따른 전자인계·인수관리시스템의 입력 여부를 확인하기 위하여 수질오염물질을 채취하거나 관계 서류·시설·장비 등을 검사하게 할 수 있다.)에 따른 보고를 하지 아니하거나 거짓으로 보고한 자 또는 자료를 제출하지 아니하거나 거짓으로 제출한 자

비고 : 과태료는 대통령령으로 정하는 바에 따라 환경부장관, 시·도지사 또는 시장·군수·구청장이 부과·징수한다.

[별표 23] 〈개정 2020. 11. 27.〉

위임업무 보고사항(제107조 제1항 관련)

업무내용	보고횟수	보고기일	보고자
1. 폐수배출시설의 설치허가, 수질오염물질의 배출상황검사, 폐수배출시설에 대한 업무처리 현황	연 4회	매분기 종료 후 15일 이내	시·도지사
2. 폐수무방류배출시설의 설치허가(변경허가) 현황	수시	허가(변경허가) 후 10일 이내	시·도지사
3. 기타 수질오염원 현황	연 2회	매반기 종료 후 15일 이내	시·도지사
4. 폐수처리업에 대한 허가·지도단속실적 및 처리실적 현황	연 2회	매반기 종료 후 15일 이내	시·도지사
5. 폐수위탁·사업장 내 처리현황 및 처리실적	연 1회	다음 해 1월 15일까지	시·도지사
6. 환경기술인의 자격별·업종별 현황	연 1회	다음 해 1월 15일까지	시·도지사
7. 배출업소의 지도·점검 및 행정처분 실적	연 4회	매분기 종료 후 15일 이내	시·도지사
8. 배출부과금 부과 실적	연 4회	매분기 종료 후 15일까지	시·도지사 유역환경청장 지방환경청장
9. 배출부과금 징수 실적 및 체납처분 현황	연 2회	매반기 종료 후 15일 이내	시·도지사 유역환경청장 지방환경청장
10. 배출업소 등에 따른 수질오염사고 발생 및 조치사항	수시	사고발생시	시·도지사 유역환경청장 지방환경청장
11. 과징금 부과 실적	연 2회	매반기 종료 후 10일 이내	시·도지사
12. 과징금 징수 실적 및 체납처분 현황	연 2회	매반기 종료 후 10일 이내	시·도지사
13. 비점오염원의 설치신고 및 방지시설 설치 현황 및 행정처분 현황	연 4회	매분기 종료 후 15일 이내	유역환경청장 지방환경청장
14. 골프장 맹·고독성 농약 사용 여부 확인 결과	연 2회	매반기 종료 후 10일 이내	시·도지사
15. 측정기기 부착시설 설치 현황	연 2회	매반기 종료 후 15일 이내	시·도지사 유역환경청장 지방환경청장
16. 측정기기 부착사업장 관리 현황	연 2회	매반기 종료 후 15일 이내	시·도지사 유역환경청장 지방환경청장
17. 측정기기 부착사업자에 대한 행정처분 현황	연 2회	매반기 종료 후 15일 이내	시·도지사 유역환경청장 지방환경청장
18. 측정기기 관리대행업에 대한 등록 ·변경등록, 관리대행 능력 평가·공시 및 행정처분 현황	연 1회	다음 해 1월 15일까지	유역환경청장, 지방환경청장
19. 수생태계 복원계획(변경계획) 수립·승인 및 시행계획(변경계획) 협의 현황	연 2회	매반기 종료 후 15일 이내	유역환경청장 지방환경청장
20. 수생태계 복원 시행계획(변경계획) 협의 현황	연 2회	매반기 종료 후 15일 이내	유역환경청장 지방환경청장

부록

기출문제
- 수질환경기사

- 본 교재에는 최신 기출문제 3개년 문제만 수록되어 있습니다.
  단, 기사는 CBT 전환 이전 3개년 문제가 수록되어 있습니다.
  (2020~2022년 2회)

2020년도 제1·2회 통합 수질환경기사

제1과목 수질오염개론

1. 물의 물리적 특성으로 가장 거리가 먼 것은?

① 물의 표면장력이 낮을수록 세탁물의 세정효과가 증가한다.

② 물이 얼면 액체상태보다 밀도가 커진다.

③ 물의 융해열은 다른 액체보다 높은 편이다.

④ 물의 여러 가지 특성은 물분자의 수소결합 때문에 나타난다.

② 얼음(고체)보다 물(액체)의 밀도가 더 크다.

2. DO 포화농도가 8mg/L인 하천에서 t = 0일 때 DO가 5mg/L이라면 6일 유하했을 때의 DO 부족량(mg/L)은? (단, BOD_u = 20mg/L, K_1 = 0.1day^{-1}, K_2 = 0.2day^{-1}, 상용대수)

① 약 2

② 약 3

③ 약 4

④ 약 5

$$D_t = \frac{K_1 L_0}{K_2 - K_1}(10^{-k_1 t} - 10^{-k_2 t}) + D_0 \cdot 10^{-k_2 t}$$

$$D_6 = \frac{0.1 \times 20}{0.2 - 0.1}(10^{-0.1 \times 6} - 10^{-0.2 \times 6}) + (8-5) \times 10^{-0.2 \times 6} = 3.9511 mg/L$$

3. 생체 내에 필수적인 금속으로 결핍 시에는 인슐린의 저하를 일으킬 수 있는 유해물질은?

① Cd

② Mn

③ CN

④ Cr

① Cd : 이따이이따이

② Mn : 파킨슨씨 유사병

③ CN : 헤모글로빈과 테트라크롬계 호흡효소와 결합해 생체 내 산소와 수소 이동 방해, 두통, 현기증, 의식장애, 경련 등

④ Cr : 결핍 시 인슐린이 저하되면 탄수화물 대사장애 발생

4. 지구상의 담수 중 차지하는 비율이 가장 큰 것은?

① 빙하 및 빙산　　　　　　　　② 하천수

③ 지하수　　　　　　　　　　　④ 수증기

담수의 비율 : 빙하 > 지하수 > 지표수(호수,하천) > 대기 중 수분 > 생물체 내 수분

5. 생물학적 변환(생분해)을 통한 유기물의 환경에서의 거동 또는 처리에 관한 내용으로 옳지 않은 것은?

① 케톤은 알데하이드보다 분해되기 어렵다.

② 다환 방향족 탄화수소의 고리가 3개 이상이면 생분해가 어렵다.

③ 포화지방족 화합물은 불포화 지방족 화합물(이중결합) 보다 쉽게 분해된다.

④ 벤젠고리에 첨가된 염소나 나이트로기의 수가 증가할수록 생분해에 대한 저항이 크고 독성이 강해진다.

③ 포화지방족 화합물은 불포화 지방족 화합물(이중결합) 보다 분해되기 어렵다.

6. $Na^+ = 360mg/L$, $Ca^{2+} = 80mg/L$, $Mg^{2+} = 96mg/L$인 농업용수의 SAR 값은? (단, 원자량 : Na = 23, Ca = 40, Mg = 24)

① 약 4.8

② 약 6.4

③ 약 8.2

④ 약 10.6

① Na^+ : $\dfrac{360mg}{L} \left| \dfrac{1me}{23mg} \right. = 15.6521me/L$

② Ca^{2+} : $\dfrac{80mg}{L} \left| \dfrac{1me}{20mg} \right. = 4me/L$

③ Mg^{2+} : $\dfrac{96mg}{L} \left| \dfrac{1me}{12mg} \right. = 8me/L$

④ $SAR = \dfrac{Na^+}{\sqrt{\dfrac{Ca^{2+} + Mg^{2+}}{2}}} = \dfrac{15.6521}{\sqrt{\dfrac{4+8}{2}}} = 6.3899$

7. 생물학적 오탁지표들에 대한 설명으로 틀린 것은?

① BIP(Biological Index of Pollution) : 현미경적 생물을 대상으로 전 생물수에 대한 동물성 생물수의 백분율을 나타낸 것으로 값이 클수록 오염이 심하다.

② BI(Biotix Index) : 육안적 동물을 대상으로 전 생물수에 대한 청수성 및 광범위 출현 미생물의 백분율을 나타낸 것으로, 값이 클수록 깨끗한 물로 판정된다.

③ TSI(Trophic State Index) : 투명도에 대한 부영양화지수와 투명도-클로로필농도의 상관관계에 의한 부영양화지수, 클로로필농도-총인의 상관관계를 이용한 부영양화 지수가 있다.

④ SDI(Species Diversity Index) : 종의 수와 개체수의 비로 물의 오염도를 나타내는 지표로 값이 클수록 종의 수는 적고 개체수는 많다.

> ④ SDI(Species Diversity Index)
> · 종다양성 지수
> · 군집 내에서 종의 다양성과 각 종의 개체수의 균일성을 동시에 고려한 지수
> · 값이 클수록 각 종별로 개체수가 다양하게 존재한다는 의미임

8. 콜로이드 입자가 분산매 분자들과 충돌하여 불규칙하게 움직이는 현상은?

① 투석현상(Dialysis) ② 틴들현상(Tyndall)
③ 브라운운동(Brown motion) ④ 반발력(Zeta potential)

> ① 투석현상(Dialysis) : 반투막을 용질(콜로이드)은 통과 못하나, 용매는 통과하는 성질로 콜로이드 입자를 콜로이드 용액에서 분리와 분리하는 것
> ② 틴들현상(Tyndall) : 콜로이드 용액에 빛을 비추면 빛의 진로가 뚜렷이 보이는데, 큰 입자들이 가시광선을 산란시켜 나타나는 현상
> ③ 브라운운동(Brown motion) : 콜로이드 입자가 분산매의 열운동에 의한 충돌로 인해 보이는 불규칙적인 운동
> ④ 반발력(Zeta potential) : 콜로이드가 같은 전하로 대전되어 서로 반발해 밀어내는 힘

9. 수질분석결과 $Na^+ = 10mg/L$, $Ca^{+2} = 20mg/L$, $Mg^{+2} = 24mg/L$, $Sr^{+2} = 2.2mg/L$일 때 총경도(mg/L as $CaCO_3$)는? (단, 원자량 : Na = 23, Ca = 40, Mg = 24, Sr = 87.6)

① 112.5 ② 132.5
③ 152.5 ④ 172.5

> · Ca^{2+} : $\dfrac{20mg}{L} \left| \dfrac{1eq}{20mg} \right| \dfrac{50mg\ CaCO_3}{1me}$ = 50mg/L as $CaCO_3$
>
> · Sr^{2+} : $\dfrac{2.2mg}{L} \left| \dfrac{2eq}{87.6mg} \right| \dfrac{50mg\ CaCO_3}{1me}$ = 2.5114mg/L as $CaCO_3$
>
> · Mg^{2+} : $\dfrac{24mg}{L} \left| \dfrac{1eq}{12mg} \right| \dfrac{50mg\ CaCO_3}{1me}$ = 100mg/L as $CaCO_3$
>
> · 총경도 = 50 + 2.514 + 100 = 152.5114mg/L as $CaCO_3$

10. 호수 내의 성층현상에 관한 설명으로 가장 거리가 먼 것은?

① 여름성층의 연직 온도경사는 분자확산에 의한 DO 구배와 같은 모양이다.

② 성층의 구분 중 약층(thermocline)은 수심에 따른 수온변화가 적다.

③ 겨울성층은 표층수 냉각에 의한 성층이어서 역성층이라고도 한다.

④ 전도현상은 가을과 봄에 일어나며 수괴의 연직혼합이 왕성하다.

> ② 성층의 구분 중 약층(thermocline)은 수심에 따른 수온변화가 크다.

11. 다음에 기술한 반응식에 관여하는 미생물 중에서 전자수용체가 다른 것은?

① $H_2S + 2O_2 \rightarrow H_2SO_4$

② $2NH_3 + 3O_2 \rightarrow 2HNO_2^- + 2H_2O$

③ $NO_3^- \rightarrow N_2$

④ $Fe^{2+} + O_2 \rightarrow Fe^{3+}$

> • 전자수용체 : 전자를 얻어 환원되는 물질(환원됨, 산화수 감소)
> • 전자공급원 : 전자를 뺏겨 산화되는 물질(산화됨, 산화수 증가)
>
> **전자수용체**
>
> ①, ②, ④ : O_2
> ③ : NO_3^-
>
> **산화와 환원**
>
> | 반응의 종류 | 전자 | 산소 | 수소 | 산화수 |
> | --- | --- | --- | --- | --- |
> | 산화 | 잃음 | 얻음 | 잃음 | 증가 |
> | 환원 | 얻음 | 잃음 | 얻음 | 감소 |

12. 자체의 염분농도가 평균 20mg/L인 폐수에 시간당 4kg의 소금을 첨가시킨 후 하류에서 측정한 염분의 농도가 55mg/L이었을 때 유량(m^3/sec)은?

① 0.0317

② 0.317

③ 0.0634

④ 0.634

> 1) 소금 첨가로 증가한 농도
> (55-20) = 35mg/L
>
> 2) 유량
>
> $$유량 = \frac{부하}{농도} = \frac{4kg}{hr} \left| \frac{L}{35mg} \right| \frac{1hr}{3,600s} \left| \frac{10^6 mg}{1kg} \right| \frac{1m^3}{1,000L} = 0.0317 m^2/s$$

13. 하천수질모형의 일반적인 가정 조건이 아닌 것은?

① 오염물질이 하천에 유입되자마자 즉시 완전 혼합된다.

② 정상상태이다.

③ 확산에 의한 영향을 무시한다.

④ 오염물질의 농도분포는 흐름방향으로 이루어진다.

① Plug flow Reactor(PFR)로 가정하므로, 오염물질은 하천에 유입되자마자 즉시 완전 혼합되지 않는다.

하천수질모형의 일반적인 가정 조건
· 오염원 : 점오염원
· 반응 : 1차 반응
· 1차원 PFR 모델
· 흐름 : 정류(steady flow)
· 조류, 질산화, 저니산소 요구량 등 다른 조건은 무시함

14. 카드뮴에 대한 내용으로 틀린 것은?

① 카드뮴은 은백색이며 아연 정련업, 도금공업 등에서 배출된다.

② 골연화증이 유발된다.

③ 만성폭로로 인한 흔한 증상은 단백뇨이다.

④ 윌슨씨병 증후군과 소인증이 유발된다.

④ 윌슨씨병은 구리의 만성중독증이다.

15. 분뇨의 특징에 관한 설명으로 틀린 것은?

① 분뇨 내 질소화합물은 알칼리도를 높게 유지시켜 pH의 강하를 막아준다.

② 분과 뇨의 구성비는 약 $1:8$~$1:10$ 정도이며 고액분리가 용이하다.

③ 분의 경우 질소산화물은 전체 VS의 12~20% 정도 함유되어 있다.

④ 분뇨는 다량의 유기물을 함유하며, 점성이 있는 반고상 물질이다.

② 분과 뇨의 구성비는 약 1:8~1:10 정도이며 고액분리가 어렵다.

16. 평균 단면적 $400m^2$, 유량 $5,478,600m^3/day$, 평균 수심 1.5m, 수온 20℃인 강의 재포기 계수(K_2, day^{-1})는? (단, $K_2 = 2.2 \times (V/H^{1.33})$로 가정)

① 0.20

② 0.23

③ 0.26

④ 0.29

1) 유속(V)

$$V = \frac{Q}{A} = \frac{5,478,600\text{m}^3}{\text{day}} \left| \frac{1\text{day}}{400\text{m}^2} \right| \frac{1\text{day}}{86,400\text{s}} = 0.1585\text{m/s}$$

2) K_2

$$K_2 = 2.2 \times \frac{V}{H^{1.33}} = 2.2 \times \frac{0.1585}{1.5^{1.33}} = 0.203$$

17. 암모니아를 처리하기 위해 살균제로 차아염소산을 반응시켜 mono-chloramine이 형성되었다. 이때 각 반응물질이 50% 감소하였다면 반응속도는 몇 % 감소하는가?

(단, 반응속도식 : $-\frac{d[\text{HOCl}]}{(dt)_{\text{나중}}} = Kxy$)

① 75   ② 60
③ 50   ④ 25

1) 반응식
   HOCl + NH₃ ↔ NH₂Cl + H₂O

   $-\frac{d[\text{HOCl}]}{dt} = Kxy$ 에서,

   반응속도(V) $= -\frac{d[\text{HOCl}]}{dt} = Kxy$

   단, K : 반응속도상수
        x : [HOCl], 반응물질 HOCl 농도
        y : [NH₃], 반응물질 NH₃ 농도

   $\therefore V = Kxy$

2) 반응물질농도가 각각 50% 감소했을 때의 반응속도(V′)

   $V' = K(\frac{1}{2}x)(\frac{1}{2}y)$

   $= \frac{1}{4}Kxy$

   $= \frac{1}{4}V$

3) 반응속도 감소율(%)

   $\dfrac{\text{처음속도} - \text{나중속도}}{\text{처음속도}} = \dfrac{V - \frac{1}{4}V}{V} = \dfrac{3}{4} = 0.75 = 75\%$

18. 금속을 통해 흐르는 전류의 특성으로 가장 거리가 먼 것은?

① 금속의 화학적 성질은 변하지 않는다.　② 전류는 전자에 의해 운반된다.

③ 온도의 상승은 저항을 증가시킨다.　④ 대체로 전기저항이 용액의 경우보다 크다.

④ 대체로 전기저항이 용액의 경우보다 작다.

19. 급성독성을 평가하기 위하여 일반적으로 사용되는 기준은?

① TL_m(Median Tolerance Limit)

② MicroTox

③ Daphnia

④ ORP(Oxidation-Reduction Potential)

TL_m(Median Tolerance Limit) : 한계치사농도, 어류의 급성독성지표

20. 하천의 자정작용 단계 중 회복지대에 대한 설명으로 틀린 것은?

① 물이 비교적 깨끗하다.

② DO가 포화농도의 40% 이상이다.

③ 박테리아가 크게 번성한다.

④ 원생동물 및 윤충이 출현한다.

③ 박테리아가 크게 번성하는 단계는 분해지대이다.

제2과목 상하수도 계획

---

21. 취수관로 구조 결정 시 바람직하지 않은 것은?

① 취수관로를 고수부지에 부설하는 경우, 그 매설깊이는 원칙적으로 계획고수부지고에서 2m 이상 깊게 매설한다.

② 관로에 작용하는 내압 및 외압에 견딜 수 있는 구조로 한다.

③ 사고 등에 대비하기 위하여 가능한 한 2열 이상으로 부설한다.

④ 취수관로가 제방을 횡단하는 경우, 취수관로는 원지반보다는 가능한 한 성토부분에 매설하여 제방을 횡단하도록 한다.

④ 취수관로가 제방을 횡단하는 경우, 원칙적으로 유연한 구조로 한다.

22. 도시의 인구가 매년 일정한 비율로 증가한 결과라면 연 평균 증가율은? (단, 현재인구 450,000명, 10년전 인구 200,000명, 장래에 크게 발전할 가망성이 있는 도시)

① 0.225

② 0.084

③ 0.438

④ 0.076

$P_n = P_0(1+r)^n$

$450,000 = 200,000(1+r)^{10}$

$\therefore r = 0.0844$

P_n : n년 뒤 인구

P_0 : 현재 인구

n : 연도수

r : 연평균 인구증가율

23. 하수관로에 관한 내용으로 틀린 것은?

① 도관은 내산 및 내알칼리성이 뛰어나고 마모에 강하며 이형관을 제조하기 쉽다.

② 폴리에틸렌관은 가볍고 취급이 용이하여 시공성은 좋으나 산, 알칼리에 약한 단점이 있다.

③ 덕타일주철관은 내압성 및 내식성이 우수하다.

④ 파형강관은 용융아연도금된 강판을 스파이럴형으로 제작한 강관이다.

② 폴리에틸렌관은 가볍고 취급이 용이하여 시공성이 좋고 산, 알칼리에도 강하다.

24. 하수관로시설의 황화수소 부식 대책으로 가장 거리가 먼 것은?

① 관거를 청소하고 미생물의 생식 장소를 제거한다.

② 환기에 의해 관내 황화수소를 희석한다.

③ 황산염환원세균의 활동을 촉진시켜 황화수소 발생을 억제한다.

④ 방식재료를 사용하여 관을 방호한다.

③ 황산염환원세균의 활동을 촉진시키면 황화수소 발생이 증가하여 부식이 촉진된다.

25. 급속여과지의 여과모래에 대한 설명으로 가장 거리가 먼 것은?

① 유효경은 0.45~1.0mm의 범위 내에 있어야 한다.

② 균등계수는 1.7 이하로 한다.

③ 마모율은 3% 이하로 한다.

④ 신규투입 여과사의 세척탁도는 5~10도 범위 내에 있어야 한다.

④ 신규투입 여과사의 세척탁도는 30도 이하여야 한다.

급속여과지 설계조건
· 여과면적은 계획정수량을 여과속도로 나누어 계산한다.
· 1지의 여과면적은 150m² 이하로 한다.
· 여과사의 유효경은 0.45~0.7mm 범위이어야 한다.
· 여과속도는 120~150m/일을 표준으로 한다.
· 중력식을 표준으로 한다.
· 모래층의 두께는 60~120cm의 범위로 한다.
· 여과모래의 최대경은 2mm 이내이다.
· 여과모래의 균등계수는 1.7 이하로 한다.
· 신규로 투입하는 여과사의 세척 탁도는 30도 이하여야 한다.

26. 계획우수유출량의 산정방법으로 쓰이는 합리식 $Q = \dfrac{1}{360} C \cdot I \cdot A$ 에 대한 설명으로 틀린 것은?

(단, 원심탈수기와 비교)

① C는 유출계수이다.
② 우수유출량 산정에 있어 가장 기본이 되는 공식이다.
③ I는 유달시간(t) 내의 평균강우강도이다.
④ A는 우수배제관거의 통수단면적이다.

④ A는 배수면적(유역면적)이다.

27. 펌프의 토출량이 12m³/min, 펌프의 유효흡입수두 8m, 규정 회전수 2,000회/분인 경우, 이 펌프의 비교 회전도는? (단, 양흡입의 경우가 아님)

① 892
② 1,045
③ 1,286
④ 1,457

$$Ns = N\frac{Q^{1/2}}{H^{3/4}} = 2,000 \times \frac{12^{1/2}}{8^{3/4}} = 1,456.47$$

N : 펌프의 회전수(rpm)
H : 양정(m)
Q : 양수량(m³/min)

28. 공동현상(Cavitation)이 발생하는 것을 방지하기 위한 대책으로 틀린 것은?

① 흡입측 밸브를 완전히 개방하고 펌프를 운전한다.
② 흡입관의 손실을 가능한 크게 한다.
③ 펌프의 위치를 가능한 한 낮춘다.
④ 펌프의 회전속도를 낮게 산정한다.

> ② 흡입관의 손실을 가능한 적게 한다.

29. 하수의 계획오염부하량 및 계획유입수질에 관한 내용으로 틀린 것은?

① 계획유입수질 : 계획오염부하량을 계획1일최대오수량으로 나눈 값으로 한다.
② 생활오수에 의한 오염부하량 : 1인1일당 오염부하량 원단위를 기초로 하여 정한다.
③ 관공오수에 의한 오염부하량 : 당일관광과 숙박으로 나누고 각각의 원단위에서 추정한다.
④ 영업오수에 의한 오염부하량 : 업무의 종류 및 오수의 특징 등을 감안하여 결정한다.

> ① 계획유입수질 : 계획오염부하량을 계획1일평균오수량으로 나눈 값으로 한다.

30. 상수처리시설 중 장방형 침사지의 구조에 관한 설명으로 틀린 것은?

① 지의 길이는 폭의 3~8배를 표준으로 한다.
② 지의 고수위는 계획취수량이 유입될 수 있도록 취수구의 계획최저수위 이하로 정한다.
③ 지내평균유속은 2~7cm/sec를 표준으로 한다.
④ 침사지 바닥경사는 1/20 이상의 경사를 두어야 한다.

> ④ 침사지 바닥경사는 1/200~1/100 정도의 하향경사를 둔다.

31. 펌프효율 $\eta = 80\%$, 전양정 $H = 16m$인 조건 하에서 양수량 $Q = 12L/sec$로 펌프를 회전시킨다면 이 때 필요한 축동력(kW)은? (단, 전동기는 직결, 물의 밀도 $r = 1,000kg/m^3$)

① 1.28
② 1.73
③ 2.35
④ 2.88

> $$P_a(kW) = \frac{9.8QH}{\eta} = \frac{9.8 \times (\frac{12L}{sec} \times \frac{1m^3}{1,000L}) \times 16m}{0.8} = 2.352kW$$

32. 상수취수를 위한 저수시설 계획기준년에 관한 내용으로 (   )에 알맞은 것은?

> 계획취수량을 확보하기 위하여 필요한 저수용량의 결정에 사용하는 계획기준년은 원칙적으로
> (   )를 표준으로 한다.

① 7개년에 제1위 정도의 갈수 ② 10개년에 제1위 정도의 갈수
③ 7개년에 제1위 정도의 홍수 ④ 10개년에 제1위 정도의 홍수

저수용량의 결정 계획기준년 : 원칙적으로 10개년에 제1위 정도의 갈수

33. 상수도시설인 도수시설의 도수노선에 관한 설명으로 틀린 것은?

① 원칙적으로 공공도로 또는 수도 용지로 한다.
② 수평이나 수직방향의 급격한 굴곡을 피한다.
③ 관로상 어떤 지점도 동수경사선보다 낮게 위치하지 않도록 한다.
④ 몇 개의 노선에 대하여 건설비 등의 경제성, 유지관리의 난이도 등을 비교·검토하고 종합
　 적으로 판단하여 결정한다.

③ 수평이나 수직방향의 급격한 굴곡을 피하고, 어떤 경우라도 최소동수경사선 이하가 되도록 노선 선정한다.

34. 상수도시설 중 저수시설인 하구둑에 관한 설명으로 틀린 것은? (단, 전용댐, 다목점댐과 비교)

① 개발수량 : 중소규모의 개발이 기대된다.
② 경제성 : 일반적으로 댐보다 저렴하다.
③ 설치지점 : 수요지 가까운 하천의 하구에 설치하여 농업용수에 바닷물의 침해방지기능을
　 겸하는 경우가 많다.
④ 저류수의 수질 : 자체관리로 비교적 양호한 수질을 유지할 수 있어 염소이온 농도에 대한
　 주의가 필요 없다.

④ 저류수의 수질 : 하구둑의 경우 염소이온 농도에 주의를 요한다.

35. 상수도시설인 급속여과지에 관한 내용으로 옳지 않은 것은?

① 여과속도는 단층의 경우 120~150m/d를 표준으로 한다.
② 여과지 1지의 여과면적은 100m² 이하로 한다.
③ 여과면적은 계획정수량을 여과속도로 나누어 계산한다.
④ 급속여과지는 중력식과 압력식이 있으며 중력식을 표준으로 한다.

② 여과지 1지의 여과면적은 150m² 이하로 한다.

36. 콘크리트조의 장방형 수로(폭 2m, 깊이 2.5m)가 있다. 이 수로의 유효수심이 2m인 경우의 평균유속(m/sec)은? (단, Manning 공식 이용, 동수경사 = 1/2,000, 조도계수 = 0.017)

① 0.91
② 1.42
③ 1.53
④ 1.73

1) 경심(R) $= \dfrac{A}{P} = \dfrac{2 \times 2}{2 + 2 \times 2} = 0.6666m$

$V = \dfrac{1}{n}R^{2/3}I^{1/2} = \dfrac{1}{0.017}(0.6666)^{2/3}\left(\dfrac{1}{2,000}\right)^{\frac{1}{2}} = 1.0037$

37. 유역면적이 100ha이고 유입시간(time of inlet)이 8분, 유출계수(C)가 0.38일 때 최대계획우수유출량(m³/sec)은? (단, 하수관거의 길이(L) = 400m, 관유속 = 1.2m/sec로 되도록 설계,

$I = \dfrac{655}{\sqrt{t} + 0.09}$ (mm/hr), 합리식 적용)

① 약 18
② 약 24
③ 약 36
④ 약 42

1) 유달시간

    유달시간 = 유입시간 + 유하시간

$$= 8 + \dfrac{sec}{1.2m} \left| \dfrac{400m}{} \right| \dfrac{1min}{60sec}$$

$$= 13.55분$$

2) 강우강도(I)

$$I = \dfrac{655}{\sqrt{13.55} + 0.09} = 173.65mm/h$$

3) 우수유출량(Q)

$$Q = \dfrac{1}{360}CIA = \dfrac{1}{360} \left| \dfrac{0.38}{} \right| \dfrac{173.65}{} \left| \dfrac{100}{} \right| = 18.33m^3/s$$

38. 하수관로의 접합방법을 정할 때의 고려사항으로 (   )에 가장 적합한 것은?

> 2개의 관로가 합류하는 경우의 중심교각은 되도록 (㉠) 이하로 하고, 곡선을 갖고 합류하는 경우의 곡률반경은 내경의 (㉡) 이상으로 한다.

① ㉠ 60°, ㉡ 5배
② ㉠ 60°, ㉡ 3배
③ ㉠ 30~45°, ㉡ 5배
④ ㉠ 30~45°, ㉡ 3배

2개의 관로가 합류하는 경우의 중심교각은 되도록 **30~45°**로 하고 장애물 등이 있을 경우에는 60° 이하로 한다. 대구경관에 합류하는 소규경관이 대구경관 지름의 1/2 이하이고 수면접합 또는 관정접합으로 붙이는 경우의 중심 교각은 90° 이내로 할 수 있으며, 곡선을 갖고 합류하는 경우의 곡률반경은 내경의 **5배** 이상으로 한다.

39. 하수도시설인 유량조정조에 관한 내용으로 틀린 것은?

① 조의 용량은 체류시간 3시간을 표준으로 한다.

② 유효수심은 3~5m를 표준으로 한다.

③ 유량조정조의 유출수는 침사지에 반송하거나 펌프로 일차침전지 혹은 생물반응조에 송수한다.

④ 조내에 침전물의 발생 및 부패를 방지하기 위해 교반장치 및 산기장치를 설치한다.

① 조의 용량은 유입하수량(부하량)의 시간변동을 고려하여 설정수량을 초과하는 수량을 일시 저류하도록 한다.

40. 단면형태가 직사각형인 하수관로의 장 · 단점으로 옳은 것은?

① 시공장소의 흙두께 및 폭원에 제한을 받는 경우에 유리하다.

② 만류가 되기까지는 수리학적으로 불리하다.

③ 철근이 해를 받았을 경우에도 상부하중에 대하여 대단히 안정적이다.

④ 현장 타설의 경우, 공사기간이 단축된다.

② 만류가 되기 전까지는 수리학적으로 유리하다.
③ 철근 손상 시 상부하중에 대한 안전성이 급격히 떨어진다.
④ 현장 타설의 경우, 공사기간(공기)이 길어진다.

제3과목 수질오염 방지기술

---

41. 폐수를 활성슬러지법으로 처리하기 위한 실험에서 BOD를 90% 제거하는데 6시간의 aeration이 필요하였다. 동일한 조건으로 BOD를 95% 제거하는데 요구되는 포기시간(hr)은? (단, BOD 제거 반응은 1차반응(base 10)에 따른다.)

① 7.31   ② 7.81

③ 8.31   ④ 8.81

BOD 식은 1차 반응식이다.

밑이 10인 1차 반응식 : $\log\dfrac{C}{C_0} = -kt$

1) 90% 제거

$\log\dfrac{10}{100} = -k \times 6$

∴ $k = 0.1666/hr$

2) 95% 제거

$\log\dfrac{5}{100} = -0.1666 \times t$

∴ $t = 7.806hr$

42. 활성탄 흡착 처리 공정의 효율이 가장 낮은 것은?

① 음용수의 맛과 냄새물질 제거 공정

② 트리할로메탄, 농약, 유기 염소 화합물과 같은 미량 유기 물질 제거 공정

③ 처리된 폐수의 잔존 유기물 제거 공정

④ 산업폐수 및 침출수 처리

> 활성탄 흡착은 불포화 유기물, 소수성 물질, 맛, 냄새, 색도 등의 제거에 효율적이다.

43. 수처리 과정에서 부유되어 있는 입자의 응집을 초래하는 원인으로 가장 거리가 먼 것은?

① 제타 포텐셜의 감소   ② 플록에 의한 체거름 효과

③ 정전기 전하 작용   ④ 가교현상

> **응집메커니즘**
> · 전기적 중화 : 제타포텐셜 감소
> · 이중층 압축
> · floc 형성
> · 가교작용(고분자 응집제)

44. 폐수 처리시설을 설치하기 위한 설계 기준이 다음과 같을 때 필요한 활성슬러지 반응조의 수리학적 체류시간(HRT, hr)은? (단, 일 폐수량 = 40L, BOD 농도 = 20,000mg/L, MLSS = 5,000 mg/L, F/M = 1.5kgBOD/kg MLSS · day)

① 24   ② 48

③ 64   ④ 88

> $$F/M = \frac{BOD \cdot Q}{V \cdot X} = \frac{BOD}{t \cdot X}$$
>
> $$\therefore t = \frac{BOD}{(F/M)X} = \frac{20,000mg}{L} \left| \frac{kg\ MLSS \cdot day}{1.5kg\ BOD} \right| \frac{L}{5,000mg} \left| \frac{24hr}{1day} \right. = 64hr$$

45. 미처리 폐수에서 냄새를 유발하는 화합물과 냄새의 특징으로 가장 거리가 먼 것은?

① 황화수소 - 썩은 달걀냄새

② 유기 황화물 - 썩은 채소냄새

③ 스카톨 - 배설물 냄새

④ 디아민류 - 생선 냄새

④ 디아민류 – 부패된 고기 냄새

악취 - 악취물질

· 황화수소(H_2S) – 썩은 달걀 냄새
· 유기 황화물 – 썩은 채소 냄새
· 스카톨 – 배설물 냄새
· 머캅탄(Mercaptans, $CH_3(CH_2)_3SH$) – 스컹크 냄새
· 트리메틸아민(Trimethyl amines) – 생선 냄새
· 디아민(Diamines)류 – 부패된 고기 냄새

---

46. 생물학적 처리공정에서 질산화 반응은 다음의 총괄 반응식으로 나타낼 수 있다. NH_4^+-N 3mg/L
가 질산화 되는데 요구되는 산소의 양(mg/L)은?

$$NH_4^+ + 2O_2 \xrightarrow{\text{질산화}} NO_3^- + 2H^+ + H_2O$$

① 11.2   ② 13.7
③ 15.3   ④ 18.4

$$
\begin{array}{ccc}
NH_4^+\text{-N} & : & 2O_2 \\
14 & : & 2\times32 \\
3 & : & x
\end{array}
$$

$$x = \frac{3}{} \left| \frac{2\times32}{14} \right. = 13.7\text{mg/L}$$

암모늄 이온과 암모니아성 질소의 차이

· 암모늄 이온(NH_4^+) : 분자량 18
· 암모니아성 질소(NH_4^+ - N) : 암모늄 이온 중 질소만을 말함, 원자량 14

---

47. 유입 폐수량 50m³/hr, 유입수 BOD 농도 200g/m³, MLVSS 농도 2kg/m³, F/M 비 0.5kg
BOD/kg MLVSS · day일 때, 포기조 용적(m³)은?

① 240   ② 380
③ 430   ④ 520

$$F/M = \frac{BOD \cdot Q}{V \cdot X}$$

$$V = \frac{BOD \cdot Q}{(F/M)X}$$

$$= \frac{200g}{m^3} \left| \frac{50m^3}{hr} \right| \frac{day}{0.5} \left| \frac{m^3}{2kg} \right| \frac{1kg}{1,000g} \left| \frac{24hr}{1day} \right. = 240m^3 \quad (\text{단, X : MLVSS 농도임})$$

48. 기체가 물에 녹을 때 Henry 법칙이 적용된다. 다음 설명 중 적합하지 않은 것은?

① 수온이 증가할수록 기체의 포화용존 농도는 높아진다.

② 염분의 농도가 증가할수록 기체의 포화용존 농도는 낮아진다.

③ 기체의 포화용존 농도는 기체상태의 분압에 비례한다.

④ 물에 용해되어 이온화하는 기체에는 적용되지 않는다.

> ① 수온이 증가하면 기체의 용해도는 감소하므로, 기체의 포화 용존 농도는 낮아진다.

49. 심층포기법의 장점으로 옳지 않은 것은?

① 지하에 건설되므로 부지면적이 작게 소요되며, 외기와 접하는 부분이 작아 온도 영향이 적다.

② 고압에서 산소전달을 하므로 산소전달율이 높다.

③ 산소전달율이 높아 MLSS를 높일 수 있어 농도가 높은 폐수를 처리할 수 있고, BOD 용적 부하를 증가시킬 수 있어 단위 체적당 처리량을 증가시킬 수 있다.

④ 깊은 하부에 MLSS와 폐수를 같이 순환시키는데 에너지가 적게 소요된다.

> ④ 심층포기법은 수심이 깊은 하부에 산기관을 설치해 공기를 주입하므로, 수압 때문에 높은 압력으로 공기를 주입해야 한다. 따라서 에너지가 많이 소요된다.

50. 대장균의 사멸속도는 현재의 대장균수에 비례한다. 대장균의 반감기는 1시간이며, 시료의 대장균수는 1,000개/mL이라면, 대장균의 수가 10개/mL가 될 때까지 걸리는 시간(hr)은?

① 약 4.7 ② 약 5.7

③ 약 6.7 ④ 약 7.7

> $\ln \dfrac{C}{C_0} = -kt$ 에서,
>
> 1) $\ln \dfrac{1}{2} = -k \times 1$
>
> $\therefore k = 0.6931/hr$
>
> 2) $\ln \dfrac{10}{1,000} = -0.6931 \times t$
>
> $\therefore t = 6.64hr$

51. 1일 10,000m³의 폐수를 급속혼화지에서 체류시간 60sec, 평균속도경사(G) 400sec⁻¹인 기계식 고속 교반장치를 설치하여 교반하고자 한다. 이 장치에 필요한 소요 동력(W)은? (단, 수온 10℃, 점성계수(μ) = 1.307×10^{-3}kg/m · s)

① 약 2,621 ② 약 2,226

③ 약 1,842 ④ 약 1,452

1) 반응조 체적(V)

$$V = \frac{10,000m^3}{day} \left| \frac{60s}{} \right| \frac{1day}{86,400s} = 6.9444m^3$$

2) 소요 동력(P)

$$P = G^2\mu V = \frac{(400/s)^2}{} \left| \frac{1.307 \times 10^{-3}kg}{m \cdot s} \right| \frac{6.9444m^3}{} \left| \frac{1W}{1kg \cdot m^2/s^3} \right| = 1,452.22W$$

$$1W = 1N \cdot m/s = 1kg \cdot m^2/s^3$$

52. 다음 중 폐수처리방법으로 가장 적절하지 않은 것은?

① 시안(CN) 함유 폐수를 처리하기 위해 pH를 4 이하로 조정하고 차아염소산나트륨(NaClO)을 사용하였다.

② 카드뮴(Cd) 함유 폐수를 처리하기 위해 pH를 10 정도로 조정하고 수산화나트륨(NaOH)을 사용하였다.

③ 크롬(Cr) 함유 폐수를 처리하기 위해 pH를 3 정도로 조정하고 황산철($FeSO_4$)을 사용하였다.

④ 납(Pb) 함유 폐수를 처리하기 위해 pH를 10 정도로 조정하고 수산화나트륨(NaOH)을 사용하였다.

① 시안(CN) 함유 폐수를 처리(알칼리 염소처리법)

시안폐수에 알칼리를 투입하여 pH를 10~10.5로 유지하고, 산화제인 Cl_2와 NaOH 또는 NaOCl로 산화시켜 CNO로 산화한 다음, H_2SO_4와 NaOCl을 주입해 CO_2와 N_2로 분해처리한다.

53. 유량 20,000m^3/day, BOD 2mg/L인 하천에 유량 500m^3/day, BOD 500mg/L인 공장 폐수를 폐수처리시설로 유입하여 처리 후 하천으로 방류시키고자 한다. 완전히 혼합된 후 합류지점의 BOD를 3mg/L 이하로 하고자 한다면 폐수처리시설의 BOD 제거율(%)은? (단, 혼합 후의 기타변화는 없다고 가정)

① 61.8

② 76.9

③ 87.2

④ 91.4

1) 처리수 BOD(x)

$$\frac{20,000 \times 2 + 500x}{20,000 + 500} = 3$$

$$\therefore x = 43mg/L$$

2) 제거율 $= \frac{500 - 43}{500} = 91.4\%$

54. 지름이 0.05mm이고 비중이 0.6인 기름방울은 비중이 0.8인 기름방울보다 수중에서의 부상속도가 얼마나 더 큰가? (단, 물의 비중 = 1.0)

① 1.5배 ② 2.0배
③ 2.5배 ④ 3.0배

부상속도식 $V_F = \dfrac{d^2 g(1 - \rho_{입자})}{18\mu}$ 이므로

$V_F \propto (1 - \rho_{입자})$ 이다.

$\dfrac{V_1}{V_2} = \dfrac{(1-0.6)}{(1-0.8)} = 2$

∴ 2배

55. 생물학적 질소, 인 제거공정에서 포기조의 기능과 가장 거리가 먼 것은?

① 질산화 ② 유기물 제거
③ 탈질 ④ 인 과잉섭취

· 포기조(호기조) : 질산화, 인 과잉섭취, 유기물 제거(BOD, SS 제거)
· 무산소조 : 탈질, 유기물 제거(BOD, SS 제거)
· 혐기조 : 인 방출, 유기물 제거(BOD, SS 제거)

56. 입자의 침전속도가 작게 되는 경우는? (단, 기타 조건은 동일하며 침전속도는 스톡스법칙에 따른다.)

① 부유물질 입자 밀도가 클 경우 ② 부유물질 입자의 입경이 클 경우
③ 처리수의 밀도가 작을 경우 ④ 처리수의 점성도가 클 경우

④ 처리수의 점성도가 작을 경우

Stoke's 침전속도식

$V = \dfrac{d^2(\rho_s - \rho_w)}{18\mu} g$

침전속도는 입자 직경의 제곱(d^2), 중력가속도(g), 입자와 물간의 밀도차($\rho_s - \rho_w$)에 비례하고,
침전속도는 점성계수(μ)에는 반비례한다.

57. 유입유량 500,000m³/day, BOD_5 200mg/L인 폐수를 처리하기 위해 완전혼합형 활성슬러지 처리장을 설계하려고 한다. 1차 침전지에서 제거된 유입수 BOD_5 34%, MLVSS 3,000mg/L, 반응속도상수(K) 1.0L/g MLVSS · hr이라면, 일차반응일 경우 F/M비(kg BOD/kg MLVSS · day)는? (단, 유출수 BOD_5 = 10mg/L)

① 0.24 ② 0.28
③ 0.32 ④ 0.36

1) 반응조 용적(V)

활성슬러지 반응조는 완전혼합 반응조이고, 정상상태이다.

완전혼합 반응조의 물질수지식

$$V \frac{dC}{dt} = QC_0 - QC - kVC^n$$

정상상태이므로 $\frac{dC}{dt} = 0$

1차 반응식이므로 n = 1

물질수지식은

$$0 = QC_0 - QC - kVC$$

$$\therefore V = \frac{Q(C_0 - C)}{kC}$$

$$= \frac{500,000m^3}{day} \left| \frac{(132-10)}{10} \right| \frac{gMLVSS \cdot hr}{1.0L} \left| \frac{L}{3,000mg} \right| \frac{1,000mg}{1g} \left| \frac{1day}{24hr} \right.$$

$$= 84,722.22m^3$$

단,

C_0 : 반응조 유입 BOD = 200(1-0.34) = 132mg/L

C : 반응조 유출 BOD = 10mg/L

2) F/M 비

$$F/M = \frac{BOD \cdot Q}{V \cdot X}$$

$$= \frac{132mg/L}{} \left| \frac{500,000m^3}{day} \right| \frac{}{84722.22m^3} \left| \frac{}{3,000mg/L} \right.$$

$$= 0.259$$

58. 다음 활성슬러지 포기조의 수질 측정값에 대한 설명으로 옳은 것은? (단, 수온 = 27℃, pH 6.5, DO = 1mg/L, MLSS = 2,500mg/L, 유입수 BOD = 100mg/L, 유입수 NH_3 - N = 6mg/L, 유입수 PO_4^{3-}-P = 2mg/L, 유입수 CN^- = 5mg/L)

① F/M비가 너무 낮으므로 MLSS 농도를 1,000mg/L 정도로 낮춘다.

② 수온은 15℃ 정도, pH는 8.5 정도, DO는 2mg/L 정도로 조정하는 것이 좋다.

③ 미생물의 원활한 성장을 위해 질소와 인을 추가 공급할 필요가 있다.

④ CN^-는 포기조에 유입되지 않도록 하는 것이 좋다.

① F/M는 구할 수 없어 판단할 수 없다.
② 수온은 20℃ 정도, pH는 7 정도, DO는 2mg/L 정도로 조정하는 것이 좋다.
③ 적정 영양균형비는 BOD : N : P = 100 : 5 : 1 이다.
　조건에서 BOD : N : P = 100 : 6 : 2이고, 영양염류(N, P)는 충분하므로 질소와 인을 추가 공급하지 않아도 된다.
④ CN⁻는 독성물질이므로 유입되면 포기조에서 미생물이 살 수가 없다. 따라서, 유입되지 않도록 하는 것이 좋다.

표준활성슬러지 설계인자

- HRT : 6~8시간
- MLSS : 1,500~2,500mg/L
- DO : 2~4mg/L
- pH : 7
- SRT : 3~6일
- F/M비 : 0.2~0.4kg/kg · day
- 수온 : 20℃

59. 부유입자에 의한 백색광 산란을 설명하는 Rayleigh의 법칙은? (단, I : 산란광의 세기, V : 입자의 체적, λ : 빛의 파장, n : 입자의 수)

① $I \propto \dfrac{v^2}{\lambda^4}n$

② $I \propto \dfrac{v}{\lambda^2}n$

③ $I \propto \dfrac{v}{\lambda}n^2$

④ $I \propto \dfrac{v}{\lambda^2}n^2$

레일리 산란

산란광의 세기는 입사광의 파장이 짧을수록 강하고 파장의 4제곱에 반비례한다. ($I \propto \dfrac{1}{\lambda^4}$)

60. 플록을 형성하여 침강하는 입자들이 서로 방해를 받으므로 침전속도는 점차 감소하게 되며 침전하는 부유물과 상등수 간에 뚜렷한 경계면이 생기는 침전형태는?

① 지역침전
② 압축침전
③ 압밀침전
④ 응집침전

침강형태	특징	발생장소
I형 침전 (독립침전, 자유침전)	·이웃 입자들의 영향을 받지 않고 자유롭게 일정한 속도로 침강 ·낮은 농도에서 비중이 무거운 입자를 침전 ·Stoke's의 법칙이 적용	보통침전지, 침사지
II형 침전 (플록침전)	·입자 서로 간에 접촉되면서 응집된 플록을 형성하여 침전 ·응집 · 응결 침전 또는 응집성 침전	약품침전지
III형 침전 (간섭침전)	·플록을 형성하여 침강하는 입자들이 서로 방해를 받아 침전속도가 감소하는 침전 ·방해 · 장애 · 집단 · 계면 · 지역 침전	상향류식 부유식침전지, 생물학적 2차 침전지
IV형 침전 (압축침전)	·고농도 입자들의 침전으로 침전된 입자군이 바닥에 쌓일 때 입자군의 무게에 의해 물이 빠져나가면서 농축 · 압밀됨 ·압밀침전	침전슬러지, 농축조의 슬러지 영역

61. 수질분석 관련 용어의 설명 중 잘못된 것은?

① 수욕상 또는 수욕 중에서 가열한다라 함은 따로 규정이 없는 한 수온 100℃에서 가열함을 뜻한다.

② 용액의 산성, 중성 또는 알칼리성을 검사할 때는 따로 규정이 없는 한 유리전극법에 의한 pH 미터로 측정하고 구체적으로 표시할 때는 pH 값을 쓴다.

③ 진공이라 함은 15mmH$_2$O 이하의 진공도를 말한다.

④ 분석용 저울은 0.1mg까지 달 수 있는 것이어야 한다.

③ "감압 또는 진공"이라 함은 따로 규정이 없는 한 15mmHg 이하를 뜻한다.

62. 배수로에 흐르는 폐수의 유량을 부유체를 사용하여 측정했다. 수로의 평균단면적 0.5m^2, 표면 최대속도 6m/s일 때 이 폐수의 유량(m^3/min)은? (단, 수로의 구성, 재질, 수로단면의 형상, 기울기 등이 일정하지 않은 개수로)

① 115

② 135

③ 185

④ 245

$V = 0.75V_e$

V : 총평균 유속(m/s)

V_e : 표면 최대유속(m/s)

$$\therefore Q = VA = \frac{0.75 \times 6m}{s} \left| \frac{0.5m^2}{} \right| \frac{60sec}{1min} = 135m^3/min$$

63. 퇴적물 채취기 중 포나 그랩(ponar grab)에 관한 설명으로 틀린 것은?

① 모래가 많은 지점에서도 채취가 잘되는 중력식 채취기이다.

② 채취기를 바닥 퇴적물 위에 내린 후 메신저를 투하하면 장방형 상자의 밑판이 닫힌다.

③ 부드러운 펄층이 두터운 경우에는 깊이 빠져 들어가기 때문에 사용하기 어렵다.

④ 원래의 모델은 무게가 무겁고 커서 윈치 등이 필요하지만 소형의 포나 그랩은 윈치 없이 내리고 올릴 수 있다.

② 퇴적물 채취기 중 에크만 그랩의 설명이다.

퇴적물 채취기의 종류

1. **포나 그랩(ponar grab)**

   모래가 많은 지점에서도 채취가 잘되는 중력식 채취기로서, 조심스럽게 수면 아래로 내려 보내다가 채취기가 바닥에 닿아 줄의 장력이 감소하면 아래 날(jaws)이 닫히도록 되어 있다. 부드러운 펄층이 두터운 경우에는 깊이 빠져들어가기 때문에 사용하기 어렵다. 원래의 모델은 무게가 무겁고 커서 윈치 등이 필요하지만 소형의 포나 그랩은 윈치 없이 내리고 올릴 수 있다.

2. **에크만 그랩(ekman grab)**

   물의 흐름이 거의 없는 곳에서 채취가 잘되는 채취기로서, 채취기를 바닥 퇴적물 위에 내린 후 메신저를 투하하면 장방형 상자의 밑판이 닫히도록 설계되었다. 바닥이 모래질인 곳에서는 사용하기 어렵다. 채집면적이 좁고 조류가 센 곳에서는 바닥에 안정시키기 어렵지만, 가벼워 휴대가 용이하며 작은 배에서 손쉽게 사용할 수 있다.

3. **삽, 모종삽, 스쿱**

   얕은 곳에서 퇴적물을 뜨거나 시료를 혼합할 때 이용할 수 있는 도구로서, 스텐레스 재질의 모종삽(trowel), 스쿱(scoop) 등이 있다.

---

64. 시료의 전처리 방법인 피로리딘다이티오 카르바민산 암모늄 추출법에서 사용하는 지시약으로 알맞은 것은?

① 티몰블루 · 에틸알코올용액

② 메타이소부틸 에틸알코올용액

③ 브로모페놀블루 · 에틸알코올용액

④ 메타크레졸퍼플 에틸알코올용액

피로리딘다이티오카르바민산 암모늄추출법 사용 시약
· 브로모페놀블루·에틸알코올용액(0.1%) : 지시약
· 암모니아수(1+1)
· 피로리딘다이티오카르바민산암모늄용액(2%)

---

65. 자외선/가시선 분광법으로 분석할 때 측정 파장이 가장 긴 것은?

① 구리   ② 아연
③ 카드뮴   ④ 크롬

① 구리 : 440nm(황갈색)
② 아연 : 620nm(청색)
③ 카드뮴 : 530nm(적색)
④ 크롬 : 540nm(적자색)

66. 유리전극에 의한 pH 측정에 관한 설명으로 알맞지 않은 것은?

① 유리전극을 미리 정제수에 수 시간 담가 둔다.
② pH 전극 보정 시 측정기의 전원을 켜고 시험 시작까지 30분 이상 예열한다.
③ 전극을 프탈산염 표준용액(pH 6.88) 또는 pH 7.00 표준용액에 담그고 표시된 값을 보정한다.
④ 온도보정 시 pH 4 또는 10 표준용액에 전극을 담그고 표준용액의 온도를 10℃~30℃ 사이로 변화시켜 5℃ 간격으로 pH를 측정하여 차이를 구한다.

③ 프탈산염 표준용액은 pH 4.00이다.

표준용액

· 수산염 표준용액(0.05 M, pH 1.68)
· 프탈산염 표준용액(0.05 M, pH 4.00)
· 인산염 표준용액(0.025 M, pH 6.88)
· 붕산염 표준용액(0.01 M, pH 9.22)
· 탄산염 표준용액(0.025 M, pH 10.07)
· 수산화칼슘 표준용액(0.02 M, 25℃ 포화용액, pH 12.63)

pH 측정

1. 분석방법
   1) 유리전극을 미리 정제수에 수 시간 담가 둔다.
   2) 유리전극을 정제수에서 꺼내어 거름종이 등으로 가볍게 닦아낸다.
   3) 유리전극을 측정하고자 하는 시료에 담가 pH의 측정결과가 안정화 할 때까지 기다린다.
   4) 측정된 pH가 안정되면 측정값을 기록한다.
   5) 시료로부터 pH 전극을 꺼내어 정제수로 세척 한 다음 거름종이 등으로 가볍게 닦아내어 제조사에서 제시하는 보관용액 또는 정제수에 담아 보관한다.

2. pH 전극 보정
   1) 측정기의 전원을 켜고 시험 시작까지 30분 이상 예열한다. 전극은 정제수에 3회 이상 반복하여 씻고 물방울은 잘 닦아낸다. 전극이 더러워진 경우 세제나 염산용액(0.1M)등으로 닦아낸 다음 정제수로 충분히 흘려 씻어 낸다. 오랜 기간 건조 상태에 있었던 유리전극은 미리 하루 동안 pH 7 표준용액에 담가 놓은 후에 사용한다.
   2) 보정은 다음과 같은 순서로 3개 이상의 표준용액으로 실시한다.
      2-1) 전극을 프탈산염 표준용액(pH 4.00) 또는 pH 4.01 표준용액에 담그고 표시된 값을 보정한다.
      2-2) 전극을 표준용액에서 꺼내어 정제수로 3회 이상 세척 하고 거름종이 등으로 가볍게 닦아낸다.
      2-3) 전극을 인산염 표준용액(pH 6.88) 또는 pH 7.00 표준용액에 담그고 표시된 값을 보정한다.
      2-4) 전극을 표준용액에서 꺼내어 정제수로 3회 이상 세척 하고 거름종이 등으로 가볍게 닦아낸다.
      2-5) 전극을 탄산염 표준용액 pH 10.07 또는 pH 10.01 표준용액에 담그고 표시된 값을 보정한다.
      2-6) 전극을 표준용액에서 꺼내어 정제수로 3회 이상 세척 하고 거름종이 등으로 가볍게 닦아낸다.

67. 기체크로마토그래피에 의한 알킬수은의 분석방법으로 (   )에 알맞은 것은?

> 알킬수은화합물을 (㉠)으로 추출하여 (㉡)에 선택적으로 역추출하고 다시 (㉠)으로 추출하여 기체크로마토그래프로 측정하는 방법이다.

① ㉠ 헥산, ㉡ 염화메틸수은용액　　② ㉠ 헥산, ㉡ 크로모졸브용액
③ ㉠ 벤젠, ㉡ 펜토에이트용액　　　④ ㉠ 벤젠, ㉡ L-시스테인용액

알킬수은-기체크로마토그래피

이 시험기준은 물속에 존재하는 알킬수은 화합물을 기체크로마토그래피에 따라 정량하는 방법이다. 알킬수은화합물을 **벤젠**으로 추출하여 **L-시스테인용액**에 선택적으로 역추출하고 다시 벤젠으로 추출하여 기체크로마토그래프로 측정하는 방법이다.

68. 유도결합 플라스마 발광분석장치의 측정 시 플라스마 발광부 관측 높이는 유도 코일 상단으로부터 얼마의 범위(mm)에서 측정하는가? (단, 알칼리 원소는 제외)

① 15~18　　　　　　　　　　② 35~38
③ 55~58　　　　　　　　　　④ 75~78

작업코일 위 시야높이(viewing height above work coil) : 15mm

69. 다이메틸글리옥심을 이용하여 정량하는 금속은?

① 아연　　　　　　　　　　　② 망간
③ 니켈　　　　　　　　　　　④ 구리

니켈 - 자외선/가시선 분광법

물속에 존재하는 니켈이온을 암모니아의 약 알칼리성에서 다이메틸글리옥심과 반응시켜 생성한 니켈착염을 클로로폼으로 추출하고 이것을 묽은 염산으로 역추출 함. 추출물에 브롬과 암모니아수를 넣어 니켈을 산화시키고 다시 암모니아 알칼리성에서 다이메틸글리옥심과 반응시켜 생성한 적갈색 니켈착염의 흡광도 450nm에서 측정하는 방법

70. 이온전극법에서 격막형 전극을 이용하여 측정하는 이온이 아닌 것은?

① F^-　　　　　　　　　　　② CN^-
③ NH_4^+　　　　　　　　　　④ NO_2^-

이온전극법 - 전극 종류별 측정이온

전극의 종류	측정이온
유리막 전극	NH_4^+, Na^+, K^+
고체막 전극	NH_4^+, F^-, Cl^-, CN^-, Pb^{2+}, Cd^{2+}, Cu^{2+}, NO_3^-
격막형 전극	NH_4^+, CN^-, NO_2^-,

71. 불소화합물의 분석방법과 가장 거리가 먼 것은? (단, 수질오염공정시험기준 기준)

① 자외선/가시선 분광법

② 이온전극법

③ 이온크로마토그래피

④ 불꽃 원자흡수분광광도법

④ 불꽃 원자흡수분광광도법은 금속류에만 적용됨

불소화합물 분석방법

· 자외선/가시선 분광법
· 이온전극법
· 이온크로마토그래피

72. 총질소의 측정원리에 관한 내용으로 (   )에 알맞은 것은?

> 시료 중 모든 질소화합물을 알칼리성 (   )을 사용하여 120℃ 부근에서 유기물과 함께 분해하여 질산이온으로 산화시킨 후 산성상태로 하여 흡광도를 220nm에서 측정하여 총질소를 정량하는 방법이다.

① 과황산칼륨

② 몰리브덴산 암모늄

③ 염화제일주석산

④ 이스코르빈산

용존 총질소
시료 중 용존 질소화합물을 알칼리성 과황산칼륨의 존재하에 120℃에서 유기물과 함께 분해하여 질소이온으로 산화시킨 다음 산성에서 자외부 흡광도를 측정하여 질소를 정량하는 방법이다.

73. 공장폐수의 BOD를 측정하기 위해 검수에 희석을 가하여 50배로 희석하여 20℃, 5일 배양하였다. 희석 후 초기 DO를 측정하기 위해 소모된 0.025 N-$Na_2S_2O_3$의 양은 4.0mL 였으며 5일 배양 후 DO를 측정하는데 0.025 N-$Na_2S_2O_3$ 2.0mL 소모되었을 때 공장폐수의 BOD(mg/L)는? (단, BOD병 = 285mL, 적정에 사용된 액량 = 100mL, BOD병에 가한 시약은 황산망간과 아지드나트륨 용액 = 총 2mL, 적정시액의 factor = 1)

① 201.5

② 211.5

③ 221.5

④ 231.5

1) 용존산소

$$D_1 = a \times f \times \frac{V_1}{V_2} \times \frac{1,000}{V_1 - R} \times 0.2 = 4 \times 1 \times \frac{285}{100} \times \frac{1,000}{285 - 2} \times 0.2 = 8.0565$$

$$D_2 = a \times f \times \frac{V_1}{V_2} \times \frac{1,000}{V_1 - R} \times 0.2 = 2 \times 1 \times \frac{285}{100} \times \frac{1,000}{285 - 2} \times 0.2 = 4.0282$$

2) 식종하지 않은 시료의 BOD(mg/L)

= $(D_1 - D_2) \times P$

= $(8.0565 - 4.0282) \times 50$

= 201.415mg/L

관련 공식 정리

1. 식종하지 않은 시료의 BOD(mg/L) = $(D_1 - D_2) \times P$

   여기서, D_1 : 15분간 방치된 후의 희석(조제)한 시료의 DO(mg/L)

   D_2 : 5일간 배양한 다음의 희석(조제)한 시료의 DO(mg/L)

   P : 희석시료 중 시료의 희석배수(희석시료량/시료량)

2. 용존산소(mg/L) = $a \times f \times \frac{V_1}{V_2} \times \frac{1,000}{V_1 - R} \times 0.2$

   a : 적정에 소비된 티오황산나트륨용액(0.025M)의 양(mL)

   f : 티오황산나트륨(0.025M)의 인자(factor)

   V_1 : 전체 시료의 양(mL)

   V_2 : 적정에 사용한 시료의 양(mL)

   R : 황산망간 용액과 알칼리성 요오드화칼륨-아자이드화나트륨 용액 첨가량(mL)

74. 시료의 용기를 폴리에틸렌병으로 사용하여도 무방한 항목은?

① 노말헥산추출물질

② 페놀류

③ 유기인

④ 음이온계면활성제

① 노말헥산추출물질, ② 페놀류, ③ 유기인은 유리 용기만 사용 가능함

시료 용기별 정리

용기	항목
P	불소
G	냄새, 노말헥산추출물질, PCB, VOC, 페놀류, 유기인
G(갈색)	잔류염소, 다이에틸헥실프탈레이트, 1,4-다이옥산, 석유계총탄화수소, 염화비닐, 아크릴로니트릴, 브로모폼
BOD 병	용존산소 적정법, 용존산소 전극법
PP	과불화화합물
P, G	나머지
용기기준 없는 것	투명도

P : 폴리에틸렌(polyethylene), G : 유리(glass), PP : 폴리프로필렌(polypropylene)

75. 원자흡수분광광도법에서 공존물질과 작용하여 해리하기 어려운 화합물이 생성되어 흡광에 관계하는 기저상태의 원자수가 감소하는 경우 일어나는 화학적 간섭을 피하는 방법이 아닌 것은?

① 이온교환이나 용매추출 등을 이용하여 방해물질을 제거한다.

② 과량의 간섭원소를 첨가한다.

③ 간섭을 피하는 양이온, 음이온 또는 은폐제, 킬레이트제 등을 첨가한다.

④ 표준시료와 분석시료와의 조성을 같게 한다.

> **화학적 간섭 감소 방법**
> · 과량의 상대원소 첨가
> · 은폐제나 킬레이트제의 첨가
> · 이온교환이나 용매추출 등을 이용하여 방해물질을 제거
> · 시료용액을 묽힘
> · 방해이온과 선택적으로 결합하여 분석원소를 유리시키는 완화제 사용
> · 분석원소와 킬레이트 착화합물들을 생성하게 하여 분석원소를 보호하는 보호제 사용
> · 충분히 분해될 수 있는 고온의 원자화기를 사용

76. 시료 채취 시 유의사항으로 틀린 것은?

① 시료 채취 용기는 시료를 채우기 전에 시료로 3회 이상 씻은 다음 사용한다.

② 유류 또는 부유물질 등이 함유된 시료는 균질성이 유지될 수 있도록 채취해야 하며, 침전물이 부상하여 혼입되어서는 안 된다.

③ 심부층의 지하수 채취 시에는 고속양수펌프를 이용하여 채취시간을 최소화함으로써 수질의 변질을 방지하여야 한다.

④ 용존가스, 환원성 물질, 휘발성유기화합물, 냄새, 유류 및 수소이온 등을 측정하기 위한 시료를 채취할 때는 운반 중 공기와의 접촉이 없도록 시료 용기에 가득 채운 후 빠르게 뚜껑을 닫는다.

> ③ 심부층 : 저속양수펌프, 저속시료채취, 교란 최소화
> 　천부층 : 저속양수펌프 또는 정량이송펌프

77. 자외선/가시선 분광법으로 불소 시험 중 탈색현상이 나타났을 때 원인이 될 수 있는 것은?

① 황산이 분해되어 유출된 경우

② 염소이온이 다량 함유되어 있을 경우

③ 교반속도가 일정하지 않았을 경우

④ 시료 중 불소함량이 정량범위를 초과할 경우

> 시료 중 불소함량이 정량범위를 초과할 경우 탈색현상이 나타날 수도 있다. 이러한 경우에는 취하는 시료량을 정량범위 이내에 들도록 감량하거나 희석한 다음 다시 시험한다.

78. 반드시 유리시료용기를 사용하여 시료를 보관해야 하는 항목은?

① 염소이온
② 총인
③ 시안
④ 유기인

시료 용기별 정리

용기	항목
P	불소
G	냄새, 노말헥산추출물질, PCB, VOC, 페놀류, 유기인
G(갈색)	잔류염소, 다이에틸헥실프탈레이트, 1,4-다이옥산, 석유계총탄화수소, 염화비닐, 아크릴로니트릴, 브로모폼
BOD 병	용존산소 적정법, 용존산소 전극법
PP	과불화화합물
P, G	나머지
용기기준 없는 것	투명도

P : 폴리에틸렌(polyethylene),   G : 유리(glass),   PP : 폴리프로필렌(polypropylene)

79. NaOH 0.01M은 몇 mg/L인가?

① 40
② 400
③ 4,000
④ 40,000

$$\frac{0.01mol}{L} \quad \frac{40g}{1mol} \quad \frac{1,000mg}{1g} = 400mg/L$$

80. 자외선/가시선 분광법을 적용하여 페놀류를 측정할 때 간섭물질에 관한 설명으로 (   )에 옳은 것은?

황 화합물의 간섭을 받을 수 있는데 이는 (   )을 사용하여 pH 4로 산성화하여 교반하면 황화수소, 이산화황으로 제거할 수 있다.

① 염산
② 질산
③ 인산
④ 과염소산

황 화합물의 간섭을 받을 수 있는데 이는 **인산**을 사용하여 pH 4로 산성화하여 교반하면 황화수소(H_2S)나 이산화황(SO_2)으로 제거할 수 있다. 황산구리($CuSO_4$)를 첨가하여 제거할 수도 있다.

81. 낚시제한구역에서의 낚시방법의 제한사항 기준으로 옳은 것은?

① 1개의 낚시대에 4개 이상의 낚시바늘을 떡밥과 뭉쳐서 미끼로 던지는 행위
② 1개의 낚시대에 5개 이상의 낚시바늘을 떡밥과 뭉쳐서 미끼로 던지는 행위
③ 1명당 2대 이상의 낚시대를 사용하는 행위
④ 1명당 3대 이상의 낚시대를 사용하는 행위

낚시제한구역에서의 제한사항

1. 낚시방법에 관한 다음 각 목의 행위
   가. 낚시바늘에 끼워서 사용하지 아니하고 물고기를 유인하기 위하여 떡밥·어분 등을 던지는 행위
   나. 어선을 이용한 낚시행위 등 「낚시 관리 및 육성법」에 따른 낚시어선업을 영위하는 행위(외줄낚시는 제외)
   다. 1명당 4대 이상의 낚시대를 사용하는 행위
   라. 1개의 낚시대에 5개 이상의 낚시바늘을 떡밥과 뭉쳐서 미끼로 던지는 행위
   마. 쓰레기를 버리거나 취사행위를 하거나 화장실이 아닌 곳에서 대·소변을 보는 등 수질오염을 일으킬 우려가 있는 행위
   바. 고기를 잡기 위하여 폭발물·배터리·어망 등을 이용하는 행위(「내수면어업법」 제6조·제9조 또는 제11조에 따라 면허 또는 허가를 받거나 신고를 하고 어망을 사용하는 경우는 제외한다.)
2. 「내수면어업법 시행령」 제17조에 따른 내수면 수산자원의 포획금지행위
3. 낚시로 인한 수질오염을 예방하기 위하여 그 밖에 시·군·자치구의 조례로 정하는 행위

82. 비점오염원의 변경신고 기준으로 옳지 않은 것은?

① 상호, 대표자, 사업명 또는 업종의 변경
② 총 사업면적, 개발면적 또는 사업장 부지면적이 처음 신고면적의 100분의 30 이상 증가하는 경우
③ 비점오염저감시설의 종류, 위치, 용량이 변경되는 경우
④ 비점오염원 또는 비점오염저감시설의 전부 또는 일부를 폐쇄하는 경우

제73조(비점오염원의 변경신고)

변경신고를 하여야 하는 경우는 다음 각 호의 경우를 말한다.
1. 상호·대표자·사업명 또는 업종의 변경
2. 총 사업면적·개발면적 또는 사업장 부지면적이 처음 신고면적의 100분의 15 이상 증가하는 경우
3. 비점오염저감시설의 종류, 위치, 용량이 변경되는 경우
4. 비점오염원 또는 비점오염저감시설의 전부 또는 일부를 폐쇄하는 경우

83. 수질오염경보(조류경보) 발령 단계 중 조류 대발생 시 취수장 · 정수장 관리자의 조치사항은?

① 주 2회 이상 시료채취 · 분석

② 정수의 독소분석 실시

③ 발령기관에 대한 시험분석결과의 신속한 통보

④ 취수구 및 조류가 심한 지역에 대한 방어막 설치 등 조류 제거 조치 실시

①, ③ : 4대강 물환경연구소장
④ : 수면관리자

84. 폐수재이용업의 등록기준에 대한 설명 중 틀린 것은?

① 저장시설 : 원폐수 및 재이용 후 발생되는 폐수 저장시설의 용량은 1일 8시간 최대처리량의 3일분 이상의 규모이어야 한다.

② 건조시설 : 건조 잔류물이 외부로 누출되지 않는 구조로 건조잔류물의 수분 함량이 75퍼센트 이하의 성능이어야 한다.

③ 소각시설 : 소각시설의 연소실 출구 배출가스 온도조건은 최소 850℃ 이상, 체류시간은 최소 1초 이상이어야 한다.

④ 운반장비 : 폐수운반차량은 흑색으로 도색하고 노란색 글씨로 폐수운반차량, 회사명, 등록번호 및 용량 등을 일정한 크기로 표시하여야 한다.

④ 폐수운반차량은 청색으로 도색하고, 양쪽 옆면과 뒷면에 가로 50센티미터, 세로 20센티미터 이상 크기의 노란색 바탕에 검은색 글씨로 폐수운반차량, 회사명, 등록번호, 전화번호 및 용량을 지워지지 아니하도록 표시하여야 한다.

85. 중점관리저수지의 관리자와 그 저수지의 소재지를 관할하는 시 · 도지사가 수립하는 중점관리저수지의 수질오염방지 및 수질개선에 관한 대책에 포함되어야 하는 사항으로 (   )에 옳은 것은?

중점관리저수지의 경계로부터 반경 (   )의 거주인구 등 일반현황

① 500m 이내

② 1km 이내

③ 2km 이내

④ 5km 이내

중점관리 저수지 대책 포함사항

1. 중점관리저수지의 설치목적, 이용현황 및 오염현황
2. 중점관리저수지의 경계로부터 반경 2킬로미터 이내의 거주인구 등 일반현황
3. 중점관리저수지의 수질 관리목표
4. 중점관리저수지의 수질 오염 예방 및 수질 개선방안

86. 시·도지사가 설치할 수 있는 측정망의 종류에 해당하는 것은?

① 비점오염원에서 배출되는 비점오염물질 측정망
② 퇴적물 측정망
③ 도심하천 측정망
④ 공공수역 유해물질 측정망

제23조(시·도지사 등이 설치·운영하는 측정망의 종류 등)
1. 소권역을 관리하기 위한 측정망
2. 도심하천 측정망
3. 그 밖에 유역환경청장이나 지방환경청장과 협의하여 설치·운영하는 측정망

87. 대권역 물환경관리계획에 포함되어야 할 사항으로 틀린 것은?

① 상수원 및 물 이용현황
② 점오염원, 비점오염원 및 기타수질오염원의 분포현황
③ 점오염원, 비점오염원 및 기타수질오염원의 수질오염 저감시설 현황
④ 점오염원, 비점오염원 및 기타수질오염원에서 배출되는 수질오염물질의 양

대권역계획
1. 수질 및 수생태계 변화 추이 및 목표기준
2. 상수원 및 물 이용현황
3. 점오염원, 비점오염원 및 기타수질오염원의 분포현황
4. 점오염원, 비점오염원 및 기타수질오염원에서 배출되는 수질오염물질의 양
5. 수질오염 예방 및 저감 대책
6. 수질 및 수생태계 보전조치의 추진방향
7. 기후변화에 대한 적응대책
8. 그 밖에 환경부령으로 정하는 사항

88. 시·도지사가 오염총량관리기본계획의 승인을 받으려는 경우 오염총량관리기본계획안에 첨부하여 환경부장관에게 제출하여야 하는 서류가 아닌 것은?

① 유역환경의 조사·분석 자료
② 오염부하량의 저감계획을 수립하는 데에 사용한 자료
③ 오염총량목표수질을 수립하는 데에 사용한 자료
④ 오염부하량의 산정에 사용한 자료

시·도지사가 오염총량관리기본계획의 승인을 받으려는 경우, 오염총량관리기본계획안에 첨부하여 환경부장관에게 제출하여야 하는 서류
1. 유역환경의 조사·분석 자료
2. 오염원의 자연증감에 관한 분석 자료
3. 지역개발에 관한 과거와 장래의 계획에 관한 자료
4. 오염부하량의 산정에 사용한 자료
5. 오염부하량의 저감계획을 수립하는 데에 사용한 자료

89. 공공폐수처리시설 배수설비의 설치방법 및 구조기준으로 옳지 않은 것은?

① 배수관의 관경은 안지름 150mm 이상으로 하여야 한다.
② 배수관은 우수관과 합류하여 설치하여야 한다.
③ 배수관의 기점·종점·합류점·굴곡점과 관경·관 종류가 달라지는 지점에는 맨홀을 설치하여야 한다.
④ 배수관 입구에는 유효간격 10mm 이하의 스크린을 설치하여야 한다.

② 배수관은 우수관과 분리하여 빗물이 혼합되지 아니하도록 설치하여야 한다.

배수설비의 설치방법·구조기준 등
1. 배수관의 관경은 내경 **150밀리미터** 이상으로 하여야 한다.
2. 배수관은 우수관과 분리하여 빗물이 혼합되지 아니하도록 설치하여야 한다.
3. 배수관의 기점·종점·합류점·굴곡점과 관경(管徑)·관종(管種)이 달라지는 지점에는 맨홀을 설치하여야 하며, 직선인 부분에는 내경의 **120배** 이하의 간격으로 맨홀을 설치하여야 한다.
4. 배수관 입구에는 유효간격 **10밀리미터** 이하의 스크린을 설치하여야 하고, 다량의 토사를 배출하는 유출구에는 적당한 크기의 모래받이를 각각 설치하여야 하며, 배수관·맨홀 등 악취가 발생할 우려가 있는 시설에는 방취(防臭)장치를 설치하여야 한다.
5. 사업장에서 공공폐수처리시설까지로 폐수를 유입시키는 배수관에는 유량계 등 계량기를 부착하여야 한다.
6. 시간당 최대 폐수량이 일평균폐수량의 **2배 이상**인 사업자와 순간수질과 일평균수질과의 격차가 리터당 100밀리그램 이상인 시설의 사업자는 자체적으로 유량조정조를 설치하여 공공폐수처리시설 가동에 지장이 없도록 폐수배출량 및 수질을 조정한 후 배수하여야 한다.

90. 중권역 환경관리위원회의 위원으로 될 수 없는 자는?

① 수자원 관계 기관의 임직원
② 지방의회의원
③ 관계 행정기관의 공무원
④ 영리 민간단체에서 추천한 자

[환경정책기본법]

제17조(중권역환경관리위원회의 구성)
① 중권역관리계획을 심의·조정하기 위하여 유역환경청 또는 지방환경청에 중권역환경관리위원회(이하 "중권역위원회"라 한다)를 둔다.
② 중권역위원회는 위원장 1명을 포함한 30명 이내의 위원으로 구성하고, 중권역위원회의 위원장은 유역환경청장 또는 지방환경청장이 된다.
③ 중권역위원회의 위원은 유역환경청장 또는 지방환경청장이 다음 각 호의 사람 중에서 위촉하거나 임명한다.

1. 관계 행정기관의 공무원
2. 지방의회의원
3. 수자원 관계 기관의 임직원
4. 상공(商工)단체 등 관계 경제단체·사회단체의 대표자
5. 그 밖에 환경보전 또는 국토계획·도시계획에 관한 학식과 경험이 풍부한 사람
6. 시민단체(「비영리민간단체 지원법」 제2조에 따른 비영리민간단체를 말한다)에서 추천한 사람

91. 수질 및 수생태계 환경기준에서 해역의 생활환경 기준으로 옳지 않은 것은?

① 수소이온농도(pH) : 6.5~8.5
② 용매 추출유분(mg/L) : 0.01 이하
③ 총 대장균군(총대장균군수/100mL) : 1,000 이하
④ 총 인(mg/L) : 0.05 이하

[환경정책기본법]

해역 – 생활환경 환경기준

항 목	수소이온농도(pH)	총대장균군(총대장균군수/100mL)	용매 추출유분(mg/L)
기 준	6.5 ~ 8.5	1,000 이하	0.01 이하

92. 수질오염경보(조류경보) 단계 중 다음 발령 · 해제 기준의 설명에 해당하는 단계는? (단, 상수원 구간)

> 2회 연속 채취 시 남조류 세포수가 1,000세포/mL 이상 10,000세포/mL 미만인 경우

① 관심
② 경보
③ 조류대발생
④ 해제

수질오염경보(조류경보) 발령 · 해제 기준 – 상수원 구간

경보단계	발령 · 해제 기준
관심	2회 연속 채취 시 남조류 세포수가 1,000세포/mL 이상 10,000세포/mL 미만인 경우
경계	2회 연속 채취 시 남조류 세포수가 10,000세포/mL 이상 1,000,000세포/mL 미만인 경우
조류 대발생	2회 연속 채취 시 남조류 세포수가 1,000,000세포/mL 이상인 경우
해제	2회 연속 채취 시 남조류 세포수가 1,000세포/mL 미만인 경우

93. 초과부과금 산정 시 적용되는 수질오염물질 1킬로그램당 부과금액이 가장 낮은 것은?

① 크롬 및 그 화합물
② 유기인화합물
③ 시안화합물
④ 비소 및 그 화합물

초과부과금의 산정기준(제45조제5항 관련)

1) 수질오염물질 1킬로그램당 부과금액(원)

75,000	30,000	500	450	250
크롬	망간 아연	T-P T-N	유기물질(TOC)	유기물질(BOD 또는 COD) 부유물질

2) 특정유해물질 1킬로그램당 부과금액(만원)

125	50	30	15	10	5
Hg PCB	Cd	Cr^{6+} PCE TCE	페놀, 시안 유기인, 납	비소	구리

94. 수질오염 방지시설 중 생물화학적 처리시설이 아닌 것은?

① 살균시설

② 폭기시설

③ 산화시설(산화조 또는 산화지)

④ 안정조

① 살균시설 : 화학적 처리시설

수질오염 방지시설

1. 물리적 처리시설	2. 화학적 처리시설	3. 생물화학적 처리시설
가. 스크린	가. 화학적 침강시설	가. 살수여과상
나. 분쇄기	나. 중화시설	나. 폭기(瀑氣)시설
다. 침사(沈砂)시설	다. 흡착시설	다. 산화시설(산화조, 산화지)
라. 유수분리시설	라. 살균시설	라. 혐기성·호기성 소화시설
마. 유량조정시설(집수조)	마. 이온교환시설	마. 접촉조
바. 혼합시설	바. 소각시설	바. 안정조
사. 응집시설	사. 산화시설	사. 돈사톱밥발효시설
아. 침전시설	아. 환원시설	
자. 부상시설	자. 침전물 개량시설	
차. 여과시설		
카. 탈수시설		
타. 건조시설		
파. 증류시설		
하. 농축시설		

95. 제2종 사업장에 해당되는 폐수배출량은?

① 1일 배출량이 50m³이상, 200m³미만

② 1일 배출량이 100m³이상, 300m³미만

③ 1일 배출량이 500m³이상, 2000m³미만

④ 1일 배출량이 700m³이상, 2000m³미만

사업장의 규모별 구분

종류	배출규모
제1종 사업장	1일 폐수배출량이 2,000m³ 이상인 사업장
제2종 사업장	1일 폐수배출량이 700m³ 이상, 2,000m³ 미만인 사업장
제3종 사업장	1일 폐수배출량이 200m³ 이상, 700m³ 미만인 사업장
제4종 사업장	1일 폐수배출량이 50m³ 이상, 200m³ 미만인 사업장
제5종 사업장	위 제1종부터 제4종까지의 사업장에 해당하지 아니하는 배출시설

96. 위임업무 보고사항 중 보고 횟수가 연 4회에 해당 되는 것은?

① 측정기기 부착사업자에 대한 행정처분 현황
② 측정기기 부착사업장 관리 현황
③ 비점오염원의 설치신고 및 방지시설 설치 현황 및 행정처분 현황
④ 과징금 부과 실적

①, ②, ④ : 연 2회

97. 폐수무방류배출시설의 세부설치기준에 관한 내용으로 (   )에 옳은 내용은?

특별대책지역에 설치되는 폐수무방류배출시설의 경우 1일 24시간 연속하여 가동되는 것이면 배출 폐수를 전량 처리할 수 있는 예비 방지시설을 설치하여야 하고 1일 최대 폐수발생량이 (   )m³ 이상이면 배출 폐수의 무방류 여부를 실시간으로 확인할 수 있는 원격유량감시장치를 설치하여야 한다.

① 100
② 200
③ 300
④ 500

폐수무방류배출시설의 세부 설치기준

특별대책지역에 설치되는 폐수무방류배출시설의 경우 1일 24시간 연속하여 가동되는 것이면 배출 폐수를 전량 처리할 수 있는 예비 방지시설을 설치하여야 하고, 1일 최대 폐수발생량이 **200세제곱미터** 이상이면 배출 폐수의 무방류 여부를 실시간으로 확인할 수 있는 원격유량감시장치를 설치하여야 한다.

98. 기본배출부과금의 부과 대상이 되는 수질오염물질은?

① 유기물질
② BOD
③ 카드뮴
④ 구리

제42조(기본배출부과금의 부과 대상 수질오염물질의 종류)

1. 유기물질
2. 부유물질

99. 비점오염방지시설의 유형별 기준 중 자연형 시설이 아닌 것은?

① 저류시설
② 침투시설
③ 식생형 시설
④ 스크린형 시설

비점오염저감시설	
자연형 시설	**장치형 시설**
· 저류시설 · 인공습지 · 침투시설 · 식생형 시설	· 여과형 시설 · 와류(渦流)형 · 스크린형 시설 · 응집·침전 처리형 시설 · 생물학적 처리형 시설

100. 1일 폐수배출량이 2천m^3 이상인 사업장에서 생물화학적 산소요구량의 농도가 25mg/L의 폐수를 배출하였다면, 이 업체의 방류수수질기준 초과에 따른 부과계수는? (단, 배출허용기준에 적용되는 지역은 청정지역임)

① 2.0
② 2.2
③ 2.4
④ 2.6

방류수수질기준초과율별 부과계수(제41조제3항 관련)　　　　　　　　　　　　(~ : 이상~미만)

초과율	10% 미만	10%~20%	20%~30%	30%~40%	40%~50%
부과계수	1	1.2	1.4	1.6	1.8
초과율	50%~60%	60%~70%	70%~80%	80%~90%	90%~100%
부과계수	2.0	2.2	2.4	2.6	2.8

방류수수질기준초과율
= (배출농도 - 방류수수질기준) ÷ (배출허용기준 - 방류수수질기준) × 100
= (25 - 10) ÷ (30 - 10) × 100
= 75%

표에서 초과율 75%이면, 부과계수는 2.4이다.

1. 방류수 수질기준

구 분	수질기준 (단위 : mg/L)			
	Ⅰ지역	Ⅱ지역	Ⅲ지역	Ⅳ지역
BOD	10(10) 이하	10(10) 이하	10(10) 이하	10(10) 이하
COD	20(40) 이하	20(40) 이하	40(40) 이하	40(40) 이하
부유물질(SS)	10(10) 이하	10(10) 이하	10(10) 이하	10(10) 이하
총질소(T-N)	20(20) 이하	20(20) 이하	20(20) 이하	20(20) 이하
총인(T-P)	0.2(0.2) 이하	0.3(0.3) 이하	0.5(0.5) 이하	2(2) 이하
총대장균군 수 (개/mL)	3,000(3,000)	3,000(3,000)	3,000(3,000)	3,000(3,000)
생태독성(TU)	1(1) 이하	1(1) 이하	1(1) 이하	1(1) 이하

2. 수질오염물질의 배출허용기준

대상규모 / 항목 / 지역구분	1일 폐수배출량 2,000m³ 이상			1일 폐수배출량 2,000m³ 미만		
	BOD (mg/L)	COD (mg/L)	SS (mg/L)	BOD (mg/L)	COD (mg/L)	SS (mg/L)
청정지역	30 이하	40 이하	30 이하	40 이하	50 이하	40 이하
가지역	60 이하	70 이하	60 이하	80 이하	90 이하	80 이하
나지역	80 이하	90 이하	80 이하	120 이하	130 이하	120 이하
특례지역	30 이하	40 이하	30 이하	30 이하	40 이하	30 이하

1. ②　2. ③　3. ④　4. ①　5. ③　6. ②　7. ④　8. ③　9. ③　10. ②　11. ③　12. ①　13. ①　14. ④　15. ②
16. ①　17. ①　18. ④　19. ①　20. ③　21. ④　22. ②　23. ②　24. ③　25. ④　26. ④　27. ④　28. ②　29. ①　30. ④
31. ③　32. ②　33. ③　34. ④　35. ③　36. 정답없음　37. ①　38. ①　39. ①　40. ①　41. ②　42. ④　43. ③　44. ③　45. ④
46. ②　47. ①　48. ①　49. ④　50. ③　51. ④　52. ①　53. ④　54. ②　55. ③　56. ④　57. ①　58. ④　59. ①　60. ①
61. ③　62. ②　63. ②　64. ③　65. ②　66. ③　67. ④　68. ①　69. ③　70. ①　71. ④　72. ①　73. ①　74. ④　75. ③
76. ③　77. ④　78. ④　79. ②　80. ①　81. ③　82. ②　83. ③　84. ④　85. ③　86. ③　87. ③　88. ③　89. ②　90. ④
91. ④　92. ①　93. ①　94. ①　95. ③　96. ③　97. ②　98. ①　99. ③　100. ③

제1과목 수질오염개론

---

1. 에탄올(C_2H_5OH) 300mg/L가 함유된 폐수의 이론적 COD값(mg/L)은? (단, 기타 오염물질은 고려하지 않음)

   ① 312   ② 453

   ③ 578   ④ 626

   $C_2H_5OH + 3O_2 \rightarrow 2CO_2 + 3H_2O$

     46g : 3 × 32g

     300mg/L : COD

   $$\therefore COD = \frac{3 \times 32g}{46g} \bigg| \frac{300mg/L}{} = 626.08mg/L$$

2. 물질대사 중 동화작용을 가장 알맞게 나타낸 것은?

   ① 잔여영양분 + ATP → 세포물질 + ADP + 무기인 + 배설물
   ② 잔여영양분 + ADP + 무기인 → 세포물질 + ATP + 배설물
   ③ 세포내 영양분의 일부 + ATP → ADP + 무기인 + 배설물
   ④ 세포내 영양분의 일부 + ADP + 무기인 → ATP + 배설물

   동화(합성)

     간단한 저분자물질   +   에너지   → 고분자화합물
     잔여영양분   +   ATP   → 세포물질 + ADP + 무기인 + 배설물

   이화(분해)

   복잡한 물질 + ADP → 간단한 물질 + ATP

3. 세균의 구조에 대한 설명이 올바르지 못한 것은?

   ① 세포벽 : 세포의 기계적인 보호
   ② 협막과 점액층 : 건조 혹은 독성물질로부터 보호
   ③ 세포막 : 호흡대사 기능을 발휘
   ④ 세포질 : 유전에 관계되는 핵산 포함

④ 핵 : 유전에 관계되는 핵산 포함

　세포질 : 세포를 구성하는 원형질 중 핵을 제외한 부분

4. 자연계의 질소순환에 대한 설명으로 가장 거리가 먼 것은?

① 대기의 질소는 방전작용, 질소고정세균 그리고 조류에 의하여 끊임없이 소비된다.

② 소변 속의 질소는 주로 요소로 바로 탄산암모늄으로 가수 분해된다.

③ 유기질소는 부패균이나 곰팡이의 작용으로 암모니아성 질소로 변환된다.

④ 암모니아성 질소는 혐기성 상태에서 환원균에 의해 바로 질소가스로 변환된다.

④ 아질산성 질소는 혐기성 상태에서 환원균(탈질균)에 의해 바로 질소가스로 변환된다.

5. 수자원의 순환에서 가장 큰 비중을 차지하는 것은?

① 해양으로의 강우　　　　　　② 증발

③ 증산　　　　　　　　　　　　④ 육지로의 강우

물의 순환 크기

증발 > 해양으로의 강우 > 육지로의 강우 > 증산

6. Graham의 기체법칙에 관한 내용으로 (　　)에 알맞은 것은?

수소의 확산속도에 비해 염소는 약 (㉠), 산소는 (㉡) 정도의 확산속도를 나타낸다.

① ㉠ 1/6, ㉡ 1/4

② ㉠ 1/6, ㉡ 1/9

③ ㉠ 1/4, ㉡ 1/6

④ ㉠ 1/9, ㉡ 1/6

Graham의 기체법칙

$$\frac{d_2}{d_1} = \sqrt{\frac{M_1}{M_2}}$$

$$\frac{dCl_2}{dH_2} = \sqrt{\frac{2}{71}} \fallingdotseq \frac{1}{\sqrt{36}} \fallingdotseq \frac{1}{6}$$

$$\frac{dO_2}{dH_2} = \sqrt{\frac{2}{32}} = \sqrt{\frac{1}{16}} = \frac{1}{4}$$

7. 화학흡착에 관한 내용으로 옳지 않은 것은?

① 흡착된 물질은 표면에 농축되어 여러 개의 겹쳐진 층을 형성함

② 흡착 분자는 표면에 한 부위에서 다른 부위로의 이동이 자유롭지 못함

③ 흡착된 물질 제거를 위해 일반적으로 흡착제를 높은 온도로 가열함

④ 거의 비가역적임

① 흡착된 물질은 표면에 농축되어 한 개의 층을 형성함

8. 유량 $400,000 m^3/day$의 하천에 인구 20만명의 도시로부터 $30,000 m^3/day$의 하수가 유입되고 있다. 하수 유입 전 하천의 BOD는 $0.5mg/L$이고, 유입 후 하천의 BOD를 $2mg/L$로 하기 위해서 하수처리장을 건설하려고 한다면 이 처리장의 BOD 제거효율(%)은? (단, 인구 1인당 BOD 배출량 $= 20g/day$)

① 약 84   ② 약 87

③ 약 90   ④ 약 93

1) 처리장 유입전 BOD

$$하수\ BOD = \frac{20g}{day \cdot 인} \left| \frac{200,000인}{} \right| \frac{1,000mg}{1g} \left| \frac{day}{30,000m^3} \right| \frac{1m^3}{1,000L} = 133.333mg/L$$

2) 처리장 유출 BOD(x)

$$2 = \frac{400,000 \times 0.5 + 30,000x}{400,000 + 30,000}$$

$$\therefore x = 22mg/L$$

3) 생활오수 처리율 $= \dfrac{133.33 - 22}{133.33} \times 100 = 0.8349 = 83.49\%$

9. $150kL/day$의 분뇨를 포기하여 BOD의 20%를 제거하였다. BOD 1kg을 제거하는 데 필요한 공기 공급량이 $60m^3$이라 했을 때 시간당 공기공급량(m^3)은? (단, 연속포기, 분뇨의 BOD $= 20,000$ mg/L)

① 100   ② 500

③ 1,000   ④ 1,500

$$공기공급량 = \frac{150,000L}{day} \left| \frac{20,000mg}{L} \right| 0.2 \left| \frac{1kg}{10^6 mg} \right| \frac{60m^3}{1kg\ BOD} \left| \frac{1day}{24hr} \right| = 1,500m^3$$

10. 유량 $4.2m^3/sec$, 유속 $0.4m/sec$, BOD 7mg/L인 하천이 흐르고 있다. 이 하천에 유량 $25.2m^3$ /min, BOD 500mg/L인 공장폐수가 유입되고 있다면 하천수와 공장폐수의 합류지점의 BOD (mg/L)는? (단, 완전 혼합이라 가정)

① 약 33 ② 약 45
③ 약 52 ④ 약 67

구분	Q(m³/min)		BOD(mg/L)
하천	$\dfrac{4.2m^3}{sec}$	$\dfrac{60sec}{min} = 252$	7
공장폐수	25.2		500

합류지점 BOD $= \dfrac{252 \times 7 + 25.2 \times 500}{252 + 25.2} = 51.82mg/L$

11. Glucose($C_6H_{12}O_6$) 500mg/L 용액을 호기성 처리 시 필요한 이론적인 인(P) 농도(mg/L)는? (단, $BOD_5 : N : P = 100 : 5 : 1$, $K_1 = 0.1day^{-1}$, 상용대수 기준, 완전분해기준, $BOD_u =$ COD)

① 약 3.7 ② 약 5.6
③ 약 8.5 ④ 약 12.8

$C_6H_{12}O_6$ + $6O_2$ → $6CO_2$ + $6H_2O$

500mg/L : BOD_u

180g : $6 \times 32g$

$BOD_u = \dfrac{6 \times 32}{180} \bigg| \dfrac{500}{} = 533.333mg/L$

$BOD_5 = BOD_u(1-10^{Kt})$

$= 533.333(1-10^{-0.1 \times 5})$

$= 364.678mg/L$

$BOD_5 : P = 100 : 1 = 364.678 : P$

∴ $P = 3.64mg/L$

12. 20℃에서 k_1이 0.16/day (base 10)이라 하면, 10℃에 대한 BOD_5/BOD_U 비는? (단, $\theta = 1.047$)

① 0.63 ② 0.68
③ 0.73 ④ 0.78

1) $K_{10} = K_{20} \cdot \theta^{(10-20)}$

$\qquad = 0.16 \times 1.047^{10-20}$

$\qquad = 0.101$

2) $\dfrac{BOD_5}{BOD_u} = \dfrac{BOD_u(1-10^{-Kt})}{BOD_u}$

$\qquad\quad = 1-10^{-0.101 \times 5}$

$\qquad\quad = 0.687$

13. 크롬에 관한 설명으로 틀린 것은?

① 만성크롬중독인 경우에는 미나마타병이 발생한다.

② 3가 크롬은 비교적 안정하나 6가 크롬 화합물은 자극성이 강하고 부식성이 강하다.

③ 3가 크롬은 피부흡수가 어려우나 6가 크롬은 쉽게 피부를 통과한다.

④ 만성중독현상으로는 비점막염증이 나타난다.

① 만성 수은 중독인 경우에는 미나마타병이 발생한다.

14. 우리나라의 수자원에 관한 설명으로 가장 거리가 먼 것은?

① 강수량의 지역적 차이가 크다.

② 주요 하천 중 한강의 수자원 보유량이 가장 많다.

③ 하천의 유역면적은 크지만 하천경사는 급하다.

④ 하천의 하상계수가 크다.

③ 유역면적은 크고 하천경사가 완만하다.

15. 적조현상에 의해 어패류가 폐사하는 원인과 가장 거리가 먼 것은?

① 적조생물이 어패류의 아가미에 부착하여

② 적조류의 광범위한 수면막 형성으로 인해

③ 치사성이 높은 유독물질을 분비하는 조류로 인해

④ 적조류의 사후분해에 의한 수중 부패 독의 발생으로 인해

② 수면막을 형성하는 것은 유류오염이다.

16. Formaldehyde(CH_2O)의 COD/TOC 비는?

① 1.37 　　　　　② 1.67
③ 2.37 　　　　　④ 2.67

$$CH_2O + O_2 \rightarrow CO_2 + H_2O$$

$$\frac{COD}{TOC} = \frac{O_2}{C} = \frac{32}{12} = 2.67$$

17. 유해물질과 그 중독증상(영향)과의 관계로 가장 거리가 먼 것은?

① Mn : 흑피증 　　　② 유기인 : 현기증, 동공축소
③ Cr^{6+} : 피부궤양 　④ PCB : 카네미유증

① Mn : 파킨슨병 유사 증상
　As : 흑피증

18. 경도에 관한 관계식으로 틀린 것은?

① 총경도 - 비탄산경도 = 탄산경도
② 총경도 - 탄산경도 = 마그네슘경도
③ 알카리도 < 총경도일 때 탄산경도 = 비탄산경도
④ 알카리도 ≥ 총경도일 때 탄산경도 = 총경도

② 총경도 = 칼슘경도 + 마그네슘 경도
③ 알칼리도 < 총경도일 때 탄산경도 = 알칼리도

19. 하구의 혼합 형식 중 하상구배와 조차가 적어서 염수와 담수의 2층 밀도류가 발생되는 것은?

① 강 혼합형 　　　② 약 혼합형
③ 중 혼합형 　　　④ 완 혼합형

하구의 혼합형식

하구밀도류의 유동형태는 담수와 염수의 혼합 강약에 따라 약·완·강 혼합형의 세 가지로 분류된다. 이 중 약 혼합형에서는 해수가 하도 내로 쐐기형태로 침입하게 되는데 이러한 밀도류를 염수쐐기라 한다.

· 강혼합형 : 하도방향으로 혼합이 심하고, 수심방향에서 밀도차가 없어진다.
· **약혼합형 : 하천유량 하상구배가 적음. 염수와 담수의 2층의 밀도류 발생**
· 완혼합형 : 약혼합과 강혼합의 중간형

20. 자정상수(f)의 영향 인자에 관한 설명으로 옳은 것은?

① 수심이 깊을수록 자정상수는 커진다.   ② 수온이 높을수록 자정상수는 작아진다.

③ 유속이 완만할수록 자정상수는 커진다.   ④ 바닥구배가 클수록 자정상수는 작아진다.

① 수심이 깊을수록 자정상수는 작아진다.
③ 유속이 완만할수록 자정상수는 작아진다.
④ 바닥구배가 클수록 자정상수는 커진다.

제2과목 상하수도 계획

---

21. 상수도시설인 취수탑의 취수구에 관한 내용과 가장 거리가 먼 것은?

① 계획취수위는 취수구로부터 도수기점까지의 수두손실을 계산하여 결정한다.

② 취수탑의 내측이나 외측에 슬루스케이트(제수문), 버터플라이밸브 또는 제수밸브 등을 설치한다.

③ 전면에서는 협잡물을 제거하기 위한 스크린을 설치해야 한다.

④ 단면형상은 장방형 또는 원형으로 한다.

① 취수보의 취수구 내용이다.

---

22. 계획오수량에 관한 설명으로 옳지 않은 것은?

① 계획1일최대오수량은 1인1일최대오수량에 계획인구를 곱한 후, 여기에 공장 폐수량, 지하 수량 및 기타 배수량을 더한 것으로 한다.

② 합류식에서 우천 시 계획오수량은 원칙적으로 계획시간최대오수량의 3배 이상으로 한다.

③ 지하수량은 1인1일평균오수량의 5~10%로 한다.

④ 계획시간최대오수량은 계획1일 최대오수량의 1시간당 수량의 1.3~1.8배를 표준으로 한다.

③ 지하수량은 1인1일평균오수량의 10~20%로 한다.

---

23. 도수관을 설계할 때 평균유속 기준으로 ( )에 옳은 것은?

자연유하식인 경우에는 허용최대한도를 (㉠)로 하고, 도수관의 평균유속의 최소한도는 (㉡)로 한다.

① ㉠ 1.5m/s, ㉡ 0.3m/s   ② ㉠ 1.5m/s, ㉡ 0.6m/s

③ ㉠ 3.0m/s, ㉡ 0.3m/s   ④ ㉠ 3.0m/s, ㉡ 0.6m/s

24. 상수의 도수관로의 자연부식 중 매크로셀 부식에 해당되지 않은 것은?

① 이종금속   ② 간섭

③ 산소농담(통기차)   ④ 콘크리트 · 토양

자연부식

· 매크로셀 부식 : 콘크리트 부식, 산소농담차, 이종간섭
· 미크로셀 부식 : 일반토양 부식, 특수토양 부식, 박테리아 부식
· 전식 : 전철의 미주전류, 간섭

25. 호소의 중소량 취수시설로 많이 사용되고 구조가 간단하며 시공도 비교적 용이하나 수중에 설치되므로 호소의 표면수는 취수할 수 없는 것은?

① 취수틀   ② 취수보

③ 취수관거   ④ 취수문

취수틀

· 중소량 취수시설로 많이 사용
· 구조가 간단
· 시공도 비교적 용이
· 수중에 설치되므로 호소의 표면수는 취수할 수 없음

26. 상수도관으로 사용되는 관종 중 스테인리스강관에 관한 특징으로 틀린 것은?

① 강인성이 뛰어나고 충격에 강하다.
② 용접접속에 시간이 걸린다.
③ 라이닝이나 도장을 필요로 하지 않는다.
④ 이종금속과의 절연처리가 필요 없다.

④ 이종금속과의 전연처리가 필요하다.

스테인리스강관의 특징

· 가볍다.	· 충격에 강하다.
· 부식에 강하다.	· 누수가 없다.
· 가격이 비싸다.	· 숙련된 작업자가 필요하다.

27. 우수배제계획 수립에 적용되는 하수관거의 계획우수량 결정을 위한 확률연수는?

① 5~10년　　　　　　　　　　② 10~15년

③ 10~30년　　　　　　　　　　④ 30~50년

확률연수
· 하수관거 : 10~30년
· 빗물펌프장 : 30~50년

28. 상수도시설 일반구조의 설계하중 및 외력에 대한 고려 사항으로 틀린 것은?

① 풍압은 풍량에 풍력계수를 곱하여 산정한다.

② 얼음 두께에 비하여 결빙 면이 작은 구조물의 설계에는 빙압을 고려한다.

③ 지하수위가 높은 곳에 설치하는 지상 구조물은 비웠을 경우의 부력을 고려한다.

④ 양압력은 구조물의 전후에 수위차가 생기는 경우에 고려한다.

① 풍량(풍하중) = 풍력계수 × 풍압 × 면적

29. 하수관거 배수설비의 설명 중 옳지 않은 것은?

① 배수설비는 공공하수도의 일종이다.

② 배수설비 중의 물받이의 설치는 배수구역 경계지점 또는 배수구역 안에 설치하는 것을 기본으로 한다.

③ 결빙으로 인한 우·오수 흐름의 지장이 발생되지 않도록 하여야 한다.

④ 배수관은 암거로 하며, 우수만을 배수하는 경우에는 개거도 가능하다.

① 배수설비는 개인하수도의 일종이다.

30. 하수 펌프장 시설인 스크루펌프(screw pump)의 일반적인 장·단점으로 틀린 것은?

① 회전수가 낮기 때문에 마모가 적다.

② 수중의 협잡물이 물과 함께 떠올라 폐쇄 가능성이 크다.

③ 기동에 필요한 물채움장치나 밸브 등 부대시설이 없어 자동운전이 쉽다.

④ 토출측의 수로를 압력관으로 할 수 없다.

② 수중의 협잡물이 물과 함께 떠올라 폐쇄 가능성이 적다(협잡물 세척효과).

31. 원수의 냄새물질(2-MIB, geosmin 등), 색도, 미량유기물질, 소독부산물전구물질, 암모니아성질소, 음이온계면활성제, 휘발성, 유기물질 등을 제거하기 위한 수처리공정으로 가장 적합한 것은?

① 완속여과
② 급속여과
③ 막여과
④ 활성탄여과

④ 지오스민은 흙 비린내 냄새가 나게 하는 물질로, 여과 및 소독으로 제거율이 낮고 활성탄흡착이 가장 효과적이다.

32. 지표수의 취수를 위해 하천수를 수원으로 하는 경우의 취수탑에 관한 설명으로 옳지 않은 것은?

① 대량 취수 시 경제적인 것이 특징이다.
② 취수보와 달리 토사유입을 방지할 수 있다.
③ 공사비는 일반적으로 크다.
④ 시공 시 가물막이 등 가설공사는 비교적 소규모로 할 수 있다.

② 토사 및 쓰레기 유입 방지가 곤란하다.

33. 계획취수량을 확보하기 위하여 필요한 저수용량의 결정에 사용하는 계획기준년의 표준으로 가장 적절한 것은?

① 3개년에 제1위 정도의 갈수
② 5개년에 제1위 정도의 갈수
③ 7개년에 제1위 정도의 갈수
④ 10개년에 제1위 정도의 갈수

상수의 계획취수량을 확보하기 위하여 필요한 저수용량의 결정에 사용하는 계획기준년은 원칙적으로 **10개년에 제1위 정도의 갈수**를 표준으로 한다.

34. 자유수면을 갖는 천정호(반경 $r_o = 0.5m$, 원지하수위 $H = 7.0m$)에 대한 양수시험결과 양수량이 $0.03m^3/sec$일 때 정호의 수심 $h_o = 5.0m$, 영향반경 $R = 200m$에서 평형이 되었다. 이 때 투수계수 $k(m/sec)$는?

① 4.5×10^{-4}
② 2.4×10^{-3}
③ 3.5×10^{-3}
④ 1.6×10^{-2}

$$Q = \frac{\pi k (H^2 - h^2)}{2.3 \log(R/r)}$$

$$0.03 = \frac{\pi k (7^2 - 5^2)}{2.3 \log(200/0.5)}$$

$$\therefore k = 2.381 \times 10^{-3} \ m/s$$

35. 계획송수량과 계획도수량의 기준이 되는 수량은?

① 계획송수량 : 계획1일최대급수량, 계획도수량 : 계획시간최대급수량
② 계획송수량 : 계획시간최대급수량, 계획도수량 : 계획1일최대급수량
③ 계획송수량 : 계획취수량, 계획도수량 : 계획1일최대급수량
④ 계획송수량 : 계획1일최대급수량, 계획도수량 : 계획취수량

· 계획도수량 : 계획취수량 기준
· 계획송수량 : 계획1일최대급수량 기준

36. 펌프의 캐비테이션(공동현상) 발생을 방지하기 위한 대책으로 옳은 것은?

① 펌프의 설치위치를 가능한 한 높게 하여 가용유효흡입수두를 크게 한다.
② 흡입관의 손실을 가능한 한 작게 하여 가용유효흡입수두를 크게 한다.
③ 펌프의 회전속도를 높게 선정하여 필요유효흡입수두를 작게 한다.
④ 흡입 측 밸브를 완전히 폐쇄하고 펌프를 운전한다.

① 펌프의 설치위치를 가능한 한 낮게 하여 가용유효흡입수두를 크게 한다.
③ 펌프의 회전속도를 낮게 선정하여 필요유효흡입수두를 작게 한다.
④ 흡입 측 밸브를 완전히 개방하고 펌프를 운전한다.

37. 직경 1m의 원형콘크리트관에 하수가 흐르고 있다. 동수구배(I)가 0.01이고, 수심이 0.5m일 때 유속(m/sec)은? (단, 조도계수(n) = 0.013, Manning 공식적용, 만관기준)

① 2.1   ② 2.7
③ 3.1   ④ 3.7

$$v = \frac{1}{n} R^{2/3} I^{1/2}$$

$$= \frac{1}{0.013} \left(\frac{1}{4}\right)^{2/3} \cdot 0.01^{1/2}$$

$$= 3.05 \, m/s$$

38. 수격작용을 방지 또는 줄이는 방법이라 할 수 없는 것은?

① 펌프에 플라이휠을 붙여 펌프의 관성을 증가시킨다.
② 흡입 측 관로에 압력조절수조를 설치하여 부압을 유지시킨다.
③ 펌프 토출구 부근에 공기탱크를 두거나 부압 발생지점에 흡기밸브를 설치하여 압력강하 시 공기를 넣어준다.
④ 관내유속을 낮추거나 관거상황을 변경한다.

② 토출 측 관로에 압력조절수조를 설치해서 부압발생장소에 물을 보급하여 부압을 방지함과 아울러 압력상승도 흡수한다.

39. 취수시설에서 취수된 원수를 정수시설까지 끌어들이는 시설은?

① 배수시설   ② 급수시설

③ 송수시설   ④ 도수시설

상수도의 급수계통
- 취수 : 원수를 취수시설까지 끌어들이는 것
- 도수 : 취수시설에서 취수된 원수를 정수시설까지 끌어들이는 것
- 정수 : 정수처리를 하는 것
- 송수 : 정수장으로부터 배수시설까지 상수를 끌어들이는 것
- 배수 : 배수시설로부터 배수관망까지 상수를 끌어들이는 것
- 급수 : 배수관망에서부터 급수지까지 상수를 끌어들이는 것

40. 피압수 우물에서 영향원 직경 1km, 우물직경 1m, 피압대 수층의 두께 20m, 투수계수 20m /day로 추정되었다면, 양수정에서의 수위강하를 5m로 유지하기 위한 양수량(m^3/sec)은?

$$\left(단, \ Q = 2\pi kb \frac{H - ho}{2.3\log_{10}\dfrac{R}{r_o}}\right)$$

① 약 0.005

② 약 0.02

③ 약 0.05

④ 약 0.1

피압수 우물의 양수량

$$Q = 2\pi kb \frac{H - ho}{2.3\log\left(\dfrac{R}{r_o}\right)}$$

$$= 2\pi \times 20 \times 20 \times \frac{5}{2.3\log\left(\dfrac{1,000}{1}\right)}$$

$$= 1,821.2131 \, m^3/day \times \frac{1day}{86,400s}$$

$$= 0.021 \, m^3/s$$

41. 하·폐수를 통하여 배출되는 계면활성제에 대한 설명 중 잘못된 것은?

① 계면활성제는 메틸렌블루 활성물질이라고도 한다.

② 계면활성제는 주로 합성세제로부터 배출되는 것이다.

③ 물에 약간 녹으며 폐수처리 플랜트에서 거품을 만들게 된다.

④ ABS는 생물학적으로 분해가 매우 쉬우나 LAS는 생물학적으로 분해가 어려운 난분해성 물질이다.

· ABS(경성세제) : 난분해성
· LAS(연성세제) : 생물분해 가능

42. 하수처리를 위한 소독방식의 장단점에 관한 내용으로 틀린 것은?

① ClO₂ : 부산물에 의한 청색증이 유발될 수 있다.

② ClO₂ : pH 변화에 따른 영향이 적다.

③ NaOCl : 잔류효과가 작다.

④ NaOCl : 유량이나 탁도 변동에서 적응이 쉽다.

③ NaOCl : 잔류효과가 크다.

43. 접촉매체를 이용한 생물막공법에 대한 설명으로 틀린 것은?

① 유지관리가 쉽고, 유기물 농도가 낮은 기질제거에 유효하다.

② 수온의 변화나 부하변동에 강하고 처리효율에 나쁜 영향을 주는 슬러지 팽화문제를 해결할 수 있다.

③ 공극폐쇄 시에도 양호한 처리수질을 얻을 수 있으며 세정조작이 용이하다.

④ 슬러지 발생량이 적고 고도처리에도 효과적이다.

③ 생물막공법(부착생물법)은 공극폐쇄되면 양호한 처리수질을 얻을 수 없다.

44. 막분리 공법을 이용한 정수처리의 장점으로 가장 거리가 먼 것은?

① 부산물이 생기지 않는다.

② 정수장 면적을 줄일 수 있다.

③ 시설의 표준화로 부품관리 시공이 간편하다.

④ 자동화, 무인화가 용이하다.

③ 부품관리 시공이 간편하지 않다.

45. 다음 공정에서 처리될 수 있는 폐수의 종류는?

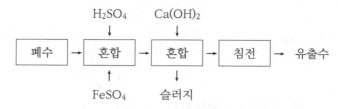

① 크롬폐수

② 시안폐수

③ 비소폐수

④ 방사능폐수

크롬 처리방법

황산과 황산철을 넣어 pH를 2~3으로 낮추어 크롬을 환원시킨 후, 수산화칼슘을 넣어 pH 8~9로 중화시켜 크롬을 수산화물로 침전·제거한다.

46. 무기수은계 화합물을 함유한 폐수의 처리방법이 아닌 것은?

① 황화물침전법

② 활성탄흡착법

③ 산화분해법

④ 이온교환법

수은 폐수 처리방법

· 유기수은계 : 흡착법, 산화분해법

· 무기수은계 : 황화물응집침전법, 활성탄흡착법, 이온교환법

47. 인이 8mg/L 들어 있는 하수의 인 침전(인을 침전시키는 실험에서 인 1몰 당 알루미늄 1.5몰이 필요)을 위해 필요한 액체 명반($Al_2(SO_4)_3 \cdot 18H_2O$)의 양(L/day)은? (단, 액체 명반의 순도 = 48%, 단위중량 = 1,281kg/m^3, 명반 분자량 = 666.7, 알루미늄 원자량 = 26.98, 인 원자량 = 31, 유량 = 10,000m^3/day)

① 약 2,100

② 약 2,800

③ 약 3,200

④ 약 3,700

1) 하수 중 인(kg/day)

$$\frac{8g}{m^3} \left| \frac{10,000m^3}{day} \right| \frac{1kg}{1,000g} = 80kg/day$$

2) 명반($Al_2(SO_4)_3 \cdot 18H_2O$) 양(L/day)

$$\frac{80kg\ P}{day} \left| \frac{1.5 \times 26.98kg\ Al}{131kg\ P} \right| \frac{666.7\ 명반}{2 \times 26.98\ Al} \left| 0.48 \right| \frac{m^3}{1,281kg} \left| \frac{1,000L}{1m^3} \right| = 2,100.23L/day$$

48. 바이오 센서와 수질오염공정시험기준에서 독성평가에 사용되기도 하는 생물종으로 가장 가까운 것은?

① Leptodora   ② Monia

③ Daphnia   ④ Alona

독성평가 사용 생물종 : 물벼룩(Daphnia)

49. 하수처리과정에서 염소소독과 자외선소독을 비교할 때 염소소독의 장·단점으로 틀린 것은?

① 암모니아의 첨가에 의해 결합잔류염소가 형성된다.

② 염소접촉조로부터 휘발성유기물이 생성된다.

③ 처리수의 총 용존고형물이 감소한다.

④ 처리수의 잔류독성이 탈염소과정에 의해 제거되어야 한다.

③ 처리수의 총 용존고형물이 증가한다.

50. 농도 5,500mg/L인 폭기조 활성슬러지 1L를 30분간 정치시킨 후 침강 슬러지의 부피가 45%를 차지하였을 때의 SDI는?

① 1.22   ② 1.48

③ 1.61   ④ 1.83

1) SVI

$$SVI = \frac{SV(\%) \times 10^4}{MLSS(mg/L)} = \frac{45 \times 10^4}{5,500} = 81.8181$$

2) SDI

$$SDI = \frac{100}{SVI} = \frac{100}{81.8181} = 1.222$$

51. 침전지에서 입자의 침강 속도가 증대되는 원인이 아닌 것은?

① 입자 비중의 증가　　　　② 액체 점성계수의 증가
③ 수온의 증가　　　　　　④ 입자 직경의 증가

Stoke 법칙(침강속도식)

$$V_g = \frac{d^2(\rho_p - \rho_w)g}{18\mu}$$

· 침전속도는 입자 직경의 제곱(d^2), 중력가속도(g), 입자와 물간의 밀도차($\rho s - \rho w$)에 비례하고, 점성계수(μ)에는 반비례한다.
· 입자의 침강속도(스토크 식)는 입자의 직경의 **제곱**(d^2)에 비례하므로, 입자의 직경에 가장 큰 영향을 받는다.

52. 음용수 중 철과 망간의 기준 농도에 맞추기 위한 그 제거 공정으로 알맞지 않은 것은?

① 포기에 의한 침전　　　　② 생물학적 여과
③ 제올라이트 수착　　　　④ 인산염에 의한 산화

음용수 중 철과 망간 제거 방법

① 포기에 의한 침전
② 생물학적 여과
③ 제올라이트 수착

53. 하수처리방식 중 회전원판법에 관한 설명으로 가장 거리가 먼 것은?

① 활성슬러지법에 비해 2차 침전지에서 미세한 SS가 유출되기 쉽고 처리수의 투명도가 나쁘다.
② 운전관리상 조작이 간단한 편이다.
③ 질산화가 거의 발생하지 않으며, pH 저하도 거의 없다.
④ 소비 전력량이 소규모 처리시설에서는 표준 활성 슬러지법에 비하여 적은 편이다.

③ 질산화가 발생하며, pH 저하가 발생할 수 있다.

54. 활성탄 흡착단계를 설명한 것으로 가장 거리가 먼 것은?

① 흡착제 주위의 막을 통하여 피흡착제의 분자가 이동하는 단계
② 피흡착제의 극성에 의해 제타포텐샬(Zeta Potential)이 적용되는 단계
③ 흡착제 공극을 통하여 피흡착제가 확산하는 단계
④ 흡착이 되면서 흡착제와 피흡착제 사이에 결합이 일어나는 단계

② 제타포텐샬(Zeta Potential)은 흡착과는 관계 없다.

55. 2,000m³/day의 하수를 처리하는 하수 처리장의 1차 침전지에서 침전고형물이 0.4ton/day, 2차 침전지에서 0.3ton/day이 제거되며 이 때 각 고형물의 함수율은 98%, 99.5%이다. 체류 시간을 3일로 하여 고형물을 농축시키려면 농축조의 크기(m³)는? (단, 고형물의 비중 = 1.0 가정)

① 80   ② 240

③ 620   ④ 1,860

1) 1차 침전지 발생 슬러지양(SL_1)

$$SL_1 = \frac{0.4t}{day} \left| \frac{100\ SL}{2\ TS} \right. = 20t/day$$

2) 2차 침전지 발생 슬러지양(SL_2)

$$SL_2 = \frac{0.3t}{day} \left| \frac{100\ SL}{0.5\ TS} \right. = 60t/day$$

3) 농축조 크기(m³)

$$\frac{(20+60)t}{day} \left| \frac{3day}{} \right| \frac{1m^3}{1t} = 240m^3$$

56. 포기조 유효용량이 1,000m³이고, 잉여슬러지 배출량이 25m³/day로 운전되는 활성슬러지 공정이 있다. 반송슬러지의 SS 농도(X_r)에 대한 MLSS 농도(X)의 비(X/X_r)가 0.25일 때 평균 미생물 체류시간(day)은? (단, 2차 침전지 유출수의 SS 농도는 무시)

① 7   ② 8

③ 9   ④ 10

유출 SS는 무시하므로 $X_e = 0$이다.

$$SRT = \frac{V\ X}{X_r \cdot Q_w + (Q - Q_w) \cdot X_e}$$

$$= \frac{V\ X}{X_r \cdot Q_w} = \frac{V\ (X/X_r)}{Q_w}$$

$$= \frac{1,000 \times 0.25}{25} = 10day$$

57. 활성슬러지 공정을 사용하여 BOD 200mg/L의 하수 2,000m³/day를 BOD 30mg/L까지 처리하고자 한다. 포기조의 MLSS를 1,600mg/L로 유지하고, 체류시간을 8시간으로 하고자 할 때의 F/M 비(kg BOD/kg MLSS · day)는?

① 0.12   ② 0.24

③ 0.38   ④ 0.43

$$F/M = \frac{BOD \cdot Q}{V \cdot X}$$

$$= \frac{BOD \cdot Q}{(Qt) \cdot X}$$

$$= \frac{BOD}{t \cdot X}$$

$$= \frac{200mg}{L} \left| \frac{}{8hr} \right| \frac{L}{1,600mg} \left| \frac{24hr}{1day} \right. = 0.375 \text{ kg/kg} \cdot \text{day}$$

58. 9.0kg의 글루코스(Glucose)로부터 발생 가능한 0℃, 1atm에서의 CH_4 가스의 용적(L)은? (단, 혐기성 분해 기준)

① 3,160
② 3,360
③ 3,560
④ 3,760

$$C_6H_{12}O_6 \rightarrow 3CO_2 + 3CH_4$$
$$180g \quad : \quad 3 \times 22.4L$$
$$9,000g \quad : \quad CH_4$$

$$\therefore CH_4 = \frac{9,000}{180} \left| \frac{3 \times 22.4L}{} \right. = 3.369L$$

59. Monod 식을 이용한 세포의 비증식속도(hr^{-1})는? (단, 제한기질농도 = 200mg/L, 1/2포화농도 = 50mg/L, 세포의 비증식속도 최대치 = $0.1hr^{-1}$)

① 0.08
② 0.12
③ 0.16
④ 0.24

$$\mu = \mu_{max} \times \frac{S}{K_S + S} = 0.1 \times \frac{200}{50 + 200} = 0.08$$

60. 폐수유량 $1,000m^3/day$, 고형물농도 2,700mg/L인 슬러지를 부상법에 의해 농축시키고자 한다. 압축탱크의 압력이 4기압이며 공기의 밀도 1.3g/L, 공기의 용해량 $29.2cm^3/L$일 때 air/solid 비는? (단, f = 0.5, 비순환방식 기준)

① 0.009
② 0.014
③ 0.019
④ 0.025

$$A/S = \frac{1.3Sa(fP-1)}{S} = \frac{1.3}{2,700} \left| \frac{29.2}{} \right| (0.5 \times 4-1) = 0.014$$

61. 웨어의 수두가 0.8m, 절단의 폭이 5m인 4각웨어를 사용하여 유량을 측정하고자 한다. 유량계수가 1.6일 때 유량(m^3/day)은?

① 약 4,345
② 약 6,925
③ 약 8,245
④ 약 10,370

4각 웨어 유량 계산 공식

$Q = K \cdot b \cdot h^{3/2}$

$\quad = 1.6 \times 5 \times (0.8)^{3/2} = 5.7243 m^3/min$

$$\frac{5.7243 m^3}{min} \left| \frac{1,440 min}{1 day} \right. = 8243.04 m^3/day$$

---

62. 수질오염공정시험기준에 의해 분석할 시료를 채수 후 측정시간이 지연될 경우 시료를 보존하기 위해 4℃에 보관하고, 염산으로 pH를 5~9 정도로 유지하여야 하는 항목은?

① 부유물질
② 망간
③ 알킬수은
④ 유기인

시료보존방법	보존물질
1L당 HNO_3 1.5mL로 pH 2 이하	셀레늄, 비소
4℃ 보관, H_2SO_4로 pH 2 이하	노말헥산추출물질, COD, 암모니아성 질소, 총인, 총질소
4℃ 보관, H_2SO_4 또는 HCl으로 pH 2 이하	석유계총탄화수소
4℃ 보관, NaOH로 pH 12 이상	시안
4℃ 보관, HCl로 pH 5~9	PCB, 유기인
4℃ 보관	부유물질, 색도, BOD, 물벼룩, 전기전도도, 아질산성 질소, 음이온계면활성제, 질산성 질소, 6가 크롬, 다이에틸헥실프탈레이트
보관방법 없는 물질	pH, 온도, DO전극법, 염소이온, 불소, 브롬이온, 투명도

---

63. 수은을 냉증기-원자흡수분광광도법으로 측정할 때 유리염소를 환원시키기 위해 사용하는 시약과 잔류하는 염소를 통기시켜 추출하기 위해 사용하는 가스는?

① 염산하이드록실아민, 질소
② 염산하이드록실아민, 수소
③ 과망간산칼륨, 질소
④ 과망간산칼륨, 수소

· 시료 중 염화물이온이 다량 함유된 경우에는 산화 조작 시 유리염소를 발생하여 253.7nm에서 흡광도를 나타낸다. 이때는 **염산하이드록실아민용액**을 과잉으로 넣어 **유리염소를 환원**시키고 용기 중에 **잔류하는 염소**는 **질소 가스**를 **통기시켜 추출한다.**
· 벤젠, 아세톤 등 휘발성 유기물질도 253.7nm에서 흡광도를 나타낸다. 이 때에는 **과망간산칼륨** 분해 후 **헥산**으로 이들 물질을 추출 분리한 다음 시험한다.

64. **자외선/가시선분광법의 이론적 기초가 되는 Lambert-Beer의 법칙을 나타낸 것은?** (단, I_0 : 입사광의 강도, I_t : 투사광의 강도, C : 농도, ℓ : 빛의 투과거리, ε : 흡광계수)

① $I_t = I_0 \cdot 10^{-\varepsilon C\ell}$ ② $I_t = I_0 \cdot (-\varepsilon C\ell)$

③ $I_t = I_0/(10^{-\varepsilon C\ell})$ ④ $I_t = I_0/-\varepsilon C\ell$

흡광도(A)

$$A = \log\left(\frac{1}{t}\right) = \log\left(\frac{I_0}{I_t}\right) = \epsilon C\ell$$

$$t = \frac{I}{I_0} = 10^{-\epsilon C\ell}$$

$$I_t = I_0 \cdot 10^{-\epsilon C\ell}$$

I_0 : 입사광 강도
I_t : 투과광 강도
t : 투과도
ϵ : 흡광계수
C : 흡수액 농도(M)
ℓ : 빛의 투과거리(시료셀 두께, mm)

65. **산성과망간산칼륨법에 의한 화학적산소요구량 측정 시 황산은(Ag_2SO_4)을 첨가하는 이유는?**

① 발색조건을 균일하게 하기 위해서
② 염소이온의 방해를 억제하기 위해서
③ pH 조절하여 종말점을 분명하게 하기 위해서
④ 과망간산칼륨의 산화력을 증가시키기 위해서

염소이온은 과망간산에 의해 정량적으로 산화되어 양의 오차를 유발하므로 **황산은**을 첨가하여 염소이온의 간섭을 제거한다.

66. 유량계 중 최대유량/최소유량 비가 가장 큰 것은?

① 벤튜리미터
② 오리피스
③ 자기식 유량측정기
④ 피토우관

유량계	범위 (최대유량 : 최소유량)
피토우관	3 : 1
벤튜리미터 유량측정용 노즐 오리피스	4 : 1
자기식 유량측정기	10 : 1

67. 정량한계(LOQ)를 옳게 표시한 것은?

① 정량한계 = 3 × 표준편차
② 정량한계 = 3.3 × 표준편차
③ 정량한계 = 5 × 표준편차
④ 정량한계 = 10 × 표준편차

정량한계(LOQ) = 10 × 표준편차(s)

68. 노말헥산추출물질 분석에 관한 설명으로 틀린 것은?

① 시료를 pH 4이하의 산성으로 하여 노말헥산층에 용해되는 물질을 노말헥산으로 추출한다.
② 폐수 중의 비교적 휘발되지 않는 탄화수소, 탄화수소유도체, 그리이스유상물질 및 광유류를 함유하고 있는 시료를 측정대상으로 한다.
③ 광유류의 양을 시험하고자 할 경우에는 활성규산마그네슘 컬럼으로 광유류를 흡착한 후 추출한다.
④ 지표수, 지하수, 폐수 등에 적용할 수 있으며, 정량한계는 0.5mg/L이다.

③ 광유류의 양을 시험하고자 할 경우에는 **활성규산마그네슘(플로리실) 컬럼을 이용하여 동식물유지류를 흡착·제거하고** 유출액을 같은 방법으로 구할 수 있다.

69. 자외선/가시선 분광법에 의한 페놀류 시험 방법에 대한 설명으로 틀린 것은?

① 정량한계는 클로로폼 추출법일 때 0.005mg/L, 직접측정법일 때 0.05mg/L이다.
② 완충액을 시료에 가하여 pH 10으로 조절한다.
③ 붉은색의 안티피린계 색소의 흡광도를 측정한다.
④ 흡광도를 측정하는 방법으로 수용액에서는 460nm, 클로로폼 용액에서는 510nm에서 측정한다.

④ 흡광도를 측정하는 방법으로 수용액에서는 510nm, 클로로폼 용액에서는 460nm에서 측정한다.

70. 0.1M $KMnO_4$ 용액을 용액층의 두께가 10mm 되도록 용기에 넣고 5,400 Å의 빛을 비추었을 때 그 30%가 투과되었다. 같은 조건 하에서 40%의 빛을 흡수하는 $KMnO_4$ 용액 농도(M)는?

① 0.02　　　　　　　　　　　　　　② 0.03

③ 0.04　　　　　　　　　　　　　　④ 0.05

1) ϵ 계산

30%가 투과되었을 때, 투과도(t) = 0.3이다.

$A = \log\left(\dfrac{1}{t}\right) = \epsilon d$

$\log\left(\dfrac{1}{0.3}\right) = \epsilon \times 0.1 \times 10$

$\therefore \epsilon = 0.5228$

2) 같은 조건 하에서 40%의 빛을 흡수하므로, 투과도(t) = 0.6이다.

$A = \log\left(\dfrac{1}{t}\right) = \epsilon d$

$\log\left(\dfrac{1}{0.6}\right) = 0.5228 \times c \times 10$

$\therefore c = 0.042$

t　:　투과도$\left(= \dfrac{I}{I_0}\right)$　　　　　c　:　흡수액 농도(M)

ϵ　:　흡광계수　　　　　　　　　l　:　빛의 투과거리(시료셀 두께, mm)

71. 막여과법에 의한 총대장균군 시험의 분석절차에 대한 설명으로 틀린 것은?

① 멸균된 핀셋으로 여과막을 눈금이 위로 가게 하여 여과장치의 지지대 위에 올려 놓은 후 막 여과장치의 깔대기를 조심스럽게 부착시킨다.

② 페트리접시에 20~80개의 세균 집락을 형성하도록 시료를 여과관 상부에 주입하면서 흡인 여과하고 멸균수 20~30mL로 씻어준다.

③ 여과하여야 할 예상 시료량이 10mL보다 적을 경우에는 멸균된 희석액으로 희석하여 여과 하여야 한다.

④ 총대장균군수를 예측할 수 없는 경우에는 여과량을 달리하여 여러 개의 시료를 분석하고 한 여과 표면위의 모든 형태의 집락수가 200개 이상의 집락이 형성되도록 하여야 한다.

④ 총대장균군 수를 예측할 수 없을 경우에는 여과량을 달리하여 여러 개의 시료를 분석하고, 한 여과 표면위의 모든 형태의 집락 수가 200개 이상의 집락이 형성되지 않도록 하여야 한다.

72. 시료채취 시 유의사항으로 틀린 것은?

① 유류 또는 부유물질 등이 함유된 시료는 시료의 균일성이 유지될 수 있도록 채취해야 하며 침전물 등이 부상하여 혼입되어서는 안 된다.

② 퍼클로레이트를 측정하기 위한 시료를 채취할 때 시료의 공기접촉이 없도록 시료병에 가득 채운다.

③ 시료채취량은 시험항목 및 시험횟수에 따라 차이가 있으나 보통 3~5L 정도이어야 한다.

④ 휘발성유기화합물 분석용 시료를 채취할 때에는 뚜껑의 격막을 만지지 않도록 주의하여야 한다.

② 퍼클로레이트는 시료병의 2/3를 채운다.

73. 금속성분을 측정하기 위한 시료의 전처리 방법 중 유기물을 다량 함유하고 있으면서 산분해가 어려운 시료에 적용되는 방법은?

① 질산 - 염산에 의한 분해

② 질산 - 불화수소산에 의한 분해

③ 질산 - 과염소산에 의한 분해

④ 질산 - 과염소산 - 불화수소산에 의한 분해

전처리 - 산분해법

분류	특징
질산법	유기함량이 비교적 높지 않은 시료의 전처리에 사용
질산-염산법	·유기물 함량이 비교적 높지 않고 **금속의 수산화물, 산화물, 인산염 및 황화물을 함유**하고 있는 시료에 적용 ·휘발성 또는 난용성 염화물을 생성하는 금속 물질의 분석에는 주의
질산-황산법	·**유기물 등을 많이 함유하고 있는 대부분의 시료에 적용** ·칼슘, 바륨, 납 등을 다량 함유한 시료는 난용성의 황산염을 생성하여 다른 금속성분을 흡착하므로 주의
질산-과염소산법	유기물을 다량 함유하고 있으면서 산분해가 어려운 시료에 적용

74. 기체크로마토그래프법을 이용한 유기인 측정에 관한 내용으로 틀린 것은?

① 크로마토그램을 작성하여 나타난 피이크의 유지시간에 따라 각 성분의 농도를 정량한다.

② 유기인 화합물 중 이피엔, 파라티온, 메틸디메톤, 디아지논 및 펜토에이트 측정에 적용한다.

③ 불꽃광도검출기 또는 질소인 검출기를 사용한다.

④ 운반기체는 질소 또는 헬륨을 사용하며 유량은 0.5~3mL/min을 사용한다.

① 크로마토그램을 작성하여 나타난 피이크의 높이 또는 면적에 따라 각 성분의 농도를 정량한다.

75. 수산화나트륨(NaOH) 10g을 물에 녹여서 500mL로 하였을 경우 용액의 농도(N)는?

① 0.25 ② 0.5
③ 0.75 ④ 1.0

$$\frac{10g\ NaOH}{0.5L} \left| \frac{1eq}{40g} \right. = 0.5eq/L$$

76. 금속류-유도결합플라스마-원자발광분광법의 간섭물질 중 발생가능성이 가장 낮은 것은?

① 물리적 간섭 ② 이온화 간섭
③ 분광 간섭 ④ 화학적 간섭

④ 플라스마의 높은 온도와 비활성으로 화학적 간섭의 발생가능성은 낮음

[금속류 - 유도결합플라스마 - 원자발광분광법] 간섭물질
· 물리적 간섭
· 이온화 간섭
· 분광 간섭

77. 다이페닐카바자이드와 반응하여 생성하는 적자색 착화합물의 흡광도를 540nm에서 측정하는 중 금속은?

① 6가 크롬
② 인산염인
③ 구리
④ 총 인

분류	특징
크롬, 6가 크롬	· 과망간산칼륨으로 산화 · 산성 용액 · 다이페닐카바자이드 · 적자색 540nm
인산염인(이염화주석 환원법)	· 몰리브덴 · 청색 690nm
인산염인(아스코르빈산 환원법)	· 몰리브덴산 · 청색 880nm
구리	· 디에틸디티오카르바민산나트륨 · 황갈색 440nm
총 인	· 몰리브덴산암모늄 아스코르빈산 · 청색 880nm

78. 총칙 중 관련 용어의 정의로 틀린 것은?

① 용기 : 시험에 관련된 물질을 보호하고 이물질이 들어가는 것을 방지할 수 있는 것을 말한다.

② 바탕시험을 하여 보정한다 : 시료에 대한 처리 및 측정을 할 때, 시료를 사용하지 않고 같은 방법으로 조작한 측정치를 빼는 것을 말한다.

③ 정확히 취하여 : 규정한 양의 액체를 부피피펫으로 눈금까지 취하는 것을 말한다.

④ 정밀히 단다 : 규정된 양의 시료를 취하여 화학저울 또는 미량저울로 칭량함을 말한다.

> ① 용기 : 시험용액 또는 시험에 관계된 물질을 보존, 운반 또는 조작하기 위하여 넣어두는 것으로 시험에 지장을 주지 않도록 깨끗한 것을 뜻한다.

79. 정도관리 요소 중 정밀도를 옳게 나타낸 것은?

① 정밀도(%) = (연속적으로 n회 측정한 결과의 평균값/표준편차)×100

② 정밀도(%) = (표준편차/연속적으로 n회 측정한 결과의 평균값)×100

③ 정밀도(%) = (상대편차/연속적으로 n회 측정한 결과의 평균값)×100

④ 정밀도(%) = (연속적으로 n회 측정한 결과의 평균값/상대편차)×100

> 정밀도(%) = $\dfrac{s}{\bar{x}} \times 100$
>
> $\bar{x}$: 연속적으로 n회 측정한 결과의 평균값
>
> s : 표준편차

80. 예상 BOD치에 대한 사전경험이 없을 때 오염정도가 심한 공장폐수의 희석배율(%)은?

① 25~100

② 5~25

③ 1~5

④ 0.1~1.0

> 예상 BOD값에 대한 사전경험이 없을 때에는 희석하여 시료를 조제한다.
>
> · 오염정도가 심한 공장폐수 : 0.1%~1.0%
> · 처리하지 않은 공장폐수와 침전된 하수 : 1%~5%
> · 처리하여 방류된 공장폐수 : 5%~25%
> · 오염된 하천수 : 25%~100%
> 의 시료가 함유되도록 희석 조제한다.

81. 공공수역의 물환경 보전을 위하여 고랭지 경작지에 대한 경작방법을 권고할 수 있는 기준(환경부령으로 정함)이 되는 해발고도와 경사도는?

① 300m 이상, 10% 이상
② 300m 이상, 15% 이상
③ 400m 이상, 10% 이상
④ 400m 이상, 15% 이상

> **제85조(휴경 등 권고대상 농경지의 해발고도 및 경사도)**
> "환경부령으로 정하는 해발고도"란 해발 400미터를 말하고 "환경부령으로 정하는 경사도"란 경사도 15퍼센트를 말한다.
> 〈개정 2014. 1. 29.〉

82. 물환경보전법령상 용어 정의가 틀린 것은?

① 폐수 : 물에 액체성 또는 고체성의 수질오염물질이 섞여 있어 그대로는 사용할 수 없는 물
② 수질오염물질 : 사람의 건강, 재산이나 동, 식물 생육에 위해를 줄 수 있는 물질로 환경부령으로 정하는 것
③ 강우유출수 : 비점오염원의 수질오염물질이 섞여 유출되는 빗물 또는 눈 녹은 물 등
④ 기타수질오염원 : 점오염원 및 비점오염원으로 관리되지 아니하는 수질오염물질을 배출하는 시설 또는 장소로서 환경부령으로 정하는 것

> ② 수질오염물질 : 수질오염의 요인이 되는 물질로서 환경부령으로 정하는 것
> 특정수질유해물질 : 사람의 건강, 재산이나 동식물의 생육(生育)에 직접 또는 간접으로 위해를 줄 우려가 있는 수질오염물질로서 환경부령으로 정하는 것

83. 수질오염경보의 종류별·경보단계별 조치사항 중 상수원 구간에서 조류경보의 [관심] 단계일 때 유역·지방 환경청장의 조치사항인 것은?

① 관심경보 발령
② 대중매체를 통한 홍보
③ 조류 제거 조치 실시
④ 시험분석 결과를 발령기관으로 통보

> ② 대중매체를 통한 홍보 : 유역·지방 환경청장의 경계, 조류대발생 단계의 조치사항
> ③ 조류 제거 조치 실시 : 수면관리자 조치사항
> ④ 시험분석 결과를 발령기관으로 통보 : 4대강 물환경연구소장 조치사항

84. 위임업무 보고사항 중 보고 횟수가 연 1회에 해당되는 것은?

① 기타 수질오염원 현황
② 폐수위탁·사업장 내 처리현황 및 처리실적
③ 과징금 징수 실적 및 체납처분 현황
④ 폐수처리업에 대한 등록·지도 단속실적 및 처리실적 현황

① 연 2회
③ 연 2회
④ 연 2회
[개정] ④ 폐수처리업에 대한 등록·지도 단속실적 및 처리실적 현황
　　　　→ 폐수처리업에 대한 허가·지도 단속실적 및 처리실적 현황

85. 초과배출부과금의 부과 대상이 되는 오염물질의 종류에 포함되지 않은 것은?

① 페놀류　　　　　　　　　　② 테트라클로로에틸렌
③ 망간 및 그 화합물　　　　　④ 플루오르(불소)화합물

초과부과금의 산정기준(제45조제5항 관련)

1) 수질오염물질 1킬로그램당 부과금액(원)

75,000	30,000	500	450	250
크롬	망간 아연	T-P T-N	유기물질(TOC)	유기물질(BOD 또는 COD) 부유물질

2) 특정유해물질 1킬로그램당 부과금액(만원)

125	50	30	15	10	5
Hg PCB	Cd	Cr^{6+} PCE TCE	페놀, 시안 유기인, 납	비소	구리

86. 농약사용제한 규정에 대한 설명으로 (　　)에 들어갈 기간은?

시·도지사는 골프장의 농약사용제한 규정에 따라 골프장의 맹독성·고독성 농약의 사용여부를 확인하기 위하여 (　　)마다 골프장별로 농약사용량을 조사하고 농약잔류량을 검사하여야 한다.

① 한 달　　　　　　　　　　② 분기
③ 반기　　　　　　　　　　④ 1년

시행규칙 제89조(골프장의 맹독성·고독성 농약 사용여부의 확인)

① 시·도지사는 법 제61조제2항에 따라 골프장의 맹독성·고독성 농약의 사용 여부를 확인하기 위하여 **반기**마다 골프장별로 농약사용량을 조사하고 농약잔류량를 검사하여야 한다.
② 제1항에 따른 농약사용량 조사 및 농약잔류량 검사 등에 관하여 필요한 사항은 환경부장관이 정하여 고시한다.

87. 낚시제한구역에서 과태료 처분을 받는 행위에 속하지 않은 것은?

① 1명당 4대 이상의 낚시대를 사용하는 행위

② 낚시바늘에 떡밥을 뭉쳐서 미끼로 던지는 행위

③ 고기를 잡기 위하여 폭발물을 이용하는 행위

④ 낚시어선업을 영위하는 행위

② 1개의 낚시대에 5개 이상의 낚시바늘을 떡밥과 뭉쳐서 미끼로 던지는 행위

낚시제한구역에서의 제한사항

1. 낚시방법에 관한 다음 각 목의 행위

   가. 낚시바늘에 끼워서 사용하지 아니하고 물고기를 유인하기 위하여 떡밥·어분 등을 던지는 행위

   나. 어선을 이용한 낚시행위 등 「낚시 관리 및 육성법」에 따른 낚시어선업을 영위하는 행위(외줄낚시는 제외)

   다. 1명당 4대 이상의 낚시대를 사용하는 행위

   라. 1개의 낚시대에 5개 이상의 낚시바늘을 떡밥과 뭉쳐서 미끼로 던지는 행위

   마. 쓰레기를 버리거나 취사행위를 하거나 화장실이 아닌 곳에서 대·소변을 보는 등 수질오염을 일으킬 우려가 있는 행위

   바. 고기를 잡기 위하여 폭발물·배터리·어망 등을 이용하는 행위(「내수면어업법」 제6조·제9조 또는 제11조에 따라 면허 또는 허가를 받거나 신고를 하고 어망을 사용하는 경우는 제외한다.)

2. 「내수면어업법 시행령」 제17조에 따른 내수면 수산자원의 포획금지행위

3. 낚시로 인한 수질오염을 예방하기 위하여 그 밖에 시·군·자치구의 조례로 정하는 행위

88. 폐수처리방법이 생물화학적 처리방법인 경우 환경부령으로 정하는 시운전 기간은? (단, 가동시작일은 5월 1일이다.)

① 가동시작일부터 30일

② 가동시작일부터 50일

③ 가동시작일부터 70일

④ 가동시작일부터 90일

제47조(시운전 기간 등)

1. 폐수처리방법이 **생물화학적 처리방법**인 경우

   가동시작일부터 **50일**. 다만, 가동시작일이 11월 1일부터 다음 연도 1월 31일까지에 해당하는 경우에는 가동시작일부터 **70일**로 한다.

2. 폐수처리방법이 **물리적 또는 화학적 처리방법**인 경우 : 가동시작일부터 **30일**

89. 비점오염원관리지역의 지정기준으로 틀린 것은?

① 환경기준에 미달하는 하천으로 유달부하량 중 비점오염원이 30% 이상인 지역

② 비점오염물질에 의하여 자연생태계에 중대한 위해가 초래되거나 초래될 것으로 예상되는 지역

③ 인구 100만명 이상인 도시로서 비점오염원 관리가 필요한 지역

④ 지질이나 지층 구조가 특이하여 특별한 관리가 필요하다고 인정되는 지역

제76조(관리지역의 지정기준·지정절차)

① 관리지역의 지정기준은 다음 각 호와 같다.

　1. 하천 및 호소의 수질 및 수생태계에 관한 환경기준에 미달하는 유역으로 유달부하량(流達負荷量) 중 비점오염
　　기여율이 **50퍼센트 이상**인 지역

　2. 비점오염물질에 의하여 자연생태계에 중대한 위해가 초래되거나 초래될 것으로 예상되는 지역

　3. **인구 100만 명 이상**인 도시로서 비점오염원관리가 필요한 지역

　4. 국가산업단지, 일반산업단지로 지정된 지역으로 비점오염원 관리가 필요한 지역

　5. 지질이나 지층 구조가 특이하여 특별한 관리가 필요하다고 인정되는 지역

　6. 그 밖에 환경부령으로 정하는 지역

90. 수질오염방지시설 중 물리적 처리시설이 아닌 것은?

① 혼합시설　　　　　　　　　　② 침전물 개량시설

③ 응집시설　　　　　　　　　　④ 유수분리시설

② 침전물 개량시설 : 화학적 처리시설

수질오염방지시설

1. 물리적 처리시설

　가. 스크린
　나. 분쇄기
　다. 침사(沈砂)시설
　라. 유수분리시설
　마. 유량조정시설(집수조)
　바. 혼합시설
　사. **응집**시설
　아. 침전시설
　자. 부상시설
　차. 여과시설
　카. 탈수시설
　타. 건조시설
　파. 증류시설
　하. 농축시설

2. 화학적 처리시설

　가. **화학적 침강**시설
　나. 중화시설
　다. 흡착시설
　라. 살균시설
　마. 이온교환시설
　바. 소각시설
　사. 산화시설
　아. 환원시설
　자. **침전물 개량**시설

3. 생물화학적 처리시설

　가. 살수여과상
　나. **폭기(瀑氣)시설**
　다. 산화시설(산화조, 산화지)
　라. 혐기성·호기성 소화시설
　마. 접촉조
　바. 안정조
　사. 돈사톱밥발효시설

91. 폐수처리업자의 준수사항으로 틀린 것은?

① 증발농축시설, 건조시설, 소각시설의 대기오염물질 농도를 매월 1회 자가측정하여야 하며, 분기마다 악취에 대한 자가측정을 실시하여야 한다.

② 처리 후 발생하는 슬러지의 수분 함량은 85% 이하이여야 한다.

③ 수탁한 폐수는 정당한 사유 없이 5일 이상 보관할 수 없으며 보관폐수의 전체량이 저장시설 저장능력의 80% 이상 되게 보관하여서는 아니 된다.

④ 기술인력을 그 해당 분야에 종사하도록 하여야 하며, 폐수처리시설을 16시간 이상 가동할 경우에는 해당 처리시설의 현장 근무 2년 이상의 경력자를 작업현장에 책임 근무 하도록 하여야 한다.

③ 수탁한 폐수는 정당한 사유 없이 10일 이상 보관할 수 없으며, 보관폐수의 전체량이 저장시설 저장능력의 90퍼센트 이상 되게 보관하여서는 아니 된다.

참고 물환경보전법 시행규칙 [별표 21] 폐수처리업자의 준수사항(제91조제2항 관련)

92. 비점오염저감시설의 시설유형별 기준에서 자연형 시설이 아닌 것은?

① 저류시설   ② 인공습지
③ 여과형 시설   ④ 식생형 시설

비점오염저감시설(제8조 관련)

자연형 시설	장치형 시설
· 저류시설 · 인공습지 · 침투시설 · 식생형 시설	· 여과형 시설 · 와류(渦流)형 · 스크린형 시설 · 응집 · 침전 처리형 시설 · 생물학적 처리형 시설

93. 배출부과금 부과 시 고려사항이 아닌 것은? (단, 환경부령으로 정하는 사항은 제외한다.)

① 배출허용기준 초과 여부   ② 배출되는 수질오염물질의 종류
③ 수질오염물질의 배출기간   ④ 수질오염물질의 위해성

배출부과금 부과 시 고려사항

1. 배출허용기준 초과 여부   2. 배출되는 수질오염물질의 종류
3. 수질오염물질의 배출기간   4. 수질오염물질의 배출량
5. 자가측정 여부

94. 측정기기의 부착 대상 및 종류 중 부대시설에 해당되는 것으로 옳게 짝지은 것은?

① 자동시료채취기, 자료수집기   ② 자동측정분석기기, 자동시료채취기
③ 용수적산유량계, 적산전력계   ④ 하수, 폐수적산유량계, 적산전력계

[별표 7] 측정기기의 부착 대상 및 종류(제35조제1항 관련)

	측정기기의 종류
1. 수질자동측정기기	수소이온농도(pH)
	생물화학적 산소요구량(BOD) 또는 화학적 산소요구량(COD)
	부유물질량(SS)
	총 질소(T-N)
	총 인(T-P)
2. 부대 시설	자동시료채취기
	자료수집기(Data Logger)
3. 적산전력계	
4. 적산유량계	용수적산유량계
	하수·폐수적산유량계

95. 중점관리 저수지의 지정 기준으로 옳은 것은?

① 총 저수용량이 1백만m^3 이상인 저수지 ② 총 저수용량이 1천만m^3 이상인 저수지
③ 총 저수면적이 1백만m^2 이상인 저수지 ④ 총 저수면적이 1천만m^2 이상인 저수지

중점관리 저수지의 지정 기준

1. 총 저수용량이 1천만m^3 이상인 저수지
2. 오염 정도가 대통령령으로 정하는 기준을 초과하는 저수지
3. 그 밖에 환경부장관이 상수원 등 해당 수계의 수질보전을 위하여 필요하다고 인정하는 경우

96. 오염총량관리시행계획에 포함되어야 하는 사항으로 가장 거리가 먼 것은?

① 오염원 현황 및 예측
② 오염도 조사 및 오염부하량 산정방법
③ 연차별 오염부하량 삭감 목표 및 구체적 삭감 방안
④ 수질예측 산정자료 및 이행 모니터링 계획

오염총량관리시행계획에 포함되어야 하는 사항

1. 오염총량관리시행계획 대상 유역의 현황
2. 오염원 현황 및 예측
3. 연차별 지역 개발계획으로 인하여 추가로 배출되는 오염부하량 및 해당 개발계획의 세부 내용
4. 연차별 오염부하량 삭감 목표 및 구체적 삭감 방안
5. 법 제4조의5에 따른 오염부하량 할당 시설별 삭감량 및 그 이행 시기
6. 수질예측 산정자료 및 이행 모니터링 계획

97. 수질 및 수생태계 환경기준 중 하천의 사람의 건강보호 기준항목인 6가크롬 기준(mg/L)으로 옳은 것은?

① 0.01 이하
② 0.02 이하
③ 0.05 이하
④ 0.08 이하

수질 및 수생태계 환경기준 중 하천의 사람의 건강보호 기준

기준값(mg/L)	항목
검출되어서는 안 됨(검출한계)	CN (0.01)　　Hg (0.001)　　유기인 (0.0005)　　PCB (0.0005)
0.5 이하	ABS, 포름알데히드
0.05 이하	Pb, As, Cr^{6+}, 1,4-다이옥세인
0.005 이하	Cd
0.01 이하	벤젠
0.02 이하	디클로로메탄, 안티몬
0.03 이하	1,2-디클로로에탄
0.04 이하	PCE
0.004 이하	사염화탄소

98. 초과부과금의 산정에 필요한 수질오염물질과 1킬로그램당 부과금액이 옳게 연결된 것은?

① 유기물질 - 500원

② 총질소 - 30,000원

③ 페놀류 - 50,000원

④ 유기인화합물 - 150,000원

① 유기물질 - 250원
② 총질소 - 500원
③ 페놀류 - 150,000원

초과부과금의 산정기준(제45조제5항 관련)

1) 수질오염물질 1킬로그램당 부과금액(원)

75,000	30,000	500	450	250
크롬	망간 아연	T-P T-N	유기물질(TOC)	유기물질(BOD 또는 COD) 부유물질

2) 특정유해물질 1킬로그램당 부과금액(만원)

125	50	30	15	10	5
Hg PCB	Cd	Cr^{6+} PCE TCE	페놀 시안 유기인 납	비소	구리

99. 오염총량관리지역의 수계 이용상황 및 수질상태 등을 고려하여 대통령령이 정하는 바에 따라 수계구간별로 오염총량관리의 목표가 되는 수질을 정하여 고시하여야 하는 자는?

① 대통령

② 환경부장관

③ 특별 및 광역 시장

④ 도지사 및 군수

제4조의2(오염총량목표수질의 고시·공고 및 오염총량관리기본방침의 수립)

① 환경부장관은 "오염총량관리지역"의 수계 이용 상황 및 수질상태 등을 고려하여 대통령령으로 정하는 바에 따라 수계구간별로 오염총량관리의 목표가 되는 수질(이하 "오염총량목표수질"이라 한다)을 정하여 고시하여야 한다.

100. 폐수처리 시 희석처리를 인정 받고자 하는 자가 이를 입증하기 위해 시·도지사에게 제출하여야 하는 사항이 아닌 것은?

① 처리하려는 폐수의 농도 및 특성
② 희석처리의 불가피성
③ 희석배율 및 희석량
④ 희석처리 시 환경에 미치는 영향

폐수처리 시 희석처리를 인정받고자 하는 자가 이를 입증하기 위해 시·도지사에게 제출하여야 하는 사항

1. 처리하려는 폐수의 농도 및 특성
2. 희석처리의 불가피성
3. 희석배율 및 희석량

제1과목 수질오염개론

1. 일차 반응에서 반응물질의 반감기가 5일이라고 한다면 물질의 90%가 소모되는데 소요되는 시간 (일)은?

① 약 14　　　　　　　　　　　② 약 17

③ 약 19　　　　　　　　　　　④ 약 22

1차 반응식

$$\ln\frac{C}{C_o} = -Kt$$

1) K

$$\ln\frac{1}{2} = -K \times 5일$$

$$\therefore K = 0.1386/일$$

2) 90% 소모 시 소요시간

$$\ln\frac{C}{C_o} = -0.1386t$$

$$\ln\frac{10}{100} = -0.1386t$$

$$\therefore t = 16.61일$$

2. 화학합성균 중 독립영양균에 속하는 호기성균으로서 대표적인 황산화세균에 속하는 것은?

① Sphaerotilus　　　　　　　② Crenothrix

③ Thiobacillus　　　　　　　④ Leptothrix

① 사상균　　　　　　　② 철세균

③ 황산화세균　　　　　④ 철산화균

3. 0.1ppb Cd 용액 1L 중에 들어 있는 Cd의 양(g)은?

① 1×10^{-6}　　　　　　　　② 1×10^{-7}

③ 1×10^{-8}　　　　　　　　④ 1×10^{-9}

$$1\text{ppb} = 10^{-3}\text{ppm} = 10^{-3}\text{mg/L}$$

$$\frac{0.1 \times 10^{-3}\text{mg}}{\text{L}} \left| \frac{1\text{L}}{} \right| \frac{1\text{g}}{1{,}000\text{mg}} = 1 \times 10^{-6}\text{g}$$

4. 호수에 부하되는 인산량을 적용하여 대상 호수의 영양상태를 평가, 예측하는 모델 중 호수 내의 인의 물질수지 관계식을 이용하여 평가하는 방법으로 가장 널리 이용되는 것은?

① Vollenweider model
② Streeter-Phelps model
③ 2차원 POM
④ ISC model

호수 인 부하모델링은 Vollenweider model이다.

5. 하천수에서 난류확산에 의한 오염물질의 농도분포를 나타내는 난류확산방정식을 이용하기 위하여 일차적으로 고려해야 할 인자와 가장 관련이 적은 것은?

① 대상 오염물질의 침강속도(m/s)
② 대상 오염물질의 자기감쇠계수
③ 유속(m/s)
④ 하천수의 난류지수(Re. No)

난류확산방정식

$$\frac{\partial C}{\partial T} + \frac{\partial(uC)}{\partial x} + \frac{\partial(vC)}{\partial y} + \frac{\partial(wC)}{\partial z} = \frac{\partial}{\partial x}\left(D_x\frac{\partial C}{\partial x}\right) + \frac{\partial}{\partial y}\left(D_y\frac{\partial C}{\partial y}\right) + \frac{\partial}{\partial z}\left(D_x\frac{\partial C}{\partial z}\right) + w_0\frac{\partial C}{\partial z} - kC$$

여기서

· C : 하천수의 오염물질농도(mg/L)
· u, v, w : 유하거리(w), 단면(y), 수심(z)방향의 유속(m/sec)
· x, y, z : 유하거리, 단면, 수심의 방향
· D_x, D_y, D_z : x, y, z 방향의 난류확산계수
· w_0 : 대상 오염물질의 침강속도(m/sec)
· k : 대상 오염물질의 자기감쇄계수

6. 탈산소계수가 0.15/day이면 BOD_5와 BOD_u의 비(BOD_5/BOD_u)는? (단, 밑수는 상용대수이다.)

① 약 0.69
② 약 0.74
③ 약 0.82
④ 약 0.91

$$BOD_t = BOD_u(1 - 10^{-kт})$$
$$BOD_5 = BOD_u(1 - 10^{-k \times 5})$$

$$\frac{BOD_5}{BOD_u} = 1 - 10^{-0.15 \times 5} = 0.822$$

7. 미생물 세포의 비증식 속도를 나타내는 식에 대한 설명이 잘못된 것은?

$$\mu = \mu_{max} \times \frac{[S]}{[S] + K_S}$$

① μ_{max}는 최대 비증식속도로 시간$^{-1}$ 단위이다.

② K_s는 반속도상수로서 최대성장률이 1/2일 때의 기질의 농도이다.

③ $\mu = \mu_{max}$인 경우, 반응속도가 기질농도에 비례하는 1차 반응을 의미한다.

④ [S]는 제한기질 농도이고 단위는 mg/L이다.

③ $\mu = \mu_{max}$인 경우, 반응속도가 일정하므로, 0차 반응이다.

8. μ(세포비증가율)가 μ_{max}의 80%일 때 기질농도(S_{80})와 μ_{max}의 20%일 때의 기질농도(S_{20})와의 (S_{80}/S_{20})비는? (단, 배양기 내의 세포비 증가율은 Monod 식 적용)

① 4 ② 8
③ 16 ④ 32

$\dfrac{\mu}{\mu_{max}} = \dfrac{S}{Ks + S}$ 이므로

1) 20%일 때

$0.2 = \dfrac{S_{20}}{Ks + S_{20}}$ ∴ $S_{20} = \dfrac{1}{4} Ks$ ⋯식 ①

2) 80%일 때

$0.8 = \dfrac{S_{80}}{Ks + S_{80}}$ ∴ $S_{80} = 4Ks$ ⋯식 ②

식 ①, ②에서 $\dfrac{S_{80}}{S_{20}} = \dfrac{4Ks}{\dfrac{1}{4}Ks} = 16$

9. 회전원판공법(RBC)에서 원판면적의 약 몇 %가 폐수 속에 잠겨서 운전하는 것이 가장 좋은가?

① 20 ② 30
③ 40 ④ 50

원판의 40%가 물에 잠기도록 운전한다.

10. 콜로이드 응집의 기본 메카니즘과 가장 거리가 먼 것은?

① 이중층 분산   ② 전하의 중화

③ 침전물에 의한 포착   ④ 입자간의 가교 형성

응집 메커니즘
· 전기적 중화
· 이중층 압축
· 침전물에 의한 포착(Sweep 침전)
· 가교작용

11. 수질예측모형의 공간성에 따른 분류에 관한 설명으로 틀린 것은?

① 0차원 모형 : 식물성 플랑크톤의 계절적 변동사항에 주로 이용된다.

② 1차원 모형 : 하천이나 호수를 종방향 또는 횡방향의 연속교반 반응조로 가정한다.

③ 2차원 모형 : 수질의 변동이 일방향성이 아닌 이방향성으로 분포하는 것으로 가정한다.

④ 3차원 모형 : 대호수의 순환 패턴분석에 이용된다.

① 0차원 모형 : 완전혼합반응조, Vollenweider model

12. 다음 수질을 가진 농업용수의 SAR값으로 판단할 때 Na^+가 흙에 미치는 영향은? (단, 수질농도 $Na^+ = 230mg/L$, $Ca^{2+} = 60mg/L$, $Mg^{2+} = 36mg/L$, $PO_4^{3-} = 1,500mg$ /L, $Cl^- = 200mg$ /L, 원자량 = 나트륨 23, 칼슘 40, 마그네슘 24, 인 31)

① 영향이 적다.   ② 영향이 중간정도이다.

③ 영향이 비교적 높다.   ④ 영향이 매우 높다.

$$Na^+ \ : \ \frac{230mg}{L} \left| \frac{1me}{23mg} \right. = 10me/L$$

$$Mg^{2+} \ : \ \frac{36mg}{L} \left| \frac{1me}{12mg} \right. = 3me/L$$

$$Ca^{2+} \ : \ \frac{60mg}{L} \left| \frac{1me}{20mg} \right. = 3me/L$$

$$SAR = \frac{Na^+}{\sqrt{\dfrac{Ca^{2+} + Mg^{2+}}{2}}} = \frac{10}{\sqrt{\dfrac{3+3}{2}}} = 5.77$$

SAR 값이 10보다 작으므로, 흙에 미치는 영향이 작다.

13. 확산의 기본법칙인 Fick's 제1법칙을 가장 알맞게 설명한 것은? (단, 확산에 의해 어떤 면적요소를 통과하는 물질의 이동속도 기준)

① 이동속도는 확산물질의 조성비에 비례한다.
② 이동속도는 확산물질의 농도경사에 비례한다.
③ 이동속도는 확산물질의 분자확산계수와 반비례한다.
④ 이동속도는 확산물질의 유입과 유출의 차이만큼 축적된다.

Fick's 제1법칙
이동속도는 확산물질의 농도경사에 비례한다.

14. 부영양화의 영향으로 틀린 것은?

① 부영양화가 진행되면 상품가치가 높은 어종들이 사라져 수산업의 수익성이 저하된다.
② 부영양화된 호수의 수질은 질소와 인 등 영양염류의 농도가 높으나 이의 과잉공급은 농작물의 이상 성장을 초래하고 병충해에 대한 저항력을 약화시킨다.
③ 부영양호의 pH는 중성 또는 약산성이나 여름에는 일시적으로 강산성을 나타내어 저니층의 용출을 유발한다.
③ 조류로 인해 정수공정의 효율이 저하된다.

③ 여름에 광합성량이 증가하여, 일시적으로 강알칼리성이 된다.

15. 직경이 0.1mm인 모관에서 10℃일 때 상승하는 물의 높이(cm)는? (단, 공기밀도 1.25×10^{-3} g/cm^3(10℃ 일 때), 접촉각은 0°, h(상승높이) = 4σ/[gr(Y-Ya)], 표면장력 74.2dyne/cm)

① 30.3　　　　　　　　② 42.5
③ 51.7　　　　　　　　④ 63.9

1) 표면장력
$$74.2\text{dyne/cm} = 74.2\text{g/s}^2$$

2) 물기둥 높이(h)
$$h = 4\sigma/[gr(Y-Ya)]$$

	4	74.2g	Cos 0°	cm^3	s^2		10mm
h =		s^2		$(1-1.25\times10^{-3})$g	980cm	0.1mm	1cm

$$= 30.323\text{cm}$$

16. 우리나라의 수자원 이용현황 중 가장 많이 이용되어져 온 용수는?

① 공업용수　　　　　　② 농업용수
③ 생활용수　　　　　　④ 유지용수(하천)

농업용수 사용이 가장 많다.

17. Fungi(균류, 곰팡이류)에 관한 설명으로 틀린 것은?

① 원시적 탄소동화작용을 통하여 유기물질을 섭취하는 독립영양계 생물이다.

② 폐수내의 질소와 용존산소가 부족한 경우에도 잘 성장하며 pH가 낮은 경우에도 잘 성장한다.

③ 구성물질의 75~80%가 물이며 $C_{10}H_{17}O_6N$을 화학구조식으로 사용한다.

④ 폭이 약 5~10μm로서 현미경으로 쉽게 식별되며 슬러지팽화의 원인이 된다.

① 균류는 종속영양생물이다.

18. 산소포화농도가 9mg/L인 하천에서 처음의 용존산소농도가 7mg/L라면 3일간 흐른 후 하천 하류지점에서의 용존산소 농도(mg/L)는? (단, BOD_u = 10mg/L, 탈산소계수 = 0.1day^{-1}, 재폭기계수 = 0.2day^{-1}, 상용대수 기준)

① 4.5

② 5.0

③ 5.5

④ 6.0

$$D_t = \frac{k_1 L_0}{k_2 - k_1}(10^{-k_1 t} - 10^{-k_2 t}) + D_0 \cdot 10^{-k_2 t}$$

$$D_3 = \frac{0.1 \times 10}{0.2 - 0.1}(10^{-0.1 \times 3} - 10^{-0.2 \times 3}) + (9-7) \times 10^{-0.2 \times 3} = 3.0023 \text{mg/L}$$

현재 DO = DO 포화농도 − DO 부족량(D_t) = 9 − 3.0023 = 5.997mg/L

19. C_2H_6 15g이 완전 산화하는데 필요한 이론적 산소량(g)은?

① 약 46

② 약 56

③ 약 66

④ 약 76

$$C_2H_6 + \frac{7}{2}O_2 \rightarrow 2CO_2 + 3H_2O$$

$$30g : \frac{7}{2} \times 32g$$

$$15g : x$$

$$\therefore x = \frac{\frac{7}{2} \times 32 \quad | \quad 15}{30} = 56g$$

20. 바다에서 발생되는 적조현상에 관한 설명과 가장 거리가 먼 것은?

① 적조 조류의 독소에 의한 어패류의 피해가 발생한다.

② 해수 중 용존산소의 결핍에 의한 어패류의 피해가 발생한다.

③ 갈수기 해수 내 염소량이 높아질 때 발생된다.

④ 플랑크톤의 번식에 충분한 광량과 영양염류가 공급될 때 발생된다.

③ 풍수기, 해수 내 염소량이 낮아질 때 발생된다.

21. 하천수를 수원으로 하는 경우, 취수시설인 취수문에 대한 설명으로 틀린 것은?

① 취수지점은 일반적으로 상류부의 소하천에 사용하고 있다.
② 하상변동이 작은 지점에서 취수할 수 있어 복단면의 하천 취수에 유리하다.
③ 시공조건에서 일반적으로 가물막이를 하고 임시하도 설치 등을 고려해야 한다.
④ 기상조건에서 파랑에 대하여 특히 고려할 필요는 없다.

② 취수문은 하상변동이 작은 지점에서만 취수가 가능하고, 복단면의 하천에는 적당하지 않다.

22. 하수관거시설이 황화수소에 의하여 부식되는 것을 방지하기 위한 대책으로 틀린 것은?

① 관거를 청소하고 미생물의 생식 장소를 제거한다.
② 염화제2철을 주입하여 황화물을 고정화한다.
③ 염소를 주입하여 ORP를 저하시킨다.
④ 환기에 의해 관내 황화수소를 희석한다.

③ 염소를 주입하면, 산화되어 산화환원전위(ORP)가 증가한다.

23. 유역면적이 $2km^2$인 지역에서의 우수유출량을 산정하기 위하여 합리식을 사용하였다. 다음 조건일 때 관거 길이 1,000m인 하수관의 우수유출량(m^3/sec)은? (단, 강우강도 $I(mm/hr) = \dfrac{3,660}{t+30}$, 유입시간 6분, 유출계수 0.7, 관내의 평균 유속 1.5m/sec)

① 약 25
② 약 30
③ 약 35
④ 약 40

1) 유달시간

유달시간 = 유입시간 + 유하시간

$$= 6 + \frac{1,000m}{} \left| \frac{sec}{1.5m} \right| \frac{1min}{60sec}$$

= 17.1111분

2) 강우강도(I)

$$I = \frac{3,660}{t+30} = 77.6886mm/hr$$

3) 우수유출량(Q)

$$Q = \frac{1}{3.6}CIA = \frac{1}{3.6} \left| 0.7 \right| 77.6886 \left| 2 \right. = 30.21m^3/s$$

24. 화학적 처리를 위한 응집시설 중 급속혼화시설에 관한 설명으로 (   )에 옳은 내용은?

> 기계식 급속혼화시설을 채택하는 경우에는 (   ) 이내의 체류시간을 갖는 혼화지에 응집제를 주입한 다음 즉시 급속교반 시킬 수 있는 혼화장치를 설치한다.

① 30초 ② 1분
③ 3분 ④ 5분

기계식 급속혼화시설을 채택하는 경우에는 (1분) 이내의 체류시간을 갖는 혼화지에 응집제를 주입한 다음 즉시 급속 교반시킬 수 있는 혼화장치를 설치한다.

25. 복류수를 취수하는 집수매거의 유출단에서 매거 내의 평균유속 기준은?

① 0.3m/sec 이하 ② 0.5m/sec 이하
③ 0.8m/sec 이하 ④ 1.0m/sec 이하

집수매거의 평균유속은 1m/s 이하이다.

26. 계획취수량은 계획 1일 최대급수량의 몇 % 정도의 여유를 두고 정하는가?

① 5% ② 10%
③ 15% ④ 20%

계획취수량은 계획 1일 최대급수량에 10%의 여유율을 더한 수량이다.

27. 상수시설의 급수설비 중 급수관 접속 시 설계기준과 관련한 고려사항(위험한 접속)으로 옳지 않은 것은?

① 급수관은 수도사업자가 관리하는 수도관 이외의 수도관이나 기타 오염의 원인으로 될 수 있는 관과 직접 연결해서는 안된다.
② 급수관을 방화수조, 수영장 등 오염의 원인이 될 우려가 있는 시설과 연결하는 경우에는 급수관의 토출구를 만수면보다 25mm 이상의 높이에 설치해야 한다.
③ 대변기용 세척밸브는 유효한 진공파괴 설비를 설치한 세척밸브나 대변기를 사용하는 경우를 제외하고는 급수관에 직결해서는 안된다.
④ 저수조를 만들 경우에 급수관의 토출구는 수조의 만수면에서 급수관경 이상의 높이에 만들어야 한다. 다만, 관경이 50mm 이하의 경우는 그 높이를 최소 50mm로 한다.

② 급수관이 방화수조, 풀장 등 오염원이 있는 시설과 직결하는 경우에는 급수관의 출구를 만수면 보다 관경 이상의 높이에 만들어야 한다. 다만, 관경 50mm 이하의 경우는 그 높이를 최소 50mm로 한다.

급수관과 다른 기구의 연결은 다음 각 호에 따라야 한다.
· 수질오염의 우려가 있는 기구를 급수관에 직결하여서는 안된다.
· 급수관이 방화수조, 풀장 등 오염원이 있는 시설과 직결하는 경우에는 급수관의 출구를 만수면 보다 관경 이상의 높이에 만들어야 한다. 다만, 관경 50mm 이하의 경우는 그 높이를 최소 50mm로 한다.
· 대변기용 세척 밸브는 유효한 진공파괴 장치를 설치한 세척밸브나 변기를 사용하는 경우를 제외하고는 직결하여서는 안된다.
· 저수조를 만들 때 급수관 출구는 저수조 만수면에서 그 관경 이상 높이로 하여야 한다. 다만, 관경 50mm 이하의 경우는 그 높이를 최소 50mm로 하여야 한다.
· 급수장치에 펌프를 직결하여서는 안된다.

28. 상수시설에서 급수관을 배관하고자 할 경우의 고려사항으로 옳지 않은 것은?
① 급수관을 공공도로에 부설할 경우에는 다른 매설물과의 간격을 30cm 이상 확보한다.
② 수요가의 대지 내에서 가능한 한 직선배관이 되도록 한다.
③ 가급적 건물이나 콘크리트의 기초 아래를 횡단하여 배관하도록 한다.
④ 급수관이 개거를 횡단하는 경우에는 가능한 한 개거의 아래로 부설한다.

③ 가급적 건물이나 콘크리트의 기초 아래는 피하여 배관한다.

29. 합류식에서 우천 시 계획오수량은 원칙적으로 계획시간 최대오수량의 몇 배 이상으로 고려하여야 하는가?
① 1.5배
② 2.0배
③ 2.5배
④ 3.0배

합류식 우천 시 계획오수량은 원칙적으로 계획시간최대오수량의 3배 이상이다.

30. 자연부식 중 매크로셀 부식에 해당되는 것은?
① 산소농담(통기차)
② 특수토양부식
③ 간섭
④ 박테리아부식

자연부식
· 매크로셀 부식 : 콘크리트 부식, 산소농담, 이종간섭
· 미크로셀 부식 : 일반토양부식, 특수토양부식, 박테리아부식
· 전식 : 전철의 미주전류, 간섭

31. 해수담수화시설 중 역삼투설비에 관한 설명으로 옳지 않은 것은?

① 해수담수화시설에서 생산된 물은 pH나 경도가 낮기 때문에 필요에 따라 적절한 약품을 주입하거나 다른 육지의 물과 혼합하여 수질을 조정한다.
② 막모듈은 플러싱과 약품세척 등을 조합하여 세척한다.
③ 고압펌프를 정지할 때에는 드로백이 유지되도록 체크 밸브를 설치하여야 한다.
④ 고압펌프는 효율과 내식성이 좋은 기종으로 하며 그 형식은 시설규모 등에 따라 선정한다.

③ 고압펌프를 정지할 때에는 드로백(draw-back)에 대처하기 위해 드로백수조 설치한다.

32. 상수도시설인 착수정에 관한 설명으로 (   )에 옳은 것은?

착수정의 용량은 체류시간을 (   ) 이상으로 한다.

① 0.5분 ② 1.0분
③ 1.5분 ④ 3.0분

착수정 체류시간은 1.5분이다.

33. 하수도 계획의 목표연도는 원칙적으로 몇 년 정도로 하는가?

① 10년 ② 15년
③ 20년 ④ 25년

계획 목표연도
· 상수도 : 15~20년
· 하수도 : 20년

34. 펌프의 비교회전도에 관한 설명으로 옳은 것은?

① 비교회전도가 크게 될수록 흡입성능이 나쁘고 공동현상이 발생하기 쉽다.
② 비교회전도가 크게 될수록 흡입성능은 나쁘나 공동현상이 발생하기 어렵다.
③ 비교회전도가 크게 될수록 흡입성능이 좋고 공동현상이 발생하기 어렵다.
④ 비교회전도가 크게 될수록 흡입성능은 좋으나 공동현상이 발생하기 쉽다.

비교회전도가 크게 될수록 흡입성능이 나쁘고 공동현상이 발생하기 쉽다.

35. 상수도 취수보의 취수구에 관한 설명으로 틀린 것은?

① 높이는 배사문의 바닥높이보다 0.5~1m 이상 낮게 한다.

② 유입속도는 0.4~0.8m/sec를 표준으로 한다.

③ 제수문의 전면에는 스크린을 설치한다.

④ 계획취수위는 취수구로부터 도수기점까지의 손실수두를 계산하여 결정한다.

① 취수보의 취수구 높이는 배사문의 바닥높이보다 0.5~1m 이상 높게 한다.

36. 정수시설인 배수관의 수압에 관한 내용으로 옳은 것은?

① 급수관을 분기하는 지점에서 배수관내의 최대 정수압은 150kPa(약 1.6kgf/cm^2)를 초과하지 않아야 한다.

② 급수관을 분기하는 지점에서 배수관내의 최대 정수압은 250kPa(약 2.6kgf/cm^2)를 초과하지 않아야 한다.

③ 급수관을 분기하는 지점에서 배수관내의 최대 정수압은 450kPa(약 4.6kgf/cm^2)를 초과하지 않아야 한다.

④ 급수관을 분기하는 지점에서 배수관내의 최대 정수압은 700kPa(약 7.1kgf/cm^2)를 초과하지 않아야 한다.

· 배수관 내의 최소동수압 : 150kPa(약 1.53kgf/cm^2) 이상
· 배수관 내의 최대정수압 : 700kPa(약 7.1kgf/cm^2) 이하

37. 원형 원심력 철근콘크리트관에 만수된 상태로 송수된다고 할 때 Manning 공식에 의한 유속 (m/sec)은? (단, 조도계수 = 0.013, 동수경사 = 0.002, 관지름 = 250mm)

① 0.24

② 0.54

③ 0.72

④ 1.03

$$v = \frac{1}{n} R^{2/3} \cdot I^{1/2}$$

$$= \frac{1}{0.013} \left(\frac{0.25}{4} \right)^{2/3} \cdot 0.002^{1/2}$$

$$= 0.54$$

38. 관경 1,100mm, 역사이펀 관거 내의 동수경사 2.4‰ , 유속 2.15m/sec, 역사이펀 관거의 길이 76m일 때, 역사이펀의 손실수두(m)는? (단, $\beta = 1.5$, $\alpha = 0.05$m이다.)

① 0.29　　　　　　　　　② 0.39

③ 0.49　　　　　　　　　④ 0.59

$$h = il + \beta\frac{V^2}{2g} + \alpha$$

$$= \frac{2.4}{1,000} \bigg| 76 + \frac{1.5}{} \bigg| \frac{2.15^2}{2 \times 9.8} + 0.05 = 0.586m$$

39. 상수도 시설 중 침사지에 관한 설명으로 틀린 것은?

① 위치는 가능한 한 취수구에 근접하여 제내지에 설치한다.

② 지의 유효수심은 2~3m를 표준으로 한다.

③ 지의 상단높이는 고수위보다 0.6~1m의 여유고를 둔다.

④ 지내평균유속은 2~7cm/sec를 표준으로 한다.

② 지의 유효수심은 3~4m를 표준으로 한다.

40. 수평부설한 직경 300mm, 길이 3,000m의 주철관에 8,640m³/day로 송수 시 관로 끝에서의 손실수두(m)는? (단, 마찰계수 f = 0.03, g = 9.8m/sec², 마찰손실만 고려)

① 약 10.8

② 약 15.3

③ 약 21.6

④ 약 30.6

1) 관의 유속(V)

$$V = \frac{Q}{A} = \frac{Q}{\frac{\pi}{4}D^2} = \frac{8,640\text{m}^3/\text{day}}{\frac{\pi}{4}(0.3\text{m})^2} \times \frac{1\text{day}}{86,400\text{s}} = 1.4147\,\text{m/s}$$

2) 마찰 손실수두

$$h = f \cdot \frac{L}{D} \bigg| \frac{V^2}{2g} = \frac{0.03}{} \bigg| \frac{3,000\text{m}}{0.3\text{m}} \bigg| \frac{(1.4147\text{m/s})^2}{2 \times 9.8\text{m/s}^2} = 30.6\text{m}$$

f ： 마찰손실계수

L ： 관의 길이(m)

g ： 중력가속도(m/s²)

D ： 관의 직경(m)

V ： 유속(m/s)

41. 활성슬러지 공정 중 핀플럭이 주로 많이 발생하는 공정은?

① 심층폭기법

② 장기폭기법

③ 점감식폭기법

④ 계단식폭기법

핀플럭은 SRT가 길 때 발생하므로, 장기폭기법에서 발생하기 쉽다.

42. CFSTR에서 물질을 분해하여 효율 95%로 처리하고자 한다. 이 물질은 0.5차 반응으로 분해되며, 속도상수는 $0.05(mg/L)^{1/2}/hr$이다. 유량은 500L/hr이고 유입농도는 250mg/L로 일정하다면 CFSTR의 필요 부피(m^3)는? (단, 정상상태 가정)

① 약 520

② 약 572

③ 약 620

④ 약 672

완전혼합반응조의 물질수지식

$V\dfrac{dC}{dt} = QC_o - QC - KVC^n$에서,

정상상태이므로 $\dfrac{dC}{dt} = 0$ 이고, 반응차수 $n = 0.5$이다.

그러므로, 물질수지식은 다음과 같다.

$$Q(C_o - C) = KVC^{0.5}$$

$$\therefore V = \frac{Q(C_o - C)}{KC^{0.5}} = \frac{500L/h}{0.05} \left| \frac{250mg/L \times 0.95}{(250 \times 0.05)^{0.5}} \right| \frac{1\,m^3}{1,000L}$$

$$= 671.75m^3$$

43. Chick's law에 의하면 염소소독에 의한 미생물 사멸율은 1차 반응에 따른다. 미생물의 80%가 0.1mg/L 잔류 염소로 2분 내에 사멸된다면 99.9%를 사멸시키기 위해서 요구되는 접촉시간(분)은?

① 5.7

② 8.6

③ 12.7

④ 14.2

$$\ln \frac{C}{C_0} = -kt \text{에서}$$

1) 80% 사멸 시 k 계산

$$\ln \frac{20}{100} = -k \times 2$$

$$\therefore \ k = 0.8047/hr$$

2) 99.9% 사멸 시 접촉시간(t) 계산

$$\ln \frac{0.1}{100} = -0.8047 \times t$$

$$\therefore \ t = 8.58 \ hr$$

44. 1차 침전지의 유입 유량은 1,000m³/day이고 SS 농도는 350mg/L이다. 1차 침전지에서의 SS 제거효율이 60%일 때 하루에 1차 침전지에서 발생되는 슬러지 부피(m³)는? (단, 슬러지의 비중 = 1.05, 함수율 = 94%, 기타 조건은 고려하지 않음)

① 2.3 ② 2.5
③ 2.7 ④ 3.3

1) 1차 침전지 제거량(TS 발생량)

$$\frac{350mg}{L} \bigg| \ 0.6 \ \bigg| \frac{1,000m^3}{day} \bigg| \frac{1,000L}{1m^3} \bigg| \frac{1kg}{10^6mg} = 210kg/day \ TS$$

2) 슬러지 부피

$$\frac{210kg \ TS}{day} \bigg| \frac{100 \ SL}{(100-94) \ TS} \bigg| \frac{1m^3}{1.05ton} \bigg| \frac{1ton}{1,000kg} = 3.33m^3/day$$

45. 회전생물막접촉기(RBC)에 관한 설명으로 틀린 것은?

① 재순환이 필요 없고 유지비가 적게 든다.
② 메디아는 전형적으로 약 40%가 물에 잠긴다.
③ 운영변수가 적어 모델링이 간단하고 편리하다.
④ 설비는 경량재료로 만든 원판으로 구성되며 1~2rpm의 속도로 회전한다.

③ 운영변수가 많아 모델링이 복잡하다.

46. 질산화 박테리아에 대한 설명으로 옳지 않은 것은?

① 절대호기성이어서 높은 산소농도를 요구한다.

② Nitrobacter는 암모늄이온의 존재하에서 pH 9.5 이상이면 생장이 억제된다.

③ 질산화 반응의 최적온도는 25℃이며 20℃ 이하, 40℃ 이상에서는 활성이 없다.

④ Nitrosomonas는 알칼리성 상태에서는 활성이 크지만 pH 6.0 이하에서는 생장이 억제된다.

③ 질산화 미생물은 온도가 높을수록 반응속도가 빨라지고, 40℃ 이상에서는 활성이 없다.

47. 수량 36,000m³/day의 하수를 폭 15m, 길이 30m, 깊이 2.5m의 침전지에서 표면적 부하 40m³/m² · day의 조건으로 처리하기 위한 침전지의 수(개)는? (단, 병렬 기준)

① 2

② 3

③ 4

④ 5

1) 침전지 1지의 면적(A_1)

$A_1 = 15m \times 30m = 450 \ m^2$

2) 침전지 수(n)

$$n = \frac{Q}{A_1(Q/A)}$$

$$= \frac{36,000m^3}{day} \left| \frac{}{450m^2} \right| \frac{m^2 \cdot day}{40m^3}$$

$$= 2$$

48. 공단 내에 새 공장을 건립할 계획이 있다. 공단 폐수처리장은 현재 876L/s의 폐수를 처리하고 있다. 공단 폐수처리장에서 Phenol을 제거할 조치를 강구치 않는다면 폐수처리장의 방류수 내 Phenol의 농도(mg/L)는? (단, 새 공장에서 배출될 Phenol의 농도는 10g/m³이고 유량은 87.6L/s이며 새 공장 외에는 Phenol 배출 공장이 없다.)

① 0.51

② 0.71

③ 0.91

④ 1.11

$$\text{페놀 농도} = \frac{\text{페놀 부하}}{\text{전체 유량}}$$

$$= \frac{\frac{10g}{m^3} \times \frac{87.6L}{s}}{(876 + 87.6)L/s} \left| \frac{1,000mg}{1g} \right| \frac{1m^3}{1,000L}$$

$$= 0.909mg/L$$

49. 응집에 관한 설명으로 옳지 않은 것은?

① 황산알루미늄을 응집제로 사용할 때 수산화물 플록을 만들기 위해서는 황산알루미늄과 반응할 수 있도록 물에 충분한 알칼리도가 있어야 한다.

② 응집제로 황산알루미늄은 대개 철염에 비해 가격이 저렴한 편이다.

③ 응집제로 황산알루미늄은 철염보다 넓은 pH 범위에서 적용이 가능하다.

④ 응집제로 황산알루미늄을 사용하는 경우, 적당한 pH 범위는 대략 4.5에서 8이다.

③ 응집제로 황산알루미늄은 철염보다 pH 범위가 좁다.

50. 부피가 4,000m³인 포기조의 MLSS 농도가 2,000mg/L, 반송슬러지의 SS 농도가 8,000mg/L, 슬러지 체류시간(SRT)이 5일이면 폐슬러지의 유량(m³/day)은? (단, 2차 침전지 유출수 중의 SS는 무시한다.)

① 125

② 150

③ 175

④ 200

$$SRT = \frac{V \cdot X}{Q_w \cdot X_r}$$

$$\therefore Q_w = \frac{V \cdot X}{SRT \cdot X_r} = \frac{4,000m^3}{5day} \left| \frac{2,000}{8,000} \right. = 200m^3/day$$

51. 도시 폐수의 침전시간에 따라 변화하는 수질인자의 종류와 거리가 가장 먼 것은?

① 침전성 부유물
② 총부유물
③ BOD$_5$
④ SVI 변화

③ BOD$_5$는 처리장에 유입되기 전에 결정되므로 침전시간과 관련이 없다.

52. 생물학적 질소 및 인 동시제거공정으로서 혐기조, 무산소조, 호기조로 구성되며, 혐기조에서 인 방출, 무산소조에서 탈질화, 호기조에서 질산화 및 인 섭취가 일어나는 공정은?

① A^2/O 공정
② Phostrip 공정
③ Modified Bardenpho 공정
④ Modified UCT 공정

공법별 반응조 구성

① A^2/O 공정 : 혐기조 – 무산소조 – 호기조
② Phostrip 공정 : 혐기조 – 호기조(인 제거 공정)
③ Modified Bardenpho 공정 : 혐기조 – 무산소조 – 호기조 – 무산소조 – 호기조
④ Modified UCT 공정 : 혐기조 – 1무산소조 - 1무산소조 - 호기조

53. 정수장 응집 공정에 사용되는 화학 약품 중 나머지 셋과 그 용도가 다른 하나는?

① 오존
② 명반
③ 폴리비닐아민
④ 황산제일철

오존은 산화제(살균제)이고, 나머지는 응집제이다.

54. 고농도의 액상 PCB 처리방법으로 가장 거리가 먼 것은?

① 방사선조사(코발트 60에 의한 γ선 조사)
② 연소법
③ 자외선조사법
④ 고온고압 알칼리분해법

PCB

· 고농도 액상 : 연소법, 자외선조사법, 고온고압 알칼리분해법, 추출법
· 저농도 액상 : 응집침전법, 방사선 조사법

55. 무기물이 0.30g/g VSS로 구성된 생물성 VSS를 나타내는 폐수의 경우, 혼합액 중의 TSS와 VSS 농도가 각각 2,000mg/L, 1,480mg/L라 하면 유입수로부터 기인된 불활성 고형물에 대한 혼합액 중의 농도(mg/L)는? (단, 유입된 불활성 부유 고형물질의 용해는 전혀 없다고 가정)

① 76
② 86
③ 96
④ 116

1) 혼합액 중 FSS

$FSS = TSS - VSS = 2,000 - 1,480 = 520mg/L$

2) 폐수 중 무기물(FSS_1)

$$\frac{1,480mg/L}{} \; \frac{0.3g \text{ 무기물}}{g \text{ VSS}} = 444mg/L$$

3) 유입수로 기인된 불활성 고형물(FSS_2)

$FSS = FSS_1 + FSS_2$

$520 = 444 + FSS_2$

∴ $FSS_2 = 76mg/L$

56. 폐수 내 시안화합물 처리방법인 알칼리 염소법에 관한 설명과 가장 거리가 먼 것은?

① CN의 분해를 위해 유지되는 pH는 10 이상이다.
② 니켈과 철의 시안착염이 혼입된 경우 분해가 잘 되지 않는다.
③ 산화제의 투입량이 과잉인 경우에는 염화시안이 발생되므로 산화제는 약간 부족하게 주입한다.
④ 염소처리 시 강알칼리성 상태에서 1단계로 염소를 주입하여 시안화합물을 시안산화물로 변화시킨 후 중화하고 2단계로 염소를 재주입하여 N_2와 CO_2로 분해시킨다.

③ 염화시안은 발생하지 않는다.

57. 생물학적 3차 처리를 위한 A/O 공정을 나타낸 것으로 각 반응조 역할을 가장 적절하게 설명한 것은?

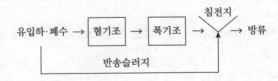

① 혐기조에서는 유기물 제거와 인의 방출이 일어나고, 폭기조에서는 인의 과잉섭취가 일어난다.
② 폭기조에서는 유기물 제거가 일어나고, 혐기조에서는 질산화 및 탈질이 동시에 일어난다.
③ 제거율을 높이기 위해서는 외부탄소원인 메탄올 등을 폭기조에 주입한다.
④ 혐기조에서는 인의 과잉섭취가 일어나며, 폭기조에서는 질산화가 일어난다.

> · 혐기조 : 유기물 제거, 인 방출
> · 호기조(폭기조) : 유기물 제거, 인 과잉흡수

58. 1차 처리된 분뇨의 2차 처리를 위해 폭기조, 2차침전지로 구성된 표준 활성슬러지를 운영하고 있다. 운영 조건이 다음과 같을 때 고형물 체류시간(SRT, day)은? (단, 유입유량 = 1,000m^3/day, 폭기조 수리학적 체류시간 = 6시간, MLSS 농도 = 3,000mg/L, 잉여슬러지 배출량 = 30m^3/day, 잉여슬러지 SS 농도 = 10,000mg/L, 2차침전지 유출수 SS 농도 = 5mg/L)

① 약 2
② 약 2.5
③ 약 3
④ 약 3.5

$$SRT = \frac{VX}{Q_w X_r + (Q - Q_w)X_e}$$

$$= \frac{(Qt)X}{Q_w X_r + (Q - Q_w)X_e}$$

$$= \frac{\dfrac{1,000m^3}{day} \left| \dfrac{6hr}{} \right| \dfrac{1day}{24hr} \left| \dfrac{3,000mg/L}{} \right|}{30m^3/day \times 10,000mg/L + (1,000-30)m^3/day \times 5mg/L}$$

$$= 2.46day$$

59. 생물학적 인 제거를 위한 A/O 공정에 관한 설명으로 옳지 않은 것은?

① 폐슬러지 내의 인의 함량이 비교적 높고 비료의 가치가 있다.
② 비교적 수리학적 체류시간이 짧다.
③ 낮은 BOD/P 비가 요구된다.
④ 추운 기후의 운전조건에서 성능이 불확실하다.

> ③ 높은 BOD/P 비가 요구된다.

60. 살수여상 상단에서 연못화(ponding)가 일어나는 원인으로 가장 거리가 먼 것은?

① 여재가 너무 작을 때
② 여재가 견고하지 못하고 부서질 때
③ 탈락된 생물막이 공극을 폐쇄할 때
④ BOD 부하가 낮을 때

> ④ BOD 부하가 높을 때

61. 폐수의 부유물질(SS)을 측정하였더니 1,312mg/L이었다. 시료 여과 전 유리섬유여지의 무게가 1.2113g이고, 이 때 사용된 시료량이 100mL이었다면 시료 여과 후 건조시킨 유리섬유여지의 무게(g)는?

① 1.2242
② 1.3425
③ 2.5233
④ 3.5233

$$\text{부유물질(mg/L)} = (b-a) \times \frac{1,000}{V}$$

$$1.312 = (b-1.2113)g \times \frac{1,000mg}{1g} \times \frac{\dfrac{1,000mL}{1L}}{100mL}$$

$$\therefore b = 1.3425g$$

a : 시료 여과 전의 유리섬유여지 무게(mg)
b : 시료 여과 후의 유리섬유여지 무게(mg)
V : 시료의 양(mL)

62. 석유계총탄화수소 용매추출/기체크로마토그래프에 대한 설명으로 틀린 것은?

① 컬럼은 안지름 0.20~0.35mm, 필름두께 0.1~3.0μm, 길이 15~60m의 DB-1, DB-5 및 DB-624 등의 모세관이나 동등한 분리 성능을 가진 모세관으로 대상 분석 물질의 분리가 양호한 것을 택하여 시험한다.
② 운반기체는 순도 99.999% 이상의 헬륨으로서(또는 질소) 유량은 0.5~5mL/min로 한다.
③ 검출기는 불꽃광도검출기(FPD)를 사용한다.
④ 시료 주입부 온도는 280~320℃, 컬럼온도는 40~320℃로 사용한다.

③ 검출기는 전자포획검출기(ECD)를 사용한다.

63. 측정항목 중 H_2SO_4를 이용하여 pH를 2 이하로 한 후 4℃에서 보존하는 것이 아닌 것은?

① 화학적 산소요구량
② 질산성 질소
③ 암모니아성 질소
④ 총 질소

시료보존방법	보존물질
1L당 HNO₃ 1.5mL로 pH 2 이하	셀레늄, 비소
4℃ 보관, H₂SO₄로 pH 2 이하	노말헥산추출물질, COD, 암모니아성 질소, 총인, 총질소
4℃ 보관, H₂SO₄ 또는 HCl으로 pH 2 이하	석유계총탄화수소
4℃ 보관, NaOH로 pH 12 이상	시안
4℃ 보관, HCl로 pH 5~9	PCB, 유기인
4℃ 보관	부유물질, 색도, BOD, 물벼룩, 전기전도도, 아질산성 질소, 음이온계면활성제, 질산성 질소, 6가 크롬, 다이에틸헥실프탈레이트
보관방법 없는 물질	pH, 온도, DO전극법, 염소이온, 불소, 브롬이온, 투명도

64. 다음 중 관내의 유량 측정 방법이 아닌 것은?

① 오리피스
② 자기식 유량측정기
③ 피토우(pitot)관
④ 웨어(Weir)

관내 유량 측정방법 : 오리피스, 피토우관, 벤츄리미터, 노즐, 자기식 유량측정기

65. 2N와 7N HCl 용액을 혼합하여 5N - HCl 1L를 만들고자 한다. 각각 몇 mL씩을 혼합해야 하는가?

① 2N-HCl 400mL와 7N-HCl 600mL
② 2N-HCl 500mL와 7N-HCl 400mL
③ 2N-HCl 300mL와 7N-HCl 700mL
④ 2N-HCl 700mL와 7N-HCl 300mL

$$N = \frac{N_1V_1 + N_2V_2}{V_1 + V_2}$$

$$5 = \frac{2N \times V_1 + 7N \times (1 - V_1)}{1}$$

$$\therefore V_1 = 0.4L = 400mL , \quad V_2 = 0.6L = 600mL$$

66. 예상 BOD치에 대한 사전 경험이 없을 때, 희석하여 시료를 조제하는 기준으로 알맞은 것은?

① 오염정도가 심한 공장폐수 : 0.01~0.05%
② 오염된 하천수 : 10~20%
③ 처리하여 방류된 공장폐수 : 50~70%
④ 처리하지 않은 공장폐수 : 1~5%

예상 BOD 값에 대한 사전경험이 없을 때에는 아래와 같이 희석하여 시료를 조제한다.
· 오염정도가 심한 공장폐수는 0.1%~1.0%
· 처리하지 않은 공장폐수와 침전된 하수는 1%~5%
· 처리하여 방류된 공장폐수는 5%~25%
· 오염된 하천수는 25%~100%

67. 흡광도 측정에서 투과율이 30%일 때 흡광도는?

① 0.37　　　　　　　　　　　② 0.42

③ 0.52　　　　　　　　　　　④ 0.63

$$A = \log(\frac{I_0}{I}) = \log(\frac{1}{\tau}) = \log(\frac{1}{0.3}) = 0.522$$

68. 분원성대장균군(막여과법) 분석 시험에 관한 내용으로 틀린 것은?

① 분원성대장균군이란 온혈동물의 배설물에서 발견되는 그람음성 · 무아포성의 간균이다.

② 물속에 존재하는 분원성대장균군을 측정하기 위하여 페트리접시에 배지를 올려놓은 다음 배양 후 여러 가지 색조를 띠는 청색의 집락을 계수하는 방법이다.

③ 배양기 또는 항온수조는 배양온도를(25±0.5)℃로 유지할 수 있는 것을 사용한다.

④ 실험결과는 '분원성대장균군수/100mL'로 표기한다.

③ 배양기 또는 항온수조는 배양온도를 (44.5 ± 0.2)℃로 유지할 수 있는 것을 사용한다.

69. BOD 측정용 시료를 희석할 때 식종 희석수를 사용하지 않아도 되는 시료는?

① 잔류염소를 함유한 폐수

② pH 4 이하 산성으로 된 폐수

③ 화학공장 폐수

④ 유기물질이 많은 가정 하수

공장폐수나 혐기성 발효의 상태에 있는 시료는 호기성 산화에 필요한 미생물을 식종하여야 한다.

70. 시료량 50mL를 취하여 막여과법으로 총대장균군수를 측정하려고 배양을 한 결과, 50개의 집락 수가 생성되었을 때 총대장균군수/100mL는?

① 10　　　　　　　　　　　② 100

③ 1,000　　　　　　　　　　④ 10,000

$$총대장균군수/100\text{mL} = \frac{C}{V} \times 100 = \frac{50}{50} \times 100 = 100$$

C : 생성된 집락수
V : 여과한 시료량(mL)

71. 유도결합플라스마 원자발광분광법으로 금속류를 측정할 때 간섭에 관한 내용으로 옳지 않은 것은?

① 물리적 간섭 : 시료 도입부의 분무과정에서 시료의 비중, 점성도, 표면장력의 차이에 의해 발생한다.

② 분광 간섭 : 측정원소의 방출선에 대해 플라스마의 기체성분이나 공존 물질에서 유래하는 분광학적 요인에 의해 원래의 방출선의 세기 변동 및 다른 원자 혹은 이온의 방출선과의 겹침 현상이 발생할 수 있다.

③ 이온화 간섭 : 이온화 에너지가 큰 나트륨 또는 칼륨 등 알칼리 금속이 공존원소로 시료에 존재 시 플라스마의 전자밀도를 감소시킨다.

④ 물리적 간섭 : 시료의 종류에 따라 분무기의 종류를 바꾸거나 시료의 희석, 매질 일치법, 내부표준법, 농축분리법을 사용하여 간섭을 최소화 한다.

③ 이온화 간섭 : 이온화 에너지가 작은 나트륨 또는 칼륨 등 알칼리 금속이 공존원소로 시료에 존재 시 플라스마의 전자밀도를 증가시킨다.

72. 물벼룩을 이용한 급성 독성시험법에서 사용하는 용어의 정의로 틀린 것은?

① 치사 : 일정 비율로 준비된 시료에 물벼룩을 투입하고 24시간 경과 시험용기를 살며시 움직여주고, 15초 후 관찰했을 때 아무 반응이 없는 경우를 '치사'라 판정한다.

② 유영저해 : 독성물질에 의해 영향을 받아 일부 기관(촉가, 후복부 등)이 움직임이 없을 경우를 '유영저해'로 판정한다.

③ 반수영향농도 : 투입 시험생물의 50%가 치사 혹은 유영저해를 나타낸 농도이다.

④ 지수식 시험방법 : 시험기간 중 시험용액을 교환하여 농도를 지수적으로 계산하는 시험을 말한다.

④ 지수식 시험방법 : 시험기간 중 시험용액을 교환하지 않는 시험을 말한다.

73. 카드뮴을 자외선/가시선 분광법으로 측정할 때 사용되는 시약으로 가장 거리가 먼 것은?

① 수산화나트륨용액　　　　　　　② 요오드화칼륨용액

③ 시안화칼륨용액　　　　　　　　④ 타타르산용액

카드뮴 – 자외선/가시선 분광법
물속에 존재하는 카드뮴이온을 시안화칼륨이 존재하는 알칼리성에서 디티존과 반응시켜 생성하는 카드뮴착염을 사염화탄소로 추출하고, 추출한 카드뮴 착염을 타타르산 용액으로 역추출한 다음 다시 수산화나트륨과 시안화칼륨을 넣어 디티존과 반응하여 생성하는 적색의 카드뮴착염을 사염화탄소로 추출하고 그 흡광도를 530nm에서 측정하는 방법

74. 금속류 – 불꽃 원자흡수분광광도법에서 일어나는 간섭 중 광학적 간섭에 관한 설명으로 맞은 것은?

① 표준용액과 시료 또는 시료와 시료간의 물리적 성질(점도, 밀도, 표면장력 등)의 차이 또는 표준물질과 시료의 매질 차이에 의해 발생한다.

② 불꽃온도가 너무 높을 경우 중성원자에서 전자를 빼앗아 이온이 생성될 수 있으며 이 경우 음(-)의 오차가 발생하게 된다.

③ 분석하고자 하는 원소의 흡수파장과 비슷한 다른 원소의 파장이 서로 겹쳐 비이상적으로 높게 측정되는 경우이다.

④ 불꽃의 온도가 분자를 들뜬 상태로 만들기에 충분히 높지 않아서, 해당 파장을 흡수하지 못하여 발생한다.

불꽃원자흡수분광광도법 간섭
· 화학적 간섭 : 불꽃의 온도가 분자를 들뜬 상태로 만들기에 충분히 높지 않아서, 해당 파장을 흡수하지 못하여 발생
· 물리적 간섭 : 표준용액과 시료 또는 시료와 시료 간의 물리적 성질(점도, 밀도, 표면장력 등)의 차이 또는 표준물질과 시료의 매질(matrix) 차이에 의해 발생
· 광학적 간섭 : 분석하고자 하는 원소의 흡수파장과 비슷한 다른 원소의 파장이 서로 겹쳐 비이상적으로 높게 측정되는 경우
· 이온화 간섭 : 불꽃온도가 너무 높을 경우 중성원자에서 전자를 빼앗아 이온이 생성될 수 있으며 이 경우 음(-)의 오차가 발생

75. 데발다 합금 환원 증류법으로 질산성 질소를 측정하는 원리의 설명으로 틀린 것은?

① 데발다 합금으로 질산성 질소를 암모니아성 질소로 환원한다.

② 지표수, 지하수, 폐수 등에 적용할 수 있으며, 정량한계는 중화적정법은 0.1mg/L, 흡광도법은 0.5mg/L이다.

③ 아질산성질소는 설퍼민산으로 분해 제거한다.

④ 암모니아성질소 및 일부 분해되기 쉬운 유기질소는 알칼리성에서 증류 제거한다.

② 지표수, 지하수, 폐수 등에 적용할 수 있으며, 정량한계는 중화적정법은 0.5mg/L, 분광법은 0.1mg/L이다.

76. 감응계수를 옳게 나타낸 것은? (단, 검정곡선 작성용 표준용액의 농도 : C, 반응값 : R)

① 감응계수 = R/C   ② 감응계수 = C/R

③ 감응계수 = R×C   ④ 감응계수 = C-R

77. 연속흐름법으로 시안 측정 시 사용되는 흐름주입분석기에 관한 설명으로 옳지 않은 것은?

① 연속흐름분석기의 일종이다.

② 다수의 시료를 연속적으로 자동분석하기 위하여 사용된다.

③ 기본적인 본체의 구성은 분할흐름분석기와 같으나 용액의 흐름 사이에 공기방울을 주입하지 않는 것이 차이점이다.

④ 시료의 연속흐름에 따라 상호 오염을 미연에 방지할 수 있다.

④ 시료의 연속흐름에 따른 상호 오염 우려가 있다.

흐름주입분석기

· 연속흐름분석기의 일종으로 다수의 시료를 연속적으로 자동분석하기 위하여 사용한다.
· 기본적인 본체의 구성은 분할흐름분석기와 같으나 용액의 흐름 사이에 공기방울을 주입하지 않는 것이 차이점이다.
· 공기방울 미 주입에 따라 시료의 분산 및 연속흐름에 따른 상호 오염의 우려가 있으나 분석시간이 빠르고 기계장치가 단순화되는 장점이 있다.

78. 수질오염공정시험기준에서 시료보존 방법이 지정되어 있지 않은 측정항목은?

① 용존산소(윙클러법)   ② 불소

③ 색도   ④ 부유물질

시료보존방법	보존물질
1L당 HNO_3 1.5mL로 pH 2 이하	셀레늄, 비소
4℃ 보관, H_2SO_4로 pH 2 이하	노말헥산추출물질, COD, 암모니아성 질소, 총인, 총질소
4℃ 보관, H_2SO_4 또는 HCl으로 pH 2 이하	석유계총탄화수소
4℃ 보관, NaOH로 pH 12 이상	시안
4℃ 보관, HCl로 pH 5~9	PCB, 유기인
4℃ 보관	부유물질, 색도, BOD, 물벼룩, 전기전도도, 아질산성 질소, 음이온계면활성제, 질산성 질소, 6가 크롬, 다이에틸헥실프탈레이트
보관방법 없는 물질	pH, 온도, DO전극법, 염소이온, 불소, 브롬이온, 투명도

79. 수질오염물질을 측정함에 있어 측정의 정확성과 통일성을 유지하기 위한 제반사항에 관한 설명으로 틀린 것은?

① 시험에 사용하는 시약은 따로 규정이 없는 한 1급 이상 또는 이와 동등한 규격의 시약을 사용한다.
② "항량으로 될 때까지 건조한다"라는 의미는 같은 조건에서 1시간 더 건조할 때 전후 무게의 차가 g당 0.3mg 이하일 때를 말한다.
③ 기체 중의 농도는 표준상태(0℃, 1기압)로 환산 표시한다.
④ "정확히 취하여"라 하는 것은 규정한 양의 시료를 부피피펫으로 0.1mL까지 취하는 것을 말한다.

④ "정확히 취하여"라 하는 것은 규정한 양의 액체를 부피피펫으로 눈금까지 취하는 것을 말한다.

80. 하천수의 시료 채취 지점에 관한 내용으로 ( )에 공통으로 들어갈 내용은?

하천의 단면에서 수심이 가장 깊은 수면의 지점과 그 지점을 중심으로 하여 좌우로 수면폭을 2등분한 각각의 지점의 수면으로부터 수심 ( ) 미만일 때에는 수심의 1/3에서 수심 ( ) 이상일 때에는 수심의 1/3 및 2/3에서 각각 채수한다.

① 2m
② 3m
③ 5m
④ 6m

하천의 단면에서 수심이 가장 깊은 수면의 지점과 그 지점을 중심으로 하여 좌우로 수면폭을 2등분한 각각의 지점의 수면으로부터 수심 2m 미만일 때에는 수심의 1/3에서 수심 2m 이상일 때에는 수심의 1/3 및 2/3에서 각각 채수한다.

제5과목 수질환경관계법규

81. 방지시설설치의 면제기준에 관한 설명으로 틀린 것은?

① 수질오염물질이 항상 배출허용기준 이하로 배출되는 경우
② 새로운 수질오염물질이 발생되어 배출시설 또는 방지시설의 개선이 필요한 경우
③ 폐수를 전량 위탁처리하는 경우
④ 폐수를 전량 재이용하는 등 방지시설을 설치하지 아니하고도 수질오염물질을 적정하게 처리할 수 있는 경우

방지시설 설치 면제기준
· 수질오염물질이 항상 배출허용기준 이하로 배출되는 경우
· 폐수를 전량 위탁처리하는 경우
· 폐수를 전량 재이용하는 등 방지시설을 설치하지 아니하고도 수질오염물질을 적정하게 처리할 수 있는 경우

82. 비점오염저감시설의 설치기준에서 자연형 시설 중 인공습지의 설치기준으로 틀린 것은?

① 습지에는 물이 연중 항상 있을 수 있도록 유량공급대책을 마련하여야 한다.

② 인공습지의 유입구에서 유출구까지의 유로는 최대한 길게 하고, 길이 대 폭의 비율은 2 : 1 이상으로 한다.

③ 유입부에서 유출부까지의 경사는 1.0~5.0%를 초과하지 아니하도록 한다.

④ 생물의 서식 공간을 창출하기 위하여 5종부터 7종까지의 다양한 식물을 심어 생물다양성을 증가시킨다.

③ 유입부에서 유출부까지의 경사는 0.5~1.0% 이하의 범위를 초과하지 아니하도록 한다.

83. 초과배출부과금 산정 시 적용되는 기준이 아닌 것은?

① 기준초과배출량

② 수질오염물질 1킬로그램당의 부과금액

③ 지역별 부과계수

④ 사업장의 연간 매출액

초과배출부과금 산정 시 적용되는 기준
· 기준초과배출량
· 수질오염물질 1킬로그램당 부과금액
· 연도별 부과금산정지수
· 지역별 부과계수
· 배출허용기준초과율별 부과계수
· 배출허용기준 위반횟수별 부과계수

84. 사업장의 규모별 구분에 관한 내용으로 (   )에 맞는 내용은?

> 최초 배출시설 설치허가 시의 폐수배출량은 사업계획에 따른 (   )을 기준으로 산정한다.

① 예상용수사용량

② 예상폐수배출량

③ 예상하수배출량

④ 예상희석수사용량

최초 배출시설 설치허가 시의 폐수배출량은 사업계획에 따른 예상용수사용량을 기준으로 산정한다.

85. 초과부과금을 산정할 때 1kg당 부과금액이 가장 높은 수질오염물질은?

① 크롬 및 그 화합물
② 카드뮴 및 그 화합물
③ 구리 및 그 화합물
④ 시안화합물

초과부과금의 산정기준(제45조제5항 관련)

1) 수질오염물질 1킬로그램당 부과금액(원)

75,000	30,000	500	450	250
크롬	망간 아연	T-P T-N	유기물질(TOC)	유기물질(BOD 또는 COD) 부유물질

2) 특정유해물질 1킬로그램당 부과금액(만원)

125	50	30	15	10	5
Hg PCB	Cd	Cr^{6+} PCE TCE	페놀 시안 유기인 납	비소	구리

86. 환경부장관이 폐수처리업자에게 등록을 취소하거나 6개월 이내의 기간을 정하여 영업정지를 명할 수 있는 경우에 대한 기준으로 틀린 것은?

① 고의 또는 중대한 과실로 폐수처리영업을 부실하게 한 경우
② 영업정지처분 기간에 영업행위를 한 경우
③ 1년에 2회 이상 영업정지처분을 받은 경우
④ 등록 후 1년 이상 계속하여 영업실적이 없는 경우

환경부장관이 폐수처리업자에게 등록을 취소하거나 6개월 이내의 기간을 정하여 영업정지를 명할 수 있는 경우

1. 다른 사람에게 등록증을 대여한 경우
2. 1년에 2회 이상 영업정지처분을 받은 경우
3. 고의 또는 중대한 과실로 폐수처리영업을 부실하게 한 경우
4. 영업정지처분 기간에 영업행위를 한 경우

87. 1일 800m³의 폐수가 배출되는 사업장의 환경기술인의 자격에 관한 기준은?

① 수질환경기사 1명 이상

② 수질환경산업기사 1명 이상

③ 환경기능사 1명 이상

④ 2년 이상 수질분야 환경관련 업무에 직접 종사한 자 1명 이상

1일 800m³은 '2종사업장'이므로, '수질환경산업기사 1명 이상'이다.

88. 휴경 등 권고대상 농경지의 해발고도 및 경사도의 기준은?

① 해발고도 : 해발 200미터, 경사도 : 10%

② 해발고도 : 해발 400미터, 경사도 : 15%

③ 해발고도 : 해발 600미터, 경사도 : 20%

④ 해발고도 : 해발 800미터, 경사도 : 25%

· 해발고도 : 해발 400m
· 경사도 : 15%

89. 초과부과금 산정 시 적용되는 위반횟수별 부과계수에 관한 내용으로 (   )에 맞는 것은? (단, 폐수무방류배출시설의 경우)

처음 위반한 경우 (㉠)로 하고, 다음 위반부터는 그 위반직전의 부과계수에 (㉡)를 곱한 것으로 한다.

① ㉠ 1.5, ㉡ 1.3   ② ㉠ 1.5, ㉡ 1.5

③ ㉠ 1.8, ㉡ 1.3   ④ ㉠ 1.8, ㉡ 1.5

처음 위반한 경우 **1.8**로 하고, 다음 위반부터는 그 위반직전의 부과계수에 **1.5**를 곱한 것으로 한다.

90. 비점오염원의 설치신고 또는 변경신고를 할 때 제출하는 비점오염저감 계획서에 포함되어야 하는 사항과 가장 거리가 먼 것은?

① 비점오염원 관련 현황

② 비점오염 저감시설 설치계획

③ 비점오염원 관리 및 모니터링 방안

④ 비점오염원 저감방안

91. 비점오염원 관리지역의 지정 기준이 옳은 것은?

① 하천 및 호소의 수생태계에 관한 환경기준에 미달하는 유역으로 유달부하량 중 비점오염 기여율이 50% 이하인 지역

② 관광지구 지정으로 비점오염원 관리가 필요한 지역

③ 인구 50만 이상인 도시로서 비점오염원 관리가 필요한 지역

④ 지질이나 지층구조가 특이하여 특별한 관리가 필요하다고 인정되는 지역

92. 다음 위반행위에 따른 벌칙기준 중 1년 이하의 징역 또는 1천만원 이하의 벌금에 처하는 경우는?

① 허가를 받지 아니하고 폐수배출시설을 설치한 자

② 폐수무방류배출시설에서 배출되는 폐수를 오수 또는 다른 배출시설에서 배출되는 폐수와 혼합하여 처리하는 행위를 한 자

③ 환경부장관에게 신고하지 아니하고 기타 수질오염원을 설치한 자

④ 배출시설의 설치를 제한하는 지역에서 배출시설을 설치한 자

93. 비점오염저감시설의 관리·운영기준으로 옳지 않은 것은? (단, 자연형 시설)

① 인공습지 : 동절기(11월부터 다음 해 3월까지를 말한다)에는 인공습지에서 말라 죽은 식생을 제거·처리하여야 한다.

② 인공습지 : 식생대가 50퍼센트 이상 고사하는 경우에는 추가로 수생식물을 심어야 한다.

③ 식생형 시설 : 식생수로 바닥의 퇴적물이 처리용량의 25퍼센트를 초과하는 경우에는 침전된 토사를 제거하여야 한다.

④ 식생형시설 전처리를 위한 침사지는 주기적으로 협잡물과 침전물을 제거하여야 한다.

94. 오염총량관리기본방침에 포함되어야 하는 사항으로 틀린 것은?

① 오염총량관리의 목표
② 오염총량관리의 대상 수질오염물질 종류
③ 오염원의 조사 및 오염부하량 산정방법
④ 오염총량관리 현황

오염총량관리기본계획에 포함되어야 할 사항

1. 오염총량관리의 목표
2. 오염총량관리의 대상 수질오염물질 종류
3. 오염원의 조사 및 오염부하량 산정방법
4. 오염총량관리기본계획의 주체, 내용, 방법 및 시한
5. 오염총량관리시행계획의 내용 및 방법

95. 공공폐수처리시설의 방류수 수질기준으로 틀린 것은? (단, I 지역, 2020년 1월 1일 이후 기준, ( ) 는 농공단지 공공폐수처리시설의 방류수 수질기준임)

① BOD : 10(10)mg/L 이하
② COD : 20(30)mg/L 이하
③ 총질소(T-N) : 20(20)mg/L 이하
④ 생태독성(TU) : 1(1) 이하

② 2020년부터 COD 기준은 TOC로 바뀌었음

방류수 수질기준(2020년 1월 1일 이후 기준)

구 분	적용기간 및 수질기준			
	I 지역	II 지역	III 지역	IV 지역
생물화학적 산소요구량 (BOD) (mg/L)	10(10) 이하	10(10) 이하	10(10) 이하	10(10) 이하
총유기탄소량 (TOC) (mg/L)	15(25) 이하	15(25) 이하	25(25) 이하	25(25) 이하
부유물질 (SS) (mg/L)	10(10) 이하	10(10) 이하	10(10) 이하	10(10) 이하
총질소 (T-N) (mg/L)	20(20) 이하	20(20) 이하	20(20) 이하	20(20) 이하
총인 (T-P) (mg/L)	0.2(0.2) 이하	0.3(0.3) 이하	0.5(0.5) 이하	2(2) 이하
총대장균군 수 (개/mL)	3,000 (3,000)	3,000 (3,000)	3,000 (3,000)	3,000 (3,000)
생태독성 (TU)	1(1) 이하	1(1) 이하	1(1) 이하	1(1) 이하

적용기간에 따른 수질기준란의 ( )는 농공단지 공공폐수처리시설의 방류수 수질기준

96. 최종방류구에 방류하기 전에 배출시설에서 배출하는 폐수를 재이용하는 사업자에게 부과되는 배출부과금 감면률이 틀린 것은?

① 재이용률이 10% 이상 30% 미만 : 100분의 20
② 재이용률이 30% 이상 60% 미만 : 100분의 50
③ 재이용률이 60% 이상 90% 미만 : 100분의 70
④ 재이용률이 90% : 100분의 90

③ 재이용률이 60% 이상 90% 미만 : 100분의 80

배출부과금의 감면

대상	기본배출부과금 감면의 범위
· 제5종사업장의 사업자 · 공공폐수처리시설에 폐수를 유입하는 사업자 · 공공하수처리시설에 폐수를 유입하는 사업자	· 기본배출부과금 면제
· 해당 부과기간의 시작일 전 6개월 이상 방류수수질기준을 초과하는 수질오염물질을 배출하지 아니한 사업자	· 6개월 이상 1년 내 : 100분의 20 · 1년 이상 2년 내 : 100분의 30 · 2년 이상 3년 내 : 100분의 40 · 3년 이상 : 100분의 50
· 최종방류구에 방류하기 전에 배출시설에서 배출하는 폐수를 재이용하는 사업자	· 재이용률이 10% 이상 30% 미만인 경우 : 100분의 20 · 재이용률이 30% 이상 60% 미만인 경우 : 100분의 50 · 재이용률이 60% 이상 90% 미만인 경우 : 100분의 80 · 재이용률이 90% 이상인 경우 : 100분의 90

97. 폐수배출시설외에 수질오염물질을 배출하는 시설 또는 장소로서 환경부령이 정하는 것 (기타수질오염원)의 대상시설과 규모기준에 관한 내용으로 틀린 것은?

① 자동차폐차장시설 : 면적 1,000m^2 이상
② 수조식양식어업시설 : 수조면적 합계 500m^2 이상
③ 골프장 : 면적 3만m^2 이상
④ 무인자동식 현상, 인화, 정착시설 : 1대 이상

① 자동차폐차장시설 : 면적이 1,500m^2 이상일 것
③ 골프장 : 면적이 3만m^2 이상이거나 3홀 이상일 것

98. 공공폐수처리시설의 설치 부담금의 부과 · 징수와 관련한 설명으로 틀린 것은?

① 공공폐수처리시설을 설치 · 운영하는 자는 그 사업에 드는 비용의 전부 또는 일부에 충당하기 위하여 원인자로부터 공공폐수처리시설의 설치 부담금을 부과 · 징수할 수 있다.
② 공공폐수처리시설 부담금의 총액은 시행자가 해당 시설의 설치와 관련하여 지출하는 금액을 초과하여서는 아니 된다.
③ 원인자에게 부과되는 공공폐수처리시설 설치 부담금은 각 원인자의 사업의 종류 · 규모 및 오염물질의 배출 정도 등을 기준으로 하여 정한다.
④ 국가와 지방자치단체는 세제상 또는 금융상 필요한 지원 조치를 할 수 없다.

④ 국가와 지방자치단체는 이 법에 따른 중소기업자의 비용부담으로 인하여 중소기업자의 생산활동과 투자의욕이 위축되지 아니하도록 세제상 또는 금융상 필요한 지원 조치를 할 수 있다.

99. 환경부령으로 정하는 폐수무방류배출시설의 설치가 가능한 특정수질유해물질이 아닌 것은?

① 디클로로메탄　　　　　　　　② 구리 및 그 화합물
③ 카드뮴 및 그 화합물　　　　　④ 1, 1-디클로로에틸렌

폐수무방류배출시설의 설치가 가능한 특정수질유해물질

1. 구리 및 그 화합물
2. 디클로로메탄
3. 1, 1-디클로로에틸렌

100. 기타 수질오염원의 시설구분으로 틀린 것은?

① 수산물 양식시설　　　　　　　② 농축수산물 단순가공시설
③ 금속 도금 및 세공시설　　　　④ 운수장비 정비 또는 폐차장 시설

기타 수질오염원

1. 수산물 양식시설
2. 골프장
3. 운수장비 정비 또는 폐차장 시설
4. 농축수산물 단순가공시설
5. 사진 처리 또는 X-Ray 시설
6. 금은판매점의 세공시설이나 안경점
7. 복합물류터미널 시설
8. 거점소독시설

1. ②　2. ③　3. ②　4. ①　5. ④　6. ③　7. ③　8. ③　9. ③　10. ①　11. ①　12. ①　13. ②　14. ③　15. ①
16. ②　17. ①　18. ④　19. ②　20. ③　21. ②　22. ③　23. ④　24. ②　25. ④　26. ②　27. ②　28. ③　29. ③　30. ①
31. ③　32. ③　33. ③　34. ①　35. ②　36. ④　37. ②　38. ④　39. ②　40. ④　41. ②　42. ④　43. ②　44. ④　45. ①
46. ③　47. ①　48. ③　49. ①　50. ④　51. ③　52. ①　53. ①　54. ①　55. ①　56. ②　57. ①　58. ②　59. ③　60. ④
61. ②　62. ④　63. ②　64. ①　65. ①　66. ④　67. ②　68. ③　69. ④　70. ②　71. ③　72. ②　73. ②　74. ③　75. ②
76. ①　77. ④　78. ②　79. ④　80. ①　81. ②　82. ③　83. ④　84. ①　85. ④　86. ④　87. ②　88. ②　89. ④　90. ③
91. ④　92. ③　93. ③　94. ①　95. ②　96. ③　97. ①　98. ④　99. ③　100. ③

제1과목 수질오염개론

1. **미생물 중 세균(Bacteria)에 관한 특징으로 가장 거리가 먼 것은?**

   ① 원시적 엽록소를 이용하여 부분적인 탄소동화작용을 한다.
   ② 용해된 유기물을 섭취하며 주로 세포분열로 번식한다.
   ③ 수분 80%, 고형물 20% 정도로 세포가 구성되며 고형물 중 유기물이 90%를 차지한다.
   ④ pH, 온도에 대하여 민감하며, 열보다 낮은 온도에서 저항성이 높다.

   > ① 박테리아는 광합성(탄소동화작용)을 하지 않는다.

2. **우리나라의 수자원 이용현황 중 가장 많은 용도로 사용하는 용수는?**

   ① 생활용수 　　　　　　　　② 공업용수
   ③ 농업용수 　　　　　　　　④ 유지용수

   > 우리나라의 수자원은 농업용수 사용량이 가장 많다.

3. **하천의 탈산소계수를 조사한 결과 20℃에서 0.19/day이었다. 하천수의 온도가 25℃로 증가되었다면 탈산소계수(/day)는? (단, 온도보정계수 = 1.047)**

   ① 0.22 　　　　　　　　　　② 0.24
   ③ 0.26 　　　　　　　　　　④ 0.28

   > **탈산소계수의 온도보정**
   > $k_T = k_1 \times 1.047^{(T-20)}$
   > $k_{25} = 0.19 \times 1.047^{(25-20)} = 0.239$

4. **수은주 높이 150mm는 수주로 몇 mm인가?**

   ① 약 2,040 　　　　　　　　② 약 2,530
   ③ 약 3,240 　　　　　　　　④ 약 3,530

   > 1atm = 760mmHg = 10,332mmH_2O
   > $\dfrac{150\text{mmHg} \mid 10,332\text{mmH}_2\text{O}}{760\text{mmHg}} = 2,039.21\text{mmH}_2\text{O}$

5. 원생동물(Protozoa)의 종류에 관한 내용으로 옳은 것은?

① Paramecia는 자유롭게 수영하면서 고형물질을 섭취한다.

② Vorticella는 불량한 활성슬러지에서 주로 발견된다.

③ Sarcodina는 나팔의 입에서 물흐름을 일으켜 고형물질만 걸러서 먹는다.

④ Suctoria는 몸통을 움직이면서 위족으로 고형물질을 몸으로 싸서 먹는다.

> ② Vorticella(종벌레)는 양호한 활성슬러지에서 주로 발견된다.
> ③ Sarcodina(육질충류)는 몸통을 움직이면서 위족으로 고형물질을 몸으로 싸서 먹는다.
> ④ Suctoria(흡판충류)는 촉수로 먹이를 섭취한다.

6. 호소수의 전도현상(Turnover)이 호소수 수질환경에 미치는 영향을 설명한 내용 중 옳지 않은 것은?

① 수괴의 수직운동 촉진으로 호소 내 환경용량이 제한되어 물의 자정능력이 감소된다.

② 심층부까지 조류의 혼합이 촉진되어 상수원의 취수 심도에 영향을 끼치게 되므로 수도의 수질이 악화된다.

③ 심층부의 영양염이 상승하게 됨에 따라 표층부에 규조류가 번성하게 되어 부영양화가 촉진된다.

④ 조류의 다량 번식으로 물의 탁도가 증가되고 여과지가 폐색되는 등의 문제가 발생한다.

> ① 전도현상으로 호소 내 환경용량과 자정능력이 감소되지 않는다.

7. 2차처리 유출수에 함유된 10mg/L의 유기물을 활성탄흡착법으로 3차 처리하여 농도가 1mg/L인 유출수를 얻고자 한다. 이때 폐수 1L당 필요한 활성탄의 양(g)은? (단, Freundlich 등온식 사용, K = 0.5, n = 2)

① 9 ② 12
③ 16 ④ 18

> $$\frac{X}{M} = K \times C^{1/n}$$
>
> $$\frac{9}{M} = 0.5 \times 1^{1/2}$$
>
> $\therefore$ M $=$ 18(mg/L)
>
> X : 흡착된 피흡착물의 농도
> M : 주입된 흡착제의 농도
> C : 흡착되고 남은 피흡착물질의 농도(평형농도)
> K, n : 경험상수

8. 열수 배출에 의한 피해 현상으로 가장 거리가 먼 것은?

① 발암물질 생성 ② 부영양화
③ 용존산소의 감소 ④ 어류의 폐사

9. 하천 수질모델 중 WQRRS에 관한 설명으로 가장 거리가 먼 것은?

① 하천 및 호수의 부영양화를 고려한 생태계 모델이다.
② 유속, 수심, 조도계수에 의해 확산계수를 결정한다.
③ 호수에는 수심별 1차원 모델이 적용된다.
④ 정적 및 동적인 하천의 수질, 수문학적 특성이 광범위하게 고려된다.

② 유속, 수심, 조도계수에 의해 확산계수를 결정 : QUAL-Ⅰ, Ⅱ

하천의 수질모델링

명칭	특징
Streeter-phelps model	· 최초의 하천수질모델 · 유기물 분해에 의한 산소소비, 수면에서의 산소공급만을 이용하여 산소농도 변화를 예측한 모델
DO sag - Ⅰ, Ⅱ, Ⅲ	· Streeter-Phelps식으로 도출 · 1차원 정상모델 · 점오염원 및 비점오염원이 하천의 용존산소에 미치는 영향을 나타냄 · SOD, 광합성에 의한 DO 변화 무시
WQRRS	· 하천 및 호수의 부영양화를 고려한 생태계 모델 · 정적 및 동적인 하천의 수질, 수문학적 특성을 광범위하게 고려 · 호수에는 수심별 1차 원 모델을 적용함
QUAL- Ⅰ, Ⅱ	· 유속, 수심, 조도계수에 의한 확산계수 결정 · 하천과 대기 사이의 열복사, 열교환 고려 · 음해법으로 미분방정식의 해를 구함 · 질소, 인, 클로로필a 고려 · QUAL-Ⅱ : QUAL-Ⅰ을 변형보강한 것으로 계산이 빠르고 입력자료 취급이 용이함
QUALZE	· QUAL-Ⅱ를 보완하여 PC용으로 개발 · 희석방류량과 하천 수중보에 대한 영향 고려
AUT-QUAL	· 길이 방향에 비해 상대적으로 폭이 좁은 하천 등에 적용 가능한 모델 · 비점오염원 고려
SNSIM 모델	· 저질의 영향과 광합성 작용에 의한 용존산소 반응을 나타냄
WASP	· 하천의 수리학적 모델, 수질 모델, 독성물질의 거동 고려 · 1, 2, 3차원 고려 · 저니의 영향 고려
HSPF	· 다양한 수체에 적용 가능 · 강우 강설 고려 · 적용하고자 하는 수체에 따라 필요로 하는 모듈 선택 가능

10. 농업용수의 수질을 분석할 때 이용되는 SAR(Sodium Adsorption Ratio)과 관계없는 것은?

① Na^+
② Mg^{2+}
③ Ca^{2+}
④ Fe^{2+}

$$SAR = \frac{Na+}{\sqrt{\dfrac{Ca^{2+} + Mg^{2+}}{2}}}$$

11. 글루코스($C_6H_{12}O_6$) 1,000mg/L를 혐기성 분해시킬 때 생산되는 이론적 메탄량(mg/L)은?

① 227
② 247
③ 267
④ 287

$$C_6H_{12}O_6 \rightarrow 3CO_2 + 3CH_4$$

$$180g \quad : \quad 3 \times 16g$$

$$1{,}000mg/L \quad : \quad CH_4(mg/L)$$

$$\therefore CH_4 = \frac{1{,}000}{} \left| \frac{3 \times 16}{180} \right. = 266.7mg/L$$

12. 피부점막, 호흡기로 흡입되어 국소 및 전신마비, 피부염, 색소 침착을 일으키며 안료, 색소, 유리 공업 등이 주요 발생원인 중금속은?

① 비소
② 납
③ 크롬
④ 구리

유해물질의 만성중독증
· 불소 : 반상치
· 비소 : 흑피증
· 수은 : 미나마타병, 헌터루셀병
· 카드뮴 : 이따이이따이병
· PCB : 카네미유증
· 구리 : 윌슨씨병
· 망간 : 파킨슨병 유사 증상

13. 유기화합물에 대한 설명으로 옳지 않은 것은?

① 유기화합물들은 일반적으로 녹는 점과 끓는 점이 낮다.
② 유기화합물들은 하나의 분자식에 대하여 여러 종류의 화합물이 존재할 수 있다.
③ 유기화합물들은 대체로 이온반응보다는 분자반응을 하므로 반응속도가 빠르다.
④ 대부분의 유기화합물은 박테리아의 먹이가 될 수 있다.

③ 유기화합물들은 대체로 이온반응보다는 분자반응을 하므로 반응속도가 느리다.

유기물과 무기물의 반응속도

	유기화합물	무기화합물
가연성	가연성	비가연성
반응	분자반응	이온반응
녹는점, 끓는점	낮음	높음
반응속도	느림	빠름

14. 25℃, 4atm의 압력에 있는 메탄가스 15kg을 저장하는 데 필요한 탱크의 부피(m^3)는? (단, 이상기체의 법칙 적용, 표준상태 기준, R = 0.082L · atm/mol · K)

① 4.42
② 5.73
③ 6.54
④ 7.45

$$PV = nRT = \frac{W}{M}RT$$

$$V = \frac{WRT}{MP} = \frac{15,000g}{} \left| \frac{0.082atm \cdot L}{mol \cdot K} \right| \frac{(273 + 25)K}{4atm} \left| \frac{1mol}{16g} \right| \frac{1m^3}{1,000L} = 5.727m^3$$

15. 다음이 설명하는 일반적 기체 법칙은?

> 여러 물질이 혼합된 용액에서 어느 물질의 증기압(분압)은 혼합액에서 그 물질의 몰분율에
> 순수한 상태에서 그 물질의 증기압을 곱한 것과 같다.

① 라울트의 법칙
② 게이-루삭의 법칙
③ 헨리의 법칙
④ 그레함의 법칙

① 라울트의 법칙 : 증기압 법칙(여러 물질이 혼합된 용액에서 어느 물질의 증기압(분압)은 혼합액에서 그 물질의 몰분율에 순수한 상태에서 그 물질의 증기압을 곱한 것과 같다.)
② 게이-루삭의 법칙 : 기체가 관련된 화학반응에서는 반응하는 기체와 생성된 기체의 부피 사이에는 정수 관계가 성립한다.
③ 헨리의 법칙 : 기체의 용해도는 그 기체의 압력에 비례한다.
④ 그레함의 법칙 : 기체의 확산속도(조그마한 구멍을 통한 기체의 탈출)는 기체 분자량의 제곱근에 반비례한다.

16. 적조 현상에 관한 설명으로 틀린 것은?

① 수괴의 연직안정도가 작을 때 발생한다.
② 강우에 따른 하천수의 유입으로 해수의 염분량이 낮아지고 영양염류가 보급될 때 발생한다.
③ 적조 조류에 의한 아가미 폐색과 어류의 호흡 장애가 발생한다.
④ 수중 용존산소 감소에 의한 어패류의 폐사가 발생한다.

① 수괴의 연직안정도가 클 때 발생한다.

적조가 잘 발생하는 경우

· 영양염류 과다 유입, upwelling 현상이 있는 수역
· 정체된 수역일수록
· 수중 연직 안정도가 높을수록
· 염분이 낮을수록
· 일사량이 클수록
· 특히, 풍수기, 홍수 이후일수록
→ 적조 발생이 잘됨

17. 산과 염기의 정의에 관한 설명으로 옳지 않은 것은?

① Arrhenius는 수용액에서 수산화이온을 내어놓는 물질을 염기라고 정의하였다.
② Lewis는 전자쌍을 받는 화학종을 염기라고 정의하였다.
③ Arrhenius는 수용액에서 양성자를 내어놓는 것을 산이라고 정의하였다.
④ Brönsted-Lowry는 수용액에서 양성자를 내어주는 물질을 산이라고 정의하였다.

② Lewis는 전자쌍을 받는 화학종을 산이라고 정의하였다.

산 염기의 정의

구분	산	염기
아레니우스	H^+ 주개	OH^- 주개
브뢴스테드 로우리	양성자(H^+) 주개	양성자(H^+) 받개
루이스	전자쌍 받개	전자쌍 주개

18. Colloid 중에서 소량의 전해질에서 쉽게 응집이 일어나는 것으로써 주로 무기물질의 Colloid는?

① 서스펜션 Colloid   ② 에멀션 Colloid
③ 친수성 Colloid   ④ 소수성 Colloid

콜로이드

비 교	소수성 Colloid	친수성 Colloid
존재 형태	현탁상태(suspension)	유탁상(emulsion)
종류	점토, 석유, 금속 입자	녹말, 단백질, 박테리아 등
물과 친화성	물과 반발	물과 쉽게 반응
염에 민감성	염에 아주 민감	염에 덜 민감
응집제 투여	소량의 염을 첨가하여도 응결 침전됨	다량의 염 첨가 시 응결 침전
표면장력	용매와 비슷	용매보다 약함
틴들효과	틴들 효과가 큼	약하거나 거의 없음

19. 다음 설명과 가장 관계있는 것은?

> 유리산소가 존재해야만 생장하며, 최적 온도는 20~30℃, 최적 pH는 4.5~6.0이다.
> 유기산과 암모니아를 생성해 pH를 상승 또는 하강시킬 때도 있다.

① 박테리아
② 균류
③ 조류
④ 원생동물

DO가 있는 상태(호기성), 낮은 pH에서 크는 생물은 균류이다.

20. BOD가 2,000mg/L인 폐수를 제거율 85%로 처리한 후 몇 배 희석하면 방류수 기준에 맞는가? (단, 방류수 기준은 40mg/L이라고 가정)

① 4.5배 이상
② 5.5배 이상
③ 6.5배 이상
④ 7.5배 이상

1) 제거 후 농도(C)

$C = C_0(1 - \eta) = 2,000(1 - 0.85) = 300mg/L$

2) 희석배수

$희석배수 = \dfrac{희석\ 전\ 농도}{희석\ 후\ 농도} = \dfrac{300}{40} = 7.5\ 배$

제2과목 상하수도 계획

---

21. 상수도 시설 중 완속여과지의 여과속도 표준 범위는?

① 4~5m/day
② 5~15m/day
③ 15~25m/day
④ 25~50m/day

· 완속여과지 속도 : 4~5m/day
· 급속여과지 속도 : 120~150m/day

22. 표준활성슬러지법에 관한 설명으로 잘못된 것은?

① 수리학적체류시간(HRT)은 6~8시간을 표준으로 한다.
② 수리학적체류시간(HRT)은 계획하수량에 따라 결정하며, 반송슬러지량을 고려한다.
③ MLSS 농도는 1,500~2,500mg/L를 표준으로 한다.
④ MLSS 농도가 너무 높으면 필요산소량이 증가하거나 이차침전지의 침전효율이 악화될 우려가 있다.

② 수리학적체류시간(HRT)은 계획하수량에 따라 결정되므로, 반송슬러지량은 고려하지 않는다.

23. 하수관로 개·보수 계획 수립 시 포함되어야 할 사항이 아닌 것은?

① 불명수량 조사
② 개·보수 우선순위의 결정
③ 개·보수공사 범위의 설정
④ 주변 인근 신설관로 현황 조사

하수관거 개·보수 계획

· 기초자료 분석 및 조사우선순위 결정
· 불명수량 조사
· 기존관거 현황 조사
· 개·보수 우선순위의 결정
· 개·보수공사 범위의 설정
· 개·보수공법의 선정

24. 하수처리공법 중 접촉산화법에 대한 설명으로 틀린 것은?

① 반송슬러지가 필요하지 않으므로 운전관리가 용이하다.
② 생물상이 다양하여 처리 효과가 안정적이다.
③ 부착생물량의 임의 조정이 어려워 조작조건 변경에 대응하기 쉽지 않다.
④ 접촉재가 조 내에 있기 때문에 부착생물량의 확인이 어렵다.

③ 접촉산화법은 부착생물량을 임의로 조정할 수 있어 조작조건 변경에 대응이 쉽다.

접촉산화법의 장단점

장점	단점
· 표면적이 큰 접촉재를 사용하여 조 내 부착생물량이 크고 생물상이 다양 · 유입기질의 변동 대응이 유연함 · 생물상이 다양하여 처리효과가 안정적 · 부착생물량을 임의로 조정할 수 있어 조작조건의 변경에 대응이 쉬움 · 유지관리가 용이함 · 분해속도가 낮은 기질 제거에 효과적임 · 난분해성물질 및 유해물질에 대한 내성이 높음 · 수온의 변동에 강함 · 슬러지 반송이 필요 없음 · 슬러지 자산화가 되므로 슬러지 발생량이 적음 · 소규모시설에 적합함	· 접촉재가 조 내에 있어 부착생물량 확인이 어려움 · 미생물량과 영향인자를 정상상태로 유지하기 위한 조작이 어려움 · 반응조 내 매체를 균일하게 포기 교반하는 조건설정이 어렵고 사수부가 발생할 우려가 있으며 포기비용이 약간 높음 · 매체에 생성되는 생물량은 부하조건에 의하여 결정됨 · 고부하 시 매체의 폐쇄위험이 크기 때문에 부하조건에 한계가 있음 · 초기 건설비가 높음

25. 하수시설에서 우수조정지 구조형식이 아닌 것은?

① 댐식(제방높이 15m 미만)
② 지하식(관 내 저류 포함)
③ 굴착식
④ 유하식(자연 호소 포함)

우수조정지 구조형식
· 댐식
· 굴착식
· 지하식

26. 분류식 하수배제방식에서, 펌프장시설의 계획하수량 결정 시 유입·방류펌프장 계획하수량으로 옳은 것은?

① 계획시간 최대오수량
② 계획우수량
③ 우천 시 계획오수량
④ 계획1일 최대오수량

계획하수량

하수배제방식	펌프장의 종류	계획하수량
분류식	중계펌프장, 소규모펌프장, 유입·방류펌프장	계획시간최대오수량
	빗물펌프장	계획우수량
합류식	중계펌프장, 소규모펌프장, 유입·방류펌프장	우천 시 계획오수량
	빗물펌프장	계획하수량 - 우천 시 계획오수량

27. 계획오수량에 관한 설명으로 틀린 것은?

① 지하수량은 1인1일최대오수량의 10~20%로 한다.
② 계획시간최대오수량은 계획1일최대오수량의 1시간당 수량의 1.3~1.8배를 표준으로 한다.
③ 합류식에서 우천 시 계획오수량은 원칙적으로 계획시간최대오수량의 3배 이상으로 한다.
④ 계획1일평균오수량은 계획1일최대오수량의 50~60%를 표준으로 한다.

④ 계획1일평균오수량은 계획1일최대오수량의 70~80%를 표준으로 한다.

28. 수원에 관한 설명으로 틀린 것은?

① 복류수는 대체로 수질이 양호하며 대개의 경우 침전지를 생략하는 경우도 있다.

② 용천수는 지하수가 종종 자연적으로 지표에 나타난 것으로 그 성질은 대개 지표수와 비슷하다.

③ 우리나라의 일반적인 하천수는 연수인 경우가 많으므로 침전과 여과에 의하여 용이하게 정화되는 경우도 많다.

④ 호소수는 하천의 유수보다 자정작용이 큰 것이 특징이다.

> ② 용천수는 지하수가 종종 자연적으로 지표에 나타난 것으로 그 성질은 대개 지하수와 비슷하다.

29. 상수의 소독(살균)설비 중 저장설비에 관한 내용으로 (　)에 가장 적합한 것은?

액화염소의 저장량은 항상 1일 사용량의 (　) 이상으로 한다.

① 5일분　　　　　　　　　　　② 10일분

③ 15일분　　　　　　　　　　　④ 30일분

30. 상수도 급수배관에 관한 설명으로 틀린 것은?

① 급수관을 공공도로에 부설할 경우에는 도로관리자가 정한 점용위치와 깊이에 따라 배관해야 하며 다른 매설물과의 간격을 30cm 이상 확보한다.

② 급수관을 부설하고 되메우기를 할 때에는 양질토 또는 모래를 사용하여 적절하게 다짐하여 관을 보호한다.

③ 급수관이 개거를 횡단하는 경우에는 가능한 한 개거의 위로 부설한다.

④ 동결이나 결로의 우려가 있는 급수설비의 노출 부분에 대해서는 적절한 방한조치나 결로방지 조치를 강구한다.

> ③ 급수관이 개거를 횡단하는 경우에는 가능한 한 개거의 아래로 부설한다.

급수관의 배관

· 급수관을 공공도로에 부설할 경우에는 도로관리자가 정한 점용위치와 깊이에 따라 배관해야 하며 다른 매설물과의 간격을 30cm 이상 확보한다.

· 급수관을 부설하고 되메우기를 할 때에는 양질토 또는 모래를 사용하여 적절하게 다짐하여 관을 보호한다.

· 수요가의 대지 내에서 급수관의 부설위치는 지수전과 수도미터 및 역류방지밸브 등의 설치와 유지관리에 알맞은 장소를 선정하고 대지 내에서도 가능한 한 직선배관이 되도록 한다.

· 급수관 부설은 가능한 한 배수관에서 분기하여 수도미터 보호통까지 직선으로 배관해야 하나, 하수나 오수조 등에 의하여 수돗물이 오염될 우려가 있는 장소는 가능한 한 멀리 우회한다. 또 건물이나 콘크리트의 기초 아래를 횡단하는 배관은 피해야 한다.

· 급수관을 지하층 또는 2층 이상에 배관할 경우에는 각 층마다 지수밸브와 함께 진공파괴기 등의 역류방지밸브를 설치하고, 배관이 노출되는 부분에는 적당한 간격으로 건물에 고정시킨다.

31. 계획취수량을 확보하기 위하여 필요한 저수용량의 결정에 사용하는 계획 기준년은?

① 원칙적으로 5개년에 제1위 정도의 갈수를 표준으로 한다.
② 원칙적으로 7개년에 제1위 정도의 갈수를 표준으로 한다.
③ 원칙적으로 10개년에 제1위 정도의 갈수를 표준으로 한다.
④ 원칙적으로 15개년에 제1위 정도의 갈수를 표준으로 한다.

저수용량의 결정 계획기준년 : 원칙적으로 10개년에 제1위 정도의 갈수

32. $I = \dfrac{3,660}{t + 15}$ mm/hr, 면적 2.0km^2, 유입시간 6분, 유출계수 $C = 0.65$, 관 내 유속이 1m/sec인 경우, 관 길이 600m인 하수관에서 흘러나오는 우수량(m^3/sec)은? (단, 합리식 적용)

① 약 31
② 약 38
③ 약 43
④ 약 52

유하시간 $= \dfrac{\text{sec}}{1.0\text{m}} \left| \dfrac{600\text{m}}{} \right| \dfrac{1\text{min}}{60\text{sec}} = 10$분

유달시간 $=$ 유입시간 $+$ 유하시간
$\qquad\quad = \quad 6 \quad + \quad 10$
$\qquad\quad = 16$분

$I = \dfrac{3,660}{t + 15} = \dfrac{3,660}{16 + 15} = 118.06\text{mm/hr}$

$Q = \dfrac{1}{3.6}CIA = \dfrac{1}{3.6} \left| \dfrac{0.65}{} \right| \dfrac{118.06}{} \left| 2 \right. = 42.63\text{m}^3/\text{s}$

33. 우수배제계획의 수립 중 우수유출량의 억제에 대한 계획으로 옳지 않은 것은?

① 우수유출량의 억제방법은 크게 우수저류형, 우수침투형 및 토지이용의 계획적 관리로 나눌 수 있다.
② 우수저류형 시설 중 On-site 시설은 단지 내 저류, 우수조정지, 우수체수지 등이 있다.
③ 우수침투형은 우수를 지중에 침투시키므로 우수유출총량을 감소시키는 효과를 발휘한다.
④ 우수저류형은 우수유출총량은 변하지 않으나 첨두유출량을 감소시키는 효과가 있다.

② 저류 및 우수조정지, 우수체수지 등은 off-site 시설이다.

우수유출량 저감방법의 분류

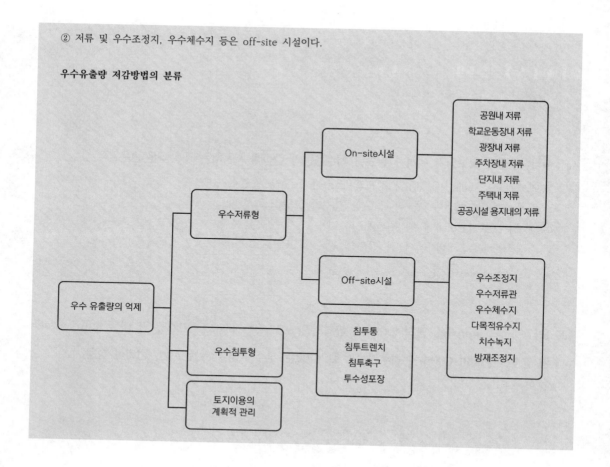

34. 비교회전도(Ns)에 대한 설명 중 틀린 것은?

① 펌프의 규정 회전수가 증가하면 비교회전도도 증가한다.
② 펌프의 규정양정이 증가하면 비교회전도는 감소한다.
③ 일반적으로 비교회전도가 크면 유량이 많은 저양정의 펌프가 된다.
④ 비교회전도가 크게 될수록 흡입성능이 좋아지고 공동현상 발생이 줄어든다.

④ 비교회전도가 크게 될수록 흡입성능이 나쁘고 공동현상이 발생하기 쉽다.

비교회전도

· 비교회전도가 같으면 펌프의 크기에 관계없이 같은 형식의 펌프로 하고 특성도 대체로 같음
· 비교회전도가 작으면 유량이 적은 고양정의 대형펌프임
· 비교회전도가 크면 소형 펌프, 가격 저렴
· 비교회전도가 클수록 흡입성능이 나쁘고 공동현상이 발생하기 쉬움

35. 길이 1.2km의 하수관이 2‰의 경사로 매설되어 있을 경우, 이 하수관 양 끝단간의 고저차(m)는? (단, 기타 사항은 고려하지 않음)

① 0.24
② 2.4
③ 0.6
④ 6.0

$$H = \frac{2}{1,000} \bigg| \frac{1,200m}{} = 2.4m$$

36. 상수처리를 위한 약품침전지의 구성과 구조로 틀린 것은?

① 슬러지의 퇴적심도로서 30cm 이상을 고려한다.
② 유효수심은 3~5.5m로 한다.
③ 침전지 바닥에는 슬러지 배제에 편리하도록 배수구를 향하여 경사지게 한다.
④ 고수위에서 침전지 벽체 상단까지의 여유고는 10cm 정도로 한다.

④ 고수위에서 침전지 벽체 상단까지의 여유고는 30cm 정도로 한다.

약품침전지
· 슬러지의 퇴적심도로서 30cm 이상을 고려한다.
· 유효수심은 3~5.5m로 한다.
· 침전지 바닥에는 슬러지 배제에 편리하도록 배수구를 향하여 경사지게 한다.
· 고수위에서 침전지 벽체 상단까지의 여유고는 30cm 정도로 한다.

37. 집수정에서 가정까지의 급수계통을 순서적으로 나열한 것으로 옳은 것은?

① 취수 → 도수 → 정수 → 송수 → 배수 → 급수
② 취수 → 도수 → 정수 → 배수 → 송수 → 급수
③ 취수 → 송수 → 도수 → 정수 → 배수 → 급수
④ 취수 → 송수 → 배수 → 정수 → 도수 → 급수

상수도 계통도
취수 → 도수 → 정수 → 송수 → 배수 → 급수

38. 펌프의 회전수 N = 2,400rpm, 최고 효율점의 토출량 Q = 162m³/hr, 전양정 H = 90m인 원심펌프의 비회전도는?

① 약 115
② 약 125
③ 약 135
④ 약 145

비교회전도

$$N_s = N \times \frac{Q^{1/2}}{H^{3/4}} = 2,400 \times \frac{\left(\frac{162\text{m}^3}{\text{hr}} \times \frac{1\text{hr}}{60\text{min}}\right)^{1/2}}{90^{3/4}} = 134.96$$

39. 하수처리시설의 계획유입수질 산정방식으로 옳은 것은?

① 계획오염부하량을 계획1일평균오수량으로 나누어 산정한다.
② 계획오염부하량을 계획시간평균오수량으로 나누어 산정한다.
③ 계획오염부하량을 계획1일최대오수량으로 나누어 산정한다.
④ 계획오염부하량을 계획시간최대오수량으로 나누어 산정한다.

40. 24시간 이상 장시간의 강우강도에 대해 가까운 저류시설 등을 계획할 경우에 적용하는 강우강도 식은?

① Cleveland형
② Japanese형
③ Talbot형
④ Sherman형

강우강도식

강우강도식	일반형	특징
Talbot형	$I = \dfrac{a}{t+b}$	유달 시간이 짧을 경우 적용
Sherman형	$I = \dfrac{a}{t^n}$	
Japanese형	$I = \dfrac{a}{t^n}$	
Cleveland형	$I = \dfrac{a}{t^n+b}$	24시간 이상 장기간 강우강도에 적용

I : 강우강도(mm/hr)
t : 강우지속시간(min)
a, b, n : 상수

41. 침전하는 입자들이 너무 가까이 있어서 입자 간의 힘이 이웃 입자의 침전을 방해하게 되고 동일한 속도로 침전하며 최종침전지 중간 정도의 깊이에서 일어나는 침전 형태는?

① 지역침전   ② 응집침전

③ 독립침전   ④ 압축침전

침전의 형태

침강형태	특징	발생장소
I형 침전 (독립침전, 자유침전)	· 이웃 입자들의 영향을 받지 않고 자유롭게 일정한 속도로 침강 · 낮은 농도에서 비중이 무거운 입자를 침전 · Stoke's의 법칙이 적용	보통침전지, 침사지
II형 침전 (플록침전)	· 입자 서로 간에 접촉되면서 응집된 플록을 형성하여 침전 · 응집 · 응결 침전 또는 응집성 침전	약품침전지
III형 침전 (간섭침전)	· 플록을 형성하여 침강하는 입자들이 서로 방해를 받아 침전속도가 감소하는 침전 · 방해 · 장애 · 집단 · 계면 · 지역 침전	상향류식 부유식침전지, 생물학적 2차 침전지
IV형 침전 (압축침전)	· 고농도 입자들의 침전으로 침전된 입자군이 바닥에 쌓일 때 입자군의 무게에 의해 물이 빠져나가면서 농축 · 압밀됨 · 압밀침전	침전슬러지, 농축조의 슬러지 영역

42. 수질 성분이 부식에 미치는 영향으로 틀린 것은?

① 높은 알칼리도는 구리와 납의 부식을 증가시킨다.

② 암모니아는 착화물 형성을 통해 구리, 납 등의 금속용해도를 증가시킬 수 있다.

③ 잔류염소는 Ca와 반응하여 금속의 부식을 감소시킨다.

④ 구리는 갈바닉 전지를 이룬 배관상에 홈집(구멍)을 야기한다.

③ 잔류염소는 금속의 부식을 촉진시킨다.

43. 생물학적 인, 질소제거 공정에서 호기조, 무산소조, 혐기조 공정의 주된 역할을 가장 올바르게 설명한 것은? (단, 유기물 제거는 고려하지 않으며, 호기조 - 무산소조 - 혐기조 순서임)

① 질산화 및 인의 과잉 흡수 - 탈질소 - 인의 용출

② 질산화 - 탈질소 및 인의 과잉 흡수 - 인의 용출

③ 질산화 및 인의 용출 - 인의 과잉 흡수 - 탈질소

④ 질산화 및 인의 용출 - 탈질소 - 인의 과잉 흡수

44. 다음에서 설명하는 분리방법으로 가장 적합한 것은?

· 막형태 : 대칭형 다공성막
· 구동력 : 정수압차
· 분리형태 : Pore size 및 흡착 현상에 기인한 체거름
· 적용분야 : 전자공업의 초순수 제조, 무균수 제조식품의 무균여과

① 역삼투　　　　　　　　　② 한외여과
③ 정밀여과　　　　　　　　④ 투석

막분리

공 정	Mechanism	막형태	추진력	대표적인 분리공정
정밀여과 (MF)	체거름	대칭형 다공성막	정수압차 (0.1~1bar)	세균 · 콜로이드 · 바이러스 제거, 초순수, 무균수 제조
한외여과 (UF)	체거름	비대칭형 다공성막	정수압차 (1~10atm)	
역삼투 (RO)	역삼투	비대칭성 skin막	정수압차 (20~100atm)	해수의 담수화 용존성 물질 제거
투석	확산	비대칭형 다공성막	농도차	
전기투석 (ED)	이온전하의 크기 차이	이온 교환막	전위차	해수의 담수화 식염제조, 금속 회수 무기염류 제거

45. Freundlich 등온 흡착식($X/M = KC_e^{1/n}$)에 대한 설명으로 틀린 것은?

① X는 흡착된 용질의 양을 나타낸다.
② K, n은 상수값으로 평형농도에 적용한 단위에 상관없이 동일하다.
③ C_e는 용질의 평형농도(질량/체적)를 나타낸다.
④ 한정된 범위의 용질농도에 대한 흡착평형값을 나타낸다.

② K, n은 상수값으로, 평형농도에 적용한 단위에 따라 달라진다.

46. 탈기법을 이용, 폐수 중의 암모니아성 질소를 제거하기 위하여 폐수의 pH를 조절하고자 한다. 수중 암모니아를 NH_3(기체분자의 형태) 98%로 하기 위한 pH는? (단, 암모니아성 질소의 수중에서의 평형은 다음과 같다. $NH_3 + H_2O \leftrightarrow NH_4^+ + OH^-$, 평형상수 $K = 1.8 \times 10^{-5}$)

① 11.25
② 11.03
③ 10.94
④ 10.62

$$k_b = \frac{[NH_4^+][OH^-]}{[NH_3]}$$

$$제거율 = \frac{[NH_3]}{[NH_3]+[NH_4^+]} = \frac{1}{1+\frac{[NH_4^+]}{[NH_3]}} = \frac{1}{1+\frac{k_b}{[OH^-]}}$$

$$0.98 = \frac{1}{1+\frac{1.8 \times 10^{-5}}{[OH^-]}}$$

$\therefore [OH^-] = 8.82 \times 10^{-4}$

$pOH = -\log(8.82 \times 10^{-4}) = 3.054$

$pH = 14 - 3.054 = 10.945$

47. 폐수의 고도처리에 관한 다음의 기술 중 옳지 않은 것은?

① Cl^-, SO_4^{2-} 등의 무기염류의 제거에는 전기투석법이 이용된다.
② 활성탄 흡착법에서 폐수 중의 인산은 제거되지 않는다.
③ 모래여과법은 고도처리 중에서 흡착법이나 전기투석법의 전처리로써 이용된다.
④ 폐수 중의 무기성질소 화합물은 철염에 의한 응집침전으로 완전히 제거된다.

④ 폐수 중의 무기성질소 화합물을 처리하는 물리화학적 방법은 이온교환법, 파과점염소처리법, 암모니아 탈기법이다.

48. 반지름이 8cm인 원형 관로에서 유체의 유속이 20m/sec일 때 반지름이 40cm인 곳에서의 유속(m/sec)은? (단, 유량 동일, 기타 조건을 고려하지 않음)

① 0.8
② 1.6
③ 2.2
④ 3.4

$A_1V_1 = A_2V_2$ 이므로,

$$V_2 = \frac{A_1V_1}{A_2} = \frac{\pi \times 8^2}{\pi \times 40^2} \left| \frac{20m/s}{} \right. = 0.8m/s$$

49. 길이 : 폭 비가 3 : 1인 장방형 침전조에 유량 850m³/day의 흐름이 도입된다. 깊이는 4.0m, 체류시간은 2.4hr이라면 표면부하율(m³/m² · day)은? (단, 흐름은 침전조 단면적에 균일하게 분배된다고 가정)

① 20   ② 30

③ 40   ④ 50

$$Q/A = \frac{H}{t} = \frac{4m}{2.4hr} \left| \frac{24hr}{1d} \right. = 40m/d$$

50. 호기성 미생물에 의하여 발생되는 반응은?

① 포도당 → 알코올   ② 초산 → 메탄

③ 아질산염 → 질산염   ④ 포도당 → 초산

호기성 분해

· 유기물 → CO_2 + H_2O

· 질산화(암모니아성 질소 → 아질산성 질소 → 질산성 질소)

혐기성 분해

분해 순서	1단계	2단계	3단계
과정	가수분해 단계	산 생성 단계	메탄 생성 단계
생성물	· 단백질 → 아미노산 · 지방 → 지방산, 글리세롤 · 탄수화물 → 단당류, 이당류 · 휘발성 유기산	· 유기산(아세트산, 프로피온산, 부티르산, 고분자 유기산) · CO_2, H_2 · 알코올, 알데하이드, 케톤 등 생성	· CH_4(약 70%) · CO_2(30%) · H_2S · NH_3
관여 미생물	· 발효균	· 산생성균	· 메탄생성균
특징	· 가수분해 · 가장 느린 반응	· 산성 소화 과정 · 유기산 생성 과정 · 수소 생성 단계 · 액화 과정	· 알칼리 소화 과정 · 메탄 생성 과정 · 가스화 과정

51. 폐수량 500m³/day, BOD 300mg/L인 폐수를 표준활성슬러지공법으로 처리하여 최종방류수 BOD 농도를 20mg/L 이하로 유지하고자 한다. 최초침전지 BOD 제거효율이 30%일 때 포기조와 최종침전지, 즉 2차 처리 공정에서 유지되어야 하는 최저 BOD 제거효율(%)은?

① 약 82.5   ② 약 85.5

③ 약 90.5   ④ 약 94.5

$$C = C_0(1 - \eta_1)(1 - \eta_2)$$
$$20 = 300(1 - 0.3)(1 - \eta_2)$$
$$\therefore \eta_2 = 0.9047 = 90.47\%$$

52. 용수 응집시설의 급속 혼합조를 설계하고자 한다. 혼합조의 설계유량은 18,480m³/day이며 정방향으로 하고 깊이는 폭의 1.25배로 한다면 교반을 위한 필요동력(kW)은? (단, $\mu = 0.00131N \cdot s/m^2$, 속도 구배 $= 900sec^{-1}$, 체류 시간 30초)

① 약 4.3
② 약 5.6
③ 약 6.8
④ 약 7.3

1) 반응조 체적(V)

$$V = \frac{18,480m^3}{d} \; \left| \; \frac{30s}{} \; \right| \; \frac{1d}{86,400s} \; = \; 6.4166m^3$$

2) 소요 동력(P)

$$P = G^2 \mu V = \frac{(900/s)^2}{} \; \left| \; \frac{0.00131N \cdot s}{m^2} \; \right| \; 6.4166m^3 \; \left| \; \frac{1kW}{1,000N \cdot m/s} \; = \; 6.808kW$$

$$1W = 1N \cdot m/s = 1kg \cdot m^2/s^3$$

53. 활성슬러지 공정의 폭기조 내 MLSS 농도 2,000mg/L, 폭기조의 용량 5m³, 유입 폐수의 BOD 농도 300mg/L, 폐수 유량이 15m³/day일 때 F/M 비(kg BOD/kg MLSS · day)는?

① 0.35
② 0.45
③ 0.55
④ 0.65

$$F/M = \frac{BOD \cdot Q}{V \cdot X} = \frac{300mg/L}{} \; \left| \; \frac{15m^3}{day} \; \right| \; \frac{1}{5m^3} \; \left| \; \frac{1}{2,000mg/L} \; = \; 0.45$$

54. 하수처리를 위한 회전 원판법에 관한 설명으로 틀린 것은?

① 질산화가 일어나기 쉬우며 pH가 저하되는 경우가 있다.
② 원판의 회전으로 인해 부착생물과 회전판 사이에 전단력이 생긴다.
③ 살수여상과 같이 여상에 파리는 발생하지 않으나 하루살이가 발생하는 수가 있다.
④ 활성슬러지법에 비해 이차침전지 SS 유출이 적어 처리수의 투명도가 좋다.

④ 회전원판법은 부착생물법이므로 활성슬러지법(부유생물법)에 비해 이차침전지 SS 유출이 커서 처리수의 투명도가 낮다.

55. 질산화 반응에 의한 알칼리도의 변화는?

① 감소한다.
② 증가한다.
③ 변화하지 않는다.
④ 증가 후 감소한다.

질산화 과정에서 pH가 낮아지므로, 알칼리도가 소비되어 감소된다.

56. 하수로부터 인 제거를 위한 화학제의 선택에 영향을 미치는 인자가 아닌 것은?

① 유입수의 인 농도
② 슬러지 처리시설
③ 알칼리도
④ 다른 처리공정과의 차별성

인 제거 약품 선택 시 고려사항
· 유입수의 인 농도
· 슬러지 발생량
· 수중의 알칼리도, pH

57. 반송슬러지의 탈인 제거 공정에 관한 설명으로 틀린 것은?

① 탈인조 상징액은 유입수량에 비하여 매우 작다.
② 인을 침전시키기 위해 소요되는 석회의 양은 순수 화학처리방법보다 적다.
③ 유입수의 유기물 부하에 따른 영향이 크다.
④ 대표적인 인 제거공법으로는 phostrip process가 있다.

③ 유입수의 유기물 부하 영향이 작다.

58. 살수여상 공정으로부터 유출되는 유출수의 부유 물질을 제거하고자 한다. 유출수의 평균유량은 $12,300 \text{m}^3/\text{day}$, 여과지의 여과속도는 $17 \text{L/m}^2 \cdot \text{min}$이고 4개의 여과지(병렬기준)를 설계하고자 할 때 여과지 하나의 면적(m^2)은?

① 약 75
② 약 100
③ 약 125
④ 약 150

$$Q = A_{전체}V = nA_1V$$

$$12,300 \text{m}^3/\text{day} = \frac{4A_1}{} \left| \frac{17\text{L}}{\text{m}^2 \cdot \text{min}} \right| \frac{1\text{m}^3}{1,000\text{L}} \left| \frac{1,440\text{min}}{1\text{day}} \right.$$

$$\therefore A_1 = 125.61 \text{m}^2$$

59. 농도 4,000mg/L인 포기조 내 활성슬러지 1L를 30분간 정치시켰을 때, 침강슬러지 부피가 40%를 차지하였다. 이때 SDI는?

① 1
② 2
③ 10
④ 100

1) SVI

$$SVI = \frac{SV(\%) \times 10^4}{MLSS(\text{mg/L})} = \frac{40 \times 10^4}{4,000} = 100$$

2) SDI

$$SDI = \frac{100}{SVI} = \frac{100}{100} = 1$$

60. CSTR 반응조를 일차반응조건으로 설계하고 A의 제거 또는 전환율이 90%가 되게 하고자 한다. 반응상수 k가 0.35/hr일 때 CSTR 반응조의 체류시간(hr)은?

① 12.5　　　　　　　　　　　　② 25.7

③ 32.5　　　　　　　　　　　　④ 43.7

전환율이 90%이므로 나중농도 $C = 0.1C_o$

$$V\frac{dC}{dt} = QC_o - QC - KVC$$

정상상태이므로 $\frac{dC}{dt} = 0$ 이다.

따라서, $Q(C_o - C) = KVC$

$$\therefore t = \frac{V}{Q} = \frac{(C_o - C)}{KC} = \frac{C_o - 0.1C_o}{0.1C_o}\left|\frac{hr}{0.35}\right. = 25.71hr$$

제4과목 수질오염 공정시험기준

61. 0.005M - KMnO₄ 400mL를 조제하려면 KMnO₄ 약 몇 g을 취해야 하는가? (단, 원자량 K = 39, Mn = 55)

① 약 0.32　　　　　　　　　　② 약 0.63

③ 약 0.84　　　　　　　　　　④ 약 0.98

KMnO₄ 158g/mol

$$\frac{0.005mol\ KMnO_4}{L}\left|\frac{400mL}{}\right|\frac{1L}{1,000mL}\left|\frac{158g}{1mol}\right. = 0.316g$$

62. 알칼리성에서 다이에틸다이티오카르바민산 나트륨과 반응하여 생성하는 황갈색의 킬레이트 화합물을 초산부틸로 추출하여 흡광도 440nm에서 정량하는 측정원리를 갖는 것은? (단, 자외선/가시선 분광법 기준)

① 아연　　　　　　　　　　　　② 구리

③ 크롬　　　　　　　　　　　　④ 납

자외선/가시선 분광법 - 구리
물속에 존재하는 구리이온이 알칼리성에서 다이에틸다이티오카르바민산 나트륨과 반응하여 생성하는 황갈색의 킬레이트 화합물을 아세트산부틸(초산부틸)로 추출하여 흡광도를 440nm에서 측정하는 방법

63. 0.025N 과망간산칼륨 표준용액의 농도계수를 구하기 위해 0.025N 수산화나트륨 용액 10mL을 정확히 취해 종점까지 적정하는 데 0.025N 과망간산칼륨용액이 10.15mL 소요되었다. 0.025N 과망간산칼륨 표준용액의 농도계수(F)는?

① 1.015

② 1.000

③ 0.9852

④ 0.025

$f \text{NV} = f' \text{N}' \text{V}'$

$1 \times 0.025 \times 10 = f' \times 0.025 \times 10.15$

$\therefore f' = 0.9852$

64. 유속-면적법에 의한 하천량을 구하기 위한 소구간 단면에 있어서의 평균유속 V_m을 구하는 식은? (단, $V_{0.2}$, $V_{0.4}$, $V_{0.5}$, $V_{0.6}$, $V_{0.8}$은 각각 수면으로부터 전수심의 20%, 40%, 50%, 60%, 80%인 점의 유속이다.)

① 수심이 0.4m 미만일 때 $V_m = V_{0.5}$

② 수심이 0.4m 미만일 때 $V_m = V_{0.8}$

③ 수심이 0.4m 이상일 때 $V_m = (V_{0.2} + V_{0.8}) \times 1/2$

④ 수심이 0.4m 이상일 때 $V_m = (V_{0.4} + V_{0.6}) \times 1/2$

소구간 단면에 있어서 평균유속(V_m)의 계산

수심이 0.4m 미만일 때 $V_m = V_{0.6}$

수심이 0.4m 이상일 때 $V_m = (V_{0.2} + V_{0.8}) \times 1/2$

$V_{0.2}$, $V_{0.6}$, $V_{0.8}$: 각각 수면으로부터 전 수심의 20%, 60% 및 80%인 점의 유속

65. 이온크로마토그래피에 관한 설명 중 틀린 것은?

① 물 시료 중 음이온의 정성 및 정량분석에 이용된다.

② 기본구성은 용리액조, 시료 주입부, 펌프, 분리컬럼, 검출기 및 기록계로 되어있다.

③ 시료의 주입량은 보통 10~100μL 정도이다.

④ 일반적으로 음이온 분석에는 이온교환 검출기를 사용한다.

④ 일반적으로 음이온 분석에는 **전기전도도 검출기**를 사용한다.

66. 대장균(효소이용정량법) 측정에 관한 내용으로 (   )에 옳은 것은?

물속에 존재하는 대장균을 분석하기 위한 것으로, 효소기질 시약과 시료를 혼합하여 배양한 후 (   ) 검출기로 측정하는 방법이다.

① 자외선

② 적외선

③ 가시선

④ 기전력

물속에 존재하는 대장균을 분석하기 위한 것으로, 효소기질 시약과 시료를 혼합하여 배양한 후 **자외선 검출기로** 측정하는 방법이다.

67. BOD 실험에서 배양기간 중에 4.0mg/L의 DO 소모를 바란다면 BOD 200mg/L로 예상되는 폐수를 실험할 때 300mL BOD 병에 몇 mL 넣어야 하는가?

① 2.0   ② 4.0
③ 6.0   ④ 8.0

예상 BOD 값으로 계산하면, 희석배수 $= \dfrac{200}{4} = 50$ 이므로

$$희석배수 = \dfrac{(폐수+ 희석수)량}{폐수량}$$

$$50 = \dfrac{300}{폐수량}$$

$\therefore$ 폐수량 $= 6mL$

68. 시안(CN⁻) 분석용 시료를 보관할 때 20% NaOH 용액을 넣어 pH 12의 알칼리성으로 보관하는 이유는?

① 산성에서는 CN⁻ 이온이 HCN으로 되어 휘산하기 때문
② 산성에서는 탄산염을 형성하기 때문
③ 산성에서는 시안이 침전되기 때문
④ 산성에서나 중성에서는 시안이 분해 변질되기 때문

69. 원자흡수분광광도법으로 셀레늄을 측정할 때 수소화셀레늄을 발생시키기 위해 전처리한 시료에 주입하는 것은?

① 염화제일주석 용액   ② 아연분말
③ 요오드화나트륨 분말   ④ 수산화나트륨 용액

70. 기체크로마토그래프 검출기에 관한 설명으로 틀린 것은?

① 열전도도검출기는 금속 필라멘트 또는 전기저항체를 검출소자로 한다.
② 수소염이온화검출기의 본체는 수소연소노즐, 이온수집기, 대극, 배기구로 구성된다.
③ 알칼리열이온화검출기는 함유할로겐화합물 및 함유황화합물을 고감도로 검출할 수 있다.
④ 전자포획형검출기는 많은 니트로화합물, 유기금속화합물 등을 선택적으로 검출할 수 있다.

71. "항량으로 될 때까지 건조한다."라 함은 같은 조건에서 어느 정도 더 건조시켜 전후 무게차가 g당 0.3mg 이하일 때를 말하는가?

① 30분 ② 60분
③ 120분 ④ 240분

"항량으로 될 때까지 건조한다."라 함은 같은 조건에서 1시간 더 건조할 때 전후 무게의 차가 g당 0.3mg 이하일 때를 말한다.

72. 용해성 망간을 측정하기 위해 시료를 채취 후 속히 여과해야 하는 이유는?

① 망간을 공침시킬 우려가 있는 현탁물질을 제거하기 위해
② 망간 이온을 접촉적으로 산화, 침전시킬 우려가 있는 이산화망간을 제거하기 위해
③ 용존상태에서 존재하는 망간과 침전상태에서 존재하는 망간을 분리하기 위해
④ 단시간 내에 석출, 침전할 우려가 있는 콜로이드 상태의 망간을 제거하기 위해

73. 하천유량 측정을 위한 유속 면적법의 적용범위로 틀린 것은?

① 대규모 하천을 제외하고 가능하면 도섭으로 측정할 수 있는 지점
② 교량 등 구조물 근처에서 측정할 경우 교량의 상류지점
③ 합류나 분류되는 지점
④ 선정된 유량측정 지점에서 말뚝을 박아 동일 단면에서 유량측정을 수행할 수 있는 지점

74. 4각 웨어에 의하여 유량을 측정하려고 한다. 웨어의 수두 0.5m, 절단의 폭이 4m이면 유량(m^3/분)은? (단, 유량 계수 = 4.8)

① 약 4.3
② 약 6.8
③ 약 8.1
④ 약 10.4

75. 배출허용기준 적합여부 판정을 위한 시료채취 시 복수시료채취방법 적용을 제외할 수 있는 경우가 아닌 것은?

① 환경오염사고 또는 취약시간대의 환경오염감시 등 신속한 대응이 필요한 경우
② 부득이 복수시료채취방법으로 할 수 없을 경우
③ 유량이 일정하며 연속적으로 발생되는 폐수가 방류되는 경우
④ 사업장 내에서 발생하는 폐수를 회분식 등 간헐적으로 처리하여 방류하는 경우

76. 측정 항목과 측정 방법에 관한 설명으로 옳지 않은 것은?

① 불소 : 란탄 - 알리자린 콤프렉손에 의한 착화합물의 흡광도를 측정한다.
② 시안 : pH 12~13의 알칼리성에서 시안이온전극과 비교전극을 사용하여 전위를 측정한다.
③ 크롬 : 산성용액에서 다이페닐카바자이드와 반응하여 생성하는 착화합물의 흡광도를 측정한다.
④ 망간 : 황산산성에서 과황산칼륨으로 산화하여 생성된 과망간산 이온의 흡광도를 측정한다.

① 불소 - 자외선/가시선 분광법
② 시안 - 이온전극법
③ 크롬 - 자외선/가시선 분광법
④ 망간 - 자외선/가시선 분광법 : 물속에 존재하는 망간이온을 황산산성에서 과요오드산칼륨으로 산화하여 생성된
　　　　　　　　　　　　　　　과망간산 이온의 흡광도를 525nm에서 측정하는 방법이다.

77. 복수시료채취방법에 대한 설명으로 ( )에 옳은 것은? (단, 배출허용기준 적합여부 판정을 위한 시료채취 시)

> 자동시료채취기로 시료를 채취한 경우에는 (㉠) 이내에 30분 이상 간격으로 (㉡) 이상 채취하여 일정량의 단일 시료로 한다.

① ㉠ 6시간, ㉡ 2회　　　　　　　　② ㉠ 6시간, ㉡ 4회
③ ㉠ 8시간, ㉡ 2회　　　　　　　　④ ㉠ 8시간, ㉡ 4회

· 수동으로 시료를 채취할 경우 30분 이상 간격으로 2회 이상 채취(composite sample)하여 일정량의 단일 시료로 한다.
· 자동시료채취기로 시료를 채취할 경우에는 6시간 이내에 30분 이상 간격으로 2회 이상 채취(composite sample)하여 일정량의 단일 시료로 한다.

78. 총질소 실험방법과 가장 거리가 먼 것은? (단, 수질오염공정시험기준 적용)

① 연속흐름법
② 자외선/가시선 분광법 – 활성탄흡착법
③ 자외선/가시선 분광법 – 카드뮴 · 구리 환원법
④ 자외선/가시선 분광법 – 환원증류 · 킬달법

총질소
· 자외선/가시선 분광법(산화법)
· 자외선/가시선 분광법(카드뮴 · 구리 환원법)
· 자외선/가시선 분광법(환원증류 · 킬달법)
· 연속흐름법

79. 수질연속자동측정기기의 설치방법 중 시료 채취지점에 관한 내용으로 ( )에 옳은 것은?

> 취수구의 위치는 수면 하 10cm 이상, 바닥으로부터 ( )cm 이상을 유지하여 동절기의 결빙을 방지하고 바닥 퇴적물이 유입되지 않도록 하되, 불가피한 경우는 수면 하 5cm에서 채취할 수 있다.

① 5　　　　　　　　　　　　　　　② 15
③ 25　　　　　　　　　　　　　　④ 35

'취수구의 위치는 수면 하 10cm 이상, 바닥으로부터 15cm를 유지하여 동절기의 결빙을 방지하고 바닥 최적물이 유입되지 않도록 하되, 불가피한 경우는 수면 하 5cm에서 채취할 수 있다.'

80. pH 미터의 유지관리에 대한 설명으로 틀린 것은?

① 전극이 더러워졌을 때는 유리전극을 묽은 염산에 잠시 담갔다가 증류수로 씻는다.

② 유리전극을 사용하지 않을 때는 증류수에 담가둔다.

③ 유지, 그리스 등이 전극표면에 부착되면 유기용매로 적신 부드러운 종이로 전극을 닦고 증류수로 씻는다.

④ 전극에 발생하는 조류나 미생물은 전극을 보호하는 작용이므로 떨어지지 않게 주의한다.

④ 전극에 이물질이 달라붙어 있는 경우에는 수소이온 농도 전극의 반응이 느리거나 오차를 발생시킬 수 있다.

제5과목 수질환경관계법규

---

81. 수질자동측정기기 또는 부대시설의 부착 면제를 받은 대상 사업장이 면제 대상에서 해제된 경우 그 사유가 발생한 날로부터 몇 개월 이내에 수질자동측정기기 및 부대시설을 부착해야 하는가?

① 3개월 이내

② 6개월 이내

③ 9개월 이내

④ 12개월 이내

제35조(측정기기 부착의 대상·방법·시기 등)

❷ 법 제38조의2제1항에 따라 측정기기를 부착하여야 하는 자(이하 "측정기기부착사업자등"이라 한다)는 다음 각 호의 구분에 따른 기한 내에 별표 8에 따른 방법으로 해당 측정기기를 부착하여야 한다. 〈개정 2017. 1. 17.〉

1. 공공폐수처리시설을 설치·운영하는 자 : 공공폐수처리시설의 설치 완료 전. 다만, 처리용량이 증가하여 측정기기부착사업장등이 된 경우에는 다음 연도 9월 말까지 측정기기를 부착하여야 한다.

2. 공공하수처리시설을 운영하는 자 : 「공공하수도의 사용 공고 전. 다만, 처리용량이 증가하여 측정기기부착사업장등이 된 경우에는 공공하수도의 사용공고를 한 날부터 9개월 이내에 측정기기를 부착하여야 한다.

3. 제1호 및 제2호에 해당하지 아니하는 자 : 적산전력계 및 적산유량계는 가동시작 신고 전, 수질자동측정기기 및 부대시설은 가동시작 신고를 한 후 2개월 이내. 다만, 폐수배출량이 증가하여 측정기기부착사업장등이 된 경우(면제대상해제)에는 변경허가 또는 변경신고일부터 9개월 이내에 수질자동측정기기 및 부대시설을 부착하여야 한다.

---

82. 방류수 수질기준 초과율별 부과계수의 구분이 잘못된 것은?

① 20% 이상 30% 미만 - 1.4

② 30% 이상 40% 미만 - 1.8

③ 50% 이상 60% 미만 - 2.0

④ 80% 이상 90% 미만 - 2.6

초과율	10% 미만	10% 이상 20% 미만	20% 이상 30% 미만	30% 이상 40% 미만	40% 이상 50% 미만
부과계수	1	1.2	1.4	1.6	1.8
초과율	50% 이상 60% 미만	60% 이상 70% 미만	70% 이상 80% 미만	80% 이상 90% 미만	90% 이상 100% 까지
부과계수	2.0	2.2	2.4	2.6	2.8

83. 환경정책기본법령에 의한 수질 및 수생태계 상태를 등급으로 나타내는 경우 '좋음' 등급에 대해 설명한 것은? (단, 수질 및 수생태계 하천의 생활 환경기준)

① 용존산소가 풍부하고 오염물질이 거의 없는 청정 상태에 근접한 생태계로 침전 등 간단한 정수처리 후 생활용수로 사용할 수 있음

② 용존산소가 풍부하고 오염물질이 거의 없는 청정 상태에 근접한 생태계로 여과·침전 등 간단한 정수처리 후 생활용수로 사용할 수 있음

③ 용존산소가 많은 편이고 오염물질이 거의 없는 청정 상태에 근접한 생태계로 여과·침전·살균 등 일반적인 정수처리 후 생활용수로 사용할 수 있음

④ 용존산소가 많은 편이고 오염물질이 거의 없는 청정 상태에 근접한 생태계로 활성탄 투입 등 일반적인 정수처리 후 생활용수로 사용할 수 있음

등급별 수질 및 수생태계 상태

등급	내용
매우 좋음	용존산소(溶存酸素)가 풍부하고 오염물질이 없는 청정상태의 생태계로 **여과·살균 등 간단한 정수처리 후 생활용수로 사용**할 수 있음
좋음	**용존산소가 많은 편이고 오염물질이 거의 없는 청정상태에 근접한 생태계로 여과·침전·살균 등 일반적인 정수처리 후 생활용수로 사용**할 수 있음
약간 좋음	약간의 오염물질은 있으나 용존산소가 많은 상태의 다소 좋은 생태계로 여과·침전·살균 등 **일반적인 정수처리 후 생활용수 또는 수영용수로 사용**할 수 있음
보통	보통의 오염물질로 인하여 용존산소가 소모되는 일반 생태계로 여과, 침전, 활성탄 투입, 살균 등 **고도의 정수처리 후 생활용수로 이용**하거나 **일반적 정수처리 후 공업용수로 사용**할 수 있음
약간 나쁨	상당량의 오염물질로 인하여 용존산소가 소모되는 생태계로 **농업용수로 사용**하거나 여과, 침전, 활성탄 투입, 살균 등 **고도의 정수처리 후 공업용수로 사용**할 수 있음
나쁨	다량의 오염물질로 인하여 용존산소가 소모되는 생태계로 산책 등 국민의 일상생활에 불쾌감을 주지 않으며, 활성탄 투입, 역삼투압 공법 등 **특수한 정수처리 후 공업용수로 사용**할 수 있음
매우 나쁨	용존산소가 거의 없는 오염된 물로 물고기가 살기 어려움

84. 물환경보전법령에 적용되는 용어의 정의로 틀린 것은?

① 폐수무방류배출시설 : 폐수배출시설에서 발생하는 폐수를 해당 사업장에서 수질오염방지시설을 이용하여 처리하거나 동일 배출시설에 재이용하는 등 공공수역으로 배출하지 아니하는 폐수배출시설을 말한다.

② 수면관리자 : 호소를 관리하는 자를 말하며, 이 경우 동일한 호소를 관리하는 자가 3인 이상인 경우에는 하천법에 의한 하천의 관리청의 자가 수면관리자가 된다.

③ 특정수질유해물질 : 사람의 건강, 재산이나 동식물 생육에 직접 또는 간접으로 위해를 줄 우려가 있는 수질오염물질로서 환경부령이 정하는 것을 말한다.

④ 공공수역 : 하천, 호소, 항만, 연안해역, 그 밖에 공공용으로 사용되는 수역과 이에 접속하여 공공용으로 사용되는 환경부령으로 정하는 수로를 말한다.

> ② 수면관리자 : 다른 법령에 따라 호소를 관리하는 자를 말한다. 이 경우 동일한 호소를 관리하는 자가 둘 이상인 경우에는 「하천법」에 따른 하천관리청 외의 자가 수면관리자가 된다.

85. 다음 중 법령에서 규정하고 있는 기타수질오염원의 기준으로 틀린 것은?

① 취수능력 $10m^3$/일 이상인 먹는 물 제조시설

② 면적 $30,000m^2$ 이상인 골프장

③ 면적 $1,500m^2$ 이상인 자동차 폐차장 시설

④ 면적 $200,000m^2$ 이상인 복합물류터미널 시설

> ① 먹는 물 제조시설은 기타수질오염원에 포함되지 않는다.

86. 수질오염물질 총량관리를 위하여 시·도지사가 오염총량관리기본계획을 수립하여 환경부장관에게 승인을 얻어야 한다. 계획수립 시 포함되는 사항으로 가장 거리가 먼 것은?

① 해당 지역 개발계획의 내용

② 시·도지사가 설치·운영하는 측정망 관리계획

③ 관할 지역에서 배출되는 오염부하량의 총량 및 저감계획

④ 해당 지역 개발계획으로 인하여 추가로 배출되는 오염부하량 및 그 저감계획

> **오염총량관리기본계획의 수립 시 포함되어야 하는 사항**
> ❶ 해당 지역 개발계획의 내용
> ❷ 지방자치단체별·수계구간별 오염부하량(汚染負荷量)의 할당
> ❸ 관할 지역에서 배출되는 오염부하량의 총량 및 저감계획
> ❹ 해당 지역 개발계획으로 인하여 추가로 배출되는 오염부하량 및 그 저감계획

87. 폐수배출시설에서 배출되는 수질오염물질인 부유물질량의 배출허용 기준은? (단, 나지역, 1일 폐수 배출량 2천세제곱미터 미만 기준)

① 80mg/L 이하
② 90mg/L 이하
③ 120mg/L 이하
④ 130mg/L 이하

수질오염물질의 배출허용기준

대상규모 지역구분 / 항목	1일 폐수배출량 2,000m³ 이상			1일 폐수배출량 2,000m³ 미만		
	생물화학적 산소요구량 (mg/L)	총유기탄소량 (mg/L)	부유물질량 (mg/L)	생물화학적 산소요구량 (mg/L)	총유기탄소량 (mg/L)	부유물질량 (mg/L)
청정지역	30 이하	25 이하	30 이하	40 이하	30 이하	40 이하
가지역	60 이하	40 이하	60 이하	80 이하	50 이하	80 이하
나지역	80 이하	50 이하	80 이하	120 이하	75 이하	120 이하
특례지역	30 이하	25 이하	30 이하	30 이하	25 이하	30 이하

88. 폐수처리업자의 준수사항에 관한 설명으로 (   )에 옳은 것은?

> 수탁한 폐수는 정당한 사유 없이 (㉠) 보관할 수 없으며, 보관폐수의 전체량이 저장시설 저장 능력의 (㉡) 이상 되게 보관하여서는 아니 된다.

① ㉠ 10일 이상, ㉡ 80%
② ㉠ 10일 이상, ㉡ 90%
③ ㉠ 30일 이상, ㉡ 80%
④ ㉠ 30일 이상, ㉡ 90%

② 수탁한 폐수는 정당한 사유 없이 **10일 이상** 보관할 수 없으며, 보관폐수의 전체량이 저장시설 저장능력의 **90퍼센트 이상** 되게 보관하여서는 아니된다.

참고 물환경보전법 시행규칙 [별표 21] 폐수처리업자의 준수사항(제91조제2항 관련)

89. 수질오염물질의 배출허용기준의 지역구분에 해당되지 않는 것은?

① 나지역　　　　　　　② 다지역
③ 청정지역　　　　　　④ 특례지역

배출허용기준 지역구분
청정지역, 가지역, 나지역, 특례지역

90. 공공폐수처리시설의 유지·관리기준에 관한 내용으로 (   )에 옳은 내용은?

> 처리시설의 가동시간, 폐수방류량, 약품투입량, 관리·운영자, 그 밖에 처리시설의 운영에 관한 주요사항을 사실대로 매일 기록하고 이를 최종기록한 날부터 (   ) 보존하여야 한다.

① 1년간   ② 2년간
③ 3년간   ④ 5년간

· 폐수배출시설 및 수질오염방지시설, 공공폐수처리시설 : 최종 기록일부터 1년간 보존
· 폐수무방류배출시설 : 최종 기록일로부터 3년간 보존

91. 정당한 사유 없이 공공수역에 분뇨, 가축분뇨, 동물의 사체, 폐기물(지정폐기물 제외) 또는 오니를 버리는 행위를 하여서는 아니 된다. 이를 위반하여 분뇨·가축분뇨 등을 버린 자에 대한 벌칙기준은?

① 6개월 이하의 징역 또는 5백만원 이하의 벌금
② 1년 이하의 징역 또는 1천만원 이하의 벌금
③ 2년 이하의 징역 또는 2천만원 이하의 벌금
④ 3년 이하의 징역 또는 3천만원 이하의 벌금

92. 발생폐수를 공공폐수처리시설로 유입하고자 하는 배출시설 설치자는 배수관로 등 배수설비를 기준에 맞게 설치하여야 한다. 배수설비의 설치방법 및 구조기준으로 틀린 것은?

① 배수관의 관경은 안지름 150mm 이상으로 하여야 한다.
② 배수관은 우수관과 분리하여 빗물이 혼합되지 아니하도록 설치하여야 한다.
③ 배수관 입구에는 유효간격 10mm 이하의 스크린을 설치하여야 한다.
④ 배수관의 기점·종점·합류점·굴곡점과 관경·관종이 달라지는 지점에는 유출구를 설치하여야 하며, 직선인 부분에는 내경의 200배 이하의 간격으로 맨홀을 설치하여야 한다.

④ 배수관의 기점·종점·합류점·굴곡점과 관경·관종이 달라지는 지점에는 유출구를 설치하여야 하며, 직선인 부분에는 내경의 120배 이하의 간격으로 맨홀을 설치하여야 한다.

배수설비의 설치방법·구조기준 등(제72조 관련)

1. 배수관의 관경은 내경 150밀리미터 이상으로 하여야 한다.
2. 배수관은 우수관과 분리하여 빗물이 혼합되지 아니하도록 설치하여야 한다.
3. 배수관의 기점·종점·합류점·굴곡점과 관경(管徑)·관종(管種)이 달라지는 지점에는 맨홀을 설치하여야 하며, 직선인 부분에는 내경의 120배 이하의 간격으로 맨홀을 설치하여야 한다.
4. 배수관 입구에는 유효간격 10밀리미터 이하의 스크린을 설치하여야 하고, 다량의 토사를 배출하는 유출구에는 적당한 크기의 모래받이를 각각 설치하여야 하며, 배수관·맨홀 등 악취가 발생할 우려가 있는 시설에는 방취(防臭)장치를 설치하여야 한다.
5. 사업장에서 공공폐수처리시설까지로 폐수를 유입시키는 배수관에는 유량계 등 계량기를 부착하여야 한다.
6. 시간당 최대 폐수량이 일평균폐수량의 2배 이상인 사업자와 순간수질과 일평균수질과의 격차가 리터당 100밀리그램 이상인 시설의 사업자는 자체적으로 유량조정조를 설치하여 공공폐수처리시설 가동에 지장이 없도록 폐수배출량 및 수질을 조정한 후 배수하여야 한다.

93. 오염총량초과부과금 산정 방법 및 기준에서 적용되는 측정유량(일일유량 산정 시 적용) 단위로 옳은 것은?

① m³/min
② L/min
③ m³/sec
④ L/sec

1. 일일유량의 단위는 리터(L)로 한다.
2. 측정유량의 단위는 분당 리터(L/min)로 한다.
3. 일일 조업시간은 측정하기 전 최근 조업한 30일간의 오수 및 폐수 배출시설의 조업시간 평균치로서 분으로 표시한다.

[용어 개정] 오염총량초과부과금 → 오염총량초과과징금

94. 폐수의 배출시설 설치허가 신청 시 제출해야 할 첨부서류가 아닌 것은?

① 폐수배출공정 흐름도
② 원료의 사용명세서
③ 방지시설의 설치명세서
④ 배출시설 설치 신고필증

❶ 배출시설의 위치도 및 폐수배출공정흐름도
❷ 원료(용수를 포함한다)의 사용명세 및 제품의 생산량과 발생할 것으로 예측되는 수질오염물질의 내역서
❸ 방지시설의 설치명세서와 그 도면. 다만, 설치신고를 하는 경우에는 도면을 배치도로 갈음할 수 있다.
❹ 배출시설 설치허가증(변경허가를 받는 경우에만 제출한다)

95. 사업장별 환경기술인의 자격기준 중 제2종 사업장에 해당하는 환경기술인의 기준은?

① 수질환경기사 1명 이상
② 수질환경산업기사 1명 이상
③ 환경기능사 1명 이상
④ 2년 이상 수질 분야에 근무한 자 1명 이상

사업장별 환경기술인의 자격기준(제59조제2항 관련)

구분	환경기술인
제1종 사업장	수질환경기사 1명 이상
제2종 사업장	수질환경산업기사 1명 이상
제3종 사업장	수질환경산업기사, 환경기능사 또는 3년 이상 수질분야 환경관련 업무에 직접 종사한 자 1명 이상
제4종 사업장 · 제5종 사업장	배출시설 설치허가를 받거나 배출시설 설치신고가 수리된 사업자 또는 배출시설 설치허가를 받거나 배출시설 설치신고가 수리된 사업자가 그 사업장의 배출시설 및 방지시설업무에 종사하는 피고용인 중에서 임명하는 자 1명 이상

96. 기본배출부과금 산정 시 청정지역 및 가지역의 지역별 부과계수는?

① 2.0
② 1.5
③ 1.0
④ 0.5

지역별 부과계수(제41조제3항 관련)	
청정지역 및 가 지역	나 지역 및 특례지역
1.5	1

비고 : 청정지역 및 가 지역, 나 지역 및 특례지역의 구분에 대하여는 환경부령으로 정한다.

97. 위임업무 보고사항 중 보고 횟수가 다른 업무 내용은?

① 폐수처리업에 대한 허가 · 지도단속실적 및 처리실적 현황
② 폐수위탁 · 사업장 내 처리현황 및 처리실적
③ 기타 수질오염원 현황
④ 과징금 부과 실적

② 연 1회
①, ③, ④ 연 2회

98. 오염총량관리기본계획에 포함되어야 하는 사항과 가장 거리가 먼 것은?

① 관할 지역에서 배출되는 오염부하량의 총량 및 저감계획
② 해당 지역 개발계획으로 인하여 추가로 배출되는 오염부하량 및 그 저감계획
③ 해당 지역별 및 개발계획에 따른 오염부하량의 할당
④ 해당 지역 개발계획의 내용

오염총량관리기본계획의 수립시 포함사항

❶ 해당 지역 개발계획의 내용
❷ 지방자치단체별 · 수계구간별 오염부하량(汚染負荷量)의 할당
❸ 관할 지역에서 배출되는 오염부하량의 총량 및 저감계획
❹ 해당 지역 개발계획으로 인하여 추가로 배출되는 오염부하량 및 그 저감계획

99. 기본배출부과금 산정 시 적용되는 사업장별 부과 계수로 옳은 것은?

① 제1종 사업장(10,000m³/day 이상) : 2.0 ② 제2종 사업장 : 1.5
③ 제3종 사업장 : 1.3 ④ 제4종 사업장 : 1.1

[별표 9] 사업장별 부과 계수(제41조 제3항 관련)

사업장 규모	제1종 사업장(단위 : m³/일)					제2종 사업장	제3종 사업장	제4종 사업장
	10,000 이상	8,000 이상 10,000 미만	6,000 이상 8,000 미만	4,000 이상 6,000 미만	2,000 이상 4,000 미만			
부과 계수	1.8	1.7	1.6	1.5	1.4	1.3	1.2	1.1

비고 : 1. 사업장의 규모별 구분은 별표 13에 따른다.
　　　2. 공공하수처리시설과 공공폐수처리시설의 부과 계수는 폐수배출량에 따라 적용한다.

100. 대권역 물환경관리계획을 수립하는 경우 포함되어야 할 사항 중 가장 거리가 먼 것은?

① 점오염원, 비점오염원 및 기타수질오염원에서 배출되는 수질오염물질의 양

② 상수원 및 물 이용현황

③ 점오염원, 비점오염원 및 기타수질오염원 분포현황

④ 점오염원 확대 계획 및 저감시설 현황

대권역계획

❶ 수질 및 수생태계 변화 추이 및 목표기준

❷ 상수원 및 물 이용현황

❸ 점오염원, 비점오염원 및 기타수질오염원의 분포현황

❹ 점오염원, 비점오염원 및 기타수질오염원에서 배출되는 수질오염물질의 양

❺ 수질오염 예방 및 저감 대책

❻ 수질 및 수생태계 보전조치의 추진방향

❼ 기후변화에 대한 적응대책

❽ 그 밖에 환경부령으로 정하는 사항

---

1. ① 2. ③ 3. ② 4. ① 5. ① 6. ① 7. ④ 8. ① 9. ② 10. ④ 11. ③ 12. ① 13. ③ 14. ② 15. ①
16. ① 17. ② 18. ④ 19. ② 20. ④ 21. ① 22. ② 23. ④ 24. ③ 25. ④ 26. ① 27. ④ 28. ② 29. ② 30. ③
31. ③ 32. ③ 33. ② 34. ④ 35. ② 36. ④ 37. ① 38. ③ 39. ① 40. ① 41. ① 42. ④ 43. ① 44. ③ 45. ②
46. ③ 47. ④ 48. ① 49. ③ 50. ③ 51. ③ 52. ③ 53. ② 54. ④ 55. ① 56. ④ 57. ③ 58. ③ 59. ① 60. ②
61. ① 62. ② 63. ③ 64. ③ 65. ④ 66. ① 67. ③ 68. ① 69. ② 70. ② 71. ② 72. ③ 73. ② 74. ② 75. ③
76. ④ 77. ① 78. ② 79. ① 80. ④ 81. ① 82. ① 83. ① 84. ④ 85. ① 86. ② 87. ③ 88. ② 89. ② 90. ①
91. ② 92. ④ 93. ② 94. ④ 95. ② 96. ② 97. ② 98. ③ 99. ④ 100. ④

제1과목 수질오염개론

1. **분뇨에 관한 설명으로 옳지 않은 것은?**

① 분뇨는 다량의 유기물과 대장균을 포함하고 있다.

② 도시하수에 비하여 고형물 함유도와 점도가 높다.

③ 분과 뇨의 혼합비는 1:10이다.

④ 분과 뇨의 고형물비는 약 1:1이다.

④ 분과 뇨의 고형물비는 약 7~8:1이다.

분뇨의 특성

1) 분뇨의 구성
   · 부피비 분 : 뇨 = 1 : 8~10
   · 고형질(고형물)비 분 : 뇨 = 7~8 : 1

2) 발생량
   · 발생량 : 1.1L/인 · 일
   · 수거량 : 0.9~1.2L/일
   · 1인 1일 평균 분 100g, 뇨 800g 배출

3) 분뇨의 특성
   · 염분, 유기물 농도 높음
   · 고액분리 어려움, 점도 높음
   · 고형물 중 높은 휘발성 고형물(VS) 농도
   · 분뇨 BOD는 COD의 30%
   · 토사 및 협잡물 많음
   · 분뇨 내 협잡물의 양과 질은 발생지역에 따른 큰 차이
   · 색깔 : 황색∼다갈색
   · 비중 : 1.02
   · 악취 유발
   · 하수슬러지에 비해 높은 질소 농도(NH_4HCO_3, $(NH_4)_2CO_3$)
   · 분의 질소산화물은 VS의 12~20%
   · 뇨의 질소산화물은 VS의 80~90%

2. 아세트산(CH₃COOH) 120mg/L 용액의 pH는? (단, 아세트산 Ka = 1.8×10⁻⁵)

① 4.65   ② 4.21

③ 3.72   ④ 3.52

1) 아세트산 몰농도(C)

$$\frac{120mg}{L} \cdot \frac{1mol}{60g} \cdot \frac{1g}{1,000mg} = 0.002M$$

2) 수소이온 농도

$$[H^+] = \sqrt{K_a C} = \sqrt{(1.8\times10^{-5})(0.002)} = 1.897\times10^{-4}$$

3) pH

$$pH = -\log[H^+] = -\log(1.897\times10^{-4}) = 3.721$$

3. 자당(sucrose, C₁₂H₂₂O₁₁)이 완전히 산화될 때 이론적인 ThOD/TOC 비는?

① 2.67   ② 3.83

③ 4.43   ④ 5.68

$$C_{12}H_{22}O_{11} + 12O_2 \rightarrow 12CO_2 + 11H_2O$$

$$\frac{ThOD}{ThOC} = \frac{12O_2}{12C} = \frac{12\times32}{12\times12} = 2.67$$

4. 호소의 조류생산 잠재력조사(AGP 시험)를 적용한 대표적 응용사례와 가장 거리가 먼 것은?

① 제한 영양염의 추정

② 조류증식에 대한 저해물질의 유무추정

③ 1차 생산량 측정

④ 방류수역의 부영양화에 미치는 배수의 영향평가

AGP 시험 결과의 적용

1) 부영양화 정도의 판정
2) 제한 영양염의 추정
3) 배수처리 등의 처리조작의 평가
4) 방류수역의 부영양화에 미치는 폐수의 영향평가
5) 조류에 이용 가능한 영양염류의 추정
6) 조류증식의 저해 물질의 추정

5. 시료의 대장균수가 5,000개/mL라면 대장균수가 20개/mL가 될 때까지의 소요시간(hr)은? (단, 일차반응기준, 대장균 수의 반감기 = 2시간)

① 약 16   ② 약 18

③ 약 20   ④ 약 22

1) $\ln\dfrac{C}{C_0} = -kt$ 에서

   $\ln\dfrac{1}{2} = -k \times 2$

   $\therefore k = 0.3465/hr$

2) $\ln\dfrac{20}{5,000} = -0.3465 \times t$

   $\therefore t = 15.93hr$

6. 1차 반응식이 적용될 때 완전혼합반응기(CFSTR) 체류시간은 압출형반응기(PFR) 체류시간의 몇 배가 되는가? (단, 1차 반응에 의해 초기농도의 70%가 감소되었고, 자연대수로 계산하며 속도상수는 같다고 가정함)

   ① 1.34

   ② 1.51

   ③ 1.72

   ④ 1.94

1) CFSTR의 체류시간

   $V\dfrac{dC}{dt} = QC_o - QC - KVC^n$ (정상상태, 1차반응이므로)

   $0 = QC_o - QC - VKC$

   $Q(C_o - C) = VKC$

   $\therefore t = \dfrac{V}{Q} = \dfrac{(C_o - C)}{kC} = \dfrac{(1-0.3)Q}{k \times 0.3} = \dfrac{2.333}{k}$

2) PFR의 체류시간

   $\ln\dfrac{C}{C_0} = -kt$

   $\therefore t = -\dfrac{1}{k}\ln\dfrac{C}{C_0} = -\dfrac{1}{k}\ln\dfrac{0.3}{1} = \dfrac{1.203}{k}$

$\therefore \dfrac{t_{CFSTR}}{t_{PFR}} = \dfrac{2.333/k}{1.203/k} = 1.939$

7. 해양오염에 관한 설명으로 가장 거리가 먼 것은?

   ① 육지와 인접해 있는 대륙붕은 오염되기 쉽다.

   ② 유류오염은 산소의 전달을 억제한다.

   ③ 원유가 바다에 유입되면 해면에 엷은 막을 형성하며 분산된다.

   ④ 해수 중에서 오염물질의 확산은 일반적으로 수직방향이 수평방향보다 더 빠르게 진행된다.

   ④ 해수 중에서 오염물질의 확산은 일반적으로 수평방향이 수직방향보다 더 빠르게 진행된다.

8. 자연계 내에서 질소를 고정할 수 있는 생물과 가장 거리가 먼 것은?

① Blue green algae   ② Rhizobium

③ Azotobacter   ④ Flagellates

질소순환 관련 미생물

· 질산화미생물 : 아질산균(Nitrosomonas), 질산균(Nitrobacter)

· 탈질미생물 : Pseudomonas, Micrococcus, Achromobacter, Bacillus 등

· 질소고정세균 : Azotobacter, Rhizobium, 클로스트리디움(Clostridium), 각종 광합성 세균,
  남조류(Blue green algae) 등

9. 광합성의 영향인자와 가장 거리가 먼 것은?

① 빛의 강도   ② 빛의 파장

③ 온도   ④ O_2 농도

④ CO_2 농도

광합성의 영향인자

· 빛의 강도 : 광합성량은 빛의 광포화점에 이를 때까지 빛의 강도에 비례하여 증가

· 빛의 파장 : 광합성 식물은 390~760nm 범위의 가시광선을 광합성에 이용

· 온도 : 광합성은 효소가 관계하는 반응이므로 반응속도는 온도에 영향 받음

· CO_2 농도 : 저농도일 때는 빛의 강도에 영향을 받지 않고 광합성량이 증가하나 고농도일 때는 빛의 강도에 영향을 받음

10. 식물과 조류세포의 엽록체에서 광합성의 명반응과 암반응을 담당하는 곳은?

① 틸라코이드와 스트로마   ② 스트로마와 그라나

③ 그라나와 내막   ④ 내막과 외막

· 그라나 : 빛에너지를 흡수하여 화학 에너지로 전환하는 명반응이 일어난다.

· 스트로마 : 이산화탄소를 흡수하여 포도당을 합성하는 암반응이 일어난다.

11. 물의 특성에 관한 설명으로 틀린 것은?

① 수소와 산소의 공유결합 및 수소결합으로 되어 있다.

② 수온이 감소하면 물의 점성도가 감소한다.

③ 물의 점성도는 표준상태에서 대기의 대략 100배 정도이다.

④ 물 분자 사이의 수소결합으로 큰 표면장력을 갖는다.

② 수온이 감소하면 물의 점성도가 증가한다.

유체별 온도에 따른 점성계수

· 액체 : 온도↑ ⇨ 점성계수↓, 동점성계수↓

· 기체 : 온도↑ ⇨ 점성계수↑, 동점성계수↑

12. 25℃, 2기압의 메탄가스 40kg을 저장하는데 필요한 탱크의 부피(m³)는? (단, 이상기체의 법칙, R = 0.082L · atm/mol · K)

① 20.6
② 25.3
③ 30.5
④ 35.3

PV = nRT

$$V = \frac{nRT}{P} = \frac{40,000g}{} \cdot \frac{1mol}{16g} \cdot \frac{0.082atm \cdot L}{mol \cdot K} \cdot \frac{(273+25)K}{2atm} \cdot \frac{1m^3}{1,000L} = 30.545m^3$$

13. 호소의 영양상태를 평가하기 위한 Carlson 지수를 산정하기 위해 요구되는 인자가 아닌 것은?

① Chlorophyll-a
② SS
③ 투명도
④ T-P

칼슨 지수 인자 : 클로로필-a, 총인, 투명도

14. 유기화합물이 무기화합물과 다른 점을 올바르게 설명한 것은?

① 유기화합물들은 대체로 이온반응보다는 분자반응을 하므로 반응속도가 느리다.
② 유기화합물들은 대체로 분자반응보다는 이온반응을 하므로 반응속도가 느리다.
③ 유기화합물들은 대체로 이온반응보다는 분자반응을 하므로 반응속도가 빠르다.
④ 유기화합물들은 대체로 분자반응보다는 이온반응을 하므로 반응속도가 빠르다.

구분	유기화합물	무기화합물
가연성	가연성	비가연성
반응	분자반응	이온반응
녹는점, 끓는점	낮음	높음
반응속도	느림	빠름

15. 하천의 수질관리를 위하여 1920년대 초에 개발된 수질예측모델로 BOD와 DO 반응 즉 유기물 분해로 인한 DO 소비와 대기로부터 수면을 통해 산소가 재공급되는 재폭기만 고려한 것은?

① DO SAG Ⅰ 모델
② QUAL - Ⅰ 모델
③ WQRRS 모델
④ Streeter-Phelps 모델

하천의 수질모델링

명칭	특징
Streeter-phelps model	· 최초의 하천수질모델 · 유기물 분해에 의한 산소소비, 수면에서의 산소공급만을 이용하여 산소농도 변화를 예측한 모델
DO sag - I, II, III	· Streeter-Phelps식으로 도출 · 1차원 정상모델 · 점오염원 및 비점오염원이 하천의 용존산소에 미치는 영향을 나타냄 · SOD, 광합성에 의한 DO 변화 무시
WQRRS	· 하천 및 호수의 부영양화를 고려한 생태계 모델 · 정적 및 동적인 하천의 수질, 수문학적 특성을 광범위하게 고려 · 호수에는 수심별 1차 원 모델을 적용함
QUAL- I, II	· 유속, 수심, 조도계수에 의한 확산계수 결정 · 하천과 대기 사이의 열복사, 열교환 고려 · 음해법으로 미분방정식의 해를 구함 · 질소, 인, 클로로필a 고려 · QUAL-II : QUAL-I을 변형보강한 것으로 계산이 빠르고 입력자료 취급이 용이함
QUALZE	· QUAL-II를 보완하여 PC용으로 개발 · 희석방류량과 하천 수중보에 대한 영향 고려
AUT-QUAL	· 길이 방향에 비해 상대적으로 폭이 좁은 하천 등에 적용 가능한 모델 · 비점오염원 고려
SNSIM 모델	· 저질의 영향과 광합성 작용에 의한 용존산소 반응을 나타냄
WASP	· 하천의 수리학적 모델, 수질 모델, 독성물질의 거동 고려 · 1, 2, 3차원 고려 · 저니의 영향 고려
HSPF	· 다양한 수체에 적용 가능 · 강우 강설 고려 · 적용하고자 하는 수체에 따라 필요로 하는 모듈 선택 가능

16. 보통 농업용수의 수질평가 시 SAR로 정의하는데 이에 대한 설명으로 틀린 것은?

① SAR값이 20 정도이면 Na^+가 토양에 미치는 영향이 적다.

② SAR의 값은 Na^+, Ca^{2+}, Mg^{2+} 농도와 관계가 있다.

③ 경수가 연수보다 토양에 더 좋은 영향을 미친다고 볼 수 있다.

④ SAR의 계산식에 사용되는 이온의 농도는 meq/L를 사용한다.

① SAR값이 20 정도이면 Na^+가 토양에 미치는 영향이 아주 크다.

SAR 영향

SAR	영향
0~10	낮음
11~18	비교적 높음
18~25	높음
26 이상	농업용수 사용 불가

17. 황조류로 엽록소 a, c와 크산토필의 색소를 가지고 있고, 세포벽이 형태상 독특한 단세포 조류이며, 찬물 속에서도 잘 자라 북극지방에서나 겨울철에 번성하는 것은?

① 녹조류　　　　　　　　　　　　② 갈조류
③ 규조류　　　　　　　　　　　　④ 쌍편모조류

> **조류의 분류별 광합성 색소**
> · 남조류 : 엽록소 a, 피코빌린 색소(피코시아닌, 피코에리트린 등)
> · 홍조류 : 엽록소 a, 엽록소 d, 피코빌린 색소(피코에리트린)
> · 황갈조류(규조류), 황조류, 갈조류 : 엽록소 a, 엽록소 c, 카르티노이드(페리디닌)
> · 쌍편모조류(와편모조류, 황적조류) : 엽록소 a, 엽록소 c, 잔토필
> · 녹조류 : 엽록소 a, 엽록소 b, 카르티노이드(카로틴+잔토필)
> · 유글레나류 : 엽록소 a, 엽록소 b, 카르티노이드(카로틴+잔토필)

18. 해수에 관한 다음의 설명 중 옳은 것은?

① 해수의 중요한 화학적 성분 7가지는 Cl^-, Na^+, Mg^{2+}, SO_4^{2-}, HCO_3^-, K^+, Ca^{2+}이다.
② 염분은 적도해역에서 낮고 남북 양극해역에서 높다.
③ 해수의 Mg/Ca 비는 담수보다 작다.
④ 해수의 밀도는 수심이 깊을수록 염농도가 감소함에 따라 작아진다.

> ② 염분의 농도 : 무역풍대 > 적도 > 극지방
> ③ 해수의 Mg/Ca 비는 담수보다 크다.
> ④ 해수의 밀도는 수심이 깊을수록 염농도가 증가함에 따라 커진다.

19. 약산인 0.01N-CH_3COOH가 18% 해리될 때 수용액의 pH는?

① 약 2.15　　　　　　　　　　　② 약 2.25
③ 약 2.45　　　　　　　　　　　④ 약 2.75

> $[H^+] = C\alpha = 0.01N \times 0.18 = 1.8 \times 10^{-3}N$
> $pH = -\log(1.8 \times 10^{-3}) = 2.744$

20. 3mol의 글리신(glycine, $CH_2(NH_2)COOH$)이 분해되는데 필요한 이론적 산소요구량(g O_2)은?

> 1단계 : 유기산소는 이산화탄소(CO_2), 유기질소는 암모니아(NH_3)로 전환된다.
> 2, 3단계 : 암모니아는 산화과정을 통하여 아질산, 최종적으로 질산염까지 전환된다.

① 317　　　　　　　　　　　　② 336
③ 362　　　　　　　　　　　　④ 392

$$CH_2(NH_2)COOH + \frac{7}{2}O_2 \rightarrow 2CO_2 + H_2O + HNO_3$$

$$1 \quad : \quad \frac{7}{2}$$

$$3 \quad : \quad ThOD$$

$$\therefore ThOD = \frac{3 \left| \dfrac{7}{2} mol \right| 32g}{1mol} = 336g$$

제2과목 상하수도 계획

21. 펌프의 캐비테이션 발생하는 것을 방지하기 위한 대책으로 볼 수 없는 것은?

① 펌프의 설치 위치를 가능한 한 높게 하여 펌프의 필요유효흡입수두를 작게 한다.
② 펌프의 회전속도를 낮게 설정하여 펌프의 필요유효흡입수두를 작게 한다.
③ 흡입관의 손실을 가능한 한 작게 하여 펌프의 가용유효흡입수두를 크게 한다.
④ 흡입 측 밸브를 완전히 개방하고 펌프를 운전한다.

① 펌프의 설치 위치를 가능한 한 낮게 하여 펌프의 필요유효흡입수두를 작게 한다.

22. 응집지(정수시설) 내 급속혼화시설의 급속혼화방식과 가장 거리가 먼 것은?

① 공기식
② 수류식
③ 기계식
④ 펌프확산에 의한 방법

급속혼화시설(혼화지)의 급속혼화방식
수류식, 기계식, 펌프확산에 의한 방법

23. 하수 고도처리를 위한 급속여과법에 관한 설명과 가장 거리가 먼 것은?

① 여층의 운동방식에 의해 고정상형 및 이동상형으로 나눌 수 있다.
② 여층의 구성은 유입수와 여과수의 수질, 역세척 주기 및 여과면적을 고려하여 정한다.
③ 여과속도는 유입수와 여과수의 수질, SS의 포획능력 및 여과지속시간을 고려하여 정한다.
④ 여재는 종류, 공극률, 비표면적, 균등계수 등을 고려하여 정한다.

② 여재 및 여층의 구성은 SS제거율, 유지관리의 편의성 및 경제성을 고려하여 정한다.

급속여과장치 결정 고려사항

1) 여과방법은 중력식과 압력식이 있고, 그 선택은 설치조건, 계획 수량 등에 따라서 정한다.
2) 여재 및 여층의 구성은 SS제거율, 유지관리의 편의성 및 경제성을 고려하여 정한다.
3) 여과속도는 유입수와 여과수의 수질, SS의 포획능력 및 여과지속시간을 고려하여 정한다.
4) 여층의 역세척은 세척방법으로 여과장치의 종류에 따라 다르나 역세척수를 이용하는 방법과, 공기와 역세척수를 병용하는 방법이 있다.

급속여과에 사용하는 여재 고려사항

1) 여재는 종류, 공극률, 비표면적, 균등계수 등을 고려하여 정한다.
2) 여재의 충전 높이는 충전밀도, 여과의 효율, 역세척 주기 및 여과지속시간 등 유지관리 편의성 및 경제성을 고려하여 정한다.

여과지 면적, 지수 결정 시 고려사항

1) 여과면적은 계획여과수량을 여과속도로 나누어서 구한다.
2) 대수는 원칙적으로 2대 이상 설치를 원칙으로 한다. 1대당 최대여과면적, 역세척 시 운전시간 등을 고려한 역세척 시 유입수량의 저류방법 등을 고려하여 결정한다.
3) 여과장치의 구조 및 기종은 처리장의 규모, 처리수질, 유지관리 및 경제성을 고려하여 정한다.

---

24. 하수시설인 중력식침사지에 대한 설명 중 옳은 것은?

① 체류 시간은 3~6분을 표준으로 한다.
② 수심은 유효수심에 모래퇴적부의 깊이를 더한 것으로 한다.
③ 오수침사지의 표면부하율은 $3,600m^3/m^2$-day 정도로 한다.
④ 우수침사지의 표면부하율은 $1,800m^3/m^2$-day 정도로 한다.

하수시설 - 중력식 침사지의 설계기준

· 침사지의 평균유속은 0.3m/sec이다.
· 체류 시간은 30~60초를 표준으로 한다.
· 수심은 유효수심에 모래퇴적부의 깊이를 더한 것으로 한다.
· 침사지의 표면부하율은 오수침사지의 경우 $1,800m^3/m^2 \cdot 일$, 우수침사지의 경우 $3,600m^3/m^2 \cdot 일$ 정도로 한다.
· 저부경사는 보통 1/100~2/100로 한다.
· 합류식에서는 오수전용과 우수전용으로 구별하여 설치하는 것이 좋다.

---

25. 정수장에서 송수를 받아 해당 배수구역으로 배수하기 위한 배수지에 대한 설명(기준)으로 틀린 것은?

① 유효용량은 시간변동조정용량과 비상대처용량을 합한다.
② 유효용량은 급수구역의 계획1일최대급수량의 6시간분 이상을 표준으로 한다.
③ 배수지의 유효수심은 3~6m 정도를 표준으로 한다.
④ 고수위로부터 정수지 상부 슬래브까지는 30cm 이상의 여유고를 둔다.

② 유효용량은 급수구역의 계획1일최대급수량의 12시간분 이상을 표준으로 한다.

배수지의 시설 기준
· 배수지의 용량(유효용량)은 시간변동조정용량, 비상시대처용량, 소화용수량 등을 고려하여 계획1일최대급수량의 12시간분 이상을 기준으로 한다.
· 배수지 유효수심 : 3~6m
· 배수지는 가능한 한 급수지역의 중앙 가까이 설치
· 배수관을 계획할 때에 지역의 특성과 상황에 따라 직결 급수의 범위를 확대하는 것 등을 고려하여 최소동수압을 결정하며, 수압의 기준점은 시설물의 최고높이로 함
· 배수지관의 경우 급수관을 분기하는 지점에서 배수관 내의 최대정수압은 700kPa(약1.53kgf/cm^2)를 넘지 않도록 함
· 최소동수압 150kPa~최대정수압 700kPa
· 배수지는 급수지역의 중앙 가까이 설치하여야 함
· 배수지의 구조는 정수지(淨水池)의 구조와 비슷함
· 자연유하식 배수지의 높이는 최소 동수압이 확보되는 높이로 하여야 함
· 급수구역 내에서 지반의 고저차가 심할 경우에는 고지구, 저지구 또는 고지구, 중지구, 저지구의 2~3개 급수구역으로 분할하여 각 구역마다 배수지를 만들거나 감압밸브 또는 가압펌프를 설치
· 배수지는 붕괴의 우려가 있는 비탈의 상부나 하부 가까이는 피해야 함

26. 도시의 장래하수량 추정을 위해 인구증가 현황을 조사한 결과 매년 증가율이 5%로 나타났다. 이 도시의 20년 후의 추정인구(명)는? (단, 현재의 인구는 73,000명이다.)

① 약 132,000   ② 약 162,000

③ 약 183,000   ④ 약 194,000

$$P_n = P_0(1 + r)^n$$
$$= 73,000(1 + 0.05)^{20}$$
$$= 193,690$$

P_n : n년 뒤 인구
P_0 : 현재 인구
 n : 연도수
 r : 연평균 인구증가율

27. 계획오수량에 대한 설명 중 올바르지 않은 것은?

① 합류식에서 우천 시 계획우수량은 원칙적으로 계획시간최대오수량의 3배 이상으로 한다.
② 계획1일최대오수량은 1인1일평균오수량에 계획인구를 곱한 후, 여기에 공장폐수량, 지하수량 및 기타 배수량을 더한 것으로 한다.
③ 계획1일평균오수량은 계획1일최대오수량의 70~80%를 표준으로 한다.
④ 계획시간최대오수량은 계획1일최대오수량의 1시간당 수량의 1.3~1.8배를 표준으로 한다.

② 계획1일최대오수량은 1인1일최대오수량에 계획인구를 곱한 후, 여기에 공장 폐수량, 지하수량 및 기타 배수량을 더한 것으로 한다.

28. 해수 담수화를 위해 해수를 취수할 때 취수 위치에 따른 장·단점으로 틀린 것은?

① 해중취수(10m 이상) : 기상변화, 해조류의 영향이 적다.

② 해안취수(10m 이내) : 계절별 수질, 수온 변화가 심하다.

③ 염지하수 취수 : 추가적 전처리 비용이 발생한다.

④ 해안취수(10m 이내) : 양적으로 가장 경제적이다.

③ 염지하수 취수 : 추가적 전처리 비용 절감이 가능하다.

해수의 취수 위치별 비교

구 분	장 점	단 점
해안취수(10m 이내)	· 양적으로 가장 경제적 · 시공 단순	· 기상변화, 해조류 등의 영향 큼 · 계절별 수질 및 수온 변화 심함
해중취수(10m 이상)	· 기상 변화, 해조류 영향이 적음 · 수질 및 수온이 비교적 안정적	· 건설비 큼 · 시공 어려움
염지하수 취수	· 수질 및 수온이 매우 안정적 · 전처리 비용 절감 가능	· 지역적인 영향을 받음 · 양적 제한을 받음

29. 상수시설 중 도수거에서의 최소유속(m/sec)은?

① 0.1

② 0.3

③ 0.5

④ 1.0

관거의 유속
· 상수관(도수관) : 0.3~3.0m/s
· 오수관 : 0.6~3.0m/s
· 우수관 : 0.8~3.0m/s
· 슬러지수송관 : 1.5~3.0m/s

30. 하수도계획 수립 시 포함되어야 하는 사항과 가장 거리가 먼 것은?

① 침수방지계획

② 슬러지 처리 및 자원화 계획

③ 물관리 및 재이용계획

④ 하수도 구축지역 계획

하수도계획의 종류
· 침수방지계획
· 수질보전계획
· 물관리 및 재이용계획
· 슬러지 처리 및 자원화 계획

31. 강우강도 $I = \dfrac{3,970}{t+31}$ **mm/hr, 유역면적 3.0km², 유입시간 180sec, 관거길이 1km, 유출계수 1.1, 하숙관의 유속 33m/min일 경우 우수유출량(m³/sec)은? (단, 합리식 적용)**

① 약 29 ② 약 33

③ 약 48 ④ 약 57

유하시간 $= \dfrac{1,000\text{m}}{} \Bigg| \dfrac{\text{min}}{33\text{m}} = 30.3030$분

유달시간 $=$ 유입시간 $+$ 유하시간

$\qquad = \quad 3 \quad + \quad 30.3030$

$\qquad = \quad 33.3030$분

$I = \dfrac{3,970}{t+31} = \dfrac{3,970}{30.3030+31} = 61.7389\text{mm/hr}$

$Q = \dfrac{1}{3.6}\text{CIA} = \dfrac{1}{3.6} \Bigg| \; 1.1 \; \Bigg| \; 61.7389 \; \Bigg| \; 3.0 \; = 56.59\text{m}^3/\text{s}$

32. 상수의 취수시설에 관한 설명 중 틀린 것은?

① 취수탑은 탑의 설치 위치에서 갈수 수심이 최소 2m 이상이어야 한다.

② 취수보의 취수구의 유입 유속은 1m/sec 이상이 표준이다.

③ 취수탑의 취수구 단면형상은 장방형 또는 원형으로 한다.

④ 취수문을 통한 유입속도가 0.8m/sec 이하가 되도록 취수문의 크기를 정한다.

② 취수보의 취수구의 유입 유속은 0.4~0.8m/sec이 표준이다.

상수의 취수시설 - 취수보 설계기준

· 취수보의 취수구 높이는 배사문의 바닥 높이보다 0.5~1m 이상 높게 한다.

· 유입속도는 0.4~0.8m/sec를 표준으로 한다.

· 제수문의 전면에는 스크린을 설치한다.

· 계획취수위는 취수구로부터 도수기점까지의 손실수두를 계산하여 결정한다.

33. 펌프의 특성곡선에서 펌프의 양수량과 양정 간의 관계를 가장 잘 나타낸 곡선은?

① a곡선

② b곡선

③ c곡선

④ d곡선

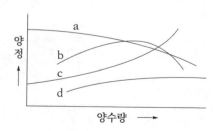

34. 복류수나 자유수면을 갖는 지하수를 취수하는 시설인 집수매거에 관한 설명으로 틀린 것은?

① 집수매거의 길이는 시험우물 등에 의한 양수시험 결과에 따라 정한다.

② 집수매거의 매설깊이는 1.0m 이하로 한다.

③ 집수매거는 수평 또는 흐름 방향으로 향하여 완경사로 하고 집수매거의 유출단에서의 매거 내의 평균유속은 1.0m/sec 이하로 한다.

④ 세굴의 우려가 있는 제외지에 설치할 경우에는 철근콘크리트를 등으로 방호한다.

② 가능한 한 직접 지표수의 영향을 받지 않도록 하기 위하여 매설깊이는 5m 이상으로 하는 것이 바람직하다.

집수매거 시설 기준

· 매설깊이 : 가능한 한 직접 지표수의 영향을 받지 않도록 하기 위하여 매설깊이는 5m 이상으로 하는 것이 바람직하다.
· 설치방향 : 복류수 흐름과 직각 방향으로 설치
· 경사 : 수평 또는 흐름방향의 완경사(1/500)
· 형상 : 원형 또는 장방형
· 평균유속 : 1m/s
· 접합정 : 철근콘크리트의 수밀구조, 종단, 분기점, 기타 필요한 곳에 접합정을 설치
· 집수공의 유입속도 : 3cm/s 이하
· 집수구멍 직경 : 10~20mm
· 집수구멍 수 : 관거표면적 1m^2 당 20~30개
· 집수매거의 길이는 시험우물 등에 의한 양수시험 결과에 따라 정한다.
· 세굴의 우려가 있는 제외지에 설치할 경우에는 철근콘크리트를 등으로 방호한다.

35. 오수관거를 계획할 때 고려할 사항으로 맞지 않는 것은?

① 분류식과 합류식이 공존하는 경우에는 원칙적으로 양 지역의 관거는 분리하여 계획한다.

② 관거는 원칙적으로 암거로 하며, 수밀한 구조로 하여야 한다.

③ 관거단면, 형상 및 경사는 관거 내에 침전물이 퇴적하지 않도록 적당한 유속을 확보한다.

④ 관거의 역사이펀이 발생하도록 계획한다.

④ 오수관거와 우수관거가 교차하여 역사이펀을 피할 수 없는 경우, 오수관거를 역사이펀으로 한다.

36. 상수처리시설인 침사지의 구조 기준으로 틀린 것은?

① 표면부하율은 200~500mm/min을 표준으로 한다.

② 지내 평균유속은 30cm/sec를 표준으로 한다.

③ 지의 상단높이는 고수위보다 0.6~1m의 여유고를 둔다.

④ 지의 유효수심은 3~4m를 표준으로 한다.

② 지 내 평균유속은 2~7cm/sec를 표준으로 한다.

37. 펌프를 선정할 때 고려사항으로 적당하지 않은 것은?

① 펌프를 최대효율점 부근에서 운전하도록 용량 및 대수를 결정한다.

② 펌프의 설치대수는 유지관리상 가능한 적게 하고 동일용량의 것으로 한다.

③ 펌프는 저용량일수록 효율이 높으므로 가능한 저용량으로 한다.

④ 내부에서 막힘이 없고, 부식 및 마모가 적어야 한다.

③ 펌프는 고용량일수록 효율이 높으므로 가능한 고용량으로 한다.

펌프대수 결정기준

· 펌프는 가능한 한 최대효율점 부근에서 운전할 수 있도록 펌프용량과 대수를 결정한다.

· 유지관리에 편리하도록 펌프대수는 줄이고 동일 용량의 것을 사용한다.

· 펌프 효율은 대용량일수록 좋기 때문에 가능한 한 대용량을 사용한다.

· 청천 시 등 수량이 적은 경우 또는 수량 변화가 클 경우에는 유지관리상 경제적으로 운전하기 위하여 용량이 다른 펌프를 설치하거나, 동일 용량인 펌프의 회전수를 제어한다.

· 건설비를 절약하기 위하여 펌프의 예비대수는 가능한 한 적게 하고 소용량으로 한다.

38. 슬러지탈수 방법 중 가압식 벨트프레스 탈수기에 관한 내용으로 옳지 않은 것은? (단, 원심탈수기와 비교)

① 소음이 적다.

② 동력이 적다.

③ 부대장치가 적다.

④ 소모품이 적다.

③ 벨트프레스는 부대장치가 많다.

탈수기의 비교

항 목	가압탈수기		벨트프레스	원심탈수기
	filter press	screw press		
유입슬러지 고형물 농도	2~3%	0.4~0.8%	2~3%	0.8~2%
케이크 함수율	55~65%	60~80%	76~83%	75~80%
수요면적	많음	적음	보통	적음
세척수 수량	보통	보통	많음	적음
소음	보통(간헐적)	적음	적음	보통
동력	많음	적음	적음	많음
부대장치	많음	많음	많음	적음
소모품	보통	많음	많음	적음

39. 유출계수가 0.65인 1km²의 분수계에서 흘러내리는 우수의 양(m³/sec)은? (단, 강우강도 = 3mm/min, 합리식 적용)

① 1.3

② 6.5

③ 21.7

④ 32.5

1) 강우강도(mm/hr)

$$\frac{3mm}{min} \mid \frac{60min}{hr} = 180mm/hr$$

2) 우수 유출량

$$Q = \frac{1}{3.6} CIA$$

$$= \frac{1}{3.6} \mid 0.65 \mid 180 \mid 1 = 32.5m^3/s$$

40. 정수시설인 완속여과지에 관한 내용으로 옳지 않은 것은?

① 주위벽 상단은 지반보다 60cm 이상 높여 여과지 내로 오염수나 토사 등의 유입을 방지한다.

② 여과속도는 4~5m/day를 표준으로 한다.

③ 모래층의 두께는 70~90cm를 표준으로 한다.

④ 여과면적은 계획정수량을 여과속도로 나누어 구한다.

① 주위벽 상단은 지반보다 60cm 이상 높여 여과지 내로 오염수나 토사 등의 유입을 방지한다.

완속여과지 설계기준

· 여과지 깊이는 하부집수장치의 높이에 자갈층과 모래층 두께, 모래면 위의 수심과 여유고를 더하여 2.5~3.5m을 표준으로 함
· 여과지의 형상 : 직사각형
· 여과속도 : 4~5m/d
· 여과지의 모래면 위의 수심 : 90~120cm
· 여유고 : 30cm
· 배치는 몇 개 여과지를 접속시켜 1열이나 2열로 하고, 그 주위는 유지관리상 필요한 공간을 둠
· 주위벽 상단은 지반보다 15cm 이상(여과지 내로 오염수나 토사 유입방지)
· 동결 우려 시 물이 오염될 우려가 있는 경우에는 여과지를 복개함

41. 활성슬러지 포기조의 유효용적 $1,000m^3$, MLSS 농도 3,000mg/L, MLVSS는 MLSS 농도의 75%, 유입 하수 유량 $4,000m^3/day$, 합성계수(Y) 0.63mg MLVSS/mg $BOD_{removed}$, 내생분해계수(k) $0.05day^{-1}$, 1차 침전조 유출수의 BOD 200mg/L, 포기조 유출수의 BOD 20mg/L일 때, 슬러지 생성량(kg/day)은?

① 301

② 321

③ 341

④ 361

슬러지 생성량(잉여 슬러지양)

$Q_w X_r = Y(BOD_0 - BOD)Q - K_d VX$

$$= \frac{0.63(200-20)mg}{L} \cdot \frac{4,000m^3}{d} \cdot \frac{1kg}{10^6mg} \cdot \frac{1,000L}{1m^3} - \frac{0.05}{d} \cdot \frac{1,000m^3}{} \cdot \frac{0.75 \times 3,000mg}{L} \cdot \frac{1kg}{10^6mg} \cdot \frac{1,000L}{1m^3}$$

$= 341.1kg/d$

---

42. $1,000m^3$의 하수로부터 최초침전지에서 생성되는 슬러지양(m^3)은? (단, 최초침전지 체류시간 = 2시간, 부유물질 제거효율 = 60%, 부유물질농도 = 220mg/L, 부유물질 분해 없음, 슬러지 비중 = 1.0, 슬러지 함수율 = 97%)

① 2.4

② 3.2

③ 4.4

④ 5.2

---

1) 발생 고형물(TS)양

$$\frac{1,000m^3}{} \cdot \frac{220g}{m^3} \cdot \frac{1ton}{10^6g} \cdot 0.6 = 0.132ton$$

2) 발생 슬러지(SL)양

$$\frac{0.132 \text{ ton TS}}{} \cdot \frac{100 \text{ SL}}{(100-97) \text{ TS}} \cdot \frac{m^3}{1ton} = 4.4m^3$$

43. 다음 조건과 같이 혐기성 반응을 시킬 때 세포생산량(kg세포/day)은?

- 세포 생산계수(Y) = 0.04g 세포/g BOD_L
- 폐수유량(Q) = 1,000m³/day
- BOD 제거효율(E) = 0.7
- 세포 내 호흡계수(Kd) = 0.015/day
- 세포 체류시간(θc) = 20일
- 폐수 유기물질농도(So) = 10g BOD_L/L

① 84   ② 182

③ 215   ④ 5,334

1) VX

$$\frac{1}{20d} = \frac{0.04 \times 0.7 \times 10\,g/L \times 1,000m^3/d \times \frac{1,000L}{m^3} \times \frac{1kg}{10^3 g}}{VX(kg)} - \frac{0.015}{d}$$

$$\therefore VX = 4,307.692kg$$

2) 잉여슬러지양($X_r Q_w$)

$$SRT = \frac{VX}{X_r Q_w} \text{ 이므로}$$

$$X_r Q_w = \frac{VX}{SRT} = \frac{4,307.692kg}{20d} = 215.38kg/d$$

44. 연속회분식(SBR)의 운전단계에 관한 설명으로 틀린 것은?

① 주입 : 주입단계 운전의 목적은 기질(원폐수 또는 1차 유출수)을 반응조에 주입하는 것이다.

② 주입 : 주입단계는 총 cycle 시간의 약 25% 정도이다.

③ 반응 : 반응단계는 총 cycle 시간의 약 65% 정도이다.

④ 침전 : 연속 흐름식 공정에 비하여 일반적으로 더 효율적이다.

③ 반응 : 반응단계는 총 cycle 시간의 약 35% 정도이다.

SBR 운전단계별 운전시간 비율

유입	→	반응	→	침전	→	처리수 배출	→	슬러지 배출
25%		35%		20%		15%		15%

45. 농축조에 함수율 99%인 일차슬러지를 투입하여 함수율 96%의 농축슬러지를 얻었다. 농축 후의 슬러지양은 초기 일차슬러지양의 몇 %로 감소하였는가? (단, 비중은 1.0 기준)

① 50   ② 33

③ 25   ④ 20

탈수 후 슬러지양(SL₂)

탈수 전 TS　＝　탈수 후 TS

$SL_1(1 - W_1)$　＝　$SL_2(1 - W_2)$

$100(1 - 0.99)$　＝　$SL_2(1 - 0.96)$

∴　$SL_2 = 25$

따라서, 25%로 감소하였다.

---

46. **평균입도 3.2mm인 균일한 층 30cm에서의 Reynolds수는? (단, 여과속도 = 160L/m² · min, 동점성계수 = 1.003×10^{-6}m²/sec)**

① 8.5

② 11.6

③ 15.9

④ 18.3

$Re = \dfrac{vD}{\nu}$

$= \dfrac{160L}{m^2 \cdot min} \left| \dfrac{3.2mm}{} \right| \dfrac{s}{1.003 \times 10^{-6}m^2} \left| \dfrac{1m^3}{1,000L} \right| \dfrac{1m}{1,000mm} \left| \dfrac{1min}{60sec} \right. = 8.50$

---

47. **활성슬러지 포기조 용액을 사용한 실험값으로부터 얻은 결과에 대한 설명으로 가장 거리가 먼 것은?**

> MLSS 농도가 1,600mg/L인 용액 1리터를 30분간 침강시킨 후 슬러지의 부피가 400mL이었다.

① 최종침전지에서 슬러지의 침강성이 양호하다.

② 슬러지 밀도지수(SDI)는 0.5 이하이다.

③ 슬러지 용량지수(SVI)는 200 이상이다.

④ 실모양의 미생물이 많이 관찰된다.

$SVI = \dfrac{SV_{30}}{MLSS} \times 1,000$

$\quad = \dfrac{400}{1,600} \times 1,000$

$\quad = 250$

SVI가 250이므로 슬러지 벌킹이 발생하고, 슬러지 침강성이 나쁘다.

SVI와 침강성

· 50~150이면 침강성 양호

· 200 이상이면 슬러지 벌킹 발생

48. 급속교반 탱크에 유입되는 폐수를 6평날 터빈 임펠러로 완전 혼합하고자 한다. 임펠러의 직경은 2.0m, 깊이 6.0m인 탱크의 바닥으로부터 1.2m 높이에서 설치되었다. 수온 30℃에서 임펠러의 회전속도가 30rpm일 때 동력소비량(kW)은? (단, $p = k\rho n^3 D^5$, 30℃ 액체의 밀도 995.7kg/m^3, k = 6.3)

① 약 115
② 약 86
③ 약 54
④ 약 25

$$n = \frac{30회}{min} \bigg| \frac{1min}{60sec} = 0.5회/s$$

$$P = \rho k n^3 D^5$$

$$= \frac{995.7kg}{m^3} \bigg| 6.3 \bigg| \frac{0.5^3}{s^3} \bigg| (2m)^5 \bigg| \frac{1kW}{1,000kg \cdot m^2/s^3} = 25.09kW$$

P : 소요동력(W = kg · m^2/s^3)
ρ : 물의 밀도
k : 계수
n : 임펠러 회전속도(회/s)
D : 임펠러 직경(m)

49. 침전지 내에서 기타의 모든 조건이 같다면 비중이 0.3인 입자에 비하여 0.8인 입자의 부상속도는 얼마나 되는가?

① 7/2배 늘어난다.
② 8/3배 늘어난다.
③ 2/7로 줄어든다.
④ 3/8로 줄어든다.

부상속도식 $V_F = \frac{d^2 g(1-\rho_{입자})}{18\mu}$ 이므로

V_F INF $(1-\rho_{입자})$ 이다.

$$\frac{V_1}{V_2} = \frac{(1-0.8)}{(1-0.3)} = \frac{2}{7}$$

∴ 2/7로 줄어든다.

50. 처리유량이 200m^3/hr이고, 염소 요구량이 9.5mg/L, 잔류염소 농도가 0.5mg/L일 때 하루에 주입되는 염소의 양(kg/day)은?

① 2
② 12
③ 22
④ 48

1) 염소주입량 = 염소요구량 + 잔류염소량

$$= \quad 9.5 \quad + \quad 0.5$$

$$= 10mg/L$$

2) 주입염소량(kg/d)

$$\frac{10mg}{L} \cdot \frac{200m^3}{hr} \cdot \frac{1,000L}{1m^3} \cdot \frac{1kg}{10^6mg} \cdot \frac{24hr}{1d} = 48kg/d$$

51. 하수처리장에서 발생되는 슬러지를 혐기성 소화조에서 처리하는 도중 소화가스량이 급격하게 감소하였다. 소화가스의 발생량이 감소하는 원인에 대한 설명 중 틀린 것은?

① 유기산이 과도하게 축적되는 경우

② 적정온도범위가 유지되지 않거나 독성물질이 유입된 경우

③ 알칼리도가 크게 낮아진 경우

④ pH가 증가된 경우

④ pH가 감소된 경우

소화조 운전상의 문제점 및 대책

상 태	원 인
소화가스 발생량 저하	· 저농도 슬러지 유입 · 소화슬러지 과잉배출 · 조내 온도저하 · 소화가스 누출 · 과다한 산 생성, pH가 감소된 경우
상징수 악화 (BOD, SS가 비정상적으로 높음)	· 소화가스 발생량 저하와 동일원인 · 과다 교반 · 소화슬러지의 혼입
pH 저하 이상발포 가스발생량 저하 악취 스컴 다량 발생	· 유기물의 과부하로 소화의 불균형 · 온도 급저하 · 교반 부족 · 메탄균 활성을 저해하는 독물 또는 중금속 투입
맥주모양의 이상발포	· 과다배출로 조내 슬러지 부족 · 유기물의 과부하 · 1단계조의 교반 부족 · 온도 저하 · 스컴 및 토사의 퇴적

52. 생물학적 폐수처리공정에서 생물반응조에 슬러지를 반송시키는 주된 이유는?

① 폐수처리에 필요한 미생물을 공급하기 위하여

② 폐수에 들어있는 독성물질을 중화시키기 위하여

③ 활성슬러지가 자라는데 필요한 영양소를 공급하기 위하여

④ 슬러지처리공정으로 들어가는 잉여슬러지의 양을 증가시키기 위하여

반송을 통해 반응조 내 MLSS 농도가 적정량 유지되도록 한다.

53. 농약을 제조하는 공장의 폐수 중에는 유기인이 함유되고 있는 경우가 많다. 이들을 처리하는 데 가장 적당한 처리방법은?

① 활성탄 흡착

② 이온교환수지법

③ 황산 알미늄으로 응집

④ 염화철로 응집

유해물질 처리방법

· 유기수은 : 흡착법, 산화분해법 등
· 무기수은 : 황화물 침전법, 활성탄 흡착법, 이온교환법 등
· 시안 : 알칼리 염소법, 산성탈기법, 오존산화법, 전해법, 전기투석법 등
· 6가 크롬 : 알칼리 환원법, 수산화물 침전법, 전해법, 이온교환법 등
· 카드뮴 : (수화물, 황화물, 탄산염)침전법, 부상법, 여과법, 이온교환법, 활성슬러지법 등
· 비소 : 수산화 제2철 공침법, 환원법, 흡착법, 이온교환법 등
· 납 : 수산화물 침전법, 황화물 침전법
· 유기인 : 생석회, 활성탄 흡착법, 이온교환법, 활성슬러지법 등
· PCB - 고농도 액상 : 연소법, 자외선 조사법, 고온고압 알칼리분해법, 추출법
· PCB - 저농도 액상 : 응집침전법, 방사선 조사법

54. 포기조에 공기를 $0.6m^3/m^3$(물)으로 공급할 때, 물 단위 부피당의 기포 표면적(m^2/m^3)은? (단, 기포의 평균지름 = 0.25cm, 상승속도 = 18cm/sec로 균일, 물의 유량 30,000m^3/day, 포기조 안의 체류시간 = 15min, 포기조의 수심 = 2.8m)

① 24.9

② 35.2

③ 43.6

④ 49.3

$$A = \frac{6GsH}{dV}$$

1) Gs

$$\frac{0.6m^3}{m^3} \,\bigg|\, \frac{30,000m^3}{d} = 18,000m^3/d$$

2) A

$$\frac{6 \times 18,000m^3/d}{0.0025m} \,\bigg|\, \frac{2.8m}{0.18m/s} \,\bigg|\, \frac{86,400sec}{1d} = 7,777.77m^2$$

3) A/V

$$\frac{7,777.77m^2}{} \,\bigg|\, \frac{d}{30,000m^3} \,\bigg|\, \frac{}{15min} \,\bigg|\, \frac{1,440min}{1d} = 24.88m^2/m^3$$

A : 기포 표면적(m^2)

Gs : 송풍량(m^3/hr)

H : 수심(m)

v : 기포 상승속도(m/s)

---

55. 회전원판법(RBC)에서 근접 배치한 얇은 원형판들을 폐수가 흐르는 통에 몇 % 정도가 잠기는 것 (침적율)이 가장 적합한가?

① 20%

② 30%

③ 40%

④ 50%

원판은 40%가 물속에 잠기도록 한다.

---

56. 하수처리에 관련된 침전현상(독립, 응집, 간섭, 압밀)의 종류 중 '간섭침전'에 관한 설명과 가장 거리가 먼 것은?

① 생물학적 처리시설과 함께 사용되는 2차 침전시설 내에서 발생한다.

② 입자 간의 작용하는 힘에 의해 주변 입자들의 침전을 방해하는 중간 정도 농도의 부유액에서의 침전을 말한다.

③ 입자 등은 서로 간의 간섭으로 상대적 위치를 변경시켜 전체 입자들이 한 개의 단위로 침전한다.

④ 함께 침전하는 입자들의 상부에 고체와 액체의 경계면이 형성된다.

③ 플록침전

침전의 형태

침강형태	특징	발생장소
I형 침전 (독립침전, 자유침전)	· 이웃 입자들의 영향을 받지 않고 자유롭게 일정한 속도로 침강 · 낮은 농도에서 비중이 무거운 입자를 침전 · Stoke's의 법칙이 적용	보통침전지, 침사지
II형 침전 (플록침전)	· 입자 서로 간에 접촉되면서 응집된 플록을 형성하여 침전 · 응집 · 응결 침전 또는 응집성 침전	약품침전지
III형 침전 (간섭침전)	· 플록을 형성하여 침강하는 입자들이 서로 방해를 받아 침전속도가 감소하는 침전 · 방해 · 장애 · 집단 · 계면 · 지역 침전	상향류식 부유식침전지, 생물학적 2차 침전지
IV형 침전 (압축침전)	· 고농도 입자들의 침전으로 침전된 입자군이 바닥에 쌓일 때 입자군의 무게에 의해 물이 빠져나가면서 농축 · 압밀됨 · 압밀침전	침전슬러지, 농축조의 슬러지 영역

57. 혐기성 소화조 내의 pH가 낮아지는 원인이 아닌 것은?

① 유기물 과부하 　　　　② 과도한 교반
③ 중금속 등 유해물질 유입 　② 온도 저하

② 교반 부족

소화조 운전상의 문제점 및 대책

상 태	원 인
소화가스 발생량 저하	· 저농도 슬러지 유입 · 소화슬러지 과잉배출 · 조내 온도저하 · 소화가스 누출 · 과다한 산 생성, pH가 감소된 경우
상징수 악화 (BOD, SS가 비정상적으로 높음)	· 소화가스발생량 저하와 동일원인 · 과다 교반 · 소화슬러지의 혼입
pH 저하 이상발포 가스발생량 저하 악취 스컴 다량 발생	· 유기물의 과부하로 소화의 불균형 · 온도 급저하 · 교반 부족 · 메탄균 활성을 저해하는 독물 또는 중금속 투입
맥주모양의 이상발포	· 과다배출로 조내 슬러지 부족 · 유기물의 과부하 · 1단계조의 교반 부족 · 온도저하 · 스컴 및 토사의 퇴적

58. 일반적으로 염소계 산화제를 사용하여 무해한 물질로 산화 분해시키는 처리방법을 사용하는 폐수의 종류는?

① 납을 함유한 폐수　　　　　　② 시안을 함유한 폐수
③ 유기인을 함유한 폐수　　　　④ 수은을 함유한 폐수

② 시안 : 알칼리 염소법, 산성탈기법, 오존산화법, 전해법, 전기투석법 등
① 납 : 수산화물 침전법, 황화물 침전법
③ 유기인 : 생석회, 활성탄 흡착법, 이온교환법, 활성슬러지법 등
④ 유기수은 : 흡착법, 산화분해법 등
　　무기수은 : 황화물 침전법, 활성탄 흡착법, 이온교환법 등

59. 응집과정 중 교반의 영향에 관한 설명으로 알맞지 않은 것은?

① 교반에 따른 응집효과는 입자의 농도가 높을수록 좋다.
② 교반에 따른 응집효과는 입자의 지름이 불균일할수록 좋다.
③ 교반을 위한 동력은 응결지 부피와 비례한다.
④ 교반을 위한 동력은 속도경사와 반비례한다.

④ 교반을 위한 동력은 속도경사와 비례한다.

교반 동력 공식

$P = \mu G^2 V$
P : 교반동력
μ : 점성계수
G : 속도경사
V : 응집지 부피

60. 상향류 혐기성 슬러지상(UASB)에 관한 설명으로 틀린 것은?

① 미생물 부착을 위한 여재를 이용하여 혐기성 미생물을 슬러지층으로 축적시켜 폐수를 처리하는 방식이다.
② 수리학적 체류시간을 작게 할 수 있어 반응조 용량이 축소된다.
③ 폐수의 성상에 의하여 슬러지의 입상화가 크게 영향을 받는다.
④ 고형물의 농도가 높을 경우 고형물 및 미생물이 유실될 우려가 있다.

① 폐수를 반응조 저부에서 상승시켜 미생물막 부착담체를 이용하지 않고 세균이 가진 응집, 집괴 작용을 이용해서 활성이 높은 치밀한 펠렛상(그래뉼상) 슬러지를 형성시키는 방식이다.

61. 직각 3각 웨어에서 웨어의 수두 0.2m, 수로폭 0.5m, 수로의 밑면으로부터 절단 하부점까지의 높이 0.9m일 때, 아래의 식을 이용하여 유량 (m^3/min)을 구하면?

$$K = 81.2 + \frac{0.24}{h} + [(8.4 + \frac{12}{\sqrt{D}}) \times (\frac{h}{B} - 0.09)^2]$$

① 1.0　　　　　② 1.5
③ 2.0　　　　　④ 2.5

$K = 81.2 + \frac{0.24}{0.2} + (8.4 + \frac{12}{\sqrt{0.9}}) \times (\frac{0.2}{0.5} - 0.09)^2 = 84.4228$

$Q = K \cdot h^{5/2} = 84.4228 \times (0.2)^{5/2} = 1.51$

Q : 유량(m^3/ 분)
B : 수로의 폭(m)
D : 수로의 밑면으로부터 절단 하부 점까지의 높이(m)
h : 웨어의 수두(m)

62. 시료의 최대 보존 기간이 다른 측정 항목은?

① 시안　　　　　② 불소
③ 염소이온　　　④ 노말헥산추출물질

① 시안 : 14일
②, ③, ④ : 28일

시료 최대 보존 기간 기간별 정리

기간	항목
즉시	DO전극법, pH, 온도
6hr	냄새, 총대장균군(배출허용방류수)
8hr	DO적정법
24hr	전기전도도, 6가 크롬, 총대장균군(환경기준), 대장균, 분원성 대장균군
48hr	음이온계면활성제, 인산염인, 색도, 탁도, 질산성질소, 아질산성질소, BOD
72hr	물벼룩 독성시험
7일	부유물질, 다이에틸헥실프탈레이트, 석유계총탄화수소, 유기인, PCB, 휘발성유기화합물, 클로로필a
14일	시안, 1,4다이옥산, 염화비닐, 아크릴로니트릴, 브로모폼
28일	페놀, 총유기탄소, 노말헥산추출물질, 황산이온, 수은, 불소, 브롬, 암모니아성질소, 염소, 총인, 총질소, 퍼클로레이트, COD
1개월	알킬수은
6개월	금속류, 비소, 셀레늄, 식물성플랑크톤

63. 개수로 유량측정에 관한 설명으로 틀린 것은? (단, 수로의 구성, 재질, 단면의 형상, 기울기 등이 일정하지 않은 개수로의 경우)

① 수로는 될수록 직선적이며, 수면이 물결치지 않는 곳을 고른다.

② 10m를 측정구간으로 하여 2m마다 유수의 횡단면적을 측정하고, 산출 평균 값을 구하여 유수의 평균 단면적으로 한다.

③ 유속의 측정은 부표를 사용하여 100m 구간을 흐르는 데 걸리는 시간을 스톱워치로 재며 이때 실측 유속을 표면 최대 유속으로 한다.

④ 총 평균 유속(m/s)은 [0.75×표면최대유속(m/s)]으로 계산된다.

③ 유속의 측정은 부표를 사용하여 10m 구간을 흐르는 데 걸리는 시간을 스톱워치로 재며 이때 실측 유속을 표면 최대유속으로 한다.

64. 기체크로마토그래피법으로 PCB를 정량할 때 관련이 없는 것은?

① 전자포획형 검출기
② 석영가스 흡수 셀
③ 실리카겔 칼럼
④ 질소캐리어 가스

65. 공정시험기준의 내용으로 가장 거리가 먼 것은?

① 온수는 60~70℃, 냉수는 15℃ 이하를 말한다.

② 방울수는 20℃에서 정제수 20방울을 적하할 때, 그 부피가 약 1mL가 되는 것을 뜻한다.

③ '정밀히 단다'라 함은 규정된 수치의 무게를 0.1mg까지 다는 것을 말한다.

④ 시험에 쓰는 물은 따로 규정이 없는 한 증류수 또는 정제수로 한다.

③ '정밀히 단다'라 함은 규정된 양의 시료를 취하여 화학저울 또는 미량저울로 칭량함을 말한다.

66. 환원제인 $FeSO_4$ 용액 25mL를 H_2SO_4 산성에서 $0.1N-K_2Cr_2O_7$으로 산화시키는 데 31.25mL 소비되었다. $FeSO_4$ 용액 200mL를 0.05N 용액으로 만들려고 할 때 가하는 물의 양(mL)은?

① 200
② 300
③ 400
④ 500

1) $FeSO_4$의 N 농도(X)

$FeSO_4$: $K_2Cr_2O_7$ = 1 : 1 이므로,

$$\frac{Xeq}{L} \bigg| \frac{25mL}{} = \frac{0.1eq}{L} \bigg| \frac{31.25mL}{}$$

∴ X = 0.125N

2) 물의 양(Y)

$$\frac{0.125eq}{L} \bigg| \frac{200mL}{(Y + 200)mL} = \frac{0.05eq}{L}$$

∴ Y = 300mL

67. 수질오염공정시험기준상 음이온 계면활성제 실험방법으로 옳은 것은?

① 자외선/가시선 분광법   ② 원자흡수분광광도법

③ 기체크로마토그래피법   ④ 이온전극법

음이온 계면활성제 실험방법
· 자외선/가시선 분광법(메틸렌블루법)
· 연속흐름법

68. NO_3^-(질산성 질소) 0.1mg N/L의 표준원액을 만들려고 한다. KNO_3 몇 mg을 달아 증류수에 녹여 1L로 제조하여야 하는가? (단, KNO_3 분자량 = 101.1)

① 0.10   ② 0.14

③ 0.52   ④ 0.72

$$\frac{0.1mg\ NO_3^- - N}{L} \mid 1L \mid \frac{101.1g\ KNO_3}{14g\ NO_3 - N} = 0.722g$$

69. 폐수 20mL를 취하여 산성과망간산칼륨법으로 분석하였더니 0.005M-$KMnO_4$ 용액의 적정량이 4mL이었다. 이 폐수의 COD(mg/L)는? (단, 공시험값 = 0mL, 0.005M-$KMnO_4$ 용액의 f = 1.00)

① 16   ② 40

③ 60   ④ 80

$$COD(mg/L) = (b - a) \times f \times \frac{1,000}{V} \times 0.2$$
$$= (4 - 0) \times 1 \times \frac{1,000}{20} \times 0.2$$
$$= 40$$

a : 바탕시험 적정에 소비된 티오황산나트륨용액(0.025M)의 양(mL)
b : 시료의 적정에 소비된 티오황산나트륨용액(0.025M)의 양(mL)
f : 티오황산나트륨용액(0.025M)의 농도계수(factor)
V : 시료의 양(mL)

70. "정확히 취하여"라고 하는 것은 규정한 양의 액체를 무엇으로 눈금까지 취하는 것을 말하는가?

① 메스실린더   ② 뷰렛

③ 부피피펫   ④ 눈금 비이커

"정확히 취하여"라 하는 것은 규정한 양의 액체를 부피피펫으로 눈금까지 취하는 것을 말한다.

71. 노말헥산 추출물질의 정량한계(mg/L)는?

① 0.1

② 0.5

③ 1.0

④ 5.0

노말헥산 추출물질의 정량한계 : 0.5mg/L

72. 수질분석용 시료 채취 시 유의사항과 가장 거리가 먼 것은?

① 시료 채취 용기는 시료를 채우기 전에 깨끗한 물로 3회 이상 씻은 다음 사용한다.

② 유류 또는 부유물질 등이 함유된 시료는 시료의 균일성이 유지될 수 있도록 채취하여야 하며 침전물 등이 부상하여 혼입되어서는 안 된다.

③ 용존가스, 환원성 물질, 휘발성 유기화합물, 냄새, 유류 및 수소이온 등을 측정하는 시료는 시료 용기에 가득 채워야 한다.

④ 시료 채취량은 보통 3~5L 정도이어야 한다.

① 시료 채취 용기는 시료를 채우기 전에 깨끗한 시료로 3회 이상 씻은 다음 사용한다.

73. 부유물질 측정 시 간섭물질에 관한 설명으로 틀린 것은?

① 증발잔류물이 1,000mg/L 이상인 경우의 해수, 공장폐수 등은 특별히 취급하지 않을 경우, 높은 부유물질 값을 나타낼 수 있다.

② 5mm 금속망을 통과시킨 큰 입자들은 부유물질 측정에 방해를 주지 않는다.

③ 철 또는 칼슘이 높은 시료는 금속 침전이 발생하며 부유물질 측정에 영향을 줄 수 있다.

④ 유지 및 혼합되지 않는 유기물도 여과지에 남아 부유물질 측정값을 높게 할 수 있다.

② 2mm 금속망을 통과시킨 후 분석한다.

부유물질의 간섭물질

· 나무 조각, 큰 모래 입자 등과 같은 큰 입자들은 부유물질 측정에 방해를 주며, 이 경우 직경 2mm 금속망에 먼저 통과시킨 후 분석을 실시함

· 증발잔류물이 1,000mg/L 이상인 경우의 해수, 공장폐수 등은 특별히 취급하지 않을 경우, 높은 부유물질 값을 나타낼 수 있음 이 경우 여과지를 여러 번 세척함

· 철 또는 칼슘이 높은 시료는 금속 침전이 발생하며 부유물질 측정에 영향을 줄 수 있음

· 유지(oil) 및 혼합되지 않는 유기물도 여과지에 남아 부유물질 측정값을 높게 할 수 있음

74. 알킬수은 화합물을 기체크로마토그래피에 따라 정량하는 방법에 관한 설명으로 가장 거리가 먼 것은?

① 전자포획형 검출기(ECD)를 사용한다.

② 알킬수은화합물을 벤젠으로 추출한다.

③ 운반기체는 순도 99.999% 이상의 질소 또는 헬륨을 사용한다.

④ 정량한계는 0.05mg/L이다.

④ 알킬수은 - 기체크로마토그래피 정량한계는 0.0005mg/L이다.

75. 자외선/가시선 분광법을 적용한 크롬 측정에 관한 내용으로 ( )에 옳은 것은?

> 3가 크롬은 (㉠)을 첨가하여 6가 크롬으로 산화시킨 후 산성용액에서 다이페닐카바자이드와 반응하여 생성되는 (㉡) 착화합물의 흡광도를 측정한다.

① ㉠ 과망간산칼륨, ㉡ 황색
② ㉠ 과망간산칼륨, ㉡ 적자색
③ ㉠ 티오황산나트륨, ㉡ 적색
④ ㉠ 티오황산나트륨, ㉡ 황갈색

크롬의 자외선/가시선 분광법

3가 크롬은 **과망간산칼륨**을 첨가하여 6가 크롬으로 산화시킨 후, 산성 용액에서 **다이페닐카바자이드**와 반응하여 생성하는 **적자색** 착화합물의 흡광도를 540nm에서 측정

76. 식물성 플랑크톤을 현미경계수법으로 측정할 때 저배율 방법(200배율 이하) 적용에 관한 내용으로 틀린 것은?

① 세즈윅-라프터 챔버는 조작은 어려우나 재현성이 높아서 중배율 이상에서도 관찰이 용이하여 미소 플랑크톤의 검경에 적절하다.
② 시료를 챔버에 채울 때 피펫은 입구가 넓은 것을 사용하는 것이 좋다.
③ 계수 시 스트립을 이용할 경우, 양쪽 경계면에 걸린 개체는 하나의 경계면에 대해서만 계수한다.
④ 계수 시 격자의 경우 격자 경계면에 걸린 개체는 4면 중 2면에 걸린 개체는 계수하고 나머지 2면에 들어온 개체는 계수하지 않는다.

① 세즈윅-라프터 챔버는 조작이 편리하고 재현성이 높은 반면 중배율 이상에서는 관찰이 어렵기 때문에 미소 플랑크톤(nano plankton)의 검경에는 적절하지 않음

77. 자외선/가시선 흡광광도계의 구성 순서로 가장 적합한 것은?

① 광원부 – 파장선택부 – 시료부 – 측광부
② 광원부 – 파장선택부 – 단색화부 – 측광부
③ 시료도입부 – 광원부 – 파장선택부 – 측광부
④ 시료도입부 – 광원부 – 검출부 – 측광부

분석장치별 구성 순서

· 자외선/가시선 분광법 : 광원부 – 파장선택부 – 시료부 – 측광부
· 유도결합플라스마 분광법 : 시료주입부 – 고주파전원부 – 광원부 – 분광 – 연산처리부 및 기록부

78. 취급 또는 저장하는 동안에 이물질이 들어가거나 또는 내용물이 손실되지 아니하도록 보호하는 용기는?

① 밀봉용기　　　　　　　　② 밀폐용기
③ 기밀용기　　　　　　　　④ 압밀용기

용기

밀폐용기	·취급 또는 저장하는 동안에 이물질이 들어가거나 또는 내용물이 손실되지 아니하도록 보호하는 용기
기밀용기	·취급 또는 저장하는 동안에 밖으로부터의 공기 또는 다른 가스가 침입하지 아니하도록 내용물을 보호하는 용기
밀봉용기	·취급 또는 저장하는 동안에 기체 또는 미생물이 침입하지 아니하도록 내용물을 보호하는 용기
차광용기	·광선이 투과하지 않는 용기 또는 투과하지 않게 포장을 한 용기이며 취급 또는 저장하는 동안에 내용물이 광화학적 변화를 일으키지 아니하도록 방지할 수 있는 용기

79. 시료 보존 시 반드시 유리병을 사용하여야 하는 측정 항목이 아닌 것은?

① 노말헥산추출물질　　　　② 음이온계면활성제
③ 유기인　　　　　　　　　④ PCB

시료 용기별 정리

용기	항목
P	불소
G	냄새, 노말헥산추출물질, PCB, VOC, 페놀류, 유기인
G(갈색)	잔류염소, 다이에틸헥실프탈레이트, 1,4-다이옥산, 석유계총탄화수소, 염화비닐, 아크릴로니트릴, 브로모폼
BOD 병	용존산소 적정법, 용존산소 전극법
PP	과불화화합물
P, G	나머지
용기기준 없는 것	투명도

P : 폴리에틸렌(polyethylene),　G : 유리(glass),　PP : 폴리프로필렌(polypropylene)

80. 기체크로마토그래피법으로 유기인계 농약 성분인 다이아지논을 측정할 때 사용되는 검출기는?

① ECD　　　　　　　　　② FID
③ FPD　　　　　　　　　④ TCD

기체크로마토그래피의 검출기와 검출물질

· 불꽃이온화 검출기(flame ionization detector, FID) : 불소(F)를 많이 함유하는 화합물이나 이황화탄소를 제외한 거의 모든 유기화합물
· 전자포착형 검출기(electron capture detector, ECD) : 할로겐, 인, 니트로기 및 황산 에스테르 등을 포함한 화합물
· 불꽃광도형 검출기(Flame Photometric Detector, FPD) : 인 또는 황화합물을 선택적으로 검출
· 질소인 검출기(Nitrogen Phosphorous Detector, NPD) : 인화합물이나 질소화합물

81. 사업자 및 배출시설과 방지시설에 종사하는 자는 배출시설과 방지시설의 정상적인 운영, 관리를 위한 환경기술인의 업무를 방해하여서는 아니 되며, 그로부터 업무수행에 필요한 요청을 받은 때에는 정당한 사유가 없으면 이에 따라야 한다. 이 규정을 위반하여 환경기술인의 업무를 방해 하거나 환경기술인의 요청을 정당한 사유 없이 거부한 자에 대한 벌칙 기준은?

① 100만원 이하의 벌금　　② 200만원 이하의 벌금
③ 300만원 이하의 벌금　　④ 500만원 이하의 벌금

· 환경기술인 등의 교육을 받게 하지 아니한 자 : 100만원 이하 과태료
· 환경기술인의 업무를 방해하거나 환경기술인의 요청을 정당한 사유 없이 거부한 자 : 100만원 이하 벌금

82. 산업폐수의 배출규제에 관한 설명으로 옳은 것은?

① 폐수배출시설에서 배출되는 수질오염물질의 배출허용기준은 대통령이 정한다.
② 시·도 또는 인구 50만 이상의 시는 지역환경 기준을 유지하기가 곤란하다고 인정할 때에는 시·도지사가 특별배출허용기준을 정할 수 있다.
③ 특별대책지역의 수질오염방지를 위해 필요하다고 인정할 때에는 엄격한 배출허용기준을 정할 수 있다.
④ 시·도안에 설치되어 있는 폐수무방류 배출시설은 조례에 의해 배출허용기준을 적용한다.

① 폐수배출시설(이하 "배출시설"이라 한다)에서 배출되는 수질오염물질의 배출허용기준은 환경부령으로 정한다.
② 시·도(해당 관할구역 중 인구 50만 이상의 시는 제외) 또는 인구 50만 이상의 시(대도시)는 지역환경기준을 유지하기가 곤란하다고 인정할 때에는 배출허용기준보다 엄격한 배출허용기준을 정할 수 있다.
③ 환경부장관은 특별대책지역의 수질오염을 방지하기 위하여 필요하다고 인정할 때에는 해당 지역에 설치된 배출시설에 대하여 기준보다 엄격한 배출허용기준을 정할 수 있고, 해당 지역에 새로 설치되는 배출시설에 대하여 특별배출허용기준을 정할 수 있다.
④ 다음의 경우에는 배출허용기준의 적용을 받지 않는다.
· 폐수무방류배출시설
· 환경부령으로 정하는 배출시설 중 폐수를 전량(全量) 재이용하거나 전량 위탁 처리하여 공공수역으로 폐수를 방류하지 아니하는 배출시설

83. 배출시설의 설치를 제한할 수 있는 지역의 범위 기준으로 틀린 것은?

① 취수시설이 있는 지역
② 환경정책기본법 제 38조에 따라 수질보전을 위해 지정·고시한 특별대책지역
③ 수도법 제7조의2제1항에 따라 공장의 설립이 제한되는 지역
④ 수질보전을 위해 지정·고시한 특별대책지역의 하류지역

84. 사업장별부과계수를 알맞게 짝지은 것은?

① 1종사업장(10,000m³/일 이상) - 2.0

② 2종사업장 - 1.6

③ 3종사업장 - 1.3

④ 4종사업장 - 1.1

[별표 9] 사업장별 부과계수(제41조 제3항 관련)

사업장 규모	제1종 사업장 (단위 : m³/일)					제2종 사업장	제3종 사업장	제4종 사업장
	10,000 이상	8,000 이상 10,000 미만	6,000 이상 8,000 미만	4,000 이상 6,000 미만	2,000 이상 4,000 미만			
부과 계수	1.8	1.7	1.6	1.5	1.4	1.3	1.2	1.1

비고 : 1. 사업장의 규모별 구분은 별표 13에 따른다.

2. 공공하수처리시설과 공공폐수처리시설의 부과계수는 폐수배출량에 따라 적용한다.

85. 중점관리저수지의 지정기준으로 옳은 것은?

① 총저수용량이 1만세제곱 미터 이상인 저수지

② 총저수용량이 10만세제곱 미터 이상인 저수지

③ 총저수용량이 1백만세제곱 미터 이상인 저수지

④ 총저수용량이 1천만세제곱 미터 이상인 저수지

중점관리 저수지의 지정기준

❶ 총저수용량이 1천만m³ 이상인 저수지

❷ 오염 정도가 대통령령으로 정하는 기준을 초과하는 저수지

❸ 그 밖에 환경부장관이 상수원 등 해당 수계의 수질 보전을 위하여 필요하다고 인정하는 경우

86. 시장 · 군수 · 구청장(자치구의 구청장을 말한다.)이 낚시금지구역 또는 낚시 제한구역을 지정하려는 경우 고려할 사항으로 거리가 먼 것은?

① 용수의 목적
② 오염원 현황
③ 낚시터 인근에서의 쓰레기 발생 현황 및 처리 여건
④ 계절별 낚시 인구의 현황

낚시금지구역 또는 낚시 제한구역의 지정 시 고려사항

❶ 용수의 목적
❷ 오염원 현황
❸ 수질오염도
❹ 낚시터 인근에서의 쓰레기 발생 현황 및 처리 여건
❺ 연도별 낚시 인구의 현황
❻ 서식 어류의 종류 및 양 등 수중 생태계의 현황

87. 수질오염방지시설 중 생물화학적 처리시설이 아닌 것은?

① 살균시설
② 접촉조
③ 안정조
④ 폭기시설

① 살균시설은 화학적 처리시설이다.

수질오염방지시설

1. 물리적 처리시설

가. 스크린
나. 분쇄기
다. 침사(沈砂)시설
라. 유수분리시설
마. 유량조정시설(집수조)
바. 혼합시설
사. 응집시설
아. 침전시설
자. 부상시설
차. 여과시설
카. 탈수시설
타. 건조시설
파. 증류시설
하. 농축시설

2. 화학적 처리시설

가. 화학적 침강시설
나. 중화시설
다. 흡착시설
라. 살균시설
마. 이온교환시설
바. 소각시설
사. 산화시설
아. 환원시설
자. 침전물 개량시설

3. 생물화학적 처리시설

가. 살수여과상
나. 폭기(瀑氣)시설
다. 산화시설(산화조, 산화지)
라. 혐기성 · 호기성 소화시설
마. 접촉조
바. 안정조
사. 돈사톱밥발효시설

88. 비점오염저감시설 중 장치형 시설이 아닌 것은?

① 생물학적 처리형 시설　　　　② 응집·침전 처리형 시설
③ 소용돌이형 시설　　　　　　④ 침투형 시설

비점오염저감시설(제8조 관련)

자연형 시설	장치형 시설
1) 저류시설	1) 여과형 시설
2) 인공습지	2) 와류(渦流)형
3) 침투시설	3) 스크린형 시설
4) 식생형 시설	4) 응집·침전 처리형 시설
	5) 생물학적 처리형 시설

89. 골프장의 잔디 및 수목 등에 맹·고독성 농약을 사용한 자에 대한 벌금 또는 과태료 부과 기준은?

① 3백만원 이하의 벌금
② 5백만원 이하의 벌금
③ 3백만원 이하의 과태료 부과
④ 1천만원 이하의 과태료 부과

90. 환경부장관이 공공수역의 물 환경을 관리·보전하기 위하여 대통령령으로 정하는 바에 따라 수립하는 국가 물 환경관리 기본계획 수립 주기는?

① 매년
② 2년
③ 3년
④ 10년

대권역 물환경관리계획 수립주기 : 10년

91. 배출부과금을 부과하는 경우, 당해 배출부과금 부과기준일 전 6개월 동안 방류수 수질기준을 초과하는 수질오염물질을 배출하지 아니한 사업자에 대하여 방류수 수질기준을 초과하지 아니하고 수질오염물질을 배출한 기간별로, 당해 부과 기간에 부과하는 기본배출부과금의 감면율은?

① 6개월 이상 1년 내 : 100분의 10
② 1년 이상 2년 내 : 100분의 30
③ 2년 이상 3년 내 : 100분의 50
④ 3년 이상 : 100분의 60

방류수수질기준을 초과하지 아니하고 수질오염물질을 배출한 기간별로 다음 각 목의 구분에 따른 감면율을 적용하여 해당 부과기간에 부과되는 기본배출부과금을 감경

가. 6개월 이상 1년 내 : 100분의 20
나. 1년 이상 2년 내 : 100분의 30
다. 2년 이상 3년 내 : 100분의 40
라. 3년 이상 : 100분의 50

92. 청정지역에서 1일 폐수배출량이 1,000m³ 이하로 배출하는 배출시설에 적용되는 배출허용기준 중 생물화학적 산소요구량(mg/L)은? (단, 2020년 1월 1일부터 적용되는 기준)

① 30 이하
② 40 이하
③ 50 이하
④ 60 이하

수질오염물질의 배출허용기준(2020년 1월 1일부터 적용되는 기준)

대상규모 항목 지역구분	1일 폐수배출량 2,000m³ 이상			1일 폐수배출량 2,000m³ 미만		
	BOD (mg/L)	TOC (mg/L)	SS (mg/L)	BOD (mg/L)	TOC (mg/L)	SS (mg/L)
청정지역	30 이하	25 이하	30 이하	40 이하	30 이하	40 이하
가지역	60 이하	40 이하	60 이하	80 이하	50 이하	80 이하
나지역	80 이하	50 이하	80 이하	120 이하	75 이하	120 이하
특례지역	30 이하	25 이하	30 이하	30 이하	25 이하	30 이하

93. 시·도지사가 오염총량관리기본계획의 승인을 받으려는 경우, 오염총량관리기본계획안에 첨부하여 환경부장관에게 제출하여야 하는 서류가 아닌 것은?

① 유역환경의 조사·분석 자료
② 오염원의 자연증감에 관한 분석 자료
③ 오염총량관리 계획 목표에 관한 자료
④ 오염부하량의 저감계획을 수립하는 데에 사용한 자료

시·도지사가 오염총량관리기본계획의 승인을 받으려는 경우,
오염총량관리기본계획안에 첨부하여 환경부장관에게 제출하여야 하는 서류

❶ 유역환경의 조사 · 분석 자료
❷ 오염원의 자연증감에 관한 분석 자료
❸ 지역개발에 관한 과거와 장래의 계획에 관한 자료
❹ 오염부하량의 산정에 사용한 자료
❺ 오염부하량의 저감계획을 수립하는 데에 사용한 자료

94. 중권역 물환경관리계획에 관한 내용으로 (   )의 내용으로 옳은 것은?

> (㉠)는(은) 중권역계획을 수립하였을 때에는 (㉡)에게 통보하여야 한다.

① ㉠ 관계 시·도지사, ㉡ 지방환경관서의 장
② ㉠ 지방환경관서의 장, ㉡ 관계 시·도지사
③ ㉠ 유역환경청장, ㉡ 지방환경관서의 장
④ ㉠ 지방환경관서의 장, ㉡ 유역환경청장

> 지방환경관서의 장은 중권역계획을 수립하였을 때에는 관계 시·도지사에게 통보하여야 한다.
> **제25조(중권역 물환경관리계획의 수립)**
> ❶ 지방환경관서의 장은 다음 각 호의 어느 하나에 해당하는 경우에는 대권역계획에 따라 제22조제2항에 따른 중권역별로 중권역 물환경관리계획(이하 "중권역계획"이라 한다)을 수립하여야 한다. ⟨개정 2017. 1. 17.⟩
> 　1. 관할 중권역이 물환경목표기준에 미달하는 경우
> 　2. 4대강수계법에 따른 관계 수계관리위원회에서 중권역의 물환경 관리·보전을 위하여 중권역계획의 수립을 요구하는 경우
> 　3. 그 밖에 환경부령으로 정하는 경우
> ❷ 지방환경관서의 장은 관할 중권역의 물환경목표기준 달성에 인접한 상류지역의 중권역이 영향을 미치는 경우에는 해당 중권역을 관할하는 지방환경관서의 장과 협의를 거쳐 관할 중권역 및 인접한 상류지역의 중권역을 대상으로 하는 중권역계획을 수립할 수 있다. ⟨신설 2017. 1. 17.⟩
> ❸ 지방환경관서의 장은 중권역계획을 수립하려는 경우에는 관계 시·도지사와 협의하여야 한다. 중권역계획을 변경하려는 경우에도 또한 같다. ⟨개정 2017. 1. 17.⟩
> ❹ 지방환경관서의 장은 중권역계획을 수립하였을 때에는 관계 시·도지사에게 통보하여야 한다. ⟨개정 2017. 1. 17.

95. 과징금에 관한 내용으로 (   )에 옳은 것은?

> 환경부장관은 폐수처리업의 허가를 받은 자에 대하여 영업정지를 명하여야 하는 경우로서 그 영업정지가 주민의 생활이나 그 밖의 공익에 현저한 지장을 줄 우려가 있다고 인정되는 경우에는 영업정지처분에 갈음하여 매출액에 (   )를 곱한 금액을 초과하지 아니하는 범위에서 과징금을 부과할 수 있다.

① 100분의 1
② 100분의 5
③ 100분의 10
④ 100분의 20

> **제66조(과징금 처분)**
> ❶ 환경부장관은 제62조제1항에 따라 폐수처리업의 허가를 받은 자에 대하여 제64조에 따라 영업정지를 명하여야 하는 경우로서 그 영업정지가 주민의 생활이나 그 밖의 공익에 현저한 지장을 줄 우려가 있다고 인정되는 경우에는 영업정지처분을 갈음하여 매출액에 100분의 5를 곱한 금액을 초과하지 아니하는 범위에서 과징금을 부과할 수 있다. 다만, 제64조제2항제1호부터 제3호까지, 같은 조 제3항제1호 또는 제2호(제62조제3항제4호의 준수사항을 이행하지 아니한 경우만 해당한다)에 해당하거나 과징금 처분을 받은 날부터 2년이 지나기 전에 제64조에 따른 영업정지 처분 대상이 되는 경우에는 그러하지 아니하다. ⟨개정 2021. 4. 13.⟩
> ❷ 제1항에 따른 과징금의 부과·징수 등에 관하여는 제43조제3항부터 제6항까지의 규정을 준용한다.
> ❸ 제1항에 따른 과징금을 부과하는 위반행위의 종류와 위반 정도 등에 따른 과징금의 금액과 그 밖에 필요한 사항은 대통령령으로 정하되, 그 금액의 2분의 1의 범위에서 가중하거나 감경할 수 있다. ⟨개정 2019. 11. 26.⟩

96. 위임업무 보고사항의 업무내용 중 보고횟수가 연 1회에 해당되는 것은?

① 환경기술인의 자격별·업종별 현황
② 폐수무방류배출시설의 설치허가(변경허가) 현황
③ 골프장 맹·고독성 농약 사용 여부 확인 결과
④ 비점오염원의 설치신고 및 방지시설 설치 현황 및 행정처분 현황

② 수시, ③ 연 2회, ④ 연 4회

97. 폐수처리업의 허가를 받을 수 없는 결격사유에 해당하지 않는 것은?

① 폐수처리업의 허가가 취소된 후 2년이 지나지 아니한 자
② 파산선고를 받고 복권된 지 2년이 지나지 아니한 자
③ 피성년후견인
④ 피한정후견인

제63조(결격사유)
다음 각 호의 어느 하나에 해당하는 자는 폐수처리업의 등록을 할 수 없다.
1. 피성년후견인 또는 피한정후견인
2. 파산선고를 받고 복권되지 아니한 자
3. 제64조에 따라 폐수처리업의 등록이 취소된 후 2년이 지나지 아니한 자
4. 이 법 또는 「대기환경보전법」, 「소음·진동관리법」을 위반하여 징역의 실형을 선고받고 그 형의 집행이 끝나거나
   집행을 받지 아니하기로 확정된 후 2년이 지나지 아니한 사람
5. 임원 중에 제1호부터 제4호까지의 어느 하나에 해당하는 사람이 있는 법인

98. 오염총량초과과징금의 납부통지는 부과 사유가 발생한 날부터 몇 일 이내에 하여야 하는가?

① 15   ② 30
③ 45   ④ 60

오염총량초과과징금의 납부통지
· 납부통지 : 60일 이내
· 납부기간 : 30일 이내

제11조(오염총량초과과징금의 납부통지)
❶ 제10조에 따라 산정한 오염총량초과과징금의 납부통지는 부과 사유가 발생한 날부터 60일 이내에 하여야 한다.
  〈개정 2018. 1. 16.〉
❷ 제1항에 따른 오염총량초과과징금의 납부통지는 부과 대상 수질오염물질량, 부과금액, 납부기간, 납부장소, 그 밖
  에 필요한 사항을 적어 서면으로 하여야 한다. 이 경우 오염총량초과과징금의 납부기간은 납부통지서를 발급한 날
  부터 30일까지로 한다. 〈개정 2018. 1. 16.〉
[제목개정 2018. 1. 16.]

99. 사업장별 환경관리인의 자격기준으로 알맞지 않는 것은?

① 특정수질유해물질이 포함된 수질오염물질을 배출하는 제4종 또는 제5종 사업장은 제4종 사업장에 해당하는 환경관리인을 두어야 한다. 다만, 특정수질유해물질이 함유된 1일 $20m^3$ 이하 폐수를 배출하는 경우에는 그러하지 아니한다.

② 방지시설 설치면제 대상인 사업장과 배출시설에서 배출되는 수질오염물질 등을 공동방지지설에서 처리하게 하는 사업장은 제4종사업장·제5종사업장에 해당하는 환경기술인을 둘 수 있다.

③ 공동방지시설의 경우에는 폐수배출량이 제4종 또는 제5종사업장의 규모에 해당하면 제3종 사업장에 해당하는 환경기술인을 두어야 한다.

④ 공공폐수처리시설에 폐수를 유입시켜 처리하는 제1종 또는 제2종사업장은 제3종사업장에 해당하는 환경기술인을, 제3종사업장은 제4종사업장·제5종사업장에 해당하는 환경기술인을 둘 수 있다.

> ① 특정수질유해물질이 포함된 수질오염물질을 배출하는 제4종 또는 제5종 사업장은 제3종사업장에 해당하는 환경관리인을 두어야 한다. 다만, 특정수질유해물질이 함유된 1일 $10m^3$ 이하 폐수를 배출하는 경우에는 그러하지 아니한다.

100. 환경정책기본법령상 환경기준에서 하천의 생활 환경기준에 포함되지 않는 검사항목은?

① T-P ② T-N

③ DO ④ TOC

환경정책기본법 – 환경기준 – 하천의 생활 환경기준

등급		pH	BOD (mg/L)	TOC (mg/L)	SS (mg/L)	DO (mg/L)	T-P (mg/L)	대장균군 (군수/100mL)	
								총대장균군	분원성 대장균군
매우 좋음	Ia	6.5~8.5	1 이하	2 이하	25 이하	7.5 이상	0.02 이하	50 이하	10 이하
좋음	Ib	6.5~8.5	2 이하	3 이하	25 이하	5.0 이상	0.04 이하	500 이하	100 이하
약간 좋음	II	6.5~8.5	3 이하	4 이하	25 이하	5.0 이상	0.1 이하	1,000 이하	200 이하
보통	III	6.5~8.5	5 이하	5 이하	25 이하	5.0 이상	0.2 이하	5,000 이하	1,000 이하
약간 나쁨	IV	6.0~8.5	8 이하	6 이하	100 이하	2.0 이상	0.3 이하		
나쁨	V	6.0~8.5	10 이하	8 이하	쓰레기 등이 떠있지 않을 것	2.0 이상	0.5 이하		
매우 나쁨	VI		10 초과	8 초과		2.0 미만	0.5 초과		

1. ④　2. ③　3. ①　4. ③　5. ①　6. ④　7. ④　8. ④　9. ④　10. ①　11. ②　12. ③　13. ②　14. ①　15. ④
16. ①　17. ③　18. ①　19. ④　20. ②　21. ①　22. ①　23. ②　24. ②　25. ②　26. ④　27. ②　28. ③　29. ②　30. ④
31. ④　32. ②　33. ①　34. ②　35. ④　36. ②　37. ④　38. ③　39. ④　40. ①　41. ②　42. ④　43. ②　44. ④　45. ③
46. ①　47. ①　48. ④　49. ①　50. ④　51. ④　52. ①　53. ①　54. ①　55. ②　56. ④　57. ②　58. ①　59. ④　60. ①
61. ②　62. ②　63. ①　64. ①　65. ②　66. ②　67. ①　68. ④　69. ②　70. ③　71. ②　72. ①　73. ②　74. ①　75. ②
76. ①　77. ②　78. ①　79. ③　80. ①　81. ②　82. ③　83. ④　84. ①　85. ④　86. ③　87. ①　88. ②　89. ①　90. ④
91. ②　92. ②　93. ③　94. ②　95. ②　96. ①　97. ②　98. ①　99. ①　100. ②

제1과목 수질오염개론

1. 미생물 영양원 중 유황(sulfur)에 관한 설명으로 틀린 것은?

① 황환원세균은 편성 혐기성 세균이다.

② 유황을 함유한 아미노산은 세포 단백질의 필수 구성원이다.

③ 미생물세포에서 탄소 대 유황의 비는 100 : 1 정도이다.

④ 유황고정, 유황화합물 환원, 산화 순으로 변환된다.

- 황은 H_2S와 S, SO_4^{2-} 등으로 형태를 반복적으로 바꾸어가며 순환한다.
- 황 순환 순서 : 무기화, 고정화, 산화, 환원

2. 최종 BOD가 20mg/L, DO가 5mg/L 하천의 상류지점으로부터 3일 유하 거리의 하류지점에서의 DO 농도(mg/L)는? (단, 온도 변화는 없으며 DO 포화농도는 9mg/L이고, 탈산소계수는 0.1/day, 재폭기계수는 0.2/day, 상용대수 기준임)

① 약 4.0

② 약 4.5

③ 약 3.0

④ 약 2.5

$$D_t = \frac{k_1 L_0}{k_2 - k_1}(10^{-k_1 t} - 10^{-k_2 t}) + D_0 \cdot 10^{-k_2 t}$$

1) $D_3 = \dfrac{0.1 \times 20}{0.2 - 0.1}(10^{-0.1 \times 3} - 10^{-0.2 \times 3}) + (9-5) \times 10^{-0.2 \times 3} = 6.0(\text{mg/L})$

2) 현재 DO = DO포화농도 - DO부족량(D_t) = 9 - 6.0 = 3.0(mg/L)

3. 공장폐수의 시료 분석결과가 다음과 같을 때 NBDICOD(Non-biodegradable insoluble COD) 농도(mg/L)는? (단, K는 1.72를 적용할 것)

COD = 857mg/L, SCOD = 380mg/L
BOD_5 = 468mg/L, $SBOD_5$ = 214mg/L
TSS = 384mg/L, VSS = 318mg/L

① 24.68

② 32.56

③ 40.12

④ 52.04

1) ICOD

   ICOD = COD - SCOD = 857 - 380 = 477mg/L

2) BDICOD

   BDCOD = BODu = K × BOD$_5$ = 1.72 × 468 = 804.96

   BDSCOD = SBODu = K × SBOD$_5$ = 1.72 × 214 = 368.08

   BDICOD = BDCOD - BDSCOD = 804.96 - 368.08 = 436.88

3) NBDICOD

   NBDICOD = ICOD - BDICOD = 477 - 436.88 = 40.12mg/L

COD와 BOD 관계

COD	=	SCOD	+	ICOD
‖		‖		‖
BDCOD	=	BDSCOD	+	BDICOD
(= BODu)		(= SBODu)		(= IBODu)
+		+		+
NBDCOD	=	NBDSCOD	+	NBDICOD

4. 이상적 완전혼합형 반응조 내 흐름(혼합)에 관한 설명으로 틀린 것은?

① 분산수(dispersion number)가 0에 가까울수록 완전혼합 흐름상태라 할 수 있다.

② Morrill 지수의 값이 클수록 이상적인 완전혼합 흐름상태에 가깝다.

③ 분산(Variance)이 1일 때 완전혼합 흐름상태라 할 수 있다.

④ 지체시간(lag time)이 0이다.

① 분산수(dispersion number)가 무한대(∞)에 가까울수록 완전혼합 흐름상태라 할 수 있다.

흐름별 혼합상태

	이상적 플러그 흐름(IPM)	이상적 완전혼합반응 흐름(ICM)
분산	0	1
분산수	0	∞
morill지수	1	클수록
지체시간	이론적 체류시간	0

5. 건조고형물량이 3,000kg/day인 생슬러지를 저율혐기성소화조로 처리할 때 휘발성고형물은 건조고형물의 70%이고 휘발성고형물의 60%는 소화에 의해 분해된다. 소화된 슬러지의 총 고형물량(kg/day)은?

① 1,040

② 1,740

③ 2,040

④ 2,440

TS = FS + VS

소화 전 VS = 0.7 × 3,000 = 2,100
소화 전 FS = 0.3 × 3,000 = 900

소화 후 VS = 2,100 × (1 - 0.6) = 840
소화 후 FS = 900
∴ 소화 후 TS = 840 + 900 = 1,740

6. 글루코스($C_6H_{12}O_6$) 100mg/L인 용액을 호기성 처리할 때 이론적으로 필요한 질소량(mg/L)은?
(단, K_1(상용대수) = 0.1/day, BOD_5 : N = 100 : 5, BOD_U = ThOD로 가정)

① 약 3.7   ② 약 4.2
③ 약 5.3   ④ 약 6.9

$$C_6H_{12}O_6 \quad + \quad 6O_2 \quad \rightarrow \quad 6CO_2 + 6H_2O$$

100mg/L : $\quad BOD_u$
180g : 6 × 32g

$$BOD_u = \frac{6 \times 32}{180} \bigg| \frac{100}{} = 106.666(mg/L)$$

$BOD_5 = BOD_u(1 - 10^{Kt})$
$\quad\quad = 106.666(1 - 10^{-0.1 \times 5})$
$\quad\quad = 72.935(mg/L)$

BOD_5 : N = 100 : 5 = 72.935 : N
∴ N = 3.64(mg/L)

7. Formaldehyde(CH_2O) 500mg/L의 이론적 COD값(mg/L)은?

① 약 512   ② 약 533
③ 약 553   ④ 약 576

$$CH_2O \quad + \quad O_2 \quad \rightarrow \quad CO_2 + H_2O$$

30g : 32g
500mg/L : COD

$$COD = \frac{500mg}{L} \bigg| \frac{32}{30} = 533.333mg/L$$

8. 담수와 해수에 대한 일반적인 설명으로 틀린 것은?

① 해수의 용존산소 포화도는 주로 염류 때문에 담수보다 작다.

② upwelling은 담수가 해수의 표면으로 상승하는 현상이다.

③ 해수의 주성분으로는 Cl^-, Na^+, SO_4^{2-} 등이 있다.

④ 하구에서는 담수와 해수가 쐐기 형상으로 교차한다.

> ② upwelling은 심해의 해수가 표면으로 상승하는 현상이다.

9. 하천의 길이가 500km이며, 유속은 56m/min이다. 상류지점의 BODu가 280ppm이라면, 상류지점에서부터 378km 되는 하류지점의 BOD(mg/L)는? (단, 상용대수기준, 탈산소계수는 0.1/day, 수온은 20℃, 기타조건은 고려하지 않음)

① 45

② 68

③ 95

④ 132

> 1) 378km 유하에 걸리는 시간
>
> $$시간 = \frac{거리}{속도} = \frac{378,000m}{} \left| \frac{min}{56m} \right| \frac{1d}{1,440min} = 4.6875d$$
>
> 2) 378km 유하 후 하천의 BOD
> 하천의 BOD농도는 잔존 BOD식을 이용한다.
>
> $$BOD_t = BOD_u \cdot 10^{-kt}$$
> $$= 280 \cdot 10^{-0.1 \times 4.6875}$$
> $$= 95.1(mg/L)$$

10. 3g의 아세트산(CH_3COOH)을 증류수에 녹여 1L로 하였을 때 수소이온 농도(mol/L)는? (단, 이온화 상수값 $= 1.75 \times 10^{-5}$)

① 6.3×10^{-4}

② 6.3×10^{-5}

③ 9.3×10^{-4}

④ 9.3×10^{-5}

> 1) 아세트산 몰농도(C)
>
> $$\frac{3g}{L} \left| \frac{1mol}{60g} \right| = 0.05M$$
>
> 2) 수소이온 농도
>
> $$[H+] = \sqrt{K_a C} = \sqrt{(1.75 \times 10^{-5})(0.05)} = 9.35 \times 10^{-4}$$

11. 소수성 콜로이드의 특성으로 틀린 것은?

① 물과 반발하는 성질을 가진다.

② 물속에 현탁 상태로 존재한다.

③ 아주 작은 입자로 존재한다.

④ 염에 큰 영향을 받지 않는다.

④ 소수성 콜로이드는 염에 민감하므로, 큰 영향을 받는다.

소수성 콜로이드와 친수성 콜로이드 비교

비 교	소수성 colloid	친수성 colloid
존재 형태	현탁 상태(suspension)	유탁 상태(emulsion)
종류	점토, 석유, 금속입자	녹말, 단백질, 박테리아 등
물과 친화성	물과 반발	물과 쉽게 반응
염에 민감성	염에 아주 민감	염에 덜 민감
응집제 투여	소량의 염을 첨가하여도 응결 침전됨	다량의 염 첨가 시 응결 침전
표면 장력	용매와 비슷	용매보다 약함
틴들 효과	틴들 효과가 큼	약하거나 거의 없음

12. 연속류 교반 반응조(CFSTR)에 관한 내용으로 틀린 것은?

① 충격부하에 강하다.
② 부하변동에 강하다.
③ 유입된 액체의 일부분은 즉시 유출된다.
④ 동일 용량 PFR에 비해 제거효율이 좋다.

④ CFSTR은 동일 용량일 때, 제거효율이 PFR보다 낮다.

CSTR(CFSTR)의 특징

장점	단점
· 반응조 내에서 완전 혼합됨 · 부하변동에 강함 · 포기조 내 높은 MLSS와 DO 유지 가능	· 동일 용량일 때, 유기물 제거 효율이 PFR보다 낮음 · 동력 소요가 큼 · 단락류(Short circuiting) 발생 가능

PFR의 특징

장점	단점
· 유기물 제거 효율이 높음 · 동일한 제거효율을 얻기 위한 포기조 소요용량이 적음	· 충격부하 및 부하변동에 민감함 · 유입부에 BOD 부하가 높아 DO부족 및 불균형 발생함

13. 수중에서 유기질소가 유입되었을 때 유기질소는 미생물에 의하여 여러 단계를 거치면서 변화된다. 정상적으로 변화되는 과정에서 가장 적은 양으로 존재하는 것은?

① 유기질소
② NO_2^-
③ NO_3^-
④ NH_4^+

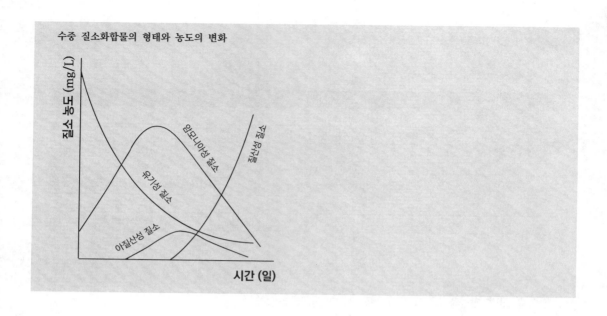

수중 질소화합물의 형태와 농도의 변화

14. 오염된 지하수를 복원하는 방법 중 오염물질의 유발요인이 한 지점에 집중적이고 오염된 면적이
비교적 작을 때 적용할 수 있는 적합한 방법은?

① 현장공기추출법
② 유해물질 굴착제거법
③ 오염된 지하수의 양수처리법
④ 토양 내 미생물을 이용한 처리법

한 지점에 집중적이고 오염된 면적이 비교적 작을 때는 굴착제거가 가장 경제적이다.

15. 분체 증식을 하는 미생물을 회분 배양하는 경우 미생물은 시간에 따라 5단계를 거치게 된다. 5단
계 중 생존한 미생물의 중량보다 미생물 원형질의 전체 중량이 더 크게 되며, 미생물 수가 최대가
되는 단계로 가장 적합한 것은?

① 증식단계
② 대수성장단계
③ 감소성장단계
④ 내생성장단계

미생물의 성장단계별 특징
· 대수성장단계 : 증식속도 최대
· 감소성장단계 : 미생물 수 최대
· 내생성장단계 : 슬러지 자산화, 원형질 중량 감소

16. 다음 유기물 1M이 완전산화될 때 이론적인 산소요구량(ThOD)이 가장 적은 것은?

① C_6H_6　　　　　　　　　② $C_6H_{12}O_6$

③ C_2H_5OH　　　　　　　④ CH_3COOH

① $C_6H_6 + 7.5O_2 \rightarrow 6CO_2 + 3H_2O$
② $C_6H_{12}O_6 + 6O_2 \rightarrow 6CO_2 + 6H_2O$
③ $C_2H_5OH + 3O_2 \rightarrow 2CO_2 + 3H_2O$
④ $CH_3COOH + 2O_2 \rightarrow 2CO_2 + 2H_2O$
호기성 분해식에서, O_2 계수가 작을수록 ThOD가 작다.

17. 농도가 A인 기질을 제거하기 위한 반응조를 설계하려고 한다. 요구되는 기질의 전환율이 90%일 경우에 회분식 반응조에서의 체류시간(hr)은? (단, 반응은 1차 반응(자연대수기준)이며, 반응상수 K = 0.45/hr)

① 5.12　　　　　　　　　② 6.58

③ 13.16　　　　　　　　④ 19.74

회분식 반응조의 반응식

$\ln\dfrac{C}{C_o} = -kt$

$\ln\dfrac{10}{100} = -0.45 \times t$

$\therefore t = 5.116/hr$

18. 생물농축에 대한 설명으로 가장 거리가 먼 것은?

① 생물농축은 생태계에서 영양단계가 낮을수록 현저하게 나타난다.
② 독성물질 뿐 아니라 영양물질도 똑같이 물질 순환을 통해 축적될 수 있다.
③ 생물체내의 오염물질 농도는 환경수중의 농도보다 일반적으로 높다.
④ 생물체는 서식장소에 존재하는 물질의 필요 유무에 관계없이 섭취한다.

① 생물농축은 생태계에서 영양단계가 높을수록 현저하게 나타난다.

19. 해수의 HOLY SEVEN에서 가장 농도가 낮은 것은?

① Cl^-　　　　　　　　　② Mg^{2+}

③ Ca^{2+}　　　　　　　④ HCO_3^-

염분의 주요 성분(HOLY SEVEN)
$Cl^- > Na^+ > SO_4^{2-} > Mg^{2+} > Ca^{2+} > K^+ > HCO_3^-$

20. 하천의 자정단계와 오염의 정도를 파악하는 Whipple의 자정단계(지대별 구분)에 대한 설명으로 틀린 것은?

① 분해지대 : 유기성 부유물의 침전과 환원 및 분해에 의한 탄산가스의 방출이 일어난다.
② 분해지대 : 용존산소의 감소가 현저하다.
③ 활발한 분해지대 : 수중환경은 혐기성 상태가 되어 침전저니는 흑갈색 또는 황색을 띤다.
④ 활발한 분해지대 : 오염에 강한 실지렁이가 나타나고 혐기성 곰팡이가 증식한다.

④ 실지렁이는 분해지대에서 증식한다.

Whipple의 자정단계(지대별 구분)

	분해지대	활발한 분해지대	회복지대	정수지대
특징	DO 감소 호기성 박테리아 → 균류	DO 최소 호기성 → 혐기성전환 혐기성기체 악취, 부패	DO 증가 혐기성 → 호기성전환 질산화	DO 거의 포화 청수성 어종 고등생물 출현
출현 생물	실지렁이, 균류(fungi), 박테리아(bacteria)	혐기성미생물, 세균 자유유영성 섬모충류	Fungi, 조류	윤충류(Rotifer), 무척추동물, 청수성어류(송어 등)
감소 생물	고등생물	균류	세균수 감소	

제2과목 상하수도 계획

21. 다음 중 생물막법과 가장 거리가 먼 것은?

① 살수여상법
② 회전원판법
③ 접촉산화법
④ 산화구법

호기성 처리의 분류

부유생물법	활성슬러지법, 계단식폭기법, 순산소활성슬러지법, 장기 포기법, 산화구법, 심층포기법 등
부착생물법 (생물막법)	살수여상법, 회전원판법, 호기성 여상법, 접촉산화법

22. 취수보의 위치와 구조 결정 시 고려할 사항으로 적절하지 않은 것은?

① 유심이 취수구에 가까우며, 홍수에 의한 하상변화가 적은 지점으로 한다.

② 홍수의 유심방향과 직각의 직선형으로 가능한 한 하천의 직선부에 설치한다.

③ 고정보의 상단 또는 가동보의 상단 높이는 유하단면 내에 설치한다.

④ 원칙적으로 철근콘크리트구조로 한다.

③ 고정보의 상단 또는 가동보의 상단 높이는 계획하상높이, 현재의 하상높이 및 장래의 하상변동 등을 고려하여 유수소통에 지장이 없는 높이에 설치한다.

23. 하수의 배제방식 중 합류식에 관한 설명으로 틀린 것은?

① 관거내의 보수 : 폐쇄의 염려가 없다.

② 토지이용 : 기존의 측구를 폐지할 경우는 도로 폭을 유효하게 이용할 수 있다.

③ 관거오접 : 철저한 감시가 필요하다.

④ 시공 : 대구경관거가 되면 좁은 도로에서의 매설에 어려움이 있다.

③ 관거오접 : 합류식은 관거오접이 없다(분류식 : 철저한 감시가 필요하다).

24. 취수탑의 위치에 관한 내용으로 (   )에 옳은 것은?

| 연간을 통하여 최소수심이 (   ) 이상으로 하천에 설치하는 경우에는 유심이 제방에 되도록 근접한 지점으로 한다. |

① 1m   ② 2m

③ 3m   ④ 4m

취수탑의 설계기준

최소수심이 2m 이상으로 하천에 설치하는 경우에는 유심이 제방에 되도록 근접한 지점으로 한다.

25. 펌프의 캐비테이션이 발생하는 것을 방지하기 위한 대책으로 잘못된 것은?

① 펌프의 설치위치를 가능한 낮추어 가용유효흡입수두를 크게 한다.

② 흡입관의 손실을 가능한 작게 하여 가용유효흡입수두를 크게 한다.

③ 펌프의 회전속도를 높게 선정하여 필요유효흡입수두를 크게 한다.

④ 흡입 측 밸브를 완전히 개방하고 펌프를 운전한다.

③ 펌프의 회전속도를 낮게하여 필요유효흡입수두를 작게 한다.

26. 양정변화에 대하여 수량의 변동이 적고 또 수량변동에 대하여 동력의 변화도 적으므로 우수용 펌프 등 수위변동이 큰 곳에 적합한 펌프는?

① 원심펌프
② 사류펌프
③ 축류펌프
④ 스크루펌프

① 원심펌프 : 임펠러의 회전으로 발생하는 원심력으로 임펠러 내의 물에 압력 및 속도를 주고 일부를 압력으로 변환하여 양수하는 펌프
② 사류펌프 : 원심펌프와 축류펌프의 중간 형태, 양정변화에 대하여 수량의 변동이 적고 또 수량변동에 대하여 동력의 변화도 적으므로 우수용 펌프 등 수위변동이 큰 곳에 적합
③ 축류펌프 : 베인의 양력작용에 의하여 임펠러 내의 물에 압력 및 속도에너지를 주고 일부를 압력으로 변환하여 양수를 하는 펌프
④ 스크루펌프 : 스크루를 회전시켜 액체를 흡입 측으로부터 토출 측으로 밀어내는 펌프, 저양정에 적합

27. 상수시설 중 배수시설을 설계하고 정비할 때에 설계상의 기본적인 사항 중 옳은 것은?

① 배수지의 용량은 시간변동조정용량, 비상시대처용량, 소화용수량 등을 고려하여 계획시간 최대급수량의 24시간분 이상을 표준으로 한다.
② 배수관을 계획할 때에 지역의 특성과 상황에 따라 직결급수의 범위를 확대하는 것 등을 고려하여 최대정수압을 결정하며, 수압의 기준점은 시설물의 최고높이로 한다.
③ 배수본관은 단순한 수지상 배관으로 하지 말고 가능한 한 상호 연결된 관망형태로 구성한다.
④ 배수지관의 경우 급수관을 분기하는 지점에서 배수관 내의 최대정수압은 150kPa을 넘지 않도록 한다.

① 배수지의 용량은 시간변동조정용량, 비상시대처용량, 소화용수량 등을 고려하여 **계획1일최대급수량의 12시간분 이상**을 기준으로 한다.
② 배수관을 계획할 때에 지역의 특성과 상황에 따라 직결 급수의 범위를 확대하는 것 등을 고려하여 **최소동수압**을 결정하며, 수압의 기준점은 시설물의 **최고높이**로 한다.
④ 배수지관의 경우 급수관을 분기하는 지점에서 배수관 내의 **최대정수압은 700kPa(약1.53kg_f/cm²)**를 넘지 않도록 한다.

28. 하수도 계획에 대한 설명으로 옳은 것은?

① 하수도 계획의 목표연도는 원칙적으로 30년으로 한다.
② 하수도 계획구역은 행정상의 경계구역을 중심으로 수립한다.
③ 새로운 시가지의 개발에 따른 하수도 계획구역은 기존 시가지를 포함한 종합적인 하수도 계획의 일환으로 수립한다.
④ 하수처리구역의 경계는 자연유하에 의한 하수배제를 위해 배수구역 경계와 교차하도록 한다.

① 하수도 계획의 목표연도는 원칙적으로 20년으로 한다.

② 하수도 계획구역은 원칙적으로 관할 행정구역 전체를 대상으로 하되, 자연 및 지역조건을 충분히 고려하여 필요시에는 행정경계 이외 구역도 광역적, 종합적으로 정한다.

④ 처리구역의 경계는 자연유하에 의한 하수배제를 위해 배수구역 경계와 교차하지 않을 것을 원칙으로 하고, 처리구역 외의 배수구역으로부터의 우수 유입을 고려하여 계획한다.

하수도의 계획구역

처리구역과 배수구역으로 구분하여 다음 사항을 고려하여 정한다.

· 하수도 계획구역은 원칙적으로 관할 행정구역 전체를 대상으로 하되, 자연 및 지역조건을 충분히 고려하여 필요시에는 행정경계 이외 구역도 광역적, 종합적으로 정한다.

· 계획구역은 원칙적으로 계획목표년도까지 시가화될 것이 예상되는 구역 전체와 그 인근의 취락지역 중 여건을 고려하여 선별적으로 계획구역에 포함하며, 기타 취락지역도 마을단위 또는 인근마을과 통합한 하수도계획을 수립한다.

· 공공수역의 수질보전 및 자연환경보전을 위하여 하수도정비를 필요로 하는 지역을 계획구역으로 한다.

· 새로운 시가지의 개발에 따른 하수계획구역은 기존 시가지를 포함한 하수도계획의 일환으로 수립한다.

· 처리구역은 지형여건, 시가화 상황 등을 고려하여 필요시 몇 개의 구역으로 분할할 수 있다.

· 처리구역의 경계는 자연유하에 의한 하수배제를 위해 배수구역 경계와 교차하지 않을 것을 원칙으로 하고, 처리구역 외의 배수구역으로부터의 우수 유입을 고려하여 계획한다.

· 슬러지 처리시설과 소규모하수처리시설의 운영에 대해서는 필요시 광역적인 처리와 운전, 유지관리가 가능하도록 시설을 계획한다.

29. 펌프의 토출량이 $1,200m^3/hr$, 흡입구의 유속이 $2.0m/sec$인 경우 펌프의 흡입구경(mm)은?

① 약 262
② 약 362
③ 약 462
④ 약 562

$$Q = AV$$

$$Q = \frac{\pi D^2}{4}V$$

$$\frac{1,200m^3}{hr} \left| \frac{1hr}{3,600sec} \right. = \frac{\pi D^2}{4} \left| \frac{2.0m}{sec} \right.$$

$$D = 0.460m = 460mm$$

30. 고도정수 처리 시 해당물질의 처리방법으로 가장 거리가 먼 것은?

① pH가 낮은 경우에는 플록 형성 후에 알칼리제를 주입하여 pH를 조정한다.

② 색도가 높을 경우에는 응집침전처리, 활성탄처리 또는 오존처리를 한다.

③ 음이온 계면활성제를 다량 함유한 경우에는 응집 또는 염소처리를 한다.

④ 원수 중에 불소가 과량으로 포함된 경우에는 응집처리, 활성알루미나, 골탄, 전해 등의 처리를 한다.

③ 음이온 계면활성제를 다량 함유한 경우에는 주로 생물학적 처리나 활성탄 흡착 처리를 한다.

31. 상수도 수요량 산정 시 불필요한 항목은?

① 계획1인1일 최대사용량
② 계획1인1일 평균급수량
③ 계획1인1일 최대급수량
④ 계획1인당 시간최대급수량

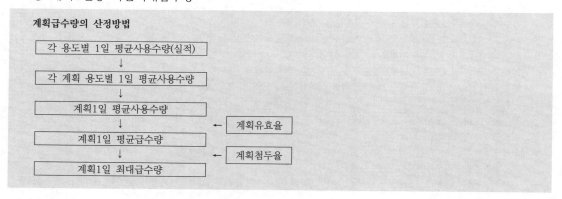

32. 정수시설인 배수지에 관한 내용으로 (   )에 옳은 내용은?

> 유효용량은 시간변동조정용량과 비상대처용량을 합하여 급수구역의 계획1일 최대급수량의 (   )을 표준으로 하여야 하며 지역특성과 상수도시설의 안정성 등을 고려하여 결정한다.

① 4시간분 이상
② 8시간분 이상
③ 12시간분 이상
④ 24시간분 이상

유효용량은 시간변동조정용량과 비상대처용량을 합하여 급수구역의 계획1일 최대급수량의 **12시간분 이상**을 표준으로 하여야 하며 지역특성과 상수도시설의 안정성 등을 고려하여 결정한다.

33. 계획우수량을 정할 때 고려하여야 할 사항 중 틀린 것은?

① 하수관거의 확률년수는 원칙적으로 10~30년으로 한다.
② 유입시간은 최소단위배수구의 지표면특성을 고려하여 구한다.
③ 유출계수는 지형도를 기초로 답사를 통하여 충분히 조사하고 장래 개발계획을 고려하여 구한다.
④ 유하시간은 최상류관거의 끝으로부터 하류관거의 어떤 지점까지의 거리를 계획유량에 대응한 유속으로 나누어 구하는 것을 원칙으로 한다.

③ 유출계수는 토지이용도별 기초유출계수로부터 총괄유출계수를 선정한다.

34. $I = \dfrac{3,660}{t + 15}$ mm/hr, 면적 $3.0km^2$, 유입시간 6분, 유출계수 $C = 0.65$, 관내유속이 $1m/sec$인 경우 관 길이 600m인 하수관에서 흘러나오는 우수량(m^3/sec)은? (단, 합리식 적용)

① 64
② 76
③ 82
④ 91

유하시간 $= \dfrac{600m}{} \bigg| \dfrac{sec}{1.0m} \bigg| \dfrac{1min}{60sec} = 10$분

유달시간 = 유입시간 + 유하시간

　　　　 = 　6　 + 　10

　　　　 = 　16분

$I = \dfrac{3,660}{t + 15} = \dfrac{3,660}{16 + 15} = 118.06$mm/hr

$Q = \dfrac{1}{3.6}CIA = \dfrac{1}{3.6} \bigg| 0.65 \bigg| 118.06 \bigg| 3 = 63.9m^3/s$

35. 취수구 시설에서 스크린, 수문 또는 수위조절판(Stop log)을 설치하여 일체가 되어 작동하게 되는 취수시설은?

① 취수보
② 취수탑
③ 취수문
④ 취수관거

① 취수보 : 하천을 막아 계획취수위를 확보해 안정된 취수를 가능하게 하기 위한 시설
② 취수탑 : 하천의 수심이 일정한 깊이 이상인 지점에 설치, 취수구를 상하에 설치하여 수위에 따라 좋은 수질을 선택취수 가능
③ 취수문 : 취수구 시설에서 스크린, 수문 또는 수위조절판을 설치하여 일체로 작동함
④ 취수관거 : 취수구부를 복단면 하천의 바닥 호안에 설치하여 표류수를 취수하고, 관거부를 통하여 제내지로 도수하는 시설

36. 활성슬러지법에서 사용하는 수중형 포기장치에 관한 설명으로 틀린 것은?

① 저속터빈과 압력튜브 혹은 보통관을 통한 압축공기를 주입하는 형식이다.
② 혼합정도가 좋으며 단위용량당 주입량이 크다.
③ 깊은 반응조에 적용하며 운전에 융통성이 있다.
④ 송풍조의 규모를 줄일 수 있어 전기료가 적게 소요된다.

④ 수중형 포기장치는 동력소모가 크므로 전기료가 많게 소요된다.

37. 정수시설인 착수정의 용량기준으로 적절한 것은?

① 체류시간 : 0.5분 이상, 수심 : 2~4m 정도

② 체류시간 : 1.0분 이상, 수심 : 2~4m 정도

③ 체류시간 : 1.5분 이상, 수심 : 3~5m 정도

④ 체류시간 : 1.0분 이상, 수심 : 3~5m 정도

착수정의 설계 재원

· 체류시간 : 1.5분 이상

· 수심 : 3~5m

· 여유고 : 60cm 이상

38. 막여과시설에서 막모듈의 열화에 대한 내용으로 틀린 것은?

① 미생물과 막 재질의 자화 또는 분비물의 작용에 의한 변화

② 산화제에 의하여 막 재질의 특성변화나 분해

③ 건조되거나 수축으로 인한 막 구조의 비가역적인 변화

④ 응집제 투입에 따른 막모듈의 공급유로가 고형물로 폐색

④ 파울링에 관한 설명임

막의 오염

분류	정의		내용
열화	막 자체의 변질로 생긴 비가역적인 막 성능의 저하	물리적 열화	· 압밀화 손상, 건조 · 장기적인 압력부하에 의한 막 구조의 압밀화 · 원수 중의 고형물이나 진도에 의한 막면의 상처나 마모, 파단 혹은 건조되거나 수축으로 인한 막 구조의 비가역적인 변화
		화학적 열화	· 가수분해, 산화 · 막이 pH나 온도 등의 작용에 의한 분해 · 산화제의 의하여 막 재질의 특성 변화나 분해
		생물화학적 변화	· 미생물과 막 재질의 자화 또는 분비물의 작용에 의한 변화
파울링	막 자체의 변질이 아닌 외적 인자로 생긴 막 성능의 저하	부착층 — 케이크층	· 공급수 중의 현탁물질이 막 면상에 축적되어 생성되는 층
		부착층 — 겔(gel)층	· 농축으로 용해성 고분자 등의 막 표면 농도가 상승하여 막면에 형성된 겔상의 비유동성 층
		부착층 — 스케일층	· 농축으로 난용해성 물질이 용해도를 초과하여 막 면에 석출된 층
		부착층 — 흡착층	· 공급수 중에 함유되어 막에 대하여 흡착성이 큰 물질이 막면 상에 흡착되어 형성된 층
		막힘	· 고체 : 막의 다공질부의 흡착, 석출, 포착 등에 의한 폐색 · 액체 : 소수성 막의 다공질부가 기체로 치환(건조)
		유로폐색	· 막모듈의 공급유로 또는 여과수 유로가 고형물로 폐색되어 흐르지 않는 상태

39. 정수시설인 하니콤방식에 관한 설명으로 틀린 것은? (단, 회전원판방식과 비교 기준)

① 체류시간 : 2시간 정도   ② 손실수두 : 거의 없음

③ 폭기설비 : 필요 없음   ④ 처리수조의 깊이 : 5~7m

③ 폭기설비 : 필요함

40. 면적이 $3km^2$이고, 유입시간이 5분, 유출계수 C = 0.65, 관내 유속 1m/sec로 관 길이 1,200m인 하수관으로 우수가 흐르는 경우 유달시간(분)은?

① 10   ② 15

③ 20   ④ 25

유달시간 = 유입시간 + 유하시간

$$= 5 + \frac{1,200m}{} \left| \frac{sec}{1m} \right| \frac{1min}{60sec}$$

$$= 25분$$

제3과목 수질오염 방지기술

---

41. 생물막을 이용한 하수처리방식인 접촉산화법의 설명으로 틀린 것은?

① 분해속도가 낮은 기질제거에 효과적이다.

② 난분해성물질 및 유해물질에 대한 내성이 높다.

③ 고부하 시에도 매체의 공극으로 인하여 폐쇄위험이 적다.

④ 매체에 생성되는 생물량은 부하조건에 의하여 결정된다.

③ 고부하 시 매체의 폐쇄위험이 크기 때문에 부하조건에 한계가 있음

42. 표면적이 $2m^2$이고 깊이가 2m인 침전지에 유량 $48m^3$/day의 폐수가 유입될 때 폐수의 체류시간(hr)은?

① 2   ② 4

③ 6   ④ 8

$$t = \frac{AH}{Q} = \frac{2m^2}{} \left| \frac{2m}{} \right| \frac{day}{48m^3} \left| \frac{24hr}{1day} \right| = 2hr$$

43. 혐기성 소화조 설계 시 고려해야 할 사항과 관계가 먼 것은?

① 소요산소량   ② 슬러지 소화정도

③ 슬러지 소화를 위한 온도   ④ 소화조에 주입되는 슬러지의 양과 특성

혐기성소화 설계 시 고려사항

· 소화조에 유입되는 슬러지의 양과 특성
· 고형물 체류시간 및 온도
· 소화조의 운전 방법
· 소화조 내에서의 슬러지 농축, 상징수의 형성 및 슬러지 저장을 위하여 요구되는 부피
· 슬러지 소화정도

44. 하수관거가 매설되어 있지 않은 지역에 위치한 500개의 단독주택(정화조 설치)에서 생성된 정화조 슬러지를 소규모 하수처리장에 운반하여 처리할 경우, 이로 인한 BOD 부하량 증가율(질량기준, 유입일 기준, %)은?

· 정화조는 연 1회 슬러지 수거
· 각 정화조에서 발생되는 슬러지 : $3.8m^3$
· 연간 250일 동안 일정량의 정화조 슬러지를 수거, 운반, 하수처리장 유입 처리
· 정화조 슬러지 BOD 농도 : 6,000mg/L
· 하수처리장 유량 및 BOD 농도 : $3,800m^3/day$ 및 220mg/L
· 슬러지 비중 1.0 가정

① 약 3.5   ② 약 5.5

③ 약 7.5   ④ 약 9.5

1) 정화조 슬러지 유입 전 하수처리장의 BOD 부하

$$\frac{220g}{m^3} \left| \frac{3,800m^3}{day} \right. = 836,000g/d$$

2) 정화조 슬러지의 BOD 부하

$$\frac{6,000g}{m^3} \left| \frac{3.8m^3}{개} \right| \frac{500개}{250day} = 45,600g/d$$

3) BOD 부하 증가율

$$\frac{45,600}{836,000} = 0.0545 = 5.45\%$$

45. 상수처리를 위한 사각 침전조에 유입되는 유량은 $30,000m^3/day$이고 표면부하율은 $24m^3/m^2 \cdot day$이며 체류시간은 6시간이다. 침전조의 길이와 폭의 비는 2 : 1이라면 조의 크기는?

① 폭 : 20m, 길이 : 40m, 깊이 : 6m   ② 폭 : 20m, 길이 : 40m, 깊이 : 4m

③ 폭 : 25m, 길이 : 50m, 깊이 : 6m   ④ 폭 : 25m, 길이 : 50m, 깊이 : 4m

1) 조의 면적

$$A = LB = \dfrac{Q}{Q/A} = \dfrac{30,000\text{m}^3/\text{d}}{24\text{m}^3/\text{m}^2\text{d}} = 1,250\text{m}^2$$

2) 폭(B), 길이(L)

L : B = 2 : 1 이므로

A = (2B)B = 1,250

∴ B = 25m, L = 50m

3) 깊이(H)

$$H = \dfrac{Qt}{A} = \dfrac{30,000\text{m}^3}{\text{d}} \left| \dfrac{6\text{hr}}{} \right| \dfrac{\text{day}}{24\text{hr}} \left| \dfrac{}{1,250\text{m}^2} \right. = 6\text{m}$$

---

46. 슬러지 내 고형물 무게의 1/3이 유기물질, 2/3가 무기물질이며, 이 슬러지 함수율은 80%, 유기물질 비중이 1.0, 무기물질 비중은 2.5라면 슬러지 전체의 비중은?

① 1.072 ② 1.087

③ 1.095 ④ 1.112

1) 고형물 비중(ρ_{TS})

$$\dfrac{M_{TS}}{\rho_{TS}} = \dfrac{M_{FS}}{\rho_{FS}} + \dfrac{M_{VS}}{\rho_{VS}}$$

$$\dfrac{1}{\rho_{TS}} = \dfrac{2/3}{2.5} + \dfrac{1/3}{1}$$

∴ $\rho_{TS} = 1.666$

2) 슬러지 비중(ρ_{SL})

$$\dfrac{M_{SL}}{\rho_{SL}} = \dfrac{M_{TS}}{\rho_{TS}} + \dfrac{M_W}{\rho_W}$$

$$\dfrac{100}{\rho_{SL}} = \dfrac{20}{1.666} + \dfrac{80}{1}$$

∴ $\rho_{SL} = 1.0869$

---

47. 정수장의 침전조 설계 시 어려운 점은 물의 흐름은 수평방향이고 입자 침강방향은 중력방향이어서 두 방향의 운동을 해석해야 한다는 점이다. 이상적인 수평 흐름 장방형 침전지(제 I형 침전) 설계를 위한 기본 가정 중 틀린 것은?

① 유입부의 깊이에 따라 SS 농도는 선형으로 높아진다.

② 슬러지 영역에서는 유체이동이 전혀 없다.

③ 슬러지 영역상부에 사영역이나 단락류가 없다.

④ 플러그 흐름이다.

① 침전효율은 수심과는 관계없다.

48. 염소이온 농도가 500mg/L, BOD 2,000mg/L인 폐수를 희석하여 활성슬러지법으로 처리한 결과 염소이온 농도와 BOD는 각각 50mg/L이었다. 이 때의 BOD 제거율(%)은? (단, 희석수의 BOD, 염소이온 농도는 0이다.)

① 85　　　　　　　　　　　　　② 80
③ 75　　　　　　　　　　　　　④ 70

1) 희석배수

염소는 보존성 물질이므로 염소의 농도로 희석배수를 알 수 있다.

$$희석배수 = \frac{희석\ 전\ 농도}{희석\ 후\ 농도} = \frac{500}{50} = 10배$$

2) BOD 제거율
- 희석 후 BOD 농도

$$\frac{희석\ 전\ 농도}{희석배수} = \frac{2,000}{10} = 200mg/L$$

- BOD 제거율

$$\frac{200-50}{200} = 0.75 = 75\%$$

49. 생물학적 방법을 이용하여 하수 내 인과 질소를 동시에 효과적으로 제거할 수 있다고 알려진 공법과 가장 거리가 먼 것은?

① A^2/O 공법　　　　　　　　② 5단계 Bardenpho 공법
③ Phostrip 공법　　　　　　　④ SBR 공법

③ Phostrip 공법 : P 제거 공법

50. 미생물을 이용하여 폐수에 포함된 오염물질인 유기물, 질소, 인을 동시에 처리하는 공법은 대체로 혐기조, 무산소조, 포기조로 구성되어 있다. 이 중 혐기조에서의 주된 생물학적 오염물질 제거반응은?

① 인 방출　　　　　　　　　　② 인 과잉흡수
③ 질산화　　　　　　　　　　④ 탈질화

- 혐기조 : 인 방출
- 무산소조 : 탈질화(질소 제거)
- 호기조(포기조) : 인 제거, 질산화

51. 막공법에 관한 설명으로 가장 거리가 먼 것은?

① 투석은 선택적 투과막을 통해 용액 중에 다른 이온, 혹은 분자 크기가 다른 용질을 분리시키는 것이다.

② 투석에 대한 추진력은 막을 기준으로 한 용질의 농도차이다.

③ 한외여과 및 미여과의 분리는 주로 여과작용에 의한 것으로 역삼투현상에 의한 것이 아니다.

④ 역삼투는 반투막으로 용매를 통과시키기 위해 동수압을 이용한다.

④ 역삼투는 반투막으로 용매를 통과시키기 위해 정수압을 이용한다.

52. 폐수를 처리하기 위해 시료 200mL를 취하여 Jar Test하여 응집제와 응집보조제의 최적주입 농도를 구한 결과, $Al_2(SO_4)_3$ 200mg/L, $Ca(OH)_2$ 500mg/L였다. 폐수량 500m^3/day을 처리하는데 필요한 $Al_2(SO_4)_3$의 양(kg/day)은?

① 50

② 100

③ 150

④ 200

필요한 $Al_2(SO_4)_3$ 양

$$\frac{200g}{m^3} \left| \frac{500m^3}{d} \right| \frac{1kg}{10^3g} = 100kg/d$$

53. 유량이 500m^3/day, SS 농도가 220mg/L인 하수가 체류시간이 2시간인 최초침전지에서 60%의 제거효율을 보였다. 이때 발생되는 슬러지양(m^3/day)은? (단, 슬러지 비중은 1.0, 함수율은 98%, SS만 고려함)

① 약 4.2

② 약 3.3

③ 약 2.4

④ 약 1.8

1) 발생TS양

제거SS양 = 발생TS양

$$발생TS양 = \frac{0.6 \times 220g}{m^3} \left| \frac{500m^3}{d} \right| \frac{1t}{10^6g} = 0.066t/d$$

2) 발생슬러지양

$$발생슬러지양 = \frac{0.066t}{d} \left| \frac{100SL}{2TS} \right| \frac{m^3}{1t} = 3.3m^3/d$$

54. 정수장에서 사용하는 소독제의 특성과 가장 거리가 먼 것은?

① 미잔류성

② 저렴한 가격

③ 주입조작 및 취급이 쉬울 것

④ 병원성 미생물에 대한 효과적 살균

① 소독제는 잔류성이 있어야 한다.

55. 직사각형 급속여과지의 설계조건이 다음과 같을 때, 필요한 급속여과지의 수(개)는? (단, 설계조건 : 유량 30,000m³/day, 여과속도 120m/day, 여과지 1지의 길이 10m, 폭 7m, 기타 조건은 고려하지 않음)

① 2

② 4

③ 6

④ 8

$Q = A_{전체}V = nA_1V$

$30,000m^3/day = \dfrac{n \mid 10m \times 7m \mid 120m}{day}$

$\therefore n = 3.57$이므로 4대

56. 만일 혐기성 처리공정에서 제거된 1kg의 용해성 COD가 혐기성 미생물 0.15kg의 순 생산을 나타낸다면 표준상태에서의 이론적인 메탄생성 부피(m³)는?

① 0.3

② 0.4

③ 0.5

④ 0.6

$G = 0.35(Lr - 1.42Rc)$
$\quad = 0.35(1 - 0.15)$
$\quad = 0.29m^3$

G : CH_4생산율(Sm^3/day)
Lr : 제거 $BODu$량(kg/day)
Rc : 세포의 실생산율($kgVSS/day$)
1.42 : 세포의 $BODu$ 환산계수

메탄생성수율

· $0.35m^3CH_4/kgBOD$
· $0.25kgCH_4/kgBOD$

57. 직경이 다른 두 개의 원형입자를 동시에 20℃의 물에 떨어뜨려 침강실험을 했다. 입자 A의 직경은 2×10^{-2}cm이며 입자 B의 직경은 5×10^{-2}cm라면 입자 A와 입자 B의 침강속도의 비율(V_A/V_B)은? (단, 입자 A와 B의 비중은 같으며, stokes 공식을 적용, 기타 조건은 같음)

① 0.28
② 0.23
③ 0.16
④ 0.12

Stoke's 침전속도식

$$V = \frac{d^2(\rho_s - \rho_w)}{18\mu}g$$

침전속도는 입자 직경의 제곱(d^2)에 비례한다.

$$\frac{V_A}{V_B} = \frac{d_A^2}{d_B^2} = \frac{(2 \times 10^{-2})^2}{(5 \times 10^{-2})^2} = 0.16$$

58. 물속의 휘발성유기화합물(VOC)을 에어스트리핑으로 제거할 때 제거 효율관계를 설명한 것으로 옳지 않은 것은?

① 액체 중의 VOC 농도가 높을수록 효율이 증가한다.
② 오염되지 않은 공기를 주입할 때 제거효율은 증가한다.
③ K_{La}가 감소하면 효율이 증가한다.
④ 온도가 상승하면 효율이 증가한다.

③ K_{La}(총괄기체전달계수)가 증가하면 공기(산소)가 수중농도가 증가하므로 VOC 탈기 제거가 증가한다.

59. 하수 내 함유된 유기물질뿐 아니라 영양물질까지 제거하기 위하여 개발된 A^2/O 공법에 관한 설명으로 틀린 것은?

① 인과 질소를 동시에 제거할 수 있다.
② 혐기조에서는 인의 방출이 일어난다.
③ 폐슬러지 내의 인함량은 비교적 높아서(3~5%) 비료의 가치가 있다.
④ 무산소조에서는 인의 과잉섭취가 일어난다.

· 혐기조 : 인 방출
· 무산소조 : 탈질화(질소 제거)
· 호기조(포기조) : 인 제거, 질산화

60. 폐수 처리시설에서 직경 0.01cm, 비중 2.5인 입자를 중력 침강시켜 제거하고자 한다. 수온 4.0℃ 에서 물의 비중은 1.0, 점성계수는 1.31×10^{-2}g/cm · sec일 때, 입자의 침강속도(m/hr)는? (단, 입자의 침강속도는 Stokes 식에 따른다.)

① 12.2
② 22.4
③ 31.6
④ 37.6

$$V = \frac{d^2(\rho_s - \rho_w)g}{18\mu}$$

$$= \frac{(0.01cm)^2}{} \left| \frac{(2.5 - 1.0)g}{cm^3} \right| \frac{980cm}{sec^2} \left| \frac{cm \cdot sec}{18 \times 1.31 \times 10^{-2}g} \right| \frac{1m}{100cm} \left| \frac{3,600sec}{1hr} \right| = 22.44m/hr$$

제4과목 수질오염 공정시험기준

---

61. 수질오염공정시험기준의 구리시험법(원자흡수분광광도법)에서 사용하는 조연성 가스는?

① 수소
② 아르곤
③ 아산화질소
④ 아세틸렌 공기

가스	적용 금속
공기 - 아세틸렌	Cu, Pb, Ni, Mn, Zn, Sn, Fe, Cd, Cr
아산화질소 - 아세틸렌	Ba
환원기화법(수소화물 생성법)	As, Se
냉증기법	Hg

62. 수질오염공정시험기준에서 아질산성 질소를 자외선/가시선 분광법으로 측정하는 흡광도 파장 (nm)은?

① 540
② 620
③ 650
④ 690

· 질산성 질소(블루신법) : 410nm
· 아질산성질소 : 540nm
· 암모니아성 질소(인도페놀법) : 630nm

63. 식물성 플랑크톤 시험 방법으로 옳은 것은? (단, 수질오염공정시험기준 기준)

① 현미경계수법   ② 최적확수법
③ 평판집락계수법   ④ 시험관정량법

· 식물성플랑크톤 시험방법 : 현미경계수법

64. 웨어의 수두가 0.25m, 수로의 폭이 0.8m, 수로의 밑면에서 절단 하부점까지의 높이가 0.7m인 직각 3각웨어의 유량(m^3/min)은? (단, 유량계수 $k = 81.2 + \dfrac{0.24}{h} + (8.4 + \dfrac{12}{\sqrt{D}}) \times (\dfrac{h}{B} - 0.09)^2$)

① 1.4   ② 2.1
③ 2.6   ④ 2.9

$k = 81.2 + \dfrac{0.24}{0.25} + (8.4 + \dfrac{12}{\sqrt{0.7}}) \times (\dfrac{0.25}{0.8} - 0.09)^2 = 83.285$

$Q = k \cdot h^{5/2} = 83.285 \times (0.25)^{5/2} = 2.60 \, m^3/min$

Q : 유량(m^3/ 분)
B : 수로의 폭(m)
D : 수로의 밑면으로부터 절단 하부 점까지의 높이(m)
h : 웨어의 수두(m)

65. 기체크로마토그래피에 사용되는 운반기체 중 분리도가 큰 순서대로 나타낸 것은?

① N_2 > He > H_2 ② He > H_2 > N_2
③ N_2 > H_2 > He   ④ H_2 > He > N_2

기체크로마토그래피 운반기체의 분리도(감도) : H_2 > He > N_2

66. 폐수의 BOD를 측정하기 위하여 다음과 같은 자료를 얻었다. 이 폐수의 BOD(mg/L)는?

BOD병의 부피는 300mL이고 BOD병에 주입된 폐수량 5mL, 희석된 식종액의 배양 전 및 배양 후의 DO는 각각 7.6mg/L, 7.0mg/L, 희석한 시료용액을 15분간 방치한 후 DO 및 5일간 배양한 다음의 희석한 시료용액의 DO는 각각 7.6mg/L, 4.0mg/L이었다.

(단, F = 1.0)
① 180   ② 216
③ 246   ④ 270

$$BOD(mg/L) = [(D_1 - D_2) - (B_1 - B_2) \times f] \times P$$

$$= [(7.6 - 4.0) - (7.6 - 7.0) \times 1] \times \frac{300}{5}$$

$$= 180$$

D_1 : 15분간 방치된 후의 희석(조제)한 시료의 DO(mg/L)
D_2 : 5일간 배양한 다음의 희석(조제)한 시료의 DO(mg/L)
B_1 : 식종액의 BOD를 측정할 때 희석된 식종액의 배양 전 DO(mg/L)
B_2 : 식종액의 BOD를 측정할 때 희석된 식종액의 배양 후 DO(mg/L)
f : 희석시료 중의 식종액 함유율(x%)과 희석한 식종액 중의 식종액 함유(y%)의 비(x/y)
P : 희석시료 중 시료의 희석배수(희석시료량/시료량)

---

67. 유량이 유체의 탁도, 점성, 온도의 영향은 받지 않고, 유속에 의해 결정되며 손실수두가 적은 유량계는?

① 피토우관
② 오리피스
③ 벤튜리미터
④ 자기식 유량측정기

자기식 유량측정기는 전압이 활성도, 탁도, 점성, 온도의 영향을 받지 않고 다만 유체(폐·하수)의 유속에 의하여 결정되며 손실수두(수두손실)이 적다.

---

68. 윙클러 법으로 용존산소를 측정할 때 0.025N 티오황산나트륨 용액 5mL에 해당되는 용존산소량 (mg)은?

① 0.02
② 0.20
③ 1.00
④ 5.00

5mL	0.025eq $Na_2S_2O_3$	1eq O_2	8000mg	1L	
	L	1eq $Na_2S_2O_3$	1eq O_2	1,000mL	= 1mg

---

69. 수질오염공정시험기준상 양극벗김전압전류법으로 측정하는 금속은?

① 구리
② 납
③ 니켈
④ 카드뮴

· 양극벗김전압전류법 적용 금속 : Pb, As, Hg, Zn

---

70. 클로로필 a 양을 계산할 때 클로로필 색소를 추출하여 흡광도를 측정한다. 이때 색소 추출에 사용하는 용액은?

① 아세톤용액
② 클로로포름용액
③ 에탄올용액
④ 포르말린용액

71. 최적응집제 주입량을 결정하는 실험을 하려고 한다. 다음 중 실험에 반드시 필요한 것이 아닌 것은?

① 비이커   ② pH 완충용액

③ Jar Tester   ④ 시계

72. 질산성 질소의 정량시험 방법 중 정량범위가 0.1mg NO_3-N/L가 아닌 것은?

① 이온크로마토그래피법

② 자외선/가시선 분광법(부루신법)

③ 자외선/가시선 분광법(활성탄흡착법)

④ 데발다합금 환원증류법(분광법)

73. 전기전도도의 측정에 관한 설명으로 잘못된 것은?

① 온도차에 의한 영향은 ±5%/℃ 정도이며 측정 결과값의 통일을 위하여 보정하여야 한다.

② 측정단위는 μS/cm로 한다.

③ 전기전도도는 용액이 전류를 운반할 수 있는 정도를 말한다.

④ 전기전도도 셀은 항상 수중에 잠긴 상태에서 보존하여야 하며, 정기적으로 점검한 후 사용한다.

74. 시료 전처리 방법 중 중금속 측정을 위한 용매 추출법인 피로디딘 디티오카르바민산 암모늄추출법에 관한 설명으로 알맞지 않은 것은?

① 크롬은 3가크롬과 6가크롬 상태로 존재할 경우에 추출된다.

② 망간을 측정하기 위해 전처리한 경우는 망간착화합물의 불안전성 때문에 추출 즉시 측정하여야 한다.

③ 철의 농도가 높은 경우에는 다른 금속추출에 방해를 줄 수 있다.

④ 시료 중 구리, 아연, 납, 카드뮴, 니켈, 코발트 및 은 등의 측정에 적용된다.

① 크롬은 6가 크롬 상태로 존재할 경우에만 추출된다.

피로디딘 디티오카르바민산 암모늄추출법

· 이 방법은 시료 중 구리, 아연, 납, 카드뮴, 니켈, 철, 망간, 6가 크롬, 코발트 및 은 등의 측정에 적용된다.
· 다만 망간은 착화합물 상태에서 매우 불안정하므로 추출 즉시 측정하여야 한다.
· 크롬은 6가 크롬 상태로 존재할 경우에만 추출된다.
· 또한 철의 농도가 높을 경우에는 다른 금속의 추출에 방해를 줄 수 있으므로 주의해야 한다.

75. 벤튜리미터(Venturi Meter)의 유량 측정공식, $Q = \dfrac{C \cdot A}{\sqrt{1 - [(\lnot)]^4}} \cdot \sqrt{2g \cdot H}$ 에서 (ㄱ)에 들어갈 내용으로 옳은 것은? (단, Q = 유량(cm^3/sec), C = 유량계수, A = 목 부분의 단면적(cm^2), g = 중력가속도(980cm/sec^2), H = 수두차(cm))

① 유입부의 직경 / 목(throat)부의 직경

② 목(throat)부의 직경 / 유입부의 직경

③ 유입부 관 중심부에서의 수두 / 목(throat)부의 수두

④ 목(throat)부의 수두 / 유입부 관 중심부에서의 수두

벤튜리미터, 유량측정 노즐, 오리피스 측정공식

$$Q = \frac{C \cdot A}{\sqrt{1 - [\frac{d_2}{d_1}]^4}} \sqrt{2 \, g \cdot H}$$

Q : 유량(cm^3/s)

C : 유량계수

A : 목(throat)부분의단면적(cm^2)[$= \dfrac{\pi d_2^2}{4}$]

H : $H_1 - H_2$(수두차 : cm)

H_1 : 유입부 관중심부에서의 수두(cm)

H_2 : 목(throat)부의 수두(cm)

g : 중력가속도(980cm/s^2)

d_1 : 유입부의 직경(cm)

d_2 : 목(throat)부 직경(cm)

76. 램버트-비어(Lambert-Beer)의 법칙에서 흡광도의 의미는? (단, I_o = 입사광의 강도, I_t = 투사광의 강도, t = 투과도)

① $\dfrac{I_t}{I_o}$

② $t \times 100\,t$

③ $\log\dfrac{1}{t}$

④ $I_t \times 10^{-1}$

흡광도 : 용액의 빛을 흡수하는 정도를 나타내는 양

$A = \log\left(\dfrac{I_0}{I}\right) = \log\left(\dfrac{1}{t}\right)$

I_0 : 입사광 강도

I : 투과광 강도

t : 투과도 $\left(= \dfrac{I}{I_0}\right)$

77. 백분율(W/V, %)의 설명으로 옳은 것은?

① 용액 100g 중의 성분무게(g)를 표시

② 용액 100mL 중의 성분용량(mL)을 표시

③ 용액 100mL 중의 성분무게(g)를 표시

④ 용액 100g 중의 성분용량(mL)을 표시

① W/W%
② V/V%
④ V/W%

78. 수질측정기기 중에서 현장에서 즉시 측정하기 위한 것이 아닌 것은?

① DO meter

② pH meter

③ TOC meter

④ Thermometer

· 즉시 측정 : DO, pH, 수온, 잔류염소

79. 하천의 일정장소에서 시료를 채수하고자 한다. 그 단면의 수심이 2m 미만일 때 채수 위치는 수면으로부터 수심의 어느 위치인가?

① 1/2 지점

② 1/3 지점

③ 1/3 지점과 2/3 지점

④ 수면상과 1/2 지점

하천수의 시료채취 지점

하천의 단면에서 수심이 가장 깊은 수면의 지점과 그 지점을 중심으로 하여 좌우로 수면 폭을 2등분한 각각의 지점의 수면으로부터 수심 2m 미만일 때에는 수심의 1/3에서, 수심이 2m 이상일 때에는 수심의 1/3 및 2/3에서 각각 채수한다.

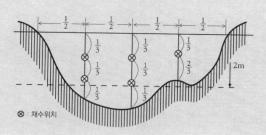

80. 물벼룩을 이용한 급성 독성 시험법에서 사용하는 용어의 정의로 옳지 않은 것은?

① 치사 : 일정 비율로 준비된 시료에 물벼룩을 투입하고 12시간 경과 후 시험용기를 살며시 움직여주고, 30초 후 관찰했을 때 아무 반응이 없는 경우를 판정한다.

② 유영저해 : 독성물질에 의해 영향을 받아 일부 기관(촉각, 후복부 등)이 움직임이 없을 경우를 판정한다.

③ 표준독성물질 : 독성시험이 정상적인 조건에서 수행되는지를 주기적으로 확인하기 위하여 사용하며 다이크롬산포타슘을 이용한다.

④ 지수식 시험방법 : 시험기간 중 시험용액을 교환하지 않는 시험을 말한다.

① 치사 : 일정 비율로 준비된 시료에 물벼룩을 투입하여 24시간 경과 후 시험용기를 살며시 움직여주고, 15초 후 관찰했을 때 독성물질에 의해 영향을 받아 **움직임이 명백하게 없는 상태**

제5과목 수질환경관계법규

---

81. 환경기준인 수질 및 수생태계 상태별 생물학적 특성 이해 표 내용 중 생물등급이 '좋음 ~ 보통'일 때의 생물지표종(어류)으로 틀린 것은?

① 버들치

② 쉬리

③ 갈겨니

④ 은어

수질 및 수생태계 상태별 생물학적 특성 이해 표

생물등급	생물 지표종	
	저서생물	어류
매우좋음 ~ 좋음	옆새우, 가재, 뿔하루살이, 민하루살이, 강도래, 물날도래, 광택날도래, 띠무늬우묵날도래, 바수염날도래	산천어, 금강모치, 열목어, 버들치 등 서식
좋음 ~ 보통	다슬기, 넓적거머리, 강하루살이, 동양하루살이, 등줄하루살이, 등딱지하루살이, 물삿갓벌레, 큰줄날도래	쉬리, 갈겨니, 은어, 쏘가리 등 서식
보통 ~ 약간나쁨	물달팽이, 턱거머리, 물벌레, 밀잠자리	피라미, 끄리, 모래무지, 참붕어 등 서식
약간나쁨 ~ 매우나쁨	왼돌이물달팽이, 실지렁이, 붉은깔따구, 나방파리, 꽃등에	붕어, 잉어, 미꾸라지, 메기 등 서식

82. 오염총량관리 조사 · 연구반에 관한 내용으로 ( )에 옳은 내용은?

법에 따른 오염총량관리 조사 · 연구반은 ( )에 둔다.

① 유역환경청
② 한국환경공단
③ 국립환경과학원
④ 수질환경 원격조사센터

시행규칙 제20조(오염총량관리 조사 · 연구반)

① 오염총량관리 조사 · 연구반(이하 "조사 · 연구반"이라 한다)은 국립환경과학원에 둔다.
② 조사 · 연구반의 반원은 국립환경과학원장이 추천하는 국립환경과학원 소속의 공무원과 수질 및 수생태계 관련 전문가로 구성한다.

83. 특례지역에 위치한 폐수시설의 부유물질량 배출허용기준(mg/L 이하)은? (단, 1일 폐수배출량 1,000 세제곱미터)

① 30
② 40
③ 50
④ 60

항목별 배출허용기준 - 생물화학적산소요구량 · 화학적산소요구량 · 부유물질량

대상규모 / 지역구분 \ 항목	1일 폐수배출량 2,000m³ 이상			1일 폐수배출량 2,000m³ 미만		
	생물화학적 산소요구량 (mg/L)	화학적 산소요구량 (mg/L)	부유물질량 (mg/L)	생물화학적 산소요구량 (mg/L)	화학적 산소요구량 (mg/L)	부유물질량 (mg/L)
청정지역	30 이하	40 이하	30 이하	40 이하	50 이하	40 이하
가지역	60 이하	70 이하	60 이하	80 이하	90 이하	80 이하
나지역	80 이하	90 이하	80 이하	120 이하	130 이하	120 이하
특례지역	30 이하	40 이하	30 이하	30 이하	40 이하	30 이하

84. 사업장의 규모별 구분에 관한 설명으로 틀린 것은?

① 1일 폐수배출량이 1,000m³인 사업장은 제2종 사업장에 해당된다.

② 1일 폐수배출량이 100m³인 사업장은 제4종 사업장에 해당된다.

③ 폐수배출량은 최근 90일 중 가장 많이 배출한 날을 기준으로 한다.

④ 최초 배출시설 설치 허가 시의 폐수 배출량은 사업계획에 따른 예상용수사용량을 기준으로 산정한다.

③ 사업장의 규모별 구분은 1년 중 가장 많이 배출한 날을 기준으로 정한다.

85. 기본배출부과금과 초과배출부과금에 공통적으로 부과대상이 되는 수질오염물질은?

가. 총 질소	나. 유기물질
다. 총 인	라. 부유물질

① 가, 나, 다, 라   ② 가, 나

③ 나, 라   ④ 가, 다

초과배출부과금의 부과 대상 수질오염물질의 종류

1. 유기물질   2. 부유물질

기본배출부과금의 부과 대상 수질오염물질의 종류

1. 유기물질   2. 부유물질

86. 공공수역의 수질보전을 위하여 환경부령이 정하는 휴경 등 권고대상 농경지의 해발고도 및 경사도 기준으로 옳은 것은?

① 해발 400m, 경사도 15%   ② 해발 400m, 경사도 30%

③ 해발 800m, 경사도 15%   ④ 해발 800m, 경사도 30%

휴경 등 권고대상 농경지의 해발고도 및 경사도

"환경부령으로 정하는 해발고도" : **해발 400m**

"환경부령으로 정하는 경사도" : **경사도 15%**

87. 비점오염원 관리지역에 대한 관리대책을 수립할 때 포함될 사항으로 가장 거리가 먼 것은?

① 관리목표

② 관리대상 수질오염물질의 종류

③ 관리대상 수질오염물질의 분석방법

④ 관리대상 수질오염물질의 저감 방안

비점오염원 관리지역에 대한 관리대책을 수립할 때 포함될 사항

1. 관리목표
2. 관리대상 수질오염물질의 종류 및 발생량
3. 관리대상 수질오염물질의 발생 예방 및 저감 방안
4. 그 밖에 관리지역을 적정하게 관리하기 위하여 환경부령으로 정하는 사항

88. 수질환경기준(하천) 중 사람의 건강보호를 위한 전수역에서 각 성분별 환경기준으로 맞는 것은?

① 비소(As) : 0.1mg/L 이하
② 납(Pb) : 0.01mg/L 이하
③ 6가 크롬(Cr^{+6}) : 0.05mg/L 이하
④ 음이온계면활성제(ABS) : 0.01mg/L 이하

① 비소(As) : 0.05mg/L 이하
② 납(Pb) : 0.05mg/L 이하
④ 음이온계면활성제(ABS) : 0.5mg/L 이하

89. 비점오염방지시설의 시설유형별 기준에서 장치형 시설이 아닌 것은?

① 침투 시설
② 여과형 시설
③ 스크린형 시설
④ 소용돌이형 시설

비점오염저감시설

자연형 시설	장치형 시설
1) 저류시설	1) 여과형 시설
2) 인공습지	2) 와류(渦流)형
3) 침투시설	3) 스크린형 시설
4) 식생형 시설	4) 응집·침전 처리형 시설
	5) 생물학적 처리형 시설

90. 환경기술인 또는 기술요원 등의 교육에 관한 설명 중 틀린 것은?

① 환경기술인이 이수하여야 할 교육과정은 환경기술인과정, 폐수처리기술요원과정이다.
② 교육기간은 5일 이내로 하며, 정보통신매체를 이용한 원격교육도 5일 이내로 한다.
③ 환경기술인은 1년 이내에 최초교육과 최초교육 후 3년마다 보수교육을 이수하여야 한다.
④ 교육기관에서 작성한 교육계획에는 교재편찬계획 및 교육성적의 평가방법 등이 포함되어야 한다.

② 교육기간은 5일 이내로 하며, 다만, 정보통신매체를 이용하여 원격교육을 실시하는 경우에는 환경부장관이 인정하는 기간으로 한다.

제93조(환경기술인 등의 교육기간·대상자 등)

❶ 환경기술인을 고용한 자는 다음 각 호의 구분에 따른 교육을 받게 하여야 한다.
   1. 최초교육 : 환경기술인 등이 최초로 업무에 종사한 날부터 1년 이내에 실시하는 교육
   2. 보수교육 : 최초 교육 후 3년마다 실시하는 교육
❷ 교육기관
   1. 환경기술인 : 환경보전협회
   2. 기술요원 : 국립환경인력개발원
❸ 교육과정
   1. 환경기술인과정
   2. 폐수처리기술요원과정
      교육기간은 5일 이내로 한다.
      다만, 정보통신매체를 이용하여 원격교육을 실시하는 경우에는 환경부장관이 인정하는 기간으로 한다.

91. 배출시설에서 배출되는 수질오염물질을 방지시설에 유입하지 아니하고 배출한 경우(폐수무방류 배출시설의 설치허가 또는 변경허가를 받은 사업자는 제외)에 대한 벌칙 기준은?

① 2년 이하의 징역 또는 2천만원 이하의 벌금
② 3년 이하의 징역 또는 3천만원 이하의 벌금
③ 5년 이하의 징역 또는 5천만원 이하의 벌금
④ 7년 이하의 징역 또는 7천만원 이하의 벌금

92. 물환경보전법령상 "호소"에 관한 설명으로 틀린 것은?

① 댐·보 또는 둑(「사방사업법」에 따른 사방시설은 제외한다.) 등을 쌓아 하천 또는 계곡에 흐르는 물을 가두어 놓은 곳
② 화산활동 등으로 인하여 함몰된 지역에 물이 가두어진 곳
③ 댐의 갈수위를 기준으로 구역 내 가두어진 곳
④ 하천에 흐르는 물이 자연적으로 가두어진 곳

"호소"란 다음 각 목의 어느 하나에 해당하는 지역으로서 만수위(滿水位)[댐의 경우에는 계획홍수위를 말한다] 구역 안의 물과 토지를 말한다.
· 댐·보(洑) 또는 둑(「사방사업법」에 따른 사방시설은 제외한다.) 등을 쌓아 하천 또는 계곡에 흐르는 물을 가두어 놓은 곳
· 하천에 흐르는 물이 자연적으로 가두어진 곳
· 화산활동 등으로 인하여 함몰된 지역에 물이 가두어진 곳

93. 1,000,000m³/day 이상의 하수를 처리하는 공공하수처리시설에 적용되는 방류수의 수질기준 중에서 가장 기준(농도)이 낮은 검사항목은?

① 총질소   ② 총인

③ SS   ④ BOD

방류수 수질기준

구 분	수질기준 (단위 : mg/L)			
	Ⅰ지역	Ⅱ지역	Ⅲ지역	Ⅳ지역
BOD	10(10) 이하	10(10) 이하	10(10) 이하	10(10) 이하
COD	20(40) 이하	20(40) 이하	40(40) 이하	40(40) 이하
부유물질(SS)	10(10) 이하	10(10) 이하	10(10) 이하	10(10) 이하
총질소(T-N)	20(20) 이하	20(20) 이하	20(20) 이하	20(20) 이하
총인(T-P)	0.2(0.2) 이하	0.3(0.3) 이하	0.5(0.5) 이하	2(2) 이하
총대장균군 수 (개/mL)	3,000(3,000)	3,000(3,000)	3,000(3,000)	3,000(3,000)
생태독성(TU)	1(1) 이하	1(1) 이하	1(1) 이하	1(1) 이하

94. 사업장에서 배출되는 폐수에 대한 설명 중 위탁처리를 할 수 없는 폐수는?

① 해양환경관리법상 지정된 폐기물 배출해역에 배출하는 폐수

② 폐수배출시설의 설치를 제한할 수 있는 지역에서 1일 50세제곱미터 미만으로 배출되는 폐수

③ 아파트형공장에서 고정된 관망을 이용하여 이송처리하는 폐수(폐수량에 제한을 받지 않는다.)

④ 성상이 다른 폐수가 수질오염방지시설에 유입될 경우 처리가 어려운 폐수로써 1일 50세제곱미터 미만으로 배출되는 폐수

② 폐수배출시설의 설치를 제한할 수 있는 지역에서 1일 20세제곱미터 미만으로 배출되는 폐수

제41조(위탁처리대상 폐수)
법 제33조제2호에서 "환경부령으로 정하는 폐수"란 다음 각 호의 폐수를 말한다. ⟨개정 2019. 10. 17.⟩
1. 1일 50세제곱미터 미만(폐수배출시설의 설치를 제한할 수 있는 지역에서는 20세제곱미터 미만)으로 배출되는 폐수. 다만, 「산업집적 활성화 및 공장설립에 관한 법률」에 따른 아파트형공장에서 고정된 관망을 이용하여 이송처리하는 경우에는 폐수량의 제한을 받지 아니하고 위탁처리할 수 있다.
2. 사업장에 있는 폐수배출시설에서 배출되는 폐수 중 다른 폐수와 그 성상(性狀)이 달라 수질오염방지시설에 유입될 경우 적정한 처리가 어려운 폐수로서 1일 50세제곱미터 미만(폐수배출시설의 설치를 제한할 수 있는 지역에서는 20세제곱미터 미만)으로 배출되는 폐수
3. 「해양환경관리법」상 지정된 폐기물배출해역에 배출할 수 있는 폐수
4. 수질오염방지시설의 개선이나 보수 등과 관련하여 배출되는 폐수로서 시·도지사와 사전 협의 된 기간에만 배출되는 폐수
5. 그 밖에 환경부장관이 위탁처리 대상으로 하는 것이 적합하다고 인정하는 폐수

95. 폐수무방류배출시설의 세부 설치기준으로 틀린 것은?

① 특별대책지역에 설치되는 경우 폐수배출량이 $200m^3/day$ 이상이면 실시간 확인 가능한 원격유량감시장치를 설치하여야 한다.

② 폐수는 고정된 관로를 통하여 수집·이송·처리·저장되어야 한다.

③ 특별대책지역에 설치되는 시설이 1일 24시간 연속하여 가동되는 것이면 배출폐수를 전량 처리할 수 있는 예비방지시설을 설치하여야 한다.

④ 폐수를 고체 상태의 폐기물로 처리하기 위하여 증발·농축·건조·탈수 또는 소각시설을 설치하여야 하며, 탈수 등 방지시설에서 발생하는 폐수가 방지시설에 재유입되지 않도록 하여야 한다.

---

④ 폐수를 고체 상태의 폐기물로 처리하기 위하여 증발·농축·건조·탈수 또는 소각시설을 설치하여야 하며, 탈수 등 방지시설에서 발생하는 폐수가 방지시설에 재유입하도록 하여야 한다.

폐수무방류배출시설의 세부 설치기준(제31조제7항 관련) ^{〈개정 2019. 7. 2.〉}

1. 배출시설에서 분리·집수시설로 유입하는 폐수의 관로는 맨눈으로 관찰할 수 있도록 설치하여야 한다.
2. 배출시설의 처리공정도 및 폐수 배관도는 누구나 알아 볼 수 있도록 주요 배출시설의 설치장소와 폐수처리장에 부착하여야 한다.
3. 폐수를 고체 상태의 폐기물로 처리하기 위하여 증발·농축·건조·탈수 또는 소각시설을 설치하여야 하며, 탈수 등 방지시설에서 발생하는 폐수가 방지시설에 재유입하도록 하여야 한다.
4. 폐수를 수집·이송·처리 또는 저장하기 위하여 사용되는 설비는 폐수의 누출을 방지할 수 있는 재질이어야 하며, 방지시설이 설치된 바닥은 폐수가 땅속으로 스며들지 아니하는 재질이어야 한다.
5. 폐수는 고정된 관로를 통하여 수집·이송·처리·저장되어야 한다.
6. 폐수를 수집·이송·처리·저장하기 위하여 사용되는 설비는 폐수의 누출을 맨눈으로 관찰할 수 있도록 설치하되, 부득이한 경우에는 누출을 감지할 수 있는 장비를 설치하여야 한다.
7. 누출된 폐수의 차단시설 또는 차단 공간과 저류시설은 폐수가 땅속으로 스며들지 아니하는 재질이어야 하며, 폐수를 폐수처리장의 저류조에 유입시키는 설비를 갖추어야 한다.
8. 폐수무방류배출시설과 관련된 방지시설, 차단·저류시설, 폐기물보관시설 등은 빗물과 접촉되지 아니하도록 지붕을 설치하여야 하며, 폐기물보관시설에서 침출수가 발생될 경우에는 침출수를 폐수처리장의 저류조에 유입시키는 설비를 갖추어야 한다.
9. 폐수무방류배출시설에서 발생된 폐수를 폐수처리장으로 유입·재처리할 수 있도록 세정식·응축식 대기오염방지시설 등을 설치하여야 한다.
10. 특별대책지역에 설치되는 폐수무방류배출시설의 경우 1일 24시간 연속하여 가동되는 것이면 배출 폐수를 전량 처리할 수 있는 예비 방지시설을 설치하여야 하고, 1일 최대 폐수발생량이 200세제곱미터 이상이면 배출 폐수의 무방류 여부를 실시간으로 확인할 수 있는 원격유량감시장치를 설치하여야 한다.

---

96. 다음은 배출시설의 설치허가를 받은 자가 배출시설의 변경허가를 받아야 하는 경우에 대한 기준이다. ( )에 들어갈 내용으로 옳은 것은?

> 폐수배출량이 허가 당시보다 100분의 50(특정수질유해물질이 배출되는 시설의 경우에는 100분의 30) 이상 또는 ( ) 이상 증가하는 경우

① 1일 500세제곱미터
② 1일 600세제곱미터
③ 1일 700세제곱미터
④ 1일 800세제곱미터

97. 기술진단에 관한 설명으로 (   )에 알맞은 것은?

공공폐수처리시설을 설치·운영하는 자는 공공폐수처리시설의 관리상태를 점검하기 위하여 (   )년 마다 해당 공공폐수처리시설에 대하여 기술진단을 하고, 그 결과를 환경부장관에게 통보하여야 한다.

① 1　　　　　　　　　　　　② 5
③ 10　　　　　　　　　　　④ 15

98. 오염총량관리 기본방침에 포함되어야 하는 사항으로 거리가 먼 것은?

① 오염총량관리 대상지역의 수생태계 현황 조사 및 수생태계 건강성 평가 계획
② 오염원의 조사 및 오염부하량 산정방법
③ 오염총량관리의 대상 수질오염물질 종류
④ 오염총량관리의 목표

99. 공공폐수처리시설의 관리·운영자가 처리시설의 적정운영 여부 확인을 위한 방류수 수질검사 실시기준으로 옳은 것은? (단, 시설규모는 1,000m³/day이며, 수질은 현저히 악화되지 않았음)

① 방류수 수질검사 월 2회 이상
② 방류수 수질검사 월 1회 이상
③ 방류수 수질검사 매 분기 1회 이상
④ 방류수 수질검사 매 반기 1회 이상

1. 처리시설의 관리·운영자는 방류수수질검사를 다음과 같이 실시하여야 한다.

　가. 처리시설의 적정 운영 여부를 확인하기 위하여 **방류수수질검사를 월 2회 이상** 실시하되, **1일당 2천 세제곱미터 이상인 시설은 주 1회 이상** 실시하여야 한다. 다만, **생태독성(TU) 검사는 월 1회 이상** 실시하여야 한다.

　나. 방류수의 수질이 현저하게 악화되었다고 인정되는 경우에는 **수시로** 방류수수질검사를 하여야 한다.

100. 수질오염경보 중 수질오염감시경보 대상 항목이 아닌 것은?

① 용존산소
② 전기전도도
③ 부유물질
④ 총유기탄소

수질오염 감시경보 대상 항목

· 수소이온농도
· 용존산소
· 총질소
· 총인
· 전기전도도
· 총유기탄소
· 휘발성유기화합물
· 페놀
· 중금속(구리, 납, 아연, 카드뮴 등)
· 클로로필-a
· 생물감시

1. ④ 　2. ③ 　3. ③ 　4. ① 　5. ② 　6. ① 　7. ② 　8. ② 　9. ③ 　10. ③ 　11. ④ 　12. ④ 　13. ② 　14. ② 　15. ③
16. ④ 　17. ① 　18. ① 　19. ④ 　20. ④ 　21. ④ 　22. ③ 　23. ③ 　24. ② 　25. ③ 　26. ② 　27. ③ 　28. ③ 　29. ③ 　30. ③
31. ① 　32. ③ 　33. ③ 　34. ① 　35. ③ 　36. ④ 　37. ③ 　38. ④ 　39. ④ 　40. ④ 　41. ④ 　42. ① 　43. ① 　44. ② 　45. ③
46. ② 　47. ① 　48. ③ 　49. ③ 　50. ① 　51. ④ 　52. ③ 　53. ② 　54. ① 　55. ④ 　56. ① 　57. ③ 　58. ① 　59. ④ 　60. ②
61. ④ 　62. ① 　63. ① 　64. ① 　65. ④ 　66. ① 　67. ④ 　68. ③ 　69. ② 　70. ① 　71. ② 　72. ③ 　73. ② 　74. ① 　75. ②
76. ③ 　77. ③ 　78. ③ 　79. ② 　80. ① 　81. ① 　82. ③ 　83. ① 　84. ③ 　85. ③ 　86. ① 　87. ③ 　88. ② 　89. ① 　90. ②
91. ③ 　92. ③ 　93. ② 　94. ② 　95. ① 　96. ③ 　97. ② 　98. ① 　99. ① 　100. ③

제1과목 수질오염개론

---

1. 미생물에 의한 영양대사과정 중 에너지 생성반응으로서 기질이 세포에 의해 이용되고, 복잡한 물질에서 간단한 물질로 분해되는 과정(작용)은?

① 이화
② 동화
③ 환원
④ 동기화

- **이화** : 복잡한 물질 → 간단한 물질 + ATP(에너지)
- **동화** : 간단한 저분자 물질 + ATP(에너지) → 고분자 화합물(세포)

2. 다음 산화제(또는 환원제) 중 g당량이 가장 큰 화합물은? (단, Na, K, Cr, Mn, I, S의 원자량은 각각 23, 39, 52, 55, 127, 32이다.)

① $Na_2S_2O_3$
② $K_2Cr_2O_7$
③ $KMnO_4$
④ KIO_3

① $Na_2S_2O_3$ 1mol=1eq=158g이므로 $\dfrac{158g}{1eq}=158\,g/eq$

② $K_2Cr_2O_7$ 1mol=6eq=294g이므로 $\dfrac{294g}{6eq}=49\,g/eq$

③ $KMnO_4$ 1mol=5eq=158g이므로 $\dfrac{158g}{5eq}=31.6\,g/eq$

④ KIO_3 1mol=5eq=214g이므로 $\dfrac{214g}{5eq}=42.8\,g/eq$

3. 하천 모델 중 다음의 특징을 가지는 것은?

- 유속, 수심, 조도계수에 의한 확산계수 결정
- 하천과 대기 사이의 열복사, 열교환 고려
- 음해법으로 미분방정식의 해를 구함

① QUAL - I
② WQRRS
③ DO SAG - I
④ HSPE

명칭	특징
Streeter - phelps model	· 최초의 하천수질 모델 · 유기물 분해에 의한 산소소비, 수면에서의 산소공급만을 이용하여 산소농도 변화를 예측한 모델
DO sag - I, II, III	· Streeter - phelps식으로 도출 · 1차원 정상 모델 · 점오염원 및 비점오염원이 하천의 용존산소에 미치는 영향을 나타냄 · SOD, 광합성에 의한 DO 변화 무시
WQRRS	· 하천 및 호수의 부영양화를 고려한 생태계 모델 · 정적 및 동적인 하천의 수질, 수문학적 특성을 광범위하게 고려 · 호수에는 수심별 1차원 모델을 적용함
QUAL - I, II	· 유속, 수심, 조도계수에 의한 확산계수 결정 · 하천과 대기 사이의 열복사, 열교환 고려 · 음해법으로 미분방정식의 해를 구함 · QUAL-II : QUAL-I을 변형보강한 것으로 계산이 빠르고 입력자료 취급이 용이함 · 질소 인 클로로필 a 고려
QUALZE	· QUAL-II를 보완하여 PC용으로 개발 · 희석방류량과 하천 수중보에 대한 영향 고려
AUT - QUAL	· 길이방향에 비해 상대적으로 폭이 좁은 하천 등에 적용 가능한 모델 · 비점오염원 고려
SNSIM 모델	· 저질의 영향과 광합성 작용에 의한 용존산소 반응을 나타냄
WASP	· 하천의 수리학적 모델, 수질 모델, 독성물질의 거동 고려 · 1, 2, 3차원 고려 · 저니의 영향 고려
HSPF	· 다양한 수체에 적용 가능 · 강우, 강설 고려 · 적용하고자 하는 수체에 따라 필요로 하는 모듈 선택 가능

4. 다음 중 수자원에 대한 특성으로 옳은 것은?

① 지하수는 지표수에 비하여 자연, 인위적인 국지조건에 따른 영향이 크다.
② 해수는 염분, 온도, pH 등 물리화학적 성상이 불안정하다.
③ 하천수는 주변지질의 영향이 적고 유기물을 많이 함유하는 경우가 거의 없다.
④ 우수의 주성분은 해수의 주성분과 거의 동일하다.

① 지하수는 지표수에 비하여 자연적인 국지조건에 따른 영향이 크다.
② 해수는 염분, 온도, pH 등 물리화학적 성상이 안정하다.
③ 하천수는 주변지질의 영향이 크고 유기물을 많이 함유하는 경우가 많다.

5. 수온이 20℃인 하천은 대기로부터의 용존산소공급량이 $0.06mgO_2/L \cdot hr$라고 한다. 이 하천의 평상시 용존산소농도가 $4.8mg/L$로 유지되고 있다면 이 하천의 산소전달계수(/hr)는? (단, α, β값은 각각 0.75이며, 포화용존산소농도는 $9.2mg/L$이다.)

① 3.8×10^{-1} ② 3.8×10^{-2}
③ 3.8×10^{-3} ④ 3.8×10^{-4}

$$\frac{dC}{dt} = \alpha K_{La}(\beta C_s - C)$$

$$K_{La} = \frac{dC}{dt} \cdot \frac{1}{\alpha(\beta C_s - C)} = \frac{0.06mgO_2}{L \cdot hr} \cdot \frac{1}{0.75(0.75 \times 9.2 - 4.8)mg/L} = 3.809 \times 10^{-2}/hr$$

6. BOD곡선에서 탈산소계수를 구하는 데 적용되는 방법으로 가장 알맞은 것은?

① O'Connor - Dobbins 식   ② Thomas 도해법
③ Rippl 법   ④ Tracer법

· 재폭기계수를 구하는 데 적용되는 방법 : O'Connor - Dobbins식, Isaac식, Churchill식, Owens식
· 탈산소계수를 구하는 데 적용되는 방법 : 최소자승법, Thomas법, Moment법, 실측에 의한 방법

7. 수질오염물질별 인체영향(질환)이 틀리게 짝지어진 것은?

① 비소 : 반상치(법랑반점)
② 크롬 : 비중격 연골천공
③ 아연 : 기관지 자극 및 폐렴
④ 납 : 근육과 관절의 장애

① 비소 : 흑피증

8. 알칼리도에 관한 반응 중 가장 부적절한 것은?

① $CO_2 + H_2O \rightarrow H_2CO_3 \rightarrow HCO_3^- + H^+$
② $HCO_3^- \rightarrow CO_3^{2-} + H^+$
③ $CO_3^{2-} + H_2O \rightarrow HCO_3^- + OH^-$
④ $HCO_3^- + H_2O \rightarrow H_2CO_3 + OH^-$

④ 반응은 일어나지 않는다.

탄산염 시스템(수중의 탄산염의 반응)

$CO_2(g) + H_2O(l) \leftrightarrow H_2CO_3(aq)$
$H_2CO_3(aq) \leftrightarrow H^+(aq) + HCO_3^-(aq)$
$HCO_3^-(aq) \leftrightarrow H^+(aq) + CO_3^{2-}(aq)$

9. 하천모델의 종류 중 DO SAG - Ⅰ, Ⅱ, Ⅲ에 관한 설명으로 틀린 것은?

　① 2차원 정상상태 모델이다.

　② 점오염원 및 비점오염원이 하천의 용존산소에 미치는 영향을 나타낼 수 있다.

　③ Streeter - Phelps식을 기본으로 한다.

　④ 저질의 영향이나 광합성 작용에 의한 용존산소반응을 무시한다.

> ① 1차원 정상상태 모델이다.

10. 혐기성 미생물의 성장을 알아보기 위해 혐기성 배양을 하는 방법으로 분석하고자 할 때 가장 적합한 기술은?

　① 평판계수법　　　　　　　　　② 단백질 농도 측정법

　③ 광학밀도 측정법　　　　　　　④ 용존산소 소모율 측정법

> **미생물 생장량 측정법**
>
> · 광학밀도 측정법　　　　　· 건조 무게 측정법
> · 평판계수법　　　　　　　· 도말평판법
> · 주입평판법　　　　　　　· 원심분리관법

11. 녹조류(Green Algae)에 관한 설명으로 틀린 것은?

　① 조류 중 가장 큰 문(division)이다.　　② 저장물질은 라미나린(다당류)이다.

　③ 세포벽은 섬유소이다.　　　　　　　④ 클로로필 a, b를 가지고 있다.

> ② 녹조류의 저장물질은 녹말이다.
>
> **조류의 광합성 색소와 저장 탄수화물**
>
> | 조류 | 주요 광합성 색소 | 저장 탄수화물 |
> |---|---|---|
> | 남조류 | 엽록소 a, 피코빌린 색소(피코시아닌, 피코에리트린 등) | 녹말 |
> | 홍조류 | 엽록소 a, 엽록소 d, 피코빌린 색소(피코에리트린) | 녹말 |
> | 황갈조류(규조류), 황조류, 갈조류 | 엽록소 a, 엽록소 c, 카르티노이드(페리디닌) | 크리소라미나린, 라미나린 |
> | 쌍편모조류(와편모조류, 황적조류) | 엽록소 a, 엽록소 c, 잔토필 | 녹말 |
> | 녹조류 | 엽록소 a, 엽록소 b, 카르티노이드(카로틴+잔토필) | 녹말 |
> | 유글레나류 | 엽록소 a, 엽록소 b, 카르티노이드(카로틴+잔토필) | 파라밀론 |

12. 응집제 투여량이 많으면 많을수록 응집효과가 커지게 되는 Schulze - hardy rule의 크기를 옳게 나타낸 것은?

　① $Al^{3+} > Ca^{2+} > K^+$　　　　　　② $K^+ > Ca^{2+} > Al^{3+}$

　③ $K^+ > Al^{3+} > Ca^{2+}$　　　　　　④ $Ca^{2+} > K^+ > Al^{3+}$

13. 길이가 500km이고 유속이 1m/sec인 하천에서 상류지점의 BOD_u 농도가 250mg/L이면 이 지점부터 300km 하류지점의 잔존 BOD 농도(mg/L)는? (단, 탈산소계수는 0.1/day, 수온 20°C, 상용대수 기준, 기타조건은 고려하지 않음)

① 약 51

② 약 82

③ 약 113

④ 약 138

1) 300km 유하에 걸리는 시간

$$시간 = \frac{거리}{속도} = \frac{300,000m}{} \left| \frac{sec}{1m} \right| \frac{1d}{86,400sec} = 3.472d$$

2) 300km 유하 후 하천의 BOD

하천의 BOD농도는 잔존 BOD식을 이용한다.

$$\begin{aligned} BOD_t &= BOD_u \cdot 10^{-kt} \\ &= 250 \cdot 10^{-0.1 \times 3.472} \\ &= 112.38 \ (mg/L) \end{aligned}$$

14. 카드뮴이 인체에 미치는 영향으로 가장 거리가 먼 것은?

① 칼슘 대사기능 장해

② Hunter-Russel 장해

③ 골연화증

④ Fanconi씨 증후군

② 수은 만성중독증

15. 우리나라의 수자원 특성에 대한 설명으로 잘못된 것은?

① 우리나라의 연간 강수량은 약 1,274mm로서 이는 세계평균 강수량의 1.2배에 이른다.

② 우리나라의 1인당 강수량은 세계평균량의 1/11 정도이다.

③ 우리나라 수자원의 총 이용율은 9% 이내로 OECD 국가에 비해 적은 편이다.

④ 수자원 이용현황은 농업용수가 가장 많은 비율을 차지하고 있고 하천유지용수, 생활용수, 공업용수의 순이다.

③ 우리나라 수자원의 총 이용율은 약 26%이다.

참고 우리나라의 수자원

1) 수자원 부존량

우리나라의 연평균 강수량은 1,274mm(1973~2011년 기준)로 세계 평균의 1.6배이고 수자원 총량은 1,349억m³/년
이지만, 높은 인구밀도로 인해 1인당 연강수총량은 연간 2,660m³로 세계 평균의 약 1/6에 불과하다.

2) 수자원 이용현황

2007년 기준 총 이용량은 333억m³로 **수자원 총량 대비 26%를 이용**하고 있으며, 이는 평상시 유출량의 1.7배
수준으로 홍수 시 유출량을 댐 등의 저류시설을 통해 저장하였다가 이용하고 있다.
총 이용량 중 생활, 공업, 농업용수 이용량은 255억m³/년으로 이용 가능한 수자원량의 34%를 취수하여 이용하고
있으며, 하천 108억m³, 댐 188억m³, 지하수 37억m³를 통해 공급하고 있다.

16. 완충용액에 대한 설명으로 틀린 것은?

① 완충용액의 작용은 화학평형원리로 쉽게 설명된다.
② 완충용액은 한도 내에서 산을 가했을 때 pH에 약간의 변화만 준다.
③ 완충용액은 보통 약산과 그 약산의 짝염기의 염을 함유한 용액이다.
④ 완충용액은 보통 강염기와 그 염기의 강산의 염이 함유된 용액이다.

완충용액

· 외부로부터 어느 정도의 산이나 염기를 가했을 때, 수소이온농도를 일정하게 유지하는 용액
· 약산과 그 짝염기(혹은 약염기과 그 짝산)의 혼합용액

1) 원리
   공통이온효과(화학평형-르샤틀리에의 원리)

2) 완충용액의 pH 계산식(Handerson - Hasselbach식)

$$pH = pK_a + \log \frac{[A^-]}{[HA]}$$

$[HA]$: 넣어준 산의 농도
$[A^-]$: 짝염기의 농도

3) 특징
   · 산의 pKa값, 산 - 짝염기의 농도에 의해 완충용액의 pH가 결정됨
   · 완충용액의 산 - 짝염기 농도비가 1 : 1일 때, 완충효과 최대, 완충용량 최대
   · 완충용액의 산 - 짝염기 농도비가 1 : 1일 때, 완충용액의 pH는 pKa와 같음

17. 간격 0.5cm의 평행평판 사이에 점성계수가 0.04poise인 액체가 가득 차 있다. 한쪽평판을 고정하고 다른 쪽의 평판을 2m/sec의 속도로 움직이고 있을 때 고정판에 작용하는 전단응력 (g/cm^2)은?

① 1.61×10^{-2} ② 4.08×10^{-2}
③ 1.61×10^{-5} ④ 4.08×10^{-5}

18. 수은(Hg) 중독과 관련이 없는 것은?

① 난청, 언어장애, 구심성 시야협착, 정신장애를 일으킨다.

② 이따이이따이병을 유발한다.

③ 유기수은은 무기수은보다 독성이 강하며 신경계통에 장해를 준다.

④ 무기수은은 황화물 침전법, 활성탄 흡착법, 이온교환법 등으로 처리할 수 있다.

19. 완전혼합 흐름 상태에 관한 설명 중 옳은 것은?

① 분산이 1일 때 이상적 완전혼합 상태이다.

② 분산수가 0일 때 이상적 완전혼합 상태이다.

③ Morrill 지수의 값이 1에 가까울수록 이상적 완전혼합 상태이다.

④ 지체시간이 이론적 체류시간과 동일할 때 이상적 완전혼합 상태이다.

20. 하천수의 분석결과가 다음과 같을 때 총경도(mg/L as CaCO₃)는? (단, 원자량 : Ca 40, Mg 24, Na 23, Sr 88)

> 분석 결과 : Na^+(25mg/L), Mg^{2+}(11mg/L), Ca^{2+}(8mg/L), Sr^{2+}(2mg/L)

① 약 68

② 약 78

③ 약 88

④ 약 98

$$\cdot \ Ca^{2+} \ : \ \frac{8mg}{L} \ \bigg| \ \frac{1eq}{20mg} \ \bigg| \ \frac{50mg \ CaCO_3}{1me} = 20mg/L \ CaCO_3$$

$$\cdot \ Sr^{2+} \ : \ \frac{2mg}{L} \ \bigg| \ \frac{2eq}{88mg} \ \bigg| \ \frac{50mg \ CaCO_3}{1me} = 2.27mg/L \ CaCO_3$$

$$\cdot \ Mg^{2+} \ : \ \frac{11mg}{L} \ \bigg| \ \frac{1eq}{12mg} \ \bigg| \ \frac{50mg \ CaCO_3}{1me} = 45.83mg/L \ CaCO_3$$

$\cdot$ 총 경도 = $20 + 2.27 + 45.83 = 68.10 \ (mg/L \ CaCO_3)$

제2과목 상하수도 계획

21. 하천표류수를 수원으로 할 때 하천기준수량은?

① 평수량　　　　　　　　　② 갈수량

③ 홍수량　　　　　　　　　④ 최대홍수량

하천표류수를 수원으로 할 때 하천기준수량은 갈수량을 기준으로 한다.

22. 펌프의 크기를 나타내는 구경을 산정하는 식은? (단, D = 펌프의 구경(mm), Q = 펌프의 토출량 (m³/min), v = 흡입구 또는 토출구의 유속(m/sec))

① $D = 146\sqrt{\dfrac{Q}{v}}$ 　　　　　　② $D = 146\sqrt{\dfrac{Q}{2v}}$

③ $D = 148\sqrt{\dfrac{Q}{v}}$ 　　　　　　④ $D = 148\sqrt{\dfrac{Q}{2v}}$

$Q = Av = \dfrac{\pi D^2}{4}v$ 에서

$D = \sqrt{\dfrac{4Q}{\pi v}} = \sqrt{\dfrac{4Q(m^3/min)}{\pi v(m/s)} \times \dfrac{1min}{60s} \times \dfrac{1,000mm}{1m}} = 146\sqrt{\dfrac{Q}{v}}$

23. 정수처리시설 중에서 이상적인 침전지에서의 효율을 검증하고자 한다. 실험결과, 입자의 침전속도 가 0.15cm/sec이고 유량이 30,000m³/day로 나타났을 때 침전효율(제거율, %)은? (단, 침전지 의 유효표면적 = 100m², 수심 = 4m, 이상적 흐름상태로 가정)

① 73.2　　　　　　　　　　② 63.2

③ 53.2　　　　　　　　　　④ 43.2

$$\text{침전 제거율} = \frac{V_s}{Q/A}$$

$$= \frac{0.15\text{cm}}{\text{sec}} \left| \frac{\text{day}}{30,000\text{m}^3} \right| 100\text{m}^2 \left| \frac{1\text{m}}{100\text{cm}} \right| \frac{86,400\text{sec}}{1\text{day}}$$

$$= 0.432$$

$$= 43.2(\%)$$

24. 상수처리를 위한 정수시설 중 착수정에 관한 내용으로 틀린 것은?

① 수위가 고수위 이상으로 올라가지 않도록 월류관이나 월류웨어를 설치한다.

② 착수정의 고수위와 주변벽체의 상단 간에는 60cm 이상의 여유를 두어야 한다.

③ 착수정의 용량은 체류시간을 30분 이상으로 한다.

④ 필요에 따라 분말활성탄을 주입할 수 있는 장치를 설치하는 것이 바람직하다.

③ 착수정의 용량은 체류시간을 1.5분 이상으로 한다.

착수정
· 체류시간 : 1.5분 이상
· 수심 : 3~5m
· 여유고 : 60cm 이상

25. 하수처리수 재이용 처리시설에 대한 계획으로 적합하지 않은 것은?

① 처리시설의 위치는 공공하수처리시설 부지 내에 설치하는 것을 원칙으로 한다.

② 재이용수 공급관로는 계획시간최대유량을 기준으로 계획한다.

③ 처리시설에서 발생되는 농축수는 공공하수처리시설로 반류하지 않도록 한다.

④ 재이용수 저장시설 및 펌프장은 일최대공급유량을 기준으로 한다.

③ 처리시설에서 발생되는 농축수(역세척수, R/O 농축수 등)는 해당 처리장의 영향을 고려하여 반류시킨다.

26. 계획오수량에 관한 설명으로 틀린 것은?

① 계획시간최대오수량은 계획1일 최대오수량의 1시간당 수량의 1.3~1.8배를 표준으로 한다.

② 지하수량은 1인 1일 최대오수량의 20% 이하로 한다.

③ 합류식에서 우천 시 계획오수량은 원칙적으로 계획1일 최대오수량의 1.5배 이상으로 한다.

④ 계획1일 평균오수량은 계획1일 최대오수량의 70~80%를 표준으로 한다.

③ 합류식에서 우천 시 계획오수량은 원칙적으로 계획1일 최대오수량의 3배 이상으로 한다.

27. 펌프의 수격작용을 방지하기 위한 방법으로 틀린 것은?

① 펌프의 플라이휠을 제거하는 방법

② 토출관 쪽에 조압수조를 설치하는 방법

③ 펌프 토출 측에 완폐체크밸브를 설치하는 방법

④ 관내 유속을 낮추거나 관로상황을 변경하는 방법

① 펌프의 플라이휠을 설치하는 방법

수격작용 대책

·플라이휠 부착

·토출 측 관로에 압력조절수조(surge tank), 한 방향 압력조절수조(one way surge tank)를 설치

·토출구 부근에 공기탱크를 두거나 부압 발생지점에 흡기밸브 설치

·토출 측에 급폐체크밸브 설치

·토출 측 관로에 압력 릴리프 밸브 설치

28. 하수도시설인 우수조정지의 여수토구에 관한 설명으로 (   )에 옳은 것은?

여수토구는 확률년수 (㉠)년 강우의 최대 우수유출량의 (㉡)배 이상의 유량을 방류시킬 수 있는 것으로 한다.

① ㉠ 10, ㉡ 1.2

② ㉠ 10, ㉡ 1.44

③ ㉠ 100, ㉡ 1.2

④ ㉠ 100, ㉡ 1.44

여수토구는 확률연수 100년 강우의 최대 우수유출량의 1.44배 이상의 유량을 방류시킬 수 있는 것으로 한다.

29. 하수도시설의 목적과 가장 거리가 먼 것은?

① 침수방지

② 하수의 배제와 이에 따른 생활환경의 개선

③ 공공수역의 수질보전과 건전한 물순환의 회복

④ 폐수의 적정처리와 이에 따른 산업단지 환경개선

하수도시설의 목적

·하수의 배제와 이에 따른 생활환경의 개선

·침수방지

·공공수역의 수질보전과 건전한 물순환의 회복

·지속발전 가능한 도시구축에 기여

30. 하수처리에 사용되는 생물학적 처리공정 중 부유미생물을 이용한 공정이 아닌 것은?

① 산화구법
② 접촉산화법
③ 질산화내생탈질법
④ 막분리활성슬러지법

호기성 처리	
부유생물법	활성슬러지법, 활성슬러지의 변법
부착생물법(생물막법)	살수여상법, 회전원판법, 호기성 여상법, 접촉산화법

31. 하천의 제내지나 제외지 혹은 호소 부근에 매설되어 복류수를 취수하기 위하여 사용하는 집수매거에 관한 설명으로 거리가 먼 것은?

① 집수매거의 방향은 통상 복류수의 흐름방향에 직각이 되도록 한다.
② 집수매거의 매설깊이는 5m를 표준으로 한다.
③ 집수매거의 유출단에서 매거 내의 평균유속은 1m/sec 이하로 한다.
④ 집수구멍의 직경은 2~8mm로 하며 그 수는 관거표면적 $1m^2$당 200~300개 정도로 한다.

④ 집수구멍의 직경은 10~20mm로 하며 그 수는 관거표면적 $1m^2$당 20~30개 정도로 한다.

집수매거 시설 기준
· 매설깊이 : 가능한 한 직접 지표수의 영향을 받지 않도록 하기 위하여 매설깊이는 5m 이상으로 하는 것이 바람직하다.
· 설치방향 : 복류수 흐름과 직각방향으로 설치
· 경사 : 수평 또는 흐름방향의 완경사(1/500)
· 형상 : 원형 또는 장방형
· 평균유속 : 1m/s
· 접합정 : 철근콘크리트의 수밀구조, 종단, 분기점, 기타 필요한 곳에 접합정을 설치
· 집수공의 유입속도 : 3cm/s 이하
· 집수구멍 직경 : 10~20mm
· 집수구멍 수 : 관거표면적 $1m^2$당 20~30개
· 집수매거의 길이는 시험우물 등에 의한 양수시험 결과에 따라 정한다.
· 세굴의 우려가 있는 제외지에 설치할 경우에는 철근콘크리트를 등으로 방호한다.
· 집수매거는 수평 또는 흐름방향으로 향하여 완경사로 하고 집수매거의 유출단에서의 매거 내의 평균유속은 1.0m/s 이하로 한다.

32. 정수방법인 완속여과방식에 관한 설명으로 틀린 것은?

① 약품처리가 필요 없다.
② 완속여과의 정화는 주로 생물작용에 의한 것이다.
③ 비교적 양호한 원수에 알맞은 방식이다.
④ 소요 부지면적이 작다.

④ 소요 부지면적이 크다.

33. 펌프의 흡입관 설치요령으로 틀린 것은?

① 흡입관은 펌프 1대당 하나로 한다.

② 흡입관이 길 때에는 중간에 진동방지대를 설치할 수도 있다.

③ 흡입관은 연결부나 기타 부분으로부터 절대로 공기가 흡입되지 않도록 한다.

④ 흡입관과 취수정 바닥까지의 깊이는 흡인관 직경의 1.5배 이상으로 유격을 둔다.

펌프의 흡입관은 다음 사항을 고려하여 정한다.

1) 흡입관은 펌프 1대당 하나로 한다.
2) 흡입관을 수평으로 부설하는 것은 피한다. 부득이한 경우에는 가능한 한 짧게 하고 펌프를 향해서 1/50 이상의 경사로 한다.
3) 흡입관은 연결부나 기타 부분으로부터 절대로 공기가 흡입되지 않도록 한다.
4) 흡입관 속에는 공기가 모여서 고이는 곳이 없도록 하고, 또한 굴곡부도 적게 한다.
5) 흡입관 끝은 벨마우스의 나팔모양으로 하며, 관의 끝으로부터 최저수면 및 펌프흡입부 바닥까지의 깊이를 충분하게 잡고, 흡입관 상호간과 펌프흡입부의 벽면과의 거리도 충분히 확보한다.
6) 흡입관이 길 때에는 중간에 진동방지대를 설치할 수도 있다.
7) 횡축펌프의 토출관 끝은 마중물(priming water)을 고려하여 수중에 잠기는 구조로 한다.
8) 펌프의 흡입부는 간벽(수문 포함)을 설치하여 조내부 점검정비 및 청소 등 유지관리가 가능하도록 한다.
9) 펌프흡입부와 흡입관의 구조, 형상, 크기 및 위치는 흡입부 내 난류로 인한 공기흡입으로 펌프운전에 지장을 초래하지 않게 각 펌프의 흡입조건이 대등하도록 해야 하며, 필요시 난류방지를 위한 정류벽 또는 간벽설치를 검토한다.
10) 펌프흡입부의 유효용적은 계획하수량, 펌프용량, 대수 등을 감안하여 결정하되 가능한 한 충분한 용량으로 계획하여 빈번한 가동중지에 따른 기기손상 및 전력 낭비를 방지토록 한다.

34. 막여과법을 정수처리에 적용하는 주된 선정 이유로 가장 거리가 먼 것은?

① 응집제를 사용하지 않거나 또는 적게 사용한다.

② 막의 특성에 따라 원수 중의 현탁물질, 콜로이드, 세균류, 크립토스포리디움 등 일정한 크기 이상의 불순물을 제거할 수 있다.

③ 부지면적이 종래보다 적을 뿐 아니라 시설의 건설공사기간도 짧다.

④ 막의 교환이나 세척 없이 반영구적으로 자동운전이 가능하여 유지관리 측면에서 에너지를 절약할 수 있다.

④ 막은 주기적으로 세척과 교환이 필요하다.

35. 계획우수량의 설계강우 산정 시 측정된 강우자료 분석을 통해 고려해야 하는 지선관로의 최소 설계 빈도는?

① 50년　　　　　　　　　② 30년

③ 10년　　　　　　　　　④ 5년

36. 상수처리를 위한 정수시설인 급속여과지에 관한 설명으로 틀린 것은?

① 여과속도는 120~150m/day를 표준으로 한다.
② 플록의 질이 일정한 것으로 가정하였을 때 여과층의 필요두께는 여재입경에 반비례한다.
③ 여과면적은 계획정수량을 여과속도로 나누어 계산한다.
④ 여과지 1지의 여과면적은 $150m^2$ 이하로 한다.

37. 정수시설의 시설능력에 관한 설명으로 (   )에 옳은 것은?

소비자에게 고품질의 수도 서비스를 중단 없이 제공하기 위하여 정수시설은 유지보수, 사고대비, 시설 개량 및 확장 등에 대비하여 적절한 예비용량을 갖춤으로써 수도시스템으로의 안정성을 높여야 한다. 이를 위하여 예비용량을 감안한 정수시설의 가동율은 (   ) 내외가 적정하다.

① 70% ② 75%
③ 80% ④ 85%

38. 상수도 취수시설 중 취수틀에 관한 설명으로 옳지 않은 것은?

① 구조가 간단하고 시공도 비교적 용이하다.
② 수중에 설치되므로 호소 표면수는 취수할 수 없다.
③ 단기간에 완성하고 안정된 취수가 가능하다.
④ 보통 대형취수에 사용되며 수위변화에 영향이 적다.

39. 하수관로에서 조도계수 0.014, 동수경사 1/100이고 관경이 400mm일 때 이 관로의 유량(m^3/sec)은? (단, 만관기준, Manning 공식에 의함)

① 약 0.08 ② 약 0.12
③ 약 0.15 ④ 약 0.19

1) 윤변 $R = \dfrac{D}{4} = \dfrac{0.4}{4} = 0.1\text{m}$

2) 유속 $V = \dfrac{1}{n} R^{2/3} I^{1/2} = \dfrac{1}{0.014}(0.1)^{2/3}\left(\dfrac{1}{100}\right)^{1/2} = 1.5388\,\text{m/s}$

3) 유량 $Q = VA = 1.5388 \times \dfrac{\pi(0.4)^2}{4} = 0.193\,\text{m}^3/\text{s}$

40. 하수도 관로의 접합방법 중 아래 설명에 해당되는 것은?

> 굴착 깊이를 얕게 하므로 공사 비용을 줄일 수 있으며, 수위 상승을 방지하고 양정고를 줄일 수 있어 펌프로 배수하는 지역에 적합하나 상류부에서는 동수경사선이 관정보다 높이 올라갈 우려가 있음

① 수면접합   ② 관저접합
③ 동수접합   ④ 관정접합

관거 접합의 종류

수면접합	·계획수위를 일치시켜서 접합하는 방법 ·수리학적으로 유리하나 계획수위를 일치시키기 어려움
관정접합	·관정을 일치시키는 접합법 ·하수의 흐름은 양호함 ·굴착깊이가 증가하되 공사비가 커짐 ·펌프로 배수 시 양정이 높아짐
관중심접합	·하수관 중심을 일치시키는 접합법 ·수면접합과 관정접합의 중간적 형태
관저접합	·관저를 일치시키는 접합법 ·굴착깊이가 얕아져 공사비가 작아짐 ·상류에는 동수경사선이 관정보다 높아지는 경우도 있음

제3과목 수질오염 방지기술

41. 분뇨 소화슬러지 발생량은 1일 분뇨투입량의 10%이다. 발생된 소화슬러지의 탈수 전 함수율이 96%라고 하면 탈수된 소화슬러지의 1일 발생량(m^3)은? (단, 분뇨투입량 = 360kL/day, 탈수된 소화 슬러지의 함수율 = 72%, 분뇨 비중 = 1.0)

① 2.47   ② 3.78
③ 4.21   ④ 5.14

1) 소화슬러지 발생량 = $0.1 \times 360kL/d = 36m^3/d$

2) 탈수 후 슬러지양(SL_2)
   탈수 전 TS = 탈수후 TS
   $SL_1(1 - W_1) = SL_2(1 - W_2)$
   $36(1 - 0.96) = SL_2(1 - 0.72)$
   $\therefore SL_2 = 5.142(m^3)$

42. 표준활성슬러지법에서 포기조의 MLSS 농도를 3,000mg/L로 유지하기 위해서 슬러지 반송률(%)은? (단, 반송 슬러지의 SS 농도 = 8,000mg/L)

① 40   ② 50
③ 60   ④ 70

$r = \dfrac{X - SS}{X_r - X} = \dfrac{3,000}{8,000 - 3,000} = 0.6 = 60\%$

43. 폐수량 1,000m³/day, BOD 300mg/L인 폐수를 완전혼합 활성슬러지공법으로 처리하는데 포기조 MLSS 농도 3,000mg/L, 반송슬러지 농도 8,000mg/L로 유지하고자 한다. 이때 슬러지반송률은? (단, 폐수 및 방류수 MLSS 농도는 0, 미생물 생장률과 사멸률은 같다.)

① 0.6   ② 0.7
③ 0.8   ④ 0.9

$r = \dfrac{X - SS}{X_r - X} = \dfrac{3,000}{8,000 - 3,000} = 0.6 = 60\%$

44. 수은계 폐수 처리방법으로 틀린 것은?

① 수산화물침전법
② 흡착법
③ 이온교환법
④ 황화물침전법

수은계 폐수 처리방법
· 유기수은계 : 흡착법, 산화분해법
· 무기수은계 : 황화물응집 침전법, 활성탄 흡착법, 이온교환법

45. 생물학적 질소, 인 처리공정인 5단계 Bardenpho공법에 관한 설명으로 틀린 것은?

① 폐슬러지 내의 인의 농도가 높다.

② 1차 무산소조에서는 탈질화 현상으로 질소 제거가 이루어진다.

③ 호기성조에서는 질산화와 인의 방출이 이루어진다.

④ 2차 무산소조에서는 잔류 질산성질소가 제거된다.

③ 호기성조에서는 질산화와 인 과잉 흡수가 일어난다.

생물학적 질소, 인 처리

· 혐기조 : 인 방출
· 무산소조 : 탈질(질소 제거)
· 호기조 : 인 과잉 흡수, 질산화

46. 활성슬러지를 탈수하기 위하여 98%(중량비)의 수분을 함유하는 슬러지에 응집제를 가했더니 [상등액 : 침전 슬러지]의 용적비가 2 : 1이 되었다. 이때 침전 슬러지의 함수율(%)은? (단, 응집제의 양은 매우 적고, 비중 = 1.0)

① 92

② 93

③ 94

④ 95

응집 전 슬러지 부피를 3이라 하면, 응집 후 침전 슬러지 부피는 1이다.
$3(1 - 0.98) = 1(1 - W_2)$
∴ $W_2 = 0.94 = 94(\%)$

47. 활성슬러지 공법으로 폐수를 처리할 경우 산소요구량 결정에 중요한 인자가 아닌 것은?

① 유입수의 BOD와 처리수의 BOD

② 포기시간과 고형물 체류시간

③ 포기조 내의 MLSS 중 미생물 농도

④ 유입수의 SS와 DO

48. 질소 제거를 위한 파과점 염소 주입법에 관한 설명과 가장 거리가 먼 것은?

① 적절한 운전으로 모든 암모니아성 질소의 산화가 가능하다.

② 시설비가 낮고 기존 시설에 적용이 용이하다.

③ 수생생물에 독성을 끼치는 잔류염소농도가 높아진다.

④ 독성물질과 온도에 민감하다.

④ 생물학적 처리보다, 독성물질과 온도에 민감하지 않다.

49. 정수장에 적용되는 완속여과의 장점이라 볼 수 없는 것은?

① 여과시스템의 신뢰성이 높고 양질의 음용수를 얻을 수 있다.

② 수량과 탁질의 급격한 부하변동에 대응할 수 있다.

③ 고도의 지식이나 기술을 가진 운전자를 필요로 하지 않고 최소한의 전력만 필요로 한다.

④ 여과지를 간헐적으로 사용하여도 양질의 여과수를 얻을 수 있다.

④ 완속 여과는 연속적으로 운전하여야 한다.

50. 생물학적 질소, 인 제거를 위한 A^2/O 공정 중 호기조의 역할로 옳게 짝지은 것은?

① 질산화, 인 방출 ② 질산화, 인 흡수

③ 탈질화, 인 방출 ④ 탈질화, 인 흡수

· 혐기조 : 인 방출, 유기물 제거(BOD 감소)

· 무산소조 : 탈질(질소 제거), 유기물 제거(BOD 감소)

· 호기조(폭기조) : 인 과잉 섭취, 질산화, 유기물 제거(BOD 감소)

51. 생물학적 처리 중 호기성 처리법이 아닌 것은?

① 활성슬러지법 ② 혐기성소화법

③ 산화지법 ④ 살수여상법

호기성 처리법

부유생물법	활성슬러지법, 활성슬러지의 변법
부착생물법(생물막법)	살수여상법, 회전원판법, 호기성 여상법, 접촉산화법

혐기성 처리법

혐기성 접촉법, 혐기성 여상법, 상향류 혐기성 슬러지상(UASB), 임호프, 부패조, 습식산화

52. 바 랙(bar rack)의 수두손실은 바 모양 및 바 사이 흐름의 속도수두의 함수이다. kirschmer는 손실수두를 $h_L = \beta(w/b)^{4/3}h_v\sin\theta$로 나타내었다. 여기서 바 형상인자($\beta$)에 의해 수두손실이 달라지는데 수두손실이 가장 큰 형상인자(β)는?

① 끝이 예리한 장방형

② 상류면이 반원형인 장방형

③ 원형

④ 상류 및 하류면이 반원형인 장방형

53. 초심층포기법(Deep Shaft Aeration System)에 대한 설명 중 틀린 것은?

① 기포와 미생물이 접촉하는 시간이 표준활성슬러지법보다 길어서 산소전달효율이 높다.

② 순환류의 유속이 매우 빠르기 때문에 난류상태가 되어 산소전달률을 증가시킨다.

③ F/M비는 표준활성슬러지공법에 비하여 낮게 운전한다.

④ 표준활성슬러지공법에 비하여 MLSS 농도를 높게 운전한다.

③ 표준활성슬러지공법보다 F/M비는 높게 운전 가능하다.

54. 자외선 살균효과가 가장 높은 파장의 범위(nm)는?

① 680~710

② 510~530

③ 250~270

④ 180~200

· 살균력이 높은 자외선 범위 : 약 260nm(253.7nm)

55. 질산염(NO_3^-) 40mg/L가 탈질되어 질소로 환원될 때 필요한 이론적인 메탄올(CH_3OH)의 양 (mg/L)은?

① 17.2

② 36.6

③ 58.4

④ 76.2

질산염과 메탄올의 반응비는

$6NO_3^-$: $5CH_3OH$이므로

6×62 : 5×32

40mg/L : x

$$x = \frac{40}{} \left| \frac{5 \times 32}{6 \times 62} \right. = 17.2(mg/L)$$

56. 활성슬러지 변형법 중 폐수를 여러 곳으로 유입시켜 plug - flow system이지만 F/M비를 포기조 내에서 유지하는 것은?

① 계단식 포기법(step aeration)

② 점감 포기법(tapered aeration)

③ 접촉 안정법(contact stablization)

④ 단기(개량) 포기법(short or modified aeration)

· 계단식 포기법 : 유입수는 분산 유입하고, 균등하게 포기하는 활성슬러지 변법

· 점감식 포기법 : 유입수는 일괄 유입하고, 유입 산기관수를 점점 감소시켜 포기량을 점점 감소시키는 활성슬러지 변법

57. 흡착장치 중 고정상 흡착장치의 역세척에 관한 설명으로 가장 알맞은 것은?

(㉠) 동안 먼저 표면세척을 한 다음 (㉡)m³/m²·hr의 속도로 역세척수를 사용하여 층을 (㉢) 정도 부상시켜 실시한다.

① ㉠ 24시간, ㉡ 14~48, ㉢ 25~30%
② ㉠ 24시간, ㉡ 24~28, ㉢ 10~50%
③ ㉠ 10~15분, ㉡ 14~28, ㉢ 25~30%
④ ㉠ 10~15분, ㉡ 24~48, ㉢ 10~50%

10~15분 동안 먼저 표면세척을 한 다음 24~48m³/m²·hr의 속도로 역세척수를 사용하여 층을 10~50% 정도 부상시켜 실시한다.

58. 침사지의 설치 목적으로 잘못된 것은?

① 펌프나 기계설비의 마모 및 파손 방지
② 관의 폐쇄 방지
③ 활성슬러지조의 dead space 등에 사석이 쌓이는 것을 방지
④ 침전지와 슬러지 소화조 내의 축적

침사지
펌프의 마모 및 처리시설 내에서의 모래퇴적을 방지하기 위해 일반적으로 펌프장의 펌프 전단계에 설치되어 하수의 유속을 늦추고 모래 등을 침강시키는 설비

침사지 설치 목적
① 펌프나 기계설비의 마모 및 파손 방지
② 관의 폐쇄 방지
③ 활성슬러지조의 dead space 등에 사석이 쌓이는 것을 방지

59. 기계적으로 청소가 되는 바(bar) 스크린의 바 두께는 5mm이고, 바 간의 거리는 20mm이다. 바를 통과하는 유속이 0.9m/sec라고 한다면 스크린을 통과하는 수두손실(m)은? (단, $H = [(V_b^2 - V_a^2)/2g][1/0.7]$)

① 0.0157
② 0.0212
③ 0.0317
④ 0.0438

$A_1 V_1 = A_2 V_2$

$V_1 = \dfrac{A_2}{A_1} V_2 = \dfrac{t}{(t+b)} V_2 = \dfrac{20}{(20+5)} \times 0.9 = 0.72 (m/s)$

$\therefore h_L = \dfrac{1}{0.7} \cdot \dfrac{V_2^2 - V_1^2}{2g} = \dfrac{1}{0.7} \cdot \dfrac{0.9^2 - 0.72^2}{2 \times 9.8} = 0.0212 m$

60. 바닥면적이 $1km^2$인 호수의 물 깊이는 5m로 측정되었다. 한 달(30일) 사이 호수물의 인 농도가 $250\mu g/L$에서 $40\mu g/L$로 감소하고 감소한 인은 모두 침강된 것으로 추정될 때 인의 침전율 $(mg/m^2 \cdot day)$은? (단, 호수의 유입, 유출은 고려하지 않음)

 ① 26.6   ② 35.0

 ③ 48.0   ④ 52.3

$$\frac{(250-40)\mu g}{L} \left| \begin{array}{c} 5m \end{array} \right| \frac{1{,}000L}{1m^3} \left| \frac{1mg}{1{,}000\mu g} \right| \frac{}{30d} = 35mg/m^2 \cdot day$$

제4과목 수질오염 공정시험기준

---

61. 95.5% H_2SO_4(비중 1.83)을 사용하여 $0.5N - H_2SO_4$ 250mL를 만들려면 95.5% H_2SO_4 몇 mL가 필요한가?

 ① 17   ② 14

 ③ 8.5   ④ 3.5

$$\frac{x\,mL \times \dfrac{1.83g}{1mL} \times 0.955 \times \dfrac{2eq}{98g}}{0.25L} = \frac{0.5eq}{L}$$

$\therefore \; x = 3.5mL$

---

62. 노말헥산 추출물질의 정도 관리로 맞는 것은?

 ① 정량한계는 0.5mg/L로 설정하였다.

 ② 상대표준편차가 ±35% 이내이면 만족한다.

 ③ 정확도가 110%여서 재시험을 수행하였다.

 ④ 정밀도가 10%여서 재시험을 수행하였다.

③ 정확도는 첨가한 표준물질의 농도에 대한 측정 평균값의 상대 백분율로서 나타내며, 그 값이 75~125% 이내이어야 한다.

②, ④ 정밀도는 측정값의 % 상대표준편차(RSD)로 계산하며 측정값이 25% 이내이어야 한다.

63. 투명도 측정에 관한 내용으로 틀린 것은?

① 투명도판(백색원판)의 지름은 30cm이다.
② 투명도판에 뚫린 구멍의 지름은 5cm이다.
③ 투명도판에는 구멍이 8개 뚫려있다.
④ 투명도판의 무게는 약 2kg이다.

④ 투명도판의 무게는 약 3kg이다.

64. 노말헥산 추출물질을 측정할 때 시험과정 중 지시약으로 사용되는 것은?

① 메틸레드
② 메틸오렌지
③ 메틸렌블루
④ 페놀프탈레인

· 노말헥산 추출물질 지시약 : 메틸오렌지

65. 배출허용기준 적합여부를 판정하기 위해 자동시료채취기로 시료를 채취하는 방법의 기준은?

① 6시간 이내에 30분 이상 간격으로 2회 이상 채취하여 일정량의 단일 시료로 한다.
② 6시간 이내에 1시간 이상 간격으로 2회 이상 채취하여 일정량의 단일 시료로 한다.
③ 8시간 이내에 1시간 이상 간격으로 2회 이상 채취하여 일정량의 단일 시료로 한다.
④ 8시간 이내에 2시간 이상 간격으로 2회 이상 채취하여 일정량의 단일 시료로 한다.

· **수동**으로 시료를 채취할 경우 30분 이상 간격으로 2회 이상 채취하여 일정량의 **단일** 시료로 한다.
· **자동**시료채취기로 시료를 채취할 경우에는 6시간 이내에 30분 이상 간격으로 2회 이상 채취하여 일정량의 단일 시료로 한다.
· 수소이온농도(pH), 수온 등 현장에서 **즉시 측정하여야 하는 항목**인 경우에는 30분 이상 간격으로 2회 이상 측정한 후 **산술평균**하여 측정값을 산출한다.

66. 수중 시안을 측정하는 방법으로 가장 거리가 먼 것은?

① 자외선/가시선 분광법
② 이온전극법
③ 이온크로마토그래피법
④ 연속흐름법

시안 측정법

· 자외선/가시선 분광법
· 이온전극법
· 연속흐름법

67. 시료의 전처리를 위한 산분해법 중 질산 – 과염소산법에 관한 설명으로 옳지 않은 것은?

① 과염소산을 넣을 경우 질산이 공존하지 않으면 폭발할 위험이 있으므로 반드시 질산을 먼저 넣어 주어야 한다.

② 납을 측정할 경우 과염소산에 따른 납 증기 발생으로 측정치에 손실을 가져온다.

③ 유기물을 다량 함유하고 있으면서 산분해가 어려운 시료들에 적용한다.

④ 유기물을 함유한 뜨거운 용액에 과염소산을 넣어서는 안 된다.

② 납을 측정할 경우, 시료 중에 황산이온(SO_4^{2-})이 다량 존재하면 불용성의 황산납이 생성되어 측정값에 손실을 가져온다.

68. 물 1L에 NaOH 0.8g이 용해되었을 때의 농도(몰)는?

① 0.1

② 0.2

③ 0.01

④ 0.02

$$\frac{0.8g}{L} \times \frac{1mol}{40g} = 0.02(M)$$

69. 이온전극법에 대한 설명으로 틀린 것은?

① 시료용액의 교반은 이온전극의 응답속도 이외의 전극범위, 정량한계값에는 영향을 미치지 않는다.

② 전극과 비교전극을 사용하여 전위를 측정하고 그 전위차로부터 정량하는 방법이다.

③ 이온전극법에 사용하는 장치의 기본구성은 비교전극, 이온전극, 자석교반기, 저항전위계, 이온측정기 등으로 되어 있다.

④ 이온전극의 종류에는 유리막 전극, 고체막 전극, 격막형 전극이 있다.

① 시료용액의 교반은 이온전극의 전극전위, 응답속도, 정량하한값에 영향을 나타낸다. 그러므로 측정에 방해되지 않는 범위 내에서 세게 일정한 속도로 교반해야 한다.

70. 분원성 대장균군(시험관법) 측정에 관한 내용으로 틀린 것은?

① 분원성 대장균군 시험은 추정시험과 확정시험으로 한다.

② 최적확수시험 결과는 분원성 대장균군수/1,000mL로 표시한다.

③ 확정시험에서 가스가 발생한 시료는 분원성 대장균군 양성으로 판정한다.

④ 분원성 대장균군은 온혈동물의 배설물에서 발견된 그람음성·무아포성의 간균으로서 44.5℃에서 락토오스를 분해하여 가스 또는 산을 생성하는 모든 호기성 또는 통기성 혐기성균을 말한다.

② 최적확수시험 결과는 분원성 대장균군 수/100mL로 표시한다.

71. 용존산소의 정량에 관한 설명으로 틀린 것은?

① 전극법은 산화성물질이 함유된 시료나 착색된 시료에 적합하다.

② 일반적으로 온도가 일정할 때 용존산소 포화량은 수중의 염소이온량이 클수록 크다.

③ 시료가 착색, 현탁된 경우는 시료에 칼륨명반 용액과 암모니아수를 주입한다.

④ Fe(Ⅲ) 100~200mg/L가 함유되어 있는 시료의 경우 황산을 첨가하기 전에 플루오린화칼륨 용액 1mL를 가한다.

② 일반적으로 온도가 일정할 때 용존산소 포화량은 수중의 염소이온량이 작을수록 크다.

72. 공장폐수 및 하수유량 - 관(pipe) 내의 유량측정 장치인 벤튜리미터의 범위(최대유량 : 최소유량)로 옳은 것은?

① 2 : 1

② 3 : 1

③ 4 : 1

④ 5 : 1

유량계	범위(최대유량 : 최소유량)
피토우관	3 : 1
벤튜리미터	
유량측정용 노즐	4 : 1
오리피스	
자기식 유량측정기	10 : 1

73. 기체크로마토그래피를 적용한 알킬수은 정량에 관한 내용으로 틀린 것은?

① 검출기는 전자포획형 검출기를 사용하고 검출기의 온도는 140~200℃로 한다.

② 정량한계는 0.0005mg/L이다.

③ 알킬수은 화합물을 사염화탄소로 추출한다.

④ 정밀도(% RSD)는 ±25%이다.

③ 알킬수은화합물을 벤젠으로 추출한다.

알킬수은 - 기체크로마토그래피

이 시험기준은 물속에 존재하는 알킬수은 화합물을 기체크로마토그래피에 따라 정량하는 방법이다. 알킬수은 화합물을 벤젠으로 추출하여 L-시스테인용액에 선택적으로 역추출하고 다시 벤젠으로 추출하여 기체크로마토그래피로 측정하는 방법이다.

74. 자외선/가시선을 이용한 음이온 계면활성제 측정에 관한 내용으로 ( )에 옳은 내용은?

> 물속에 존재하는 음이온 계면활성제를 측정하기 위해 (㉠)와 반응시켜 생성된 (㉡)의 착화합물을 클로로폼으로 추출하여 흡광도를 측정하는 방법이다.

① ㉠ 메틸레드, ㉡ 적색
② ㉠ 메틸렌레드, ㉡ 적자색
③ ㉠ 메틸오렌지, ㉡ 황색
④ ㉠ 메틸렌블루, ㉡ 청색

음이온 계면활성제 - 자외선/가시선분광법
물속에 존재하는 음이온 계면활성제를 측정하기 위하여 **메틸렌블루**와 반응시켜 생성된 **청색**의 착화합물을 **클로로폼**으로 추출하여 흡광도를 650nm에서 측정하는 방법이다.

75. 식물성 플랑크톤(조류) 분석 시 즉시 시험하기 어려울 경우 시료보존을 위해 사용되는 것은? (단, 침강성이 좋지 않은 남조류나 파괴되기 쉬운 와편모 조류인 경우)

① 사염화탄소용액
② 에틸알콜용액
③ 메틸알콜용액
④ 루골용액

침강성이 좋지 않은 남조류가 많은 시료는 **루골용액**으로 고정한 후 농축하거나 일정량을 플랑크톤 넷트 또는 핸드 넷트로 걸러 일정배율로 농축한다.

76. 염소이온 측정방법 중 질산은 적정법의 정량한계(mg/L)는?

① 0.1
② 0.3
③ 0.5
④ 0.7

· 염소이온 - 적정법 정량한계 : 0.7mg/L

77. 수질분석을 위한 시료 채취 시 유의사항으로 옳지 않은 것은?

① 채취용기는 시료를 채우기 전에 맑은 물로 3회 이상 씻은 다음 사용한다.
② 용존가스, 환원성 물질, 휘발성 유기물질 등의 측정을 위한 시료는 운반 중 공기와의 접촉이 없도록 가득 채워야 한다.
③ 지하수 시료는 취수정 내에 고여 있는 물을 충분히 퍼낸(고여 있는 물의 4~5배 정도이나 pH 및 전기전도도를 연속적으로 측정하여 이 값이 평형을 이룰 때까지로 한다.) 다음 새로 나온 물을 채취한다.
④ 시료채취량은 시험항목 및 시험횟수에 따라 차이가 있으나 보통 3~5L 정도이어야 한다.

① 채취용기는 시료를 채우기 전에 시료로 3회 이상 씻은 다음 사용한다.

78. 기체크로마토그래피법의 전자포획검출기에 관한 설명으로 (   )에 알맞은 것은?

> 방사선 동위원소로부터 방출되는 (   )이 운반기체를 전리하여 미소전류를 흘려보낼 때 시료 중의 할로겐이나 산소와 같이 전자포획력이 강한 화합물에 의하여 전자가 포획되어 전류가 감소하는 것을 이용하는 방법이다.

① α(알파)선

② β(베타)선

③ γ(감마)선

④ 중성자선

전자포획검출기

방사선 동위원소로부터 방출되는 β(베타)선이 운반기체를 전리하여 미소전류를 흘려보낼 때 시료 중의 할로겐이나 산소와 같이 전자포획력이 강한 화합물에 의하여 전자가 포획되어 전류가 감소하는 것을 이용하는 방법이다.

79. 현재 널리 사용되고 있는 유도결합 플라스마의 고주파 전원으로 알맞은 것은?

① 라디오고주파 발생기의 27.12MHz로 1kW 출력

② 라디오고주파 발생기의 40.68MHz로 5kW 출력

③ 라디오고주파 발생기의 27.12MHz로 100kW 출력

④ 라디오고주파 발생기의 40.68MHz로 1,000kW 출력

유도결합 플라스마 - 고주파 전원

라디오고주파(RF, radio frequency) 발생기는 출력범위 750~1,200W 이상의 것을 사용하며, 이때 사용하는 주파수는 27.12MHz 또는 40.68MHz를 사용한다.

80. 중금속 측정을 위한 시료 전처리 방법 중 용매추출법인 피로리딘다이티오카르바민산 암모늄 추출법에 대한 설명으로 옳지 않은 것은?

① 시료 중의 구리, 아연, 납, 카드뮴, 니켈, 코발트 및 은 등의 측정에 이용되는 방법이다.

② 철의 농도가 높을 때에는 다른 금속 추출에 방해를 줄 수 있다.

③ 망간은 착화합물 상태에서 매우 안정적이기 때문에 추출되기 어렵다.

④ 크롬은 6가 크롬 상태로 존재할 경우에만 추출된다.

③ 망간은 착화합물 상태에서 매우 불안정하므로 추출 즉시 측정하여야 한다.

피로디딘 디티오카르바민산 암모늄추출법

· 이 방법은 시료 중 구리, 아연, 납, 카드뮴, 니켈, 철, 망간, 6가 크롬, 코발트 및 은 등의 측정에 적용된다.

· 다만 망간은 착화합물 상태에서 매우 불안정하므로 추출 즉시 측정하여야 한다.

· 크롬은 6가 크롬 상태로 존재할 경우에만 추출된다.

· 철의 농도가 높을 경우에는 다른 금속의 추출에 방해를 줄 수 있으므로 주의해야 한다.

81. Ⅲ지역에 있는 공공폐수처리시설의 방류수 수질기준으로 알맞은 것은? (단, 단위 : mg/L)

① SS : 10 이하, 총질소 : 20 이하, 총인 : 0.5 이하
② SS : 10 이하, 총질소 : 30 이하, 총인 : 1 이하
③ SS : 30 이하, 총질소 : 30 이하, 총인 : 2 이하
④ SS : 30 이하, 총질소 : 60 이하, 총인 : 4 이하

방류수 수질기준

구분	수질기준 (단위 : mg/L)			
	Ⅰ지역	Ⅱ지역	Ⅲ지역	Ⅳ지역
BOD	10(10) 이하	10(10) 이하	10(10) 이하	10(10) 이하
COD	20(40) 이하	20(40) 이하	40(40) 이하	40(40) 이하
부유물질(SS)	10(10) 이하	10(10) 이하	10(10) 이하	10(10) 이하
총질소(T-N)	20(20) 이하	20(20) 이하	20(20) 이하	20(20) 이하
총인(T-P)	0.2(0.2) 이하	0.3(0.3) 이하	0.5(0.5) 이하	2(2) 이하
총대장균군수(개/mL)	3,000(3,000)	3,000(3,000)	3,000(3,000)	3,000(3,000)
생태독성(TU)	1(1) 이하	1(1) 이하	1(1) 이하	1(1) 이하

82. 환경부장관은 물환경보전법의 목적을 달성하기 위하여 필요하다고 인정하는 때에는 관계기관의 협조를 요청할 수 있다. 이 각 호에 해당하는 항 중에서 대통령령이 정하는 사항에 해당되지 않는 것은?

① 도시개발제한구역의 지정
② 녹지지역, 풍치지구 및 공지지구의 지정
③ 관광시설이나 산업시설 등의 설치로 훼손된 토지의 원상복구
④ 수질이 악화되어 수도용수의 취수가 불가능하여 댐저류수의 방류가 필요한 경우의 방류량 조절

시행령 제80조(관계 기관의 협조 사항)
법 제70조 제10호에서 "대통령령이 정하는 사항"이란 다음 각 호와 같다.
1. 도시개발제한구역의 지정
2. 관광시설이나 산업시설 등의 설치로 훼손된 토지의 원상복구
3. 수질오염 사고가 발생하거나 수질이 악화되어 수도용수의 취수가 불가능하게 되어 댐저류수의 방류가 필요한 경우의 방류량 조절

83. 제1종 사업장으로서 배출허용기준을 처음 위반한 경우 배출부과금 산정 시 부과되는 계수는? (단, 사업장 규모 : 10,000m³/day 이상인 경우)

① 2.0
② 1.8
③ 1.6
④ 1.4

■ 물환경보전법 시행령 [별표 16] ^(개정 2010.2.18)

위반횟수별 부과계수(제49조 제2항 관련)

사업장의 종류별 구분에 따른 위반횟수별 부과계수

종류	위반횟수별 부과계수			
제1종 사업장	○ 처음 위반한 경우			
	사업장 규모	2,000㎥/일 이상 4,000㎥/일 미만	4,000㎥/일 이상 7,000㎥/일 미만	7,000㎥/일 이상 10,000㎥/일 미만	10,000㎥/일 이상
	부과계수	1.5	1.6	1.7	1.8
	○ 다음 위반부터는 그 위반 직전의 부과계수에 1.5를 곱한 것으로 한다.			
제2종 사업장	○ 처음 위반의 경우 : 1.4 ○ 다음 위반부터는 그 위반 직전의 부과계수에 1.4를 곱한 것으로 한다.			
제3종 사업장	○ 처음 위반의 경우 : 1.3 ○ 다음 위반부터는 그 위반 직전의 부과계수에 1.3을 곱한 것으로 한다.			
제4종 사업장	○ 처음 위반의 경우 : 1.2 ○ 다음 위반부터는 그 위반 직전의 부과계수에 1.2를 곱한 것으로 한다.			
제5종 사업장	○ 처음 위반의 경우 : 1.1 ○ 다음 위반부터는 그 위반 직전의 부과계수에 1.1을 곱한 것으로 한다.			

84. 낚시제한구역에서의 낚시방법 제한사항에 관한 기준으로 틀린 것은?

① 1명당 4대 이상의 낚시대를 사용하는 행위
② 낚시 바늘에 끼워서 사용하지 아니하고 떡밥 등을 던지는 행위
③ 1개의 낚시대에 3개의 낚시바늘을 떡밥과 뭉쳐서 미끼로 던지는 행위
④ 어선을 이용한 낚시행위 등 [낚시 관리 및 육성법]에 따른 낚시어선업을 영위하는 행위

③ 1개의 낚시대에 5개 이상의 낚시바늘을 떡밥과 뭉쳐서 미끼로 던지는 행위

낚시제한구역에서의 제한사항

1. 낚시방법에 관한 다음 각 목의 행위
   가. 낚시바늘에 끼워서 사용하지 아니하고 물고기를 유인하기 위하여 떡밥·어분 등을 던지는 행위
   나. 어선을 이용한 낚시행위 등 「낚시 관리 및 육성법」에 따른 낚시어선업을 영위하는 행위(외줄낚시는 제외)
   다. **1명당 4대 이상의 낚시대를 사용하는 행위**
   라. **1개의 낚시대에 5개 이상의 낚시바늘을 떡밥과 뭉쳐서 미끼로 던지는 행위**
   마. 쓰레기를 버리거나 취사행위를 하거나 화장실이 아닌 곳에서 대·소변을 보는 등 수질오염을 일으킬 우려가 있는 행위
   바. 고기를 잡기 위하여 폭발물·배터리·어망 등을 이용하는 행위(「내수면어업법」 제6조·제9조 또는 제11조에 따라 면허 또는 허가를 받거나 신고를 하고 어망을 사용하는 경우는 제외한다.)
2. 「수산자원보호령」에 따른 포획금지행위
3. 낚시로 인한 수질오염을 예방하기 위하여 그 밖에 시·군·자치구의 조례로 정하는 행위

85. 공공폐수처리시설의 유지 · 관리기준에 관한 내용으로 (   )에 맞는 것은?

> 처리시설의 가동시간, 폐수방류량, 약품 투입량, 관리 · 운영자, 그 밖에 처리시설의 운영에 관한 주요사항을 사실대로 매일 기록하고 이를 최종 기록한 날부터 (   ) 보존하여야 한다.

① 1년간
② 2년간
③ 3년간
④ 5년간

운영일지 보존기간

· 폐수배출시설 및 수질오염방지시설, 공공폐수처리시설 : 최종 기록일로부터 1년간 보존
· 폐수무방류배출시설 : 최종 기록일로부터 3년간 보존

86. 수질 및 수생태계 환경기준 중 하천의 "사람의 건강보호 기준"으로 옳은 것은? (단, 단위는 mg/L)

① 벤젠 : 0.03 이하
② 클로로포름 : 0.08 이하
③ 비소 : 검출되어서는 안 됨(검출한계 0.01)
④ 음이온계면활성제 : 0.1 이하

수질 및 수생태계 환경기준 중 하천의 "사람의 건강보호 기준"

기준값(mg/L)	항목			
검출되어서는 안 됨 (검출한계)	CN (0.01)	Hg (0.001)	유기인 (0.0005)	PCB (0.0005)
0.5 이하	ABS, 포름알데히드			
0.05 이하	Pb, As, Cr^{6+}, 1,4 – 다이옥세인			
0.005 이하	Cd			
0.01 이하	벤젠			
0.02 이하	디클로로메탄, 안티몬			
0.03 이하	1,2 – 디클로로에탄			
0.04 이하	테트라클로로에틸렌(PCE)			
0.004 이하	사염화탄소			
0.00004 이하	헥사클로로벤젠			
0.08 이하	클로로포름			
0.008 이하	디에틸헥실프탈레이트(DEHP)			

87. 사업장별 환경기술인의 자격기준에 관한 내용으로 틀린 것은?

① 대기환경기술인으로 임명된 자가 수질환경기술인의 자격을 함께 갖춘 경우에는 수질환경기술인을 겸임할 수 있다.

② 공동방지시설에 있어서 폐수배출량이 1, 2종 사업장 규모인 경우에는 3종사업장에 해당하는 환경기술인을 선임할 수 있다.

③ 연간 90일 미만 조업하는 1, 2, 3종사업장은 4, 5종사업장에 해당하는 환경기술인을 선임할 수 있다.

④ 특정수질유해물질이 포함된 수질오염물질을 배출하는 4, 5종사업장은 3종사업장에 해당하는 환경기술인을 두어야 한다. 다만, 특정수질유해물질이 포함된 1일 $10m^3$ 이하의 폐수를 배출하는 사업장의 경우에는 그러하지 아니하다.

---

② 공동방지시설의 경우에는 폐수배출량이 제4종 또는 제5종 사업장의 규모에 해당하면 제3종 사업장에 해당하는 환경기술인을 두어야 한다.

[별표 17] 사업장별 환경기술인의 자격기준(제59조 제2항 관련) 〈개정 2017. 1. 17.〉

구분	환경기술인
제1종 사업장	수질환경기사 1명 이상
제2종 사업장	수질환경산업기사 1명 이상
제3종 사업장	수질환경산업기사, 환경기능사 또는 3년 이상 수질분야 환경관련 업무에 직접 종사한 자 1명 이상
제4종 사업장 · 제5종 사업장	배출시설 설치허가를 받거나 배출시설 설치신고가 수리된 사업자 또는 배출시설 설치허가를 받거나 배출시설 설치신고가 수리된 사업자가 그 사업장의 배출시설 및 방지시설 업무에 종사하는 피고용인 중에서 임명하는 자 1명 이상

비고

1. 사업장의 규모별 구분은 별표 13에 따른다.
2. 특정수질유해물질이 포함된 수질오염물질을 배출하는 제4종 또는 제5종 사업장은 제3종 사업장에 해당하는 환경기술인을 두어야 한다. 다만, 특정수질유해물질이 포함된 1일 $10m^3$ 이하의 폐수를 배출하는 사업장의 경우에는 그러하지 아니하다.
3. 삭제
4. 공동방지시설의 경우에는 폐수배출량이 제4종 또는 제5종 사업장의 규모에 해당하면 제3종 사업장에 해당하는 환경기술인을 두어야 한다.
5. 법 제48조에 따른 공공폐수처리시설에 폐수를 유입시켜 처리하는 제1종 또는 제2종 사업장은 제3종 사업장에 해당하는 환경기술인을, 제3종 사업장은 제4종 사업장·제5종 사업장에 해당하는 환경기술인을 둘 수 있다.
6. 방지시설 설치면제 대상인 사업장과 배출시설에서 배출되는 수질오염물질 등을 공동방지시설에서 처리하게 하는 사업장은 제4종 사업장·제5종 사업장에 해당하는 환경기술인을 둘 수 있다.
7. 연간 90일 미만 조업하는 제1종부터 제3종까지의 사업장은 제4종 사업장·제5종 사업장에 해당하는 환경기술인을 선임할 수 있다.
8. 「대기환경보전법」 제40조 제1항에 따라 대기환경기술인으로 임명된 자가 수질환경기술인의 자격을 함께 갖춘 경우에는 수질환경기술인을 겸임할 수 있다.
9. 환경산업기사 이상의 자격이 있는 자를 임명하여야 하는 사업장에서 환경기술인을 바꾸어 임명하는 경우로서 자격이 있는 구직자를 찾기 어려운 경우 등 부득이한 사유가 있는 경우에는 잠정적으로 30일 이내의 범위에서는 제4종 사업장·제5종 사업장의 환경기술인 자격에 준하는 자를 그 자격을 갖춘 자로 보아 제59조 제1항 제2호에 따른 신고를 할 수 있다.

88. 시·도지사는 공공수역의 수질보전을 위하여 환경부령이 정하는 해발고도 이상에 위치한 농경지 중 환경부령이 정하는 경사도 이상의 농경지를 경작하는 자에 대하여 경작방식의 변경, 농약·비료의 사용량 저감, 휴경 등을 권고할 수 있다. 위에서 언급한 환경부령이 정하는 해발고도와 경사도 기준은?

① 400미터, 15퍼센트
② 400미터, 25퍼센트
③ 600미터, 15퍼센트
④ 600미터, 25퍼센트

제85조(휴경 등 권고대상 농경지의 해발고도 및 경사도)

법 제59조 제1항에서 "환경부령으로 정하는 해발고도"란 해발 400미터를 말하고 "환경부령으로 정하는 경사도"란 경사도 15퍼센트를 말한다. 〈개정 2014. 1. 29.〉

89. 국립환경과학원장, 유역환경청장, 지방환경청장이 설치할 수 있는 측정망과 가장 거리가 먼 것은?

① 생물 측정망
② 공공수역 유해물질 측정망
③ 도심하천 측정망
④ 퇴적물 측정망

제22조(국립환경과학원장이 설치·운영하는 측정망의 종류 등) 〈개정 2012.1.19., 2018.1.17.〉

국립환경과학원장이 법 제9조 제1항에 따라 설치할 수 있는 측정망은 다음 각 호와 같다.
1. 비점오염원에서 배출되는 비점오염물질 측정망
2. 수질오염물질의 총량관리를 위한 측정망
3. 대규모 오염원의 하류지점 측정망
4. 수질오염경보를 위한 측정망
5. 대권역·중권역을 관리하기 위한 측정망
6. 공공수역 유해물질 측정망
7. 퇴적물 측정망
8. 생물 측정망
9. 그 밖에 국립환경과학원장이 필요하다고 인정하여 설치·운영하는 측정망

90. 기본배출부과금에 관한 설명으로 (   )에 알맞은 것은?

공공폐수처리시설 또는 공공하수처리시설에서 배출되는 폐수 중 수질오염물질이 (   )하는 경우

① 배출허용기준을 초과
② 배출허용기준을 미달
③ 방류수수질기준을 초과
④ 방류수수질기준을 미달

법 제41조(배출부과금)

1. 기본배출부과금
   가. 배출시설(폐수무방류배출시설은 제외한다)에서 배출되는 폐수 중 수질오염물질이 제32조에 따른 배출허용기준 이하로 배출되나 방류수 수질기준을 초과하는 경우
   나. 공공폐수처리시설 또는 공공하수처리시설에서 배출되는 폐수 중 수질오염물질이 방류수 수질기준을 초과하는 경우

2. 초과배출부과금
   가. 수질오염물질이 제32조에 따른 배출허용기준을 초과하여 배출되는 경우
   나. 수질오염물질이 공공수역에 배출되는 경우(폐수무방류배출시설로 한정한다)

91. 환경부장관 또는 시 · 도지사는 수질오염피해가 우려되는 하천 · 호소를 선정하여 수질오염경보를 단계별로 발령할 수 있다. 수질오염경보의 경보단계별 발령 및 해제기준이 바르지 않은 것은?

① 관심 : 2회 연속채취 시 남조류 세포수 1,000세포/mL 이상 10,000세포/mL 미만인 경우
② 경계 : 2회 연속채취 시 남조류 세포수 10,000세포/mL 이상 1,000,000세포/mL 미만인 경우
③ 조류 대발생 : 2회 연속채취 시 남조류 세포수 1,000,000세포/mL 이상인 경우
④ 해제 : 2회 연속채취 시 남조류 세포수 500세포/mL 미만인 경우

④ 해제 : 2회 연속채취 시 남조류 세포 수 1,000세포/mL 미만인 경우

조류경보 - 상수원 구간

경보단계	발령 · 해제 기준
관심	2회 연속 채취 시 남조류 세포 수가 1,000세포/mL 이상 10,000세포/mL 미만인 경우
경계	2회 연속 채취 시 남조류 세포 수가 10,000세포/mL 이상 1,000,000세포/mL 미만인 경우
조류 대발생	2회 연속 채취 시 남조류 세포 수가 1,000,000 세포/mL 이상인 경우
해제	2회 연속 채취 시 남조류 세포 수가 1,000세포/mL 미만인 경우

92. 상수원을 오염시킬 우려가 있는 물질을 수송하는 자동차의 통행을 제한하고자 한다. 표지판을 설치해야 하는 자는?

① 경찰청장
② 환경부장관
③ 대통령
④ 지자체장

경찰청장은 자동차의 통행제한을 위하여 필요하다고 인정할 때에는 다음 각 호에 해당하는 조치를 하여야 한다.
1. 자동차 통행제한 표지판의 설치
2. 통행제한 위반 자동차의 단속

93. 폐수종말처리시설의 배수설비 설치방법 및 구조기준으로 옳지 않은 것은?

① 배수관의 관경은 100mm 이상으로 하여야 한다.
② 배수관은 우수관과 분리하여 빗물이 혼합되지 않도록 설치하여야 한다.
③ 배수관이 직선인 부분에는 내경의 120배 이하의 간격으로 맨홀을 설치하여야 한다.
④ 배수관 입구에는 유효간격 10mm 이하의 스크린을 설치하여야 한다.

① 배수관의 관경은 안지름 150mm 이상으로 하여야 한다.

물환경보전법 시행규칙 [별표 16] ^{〈개정 2019. 12. 20.〉}

폐수관로 및 배수설비의 설치방법·구조기준 등(제72조 관련)

1. 폐수관로는 분류식으로 설치하고, 유입되는 오수·폐수가 전량 공공폐수처리시설로 유입되도록 다른 폐수관로·맨홀 또는 오수·폐수받이와 연결되어야 한다.
2. 관 종류는 품질관리를 위하여 「하수도법 시행령」제10조 제2항 각 호의 어느 하나에 해당하는 품질과 성능을 가진 것을 사용하여야 한다.
3. 폐수관로의 기초 지반은 관로의 종류, 매설토양의 특성, 시공방법, 하중조건 및 매설조건을 고려하여 관로의 침하가 최소화되도록 하여야 한다.
4. 폐수관로를 시공한 경우에는 경사 검사, 수밀(水密) 검사 및 영상촬영 검사를 활용하여 적정하게 시공되었는지 여부를 확인하여야 한다.
5. 배수관은 폐수관로와 연결되어야 하며, **관경(관지름)은 안지름 150mm 이상으로** 하여야 한다.
6. 배수관은 우수관과 분리하여 빗물이 혼합되지 아니하도록 설치하여야 한다.
7. **배수관의 기점·종점·합류점·굴곡점과 관경·관 종류가 달라지는 지점에는 맨홀을 설치하여야 하며, 직선인 부분에는 안지름의 120배 이하의 간격으로 맨홀을 설치하여야 한다.**
8. 배수관 입구에는 **유효간격 10밀리미터 이하의 스크린을 설치하여야** 하고, 다량의 토사를 배출하는 유출구에는 적당한 크기의 모래받이를 각각 설치하여야 하며, 배수관·맨홀 등 악취가 발생할 우려가 있는 시설에는 방취(防臭)장치를 설치하여야 한다.
9. 사업장에서 공공폐수처리시설까지로 폐수를 유입시키는 배수관에는 유량계 등 계량기를 부착하여야 한다.
10. **시간당 최대폐수량이 일평균폐수량의 2배 이상인 사업자와 순간수질과 일평균수질과의 격차가 리터당 100밀리그램 이상인 시설의 사업자는 자체적으로 유량조정조를 설치하여 공공폐수처리시설 가동에 지장이 없도록 폐수배출량 및 수질을 조정한 후 배수하여야 한다.**
11. 제1호부터 제10호까지에서 규정한 사항 외에 폐수관로 및 배수설비의 설치방법 및 구조기준에 관하여 필요한 사항은 「하수도법 시행규칙」별표 5를 따른다.

94. 특정수질유해물질에 해당되지 않는 것은?

① 트리클로로메탄
② 1,1 - 디클로로에틸렌
③ 디클로로메탄
④ 펜타클로로페놀

■ **물환경보전법 시행규칙 [별표 3]** 특정수질유해물질(제4조 관련) 참조

95. 수질(하천)의 생활환경기준 항목이 아닌 것은?

① 수소이온농도
② 부유물질량
③ 용매 추출유분
④ 총대장균군

환경정책기본법 - 환경기준 - 하천의 생활환경기준

등급		pH	BOD (mg/L)	TOC (mg/L)	SS (mg/L)	DO (mg/L)	T-P (mg/L)	대장균군 (군수/100mL)	
								총대장균군	분원성 대장균군
매우 좋음	Ia	6.5~8.5	1 이하	2 이하	25 이하	7.5 이상	0.02 이하	50 이하	10 이하
좋음	Ib	6.5~8.5	2 이하	3 이하	25 이하	5.0 이상	0.04 이하	500 이하	100 이하
약간 좋음	II	6.5~8.5	3 이하	4 이하	25 이하	5.0 이상	0.1 이하	1,000 이하	200 이하
보통	III	6.5~8.5	5 이하	5 이하	25 이하	5.0 이상	0.2 이하	5,000 이하	1,000 이하
약간 나쁨	IV	6.0~8.5	8 이하	6 이하	100 이하	2.0 이상	0.3 이하		
나쁨	V	6.0~8.5	10 이하	8 이하	쓰레기 등이 떠 있지 않을 것	2.0 이상	0.5 이하		
매우 나쁨	VI		10 초과	8 초과		2.0 미만	0.5 초과		

96. 오염총량관리 기본계획 수립 시 포함되지 않는 내용은?

① 해당 지역 개발계획의 내용
② 지방자치단체별·수계구간별 오염부하량의 할당
③ 관할 지역에서 배출되는 오염부하량의 총량 및 저감계획
④ 오염총량 초과부과금의 산정방법과 산정기준

오염총량관리 기본계획 수립 시 포함사항

1. 해당 지역 개발계획의 내용
2. 지방자치단체별·수계구간별 오염부하량(汚染負荷量)의 할당
3. 관할 지역에서 배출되는 오염부하량의 총량 및 저감계획
4. 해당 지역 개발계획으로 인하여 추가로 배출되는 오염부하량 및 그 저감계획

97. 폐수처리업자의 준수사항 내용으로 (   )에 알맞은 것은?

수탁한 폐수는 정당한 사유없이 (   ) 이상 보관할 수 없다.

① 10일
② 15일
③ 30일
④ 45일

수탁한 폐수는 정당한 사유 없이 **10일** 이상 보관할 수 없으며, 보관폐수의 전체량이 저장시설 저장능력의 **90퍼센트 이상** 되게 보관하여서는 아니 된다.

■ **물환경보전법 시행규칙 [별표 21]** 폐수처리업자의 준수사항(제91조 제2항 관련)

---

98. 배출시설에 대한 일일기준초과배출량 산정에 적용되는 일일유량은 (측정유량×일일조업시간)이다. 일일유량을 구하기 위한 일일조업시간에 대한 설명으로 ( )에 맞는 것은?

> 측정하기 전 최근 조업한 30일간의 배출시설 조업시간의 (㉠)로서 (㉡)으로 표시한다.

① ㉠ 평균치, ㉡ 분(min)　　　　② ㉠ 평균치, ㉡ 시간(hr)
③ ㉠ 최대치, ㉡ 분(min)　　　　④ ㉠ 최대치, ㉡ 시간(hr)

일일유량 산정을 위한 일일조업시간은 측정하기 전 최근 조업한 30일간의 배출시설 조업시간 평균치로서 분(min)으로 표시한다.

■ **물환경보전법 시행령 [별표 1]** 오염총량초과과징금의 산정 방법 및 기준(제10조 제1항 관련)

---

99. 하수도법에서 사용하는 용어에 대한 정의가 틀린 것은?

① 분뇨는 수거식 화장실에서 수거되는 액체성 또는 고체성의 오염물질이다.
② 합류식하수관로는 오수와 하수도로 유입되는 빗물 ·지하수가 함께 흐르도록 하기 위한 하수관로이다.
③ 분뇨처리시설은 분뇨를 침전 · 분해 등의 방법으로 처리하는 시설이다.
④ 배수구역은 하수를 공공하수처리시설에 유입하여 처리할 수 있는 지역이다.

④ "배수구역"이라 함은 공공하수도에 의하여 하수를 유출시킬 수 있는 지역

하수도법 제2조(정의)

이 법에서 사용하는 용어의 뜻은 다음과 같다. (개정 2020. 5. 26.)
1. "하수"라 함은 사람의 생활이나 경제활동으로 인하여 액체성 또는 고체성의 물질이 섞이어 오염된 물(이하 "오수"라 한다)과 건물 · 도로 그 밖의 시설물의 부지로부터 하수도로 유입되는 빗물 · 지하수를 말한다. 다만, 농작물의 경작으로 인한 것은 제외한다.
2. "분뇨"라 함은 수거식 화장실에서 수거되는 액체성 또는 고체성의 오염물질(개인하수처리시설의 청소 과정에서 발생하는 찌꺼기를 포함한다)을 말한다.
3. "하수도"란 하수와 분뇨를 유출 또는 처리하기 위하여 설치되는 하수관로 · 공공하수처리시설 · 간이공공하수처리시설 · 하수저류시설 · 분뇨처리시설 · 배수설비 · 개인하수처리시설 그 밖의 공작물 · 시설의 총체를 말한다.
4. "공공하수도"라 함은 지방자치단체가 설치 또는 관리하는 하수도를 말한다. 다만, 개인하수도는 제외한다.
5. "개인하수도"라 함은 건물 · 시설 등의 설치자 또는 소유자가 해당 건물 · 시설 등에서 발생하는 하수를 유출 또는 처리하기 위하여 설치하는 배수설비 · 개인하수처리시설과 그 부대시설을 말한다.
6. "하수관로"란 하수를 공공하수처리시설 · 간이공공하수처리시설 · 하수저류시설로 이송하거나 하천 · 바다 그 밖의 공유수면으로 유출시키기 위하여 지방자치단체가 설치 또는 관리하는 관로와 그 부속시설을 말한다.

7. "합류식하수관로"란 오수와 하수도로 유입되는 빗물·지하수가 함께 흐르도록 하기 위한 하수관로를 말한다.
8. "분류식하수관로"란 오수와 하수도로 유입되는 빗물·지하수가 각각 구분되어 흐르도록 하기 위한 하수관로를 말한다.
9. "공공하수처리시설"이라 함은 하수를 처리하여 하천·바다 그 밖의 공유수면에 방류하기 위하여 지방자치단체가 설치 또는 관리하는 처리시설과 이를 보완하는 시설을 말한다.
9의2. "간이공공하수처리시설"이란 강우(降雨)로 인하여 공공하수처리시설에 유입되는 하수가 일시적으로 늘어날 경우 하수를 신속히 처리하여 하천·바다, 그 밖의 공유수면에 방류하기 위하여 지방자치단체가 설치 또는 관리하는 처리시설과 이를 보완하는 시설을 말한다.
10. "하수저류시설"이란 하수관로로 유입된 하수에 포함된 오염물질이 하천·바다, 그 밖의 공유수면으로 방류되는 것을 줄이고 하수가 원활하게 유출될 수 있도록 하수를 일시적으로 저장하거나 오염물질을 제거 또는 감소하게 하는 시설(「하천법」 제2조 제3호 나목에 따른 시설과 「자연재해대책법」 제2조 제6호에 따른 우수유출 저감시설은 제외한다)을 말한다.
11. "분뇨처리시설"이라 함은 분뇨를 침전·분해 등의 방법으로 처리하는 시설을 말한다.
12. "배수설비"라 함은 건물·시설 등에서 발생하는 하수를 공공하수도에 유입시키기 위하여 설치하는 배수관과 그 밖의 배수시설을 말한다.
13. "개인하수처리시설"이라 함은 건물·시설 등에서 발생하는 오수를 침전·분해 등의 방법으로 처리하는 시설을 말한다.
14. "배수구역"이라 함은 공공하수도에 의하여 하수를 유출시킬 수 있는 지역으로서 제15조의 규정에 따라 공고된 구역을 말한다.
15. "하수처리구역"이라 함은 하수를 공공하수처리시설에 유입하여 처리할 수 있는 지역으로서 제15조의 규정에 따라 공고된 구역을 말한다.

100. 오염총량관리시행계획에 포함되지 않는 것은?

① 대상 유역의 현황
② 연차별 오염부하량 삭감 목표 및 구체적 삭감 방안
③ 수질과 오염원과의 관계
④ 수질예측 산정자료 및 이행 모니터링 계획

오염총량관리 시행계획에 포함되어야 하는 사항

1. 오염총량관리시행계획 대상 유역의 현황
2. 오염원 현황 및 예측
3. 연차별 지역 개발계획으로 인하여 추가로 배출되는 오염부하량 및 해당 개발계획의 세부 내용
4. 연차별 오염부하량 삭감 목표 및 구체적 삭감 방안
5. 법 제4조의 5에 따른 오염부하량 할당 시설별 삭감량 및 그 이행 시기
6. 수질예측 산정자료 및 이행 모니터링 계획

1. ①	2. ①	3. ①	4. ④	5. ②	6. ②	7. ①	8. ④	9. ①	10. ②	11. ②	12. ①	13. ③	14. ②	15. ③
16. ④	17. ①	18. ②	19. ①	20. ①	21. ②	22. ①	23. ④	24. ①	25. ①	26. ③	27. ①	28. ④	29. ④	30. ②
31. ④	32. ④	33. ④	34. ④	35. ③	36. ②	37. ②	38. ④	39. ④	40. ②	41. ④	42. ④	43. ①	44. ①	45. ③
46. ④	47. ①	48. ④	49. ①	50. ②	51. ②	52. ①	53. ①	54. ①	55. ①	56. ①	57. ①	58. ④	59. ②	60. ①
61. ④	62. ①	63. ④	64. ②	65. ①	66. ③	67. ②	68. ④	69. ①	70. ②	71. ①	72. ③	73. ③	74. ①	75. ④
76. ④	77. ①	78. ②	79. ①	80. ③	81. ①	82. ②	83. ④	84. ④	85. ①	86. ②	87. ②	88. ①	89. ③	90. ④
91. ④	92. ①	93. ①	94. ①	95. ①	96. ④	97. ①	98. ①	99. ①	100. ③					

2022년도 제2회 수질환경기사

제1과목 수질오염개론

1. 하수가 유입된 하천의 자정작용을 하천 유하거리에 따라 분해지대, 활발한 분해지대, 회복지대, 정수지대의 4단계로 분류하여 나타내는 경우, 회복지대의 특성으로 틀린 것은?

① 세균수가 감소한다.
② 발생된 암모니아성 질소가 질산화된다.
③ 용존산소의 농도가 포화될 정도로 증가한다.
④ 규조류가 사라지고 윤충류, 갑각류도 감소한다.

④ 규조류가 사라지고 윤충류, 갑각류도 감소한다.

Whipple의 자정단계(지대별 구분)

구분	분해지대	활발한 분해지대	회복지대	정수지대
특징	DO 감소 호기성 박테리아 → 균류	DO 최소 호기성 → 혐기성 전환 혐기성 기체 악취, 부패	DO 증가 혐기성 → 호기성 전환 질산화	DO 거의 포화 청수성 어종 고등생물 출현
출현 생물	실지렁이, 균류(fungi), 박테리아(bacteria)	혐기성 미생물, 세균 자유유영성 섬모충류	조류 번성 원생동물, 윤충류, 갑각류 증가	호기성 세균 무척추동물, 청수성 어류(송어 등)
감소 생물	고등생물	균류	세균수 감소	

2. 강우의 pH에 관한 설명으로 틀린 것은?

① 보통 대기중의 이산화탄소와 평형상태에 있는 물은 약 pH 5.7의 산성을 띠고 있다.
② 산성강우의 주요원인 물질로 황산화물, 질소산화물 및 염소산화물을 들 수 있다.
③ 산성강우현상은 대기오염이 혹심한 지역에 국한되어 나타난다.
④ 강우는 부유재(fly ash)로 인하여 때때로 알칼리성을 띨 수 있다.

③ 산성 강우현상은 광역적 대기오염이므로, 국지적 지역에 국한되지 않는다.

3. 호소의 부영양화에 대한 일반적 영향으로 틀린 것은?

① 부영양화가 진행된 수원을 농업용수로 사용하면 영양염류의 공급으로 농산물 수확량이 지속적으로 증가한다.

② 조류나 미생물에 의해 생성된 용해성 유기물질이 불쾌한 맛과 냄새를 유발한다.

③ 부영양화 평가모델은 인(P) 부하모델인 Vollenweider 모델 등이 대표적이다.

④ 심수층의 용존산소량이 감소한다.

① 부영양화가 진행된 수원을 농업용수로 사용하면 고농도 질소 때문에 경작 장애가 발생한다.

부영양화가 인간에게 미치는 영향
· 수중의 현탁물질 증가, 착색, 냄새발생 등으로 미관상 불쾌감 및 심미적 불쾌감 초래
· 물놀이, 낚시, 산책 등 여가활동의 제약 및 물과 접촉하는 활동에서 불쾌감 유발
· 조류의 독소, 수질악화 등으로 피부병, 눈병, 수인성질병 등 건강상의 장해
· 수질악화로 수돗물 생산과정에 장애발생, 추가경비 소요 등 경제적 손실

부영양화가 생태계에 미치는 영향
· 조류의 호흡, 분해에 의한 용존산소의 고갈과 황화수소, 이산화탄소 등 가스 증가로 어패류 질식사
· 적조생물이 발생시키는 독소물질로 인한 어류의 폐사
· 점액물질이 많은 플랑크톤이 아가미에 부착, 호흡장애에 의한 어류의 질식사
· 산소부족에 내성이 강한 생물 증가 등 수생태계의 변화
· 농업용수로 이용 시 고농도의 질소에 의해 경작 장애
· 부영양화 심화 시 생물이 살 수 없는 늪으로 변화

4. 수질오염물질 중 중금속에 관한 설명으로 틀린 것은?

① 카드뮴 : 인체 내에서 투과성이 높고 이동성이 있는 독성 메틸 유도체로 전환된다.

② 비소 : 인산염 광물에 존재해서 인 화합물 형태로 환경 중에 유입된다.

③ 납 : 급성독성은 신장, 생식계통, 간 그리고 뇌와 중추신경계에 심각한 장애를 유발한다.

④ 수은 : 수은 중독은 BAL, Ca_2EDTA로 치료할 수 있다.

① 인체 내에서 투과성이 높고 이동성이 있는 독성 메틸유도체로 전환되는 것은 메틸수은이다.

5. 광합성에 대한 설명으로 틀린 것은?

① 호기성광합성(녹색식물의 광합성)은 진조류와 청녹조류를 위시하여 고등식물에서 발견된다.

② 녹색식물의 광합성은 탄산가스와 물로부터 산소와 포도당(또는 포도당 유도산물)을 생성하는 것이 특징이다.

③ 세균활동에 의한 광합성은 탄산가스의 산화를 위하여 물 이외의 화합물질이 수소원자를 공여, 유리산소를 형성한다.

④ 녹색식물의 광합성 시 광은 에너지를 그리고 물은 환원반응에 수소를 공급해준다.

③ 세균활동에 의한 광합성은 탄산가스의 산화를 위하여 물 이외의 화합물질이 수소원자를 공여, 유리산소를 형성한다.

광합성

$CO_2 + H_2O \rightarrow CH_2O$(세포) $+ O_2$
· 수소공여체 : 물
· 전자수용체 : 전자를 얻어 환원되는 물질, CO_2
· 전자공여체 : 전자를 내놓고 산화되는 물질, H_2O

6. 물의 특성에 대한 설명으로 옳지 않은 것은?

① 기화열이 크기 때문에 생물의 효과적인 체온 조절이 가능하다.
② 비열이 크기 때문에 수온의 급격한 변화를 방지해 줌으로써 생물활동이 가능한 기온을 유지한다.
③ 융해열이 작기 때문에 생물체의 결빙이 쉽게 일어나지 않는다.
④ 빙점과 비점 사이가 100℃나 되므로 넓은 범위에서 액체 상태를 유지할 수 있다.

③ 융해열(응고열)이 크다.

7. 생물농축에 대한 설명으로 가장 거리가 먼 것은?

① 수생생물체내의 각종 중금속 농도는 환경수중의 농도보다는 높은 경우가 많다.
② 생물체중의 농도와 환경수중의 농도비를 농축비 또는 농축계수라고 한다.
③ 수생생물의 종류에 따라서 중금속의 농축비가 다른 경우가 많다.
④ 농축비는 먹이사슬 과정에서 높은 단계의 소비자에 상당하는 생물일수록 낮게 된다.

④ 농축비는 먹이사슬 과정에서 높은 단계의 소비자에 상당하는 생물일수록 높아진다.

8. 벤젠, 톨루엔, 에틸벤젠, 자일렌이 같은 몰수로 혼합된 용액이 라울트 법칙을 따른다고 가정하면 혼합액의 총 증기압(25℃ 기준, atm)은? (단, 벤젠, 톨루엔, 에틸벤젠, 자일렌의 25℃에서 순수 액체의 증기압은 각각 0.126, 0.038, 0.0126, 0.01177atm이며, 기타 조건은 고려하지 않음)

① 0.047
② 0.057
③ 0.067
④ 0.077

$$P = P_{벤} + P_{톨} + P_{에} + P_{자}$$

$$= \frac{1}{4} \times 0.126 + \frac{1}{4} \times 0.038 + \frac{1}{4} \times 0.0126 + \frac{1}{4} \times 0.01177$$

$$= 0.0470$$

혼합용액의 증기압력(라울의 법칙)

$$P = P_A + P_B = x_A P_A{}^\circ + x_B P_B{}^\circ$$

P : 혼합용액의 전체 압력
P_A : 혼합용액 중 A의 부분압력
P_B : 혼합용액 중 B의 부분압력
$P_A{}^\circ$: 순수한 A의 증기압력
$P_B{}^\circ$: 순수한 B의 증기압력
x_A : 혼합용액 중 A의 몰분율
x_B : 혼합용액 중 B의 몰분율

9. BOD_5 270mg/L이고 COD가 450mg/L인 경우, 탈산소계수(K_1)의 값이 0.1/day일 때, 생물학적으로 분해 불가능한 COD(mg/L)는? (단, BDCOD = BOD_u, 상용대수 기준)

① 약 55   ② 약 65
③ 약 75   ④ 약 85

$$BDCOD = BOD_u = \frac{BOD_t}{1 - 10^{-kt}} = \frac{270}{1 - 10^{-0.1 \times 5}} = 394.868$$

$$NBDCOD = COD - BDCOD = 450 - 394.868 = 55.13$$

10. 다음은 수질조사에서 얻은 결과인데, Ca^{2+} 결과치의 분실로 인하여 기재가 되지 않았다. 주어진 자료로부터 Ca^{2+} 농도(mg/L)는?

양이온(mg/L)		음이온(mg/L)	
Na^+	46	Cl^-	71
Ca^{2+}	–	HCO_3^-	122
Mg^{2+}	36	SO_4^{2-}	192

① 20
② 40
③ 60
④ 80

전하 균형식(chrge balance)

$\sum$양이온 전하량(당량) $= \sum$음이온 전하량(당량)

$$\frac{46mg}{L} \times \frac{1me}{23mg} + Ca^{2+}\,(me/L) + \frac{36mg}{L} \times \frac{2me}{24mg}$$

$$= \frac{71mg}{L} \times \frac{1me}{35.5mg} + \frac{122mg}{L} \times \frac{1me}{61mg} + \frac{192mg}{L} \times \frac{2me}{96mg}$$

$$\therefore Ca^{2+}(me/L) = 3$$

$$\therefore Ca^{2+} = \frac{3me}{L} \times \frac{40mg\,Ca^{2+}}{2me} = 60\,mg/L$$

11. 부영양화가 진행된 호소에 대한 수면관리 대책으로 틀린 것은?

① 수중폭기한다.

② 퇴적층을 준설한다.

③ 수생식물을 이용한다.

④ 살조제는 황산알루미늄을 주로 많이 쓴다.

④ 조류제거를 위한 살조제는 주로 황산동을 사용한다.
· 살조제 : 조류제거 물질(황산동, 염소, 활성탄 등)

12. 생물학적 질화 중 아질산화에 관한 설명으로 틀린 것은?

① Nitrobacter에 의해 수행된다.

② 수율은 $0.04 \sim 0.13mg$ VSS/mg NH_4^+-N 정도이다.

③ 관련 미생물은 독립영양성 세균이다.

④ 산소가 필요하다.

· Nitrosomonas : 1단계 질산화(아질산화)
· Nitrobacter : 2단계 질산화(질산화)

13. $0.01M$ - KBr과 $0.02M$ - $ZnSO_4$ 용액의 이온강도는? (단, 완전 해리 기준)

① 0.08

② 0.09

③ 0.12

④ 0.14

$$KBr \rightarrow K^+ + Br^-$$
$$ZnSO_4 \rightarrow Zn^{2+} + SO_4^{2-}$$

구분	몰농도(C)	Z^2	CZ^2
K^+	0.01	1^2	0.01
Br^-	0.01	1^2	0.01
Zn^{2+}	0.02	2^2	0.08
SO_4^{2-}	0.02	$(-2)^2$	0.08
		합계	0.18

$$I = \frac{1}{2}\sum CZ^2 = \frac{1}{2} \times 0.18 = 0.09$$

14. 바닷물에 0.054M의 $MgCl_2$가 포함되어 있을 때 바닷물 250mL에 포함되어 있는 $MgCl_2$의 양 (g)은? (단, 원자량 Mg = 24.3, Cl = 35.5)

① 약 0.8
② 약 1.3
③ 약 2.6
④ 약 3.9

$$\frac{0.054mol}{L} \mid \frac{0.250L}{} \mid \frac{95.3g}{1mol} = 1.286g$$

15. 반응속도에 관한 설명으로 알맞지 않은 것은?

① 영차반응 : 반응물의 농도에 독립적인 속도로 진행하는 반응이다.
② 일차반응 : 반응속도가 시간에 따른 반응물의 농도변화 정도에 반비례하여 진행하는 반응이다.
③ 이차반응 : 반응속도가 한가지 반응물 농도의 제곱에 비례하여 진행하는 반응이다.
④ 실험치에 따라 특정 반응속도의 차수를 구하기 위하여 시간에 따른 농도변화를 그래프로 그리고 직선으로부터의 편차를 구하여 평가한다.

반응속도식 $\dfrac{dC}{dt} = kC^n$
② 일차반응 : 반응속도가 시간에 따른 반응물의 농도변화 정도에 비례하여 진행하는 반응이다.

16. 방사성 물질인 스트론튬(Sr^{90})의 반감기가 29년이라면 주어진 양의 (Sr^{90})이 99% 감소하는데 걸리는 시간(년)은?

① 143
② 193
③ 233
④ 273

$\ln \dfrac{C}{C_0} = -kt$에서

1) $\ln \dfrac{50}{100} = -k \times 29$

$\therefore k = 0.239/yr$

2) $\ln \dfrac{1}{100} = -0.0239 \times t$

$\therefore t = 192.67yr$

17. 수질모델링을 위한 절차에 해당하는 항목으로 가장 거리가 먼 것은?

① 변수 추정　　　　　　　　　② 수질예측 및 평가

③ 보정　　　　　　　　　　　　④ 감응도 분석

수질모델링 절차(순서)

순서	설명
모델의 설계 및 자료수집	·대상수계의 지역특성, 형상, 수문학적요소 등을 고려하여 모델을 설계하고, 현지조사 및 문헌조사 등을 통하여 입력자료를 수집
모델링 프로그램(CODE) 선택 및 운영	·모델을 산술적으로 풀어나가기 위한 알고리듬을 포함한 컴퓨터 프로그램(CODE) 선택, 검증 및 입력 - 하나 또는 여러 개의 분석결과를 가지고 있는 모델을 운영하여 나타나는 결과들을 비교 입력 - 선택된 모델링 프로그램에 준비된 입력자료를 입력하여 대상하천에 대한 모델링 실시
보정 (calibration)	·모델에 의한 예측치가 실측치를 제대로 반영할 수 있도록 각종 매개변수의 값을 조정하는 과정 ·대개 예측치와 실측치의 차가 10~20%를 넘지 않도록 보정
검증 (verification)	·보정이 완료되면 보정 시 사용되지 않았던 유입지천의 유량과 수질 또는 오염부하량 본류수질 등의 입력자료를 이용하여 모델을 검증함 ·이 과정에서 예측치와 실측치간의 차가 클 경우에는 모델의 보정과 검증을 반복하여 최종적으로 검증함
감응도 분석	·수질관련 반응계수, 수리학적 입력계수, 유입지천의 유량과 수질 또는 오염부하량 등의 입력자료의 변화 정도가 수질항목 농도에 미치는 영향을 분석하는 것 ·어떤 수질항목의 변화율이 입력자료의 변화율보다 클 경우, 그 수질항목은 입력자료에 대하여 민감함
수질예측 및 평가	·위의 과정으로 완성된 모델에 대하여 미래에 발생이 예상되는 오염물질 관련 자료를 입력함으로써 예측을 실시함 ·예측을 위한 모델 운영 시에는 최적 및 최악의 경우에 대하여 모델링을 실시함

18. 다음과 같은 수질을 가진 농업용수의 SAR값은? (단, $Na^+ = 460mg/L$, $PO_4^{3-} = 1500mg/L$, $Cl^- = 108mg/L$, $Ca^{2+} = 600mg/L$, $Mg^{2+} = 240mg/L$, $NH_3 - N = 380mg/L$, 원자량 = Na : 23, P : 31, Cl : 35.5, Ca : 40, Mg : 24)

① 2　　　　　　　　　　　　　② 4

③ 6　　　　　　　　　　　　　④ 8

$$\text{Na}^+ : \frac{460\text{mg}}{L} \,\bigg|\, \frac{1\text{me}}{23\text{mg}} = 20\text{me/L}$$

$$\text{Mg}^{2+} : \frac{240\text{mg}}{L} \,\bigg|\, \frac{1\text{me}}{12\text{mg}} = 20\text{me/L}$$

$$\text{Ca}^{2+} : \frac{600\text{mg}}{L} \,\bigg|\, \frac{1\text{me}}{20\text{mg}} = 30\text{me/L}$$

$$\text{SAR} = \frac{\text{Na}^+}{\sqrt{\dfrac{\text{Ca}^{2+}+\text{Mg}^{2+}}{2}}} = \frac{20}{\sqrt{\dfrac{30+20}{2}}} = 4$$

19. 다음의 기체 법칙 중 옳은 것은?

① Boyle의 법칙 : 일정한 압력에서 기체의 부피는 절대온도에 정비례한다.
② Henry의 법칙 : 기체와 관련된 화학반응에서는 반응하는 기체와 생성되는 기체의 부피 사이에 정수관계가 있다.
③ Graham의 법칙 : 기체의 확산속도(조그마한 구멍을 통한 기체의 탈출)는 기체 분자량의 제곱근에 반비례한다.
④ Gay-Lussac의 결합 부피 법칙 : 혼합 기체 내의 각 기체의 부분압력은 혼합물 속의 기체의 양에 비례한다.

① 샤를의 법칙 : 일정한 압력에서 기체의 부피는 절대온도에 정비례한다.
② Gay-Lussac의 법칙 : 기체와 관련된 화학반응에서는 반응하는 기체와 생성되는 기체의 부피 사이에 정수관계가 있다.
④ 부분 압력의 법칙 : 혼합 기체 내에서 각 기체의 부분압력은 혼합물 속의 기체의 양에 비례한다.
　Graham의 법칙 : 기체의 확산속도(조그마한 구멍을 통한 기체의 탈출)는 기체 분자량의 제곱근에 반비례한다.

20. 시료의 BOD_5가 200mg/L이고 탈산소계수값이 0.15day^{-1}일 때 최종 BOD(mg/L)는?

① 약 213
② 약 223
③ 약 233
④ 약 243

$$BOD_t = BOD_u\,(1 - 10^{-kt})$$
$$200 = BOD_u\,(1 - 10^{-0.15 \times 5})$$
$$\therefore\ BOD_u = 243.25$$

21. 계획 오수량에 관한 설명으로 (   )에 알맞은 내용은?

> 합류식에서 우천 시 계획 오수량은 (   ) 이상으로 한다.

① 원칙적으로 계획 1일 최대 오수량의 2배 ② 원칙적으로 계획 1일 최대 오수량의 3배
③ 원칙적으로 계획시간 최대 오수량의 2배 ④ 원칙적으로 계획시간 최대 오수량의 3배

계획오수량

·계획1일 최대오수량은 1인1일 최대오수량에 계획인구를 곱한 후, 여기에 공장 폐수량, 지하수량 및 기타 배수량을 더한 것으로 한다.
·합류식에서 우천 시 계획오수량은 원칙적으로 계획시간 최대오수량의 3배 이상으로 한다.
·지하수량은 1인1일 평균오수량의 10~20%로 한다.
·계획시간 최대오수량은 계획1일 최대오수량의 1시간당 수량의 1.3~1.8배를 표준으로 한다.

22. 하수 배제방식의 특징에 대한 설명으로 옳지 않은 것은?

① 분류식은 우천 시에 월류가 없다.
② 분류식은 강우초기 노면 세정수가 하천 등으로 유입되지 않는다.
③ 합류식 시설의 일부를 개선 또는 개량하면 강우초기의 오염된 우수를 수용해서 처리할 수 있다.
④ 합류식은 우천 시 일정량 이상이 되면 오수가 월류한다.

② 분류식은 강우초기 노면 세정수가 하천 등으로 유입된다.

하수 배제방식

검토사항		분류식	합류식
시공성	시공성	·2계통 동일도로에 매설 시 시공성 난이 ·오수관거 단독 시공 시 용이(상대적인 소구경관거)	·좁은 공간에서 매설 시 난이 (상대적인 대구경관거)
	건설비	·높음(오수관거 단독 시공 시 낮음)	·낮음
유지 관리	관거오접	·발생 가능	·없음
	관거 내 퇴적	·관거 내 퇴적 적음 ·수세효과 적음	·관거 내 퇴적 많음 ·우천 시 수세효과 많음
	처리장으로의 토사유입	·소량의 토사 유입	·우천 시 다량의 토사 유입
	관거 내 보수	·오수관거 폐쇄 가능 많음(소구경관거) ·청소 용이 ·다소 많은 관리 시간(측구 있는 경우)	·폐쇄 가능 적음(대구경관거) ·청소 난이 ·다소 적은 관리 시간
수질 보전	우천 시 월류	·없음	·가능
	청천 시 월류	·없음	·없음
	강우초기의 노면 세정수	·하천 유입	·처리장 유입
환경성	쓰레기 등의 투기	·불법 투기 가능(측구 및 개거 있는 경우)	·없음
	토지이용	·뚜껑 보수 필요(기존 측구를 존속할 경우)	·도로폭의 유효한 이용 (기존 측구를 폐지할 경우)

23. 정수처리방법인 중간염소처리에서 염소의 주입 지점으로 가장 적절한 것은?

① 혼화지와 침전지 사이
② 침전지와 여과지 사이
③ 착수정과 혼화지 사이
④ 착수정과 도수관 사이

· 전염소처리 : 응집 침전 이전 주입
· 중간염소처리 : 침전지와 여과지 사이
· 후염소처리 : 여과지 이후 주입(소독지)

24. 계획취수량을 확보하기 위하여 필요한 저수용량의 결정에 사용되는 계획기준년에 관한 내용으로 (   )에 적절한 것은?

원칙적으로 (   )에 제1위 정도의 갈수를 표준으로 한다.

① 5개년
② 7개년
③ 10개년
④ 15개년

상수의 계획취수량을 확보하기 위하여 필요한 저수용량의 결정에 사용하는 계획기준년은 원칙적으로 **10개년에 제1위 정도의 갈수를 표준으로 한다.**

25. 하수관로에 관한 설명 중 옳지 않은 것은?

① 우수관로에서 계획하수량은 계획우수량으로 한다.
② 합류식 관로에서 계획하수량은 계획시간 최대오수량에 계획우수량을 합한 것으로 한다.
③ 차집관로에서 계획하수량은 계획시간 최대오수량으로 한다.
④ 지역의 실정에 따라 계획하수량에 여유율을 둘 수 있다.

③ 차집관로에서 계획하수량은 우천 시 계획오수량으로 한다.

하수관로시설의 계획하수량

각 관로별 계획하수량은 다음 사항을 고려하여 정한다.
· **오수관로**에서는 오수량의 시간적 변화에 대응할 수 있도록 **계획시간 최대오수량**으로 한다.
· 우수관로에서는 해당지역의 적합한 강우강도, 유출계수 및 유역면적을 반영한 계획우수량으로 한다.
· **합류식 관로**에서는 **계획시간 최대오수량에 계획우수량**을 합한 것으로 한다. 관로단면결정의 중요한 요소는 계획우수량이다.
· **차집관로**는 각 지역의 실정, 차집·이송·처리에 따른 오염부하량 저감효과 및 그에 따른 필요한 비용 등을 고려한 **우천 시 계획오수량**으로 한다.
· 계획하수량과 실제 발생하수량 간에 큰 차이가 있을 수 있으므로 이에 대응하기 위하여 지역실정에 따라 오수관로의 관경결정 시 계획하수량에 여유율을 둘 수 있다. 여유율은 일반적으로 관경증가에 따른 비용부담, 배수구역의 유하시간 차이로 인한 여유율 등을 감안하여 정한다.

26. 기존의 하수처리시설에 고도처리시설을 설치하고자 할 때 검토사항으로 틀린 것은?

① 표준활성슬러지법이 설치된 기존처리장의 고도처리 개량은 개선대상 오염물질별 처리특성을 감안하여 효율적인 설계가 되어야 한다.

② 시설개량은 시설개량방식을 우선 검토하되 방류수 수질기준 준수가 곤란한 경우에 한해 운전개선방식을 함께 추진하여야 한다.

③ 기본설계과정에서 처리장의 운영실태 정밀분석을 실시한 후 이를 근거로 사업추진방향 및 범위 등을 결정하여야 한다.

④ 기존시설물 및 처리공정을 최대한 활용하여야 한다.

> ② 시설개량은 운전개선방식을 우선 검토하되 방류수 수질기준 준수가 곤란한 경우에 한해 시설개량방식을 추진하여야 한다.
>
> **기존 하수처리시설의 고도처리시설 설치 시 사전검토사항**
> · 기본설계과정에서 처리장의 운영실태 정밀분석을 실시한 후 이를 근거로 사업추진방향 및 범위 등을 결정하여야 한다.
> · 시설개량은 운전개선방식을 우선 검토하되 방류수 수질기준 준수가 곤란한 경우에 한해 시설개량방식을 추진하여야 한다.
> · 기존 하수처리장의 부지여건을 충분히 고려하여야 한다.
> · 기존 시설물 및 처리공정을 최대한 활용하여야 한다.
> · 표준활성슬러지법이 설치된 기존 처리장의 고도처리개량은 개선대상 오염물질별 처리특성을 감안하여 효율적인 설계가 되어야 한다.

27. 해수담수화방식 중 상(相)변화방식인 증발법에 해당되는 것은?

① 가스수화물법   ② 다중효용법
③ 냉동법   ④ 전기투석법

> **해수담수화 방식**
>
> | 상변화식 | 증발법 | 다단플래쉬법, 다중효용법, 증발압축법, 투과기화법 |
> |---|---|---|
> | | 냉동법 | 직접냉동법, 간접냉동법, 가스수화물법 |
> | 상불변식 | 막여과법 | 역삼투, 전기투석 |
> | | 기타 | 이온교환, 용매추출법 |

28. 1분당 300m³의 물을 150m 양정(전양정)할 때 최고효율점에 달하는 펌프가 있다. 이때의 회전수가 1,500rpm이라면, 이 펌프의 비속도(비교회전도)는?

① 약 512   ② 약 554
③ 약 606   ④ 약 658

> $$N_s = N\frac{Q^{1/2}}{H^{3/4}} = 1,500 \times \frac{(300)^{1/2}}{(150)^{3/4}} = 606.15$$
>
> 여기서, N : 펌프의 회전수(rpm)
> H : 양정(m)
> Q : 양수량(m³/min)

29. 펌프의 토출량이 0.20m³/sec, 흡입구 유속이 3m/sec인 경우, 펌프의 흡입구경(mm)은?

① 약 198 ② 약 292
③ 약 323 ④ 약 413

$Q = AV$

$Q = \dfrac{\pi D^2}{4} V$

$\dfrac{0.2m^3}{sec} = \dfrac{\pi D^2}{4} \left| \dfrac{3.0m}{sec} \right.$

$\therefore D = 0.2913m = 291.3mm$

30. 막모듈의 열화와 가장 거리가 먼 것은?

① 장기적인 압력부하에 의한 막 구조의 압밀화
② 건조되거나 수축으로 인한 막 구조의 비가역적인 변화
③ 원수 중의 고형물이나 진동에 의한 막 면의 상처, 마모, 파단
④ 막의 다공질부의 흡착, 석출, 포착 등에 의한 폐색

④ 파울링에 관한 설명이다.

막의 오염

분류	정의			내용
열화	막 자체의 변질로 생긴 비가역적인 막 성능의 저하	물리적 열화		·압밀화 손상, 건조 ·장기적인 압력부하에 의한 막 구조의 압밀화 ·원수 중의 고형물이나 진도에 의한 막 면의 상처나 마모, 파단 혹은 건조되거나 수축으로 인한 막 구조의 비가역적인 변화
		화학적 열화		·가수분해, 산화 ·막이 pH나 온도 등의 작용에 의한 분해 ·산화제에 의하여 막 재질의 특성 변화나 분해
		생물화학적 변화		·미생물과 막 재질의 자화 또는 분비물의 작용에 의한 변화
파울링	막 자체의 변질이 아닌 외적 인자로 생긴 막 성능의 저하	부착층	케이크층	·공급수 중의 현탁물질이 막 면상에 축적되어 생성되는 층
			젤(gel)층	·농축으로 용해성 고분자 등의 막 표면 농도가 상승하여 막 면에 형성된 젤상의 비유동성 층
			스케일층	·농축으로 난용해성 물질이 용해도를 초과하여 막 면에 석출된 층
			흡착층	·공급수 중에 함유되어 막에 대하여 흡착성이 큰 물질이 막 면상에 흡착되어 형성된 층
		막힘		·고체 : 막의 다공질부의 흡착, 석출, 포착 등에 의한 폐색 ·액체 : 소수성 막의 다공질부가 기체로 치환(건조)
		유로폐색		·막모듈의 공급유로 또는 여과수 유로가 고형물로 폐색되어 흐르지 않는 상태

31. 상수도 계획급수량과 관련된 내용으로 잘못된 것은?

① 계획1일평균급수량 = 계획1일평균사용수량/계획유효율

② 계획1일최대급수량 = 계획1일평균급수량×계획첨두율

③ 일반적인 산정절차는 각 용도별 1일평균사용수량(실적) → 각 계획용도별 1일평균사용수량 → 계획1일평균사용수량 → 계획1일평균급수량 → 계획1일최대급수량으로 한다.

④ 일반적으로 소규모 도시일수록 첨두율 값이 작다.

④ 일반적으로 소규모 도시일수록 첨두율값이 크다.

32. 오수 이송방법은 자연유하식, 압력식, 진공식이 있다. 이중 압력식(다중압송)에 관한 내용으로 옳지 않은 것은?

① 지형변화에 대응이 어렵다.

② 지속적인 유지관리가 필요하다.

③ 저지대가 많은 경우 시설이 복잡하다.

④ 정전 등 비상대책이 필요하다.

① 지형변화에 대응이 용이하다.

오수 이송계획

구분	자연유하식	압력식(다중압송)	진공식
장점	· 기기류가 적어 유지관리 용이 · 신규개발지역 오수 유입 용이 · 유량변동에 따른 대응 가능 · 기술 수준의 제한이 없음	· 지형변화에 대응 용이 · 공사점용면적 최소화 가능 · 공사기간 및 민원의 최소화 · 최소유속 확보	· 지형변화에 대응 용이 · 다수의 중계펌프장을 1개의 진공펌프장으로 축소 가능 · 최소유속 확보
단점	· 평탄지는 매설심도가 깊어짐 · 지장물에 대한 대응 곤란 · 최소유속 확보의 어려움	· 저지대가 많은 경우 시설 복잡 · 지속적인 유지관리 필요 · 정전 등 비상대책 필요	· 실양정이 4m 이상일 경우 추가적인 장치가 필요함 · 국내 적용실적이 다른 시스템에 비해 적음 · 일반관리자의 초기교육이 필요함

33. 도수거에 관한 설명으로 옳지 않은 것은?

① 수리학적으로 자유 수면을 갖고 중력 작용으로 경사진 수로를 흐르는 시설이다.

② 개거나 암거인 경우에는 대개 300~500m 간격으로 시공조인트를 겸한 신축조인트를 설치한다.

③ 균일한 동수경사(통상 1/3,000~1/1,000)로 도수하는 시설이다.

④ 도수거의 평균유속의 최대한도는 3.0m/sec로 하고 최소유속은 0.3m/sec로 한다.

② 개거나 암거인 경우에는 대개 30~50m 간격으로 시공조인트를 겸함 신축조인트를 설치한다.

도수거

① 수리학적으로 자유 수면을 갖고 중력 작용으로 경사진 수로를 흐르는 시설이다.
② 개거나 암거인 경우에는 대개 30~50m 간격으로 시공조인트를 겸한 신축조인트를 설치한다.
③ 균일한 동수경사(통상 1/3,000~1/1,000)로 도수하는 시설이다.
④ 도수거의 평균유속의 최대한도는 3.0m/s로 하고 최소유속은 0.3m/s로 한다.

---

34. 하수처리를 위한 산화구법에 관한 설명으로 틀린 것은?

① 용량은 HRT가 24~48시간이 되도록 정한다.
② 형상은 장원형무한수로로 하며 수심은 1.0~3.0m, 수로 폭은 2.0~6.0m 정도가 되도록 한다.
③ 저부하조건의 운전으로 SRT가 길어 질산화반응이 진행되기 때문에 무산소 조건을 적절히 만들면 70% 정도의 질소제거가 가능하다.
④ 산화구내의 혼합상태가 균일하여도 구내에서 MLSS, 알칼리도 농도의 구배는 크다.

④ 산화구 내의 혼합상태가 균일하면 구 내에서 MLSS, 알칼리도 농도의 구배는 작다.

---

35. 취수시설에서 침사지에 관한 설명으로 옳지 않은 것은?

① 지의 위치는 가능한 한 취수구에 근접하여 제내지에 설치한다.
② 지의 상단높이는 고수위보다 0.3~0.6m의 여유고를 둔다.
③ 지의 고수위는 계획취수량이 유입될 수 있도록 취수구의 계획최저수위 이하로 정한다.
④ 지의 길이는 폭의 3~8배, 지내 평균유속은 2~7cm/sec를 표준으로 한다.

② 지의 상단높이는 고수위보다 0.6~1m의 여유고를 둔다.

---

36. 상수의 공급과정을 바르게 나타낸 것은?

① 취수 → 도수 → 정수 → 송수 → 배수 → 급수
② 취수 → 도수 → 송수 → 정수 → 배수 → 급수
③ 취수 → 송수 → 정수 → 배수 → 도수 → 급수
④ 취수 → 송수 → 배수 → 정수 → 도수 → 급수

상수도 계통
취수 → 도수 → 정수 → 송수 → 배수 → 급수

37. 계획취수량이 $10m^3/sec$, 유입수심이 $5m$, 유입속도가 $0.4m/sec$인 지역에 취수구를 설치하고자 할 때 취수구의 폭(m)은? (단, 취수보 설계 기준)

① 0.5
② 1.25
③ 2.5
④ 5.0

$$A = \frac{Q}{V} = \frac{10m^3}{sec} \left| \frac{s}{0.4m} \right. = 25m^2$$

$$취수구\ 폭 = \frac{면적}{수심} = \frac{25m^2}{5m} = 5m$$

38. 정수시설 중 플록형성지에 관한 설명으로 틀린 것은?

① 기계식교반에서 플록큐레이터(flocculator)의 주변속도는 5~10cm/sec를 표준으로 한다.
② 플록형성시간은 계획정수량에 대하여 20~40분간을 표준으로 한다.
③ 직사각형이 표준이다.
④ 혼화지와 침전지 사이에 위치하고 침전지에 붙여서 설치한다.

① 유속 : 기계식교반(15~80cm/s), 우류식교반(15~30cm/s)

플록형성지의 설계재원

· 직사각형이 표준이다.
· 플록형성지는 혼화지와 침전지 사이에 위치하고 침전지에 붙여서 설치한다.
· 플록형성시간은 계획정수량에 대하여 20~40분간을 표준으로 한다.
· 기계식교반에서 플록큐레이터의 주변속도는 15~80cm/s로 하고, 우류식교반에서는 평균유속을 15~30cm/s를 표준으로 한다.
· 플록형성지는 단락류나 정체부가 생기지 않으면서 충분하게 교반될 수 있는 구조로 한다.
· 플록형성지 내의 교반강도는 하류로 갈수록 점차 감소시키는 것이 바람직하다.
· 저류벽이나 정류벽을 설치하면 단락류가 생기는 것을 방지할 수 있다.
· 플록형성은 응집된 미소플록을 크게 성장시키기 위해 적당한 기계식교반이나 우류식교반이 필요하다.
· 야간근무자도 플록형성상태를 감시할 수 있도록 조명을 설치한다.

39. 오수관거 계획 시 기준이 되는 오수량은?

① 계획시간최대오수량
② 계획1일최대오수량
③ 계획시간평균오수량
④ 계획1일평균오수량

· 오수관거 계획 기준 : 계획시간 최대오수량
· 처리시설 계획 기준 : 계획1일 최대오수량

40. 천정호(얕은우물)의 경우 양수량 $Q = \dfrac{\pi k(H^2 - h^2)}{2.3\log(R/r)}$ 로 표시된다. 반경 0.5m의 천정호 시험정에서 H = 6m, h = 4m, R = 50m인 경우에 Q = 0.6m³/sec의 양수량을 얻었다. 이 조건에서 투수계수(k, m/sec)는?

① 0.044
② 0.073
③ 0.086
④ 0.146

천정호(얕은우물)의 양수량

$$Q = \frac{\pi k(H^2 - h^2)}{2.3\log(R/r)}$$

$$0.6 = \frac{\pi k(6^2 - 4^2)}{2.3\log(50/0.5)}$$

$$\therefore k = 0.0439(\text{m/s})$$

제3과목 수질오염 방지기술

---

41. 탈질소 공정에서 폐수에 탄소원 공급용으로 가해지는 약품은?

① 응집제
② 질산
③ 소석회
④ 메탄올

탈질의 탄소공급원 : 메탄올(유기탄소)

42. MLSS의 농도가 1,500mg/L인 슬러지를 부상법으로 농축시키고자 한다. 압축탱크의 유효전달압력이 4기압이며 공기의 밀도가 1.3g/L, 공기의 용해량이 18.7mL/L일 때 A/S비는? (단, 유량 = 300m³/day, f = 0.5, 처리수의 반송은 없다.)

① 0.008
② 0.010
③ 0.016
④ 0.020

$$A/S = \frac{1.3S_a(fP-1)}{S}\cdot r = \frac{1.3 \times 18.7(0.5 \times 4 - 1)}{1,500} = 0.0162$$

43. 포기조 내의 혼합액의 SVI가 100이고, MLSS 농도를 2,200mg/L로 유지하려면 적정한 슬러지의 반송률(%)은? (단, 유입수의 SS는 무시한다.)

① 23.6
② 28.2
③ 33.6
④ 38.3

1) $Xr = \dfrac{10^6}{SVI} = \dfrac{10^6}{100} = 10,000 (mg/L)$

2) $r = \dfrac{X}{Xr - X} = \dfrac{2,200}{10,000 - 2,200} = 0.282 = 28.2\%$

44. 기계적으로 청소가 되는 바 스크린의 바(bar) 두께는 5mm이고, 바 간의 거리는 30mm이다. 바를 통과하는 유속이 0.90m/sec일 때 스크린을 통과하는 수두손실(m)은? (단, $h_L = \left(\dfrac{V_B^2 - V_A^2}{2g}\right)\left(\dfrac{1}{0.7}\right)$)

① 0.0157   ② 0.0238

③ 0.0325   ④ 0.0452

$A_1 V_1 = A_2 V_2$

$V_1 = \dfrac{A_2}{A_1} V_2 = \dfrac{t}{(t+b)} V_2 = \dfrac{30}{(30+5)} \times 0.9 = 0.771 (m/s)$

$\therefore h_L = \dfrac{1}{0.7} \cdot \dfrac{V_2^2 - V_1^2}{2g} = \dfrac{1}{0.7} \cdot \dfrac{0.9^2 - 0.771^2}{2 \times 9.8} = 0.01566\,m$

45. 경사판 침전지에서 경사판의 효과가 아닌 것은?

① 수면적 부하율의 증가효과   ② 침전지 소요면적의 저감효과

③ 고형물의 침전효율 증대효과   ④ 처리효율의 증대효과

경사판의 효과
· 침전지 소요면적의 저감효과
· 고형물의 침전효율 증대효과
· 처리효율의 증대효과

46. 분뇨의 생물학적 처리공법으로서 호기성 미생물이 아닌 혐기성 미생물을 이용한 혐기성처리공법을 주로 사용하는 근본적인 이유는?

① 분뇨에는 혐기성미생물이 살고 있기 때문에

② 분뇨에 포함된 오염물질은 혐기성미생물만이 분해할 수 있기 때문에

③ 분뇨의 유기물 농도가 너무 높아 포기에 너무 많은 비용이 들기 때문에

④ 혐기성처리공법으로 발생되는 메탄가스가 공법에 필수적이기 때문에

분뇨는 고농도 유기물 하수이므로 호기성 처리를 하려면 희석을 해 유기물 농도를 낮춰야 한다.
희석을 하게 되면 유량, 반응조 크기, 약품비, 포기비용이 엄청나게 증가하므로
경제적인 이유로 고농도 유기물은 주로 혐기성 처리를 사용한다.

47. 크롬 함유 폐수를 환원처리공법 중 수산화물침전법으로 처리하고자 할 때 침전을 위한 적정 pH 범위는? (단, $Cr^{3+} + 3OH^- \rightarrow Cr(OH)_3\downarrow$)

① pH 4.0~4.5   ② pH 5.5~6.5

③ pH 8.0~8.5   ④ pH 11.0~11.5

· 6가 크롬 → 3가 크롬으로 환원 pH : 2~3
· 3가 크롬 침전 pH : 8~9

48. Side Stream을 적용하여 생물학적 방법과 화학적 방법으로 인을 제거하는 공정은?

① 수정 Bardenpho 공정

② Phostrip 공정

③ SBR 공정

④ UCT 공정

· Phostrip 공정 : 생물학적 인 제거공법(혐기조 - 호기조) + 화학적 인 제거 조합 공법

49. 이온교환막 전기투석법에 관한 설명 중 옳지 않은 것은?

① 칼슘, 마그네슘 등 경도 물질의 제거효율은 높지만 인 제거율은 상대적으로 낮다.

② 콜로이드성 현탁물질 제거에 주로 적용된다.

③ 배수 중의 용존염분을 제거하여 양질의 처리수를 얻는다.

④ 소요전력은 용존염분농도에 비례하여 증가한다.

② 전기투석법은 무기염류(Cl^-, SO_4^{2-} 등) 제거에 주로 적용된다.

50. 분리막을 이용한 수처리 방법 중 추진력이 정수압차가 아닌 것은?

① 투석   ② 정밀여과

③ 역삼투   ④ 한외여과

막공법

공정	Mechanism	막형태	추진력
정밀여과(MF)	체거름	대칭형 다공성막	정수압차(0.1~1bar)
한외여과(UF)	체거름	비대칭형 다공성막	정수압차(1~10atm)
역삼투(RO)	역삼투	비대칭성 skin막	정수압차(20~100atm)
투석	확산	비대칭형 다공성막	농도차
전기투석(ED)	이온전하의 크기 차이	이온 교환막	전위차

51. 폐수처리에 관련된 침전현상으로 입자간에 작용하는 힘에 의해 주변입자들의 침전을 방해하는 중간 정도의 농도 부유액에서의 침전은?

① 제1형 침전(독립침전)
② 제2형 침전(응집침전)
③ 제3형 침전(계면침전)
④ 제4형 침전(압밀침전)

입자의 침강형태

침강형태	특징	발생장소
I형 침전 (독립침전, 자유침전)	· 이웃 입자들의 영향을 받지 않고 자유롭게 **일정한 속도로 침강** · **낮은 농도**에서 비중이 무거운 입자를 침전 · Stoke's의 법칙이 적용	보통침전지, 침사지
II형 침전 (플록침전)	· 입자가 서로 간에 접촉되면서 응집된 플록을 형성하여 침전 · 침강하는 입자들이 서로 간의 상대적 위치를 변경 · 응집·응결 침전 또는 응집성 침전	약품침전지
III형 침전 (간섭침전)	· 플록을 형성하여 침강하는 입자들이 서로 방해를 받아 침전속도가 감소하는 침전 · 입자들은 서로의 상대적 위치를 변경시키려 하지 않음 · 방해·장애·집단·계면·지역 침전	상향류식 부유식침전지, 생물학적 2차 침전지
IV형 침전 (압축침전)	· 고농도 입자들의 침전으로 침전된 입자군이 바닥에 쌓일 때 입자군의 무게에 의해 물이 빠져나가면서 **농축·압밀**됨 · 압밀침전	침전슬러지, 농축조의 슬러지 영역

52. 생물학적 원리를 이용하여 질소, 인을 제거하는 공정인 5단계 Bardenpho 공법에 관한 설명으로 옳지 않은 것은?

① 인 제거를 위해 혐기성조가 추가된다.
② 조 구성은 혐기성조, 무산소조, 호기성조, 무산소조, 호기성조 순이다.
③ 내부반송률은 유입유량 기준으로 100~200% 정도이며 2단계 무산소조로부터 1단계 무산소조로 반송된다.
④ 마지막 호기성 단계는 폐수 내 잔류 질소가스를 제거하고 최종 침전지에서 인의 용출을 최소화하기 위하여 사용한다.

③ 내부반송률은 유입유량 기준으로 100~200% 정도이며 2단계 호기조로부터 1단계 무산소조로 반송된다.

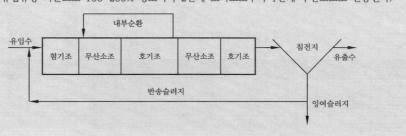

53. 회전원판법(RBC)의 장점으로 가장 거리가 먼 것은?

① 미생물에 대한 산소 공급 소요전력이 적다.

② 고정메디아로 높은 미생물 농도 및 슬러지일령을 유지할 수 있다.

③ 기온에 따른 처리효율의 영향이 적다.

④ 재순환이 필요 없다.

③ 외기기온에 민감하므로, 기온에 따른 처리효율의 영향이 크다.

회전원판법

장점	단점
· 질소 · 인 등의 영양염류의 제거가 가능 · **슬러지의 반송이 불필요** · 유지비가 적게 들고, 관리가 용이 · 충격부하 및 부하변동에 강하며 저농도 및 고농도 BOD 처리가 모두 가능 · 잉여슬러지의 생산량이 적음 · 포기와 반송이 없으므로 동력비가 적게 들고, 고도의 운전기술이 필요하지 않음 · 기존 폐수처리시설에 쉽게 채용할 수 있으며, 휴지기간에 대한 대응성이 우수	· 2차 침전지에서 미세한 SS가 유출되기 쉽고, 처리수의 투명도가 나쁨 · 생물량의 인위적인 조절이 곤란함 · 처리수의 투명도가 낮음 · 외기기온에 민감, 기온에 따른 처리효율 영향이 큼 · 한랭한 기후에 영향을 받음 · 회전체의 구조적 취약성이 있으며 대규모 처리시설에 적용하기 어려움 · 운영상의 문제점으로 구동축 파손, 원판 손상, 베어링 손상, 악취 발생 등이 있음 · **운영변수가 많아 모델링이 복잡** · Scale-up 시키기가 어려움 · 파리는 발생하지 않으나 하루살이가 발생할 수 있음

54. 상향류 혐기성 슬러지상의 장점이라 볼 수 없는 것은?

① 미생물 체류시간을 적절히 조절하면 저농도 유기성 폐수의 처리도 가능하다.

② 기계적인 교반이나 여재가 필요 없기 때문에 비용이 적게 든다.

③ 고액 및 기액분리장치를 제외하면 전체적으로 구조가 간단하다.

④ 폐수 성상이 슬러지 입상화에 미치는 영향이 적어 안정된 처리가 가능하다.

④ 고형물의 농도가 높을 경우 고형물 및 미생물이 유실될 우려가 있으므로, 고농도 부유물질(SS) 폐수는 처리가 곤란하다.

상향류식 혐기성슬러지 블랭킷법[upflow anaerobic sludge blanket process, UASB process]

폐수를 반응조 저부에서 상승시켜 미생물막 **부착담체를 이용하지 않고** 세균이 가진 응집, 집괴작용을 이용해서 활성이 높은 치밀한 펠렛상(그래뉼상) 슬러지를 형성시키는 방식

· 고농도의 생물량을 확보하고 고부하 처리가 가능
· 미생물 체류시간을 적절히 조절하면 저농도 유기성 폐수의 처리도 가능
· 기계적인 교반이나 여재가 필요 없기 때문에 비용이 적음
· 생성가스의 부상에 의한 교반작용을 이용하기 때문에 장치구성도 아주 단순하고, 동력 사용이 적음
· 고액 및 기액분리장치를 제외하면 장치구성이 단순
· 유기물 부하가 매우 높아 HRT가 작고, 반응조 용량이 작음
· 온도변화, 충격부하, 독성, 저해물질의 존재 등에 내성을 가짐
· 고형물의 농도가 높을 경우 고형물 및 미생물이 유실될 우려가 있음, 고농도 부유물질(SS) 폐수는 처리가 곤란함
· 반응기의 구조 : 폐수 유입부, 슬러지 베드부, 슬러지 블링킷부 및 가스 · 슬러지 분리장치 등

55. 하수 고도처리 공법인 Phostrip 공정에 관한 설명으로 옳지 않은 것은?

① 기존 활성슬러지 처리장에 쉽게 적용 가능하다.

② 인 제거 시 BOD/P비에 의하여 조절되지 않는다.

③ 최종 침전지에서 인 용출을 위해 용존산소를 낮춘다.

④ Mainstream 화학침전에 비하여 약품사용량이 적다.

> ③ 최종 침전지에서 용존산소를 낮추면 오히려 미생물 내의 인이 방출되어, 인 제거효율이 떨어진다.

56. 생물학적 처리법 가운데 살수여상법에 대한 설명으로 가장 거리가 먼 것은?

① 슬러지일령은 부유성장 시스템보다 높아 100일 이상의 슬러지일령에 쉽게 도달된다.

② 총괄 과측수율은 전형적인 활성 슬러지공정의 60~80% 정도이다.

③ 덮개 없는 여상의 재순환율을 증대시키면 실제로 여상 내의 평균온도가 높아진다.

④ 정기적으로 여상에 살충제를 살포하거나 여상을 침수토록 하여 파리문제를 해결할 수 있다.

> ③ 재순환율을 증대시키면 재순환수가 더 많이 공급되므로, 여상 내 온도는 내려간다.

57. 평균 유입하수량 10,000m³/day인 도시하수처리장의 1차침전지를 설계하고자 한다. 1차침전지의 표면부하율은 50m³/m² · day로 하여 원형침전지를 설계한다면 침전지의 직경(m)은?

① 약 14

② 약 16

③ 약 18

④ 약 20

> 1) $A = \dfrac{Q}{(Q/A)} = \dfrac{10,000m^3/d}{50m^3/m^2 \cdot d} = 200m^2$
>
> 2) D
>
> $A = \dfrac{\pi D^2}{4}$
>
> $200 = \dfrac{\pi D^2}{4}$
>
> $\therefore D = 15.957m$

58. 수온 20℃일 때, pH6.0이면 응결에 효과적이다. pOH를 일정하게 유지하는 경우, 25℃일 때의 pH는? (단, 20℃일 때, Kw = 0.68×10⁻¹⁴)

① 4.34

② 6.47

③ 8.31

④ 10.22

$20°C$일 때, pH6.0이면 $[H^+] = 10^{-pH} = 10^{-6}M$

$K_W = [H^+][OH^-]$

$0.68 \times 10^{-14} = [10^{-6}][OH^-]$

$\therefore [OH^-] = 6.8 \times 10^{-9}M$

$\therefore pOH = -\log[OH^-] = 8.167$

---

59. 2차 처리 유출수에 포함된 25mg/L의 유기물을 분말 활성탄 흡착법으로 3차 처리하여 2mg/L 될 때까지 제거하고자 할 때 폐수 $3m^3$당 필요한 활성탄의 양(g)은? (단, Freundlich 등온식 활용, k = 0.5, n = 1)

① 69

② 76

③ 84

④ 91

$\dfrac{X}{M} = K \cdot C^{1/n}$

$\dfrac{(25-2)}{M} = 0.5 \times 2^{1/1}$

$\therefore M = 23(mg/L)$

$\therefore M = \dfrac{23mg}{L} \left| \dfrac{3m^3}{} \right| \dfrac{1,000L}{1m^3} \left| \dfrac{1g}{1,000mg} \right. = 69g$

X : 흡착된 피흡착물의 농도

M : 주입된 흡착제의 농도

C : 흡착되고 남은 피흡착물질의 농도(평형농도)

K, n : 경험상수

---

60. 수온 $20°C$에서 평균직경 1mm인 모래입자의 침전속도(m/sec)는? (단, 동점성값은 1.003×10^{-6} m^2/sec, 모래비중은 2.5, Stoke's 법칙 이용)

① 0.414

② 0.614

③ 0.814

④ 1.014

$V = \dfrac{d^2(\rho_s - \rho_w)g}{18\mu} = \dfrac{d^2(\rho_s - \rho_w)g}{18\nu\rho_w}$

$= \dfrac{(0.001m)^2}{} \left| \dfrac{(2.5-1.0)t}{m^3} \right| \dfrac{9.8m}{sec^2} \left| \dfrac{sec}{18 \times (1.003 \times 10^{-6}m^2)} \right| \dfrac{m^3}{1.0t} = 0.8142m/s$

61. 시료의 보존방법으로 틀린 것은?

① 아질산성 질소 : 4℃ 보관, H_2SO_4로 pH 2 이하
② 총질소(용존 총질소) : 4℃ 보관, H_2SO_4로 pH 2 이하
③ 화학적 산소요구량 : 4℃ 보관, H_2SO_4로 pH 2 이하
④ 암모니아성 질소 : 4℃ 보관, H_2SO_4로 pH 2 이하

① 아질산성 질소 : 4℃ 보관

시료 보존방법

시료 보존방법	보존물질
4℃ 보관, H_2SO_4로 pH 2 이하	노말헥산 추출물질, COD, 암모니아성 질소, 총인, 총질소
4℃ 보관, NaOH로 pH 12 이상	시안
4℃ 보관, HCl로 pH 5~9	PCB, 유기인
4℃ 보관	부유물질 색도 BOD 물벼룩 전기전도도 아질산성 질소 음이온계면활성제 질산성 질소 6가 크롬 다이에틸헥실프탈레이트

62. 원자흡수분광광도법에서 일어나는 간섭에 대한 설명으로 틀린 것은?

① 광학적 간섭 : 분석하고자 하는 원소의 흡수파장과 비슷한 다른 원소의 파장이 서로 겹쳐 비이상적으로 높게 측정되는 경우 발생
② 물리적 간섭 : 표준용액과 시료 또는 시료와 시료 간의 물리적 성질(점도, 밀도, 표면장력 등)의 차이 또는 표준물질과 시료의 매질(matrix) 차이에 의해 발생
③ 화학적 간섭 : 불꽃의 온도가 분자를 들뜬 상태로 만들기에 충분히 높지 않아서, 해당 파장을 흡수하지 못하여 발생
④ 이온화 간섭 : 불꽃온도가 너무 낮을 경우 중성원자에서 전자를 빼앗아 이온이 생성될 수 있으며 이 경우 양(+)의 오차가 발생

④ 이온화 간섭은 불꽃온도가 너무 높을 경우 중성원자에서 전자를 빼앗아 이온이 생성될 수 있으며 이 경우 음(-)의 오차가 발생하게 된다.

63. 공장의 폐수 100mL를 취하여 산성 100℃에서 KMnO₄에 의한 화학적 산소소비량을 측정하였다. 시료의 적정에 소비된 0.025N KMnO₄의 양이 7.5mL였다면 이 폐수의 COD(mg/L)는? (단, 0.025N KMnO₄ factor = 1.02, 바탕시험 적정에 소비된 0.025N KMnO₄ = 1.00mL)

① 13.3 ② 16.7
③ 24.8 ④ 32.2

$$COD(mg/L) = (b - a) \times f \times \frac{1,000}{V} \times 0.2$$

$$= (7.5 - 1) \times 1.02 \times \frac{1,000}{100} \times 0.2$$

$$= 13.26$$

여기서, a : 바탕시험 적정에 소비된 과망간산칼륨용액(0.025M)의 양(mL)
　　　　b : 시료의 적정에 소비된 과망간산칼륨용액(0.025M)의 양(mL)
　　　　f : 과망간산칼륨용액(0.025M)의 농도계수(factor)
　　　　V : 시료의 양(mL)

64. 35% HCl(비중 1.19)을 10% HCl으로 만들기 위한 35% HCl과 물의 용량비는?

① 1 : 1.5 ② 3 : 1
③ 1 : 3 ④ 1.5 : 1

HCl에 가한 희석수 양(X)

$$희석 후 농도 = \frac{희석 전 농도}{폐수 부피 + 희석수 부피}$$

$$10 = \frac{35}{1 + X}$$

$$\therefore X = 2.5$$

HCl : 물 = 1 : 2.5

65. 분원성 대장균군 – 막여과법에서 배양온도 유지기준은?

① 25±0.2℃ ② 30±0.5℃
③ 35±0.5℃ ④ 44.5±0.2℃

· 총대장균군 : 35±0.5℃, 적색
· 분원성 대장균군 : 44.5±0.2℃, 청색

66. ppm을 설명한 것으로 틀린 것은?

① ppb 농도의 1,000배이다. ② 백만분율이라고 한다.
③ mg/kg이다. ④ % 농도의 1/1,000이다.

④ % 농도의 1/10,000이다.

67. 유도결합플라스마 – 원자발광분광법에 의한 원소별 정량한계로 틀린 것은?

① Cu : 0.006mg/L ② Pb : 0.004mg/L

③ Ni : 0.015mg/L ④ Mn : 0.002mg/L

② Pb : 0.04mg/L

68. 수질오염공정시험 기준상 이온크로마토그래피법을 정량분석에 이용할 수 없는 항목은?

① 염소이온 ② 아질산성 질소

③ 질산성 질소 ④ 암모니아성 질소

음이온류 – 이온크로마토그래피 분석가능 이온

F^-, Cl^-, NO_2^-, NO_3^-, PO_4^{3-}, Br^- 및 SO_4^{2-}

69. 자외선/가시선 분광법을 적용한 음이온 계면활성제 측정에 관한 설명으로 틀린 것은?

① 정량한계는 0.02mg/L이다.

② 시료 중의 계면활성제를 종류별로 구분하여 측정할 수 없다.

③ 시료 속에 미생물이 있는 경우 일부의 음이온 계면활성제가 신속히 변할 가능성이 있으므로 가능한 빠른 시간 안에 분석을 하여야 한다.

④ 양이온 계면활성제가 존재할 경우 양의 오차가 발생한다.

④ 양이온 계면활성제가 존재할 경우 음의 오차가 발생한다.

음이온계면활성제 – 자외선/가시선분광법 간섭물질

· 약 1,000mg/L 이상의 염소이온 농도에서 양의 간섭을 나타내며 따라서 염분농도가 높은 시료의 분석에는 사용할 수 없다.

· 유기 설폰산염(sulfonate), 황산염(sulfate), 카르복실산염(carboxylate), 페놀 및 그 화합물, 무기 티오시안(thiocynide)류, 질산이온 등이 존재할 경우 메틸렌블루 중 일부가 클로로폼 층으로 이동하여 양의 오차를 나타낸다.

· 양이온 계면활성제 혹은 아민과 같은 양이온 물질이 존재할 경우 음의 오차가 발생할 수 있다.

· 시료 속에 미생물이 있을 경우 일부의 음이온 계면활성제가 신속히 변할 가능성이 있으므로 가능한 빠른 시간 안에 분석을 하여야 한다.

70. 적절한 보존방법을 적용한 경우 시료 최대보존기간이 가장 긴 항목은?

① 시안 ② 용존 총인

③ 질산성 질소 ④ 암모니아성 질소

① 시안 : 14일

② 용존 총인 : 28일

③ 질산성 질소 : 48시간

④ 암모니아성 질소 : 28일

71. 용존산소(DO) 측정 시 시료가 착색, 현탁된 경우에 사용하는 전처리 시약은?

① 칼륨명반용액, 암모니아수
② 황산구리, 술퍼민산용액
③ 황산, 불화칼륨용액
④ 황산제이철용액, 과산화수소

DO 적정법 전처리
· 시료의 착색·현탁된 경우 : 칼륨명반용액, 암모니아수
· 미생물 플록(floc)이 형성된 경우 : 황산구리 - 설파민산법
· 산화성 물질을 함유한 경우(잔류염소) : 황산은, 질산은을 주입하여 바탕시험 실행
· 산화성 물질을 함유한 경우(Fe(III)) : 황산을 첨가하기 전에 플루오린화칼륨 용액 1mL를 가한다.

72. 수질오염공정시험 기준상 총대장균군의 시험방법이 아닌 것은?

① 현미경계수법
② 막여과법
③ 시험관법
④ 평판집락법

총대장균군 시험방법
· 막여과법
· 시험관법
· 평판집락법
· 효소이용정량법

73. 노말헥산 추출물질 측정을 위한 시험방법에 관한 설명으로 ( )에 옳은 것은?

시료 적당량을 분액깔대기에 넣고 ( ) 변할 때까지 염산(1+1)을 넣어 pH 4 이하로 조절한다.

① 메틸오렌지용액(0.1%) 2~3방울을 넣고 황색이 적색으로
② 메틸오렌지용액(0.1%) 2~3방울을 넣고 적색이 황색으로
③ 메틸레드용액(0.5%) 2~3방울을 넣고 황색이 적색으로
④ 메틸레드용액(0.5%) 2~3방울을 넣고 적색이 황색으로

노말헥산 추출물질
시료 적당량을 분액깔대기에 넣고 메틸오렌지용액(0.1%) 2~3방울을 넣어 황색이 적색으로 변할 때까지 염산(1+1)을 넣고 pH 4 이하로 조절한다.

74. 전기전도도 측정에 관한 설명으로 틀린 것은?

① 용액이 전류를 운반할 수 있는 정도를 말한다.
② 온도차에 의한 영향이 적어 폭 넓게 적용된다.
③ 용액에 담겨있는 2개의 전극에 일정한 전압을 가해주면 가한 전압이 전류를 흐르게 하며, 이때 흐르는 전류의 크기는 용액의 전도도에 의존한다는 사실을 이용한다.
④ 용액 중의 이온세기를 신속하게 평가할 수 있는 항목으로 국제적으로 S(Siemens) 단위가 통용되고 있다.

② 전기전도도는 온도차에 의한 영향이 커서, 온도 보정이 필요하다.

75. 크롬 - 원자흡수분광광도법의 정량한계에 관한 내용으로 (　)에 옳은 것은?

> 357.9nm에서의 산처리법은 (　㉠　)mg/L, 용매추출법은 (　㉡　)mg/L이다.

① ㉠ 0.1, ㉡ 0.01

② ㉠ 0.01, ㉡ 0.1

③ ㉠ 0.01, ㉡ 0.001

④ ㉠ 0.001, ㉡ 0.01

크롬 - 원자흡수분광광도법

357.9nm에서의 산처리법은 0.01mg/L, 용매추출법은 0.001mg/L이다.

76. 온도에 관한 내용으로 옳지 않은 것은?

① 찬 곳은 따로 규정이 없는 한 0~15℃ 정도의 곳을 뜻한다.

② 냉수는 15℃ 이하를 말한다.

③ 온수는 70~90℃를 말한다.

④ 상온은 15~25℃를 말한다.

온도

· 상온 : 15~25℃　　· 실온 : 1~35℃

· 찬 곳 : 0~15℃　　· 냉수 : 15℃ 이하

· 온수 : 60~70℃　　· 열수 : 100℃

77. '항량으로 될 때까지 건조한다'는 정의 중 (　)에 해당하는 것은?

> 같은 조건에서 1시간 더 건조할 때 전후 무게의 차가 g당 (　)mg 이하일 때

① 0

② 0.1

③ 0.3

④ 0.5

항량으로 될 때까지 건조한다

: 같은 조건에서 1시간 더 건조할 때 전후 무게의 차가 g당 0.3mg 이하일 때를 말한다.

78. 냄새역치(TON)의 계산식으로 옳은 것은? (단, A : 시료부피(mL), B : 무취 정제수부피(mL))

① $(A+B)/B$

② $(A+B)/A$

③ $A/(A+B)$

④ $B/(A+B)$

냄새역치

· 냄새를 감지할 수 있는 최대 희석배수

· 냄새역치(TON) = $(A + B) / A$

79. 취급 또는 저장하는 동안에 기체 또는 미생물이 침입하지 아니하도록 내용물을 보호하는 용기는?

① 밀봉용기
② 밀폐용기
③ 기밀용기
④ 차폐용기

· 밀폐 : 이물질, 내용물 손실
· 기밀 : 공기, 가스
· 밀봉 : 기체, 미생물
· 차광 : 광선

80. 공장폐수 및 하수유량-관(pipe) 내의 유량측정방법 중 오리피스에 관한 설명으로 옳지 않은 것은?

① 설치에 비용이 적게 소요되며 비교적 유량측정이 정확하다.
② 오리피스판의 두께에 따라 흐름의 수로 내외에 설치가 가능하다.
③ 오리피스 단면에 커다란 수두손실이 일어나는 단점이 있다.
④ 단면이 축소되는 목부분을 조절함으로써 유량이 조절된다.

② 오리피스는 흐름의 수로 내에 설치한다.

제5과목 수질환경관계법규

---

81. 물놀이 등의 행위제한 권고기준 중 대산행위가 '어패류 등 섭취'인 경우인 것은?

① 어패류 체내 총 카드뮴 : 0.3mg/kg 이상
② 어패류 체내 총 카드뮴 : 0.03mg/kg 이상
③ 어패류 체내 총 수은 : 0.3mg/kg 이상
④ 어패류 체내 총 수은 : 0.03mg/kg 이상

물놀이 등의 행위제한 권고기준(제29조 제2항 관련)

대상 행위	항목	기준
수영 등 물놀이	대장균	500(개체 수/100mL) 이상
어패류 등 섭취	어패류 체내 총 수은(Hg)	0.3(mg/kg) 이상

82. 기본배출부과금 산정에 필요한 지역별 부과계수로 옳은 것은?

① 청정지역 및 가 지역 : 1.5
② 청정지역 및 가 지역 : 1.2
③ 나 지역 및 특례지역 : 1.5
④ 나 지역 및 특례지역 : 1.2

지역별 부과계수(제41조 제3항 관련)

청정지역 및 가 지역	나 지역 및 특례지역
1.5	1

비고 : 청정지역 및 가 지역, 나 지역 및 특례지역의 구분에 대하여는 환경부령으로 정한다.

83. 사업장별 환경기술인의 자격기준에 관한 설명으로 옳지 않은 것은?

① 방지시설 설치면제 대상 사업장과 배출시설에서 배출되는 수질오염물질 등을 공동방지시설에서 처리하게 하는 사업장은 제3종사업장에 해당하는 환경기술인을 두어야 한다.
② 연간 90일 미만 조업하는 제1종부터 제3종까지의 사업장은 제4종ㆍ제5종사업장에 해당하는 환경기술인을 선임할 수 있다.
③ 공동방지시설에 있어서 폐수배출량이 제4종 또는 제5종사업장의 규모에 해당하면 제3종사업장에 해당하는 환경기술인을 두어야 한다.
④ 대기환경기술인으로 임명된 자가 수질환경기술인의 자격을 함께 갖춘 경우에는 수질환경기술인을 겸임할 수 있다.

① 공동방지시설의 경우에는 폐수배출량이 제4종 또는 제5종 사업장의 규모에 해당하면 제3종 사업장에 해당하는 환경기술인을 두어야 한다.

84. 폐수수탁처리업에서 사용하는 폐수운반차량에 관한 설명으로 틀린 것은?

① 청색으로 도색한다.
② 차량 양쪽 옆면과 뒷면에 폐수운반차량, 회사명, 허가번호, 전화번호 및 용량을 표시하여야 한다.
③ 차량에 표시는 흰색바탕에 황색글씨로 한다.
④ 운송 시 안전을 위한 보호구, 중화제 및 소화기를 갖추어 두어야 한다.

③ 폐수운반차량은 청색으로 도색하고, 양쪽 옆면과 뒷면에 가로 50센티미터, 세로 20센티미터 이상 크기의 **노란색 바탕**에 검은색 글씨로 폐수운반차량, 회사명, 등록번호, 전화번호 및 용량을 지워지지 아니하도록 표시하여야 한다.

■ **물환경보전법 시행규칙 [별표 20]** 폐수처리업의 등록기준(제90조 제1항 관련)

85. 기술인력 등의 교육에 관한 설명으로 ( )에 들어갈 기간은?

> 환경기술인 또는 폐수처리업에 종사하는 기술요원의 최초교육은 최초로 업무에 종사한 날부터 ( ) 이내에 실시하여야 한다.

① 6개월   ② 1년

③ 2년   ④ 3년

> **시행규칙 제93조(환경기술인 등의 교육기간 · 대상자 등)**
> ① 환경기술인을 고용한 자는 다음 각 호의 구분에 따른 교육을 받게 하여야 한다.
>   1. 최초교육 : 환경기술인 등이 최초로 업무에 종사한 날부터 **1년** 이내에 실시하는 교육
>   2. 보수교육 : 최초 교육 후 **3년**마다 실시하는 교육
> ② 교육기관
>   1. 환경기술인 : 환경보전협회
>   2. 기술요원 : 국립환경인력개발원

86. 조치명령 또는 개선명령을 받지 아니한 사업자가 배출허용기준을 초과하여 오염물질을 배출하게 될 때 환경부장관에게 제출하는 개선계획서에 기재할 사항이 아닌 것은?

① 개선사유

② 개선내용

③ 개선기간 중의 수질오염물질 예상배출량 및 배출농도

④ 개선 후 배출시설의 오염물질 저감량 및 저감효과

> **개선계획서 포함사항**
> · 개선사유
> · 개선내용
> · 개선기간 중의 수질오염물질 예상배출량 및 배출농도

87. 환경부장관이 배출시설을 설치 · 운영하는 사업자에 대하여(조업정지를 하는 경우로써) 조업정지처분에 갈음하여 과징금을 부과할 수 있는 대상 배출시설이 아닌 것은?

① 의료기관의 배출시설   ② 발전소의 발전설비

③ 제조업의 배출시설   ④ 기타 환경부령으로 정하는 배출시설

> **제43조(과징금 처분)**
> ① 환경부장관은 다음 각 호의 어느 하나에 해당하는 배출시설(폐수무방류배출시설은 제외한다)을 설치 · 운영하는 사업자에 대하여 조업정지처분을 갈음하여 3억원 이하의 과징금을 부과할 수 있다.
>   1. 「의료법」에 따른 의료기관의 배출시설
>   2. 발전소의 발전설비
>   3. 「초 · 중등교육법」 및 「고등교육법」에 따른 학교의 배출시설
>   4. 제조업의 배출시설
>   5. 그 밖에 대통령령으로 정하는 배출시설

88. 수질오염감시경보 단계 중 경계단계의 발령기준으로 ( )에 대한 내용으로 옳은 것은?

> 생물감시 측정값이 생물감시 경보기준 농도를 30분 이상 지속적으로 초과하고 전기전도도, 휘발성유기화합물, 페놀, 중금속(구리, 납, 아연, 카드뮴 등) 항목 중 (㉠) 이상의 항목이 측정항목별 경보기준을 (㉡) 이상 초과하는 경우

① ㉠ 1개, ㉡ 2배   ② ㉠ 1개, ㉡ 3배
③ ㉠ 2개, ㉡ 2배   ④ ㉠ 2개, ㉡ 3배

수질오염감시경보

경보단계	발령 · 해제기준
관심	· 수소이온농도, 용존산소, 총 질소, 총 인, 전기전도도, 총 유기탄소, 휘발성유기화합물, 페놀, 중금속(구리, 납, 아연, 카드뮴 등) 항목 중 2개 이상의 항목이 측정항목별 경보기준을 초과하는 경우 · 생물감시 측정값이 생물감시 경보기준 농도를 30분 이상 지속적으로 초과하는 경우
주의	· 수소이온농도, 용존산소, 총 질소, 총 인, 전기전도도, 총 유기탄소, 휘발성유기화합물, 페놀, 중금속(구리, 납, 아연, 카드뮴 등) 항목 중 2개 이상의 항목이 측정항목별 경보기준을 2배 이상(수소이온농도 항목의 경우에는 5 이하 또는 11 이상을 말한다) 초과하는 경우 · 생물감시 측정값이 생물감시 경보기준 농도를 30분 이상 지속적으로 초과하고, 수소이온농도, 총 유기탄소, 휘발성유기화합물, 페놀, 중금속(구리, 납, 아연, 카드뮴 등) 항목 중 1개 이상의 항목이 측정항목별 경보기준을 초과하는 경우와 전기전도도, 총 질소, 총 인, 클로로필-a 항목 중 1개 이상의 항목이 측정항목별 경보기준을 2배 이상 초과하는 경우
경계	· 생물감시 측정값이 생물감시 경보기준 농도를 **30분** 이상 지속적으로 초과하고, 전기전도도, 휘발성유기화합물, 페놀, 중금속(구리, 납, 아연, 카드뮴 등) 항목 중 **1개** 이상의 항목이 측정항목별 경보기준을 **3배** 이상 초과하는 경우
심각	· 경계경보 발령 후 수질 오염사고 전개속도가 매우 빠르고 심각한 수준으로서 위기발생이 확실한 경우
해제	· 측정항목별 측정값이 관심단계 이하로 낮아진 경우

89. 낚시제한구역에서의 제한사항이 아닌 것은?

① 1명당 3대의 낚시대를 사용하는 행위
② 1개의 낚시대에 5개 이상의 낚시바늘을 떡밥과 뭉쳐서 미끼로 던지는 행위
③ 낚시바늘에 끼워서 사용하지 아니하고 물고기를 유인하기 위하여 떡밥·어분 등을 던지는 행위
④ 어선을 이용한 낚시행위 등 「낚시 관리 및 육성법」에 따른 낚시어선업을 영위하는 행위 (「내수면어업법 시행령」에 따른 외줄낚시는 제외한다.)

① 1명당 4대 이상의 낚시대를 사용하는 행위

낚시제한구역에서의 제한사항

1. 낚시방법에 관한 다음 각 목의 행위
  가. 낚시바늘에 끼워서 사용하지 아니하고 물고기를 유인하기 위하여 떡밥·어분 등을 던지는 행위
  나. 어선을 이용한 낚시행위 등 「낚시 관리 및 육성법」에 따른 낚시어선업을 영위하는 행위(외줄낚시는 제외)
  다. **1명당 4대 이상의 낚시대**를 사용하는 행위
  라. **1개의 낚시대에 5개 이상의 낚시바늘을 떡밥과 뭉쳐서 미끼로 던지는 행위**

마. 쓰레기를 버리거나 취사행위를 하거나 화장실이 아닌 곳에서 대·소변을 보는 등 수질오염을 일으킬 우려가 있는 행위

바. 고기를 잡기 위하여 폭발물·배터리·어망 등을 이용하는 행위(「내수면어업법」 제6조·제9조 또는 제11조에 따라 면허 또는 허가를 받거나 신고를 하고 어망을 사용하는 경우는 제외한다.)

2. 「수산자원보호령」에 따른 포획금지행위

3. 낚시로 인한 수질오염을 예방하기 위하여 그 밖에 시·군·자치구의 조례로 정하는 행위

90. 폐수처리업에 종사하는 기술요원에 대한 교육기관으로 옳은 것은?

① 국립환경인재개발원
② 국립환경과학원
③ 한국환경공단
④ 환경보전협회

환경기술인 교육기관

1. 환경기술인 : 환경보전협회
2. 기술요원 : 국립환경인력개발원

91. 공공수역에 정당한 사유없이 특정수질유해물질 등을 누출·유출시키거나 버린 자에 대한 처벌 기준은?

① 1년 이하의 징역 또는 1천만원 이하의 벌금
② 2년 이하의 징역 또는 2천만원 이하의 벌금
③ 3년 이하의 징역 또는 3천만원 이하의 벌금
④ 5년 이하의 징역 또는 5천만원 이하의 벌금

· 공공수역에 특정수질유해물질 등을 누출·유출시키거나 버린 자 : 3년 이하의 징역 또는 3천만 원 이하의 벌금
· 업무상 과실 또는 중대한 과실로 인하여 특정수질유해물질 등을 누출·유출한 자 : 1년 이하의 징역 또는 1천만 원 이하의 벌금

92. 대권역 물환경관리계획의 수립 시 포함되어야 할 사항으로 틀린 것은?

① 상수원 및 물 이용현황
② 물환경의 변화 추이 및 물환경 목표기준
③ 물환경 보전조치의 추진방향
④ 물환경 관리 우선순위 및 대책

대권역계획

1. 수질 및 수생태계 변화 추이 및 목표기준
2. 상수원 및 물 이용현황
3. 점오염원, 비점오염원 및 기타 수질오염원의 분포현황
4. 점오염원, 비점오염원 및 기타 수질오염원에서 배출되는 수질오염물질의 양
5. 수질오염 예방 및 저감 대책
6. 수질 및 수생태계 보전조치의 추진방향
7. 기후변화에 대한 적응대책
8. 그 밖에 환경부령으로 정하는 사항

93. 초과부과금 산정기준으로 적용되는 수질오염물질 1킬로그램당 부과금액이 가장 높은(많은) 것은?

① 카드뮴 및 그 화합물   ② 6가크롬 화합물

③ 납 및 그 화합물   ④ 수은 및 그 화합물

초과부과금의 산정기준

1) 수질오염물질 1킬로그램당 부과금액(원)

75,000	30,000	500	450	250
크롬	망간 아연	T-P T-N	유기물질(TOC)	유기물질(BOD 또는 COD) 부유물질

2) 특정유해물질 1킬로그램당 부과금액(만 원)

125	50	30	15	10	5
Hg PCB	Cd	Cr^{6+} PCE TCE	페놀 시안 유기인 납	비소	구리

94. 수계영향권별 물환경 보전에 관한 설명으로 옳은 것은?

① 환경부장관은 공공수역의 물환경을 관리·보전하기 위하여 국가물환경관리기본계획을 10년마다 수립하여야 한다.
② 유역환경청장은 수계영향권별로 오염원의 종류, 수질오염물질 발생량 등을 정기적으로 조사하여야 한다.
③ 환경부장관은 국가 물환경기본계획에 따라 중권역의 물환경관리계획을 수립하여야 한다.
④ 수생태계 복원계획의 내용 및 수립 절차 등에 필요한 사항은 환경부령으로 정한다.

② 환경부장관 및 시·도지사는 환경부령으로 정하는 바에 따라 수계영향권별로 오염원의 종류, 수질오염물질 발생량 등을 정기적으로 조사하여야 한다.
③ 환경부장관은 국가 물환경기본계획을 수립하고, 중권역은 지방환경관서의 장이 대권역계획에 따라 물환경관리계획을 수립하여야 한다.
④ 수생태계 복원계획의 내용 및 수립 절차 등에 필요한 사항은 대통령령으로 정한다.

물환경관리기본계획 수립주체 정리

·국가 물환경관리기본계획 : 환경부장관, 10년마다 수립
·대권역 물환경관리계획 : 유역환경청장, 10년마다 수립
·중권역 물환경관리계획 : 지방환경관서의 장
·소권역 물환경관리계획 : 특별자치시장·특별자치도지사·시장·군수·구청장

95. 물환경보전법에 사용하는 용어의 뜻으로 틀린 것은?

① 점오염원이란 폐수배출시설, 하수발생시설, 축사 등으로서 관로·수로 등을 통하여 일정한 지점으로 수질오염물질을 배출하는 배출원을 말한다.

② 공공수역이란 하천, 호소, 항만, 연안해역, 그 밖에 공공용으로 사용되는 대통령령으로 정하는 수역을 말한다.

③ 폐수란 물에 액체성 또는 고체성의 수질오염물질이 섞여 있어 그대로는 사용할 수 없는 물을 말한다.

④ 폐수무방류배출시설이란 폐수배출시설에서 발생하는 폐수를 해당 사업장에서 수질오염방지시설을 이용하여 처리하거나 동일 폐수배출시설에 재이용하는 등 공공수역으로 배출하지 아니하는 폐수배출시설을 말한다.

> ② 공공수역이란 하천, 호소, 항만, 연안해역, 그 밖에 공공용으로 사용되는 수역과 이에 접속하여 공공용으로 사용되는 환경부령으로 정하는 수로를 말한다.

96. 수질오염방지시설 중 물리적 처리시설에 해당되지 않은 것은?

① 유수분리시설
② 혼합시설
③ 침전물 개량시설
④ 응집시설

> ③ 화학적 처리시설
>
> **수질오염방지시설**
>
> **1. 물리적 처리시설**
> 가. 스크린
> 나. 분쇄기
> 다. 침사(沈砂)시설
> 라. 유수분리시설
> 마. 유량조정시설(집수조)
> 바. 혼합시설
> 사. **응집**시설
> 아. 침전시설
> 자. 부상시설
> 차. 여과시설
> 카. 탈수시설
> 타. 건조시설
> 파. 증류시설
> 하. 농축시설
>
> **2. 화학적 처리시설**
> 가. **화학적 침강**시설
> 나. 중화시설
> 다. 흡착시설
> 라. 살균시설
> 마. 이온교환시설
> 바. 소각시설
> 사. 산화시설
> 아. 환원시설
> 자. **침전물 개량**시설
>
> **3. 생물화학적 처리시설**
> 가. 살수여과상
> 나. 폭기(瀑氣)시설
> 다. 산화시설(산화조, 산화지)
> 라. 혐기성·호기성 소화시설
> 마. 접촉조
> 바. 안정조
> 사. 돈사톱밥발효시설

97. 일일기준초과 배출량 산정 시 적용되는 일일유량의 산정 방법은 [측정유량×일일조업시간]이다. 측정유량의 단위는?

① 초당 리터

② 분당 리터

③ 시간당 리터

④ 일당 리터

일일유량 산정방법

· 일일유량의 단위는 리터(L)로 한다.

· 측정유량의 단위는 분당 리터(L/min)로 한다.

· 일일조업시간은 측정하기 전 최근 조업한 30일간의 오수 및 폐수 배출시설의 조업시간 평균치로서 분으로 표시한다.

■ 물환경보전법 시행령 [별표 1] 오염총량초과과징금의 산정 방법 및 기준(제10조 제1항 관련)

98. 하천(생활환경기준)의 등급별 수질 및 수생태계의 상태에 대한 설명으로 다음에 해당되는 등급은?

> 수질 및 수생태계 상태 : 상당량의 오염물질로 인하여 용존산소가 소모되는 생태계로 농업용수로 사용하거나 여과, 침전, 활성탄 투입, 살균 등 고도의 정수처리 후 공업용수로 사용할 수 있음

① 보통

② 약간 나쁨

③ 나쁨

④ 매우 나쁨

수질 및 수생태계 - 하천 - 생활환경기준(등급별 수질 및 수생태계 상태)

· 매우 좋음 : 용존산소(溶存酸素)가 풍부하고 오염물질이 없는 청정상태의 생태계로 여과 · 살균 등 간단한 정수처리 후 생활용수로 사용할 수 있음

· 좋음 : 용존산소가 많은 편이고 오염물질이 거의 없는 청정상태에 근접한 생태계로 여과 · 침전 · 살균 등 일반적인 정수처리 후 생활용수로 사용할 수 있음

· 약간 좋음 : 약간의 오염물질은 있으나 용존산소가 많은 상태의 다소 좋은 생태계로 여과 · 침전 · 살균 등 일반적인 정수처리 후 생활용수 또는 수영용수로 사용할 수 있음

· 보통 : 보통의 오염물질로 인하여 용존산소가 소모되는 일반 생태계로 여과, 침전, 활성탄 투입, 살균 등 고도의 정수처리 후 생활용수로 이용하거나 일반적 정수처리 후 공업용수로 사용할 수 있음

· 약간 나쁨 : 상당량의 오염물질로 인하여 용존산소가 소모되는 생태계로 농업용수로 사용하거나 여과, 침전, 활성탄 투입, 살균 등 고도의 정수처리 후 공업용수로 사용할 수 있음

· 나쁨 : 다량의 오염물질로 인하여 용존산소가 소모되는 생태계로 산책 등 국민의 일상생활에 불쾌감을 주지 않으며, 활성탄 투입, 역삼투압 공법 등 특수한 정수처리 후 공업용수로 사용할 수 있음

· 매우 나쁨 : 용존산소가 거의 없는 오염된 물로 물고기가 살기 어려움

· 용수는 해당 등급보다 낮은 등급의 용도로 사용할 수 있음

· 수소이온농도(pH) 등 각 기준항목에 대한 오염도 현황, 용수처리방법 등을 종합적으로 검토하여 그에 맞는 처리방법에 따라 용수를 처리하는 경우에는 해당 등급보다 높은 등급의 용도로도 사용할 수 있음

99. 공공수역의 전국적인 수질 현황을 파악하기 위해 설치할 수 있는 측정망의 종류로 틀린 것은?

① 생물 측정망

② 토질 측정망

③ 공공수역 유해물질 측정망

④ 비점오염원에서 배출되는 비점오염물질 측정망

② 퇴적물 측정망

공공수역의 전국적인 수질 현황을 파악하기 위해 설치할 수 있는 측정망의 종류

· 국립환경과학원장 등이 설치·운영하는 측정망의 종류

· 시·도지사 등이 설치·운영하는 측정망의 종류

100. 위임업무 보고사항 중 업무내용에 따른 보고횟수가 연 1회에 해당되는 것은?

① 기타 수질오염원 현황

② 환경기술인의 자격별·업종별 현황

③ 폐수무방류배출시설의 설치허가 현황

④ 폐수처리업에 대한 허가·지도 단속실적 및 처리실적 현황

① 기타 수질오염원 현황 : 연 2회

② 환경기술인의 자격별·업종별 현황 : 연 1회

③ 폐수무방류배출시설의 설치허가 현황 : 수시

④ 폐수처리업에 대한 허가·지도 단속실적 및 처리실적 현황 : 연 2회

1. ④ 2. ③ 3. ① 4. ① 5. ③ 6. ③ 7. ④ 8. ① 9. ① 10. ③ 11. ④ 12. ① 13. ② 14. ② 15. ②
16. ② 17. ① 18. ② 19. ③ 20. ④ 21. ② 22. ③ 23. ② 24. ③ 25. ② 26. ② 27. ② 28. ③ 29. ② 30. ④
31. ④ 32. ① 33. ② 34. ④ 35. ② 36. ① 37. ④ 38. ① 39. ① 40. ① 41. ④ 42. ② 43. ② 44. ① 45. ①
46. ③ 47. ③ 48. ② 49. ② 50. ① 51. ③ 52. ③ 53. ① 54. ② 55. ② 56. ② 57. ② 58. ② 59. ① 60. ③
61. ① 62. ④ 63. ① 64. ② 65. ② 66. ④ 67. ② 68. ① 69. ③ 70. ②,④ 71. ① 72. ② 73. ① 74. ② 75. ②
76. ① 77. ③ 78. ② 79. ① 80. ② 81. ① 82. ① 83. ① 84. ③ 85. ② 86. ② 87. ④ 88. ② 89. ① 90. ①
91. ③ 92. ④ 93. ④ 94. ① 95. ② 96. ③ 97. ② 98. ② 99. ② 100. ②

부록

기출문제
- 수질환경산업기사

• 본 교재에는 최신 기출문제 3개년 문제만 수록되어 있습니다.
  단, 산업기사는 CBT 전환 이전 3개년 문제가 수록되어 있습니다.
  (2018~2020년)

2018년도 제1회 수질환경산업기사

제1과목 수질오염개론

1. **수자원 종류에 대해 기술한 것으로 틀린 것은?**

   ① 지표수는 담수호, 염수호, 하천수 등으로 구성되어 있다.
   ② 호수 및 저수지의 수질변화의 정도나 특성은 배수지역에 대한 호수의 크기, 호수의 모양, 바람에 의한 물의 운동 등에 의해서 결정된다.
   ③ 천수는 증류수 모양으로 형성되며 통상 25℃, 1기압의 대기와 평형상태인 증류수의 이론적인 pH는 7.2이다.
   ④ 천층수에서 유기물은 미생물의 호기성활동에 의해 분해되고, 심층수에서 유기물분해는 혐기성상태하에서 환원작용이 지배적이다.

   ③ 자연적인 천수(우수)는 pH 5.6이다.

2. **인축(人畜)의 배설물에서 일반적으로 발견되는 세균이 아닌 것은?**

   ① Escherchia-Coli
   ② Salmonella
   ③ Acetobacter
   ④ Shigella

   ① 대장균
   ② 살모넬라균 : 식중독 원인
   ③ acetobacter(초산균) : 에틸알코올(C_2H_5OH)을 산화하여 아세트산(CH_3COOH)을 생성하는 균
   ④ 이질균

   대장균과 수인성 질병균은 배설물에서 발견될 수 있다.

3. **1차 반응에서 반응 초기의 농도가 100mg/L이고, 반응 4시간 후에 10mg/L로 감소되었다. 반응 3시간 후의 농도(mg/L)는?**

   ① 10.8
   ② 14.9
   ③ 17.8
   ④ 22.3

$$\ln\frac{C}{C_o} = -\,kt$$

$$\ln\frac{10}{100} = -\,k \times 4$$

$$\therefore k = 0.5756$$

$$\ln\frac{C}{100} = -\,0.5756 \times 3$$

$$\therefore C = 17.78 \text{mg/L}$$

4. 환경공학 실무와 관련하여 수중의 질소농도 분석과 가장 관계가 적은 것은?

① 소독
② 호기성 생물학적 처리
③ 하천의 오염 제어 계획
④ 폐수처리에서의 산, 알칼리 주입량 산출

① 수중 질소화합물과 염소가 결합해 클로라민이 형성되므로 소독과 관련됨
② 질소는 미생물의 영양물질이므로 호기성 처리에 관련됨
③ 질소는 부영양화 등을 일으키는 하천 오염물질이므로 관련됨

5. 생물학적 질화 반응 중 아질산화에 관한 설명으로 틀린 것은?

① 관련 미생물 : 독립영양성 세균
② 알칼리도 : NH_4^+-N 산화에 알칼리도 필요
③ 산소 : NH_4^+-N 산화에 O_2 필요
④ 증식속도 : g NH_4^+-N/g MLVSS·hr로 표시

아질산화 : NH_4^+-N → NO_2-N
④ 증식속도 : g NO_2-N / g MLVSS·hr

6. 활성슬러지나 살수여상 등에서 잘 나타나는 Vorticella가 속하는 분류는?

① 조류(Algae)
② 균류(Fungi)
③ 후생동물(Metazoa)
④ 원생동물(Protozoa)

원생동물(Protozoa)의 종류
아메바, 짚신벌레(Paramecia), 종벌레(Vorticella), Sarcodina, Suctoria 등

7. 농업용수 수질의 척도인 SAR을 구할 때 포함되지 않는 항목은?

① Ca
② Mg
③ Na
④ Mn

$$SAR = \frac{Na^+}{\sqrt{\dfrac{Ca^{2+} + Mg^{2+}}{2}}}$$

8. 탈산소계수가 $0.1day^{-1}$인 오염물질의 BOD_5가 800mg/L이라면 4일 BOD(mg/L)는? (단, 상용대수 적용)

① 653
② 685
③ 704
④ 732

$$BOD_5 = BOD_u \left(1 - 10^{-0.1 \times 5}\right)$$

$$\therefore BOD_u = \frac{800}{\left(1 - 10^{-0.1 \times 5}\right)} = 1,169.98 mg/L$$

$$BOD_4 = 1,169.98 \left(1 - 10^{-0.1 \times 4}\right) = 704.2 mg/L$$

9. 호수의 성층현상에 관한 설명으로 알맞지 않은 것은?

① 겨울에는 호수 바닥의 물이 최대 밀도를 나타내게 된다.
② 봄이 되면 수직운동이 일어나 수질이 개선된다.
③ 여름에는 수직운동이 호수 상층에만 국한된다.
④ 수심에 따른 온도변화로 인해 발생되는 물의 밀도 차에 의해 일어난다.

봄, 가을에는 전도현상이 일어나 호소의 수질이 악화된다.

10. PCB에 관한 설명으로 알맞은 것은?

① 산, 알칼리, 물과 격렬히 반응하여 수소를 발생시킨다.
② 만성질환증상으로 카네미유증이 대표적이다.
③ 화학적으로 불안정하며 반응성이 크다.
④ 유기용제에 난용성이므로 절연제로 활용된다.

① PCB는 산, 알칼리에 안정하다.
③ 열에도 안정하고, 화학적으로도 안정해 반응성이 낮다.
④ 물에는 안 녹지만, 유기용제에는 녹는다.

11. 다음과 같은 용액을 만들었을 때 몰 농도가 가장 큰 것은? (단, Na = 23, S = 32, Cl = 35.5)

① 35L 중 NaOH 150g
② 30mL H_2SO_4 5.2g
③ 5L 중 NaCl 0.2kg
④ 100mL 중 HCl 5.5g

	물질	몰분자량 (g/mol)	몰농도 $= \dfrac{mol}{L} = \dfrac{질량/분자량}{부피}$	
①	NaOH	40	$\dfrac{150g}{40g/mol} \Bigm| 3.5L$	= 1.071M
②	H_2SO_4	98	$\dfrac{5.2g}{98g/mol} \Bigm| 0.03L$	= 1.768M
③	NaCl	58.5	$\dfrac{200g}{58.5g/mol} \Bigm| 5L$	= 0.683M
④	HCl	36.5	$\dfrac{5.5g}{36.5g/mol} \Bigm| 0.1L$	= 1.506M

12. 0.01N 약산이 2% 해리되어 있을 때 이 수용액의 pH는?

① 3.1
② 3.4
③ 3.7
④ 3.9

$[H^+] = C\alpha = 0.01N \times 0.02 = 2 \times 10^{-4}N$
$pH = -\log(2 \times 10^{-4}) = 3.69$

13. 수질오염지표로 대장균을 사용하는 이유로 알맞지 않는 것은?

① 검출이 쉽고 분석하기가 용이하다.
② 대장균이 병원균보다 저항력이 강하다.
③ 동물의 배설물 중에서 대체적으로 발견된다.
④ 소독에 대한 저항력이 바이러스보다 강하다.

염소소독으로 대장균은 살균되나 바이러스는 살균되지 않는다.

14. Whipple의 하천자정단계 중 수중에 DO가 거의 없어 혐기성 Bacteria가 번식하며, CH_4, NH_4^+-N 농도가 증가하는 지대는?

① 분해지대
② 활발한 분해지대
③ 발효지대
④ 회복지대

활발한 분해지대가 혐기성 상태이다.

15. 정체된 하천수역이나 호소에서 발생되는 부영양화 현장의 주 원인물질은?

   ① 인   ② 중금속

   ③ 용존산소   ④ 유류성분

> 부영양화 원인물질 : 질소, 인

16. 다음 설명에 해당하는 기체 법칙은?

> 공기와 같은 혼합기체 속에서 각 성분기체는 서로 독립적으로 압력을 나타낸다.
> 각 기체의 부분 압력은 혼합물 속에서의 그 기체의 양(부피 퍼센트)에 비례한다. 바꾸어 말하면
> 그 기체가 혼합기체의 전체부피를 단독으로 차지하고 있을 때에 나타내는 압력과 같다.

   ① Dalton의 부분 압력 법칙   ② Henry의 부분 압력 법칙

   ③ Avogadro의 부분 압력 법칙   ④ Boyle의 부분 압력 법칙

17. 생물학적 폐수처리 시의 대표적인 미생물인 호기성 Bacteria의 경험적 분자식을 나타낸 것은?

   ① $C_2H_5O_3N$ ② $C_2H_7O_5N$

   ③ $C_5H_7O_2N$ ④ $C_5H_9O_3N$

미생물	경험 분자식
호기성 박테리아	$C_5H_7O_2N$
혐기성 박테리아	$C_5H_9O_3N$
조류	$C_5H_8O_2N$
Fungi	$C_{10}H_{17}O_6N$
원생동물	$C_7H_{14}O_3N$

18. 산성 강우의 주요 원인물질로 가장 거리가 먼 것은?

   ① 황산화물   ② 염화불화탄소

   ③ 질소산화물   ④ 염소화합물

> 산성비의 원인 : 황산화물(SO_x), 질소산화물(NO_x), 염소화합물
> 염화불화탄소(CFC)는 오존층 파괴물질이다.

19. 지하수의 특성에 관한 설명으로 틀린 것은?

① 토양수 내 유기물질 분해에 따른 CO_2의 발생과 약산성의 빗물로 인한 광물질의 침전으로 경도가 낮다.

② 기온의 영향이 거의 없어 연중 수온의 변동이 적다.

③ 하천수에 비하여 흐름이 완만하여 한번 오염된 후에는 회복되는데 오랜 시간이 걸리며 자정 작용이 느리다.

④ 토양의 여과작용으로 미생물이 적으며 탁도가 낮다.

> ① 지하수에는 미네랄(이온)이 풍부해 경도, 알칼리도 등이 높다.

20. Formaldehyde(CH_2O)의 COD/TOC의 비는?

① 2.67

② 2.88

③ 3.37

④ 3.65

> $CH_2O + O_2 \rightarrow CO_2 + H_2O$
>
> $$\frac{COD}{TOC} = \frac{O_2}{C} = \frac{32}{12} = 2.67$$

제2과목 수질오염 방지기술

---

21. 생물학적 처리에서 질산화와 탈질에 대한 내용으로 틀린 것은? (단, 부유성장 공정 기준)

① 질산화 박테리아는 종속영양 박테리아보다 성장속도가 느리다.

② 부유성장 질산화 공정에서 질산화를 위해서는 최소 2.0mg/L 이상의 DO 농도를 유지하여 야 한다.

③ Nitrosomonas와 Nitrobacter는 질산화시키는 미생물로 알려져 있다.

④ 질산화는 유입수의 BOD_5/TKN 비가 클수록 잘 일어난다.

> ④ BOD_5/TKN은 적당해야 한다.
> 너무 크면 질산화가 잘 못 일어나고, 너무 작으면 탈질이 잘 안 된다.

22. 수은 함유 폐수를 처리하는 공법으로 가장 거리가 먼 것은?

① 황화물 침전법

② 아말감법

③ 알칼리 환원법

④ 이온교환법

· 수은 제거
  - 유기수은 : 흡착법, 산화분해법 등
  - 무기수은 : 황화물 침전법, 활성탄 흡착법, 이온교환법 등
· 시안 제거 : 알칼리 염소법, 산성탈기법, 오존산화법, 전해법, 전기투석법 등
· 6가 크롬 제거 : 알칼리 환원법, 수산화물 침전법, 전해법, 이온교환법 등
· 카드뮴 제거 : (수화물, 황화물, 탄산염)침전법, 부상법, 여과법, 이온교환법, 활성슬러지법 등
· 비소 제거 : 수산화 제2철 공침법, 환원법, 흡착법, 이온교환법 등
· 유기인 : 생석회, 활성탄 흡착법, 이온교환법, 활성슬러지법 등
· PCB
  - 고농도 액상 : 연소법, 자외선 조사법, 고온고압 알칼리분해법, 추출법
  - 저농도 액상 : 응집침전법, 방사선 조사법

23. 고형물 상관관계에 대한 표현으로 틀린 것은?

① TS = VS + FS
② TSS = VSS + FSS
③ VS = VSS + VDS
④ VSS = FSS + FDS

TS	=	TDS	+	TSS
‖		‖		‖
VS	=	VDS	+	VSS
+		+		+
FS	=	FDS	+	FSS

24. 다음 설명에 적합한 반응기의 종류는?

- 유체의 유입 및 배출 흐름은 없다.
- 액상 내용물은 완전혼합 된다.
- BOD실험 중 부란병에서 발생하는 반응과 같다.

① 연속흐름완전혼합반응기
② 플러그흐름반응기
③ 임의흐름반응기
④ 완전혼합회분식반응기

유입과 유출이 연속적이지 않으므로 완전혼합회분식반응기(SBR)이다.

25. 1,000mg/L의 SS를 함유하는 폐수가 있다. 90%의 SS제거를 위한 침강속도는 10mm/min 이었다. 폐수의 양이 14,400m³/day일 경우 SS 90% 제거를 위해 요구되는 침전지의 최소 수면적 (m²)은?

① 900
② 1,000
③ 1,200
④ 1,500

90% 이상 제거하려면 Q/A는 90% 제거 시 침강속도(V)이어야 한다.

$$A_{최소} = \frac{Q}{V} = \frac{14,400m^3}{day} \left| \frac{min}{10mm} \right| \frac{10^3mm}{1m} \left| \frac{1day}{1,440min} \right. = 1,000m^2$$

26. 활성슬러지 변법인 장기포기법에 관한 내용으로 틀린 것은?

① SRT를 길게 유지하는 동시에 MLSS 농도를 낮게 유지하여 처리하는 방법이다.
② 활성슬러지가 자산화되기 때문에 잉여슬러지의 발생량은 표준활성슬러지법에 비해 적다.
③ 과잉 포기로 인하여 슬러지의 분산이 야기되거나 슬러지의 활성도가 저하되는 경우가 있다.
④ 질산화가 진행되면서 pH는 저하된다.

장기포기법은 SRT가 길고 MLSS도 높다.

27. 침전지 유입 폐수량 400m³/day, 폐수 SS 500mg/L, SS 제거효율 90%일 때 발생되는 슬러지의 양(m³/day)은? (단, 슬러지의 비중 1.0, 슬러지의 함수율 97%, 유입폐수 SS만 고려, 생물학적 분해는 고려하지 않음)

① 약 6
② 약 10
③ 약 14
④ 약 20

$$슬러지양 = \frac{0.9}{} \left| \frac{500mg\ SS}{L} \right| \frac{400m^3}{day} \left| \frac{100\ 슬러지}{(100-97)\ SS} \right| \frac{1,000L}{1m^3} \left| \frac{1ton}{10^9mg} \right| \frac{1m^3}{1ton}$$

$$= 6m^3/day$$

28. 하수처리를 위한 심층포기법에 관한 설명으로 틀린 것은?

① 산기수심을 깊게 할수록 단위 송풍량당 압축동력이 커져 송풍량에 따른 소비동력이 증가한다.
② 수심은 10m 정도로 하며, 형상은 직사각형으로 하고, 폭은 수심에 대해 1배 정도로 한다.
③ 포기조를 설치하기 위해서 필요한 단위 용량당 용지면적은 조의 수심에 비례해서 감소하므로 용지이용률이 높다.
④ 산기수심이 깊을수록 용존질소농도가 증가하여 이차침전지에서 과포화분의 질소가 재기포화되는 경우가 있다.

산기수심을 깊게 할수록 단위 송풍량당의 압축동력은 증가한다.
그러나, 산기수심이 깊을수록 산소가 더 잘 녹아들어가므로 송풍량은 오히려 감소된다.
따라서 소비동력이 증가하지는 않는다.

29. 슬러지 함수율이 95%에서 90%로 낮아지면 전체 슬러지의 감소된 부피의 비(%)는? (단, 탈수 전후의 슬러지 비중 = 1.0)

① 15   ② 25

③ 50   ④ 75

> 초기 슬러지를 100이라 하면
> $100(1 - 0.95) = x(1 - 0.9)$
> ∴ $x = 50$
> 처음 슬러지의 50%로 감소하였다.

30. 정수처리 단위공정 중 오존(O_3)처리법의 장점이 아닌 것은?

① 소독부산물의 생성을 유발하는 각종 전구물질에 대한 처리효율이 높다.

② 오존은 자체의 높은 산화력으로 염소에 비하여 높은 살균력을 가지고 있다.

③ 전염소처리를 할 경우, 염소와 반응하여 잔류염소를 증가시킨다.

④ 철, 망간의 산화능력이 크다.

> 오존은 염소를 제거할 수 있으므로 잔류염소를 감소시킨다.

31. 혐기성 처리에서 용해성 COD 1kg이 제거되어 0.15kg은 혐기성 미생물로 성장하고 0.85kg은 메탄 가스로 전환된다면 용해성 COD 100kg의 이론적인 메탄 생성량(m^3)은? (단, 용해성 COD는 모두 BDCOD이며, 메탄 생성률은 $0.35m^3$/kg COD)

① 약 16.2   ② 약 29.8

③ 약 36.1   ④ 약 41.8

> 메탄생성량 $= \dfrac{100\text{kg COD}}{} \left| \dfrac{0.85}{} \right| \dfrac{0.35m^3}{1\text{kg COD}} = 29.75m^3$

32. 살수여상을 저속, 중속, 고속 및 초고속 등으로 분류하는 기준은?

① 재순환 횟수   ② 살수간격

③ 수리학적 부하   ④ 여재의 종류

33. 8kg glucose($C_6H_{12}O_6$)로부터 이론적으로 발생가능한 CH_4 가스의 양(L)은? (단, 표준상태, 혐기성 분해 기준)

① 약 1,500   ② 약 2,000

③ 약 2,500   ④ 약 3,000

$$C_6H_{12}O_6 \rightarrow 3CO_2 + 3CH_4$$

$$180g \quad : \quad 3 \times 22.4L$$
$$8,000g \quad : \quad CH_4$$

$$\therefore CH_4 = \frac{8,000}{} \left| \frac{3 \times 22.4L}{180} \right. = 2,986L$$

34. 염소소독에서 염소의 거동에 대한 내용으로 틀린 것은?

① pH 5 또는 그 이하에서 대부분의 염소는 HOCl 형태이다.

② HOCl은 암모니아와 반응하여 클로라민을 생성한다.

③ HOCl은 매우 강한 소독제로 OCl^-보다 약 80배 정도 더 강하다.

④ 트리클로라민(NCl_3)은 매우 안정하여 잔류산화력을 유지한다.

pH 4~6 : 95% 이상이 HOCl로 존재
pH 9 이상 : 95% 이상이 OCl^-로 존재

④ NCl_3은 안정하지 않다.

35. 부피가 $1,000m^3$인 탱크에서 평균속도 경사(G)를 $30s^{-1}$로 유지하기 위해 필요한 이론적 소요동력 (W)은? (단, 물의 점성계수(μ) = $1.139 \times 10^{-3} N \cdot s/m^2$)

① 1,025

② 1,250

③ 1,425

④ 1,650

$$P = G^2 \mu V$$
$$= \frac{(30/s)^2}{} \left| \frac{1.139 \times 10^{-3} N \cdot s}{m^2} \right| 1,000m^3 \left| \frac{1W}{1N \cdot m/s} \right. = 1,025.1W$$

36. 폐수처리장에서 방류된 처리수를 산화지에서 재처리하여 최종 방류하고자 한다. 낮 동안 산화지 내의 DO 농도가 15mg/L로 포화농도보다 높게 측정되었을 때 그 이유는?

① 산화지의 산소흡수계수가 높기 때문

② 산화지에서 조류의 탄소동화작용

③ 폐수처리장 과포기

④ 산화지 수심의 온도차

조류는 낮에 광합성(탄소동화작용)을 하므로 수중 DO 농도가 높아질 수 있다.

구분	활동	산소(DO)	pH	AlK
주간	광합성, 호흡	증가	증가	
야간	호흡	감소	감소	소비

37. 슬러지 반송률이 50%이고, 반송슬러지 농도가 9,000mg/L일 때 포기조의 MLSS농도(mg/L)는?

① 2,300　　　　　　　　　　② 2,500

③ 2,700　　　　　　　　　　④ 3,000

$$r = \frac{X}{X_r - X}$$

$$0.5 = \frac{X}{9,000 - X}$$

$$\therefore X = 3,000mg/L$$

38. 무기성 유해물질을 함유한 폐수 배출업종이 아닌 것은?

① 전기도금업　　　　　　　② 염색공업

③ 알칼리세정시설업　　　　④ 유지제조업

유지 제조업은 유기성 물질이 폐수로 나온다.

39. 유량 300m³/day, BOD 200mg/L인 폐수를 활성슬러지법으로 처리하고자 할 때 포기조의 용량 (m³)은? (단, BOD 용적부하 0.2kg/m³·day)

① 150　　　　　　　　　　② 200

③ 250　　　　　　　　　　④ 300

$$BOD \ 용적부하 = \frac{BOD \cdot Q}{V}$$

$$V = \frac{BOD \cdot Q}{BOD \ 용적부하} = \frac{200mg}{L} \left| \frac{300m^3}{day} \right| \frac{m^3 \cdot day}{0.2kg} \left| \frac{1kg}{10^6mg} \right| \frac{1,000L}{1m^3} = 300m^3$$

40. 살수여상법에서 연못화(ponding)현상의 원인이 아닌 것은?

① 여재가 불균일할 때

② 용존산소가 부족할 때

③ 미처리 고형물이 대량 유입할 때

④ 유기물부하율이 너무 높을 때

연못화 원인
- 여재가 너무 작거나 균일하지 못할 때
- 여재가 견고하지 못하여 부서진 때
- 미처리 고형물이 대량 유입될 때
- 탈락된 생물막이 공극을 폐쇄할 때
- 기질부하율이 너무 높을 때

41. 웨어(weir)를 이용한 유량측정방법 중에서 웨어의 판재료는 몇 mm 이상의 두께를 가진 철판이어야 하는가?

① 1   ② 2
③ 3   ④ 5

42. COD 분석을 위해 $0.02M\text{-}KMnO_4$용액 2.5L을 만들려고 할 때 필요한 $KMnO_4$의 양(g)은? (단, $KMnO_4$ 분자량 = 158)

① 6.2   ② 7.9
③ 8.5   ④ 9.7

$$\frac{0.02mol\ KMnO_4}{L} \left| 2.5L \right| \frac{158g}{1mol} = 7.9g$$

43. 검정곡선 작성용 표준용액과 시료에 동일한 양의 내부표준물질을 첨가하여 시험분석 절차, 기기 또는 시스템의 변동으로 발생하는 오차를 보정하기 위해 사용하는 방법은?

① 검정곡선법   ② 표준물첨가법
③ 내부표준법   ④ 절대검량선법

- **검정곡선법**(external standard method)
  시료의 농도와 지시값과의 상관성을 검정곡선 식에 대입하여 작성하는 방법
- **표준물첨가법**(standard addition method)
  시료와 동일한 매질에 일정량의 표준물질을 첨가하여 검정곡선을 작성하는 방법으로써, 매질효과가 큰 시험 분석 방법에서 분석 대상 시료와 동일한 매질의 표준시료를 확보하지 못한 경우에 매질효과를 보정하여 분석할 수 있는 방법
- **내부표준법**(internal standard calibration)
  검정곡선 작성용 표준용액과 시료에 동일한 양의 내부표준물질을 첨가하여 시험분석 절차, 기기 또는 시스템의 변동으로 발생하는 오차를 보정하기 위해 사용하는 방법

44. 총질소의 측정방법으로 틀린 것은?

① 염화제일주석환원법   ② 카드뮴환원법
③ 환원증류-킬달법(합산법)   ④ 자외선/가시선 분광법

45. 기체크로마토그래피법으로 분석할 수 있는 항목은?

① 수은   ② 총질소
③ 알킬수은   ④ 아연

46. 시안분석을 위하여 채취한 시료의 보존방법에 관한 내용으로 틀린 것은?

① 잔류염소가 공존할 경우 시료 1L당 아스코르빈산 1g을 첨가한다.
② 산화제가 공존할 경우에는 시안을 파괴할 수 있으므로 채수 즉시 황산암모늄철을 시료 1L당 0.6g 첨가한다.
③ NaOH로 pH 12 이상으로 하여 4℃에서 보관한다.
④ 최대 보존 기간은 14일 정도이다.

47. 페놀류 측정에 관한 설명으로 틀린 것은? (단, 자외선/가시선 분광법 기준)

① 붉은색의 안티피린계 색소의 흡광도를 측정하는 방법으로 수용액에서는 510nm에서 측정한다.
② 붉은색의 안티피린계 색소의 흡광도를 측정하는 방법으로 클로로폼 용액에서는 460nm에서 측정한다.
③ 추출법일 때 정량한계는 0.5mg/L이다.
④ 직접법일 때 정량한계는 0.05mg/L이다.

페놀류

페놀 및 그 화합물	정량한계	정밀도(% RSD)
자외선/가시선 분광법	추출법 : 0.005mg/L 직접법 : 0.05mg/L	±25% 이내
연속흐름법	0.007mg/L	±25% 이내

48. 측정 시료 채취 시 반드시 유리용기를 사용해야 하는 측정항목은?

① PCB
② 불소
③ 시안
④ 셀레늄

시료 용기별 정리

용기	항목
P	불소
G	냄새, 노말헥산추출물질, PCB, VOC, 페놀류, 유기인
G(갈색)	잔류염소, 다이에틸헥실프탈레이트, 1,4-다이옥산, 석유계총탄화수소, 염화비닐, 아크릴로니트릴, 브로모폼
BOD 병	용존산소 적정법, 용존산소 전극법
PP	과불화화합물
P, G	나머지
용기기준 없는 것	투명도

P : 폴리에틸렌(polyethylene), G : 유리(glass), PP : 폴리프로필렌(polypropylene)

49. 자외선/가시선분광법에 사용되는 흡수셀에 대한 설명으로 틀린 것은?

① 흡수셀의 길이를 지정하지 않았을 때는 10mm 셀을 사용한다.
② 시료액의 흡수파장이 약 370nm 이상일 때는 석영셀 또는 경질유리셀을 사용한다.
③ 시료액의 흡수파장이 약 370nm 이하일 때는 석영셀을 사용한다.
④ 대조셀에는 따로 규정이 없는 한 원시료를 셀의 6부까지 채워 측정한다.

④ 대조셀에는 증류수를 채워 측정한다.

50. 원자흡수분광광도법에 관한 설명으로 (   )에 옳은 내용은?

시험방법은 시료를 적당한 방법으로 해리시켜 중성원자로 증기화하여 생긴 (㉠)의 원자가
이 원자 증기층을 투과하는 특유파장의 빛을 흡수하는 현상을 이용하여 (㉡)과(와) 같은
개개의 특유 파장에 대한 흡광도를 측정한다.

① ㉠ 여기상태, ㉡ 근접선
② ㉠ 여기상태, ㉡ 원자흡광
③ ㉠ 바닥상태, ㉡ 공명선
④ ㉠ 바닥상태, ㉡ 광전측광

51. 카드뮴 측정원리(자외선/가시선 분광법 : 디티존법)에 관한 내용으로 (   )에 공통으로 들어가는 내용은?

카드뮴 이온을 (   )이 존재하는 알칼리성에서 디티존과 반응시켜 생성하는 카드뮴착염을 사염화탄소로 추출하고, 추출한 카드뮴 착염을 주석산 용액으로 역추출한 다음 다시 수산화나트륨 (   )을 넣어 디티존과 반응하여 생성하는 적색의 카드뮴착염을 사염화탄소로 추출하고 그 흡광도를 530nm에서 측정하는 방법이다.

① 시안화칼륨 　　　　　　　　② 염화제일주석산
③ 분말아연 　　　　　　　　　④ 황화나트륨

52. 생물화학적산소요구량(BOD)의 측정 방법에 관한 설명으로 틀린 것은?

① 시료를 20℃에서 5일간 저장하여 두었을 때 시료 중의 호기성 미생물의 증식과 호흡작용에 의하여 소비되는 용존산소의 양으로부터 측정하는 방법이다.
② 산성 또는 알칼리성 시료의 pH 조절 시 시료에 첨가하는 산 또는 알칼리의 양이 시료량의 1.0%가 넘지 않도록 하여야 한다.
③ 시료는 시험하기 바로 전에 온도를 (20 ± 1)℃로 조정한다.
④ 잔류염소를 함유한 시료는 Na_2SO_3 용액을 넣어 제거한다.

53. 시안화합물을 함유하는 폐수의 보존방법으로 옳은 것은?

① NaOH 용액으로 pH를 9 이상으로 조절하여 4℃에서 보관한다.

② NaOH 용액으로 pH를 12 이상으로 조절하여 4℃에서 보관한다.

③ H_2SO_4 용액으로 pH를 4 이하로 조절하여 4℃에서 보관한다.

④ H_2SO_4 용액으로 pH를 2 이하로 조절하여 4℃에서 보관한다.

시료보존방법	보존물질
1L당 HNO_3 1.5mL로 pH 2 이하	셀레늄, 비소
4℃ 보관, H_2SO_4로 pH 2 이하	노말헥산추출물질, COD, 암모니아성 질소, 총인, 총질소
4℃ 보관, H_2SO_4 또는 HCl으로 pH 2 이하	석유계총탄화수소
4℃ 보관, NaOH로 pH 12 이상	시안
4℃ 보관, HCl로 pH 5~9	PCB, 유기인
4℃ 보관	부유물질, 색도, BOD, 물벼룩, 전기전도도, 아질산성 질소, 음이온계면활성제, 질산성 질소, 6가 크롬, 다이에틸헥실프탈레이트
보관방법 없는 물질	pH, 온도, DO전극법, 염소이온, 불소, 브롬이온, 투명도

54. 물벼룩을 이용한 급성 독성 시험법에서 적용되는 용어인 '치사'의 정의에 대한 설명으로 (   )에 옳은 것은?

> 일정 비율로 준비된 시료에 물벼룩을 투입하여 (㉠)시간 경과 후 시험용기를 살며시 움직여주고, (㉡)초 후 관찰했을 때 아무 반응이 없는 경우 치사로 판정한다.

① ㉠ 12, ㉡ 15

② ㉠ 12, ㉡ 30

③ ㉠ 24, ㉡ 15

④ ㉠ 24, ㉡ 30

물벼룩을 이용한 급성 독성 시험법

치사(death) : 일정 비율로 준비된 시료에 물벼룩을 투입하여 24시간 경과 후 시험용기를 살며시 움직여주고, 15초 후 관찰했을 때 아무 반응이 없는 경우를 '치사'라 판정한다.

55. 하수의 DO를 윙클러-아지드변법으로 측정한 결과 0.025 M-$Na_2S_2O_3$의 소비량은 4.1mL였고, 측정병 용량은 304mL, 검수량 100mL, 그리고 측정병에 가한 시약량은 4mL였을 때 DO 농도 (mg/L)는? (단, 0.025 M-$Na_2S_2O_3$의 역가 = 1.000)

① 약 4.3

② 약 6.3

③ 약 8.3

④ 약 9.3

$$용존산소(mg/L) = a \times f \times \frac{V_1}{V_2} \times \frac{1,000}{V_1 - R} \times 0.2$$

$$= 4.1 \times 1 \times \frac{304}{100} \times \frac{1,000}{304 - 4} \times 0.2$$

$$= 8.309$$

a : 적정에 소비된 티오황산나트륨용액(0.025M)의 양(mL)

f : 티오황산나트륨(0.025M)의 농도계수(factor)

V_1 : 전체 시료의 양(mL)

V_2 : 적정에 사용한 시료의 양(mL)

R : 황산망간 용액과 알칼리성 요오드화칼륨-아자이드화나트륨 용액 첨가량(mL)

56. 수질오염공정시험기준에서 사용하는 용어에 관한 설명으로 틀린 것은?

① '정확히 취하여'라 하는 것은 규정한 양의 검체 또는 시액을 홀피펫으로 눈금까지 취하는 것을 말한다.

② '냄새가 없다.'라고 기재한 것은 냄새가 없거나 또는 거의 없을 것을 표시하는 것이다.

③ '온수'는 60~70℃를 말한다.

④ '감압 또는 진공'이라 함은 따로 규정이 없는 한 15mmH₂O 이하를 말한다.

④ "감압 또는 진공"이라 함은 따로 규정이 없는 한 15mmHg 이하를 뜻한다.

57. 농도표시에 관한 설명으로 틀린 것은?

① 십억분율을 표시할 때는 μg/L, ppb의 기호로 쓴다.

② 천분율을 표시할 때는 g/L, ‰의 기호로 쓴다.

③ 용액의 농도는 %로만 표시할 때는 V/V%, W/W%를 나타낸다.

④ 용액 100g 중 성분용량(mL)을 표시할 때는 V/W%의 기호로 쓴다.

농도 표시

· 백분율(parts per hundred)은 용액

- 100mL 중의 성분무게(g) 또는 기체 100mL 중의 성분무게(g)를 표시할 때는 W/V%의 기호를 쓴다.

- 용액 100mL 중의 성분용량(mL) 또는 기체 100mL 중의 성분용량(mL)을 표시할 때는 V/V%의 기호를 쓴다.

- 용액 100g 중 성분용량(mL)을 표시할 때는 V/W%, 용액 100g 중 성분무게(g)를 표시할 때는 W/V%의 기호를 쓴다.

- 다만, 용액의 농도를 "%"로만 표시할 때는 W/V%를 말한다.

· 천분율(ppt, parts per thousand)을 표시할 때는 g/L, g/kg의 기호를 쓴다.

· 백만분율(ppm, parts per million)을 표시할 때는 mg/L, mg/kg의 기호를 쓴다.

· 십억분율(ppb, parts per billion)을 표시할 때는 μg/L, μg/kg의 기호를 쓴다.

58. 수질오염공정시험기준상 원자흡수분광광도법으로 측정하지 않는 항목은?

① 불소 ② 철
③ 망간 ④ 구리

원자흡수분광광도법은 금속류 측정에 이용된다.

59. 디티존법으로 측정할 수 있는 물질로만 구성된 것은?

① Cd, Pb, Hg ② As, Fe, Mn
③ Cd, Mn, Pb ④ As, Ni, Hg

60. 노말헥산 추출물질을 측정할 때 지시약으로 사용되는 것은?

① 메틸레드 ② 페놀프탈레인
③ 메틸오렌지 ④ 전분용액

시료적당량(노말헥산 추출물질로서 5~200mg 해당량)을 분별깔때기에 넣어 메틸오렌지용액(0.1%) 2~3방울을 넣고 황색이 적색으로 변할 때까지 염산(1+1)을 넣어 시료의 pH를 4 이하로 조절한다.

제4과목 수질환경관계법규

---

61. 특정수질 유해물질이 아닌 것은?

① 시안화합물 ② 구리 및 그 화합물
③ 불소화합물 ④ 유기인 화합물

[별표 3] 〈개정 2016.5.20.〉

특정수질유해물질(제4조 관련)

1. 구리와 그 화합물	2. 납과 그 화합물
3. 비소와 그 화합물	4. 수은과 그 화합물
5. 시안화합물	6. 유기인 화합물
7. 6가 크롬 화합물	8. 카드뮴과 그 화합물
9. 테트라클로로에틸렌	10. 트리클로로에틸렌
11. 삭제 〈2016. 5. 20.〉	12. 폴리클로리네이티드바이페닐
13. 셀레늄과 그 화합물	14. 벤젠
15. 사염화탄소	16. 디클로로메탄
17. 1, 1-디클로로에틸렌	18. 1, 2-디클로로에탄

19. 클로로포름
20. 1,4-다이옥산
21. 디에틸헥실프탈레이트(DEHP)
22. 염화비닐
23. 아크릴로니트릴
24. 브로모포름
25. 아크릴아미드
26. 나프탈렌
27. 폼알데하이드
28. 에피클로로하이드린
29. 페놀
30. 펜타클로로페놀

③ 불소는 수질오염물질임

---

62. 공공폐수처리시설의 방류수 수질기준 중 총인의 배출허용기준으로 적절한 것은? (단, 2013년 1월 1일 이후 적용, I지역 기준)

① 2mg/L 이하

② 0.2mg/L 이하

③ 4mg/L 이하

④ 0.5mg/L 이하

방류수 수질기준

구 분	수질기준 (단위 : mg/L)			
	I 지역	II 지역	III지역	IV지역
BOD	10(10) 이하	10(10) 이하	10(10) 이하	10(10) 이하
COD	20(40) 이하	20(40) 이하	40(40) 이하	40(40) 이하
부유물질(SS)	10(10) 이하	10(10) 이하	10(10) 이하	10(10) 이하
총질소(T-N)	20(20) 이하	20(20) 이하	20(20) 이하	20(20) 이하
총인(T-P)	0.2(0.2) 이하	0.3(0.3) 이하	0.5(0.5) 이하	2(2) 이하
총대장균군 수 (개/mL)	3,000(3,000)	3,000(3,000)	3,000(3,000)	3,000(3,000)
생태독성(TU)	1(1) 이하	1(1) 이하	1(1) 이하	1(1) 이하

---

63. 낚시제한구역 안에서 낚시를 하고자 하는 자는 낚시의 방법, 시기 등 환경부령이 정하는 사항을 준수 하여야 한다. 이러한 규정에 의한 제한사항을 위반하여 낚시제한구역 안에서 낚시행위를 한 자에 대한 과태료 부과기준은?

① 30만원 이하의 과태료

② 50만원 이하의 과태료

③ 100만원 이하의 과태료

④ 300만원 이하의 과태료

낚시금지구역 : 300만원 이하 과태료
낚시제한구역 : 100만원 이하 과태료

64. 수질오염방지시설 중 화학적 처리시설인 것은?

① 혼합시설
② 폭기시설
③ 응집시설
④ 살균시설

1. 물리적 처리시설	2. 화학적 처리시설	3. 생물화학적 처리시설
가. 스크린	가. 화학적 침강시설	가. 살수여과상
나. 분쇄기	나. 중화시설	나. 폭기(瀑氣)시설
다. 침사(沈砂)시설	다. 흡착시설	다. 산화시설(산화조, 산화지)
라. 유수분리시설	라. 살균시설	라. 혐기성·호기성 소화시설
마. 유량조정시설(집수조)	마. 이온교환시설	마. 접촉조
바. 혼합시설	바. 소각시설	바. 안정조
사. 응집시설	사. 산화시설	사. 돈사톱밥발효시설
아. 침전시설	아. 환원시설	
자. 부상시설	자. 침전물 개량시설	
차. 여과시설		
카. 탈수시설		
타. 건조시설		
파. 증류시설		
하. 농축시설		

65. 비점오염 저감시설 중 "침투시설"의 설치기준에 관한 사항으로 (   )에 옳은 내용은?

침투시설 하층 토양의 침투율은 시간당 (㉠)이어야 하며, 동절기에 동결로 기능이 저하되지 아니하는 지역에 설치한다. 또한 지하수 오염을 방지하기 위하여 최고 지하수위 또는 기반암 으로부터 수직으로 최소 (㉡)의 거리를 두도록 한다.

① ㉠ 5밀리미터 이상,   ㉡ 0.5미터 이상
② ㉠ 5밀리미터 이상,   ㉡ 1.2미터 이상
③ ㉠ 13밀리미터 이상,   ㉡ 0.5미터 이상
④ ㉠ 13밀리미터 이상,   ㉡ 1.2미터 이상

66. 유역환경청장은 대권역별로 대권역물환경관리 계획을 몇 년마다 수립하여야 하는가?

① 3년
② 5년
③ 7년
④ 10년

환경부장관은 대권역별로 수질 및 수생태계 보전을 위한 기본계획(이하 "대권역계획"이라 한다.)을 10년마다 수립하여야 한다.

67. 발전소의 발전설비를 운영하는 사업자가 조업정지명령을 받을 경우 주민의 생활에 현저한 지장을 초래하여 조업 정지처분에 갈음하여 부과할 수 있는 과징금의 최대액수는?

① 1억원   ② 2억원
③ 3억원   ④ 5억원

· 조업정지처분 : 3억   · 영업정지처분 : 2억

68. 수질오염경보의 종류별 경보단계별 조치사항 중 조류경보의 단계가 [조류 대발생 경보]인 경우 취수장·정수장 관리자의 조치사항으로 틀린 것은?

① 조류증식 수심 이하로 취수구 이동
② 취수구에 대한 조류 방어막 설치
③ 정수 처리 강화(활성탄 처리, 오존 처리)
④ 정수의 독소분석 실시

② 조류 방어막 설치는 수면관리자의 조치사항임

조류대발생 경보 – 취수장 정수장 관리자 조치사항

1) 조류증식 수심 이하로 취수구 이동
2) 정수 처리 강화(활성탄 처리, 오존 처리)
3) 정수의 독소분석 실시

69. 오염물질이 배출허용기준을 초과한 경우에 오염물질 배출량과 배출농도 등에 따라 부과하는 금액은?

① 기본부과금   ② 종별부과금
③ 배출부과금   ④ 초과배출부과금

① 기본부과금 : 기본적으로 내는 요금
② 종별부과금 : 몇 종 사업장인지에 따라 내는 것
③ 배출부과금 : 공공폐수배출시설 및 공공폐수처리시설에서 배출되는 폐수 중 오염물질이 배출허용기준 이하라도
　　　　　　　 공공폐수처리시설의 방류수수질기준을 초과하는 경우의 오염물질에 대해 부과하는 것
④ 초과배출부과금 : 배출허용기준을 초과하여 오염물질을 배출하는 경우 부과하는 것

70. 폐수처리업에 종사하는 기술요원의 교육기관은?

① 국립환경인력개발원   ② 환경기술인협회
③ 환경보전협회   ④ 환경기술연구원

1. 환경기술인 : 환경보전협회
2. 기술요원 : 국립환경인력개발원

71. 환경정책기본법령상 환경기준 중 수질 및 수생태계(해역)의 생활환경 기준 항목으로 옳지 않은 것은?

① 용매 추출유분
② 수소이온농도
③ 총대장균군
④ 용존산소량

해역 생활환경기준			
항 목	**수소이온농도(pH)**	**총대장균군** (총대장균군 수/100mL)	**용매 추출유분(mg/L)**
기 준	6.5~8.5	1,000 이하	0.01 이하

72. 공공수역에서 환경부령이 정하는 수로에 해당되지 않는 것은?

① 지하수로
② 농업용 수로
③ 상수관로
④ 운하

환경부령이 정하는 수로

1. 지하수로
2. 농업용수로
3. 하수관거
4. 운하

73. 대권역 물환경관리계획에 포함되어야 하는 사항과 가장 거리가 먼 것은?

① 상수원 및 물 이용현황
② 점오염원, 비점오염원 및 기타 수질오염원별수질오염 저감시설 현황
③ 점오염원, 비점오염원 및 기타 수질오염원의 분포현황
④ 점오염원, 비점오염원 및 기타 수질오염원에서 배출되는 수질오염물질의 양

1. 수질 및 수생태계 변화 추이 및 목표기준
2. 상수원 및 물 이용현황
3. 점오염원, 비점오염원 및 기타수질오염원의 분포현황
4. 점오염원, 비점오염원 및 기타수질오염원에서 배출되는 수질오염물질의 양
5. 수질오염 예방 및 저감 대책
6. 수질 및 수생태계 보전조치의 추진방향
7. 「저탄소 녹색성장 기본법」 기후변화에 대한 적응대책
8. 그 밖에 환경부령으로 정하는 사항

74. 방지시설을 반드시 설치해야하는 경우에 해당하더라도 대통령령이 정하는 기준에 해당되면 방지시설의 설치가 면제된다. 방지시설 설치의 면제기준에 해당되지 않는 것은?

① 배출시설의 기능 및 공정상 수질오염물질이 항상 배출허용기준 이하로 배출되는 경우
② 폐수처리업의 등록을 한 자 또는 환경부장관이 인정하여 고시하는 관계 전문기관에 환경부령이 정하는 폐수를 전량 위탁처리하는 경우
③ 폐수무방류배출시설의 경우
④ 폐수를 전량 재이용하는 등 방지시설을 설치하지 아니하고도 수질오염물질을 적정하게 처리할 수 있는 경우로서 환경부령으로 정하는 경우

③ 폐수무방류배출시설은 포함되지 않음

방지시설 설치 면제기준
- 수질오염물질이 항상 배출허용기준 이하로 배출되는 경우
- 폐수를 전량 위탁처리하는 경우
- 폐수를 전량 재이용하는 등 방지시설을 설치하지 아니하고도 수질오염물질을 적정하게 처리할 수 있는 경우

75. 부과금산정에 적용하는 일일유량을 구하기 위한 측정유량의 단위는?

① m^3/hr
② m^3/min
③ L/hr
④ L/min

76. 용어 정의 중 잘못 기술된 것은?

① '폐수'란 물에 액체성 또는 고체성의 수질오염 물질이 섞여 있어 그대로는 사용할 수 없는 물을 말한다.
② '수질오염물질'이란 수질오염의 요인이 되는 물질로서 환경부령으로 정하는 것을 말한다.
③ '기타 수질오염원'이란 점오염원 및 비점오염원으로 관리되지 아니하는 수질오염물질을 배출하는 시설 또는 장소로서 환경부령이 정하는 것을 말한다.
④ '수질오염방지시설'이란 공공수역으로 배출되는 수질오염물질을 제거하거나 감소시키는 시설로서 환경부령으로 정하는 것을 말한다.

"수질오염방지시설"이란 점오염원, 비점오염원 및 기타수질오염원으로부터 배출되는 수질오염물질을 제거하거나 감소하게 하는 시설로서 환경부령으로 정하는 것을 말한다.

77. 비점오염저감시설 중 장치형 시설이 아닌 것은?

① 침투형 시설
② 와류형 시설
③ 여과형 시설
④ 생물학적 처리형 시설

자연형 시설	저류시설
	인공습지
	침투시설
	식생형 시설
장치형 시설	여과형 시설
	와류(渦流)형 시설
	스크린형 시설
	응집 · 침전 처리형 시설
	생물학적 처리형 시설

78. 초과배출부과금 부과대상 수질오염물질의 종류로 맞는 것은?

① 매립지 침출수, 유기물질, 시안화합물
② 유기물질, 부유물질, 유기인화합물
③ 6가 크롬, 페놀류, 다이옥신
④ 총질소, 총인, BOD

초과배출부과금 부과대상 수질오염물질

1. 유기물질
2. 부유물질
3. 유기인 화합물

79. 기본부과금산정 시 방류수수질기준을 100% 초과한 사업자에 대한 부과계수는?

① 2.4
② 2.6
③ 2.8
④ 3.0

[별표 11] 방류수수질기준초과율별 부과계수(제41조제3항 관련)

초과율	10% 미만	10% 이상 20% 미만	20% 이상 30% 미만	30% 이상 40% 미만	40% 이상 50% 미만
부과계수	1	1.2	1.4	1.6	1.8
초과율	50% 이상 60% 미만	60% 이상 70% 미만	70% 이상 80% 미만	80% 이상 90% 미만	90% 이상 100% 까지
부과계수	2.0	2.2	2.4	2.6	2.8

80. 환경정책기본법령상 환경기준 중 수질 및 수생태계(하천)의 생활환경 기준으로 옳지 않은 것은? (단, 등급은 매우 나쁨(VI))

① COD : 11mg/L 초과
② T-P : 0.5mg/L 초과
③ SS : 100mg/L 초과
④ BOD : 10mg/L 초과

등급		기준							대장균군 (군수/100mL)	
		수소이온 농도 (pH)	생물 화학적 산소 요구량 (BOD) (mg/L)	화학적 산소 요구량 (COD) (mg/L)	총유기 탄소량 (TOC) (mg/L)	부유 물질량 (SS) (mg/L)	용존 산소량 (DO) (mg/L)	총인 (T-P) (mg/L)	총대장균군	분원성 대장균군
매우 좋음	Ia	6.5~8.5	1 이하	2 이하	2 이하	25 이하	7.5 이상	0.02 이하	50 이하	10 이하
좋음	Ib	6.5~8.5	2 이하	4 이하	3 이하	25 이하	5.0 이상	0.04 이하	500 이하	100 이하
약간 좋음	II	6.5~8.5	3 이하	5 이하	4 이하	25 이하	5.0 이상	0.1 이하	1,000 이하	200 이하
보통	III	6.5~8.5	5 이하	7 이하	5 이하	25 이하	5.0 이상	0.2 이하	5,000 이하	1,000 이하
약간 나쁨	IV	6.0~8.5	8 이하	9 이하	6 이하	100 이하	2.0 이상	0.3 이하		
나쁨	V	6.0~8.5	10 이하	11 이하	8 이하	쓰레기 등이 떠 있지 않을 것	2.0 이상	0.5 이하		
매우 나쁨	VI		10 초과	11 초과	8 초과		2.0 미만	0.5 초과		

1. ③ 2. ③ 3. ③ 4. ④ 5. ④ 6. ④ 7. ④ 8. ③ 9. ② 10. ② 11. ② 12. ③ 13. ④ 14. ② 15. ①
16. ① 17. ③ 18. ② 19. ① 20. ① 21. ④ 22. ③ 23. ④ 24. ② 25. ② 26. ① 27. ③ 28. ① 29. ③ 30. ③
31. ② 32. ③ 33. ④ 34. ④ 35. ① 36. ② 37. ④ 38. ④ 39. ④ 40. ④ 41. ④ 42. ② 43. ④ 44. ① 45. ③
46. ② 47. ③ 48. ① 49. ④ 50. ④ 51. ① 52. ④ 53. ② 54. ② 55. ④ 56. ② 57. ③ 58. ① 59. ① 60. ③
61. ③ 62. ② 63. ③ 64. ④ 65. ④ 66. ④ 67. ③ 68. ④ 69. ② 70. ① 71. ④ 72. ④ 73. ② 74. ③ 75. ④
76. ④ 77. ① 78. ② 79. ③ 80. ③

제1과목 수질오염개론

1. 다음 설명에 해당하는 하천 모델로 가장 적절한 것은?

- 하천 및 호수의 부영양화를 고려한 생태계 모델이다.
- 정적 및 동적인 하천의 수질, 수문학적 특성이 광범위하게 고려된다.
- 호수에는 수심별 1차원 모델이 적용된다.

① QUAL
② DO-SAG
③ WQRRS
④ WASP

② 유속, 수심, 조도계수에 의해 확산계수를 결정 : QUAL-Ⅰ,Ⅱ

명칭	특징
Streeter-phelps model	· 최초의 하천수질모델 · 유기물 분해에 의한 산소소비, 수면에서의 산소공급만을 이용하여 산소농도 변화를 예측한 모델
DO sag - Ⅰ,Ⅱ,Ⅲ	· Streeter - Phelps식으로 도출 · 1차원 정상모델 · 점오염원 및 비점오염원이 하천의 용존산소에 미치는 영향을 나타냄 · SOD, 광합성에 의한 DO 변화 무시
WQRRS	· 하천 및 호수의 부영양화를 고려한 생태계 모델 · 정적 및 동적인 하천의 수질, 수문학적 특성을 광범위하게 고려 · 호수에는 수심별 1차원 모델을 적용함
QUAL-Ⅰ,Ⅱ	· 유속, 수심, 조도계수에 의한 확산계수 결정 · 하천과 대기 사이의 열복사, 열 교환 고려 · 음해법으로 미분방정식의 해를 구함 · QUAL-Ⅱ : QUAL-Ⅰ을 변형 보강한 것으로 계산이 빠르고 입력자료 취급이 용이함 · 질소, 인, 클로로필 a 고려
QUALZE	· QUAL-Ⅱ를 보완하여 PC용으로 개발 · 희석방류량과 하천 수중보에 대한 영향 고려
AUT-QUAL	· 길이방향에 비해 상대적으로 폭이 좁은 하천 등에 적용 가능한 모델 · 비점오염원 고려
SNSIM 모델	· 저질의 영향과 광합성 작용에 의한 용존산소 반응을 나타냄
WASP	· 하천의 수리학적 모델, 수질 모델, 독성물질의 거동 고려 · 1, 2, 3차원 고려 · 저니의 영향 고려
HSPF	· 다양한 수체에 적용가능 · 강우 강설 고려 · 적용하고자 하는 수체에 따라 필요로 하는 모듈 선택 가능

2. 유기성 오수가 하천에 유입된 후 유하하면서 자정작용이 진행되어 가는 여러 상태를 그래프로 표시 하였다. $\boxed{1}$ ~ $\boxed{6}$ 그래프가 각각 나타내는 것을 순서대로 나열한 것은?

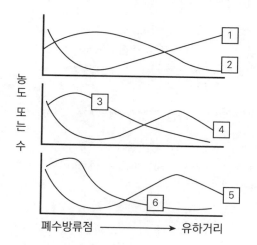

① BOD, DO, NO_3-N, NH_3-N, 조류, 박테리아
② BOD, DO, NH_3-N, NO_3-N, 박테리아, 조류
③ DO, BOD, NH_3-N, NO_3-N, 조류, 박테리아
④ BOD, DO, NO_3-N, NH_3-N, 박테리아, 조류

3. 난용선염의 용해이온과의 관계, $A_mB_n(aq) \rightleftharpoons mA^+(aq) + nB^-(aq)$에서 이온농도와 용해도적$(K_{sp})$과의 관계 중 과포화상태로 침전이 생기는 상태를 옳게 나타낸 것은?

① $[A^+]^m[B^-]^n > K_{sp}$
② $[A^+]^m[B^-]^n = K_{sp}$
③ $[A^+]^m[B^-]^n < K_{sp}$
④ $[A^+]^n[B^+]^m < K_{sp}$

$A_mB_n(aq) \rightleftharpoons mA^+(aq) + nB^-(aq)$ 반응에서,
$K_{sp} = [A^+]^m[B^-]^n$ 이다.

· 불포화상태 : $[A^+]^m[B^-]^n < K_{sp}$
· 포화상태(평형상태) : $[A^+]^m[B^-]^n = K_{sp}$
· 과포화상태 : $[A^+]^m[B^-]^n > K_{sp}$

4. 용존산소(DO)에 대한 설명으로 가장 거리가 먼 것은?

① DO는 염류농도가 높을수록 감소한다.

② DO는 수온이 높을수록 감소한다.

③ 조류의 광합성작용은 낮동안 수중의 DO를 증가시킨다.

④ 아황산염, 아질산염 등의 무기화합물은 DO를 증가시킨다.

물속에 무기화합물 등 이온이 많으면 산소 용해도가 낮아져 DO가 감소한다.

산소용해도 클수록	DO 증가
기압이 높을 때	
수온이 낮을수록(염분, 이온 등)	
용존이온 농도가 낮을수록	
기포가 작을수록	
교란작용이 있을 때	
수심 얕을수록	
유속 빠를수록	

5. 수인성 전염병의 특징이 아닌 것은?

① 환자가 폭발적으로 발생한다.

② 성별, 연령별 구분없이 발병한다.

③ 유행지역과 급수지역이 일치한다.

④ 잠복기가 길고 치사율과 2차 감염률이 높다.

수인성 감염병의 특징

① 유행지역과 음료수 사용지역이 일치

② 폭발적 환자 발생

③ 치명률, 발병률이 낮고 2차 감염 환자가 적다.

④ 가족 집적성은 낮은 편이다.

6. 부영양호의 평가에 이용되는 영양상태지수에 대한 설명으로 옳은 것은?

① Shannon과 Brezonik지수는 전도율, 총유기질소, 총인 및 클로로필-a를 수질변수로 선택하였다.

② Carlson지수는 총유기질소, 클로로필-a 및 총인을 수질변수로 선택하였다.

③ Porcella지수는 Carlson지수 값을 일부 이용하였고 부영양호 회복방법의 실시 효과를 분석하는데 이용되는 지수이다.

④ Walker지수는 총인을 근거로 만들었고 투명도를 기준으로 계산된 Carlson지수를 보완한 지수로서 조류 외에 투명도에 영향을 주는 인자를 계산에 반영하였다.

① Shannon과 Brezonik 지수 : 투명도, 전도율, 총유기질소, 총인 및 클로로필을 수질 변수로 이용

② Carlson 지수 : 투명도, 클로로필-a, 총인을 수질변수로 선택

7. 음용수를 염소 소독할 때 살균력이 강한 것부터 순서대로 옳게 배열된 것은? (단, 강함 > 약함)

| ㉮ HOCl | ㉯ OCl⁻ | ㉰ Chloramine |

① ㉮ > ㉯ > ㉰
② ㉯ > ㉰ > ㉮
③ ㉯ > ㉮ > ㉰
④ ㉮ > ㉰ > ㉯

8. Ca^{2+}가 200mg/L일 때 몇 N농도인가? (단, 원자량 Ca = 40)

① 0.01　　　　　　　　② 0.02
③ 0.5　　　　　　　　　④ 1.0

$$N농도 = \frac{Ca^{2+}당량(eq)}{부피(L)} = \frac{200mg}{L} \left| \frac{1eq\ Ca^{2+}}{20g} \right| \frac{1g}{1,000mg} = 0.01$$

9. 소수성 콜로이드 입자가 전기를 띠고 있는 것을 조사하고자 할 때 다음 실험 중 가장 적합한 것은?

① 전해질을 소량 넣고 응집을 조사한다.
② 콜로이드 용액의 삼투압을 조사한다.
③ 한외현미경으로 입자의 Brown 운동을 관찰한다.
④ 콜로이드 입자에 강한 빛을 조사하여 틴달현상을 조사한다.

성질	정의	예	원리
틴들현상	콜로이드 용액에 빛을 비추면 빛의 진로가 뚜렷이 보이는데, 큰 입자들이 가시광선을 산란시켜 나타나는 현상	숲속 사이 햇살 진로가 보이는 현상	입자크기
투석	콜로이드 용액에 섞여 있는 용질분자나 이온을 반투막을 이용하여 콜로이드 입자와 분리함으로써 콜로이드 용액을 정제하는 방법	혈액 투석	입자크기
염석	소량의 전해질에 의해 침전되지 않는 콜로이드에 다량의 전해질을 가했을 때 침전하는 현상	두부의 간수(MgCl₂)	전하를 띰
엉김	소수 콜로이드 입자가 소량의 전해질에 의해 침전되는 현상	삼각주가 형성	전하를 띰
전기이동	콜로이드 용액에 직류전류를 통하면 콜로이드 입자가 자신의 전하와 반대전하를 띤 전극으로 이동하는 현상		전하를 띰
흡착	콜로이드 입자 표면에 다른 액체나 기체분자가 달라붙음으로써 입자의 표면에 액체나 기체분자의 농도가 증가하는 현상	탈취, 활성탄 흡착	큰 비표면적
브라운 운동	콜로이드 입자가 분산매의 열운동에 의한 충돌로 인해 보이는 불규칙적인 운동		열운동

10. 시판되고 있는 액상 표백제는 8W/W(%) 하이포아염소산나트륨(NaOCl)을 함유한다고 한다. 표백제 2,886mL 중 NaOCl의 무게(g)는? (단, 표백제의 비중 = 1.1)

① 254   ② 264

③ 274   ④ 284

$$\frac{8g}{100g} \mid \frac{1.1g}{1mL} \mid 2,886mL = 253.96g$$

11. 물의 밀도가 가장 큰 값을 나타내는 온도는?

① -10℃   ② 0℃

③ 4℃   ④ 10℃

물의 밀도는 4℃에서 가장 크다.

12. 친수성 콜로이드(Colloid)의 특성에 관한 설명으로 옳지 않은 것은?

① 염에 대하여 큰 영향을 받지 않는다.
② 틴달효과가 현저하게 크고 점도는 분산매보다 작다.
③ 다량의 염을 첨가하여야 응결 침전된다.
④ 존재 형태는 유탁(에멀션)상태이다.

② 틴달효과는 소수성 콜로이드의 특징이다. 점도는 분산매와 비슷하다.

비 교	소수성 colloid	친수성 colloid
존재 형태	현탁상태 (suspension)	유탁상태 (emulsion)
종류	점토, 석유, 금속입자	녹말, 단백질, 박테리아 등
물과 친화성	물과 반발	물과 쉽게 반응
염에 민감성	염에 아주 민감	염에 덜 민감
응집제 투여	소량의 염을 첨가하여도 응결 침전됨	다량의 염 첨가 시 응결 침전
표면장력	용매와 비슷	용매보다 약함
틴들효과	틴들 효과가 큼	약하거나 거의 없음

13. 농도가 A인 기질을 제거하기 위하여 반응조를 설계하고자 한다. 요구되는 기질의 전환율이 90%일 경우 회분식 반응조의 체류시간(hr)은? (단, 기질의 반응은 1차 반응, 반응상수 $K = 0.35hr^{-1}$)

① 6.6 ② 8.6
③ 10.6 ④ 12.6

$\ln\dfrac{C}{C_0} = -kt$ 에서,

$\ln\dfrac{10}{100} = -0.35 \times t$

$\therefore$ t = 6.57hr

14. 0.05N의 약산인 초산이 16% 해리되어 있다면 이 수용액의 pH는?

① 2.1 ② 2.3
③ 2.6 ④ 2.9

$[H^+] = C\alpha = 0.05 \times 0.16 = 0.008M$
pH $= -\log[H^+] = -\log(0.008) = 2.096$

C : 몰농도(M)
α : 이온화도

15. 하천의 수질이 다음과 같을 때 이물의 이온강도는?

$Ca^{2+} = 0.02M, \quad Na^+ = 0.05M, \quad Cl^- = 0.02M$

① 0.055 ② 0.065
③ 0.075 ④ 0.085

$I = \dfrac{1}{2}\sum C_i Z_i^2$

구분	C_i	Z_i^2	$C_i Z_i^2$
Ca^{2+}	0.02M	2^2	0.08
Na^+	0.05M	1^2	0.05
Cl^-	0.02M	$(-1)^2$	0.02
합			0.15

$I = \dfrac{1}{2} \times 0.15 = 0.075$

16. 광합성에 영향을 미치는 인자로는 빛의 강도 및 파장, 온도 CO_2 농도 등이 있는데, 이들 요소별 변화에 따른 광합성의 변화를 설명한 것 중 틀린 것은?

① 광합성량은 빛의 광포화점에 이를 때까지 빛의 강도에 비례하여 증가한다.

② 광합성 식물은 390~760nm 범위의 가시광선을 광합성에 이용한다.

③ 5~26℃ 범위의 온도에서 10℃ 상승시킬 경우 광합성량은 약 2배로 증가된다.

④ CO_2 농도가 저농도일 때는 빛의 강도에 영향을 받지 않아 광합성량이 감소한다.

광합성의 영향인자

· 빛의 강도 : 광합성량은 빛의 광포화점에 이를 때까지 빛의 강도에 비례하여 증가
· 빛의 파장 : 광합성식물은 390~760nm 범위의 가시광선을 광합성에 이용
· 온도 : 광합성은 효소가 관계하는 반응이므로 반응속도는 온도에 영향 받음
· CO_2 농도 : 저농도일 때는 빛의 강도에 영향을 받지 않고 광합성량이 증가하나 고농도일 때는 빛의 강도에 영향을 받음

17. 우리나라의 수자원 이용현황 중 가장 많은 양이 사용되고 있는 용수는?

① 생활용수

② 공업용수

③ 하천유지용수

④ 농업용수

18. 하천 상류에서 $BOD_u = 10mg/L$일 때 2m/min 속도로 유하한 20km 하류에서의 BOD(mg/L)는?
(단, K_1(탈산소 계수, base = 상용대수) = $0.1day^{-1}$, 유하도중에 재폭기나 다른 오염물질 유입은 없다.)

① 2   ② 3

③ 4   ④ 5

1) 20km 유하에 걸리는 시간

$$시간 = \frac{거리}{속도} = \frac{20,000m}{} \left| \frac{min}{2m} \right| \frac{1day}{1,440min} = 6.944day$$

2) 20km 유하 후 하천의 BOD
하천의 BOD 농도는 잔존 BOD 식을 이용한다.

$$BOD_t = BOD_u \cdot 10^{-Kt}$$

$$= 10 \cdot 10^{-0.1 \times 6.944}$$

$$= 2.02mg/L$$

19. 해수의 특성에 관한 설명으로 옳지 않은 것은?

① 해수의 밀도는 1.5~1.7g/cm^3 정도로 수심이 깊을수록 밀도는 감소한다.

② 해수는 강전해질이다.

③ 해수의 Mg/Ca 비는 3~4 정도이다.

④ 염분은 적도해역보다 남·북극의 양극해역에서 다소 낮다.

> **해수의 밀도**
> · 1.025~1.03g/cm^3
> · 수온이 낮을수록, 수심이 깊을수록, 염분이 높을수록, 해수의 밀도는 커짐

20. 주간에 연못이나 호수 등에 용존산소(DO)의 과포화 상태를 일으키는 미생물은?

① 비루스(Virus)

② 윤충(Rotifer)

③ 조류(Algae)

④ 박테리아(Bacteria)

제2과목 수질오염 방지기술

21. 염소의 살균력에 관한 설명으로 틀린 것은?

① 살균강도는 HOCl가 OCl$^-$의 80배 이상 강하다.

② chloramines은 소독 후 살균력이 약하여 살균작용이 오래 지속되지 않는다.

③ 염소의 살균력은 온도가 높고 pH가 낮을 때 강하다.

④ 바이러스는 염소에 대한 저항성이 커 일부 생존할 염려가 있다.

> ② chloramines은 살균력은 약하나 잔류성이 있어 살균작용이 오래 지속된다.

22. 농도와 흡착량과의 관계를 나타내는 그림 중 고농도에서 흡착량이 커지는 반면에 저농도에서 흡착량이 현저히 적어지는 것은? (단, Freundlich 등온흡착식으로 Plot한 것임)

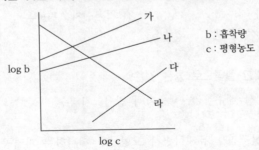

b : 흡착량
c : 평형농도

① 가
② 나
③ 다
④ 라

Freundlich 등온흡착식

$$\frac{X}{M} = K \cdot C^{1/n}$$

$$\log \frac{X}{M} = \frac{1}{n} \log C + \log K$$

   X   : 흡착된 피흡착물의 농도
   M   : 주입된 흡착제의 농도
   C   : 흡착되고 남은 피흡착물질의 농도 평형농도
  K, n : 경험상수

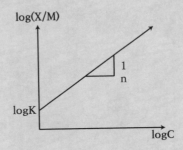

$\log \frac{X}{M} = \frac{1}{n} \log C + \log K$ 식에서

저농도(log C 값이 작을 때)일 때 흡착량이 현저히 작으므로 log b가 아주 작다.
고농도(log C 값이 클 때)일 때 흡착량이 크므로, log b가 크다.
따라서, 농도가 커지면서 흡착량이 차이가 많이 나므로, 그래프의 기울기가 가장 큰 "다"가 정답이 된다.

23. 폐수처리장의 설계유량을 산정하기 위한 첨두유량을 구하는 식은?

① 첨두인자 × 최대유량 　　② 첨두인자 × 평균유량

③ 첨두인자 / 최대유량 　　④ 첨두인자 / 평균유량

24. 생물학적 처리공정에 대한 설명으로 옳은 것은?

① SBR은 같은 탱크에서 폐수유입, 생물학적 반응, 처리수 배출 등의 순서를 반복하는 오염물 처리공정이다.

② 회전원판법은 혐기성조건을 유지하면서 고형물을 제거하는 처리공정이다.

③ 살수여상은 여재를 사용하지 않으면서 고부하의 운전에 용이한 처리공정이다.

④ 고효율 활성슬러지공정은 질소, 인 제거를 위한 미생물 부착성장 처리공정이다.

> ② 회전원판법은 호기성 처리이다.
> ③ 살수여상은 여재를 사용하고 저부하의 운전에 용이한 처리공정이다.
> ④ 고효율 활성슬러지공정은 부유성장 처리공정이다.

25. 침전지 설계 시 침전시간 2hr, 표면부하율 30m³/m²·day, 폭과 길이의 비는 1 : 5로 하고 폭을 10m로 하였을 때 침전지의 크기(m³)는?

① 875 　　② 1,250

③ 1,750 　　④ 2,450

> 1) 면적
> 　폭(B)이 10m, 길이는 폭의 5배이므로
> 　길이(L) = 10 × 5 = 50m이다.
> 　∴ 면적(A) = BL = 10 × 50 = 500m²
>
> 2) 침전지 크기(V)
>
> $$H = (Q/A)t = \frac{30m^3}{m^2 \cdot day} \left| \frac{2hr}{} \right| \frac{1day}{24hr} = 2.5m$$
>
> 　∴ V = AH = 500m² × 2.5m = 1,250m³
>
> 　V : 용적
> Q/A : 표면부하율
> 　t : 체류시간
> 　H : 수심

26. 분뇨처리장에서 발생되는 악취물질을 제거하는 방법 중 직접적인 탈취효과가 가장 낮은 것은?

① 수세법 　　② 흡착법

③ 촉매산화법 　　④ 중화 및 masking법

27. 호기성 미생물에 의하여 진행되는 반응은?

① 포도당 → 알코올
② 아세트산 → 메탄
③ 아질산염 → 질산염
④ 포도당 → 아세트산

질산화는 질산화 미생물에 의해 발생한다.
질산화 미생물은 호기성 미생물이다.

28. 폐수의 용존성 유기물질을 제거하기 위한 방법으로 가장 거리가 먼 것은?

① 호기성 생물학적 공법
② 혐기성 생물학적 공법
③ 모래 여과법
④ 활성탄 흡착법

여과는 주로 SS를 제거하는 방법으로 이용된다.

29. 평균 길이 100m, 평균 폭 80m, 평균 수심 4m인 저수지에 연속적으로 물이 유입되고 있다. 유량이 0.2m³/s이고 저수지의 수위가 일정하게 유지된다면 이 저수지의 평균 수리학적 체류시간 (day)은?

① 1.85
② 2.35
③ 3.65
④ 4.35

$$t = \frac{V}{Q} = \frac{100m \times 80m \times 4m}{} \left| \frac{s}{0.2m^3} \right| \frac{1day}{86,400s} = 1.85day$$

30. 살수여상에서 연못화(ponding) 현상의 원인으로 가장 거리가 먼 것은?

① 너무 낮은 기질부하율
② 생물막의 과도한 탈리
③ 1차 침전지에서 불충분한 고형물 제거
④ 너무 작거나 불균일한 여재

연못화 : 여상표면에 물이 고이는 현상

연못화의 원인
· 여재가 너무 작거나 균일하지 못할 때
· 여재가 견고하지 못하여 부서진 때
· 미처리 고형물이 대량 유입될 때
· 탈락된 생물막이 공극을 폐쇄할 때
· 기질부하율이 너무 높을 때

31. 하수 슬러지 농축 방법 중 부상식 농축의 장·단점으로 틀린 것은?

① 잉여슬러지의 농축에 부적합하다.

② 소요면적이 크다.

③ 실내에 설치할 경우 부식문제의 유발 우려가 있다.

④ 약품 주입 없이 운전이 가능하다.

구분	중력식 농축	부상식 농축	원심분리 농축	중력벨트 농축
설치비	크다	중간	작다	작다
설치면적	크다	중간	작다	중간
부대설비	적다	많다	중간	많다
동력비	적다	중간	크다	작다
장 점	· 구조 간단 · 유지 관리 쉬움 · 1차 슬러지에 적합 · 저장과 농축이 동시에 가능 · 약품을 사용하지 않음	· 잉여슬러지에 효과적 · 약품주입 없이도 운전가능	· 잉여슬러지에 효과적 · 운전조작이 용이 · 악취가 적음 · 연속운전이 가능 · 고농도로 농축가능	· 잉여슬러지에 효과적 · 벨트탈수기와 같이 연동운전이 가능 · 고농도로 농축가능
단 점	· 악취문제 발생 · 잉여슬러지의 농축에 부적합 · 잉여슬러지에서는 소요면적이 큼	· 악취문제 발생 · 소요면적이 큼 · 실내에 설치할 경우 부식 문제 유발	· 동력비가 큼 · 스크루 보수 필요 · 소음이 큼	· 악취문제 발생 · 소요면적이 큼 · 용적이 한정됨 · 별도의 세정장치 필요

32. 도금공장에서 발생하는 CN 폐수 $30m^3$를 NaOCl을 사용하여 처리하고자 한다. 폐수 내 CN^- 농도가 150mg/L일 때 이론적으로 필요한 NaOCl의 양(kg)은? (단, $2NaCN + 5NaOCl + H_2O$ → $N_2 + 2CO_2 + 2NaOH + 5NaCl$, 원자량 : Na = 23, Cl = 35.5)

① 20.9   ② 22.4

③ 30.5   ④ 32.2

1) 폐수 중 CN양

$$\frac{30m^3}{} \left| \frac{150mg}{L} \right| \frac{1,000L}{1m^3} \left| \frac{1kg}{10^6 mg} \right. = 4.5kg$$

2) 필요한 NaOCl양(x)

$2NaCN + 5NaOCl + H_2O$ → $N_2 + 2NO_2 + 2NaOH + 5NaCl$

     $2CN^-$: $5NaOCl$

$2 \times 26kg$: $5 \times 74.5kg$

   $4.5kg$:   x

∴ $x = \dfrac{5 \times 74.5kg}{2 \times 26kg} \left| \dfrac{4.5kg}{} \right. = 32.23kg$

33. 유량이 $100m^3$/day이고 TOC 농도가 150mg/L인 폐수를 고정상 탄소흡착 칼럼으로 처리하고자 한다. 유출수의 TOC 농도를 10mg/L로 유지하려고 할 때, 탄소 kg당 처리된 유량(L/kg)은? (단, 수리학적 용적부하율 $= 1.5m^3/m^3 \cdot hr$, 탄소밀도 $= 500kg/m^3$, 파과점 농도까지 처리된 유량 $= 300m^3$)

① 약 205 ② 약 216
③ 약 275 ④ 약 311

1) 탄소량

$$\frac{500kg}{m^3} \, \bigg| \, \frac{100m^3}{1day} \, \bigg| \, \frac{1day}{24hr} \, \bigg| \, \frac{m^3 \cdot hr}{1.5m^3} = 1,388.89kg$$

2) 탄소 kg당 처리된 유량(L/kg)

$$\frac{300m^3}{} \, \bigg| \, \frac{1,000L}{m^3} \, \bigg| \, \frac{}{1,388.89kg} = 216L/kg$$

34. 생물막법의 미생물학적인 특징이 아닌 것은?

① 정화에 관여하는 미생물의 다양성이 높다.
② 각단에서 우점 미생물이 상이하다.
③ 먹이연쇄가 짧다.
④ 질산화세균 및 탈질균이 잘 증시된다.

③ 생물막법은 다양한 생물상이 존재하므로 먹이사슬이나 먹이연쇄가 길다.

35. 수중에 존재하는 오염물질과 제거방법을 기술한 내용 중 틀린 것은?

① 부유물질 – 급속여과, 응집침전
② 용해성 유기물질 – 응집침전, 오존산화
③ 용해성 염류 – 역삼투, 이온교환
④ 세균, 바이러스 – 소독, 급속여과

④ 염소소독이나 급속여과로는 바이러스를 제거하기 어렵다.

36. 혐기성 슬러지 소화조의 운영과 통제를 위한 운전관리지표가 아닌 항목은?

① pH ② 알칼리도
③ 잔류염소 ④ 소화가스의 CO_2 함유도

pH, 알칼리도, 소화가스 발생량, 소화가스의 CO_2 함유도 등

37. 표준활성슬러지법의 일반적 설계범위에 관한 설명으로 옳지 않은 것은?

① HRT는 8~10시간을 표준으로 한다.

② MLSS는 1,500~2,500mg/L를 표준으로 한다.

③ 포기조(표준식)의 유효수심은 4~6m를 표준으로 한다.

④ 포기방식은 전면포기식, 선회류식, 미세기포 분사식, 수중 교반식 등이 있다.

표준활성슬러지 설계인자

· HRT : 6~8시간
· SRT : 3~6일
· MLSS : 1,500~2,500mg/L
· F/M비 : 0.2~0.4kg/kg·day

---

38. 도시하수에 함유된 영양물질인 질소, 인을 동시에 처리하기 어려운 생물학적 처리공법은?

① AO

② A₂/O

③ 5단계 Bardenpho

④ UCT

구분	처리분류	공정
질소 제거	물리화학적 방법	암모니아 스트리핑 파괴점(Break Point) 염소주입법 이온교환법
	생물학적 방법	MLE(무산소-호기법) 4단계 Bardenpho
인 제거	물리화학적 방법	금속염첨가법 석회첨가법(정석탈인법) 포스트립(Phostrip) 공법
	생물학적 방법	A/O(혐기-호기법)
질소·인 동시 제거		A₂/O, UCT, MUCT, VIP, SBR, 5단계 Bardenpho, 수정 포스트립 공법

---

39. 하수소독 시 사용되는 이산화염소(ClO₂)에 관한 내용으로 틀린 것은?

① THMs이 생성되지 않음

② 물에 쉽게 녹고 냄새가 적음

③ 일광과 접촉할 경우 분해됨

④ pH에 의한 살균력의 영향이 큼

비교항목	Cl₂	Br₂	ClO₂	NaOCl	O₃	UV
박테리아 사멸	좋음	좋음	좋음	좋음	좋음	좋음
바이러스 사멸	나쁨	아주 좋음	좋음	나쁨	좋음	좋음
유해 부산물	있음(THM)	없음	청색증	거의 없음	없음	없음
잔류성	길다	짧다	보통	길다	없음	없음
접촉시간	길다(0.5~1hr)	보통	보통-길다	길다(10~15분)	보통	짧다 (1~5초)
TDS의 증가	증가	증가	증가	증가	증가 안 됨	증가 안 됨
pH 영향	있음	있음	없음	없음	적음	없음
부식성	있음	있음	있음	있음	있음	없음
색도제거	보통	보통	제거	보통	제거	불가

40. 폐수 시료 2,000mL를 취하여 Jar-test한 결과 $Al_2(SO_4)_3$ 300mg/L에서 가장 양호한 결과를 얻었다. 200m³/day의 폐수를 처리하는 데 필요한 $Al_2(SO_4)_3$의 양(kg/day)은?

① 450
② 600
③ 750
④ 900

$$\frac{300mg}{L} \quad \frac{2,000m^3}{day} \quad \frac{1,000L}{1m^3} \quad \frac{1kg}{10^6mg} = 600kg/day$$

제3과목 수질오염 공정시험기준

---

41. 수중의 중금속에 대한 정량을 원자흡수분광 광도법으로 측정할 경우, 화학적 간섭 현상이 발생되었다면 이 간섭을 피하기 위한 방법이 아닌 것은?

① 목적원소 측정에 방해되는 간섭원소 배제를 위한 간섭원소의 상대원소 첨가
② 은폐제나 킬레이트제의 첨가
③ 이온화 전압이 높은 원소를 첨가
④ 목적원소의 용매 추출

화학적 간섭 감소 방법
· 시료용액을 묽힘
· 간섭을 일으키는 음이온 등의 물질을 과량 첨가
· 방해이온과 선택적으로 결합하여 분석원소를 유리시키는 완화제 사용
· 분석원소와 킬레이트 착화합물들을 생성하게 하여 분석원소를 보호하는 보호제 사용
· 충분히 분해될 수 있는 고온의 원자화기를 사용

42. 0.25N 다이크롬산칼륨액 조제 방법에 관한 설명으로 틀린 것은? (단, $K_2Cr_2O_7$ 분자량 = 294.2)

① 다이크롬산칼륨은 1g 분자량이 6g당량에 해당한다.

② 다이크롬산칼륨(표준시약)을 사용하기 전에 103℃에서 2시간 동안 건조한 다음 건조용기(실리카겔)에서 식힌다.

③ 건조용기(실리카겔)에서 식힌 다이크롬산칼륨 14.71g을 정밀히 담아 물에 녹용 1,000mL로 한다.

④ 0.025N 다이크롬산칼륨액은 0.25N 다이크롬산칼륨액 100mL를 정확히 취하여 물을 넣어 정확히 100mL로 한다.

③ $K_2Cr_2O_7$ 1mol = 6eq = 294.2g이므로

$$\frac{14.71g}{1,000mL} \cdot \frac{1,000mL}{1L} \cdot \frac{6eq}{294.2g} = 0.3N$$

농도가 0.25N가 아니므로 틀림

43. 수질오염공정시험기준상 바륨(금속류)을 측정하기 위한 시험방법이 아닌 것은?

① 원자흡수분광광도법

② 자외선/가시선 분광법

③ 유도결합플라스마 원자발광분광법

④ 유도결합플라스마 질량분석법

수질공정시험기준 - 금속류 적용 시험방법

시험방법	적용 금속	적용 안 되는 금속
불꽃 원자흡수분광광도법	나머지	Sb
자외선/가시선분광법	나머지	Ba, Se, Sn, Sb
유도결합플라스마 원자발광분광법	나머지	Se, Hg
유도결합플라스마 질량분석법	나머지	Fe, Hg, Cr6+
양극벗김 전압전류법	Pb, As, Hg, Zn	-
원자형광법	Hg	-
수소화물생성-원자흡수분광광도법	As, Se	-
냉증기-원자흡수분광광도법	Hg	-

44. 산성 과망간산칼륨법으로 폐수의 COD를 측정하기 위해 시료 100mL를 취해 제조한 과망간산칼륨으로 적정하였더니 11.0mL가 소모되었다. 공시험 적정에 소요된 과망간산칼륨이 0.2mL이었다면 이 폐수의 COD(mg/L)는? (단, 과망간산칼륨 용액의 factor 1.1로 가정, 원자량 : K = 39, Mn = 55)

① 약 5.9

② 약 19.6

③ 약 21.6

④ 약 23.8

$$COD(mg/L) = (b - a) \times f \times \frac{1,000}{V} \times 0.2$$

$$= (11 - 0.2) \times 1.1 \times \frac{1,000}{100} \times 0.2$$

$$= 23.76$$

a : 바탕시험 적정에 소비된 과망간산칼륨용액(0.005M)의 양(mL)
b : 시료의 적정에 소비된 과망간산칼륨용액(0.005M)의 양(mL)
f : 과망간산칼륨용액(0.005M) 농도계수(factor)
V : 시료의 양(mL)

45. 취급 또는 저장하는 동안에 기체 또는 미생물이 침입하지 아니하도록 내용물을 보호하는 용기는?

① 밀봉용기   ② 기밀용기
③ 밀폐용기   ④ 완밀용기

밀폐 : 이물질, 내용물 손실
기밀 : 공기, 가스
밀봉 : 기체, 미생물
차광 : 광선

46. 수질오염공정시험기준상 불소화합물을 측정하기 위한 시험방법이 아닌 것은?

① 원자흡수분광광도법   ② 이온크로마토그래피
③ 이온전극법   ④ 자외선/가시선 분광법

불소	정량한계(mg/L)	정밀도(% RSD)
자외선/가시선 분광법	0.15mg/L	±25% 이내
이온전극법	0.1mg/L	±25% 이내
이온크로마토그래피	0.05mg/L	±25% 이내

47. 아연을 자외선/가시선분광법으로 분석할 때 어떤 방해 물질 때문에 아스코르빈산을 주입하는가?

① Fe^{2+} ② Cd^{2+}
③ Mn^{2+} ④ Sr^{2+}

2가 망간이 공존하지 않은 경우에는 아스코르빈산나트륨을 넣지 않는다.

48. 기체크로마토그래피 분석에서 전자포획형 검출기(ECD)를 검출기로 사용할 때 선택적으로 검출할 수 있는 물질이 아닌 것은?

① 유기할로겐화합물   ② 니트로화합물

③ 유기금속화합물   ④ 유기질소화합물

49. 수로의 구성, 재질, 수로단면의 형상, 기울기 등이 일정하지 않은 개수로에서 부표를 사용하여 유속을 측정한 결과, 수로의 평균 단면적이 3.2m^2, 표면 최대유속이 2.4m/s일 때, 이 수로에 흐르는 유량(m^3/s)은?

① 약 2.7   ② 약 3.6

③ 약 4.3   ④ 약 5.8

$V_{평균} = 0.75V_{표면} = 0.75 \times 2.4 = 1.8\text{m/s}$

$Q = AV_{평균} = 2.4 \times 1.8 = 4.32\text{m}^3/\text{s}$

50. 냄새 측정 시 냄새역치(TON)를 구하는 산식으로 옳은 것은? (단, A : 시료부피(mL), B : 무취 정제수 부피(mL))

① 냄새역치 = (A+B)/A   ② 냄새역치 = A/(A+B)

③ 냄새역치 = (A+B)/B   ④ 냄새역치 = B/(A+B)

냄새역치(TON, threshold odor number)

냄새를 감지할 수 있는 최대 희석배수

$냄새역치(TON) = \dfrac{A + B}{A}$

A : 시료 부피(mL)

B : 무취 정제수 부피(mL)

51. 기체크로마토그래피법에 관한 설명으로 틀린 것은?

① 충전물로서 적당한 담체에 정지상 액체를 함침시킨 것을 사용할 경우에는 기체-액체 크로마토그래피법이라 한다.

② 일반적으로 유기화합물에 대한 정성 및 정량 분석에 이용된다.

③ 전처리한 시료를 운반가스에 의하여 크로마토 관내에 전개시켜 분리되는 각 성분의 크로마토그램을 이용하여 목적성분을 분석하는 방법이다.

④ 운반가스는 시료주입부로부터 검출기를 통한 다음 분리관과 기록부를 거쳐 외부로 방출된다.

운반가스 조절부 – 시료주입부 – 컬럼 – 검출기로 구성된다.

운반가스는 기록부를 거치지 않는다.

52. BOD 실험 시 희석수는 5일 배양 후 DO(mg/L) 감소가 얼마 이하이어야 하는가?

① 0.1   ② 0.2

③ 0.3   ④ 0.4

(20±1)℃에서 5일간 저장하였을 때 용액의 용존산소 감소는 0.2mg/L 이하이어야 한다.

53. 물벼룩을 이용한 급성독성시험을 할 때 희석수 비율에 해당되는 것은? (단, 원수 100% 기준)

① 35%   ② 25%

③ 15%   ④ 5%

희석수 비율 : 원수를 50%, 25%, 12.5%, 6.25%로 희석함

54. 자외선/가시선 분광법 구성장치의 순서를 바르게 나타낸 것은?

① 시료부 - 광원부 - 파장선택부 - 측광부

② 광원부 - 파장선택부 - 시료부 - 측광부

③ 광원부 - 시료원자화부 - 단색화부 -측광부

④ 시료부 - 고주파전원부 - 검출부 - 연산처리부

55. 투명도 판(백색원판)을 사용한 투명도 측정에 관한 설명으로 옳지 않은 것은?

① 투명도판의 색도차는 투명도에 크게 영향을 주므로 표면이 더러울 때에는 깨끗하게 닦아 주어야 한다.

② 강우시에는 정확한 투명도를 얻을 수 없으므로 투명도를 측정하지 않는 것이 좋다.

③ 흐름이 있어 줄이 기울어질 경우에는 2kg 정도의 추를 달아서 줄을 세워야 한다.

④ 투명도판을 보이지 않는 깊이로 넣은 다음 천천히 끌어 올리면서 보이기 시작한 깊이를 반복해 측정한다.

① 투명도판의 색도차는 투명도에 미치는 영향이 적지만, 원판의 광 반사능도 투명도에 영향을 미치므로 표면이 더러울 때에는 다시 색칠하여야 한다.

56. 식물성 플랑크톤 현미경계수법에 관한 설명으로 틀린 것은?

① 시료의 개체수는 계수면적당 10~40 정도가 되도록 조정한다.

② 시료 농축은 원심분리방법과 자연침전법을 적용한다.

③ 정성시험의 목적은 식물성 플랑크톤의 종류를 조사하는 것이다.

④ 식물성 플랑크톤의 계수는 정확성과 편리성을 위하여 고배율이 주로 사용된다.

④ 식물성 플랑크톤의 동정에는 고배율이 많이 이용되지만 계수에는 저~중배율이 많이 이용된다.

57. 유기물 함량이 비교적 높지 않고 금속의 수산화물, 산화물, 인산염 및 황화물을 함유하고 있는 시료에 적용되는 전처리 방법은?

① 질산법
② 질산 - 염산법
③ 질산 - 과염소산법
④ 질산 - 과염소산 - 불화수소산법

분류	특징
질산법	·유기함량이 비교적 높지 않은 시료의 전처리에 사용
질산-염산법	·유기물 함량이 비교적 높지 않고 금속의 수산화물, 산화물, 인산염 및 황화물을 함유하고 있는 시료에 적용 ·휘발성 또는 난용성 염화물을 생성하는 금속 물질의 분석에는 주의
질산-황산법	·유기물 등을 많이 함유하고 있는 대부분의 시료에 적용 ·칼슘, 바륨, 납 등을 다량 함유한 시료는 난용성의 황산염을 생성하여 다른 금속성분을 흡착하므로 주의
질산-과염소산법	·유기물을 다량 함유하고 있으면서 산분해가 어려운 시료에 적용

58. 수로의 폭이 0.5m인 직각 삼각웨어의 수두가 0.25m일 때 유량(m^3/min)은? (단, 유량 계수 = 80)

① 2.0
② 2.5
③ 3.0
④ 3.5

$$Q = K \cdot h^{5/2} = 80 \times (0.25)^{5/2} = 2.5$$

59. 수질오염공정시험방법에 적용되고 있는 용어에 관한 설명으로 옳은 것은?

① 진공이라 함은 따로 규정이 없는 한 15mmH$_2$O 이하를 말한다.
② 방울수는 정제수 10방울 적하 시 부피가 약 1mL가 되는 것을 말한다.
③ 항량이란 1시간 더 건조하거나 또는 강열할 때 전후 차가 g당 0.1mg 이하일 때를 말한다.
④ 온수는 60~70℃, 냉수는 15℃ 이하를 말한다.

① "감압 또는 진공"이라 함은 따로 규정이 없는 한 15mmHg 이하를 말한다.
② 방울수라 함은 20℃에서 정제수 20방울을 적하할 때, 그 부피가 약 1mL 되는 것을 뜻한다.
③ "항량으로 될 때까지 건조한다."라 함은 같은 조건에서 1시간 더 건조할 때 전후 무게의 차가 g당 0.3mg 이하일 때를 말한다.

60. 순수한 물 200L에 에틸알코올(비중 0.79) 80L를 혼합하였을 때, 이 용액중의 에틸알코올 농도(중량 %)는?

① 약 13
② 약 13
③ 약 24
④ 약 29

$$용질(에틸알코올) = \frac{0.79kg}{1L} \bigg| \frac{80L}{} = 63.2kg$$

$$용매(물) = \frac{200L}{} \bigg| \frac{1kg}{1L} = 200kg$$

$$농도 = \frac{용질\ 질량}{용액\ 질량} = \frac{63.2}{200 + 63.2} = 0.24 = 24\%$$

제4과목 수질환경관계법규

61. 수질 및 수생태계 환경기준 중 하천(사람의 건강 보호 기준)에 대한 항목별 기준값으로 틀린 것은?

① 비소 : 0.05mg/L 이하   ② 납 : 0.05mg/L 이하

③ 6가 크롬 : 0.05mg/L 이하   ④ 수은 : 0.05mg/L 이하

항목	기준값(mg/L)
카드뮴(Cd)	0.005 이하
비소(As)	0.05 이하
시안(CN)	검출되어서는 안 됨(검출한계 0.01)
수은(Hg)	검출되어서는 안 됨(검출한계 0.001)
유기인	검출되어서는 안 됨(검출한계 0.0005)
폴리클로리네이티드비페닐(PCB)	검출되어서는 안 됨(검출한계 0.0005)
납(Pb)	0.05 이하
6가 크롬(Cr^{6+})	0.05 이하
음이온 계면활성제(ABS)	0.5 이하
사염화탄소	0.004 이하
1,2-디클로로에탄	0.03 이하
테트라클로로에틸렌(PCE)	0.04 이하
디클로로메탄	0.02 이하
벤젠	0.01 이하
클로로포름	0.08 이하
디에틸헥실프탈레이트(DEHP)	0.008 이하
안티몬	0.02 이하
1,4-다이옥세인	0.05 이하
포름알데히드	0.5 이하
헥사클로로벤젠	0.00004 이하

62. 낚시제한구역에서의 제한사항에 관한 내용으로 틀린 것은? (단, 안내판 내용기준)

① 고기를 잡기 위하여 폭발물·배터리·어망 등을 이용하는 행위

② 낚시바늘에 끼워서 사용하지 아니하고 고기를 유인하기 위하여 떡밥·어분 등을 던지는 행위

③ 1개의 낚시대에 3개 이상의 낚시 바늘을 사용하는 행위

④ 1인당 4대 이상의 낚시대를 사용하는 행위

낚시제한구역에서의 제한사항

1. 낚시방법에 관한 다음 각 목의 행위

　가. 낚시바늘에 끼워서 사용하지 아니하고 물고기를 유인하기 위하여 떡밥·어분 등을 던지는 행위

　나. 어선을 이용한 낚시행위 등 「낚시 관리 및 육성법」에 따른 낚시어선업을 영위하는 행위(「내수면어업법 시행령」 제14조 제1항 제1호에 따른 외줄낚시는 제외한다.)

　다. 1명당 4대 이상의 낚시대를 사용하는 행위

　라. 1개의 낚시대에 5개 이상의 낚시바늘을 떡밥과 뭉쳐서 미끼로 던지는 행위

　마. 쓰레기를 버리거나 취사행위를 하거나 화장실이 아닌 곳에서 대·소변을 보는 등 수질오염을 일으킬 우려가 있는 행위

　바. 고기를 잡기 위하여 폭발물·배터리·어망 등을 이용하는 행위(「내수면어업법」 제6조·제9조 또는 제11조에 따라 면허 또는 허가를 받거나 신고를 하고 어망을 사용하는 경우는 제외한다.)

2. 「내수면어업법 시행령」 제17조에 따른 내수면 수산자원의 포획금지행위

3. 낚시로 인한 수질오염을 예방하기 위하여 그 밖에 시·군·자치구의 조례로 정하는 행위

---

63. 초과배출부과금 부과 대상 수질오염물질의 종류가 아닌 것은?

① 아연 및 그 화합물

② 벤젠

③ 페놀류

④ 트리클로로에틸렌

초과부과금의 산정기준(제45조제5항 관련)

1) 수질오염물질 1킬로그램당 부과금액(원)

75,000	30,000	500	450	250
크롬	망간 아연	T-P T-N	유기물질(TOC)	유기물질(BOD 또는 COD) 부유물질

2) 특정유해물질 1킬로그램당 부과금액(만원)

125	50	30	15	10	5
Hg PCB	Cd	Cr^{6+} PCE TCE	페놀, 시안 유기인, 납	비소	구리

개정) 2020년 이후 개정된 법규

64. 국립환경과학원장이 설치·운영하는 측정망의 종류에 해당하지 않는 것은?

① 생물 측정망
② 공공수역 오염원 측정망
③ 퇴적물 측정망
④ 비점오염원에서 배출되는 비점오염물질 측정망

환경부장관에서 국립환경과학원장으로 변경됨

제22조(국립환경과학원장이 설치·운영하는 측정망의 종류 등) 〈개정 2012.1.19., 2018.1.17.〉

국립환경과학원장이 법 제9조제1항에 따라 설치할 수 있는 측정망은 다음 각 호와 같다.
1. 비점오염원에서 배출되는 비점오염물질 측정망
2. 수질오염물질의 총량관리를 위한 측정망
3. 대규모 오염원의 하류지점 측정망
4. 수질오염경보를 위한 측정망
5. 대권역·중권역을 관리하기 위한 측정망
6. 공공수역 유해물질 측정망
7. 퇴적물 측정망
8. 생물 측정망
9. 그 밖에 국립환경과학원장이 필요하다고 인정하여 설치·운영하는 측정망

제23조(시·도지사 등이 설치·운영하는 측정망의 종류 등)
① 시·도지사, 「지방자치법」 제175조에 따른 인구 50만 이상 대도시(이하 "대도시"라 한다.)의 장 또는 수면관리자가 법 제9조 제3항 전단에 따라 설치할 수 있는 측정망은 다음 각 호와 같다. 〈개정 2018.1.17.〉
1. 소권역을 관리하기 위한 측정망
2. 도심하천 측정망
3. 그 밖에 유역환경청장이나 지방환경청장과 협의하여 설치·운영하는 측정망

65. 폐수처리업 중 폐수재이용업에서 사용하는 폐수운반차량의 도장 색깔로 적절한 것은?

① 황색
② 흰색
③ 청색
④ 녹색

폐수운반차량은 **청색으로 도색**하고, 양쪽 옆면과 뒷면에 가로 50센티미터, 세로 20센티미터 이상 크기의 **노란색 바탕에 검은색 글씨**로 폐수운반차량, 회사명, 등록번호, 전화번호 및 용량을 지워지지 아니하도록 표시하여야 한다.

66. 배출부과금을 부과할 때 고려할 사항이 아닌 것은?

① 수질오염물질의 배출기간
② 배출되는 수질오염물질의 종류
③ 배출허용기준 초과 여부
④ 배출되는 오염물질농도

67. 물환경보전법에서 사용되는 용어의 정의로 틀린 것은?

① 강우유출수 : 비점오염원의 수질오염물질이 섞여 유출되는 빗물 또는 눈 녹은 물 등을 말한다.

② 공공수역 : 하천, 호소, 항만, 연약해역, 그 밖에 공공용으로 사용되는 수역과 이에 접속하여 공공용으로 사용되는 대통령령으로 정하는 수로를 말한다.

③ 기타수질오염원 : 점오염원 및 지점오염원으로 관리되지 아니하는 수질오염물질을 배출 하는 시설 또는 장소로서 환경부령으로 정하는 것을 말한다.

④ 수질오염물질 : 수질오염의 요인이 되는 물질로서 환경부령으로 정하는 것을 말한다.

> ② 공공수역 : 하천, 호소, 항만, 연안해역, 그 밖에 공공용으로 사용되는 수역과 이에 접속하여 공공용으로 사용되는 환경부령으로 정하는 수로

68. 다음 중 특정수질유해물질이 아닌 것은?

① 불소와 그 화합물
③ 구리와 그 화합물

② 셀레늄과 그 화합물
④ 테트라클로로에틸렌

[별표 3] 〈개정 2016.5.20.〉

특정수질유해물질(제4조 관련)

1. 구리와 그 화합물	16. 디클로로메탄
2. 납과 그 화합물	17. 1, 1-디클로로에틸렌
3. 비소와 그 화합물	18. 1, 2-디클로로에탄
4. 수은과 그 화합물	19. 클로로포름
5. 시안화합물	20. 1,4-다이옥산
6. 유기인 화합물	21. 디에틸헥실프탈레이트(DEHP)
7. 6가 크롬 화합물	22. 염화비닐
8. 카드뮴과 그 화합물	23. 아크릴로니트릴
9. 테트라클로로에틸렌	24. 브로모포름
10. 트리클로로에틸렌	25. 아크릴아미드
11. 삭제 〈2016. 5. 20.〉	26. 나프탈렌
12. 폴리클로리네이티드바이페닐	27. 폼알데하이드
13. 셀레늄과 그 화합물	28. 에피클로로하이드린
14. 벤젠	29. 페놀
15. 사염화탄소	30. 펜타클로로페놀

③ 불소는 수질오염물질임

69. 2회 연속 채취 시 남조류 세포수가 50,000세포/mL인 경우의 수질오염경보단계는? (단, 조류경보, 상수원 구간 기준)

① 관심
② 경계
③ 조류 대발생
④ 해제

경보단계	발령 · 해제 기준
관심	2회 연속 채취 시 남조류 세포 수가 1,000세포/mL 이상 10,000세포/mL 미만인 경우
경계	2회 연속 채취 시 남조류 세포 수가 10,000세포/mL 이상 1,000,000세포/mL 미만인 경우
조류 대발생	2회 연속 채취 시 남조류 세포 수가 1,000,000 세포/mL 이상인 경우
해제	2회 연속 채취 시 남조류 세포 수가 1,000세포/mL 미만인 경우

70. 공공폐수처리시설의 관리 · 운영자가 처리시설의 적정운영 여부를 확인하기 위하여 실시하여야 하는 방류수수질의 검사 주기는? (단, 처리시설은 2,000m³/일 미만)

① 매분기 1회 이상
② 매분기 2회 이상
③ 월 2회 이상
④ 월 1회 이상

처리시설의 적정 운영 여부를 확인하기 위하여 방류수수질검사를 월 2회 이상 실시하되,
1일당 2천 세제곱미터 이상인 시설은 주 1회 이상 실시하여야 한다.
다만, 생태독성(TU) 검사는 월 1회 이상 실시하여야 한다.

71. 초과부과금 산정기준 중 1킬로그램당 부과금액이 가장 큰 수질오염물질은?

① 6가 크롬화합물
② 납 및 그 화합물
③ 카드뮴 및 그 화합물
④ 유기인화합물

초과부과금의 산정기준(제45조제5항 관련)

1) 수질오염물질 1킬로그램당 부과금액(원)

75,000	30,000	500	450	250
크롬	망간 아연	T-P T-N	유기물질(TOC)	유기물질(BOD 또는 COD) 부유물질

2) 특정유해물질 1킬로그램당 부과금액(만원)

125	50	30	15	10	5
Hg PCB	Cd	Cr^{6+} PCE TCE	페놀, 시안 유기인, 납	비소	구리

개정) 2020년 이후 개정된 법규

72. 대권역 물환경관리계획의 수립에 포함되어야 하는 사항이 아닌 것은?

① 배출허용기준 설정 계획

② 상수원 및 물 이용현황

③ 수질오염 예방 및 저감 대책

④ 점오염원, 비점오염원 및 기타수질오염원에서 배출되는 수질오염물질의 양

대권역계획 포함사항

1. 수질 및 수생태계 변화 추이 및 목표기준
2. 상수원 및 물 이용현황
3. 점오염원, 비점오염원 및 기타수질오염원의 분포현황
4. 점오염원, 비점오염원 및 기타수질오염원에서 배출되는 수질오염물질의 양
5. 수질오염 예방 및 저감 대책
6. 수질 및 수생태계 보전조치의 추진방향
7. 「저탄소 녹색성장 기본법」 제2조 제12호에 따른 기후변화에 대한 적용대책
8. 그 밖에 환경부령으로 정하는 사항

73. 환경기술인 등의 교육을 받게 하지 아니한 자에 대한 과태료 처분기준은?

① 과태료 300만원 이하

② 과태료 200만원 이하

③ 과태료 100만원 이하

④ 과태료 50만원 이하

환경기술인 등의 교육을 받게 하지 아니한 자 : 과태료 100만원 이하
환경기술인의 업무를 방해하거나 환경기술인의 요청을 정당한 사유 없이 거부한 자 : 벌금 100만원 이하

74. 정당한 사유 없이 공공수역에 특정수질유해물질을 누출·유출하거나 버린 자에게 부가되는 벌칙기준은?

① 2년 이하의 징역 또는 2천만원 이하의 벌금

② 3년 이하의 징역 또는 3천만원 이하의 벌금

③ 5년 이하의 징역 또는 5천만원 이하의 벌금

④ 7년 이하의 징역 또는 7천만원 이하의 벌금

75. 환경부장관이 측정결과를 전산처리할 수 있는 전산망을 운영하기 위하여 수질원격감시체계 관제센터를 설치·운영하는 곳은?

① 국립환경과학원

② 유역환경청

③ 한국환경공단

④ 시·도 보건환경연구원

76. 폐수처리업의 등록기준 중 폐수재이용업의 기술능력 기준으로 옳은 것은?

① 수질환경산업기사, 화공산업기사 중 1명 이상
② 수질환경산업기사, 대기환경산업기사, 화공산업기사 중 1명 이상
③ 수질환경기사, 대기환경기사 중 1명 이상
④ 수질환경산업기사, 대기환경기사 중 1명 이상

폐수처리업의 등록기준

구분 \ 종류	폐수수탁처리업	폐수재이용업
기술능력	가. 수질환경산업기사 1명 이상 나. 수질환경산업기사, 대기환경산업기사 또는 화공산업기사 1명 이상	가. 수질환경산업기사, 화공산업기사 중 1명 이상

77. 폐수의 처리능력과 처리가능성을 고려하여 수탁하여야 하는 준수사항을 지키지 아니한 폐수처리업자에 대한 벌칙기준은?

① 3년 이하의 징역 또는 3천만원 이하의 벌금
② 2년 이하의 징역 또는 2천만원 이하의 벌금
③ 1년 이하의 징역 또는 1천만원 이하의 벌금
④ 5백만원 이하의 벌금

78. 수질 및 수생태계 환경기준 중 해역인 경우 생태기반 해수수질 기준으로 옳은 것은? (단, V(아주 나쁨) 등급)

① 수질평가 지수값 : 30 이상
② 수질평가 지수값 : 40 이상
③ 수질평가 지수값 : 50 이상
④ 수질평가 지수값 : 60 이상

해역-생태기반 해수수질 기준

등급	수질평가 지수값(Water Quality Index)
I (매우 좋음)	23 이하
II (좋음)	24~33
III (보통)	34~46
IV (나쁨)	47~59
V (아주 나쁨)	60 이상

79. 다음 (   ) 안에 알맞은 내용은?

> 배출시설을 설치하려는 자는 (㉠)으로 정하는 바에 따라 환경부장관의 허가를 받거나 환경부
> 장관에게 신고하여야 한다. 다만, 규정에 의하여 폐수무방류배출 시설을 설치하려는 자는 (㉡)

① ㉠ 환경부령, ㉡ 환경부장관의 허가를 받아야 한다.
② ㉠ 대통령령, ㉡ 환경부장관의 허가를 받아야 한다.
③ ㉠ 환경부령, ㉡ 환경부장관에게 신고하여야 한다.
④ ㉠ 대통령령, ㉡ 환경부장관에게 신고하여야 한다.

80. 수질오염방지시설 중 물리적 처리시설에 해당되는 것은?

① 응집시설
② 흡착시설
③ 침전물 개량시설
④ 중화시설

1. 물리적 처리시설	2. 화학적 처리시설	3. 생물화학적 처리시설
가. 스크린	가. 화학적 침강시설	가. 살수여과상
나. 분쇄기	나. 중화시설	나. 폭기(瀑氣)시설
다. 침사(沈砂)시설	다. 흡착시설	다. 산화시설(산화조, 산화지)
라. 유수분리시설	라. 살균시설	라. 혐기성·호기성 소화시설
마. 유량조정시설(집수조)	마. 이온교환시설	마. 접촉조
바. 혼합시설	바. 소각시설	바. 안정조
사. 응집시설	사. 산화시설	사. 돈사톱밥발효시설
아. 침전시설	아. 환원시설	
자. 부상시설	자. 침전물 개량시설	
차. 여과시설		
카. 탈수시설		
타. 건조시설		
파. 증류시설		
하. 농축시설		

1. ③　2. ①　3. ①　4. ④　5. ④　6. ③　7. ①　8. ①　9. ①　10. ①　11. ③　12. ②　13. ①　14. ①　15. ③
16. ④　17. ④　18. ④　19. ①　20. ④　21. ②　22. ④　23. ②　24. ①　25. ②　26. ④　27. ③　28. ④　29. ①　30. ①
31. ①　32. ④　33. ④　34. ③　35. ④　36. ①　37. ①　38. ①　39. ④　40. ②　41. ③　42. ③　43. ②　44. ④　45. ①
46. ①　47. ③　48. ④　49. ①　50. ④　51. ①　52. ②　53. ②　54. ②　55. ①　56. ④　57. ③　58. ①　59. ④　60. ③
61. ④　62. ③　63. ②　64. ②　65. ③　66. ④　67. ②　68. ①　69. ②　70. ①　71. ③　72. ①　73. ③　74. ②　75. ③
76. ①　77. ④　78. ④　79. ②　80. ①

2018년도 제3회 수질환경산업기사

제1과목 수질오염개론

1. 물의 특성으로 가장 거리가 먼 것은?

① 물의 표면장력은 온도가 상승할수록 감소한다.
② 물은 4℃에서 밀도가 가장 크다.
③ 물의 여러 가지 특성은 물의 수소결합 때문에 나타난다.
④ 융해열과 기화열이 작아 생명체의 열적안정을 유지할 수 있다.

> ④ 물은 융해열과 기화열, 비열 등이 커서 열적 안정을 유지할 수 있다.

2. 생물학적 오탁지표들에 대한 설명이 바르지 않은 것은?

① BIP(Biological Index of Pollution) : 현미경적인 생물을 대상으로 하여 전 생물수에 대한 동물성 생물수의 백분율을 나타낸 것으로, 값이 클수록 오염이 심하다.
② BI(Biotix Index) : 육안적 동물을 대상으로 전 생물수에 대한 청수성 및 광범위하게 출현하는 미생물의 백분율을 나타낸 것으로, 값이 클수록 깨끗한 물로 판정된다.
③ TSI(Trophic State Index) : 투명도, 투명도와 클로로필 농도의 상관관계 및 투명도와 총인의 상관관계를 이용한 부영양화도 지수를 나타내는 것이다.
④ SDI(Species Diversity Index) : 종의 수와 개체수의 비로 물의 오염도를 나타내는 지표로, 값이 클수록 종의 수는 적고 개체수는 많다.

> SDI(Species Diversity Index) : 종다양성 지수
> 생물다양성을 나타내는 지수로, 값이 클수록 종의 수는 많고 개체 수는 적다.

3. 0.1M-NaOH의 농도를 mg/L로 나타낸 것은?

① 4
② 40
③ 400
④ 4,000

> $$\frac{0.1\text{mol}}{\text{L}} \left| \frac{40\text{g NaOH}}{1\text{mol}} \right| \frac{1{,}000\text{mg}}{1\text{g}} = 4{,}000\text{mg/L}$$

4. 호소의 부영양화 현상에 관한 설명 중 옳은 것은?

① 부영양화가 진행되면 COD와 투명도가 낮아진다.
② 생물종의 다양성은 증가하고 개체수는 감소한다.
③ 부영양화의 마지막 단계에는 청록조류가 번식한다.
④ 표수층에는 산소의 과포화가 일어나고 pH가 감소한다.

① 부영양화가 진행되면 COD는 높아지고 투명도는 낮아진다.
② 생물종의 다양성은 감소하고 개체 수는 증가한다.
④ 표수층에서는 조류가 광합성을 하므로 산소는 증가하고 이산화탄소는 감소한다. 따라서, pH가 감소된다.

5. 0.04N의 초산이 8% 해리되어 있다면 이 수용액의 pH는?

① 2.5
② 2.7
③ 3.1
④ 3.3

$[H^+] = C\alpha = 0.04 \times 0.08 = 3.2 \times 10^{-3} M$
$pH = -\log[H^+] = -\log(3.2 \times 10^{-3}) = 2.49$

C : 몰농도(M)
α : 이온화도

6. 물의 밀도에 대한 설명으로 틀린 것은?

① 물의 밀도는 3.98℃에서 최대값을 나타낸다.
② 해수의 밀도가 담수의 밀도보다 큰 값을 나타낸다.
③ 물의 밀도는 3.98℃보다 온도가 상승하거나 하강하면 감소한다.
④ 물의 밀도는 비중량을 부피로 나눈 값이다.

밀도 : 질량을 부피로 나눈 값
비중 : 무게를 부피로 나눈 값

7. 일반적으로 물속의 용존산소(DO) 농도가 증가하게 되는 경우는?

① 수온이 낮고 기압이 높을 때
② 수온이 낮고 기압이 낮을 때
③ 수온이 높고 기압이 높을 때
④ 수온이 높고 기압이 낮을 때

산소용해도가 클수록	
기압이 높을 때	
수온이 낮을수록(염분, 이온 등)	
용존이온 농도가 낮을수록	DO 증가
기포가 작을수록	
교란작용이 있을 때	
수심이 얕을수록	
유속이 빠를수록	

8. **지하수의 특징이라 할 수 없는 것은?**

① 세균에 의한 유기물 분해가 주된 생물작용이다.

② 자연 및 인위의 국지적인 조건의 영향을 크게 받기 쉽다.

③ 분해성 유기물질이 풍부한 토양을 통과하게 되면 물은 유기물의 분해 산물인 탄산가스 등을 용해하여 산성이 된다.

④ 비교적 낮은 곳의 지하수일수록 지층과의 접촉시간이 길어 경도가 높다.

④ 비교적 깊은 곳의 지하수일수록 지층과의 접촉시간이 길어 경도가 높다.

9. **전해질 M_2X_3의 용해도적 상수에 대한 표현으로 옳은 것은?**

① $K_{sp} = [M^{3+}][X^{2-}]$

② $K_{sp} = [2M^{3+}][3X^{2-}]$

③ $K_{sp} = [2M^{3+}]^2[3X^{2-}]^3$

④ $K_{sp} = [M^{3+}]^2[X^{2-}]^3$

전해질 M_2X_3은 아래와 같이 이온화된다.
$M_2X_3 \rightarrow 2M^{3+} + 3X^{2-}$

$K_{sp} = [M^{3+}]^2[X^{2-}]^3$

10. **해수의 주요 성분(Holy seven)으로 볼 수 없는 것은?**

① 중탄산염   ② 마그네슘

③ 아연   ④ 황

염분의 주요 성분 : $Cl^- > Na^+ > SO_4^{2-} > Mg^{2+} > Ca^{2+} > K^+ > HCO_3^-$

11. 적조 발생지역과 가장 거리가 먼 것은?

① 정체 수역

② 질소, 인 등의 영양염류가 풍부한 수역

③ upwelling 현상이 있는 수역

④ 갈수기 시 수온, 염분이 급격히 높아진 수역

영양염류 과다 유입, upwelling 현상이 있는 수역,

정체된 수역일수록,

수중 연직 안정도가 높을수록,

염분이 낮을수록,

일사량이 클수록,

특히, 풍수기, 홍수 이후일수록

적조 발생이 잘 됨

12. 1차 반응에서 반응개시의 물질 농도가 220mg/L이고, 반응 1시간 후의 농도는 94mg/L 이었다면 반응 8시간 후의 물질의 농도(mg/L)는?

① 0.12　　　　　　　　　　② 0.25

③ 0.36　　　　　　　　　　④ 0.48

1) k

　1차 반응식

　$\ln\dfrac{C}{C_o} = -kt$

　$\ln\dfrac{94}{220} = -k \times 1$

　$\therefore k = 0.850/hr$

2) 8시간 후 농도(C)

　$\ln\dfrac{C}{220} = -0.850 \times 8$

　$\therefore C = 0.245mg/L$

13. 음용수를 염소 소독할 때 살균력이 강한 것부터 약한 순서로 나열한 것은?

　㉠ OCl⁻　　　㉡ HOCl　　　㉢ Chloramine

① ㉠ → ㉡ → ㉢　　　　　② ㉡ → ㉠ → ㉢

③ ㉢ → ㉠ → ㉡　　　　　④ ㉠ → ㉢ → ㉡

살균력 : HOCl > OCl⁻ > Chloramine

14. 질소순환과정에서 질산화를 나타내는 반응은?

① $N_2 \rightarrow NO_2^- \rightarrow NO_3^-$

② $NO_3^- \rightarrow NO_2^- \rightarrow N_2$

③ $NO_3^- \rightarrow NO_2^- \rightarrow NH_3$

④ $NH_3 \rightarrow NO_2^- \rightarrow NO_3^-$

질산화 : 질소가 산화되는 과정

15. Ca^{2+} 이온의 농도가 450mg/L인 물의 환산경도(mg $CaCO_3$/L)는? (단, Ca 원자량 = 40)

① 1,125

② 1,250

③ 1,350

④ 1,450

$$Ca^{2+} = \frac{450mg}{L} \left| \frac{1me\ Ca^{2+}}{20mg} \right| \frac{50mg\ CaCO_3}{1me} = 1,125mg/L\ as\ CaCO_3$$

16. 폐수의 BOD_u가 120mg/L이며 K_1(상용대수)값이 0.2/day라면 5일 후 남아있는 BOD(mg/L)는?

① 10

② 12

③ 14

④ 16

잔류 BOD

$$BOD_t = BOD_u \cdot 10^{-k_1 t}$$
$$BOD_5 = 120 \times 10^{-(0.2 \times 5)}$$
$$= 12mg/L$$

17. 박테리아의 경험적인 화학적 분자식이 $C_5H_7O_2N$이면 100g의 박테리아가 산화될 때 소모되는 이론적 산소량(g)은? (단, 박테리아의 질소는 암모니아로 전환 됨)

① 92

② 101

③ 124

④ 142

$C_5H_7O_2N$ 분자량 = 113g/mol

$$C_5H_7O_2N + 5O_2 \rightarrow 5CO_2 + 2H_2O + NH_3$$

113g : 5×32g

100g : Xg

$$\therefore X = \frac{5 \times 32g}{113g} \left| \frac{100g}{} \right. = 141.59g$$

18. 호수가 빈영양 상태에서 부영양 상태로 진행되는 과정에서 동반되는 수환경의 변화가 아닌 것은?

① 심수층의 용존산소량 감소   ② pH의 감소

③ 어종의 변화   ④ 질소 및 인과 같은 영양염류의 증가

부영양화 현상에 관한 설명이 아닌 것을 찾는다.
조류는 광합성을 하므로 pH를 증가시킬 수도 있다.

조류의 활동

	활동	산소(DO)	pH
주간	광합성, 호흡	증가	증가
야간	호흡	감소	감소

19. 과대한 조류의 발생을 방지하거나 조류를 제거하기 위하여 일반적으로 사용하는 것은?

① E.D.T.A.   ② $NaSO_4$

③ $Ca(OH)_2$ ④ $CuSO_4$

조류 제거 시에는 황산동($CuSO_4$)을 주입한다.

20. 조류의 경험적 화학 분자식으로 가장 적절한 것은?

① $C_4H_7O_2N$ ② $C_5H_8O_2N$

③ $C_6H_9O_2N$ ④ $C_7H_{10}O_2N$

미생물	경험 분자식
호기성 박테리아	$C_5H_7O_2N$
혐기성 박테리아	$C_5H_9O_3N$
조류	$C_5H_8O_2N$
Fungi	$C_{10}H_{17}O_6N$
원생동물	$C_7H_{14}O_3N$

21. 27mg/L의 암모늄이온(NH_4^+)을 함유하고 있는 폐수를 이온교환수지로 처리하고자 한다. 1,667m³의 폐수를 처리하기 위해 필요한 양이온 교환수지의 용적(m³)은? (단, 양이온 교환수지 처리능력 100,000g $CaCO_3$/m³, Ca 원자량 = 40)

① 0.60
② 0.85
③ 1.25
④ 1.50

$$\frac{27mg}{L} \mid \frac{1,667m^3}{} \mid \frac{1,000L}{1m^3} \mid \frac{1g}{1,000mg} \mid \frac{1eq}{18mg\ NH_4^+} \mid \frac{50g\ CaCO_3}{1eq} \mid \frac{1m^3}{10^5 g\ CaCO_3} = 1.25m^3$$

22. BOD 150mg/L, 유량 1,000m³/day인 폐수를 250m³의 유효용량을 가진 포기조로 처리할 경우 BOD 용적부하(kg/m³·day)는?

① 0.2
② 0.4
③ 0.6
④ 0.8

$$BOD\ 용적부하 = \frac{BOD \cdot Q}{V}$$

$$= \frac{150mg}{L} \mid \frac{1,000m^3}{day} \mid \frac{1}{250m^3} \mid \frac{1kg}{10^6 mg} \mid \frac{1,000L}{1m^3} = 0.6kg/m^3 \cdot day$$

23. 고형물의 농도가 15%인 슬러지 100kg을 건조상에서 건조시킨 후 수분이 20%로 되었다. 제거된 수분의 양(kg)은? (단, 슬러지 비중 1.0)

① 약 18.8
② 약 37.6
③ 약 62.6
④ 약 81.3

1) 건조 후 슬러지양(SL_2)
$$TS_1 = TS_2$$
$$100kg \times 0.15 = SL_2(1 - 0.2)$$
$$\therefore SL_2 = 18.75kg$$

2) 제거된 수분 양(X)
$$X = 100 - 18.75 = 81.25$$

24. 2차 처리수 중에 함유된 질소, 인 등의 영양염류는 방류수역의 부영양화의 원인이 된다. 폐수 중의 인을 제거하기 위한 처리방법으로 가장 거리가 먼 것은?

① 황산반토(alum)에 의한 응집
② 석회를 투입하여 아파타이트 형태로 고정
③ 생물학적 탈인
④ Air stripping

Air stripping은 질소 제거공정이다.

질소 및 인 제거

구분	처리분류	공정
질소 제거	물리화학적 방법	암모니아 스트리핑 파괴점(Break Point) 염소주입법 이온교환법
	생물학적 방법	MLE(무산소-호기법) 4단계 Bardenpho
인 제거	물리화학적 방법	금속염첨가법 석회첨가법(정석탈인법) 포스트립(Phostrip) 공법
	생물학적 방법	A/O(혐기-호기법)
질소·인 동시 제거		A_2/O, UCT, MUCT, VIP, SBR, 5단계 Bardenpho, 수정 포스트립 공법

25. 염소이온 농도가 5,000mg/L인 분뇨를 처리한 결과 80%의 염소이온 농도가 제거되었다. 이 처리수에 희석수를 첨가하여 처리한 결과 염소이온 농도가 200mg/L이 되었다면 이때 사용한 희석배수(배)는?

① 2   ② 5
③ 20   ④ 25

1) 처리수의 염소이온 농도(희석 전 농도)

$C = Co(1 - \eta) = 5,000(1 - 0.8) = 1,000 mg/L$

2) 희석배수

$$희석배수 = \frac{희석 \ 전 \ 농도}{희석 \ 후 \ 농도} = \frac{1,000}{200} = 5(배)$$

26. 콜로이드 평형을 이루는 힘인 인력과 반발력 중에서 반발력의 주요 원인이 되는 것은?

① 제타 포텐셜   ② 중력
③ 반데르 발스 힘   ④ 표면장력

· 반발력 : 제타 포텐셜
· 인력 : 반데르발스힘

27. 100m³/day로 유입되는 도금폐수의 CN 농도가 200mg/L이었다. 폐수를 알칼리 염소법으로 처리 하고자 할 때 요구되는 이론적 염소량(kg/day)은? (단, $2CN^- + 5Cl_2 + 4H_2O \rightarrow 2CO_2 + N_2 + 8HCl + 2Cl^-$, Cl_2 분자량 = 71)

① 136.5
② 142.3
③ 168.2
④ 204.8

1) 폐수 중 CN양

$$\frac{100m^3}{} \left| \frac{200mg}{L} \right| \frac{1,000L}{1m^3} \left| \frac{1kg}{10^6mg} \right| = 20kg/day$$

2) 이론적 염소량(X)

$$2CN^- \quad : \quad 5Cl_2$$
$$2 \times 26kg \quad : \quad 5 \times 71kg$$
$$20kg/day \quad : \quad X$$

$$\therefore X = \frac{5 \times 71}{2 \times 26} \left| \frac{20kg}{} \right| = 136.5kg/day$$

28. 5% Alum을 사용하여 Jar Test한 최적결과가 다음과 같다면 Alum의 최적주입농도(mg/L)는? (단, 5% Alum 비중 = 1.0, Alum 주입량 = 3mL, 시료량 = 500mL)

① 300
② 400
③ 600
④ 900

$$\frac{0.05}{} \left| \frac{3mL}{(500+3)mL} \right| \frac{1kg}{1L} \left| \frac{10^6mg}{1kg} \right| = 298mg/L$$

29. 정상상태로 운전되는 포기조의 용존산소 농도 3mg/L, 용존산소 포화농도 8mg/L, 포기조 내 측정된 산소전달속도(γ_{O_2}) 40mg/L·hr일 때 총괄 산소전달계수(K_{LA}, hr^{-1})는?

① 6
② 8
③ 10
④ 12

$$\frac{dO}{dt} = k_{LA}(C_s-C_t)$$

$$k_{LA} = \frac{dO/dt}{(C_s-C_t)} = \frac{40mg \ O_2}{L \cdot hr} \left| \frac{L}{(8-3)mg} \right| = 8/hr$$

30. 물리, 화학적 질소제거 공정 중 이온교환에 관한 설명으로 틀린 것은?

① 생물학적 처리 유출수 내의 유기물이 수지의 접착을 야기한다.
② 고농도의 기타 양이온이 암모니아 제거능력을 증가시킨다.
③ 재사용 가능한 물질(암모니아 용액)이 생산된다.
④ 부유물질 축적에 의한 과다한 수두손실을 방지하기 위하여 여과에 의한 전처리가 일반적으로 필요하다.

이온교환은 보통 저농도의 이온성분을 제거하는 데 이용된다.

31. 유입하수량 20,000m³/day, 유입 BOD 200mg/L, 폭기조 용량 1,000m³, 폭기조 내 MLSS 1,750mg/L, BOD 제거율 90%, BOD의 세포합성률(Y) 0.55, 슬러지의 자산화율 0.08day⁻¹ 일 때, 잉여슬러지 발생량(kg/day)은?

① 1,680
② 1,720
③ 1,840
④ 1,920

잉여슬러지 발생량

$= y \cdot Q \cdot BOD\eta - k_d VX$

$$= \frac{0.55}{} \left| \frac{20,000m^3}{day} \right| \frac{200mg}{L} \left| 0.9 \right| \frac{1,000L}{1m^3} \left| \frac{1kg}{10^6 mg} \right| -$$

$$\frac{0.08}{day} \left| \frac{1,000m^3}{} \right| \frac{1,750mg}{L} \left| \frac{1,000L}{1m^3} \right| \frac{1kg}{10^6 mg}$$

$= 1,840kg/day$

32. 폐수의 생물학적 질산화 반응에 관한 설명으로 틀린 것은?

① 질산화 반응에는 유기 탄소원이 필요하다.
② 암모니아성 질소에서 아질산성 질소로의 산화 반응에 관여하는 미생물은 Nitrosomonas이다.
③ 질산화 반응은 온도 의존적이다.
④ 질산화 반응은 호기성 폐수처리 시 진행된다.

질산화미생물은 독립영양미생물이므로 무기탄소원(CO_2, 탄산염 등)이 필요하다.

33. 일반적인 슬러지처리 공정의 순서로 옳은 것은?

① 안정화 → 개량 → 농축 → 탈수 → 소각
② 농축 → 안정화 → 개량 → 탈수 → 소각
③ 개량 → 농축 → 안정화 → 탈수 → 소각
④ 탈수 → 개량 → 안정화 → 농축 → 소각

해설농축 → 소화(안정화) → 개량 → 탈수 → 최종처분(소각, 매립 등)

34. 생물학적 회전원판법(RBC)에서 원판의 지름이 2.6m, 600매로 구성되었고, 유입수량 $1,000m^3/$ day, BOD 200mg/L인 경우 BOD부하($g/m^2 \cdot day$)는? (단, 회전원판은 양면사용 기준)

① 23.6

② 31.4

③ 47.2

④ 51.6

1) 원판 면적(A)

$$A = 2n\frac{\pi D^2}{4} = \frac{2}{} \left| \frac{600}{} \right| \frac{\pi}{4} \left| (2.6m)^2 \right| = 6,371.149m^2$$

(양면이므로 n = 2)

2) BOD 부하

$$\frac{BOD \cdot Q}{A}$$

$$= \frac{200mg}{L} \left| \frac{1,000m^3}{day} \right| \frac{}{6,371.149m^2} \left| \frac{1g}{10^3 mg} \right| \frac{1,000L}{1m^3} = 31.39g/m^2 \cdot day$$

35. 소규모 하·폐수처리에 적합한 접촉산화법의 특징으로 틀린 것은?

① 반송 슬러지가 필요하지 않으므로 운전관리가 용이하다.

② 부착 생물량을 임의로 조정할 수 없기 때문에 조작 조건의 변경에 대응하기 어렵다.

③ 반응조내 여재를 균일하게 포기 교반하는 조건 설정이 어렵다.

④ 비표면적이 큰 접촉제를 사용하여 부착 생물량을 다량으로 보유할 수 있기 때문에 유입기질의 변동에 유연히 대응할 수 있다.

접촉산화법의 장단점

장점	단점
· 표면적이 큰 접촉제를 사용하여 조 내 부착생물량이 크고 생물상이 다양	· 접촉제가 조 내에 있어 부착생물량 확인이 어려움
· 유입기질의 변동 대응이 유연함	· 미생물량과 영향인자를 정상상태로 유지하기 위한 조작이 어려움
· 생물상이 다양하여 처리효과가 안정적	· 반응조 내 매체를 균일하게 포기 교반하는 조건설정이
· 부착생물량을 임의로 조정할 수 있어 조작조건의 변경에 대응이 쉬움	어렵고 사수부가 발생할 우려가 있으며 포기비용이 약간 높음
· 유지관리가 용이함	· 매체에 생성되는 생물량은 부하조건에 의하여 결정됨
· 분해속도가 낮은 기질제거에 효과적임	· 고부하 시 매체의 폐쇄위험이 크기 때문에 부하조건에
· 난분해성물질 및 유해물질에 대한 내성이 높음	한계가 있음
· 수온의 변동에 강함	· 초기 건설비가 높음
· 슬러지 반송이 필요없음	
· 슬러지 자산화가 되므로 슬러지발생량이 적음	
· 소규모시설에 적합함	

36. 2.5mg/L의 6가 크롬이 함유되어 있는 폐수를 황산제일철($FeSO_4$)로 환원처리 하고자 한다. 이론적으로 필요한 황산제일철의 농도(mg/L)는? (단, 산화환원 반응 : $Na_2Cr_2O_7 + 6FeSO_4 + 7H_2SO_4 \rightarrow Cr_2(SO_4)_3 + 3Fe_2(SO_4)_3 + 7H_2O + Na_2SO_4$, 원자량 : $S = 32$, $Fe = 56$, $Cr = 52$)

① 11.0

② 16.4

③ 21.9

④ 43.8

$$2Cr^{6+} \quad : \quad 6FeSO_4$$
$$2 \times 52g \quad : \quad 6 \times 152g$$
$$2.5mg/L \quad : \quad Xmg/L$$

$$\therefore X = \frac{6 \times 152g}{2 \times 52g} \cdot \frac{2.5mg/L}{1} = 21.92mg/L$$

37. 생물막을 이용한 처리방법 중 접촉산화법의 장점으로 틀린 것은?

① 분해속도가 낮은 기질제거에 효과적이다.

② 부하, 수량변동에 대하여 완충능력이 있다.

③ 슬러지 반송이 필요 없고 슬러지 발생량이 적다.

④ 고부하에 따른 공극 폐쇄위험이 작다.

접촉산화법의 장단점

장점	단점
· 표면적이 큰 접촉제를 사용하여 조 내 부착생물량이 크고 생물상이 다양 · 유입기질의 변동 대응이 유연함 · 생물상이 다양하여 처리효과가 안정적 · 부착생물량을 임의로 조정할 수 있어 조작조건의 변경에 대응이 쉬움 · 유지관리가 용이함 · 분해속도가 낮은 기질제거에 효과적임 · 난분해성물질 및 유해물질에 대한 내성이 높음 · 수온의 변동에 강함 · 슬러지 반송이 필요없음 · 슬러지 자산화가 되므로 슬러지발생량이 적음 · 소규모시설에 적합함	· 접촉재가 조 내에 있어 부착생물량 확인이 어려움 · 미생물량과 영향인자를 정상상태로 유지하기 위한 조작이 어려움 · 반응조 내 매체를 균일하게 포기 교반하는 조건설정이 어렵고 사수부가 발생할 우려가 있으며 포기비용이 약간 높음 · 매체에 생성되는 생물량은 부하조건에 의하여 결정됨 · 고부하 시 매체의 폐쇄위험이 크기 때문에 부하조건에 한계가 있음 · 초기 건설비가 높음

38. 일반적으로 분류식 하수관거로 유입되는 물의 종류와 가장 거리가 먼 것은?

① 가정하수

② 산업폐수

③ 우수

④ 침투수

39. 하나의 반응탱크 안에서 시차를 두고 유입, 반송, 침전, 유출 등의 각 과정을 거치도록 되어있는 생물학적 고도처리 공정은?

① SBR   ② UCT

③ A/O   ④ A$_2$/O

40. 교반장치의 설계와 운전에 사용되는 속도경사의 차원을 나타낸 것으로 옳은 것은?

① [LT]   ② [LT^{-1}]

③ [T^{-1}]   ④ [L^{-1}]

제3과목 수질오염 공정시험기준

---

41. 시료채취량 기준에 관한 내용으로 ( )에 들어갈 내용으로 적합한 것은?

> 시험항목 및 시험횟수에 따라 차이가 있으나 보통 ( ) 정도이어야 한다.

① 1~2L   ② 3~5L

③ 5~7L   ④ 8~10L

42. 탁도 측정 시 사용되는 탁도계의 설명으로 ( )에 들어갈 내용으로 적합한 것은?

> 광원부와 광전자식 검출기를 갖추고 있으며, 검출한계가 ( )NTU 이상인 NTU 탁도계로서 광원인 텅스텐필라멘트는 2,200~3,000K 온도에서 작동하고 측정튜브내의 투사광과 산란광의 총 통과거리는 10cm를 넘지 않아야 한다.

① 0.01   ② 0.02

③ 0.05   ④ 0.1

43. 이온크로마토그래프로 분석할 때 머무름 시간이 같은 물질이 존재할 경우 방해를 줄일 수 있는 방법으로 틀린 것은?

① 컬럼 교체

② 시료 희석

③ 용리액조성 변경

④ 0.2 μm 막 여과지로 여과

44. 납(Pb)의 정량방법 중 자외선/가시선 분광법에 사용되는 시약이 아닌 것은?

① 에틸렌디아민용액 ② 사이트르산이암모늄용액

③ 암모니아수 ④ 시안화칼륨용액

· 사염화탄소
· 사이트르산이암모늄용액
· 시안화칼륨용액
· 암모니아수(1+1)
· 염산(1+10)
· 염산하이드록실아민용액(10%)

45. 수용액의 pH 측정에 관한 설명으로 틀린 것은?

① pH는 수소이온 농도 역수의 상용대수값이다.

② pH는 기준전극과 비교전극의 양전극간에 생성되는 기전력의 차를 이용하여 구한다.

③ 시료의 온도와 표준액의 온도차는 ±5℃ 이내로 맞춘다.

④ pH 10 이상에서 나트륨에 의해 오차가 발생할 수 있는데, 이는 "낮은 나트륨 오차 전극"을 사용하여 줄일 수 있다.

46. 배출허용기준 적합여부 판정을 위한 복수시료 채취방법에 대한 기준으로 (   )에 알맞은 것은?

자동시료채취기로 시료를 채취할 경우에 6시간 이내에 30분 이상 간격으로 (   ) 이상 채취하여 일정량의 단일 시료로 한다.

① 1회 ② 2회

③ 4회 ④ 8회

· 자동시료채취기 : 6시간 이내에 30분 이상 간격으로 2회 이상 채취하여 일정량의 단일시료로 한다.
· 수동 : 30분 이상 간격으로 2회 이상 채취하여 일정량의 단일시료로 한다.

47. 다음 실험에서 종말점 색깔을 잘못 나타낸 것은?

① 용존산소 – 무색
② 염소이온 – 엷은 적황색
③ 산성 100℃ 과망간산칼륨에 의한 COD – 엷은 홍색
④ 노말헥산추출물질 – 적색

노말헥산 추출물질

수중에 비교적 휘발되지 않는 탄화수소, 탄화수소유도체, 그리스유상물질 및 광유류를 함유하고 있는 시료를
pH 4 이하의 산성으로 하여 노말헥산층에 용해되는 물질을 노말헥산으로 추출하고 노말헥산을 증발시킨 잔류물의
무게로부터 구하는 방법

48. 시료채취 시 유의사항으로 옳지 않은 것은?

① 휘발성유기화합물 분석용 시료를 채취할 때에는 뚜껑의 격막을 만지지 않도록 주의하여야
한다.
② 환원성 물질 분석용 시료의 채취병을 뒤집어 공기방울이 확인되면 다시 채취하여야 한다.
③ 천부층 지하수의 시료채취 시 고속양수펌프를 이용하여 신속히 시료를 채취하여 시료
영향을 최소화한다.
④ 시료채취 시에 시료채취시간, 보존제 사용 여부, 매질 등 분석결과에 영향을 미칠 수 있는
사항을 기재하여 분석자가 참고할 수 있도록 한다.

③ 심부층 : 저속양수펌프, 저속시료채취, 교란 최소화
천부층 : 저속양수펌프 또는 정량이송펌프

49. 유도결합플라스마 발광광도계의 조작법 중 설정조건에 대한 설명으로 틀린 것은?

① 고주파출력은 수용액 시료의 경우 0.8~1.4kW, 유기용매시료의 경우 1.5~2.5kW로 설정
한다.
② 가스유량은 일반적으로 냉각가스 10~18L/min, 보조 가스 5~10L/min 범위이다.
③ 분석선(파장)의 설정은 일반적으로 가장 감도가 높은 파장을 설정한다.
④ 플라스마 발광부 관측 높이는 유도코일 상단으로부터 15~18mm 범위에 측정하는 것이 보
통이다.

② 보조가스(아르곤, 플라스마 가스, 0.5~2L/min), 냉각가스(아르곤, 10~20L/min)

50. 수질측정 항목과 최대보존기간을 짝지은 것으로 잘못 연결된 것은? (단, 항목 – 최대보존기간)

① 색도 - 48시간
② 6가 크롬 - 24시간
③ 비소 - 6개월
④ 유기인 - 28일

시료최대보존기간 기간별 정리

기간	항목
즉시	DO전극법, pH, 온도
6h	냄새, 총대장균군(배출허용방류수)
8h	DO적정법
24h	전기전도도, 6가 크롬, 총대장균군(환경기준), 대장균, 분원성 대장균군
48h	음이온계면활성제, 인산염인, 색도, 탁도, 질산성질소, 아질산성질소, BOD
72h	물벼룩 독성시험
7일	부유물질, 다이에틸헥실프탈레이트, 석유계총탄화수소, 유기인, PCB, 휘발성유기화합물, 클로로필a
14일	시안, 1,4다이옥산, 염화비닐, 아크릴로니트릴, 브로모폼
28일	페놀, 총유기탄소, 노말헥산추출물질, 황산이온, 수은, 불소, 브롬, 암모니아성질소, 염소, 총인, 총질소, 퍼클로레이트, COD
1개월	알킬수은
6개월	금속류, 비소, 셀레늄, 식물성플랑크톤

51. 자외선/가시선분광법을 적용한 불소 측정 방법으로 ( )안에 옳은 내용은?

물속에 존재하는 불소를 측정하기 위해 시료를 넣은 란탄알리자린 콤프렉손의 착화합물이 불소이온과 반응하여 생성하는 ( )에서 측정하는 방법이다.

① 적색의 복합 착화합물의 흡광도를 560nm
② 청색의 복합 착화합물의 흡광도를 620nm
③ 황갈색의 복합 착화합물의 흡광도를 460nm
④ 적자색의 복합 착화합물의 흡광도를 520nm

52. 유도결합플라스마-원자발광분광법에 의해 측정이 불가능한 물질은?

① 염소
② 비소
③ 망간
④ 철

53. 원자흡수분광광도법의 원소와 불꽃연료가 잘못 짝지어진 것은?

① 구리 : 공기-아세틸렌
② 바륨 : 아산화질소-아세틸렌
③ 비소 : 냉증기
④ 망간 : 공기-아세틸렌

불꽃 연료	적용 금속
공기-아세틸렌	Cu, Pb, Ni, Mn, Zn, Sn, Fe, Cd, Cr
아산화질소-아세틸렌	Ba
환원기화법(수소화물 생성법)	As, Se
냉증기법	Hg

54. 수중의 용존산소와 관련된 설명으로 틀린 것은?

① 하천의 DO가 높을 경우 하천의 오염정도는 낮다.

② 수중의 DO는 온도가 낮을수록 감소한다.

③ 수중의 DO는 가해지는 압력이 클수록 증가한다.

④ 용존산소의 20℃ 포화농도는 9.17ppm이다.

② 수중의 DO는 온도가 낮을수록 증가한다.

55. 그림과 같은 개수로(수로의 구성재질과 수로단면의 형상이 일정하고 수로의 길이가 적어도 10m 까지 똑바른 경우)가 있다. 수심 1m, 수로폭 2m, 수면경사 1/1,000인 수로의 평균유속 $(C(Ri)^{0.5})$을 케이지(Chezy)의 유속공식으로 계산하였을 때 유량(m^3/min)은? (단, Bazin의 유속 계수 $C = \dfrac{87}{1+\dfrac{r}{\sqrt{R}}}$ 이며 $R = \dfrac{Bh}{B+2h}$ 이고 $r = 0.46$이다.)

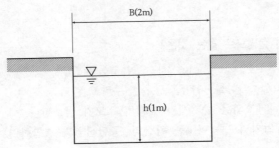

① 102

② 122

③ 142

④ 162

1) 경심(R)

$$R = \frac{Bh}{B + 2h} = \frac{2 \times 1}{2 + 2 \times 1} = 0.5$$

2) 유속 계수(C)

$$C = \frac{87}{1 + \dfrac{r}{\sqrt{R}}} = \frac{87}{1 + \dfrac{0.46}{\sqrt{0.5}}} = 52.71$$

3) 유속(V)

$$V = C(Ri)^{0.5} = 52.71 \times (0.5 \times \frac{1}{1,000})^{0.5} = 1.178 \text{m/s}$$

4) 유량(Q)

$$Q = VA = \frac{1.178\text{m}}{\text{s}} \left| \frac{2\text{m} \times 1\text{m}}{} \right| \frac{60\text{sec}}{1\text{min}} = 141.43\text{m}^3/\text{min}$$

56. 수질오염공정시험기준에서 총대장균군의 시험방법이 아닌 것은?

① 막여과법

② 시험관법

③ 균군계수 시험법

④ 평판집락법

총대장균군 시험방법 : 막여과법, 시험관법, 평판집락법, 효소이용정량법

57. 다음의 경도와 관련된 설명으로 옳은 것은?

① 경도를 구성하는 물질은 Ca^{2+}, Mg^{2+}, K^+, Na^+ 등이 있다.

② 150mg/L as $CaCO_3$ 이하를 나타낼 경우 연수라고 한다.

③ 경도가 증가하면 세제효과를 증가시켜 세제의 소모가 감소한다.

④ Ca^{2+}, Mg^{2+} 등이 알카리도를 이루는 탄산염, 중탄산염과 결합하여 존재하면 이를 탄산경도라 한다.

① 경도 물질은 2가 이상 양이온이다.

② 0~75mg/L as $CaCO_3$ 이하를 나타낼 경우 연수라고 한다.

③ 경도가 증가하면 세제가 잘 풀리지 않아 세제를 더 많이 사용하게 된다.

58. 용어에 관한 설명 중 틀린 것은?

① "방울수"라 함은 15℃에서 정제수 20방울을 적하할 때, 그 부피가 약 10mL 되는 것을 말한다.

② "약"이라 함은 기재된 양에 대하여 ±10% 이상의 차이가 있어서는 안 된다.

③ 무게를 "정확히 단다."라 함은 규정된 수치의 무게를 0.1mg까지 다는 것을 말한다.

④ "항량으로 될 때까지 건조한다."라 함은 같은 조건에서 1시간 더 건조할 때 전후 무게의 차가 g당 0.3mg 이하일 때를 말한다.

> ① 방울수라 함은 20℃에서 정제수 20방울을 적하할 때, 그 부피가 약 1mL 되는 것을 말한다.

59. 자외선/가시선분광법을 이용한 카드뮴 측정방법에 대한 설명으로 ( )에 들어갈 내용으로 적합한 것은?

> 카드뮴이온을 (㉠)이 존재하는 알칼리성에서 디티존과 반응시켜 생성하는 카드뮴착염을
> (㉡)로 추출하고, 추출한 카드뮴착염을 주석산용액으로 역추출한 다음 다시 수산화나트륨과
> (㉠)를 넣어 디티존과 반응하여 생성하는 적색의 카드뮴착염을 (㉡)로 추출하고 그
> 흡광도를 530nm에서 측정하는 방법이다.

① ㉠ : 시안화칼륨,   ㉡ : 클로로폼

② ㉠ : 시안화칼륨,   ㉡ : 사염화탄소

③ ㉠ : 디메틸글리옥심, ㉡ : 클로로폼

④ ㉠ : 디메틸글리옥심, ㉡ : 사염화탄소

60. 비소표준원액(1mg/mL)을 100mL 조제할 때 삼산화비소(As_2O_3)의 채취량(mg)은? (단, 비소의 원자량 = 74.92)

① 37

② 74

③ 132

④ 264

> As_2O_3 분자량 $= 2 \times 74.92 + 3 \times 16 = 197.84g$
>
> $$\frac{1mg\ As}{mL} \quad 100mL \quad \frac{197.84mg\ As_2O_3}{2 \times 74.92mg\ As} = 132.03mg$$

61. 환경정책기본법령에서 수질 및 수생태계환경기준으로 하천에서 사람의 건강보호기준이 다른 수질 오염 물질은?

① 납
② 비소
③ 카드뮴
④ 6가 크롬

> **하천-사람의 건강보호기준**
> ① 납, ② 비소, ④ 6가 크롬 : 0.05mg/L
> ③ 카드뮴 : 0.005mg/L

62. 오염총량관리기본방침에 포함되어야 하는 사항으로 틀린 것은?

① 오염원의 조사 및 오염부하량 산정방법
② 총량관리 단위유역의 자연 지리적 오염원 현황과 전망
③ 오염총량관리의 대상 수질오염물질 종류
④ 오염총량관리의 목표

> **시행령 제4조(오염총량관리기본방침)**
> 오염총량관리기본방침에는 다음 각 호의 사항이 포함되어야 한다.
> 1. 오염총량관리의 목표
> 2. 오염총량관리의 대상 수질오염물질 종류
> 3. 오염원의 조사 및 오염부하량 산정방법
> 4. 법 제4조의3에 따른 오염총량관리기본계획의 주체, 내용, 방법 및 시한
> 5. 법 제4조의4에 따른 오염총량관리시행계획의 내용 및 방법

63. 골프장 안의 잔디 및 수목 등에 맹·고독성 농약을 사용한 자에 대한 벌칙기준으로 적절한 것은?

① 100만원 이하의 과태료
② 1천만원 이하의 과태료
③ 1년 이하의 징역 또는 1천만원 이하의 벌금
④ 3년 이하의 징역 또는 3천만원 이하의 벌금

64. 시·도지사가 희석하여야만 수질오염물질의 처리가 가능하다고 인정할 수 없는 경우는?

① 폐수의 염분 농도가 높아 원래의 상태로는 생물학적 처리가 어려운 경우
② 폐수의 유기물 농도가 높아 원래의 상태로는 생물학적 처리가 어려운 경우
③ 폐수의 중금속 농도가 높아 원래의 상태로는 화학적 처리가 어려운 경우
④ 폭발의 위험 등이 있어 원래의 상태로는 화학적 처리가 어려운 경우

제48조(수질오염물질 희석처리의 인정 등)

① 시·도지사가 법 제38조 제1항 제3호 단서에 따라 희석하여야만 수질오염물질의 처리가 가능하다고 인정할 수 있는 경우는 다음 각 호의 어느 하나에 해당하여 수질오염방지공법상 희석하여야만 수질오염물질의 처리가 가능한 경우를 말한다.

1. 폐수의 염분이나 유기물의 농도가 높아 원래의 상태로는 생물화학적 처리가 어려운 경우
2. 폭발의 위험 등이 있어 원래의 상태로는 화학적 처리가 어려운 경우

---

65. 다음 설명에 해당하는 환경부령이 정하는 비점오염 관련 관계전문기관으로 옳은 것은?

> 환경부장관은 비점오염저감계획을 검토하거나 비점오염저감시설을 설치하지 아니하여도 되는 사업장을 인정하려는 때에는 그 적정성에 관하여 환경부령이 정하는 관계전문기관의 의견을 들을 수 있다.

① 국립환경과학원
② 한국환경정책·평가연구원
③ 한국환경기술개발원
④ 한국건설기술개발원

---

66. 1일 폐수 배출량이 $500m^3$인 사업장은 몇 종 사업장에 해당되는가?

① 제2종 사업장
② 제3종 사업장
③ 제4종 사업장
④ 제5종 사업장

사업장의 규모별 구분

종류	배출규모
제1종 사업장	1일 폐수배출량이 $2,000m^3$ 이상인 사업장
제2종 사업장	1일 폐수배출량이 $700m^3$ 이상, $2,000m^3$ 미만인 사업장
제3종 사업장	1일 폐수배출량이 $200m^3$ 이상, $700m^3$ 미만인 사업장
제4종 사업장	1일 폐수배출량이 $50m^3$ 이상, $200m^3$ 미만인 사업장
제5종 사업장	위 제1종부터 제4종까지의 사업장에 해당하지 아니하는 배출시설

---

67. 물환경보전법상 100만원 이하의 벌금에 해당되는 경우는?

① 환경관리인의 요청을 정당한 사유 없이 거부한 자
② 배출시설 등의 운영사항에 관한 기록을 보존하지 아니한 자
③ 배출시설 등의 운영사항에 관한 기록을 허위로 기록한 자
④ 환경관리인 등의 교육을 받게 하지 아니한 자

① 환경기술인의 업무를 방해하거나 환경기술인의 요청을 정당한 사유 없이 거부한 자 : 100만원 이하의 벌금
②, ③ 측정 결과를 기록·보존하지 아니하거나 거짓으로 기록·보존한 자 : 1천만원 이하의 과태료
④ 환경관리인 등의 교육을 받게 하지 아니한 자 : 100만원 이하의 과태료

68. 사업장 규모를 구분하는 폐수배출량에 관한 사항으로 알맞지 않은 것은?

① 사업장의 규모별 구분은 연중 평균치를 기준으로 정한다.

② 최초 배출시설 설치허가시의 폐수배출량은 사업계획에 따른 예상용수사용량을 기준으로 산정한다.

③ 용수사용량에는 수돗물, 공업용수, 지하수, 하천수 및 해수 등 그 사업장에서 사용하는 모든 물을 포함한다.

④ 생산 공정 중 또는 방지시설의 최종 방류구에서 방류되기 전에 일정관로를 통해 생산 공정에 재이용된 물은 용수사용량에서 제외한다.

> 1. 사업장의 규모별 구분은 1년 중 가장 많이 배출한 날을 기준으로 정한다.
> 2. 폐수배출량은 그 사업장의 용수사용량(수돗물·공업용수·지하수·하천수 및 해수 등 그 사업장에서 사용하는 모든 물을 포함한다.)을 기준으로 다음 산식에 따라 산정한다. 다만, 생산 공정에 사용되는 물이나 방지시설의 최종 방류구에 방류되기 전에 일정 관로를 통하여 생산 공정에 재이용되는 물은 제외하되, 희석수, 생활용수, 간접냉각수, 사업장 내 청소용 물, 원료야적장 침출수 등을 방지시설에 유입하여 처리하는 물은 포함한다.
>
> 폐수배출량 = 용수사용량 - (생활용수량 + 간접냉각수량 + 보일러용수량 + 제품함유수량 + 공정 중 증발량 + 그 밖의 방류구로 배출되지 아니한다고 인정되는 물의 양) + 공정 중 발생량
>
> 3. 최초 배출시설 설치허가 시의 폐수배출량은 사업계획에 따른 예상용수사용량을 기준으로 산정한다.

69. 대권역별 물환경관리계획에 포함되어야 하는 사항이 아닌 것은?

① 물환경의 변화 추이 및 물환경목표기준

② 점오염원, 비점오염원 및 기타 수질오염원의 분포현황

③ 물환경 보전 및 관리체계

④ 수질오염 예방 및 저감 대책

> 1. 수질 및 수생태계 변화 추이 및 목표기준
> 2. 상수원 및 물 이용현황
> 3. 점오염원, 비점오염원 및 기타수질오염원의 분포현황
> 4. 점오염원, 비점오염원 및 기타수질오염원에서 배출되는 수질오염물질의 양
> 5. 수질오염 예방 및 저감 대책
> 6. 수질 및 수생태계 보전조치의 추진방향
> 7. 「저탄소 녹색성장 기본법」에 따른 기후변화에 대한 적응대책
> 8. 그 밖에 환경부령으로 정하는 사항

70. 위임업무보고사항 중 배출부과금 부과실적 보고횟수로 적절한 것은?

① 연 2회

② 연 4회

③ 연 6회

④ 연 12회

71. 수질오염 방지시설 중 화학적 처리 시설이 아닌 것은?

① 침전물 개량시설

② 응집시설

③ 살균시설

④ 소각시설

수질오염 방지시설

1. 물리적 처리시설
가. 스크린
나. 분쇄기
다. 침사(沈砂)시설
라. 유수분리시설
마. 유량조정시설(집수조)
바. 혼합시설
사. 응집시설
아. 침전시설
자. 부상시설
차. 여과시설
카. 탈수시설
타. 건조시설
파. 증류시설
하. 농축시설

2. 화학적 처리시설
가. 화학적 침강시설
나. 중화시설
다. 흡착시설
라. 살균시설
마. 이온교환시설
바. 소각시설
사. 산화시설
아. 환원시설
자. 침전물 개량시설

3. 생물화학적 처리시설
가. 살수여과상
나. 폭기(瀑氣)시설
다. 산화시설(산화조, 산화지)
라. 혐기성·호기성 소화시설
마. 접촉조
바. 안정조
사. 돈사톱밥발효시설

---

72. 측정망 설치계획에 포함되어야 하는 사항이라 볼 수 없는 것은?

① 측정망 설치시기
② 측정오염물질 및 측정농도 범위
③ 측정망 배치도
④ 측정망을 설치할 토지 또는 건축물의 위치 및 면적

시행규칙 24조(측정망 설치계획의 고시)

① 환경부장관 또는 시·도지사는 법 제9조에 따른 측정망을 설치하거나 변경하려는 경우에는 법 제10조에 따라 다음 각 호의 사항이 포함된 측정망 설치계획을 결정하고 측정망을 최초로 설치하는 날 또는 측정망 설치계획을 변경하는 날의 3개월 이전에 그 계획을 고시하여야 한다.
1. 측정망 설치시기
2. 측정망 배치도
3. 측정망을 설치할 토지 또는 건축물의 위치 및 면적
4. 측정망 운영기관
5. 측정자료의 확인방법

---

73. 환경기술인을 두어야 할 사업장의 범위 및 환경기술인의 자격기준을 정하는 주제는?

① 환경부장관
② 대통령
③ 사업주
④ 시·도지사

74. 환경기준에서 하천의 생활환경 기준에 해당되지 않는 항목은?

① DO
② SS
③ T-N
④ pH

> **하천 - 생활환경기준 항목**
>
> pH, BOD, COD, SS, TOC, DO, T-P, 대장균군(총대장균군, 분원성 대장균군)

75. 폐수처리업자의 준수사항에 관한 설명으로 ( )에 옳은 것은?

> 수탁한 폐수는 정당한 사유 없이 10일 이상 보관할 수 없으며 보관폐수의 전체량이 저장시설 저장능력의 ( ) 이상 되게 보관하여서는 아니 된다.

① 60%
② 70%
③ 80%
④ 90%

> 수탁한 폐수는 정당한 사유 없이 10일 이상 보관할 수 없으며, 보관폐수의 전체량이 저장시설 저장능력의 90퍼센트 이상 되게 보관하여서는 아니 된다.

76. 기본배출부과금은 오염물질배출량과 배출농도를 기준으로 산식에 따라 산정하는데, 기본부과금 산정에 필요한 사업장별 부과계수가 틀린 것은?

① 제 1종 사업장(10,000m³/일 이상) : 1.8
② 제 2종 사업장 : 1.4
③ 제 3종 사업장 : 1.2
④ 제 4종 사업장 : 1.1

[별표 9] 사업장별 부과계수(제41조 제3항 관련)

사업장 규모	제1종 사업장 (단위 : m³/일)					제2종 사업장	제3종 사업장	제4종 사업장
	10,000 이상	8,000 이상 10,000 미만	6,000 이상 8,000 미만	4,000 이상 6,000 미만	2,000 이상 4,000 미만			
부과 계수	1.8	1.7	1.6	1.5	1.4	1.3	1.2	1.1

비고 : 1. 사업장의 규모별 구분은 별표 13에 따른다.
　　　 2. 공공하수처리시설과 공공폐수처리시설의 부과계수는 폐수배출량에 따라 적용한다.

77. 배수설비의 설치방법·구조기준 중 직선 배수관의 맨홀 설치기준에 해당하는 것으로 ( )에 옳은 것은?

배수관 내경의 ( ) 이하의 간격으로 설치

① 100배   ② 120배

③ 150배   ④ 200배

78. 환경부장관이 비점오염원관리대책 수립 시 포함하여야 하는 사항이 아닌 것은?

① 관리목표

② 관리대상 수질오염물질의 종류 및 발생량

③ 관리대상 수질오염물질의 발생 예방 및 저감 방안

④ 적정한 관리를 위하여 대통령령으로 정하는 사항

제55조(관리대책의 수립)

① 환경부장관은 관리지역을 지정·고시하였을 때에는 다음 각 호의 사항을 포함하는 비점오염원관리대책(이하 "관리대책"이라 한다.)을 관계 중앙행정기관의 장 및 시·도지사와 협의하여 수립하여야 한다.
  1. 관리목표
  2. 관리대상 수질오염물질의 종류 및 발생량
  3. 관리대상 수질오염물질의 발생 예방 및 저감 방안
  4. 그 밖에 관리지역을 적정하게 관리하기 위하여 환경부령으로 정하는 사항
② 환경부장관은 관리대책을 수립하였을 때에는 시·도지사에게 이를 통보하여야 한다.
③ 환경부장관은 관리대책을 수립하기 위하여 관계 중앙행정기관의 장, 시·도지사 및 관계 기관·단체의 장에게 관리대책의 수립에 필요한 자료의 제출을 요청할 수 있다.

79. 물환경보전법에서 사용하는 용어의 정의로 틀린 것은?

① 폐수 : 물에 액체성 또는 고체성의 수질오염물질이 섞여 있어 그대로는 사용할 수 없는 물을 말한다.

② 강우유출량 : 불특정장소에서 불특정하게 유출되는 빗물 또는 눈 녹은 물 등을 말한다.

③ 공공수역 : 하천, 호소, 항만, 연안해역, 그 밖에 공공용으로 사용되는 수역과 이에 접속하여 공공용으로 사용되는 환경부령으로 정하는 수로를 말한다.

④ 불투수층 : 빗물 또는 눈 녹은 물 등이 지하로 스며들 수 없게 하는 아스팔트·콘크리트 등으로 포장된 도로, 주차장, 보도 등을 말한다.

· "강우유출수"란 비점오염원의 수질오염물질이 섞여 유출되는 빗물 또는 눈 녹은 물 등을 말한다.
· "비점오염원"이란 도시, 도로, 농지, 산지, 공사장 등으로서 불특정 장소에서 불특정하게 수질오염물질을 배출하는 배출원을 말한다.

80. 시장 · 군수 · 구청장이 낚시금지구역 또는 낚시제한구역을 지정하려 할 때 고려하여야 할 사항으로 틀린 것은?

① 지정의 목적

② 오염원 현황

③ 수질오염도

④ 연도별 낚시 인구의 현황

제27조(낚시금지구역 또는 낚시제한구역의 지정 등)

① 시장 · 군수 · 구청장(자치구의 구청장을 말한다. 이하 같다.)은 낚시금지구역 또는 낚시제한구역을 지정하려는 경우에는 다음 각 호의 사항을 고려하여야 한다.

1. 용수의 목적
2. 오염원 현황
3. 수질오염도
4. 낚시터 인근에서의 쓰레기 발생 현황 및 처리 여건
5. 연도별 낚시 인구의 현황
6. 서식 어류의 종류 및 양 등 수중생태계의 현황

---

1. ④ 2. ④ 3. ④ 4. ③ 5. ① 6. ④ 7. ① 8. ④ 9. ④ 10. ③ 11. ④ 12. ④ 13. ② 14. ④ 15. ①
16. ② 17. ④ 18. ② 19. ④ 20. ② 21. ③ 22. ③ 23. ④ 24. ④ 25. ③ 26. ① 27. ① 28. ① 29. ② 30. ②
31. ③ 32. ① 33. ② 34. ② 35. ② 36. ③ 37. ④ 38. ③ 39. ① 40. ③ 41. ④ 42. ④ 43. ② 44. ① 45. ③
46. ② 47. ④ 48. ③ 49. ② 50. ④ 51. ② 52. ① 53. ④ 54. ② 55. ③ 56. ④ 57. ④ 58. ① 59. ② 60. ③
61. ③ 62. ② 63. ④ 64. ③ 65. ② 66. ② 67. ① 68. ① 69. ③ 70. ② 71. ② 72. ② 73. ② 74. ③ 75. ④
76. ② 77. ② 78. ④ 79. ② 80. ①

MEMO

제1과목 수질오염개론

1. 50℃에서 순수한 물 1L의 몰농도(mol/L)는? (단, 50℃의 물의 밀도 = 0.9881g/mL)

① 33.6

② 54.9

③ 98.9

④ 109.8

$$\text{몰농도} = \frac{0.9881\text{kg}}{\text{L}} \left| \frac{1,000\text{g}}{1\text{kg}} \right| \frac{1\text{mol } H_2O}{18\text{g}} = 54.89\text{mol/L}$$

2. 실험용 물고기에 독성물질을 경구투입 시 실험대상 물고기의 50%가 죽는 농도를 나타낸 것은?

① LC_{50}

② TLm

③ LD_{50}

④ BIP

독성 지표

· 한계치사농도(TLm) : 어류 급성 독성 시험
· 반수치사농도(LC_{50}) : 시험생물 50%를 사망시키는 독성물질의 농도(단위 : ppm, mg/L)
· 반수치사량(LD_{50}) : 경구, 경피에 의한 급성 독성의 정도를 나타내는 지표(단위 : mg/kg)
· 반수영향농도(EC_{50}) : 독성 투입 24hr 뒤 물벼룩의 50%가 치사 혹은 유영 상태일 때의 희석농도
· 생태독성량(TU) : 수질공정시험법상 독성지수

3. 회복지대의 특성에 대한 설명으로 옳지 않은 것은? (단, Whipple의 하천정화단계 기준)

① 용존산소량이 증가함에 따라 질산염과 아질산염의 농도가 감소한다.

② 혐기성균이 호기성균으로 대체되며 Fungi도 조금씩 발생한다.

③ 광합성을 하는 조류가 번식하고 원생동물, 윤충, 갑각류가 번식한다.

④ 바닥에는 조개나 벌레의 유충이 번식하며 오염에 견디는 힘이 강한 은빛 담수어 등의 물고기도 서식한다.

	분해지대	활발한 분해지대	회복지대	정수지대
특징	DO 감소 호기성 박테리아 → 균류	DO 최소 호기성 → 혐기성 전환 혐기성 기체 악취, 부패	DO 증가 혐기성 → 호기성 전환 질산화	DO 거의 포화 청수성 어종 고등생물 출현
출현 생물	실지렁이, 균류(fungi), 박테리아(bacteria)	혐기성 미생물, 세균 자유 유영성 섬모충류	Fungi, 조류	윤충류(Rotifer), 무척추동물, 청수성 어류(송어 등)
감소 생물	고등생물	균류	세균 수 감소	

4. 10^{-3}mol CH_3COOH의 pH는? (단, CH_3COOH의 pKa $= 10^{-4.76}$)

① 3.0 ② 3.9
③ 5.0 ④ 5.9

문제가 잘못됨. pKa $= 4.76$, Ka $= 10^{-4.76}$임

$[H^+] = \sqrt{K_a C} = \sqrt{(10^{-7.6})(10^{-3})} = 5.011 \times 10^{-6}$M

pH $= -\log(5.011 \times 10^{-6}) = 5.3$

문제의 단서조항 중 Ka의 잘못된 표기로 전항정답

5. Bacteria($C_5H_7O_2N$) 18g의 이론적인 COD(g)는? (단, 질소는 암모니아로 분해됨을 기준)

① 약 25.5 ② 약 28.8
③ 약 32.3 ④ 약 37.5

$C_5H_7O_2N$ 분자량 $= 113$g/mol

$C_5H_7O_2N + 5O_2 \rightarrow 5CO_2 + 2H_2O + NH_3$
   113g : 5 × 32g
   18g : COD(g)

$COD(g) = \dfrac{5 \times 32g}{113g} \left| \dfrac{18g}{} \right. = 25.48$g

6. 수산화나트륨 30g을 증류수에 넣어 1.5L로 하였을 때 규정농도(N)는? (단, Na의 원자량 $= 23$)

① 0.5 ② 1.0
③ 1.5 ④ 2.0

$$\frac{30g \ NaOH}{1.5L} \ \bigg| \ \frac{1eq}{40g} = 0.5eq/L$$

7. pH가 3~5정도의 영역인 폐수에서도 잘 생장하는 미생물은?

① Fungi   ② Bacteria

③ Algae   ④ Protozoa

균류(Fungi) : pH 3~5에서도 잘 크는 호기성 미생물

8. 대장균군에 관한 설명으로 틀린 것은?

① 인축의 내장에 서식하므로 소화기계 전염병원균의 존재 추정이 가능하다.

② 병원균에 비해 물속에서 오래 생존한다.

③ 병원균보다 저항력이 강하다.

④ Virus보다 소독에 대한 저항력이 강하다.

④ 병원균보다는 강하나, 바이러스보다는 소독에 약하다.

9. 산소전달의 환경인자에 관한 설명으로 옳은 것은?

① 수온이 높을수록 증가한다.

② 압력이 낮을수록 산소의 용해율은 증가한다.

③ 염분농도가 높을수록 산소의 용해율은 증가한다.

④ 현존의 수중 DO 농도가 낮을수록 산소의 용해율은 증가한다.

기체가 물에 잘 녹을수록 용존 산소 농도가 증가한다.

① 수온이 낮을수록
② 압력이 높을수록
③ 염분농도가 낮을수록   ⇒   산소의 용해율은 증가함
④ 산소 부족량이 클수록, 현존의 수중 DO 농도가 낮을수록

10. 호수나 저수지에 수직방향의 물 운동이 없을 때 생기는 성층현상의 성층구분을 수표면에서부터 순서대로 나열한 것은?

① Epilimnion → Thermocline → Hypolimnion → 침전물층

② Epilimnion → Hypolimnion → Thermocline → 침전물층

③ Hypolimnion → Thermocline → Epilimnion → 침전물층

④ Hypolimnion → Epilimnion → Thermocline → 침전물층

- 순환층(표층, epilimnion)
- 수온약층(변온층, thermocline)
- 정체층(심수층, hypolimnion)

순환층 (표층)

수온약층 (변온층)

정체층 (심수층)

11. 물의 물리적 특성을 나타내는 용어와 단위가 틀린 것은?

① 밀도 - g/cm^3
② 표면장력 - $dyne/cm^2$
③ 압력 - $dyne/cm^2$
④ 열전도도 - $cal/cm \cdot sec \cdot ℃$

② 표면장력 : $J/m^2 = N/m$

12. 에너지원으로 빛을 이용하며 유기탄소를 탄소원으로 이용하는 미생물군은?

① 광합성 독립영양 미생물
② 화학합성 독립영양 미생물
③ 광합성 종속영양 미생물
④ 화학합성 종속영양 미생물

탄소원	무기탄소	유기탄소
미생물	독립영양미생물	종속영양미생물

에너지	빛에너지	산화환원 반응의 화학에너지
미생물	광합성 미생물	화학합성 미생물

- 독립영양 화학합성 미생물 : 무기탄소 이용, 무기물의 산화, 환원반응 에너지
- 종속영양 화학합성 미생물 : 유기탄소 이용, 유기물의 산화, 환원반응 에너지

13. 산성폐수에 NaOH 0.7% 용액 150mL를 사용하여 중화하였다. 같은 산성폐수 중화에 $Ca(OH)_2$ 0.7% 용액을 사용한다면 필요한 $Ca(OH)_2$ 용액(mL)은? (단, 원자량 Na = 23, Ca = 40, 폐수 비중 = 1.0)

① 약 207
② 약 139
③ 약 92
④ 약 81

1) 중화에 사용된 NaOH의 OH⁻ mol 수

$$\frac{0.7g}{100mL} \left| \frac{150mL}{} \right| \frac{1mol}{40g\ NaOH} = 0.02625mol$$

2) 중화에 필요한 Ca(OH)₂ 용액의 부피(mL)

$$\frac{0.02625mol\ OH^-}{} \left| \frac{1mol\ Ca(OH)_2}{2mol\ OH^-} \right| \frac{74g}{1mol} \left| \frac{100mL}{0.7g\ Ca(OH)_2} \right. = 138.75mL$$

14. 수질 모델 중 Streeter & Phelps 모델에 관한 내용으로 옳은 것은?

① 하천을 완전혼합흐름으로 가정하였다.
② 점오염원이 아닌 비점오염원으로 오염부하량을 고려한다.
③ 유속, 수심, 조도계수에 의해 확산계수를 결정한다.
④ 유기물의 분해와 재폭기만을 고려하였다.

② Streeter-Phelps model은 점오염원으로부터 오염부하량을 고려한다.

Streeter-Phelps model 가정조건
· 오염원 : 점오염원
· 반응 : 1차 반응
· 1차원 PFR 모델
· 흐름 : 정류(steady flow)
· 유기물 분해와 재폭기, 탈산소만 고려함
· 조류, 질산화, 저니산소요구량 등 다른 조건은 무시함

15. 유해물질, 오염발생원과 인간에 미치는 영향에 대하여 틀리게 짝지어진 것은?

① 구리 – 도금공장, 파이프제조업 – 만성중독 시 간경변
② 시안 – 아연제련공장, 인쇄공업 – 파킨슨씨병 증상
③ PCB – 변압기, 콘덴서공장 – 카네미유증
④ 비소 – 광산정련공업, 피혁공업 – 피부흑색(청색)화

② 시안 - 화학공업, 도금공업, 코크스로 금속정련공업, 아크릴로니트릴제조공업 등 - 두통, 현기증, 의식장애, 경련 등

16. Na⁺ 460mg/L, Ca²⁺ 200mg/L, Mg²⁺ 264mg/L인 농업용수가 있을 때 SAR의 값은? (단, 원자량 Na = 23, Ca = 40, Mg = 24)

① 4   ② 5
③ 6   ④ 7

$$Na^+ \quad : \quad \frac{460mg}{L} \left| \frac{1me}{23mg} \right. = 20me/L$$

$$Mg^{2+} \quad : \quad \frac{264mg}{L} \left| \frac{1me}{12mg} \right. = 22me/L$$

$$Ca^{2+} \quad : \quad \frac{200mg}{L} \left| \frac{1me}{20mg} \right. = 10me/L$$

$$SAR = \frac{Na^+}{\sqrt{\dfrac{Ca^{2+}+Mg^{2+}}{2}}} = \frac{20}{\sqrt{\dfrac{10+22}{2}}} = 5$$

17. 오수 미생물 중에서 유황화합물을 산화하여 균체 내 또는 균체 외에 유황입자를 축적하는 것은?

① Zoogloea

② Sphaerotilus

③ Beggiatoa

④ Crenothrix

① Zoogloea : 활성슬러지

② Sphaerotilus : 철세균

③ Beggiatoa : 황산화세균

④ Crenothrix : 철세균

18. 적조현상과 관계가 가장 적은 것은?

① 해류의 정체

② 염분농도의 증가

③ 수온의 상승

④ 영양염류의 증가

영양염류 과다 유입

정체된 수역일수록

수중 연직 안정도가 높을수록

염분이 낮을수록   ⇒   적조가 잘 발생함

일사량이 클수록

특히, 풍수기, 홍수 이후

19. 임의의 시간 후의 용존산소 부족량(용존산소 곡선식)을 구하기 위해 필요한 기본인자와 가장 거리가 먼 것은?

① 재폭기계수

② BOD_u

③ 수심

④ 탈산소계수

$$D_t = \frac{K_1 L_0}{K_2 - K_1}(10^{-K_1 \cdot t} - 10^{-K_2 \cdot t}) + D_0 10^{-K_2 \cdot t}$$

D_t : t시간 후 DO 부족량

D_0 : 초기 DO 부족량

L_0 : 최종 BOD(BOD_u)

K_1 : 탈산소계수

K_2 : 재폭기계수

20. 우리나라에서 주로 설치·사용되어진 분뇨정화조의 형태로 가장 적합하게 짝지어진 것은?

① 임호프탱크 – 부패탱크

② 접촉포기법 – 접촉안정법

③ 부패탱크 – 접촉포기법

④ 임호프탱크 – 접촉포기법

분뇨 정화조 : 임호프탱크 방식, 부패탱크 방식

제2과목 수질오염 방지기술

21. 슬러지 농축방법 중 부상식 농축에 관한 내용으로 옳지 않은 것은?

① 소요면적이 크며, 악취문제 발생

② 잉여슬러지에 효과적임

③ 실내에 설치 시 부식 방지

④ 약품주입 없이도 운전 가능

구분	중력식 농축	부상식 농축	원심분리 농축	중력벨트 농축
설 치 비	크다	중간	작다	작다
설치면적	크다	중간	작다	중간
부대설비	적다	많다	중간	많다
동 력 비	적다	중간	크다	작다
장 점	· 구조 간단 · 유지 관리 쉬움 · 1차 슬러지에 적합 · 저장과 농축이 동시에 가능 · 약품을 사용하지 않음	· 잉여슬러지에 효과적 · 약품주입 없이도 운전 가능	· 잉여슬러지에 효과적 · 운전조작이 용이 · 악취가 적음 · 연속운전이 가능 · 고농도로 농축 가능	· 잉여슬러지에 효과적 · 벨트탈수기와 같이 연동운전이 가능 · 고농도로 농축 가능
단 점	· 악취문제 발생 · 잉여슬러지의 농축에 부적합 · 잉여슬러지에서는 소요면적이 큼	· 악취문제 발생 · 소요면적이 큼 · 실내에 설치할 경우 부식 문제 유발	· 동력비가 큼 · 스크루 보수 필요 · 소음이 큼	· 악취문제 발생 · 소요면적이 큼 · 용적이 한정됨 · 별도의 세정장치 필요

22. 오염물질의 농도가 200mg/L이고, 반응 2시간 후의 농도가 20mg/L로 되었다. 1시간 후의 반응물질의 농도(mg/L)는? (단, 반응속도는 1차반응, Base는 상용대수)

① 28.6 ② 32.5
③ 63.2 ④ 93.8

1차 반응 속도식

$$\ln \frac{C}{C_o} = -Kt$$

1) $\ln \dfrac{20}{200} = -K \times 2$

 $\therefore K = 1.151$

2) $\ln \dfrac{C}{200} = -1.151 \times 1$

 $\therefore C = 63.26 \text{mg/L}$

23. BOD 농도가 2,000mg/L이고 폐수배출량이 1,000m³/day인 산업폐수를 BOD 부하량이 500kg/day로 될 때까지 감소시키기 위해 필요한 BOD 제거효율(%)은?

① 70 ② 75
③ 80 ④ 85

1) 처리 후 BOD 농도

$$\frac{500 \text{kg}}{\text{day}} \left| \frac{\text{day}}{1,000 \text{m}^3} \right| \frac{10^6 \text{mg}}{1 \text{kg}} \left| \frac{1 \text{m}^3}{1,000 \text{L}} \right. = 500 \text{mg/L}$$

2) BOD 제거율

$$\eta = \frac{2,000 - 500}{2,000} = 0.75 = 75\%$$

24. 침전지로 유입되는 부유물질의 침전속도 분포가 다음 표와 같다. 표면적 부하가 $4,032 \text{m}^3$ /$\text{m}^2 \cdot$day일 때, 전체 제거효율(%)은?

침전속도(m/min)	3.0	2.8	2.5	2.0
남아있는 중량비율	0.55	0.46	0.35	0.3

① 74

② 64

③ 54

④ 44

1) 표면부하율

$$Q/A = \frac{4,032 \text{m}^3}{\text{m}^2 \cdot \text{day}} \left| \frac{1 \text{day}}{1,440 \text{min}} \right. = 2.8 \text{m/min}$$

2) 전체 제거효율

침전속도 ≥ 표면부하율이면 100% 제거됨

따라서, 표면부하율보다 침전속도가 큰 54%가 전체 제거됨

침전속도(m/min)	3.0	2.8	2.5	2.0
남아있는 중량비율(%)	55	46	35	30
누적 제거율(%)	45	54	65	70

25. 생물학적 하수 고도처리공법인 A/O 공법에 대한 설명으로 틀린 것은?

① 사상성 미생물에 의한 벌킹이 억제되는 효과가 있다.

② 표준활성슬러지법의 반응조 전반 20~40% 정도를 혐기반응조로 하는 것이 표준이다.

③ 혐기반응조에서 탈질이 주로 이루어진다.

④ 처리수의 BOD 및 SS 농도를 표준 활성슬러지법과 동등하게 처리할 수 있다.

③ A/O 공법은 인만 제거하는 공법이다.

26. 직경이 1.0mm이고 비중이 2.0인 입자를 17℃의 물에 넣었다. 입자가 3m 침강하는데 걸리는 시간(s)은? (단, 17℃일 때 물의 점성계수 $= 1.089 \times 10^{-3}$kg/m·s, Stokes 침강이론 기준)

① 6
② 16
③ 38
④ 56

1) 침강속도

$$V_s = \frac{d^2(\rho_s - \rho_w)g}{18\mu}$$

$$V_s = \frac{9.8\text{m}}{\text{s}^2} \left| \frac{(2,000-1,000)\text{kg}}{\text{m}^3} \right| \frac{\text{m·s}}{1.089 \times 10^{-3}\text{kg}} \left| \frac{(10^{-3}\text{m})^2}{18} = 0.4999\text{m/s} \right.$$

2) 걸리는 시간

$$시간 = \frac{거리}{속도}$$

$$t = \frac{3\text{m}}{0.4999\text{m/s}} = 6\text{s}$$

27. 비교적 일정한 유량을 폐수처리장에 공급하기 위한 것으로, 예비처리시설 다음에 설치되는 시설은?

① 균등조
② 침사조
③ 스크린조
④ 침전조

· 유량조정조(균등조) : 수처리시설이나 관로 등의 유입 부하량 변동에 대하여 유량조정을 하기 위한 탱크
· 스크린 : 협잡물 제거, 후속 공정의 기계설비 보호
· 침사조 : 모래, 자갈 제거
· 침전조 : SS 제거

28. 20,000명이 거주하는 소도시에 하수처리장이 있으며 처리효율은 60%라 한다. 평균유량 0.2m^3/s 인 하천에 하수처리장의 유출수가 유입되어 BOD 농도가 12mg/L였다면, 이 경우의 BOD 유출율 (%)은? (단, 인구 1인당 BOD 발생량 = 50g/일)

① 52
② 62
③ 72
④ 82

1) 유출 BOD 부하

$$\frac{12mg}{L} \left| \frac{0.2m^3}{s} \right| \frac{1,000L}{1m^3} \left| \frac{1kg}{10^6mg} \right| \frac{86,400s}{1day} = 207.36kg/day$$

2) 발생 BOD 부하(처리 후 BOD 부하)

$$\frac{50g}{인·day} \left| \frac{20,000인}{} \right| 0.4 \left| \frac{1kg}{10^3g} \right. = 400kg/day$$

3) BOD 유출율

$$\frac{207.36}{400} = 0.5184 = 51.84\%$$

29. 임호프탱크의 구성요소가 아닌 것은?

① 응집실   ② 스컴실
③ 소화실   ④ 침전실

임호프조(imhofftank) 구성 요소

스컴실, 소화실, 침전실

30. 물의 혼합정도를 나타내는 속도경사 G를 구하는 공식은? (단, μ : 물의 점성계수, V : 반응조 체적, P : 동력)

① $G = \sqrt{\dfrac{PV}{\mu}}$ ② $G = \sqrt{\dfrac{V}{\mu P}}$

③ $G = \sqrt{\dfrac{\mu}{PV}}$ ④ $G = \sqrt{\dfrac{P}{\mu V}}$

$P = \mu G^2 V$

$\therefore G = \sqrt{\dfrac{P}{\mu V}}$

31. 축산폐수 처리에 대한 설명으로 옳지 않은 것은?

① BOD 농도가 높아 생물학적 처리가 효과적이다.
② 호기성 처리공정과 혐기성 처리공정을 조합하면 효과적이다.
③ 돈사폐수의 유기물 농도는 돈사형태와 유지관리에 따라 크게 변한다.
④ COD 농도가 매우 높아 화학적으로 처리하면 경제적이고 효과적이다.

축산폐수는 고농도 유기물이므로 생물학적 처리가 경제적이고 효과적이다.

32. 물 $5m^3$의 DO가 9.0mg/L이다. 이 산소를 제거하는 데 이론적으로 필요한 아황산나트륨 (Na_2SO_3)의 양(g)은? (단, Na 원자량 = 23)

① 약 355 ② 약 385
③ 약 402 ④ 약 429

1) 산소량

$$\frac{5m^3}{} \left| \frac{9.0mg}{L} \right| \frac{1,000L}{1m^3} \left| \frac{1g}{10^3 mg} \right. = 45g$$

2) Na_2SO_3양

$$Na_2SO_3 + \frac{1}{2}O_2 \rightarrow Na_2SO_4$$

126g : 16g
X(g) : 45g

∴ X = 354.37g

33. 염산 18.25g을 중화시킬 때 필요한 수산화칼슘의 양(g)은? (단, 원자량 Cl = 35.5, Ca = 40)

① 18.5 ② 24.5
③ 37.5 ④ 44.5

HCl의 $[H^+]$ mol 수 = $Ca(OH)_2$의 $[OH^-]$ mol 수

$$\frac{18.25g \ HCl}{} \left| \frac{1mol \ H^+}{36.5g \ HCl} \right. = \frac{x g \ Ca(OH)_2}{} \left| \frac{2mol \ OH^-}{74g \ Ca(OH)_2} \right.$$

∴ x = 18.5g

34. 분리막을 이용한 수처리 방법과 구동력의 관계로 틀린 것은?

① 역삼투 - 농도차 ② 정밀여과 - 정수압차
③ 전기투석 - 전위차 ④ 한외여과 - 정수압

공 정	Mechanism	막 형태	추진력
정밀여과 (MF)	체거름	대칭형 다공성막	정수압차 (0.1~1bar)
한외여과 (UF)	체거름	비대칭형 다공성막	정수압차 (1~10atm)
역삼투 (RO)	역삼투	비대칭성 skin막	정수압차 (20~100atm)
투석	확산	비대칭형 다공성막	농도차
전기투석 (ED)	이온전하의 크기 차이	이온 교환막	전위차

35. 하수 슬러지의 농축 방법별 특징으로 옳지 않은 것은?

① 중력식 : 잉여슬러지의 농축에 부적합
② 부상식 : 악취문제가 발생함
③ 원심분리식 : 악취가 적음
④ 중력벨트식 : 별도의 세정장치가 필요 없음

구분	중력식 농축	부상식 농축	원심분리 농축	중력벨트 농축
설 치 비	크다	중간	작다	작다
설치면적	크다	중간	작다	중간
부대설비	적다	많다	중간	많다
동 력 비	적다	중간	크다	작다
장 점	· 구조 간단 · 유지 관리 쉬움 · 1차 슬러지에 적합 · 저장과 농축이 동시에 가능 · 약품을 사용하지 않음	· 잉여슬러지에 효과적 · 약품주입 없이도 운전 가능	· 잉여슬러지에 효과적 · 운전조작이 용이 · 악취가 적음 · 연속운전이 가능 · 고농도로 농축 가능	· 잉여슬러지에 효과적 · 벨트탈수기와 같이 연동운전이 가능 · 고농도로 농축 가능
단 점	· 악취문제 발생 · 잉여슬러지의 농축에 부적합 · 잉여슬러지에서는 소요면적이 큼	· 악취문제 발생 · 소요면적이 큼 · 실내에 설치할 경우 부식 문제 유발	· 동력비가 큼 · 스크루 보수 필요 · 소음이 큼	· 악취문제 발생 · 소요면적이 큼 · 용적이 한정됨 · 별도의 세정장치 필요

36. 125m³/h의 폐수가 유입되는 침전지의 월류부하가 100m³/m·day일 때, 침전지의 월류웨어의 유효길이(m)는?

① 10
② 20
③ 30
④ 40

$$월류부하 = \frac{유량}{웨어\ 길이}$$

$$\therefore 웨어\ 길이 = \frac{유량}{월류부하}$$

$$= \frac{125m^3}{hr} \left| \frac{m \cdot day}{100m^3} \right| \frac{24hr}{1day} = 30m$$

37. 물 25.2g에 글루코오스($C_6H_{12}O_6$)가 4.57g 녹아 있는 용액의 몰랄 농도(m)는? (단, $C_6H_{12}O_6$ 분자량 = 180.2)

① 약 1.0
② 약 2.0
③ 약 3.0
④ 약 4.0

$$m = \frac{\text{용질 mol}}{\text{용매 1kg}} = \frac{4.57g \times \frac{1mol}{180g}}{0.0252kg} = 1.007m$$

38. 하수처리 시 활성슬러지법과 비교한 생물막법(회전원판법)의 단점으로 볼 수 없는 것은?

① 활성슬러지법과 비교하면 이차침전지로부터 미세한 SS가 유출되기 쉽다.
② 처리과정에서 질산화 반응이 진행되기 쉽고 이에 따라 처리수의 pH가 낮아지게 되거나 BOD가 높게 유출될 수 있다.
③ 생물막법은 운전관리 조작이 간단하지만 운전조작의 유연성에 결점이 있어 문제가 발생할 경우에 운전방법의 변경 등 적절한 대처가 곤란하다.
④ 반응조를 다단화하기 어려워 처리의 안정성이 떨어진다.

④ 회전원판법은 다단화를 통해 더 높은 처리효율을 얻을 수 있고, 처리의 안정성을 높일 수 있다.

39. 유기성 콜로이드가 다량 함유된 폐수의 처리방법으로 옳지 않은 것은?

① 중력침전법
② 응집침전법
③ 활성슬러지법
④ 살수여상법

· 콜로이드는 침전되기 어려워 응집침전으로 제거함
· 유기물은 생물학적 처리로 제거하는 것이 효과적임

40. 정수처리를 위하여 막여과시설을 설치하였을 때 막모듈의 파울링에 해당되는 내용은?

① 장기적인 압력부하에 의한 막 구조의 압밀화(creep 변형)
② 건조나 수축으로 인한 막 구조의 비가역적인 변화
③ 막의 다공질부의 흡착, 석출, 포착 등에 의한 폐색
④ 원수 중의 고형물이나 진동에 의한 막 면의 상처나 마모, 파단

분류	정의
열화	막 자체의 변질로 생긴 비가역적인 막 성능의 저하
파울링	막 자체의 변질이 아닌 외적 인자로 생긴 막 성능의 저하

41. 항목별 시료 보존방법에 관한 설명으로 틀린 것은?

① 아질산성질소 함유시료는 4℃에서 보관한다.

② 인산염인 함유시료는 즉시 여과한 후 4℃에서 보관한다.

③ 클로로필a 함유시료는 즉시 여과한 후 -20℃ 이하에서 보관한다.

④ 불소 함유시료는 6℃ 이하, 현장에서 멸균된 여과지로 여과하여 보관한다.

④ 불소 함유시료는 폴리에틸렌 용기에 보관한다.

항목별 시료 보존방법

1) 용기별 정리

용기	항목
P	불소
G	냄새, 노말헥산추출물질, PCB, VOC, 페놀류, 유기인
G(갈색)	잔류염소, 다이에틸헥실프탈레이트, 1,4-다이옥산, 석유계총탄화수소, 염화비닐, 아크릴로니트릴, 브로모폼
BOD 병	용존산소 적정법, 용존산소 전극법
PP	과불화화합물
P, G	나머지
용기기준 없는 것	투명도

P : 폴리에틸렌(polyethylene), G : 유리(glass), PP : 폴리프로필렌(polypropylene)

2) 온도별 정리

보관 온도	항목
6℃	퍼클로레이트, 황산이온
저온(10℃ 이하)	총대장균군, 분원성대장균군, 대장균군
-20℃	클로로필a
4℃	나머지

42. 다음 중 질산성 질소 분석 방법이 아닌 것은?

① 이온크로마토그래피법

② 자외선/가시선 분광법(부루신법)

③ 자외선/가시선 분광법(활성탄흡착법)

④ 카드뮴 환원법

43. 마이크로파에 의한 유기물분해 원리로 (   )에 알맞은 내용은?

마이크로파 영역에서 (㉠)나 이온이 쌍극자 모멘트와 (㉡)를(을) 일으켜 온도가 상승하는 원리를 이용하여 시료를 가열하는 방법이다.

① ㉠ 전자, ㉡ 분자결합
② ㉠ 전자, ㉡ 충돌
③ ㉠ 극성분자, ㉡ 이온전도
④ ㉠ 극성분자, ㉡ 해리

마이크로파 영역에서 극성분자나 이온이 쌍극자 모멘트와 이온전도를 일으켜 온도가 상승하는 원리를 이용하여 시료를 가열하는 방법이다.

44. 다음 조건으로 계산된 직각 삼각웨어의 유량(m^3/min)은?

(단, 유량계수 $K = 81.2 + \dfrac{0.24}{h} + [(8.4 + \dfrac{12}{\sqrt{D}}) \times (\dfrac{h}{B} - 0.09)^2]$, $D = 0.25m$, $B = 0.8m$,

$h = 0.1m$)

① 약 0.26
② 약 0.52
③ 약 1.04
④ 약 2.08

$K = 81.2 + \dfrac{0.24}{0.1} + [(8.4 + \dfrac{12}{\sqrt{0.25}}) \times (\dfrac{0.1}{0.8} - 0.09)^2] = 83.63$

$Q = K \cdot h^{5/2} = 83.63 \times (0.1)^{5/2} = 0.264$

45. 하수처리장의 SS 제거에 대한 다음과 같은 분석결과를 얻었을 때 SS 제거효율(%)은?

구분＼시료	유입수	유출수
시료 부피	250mL	400mL
건조시킨 후 (용기+SS) 무게	16.3542g	17.2712g
용기의 무게	16.3143g	17.2638g

① 약 96.5
② 약 94.5
③ 약 92.5
④ 약 88.5

1) 제거량

$$\text{제거량} \quad = \qquad \text{유입량} \qquad - \qquad \text{유출량}$$

$$= \frac{(16.3542-16.3143)g}{250mL} - \frac{(17.2712-17.2638)g}{400mL}$$

$$= 1.411 \times 10^{-4} g/mL$$

2) 제거율

$$\text{제거율}(\eta) = \frac{\text{제거량}}{\text{유입량}} \times 100(\%)$$

$$= \frac{1.411 \times 10^{-4}}{1.596 \times 10^{-4}} \times 100(\%)$$

$$= 88.4\%$$

46. 총 인의 측정법 중 아스코르빈산 환원법에 관한 설명으로 맞는 것은?

① 220nm에서 시료용액의 흡광도를 측정한다.

② 다량의 유기물을 함유한 시료는 과황산칼륨 분해법을 사용하여 전처리한다.

③ 전처리한 시료의 상등액이 탁할 경우에는 염산 주입 후 가열한다.

④ 정량한계는 0.005mg/L이다.

---

① 880nm에서 시료용액의 흡광도를 측정한다.

② 시료의 전처리 방법에서 축합인산과 유기인 화합물은 서서히 분해되어 측정이 잘 안되기 때문에 과황산칼륨으로 가수분해시켜 정인산염으로 전환한 다음 다시 측정한다.

③ 상층액이 혼탁한 시료의 여과는 시료채취 후 여과지 5종 또는 $1\mu m$ 이하의 유리섬유여과지(GF/C)를 사용하여 여과하며 최초의 여과액 약 5~10mL를 버리고 다음의 여과용액을 사용한다.

47. 원자흡수분광광도계의 구성요소가 아닌 것은?

① 속빈음극램프

② 전자포획형검출기

③ 예혼합버너

④ 분무기

전자포획형 검출기는 가스크로마토그래피(GC)에서 사용된다.

48. 수질오염공정시험기준상 6가 크롬을 측정하는 방법이 아닌 것은?

① 원자흡수분광광도법

② 진콘법

③ 유도결합플라스마-원자발광분광법

④ 자외선/가시선분광법

49. 원자흡수분광광도계의 광원으로 보통 사용되는 것은?

① 열음극램프
② 속빈음극램프
③ 중수소램프
④ 텅스텐램프

50. 적정법을 이용한 염소이온의 측정 시 적정의 종말점으로 옳은 것은?

① 엷은 적황색 침전이 나타날 때
② 엷은 적갈색 침전이 나타날 때
③ 엷은 청록색 침전이 나타날 때
④ 엷은 담적색 침전이 나타날 때

51. 클로로필 a 측정 시 클로로필 색소를 추출하는데 사용되는 용액은?

① 아세톤(1+9) 용액
② 아세톤(9+1) 용액
③ 에틸알콜(1+9) 용액
④ 에틸알콜(9+1) 용액

52. 화학적산소요구량(COD_{Mn})에 대한 설명으로 틀린 것은?

① 시료량은 가열 반응 후에 0.025N 과망간산칼륨용액의 소모량이 70~90%가 남도록 취한다.
② 시료의 COD 값이 10mg/L 이하일 때는 시료 100mL를 취하여 그대로 실험한다.
③ 수욕중에서 30분보다 더 가열하면 COD 값은 증가한다.
④ 황산은 분말 1g 대신 질산은 용액(20%) 5mL 또는 질산은 분말 1g을 첨가해도 좋다.

① 시료의 양은 30분간 가열반응한 후에 과망간산칼륨용액(0.005M)이 처음 첨가한 양의 50%~70%가 남도록 채취한다. 다만 시료의 COD 값이 10mg/L 이하일 경우에는 시료 100mL를 취하여 그대로 시험하며, 보다 정확한 COD 값이 요구될 경우에는 과망간산칼륨액(0.005M)의 소모량이 처음 가한 양의 50%에 접근하도록 시료량을 취한다.

53. 시안(자외선/가시선분광법) 분석에 관한 설명으로 틀린 것은?

① 각 시안화합물의 종류를 구분하여 정량할 수 없다.
② 황화합물이 함유된 시료는 아세트산나트륨 용액을 넣어 제거한다.
③ 시료에 다량의 유지류를 포함한 경우 노말헥산 또는 클로로폼으로 추출하여 제거한다.
④ 정량한계는 0.01mg/L이다.

시안(자외선/가시선 분광법) 간섭물질

① 다량의 유지류가 함유된 시료는 아세트산 또는 수산화나트륨 용액으로 pH 6~7로 조절하고 시료의 약 2%에 해당하는 노말헥산 또는 클로로폼을 넣어 짧은 시간 동안 흔들어 섞고 수층을 분리하여 시료를 취한다.
② 황화합물이 함유된 시료는 아세트산아연용액(10%) 2mL를 넣어 제거한다. 이 용액 1mL는 황화물이온 약 14mg에 대응한다.

54. 개수로에 의한 유량측정 시 평균유속은 Chezy의 유속 공식을 적용한다. 여기서 경심에 대한 설명으로 옳은 것은?

① 유수단면적을 윤변으로 나눈 것을 말한다.
② 윤변에서 유수단면적을 뺀 것을 말한다.
③ 윤변과 유수단면적을 곱한 것을 말한다.
④ 윤변과 유수단면적을 더한 것을 말한다.

경심 = 면적 / 윤변
R = A / P

55. 페놀류를 자외선/가시선 분광법을 적용하여 분석할 때에 관한 내용으로 ( )에 옳은 것은?

이 시험기준은 물속에 존재하는 페놀류를 측정하기 위하여 증류한 시료에 염화암모늄-암모니아 완충용액을 넣어 pH ( )으로 조절한 다음 4-아미노안티피린과 헥사시안화철(Ⅱ)산칼륨을 넣어 생성된 붉은 색의 안티피린계 색소의 흡광도를 측정하는 방법이다.

① 8
② 9
③ 10
④ 11

페놀류 - 자외선/가시선 분광법

물속에 존재하는 페놀류를 측정하기 위하여 증류한 시료에 염화암모늄-암모니아 완충용액을 넣어 pH 10으로 조절한 다음 4-아미노안티피린과 헥사시안화철(II)산칼륨을 넣어 생성된 붉은색의 안티피린계 색소의 흡광도를 측정하는 방법으로 수용액에서는 510nm, 클로로폼용액에서는 460nm에서 측정

자외선/가시선 분광법 비교 - pH

물질	자외선 가시선 분광법 분석 개요
페놀	pH 10 4-아미노안티피린헥사시안화철산칼륨 붉은색 안티피린계흡광도 수용액 510nm / 클로로폼용액 460nm
시안	pH 2 산성, 클로라민-T, 피리딘-피라졸론 청색 620nm
아연	pH 9 진콘 청색 620nm

56. 노말헥산 추출물질시험법에서 염산(1+1)으로 산성화할 때 넣어주는 지시약과 pH로 옳은 것은?

① 메틸레드 - pH 4.0 이하

② 메틸오렌지 - pH 4.0 이하

③ 메틸레드 - pH 2.0 이하

④ 메틸오렌지 - pH 2.0 이하

시료 적당량(노말헥산 추출물질로서 5~200mg 해당량)을 분별 깔때기에 넣어 메틸오렌지용액(0.1%) 2~3방울을 넣고, 황색이 적색으로 변할 때까지 염산(1+1)을 넣어 시료의 pH를 4 이하로 조절한다.

57. 불소의 분석방법이 아닌 것은?

① 자외선/가시선 분광법　　② 이온전극법

③ 액체크로마토그래피법　　④ 이온크로마토그래피법

불소의 분석방법

· 자외선/가시선 분광법
· 이온전극법
· 이온크로마토그래피

58. 측정시료 채취 시 유리용기만을 사용해야 하는 항목은?

① 불소　　② 유기인

③ 알킬수은　　④ 시안

용기	항목
P	불소
G	냄새, 노말헥산추출물질, PCB, VOC, 페놀류, 유기인
G(갈색)	잔류염소, 다이에틸헥실프탈레이트, 1,4-다이옥산, 석유계총탄화수소, 염화비닐, 아크릴로니트릴, 브로모폼
BOD 병	용존산소 적정법, 용존산소 전극법
PP	과불화화합물
P, G	나머지
용기기준 없는 것	투명도

P : 폴리에틸렌(polyethylene), G : 유리(glass), PP : 폴리프로필렌(polypropylene)

59. 농도표시에 관한 설명 중 틀린 것은?

① 백만분율(ppm, parts per million)을 표시할 때는 mg/L, mg/kg의 기호를 쓴다.
② 기체 중의 농도는 표준상태(20℃, 1기압)로 환산 표시한다.
③ 용액의 농도를 "%"로만 표시할 때는 W/V%의 기호를 쓴다.
④ 천분율(ppt, parts per thousand)을 표시할 때는 g/L, g/kg의 기호를 쓴다.

기체 중의 농도는 표준상태(0℃, 1기압)로 환산 표시한다.

60. 자외선/가시선 분광법에 의한 음이온계면활성제 측정 시 메틸렌블루와 반응시켜 생성된 착화합물의 추출용매로 가장 적절한 것은?

① 디티존사염화탄소
② 클로로폼
③ 트리클로로에틸렌
④ 노말헥산

자외선/가시선 분광법-음이온계면활성제(메틸렌블루법)
물속에 존재하는 음이온 계면활성제를 측정하기 위하여 메틸렌블루와 반응시켜 생성된 청색의 착화합물을 클로로폼으로 추출하여 흡광도를 650nm에서 측정하는 방법이다.

제4과목 수질환경관계법규

---

61. 환경기준에서 수은의 하천수질기준으로 적절한 것은? (단, 구분 : 사람의 건강보호)

① 검출되어서는 안 됨
② 0.01mg/L 이하
③ 0.02mg/L 이하
④ 0.03mg/L 이하

수질환경기준(하천) 중 사람의 건강보호 기준

기준값(mg/L)	항목
검출되어서는 안 됨(검출한계)	CN (0.01)　Hg (0.001)　유기인 (0.0005)　PCB (0.0005)
0.5 이하	ABS, 포름알데히드
0.05 이하	Pb, As, Cr^{6+}, 1,4-다이옥세인
0.005 이하	Cd
0.01 이하	벤젠
0.02 이하	디클로로메탄, 안티몬
0.03 이하	1,2-디클로로에탄
0.04 이하	PCE
0.004 이하	사염화탄소

62. 사업장의 규모별 구분 중 1일 폐수배출량이 250m³인 사업장의 종류는?

① 제2종 사업장　　　　　　② 제3종 사업장
③ 제4종 사업장　　　　　　④ 제5종 사업장

종 류	배출규모
제1종 사업장	1일 폐수배출량이 2,000m³ 이상인 사업장
제2종 사업장	1일 폐수배출량이 700m³ 이상, 2,000m³ 미만인 사업장
제3종 사업장	1일 폐수배출량이 200m³ 이상, 700m³ 미만인 사업장
제4종 사업장	1일 폐수배출량이 50m³ 이상, 200m³ 미만인 사업장
제5종 사업장	제1종부터 제4종까지의 사업장에 해당하지 아니하는 배출시설

63. 수질오염방지시설 중 생물화학적 처리시설은?

① 흡착시설　　　　　　　　② 혼합시설
③ 폭기시설　　　　　　　　④ 살균시설

1. 물리적 처리시설
가. 스크린
나. 분쇄기
다. 침사(沈砂)시설
라. 유수분리시설
마. 유량조정시설(집수조)
바. 혼합시설
사. 응집시설
아. 침전시설
자. 부상시설
차. 여과시설
카. 탈수시설
타. 건조시설
파. 증류시설
하. 농축시설

2. 화학적 처리시설
가. 화학적 침강시설
나. 중화시설
다. 흡착시설
라. 살균시설
마. 이온교환시설
바. 소각시설
사. 산화시설
아. 환원시설
자. 침전물 개량시설

3. 생물화학적 처리시설
가. 살수여과상
나. 폭기(瀑氣)시설
다. 산화시설(산화조, 산화지)
라. 혐기성·호기성 소화시설
마. 접촉조
바. 안정조
사. 돈사톱밥발효시설

64. 폐수처리업에 종사하는 기술요원에 대한 교육기관으로 옳은 것은?

① 한국환경공단
② 국립환경과학원
③ 환경보전협회
④ 국립환경인력개발원

> 1. 환경기술인 : 환경보전협회
> 2. 기술요원 : 국립환경인력개발원

65. 폐수무방류배출시설의 운영기록은 최종 기록일부터 얼마 동안 보존하여야 하는가?

① 1년간
② 2년간
③ 3년간
④ 5년간

> · 사업자, 수질오염방지시설, 공동방지시설 : 1년간 보존
> · 폐수무방류배출시설 : 3년간 보존

66. 공공수역에 특정수질유해물질 등을 누출 · 유출시키거나 버린 자에 대한 벌칙 기준은?

① 6개월 이하의 징역 또는 5백만원 이하의 벌금
② 1년 이하의 징역 또는 1천만원 이하의 벌금
③ 3년 이하의 징역 또는 3천만원 이하의 벌금
④ 5년 이하의 징역 또는 5천만원 이하의 벌금

> · 공공수역에 특정수질유해물질 등을 누출·유출시키거나 버린 자 : 3년 이하의 징역 또는 3천만원 이하의 벌금
> · 업무상 과실 또는 중대한 과실로 인하여 특정수질유해물질 등을 누출·유출한 자 : 1년 이하의 징역 또는 1천만원 이하의 벌금

67. 환경부장관이 위법시설에 대한 폐쇄를 명하는 경우에 해당되지 않는 것은?

① 배출시설을 개선하거나 방지시설을 설치·개선하더라도 배출허용기준 이하로 내려갈 가능성이 없다고 인정되는 경우
② 배출시설의 설치 허가 및 신고를 하지 아니하고 배출시설을 설치하거나 사용한 경우
③ 폐수무방류배출시설의 경우 배출시설에서 나오는 폐수가 공공수역으로 배출될 가능성이 있다고 인정되는 경우
④ 배출시설 설치장소가 다른 법률의 규정에 의하여 당해 배출시설의 설치가 금지된 장소인 경우

제44조(위법시설에 대한 폐쇄명령 등)

환경부장관은 제33조제1항부터 제3항까지의 규정에 따른 허가를 받지 아니하거나 신고를 하지 아니하고 배출시설을 설치하거나 사용하는 자에 대하여 해당 배출시설의 사용중지를 명하여야 한다.

다만, 해당 배출시설을 개선하거나 방지시설을 설치·개선하더라도 그 배출시설에서 배출되는 수질오염물질의 정도가 배출허용기준 이하로 내려갈 가능성이 없다고 인정되는 경우(폐수무방류배출시설의 경우에는 그 배출시설에서 나오는 폐수가 공공수역으로 배출될 가능성이 있다고 인정되는 경우를 말한다) 또는 그 설치장소가 다른 법률에 따라 해당 배출시설의 설치가 금지된 장소인 경우에는 그 배출시설의 폐쇄를 명하여야 한다. [전문개정 2013.7.30.]

68. 오염총량관리기본계획안에 첨부되어야 하는 서류가 아닌 것은?

① 오염원의 자연증감에 관한 분석 자료
② 오염부하량의 산정에 사용한 자료
③ 지역개발에 관한 과거와 장래의 계획에 관한 자료
④ 오염총량관리기준에 관한 자료

시행규칙 제11조(오염총량관리기본계획 승인신청 및 승인기준)

① 시·도지사는 법 제4조의3제1항에 따라 오염총량관리기본계획(이하 "오염총량관리기본계획"이라 한다.)의 승인을 받으려는 경우에는 오염총량관리기본계획안에 다음 각 호의 서류를 첨부하여 환경부장관에게 제출하여야 한다.

1. 유역환경의 조사·분석 자료
2. 오염원의 자연증감에 관한 분석 자료
3. 지역개발에 관한 과거와 장래의 계획에 관한 자료
4. 오염부하량의 산정에 사용한 자료
5. 오염부하량의 저감계획을 수립하는 데에 사용한 자료

69. 물환경보전법상 초과부과금 부과대상이 아닌 것은?

① 망간 및 그 화합물
② 니켈 및 그 화합물
③ 크롬 및 그 화합물
④ 6가 크롬 화합물

초과부과금의 산정기준(제45조제5항 관련)

1) 수질오염물질 1킬로그램당 부과금액(원)

75,000	30,000	500	450	250
크롬	망간 아연	T-P T-N	유기물질(TOC)	유기물질(BOD 또는 COD) 부유물질

2) 특정유해물질 1킬로그램당 부과금액(만원)

125	50	30	15	10	5
Hg PCB	Cd	Cr^{6+} PCE TCE	페놀, 시안 유기인, 납	비소	구리

개정) 2020년 이후 개정된 법규

70. 비점오염저감시설의 구분 중 장치형 시설이 아닌 것은?

① 여과형 시설　　　　　　　② 와류형 시설
③ 저류형 시설　　　　　　　④ 스크린형 시설

비점오염저감시설(제8조 관련)

자연형 시설	장치형 시설
· 저류시설	· 여과형 시설
· 인공습지	· 와류(渦流)형
· 침투시설	· 스크린형 시설
· 식생형 시설	· 응집·침전 처리형 시설
	· 생물학적 처리형 시설

71. 공공폐수처리시설로서 처리용량이 1일 700m^3 이상인 시설에 부착해야 하는 측정기기의 종류가 아닌 것은?

① 수소이온농도(pH) 수질자동측정기기　　② 부유물질량(SS) 수질자동측정기기
③ 총질소(T-N) 수질자동측정기기　　　　④ 온도측정기

시행령 [별표 7] 〈개정 2016. 9. 5.〉

측정기기의 부착 대상 및 종류(제35조제1항 관련)

측정기기의 종류	부착 대상
1) 수질자동측정기기 　가) 수소이온농도(pH) 수질자동측정기기 　나) 화학적 산소요구량(COD) 수질자동측정기기 　다) 부유물질량(SS) 수질자동측정기기 　라) 총 질소(T-N) 수질자동측정기기 　마) 총 인(T-P) 수질자동측정기기	1) 다음의 어느 하나에 해당하는 사업장 　가) 공동방지시설 설치·운영사업장으로서 1일 　　　처리용량이 200세제곱미터 이상인 사업장 　나) 제1종부터 제3종까지의 사업장 2) 공공폐수처리시설로서 처리용량이 1일 　700세제곱미터 이상인 시설 3) 「하수도법」 공공하수처리시설로서 처리용량이 1일 　700세제곱미터 이상인 시설

72. 폐수배출시설의 설치허가 대상시설 범위 기준으로 맞는 것은?

상수원보호구역이 지정되지 아니한 지역 중 상수원 취수시설이 있는 지역의 경우에는 취수시설로부터
(　　　) 이내에 설치하는 배출시설

① 하류로 유하거리 10킬로미터　　　② 하류로 유하거리 15킬로미터
③ 상류로 유하거리 10킬로미터　　　④ 상류로 유하거리 15킬로미터

73. 배출시설의 설치제한지역에서 폐수무방류 배출시설의 설치가 가능한 특정수질유해 물질이 아닌 것은?

① 구리 및 그 화합물
② 디클로로메탄
③ 1,2-디클로로에탄
④ 1,1-디클로로에틸렌

74. 음이온 계면활성제(ABS)의 하천의 수질 환경기준치는?

① 0.01mg/L 이하
② 0.1mg/L 이하
③ 0.05mg/L 이하
④ 0.5mg/L 이하

수질환경기준(하천) 중 사람의 건강보호 기준

기준값(mg/L)	항목			
검출되어서는 안 됨(검출한계)	CN (0.01)	Hg (0.001)	유기인 (0.0005)	PCB (0.0005)
0.5 이하	ABS, 포름알데히드			
0.05 이하	Pb, As, Cr^{6+}, 1,4-다이옥세인			
0.005 이하	Cd			
0.01 이하	벤젠			
0.02 이하	디클로로메탄, 안티몬			
0.03 이하	1,2-디클로로에탄			
0.04 이하	PCE			
0.004 이하	사염화탄소			

75. 폐수를 전량 위탁처리하여 방지시설의 설치면제에 해당되는 사업장은 그에 해당하는 서류를 제출하여야 한다. 다음 중 제출서류에 해당하지 않는 것은?

① 배출시설의 기능 및 공정의 설계 도면
② 폐수처리업자 등과 체결한 위탁처리계약서
③ 위탁처리할 폐수의 성상별 저장시설의 설치계획 및 그 도면
④ 위탁처리할 폐수의 종류·양 및 수질오염물질별 농도에 대한 예측서

> 폐수를 전량 재이용하는 등 방지시설을 설치하지 아니하고도 수질오염물질을 적정하게 처리할 수 있는 경우로서 환경부령으로 정하는 경우 제출서류
>
> 가. 위탁처리할 폐수의 종류·양 및 수질오염물질별 농도에 대한 예측서
> 나. 위탁처리할 폐수의 성상별 저장시설의 설치계획 및 그 도면
> 다. 폐수처리업자 등과 체결한 위탁처리계약서

76. 배출시설과 방지시설의 정상적인 운영·관리를 위하여 환경기술인을 임명하지 아니한 자에 대한 과태료 처분 기준은?

① 1천만원 이하
② 300만원 이하
③ 200만원 이하
④ 100만원 이하

> · 환경기술인을 임명하지 아니한 자 - 1천만원 이하의 과태료
> · 환경기술인 등의 교육을 받게 하지 아니한 자 - 100만원 이하의 과태료
> · 환경기술인의 업무를 방해하거나 환경기술인의 요청을 정당한 사유 없이 거부한 자 - 100만원 이하의 벌금

77. 낚시금지구역에서 낚시행위를 한 자에 대한 과태료 처분 기준은?

① 100만원 이하
② 200만원 이하
③ 300만원 이하
④ 500만원 이하

> · 낚시금지구역 : 300만원 이하 과태료
> · 낚시제한구역 : 100만원 이하 과태료

78. 사업자가 환경기술인을 임명하는 목적으로 맞는 것은?

① 배출시설과 방지시설의 운영에 필요한 약품의 구매·보관에 관한 사항
② 배출시설과 방지시설의 사용개시 신고
③ 배출시설과 방지시설의 등록
④ 배출시설과 방지시설의 정상적인 운영·관리

> **제47조(환경기술인)** ① 사업자는 배출시설과 방지시설의 정상적인 운영·관리를 위하여 대통령령으로 정하는 바에 따라 환경기술인을 임명하여야 한다.

79. 사업자 및 배출시설과 방지시설에 종사하는 자는 배출시설과 방지시설의 정상적인 운영, 관리를 위한 환경기술인의 업무를 방해하여서는 아니되며, 그로부터 업무수행에 필요한 요청을 받은 때에는 정당한 사유가 없는 한 이에 응하여야 한다. 이를 위반하여 환경기술인의 업무를 방해하거나 환경기술인의 요청을 정당한 사유 없이 거부한 자에 대한 벌칙 기준은?

① 100만원 이하의 벌금
② 200만원 이하의 벌금
③ 300만원 이하의 벌금
④ 500만원 이하의 벌금

· 환경기술인을 임명하지 아니한 자 - 1천만원 이하의 과태료
· 환경기술인 등의 교육을 받게 하지 아니한 자 - 100만원 이하의 과태료
· 환경기술인의 업무를 방해하거나 환경기술인의 요청을 정당한 사유 없이 거부한 자 - 100만원 이하의 벌금

80. 환경정책기본법령상 환경기준 중 수질 및 수생태계(해역)의 생활환경 기준으로 맞는 것은?

① 용매추출유분 : 0.01mg/L 이하
② 총질소 : 0.3mg/L 이하
③ 총인 : 0.03mg/L 이하
④ 화학적산소요구량 : 1mg/L 이하

해역-생활환경

항목	수소이온농도 (pH)	총대장균군 (총대장균군 수/100mL)	용매 추출유분 (mg/L)
기준	6.5~8.5	1,000 이하	0.01 이하

1. ② 2. ① 3. ① 4. 전항정답 5. ① 6. ① 7. ① 8. ④ 9. ④ 10. ① 11. ② 12. ③ 13. ② 14. ④ 15. ②
16. ② 17. ③ 18. ② 19. ③ 20. ① 21. ③ 22. ③ 23. ① 24. ① 25. ① 26. ① 27. ① 28. ① 29. ① 30. ④
31. ④ 32. ① 33. ① 34. ① 35. ④ 36. ① 37. ① 38. ① 39. ① 40. ① 41. ④ 42. ④ 43. ③ 44. ① 45. ①
46. ④ 47. ② 48. ② 49. ② 50. ① 51. ① 52. ① 53. ① 54. ① 55. ① 56. ① 57. ② 58. ① 59. ① 60. ②
61. ① 62. ② 63. ① 64. ④ 65. ③ 66. ③ 67. ② 68. ④ 69. ② 70. ① 71. ④ 72. ① 73. ① 74. ④ 75. ①
76. ① 77. ③ 78. ④ 79. ① 80. ①

제1과목 수질오염개론

---

1. **소수성 콜로이드 입자가 전기를 띠고 있는 것을 알아보기 위한 가장 적합한 실험은?**

① 콜로이드 용액의 삼투압을 조사한다.
② 소량의 친수 콜로이드를 가하여 보호작용을 조사한다.
③ 전해질을 주입하여 응집 정도를 조사한다.
④ 콜로이드 입자에 강한 빛을 쬐어 틴들현상을 조사한다.

콜로이드 성질의 원리

① 입자 크기
③ 전하를 띰
④ 입자 크기

콜로이드의 성질

성질	정의	예	원리
틴들현상	콜로이드 용액에 빛을 비추면 빛의 진로가 뚜렷이 보이는데, 큰 입자들이 가시광선을 산란시켜 나타나는 현상	숲속 사이 햇살 진로가 보이는 현상	입자 크기
투석	콜로이드 용액에 섞여 있는 용질 분자나 이온을 반투막을 이용하여 콜로이드 입자와 분리함으로써 콜로이드 용액을 정제하는 방법	혈액 투석	입자 크기
염석	소량의 전해질에 의해 침전되지 않는 콜로이드에 다량의 전해질을 가했을 때 침전하는 현상	두부의 간수($MgCl_2$)	전하를 띰
엉김	소수 콜로이드 입자가 소량의 전해질에 의해 침전되는 현상	삼각주가 형성	전하를 띰
전기이동	콜로이드 용액에 직류전류를 통하면 콜로이드 입자가 자신의 전하와 반대전하를 띤 전극으로 이동하는 현상		전하를 띰
흡착	콜로이드 입자 표면에 다른 액체나 기체분자가 달라붙음으로써 입자의 표면에 액체나 기체분자의 농도가 증가하는 현상	탈취, 활성탄 흡착	큰 비표면적
브라운 운동	콜로이드 입자가 분산매의 열운동에 의한 충돌로 인해 보이는 불규칙적인 운동		열운동

2. 아래와 같은 반응이 있다. 다음 반응의 평형상수(K)는? $NH_4^+ \Leftrightarrow NH_3(aq) + H^+$

$$H_2O \Leftrightarrow H^+ + OH^-$$

$$NH_3(aq) + H_2O \Leftrightarrow NH_4^+ + OH^-$$

$$(단, \ K_w = 1.0 \times 10^{-14}, \ K_b = 1.8 \times 10^{-5})$$

① 1.8×10^9 ② 1.8×10^{-9}

③ 5.6×10^{10} ④ 5.6×10^{-10}

$$
\begin{array}{lll}
+ \ \text{식1} & H_2O \Leftrightarrow H^+ + OH^- & K_w = 1.0 \times 10^{-14} \\
- \ \text{식2} & NH_4^+ + OH^- \Leftrightarrow NH_3(aq) + H_2O & K_b = 1.8 \times 10^{-5} \\
\hline
& NH_4^+ \qquad \Leftrightarrow NH_3(aq) + H^+ & K_a = \dfrac{K_w}{K_b}
\end{array}
$$

$$K_a = \frac{K_w}{K_b} = \frac{1.0 \times 10^{-14}}{1.8 \times 10^{-5}} = 5.55 \times 10^{-10}$$

3. Glucose($C_6H_{12}O_6$) 800mg/L 용액을 호기성 처리 시 필요한 이론적 인(P)의 양(mg/L)은? (단, BOD_5 : N : P = 100 : 5 : 1, $K_1 = 0.1day^{-1}$, 상용대수 기준)

① 약 9.6 ② 약 7.9

③ 약 5.8 ④ 약 3.6

1) BOD_u

$$C_6H_{12}O_6 \quad + \quad 6O_2 \quad \rightarrow \quad 6CO_2 \quad + \quad 6H_2O$$

$$180g \qquad : \qquad 6 \times 32g$$

$$800mg/L \qquad : \qquad BOD_u$$

$$BOD_u = \frac{6 \times 32}{180} \ \bigg| \ \frac{800}{} = 853.333mg/L$$

2) BOD_5

$$
\begin{aligned}
BOD_5 &= BOD_u(1 - 10^{Kt}) \\
&= 853.333(1 - 10^{-0.1 \times 5}) \\
&= 583.485mg/L
\end{aligned}
$$

3) 필요한 인(P)의 양

$$
\begin{array}{ccc}
BOD_5 & : & P \\
100 & : & 1 \\
583.485 & : & P
\end{array}
$$

$\therefore \ P = 5.83mg/L$

4. 적조 발생의 환경적 요인과 가장 거리가 먼 것은?

① 바다의 수온구조가 안정화되어 물의 수직적 성층이 이루어질 때
② 플랑크톤의 번식에 충분한 광량과 영양염류가 공급될 때
③ 정체 수역의 염분농도가 상승되었을 때
④ 해저에 빈산소 수괴가 형성되어 포자의 발아 촉진이 일어나고 퇴적층에서 부영양화의 원인
  물질이 용출될 때

③ 염분이 낮을수록 적조가 잘 발생한다.

적조의 발생 원인

영양염류 과다 유입
정체된 수역일수록
수중 연직 안정도가 높을수록   ⇒   적조가 잘 발생함
염분이 낮을수록
일사량이 클수록
특히, 풍수기, 홍수 이후

5. 다음에서 설명하는 기체 확산에 관한 법칙은?

기체의 확산속도(조그마한 구멍을 통한 기체의 탈출)는 기체 분자량의 제곱근에 반비례한다.

① Dalton의 법칙   ② Graham의 법칙
③ Gay-Lussac의 법칙   ④ Charles의 법칙

① 달턴의 법칙 : 공기와 같은 혼합기체 속에서 각 성분기체는 서로 독립적으로 압력을 나타낸다.
② 그레이험의 법칙 : 기체의 확산속도(조그마한 구멍을 통한 기체의 탈출)는 기체 분자량의 제곱근에 반비례한다.
③ 게이뤼삭의 법칙 : 기체가 관련된 화학반응에서는 반응하는 기체와 생성된 기체의 부피 사이에 정수관계가 성립
  한다.

6. 농업용수의 수질 평가 시 사용되는 SAR(Sodium Adsorption Ratio) 산출식에 직접 관련된 원소로만 나열된 것은?

① K, Mg, Ca
② Mg, Ca, Fe
③ Ca, Mg, Al
④ Ca, Mg, Na

$$SAR = \frac{Na^+}{\sqrt{\dfrac{Ca^{2+} + Mg^{2+}}{2}}}$$

7. 빈영양호와 부영양호를 비교한 내용으로 옳지 않은 것은?

① 투명도 : 빈영양호는 5m 이상으로 높으나 부영양호는 5m 이하로 낮다.

② 용존산소 : 빈영양호는 전층이 포화에 가까우나, 부영양호는 표수층은 포화이나 심수층은 크게 감소한다.

③ 물의 색깔 : 빈영양호는 황색 또는 녹색이나 부영양호는 녹색 또는 남색을 띤다.

④ 어류 : 빈영양호에는 냉수성인 송어, 황어 등이 있으나 부영양호에는 난수성인 잉어, 붕어 등이 있다.

③ 물의 색깔 : 빈영양호 – 청색이나 녹색, 부영양호 – 녹색 또는 황색

빈영양호와 부영양호의 비교

구분	빈영양호	부영양호
정의	영양염류가 부족하여 생물이 적은 호소	영양염류 과다로 부영양화가 발생한 호수
물 색깔	청/색 또는 녹색	녹색 내지 황색, 수심 때문에 때로는 현저하게 착색
투명도	크다(5m 이상)	작다(5m 이하)
pH	중성	중성 또는 약알칼리성, 여름에 표층이 때로는 강알칼리성
영양염류	소량	다량
현탁물질	소량	플랑크톤과 그 사체에 의한 현탁물질이 다량

8. K_1(탈산소계수, base = 상용대수)가 0.1/day인 물질의 BOD_5 = 400mg/L이고, COD = 800mg/L라면 NBDCOD(mg/L)는? (단, BDCOD = BOD_u)

① 215   ② 235

③ 255   ④ 275

1) BOD_u

$$BOD_5 = BOD_u(1-10^{-5k})$$
$$400 = BOD_u(1-10^{-0.1\times5})$$
$$\therefore BOD_u = 584.99mg/L$$

2) NBDCOD

$$
\begin{aligned}
NBDCOD &= COD - BDCOD \\
&= COD - BOD_u \\
&= 800 - 584.99 \\
&= 215mg/L
\end{aligned}
$$

9. BOD_5가 213mg/L인 하수의 7일 동안 소모된 BOD(mg/L)는? (단, 탈산소계수 = 0.14/day)

   ① 238   ② 248

   ③ 258   ④ 268

1) BOD_u

$BOD_5 = BOD_u(1-10^{-5k})$

$213 = BOD_u(1-10^{-0.14 \times 5})$

∴ $BOD_u = 266.0924$mg/L

2) 7일 동안 소모된 BOD

$BOD_t = BOD_u \times (1-10^{-kt})$

$BOD_7 = 266.0924 \times (1-10^{-0.14 \times 7})$

      $= 238.229$mg/L

10. $[H^+] = 5.0 \times 10^{-6}$mol/L인 용액의 pH는?

   ① 5.0   ② 5.3

   ③ 5.6   ④ 5.9

$pH = -\log[H^+] = -\log[5.0 \times 10^{-6}] = 5.3$

11. 자연수 중 지하수의 경도가 높은 이유는 다음 중 어떤 물질의 영향인가?

   ① NH_3 ② O_2

   ③ Colloid   ④ CO_2

빗물과 토양 박테리아에 의해 발생한 CO_2가 지하수에 용해되면서 탄산(약산)이 된다. 약산의 지하수에 토양수는 염기성 물질인 석회암 등이 용해되면서 석회암 속의 탄산염, 황산염, 규산염 등이 지하수에 생긴다. 이 때문에 지하수에는 미네랄(염분)이 많고 경도, 알칼리도가 높다.

12. PCB에 관한 설명으로 틀린 것은?

   ① 물에는 난용성이나 유기용제에 잘 녹는다.

   ② 화학적으로 불활성이고 절연성이 좋다.

   ③ 만성 중독 증상으로 카네미유증이 대표적이다.

   ④ 고온에서 대부분의 금속과 합금을 부식시킨다.

④ PBC는 굉장히 안정하므로 금속을 부식시키지 않는다.

PCB 특징
· 불활성, 대단히 안정
· 산·알칼리·물과 반응 안 함
· 유기용제에 용해
· 불연성(저염소화합물 제외)
· 내부식성, 내열성, 절연성

13. 하구의 물 이동에 관한 설명으로 옳은 것은?

① 해수는 담수보다 무겁기 때문에 하구에서는 수심에 따라 층을 형성하여 담수의 상부에 해수가 존재하는 경우도 있다.

② 혼합이 없고 단지 이류만 일어나는 하천에 염료를 순간적으로 방출하면 하류의 각 지점에서의 염료농도는 직사각형으로 표시된다.

③ 강혼합형은 하상구배와 간만의 차가 커서 염수와 담수의 혼합이 심하고 수심방향에서 밀도차가 일어나서 결국 오염물질이 공해로 운반될 수도 있다.

④ 조류의 간만에 의해 종방향에 따른 혼합이 중요하게 되는 경우도 있으며, 만조 시에 바다 가까운 하구에서 때때로 역류가 일어나는 경우가 있다.

① 해수는 담수보다 무겁기 때문에 상부에 담수, 하부에 해수가 존재한다.
③ 강혼합형은 하도방향으로 혼합이 심하고 연직방향에서 밀도차가 없어진다.
④ 조류의 간만에 의해 횡방향의 혼합이 중요하게 되는 경우도 있다.

하구의 혼합형식
하구밀도류의 유동형태는 담수와 염수의 혼합 강약에 따라 약·완·강 혼합형의 세 가지로 분류된다. 이 중 약 혼합형에서는 해수가 하도 내로 쐐기형태로 침입하게 되는데 이러한 밀도류를 염수쐐기라 한다.

① 약혼합형 : 하천유량 하상구배가 적음. 염수와 담수의 2층의 밀도류 발생
② 강혼합형 : 하도방향으로 혼합이 심하고, 수심방향에서 밀도차가 없어진다.
③ 완혼합형 : 약혼합과 강혼합의 중간형

14. 수질항목 중 호수의 부영양화 판정기준이 아닌 것은?

① 인
② 질소
③ 투명도
④ 대장균

부영양화 판정기준 : 질소, 인, 투명도, 클로로필-a

15. 다음 산화-환원 반응식에 대한 설명으로 옳은 것은?

$$2KMn_4 + 3H_2SO_4 + 5H_2O → K_2SO_4 + 2MnSO_4 + 5O_2$$

① $KMnO_4$는 환원되었고, H_2O_2는 산화되었다.

② $KMnO_4$는 산화되었고, H_2O_2는 환원되었다.

③ $KMnO_4$는 환원제이고, H_2O_2는 산화제이다.

④ $KMnO_4$는 산화되었으므로 산화제이다.

산화 및 환원의 정의

반응의 종류	전자	산소	수소	산화수
산화	잃음	얻음	잃음	증가
환원	얻음	잃음	얻음	감소

16. 해수에 관한 설명으로 옳은 것은?

① 해수의 밀도는 담수보다 낮다.

② 염분 농도는 적도 해역보다 남·북 양극해역에서 다소 낮다.

③ 해수의 Mg/Ca 비는 담수의 Mg/Ca 비보다 작다.

④ 수심이 깊을수록 해수 주요 성분 농도비의 차이는 줄어든다.

② 염분의 농도 : 무역풍대 > 적도 > 극지방

17. 물의 동점성계수를 가장 알맞게 나타낸 것은?

① 전단력 τ과 점성계수 μ를 곱한 값이다.

② 전단력 τ과 밀도 ρ를 곱한 값이다.

③ 점성계수 μ를 전단력 τ로 나눈 값이다.

④ 점성계수 μ를 밀도 ρ로 나눈 값이다.

$$동점성계수 = \frac{점성계수}{밀도}$$

18. 우리나라의 물이용 형태로 볼 때 수요가 가장 많은 분야는?

① 공업용수   ② 농업용수

③ 유지용수   ④ 생활용수

용수 중 가장 물 사용량이 많은 용수는 농업용수임

19. 물의 일반적인 성질에 관한 설명으로 가장 거리가 먼 것은?

① 계면에 접하고 있는 물은 다른 분자를 쉽게 받아들이지 않으며, 온도 변화에 대해서 강한 저항성을 보인다.

② 전해질이 물에 쉽게 용해되는 것은 전해질을 구성하는 양이온보다 음이온 간에 작용하는 쿨롱힘이 공기 중에 비해 크기 때문이다.

③ 물분자의 최외각에는 결합전자쌍과 비결합전자쌍이 있는데 반발력은 비결합전자쌍이 결합전자쌍보다 강하다.

④ 물은 작은 분자임에도 불구하고 큰 쌍극자 모멘트를 가지고 있다.

② 전해질이 물에 쉽게 용해되는 것은 물의 수소결합을 가지기 때문이다.

20. 여름철 부영양화된 호수나 저수지에서 다음 조건을 나타내는 수층으로 가장 적절한 것은?

- pH는 약산성이다.
- 용존산소는 거의 없다.
- CO_2는 매우 많다.
- H_2S가 검출된다.

① 성층
② 수온약층
③ 심수층
④ 혼합층

심수층은 용존산소가 거의 없어 혐기성 상태이다.

제2과목 수질오염 방지기술

---

21. 토양처리 급속침투시스템을 설계하여 1차 처리 유출수 100L/sec를 160m³/m² · 년의 속도로 처리하고자 할 때 필요한 부지면적(ha)은? (단, 1일 24시간, 1년 365일로 환산)

① 약 2
② 약 20
③ 약 4
④ 약 40

$$A = \frac{Q}{V} = \frac{100L}{s} \left| \frac{yr}{160m} \right| \frac{365day}{1yr} \left| \frac{86,400s}{1day} \right| \frac{1m^3}{1,000L} \left| \frac{1ha}{10,000m^2} \right| = 1.971ha$$

$1ha = 10,000m^2$

22. 물리화학적 처리방법 중 수중의 암모니아성 질소의 효과적인 제거방법으로 옳지 않은 것은?

① Alum 주입
② Break point 염소주입
③ Zeolite 이용
④ 탈기법 활용

구분	처리분류	공정
질소 제거	물리화학적 방법	암모니아 스트리핑 파괴점(Break Point) 염소주입법 이온교환법
	생물학적 방법	MLE(무산소-호기법) 4단계 Bardenpho
인 제거	물리화학적 방법	금속염첨가법 석회첨가법(정석탈인법) 포스트립(Phostrip) 공법
	생물학적 방법	A/O(혐기-호기법)
질소·인 동시제거		A_2/O, UCT, MUCT, VIP, SBR, 5단계 Bardenpho, 수정 포스트립 공법

23. 폭이 4.57m, 깊이가 9.14m, 길이가 61m인 분산 플러그 흐름 반응조의 유입유량은 10,600m^3/day일 때, 분산수(d = D/vL)는? (단, 분산계수 D는 800m^2/hr를 적용한다.)

① 4.32
② 3.54
③ 2.63
④ 1.24

1) 반응조를 통과하는 축방향 속도(v)

$$v = \frac{Q}{A} = \frac{10,600m^3}{day} \left| \frac{}{4.57m \times 9.14m} \right. = 253.7718m/day$$

2) 분산수(d)

$$d = \frac{D}{vL} = \frac{800m^2}{hr} \left| \frac{day}{253.7718m} \right| \frac{}{61m} \left| \frac{24hr}{1day} \right. = 1.24$$

L : 반응조 길이

24. 다음 물질들이 폐수 내에 혼합되어 있을 경우 이온 교환 수지로 처리 시 일반적으로 제일 먼저 제거되는 것은?

① Ca^{++}
② Mg^{++}
③ Na^+
④ H^+

양이온의 이온교환 선택성 순서

$Ba^{2+} > Pb^{2+} > Sr^{2+} > Ca^{2+} > Ni^{2+} > Cd^{2+} > Cu^{2+} > Co^{2+} > Zn^{2+} > Mg^{2+} > Ag^+ > Cs^+ > K^+ > NH_4^+ > Na^+ > H^+$

25. 폐수 발생원에 따른 특성에 관한 설명으로 옳지 않은 것은?

① 식품 : 고농도 유기물을 함유하고 있어 생물학적 처리가 가능하다.
② 피혁 : 낮은 BOD 및 SS, n-Hexane 그리고 독성물질인 크롬이 함유되어 있다.
③ 철강 : 코크스 공장에서는 시안, 암모니아, 페놀 등이 발생하여 그 처리가 문제된다.
④ 도금 : 특정유해물질(Cr^{6+}, CN^-, Pb, Hg 등)이 발생하므로 그 대상에 따라 처리공법을 선정해야 한다.

> ② 공장폐수 중 피혁 공장에서 배출되는 폐수는 BOD, 경도, 황화물, 크롬, SS의 함유도가 대단히 높다.

26. 도금폐수 중의 CN을 알칼리 조건 하에서 산화시키는 데 필요한 약품은?

① 염화나트륨
② 소석회
③ 아황산제이철
④ 차아염소산나트륨

> 시안처리법 – 알칼리염소주입법
>
> 산화제 : $NaOCl$, $CaCl_2$, Cl_2, O_3

27. 생물학적 산화 시 암모늄이온이 1단계 분해에서 생성되는 것은?

① 질소가스
② 아질산이온
③ 질산이온
④ 아민

> 질소의 생물학적 산화
>
> 1단계 : 질산화 (NH_3-N $\rightarrow$ NO_2^--N $\rightarrow$ NO_3^--N)
> 2단계 : 탈질 (NO_3^--N $\rightarrow$ NO_2^--N $\rightarrow$ N_2, N_2O)

28. 활성슬러지법으로 운영되는 처리장에서 슬러지의 SVI가 100일 때 포기조 내의 MLSS 농도를 2,500mg/L로 유지하기 위한 슬러지 반송률(%)은?

① 20.0
② 25.5
③ 29.2
④ 33.3

> $$SVI = \frac{10^6}{X_r}$$
>
> $$100 = \frac{10^6}{X_r}$$
>
> $$\therefore X_r = 10,000\,mg/L$$
>
> $$r = \frac{X}{X_r - X} = \frac{2,500}{10,000 - 2,500} = 0.333 = 33.3\%$$

29. 슬러지 혐기성 소화 과정에서 발생 가능성이 가장 낮은 가스는?

① CH_4

② CO_2

③ H_2S

④ SO_2

혐기성 소화 발생 가스는 혐기성 기체이다.
혐기성 기체 : CH_4, CO_2, H_2S, NH_3

30. 슬러지 개량을 행하는 주된 이유는?

① 탈수 특성을 좋게 하기 위해

② 고형화 특성을 좋게 하기 위해

③ 탈취 특성을 좋게 하기 위해

④ 살균 특성을 좋게 하기 위해

개량의 목적 : 탈수성 향상

31. 1,000명의 인구세대를 가진 지역에서 폐수량이 800m³/day일 때 폐수의 BOD_5 농도(mg/L)는? (단, 1일 1인 BOD_5 오염부하 = 50g)

① 62.5

② 85.4

③ 100

④ 150

$$\frac{50g}{인 \cdot day} \left| 1,000인 \right| \frac{day}{800m^3} \left| \frac{1,000mg}{1g} \right| \frac{1m^3}{1,000L} = 62.5mg/L$$

32. 하 · 폐수 처리의 근본적인 목적으로 가장 알맞은 것은?

① 질 좋은 상수원의 확보

② 공중보건 및 환경보호

③ 미관 및 냄새 등 심미적 요소의 충족

④ 수중생물의 보호

하수도시설의 목적
· 하수의 배제와 이에 따른 생활환경의 개선
· 침수방지
· 공공수역의 수질보전과 건전한 물순환의 회복
· 지속발전 가능한 도시구축에 기여

33. 포기 조 내 MLSS 농도가 3,200mg/L이고, 1L의 임호프콘에 30분간 침전시킨 후 부피가 400mL였을 때 SVI(Sludge Volume Index)는?

① 105

② 125

③ 143

④ 157

$$SVI = \frac{400}{3,200} \left| 1,000 \right. = 125$$

34. 분뇨와 같은 고농도 유기폐수를 처리하는 데 적합한 최적처리법은?

① 표준활성슬러지법　　　　　② 응집침전법

③ 여과·흡착법　　　　　　　　④ 혐기성소화법

고농도 유기폐수는 호기성 처리보다 혐기성 처리가 경제적이다.

35. 하수관의 부식과 가장 관계가 깊은 것은?

① NH_3 가스　　　　　　　　② H_2S 가스

③ CO_2 가스　　　　　　　　④ CH_4 가스

관정부식의 원인 : H_2S

36. 급속모래 여과장치에 있어서 수두손실에 영향을 미치는 인자로 가장 거리가 먼 것은?

① 여층의 두께　　　　　　　　② 여과 속도

③ 물의 점도　　　　　　　　　④ 여과 면적

수두손실은 물(유체)의 성질, 공극률, 여과속도 등과 관련이 있다.

37. 슬러지 건조고형물 무게의 1/2이 유기물질, 1/2이 무기물질이며, 슬러지 함수율은 80%, 유기물질 비중은 1.0, 무기물질 비중은 2.5라면 슬러지 전체의 비중은?

① 1.025　　　　　　　　　　② 1.046

③ 1.064　　　　　　　　　　④ 1.087

1) 고형물 비중(ρ_{TS})

$$\frac{M_{TS}}{\rho_{TS}} = \frac{M_{FS}}{\rho_{FS}} + \frac{M_{VS}}{\rho_{VS}}$$

$$\frac{1}{x} = \frac{1/2}{1} + \frac{1/2}{2.5}$$

$$\therefore \rho_{TS} = 1.4285$$

2) 슬러지 비중(ρ_{SL})

$$\frac{M_{SL}}{\rho_{SL}} = \frac{M_{TS}}{\rho_{TS}} + \frac{M_W}{\rho_W}$$

$$\frac{100}{\rho_{SL}} = \frac{20}{1.4285} + \frac{80}{1}$$

$$\therefore \rho_{SL} = 1.0638$$

38. 활성슬러지법에서 포기조 내 운전이 악화되었을 때 검토해야 할 사항으로 가장 거리가 먼 것은?

① 포기조 유입수의 유해성분 유무를 조사

② MLSS 농도가 적정하게 유지되는가를 조사

③ 포기조 유입수의 pH 변동 유무를 조사

④ 유입 원폐수의 SS농도 변동 유무를 조사

④ 유입 원폐수의 SS는 반응조에서 미생물에 의해 분해되므로 포기조 내 운전악화와 관계없다.

39. 미생물 고정화를 위한 팰렛(Pellet) 재료로서의 이상적인 요구조건에 해당되지 않는 것은?

① 기질, 산소의 투과성이 양호한 것

② 압축강도가 높을 것

③ 암모니아 분배계수가 낮을 것

④ 고정화 시 활성수율과 배양 후의 활성이 높을 것

팰렛의 요구조건

· 압축강도가 높을 것

· 고정화 시 활성수율과 배양 후의 활성이 높을 것

· 산소, 기질 투과성 양호

40. NH_4^+가 미생물에 의해 NO_3^-로 산화될 때 pH의 변화는?

① 감소한다.   ② 증가한다.

③ 변화 없다.   ④ 증가하다 감소한다.

질산화가 발생하면, pH는 감소한다.

제3과목 수질오염 공정시험기준

---

41. 온도에 대한 설명으로 옳은 것은?

① 상온 : 15~25℃   ② 상온 : 20~30℃

③ 실온 : 15~25℃   ④ 실온 : 20~20℃

상온 : 15~25℃

실온 : 1~35℃

42. 자외선/가시선 분광법으로 카드뮴을 정량할 때 쓰이는 시약과 그 용도가 잘못 짝지어진 것은?

① 질산-황산법 : 시료의 전처리   ② 수산화나트륨용액 :시료의 중화

③ 디티존 : 시료의 중화   ④ 사염화탄소 : 추출용매

디티존 : 카드뮴 착염의 생성

43. 이온크로마토그래피에서 분리컬럼으로부터 용리된 각 성분이 검출기에 들어가기 전에 용리액 자체의 전도도를 감소시키는 목적으로 사용되는 장치는?

① 액송펌프   ② 제거장치

③ 분리컬럼   ④ 보호컬럼

제거장치(억제기)
· 분리컬럼으로부터 용리된 각 성분이 검출기에 들어가기 전에 용리액 자체의 전도도를 감소시키고 목적성분의 전도도를 증가시켜 높은 감도로 음이온을 분석하기 위한 장치
· 고용량의 양이온 교환수지를 충전시킨 컬럼형과 양이온 교환막으로된 격막형이 있다.

44. 관내에 압력이 존재하는 관수로 흐름에서의 관내 유량측정방법이 아닌 것은?

① 벤튜리미터   ② 오리피스

③ 파샬플롬   ④ 자기식 유량측정기

· 관 내 유량측정방법 : 벤튜리미터, 유량측정용 노즐, 오리피스, 피토우관, 자기식 유량측정기
· 측정용 수로 및 기타 유량측정방법 : 웨어, 파샬플롬

45. 자외선/가시선 분광법을 적용하여 아연 측정 시 발색이 가장 잘 되는 pH 정도는?

① 4   ② 9

③ 11   ④ 12

아연 자외선/가시선 분광법(진콘법)
아연이온이 pH 약 9에서 진콘(2-카르복시-2-하이드록시(hydroxy) -5 술포포마질-벤젠·나트륨염)과 반응하여 생성하는 청색 킬레이트 화합물의 흡광도를 620nm에서 측정하는 방법

46. Polyethylene 재질을 사용하여 시료를 보관할 수 있는 것은?

① 페놀류   ② 유기인

③ PCB   ④ 인산염인

페놀류, 유기인, PCB는 유리(G)에만 보관 가능함

시료 용기별 정리

용기	항목
P	불소
G	냄새, 노말헥산추출물질, PCB, VOC, 페놀류, 유기인
G(갈색)	잔류염소, 다이에틸헥실프탈레이트, 1,4-다이옥산, 석유계총탄화수소, 염화비닐, 아크릴로니트릴, 브로모폼
BOD 병	용존산소 적정법, 용존산소 전극법
PP	과불화화합물
P, G	나머지
용기기준 없는 것	투명도

P : 폴리에틸렌(polyethylene), G : 유리(glass), PP : 폴리프로필렌(polypropylene)

47. 노말헥산 추출물질 측정에 관한 설명으로 틀린 것은?

① 폐수 중 비교적 휘발되지 않는 탄화수소, 탄화수소유도체, 그리스유상물질 및 광유류를 분석한다.
② 시료를 pH 2 이하의 산성에서 노말헥산으로 추출한다.
③ 시료용기는 유리병을 사용하여야 한다.
④ 광유류의 양을 시험하고자 할 때에는 활성규산마그네슘 컬럼을 이용한다.

노말헥산 추출물질 측정

물 중에 비교적 휘발되지 않는 탄화수소, 탄화수소유도체, 그리스유상물질 및 광유류를 함유하고 있는 시료를 pH 4 이하의 산성으로 하여 노말헥산층에 용해되는 물질을 노말헥산으로 추출하고 노말헥산을 증발시킨 잔류물의 무게로부터 구하는 방법이다.

48. 시험에 적용되는 용어의 정의로 틀린 것은?

① 기밀용기 : 취급 또는 저장하는 동안에 밖으로부터의 공기 또는 다른 가스가 침입하지 아니하도록 내용물을 보호하는 용기
② 정밀히 단다 : 규정된 양의 시료를 취하여 화학저울 또는 미량저울로 칭량함을 말한다.
③ 정확히 취하여 : 규정된 양의 액체를 부피피펫으로 눈금까지 취하는 것을 말한다.
④ 감압 : 따로 규정이 없는 한 15mmH$_2$O 이하를 뜻한다.

④ 감압 : 따로 규정이 없는 한 15mmHg 이하를 뜻한다.

49. 서로 관계없는 것끼리 짝지어진 것은?

① BOD - 적정법
② PCB - 기체크로마토그래피
③ F - 원자흡수분광광도법
④ Cd - 자외선/가시선 분광법

원자흡수분광광도법은 주로 금속류의 측정법이다.

50. 0.1N-NaOH의 표준용액(f = 1.008) 30mL를 완전히 반응시키는 데 0.1N-$H_2C_2O_4$ 용액 30.12mL를 소비했을 때 0.1N-$H_2C_2O_4$ 용액의 factor는?

① 1.004
② 1.012
③ 0.996
④ 0.992

$f\text{NV} = f'\text{N}'\text{V}'$

$1.008 \times 0.1 \times 30 = f' \times 0.1 \times 30.12$

$\therefore f' = 1.0039$

51. 질소화합물의 측정방법이 알맞게 연결된 것은?

① 암모니아성 질소 : 환원 증류 - 킬달법(합산법)
② 아질산성 질소 : 자외선/가시선 분광법 (인도페놀법)
③ 질산성 질소 : 이온크로마토그래피법
④ 총 질소 : 자외선/가시선 분광법(디아조화법)

물질	측정방법
암모니아성 질소	자외선/가시선 분광법
	이온전극법
	적정법
아질산성 질소	자외선/가시선 분광법
	이온크로마토그래피
질산성 질소	이온크로마토그래피
	자외선/가시선 분광법(부루신법)
	자외선/가시선 분광법(활성탄흡착법)
	데발다합금 환원증류법
총질소	자외선/가시선 분광법(산화법)
	자외선/가시선 분광법(카드뮴-구리 환원법)
	자외선/가시선 분광법(환원증류-킬달법)
	연속흐름법

52. 사각웨어의 수두가 90cm, 웨어의 절단폭이 4m라면 사각웨어에 의해 측정된 유량(m^3/min)은? (단, 유량계수 = 1.6, $Q = Kbh^{3/2}$)

   ① 5.46

   ② 6.97

   ③ 7.24

   ④ 8.78

> **4각 웨어 유량**
>
> $Q = K \cdot b \cdot h^{3/2} = 1.6 \times 4 \times (0.9)^{3/2} = 5.46$

53. 용액 500mL 속에 NaOH 2g이 녹아있을 때 용액의 규정농도(N)는? (단, Na 원자량 = 23)

   ① 0.1

   ② 0.2

   ③ 0.3

   ④ 0.4

> $\dfrac{2g}{0.5L} \bigg| \dfrac{1eq}{40g} = 0.1N$

54. 자외선/가시선 분광법을 이용한 시험분석방법과 항목이 잘못 연결된 것은?

   ① 피리딘-피라졸론법 : 시안

   ② 란탄알리자린콤프렉손법 : 불소

   ③ 디에틸디티오카르바민산법 : 크롬

   ④ 아스코빈산환원법 : 총인

> 디에틸디티오카르바민산법 : 구리

55. 공정시험기준에서 시료 내 인산염 인을 측정할 수 있는 시험방법은?

   ① 란탄알리자린콤프렉손법

   ② 아스코빈산환원법

   ③ 디페닐카르바지드법

   ④ 데발다합금 환원증류법

> **인산염인 측정법**
>
> · 자외선/가시선 분광법-이염화주석환원법
> · 자외선/가시선 분광법-아스코빈산환원법
> · 이온크로마토그래피

56. BOD 시험에서 시료의 전처리를 필요로 하지 않는 시료는?

① 알칼리성 시료　　　　　　② 잔류염소가 함유된 시료
③ 용존산소가 과포화된 시료　④ 유기물질을 함유한 시료

BOD 전처리가 필요한 시료
· 시료가 산성 또는 알칼리성인 시료
· 잔류염소 등 산화성 물질을 함유한 시료
· 용존산소가 과포화된 시료

BOD 간섭물질
· 시료가 산성 또는 알칼리성을 나타내거나 잔류염소 등 산화성 물질을 함유하였거나 용존산소가 과포화되어 있을 때에는 BOD 측정이 간섭받을 수 있으므로 전처리를 행한다.
· 탄소 BOD를 측정할 때, 시료 중 질산화 미생물이 충분히 존재할 경우 유기 및 암모니아성 질소 등의 환원상태 질소화합물질이 BOD 결과를 높게 만든다. 적절한 질산화 억제 시약을 사용하여 질소에 의한 산소 소비를 방지한다.
· 시료는 시험하기 바로 전에 온도를 $(20\pm1)℃$로 조정한다.

57. 수은을 냉증기 - 원자흡수분광광도법으로 측정하는 경우에 벤젠, 아세톤 등 휘발성 유기물질이 존재하게 되면 이들 물질 또한 동일한 파장에서 흡광도를 나타내기 때문에 측정을 방해한다. 이 물질들을 제거하기 위해 사용하는 시약은?

① 과망간산칼륨, 헥산　　　　② 염산(1+9), 클로로포름
③ 황산(1+9), 클로로포름　　④ 무수황산나트륨, 헥산

수은 냉증기 - 원자흡수분광광도법의 간섭물질
· 시료 중 염화물이온이 다량 함유된 경우에는 산화 조작 시 유리염소를 발생하여 253.7nm에서 흡광도를 나타낸다. 이때는 염산하이드록실아민용액을 과잉으로 넣어 유리염소를 환원시키고 용기 중에 잔류하는 염소는 질소가스를 통기시켜 추출한다.
· 벤젠, 아세톤 등 휘발성 유기물질도 253.7nm에서 흡광도를 나타낸다. 이때에는 과망간산칼륨 분해 후 헥산으로 이들 물질을 추출 분리한 다음 시험한다.

58. 하천수 채수 위치로 적합하지 않은 지점은?

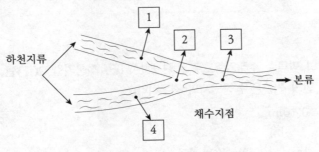

① 1지점　　　　　　　　② 2지점
③ 3지점　　　　　　　　④ 4지점

하천 본류와 하전 지류가 합류하는 경우, 합류 이전의 각 지점과 합류 이후 충분히 혼합된 지점에서 각각 채수한다.

하천지류

본류

● 채수지점

59. 원자흡수분광광도법 광원으로 많이 사용되는 속빈 음극램프에 관한 설명으로 옳은 것은?

① 원자흡광 스펙트럼선의 선폭보다 좁은 선폭을 갖고 휘도가 낮은 스펙트럼을 방사한다.
② 원자흡광 스펙트럼선의 선폭보다 좁은 선폭을 갖고 휘도가 높은 스펙트럼을 방사한다.
③ 원자흡광 스펙트럼선의 선폭보다 넓은 선폭을 갖고 휘도가 낮은 스펙트럼을 방사한다.
④ 원자흡광 스펙트럼선의 선폭보다 넓은 선폭을 갖고 휘도가 높은 스펙트럼을 방사한다.

속 빈 음극램프는 원자흡광 스펙트럼선의 선폭보다 좁은 선폭을 갖고 휘도가 높은 스펙트럼을 방사한다.

60. BOD 측정을 위한 전처리과정에서 용존산소가 과포화된 시료는 수온 23~25℃로 하여 몇 분간 통기하고 20℃로 방냉하여 사용하는가?

① 15분
② 30분
③ 45분
④ 60분

수온이 20℃ 이하일 때의 용존산소가 과포화되어 있을 경우에는 수온을 23~25℃로 상승시킨 이후에 15분간 통기하여 방치하고 냉각하여 수온을 다시 20℃로 한다.

제4과목 수질환경관계법규

61. 공공폐수처리시설의 방류수 수질기준으로 틀린 것은? (단, 적용기간 2013년 1월 1일 이후 Ⅳ 지역 기준이며, ( ) 안의 기준은 농공단지의 경우이다.)

① 부유물질량 : 10(10)mg/L 이하
② 총인 : 2(2)mg/L 이하
③ 화학적 산소요구량 : 30(30)mg/L 이하
④ 총질소 : 20(20)mg/L 이하

구 분	적용기간 및 수질기준			
	Ⅰ지역	Ⅱ지역	Ⅲ지역	Ⅳ지역
BOD(mg/L)	10(10) 이하	10(10) 이하	10(10) 이하	10(10) 이하
COD(mg/L)	20(40) 이하	20(40) 이하	40(40) 이하	40(40) 이하
SS(mg/L)	10(10) 이하	10(10) 이하	10(10) 이하	10(10) 이하
T-N(mg/L)	20(20) 이하	20(20) 이하	20(20) 이하	20(20) 이하
T-P(mg/L)	0.2(0.2) 이하	0.3(0.3) 이하	0.5(0.5) 이하	2(2) 이하
총대장균군 수 (개/mL)	3,000(3,000)	3,000(3,000)	3,000(3,000)	3,000(3,000)
생태독성(TU)	1(1) 이하	1(1) 이하	1(1) 이하	1(1) 이하

62. 환경기술인 등에 관한 교육을 설명한 것으로 옳지 않은 것은?

① 보수교육 : 최초 교육 후 3년마다 실시하는 교육
② 최초교육 : 최초로 업무에 종사한 날부터 1년 이내에 실시하는 교육
③ 교육과정의 교육기간 : 5일 이상
④ 교육기관 : 환경기술인은 환경보전협회, 기술요원은 국립환경인력개발원

제93조(환경기술인 등의 교육기간·대상자 등)

① 환경기술인을 고용한 자는 다음 각 호의 구분에 따른 교육을 받게 하여야 한다.
1. 최초교육 : 환경기술인 등이 최초로 업무에 종사한 날부터 1년 이내에 실시하는 교육
2. 보수교육 : 최초 교육 후 3년마다 실시하는 교육

② 교육기관
1. 환경기술인 : 환경보전협회
2. 기술요원 : 국립환경인력개발원

③ 교육과정
1. 환경기술인과정
2. 폐수처리기술요원과정
교육기간은 5일 이내로 한다.
다만, 정보통신매체를 이용하여 원격교육을 실시하는 경우에는 환경부장관이 인정하는 기간으로 한다.

---

63. 위임업무 보고사항 중 "비점오염원의 설치신고 및 방지시설 설치 현황 및 행정처분 현황"의 보고 횟수 기준은?

① 연 1회
② 연 2회
③ 연 4회
④ 수시

64. 환경부장관이 수질 및 수생태계를 보전할 필요가 있는 호소라고 지정 · 고시하고 정기적으로 수질 및 수생태계를 조사 · 측정하여야 하는 호소 기준으로 옳지 않는 것은?

① 1일 30만톤 이상의 원수를 취수하는 호소

② 1일 50만톤 이상이 공공수역으로 배출되는 호소

③ 동식물의 서식지·도래지이거나 생물다양성이 풍부하여 특별히 보전할 필요가 있다고 인정되는 호소

④ 수질오염이 심하여 특별한 관리가 필요하다고 인정되는 호소

> 제30조(호소수 이용 상황 등의 조사 · 측정 등)
> ① 환경부장관은 다음 각 호의 어느 하나에 해당하는 호소로서 수질 및 수생태계를 보전할 필요가 있는 호소를 지정·고시하고, 그 호소의 수질 및 수생태계를 정기적으로 조사·측정하여야 한다.
> 1. 1일 30만 톤 이상의 원수(原水)를 취수하는 호소
> 2. 동식물의 서식지·도래지이거나 생물다양성이 풍부하여 특별히 보전할 필요가 있다고 인정되는 호소
> 3. 수질오염이 심하여 특별한 관리가 필요하다고 인정되는 호소

65. 낚시금지구역 또는 낚시제한구역 안내판의 규격 중 색상기준으로 옳은 것은?

① 바탕색 : 녹색, 글씨 : 회색   ② 바탕색 : 녹색, 글씨 : 흰색

③ 바탕색 : 청색, 글씨 : 회색   ④ 바탕색 : 청색, 글씨 : 흰색

> · 바탕색 : 청색
> · 글씨 : 흰색

66. 1일 폐수배출량이 750m³인 사업장의 분류기준에 해당하는 것은? (단, 기타 조건은 고려하지 않음)

① 제2종 사업장   ② 제3종 사업장

③ 제4종 사업장   ④ 제5종 사업장

종 류	배출규모
제1종 사업장	1일 폐수배출량이 2,000m³ 이상인 사업장
제2종 사업장	1일 폐수배출량이 700m³ 이상, 2,000m³ 미만인 사업장
제3종 사업장	1일 폐수배출량이 200m³ 이상, 700m³ 미만인 사업장
제4종 사업장	1일 폐수배출량이 50m³ 이상, 200m³ 미만인 사업장
제5종 사업장	제1종부터 제4종까지의 사업장에 해당하지 아니하는 배출시설

67. 다음 규정을 위반하여 환경기술인 등의 교육을 받게 하지 아니한 자에 대한 과태료 처분 기준은?

> 폐수처리업에 종사하는 기술요원 또는 환경기술인을 고용한 자는 환경부령이 정하는 바에 의하여 그 해당자에 대하여 환경부장관 또는 시도지사가 실시하는 교육을 받게 하여야 한다.

① 100만원 이하의 과태료   ② 200만원 이하의 과태료

③ 300만원 이하의 과태료   ④ 500만원 이하의 과태료

68. 폐수무방류배출시설의 세부 설치기준에 관한 내용으로 (　)에 옳은 것은?

> 특별대책지역에 설치되는 폐수무방류배출시설의 경우 1일 24시간 연속하여 가동되는 것이면 배출 폐수를 전량 처리할 수 있는 예비 방지시설을 설치하여야 하고 1일 최대 폐수발생량이 (　) 이상이면 배출폐수의 무방류여부를 실시간으로 확인할 수 있는 원격유량감시장치를 설치하여야 한다.

① 50세제곱미터
② 100세제곱미터
③ 200세제곱미터
④ 300세제곱미터

폐수무방류배출시설의 세부 설치기준(제31조 제7항 관련)

특별대책지역에 설치되는 폐수무방류배출시설의 경우 1일 24시간 연속하여 가동되는 것이면 배출 폐수를 전량 처리할 수 있는 예비 방지시설을 설치하여야 하고, 1일 최대 폐수발생량이 200세제곱미터 이상이면 배출 폐수의 무방류여부를 실시간으로 확인할 수 있는 원격유량감시장치를 설치하여야 한다.

69. 폐수처리업의 등록기준에서 등록신청서를 시·도지사에게 제출해야 할 때 폐수처리업의 등록 및 폐수배출시설의 설치에 관한 허가기관이나 신고기관이 같은 경우, 다음 중 반드시 제출해야 하는 것은?

① 사업계획서
② 폐수배출시설 및 수질오염방지시설의 설치명세서 및 그 도면
③ 공정도 및 폐수배출배관도
④ 폐수처리방법별 저장시설 설치명세서(폐수재이용업의 경우에는 폐수성상별 저장시설 설치명세서) 및 그 도면

시행규칙 제90조(폐수처리업의 등록기준 등)

② 폐수처리업의 등록을 하려는 자는 별지 제41호 서식의 등록신청서에 다음 각 호의 서류를 첨부하여 소재지를 관할하는 시·도지사에게 제출(「정보통신망 이용촉진 및 정보보호 등에 관한 법률」 제2조제1항제1호에 따른 정보통신망을 이용한 제출을 포함한다)하여야 한다. 다만, 시·도지사는 폐수처리업의 등록 및 폐수배출시설의 설치에 관한 허가기관이나 신고기관이 같은 경우에는 제2호부터 제4호까지의 서류를 제출하지 아니하게 할 수 있다. ^{⟨개정 2014.1.29.⟩}

1. 사업계획서
2. 폐수배출시설 및 수질오염방지시설의 설치명세서 및 그 도면
3. 공정도 및 폐수배출배관도
4. 폐수처리방법별 저장시설 설치명세서(폐수재이용업의 경우에는 폐수성상별 저장시설 설치명세서) 및 그 도면
5. 공업용수 및 폐수처리방법별로 유입조와 최종배출구 등에 부착하여야 할 적산유량계와 수질자동측정기기의 설치 부위를 표시한 도면(폐수재이용업의 경우에는 폐수 성상별로 유입조와 최종배출구 등에 부착하여야 할 적산유량계의 설치 부위를 표시한 도면)
6. 폐수의 수거 및 운반방법을 적은 서류
7. 기술능력 보유 현황 및 그 자격을 증명하는 기술자격증(국가기술자격이 아닌 경우로 한정한다.) 사본

70. 수질 및 수생태계 환경기준 중 하천(사람의 건강보호 기준)에 대한 항목별 기준값으로 틀린 것은?

① 비소 : 0.05mg/L 이하
② 납 : 0.05mg/L 이하
③ 6가 크롬 : 0.05mg/L 이하
④ 수은 : 0.05mg/L 이하

수질환경기준(하천) 중 사람의 건강보호 기준

기준값(mg/L)	항목
검출되어서는 안 됨(검출한계)	CN (0.01)　　Hg (0.001)　　유기인 (0.0005)　　PCB (0.0005)
0.5 이하	ABS, 포름알데히드
0.05 이하	Pb, As, Cr^{6+}, 1,4-다이옥세인
0.005 이하	Cd
0.01 이하	벤젠
0.02 이하	디클로로메탄, 안티몬
0.03 이하	1,2-디클로로에탄
0.04 이하	PCE
0.004 이하	사염화탄소

71. 배출부과금을 부과할 때 고려해야 할 사항이 아닌 것은?

① 배출허용기준 초과 여부
② 배출되는 수질오염물질의 종류
③ 배출시설의 정상가동 여부
④ 수질오염물질의 배출기간

배출부과금 부과 시 고려사항
· 수질오염물질의 배출기간
· 수질오염물질의 배출량
· 배출되는 수질오염물질의 종류
· 배출허용기준 초과 여부
· 자가측정 여부

72. 수질오염경보인 조류경보의 경보단계 중 '경계'의 발령·해제기준으로 (　)에 옳은 것은? (단, 상수원 구간)

2회 연속 채취 시 남조류의 세포수가 (　)인 경우

① 1,000세포/mL 이상 10,000세포/mL 미만
② 10,000세포/mL 이상 1,000,000세포/mL 미만
③ 1,000,000세포/mL 이상
④ 1,000세포/mL 미만

조류경보기준 – 상수원 구간

경보단계	발령·해제 기준
관심	2회 연속 채취 시 남조류 세포 수가 1,000세포/mL 이상 10,000세포/mL 미만인 경우
경계	2회 연속 채취 시 남조류 세포 수가 10,000세포/mL 이상 1,000,000세포/mL 미만인 경우
조류 대발생	2회 연속 채취 시 남조류 세포 수가 1,000,000세포/mL 이상인 경우
해제	2회 연속 채취 시 남조류 세포 수가 1,000세포/mL 미만인 경우

73. 물환경보전법에 사용하고 있는 용어의 정의와 가장 거리가 먼 것은?

① 점오염원이란 폐수배출시설, 하수발생시설, 축사 등으로서 관거·수로 등을 통하여 일정한 지점으로 수질오염물질을 배출하는 배출원을 말한다.

② 비점오염원이란 도시, 도로, 농지, 산지, 공사장 등으로서 불특정 장소에서 불특정하게 수질오염물질을 배출하는 배출원을 말한다.

③ 수면관리자란 다른 법령의 규정에 의하여 하천을 관리하는 자를 말한다.

④ 불투수층이란 빗물 또는 눈 녹은 물 등이 지하로 스며들 수 없게 하는 아스팔트, 콘크리트 등으로 포장된 도로, 주차장, 보도 등을 말한다.

"수면관리자"란 다른 법령에 따라 호소를 관리하는 자를 말한다. 이 경우 동일한 호소를 관리하는 자가 둘 이상인 경우에는 「하천법」에 따른 하천관리청 외의 자가 수면관리자가 된다.

74. 물환경보전법에서 정의하고 있는 수질오염 방지시설 중 화학적처리시설이 아닌 것은?

① 폭기시설 ② 침전물개량시설
③ 소각시설 ④ 살균시설

1. 물리적 처리시설
가. 스크린
나. 분쇄기
다. 침사(沈砂)시설
라. 유수분리시설
마. 유량조정시설(집수조)
바. 혼합시설
사. 응집시설
아. 침전시설
자. 부상시설
차. 여과시설
카. 탈수시설
타. 건조시설
파. 증류시설
하. 농축시설

2. 화학적 처리시설
가. 화학적 침강시설
나. 중화시설
다. 흡착시설
라. 살균시설
마. 이온교환시설
바. 소각시설
사. 산화시설
아. 환원시설
자. 침전물 개량시설

3. 생물화학적 처리시설
가. 살수여과상
나. 폭기(瀑氣)시설
다. 산화시설(산화조,산화지)
라. 혐기성·호기성 소화시설
마. 접촉조
바. 안정조
사. 돈사톱밥발효시설

75. 비점오염저감시설 중 자연형 시설이 아닌 것은?

① 침투시설
② 식생형 시설
③ 저류시설
④ 와류형 시설

비점오염저감시설(제8조 관련)

자연형 시설	장치형 시설
· 저류시설 · 인공습지 · 침투시설 · 식생형 시설	· 여과형 시설 · 와류(渦流)형 · 스크린형 시설 · 응집·침전 처리형 시설 · 생물학적 처리형 시설

76. 상수원의 수질보전을 위해 국가 또는 지방자치단체는 비점오염저감시설을 설치하지 아니한 도로법 규정에 따른 도로 중 대통령령으로 정하는 도로가 다음 지역에 해당되는 경우는 비점오염저감시설을 설치해야 한다. 해당 지역이 아닌 것은?

① 상수원보호구역
② 비점오염저감계획에 포함된 수변구역
③ 상수원보호구역으로 고시되지 아니한 지역의 경우에는 취수시설의 상류·하류 일정 지역으로서 환경부령으로 정하는 거리 내의 지역
④ 상수원에 중대한 오염을 일으킬 수 있어 환경부령으로 정하는 지역

제53조의2(상수원의 수질보전을 위한 비점오염저감시설 설치)

① 국가 또는 지방자치단체는 비점오염저감시설을 설치하지 아니한 「도로법」 제2조제1호에 따른 도로 중 대통령령으로 정하는 도로가 다음 각 호의 어느 하나에 해당하는 지역인 경우에는 비점오염저감시설을 설치하여야 한다.

1. 상수원보호구역
2. 상수원보호구역으로 고시되지 아니한 지역의 경우에는 취수시설의 상류·하류 일정 지역으로서 환경부령으로 정하는 거리 내의 지역
3. 특별대책지역
4. 「한강수계 상수원수질개선 및 주민지원 등에 관한 법률」 제4조, 「낙동강수계 물관리 및 주민지원 등에 관한 법률」 제4조, 「금강수계 물관리 및 주민지원 등에 관한 법률」 제4조 및 「영산강·섬진강수계 물관리 및 주민지원 등에 관한 법률」 제4조에 따라 각각 지정·고시된 수변구역
5. 상수원에 중대한 오염을 일으킬 수 있어 환경부령으로 정하는 지역

77. 국립환경과학원장이 설치·운영하는 측정망과 가장 거리가 먼 것은?

① 퇴적물 측정망
② 생물 측정망
③ 공공수역 유해물질 측정망
④ 기타오염원에서 배출되는 오염물질 측정망

제22조(국립환경과학원장이 설치·운영하는 측정망의 종류 등) 〈개정 2018.1.17.〉

국립환경과학원장이 법 제9조제1항에 따라 설치할 수 있는 측정망은 다음 각 호와 같다.

1. 비점오염원에서 배출되는 비점오염물질 측정망
2. 수질오염물질의 총량관리를 위한 측정망
3. 대규모 오염원의 하류지점 측정망
4. 수질오염경보를 위한 측정망
5. 대권역·중권역을 관리하기 위한 측정망
6. 공공수역 유해물질 측정망
7. 퇴적물 측정망
8. 생물 측정망
9. 그 밖에 국립환경과학원장이 필요하다고 인정하여 설치·운영하는 측정망

78. 물환경보전법의 목적으로 가장 거리가 먼 것은?

① 수질오염으로 인한 국민의 건강과 환경상의 위해 예방
② 하천·호소 등 공공수역의 수질 및 수생태계를 적정하게 관리·보전
③ 국민으로 하여금 수질 및 수생태계 보전혜택을 널리 향유할 수 있도록 함
④ 수질환경을 적정하게 관리하여 양질의 상수원수를 보전

제1조(목적) 이 법은 수질오염으로 인한 국민건강 및 환경상의 위해(危害)를 예방하고 하천·호소(湖沼) 등 공공수역의 물환경을 적정하게 관리·보전함으로써 국민이 그 혜택을 널리 향유할 수 있도록 함과 동시에 미래의 세대에게 물려줄 수 있도록 함을 목적으로 한다. 〈개정 2017.1.17.〉

79. 폐수처리업의 등록기준 중 폐수수탁처리업에 해당하는 기준으로 바르지 않은 것은?

① 폐수저장시설은 폐수처리시설능력의 2.5배 이상을 저장할 수 있어야 한다.
② 폐수처리시설의 총 처리능력은 7.5m³/시간 이상이어야 한다.
③ 폐수운반장비는 용량 2m³ 이상의 탱크로리, 1m³ 이상의 합성수지제 용기가 고정된 차량이어야 한다.
④ 수질환경산업기사, 대기환경산업기사 또는 화공산업기사 1명 이상의 기술능력을 보유하여야 한다.

① 폐수저장시설의 용량은 1일 8시간(1일 8시간 이상 가동할 경우 1일 최대가동시간으로 한다.) 최대처리량의 3일분 이상의 규모이어야 하며, 반입폐수의 밀도를 고려하여 전체 용적의 90퍼센트 이내로 저장될 수 있는 용량으로 설치하여야 한다.

80. 비점오염저감시설 중 장치형 시설에 해당되는 것은?

① 여과형 시설
② 저류형 시설
③ 식생형 시설
④ 침투형 시설

비점오염저감시설(제8조 관련)

자연형 시설	장치형 시설
· 저류시설	· 여과형 시설
· 인공습지	· 와류(渦流)형
· 침투시설	· 스크린형 시설
· 식생형 시설	· 응집·침전 처리형 시설
	· 생물학적 처리형 시설

제1과목 수질오염개론

1. 현재 수온이 15°C이고 평균수온이 5°C일 때 수심 2.5m인 물의 $1m^2$에 걸친 열전달속도(kcal/hr)는?
(단, 정상상태이며, 5°C에서의 $K_T = 5.8kcal/hr \cdot m^2 °C/m$)

① 1.32　　　　　　　　　　② 2.32
③ 10.2　　　　　　　　　　④ 23.2

$$열전달속도(kcal/hr) = \frac{5.8kcal \cdot m}{hr \cdot m^2 \, °C} \left| \frac{1m^2}{2.5m} \right| \frac{(15-5)°C}{} = 23.2$$

2. 생물학적 처리공정의 미생물에 관한 설명으로 틀린 것은?

① 활성슬러지 공정 내의 미생물은 Pseudomonas, Zoogloea , Archromobacter 등이 있다.
② 사상성 미생물인 Protozoa가 나타나면 응집이 안 되고 슬러지 벌킹현상이 일어난다.
③ 질산화를 일으키는 박테리아는 Nitrosomonas와 Nitrobacter 등이 있다.
④ 포기조에서 호기성 및 임의성 박테리아는 새로운 세포로 변화시키는 합성과정의 에너지를 얻기 위하여 유기물의 일부를 이용한다.

Protozoa는 원생동물이다.
사상성 미생물(fungi)가 나타나면 응집이 안 되고 슬러지 벌킹현상이 일어난다.

3. 유기성 폐수에 관한 설명 중 옳지 않은 것은?

① 유기성 폐수의 생물학적 산화는 수서 세균에 의하여 생산되는 산소로 진행되므로 화학적 산화와 동일하다고 할 수 있다.
② 생물학적 처리의 영향 조건에는 C/N 비, 온도, 공기 공급정도 등이 있다.
③ 유기성 폐수는 C, H, O를 주성분으로 하고 소량의 N, P, S 등을 포함하고 있다.
④ 미생물이 물질대사를 일으켜 세포를 합성하게 되는 데 실제로 생성된 세포량은 합성된 세포량에서 내 호흡에 의한 감량을 뺀 것과 같다.

유기성 폐수의 생물학적 산화는 용존 산소(유리 산소)로 진행된다.
용존 산소는 대기 중의 산소가 물속에 녹아 생성된다.

4. 초기 농도가 100mg/L인 오염물질의 반감기가 10day라고 할 때, 반응속도가 1차 반응을 따를 경우 5일 후 오염물질의 농도(mg/L)는?

① 70.7   ② 75.7

③ 80.7   ④ 85.7

$$\ln \frac{C}{C_o} = -kt$$

1) $\ln \frac{1}{2} = -k \times 10$

    $\therefore k = 0.06931/day$

2) $\ln \frac{C}{100} = -0.06931 \times 5$

    $\frac{C}{100} = e^{-0.0693 \times 10}$

    $\therefore C = 70.71mg/L$

5. 해수에 관한 설명으로 옳지 않은 것은?

① 해수의 Mg/Ca 비는 담수에 비하여 크다.

② 해수의 밀도는 수온, 수압, 수심 등과 관계없이 일정하다.

③ 염분은 적도 해역에서 높고 남북 양극 해역에서 낮다.

④ 해수 내 전체 질소 중 35% 정도는 암모니아성 질소, 유기질소 형태이다.

해수의 밀도는 수온, 수압, 수심 등에 영향을 받는다.

6. 하천의 수질모델링 중 다음 설명에 해당하는 모델은?

> - 하천의 수리학적 모델, 수질모델, 독성물질의 거동모델 등을 고려할 수 있으며, 1차원, 2차원, 3차원까지 고려할 수 있음
> - 수질항목 간의 상태적 반응기작을 Streeter-Phelps 식부터 수정
> - 수질에 저질이 미치는 영향을 보다 상세히 고려한 모델

① QUAL-I model

② WORRS model

③ QUAL-II model

④ WASP5 model

WASP5 model은 WASP의 개선버전이다.

QUAL- I, II	· 유속, 수심, 조도계수에 의한 확산계수 결정 · 하천과 대기 사이의 열복사, 열교환 고려 · 음해법으로 미분방정식의 해를 구함 · QUAL- II : QUAL- I 을 변형보강한 것으로 계산이 빠르고 입력자료 취급이 용이함 · 질소, 인, 클로로필 a 고려
QUALZE	· QUAL- II를 보완하여 PC용으로 개발 · 희석방류량과 하천 수중보에 대한 영향 고려
AUT-QUAL	· 길이 방향에 비해 상대적으로 폭이 좁은 하천 등에 적용 가능한 모델 · 비점오염원 고려
SNSIM 모델	· 저질의 영향과 광합성 작용에 의한 용존산소 반응을 나타냄
WASP	· 하천의 수리학적 모델, 수질 모델, 독성물질의 거동 고려 · 1, 2, 3차원 고려 · 저니의 영향 고려
HSPF	· 다양한 수체에 적용 가능 · 강우 강설 고려 · 적용하고자 하는 수체에 따라 필요로 하는 모듈 선택 가능

7. 산성비를 정의할 때 기준이 되는 수소이온농도(pH)는?

① 4.3 이하
② 4.5 이하
③ 5.6 이하
④ 6.3 이하

산성비 : pH 5.6 이하의 비

8. 여름 정체기간 중 호수의 깊이에 따른 CO_2와 DO 농도의 변화를 설명한 것으로 옳은 것은?

① 표수층에서 CO_2 농도가 DO 농도보다 높다.
② 심해에서 DO 농도는 매우 낮지만 CO_2 농도는 표수층과 큰 차이가 없다.
③ 깊이가 깊어질수록 CO_2 농도보다 DO 농도가 높다.
④ CO_2 농도와 DO 농도가 같은 지점(깊이)이 존재한다.

① 표수층에서는 조류의 광합성이 발생하므로, CO_2 농도보다 DO 농도가 더 높다.
②, ③ 수심이 깊을수록 CO_2 농도는 증가하고, DO 농도는 감소한다.
④ 보상점 : CO_2 농도와 DO 농도가 같은 지점(깊이)

9. 하천에서 유기물 분해상태를 측정하기 위해 20°C에서 BOD를 측정했을 때 K_1 = 0.2/day이었다. 실제 하천온도가 18°C 일 때 탈산소계수(/day)는? (단, 온도보정계수 = 1.035)

① 약 0.159
② 약 0.164
③ 약 0.172
④ 약 0.187

탈산소계수의 온도보정

$$k_T = k_1 \times 1.035^{(T-20)}$$
$$k_{18} = 0.2 \times 1.035^{(18-20)} = 0.1867$$

10. 부영양호(eutrophic lake)의 특성에 해당하는 것은?

① 생산과 소비의 균형　　　　　　② 낮은 영양 염류
③ 조류의 과다발생　　　　　　　　④ 생물종 다양성 증가

부영양호	빈영양호
·영양염류가 풍부하여 물질 생산이 왕성한 호수	·영양염류가 적어서 물질 생산이 적은 호수
·식물성 및 동물성 플랑크톤 풍부	·식물성 플랑크톤이 적음
·조류 과다 번식	·산소 포화상태
·평지의 얕은 호수에 많음	·산간의 깊은 호수에 많음
·중성 또는 약알칼리성	·투명도는 5m 이상으로 10~30m
·투명도는 5m 이하	

11. 시험대상 미생물을 50% 치사시킬 수 있는 유출수 또는 시료에 녹아있는 독성물질의 농도를 나타내는 것은?

① TLN_{50}　　　　　　　　　　② LD_{50}
③ LC_{50}　　　　　　　　　　　④ LI_{50}

독성 지표

1) 한계치사농도(Median Tolerance Limit ; TLm)
·어류에 대한 독성 시험의 결과를 나타내는 값
·어류를 급성 독물질이 들어 있는 배수의 희석액 중에 일정 시간 사육하고, 그 사이에 공시어의 50%가 살아남는 배수 농도를 표시함
·24hr, 48hr, 96hr 각 시간의 TLm을 구함

2) LC_{50}
·반수 농도, 50% 치사농도
·시험생물 50%를 사망시키는 독성 물질의 농도
·단위 : ppm, mg/L

3) LD_{50}(50% 치사량, lethal dose 50%)
·물질의 경구, 경피에 의한 급성 독성의 정도를 나타내는 지표
·실험동물의 반수가 사망하는 투여 물질량을 체중 1kg당의 mg으로 표시함

4) EC_{50}
·반수영향농도
·독성투입 24hr 뒤 물벼룩의 50%가 치사 혹은 유영상태일 때의 희석농도

12. 미생물의 신진대사 과정 중 에너지 발생량이 가장 많은 전자(수소)수용체는?

① 산소
② 질산이온
③ 황산이온
④ 환원된 유기물

전자수용체 : 자기 자신은 환원하고, 다른 물질을 산화시키는 것

13. 물 100g에 30g의 NaCl을 가하여 용해시키면 몇 %(W/W)의 NaCl 용액이 조제되는가?

① 15
② 23
③ 31
④ 42

$$\frac{\text{용질 g}}{\text{용액 g}} \times 100(\%) = \frac{30g}{100g + 30g} \times 100(\%) = 23.0\%$$

14. 폐수의 분석결과 COD가 400mg/L이었고 BOD$_5$가 250mg/L이었다면 NBDCOD(mg/L)는? (단, 탈산소계수 K$_1$(밑이 10) = 0.2/day)

① 68
② 122
③ 189
④ 222

$$\text{BDCOD} = \text{BOD}_u = \frac{\text{BOD}_t}{1-10^{-kt}} = \frac{250}{1-10^{-0.2 \times 5}} = 277.777$$

$$\text{NBDCOD} = \text{COD} - \text{BDCOD} = 400 - 277.777 = 122.22$$

15. HCHO(Formaldehyde) 200mg/L의 이론적 COD 값(mg/L)은?

① 163
② 187
③ 213
④ 227

$$CH_2O + O_2 \rightarrow CO_2 + H_2O$$

30g : 32g

200mg/L : COD

$$\text{COD} = \frac{200\text{mg}}{\text{L}} \left| \frac{32}{30} \right. = 213.33\text{mg/L}$$

16. 반응조에 주입된 물감의 10%, 90%가 유출되기까지의 시간을 각각 t$_{10}$, t$_{90}$이라 할 때 Morrill 지수는 t$_{90}$ / t$_{10}$으로 나타낸다. 이상적인 Plug flow인 경우의 Morrill 지수의 값은?

① 1보다 작다.
② 1보다 크다.
③ 1이다.
④ 0이다.

혼합 정도의 표시	ICM	IPF
분산	1	0
분산수	∞	0
모릴지수	클수록	1
지체시간	0	이론적 체류시간과 동일

17. 탈산소 계수(상용대수 기준)가 0.12/day인 폐수의 BOD_5는 200mg/L이다. 이 폐수가 3일 후에 미분해되고 남아 있는 BOD(mg/L)는?

① 67 ② 87
③ 117 ④ 127

1) BOD_u

$$BOD_5 = BOD_u \times (1 - 10^{-k_1 \times 5})$$
$$200 = BOD_u \times (1 - 10^{-(0.12 \times 5)})$$
$$\therefore BOD_u = 267.089 \text{mg/L}$$

2) 3일 후 잔류 BOD

$$BOD_t = BOD_u \cdot 10^{-k_1 t}$$
$$BOD_3 = 267.089 \times 10^{-(0.12 \times 3)}$$
$$= 116.5 \text{mg/L}$$

18. 지표수에 관한 설명으로 옳은 것은?

① 지표수는 지하수보다 경도가 높다.
② 지표수는 지하수에 비해 부유성 유기물질이 적다.
③ 지표수는 지하수에 비해 각종 미생물과 세균 번식이 활발하다.
④ 지표수는 지하수에 비해 용해된 광물질이 많이 함유되어 있다.

① 지하수는 지표수보다 경도가 높다.
② 지하수는 지표수에 비해 부유성 유기물질이 적다.
④ 지하수는 지표수에 비해 용해된 광물질이 많이 함유되어 있다.

19. 촉매에 관한 내용으로 옳지 않은 것은?

① 반응속도를 느리게 하는 효과가 있는 것을 역촉매라고 한다.
② 반응의 역할에 따라 반응 후 본래 상태로 회복여부가 결정된다.
③ 반응의 최종 평형상태에는 아무런 영향을 미치지 않는다.
④ 화학반응의 속도를 변화시키는 능력을 가지고 있다.

촉매는 반응에 참여하지 않고, 단지 활성화에너지를 낮춰 반응속도를 증가시킨다.

· 촉매에 의해 변하는 것 : 활성화에너지, 반응속도, 반응경로
· 촉매에 의해 변하지 않는 것 : 평형상태, 반응물과 생성물의 농도, 엔탈피, 반응열 등

20. 수은주 높이 300mm는 수주로 몇 mm인가? (단, 표준 상태 기준)

① 1,960　　　　　　　　② 3,220
③ 3,760　　　　　　　　④ 4,078

1atm = 760mmHg = 10,332mmH$_2$O

$$\frac{300mmHg \mid 10,332mmH_2O}{760mmHg} = 4,078.42mmH_2O$$

제2과목 수질오염 방지기술

21. 농축조 설치를 위한 회분침강농축시험의 결과가 아래와 같을 때 슬러지의 초기농도가 20g/L면 5시
간 정치 후의 슬러지의 평균농도(g/L)는? (단, 슬러지농도 : 계면 아래의 슬러지의 농도를 말함)

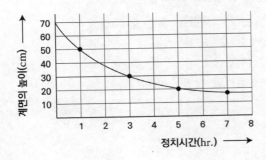

① 50
② 60
③ 70
④ 80

20g/L × 70cm = x g/L × 20cm
∴ x = 70g/L

22. 액체염소의 주입으로 생성된 유리염소, 결합잔류염소의 살균력이 바르게 나열된 것은?

① HOCl > Chloramines > OCl⁻

② HOCl > OCl⁻ > Chloramines

③ OCl⁻ > HOCl > Chloramines

④ OCl⁻ > Chloramines > HOCl

염소 살균력 HOCl > OCl⁻ > Chloramines

23. 철과 망간 제거방법에 사용되는 산화제는?

① 과망간산염

② 수산화나트륨

③ 산화칼슘

④ 석회

산화제 : 과망간산칼륨($KMnO_4$), 중크롬산칼륨($K_2Cr_2O_7$)

24. 활성슬러지 공정 운영에 대한 설명으로 옳지 않은 것은?

① 포기조 내의 미생물 체류시간을 증가시키기 위해 잉여슬러지 배출량을 감소시켰다.

② F/M 비를 낮추기 위해 잉여슬러지 배출량을 줄이고 반송유량을 증가시켰다.

③ 2차 침전지에서 슬러지가 상승하는 현상이 나타나 잉여슬러지 배출량을 증가시켰다.

④ 핀 플록(pin floc) 현상이 발생하여 잉여슬러지 배출량을 감소시켰다.

④ 핀 플록(pin floc) 현상은 SRT가 길어서 발생하므로 잉여슬러지 배출량을 증가시켜 SRT를 줄여야 한다.

25. 슬러지 개량방법 중 세정(Elutriation)에 관한 설명으로 옳지 않은 것은?

① 알칼리도를 줄이고 슬러지탈수에 사용되는 응집제량을 줄일 수 있다.

② 비료성분의 순도가 높아져 가치를 상승시킬 수 있다.

③ 소화슬러지를 물과 혼합시킨 다음 재침전시킨다.

④ 슬러지의 탈수 특상을 좋게 하기 위한 직접적인 방법은 아니다.

② 세정은 씻어내는 작업으로, 알칼리도 성분, 비료 성분 등이 씻겨져 나가므로 성분의 순도가 낮아져 비료가치가 떨어진다.

26. 오존 살균에 관한 내용으로 옳지 않은 것은?

① 오존은 비교적 불안정하며 공기나 산소로부터 발생시킨다.

② 오존은 강력한 환원제로 염소와 비슷한 살균력을 갖는다.

③ 오존처리는 용존 고형물을 생성하지 않는다.

④ 오존처리는 암모늄이온이나 pH의 영향을 받지 않는다.

살균력 : 오존 > 염소

27. 폐수량 500m³/day, BOD 1,000mg/L인 폐수를 살수여상으로 처리하는 경우 여재에 대한 BOD부하를 0.2kg/m³·day로 할 때 여상의 용적(m³)은?

① 250
② 500
③ 1,500
④ 2,500

$$\frac{m^3 \cdot day}{0.2kg} \left| \frac{500m^3}{day} \right| \frac{1,000mg}{L} \left| \frac{1,000L}{1m^3} \right| \frac{1kg}{10^6mg} = 2,500m^3$$

28. 슬러지의 함수율이 95%에서 90%로 줄어들면 슬러지의 부피는? (단, 슬러지 비중 = 1.0)

① 2/3로 감소한다.
② 1/2로 감소한다.
③ 1/3로 감소한다.
④ 3/4로 감소한다.

$TS_1 = TS_2$

$1(1 - 0.95) = V(1 - 0.9)$

$\therefore V = 0.5$

1/2로 감소한다.

29. 미생물의 고정화를 위한 팰렛(Pellet)재료로서 이상적인 요구조건에 해당되지 않는 것은?

① 처리, 처분이 용이할 것
② 압축강도가 높을 것
③ 암모니아 분배계수가 낮을 것
④ 고정화 시 활성수율과 배양 후의 활성이 높을 것

팰렛의 요구조건
· 압축강도가 높을 것
· 고정화 시 활성수율과 배양 후의 활성이 높을 것
· 산소, 기질 투과성 양호

30. 폐수특성에 따른 적합한 처리법으로 옳지 않은 것은?

① 비소 함유폐수 - 수산화 제2철 공침법
② 시안 함유폐수 - 오존 산화법
③ 6가 크롬 함유폐수 - 알칼리 염소법
④ 카드뮴 함유폐수 - 황화물 침전법

· 6가 크롬 함유폐수 – 환원공침법(3가 크롬으로 환원, 공침 침전(pH 8~9)시켜 처리한다.)
· 알칼리 염소법 : 시안 처리법

31. 정수시설 중 취수시설인 침사지 구조에 대한 내용으로 옳은 것은?

① 표면 부하율은 2~5m/min을 표준으로 한다.

② 지내 평균유속은 30cm/s 이하를 표준으로 한다.

③ 지의 상단높이는 고수위보다 0.6~1m의 여유고를 둔다.

④ 지의 유효수심은 2~3m를 표준으로 하고 퇴사삼도는 1m 이하로 한다.

> **상수시설 – 침사지 설계인자**
> · 길이 : 폭 = 3~8 : 1
> · 유효수심(H) : 3~4m
> · 여유고 : 0.6~1m
> · 경사 : 1/200~1/100
> · 퇴사심도 : 0.5~1m
> · 표면부하율 : 200~500mm/min

32. 폐수처리법 중에서 고액분리법이 아닌 것은?

① 부상분리법

② 원심분리법

③ 여과법

④ 이온교환막, 전기투석법

> 고액분리법 : 침전, 부상, 원심분리, 여과 등

33. 길이 23m, 폭 8m, 깊이 2.3m인 직사각형 침전지가 3,000m³/day의 하수를 처리할 경우, 표면부하율(m/day)은?

① 10.5

② 16.3

③ 20.6

④ 33.4

$$Q/A = \frac{3,000m^3}{day} \left| \frac{}{8m \times 23m} = 16.3m/day \right.$$

34. 최종침전지에서 발생하는 침전성이 양호한 슬러지의 부상(sludge rising) 원인을 가장 알맞게 설명한 것은?

① 침전조의 슬러지 압밀 작용에 의한다.

② 침전조의 탈질화 작용에 의한다.

③ 침전조의 질산화 작용에 의한다.

④ 사상균류의 출현에 의한다.

> 슬러지 부상 원인 : 침전조의 탈질

35. SS가 8,000mg/L인 분뇨를 전처리에서 15%, 1차 처리에서 80%의 SS를 제거하였을 때 1차 처리 후 유출되는 분뇨의 SS 농도(mg/L)는?

① 1,360
② 2,550
③ 2,750
④ 2,950

$C = (1 - \eta_1)(1 - \eta_2)C_0$
$\quad = (1 - 0.15)(1 - 0.8) \times 8,000$
$\quad = 1,360 mg/L$

36. 염소의 살균력에 관한 설명으로 옳지 않은 것은?

① 살균강도는 HOCl가 OCl$^-$의 80배 이상 강하다.
② 염소의 살균력은 온도가 높고, pH가 낮을 때 강하다.
③ chloramines은 소독 후 물에 이 취미를 발생시키지는 않으나 살균력이 약하여 살균작용이 오래 지속되지 않는다.
④ 염소는 대장균 소화기 계통의 감염성 병원균에 특히 살균효과가 크나 바이러스는 염소에 대한 저항성이 커 일부 생존할 염려가 크다.

chloramines은 살균력은 약하나 살균작용이 오래 지속된다(잔류성).

37. 산업폐수 중에 존재하는 용존무기탄소 및 용존암모니아(NH_4^+)의 기체를 제거하기 위한 가장 적절한 처리방법은?

① 용존무기탄소 : pH 10 + Air Stripping,
   용존암모니아 : pH 10 + Air Stripping
② 용존무기탄소 : pH 9 + Air Stripping,
   용존암모니아 : pH 4 + Air Stripping
③ 용존무기탄소 : pH 4 + Air Stripping,
   용존암모니아 : pH 10 + Air Stripping
④ 용존무기탄소 : pH 4 + Air Stripping,
   용존암모니아 : pH 4 + Air Stripping

용존 CO_2는 pH가 낮을수록 탈기가 잘 되고,
용존 암모니아는 pH가 높을수록 탈기가 잘 된다.

· Air Stripping : 폐수의 pH를 11 이상으로 높인 후 공기를 불어넣어 수중의 암모니아(NH_4^+)를 NH_3 가스로 탈기 하는 방법

38. 탈질공정의 외부 탄소원으로 쓰이지 않는 것은?

① 메탄올
② 소화조 상징액
③ 초산
④ 생석회

④ 생석회는 무기물이다.

탈질 미생물은 종속영양 미생물이므로 유기 탄소원이 필요하다.

39. 흡착과 관련된 등온흡착식으로 볼 수 없는 것은?

① Langmuir 식
② Freundlich 식
③ AET 식
④ BET 식

등온흡착식 : Langmuir 식, Freundlich 식, BET 식

40. 완전혼합 활성슬러지 공정으로 용해성 BOD_5가 250mg/L인 유기성폐수가 처리되고 있다. 유량이 15,000m³/day이고 반응조 부피가 5,000m³일 때 용적부하율(kg BOD_5/m³·day)은?

① 0.45
② 0.55
③ 0.65
④ 0.75

$$\text{BOD 용적부하} = \frac{BOD \cdot Q}{V}$$

$$= \frac{250mg}{L} \cdot \frac{15,000m^3}{day} \cdot \frac{1}{5,000m^3} \cdot \frac{1kg}{10^6mg} \cdot \frac{1,000L}{1m^3} = 0.75kg/m^3 \cdot day$$

제3과목 수질오염 공정시험기준

41. 현 용액 중 CN^- 농도를 2.6mg/L로 만들려고 하면 물 1,000L에 용해될 NaCN의 양(g)은? (단, 원자량 Na 23)

① 약 5
② 약 10
③ 약 15
④ 약 20

$$\frac{x \text{ g NaCN}}{1,000L} \cdot \frac{26g \text{ } CN^-}{49g \text{ NaCN}} \cdot \frac{1,000mg}{1g} = 2.6mg/L$$

$$\therefore x = 4.9g$$

42. 자외선/가시선 분광법에 의한 수질용 분석기의 파장 범위(nm)로 가장 알맞은 것은?

① 0~200
② 50~300
③ 100~500
④ 200~900

43. 흡광광도법에 대한 설명으로 옳지 않은 것은?

① 흡광광도법은 빛이 시료용액 중을 통과할 때 흡수나 산란 등에 의하여 강도가 변화하는 것을 이용하는 분석방법이다.
② 흡광광도 분석장치를 이용할 때는 최고의 투과도를 얻을 수 있는 흡수파장을 선택해야 한다.
③ 흡광광도 분석장치는 광원부, 파장선택부, 시료부 및 측광부로 구성되어 있다.
④ 흡광광도법의 기본이 되는 램버어트-비어의 법칙은 $A = \log \dfrac{I_0}{I}$ 로 표시할 수 있다.

> ② 흡광광도 분석장치를 이용할 때는 최고의 흡광도를 얻을 수 있는 흡수파장을 선택해야 한다.

44. 다이페닐카바자이드를 작용시켜 생성되는 적자색의 착화합물의 흡광도를 540nm에서 측정하여 정량하는 항목은?

① 카드뮴
② 6가 크롬
③ 비소
④ 니켈

> · 6가 크롬 - 자외선/가시선 분광법 : 산성 용액에서 다이페닐카바자이드와 반응하여 생성하는 적자색 착화합물의 흡광도를 540nm에서 측정

45. 망간의 자외선/가시선 분광법에 관한 설명으로 옳은 것은?

① 과요오드산 칼륨법은 Mn^{2+}을 KIO_3으로 산화하여 생성된 MnO_4^-을 파장 552nm에서 흡광도를 측정한다.
② 염소나 할로겐 원소는 MnO_4^-의 생성을 방해하므로 염산(1+1)을 가해 방해를 제거한다.
③ 정량한계는 0.2mg/L, 정밀도의 상대표준편차는 25% 이내이다.
④ 발색 후 고온에서 장시간 방치하면 퇴색되므로 가열(정확히 1시간)에 주의한다.

> ① 과요오드산 칼륨법은 Mn^{2+}을 KIO_3으로 산화하여 생성된 MnO_4^-을 파장 525nm에서 흡광도를 측정한다

46. 총칙 중 온도표시에 관한 내용으로 옳지 않은 것은?

① 냉수는 15°C 이하를 말한다.

② 찬 곳은 따로 규정이 없는 한 4~15℃의 곳을 뜻한다.

③ 시험은 따로 규정이 없는 한 상온에서 조작하고 조작 직후에 그 결과를 관찰한다.

④ 온수는 60~70°C를 말한다.

> 찬 곳은 따로 규정이 없는 한 0~15℃의 곳을 뜻한다.

47. 자외선/가시선 분광법-이염화주석환원법으로 인산염인을 분석할 때 흡광도 측정파장(nm)은?

① 550

② 590

③ 650

④ 690

> 물속에 존재하는 인산염인을 측정하기 위하여 시료 중의 인산염인이 몰리브덴산 암모늄과 반응하여 생성된 몰리브덴
> 산인 암모늄을 이염화주석으로 환원하여 생성된 몰리브덴 청의 흡광도를 690nm에서 측정하는 방법이다.

48. 유량 측정 시 적용되는 웨어의 웨어판에 관한 기준으로 알맞은 것은?

① 웨어판 안측의 가장자리는 곡선이어야 한다.

② 웨어판은 수로의 장축에 직각 또는 수직으로 하여 말단의 바깥틀에 누수가 없도록 고정한다.

③ 직각 3각 웨어판의 유량측정공식은 $Q = K \cdot b \cdot h^{3/2}$이다.

   (K : 유량계수, b : 수로폭, h : 수두)

④ 웨어판의 재료는 10mm 이상의 두께를 갖는 내구성이 강한 철판으로 하여야 한다.

> ① 웨어판 안측의 가장자리는 직선이어야 한다.
> ③ 직각 3각 웨어의 유량측정공식 : $Q = K \cdot h^{5/2}$
>
>   4각 웨어의 유량 측정공식 : $Q = K \cdot b \cdot h^{3/2}$
> ④ 웨어판의 재료는 3mm 이상의 두께를 갖는 내구성이 강한 철판으로 한다.

49. 용존산소를 전극법으로 측정할 때에 관한 내용으로 틀린 것은?

① 정량한계는 0.1mg/L이다.

② 격막 필름은 가스를 선택적으로 통과시키지 못하므로 장시간 사용 시 황화수소 가스의 유입으로 감도가 낮아질 수 있다.

③ 정확도는 수중의 용존산소를 윙클러 아자이드화나트륨 변법으로 측정한 결과와 비교하여 산출한다.

④ 정확도는 4회 이상 측정하여 측정 평균값의 상대백분율로서 나타내며 그 값이 95~105% 이내이어야 한다.

> 정량한계 : 0.5mg/L

50. BOD 실험을 할 때 사전경험이 없는 경우 용존산소가 적당히 감소되도록 시료를 희석한 조합 중 틀린 것은?

① 오염된 하천수 : 25~100%

② 처리하지 않은 공장폐수와 침전된 하수 : 5~15%

③ 처리하여 방류된 공장폐수 : 5~25%

④ 오염정도가 심한 공업폐수 : 0.1~1.0%

예상 BOD값에 대한 사전경험이 없을 때에는 아래와 같이 희석하여 시료를 조제한다.

· 오염정도가 심한 공장폐수는 0.1%~1.0%

· 처리하지 않은 공장폐수와 침전된 하수는 1%~5%

· 처리하여 방류된 공장폐수는 5%~25%

· 오염된 하천수는 25%~100%

51. 피토우관의 압력 수두 차이는 5.1cm이다. 지시계 유체인 수은의 비중이 13.55일 때 물의 유속 (m/sec)은?

① 3.68

② 4.12

③ 5.72

④ 6.86

피토우(pitot)관 측정공식

$V = \sqrt{2g \cdot H} = \sqrt{2 \times 980 \times 5.1 \times 13.55} = 368.02 \text{cm/s} = 3.6802 \text{m/s}$

$V : \sqrt{2g \cdot H}$ (cm/s)

$H :$ 수두차(cm)

$g :$ 중력가속도 (980cm/s^2)

52. 수질 시료의 전처리 방법이 아닌 것은?

① 산분해법

② 가열법

③ 마이크로파 산분해법

④ 용매추출법

전처리 방법 : 산분해법, 마이크로파 산분해법, 회화에 의한 분해, 용매추출법

53. 페놀류-자외선/가시선 분광법 측정 시 클로로폼 추출법, 직접 측정법의 정량한계(mg/L)를 순서대로 옳게 나열한 것은?

① 0.003, 0.03

② 0.03, 0.003

③ 0.005, 0.05

④ 0.05, 0.005

페놀 및 그 화합물	정량한계
자외선/가시선 분광법	추출법 : 0.005mg/L 직접법 : 0.05mg/L

54. 시료 중 분석 대상 물질의 농도를 포함하도록 범위를 설정하고, 분석물질의 농도변화에 따른 지시 값을 나타내는 방법이 아닌 것은?

① 내부표준법   ② 검정곡선법

③ 최확수법   ④ 표준물첨가법

검정곡선법
- 정의 : 시료 중 분석 대상 물질의 농도를 포함하도록 범위를 설정하고, 분석물질의 농도변화에 따른 지시값을 나타내는 방법
- 종류 : 검정곡선법, 표준물첨가법, 내부표준법

55. pH를 20℃에서 4.00로 유지하는 표준용액은?

① 수산염 표준액   ② 인산염 표준액

③ 프탈산염 표준액   ④ 붕산염 표준액

표준용액
- 수산염 표준용액(0.05M, pH 1.68)
- 프탈산염 표준용액(0.05M, pH 4.00)
- 인산염 표준용액(0.025M, pH 6.88)
- 붕산염 표준용액(0.01M, pH 9.22)
- 탄산염 표준용액(0.025M, pH 10.07)
- 수산화칼슘 표준용액(0.02M, 25℃ 포화용액, pH 12.63)

56. 취급 또는 저장하는 동안에 이물질이 들어가거나 또는 내용물이 손실되지 아니하도록 보호하는 용기는?

① 차광용기   ② 밀봉용기

③ 밀폐용기   ④ 기밀용기

밀폐용기	·취급 또는 저장하는 동안에 이물질이 들어가거나 또는 내용물이 손실되지 아니하도록 보호하는 용기
기밀용기	·취급 또는 저장하는 동안에 밖으로부터의 공기 또는 다른 가스가 침입하지 아니하도록 내용물을 보호하는 용기
밀봉용기	·취급 또는 저장하는 동안에 기체 또는 미생물이 침입하지 아니하도록 내용물을 보호하는 용기
차광용기	·광선이 투과하지 않는 용기 또는 투과하지 않게 포장을 한 용기이며 취급 또는 저장하는 동안에 내용물이 광화학적 변화를 일으키지 아니하도록 방지할 수 있는 용기

57. 노말헥산 추출물질 시험 결과가 다음과 같을 때 노말헥산 추출물질의 농도(mg/L)는? (단, 건조증 발용 플라스크의 무게 = 52.0124g, 추출건조 후 증발용 플라스크와 잔유물질 무게 = 52.0246g, 시료의 양 = 2L)

① 약 2   ② 약 4

③ 약 6   ④ 약 8

$$\frac{(52.0246 - 52.0124)g}{2L} \cdot \frac{1,000mg}{1g} = 6.1mg/L$$

58. 다이크롬산칼륨에 의한 화학적산소요구량 측정 시 염소이온의 양이 40mg 이상 공존할 경우 첨가하는 시약과 염소이온의 비율은?

① $HgSO_4 : Cl^- = 5 : 1$ ② $HgSO_4 : Cl^- = 10 : 1$

③ $AgSO_4 : Cl^- = 5 : 1$ ④ $AgSO_4 : Cl^- = 10 : 1$

염소이온의 양이 40mg 이상 공존할 경우에는 $HgSO_4$: Cl^- = 10 : 1의 비율로 황산수은(II)의 첨가량을 늘린다.

59. 4-아미노안티피린법에 의한 페놀의 정색반응을 방해하지 않는 물질은?

① 질소 화합물
② 황 화합물
③ 오일
④ 타르

페놀의 자외선/가시선 분광법
간섭물질 : 황 화합물, 오일과 타르 성분, 클로로폼

60. 기체크로마토그래피법에 의한 폴리클로리네이티드비페닐 분석 시 이용하는 검출기로 가장 적절한 것은?

① ECD   ② FID

③ FPD   ④ TCD

기체크로마토그래피의 검출기와 검출물질
· 불꽃이온화 검출기(flame ionization detector, FID)
  불소(F)를 많이 함유하는 화합물이나 이황화탄소를 제외한 거의 모든 유기화합물
· 전자포착형 검출기(electron capture detector, ECD)
  할로겐, 인, 니트로기 및 황산 에스테르 등을 포함한 화합물
· 질소인 검출기(Nitrogen Phosphorous Detector, NPD)
  인화합물이나 질소화합물

61. 1일 폐수배출량 500m³인 사업장의 종별 규모는?

① 제1종 사업장   ② 제2종 사업장

③ 제3종 사업장   ④ 제4종 사업장

종 류	배출규모
제1종 사업장	1일 폐수배출량이 2,000m³ 이상인 사업장
제2종 사업장	1일 폐수배출량이 700m³ 이상, 2,000m³ 미만인 사업장
제3종 사업장	1일 폐수배출량이 200m³ 이상, 700m³ 미만인 사업장
제4종 사업장	1일 폐수배출량이 50m³ 이상, 200m³ 미만인 사업장
제5종 사업장	제1종부터 제4종까지의 사업장에 해당하지 아니하는 배출시설

62. 폐수의 원래 상태로는 처리가 어려워 희석하여야만 오염물질의 처리가 가능하다고 인정을 받고자 할 때 첨부하여야 하는 자료가 아닌 것은?

① 처리하려는 폐수농도   ② 희석처리 불가피성

③ 희석배율   ④ 희석방법

제48조(수질오염물질 희석처리의 인정 등)

1. 처리하려는 폐수의 농도 및 특성
2. 희석처리의 불가피성
3. 희석배율 및 희석량

63. 수질오염감시경보 중 관심 경보 단계의 발령 기준으로 ( )의 내용으로 옳은 것은?

가. 수소이온농도, 용존산소, 총질소, 총인, 전기전도도, 총유기탄소, 휘발성 유기화합물, 페놀, 중금속(구리, 납, 아연, 카드뮴 등) 항목 중 (㉠) 이상 항목이 측정 항목별 경보기준을 초과하는 경우

나. 생물감시 측정값이 생물감시 경보기준 농도를 (㉡) 이상 지속적으로 초과하는 경우

① ㉠ 1개, ㉡ 30분

② ㉠ 1개, ㉡ 1시간

③ ㉠ 2개, ㉡ 30분

④ ㉠ 2개, ㉡ 1시간

수질오염감시경보

경보단계	발령 · 해제기준
관심	· 수소이온농도, 용존산소, 총질소, 총인, 전기전도도, 총유기탄소, 휘발성유기화합물, 페놀, 중금속 (구리, 납, 아연, 카드뮴 등) 항목 중 2개 이상 항목이 측정항목별 경보기준을 초과하는 경우 · 생물감시 측정값이 생물감시 경보기준 농도를 30분 이상 지속적으로 초과하는 경우
주의	· 수소이온농도, 용존산소, 총질소, 총인, 전기전도도, 총유기탄소, 휘발성유기화합물, 페놀, 중금속 (구리, 납, 아연, 카드뮴 등) 항목 중 2개 이상 항목이 측정항목별 경보기준을 2배 이상(수소이온농도 항목의 경우에는 5 이하 또는 11 이상을 말한다.) 초과하는 경우 · 생물감시 측정값이 생물감시 경보기준 농도를 30분 이상 지속적으로 초과하고, 수소이온농도, 총유기탄소, 휘발성유기화합물, 페놀, 중금속(구리, 납, 아연, 카드뮴 등) 항목 중 1개 이상의 항목이 측정항목별 경보기준을 초과하는 경우와 전기전도도, 총질소, 총인, 클로로필-a 항목 중 1개 이상의 항목이 측정항목별 경보기준을 2배 이상 초과하는 경우
경계	· 생물감시 측정값이 생물감시 경보기준 농도를 30분 이상 지속적으로 초과하고, 전기전도도, 휘발성유기화합물, 페놀, 중금속(구리, 납, 아연, 카드뮴 등) 항목 중 1개 이상의 항목이 측정항목별 경보기준을 3배 이상 초과하는 경우
심각	· 경계경보 발령 후 수질 오염사고 전개속도가 매우 빠르고 심각한 수준으로서 위기발생이 확실한 경우
해제	· 측정항목별 측정값이 관심단계 이하로 낮아진 경우

64. 폐수배출시설 및 수질오염방지시설의 운영일지 보존기간은? (단, 폐수무방류배출시설 제외)

① 최종 기록일로부터 6개월
② 최종 기록일로부터 1년
③ 최종 기록일로부터 2년
④ 최종 기록일로부터 3년

제49조(폐수배출시설 및 수질오염방지시설의 운영기록 보존)

운영일지 보존기간

· 폐수배출시설 및 수질오염방지시설 : 최종 기록일부터 1년간 보존
· 폐수무방류배출시설 : 최종 기록일로부터 3년간 보존

65. 1일 폐수배출량이 2,000m³ 미만인 규모의 지역별, 항목별 수질오염 배출허용기준으로 옳지 않은 것은?

구분	BOD (mg/L)	COD (mg/L)	SS (mg/L)
㉠ 청정지역	40 이하	50 이하	40 이하
㉡ 가지역	60 이하	70 이하	60 이하
㉢ 나지역	120 이하	130 이하	120 이하
㉣ 특례지역	30 이하	40 이하	30 이하

① ㉠
② ㉡
③ ㉢
④ ㉣

항목별 배출허용기준 – 생물화학적산소요구량·화학적산소요구량·부유물질량

대상규모 항목 지역구분	1일 폐수배출량 2,000m³ 이상			1일 폐수배출량 2,000m³ 미만		
	BOD(mg/L)	COD(mg/L)	SS(mg/L)	BOD(mg/L)	COD(mg/L)	SS(mg/L)
청정지역	30 이하	40 이하	30 이하	40 이하	50 이하	40 이하
가지역	60 이하	70 이하	60 이하	80 이하	90 이하	80 이하
나지역	80 이하	90 이하	80 이하	120 이하	130 이하	120 이하
특례지역	30 이하	40 이하	30 이하	30 이하	40 이하	30 이하

66. 개선명령을 받은 자가 개선명령을 이행하지 아니하거나 기간 이내에 이행은 하였으나 검사결과가 배출허용기준을 계속 초과할 때의 처분인 '조업정지명령'을 위반한 자에 대한 벌칙기준은?

① 1년 이하의 징역 또는 1천만원 이하의 벌금
② 3년 이하의 징역 또는 3천만원 이하의 벌금
③ 5년 이하의 징역 또는 5천만원 이하의 벌금
④ 7년 이하의 징역 또는 7천만원 이하의 벌금

67. 국립환경과학원장이 설치·운영하는 측정망의 종류와 가장 거리가 먼 것은?

① 비점오염원에서 배출되는 비점오염물질 측정망
② 퇴적물 측정망
③ 도심하천 측정망
④ 공공수역 유해물질 측정망

환경부장관에서 국립환경과학원장으로 변경됨

제22조(국립환경과학원장이 설치·운영하는 측정망의 종류 등) (개정 2018.1.17.)
국립환경과학원장이 법 제9조제1항에 따라 설치할 수 있는 측정망은 다음 각 호와 같다.
  1. 비점오염원에서 배출되는 비점오염물질 측정망
  2. 수질오염물질의 총량관리를 위한 측정망
  3. 대규모 오염원의 하류지점 측정망
  4. 수질오염경보를 위한 측정망
  5. 대권역·중권역을 관리하기 위한 측정망
  6. 공공수역 유해물질 측정망
  7. 퇴적물 측정망
  8. 생물 측정망
  9. 그 밖에 국립환경과학원장이 필요하다고 인정하여 설치·운영하는 측정망

제23조(시·도지사 등이 설치·운영하는 측정망의 종류 등)
① 시·도지사, 「지방자치법」 제175조에 따른 인구 50만 이상 대도시(이하 "대도시"라 한다.)의 장 또는 수면관리자가 법 제9조 제3항 전단에 따라 설치할 수 있는 측정망은 다음 각 호와 같다. (개정 2018.1.17.)
  1. 소권역을 관리하기 위한 측정망
  2. 도심하천 측정망
  3. 그 밖에 유역환경청장이나 지방환경청장과 협의하여 설치·운영하는 측정망

68. 물환경보전법에서 사용되는 용어의 정의로 틀린 것은?

① 폐수란 물에 액체성 또는 고체성의 수질오염물질이 섞여 있어 그대로는 사용할 수 없는 물을 말한다.

② 불투수층이란 빗물 또는 눈 녹은 물 등이 지하로 스며들 수 없게 하는 아스팔트·콘크리트 등으로 포장된 도로, 주차장, 보도 등을 말한다.

③ 강우유출수란 점오염원의 오염물질이 혼입되어 유출되는 빗물을 말한다.

④ 기타 수질오염원이란 점오염원 및 비점오염원으로 관리되지 아니하는 수질오염물질을 배출하는 시설 또는 장소로서 환경부령이 정하는 것을 말한다.

③ 강우유출수란 비점오염원의 수질오염물질이 섞여 유출되는 빗물 또는 눈 녹은 물 등을 말한다.

69. 위임업무 보고사항 중 보고횟수 기준이 나머지와 다른 업무내용은?

① 배출업소의 지도, 점검 및 행정처분 실적

② 폐수처리업에 대한 등록·지도단속실적 및 처리실적 현황

③ 배출부과금 부과 실적

④ 비점오염원의 설치신고 및 방지시설 설치 현황 및 행정처분 현황

①, ③, ④ : 연 4회
② : 연 2회

70. 하천의 환경기준에서 사람의 건강보호 기준 중 검출되어서는 안 되는 수질오염물질 항목이 아닌 것은?

① 카드뮴　　　　　　　　② 유기인
③ 시안　　　　　　　　　④ 수은

기준값(mg/L)	항목
검출되어서는 안 됨(검출한계)	CN (0.01)　　Hg (0.001)　　유기인 (0.0005)　　PCB (0.0005)
0.5 이하	ABS, 포름알데히드
0.05 이하	Pb, As, Cr^{6+}, 1,4-다이옥세인
0.005 이하	Cd
0.01 이하	벤젠
0.02 이하	디클로로메탄, 안티몬
0.03 이하	1,2-디클로로에탄
0.04 이하	PCE
0.004 이하	사염화탄소

71. 환경기술인을 교육하는 기관으로 옳은 곳은?

① 국립환경인력개발원
② 환경기술인협회
③ 환경보전협회
④ 한국환경공단

환경기술인 교육기관

1. 환경기술인 : 환경보전협회
2. 기술요원 : 국립환경인력개발원

· 수질원격감시체계 관제센터를 설치, 운영할 수 있는 기관 : 한국환경공단
· 오염총량관리 조사 · 연구반 : 국립환경과학원

72. 수질 및 수생태계 환경기준 중 하천의 등급이 약간 나쁨의 생활환경기준으로 틀린 것은?

① 수소이온농도(pH) : 6.0~8.5
② 생물화학적산소요구량(mg/L) : 8 이하
③ 총인(mg/L) : 0.8 이하
④ 부유물질량(mg/L) : 100 이하

등급		기 준						대장균군 (균 수/100mL)	
		pH	BOD (mg/L)	TOC (mg/L)	SS (mg/L)	DO (mg/L)	T-P (mg/L)	총대장균군	분원성 대장균군
매우 좋음	Ia	6.5~8.5	1 이하	2 이하	25 이하	7.5 이상	0.02 이하	50 이하	10 이하
좋음	Ib	6.5~8.5	2 이하	3 이하	25 이하	5.0 이상	0.04 이하	500 이하	100 이하
약간 좋음	II	6.5~8.5	3 이하	4 이하	25 이하	5.0 이상	0.1 이하	1,000 이하	200 이하
보통	III	6.5~8.5	5 이하	5 이하	25 이하	5.0 이상	0.2 이하	5,000 이하	1,000 이하
약간 나쁨	IV	6.0~8.5	8 이하	6 이하	100 이하	2.0 이상	0.3 이하		
나쁨	V	6.0~8.5	10 이하	8 이하	쓰레기 등이 떠 있지 않을 것	2.0 이상	0.5 이하		
매우 나쁨	VI		10 초과	8 초과		2.0 미만	0.5 초과		

73. 환경부장관이 비점오염원관리지역을 지정, 고시한 때에 관계 중앙행정기관의 장 및 시·도지사와 협의하여 수립하여야 하는 비점오염원관리대책에 포함되어야 할 사항이 아닌 것은?

① 관리대상 수질오염물질의 종류 및 발생량
② 관리대상 수질오염물질의 관리지역 영향 평가
③ 관리대상 수질오염물질의 발생 예방 및 저감 방안
④ 관리목표

제55조(관리대책의 수립)

① 환경부장관은 관리지역을 지정·고시하였을 때에는 다음 각 호의 사항을 포함하는 비점오염원관리대책(이하 "관리대책"이라 한다.)을 관계 중앙행정기관의 장 및 시·도지사와 협의하여 수립하여야 한다.
　1. 관리목표
　2. 관리대상 수질오염물질의 종류 및 발생량
　3. 관리대상 수질오염물질의 발생 예방 및 저감 방안
　4. 그 밖에 관리지역을 적정하게 관리하기 위하여 환경부령으로 정하는 사항
② 환경부장관은 관리대책을 수립하였을 때에는 시·도지사에게 이를 통보하여야 한다.
③ 환경부장관은 관리대책을 수립하기 위하여 관계 중앙행정기관의 장, 시·도지사 및 관계 기관·단체의 장에게 관리대책의 수립에 필요한 자료의 제출을 요청할 수 있다.

74. 환경부장관이 의료기관의 배출시설(폐수무방류배출시설은 제외)에 대하여 조업정지를 명하여야 하는 경우로서 그 조업정지가 주민의 생활, 대외적인 신용, 고용, 물가 등 국민경제 또는 그 밖의 공익에 현저한 지장을 줄 우려가 있다고 인정되는 경우 조업정지 처분을 갈음하여 부과할 수 있는 과징금의 최대 액수는?

① 1억원　　　　　　　　　　　② 2억원
③ 3억원　　　　　　　　　　　④ 5억원

· 조업정지처분을 갈음하여 3억원 이하의 과징금을 부과할 수 있다.
· 영업정지처분을 갈음하여 2억원 이하의 과징금을 부과할 수 있다.

75. 배출부과금을 부과할 때 고려하여야 하는 사항과 가장 거리가 먼 것?

① 배출허용기준 초과 여부　　　② 수질오염물질의 배출기간
③ 배출되는 수질오염물질의 종류　　④ 수질오염물질의 배출원

배출부과금을 부과할 때에는 다음 각 호의 사항을 고려하여야 한다.

1. 배출허용기준 초과 여부
2. 배출되는 수질오염물질의 종류
3. 수질오염물질의 배출기간
4. 수질오염물질의 배출량
5. 자가측정 여부

76. 비점오염원의 변경신고를 하여야 하는 경우에 대한 기준으로 (   )에 옳은 것은?

> 총 사업면적, 개발면적 또는 사업장 부지면적이 처음 신고면적의 100분의 (   ) 이상 증가하는 경우

① 10

② 15

③ 25

④ 30

제73조(비점오염원의 변경신고) 변경신고를 하여야 하는 경우는 다음 각 호의 경우를 말한다.
1. 상호·대표자·사업명 또는 업종의 변경
2. 총 사업면적·개발면적 또는 사업장 부지면적이 처음 신고면적의 100분의 15 이상 증가하는 경우
3. 비점오염저감시설의 종류, 위치, 용량이 변경되는 경우
4. 비점오염원 또는 비점오염저감시설의 전부 또는 일부를 폐쇄하는 경우

77. 수질오염감시경보의 대상 수질오염물질 항목이 아닌 것은?

① 남조류

② 클로로필-a

③ 수소이온농도

④ 용존산소

수질오염감시경보 대상항목

수소이온농도, 용존산소, 총질소, 총인, 전기전도도, 총유기탄소, 휘발성유기화합물, 페놀, 중금속(구리, 납, 아연, 카드뮴 등), 클로로필-a, 생물감시

78. 2회 연속 채취 시 남조류 세포수가 1,000세포/mL 이상, 10,000세포/mL 미만인 경우의 수질오염경보의 조류경보 경보단계는? (단, 상수원 구간 기준)

① 관심

② 경보

③ 경계

④ 조류 대발생

상수원 구간

경보단계	발령·해제 기준
관심	2회 연속 채취 시 남조류 세포 수가 1,000세포/mL 이상 10,000세포/mL 미만인 경우
경계	2회 연속 채취 시 남조류 세포 수가 10,000세포/mL 이상 1,000,000세포/mL 미만인 경우
조류 대발생	2회 연속 채취 시 남조류 세포 수가 1,000,000 세포/mL 이상인 경우
해제	2회 연속 채취 시 남조류 세포 수가 1,000세포/mL 미만인 경우

79. 오염총량관리기본계획 수립 시 포함되어야 하는 사항으로 틀린 것은?

① 해당 지역 개발계획의 내용

② 해당 지역 개발계획에 따른 오염부하량의 할당계획

③ 관할 지역에서 배출되는 오염부하량의 총량 및 저감계획

④ 지방자치단체별·수계구간별 오염부하량의 할당

오염총량관리기본계획의 수립 시 포함되어야 하는 사항

1. 해당 지역 개발계획의 내용
2. 지방자치단체별·수계구간별 오염부하량(汚染負荷量)의 할당
3. 관할 지역에서 배출되는 오염부하량의 총량 및 저감계획
4. 해당 지역 개발계획으로 인하여 추가로 배출되는 오염부하량 및 그 저감계획

80. 자연형 비점오염저감시설의 종류가 아닌 것은?

① 여과형 시설

② 인공습지

③ 침투시설

④ 식생형 시설

비점오염저감시설(제8조 관련)

자연형 시설	장치형 시설
· 저류시설 · 인공습지 · 침투시설 · 식생형 시설	· 여과형 시설 · 와류(渦流)형 · 스크린형 시설 · 응집·침전 처리형 시설 · 생물학적 처리형 시설

1. ④ 2. ② 3. ① 4. ① 5. ② 6. ④ 7. ③ 8. ④ 9. ④ 10. ③ 11. ③ 12. ① 13. ② 14. ② 15. ③
16. ③ 17. ③ 18. ③ 19. ② 20. ④ 21. ② 22. ② 23. ① 24. ④ 25. ② 26. ② 27. ② 28. ② 29. ③ 30. ③
31. ③ 32. ④ 33. ② 34. ② 35. ① 36. ③ 37. ③ 38. ④ 39. ③ 40. ④ 41. ① 42. ④ 43. ② 44. ③ 45. ③
46. ② 47. ④ 48. ② 49. ① 50. ② 51. ② 52. ② 53. ③ 54. ③ 55. ③ 56. ③ 57. ③ 58. ② 59. ① 60. ①
61. ③ 62. ④ 63. ③ 64. ③ 65. ② 66. ③ 67. ③ 68. ③ 69. ② 70. ① 71. ③ 72. ③ 73. ② 74. ③ 75. ④
76. ② 77. ① 78. ① 79. ② 80. ①

06회. 2019년 제3회 수질환경산업기사 1113

제1과목 수질오염개론

---

1. 성층현상이 있는 호수에서 수온의 큰 변화가 있는 층은?

① hypolimnion
② thermocline
③ sedimentation
④ epilimnion

> ② 성층의 구분 중 수온약층(thermocline)은 수심에 따른 수온변화가 크다.
>
> ① hypolimnion : 정체층(심수층)
> ④ epilimnion : 순환층(표층)
> ③ sedimentation : 침전(침강)

2. 녹조류가 가장 많이 번식하였을 때 호수 표수층의 pH는?

① 6.5
② 7.0
③ 7.5
④ 9.0

> 녹조류는 광합성을 하므로, 표수층에서 녹조류가 많이 번식하면 광합성으로 pH가 8~9 혹은 그 이상을 나타낼 수 있다.

3. 경도와 알칼리도에 관한 설명으로 옳지 않은 것은?

① 총알칼리도는 M-알칼리도와 P-알칼리도를 합친 값이다.
② '총경도 ≤ M-알칼리도'일 때 '탄산경도 = 총경도'이다.
③ 알칼리도, 산도는 pH 4.5~8.3 사이에서 공존한다.
④ 알칼리도 유발물질은 CO_3^{2-}, HCO_3^-, OH^- 등이다.

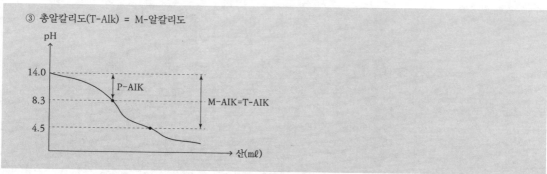

③ 총알칼리도(T-Alk) = M-알칼리도

4. 비점오염원에 관한 설명으로 가장 거리가 먼 것은?

① 광범위한 지역에 걸쳐 발생한다.
② 강우 시 발생되는 유출수에 의한 오염이다.
③ 발생량의 예측과 정량화가 어렵다.
④ 대부분이 도시하수처리장에서 처리된다.

> ④ 비점오염원은 차집이 어려워 하수처리장으로 들어오지 않으므로, 하수처리장에서 처리되지 않는다.

5. 바닷물 중에는 0.054M의 $MgCl_2$가 포함되어 있다. 바닷물 250mL에는 몇 g의 $MgCl_2$가 포함되어 있는가? (단, 원자량 : Mg = 24.3, Cl = 35.5)

① 약 0.8   ② 약 1.3
③ 약 2.6   ④ 약 3.8

> $MgCl_2$ 화학식량 = 24.3 + 35.5×2 = 95.3g/mol
>
> $$\frac{0.054mol}{L} = \frac{x\ g}{0.250L} \left| \frac{mol}{95.3g} \right.$$
>
> ∴ x = 1.286g

6. 미생물에 관한 설명으로 옳지 않은 것은?

① 진핵세포는 핵막이 있으나 원핵세포는 없다.
② 세포소기관인 리보솜은 원핵세포에 존재하지 않는다.
③ 조류는 진핵미생물로 엽록체라는 세포소기관이 있다.
④ 진핵세포는 유사분열을 한다.

> 리보솜은 원핵세포와 진행세포에 모두 존재한다.

7. Ca^{2+} 이온의 농도가 20mg/L, Mg^{2+} 이온의 농도가 1.2mg/L인 물의 경도(mg/L as $CaCO_3$)는? (단, Ca = 40, Mg = 24)

① 40   ② 45
③ 50   ④ 55

> · Ca^{2+} : $\dfrac{20mg}{L} \left| \dfrac{1eq}{20mg} \right| \dfrac{50mg\ CaCO_3}{1me}$ = 50mg/L as $CaCO_3$
>
> · Mg^{2+} : $\dfrac{1.2mg}{L} \left| \dfrac{1eq}{12mg} \right| \dfrac{50mg\ CaCO_3}{1me}$ = 5mg/L as $CaCO_3$
>
> · 총 경도 = Ca^{2+} + Mg^{2+} = 50 + 5 = 55mg/L as $CaCO_3$

8. 유해물질과 중독증상과의 연결이 잘못된 것은?

① 카드뮴 – 골연화증, 고혈압, 위장장애 유발

② 구리 – 과다 섭취 시 구토와 복통, 만성중독 시 간경변 유발

③ 납 – 다발성 신경염, 신경장애 유발

④ 크롬 – 피부점막, 호흡기로 흡입되어 전신마비, 피부염 유발

④ 비소 – 국소 및 전신마비, 피부염, 각화증, 발암, 흑피증 등 유발

크롬

· 접촉성 피부염, 피부궤양, 부종, 뇨독증, 혈뇨, 복통, 구토 등
· 피부점막, 호흡기로 흡입되어 전신마비, 피부염 유발

9. 수질오염의 정의는 오염물질이 수계의 자정 능력을 초과하여 유입되어 수체가 이용목적에 적합하지 않게 된 상태를 의미하는데, 다음 중 수질오염현상으로 볼 수 없는 것은?

① 수중에 산소가 고갈되어 지는 현상

② 중금속의 유입에 따른 오염

③ 질소나 인과 같은 무기물질이 수계에 소량 유입되는 현상

④ 전염성 세균에 의한 오염

③ 질소나 인과 같은 무기물질이 수계에 소량 유입되면 부영양화가 일어나지 않으므로 수질오염으로 볼 수 없다.

수질오염현상

· 산소 고갈, 혐기화
· 중금속 및 독성물질의 유입
· 병원성(전염성) 세균에 의한 오염
· 유기물의 유입 등
· 질소나 인 등의 영양염류의 과다 유입으로 부영양화 발생

10. 크롬 중독에 관한 설명으로 틀린 것은?

① 크롬에 의한 급성중독의 특징은 심한 신장장애를 일으키는 것이다.

② 3가 크롬은 피부흡수가 어려우나 6가 크롬은 쉽게 피부를 통과한다.

③ 자연 중의 크롬은 주로 3가 형태로 존재한다.

④ 만성크롬 중독인 경우에는 BAL 등의 금속배설촉진제의 효과가 크다.

④ BAL(금속배설촉진제)은 수은, 비소 등에는 효과가 크나 카드뮴, 크롬에는 효과가 없거나 오히려 독성이 증가된다.

11. Marson과 Kolkwitz의 하천자정 단계 중 심한 악취가 없어지고 수중 저니의 산화(수산화철 형성)로 인해 색이 호전되며 수질도에서 노란색으로 표시하는 수역은?

① 강부수성 수역(Polysaprobic)
② α-중부수성 수역(α-mesosaprobic)
③ β-중부수성 수역(β-mesosaprobic)
④ 빈부수성 수역(Oligosaprobic)

① 강부수성 수역(Polysaprobic) : 빨간색
② α-중부수성 수역(α-mesosaprobic) : 노란색
③ β-중부수성 수역(β-mesosaprobic) : 초록색
④ 빈부수성 수역(Oligosaprobic) : 파란색

12. 25℃, pH 4.35인 용액에서 [OH⁻]의 농도(mol/L)는?

① 4.47×10^{-5}
② 6.54×10^{-7}
③ 7.66×10^{-9}
④ 2.24×10^{-10}

pOH = 14 − pH = 14 − 4.35 = 9.65

$[OH^-] = 10^{-pOH} = 10^{-9.65} = 2.238 \times 10^{-10}$

13. 지하수의 특성을 지표수와 비교해서 설명한 것으로 옳지 않은 것은?

① 경도가 높다.
② 자정작용이 빠르다.
③ 탁도가 낮다.
④ 수온변동이 적다.

② 지하수는 지표수보다 자정작용이 느리다.

14. 화학반응에서 의미하는 산화에 대한 설명이 아닌 것은?

① 산소와 화합하는 현상이다.
② 원자가가 증가되는 현상이다.
③ 전자를 받아들이는 현상이다.
④ 수소화합물에서 수소를 잃는 현상이다.

③ 전자를 받아들이는(얻는) 것은 환원이다.

산화와 환원

반응의 종류	전자	산소	수소	산화수
산화	잃음	얻음	잃음	증가
환원	얻음	잃음	얻음	감소

15. 호수에서의 부영양화현상에 관한 설명으로 옳지 않은 것은?

① 질소, 인 등 영양물질의 유입에 의하여 발생된다.

② 부영양화에서 주로 문제가 되는 조류는 남조류이다.

③ 성층현상에 의하여 부영양화가 더욱 촉진된다.

④ 조류제거를 위한 살조제는 주로 $KMnO_4$를 사용한다.

④ 조류제거를 위한 살조제는 주로 황산동을 사용한다.

16. 생물농축현상에 대한 설명으로 옳지 않은 것은?

① 생물계의 먹이사슬이 생물농축에 큰 영향을 미친다.

② 영양염이나 방사능 물질은 생물농축 되지 않는다.

③ 미나마타병은 생물농축에 의한 공해병이다.

④ 생체 내에서 분해가 쉽고, 배설률이 크면 농축이 되질 않는다.

② 방사능 물질은 몸 속에 유입되면 밖으로 배출되지 않고 생물농축된다.

17. 음용수 중에 암모니아성 질소를 검사하는 것의 위생적 의미는?

① 조류발생의 지표가 된다.

② 자정작용의 기준이 된다.

③ 분뇨, 하수의 오염지표가 된다.

④ 냄새 발생의 원인이 된다.

③ 분뇨나 하수의 유기질소는 분해되어 암모니아성 질소가 되므로 분뇨, 하수의 오염지표가 된다.

18. 다음 수역 중 일반적으로 자정계수가 가장 큰 것은?

① 폭포

② 작은 연못

③ 완만한 하천

④ 유속이 빠른 하천

대기 중 산소가 물에 많이 들어와 DO가 높을수록 자정계수가 높다.

자정계수 크기 순서
폭포 〉유속이 빠른 하천 〉완만한 하천 〉작은 연못

19. 용액의 농도에 관한 설명으로 옳지 않은 것은?

① mole 농도는 용액 1L 중에 존재하는 용질의 gram 분자량의 수를 말한다.

② 몰랄농도는 규정농도라고도 하며 용매 1,000g 중에 녹아 있는 용질의 몰수를 말한다.

③ ppm과 mg/L를 엄격하게 구분하면 ppm = $(mg/L)/p_{sol}(p_{sol}$: 용액의 밀도)로 나타낸다.

④ 노르말농도는 용액 1L 중에 녹아 있는 용질의 g당량수를 말한다.

20. PbSO₄의 용해도는 물 1L당 0.038g이 녹는다. PbSO₄의 용해도적(K_{sp})은? (단, PbSO₄ = 303g)

① 1.6×10^{-8} ② 1.6×10^{-4}

③ 0.8×10^{-8} ④ 0.8×10^{-4}

[반응식] $PbSO_4 \rightarrow Pb^{2+} + SO_4^{2-}$

PbSO₄ 분자량 = 303g/mol

1) 용해도(S)

$$S = [PbSO_4] = \frac{0.038g}{1L} \left| \frac{1mol}{303g} \right. = 1.2541 \times 10^{-4}M$$

2) 용해도적(K_{sp})

$$K_{sp} = [Pb^{2+}][SO_4^{2-}] = S^2 = 1.5728 \times 10^{-8}$$

제2과목 수질오염 방지기술

---

21. 1차 처리된 분뇨의 2차 처리를 위해 포기조, 2차 침전지로 구성된 활성슬러지 공정을 운영하고 있다. 운영조건이 다음과 같을 때 포기조 내의 고형물 체류시간(day)은? (단, 유입유량 = 200m³ /day, 포기조 용량 = 1,000m³, 잉여슬러지 배출량 = 50m³/day, 반송슬러지 SS 농도 = 1%, MLSS 농도 = 2,500mg/L, 2차 침전지 유출수 SS 농도 = 0mg/L)

① 4 ② 5

③ 6 ④ 7

$$SRT = \frac{VX}{X_r Q_w}$$

$$= \frac{1,000m^3}{} \left| \frac{2,500mg/L}{10,000mg/L} \right| \frac{day}{50m^3} = 5day$$

22. 이온교환법에 의한 수처리의 화학반응으로 다음 과정이 나타낸 것은?

$$2R - H + Ca^{2+} \rightarrow R_2 - Ca + 2H^+$$

① 재생과정   ② 세척과정

③ 역세척과정   ④ 통수과정

· 이온교환(통수) 과정 : $2R-H + Ca^{2+} \rightarrow R_2 - Ca + 2H^+$
· 재생 과정 : $R_2 - Ca + 2H^+ \rightarrow 2R-H + Ca^{2+}$

R-H : 이온교환수지

23. 암모니아성 질소를 Air Stripping 할 때(폐수 처리 시) 최적의 pH는?

① 4   ② 6

③ 8   ④ 10

Air Stripping(암모니아 Stripping, 공기 탈기법)
폐수의 pH를 11 이상으로 높인 후 공기를 불어넣어 수중의 암모니아를 NH_3 가스로 탈기하는 방법

24. 고도 정수처리 방법 중 오존처리의 설명으로 가장 거리가 먼 것은?

① HOCl 보다 강력한 환원제이다.
② 오존은 반드시 현장에서 생산하여야 한다.
③ 오존은 몇몇 생물학적 분해가 어려운 유기물을 생물학적 분해가 가능한 유기물로 전환시킬 수 있다.
④ 오존에 의해 처리된 처리수는 부착상 생물학적 접촉조인 입상 활성탄 속으로 통과시키는데, 활성탄에 부착된 미생물은 오존에 의해 일부 산화된 유기물을 무기물로 분해시키게 된다.

① 오존은 HOCl보다 강력한 산화제이다.

25. 하수처리장의 1차 침전지에 관한 설명 중 틀린 것은?

① 표면부하율은 계획1일 최대오수량에 대하여 $25{\sim}40m^3/m^2{\cdot}day$로 한다.
② 슬러지제거기를 설치하는 경우 침전지 바닥기울기는 1/100~1/200으로 완만하게 설치한다.
③ 슬러지제거를 위해 슬러지 바닥에 호퍼를 설치하며 그 측벽의 기울기는 60° 이상으로 한다.
④ 유효수심은 2.5~4m를 표준으로 한다.

② 슬러지 제거기를 설치하는 경우 침전지 바닥 기울기는 1/100~2/100으로 완만하게 설치한다.

26. 고형물의 농도가 16.5%인 슬러지 200kg을 건조시켰더니 수분이 20%로 나타났다. 제거된 수분의 양(kg)은? (단, 슬러지 비중 = 1.0)

① 127
② 132
③ 159
④ 166

1) 건조 후 슬러지양(SL_2)

$$TS_1 = TS_2$$
$$200kg \times 0.165 = SL_2(1 - 0.2)$$
$$\therefore SL_2 = 41.25kg$$

2) 제거된 수분 양(X)

$$X = 200 - 41.25 = 158.75kg$$

27. 급속 여과에 대한 설명으로 가장 거리가 먼 것은?

① 급속 여과는 용해성 물질제거에는 적합하지 않다.
② 손실수두는 여과지의 면적에 따라 증가하거나 감소한다.
③ 급속 여과는 세균제거에 부적합하다.
④ 손실수두는 여과 속도에 영향을 받는다.

② 손실수두는 여과속도의 제곱에 비례한다.

28. 하수의 3차 처리공법인 A/O 공정에서 포기조의 주된 역할을 가장 적합하게 설명한 것은?

① 인의 방출
② 질소의 탈기
③ 인의 과잉섭취
④ 탈질

A/O 공정에서 반응조의 역할

· 포기조(호기조) : 인 과잉섭취, 유기물 제거(BOD, SS 제거)
· 혐기조 : 인 방출, 유기물 제거(BOD, SS 제거)

29. 플러그흐름반응기가 1차 반응에서 폐수의 BOD가 90% 제거되도록 설계되었다. 속도상수 K가 $0.3h^{-1}$일 때 요구되는 체류시간(h)은?

① 4.68
② 5.68
③ 6.68
④ 7.68

PFR 반응조의 물질수지식

$$\ln \frac{C}{C_0} = -k\frac{V}{Q} = kt \quad (\because t = \frac{V}{Q})$$

$$\therefore t = -\frac{1}{k}\ln\left(\frac{C}{C_0}\right) = -\frac{hr}{0.3} \times \ln\left(\frac{10}{100}\right) = 7.675hr$$

30. 포기조내 MLSS의 농도가 2,500mg/L이고, SV₃₀이 30%일 때 SVI(mL/g)는?

① 85

② 120

③ 135

④ 150

$$SVI = \frac{SV_{30}(\%)}{MLSS} \times 10,000$$

$$= \frac{30}{2,500} \times 10,000$$

$$= 120$$

31. 1L 실린더의 250mL 침전 부피 중 TSS 농도가 3,050mg/L로 나타나는 포기조 혼합액의 SVI(mL/g)는?

① 62

② 72

③ 82

④ 92

$$SVI = \frac{SV_{30}}{MLSS} \times 1,000$$

$$= \frac{250}{3,050} \times 1,000$$

$$= 81.967$$

32. 하루 5,000톤의 폐수를 처리하는 처리장에서 최초침전지의 Weir의 단위길이당 월류부하를 100m³/m·day로 제한할 때 최초침전지에 설치하여야 하는 월류 Weir의 유효 길이(m)는?

① 30

② 40

③ 50

④ 60

$$월류부하 = \frac{유량}{웨어\ 길이}$$

$$\therefore 웨어\ 길이 = \frac{유량}{월류부하}$$

$$= \frac{5,000t}{day} \left| \frac{1m^3}{1t} \right| \frac{m \cdot day}{100m^3} = 50m$$

33. Screen 설치부에 유속한계를 0.6m/sec 정도로 두는 이유는?

① By pass를 사용

② 모래의 퇴적현상 및 부유물이 찢겨나가는 것을 방지

③ 유지류 등의 scum을 제거

④ 용해성 물질을 물과 분리

· 최소유속한계는 과도한 퇴적 및 SS 제거 방지를 위해 설정함
· 최대유속한계는 스크린 손상 및 과대 유속에 의한 부유물의 찢김 방지를 위해 설정함

34. 일반적인 슬러지 처리공정을 순서대로 배치한 것은?

① 농축 → 약품조정(개량) → 유기물의 안정화 → 건조 → 탈수 → 최종처분
② 농축 → 유기물의 안정화 → 약품조정(개량) → 탈수 → 건조 → 최종처분
③ 약품조정(개량) → 농축 → 유기물의 안정화 → 탈수 → 건조 → 최종처분
④ 유기물의 안정화 → 농축 → 약품조정(개량) → 탈수 → 건조 → 최종처분

슬러지 처리공정

농축 → 소화(유기물의 안정화) → 약품조정(개량) → 탈수 → 건조 → 최종처분

35. 염소살균에 관한 설명으로 가장 거리가 먼 것은?

① 염소살균강도는 HOCl > OCl⁻ > chloramines 순이다.
② 염소살균력은 온도가 낮고, 반응시간이 길며, pH가 높을 때 강하다.
③ 염소요구량은 물에 가한 일정량의 염소와 일정한 기간이 지난 후에 남아 있는 유리 및 결합잔류염소와의 차이다.
④ 파괴점염소주입법이란 파괴점 이상으로 염소를 주입하여 살균하는 것을 말한다.

② 염소살균력은 온도가 높고, 반응시간이 길수록 pH는 낮을 때 강하다.

pH가 낮을수록 살균력이 높은 HOCl의 비율이 높아지므로 살균력이 증가한다.

36. 폐수처리 공정에서 발생하는 슬러지의 종류와 특징이 알맞게 연결된 것은?

① 1차슬러지 - 성분이 주로 모래이므로 수거하여 매립한다.
② 2차슬러지 - 생물학적 반응조의 후침전지 또는 2차 침전지에서 상등수로부터 분리된 세포 물질이 주종을 이룬다.
③ 혐기성소화슬러지 - 슬러지의 색이 갈색 내지 흑갈색이며, 악취가 없고, 잘 소화된 것은 쉽게 탈수되고 생화학적으로 안정되어 있다.
④ 호기성소화슬러지 - 악취가 있고 부패성이 강하며, 쉽게 혐기성 소화시킬 수 있고, 비중이 크며, 염도도 높다.

① 1차슬러지 - SS
③ 혐기성소화슬러지 - 슬러지의 색이 갈색 내지 흑갈색이며, 혐기성 슬러지이므로, 악취가 많이 남
④ 호기성소화슬러지 - 악취가 적음, 부패성 적음

37. 염소 요구량이 5mg/L인 하수 처리수에 잔류염소 농도가 0.5mg/L가 되도록 염소를 주입하려고 할 때 염소 주입량(mg/L)은?

① 4.5

② 5.0

③ 5.5

④ 6.0

염소 주입량 = 염소 요구량 + 잔류염소량 = 5 + 0.5 = 5.5mg/L

38. 폐수처리 시 염소소독을 실시하는 목적으로 가장 거리가 먼 것은?

① 살균 및 냄새 제거

② 유기물의 제거

③ 부식 통제

④ SS 및 탁도 제거

염소처리의 목적

살균(세균 제거), 철·망간 제거. 맛·냄새 제거, SS 및 탁도 제거, 유기물 제거 등

39. 물리·화학적 질소제거 공정이 아닌 것은?

① Air Stripping

② Breakpoint Chlorination

③ Ion Exchange

④ Sequencing Batch Reactor

④ Sequencing Batch Reactor(SBR, 연속회분식반응조) : 생물학적 질소 및 인 동시 제거 공정

물리화학적 질소제거 공정

· Air Stripping(공기탈기법)

· Breakpoint Chlorination(파과점 염소주입법)

· Ion Exchange(이온교환법)

40. 함수율 96%인 혼합슬러지를 함수율 80%의 탈수케이크로 만들었을 때 탈수 후 슬러지 부피는? (단, 탈수 후 슬러지 부피 = 탈수 후 슬러지 부피/탈수 전 슬러지 부피, 탈리액으로 유출 된 슬러지의 양은 무시)

① $\dfrac{1}{3}$

② $\dfrac{1}{4}$

③ $\dfrac{1}{5}$

④ $\dfrac{1}{6}$

탈수 전 슬러지 부피를 1이라고 하면

$1(1-0.96) = SL_2(1-0.8)$

$\therefore SL_2 = 0.2 = \dfrac{1}{5}$

41. 유도결합플라스마-원자발광분광법의 원리에 관한 다음 설명 중 ( ) 안의 내용으로 알맞게 짝지어진 것은?

> 시료를 고주파유도코일에 의하여 형성된 아르곤 플라스마에 도입하여 6,000~8,000K에서 들뜬 상태의 원자가 (㉠)로 전이할 때 (㉡)하는 발광선 및 발광강도를 측정하여 원소의 정성 및 정량분석에 이용하는 방법이다.

① ㉠ 들뜬 상태 ㉡ 흡수　　　② ㉠ 바닥 상태 ㉡ 흡수
③ ㉠ 들뜬 상태 ㉡ 방출　　　④ ㉠ 바닥 상태 ㉡ 방출

42. 구리의 측정(자외선/가시선 분광법 기준) 원리에 관한 내용으로 ( )에 옳은 것은?

> 구리이온이 알칼리성에서 다이에틸 다이티오카르바민산나트륨과 반응하여 생성하는 ( )의 킬레이트 화합물을 아세트산 부틸로 추출하여 흡광도를 440nm에서 측정한다.

① 황갈색　　　　　　　② 청색
③ 적갈색　　　　　　　④ 적자색

구리 : 황갈색 440nm

43. 다음 중 4각 웨어에 의한 유량측정 공식은? (단, Q = 유량(m^3/min), K = 유량계수, h = 웨어의 수두(m), b = 절단의 폭(m))

① $Q = Kh^{5/2}$　　　　　　② $Q = Kh^{3/2}$
③ $Q = Kbh^{5/2}$　　　　　④ $Q = Kbh^{3/2}$

· 4각 웨어 유량 공식 : $Q = K \cdot b \cdot h^{3/2}$
· 직각 3각 웨어 유량 공식 : $Q = K \cdot h^{5/2}$

44. 박테리아가 산화되는 이론적인 식이다. 박테리아 100mg이 산화되기 위한 이론적 산소요구량(ThOD, g as O_2)은?

$$C_5H_7O_2N + 5O_2 \rightarrow 5CO_2 + 2H_2O + NH_3$$

① 0.122　　　　　　　② 0.132
③ 0.142　　　　　　　④ 0.152

C₅H₇O₂N 분자량 = 113g/mol

$C_5H_7O_2N + 5O_2 \rightarrow 5CO_2 + 2H_2O + NH_3$

113g : 5 × 32g
100g : Xg

$$\therefore X = \frac{5 \times 32g}{113g} \Big| \frac{0.1g}{} = 0.1415g$$

45. 시료를 질산-과염소산으로 전처리하여야 하는 경우로 가장 적합한 것은?

① 유기물 함량이 비교적 높지 않고 금속의 수산화물, 산화물, 인산염 및 황화물을 함유하고 있는 시료를 전처리하는 경우
② 유기물을 다량 함유하고 있으면서 산화분해가 어려운 시료를 전처리하는 경우
③ 다량의 점토질 또는 규산염을 함유한 시료를 전처리하는 경우
④ 유기물 등을 많이 함유하고 있는 대부분의 시료를 전처리하는 경우

시료의 전처리

분류	특징
질산법	·유기함량이 비교적 높지 않은 시료의 전처리에 사용
질산 - 염산법	·유기물 함량이 비교적 높지 않고 금속의 수산화물, 산화물, 인산염 및 황화물을 함유하고 있는 시료에 적용 ·휘발성 또는 난용성 염화물을 생성하는 금속 물질의 분석에는 주의
질산 - 황산법	·유기물 등을 많이 함유하고 있는 대부분의 시료에 적용 ·칼슘, 바륨, 납 등을 다량 함유한 시료는 난용성의 황산염을 생성하여 다른 금속성분을 흡착하므로 주의
질산 - 과염소산법	·유기물을 다량 함유하고 있으면서 산분해가 어려운 시료에 적용

46. 시험에 적용되는 온도 표시로 틀린 것은?

① 실온 : 1~35℃
② 찬 곳 : 0℃ 이하
③ 온수 : 60~70℃
④ 상온 : 15~25℃

② 찬 곳 : 0~15℃인 곳

47. 총대장균군의 정성시험(시험관법)에 대한 설명 중 옳은 것은?

① 완전시험에는 엔도 또는 EMB 한천배지를 사용한다.
② 추정시험 시 배양온도는 48±3℃ 범위이다.
③ 추정시험에서 가스의 발생이 있으면 대장균군의 존재가 추정된다.
④ 확정시험 시 배지의 색깔이 갈색으로 되었을 때는 완전시험을 생략할 수 있다.

48. 물속의 냄새를 측정하기 위한 시험에서 시료 부피 4mL와 무취 정제수(희석수) 부피 196mL인 경우 냄새역치(TON)는?

① 0.02
② 0.5
③ 50
④ 100

49. 수질오염공정시험기준에서 진공이라 함은?

① 따로 규정이 없는 한 15mmHg 이하를 말함
② 따로 규정이 없는 한 15mmH₂O 이하를 말함
③ 따로 규정이 없는 한 4mmHg 이하를 말함
④ 따로 규정이 없는 한 4mmH₂O 이하를 말함

50. 유기물 함량이 비교적 높지 않고 금속의 수산화물, 산화물, 인산염 및 황화물을 함유하고 있는 시료에 적용되며 휘발성 또는 난용성 염화물을 생성하는 금속 물질의 분석에는 주의하여야 하는 시료의 전처리 방법(산분해법)으로 가장 적절한 것은?

① 질산 – 염산법
② 질산 – 황산법
③ 질산 – 과염소산법
④ 질산 – 불화수소산법

51. 기체크로마토그래피법으로 측정하지 않는 항목은?

① 폴리클로리네이티드비페닐

② 유기인

③ 비소

④ 알킬수은

금속은 기체크로마토그래피를 적용할 수 없다.

52. 노말헥산 추출물질 시험법은?

① 중량법

② 적정법

③ 흡광광도법

④ 원자흡광광도법

노말헥산 추출물질 시험법 : 중량법

53. 0.05N-KMnO₄ 4.0L를 만들려고 할 때 필요한 KMnO₄의 양(g)은? (단, 원자량 K = 39, Mn = 55)

① 3.2

② 4.6

③ 5.2

④ 6.3

$KMnO_4$ 1mol = 5eq = 158g

$$\frac{0.05eq\ KMnO_4}{L} \left| 4L \right| \frac{158g}{5eq} = 6.32g$$

54. 흡광광도법으로 어떤 물질을 정량하는데 기본원리인 Lambert-Beer법칙에 관한 설명 중 옳지 않은 것은?

① 흡광도는 시료물질 농도에 비례한다.

② 흡광도는 빛이 통과하는 시료 액층의 두께에 반비례한다.

③ 흡광계수는 물질에 따라 각각 다르다.

④ 흡광도는 투광도의 역대수이다.

② 흡광도는 빛이 통과하는 시료 액층의 두께에 비례한다.

흡광도(A)

$$A = \log\left(\frac{I_0}{I}\right) = \log\left(\frac{1}{t}\right) = \epsilon d$$

I_0	:	입사광 강도
I	:	투과광 강도
t	:	투과도 $\left(= \dfrac{I}{I_0}\right)$
ϵ	:	흡광계수
c	:	흡수액 농도(M)
l	:	투사거리(시료셀 두께)

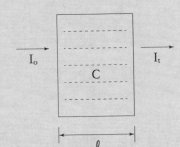

55. 원자흡수분광광도법은 원자의 어느 상태일 때 특유 파장의 빛을 흡수하는 현상을 이용한 것인가?

① 여기상태　　　　　　② 이온상태
③ 바닥상태　　　　　　④ 분자상태

원자흡수분광광도법
물속에 존재하는 중금속을 정량하기 위하여 시료를 2,000K~3,000K의 불꽃 속으로 시료를 주입하였을 때 생성된 바닥상태의 중성원자가 고유 파장의 빛을 흡수하는 현상을 이용

56. 윙클러 아지드 변법에 의한 DO 측정 시 시료에 Fe(Ⅲ) 100~200mg/L가 공존하는 경우에 시료전처리 과정에서 첨가하는 시약으로 옳은 것은?

① 시안화나트륨용액
② 플루오린화칼륨용액
③ 수산화망간용액
④ 황산은

용존산소 적정법의 전처리

간섭물질	약품
시료가 착색 현탁된 경우	· 칼륨명반용액, 암모니아수
미생물 플록(floc)이 형성된 경우	· 황산구리-설파민산
산화성 물질을 함유한 경우 (잔류염소)	· 별도의 바탕시험 시행 · 알칼리성 요오드화칼륨-아자이드화나트륨 용액 1mL · 황산 1mL · 황산망간용액
산화성 물질을 함유한 경우(Fe(Ⅲ))	· 황산을 첨가하기 전에 플루오린화칼륨 용액 1mL 가함

57. 클로로필 a(chlorophyll-a) 측정에 관한 내용 중 옳지 않은 것은?

① 클로로필 색소는 사염화탄소 적당량으로 추출한다.
② 시료 적당량(100~2,000mL)을 유리섬유 여과지(GF/F, 47mm)로 여과 한다.
③ 663nm, 645nm, 630nm의 흡광도 측정은 클로로필 a, b 및 c를 결정하기 위한 측정이다.
④ 750nm는 시료 중의 현탁물질에 의한 탁도정도에 대한 흡광도이다.

> ① 클로로필 색소는 아세톤 용액으로 추출한다.

58. 물벼룩을 이용한 급성 독성 시험법과 관련된 생태독성값(TU)에 대한 내용으로 (   )에 옳은 것은?

> 통계적 방법을 이용하여 반수영향농도 EC_{50} 값을 구한 후 (   )을 말한다.

① 100에서 EC_{50} 값을 곱하여준 값
② 100에서 EC_{50} 값을 나눠준 값
③ 10에서 EC_{50} 값을 곱하여준 값
④ 10에서 EC_{50} 값을 나눠준 값

> 생태독성값(TU) = $100/EC_{50}$

59. 시료의 전처리 방법(산분해법) 중 유기물 등을 많이 함유하고 있는 대부분의 시료에 적용하는 것은?

① 질산법
② 질산 - 염산법
③ 질산 - 황산법
④ 질산 - 과염소산법

시료의 전처리

분류	특징
질산법	· 유기함량이 비교적 높지 않은 시료의 전처리에 사용
질산-염산법	· 유기물 함량이 비교적 높지 않고 금속의 수산화물, 산화물, 인산염 및 황화물을 함유하고 있는 시료에 적용 · 휘발성 또는 난용성 염화물을 생성하는 금속 물질의 분석에는 주의
질산-황산법	· 유기물 등을 많이 함유하고 있는 대부분의 시료에 적용 · 칼슘, 바륨, 납 등을 다량 함유한 시료는 난용성의 황산염을 생성하여 다른 금속성분을 흡착하므로 주의
질산-과염소산법	· 유기물을 다량 함유하고 있으면서 산분해가 어려운 시료에 적용

60. 순수한 물 150mL에 에틸알코올(비중 0.79) 80mL를 혼합하였을 때 이 용액 중의 에틸알코올 농도(W/W %)는?

① 약 30%
② 약 35%
③ 약 40%
④ 약 45%

$$\text{용질(에틸알코올)} = \frac{0.79g}{1mL} \bigg| \frac{80mL}{} = 63.2g$$

$$\text{용매(물)} = \frac{150mL}{} \bigg| \frac{1g}{1mL} = 150g$$

$$\text{농도} = \frac{\text{용질 질량}}{\text{용액 질량}} = \frac{63.2}{150 + 63.2} = 0.296 = 29.6\%$$

제4과목 수질환경관계법규

---

61. 낚시금지, 제한구역의 안내판 규격에 관한 내용으로 옳은 것은?

① 바탕색 : 흰색, 글씨 : 청색
② 바탕색 : 청색, 글씨 : 흰색
③ 바탕색 : 녹색, 글씨 : 흰색
④ 바탕색 : 흰색, 글씨 : 녹색

낚시금지, 제한구역의 안내판 규격

· 바탕색 : 청색
· 글씨 : 흰색

62. 법적으로 규정된 환경기술인의 관리사항이 아닌 것은?

① 환경오염방지를 위하여 환경부장관이 지시하는 부하량 통계 관리에 관한 사항
② 폐수배출시설 및 수질오염방지시설의 관리에 관한 사항
③ 폐수배출시설 및 수질오염방지시설의 개선에 관한 사항
④ 운영일지의 기록·보존에 관한 사항

제64조(환경기술인의 관리사항)

· 폐수배출시설 및 수질오염방지시설의 관리에 관한 사항
· 폐수배출시설 및 수질오염방지시설의 개선에 관한 사항
· 폐수배출시설 및 수질오염방지시설의 운영에 관한 기록부의 기록 · 보존에 관한 사항
· 운영일지의 기록 · 보존에 관한 사항
· 수질오염물질의 측정에 관한 사항
· 그 밖에 환경오염방지를 위하여 시 · 도지사가 지시하는 사항

63. 수질오염방지시설 중 물리적 처리시설에 해당되는 것은?

① 응집시설
② 흡착시설
③ 이온교환시설
④ 침전물개량시설

① 응집시설 : 물리적 처리시설

수질오염 방지시설

1. 물리적 처리시설	2. 화학적 처리시설	3. 생물화학적 처리시설
가. 스크린	가. 화학적 침강시설	가. 살수여과상
나. 분쇄기	나. 중화시설	나. 폭기(瀑氣)시설
다. 침사(沈砂)시설	다. 흡착시설	다. 산화시설(산화조, 산화지)
라. 유수분리시설	라. 살균시설	라. 혐기성 · 호기성 소화시설
마. 유량조정시설(집수조)	마. 이온교환시설	마. 접촉조
바. 혼합시설	바. 소각시설	바. 안정조
사. 응집시설	사. 산화시설	사. 돈사톱밥발효시설
아. 침전시설	아. 환원시설	
자. 부상시설	자. 침전물 개량시설	
차. 여과시설		
카. 탈수시설		
타. 건조시설		
파. 증류시설		
하. 농축시설		

64. 사업장별 환경기술인의 자격기준에 해당하지 않는 것은?

① 방지시설 설치면제 대상인 사업장과 배출시설에서 배출되는 수질오염물질 등을 공동방지시설에서 처리하게 하는 사업장은 제4종사업장·제5종사업장에 해당하는 환경기술인을 둘 수 있다.

② 연간 90일 미만 조업하는 제1종부터 제3종까지의 사업장은 제4종사업장·제5종사업장에 해당하는 환경기술인을 선임할 수 있다.

③ 대기환경기술인으로 임명된 자가 수질환경기술인의 자격을 함께 갖춘 경우에는 수질환경기술인을 겸임할 수 있다.

④ 공동방지시설의 경우에는 폐수 배출량이 제1종, 제2종사업장 규모에 해당하는 경우 제3종사업장에 해당하는 환경기술인을 둘 수 있다.

④ 공동방지시설의 경우에는 폐수배출량이 제4종 또는 제5종 사업장의 규모에 해당하면 제3종 사업장에 해당하는 환경기술인을 두어야 한다.

참고 [물환경 보전법 시행령 별표17] 사업장별 환경기술인의 자격기준

65. 환경부장관은 가동개시신고를 한 폐수무방류 배출시설에 대하여 10일 이내에 허가 또는 변경허가의 기준에 적합한지 여부를 조사하여야 한다. 이 규정에 의한 조사를 거부 · 방해 또는 기피한 자에 대한 벌칙 기준은?

① 500만원 이하의 벌금

② 1년 이하의 징역 또는 1천만원 이하의 벌금

③ 2년 이하의 징역 또는 2천만원 이하의 벌금

④ 3년 이하의 징역 또는 3천만원 이하의 벌금

66. 환경기술인의 임명신고에 관한 기준으로 옳은 것은? (단, 환경기술인을 바꾸어 임명하는 경우)

① 바꾸어 임명한 즉시 신고하여야 한다.

② 바꾸어 임명한 후 3일 이내에 신고하여야 한다.

③ 그 사유가 발생한 즉시 신고하여야 한다.

④ 그 사유가 발생한 날부터 5일 이내에 신고하여야 한다.

> **제59조(환경기술인의 임명 및 자격기준 등)**
>
> ① 법 제47조제1항에 따라 사업자가 환경기술인을 임명하려는 경우에는 다음 각 호의 구분에 따라 임명하여야 한다.
>
>   1. 최초로 배출시설을 설치한 경우 : 가동시작 신고와 동시
>
>   2. 환경기술인을 바꾸어 임명하는 경우 : 그 사유가 발생한 날부터 5일 이내

67. 초과배출부과금의 부과 대상 수질오염물질이 아닌 것은?

① 트리클로로에틸렌　　　　　　　　② 노말헥산추출물질함유량(광유류)

③ 유기인화합물　　　　　　　　　　④ 총 질소

> **초과부과금의 산정기준(제45조제5항 관련)**
>
> 1) 수질오염물질 1킬로그램당 부과금액(원)

75,000	30,000	500	450	250
크롬	망간 아연	T-P T-N	유기물질(TOC)	유기물질(BOD 또는 COD) 부유물질

> 2) 특정유해물질 1킬로그램당 부과금액(만원)

125	50	30	15	10	5
Hg PCB	Cd	Cr^{6+} PCE TCE	페놀, 시안 유기인, 납	비소	구리

68. 비점오염저감시설(식생형 시설)의 관리, 운영 기준에 관한 내용으로 (　　)에 옳은 내용은?

> 식생수로 바닥의 퇴적물이 처리용량의 (　　)를 초과하는 경우는 침전된 토사를 제거하여야 한다.

① 10%　　　　　　　　　　　　　　② 15%

③ 20%　　　　　　　　　　　　　　④ 25%

> **식생형 시설**
>
> 식생수로 바닥의 퇴적물이 처리용량의 25퍼센트를 초과하는 경우에는 침전된 토사를 제거하여야 한다.
>
> **참고** 물환경보전법 시행규칙 [별표 18] - 비점오염저감시설(식생형 시설)의 관리, 운영 기준

69. 폐수처리업자에게 폐수처리업의 등록을 취소하거나 6개월 이내의 기간을 정하여 영업정지를 명할 수 있는 경우가 아닌 것은?

① 다른 사람에게 등록증을 대여한 경우
② 1년에 2회 이상 영업정지처분을 받은 경우
③ 등록 후 1년 이내에 영업을 개시하지 않은 경우
④ 영업정지처분 기간에 영업행위를 한 경우

> **환경부장관이 폐수처리업자에게 등록을 취소하거나 6개월 이내의 기간을 정하여 영업정지를 명할 수 있는 경우**
>
> 1. 다른 사람에게 등록증을 대여한 경우
> 2. 1년에 2회 이상 영업정지처분을 받은 경우
> 3. 고의 또는 중대한 과실로 폐수처리영업을 부실하게 한 경우
> 4. 영업정지처분 기간에 영업행위를 한 경우

70. 환경기술인의 교육기관으로 옳은 것은?

① 환경관리공단
② 환경보전협회
③ 환경기술연수원
④ 국립환경인력개발원

> **교육기관**
>
> · 환경기술인 : 환경보전협회
> · 기술요원 : 국립환경인력개발원

71. 비점오염원의 변경신고 기준으로 틀린 것은?

① 상호·대표자·사업명 또는 업종의 변경
② 총 사업면적·개발면적 또는 사업장 부지면적이 처음 신고면적의 100분의 30 이상 증가하는 경우
③ 비점오염저감시설의 종류, 위치, 용량이 변경되는 경우
④ 비점오염원 또는 비점오염저감시설의 전부 또는 일부를 폐쇄하는 경우

> **제73조(비점오염원의 변경신고)**
>
> 변경신고를 하여야 하는 경우는 다음 각 호의 경우를 말한다.
> 1. 상호 · 대표자 · 사업명 또는 업종의 변경
> 2. 총 사업면적 · 개발면적 또는 사업장 부지면적이 처음 신고면적의 100분의 15 이상 증가하는 경우
> 3. 비점오염저감시설의 종류, 위치, 용량이 변경되는 경우
> 4. 비점오염원 또는 비점오염저감시설의 전부 또는 일부를 폐쇄하는 경우

72. 수계영향권별로 배출되는 수질오염물질을 총량으로 관리할 수 있는 주체는?

① 대통령　　　　　　　　　　　② 국무총리
③ 시·도지사　　　　　　　　　④ 환경부장관

수질오염물질의 총량관리 주체 : 환경부 장관

73. 기본부과금산정 시 방류수수질기준을 100% 초과한 사업자에 대한 부과계수는?

① 2.4　　　　　　　　　　　　② 2.6
③ 2.8　　　　　　　　　　　　④ 3.0

방류수수질기준 초과율별 부과계수　　　　　　　　　　　　　　　　(~ : 이상~미만)

초과율	10% 미만	10%~20%	20%~30%	30%~40%	40%~50%
부과계수	1	1.2	1.4	1.6	1.8
초과율	50%~60%	60%~70%	70%~80%	80%~90%	90%~100%
부과계수	2.0	2.2	2.4	2.6	2.8

74. 환경기술인 등의 교육기간, 대상자 등에 관한 내용으로 틀린 것은?

① 폐수처리업에 종사하는 기술요원의 교육기관은 국립환경인력개발원이다.
② 환경기술인과정과 폐수처리기술요원과정의 교육기간은 3일 이내로 한다.
③ 최초교육은 환경기술인 등이 최초로 업무에 종사한 날부터 1년 이내에 실시하는 교육이다.
④ 보수교육은 최초교육 후 3년 마다 실시하는 교육이다.

② 환경기술인과정과 폐수처리기술요원과정의 교육기간은 5일 이내로 한다.

75. 호소의 수질상황을 고려하여 낚시금지구역을 지정할 수 있는 자는?

① 환경부장관　　　　　　　　② 중앙환경정책위원회
③ 시장·군수·구청장　　　　　④ 수면관리기관장

제27조(낚시금지구역 또는 낚시제한구역의 지정 등) 주체 : 시장·군수·구청장

76. 1일 폐수배출량이 1,500m³인 사업장의 규모로 옳은 것은?

① 제1종 사업장　　　　　　　② 제2종 사업장
③ 제3종 사업장　　　　　　　④ 제4종 사업장

사업장의 규모별 구분

종류	배출규모
제1종 사업장	1일 폐수배출량이 2,000m³ 이상인 사업장
제2종 사업장	1일 폐수배출량이 700m³ 이상, 2,000m³ 미만인 사업장
제3종 사업장	1일 폐수배출량이 200m³ 이상, 700m³ 미만인 사업장
제4종 사업장	1일 폐수배출량이 50m³ 이상, 200m³ 미만인 사업장
제5종 사업장	위 제1종부터 제4종까지의 사업장에 해당하지 아니하는 배출시설

77. 수질 및 수생태계 환경기준인 수질 및 수생태계 상태별 생물학적 특성 이해표에 관한 내용 중 생물 등급이 [약간나쁨~매우나쁨] 생물지표종(어류)으로 틀린 것은?

① 피라미
② 미꾸라지
③ 메기
④ 붕어

② 피라미 : 보통~약간나쁨

수질 및 수생태계 상태별 생물학적 특성 이해표

생물등급	생물 지표종		서식지 및 생물 특성
	저서생물(底棲生物)	어류	
매우좋음 ~ 좋음	옆새우, 가재, 뿔하루살이, 민하루살이, 강도래, 물날도래, 광택날도래, 띠무늬우묵날도래, 바수염날도래	산천어, 금강모치, 열목어, 버들치 등 서식	· 물이 매우 맑으며, 유속은 빠른 편임 · 바닥은 주로 바위와 자갈로 구성됨 · 부착 조류(藻類)가 매우 적음
좋음 ~ 보통	다슬기, 넓적거머리, 강하루살이, 동양하루살이, 등줄하루살이, 등딱지하루살이, 물삿갓벌레, 큰줄날도래	쉬리, 갈겨니, 은어, 쏘가리 등 서식	· 물이 맑으며, 유속은 약간 빠르거나 보통임 · 바닥은 주로 자갈과 모래로 구성됨 · 부착 조류가 약간 있음
보통 ~ 약간나쁨	물달팽이, 턱거머리, 물벌레, 밀잠자리	피라미, 끄리, 모래무지, 참붕어 등 서식	· 물이 약간 혼탁하며, 유속은 약간 느린 편임 · 바닥은 주로 잔자갈과 모래로 구성됨 · 부착 조류가 녹색을 띠며 많음
약간나쁨 ~ 매우나쁨	왼돌이물달팽이, 실지렁이, 붉은깔따구, 나방파리, 꽃등에	붕어, 잉어, 미꾸라지, 메기 등 서식	· 물이 매우 혼탁하며, 유속은 느린 편임 · 바닥은 주로 모래와 실트로 구성되며, 대체로 검은 색을 띰 · 부착 조류가 갈색 혹은 회색을 띠며 매우 많음

78. 환경부장관은 개선명령을 받은 자가 개선명령을 이행하지 아니하거나 기간 이내에 이행은 하였으나 배출허용기준을 계속 초과할 때에는 해당 배출시설의 전부 또는 일부에 대한 조업 정지를 명할 수 있다. 이에 따른 조업정지 명령을 위반한 자에 대한 벌칙기준은?

① 1년 이하의 징역 또는 1천만원 이하의 벌금
② 2년 이하의 징역 또는 2천만원 이하의 벌금
③ 3년 이하의 징역 또는 3천만원 이하의 벌금
④ 5년 이하의 징역 또는 5천만원 이하의 벌금

5년 이하의 징역 또는 5천만원 이하의 벌금

· 초과배출자에 따른 조업정지 · 폐쇄 명령을 이행하지 아니한 자
· 배출시설의 조업정지 또는 폐쇄 명령을 위반한 자
· 사용중지 명령 또는 폐쇄 명령을 위반한 자

참고 1년 이하의 징역 또는 1천만원 이하의 벌금

· 측정기기 부착 사업자 등에 대한 조업정지 명령을 이행하지 아니한 자
· 기타 수질오염원의 설치신고 규정에 따른 조업정지 · 폐쇄 명령을 위반한 자

79. 수질 및 수생태계 환경기준 중 하천에서 생활환경 기준의 등급별 수질 및 수생태계 상태에 관한 내용으로 (   )에 옳은 내용은?

> 보통 : 보통의 오염물질로 인하여 용존산소가 소모되는 일반 생태계로 여과, 침전, 활성탄 투입, 살균 등 고도의 정수처리 후 생활용수로 이용하거나 일반적 정수처리 후 (   )로 사용할 수 있음

① 재활용수
② 농업용수
③ 수영용수
④ 공업용수

등급별 수질 및 수생태계 상태

등급	내용
매우 좋음	용존산소(溶存酸素)가 풍부하고 오염물질이 없는 청정상태의 생태계로 여과 · 살균 등 간단한 정수처리 후 생활용수로 사용할 수 있음
좋음	용존산소가 많은 편이고 오염물질이 거의 없는 청정상태에 근접한 생태계로 여과 · 침전 · 살균 등 일반적인 정수처리 후 생활용수로 사용할 수 있음
약간 좋음	약간의 오염물질은 있으나 용존산소가 많은 상태의 다소 좋은 생태계로 여과 · 침전 · 살균 등 일반적인 정수처리 후 생활용수 또는 수영용수로 사용할 수 있음
보통	보통의 오염물질로 인하여 용존산소가 소모되는 일반 생태계로 여과, 침전, 활성탄 투입, 살균 등 고도의 정수처리 후 생활용수로 이용하거나 일반적 정수처리 후 공업용수로 사용할 수 있음
약간 나쁨	상당량의 오염물질로 인하여 용존산소가 소모되는 생태계로 농업용수로 사용하거나 여과, 침전, 활성탄 투입, 살균 등 고도의 정수처리 후 공업용수로 사용할 수 있음
나쁨	다량의 오염물질로 인하여 용존산소가 소모되는 생태계로 산책 등 국민의 일상생활에 불쾌감을 주지 않으며, 활성탄 투입, 역삼투압 공법 등 특수한 정수처리 후 공업용수로 사용할 수 있음
매우 나쁨	용존산소가 거의 없는 오염된 물로 물고기가 살기 어려움

80. 공공수역 중 환경부령으로 정하는 수로가 아닌 것은?

① 지하수로

② 농업용수로

③ 상수관로

④ 운하

환경부령으로 정하는 수로

1. 지하수로
2. 농업용 수로
3. 하수관로
4. 운하

2020년도 제3회 수질환경산업기사

제1과목 수질오염개론

1. 20℃ 5일 BOD가 50mg/L인 하수의 2일 BOD(mg/L)는? (단, 20℃, 탈산소계수 $k = 0.23day^{-1}$ 이고, 자연대수 기준)

   ① 21 　　　　　　　　　　② 24
   ③ 27 　　　　　　　　　　④ 29

   $BOD_t = BOD_u \times (1-e^{-k_1 t})$

   1) BOD_u
   $BOD_5 = BOD_u \times (1-e^{-0.23 \times 5})$
   ∴ $BOD_u = 73.176mg/L$

   2) BOD_2
   $BOD_2 = 73.176 \times (1-e^{-0.23 \times 2}) = 26.97mg/L$

2. 우리나라 물의 이용 형태별로 볼 때 가장 수요가 많은 것은?

   ① 생활용수 　　　　　　　② 공업용수
   ③ 농업용수 　　　　　　　④ 유지용수

   ③ 물 이용량이 최대인 용수는 농업용수이다.

3. 탄광폐수가 하천, 호수 또는 저수지에 유입할 경우 발생될 수 있는 오염의 형태로 옳지 않은 것은?

   ① 부식성이 높은 수질이 될 수 있다.
   ② 대체적으로 물의 pH를 낮춘다.
   ③ 비탄산경도를 높이게 한다.
   ④ 일시경도를 높이게 된다.

   ④ 탄광폐수에는 산도 물질이 많아 비탄산경도(영구경도)가 높다.

4. 산소 포화농도가 9.14mg/L인 하천에서 t = 0일 때 DO 농도가 6.5mg/L라면 물이 3일 및 5일 흐른 후 하류에서의 DO 농도(mg/L)는? (단, 최종 BOD = 11.3mg/L, K_1 = 0.1/day, K_2 = 0.2/day, 상용대수 기준)

① 3일 후 = 5.7, 5일 후 = 6.1
② 3일 후 = 5.7, 5일 후 = 6.4
③ 3일 후 = 6.1, 5일 후 = 7.1
④ 3일 후 = 6.1, 5일 후 = 7.4

1) 3일 뒤 DO

$$D_t = \frac{k_1 \cdot L_0}{k_2 - k_1}(10^{-k_1 \cdot t} - 10^{-k_2 \cdot t}) + D_0 \cdot 10^{-k_2 \cdot t}$$

$$D_3 = \frac{0.1 \times 11.3}{0.2 - 0.1}(10^{-0.1 \times 3} - 10^{-0.2 \times 3}) + (9.14 - 6.5) \times 10^{-0.2 \times 3}$$

$$= 3.488 \, \text{mg/L}$$

∴ 3일 뒤 DO = DO 포화농도 - D_t = 9.14 - 3.488 = 5.651mg/L

2) 5일 뒤 DO

$$D_5 = \frac{0.1 \times 11.3}{0.2 - 0.1}(10^{-0.1 \times 5} - 10^{-0.2 \times 5}) + (9.14 - 6.5) \times 10^{-0.2 \times 5}$$

$$= 2.707 \, \text{mg/L}$$

∴ 5일 뒤 DO = DO 포화농도 - D_t = 9.14 - 2.707 = 6.432mg/L

5. 하천에 유기물질이 배출되었을 때 수질변화를 나타낸 것으로 (2)곡선이 나타내는 수질지표로 가장 적절한 것은?

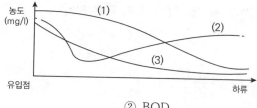

① DO
② BOD
③ SS
④ COD

① DO는 유기물 분해로 소비되어 낮아지다가 재폭기로 다시 농도가 높아진다.

6. 0.04M NaOH 용액의 농도(mg/L)는? (단, 원자량 Na = 23)

① 1,000
② 1,200
③ 1,400
④ 1,600

$$\frac{0.04 \text{mol}}{L} \left| \frac{40 \text{g}}{1 \text{mol}} \right| \frac{1,000 \text{mg}}{1 \text{g}} = 1,600 \text{mg/L}$$

7. 물의 특성으로 옳지 않은 것은?

① 유용한 용매   ② 수소결합

③ 비극성 형성   ④ 육각형 결정구조

③ 물은 극성이다.

8. Wipple의 하천의 생태변화에 따른 4지대 구분 중 분해지대에 관한 설명으로 옳지 않은 것은?

① 오염에 잘 견디는 곰팡이류가 심하게 번식한다.

② 여름철 온도에서 DO 포화도는 45% 정도에 해당된다.

③ 탄산가스가 줄고 암모니아성 질소가 증가한다.

④ 유기물 혹은 오염물을 운반하는 하수거의 방출지점과 가까운 하류에 위치한다.

③ 수중의 CO_2 농도나 암모니아성 질소가 증가한다.

9. 수분함량 97%의 슬러지 $14.7m^3$를 수분함량 85%로 농축하면 농축 후 슬러지 용적(m^3)은? (단, 슬러지 비중 = 1.0)

① 1.92   ② 2.94

③ 3.21   ④ 4.43

$SL_{전}(1 - W_{전}) = SL_{후}(1 - W_{후})$

$14.7 \times (1-0.97) = SL_{후}(1-0.85)$

$\therefore SL_{후} = 2.94m^3$

10. 호소에서 계절에 따른 물의 분포와 혼합상태에 관한 설명으로 옳은 것은?

① 겨울철 심수층은 혐기성 미생물의 증식으로 유기물이 적정하게 분해되어 수질이 양호하게 된다.

② 봄, 가을에는 물의 밀도 변화에 의한 전도현상(Turn over)이 일어난다.

③ 깊은 호수의 경우 여름철의 심수층 수온변화는 수온약층보다 크다.

④ 여름철에는 표수층과 심수층 사이에 수온의 변화가 거의 없는 수온약층이 존재한다.

① 겨울철 심수층은 혐기성 미생물의 증식으로 혐기성 분해가 일어나 수질이 나빠진다.

③ 수온변화는 다른 층보다 수온약층이 크다.

④ 여름철에는 표수층과 심수층 사이에 수온의 변화가 큰 수온약층이 존재한다.

11. 폐수의 분석결과 COD가 450mg/L이고, BOD_5가 300mg/L였다면 NBDCOD(mg/L)는? (단, 탈산소계수 K_1 = 0.2/day, base는 상용대수)

① 약 76   ② 약 84

③ 약 117   ④ 약 136

$$COD = BDCOD + NBDCOD$$

$$BDCOD = BOD_u = \frac{BOD_5}{(1 - 10^{-k \times t})} = \frac{300}{1 - 10^{-0.2 \times 5}} = 333.33$$

$$NBDCOD = 450 - 333.33 = 116.67$$

12. 수중의 용존산소에 대한 설명으로 옳지 않은 것은?

① 수온이 높을수록 용존산소량은 감소한다.

② 용존염류의 농도가 높을수록 용존산소량은 감소한다.

③ 같은 수온 하에서는 담수보다 해수의 용존산소량이 높다.

④ 현존 용존산소 농도가 낮을수록 산소전달율은 높아진다.

③ 같은 수온에서 담수보다 해수의 용존산소량이 **낮다**.

13. 수중의 질소순환과정인 질산화 및 탈질 순서를 옳게 나타낸 것은?

① $NH_3 \rightarrow NO_2^- \rightarrow NO_3^- \rightarrow NO_2^- \rightarrow N_2$

② $NO_3^- \rightarrow NO_2^- \rightarrow NH_3 \rightarrow NO_2^- \rightarrow N_2$

③ $NO_3^- \rightarrow NO_2^- \rightarrow N_2 \rightarrow NH_3 \rightarrow NO_2^-$

④ $N_2 \rightarrow NH_3 \rightarrow NO_3^- \rightarrow NO_2^-$

· 질산화 : $NH_3 \rightarrow NO_2^- \rightarrow NO_3^-$

· 탈질 : $NO_3^- \rightarrow NO_2^- \rightarrow N_2$

14. 자연계에서 발생하는 질소의 순환에 관한 설명으로 옳지 않은 것은?

① 공기 중 질소를 고정하는 미생물은 박테리아와 곰팡이로 나누어진다.

② 암모니아성질소는 호기성조건하에서 탈질균의 활동에 의해 질소로 변환된다.

③ 질산화 박테리아는 화학합성을 하는 독립영양미생물이다.

④ 질산화과정 중 암모니아성질소에서 아질산성질소로 전환되는 것보다 아질산성질소에서 질산성질소로 전환되는 것이 적은 양의 산소가 필요하다.

② 탈질균은 임의성(혐기성) 미생물이므로 혐기성조건하에서 탈질이 일어난다.

15. 적조의 발생에 관한 설명으로 옳지 않은 것은?

① 정체해역에서 일어나기 쉬운 현상이다.

② 강우에 따라 오염된 하천수가 해수에 유입될 때 발생될 수 있다.

③ 수괴의 연직 안정도가 크고 독립해 있을 때 발생한다.

④ 해역의 영양 부족 또는 염소농도 증가로 발생된다.

④ 적조는 영양물질(N, P)이 과대 유입될수록, 염분이 적을수록 잘 일어난다.

---

16. 분뇨처리과정에서 병원균과 기생충란을 사멸시키기 위한 가장 적절한 온도는?

① 25 ~ 30℃
② 35 ~ 40℃
③ 45 ~ 50℃
④ 55 ~ 60℃

살균(병원균 사멸) 온도 : 55~60℃

---

17. 수중의 암모니아를 함유한 용액은 다음과 같은 평형 때문에 수산화암모늄이라고 한다.

$$NH_3 + H_2O \leftrightarrow NH_4^+ + OH^-$$

0.25M-NH_3 용액 500mL를 만들기 위한 시약의 부피(mL)는? (단, NH_3 분자량 17.03, 진한 수산화암모늄 용액(28.0wt%의 NH_3 함유)의 밀도 = 0.899g/cm³)

① 4.23
② 8.46
③ 14.78
④ 29.56

1) 필요한 NH_3 양(g)

$$\frac{0.25mol\ NH_3}{L\ 용액} \cdot 0.5L \cdot \frac{17.03g}{1mol} = 2.12875g$$

2) 필요한 시약의 부피

$$\frac{2.12875g\ NH_3}{} \cdot \frac{100g\ 용액}{28g\ NH_3} \cdot \frac{mL}{0.899g} = 8.456mL$$

---

18. 미생물의 증식 단계를 가장 올바른 순서대로 연결한 것은?

① 정지기 - 유도기 - 대수증식기 - 사멸기
② 대수증식기 - 유도기 - 사멸기 - 정지기
③ 유도기 - 대수증식기 - 사멸기 - 정지기
④ 유도기 - 대수증식기 - 정지기 - 사멸기

미생물의 증식단계
적응기(유도기) - 증식단계(증식기) - 대수성장단계(대수증식기) - 감소성장단계(정지기) - 내생성장단계(사멸기)

---

19. 전해질 M_2X_3의 용해도적 상수에 대한 표현으로 옳은 것은?

① $Ksp = [M^{3+}]^2[X^{2-}]^3$
② $Ksp = [2M^{3+}][3X^{2-}]$
③ $Ksp = [2M^{3+}]^2[3X^{2-}]^3$
④ $Ksp = [M^{3+}][X^{2-}]$

전해질 M_2X_3은 아래와 같이 이온화된다.

$$M_2X_3 \rightarrow 2M^{3+} + 3X^{2-}$$

$$Ksp = [M^{3+}]^2[X^{2-}]^3$$

20. 호소의 수질검사결과, 수온이 18℃, DO 농도가 11.5mg/L이었다. 현재 이 호소의 상태에 대한 설명으로 가장 적합한 것은?

① 깨끗한 물이 계속 유입되고 있다.
② 대기 중의 산소가 계속 용해되고 있다.
③ 수서 동물이 많이 서식하고 있다.
④ 조류가 다량 증식하고 있다.

수온이 18℃ 정도에서 포화 DO값은 9.5mg/L 정도이다.
포화 DO값보다 DO값이 더 높으므로 과포화 상태이다.
조류의 광합성으로 DO가 과포화될 수 있으므로 정답은 ④이다.

제2과목 수질오염 방지기술

21. 처리수의 BOD 농도가 5mg/L인 폐수처리 공정의 BOD 제거효율은 1차 처리 40%, 2차 처리 80%, 3차 처리 15%이다. 이 폐수처리 공정에 유입되는 유입수의 BOD 농도(mg/L)는?

① 39
② 49
③ 59
④ 69

$C = (1 - \eta_1)(1 - \eta_2)(1 - \eta_3)C_0$이므로

$$\therefore C_0 = \frac{C}{(1 - \eta_1)(1 - \eta_2)(1 - \eta_3)} = \frac{5}{(1 - 0.4) \times (1 - 0.2) \times (1 - 0.15)} = 49.01mg/L$$

유출농도 : C_0
유입농도 : C
η_1 : 1차 처리 제거율
η_2 : 2차 처리 제거율
η_3 : 3차 처리 제거율

22. 모래여과상에서 공극 구멍보다 더 작은 미세한 부유물질을 제거함에 있어 모래의 주요 제거기능과 가장 거리가 먼 것은?

① 부착
② 응결
③ 거름
④ 흡착

모래의 주요 제거기능 : 여과(체거름), 부착, 응결 등

23. 폐수량 20,000m³/day, 체류시간 30분, 속도경사 40sec⁻¹의 응집침전조를 설계할 때 교반기 모터의 동력효율을 60%로 예상 한다면 응집침전조의 교반기에 필요한 모터의 총동력(W)은? (단, $\mu = 10^{-3}$kg/m·s)

① 417
② 667.2
③ 728.5
④ 1,112

$$P = \frac{\mu G^2 V}{\eta}$$

$$= \frac{10^{-3}\text{kg}}{\text{m·s}} \left| \frac{40^2}{\text{sec}^2} \right| \frac{20,000\text{m}^3}{1\text{일}} \left| \frac{30\text{min}}{} \right| \frac{60\text{sec}}{1\text{min}} \left| \frac{1\text{일}}{86,400\text{sec}} \right| 0.6 = 1,111.11\text{W}$$

24. 1,000m³의 폐수 중 부유물질농도가 200mg/L일 때 처리효율이 70%인 처리장에서 발생슬러지량(m³)은? (단, 부유물질처리만을 기준으로 하며 기타조건은 고려하지 않음, 슬러지 비중 = 1.03, 함수율 = 95%)

① 2.36
② 2.46
③ 2.72
④ 2.96

1) 발생 고형물(TS) 양

$$\frac{1,000\text{m}^3}{} \left| \frac{200\text{g}}{\text{m}^3} \right| \frac{1\text{kg}}{1,000\text{g}} \left| 0.7 \right| = 140\text{kg}$$

2) 발생 슬러지(SL) 양

$$\frac{140\text{kg TS}}{} \left| \frac{100 \text{ SL}}{(100-95) \text{ TS}} \right| \frac{\text{m}^3}{1.03 \times 10^3\text{kg}} = 2.718\text{m}^3$$

25. BOD 1,000mg/L, 유량 1,000m³/day인 폐수를 활성슬러지법으로 처리하는 경우, 포기조의 수심을 5m로 할 때 필요한 포기조의 표면적(m²)은? (단, BOD 용적부하 0.4kg/m³·day)

① 400
② 500
③ 600
④ 700

$$\text{BOD 용적 부하} = \frac{BOD \cdot Q}{V} = \frac{BOD \cdot Q}{AH}$$

$$\frac{0.4kg}{m^3 \cdot day} = \frac{1,000g}{m^3} \left| \frac{1,000m^3}{day} \right| \frac{}{A \times 5m} \left| \frac{1kg}{1,000g} \right.$$

$$\therefore A = 500m^2$$

26. 활성슬러지법에서 포기조에 균류(fungi)가 번식하면 처리효율이 낮아지는 이유로 가장 알맞은 것은?

① BOD보다는 COD를 더 잘 제거시키기 때문이다.

② 혐기성 상태를 조성시키기 때문이다.

③ floc의 침강성이 나빠지기 때문이다.

④ fungi가 bacteria를 잡아먹기 때문이다.

③ 균류가 번식하면 슬러지 벌킹이 발생해 floc의 침강성이 나빠진다.

27. 각종처리법과 그 효과에 영향을 미치는 주요한 인자의 조합으로 틀린 것은?

① 침강분리법 – 현탁입자와 물의 밀도차

② 가압부상법 – 오수와 가압수와의 점성차

③ 모래여과법 – 현탁입자의 크기

④ 흡착법 – 용질의 흡착성

② 가압부상법 – 오수와 가압수와의 **밀도차**

28. 분무식포기장치를 이용하여 CO_2 농도를 탈기시키고자 한다. 최초의 CO_2 농도 $30g/m^3$ 중에서 $12g/m^3$을 제거할 수 있을 때 효율계수(E)와 최초 농도가 $50g/m^3$일 경우 유출수 중 CO_2 농도 $(C_e, g/m^3)$는? (단, CO_2의 포화농도 $= 0.5g/m^3$)

① E = 0.6, C_e = 30

② E = 0.4, C_e = 20

③ E = 0.6, C_e = 20

④ E = 0.4, C_e = 30

1) 제거율(E)

$$\eta = \frac{C_o - C}{C_o} = \frac{12}{30} = 0.4$$

2) 유출수 농도(C_e)

$$C = C(1 - \eta) = 50(1 - 0.4) = 30$$

29. 슬러지 반송율을 25%, 반송슬러지 농도를 10,000mg/L일 때 포기조의 MLSS 농도(mg/L)는?
(단, 유입 SS농도를 고려하지 않음)

① 1,200
② 1,500
③ 2,000
④ 2,500

$$r = \frac{X - SS}{X_r - X}$$

$$0.25 = \frac{X}{10,000 - X}$$

$$\therefore X = 2,000\text{mg/L}$$

30. 미생물을 회분식 배양하는 경우의 일반적인 성장상태를 그림으로 나타낸 것이다. ㉮, ㉯의 (   )
안에 미생물의 적합한 성장 단계 및 ㉰, ㉱, ㉲ 안에 활성슬러지공법 중 재래식, 고율, 장기폭기
의 운전 범위를 맞게 나타낸 것은?

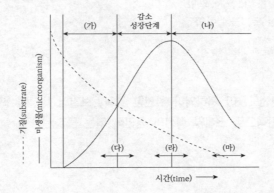

① ㉮ 대수성장단계, ㉯ 내생성장단계, ㉰ 재래식, ㉱ 고율, ㉲ 장기폭기
② ㉮ 내생성장단계, ㉯ 대수성장단계, ㉰ 재래식, ㉱ 고율, ㉲ 장기폭기
③ ㉮ 대수성장단계, ㉯ 내생성장단계, ㉰ 재래식, ㉱ 장기폭기, ㉲ 고율
④ ㉮ 대수성장단계, ㉯ 내생성장단계, ㉰ 고율, ㉱ 재래식, ㉲ 장기폭기

㉮ 대수성장단계
㉯ 내생성장단계
㉰ 고율, 순산소 활성슬러지법
㉱ 표준(재래식) 활성슬러지법
㉲ 장기폭기법

31. 고형물 농도 10g/L인 슬러지를 하루 480m³ 비율로 농축 처리하기 위해 필요한 연속식 슬러지 농축조의 표면적(m²)은? (단, 농축조의 고형물 부하 = 4kg/m²·hr)

① 50
② 100
③ 150
④ 200

고형물 부하 $= \dfrac{\text{슬러지 고형물 부하}}{\text{농축조 면적}}$

$$\frac{4kg}{m^2 \cdot hr} = \frac{}{A(m^2)} \left| \frac{10g}{L} \right| \frac{1kg}{1,000kg} \left| \frac{1,000L}{1m^3} \right| \frac{480m^3}{day} \left| \frac{1day}{24hr} \right.$$

$$\therefore A = 50m^2$$

32. 수중에 존재하는 대상 항목별 제거방법이 틀리게 짝지어진 것은?

① 부유물질 – 급속여과, 응집침전
② 용해성 유기물질 – 응집침전, 오존산화
③ 용해된 염류 – 역삼투법, 이온교환
④ 세균, 바이러스 – 소독, 급속여과

④ 소독과 급속여과로는 세균과 바이러스가 제거되지 않는다.

33. 공장에서 보일러의 열전도율이 저하되어 확인한 결과, 보일러 내부에 형성된 스케일이 문제인 것으로 판단되었다. 일반적으로 스케일 형성의 원인이 되는 물질은?

① Ca^{2+}, Mg^{2+}
② Na^+, K^+
③ Cu^{2+}, Fe^{2+}
④ Na^+, Fe^{2+}

경도 유발물질(Ca^{2+}, Mg^{2+})이 스케일의 원인이 된다.

34. 포기조 내의 MLSS가 4,000mg/L, 포기조 용적이 500m³인 활성슬러지 공정에서 매일 25m³의 폐슬러지를 인발하여 소화조에서 처리한다면 슬러지의 평균체류시간(day)은? (단, 반송슬러지의 농도 20,000mg/L, 유출수의 SS 농도는 무시)

① 2
② 3
③ 4
④ 5

$$SRT = \frac{V \cdot X}{X_r \cdot Q_w}$$

$$= \frac{500m^3}{} \left| \frac{4,000mg/L}{25m^3} \right| \frac{}{2,000mg/L} = 4day$$

35. 일반적인 도시하수 처리 순서로 알맞은 것은?

① 스크린 – 침사지 – 1차침전지 – 포기조 – 2차침전지 – 소독
② 스크린 – 침사지 – 포기조 – 1차침전지 – 2차침전지 – 소독
③ 소독 – 스크린 – 침사지 – 1차침전지 – 포기조 – 2차침전지
④ 소독 – 스크린 – 침사지 – 포기조 – 1차침전지 – 2차침전지

하수처리 순서

스크린 – 침사지 – 1차침전지 – 포기조 – 2차침전지 – 소독

36. 유기인 함유 폐수에 관한 설명으로 틀린 것은?

① 폐수에 함유된 유기인 화합물은 파라티온, 말라티온 등의 농약이다.
② 유기인 화합물은 산성이나 중성에서 안정하다.
③ 물에 쉽게 용해되어 독성을 나타내기 때문에 전처리과정을 거친 후 생물학적 처리법을 적용할 수 있다.
④ 일반적이고 효과적인 방법으로는 생석회 등의 알칼리로 가수분해 시키고 응집침전 또는 부상으로 전처리한 다음 활성탄 흡착으로 미량의 잔유물질을 제거시키는 것이다.

③ 물에 쉽게 용해되지 않는다.

37. 폭 2m, 길이 15m인 침사지에 100cm의 수심으로 폐수가 유입할 때 체류시간이 50sec이라면 유량(m^3/hr)은?

① 2,025
② 2,160
③ 2,240
④ 2,530

$V = Q \cdot t$

$2m \times 15m \times 0.1m = Q(m^3/hr) \times 50s \times \dfrac{1hr}{3,600s}$

$\therefore Q = 2,160 m^3/hr$

38. 회전원판법(RBC)에 관한 설명으로 가장 거리가 먼 것은?

① 부착성장공법으로 질산화가 가능하다.
② 슬러지의 반송율은 표준 활성슬러지법보다 높다.
③ 활성슬러지법에 비해 처리수의 투명도가 나쁘다.
④ 살수여상법에 비해 단회로 현상의 제어가 쉽다.

② 회전원판법은 슬러지의 반송율이 표준 활성슬러지법보다 낮다.

39. 급속여과 장치에 있어서 여과의 손실수두에 영향을 미치지 않는 인자는?

① 여과면적　　　　　　　　　　② 입자지름
③ 여액의 점도　　　　　　　　　④ 여과속도

① 여과면적은 손실수두와 관계없다.

여과 손실수두 영향인자
· 입자의 직경
· 유체의 점도
· 여과속도
· 공극율

40. 폐수를 염소 처리하는 목적으로 가장 거리가 먼 것은?

① 살균
② 탁도 제거
③ 냄새 제거
④ 유기물 제거

염소처리의 목적
살균(세균 제거), 철·망간 제거, 맛·냄새 제거, SS 제거, 유기물 제거 등

제3과목 수질오염 공정시험기준

---

41. 생물화학적 산소요구량 측정방법 중 시료의 전처리에 관한 설명으로 틀린 것은?

① pH가 6.5~8.5의 범위를 벗어나는 시료는 염산(1M) 또는 수산화나트륨용액(1M)으로 시료를 중화하여 pH 7~7.2로 맞춘다.
② 시료는 시험하기 바로 전에 온도를 20±1℃로 조정한다.
③ 수온이 20℃이하일 때의 용존산소가 과포화되어 있을 경우에는 수온을 23~25℃로 상승시킨 이후에 15분간 통기하고 방치하고 냉각하여 수온을 다시 20℃로 한다.
④ 잔류염소가 함유된 시료는 시료 100mL에 아지드화나트륨 0.1g과 요오드화칼륨 1g을 넣고 흔들어 섞은 다음 수산화나트륨을 넣어 알칼리성으로 한다.

④ 잔류염소를 함유한 시료는 시료 100mL에 아자이드화나트륨 0.1g과 요오드화칼륨 1g을 넣고 흔들어 섞은 다음 염산을 넣어 산성으로 한다. (약 pH 1)

42. 총대장균군 시험(평판집락법) 분석 시 평판의 집락수는 어느 정도 범위가 되도록 시료를 희석하여야 하는가?

① 1~10개   ② 10~30개
③ 30~300개   ④ 300~500개

평판 집락수가 30~300개가 되도록 시료를 희석한다.

43. 시료용기를 유리제로만 사용하여야 하는 것은?

① 불소   ② 페놀류
③ 음이온계면활성제   ④ 대장균군

시료 용기별 정리

용기	항목
P	불소
G	냄새, 노말헥산추출물질, PCB, VOC, 페놀류, 유기인
G(갈색)	잔류염소, 다이에틸헥실프탈레이트, 1,4-다이옥산, 석유계총탄화수소, 염화비닐, 아크릴로니트릴, 브로모폼
BOD 병	용존산소 적정법, 용존산소 전극법
PP	과불화화합물
P, G	나머지
용기기준 없는 것	투명도

P : 폴리에틸렌(polyethylene), G : 유리(glass), PP : 폴리프로필렌(polypropylene)

44. 유기물 함량이 비교적 높지 않고 금속의 수산화물, 산화물, 인산염 및 황화물을 함유하고 있는 시료의 전처리에 이용되는 분해법은?

① 질산에 의한 분해   ② 질산-염산에 의한 분해
③ 질산-황산에 의한 분해   ④ 질산-과염소산에 의한 분해

전처리-산분해법

분류	특징
질산법	유기함량이 비교적 높지 않은 시료의 전처리에 사용
질산-염산법	·유기물 함량이 비교적 높지 않고 **금속의 수산화물, 산화물, 인산염 및 황화물을 함유**하고 있는 시료에 적용 ·휘발성 또는 난용성 염화물을 생성하는 금속 물질의 분석에는 주의
질산-황산법	·유기물 등을 많이 함유하고 있는 대부분의 시료에 적용 ·칼슘, 바륨, 납 등을 다량 함유한 시료는 난용성의 황산염을 생성하여 다른 금속성분을 흡착하므로 주의
질산-과염소산법	유기물을 다량 함유하고 있으면서 산분해가 어려운 시료에 적용

45. 시판되는 농축 염산은 12N이다. 이것을 희석하여 1N의 염산 200mL을 만들고자 할 때 필요한 농축 염산의 양(mL)은?

① 7.9

② 16.7

③ 21.3

④ 31.5

$$NV = N'V'$$

$$\frac{12eq}{L} \times x(L) = \frac{1eq}{L} \times 0.2(L)$$

$$\therefore x = 0.01666L = 16.66mL$$

46. 수질오염공정시험기준의 관련 용어 정의가 잘못된 것은?

① '감압 또는 진공'이라 함은 따로 규정이 없는 한 15mmH₂O 이하를 뜻한다.

② '냄새가 없다'라고 기재한 것은 냄새가 없거나, 또는 거의 없는 것을 표시하는 것이다.

③ '약'이라 함은 기재된 양에 대하여 ±10% 이상의 차가 있어서는 안 된다.

④ 시험조작 중 '즉시'란 30초 이내에 표시된 조작을 하는 것을 뜻한다.

① '감압 또는 진공'이라 함은 따로 규정이 없는 한 15mmHg 이하를 뜻한다.

47. 공장 폐수의 COD를 측정하기 위하여 검수 25mL에 증류수를 가하여 100mL로 하여 실험한 결과 0.025N-KMnO₄가 10.1mL 최종 소모되었을 때 이 공장의 COD(mg/L)는? (단, 공시험의 적정에 소요된 0.025N-MnO₄ = 0.1mL, 0.025N-MnO₄의 역가 = 1.0)

① 20

② 40

③ 60

④ 80

$$COD(mg/L) = (b - a) \times f \times \frac{1,000}{V} \times 0.2$$

$$= (10.1 - 0.1) \times 1 \times \frac{1,000}{25} \times 0.2$$

$$= 80$$

여기서,

a : 바탕시험 적정에 소비된 티오황산나트륨용액(0.025M)의 양(mL)

b : 시료의 적정에 소비된 티오황산나트륨용액(0.025M)의 양(mL)

f : 티오황산나트륨용액(0.025M)의 농도계수(factor)

V : 시료의 양(mL)

48. 취급 또는 저장하는 동안에 기체 또는 미생물이 침입하지 아니하도록 내용물을 보호하는 용기는?

① 밀봉용기

② 밀폐용기

③ 기밀용기

④ 차광용기

용기	
밀폐용기	·취급 또는 저장하는 동안에 이물질이 들어가거나 또는 내용물이 손실되지 아니하도록 보호하는 용기
기밀용기	·취급 또는 저장하는 동안에 밖으로부터의 공기 또는 다른 가스가 침입하지 아니하도록 내용물을 보호하는 용기
밀봉용기	·취급 또는 저장하는 동안에 기체 또는 미생물이 침입하지 아니하도록 내용물을 보호하는 용기
차광용기	·광선이 투과하지 않는 용기 또는 투과하지 않게 포장을 한 용기이며 취급 또는 저장하는 동안에 내용물이 광화학적 변화를 일으키지 아니하도록 방지할 수 있는 용기

49. 질산성 질소 분석 방법과 가장 거리가 먼 것은?

① 이온크로마토그래피법

② 자외선/가시선 분광법-부루신법

③ 자외선/가시선 분광법-활성탄흡착법

④ 연속흐름법

질산성 질소 분석방법

· 이온크로마토그래피

· 자외선/가시선 분광법(부루신법)

· 자외선/가시선 분광법(활성탄흡착법)

· 데발다합금 환원증류법

50. 금속 필라멘트 또는 전기저항체를 검출소자로 하여 금속판 안에 들어 있는 본체와 여기에 직류전기를 공급하는 전원회로, 전류조절부 등으로 구성된 기체크로마토그래프 검출기는?

① 열전도도검출기

② 전자포획형검출기

③ 알칼리열 이온화검출기

④ 수소염 이온화검출기

열전도도 검출기(Thermal Conductivity Detector, TCD)
열전도도 검출기는 금속 필라멘트 또는 전기저항체를 검출소자로 하여 금속판 안에 들어 있는 본체와 여기에 안정된 직류전기를 공급하는 전원회로, 저류조절부, 신호검출 전기회로, 신호 감쇄부 등으로 구성한다.

불꽃이온화 검출기(Flame Ionization Detector, FID)
불꽃이온화 검출기는 수소연소노즐, 이온수집기와 함께 대극 및 배기구로 구성되는 본체와 이 전극 사이에 직류전압을 주어 흐르는 이온전류를 측정하기 위한 전류전압 변환회로, 감도조절부, 신호감쇄부 등으로 구성한다.

전자포획형 검출기(Electron Capture Detector, ECD)
전자포획형 검출기는 방사선 동위원소(^{63}Ni, ^{3}H 등)로부터 방출되는 β선이 운반가스를 전리하여 미소전류를 흘려보낼 때 시료 중의 할로겐이나 산소와 같이 전자포획력이 강한 화합물에 의하여 전자가 포획되어 전류가 감소하는 것을 이용하는 방법으로 유기할로겐화합물, 니트로화합물 및 유기금속화합물을 선택적으로 검출할 수 있다.

불꽃광도형 검출기(Flame Photometric Detector, FPD)
불꽃광도형 검출기는 수소염에 의하여 시료성분을 연소시키고 이때 발생하는 불꽃의 광도를 분광학적으로 측정하는 방법으로서 인 또는 황화합물을 선택적으로 검출할 수 있다.

불꽃열이온화 검출기(Flame Thermionic Detector, FTD)
불꽃열이온화 검출기는 불꽃이온화검출기(FID)에 알칼리 또는 알칼리토류 금속염의 튜브를 부착한 것으로 유기질소 화합물 및 유기인소 화합물을 선택적으로 검출할 수 있다. 운반가스와 수소가스의 혼합부, 조연가스 공급구, 연소노즐, 알칼리원 가열기구, 전극 등으로 구성한다.

51. 자외선/가시선 분광법으로 비소를 측정할 때의 방법으로 ( )에 옳은 것은?

> 물속에 존재하는 비소를 측정하는 방법으로 (㉠)로 환원시킨 다음 아연을 넣어 발생되는 수소화비소를 다이에틸다이티오-카바민산은의 피리딘 용액에 흡수시켜 생성된 (㉡) 착화합물을 (㉢)nm에서 흡광도를 측정하는 방법이다.

① ㉠ 3가 비소, ㉡ 청색, ㉢ 620
② ㉠ 3가 비소, ㉡ 적자색, ㉢ 530
③ ㉠ 6가 비소, ㉡ 청색, ㉢ 620
④ ㉠ 6가 비소, ㉡ 적자색, ㉢ 530

비소 – 자외선/가시선 분광법
물속에 존재하는 비소를 측정하는 방법으로, **3가 비소**로 환원시킨 다음 아연을 넣어 발생되는 수소화비소를 다이에틸다이티오카바민산은(Ag-DDTC)의 피리딘 용액에 흡수시켜 생성된 **적자색** 착화합물을 **530nm**에서 흡광도를 측정하는 방법

52. 색도측정법(투과율법)에 관한 설명으로 옳지 않은 것은?

① 아담스 - 니컬슨의 색도공식을 근거로 한다.

② 시료 중 백금-코발트 표준물질과 아주 다른 색상의 폐·하수는 적용할 수 없다.

③ 색도의 측정은 시각적으로 눈에 보이는 색상에 관계없이 단순 색도차 또는 단일 색도차를 계산한다.

④ 시료 중 부유물질은 제거하여야 한다.

> ② 색도측정법(투과율법)은 백금-코발트 표준물질과 아주 다른 색상의 폐·하수에서뿐만 아니라 표준물질과 비슷한 색상의 폐·하수에도 적용할 수 있다.

53. 기체크로마토그래피에 의한 폴리클로리네이티드비페닐 시험방법으로 ( )에 가장 적합한 것은?

> 시료를 헥산으로 추출하여 필요 시 (㉠) 분해한 다음 다시 추출한다. 검출기는 (㉡)를 사용한다.

① ㉠ 산, ㉡ 수소불꽃이온화 검출기

② ㉠ 산, ㉡ 전자포획 검출기

③ ㉠ 알칼리, ㉡ 수소불꽃이온화 검출기

④ ㉠ 알칼리, ㉡ 전자포획 검출기

> **폴리클로리네이티드비페닐(PCBs) - 용매추출/기체크로마토그래피**
>
> 채수한 시료를 헥산으로 추출하여 필요시 **알칼리** 분해한 다음 다시 헥산으로 추출한다. 검출기는 **전자포획형검출기**를 사용한다.

54. 시안 화합물을 측정할 때 pH 2 이하의 산성에서 에틸렌디아민테트라 초산이나트륨을 넣고 가열 증류하는 이유는?

① 킬레이트 화합물을 발생시킨 후 침전시켜 중금속 방해를 방지하기 위하여

② 시료에 포함된 유기물 및 지방산을 분해시키기 위하여

③ 시안화물 및 시안착화합물의 대부분을 시안화수소로 유출시키기 위하여

④ 시안화합물의 방해성분인 황화합물을 유화수소로 분리시키기 위하여

> **시안-자외선/가시선 분광법**
>
> 시료를 pH 2 이하의 산성에서 가열 증류하여 시안화물 및 시안착화합물의 대부분을 시안화수소로 유출시켜 포집한 다음 포집된 시안이온을 중화하고 클로라민-T를 넣어 생성된 염화시안이 피리딘-피라졸론 등의 발색시약과 반응하여 나타나는 청색을 620nm에서 측정하는 방법

55. 최대유속과 최소유속의 비가 가장 큰 유량계는?

① 벤튜리미터(venturi meter)
② 오리피스(orifice)
③ 피토우(pitot)관
④ 자기식 유량측정기(magnetic flow meter)

유량계	범위 (최대유량 : 최소유량)
피토우관	3 : 1
벤튜리미터 유량측정용 노즐 오리피스	4 : 1
자기식 유량측정기	10 : 1

56. 측정하고자 하는 금속물질이 바륨인 경우의 시험방법과 가장 거리가 먼 것은?

① 자외선/가시선 분광법
② 유도결합플라스마 원자발광분광법
③ 유도결합플라스마 질량분석법
④ 원자흡수분광광도법

자외선/가시선 분광법이 적용되지 않는 금속 : Ba, Se, Sn, Sb

57. n - 헥산 추출물질시험법에서 염산(1+1)으로 산성화할 때 넣어주는 지시약과 pH의 연결이 알맞은 것은?

① 메틸레드지시액 - pH 4.0 이하
② 메틸오렌지지시액 - pH 4.0 이하
③ 메틸레드지시액 - pH 4.5 이하
④ 메틸렌블루지시액 - pH 4.5 이하

n-헥산 추출물질시험법
시료적당량을 분별깔때기에 넣고 **메틸오렌지용액**(0.1%) 2방울~3방울을 넣고 황색이 적색으로 변할 때까지 염산 (1+1)을 넣어 시료의 pH를 4 이하로 조절한다.

58. 온도표시기준 중 "상온"으로 가장 적합한 범위는?

① 1~15℃
② 10~15℃
③ 15~25℃
④ 20~35℃

59. 메틸렌블루에 의해 발색시킨 후 자외선/가시선 분광법으로 측정할 수 있는 항목은?

① 음이온 계면활성제

② 휘발성 탄화수소류

③ 알킬수은

④ 비소

① 자외선/가시선 분광법(메틸렌블루법) - 음이온 계면활성제

60. pH 표준액의 조제 시 보통 산성 표준액과 염기성 표준액의 각각 사용기간은?

① 1개월 이내, 3개월 이내

② 2개월 이내, 2개월 이내

③ 3개월 이내, 1개월 이내

④ 3개월 이내, 2개월 이내

수소이온농도 - 표준용액

· 산성 표준용액 : 3개월 이내

· 염기성 표준용액 : 산화칼슘 흡수관을 부착하여 1개월 이내에 사용한다.

제4과목 수질환경관계법규

---

61. 대권역 물환경관리계획을 수립하고자 할 때 대권역계획에 포함되어야 하는 사항이 아닌 것은?

① 물환경의 변화 추이 및 물환경목표기준

② 하수처리 및 하수 이용현황

③ 점오염원, 비점오염원 및 기타수질오염원의 분포현황

④ 점오염원, 비점오염원 및 기타수질오염원에서 배출되는 수질오염물질의 양

대권역계획에는 다음 각 호의 사항이 포함되어야 한다.

1. 수질 및 수생태계 변화 추이 및 목표기준
2. 상수원 및 물 이용현황
3. 점오염원, 비점오염원 및 기타수질오염원의 분포현황
4. 점오염원, 비점오염원 및 기타수질오염원에서 배출되는 수질오염물질의 양
5. 수질오염 예방 및 저감 대책
6. 수질 및 수생태계 보전조치의 추진방향
7. 「저탄소 녹색성장 기본법」 제2조 제12호에 따른 기후변화에 대한 적응대책
8. 그 밖에 환경부령으로 정하는 사항

62. 배출시설의 변경(변경신고를 하고 변경을 하는 경우) 중 대통령령이 정하는 변경의 경우에 해당되지 않은 것은?

① 폐수배출량이 신고 당시보다 100분의 50 이상 증가하는 경우
② 특정수질유해물질이 배출되는 시설의 경우 폐수배출량이 허가 당시보다 100분의 25 이상 증가하는 경우
③ 배출시설에 설치된 방지시설의 폐수처리 방법을 변경하는 경우
④ 배출허용기준을 초과하는 새로운 오염물질이 발생되어 배출시설 또는 방지시설의 개선이 필요한 경우

배출시설의 변경(변경신고를 하고 변경을 하는 경우) 중 대통령령이 정하는 변경의 경우

1. 폐수배출량이 신고 당시보다 100분의 50 이상 증가하는 경우
2. 배출시설에서 배출허용기준을 초과하는 새로운 수질오염물질이 발생되어 배출시설 또는 방지시설의 개선이 필요한 경우
3. 배출시설에 설치된 방지시설의 폐수처리방법을 변경하는 경우
4. 법 제35조제1항 단서에 따라 방지시설을 설치하지 아니한 배출시설에 방지시설을 새로 설치하는 경우

63. 폐수 재이용업 등록기준에 관한 내용 중 알맞지 않은 것은?

① 기술능력 : 수질환경산업기사 1인 이상
② 폐수운반차량 : 청색으로 도색하고 흰색바탕에 녹색 글씨로 회사명 등을 표시한다.
③ 저장시설 : 원폐수 및 재이용 후 발생되는 폐수의 각각 저장시설의 용량은 1일 8시간 최대 처리량의 3일분 이상의 규모이어야 한다.
④ 운반장비 : 폐수운반장비는 용량 $2m^3$ 이상의 탱크로리, $1m^3$ 이상의 합성수지제 용기가 고정된 차량, 18L 이상의 합성수지제 용기(유가품인 경우만 해당한다.)이어야 한다.

② 폐수운반차량 : 청색으로 도색하고 노란색바탕에 검은색 글씨로 폐수운반차량, 회사명, 등록번호, 전화번호 및 용량을 지워지지 아니하도록 표시하여야 한다.

64. 방지시설을 반드시 설치해야하는 경우에 해당하더라도 대통령령이 정하는 기준에 해당되면 방지시설의 설치가 면제된다. 방지시설 설치의 면제기준에 해당되지 않은 것은?

① 배출시설의 기능 및 공정상 수질오염물질이 항상 배출허용기준 이하로 배출되는 경우

② 폐수처리업의 등록을 한 자 또는 환경부장관이 인정하여 고시하는 관계 전문기관에 환경부령으로 정하는 폐수를 전량 위탁처리하는 경우

③ 폐수배출량이 신고 당시보다 100분의 10 이상 감소하는 경우

④ 폐수를 전량 재이용하는 등 방지시설을 설치하지 아니하고도 수질오염물질을 적정하게 처리할 수 있는 경우로서 환경부령으로 정하는 경우

방지시설 설치 면제기준

· 수질오염물질이 항상 배출허용기준 이하로 배출되는 경우
· 폐수를 전량 위탁처리하는 경우
· 폐수를 전량 재이용하는 등 방지시설을 설치하지 아니하고도 수질오염물질을 적정하게 처리할 수 있는 경우

65. 배출부과금을 부과할 때 고려하여야 하는 사항으로 틀린 것은?

① 배출허용기준 초과 여부
② 수질오염물질의 배출량
③ 수질오염물질의 배출시점
④ 배출되는 수질오염물질의 종류

배출부과금 부과 시 고려사항

· 수질오염물질의 배출기간
· 수질오염물질의 배출량
· 배출되는 수질오염물질의 종류
· 배출허용기준 초과 여부
· 자가측정 여부

66. 낚시금지구역 또는 낚시제한구역의 지정 시 고려사항이 아닌 것은?

① 용수의 목적
② 오염원 현황
③ 수중생태계의 현황
④ 호소 인근 인구현황

낚시금지구역 또는 낚시제한구역의 지정 시 고려사항

1. 용수의 목적
2. 오염원 현황
3. 수질오염도
4. 낚시터 인근에서의 쓰레기 발생 현황 및 처리 여건
5. 연도별 낚시 인구의 현황
6. 서식 어류의 종류 및 양 등 수중생태계의 현황

67. 물환경보전법령상 공공수역에 해당되지 않은 것은?

① 상수관거
② 하천
③ 호소
④ 항만

공공수역
· 하천
· 호소
· 항만
· 연안해역
· 그 밖에 공공용으로 사용되는 수역과 이에 접속하여 공공용으로 사용되는 환경부령으로 정하는 수로(지하수로, 농업용 수로, 하수관로, 운하)

68. 제5종 사업장의 경우, 과징금 산정 시 적용하는 사업장 규모별 부과계수로 옳은 것은?

① 0.2
② 0.3
③ 0.4
④ 0.5

사업장 규모별 부과계수

종 류	제1종 사업장	제2종 사업장	제3종 사업장	제4종 사업장	제5종 사업장
부과계수	2.0	1.5	1.0	0.7	0.4

69. 낚시제한구역에서의 낚시방법의 제한사항에 관한 내용으로 틀린 것은?

① 1명당 4대 이상의 낚시대를 사용하는 행위
② 1개의 낚시대에 3개 이상의 낚시바늘을 사용하는 행위
③ 쓰레기를 버리거나 취사행위를 하거나 화장실이 아닌 곳에서 대·소변을 보는 등 수질오염을 일으킬 우려가 있는 행위
④ 낚시바늘에 끼워서 사용하지 아니하고 물고기를 유인하기 위하여 떡밥·어분 등을 던지는 행위

② 1개의 낚시대에 5개 이상의 낚시바늘을 사용하는 행위

낚시제한구역에서의 제한사항
1. 낚시방법에 관한 다음 각 목의 행위
   가. 낚시바늘에 끼워서 사용하지 아니하고 물고기를 유인하기 위하여 떡밥·어분 등을 던지는 행위
   나. 어선을 이용한 낚시행위 등 「낚시 관리 및 육성법」에 따른 낚시어선업을 영위하는 행위(「내수면어업법 시행령」 제14조 제1항 제1호에 따른 외줄낚시는 제외한다.)
   다. **1명당 4대 이상의 낚시대를** 사용하는 행위
   라. **1개의 낚시대에 5개 이상의 낚시바늘을** 떡밥과 뭉쳐서 미끼로 던지는 행위
   마. 쓰레기를 버리거나 취사행위를 하거나 화장실이 아닌 곳에서 대·소변을 보는 등 수질오염을 일으킬 우려가 있는 행위
   바. 고기를 잡기 위하여 폭발물·배터리·어망 등을 이용하는 행위(「내수면어업법」 제6조·제9조 또는 제11조에 따라 면허 또는 허가를 받거나 신고를 하고 어망을 사용하는 경우는 제외한다.)
2. 「내수면어업법 시행령」 제17조에 따른 내수면 수산자원의 포획금지행위
3. 낚시로 인한 수질오염을 예방하기 위하여 그 밖에 시·군·자치구의 조례로 정하는 행위

70. 사업장 규모에 따른 종별 구분이 잘못된 것은?

① 1일 폐수 배출량 5,000m^3 - 1종사업장
② 1일 폐수 배출량 1,500m^3 - 2종사업장
③ 1일 폐수 배출량 800m^3 - 3종사업장
④ 1일 폐수 배출량 150m^3 - 4종사업장

사업장의 규모별 구분

종류	배출규모
제1종 사업장	1일 폐수배출량이 2,000m^3 이상인 사업장
제2종 사업장	1일 폐수배출량이 700m^3 이상, 2,000m^3 미만인 사업장
제3종 사업장	1일 폐수배출량이 200m^3 이상, 700m^3 미만인 사업장
제4종 사업장	1일 폐수배출량이 50m^3 이상, 200m^3 미만인 사업장
제5종 사업장	위 제1종부터 제4종까지의 사업장에 해당하지 아니하는 배출시설

71. 수질오염경보의 종류 중 조류경보 단계가 '조류대발생'인 경우, 취수장·정수장 관리자의 조치사항이 아닌 것은? (단, 상수원 구간 기준)

① 조류증식 수심 이하로 취수구 이동
② 정수 처리 강화(활성탄 처리, 오존 처리)
③ 취수구와 조류가 심한 지역에 대한 차단막 설치
④ 정수의 독소분석 실시

③ 수면관리자 조치사항

72. 상수원 구간에서 조류경보단계가 '조류대발생'인 경우 발령기준으로 (   )에 맞은 것은?

2회 연속 채취 시 남조류 세포수가 (   )세포/mL 이상인 경우

① 1,000
② 10,000
③ 100,000
④ 1,000,000

조류경보기준 - 상수원 구간

경보단계	발령·해제 기준
관심	2회 연속 채취 시 남조류 세포 수가 1,000세포/mL 이상 10,000세포/mL 미만인 경우
경계	2회 연속 채취 시 남조류 세포 수가 10,000세포/mL 이상 1,000,000세포/mL 미만인 경우
조류 대발생	2회 연속 채취 시 남조류 세포 수가 1,000,000세포/mL 이상인 경우
해제	2회 연속 채취 시 남조류 세포 수가 1,000세포/mL 미만인 경우

73. 상수원의 수질보전을 위해 전복, 추락 등 사고 시 상수원을 오염시킬 우려가 있는 물질을 수송하는 자동차의 통행제한을 할 수 있는 지역이 아닌 것은?

① 상수원보호구역
② 특별대책지역
③ 배출시설의 설치제한지역
④ 상수원에 중대한 오염을 일으킬 수 있어 환경부령으로 정하는 지역

제17조(상수원의 수질보전을 위한 통행제한)
상수원의 수질보전을 위해 전복, 추락 등 사고 시 상수원을 오염시킬 우려가 있는 물질을 수송하는 자동차의 통행제한을 할 수 있는 지역
1. 상수원보호구역
2. 특별대책지역
3. 「한강수계 상수원수질개선 및 주민지원 등에 관한 법률」 제4조, 「낙동강수계 물관리 및 주민지원 등에 관한 법률」 제4조, 「금강수계 물관리 및 주민지원 등에 관한 법률」 제4조 및 「영산강·섬진강수계 물관리 및 주민지원 등에 관한 법률」 제4조에 따라 각각 지정·고시된 수변구역
4. 상수원에 중대한 오염을 일으킬 수 있어 환경부령으로 정하는 지역

74. 비점오염원의 변경신고를 하여야 하는 경우에 대한 기준으로 (   )에 옳은 것은?

총 사업면적·개발면적 또는 사업장 부지면적이 처음 신고면적의 (   ) 이상 증가하는 경우

① 100분의 10
② 100분의 15
③ 100분의 25
④ 100분의 30

제73조(비점오염원의 변경신고)
변경신고를 하여야 하는 경우는 다음 각 호의 경우를 말한다.
1. 상호·대표자·사업명 또는 업종의 변경
2. 총 사업면적·개발면적 또는 사업장 부지면적이 처음 신고면적의 100분의 15 이상 증가하는 경우
3. 비점오염저감시설의 종류, 위치, 용량이 변경되는 경우
4. 비점오염원 또는 비점오염저감시설의 전부 또는 일부를 폐쇄하는 경우

75. 수질 및 수생태계 상태별 생물학적 특성 이해표에서 생물등급이 '약간 나쁨~매우 나쁨'일 때의 생물 지표종(저서생물)은?

① 붉은 깔따구, 나방파리
② 넓적거머리, 민하루살이
③ 물달팽이, 턱거머리
④ 물삿갓벌레, 물벌레

수질 및 수생태계 상태별 생물학적 특성 이해표

생물등급	생물 지표종		서식지 및 생물 특성
	저서생물(底棲生物)	어류	
매우좋음 ~ 좋음	옆새우, 가재, 뿔하루살이, 민하루살이, 강도래, 물날도래, 광택날도래, 띠무늬우묵날도래, 바수염날도래	산천어, 금강모치, 열목어, 버들치 등 서식	· 물이 매우 맑으며, 유속은 빠른 편임 · 바닥은 주로 바위와 자갈로 구성됨 · 부착 조류(藻類)가 매우 적음
좋음 ~ 보통	다슬기, 넓적거머리, 강하루살이, 동양하루살이, 등줄하루살이, 등딱지하루살이, 물삿갓벌레, 큰줄날도래	쉬리, 갈겨니, 은어, 쏘가리 등 서식	· 물이 맑으며, 유속은 약간 빠르거나 보통임 · 바닥은 주로 자갈과 모래로 구성됨 · 부착 조류가 약간 있음
보통 ~ 약간나쁨	물달팽이, 턱거머리, 물벌레, 밀잠자리	피라미, 끄리, 모래무지, 참붕어 등 서식	· 물이 약간 혼탁하며, 유속은 약간 느린 편임 · 바닥은 주로 잔자갈과 모래로 구성됨 · 부착 조류가 녹색을 띠며 많음
약간나쁨 ~ 매우나쁨	왼돌이물달팽이, 실지렁이, 붉은깔따구, 나방파리, 꽃등에	붕어, 잉어, 미꾸라지, 메기 등 서식	· 물이 매우 혼탁하며, 유속은 느린 편임 · 바닥은 주로 모래와 실트로 구성되며, 대체로 검은색을 띰 · 부착 조류가 갈색 혹은 회색을 띠며 매우 많음

---

76. 배설시설의 설치 허가 및 신고에 관한 설명으로 (   )에 알맞은 것은?

> 배출시설을 설치하려는 자는 (㉠)으로 정하는 바에 따라 환경부장관의 허가를 받거나 환경부장관에게 신고하여야 한다. 다만, 규정에 의하여 폐수무방류배출시설을 설치하려는 자는 (㉡).

① ㉠ 환경부령, ㉡ 환경부장관의 허가를 받아야 한다.
② ㉠ 대통령령, ㉡ 환경부장관의 허가를 받아야 한다.
③ ㉠ 환경부령, ㉡ 환경부장관에게 신고하여야 한다.
④ ㉠ 대통령령, ㉡ 환경부장관에게 신고하여야 한다.

배출시설을 설치하려는 자는 **대통령령**으로 정하는 바에 따라 환경부장관의 허가를 받거나 환경부 장관에게 신고하여야 한다. 다만, 규정에 의하여 폐수무방류배출 시설을 설치하려는 자는 **환경부장관의 허가를 받아야 한다.**

---

77. 유역환경청장은 국가 물환경관리기본계획에 따라 대권역별로 대권역 물환경관리계획을 몇 년마다 수립하여야 하는가?

① 1년　　　　　　　　　② 3년
③ 5년　　　　　　　　　④ 10년

대권역 물환경관리계획 수립주기 : 10년

78. 수질오염방지시설 중 화학적 처리시설인 것은?

① 혼합시설
② 폭기시설
③ 응집시설
④ 살균시설

① 혼합시설 : 물리적 처리시설
② 폭기시설 : 생물화학적 처리시설
③ 응집시설 : 물리적 처리시설

수질오염방지시설

1. 물리적 처리시설
가. 스크린
나. 분쇄기
다. 침사(沈砂)시설
라. 유수분리시설
마. 유량조정시설(집수조)
바. 혼합시설
사. **응집**시설
아. 침전시설
자. 부상시설
차. 여과시설
카. 탈수시설
타. 건조시설
파. 증류시설
하. 농축시설

2. 화학적 처리시설
가. **화학적 침강시설**
나. 중화시설
다. 흡착시설
라. 살균시설
마. 이온교환시설
바. 소각시설
사. 산화시설
아. 환원시설
자. **침전물 개량**시설

3. 생물화학적 처리시설
가. 살수여과상
나. **폭기(瀑氣)시설**
다. 산화시설(산화조, 산화지)
라. 혐기성·호기성 소화시설
마. 접촉조
바. 안정조
사. 돈사톱밥발효시설

79. 행위제한 권고 기준 중 대상행위가 어패류 등 섭취, 항목이 어패류 체내 총 수은(Hg)인 경우의 권고 기준(mg/kg 이상)은?

① 0.1
② 0.2
③ 0.3
④ 0.5

물놀이 등의 행위제한 권고기준(제29조제2항 관련)

대상 행위	항목	기준
수영 등 물놀이	대장균	500(개체수/100mL) 이상
어패류 등 섭취	어패류 체내 총 수은(Hg)	0.3(mg/kg) 이상

80. 위임업무 보고사항 중 보고 횟수 기준이 연 2회에 해당되는 것은?

① 배출업소의 지도·점검 및 행정처분 실적

② 배출부과금 부과 실적

③ 과징금 부과 실적

④ 비점오염원의 설치신고 및 방지시설 설치 현황 및 행정처분 현황

①, ②, ④ 는 연 4회임

1. ③   2. ③   3. ④   4. ②   5. ①   6. ④   7. ③   8. ④   9. ② 10. ② 11. ③ 12. ③ 13. ① 14. ② 15. ④
16. ④ 17. ② 18. ④ 19. ① 20. ④ 21. ② 22. ④ 23. ④ 24. ③ 25. ② 26. ③ 27. ② 28. ④ 29. ③ 30. ④
31. ① 32. ④ 33. ① 34. ③ 35. ① 36. ③ 37. ② 38. ② 39. ① 40. ② 41. ④ 42. ③ 43. ② 44. ④ 45. ②
46. ① 47. ④ 48. ① 49. ④ 50. ① 51. ② 52. ② 53. ④ 54. ③ 55. ④ 56. ① 57. ② 58. ④ 59. ① 60. ③
61. ② 62. ② 63. ② 64. ③ 65. ④ 66. ④ 67. ① 68. ③ 69. ② 70. ③ 71. ③ 72. ④ 73. ③ 74. ② 75. ①
76. ② 77. ④ 78. ④ 79. ③ 80. ③

수질환경기사·산업기사 필기

2023년 2월 5일 인쇄
2023년 2월 15일 발행

저자 : 고경미
펴낸이 : 이정일

펴낸곳 : 도서출판 **일진사**
www.iljinsa.com

(우) 04317 서울시 용산구 효창원로 64길 6
대표전화 : 704-1616, 팩스 : 715-3536
이메일 : webmaster@iljinsa.com
등록번호 : 제1979-000009호(1979.4.2)

값 48,000원

ISBN : 978-89-429-1760-0